新编金属材料手册

徐峰　黄芸　主编

时代出版传媒股份有限公司
安徽科学技术出版社

图书在版编目(CIP)数据

新编金属材料手册 / 徐峰,黄芸主编. ――合肥:安徽科学技术出版社,2017.3

ISBN 978-7-5337-6899-7

Ⅰ.①新… Ⅱ.①徐…②黄… Ⅲ.①金属材料-技术手册 Ⅳ.①TG14-62

中国版本图书馆 CIP 数据核字(2016)第 010958 号

新编金属材料手册　　　　　　徐　峰　黄　芸　主编

出 版 人:黄和平　　　　选题策划:叶兆恺　　　　责任编辑:叶兆恺

责任校对:盛　东　　　　责任印制:廖小青　　　　封面设计:王　艳

出版发行:时代出版传媒股份有限公司　　http://www.press-mart.com

安徽科学技术出版社　　　　http://www.ahstp.net

(合肥市政务文化新区翡翠路 1118 号出版传媒广场,邮编:230071)

电话:(0551)63533323

印　　制:安徽新华印刷股份有限公司　　电话:(0551)65859178

(如发现印装质量问题,影响阅读,请与印刷厂商联系调换)

开本:850×1168　1/32　　　印张:29.25　　　字数:1100 千

版次:2017 年 3 月第 1 版　　2017 年 3 月第 1 次印刷

ISBN 978-7-5337-6899-7　　　　　　　　　　定价:59.00 元

《新编金属材料手册》编写委员会人员名单

主　编　徐　峰　黄　芸
副主编　张能武　陈忠民
编委会成员：

徐　峰	黄　芸	张能武	潘旺林	高　霞	陈忠民
杨　波	杨小军	刘兴武	刘新佳	王建中	黄如林
邵振国	邵健萍	徐建明	崔　俊	徐伟平	冯宪民
张露露	夏红民	周斌兴	卢小虎	李树军	邱立功
梁伟峰	周　艺	唐亚鸣	王亚龙	余　莉	周迎红
李　林	王书娴	韩绍才	王一鸣	姜旭春	徐　明
刘　艳	陶　云	姚东伟	王　功	王文娟	

前　言

　　机械工业的快速发展使得各类材料,尤其是金属材料的使用成为机械产品设计和制造的关键。由于金属材料种类繁多,内容广泛,对于选用材料的标准非常重要。从事机械行业的技术人员需要不断地学习和了解有关金属材料的新知识,工作量巨大,而当前有关金属材料的书籍尽管很多,但实用的较少。为此我们为机械工业的同行们编写了这本实用精练、内容丰富,能较好地指导实际工作的金属材料手册。

　　本手册简要地介绍了金属材料的有关性能指标,各种钢铁材料和有色合金材料的牌号、化学成分、力学性能、特性、用途以及品种、规格、尺寸、允许偏差、重量等资料。根据目前最新的金属材料标准,对于各种常见金属材料以及型材都给出了较为实用和详尽的数据,同时,考虑到与国外金属材料的对比,尽可能列出了国外主要金属材料与国内金属材料的相关性数据。

　　本手册内容精练、取材实用、资料新颖、查阅快捷、便于携带,数据来自有关最新国家标准和厂家产品资料,权威可靠。本手册可供与金属材料有关的销售、采购、生产、设计等工作的人员了解和查寻,同时可供从事进出口贸易、技术交流和引进工作人员参考。

　　本手册编写过程中参考了国内同行的有关金属材料的专著,在此表示感谢。由于编者水平有限,可能存在欠缺和不足,敬请广大读者指正。

编者

目　　录

目　录

第一章 金属材料基础知识

金属材料是机械工业中应用最广、用量最多的材料，主要包括钢铁材料和有色金属材料两部分。另外，在许多复合材料中，金属材料作为基体或添加元素，也起着非常重要的作用。

第一节 金属材料的主要性能指标

金属材料的主要性能包括使用性能和工艺性能，这些指标是满足各种机械的使用和加工的依据。

金属材料的使用性能包括力学性能、物理性能和化学性能。工艺性能是指金属材料适应加工工艺要求的能力。

一、力学性能

力学性能主要指金属在不同环境因素（温度、介质）下，承受外加载荷作用时所表现的行为，这种行为通常表现为变形和断裂。通常的力学性能包括强度、塑性、刚度、弹性、硬度、冲击韧性和疲劳性能等。表 1-1 为常用力学性能表。

表 1-1 常用力学性能表

名　称	符　号	单　位	含　义
抗拉强度	σ_b R_m R	N/mm² MPa	金属试样拉伸时，在拉断前所承受的最大负荷与试样原横截面积之比，称为抗拉强度。 $$\sigma_b = \frac{P_b}{F_0}$$ 式中：P_b——式样拉断前的最大负荷； F_0——试样原横截面积
抗弯强度	σ_{bb} σ_w	N/mm² MPa	试样在位于两支承点间的集中负荷作用下，使其折断时，折断截面所承受的最大正应力 对圆试样： $$\sigma_{bb} = \frac{8pl}{\pi d^3}$$ 对矩形试样： $$\sigma_{bb} = \frac{3pl}{2bh^2}$$ 式中：p——试样所受最大集中载荷； l——两支承点间的跨距；

名称	符号	单位	含义
			D——圆形试样截面外径； b——矩形试样截面宽度； h——矩形试样截面高度
抗压强度	σ_{bc} R_D	N/mm² MPa	材料在压力作用下不发生碎、裂所能承受的最大正应力 $$\sigma_{bc} = \frac{P_{bc}}{F_0}$$ P_{bc}——试样所受最大集中载荷； F_0——试样原横截面积
屈服点	σ_s	N/mm² MPa	金属试样在拉伸过程中，负荷不再增加，而试样仍继续发生变形的现象称为屈服。发生屈服现象时的应力，称为屈服点或屈服极限
屈服强度	$\sigma_{0.2}$ $R_{0.2}$ $R_{P0.2}$	N/mm² MPa	对某些屈服现象不明显的金属材料，测定屈服点比较困难，常把产生 0.2% 永久变形的应力定义为屈服点，称为屈服强度或条件屈服极限
弹性极限	σ_e	N/mm² MPa	金属能保持弹性变形的最大应力
比例极限	σ_p	N/mm² MPa	在弹性变形阶段，金属材料所承受的和应变保持正比的最大应力，称为比例极限 $$\sigma_p = \frac{P_p}{F_0}$$ 式中：P_p——规定比例极限负荷； 　　　F_0——试样原横截面积
断面收缩率	ϕ Z	％	金属试样拉断后，其缩颈处横截面积的最大缩减量与原横截面积的百分比
伸长率	δ δ_5 A_5	％	金属试样拉断后，其标距部分所增加的长度与原标距长度的百分比。δ_5 是标距为 5 倍直径时的伸长率，δ_{10} 是标距为 10 倍直径时的伸长率
泊松比	μ	无单位	对于各向同性的材料，泊松比表示：试样在单位拉伸时，横向相对收缩量与轴向相对伸长量之比 $$\mu = \frac{E}{2G} - 1$$ 式中：E——弹性模量； 　　　G——切变模量

名称	符号	单位	含义
冲击值 （冲击韧性） 夏氏冲击 值(U 型) 夏氏冲击值 （V 型） 德国夏氏冲击值 英国艾氏冲击值	a_k KCU 或 KU KCV 或 KV DVM IZOd	J J/cm²	金属材料对冲击负荷的抵抗能力称为韧性,通常用冲击值来度量。用一定尺寸和形状的试样,在规定类型的试验机上受一次冲击负荷折断时,试样刻槽处单位面积上所消耗的功 $$a_k = \frac{A_k}{F}$$ 式中:A_k——冲击试样所消耗的冲击功; 　　　F——试样缺口处的横截面积
抗剪强度	σ_t	N/mm² MPa	试样剪断前,所承受的最大负荷下的受剪截面具有的平均剪应力 双剪:　　　　$\sigma_\tau = \dfrac{P}{2F_0}$ 单剪:　　　　$\sigma_\tau = \dfrac{P}{F_0}$ 式中:P——剪切时的最大负荷; 　　　F_0——受剪部位的原横截面积
持久强度	σ_t^T	N/mm² MPa	指金属材料在给定温度(T)下,经过规定时间发生断裂时,所承受的应力值
蠕变极限	$\sigma_{\delta t}^T$	N/mm² MPa	金属材料在给定温度(T)下在规定的试验时间(t, h)内,使试样产生一定蠕变形量(δ, %)的应力值
疲劳极限	σ_{-1}	N/mm² MPa	材料试样在对称弯曲应力作用下,经受一定的应力循环数 N 而仍不发生断裂时所能承受的最大应力。对钢来说,如应力循环数 N 达 $10^6 \sim 10^7$ 次仍不发生疲劳断裂时,则可认为随循环次数的增加,将不再发生疲劳断裂。因此常采用 $N = (0.5 - 1) \times 10^7$ 为基数,确定钢的疲劳极限
松弛			由于蠕变,金属材料在总变形量不变的条件下,其所受的应力随时间的延长而逐渐降低的现象称为应力松弛,确定钢的疲劳极限

名称	符号	单位	含义
弹性模量	E	N/mm²	金属在外力作用下产生变形,当外力取消后又恢复到原来的形状和大小的一种特性。在弹性范围内,金属拉伸试验时,外力和变形成比例增长,即应力和应变成正比例关系时,这个比例系数就称为弹性模量,也叫正弹性模数
剪切模量	G	N/mm²	金属在弹性范围内,当进行扭转试验时,外力和变形成比例的增长,即应力与应变成正比例关系时,这个比例系数就称为剪切弹性模量
断裂韧性	K_{IC}	MN/m³ᐟ²	断裂韧性是材料韧性的一个新参量。通常定义为材料抗裂纹扩展的能力。例如,K_{IC}表示材料平面应变断裂韧性值,其意为当裂纹尖端处应力强度因子在静加载方式下等于K_{IC}时,即发生断裂。相应地,还有动态断裂韧性K_{Id}等
硬度			硬度是指材料抵抗外物压入其表面的能力。硬度不是一个单纯的物理量,而是反映弹性、强度、塑性等的一个综合性指标
布氏硬度	HB	(一般不标注)	用淬硬的钢球压入试样表面,并在规定载荷作用下保持一定时间,以其压痕面积除以载荷所得的商表示材料的布氏硬度,它只适用于测量硬度小于 HB450 的退火、正火、调质状态下的钢、铸铁及有色金属的硬度 $$HB = \frac{2p}{\pi D(d - \sqrt{D^2 - d^2})}$$ 式中:P——所加的规定负荷; D——钢球直径; d——压痕直径
洛氏硬度	HRA HRB HRC	—	利用金刚石圆锥或淬硬钢球,在一定压力下压入试件表面,然后根据压痕深度表示材料的硬度。分 HRA、HRB、HRC 三种: HRC 系用圆锥角为 120° 的金刚石压头加 1470N(150kg)的载荷进行试验所得到的硬度值; HRB 系用直径为 1.59mm 的淬硬钢球加 980N(100kg)的载荷进行试验所得到的硬度值;

名称	符号	单位	含义
洛氏硬度	HRA HRB HRC	—	HRA 系用顶角为 120° 的金刚石圆锥加 588N(60kg) 的载荷进行试验所得到的硬度值； HRA 适用于测量表面淬火层、渗透层或硬质合金的材料； HRB 适用于测量有色金属、退火和正火钢等较软的金属； HRC 适用于测量调质钢、淬火钢等较硬的金属； $$HR = \frac{k-(h_1-h)}{c}$$ 式中：k——常数（钢球：0.25；钢圆锥体：0.2）； 　　　h——预加载荷 98N(10kg) 时压头压入深度； 　　　h_1——试验后在试样上留下的最后深度； 　　　c——硬度机刻度盘上每一小格所代表的压痕深度（洛氏硬度为 0.002）
表面洛氏硬度	HRN HRT	—	试验原理同 HR 洛氏硬度。不同的是试验载荷较轻。HRN 的压头是顶角为 120° 的金刚石圆锥体。载荷分为 15kg、30kg、45kg，标注为：HRN15、HRN30、HRN45。HRN 的压头是直径为 1.5875mm 的淬硬钢球，载荷分别为 15kg、30kg、45kg，标注为：HRT15、HRT30、HRT45。表面洛氏硬度只适用于钢材表面渗碳、渗氮等处理的表面层硬度，以及较薄、较小试件的硬度的测定
维氏硬度	HV	—	用夹角 α 为 136° 的金刚石四棱锥压头，压入试件，以单位压痕面积上所受载荷表示材料硬度。 $$HV = \frac{2p}{d^2}\sin\frac{\alpha}{2} = 1.8544\frac{p}{d^2}$$ 式中：p——载荷； 　　　d——压痕对角线的长度 维氏硬度的压痕线，广泛用来测定金属薄镀层或化学处理后的表面硬度，以及小型、薄型工件的硬度

名称	符号	单位	含义
显微硬度	HM	—	其原理与维氏硬度一样,只是用小的负荷[小于9.8N(1kg)的力],仪器上装有金相显微镜。用于测量金属和合金的显微组织和极薄表面层的硬度值
肖氏硬度	HS	—	利用压头(撞针)在一定高度落于被测试样的表面,以其撞针回跳的高度表示材料的硬度,适用于不易搬动的大型机件如大的钢结构、轧辊等

金属材料的各种硬度之间,以及与强度之间存在相关性。表 1-2 和表 1-3 反映了它们之间的一些关系,可供参考。

表 1-2　黑色金属硬度及强度换算值(适用于含碳量由低到高的钢种)

硬度								抗拉强度 σ_b/MPa								
洛氏		表面洛氏			维氏	布氏 $(F/D^2=30)$		碳钢	铬钢	铬钒钢	铬镍钢	铬钼钢	铬镍钼钢	铬锰硅钢	超高强度钢	不锈钢
HRC	HRA	HR15N	HR30N	HR45N	HV	HBS	HBW									
20.0	60.2	68.8	40.7	19.2	226	225		774	742	736	782	747		781		740
20.5	60.4	69.0	41.2	19.8	228	227		784	751	744	787	753		788		749
21.0	60.7	69.3	41.7	20.4	230	229		793	760	753	792	760		794		758
21.5	61.0	69.5	42.2	21.0	233	232		803	769	761	797	767		801		767
22.0	61.2	69.8	42.6	21.5	235	234		813	779	770	803	774		809		777
22.5	61.5	70.0	43.1	22.1	238	237		823	788	779	809	781		816		786
23.0	61.7	70.3	43.6	22.7	241	240		833	798	788	815	789		824		796
23.5	62.0	70.6	44.0	23.3	244	242		843	808	797	822	797		832		806
24.0	62.2	70.8	44.5	23.9	247	245		854	818	807	829	805		840		816
24.5	62.5	71.1	45.0	24.5	250	248		864	828	816	836	813		848		826
25.0	62.8	71.4	45.5	25.1	253	251		875	838	826	843	822		856		837
25.5	63.0	71.6	45.9	25.7	256	254		886	848	837	851	831	850	865		847
26.0	63.3	71.9	46.4	26.3	259	257		897	859	847	859	840	859	874		858
26.5	63.5	72.2	46.9	26.9	262	260		908	870	858	867	850	869	883		868
27.0	63.8	72.4	47.3	27.5	266	263		919	880	869	876	860	879	893		879
27.5	64.0	72.7	47.8	28.1	269	266		930	891	880	885	870	890	902		890
28.0	64.3	73.0	48.3	28.7	273	269		942	902	892	894	880	901	912		901

续表

硬度								抗拉强度 σ_b/MPa								
洛氏		表面洛氏			维氏	布氏 (F/D²=30)		碳钢	铬钢	铬钒钢	铬镍钢	铬钼钢	铬镍钼钢	铬锰硅钢	超高强度钢	不锈钢
HRC	HRA	HR15N	HR30N	HR45N	HV	HBS	HBW									
28.5	64.6	73.3	48.7	29.3	276	273		954	914	903	904	891	912	922		913
29.0	64.8	73.5	49.2	29.9	280	276		965	925	915	914	902	923	933		924
29.5	65.1	73.8	49.7	30.5	284	280		977	937	928	924	913	935	943		936
30.0	65.3	74.1	50.2	31.1	288	283		989	948	940	935	924	947	954		947
30.5	65.6	74.4	50.6	31.7	292	287		1002	960	953	946	936	959	965		959
31.0	65.8	74.7	51.1	32.3	296	291		1014	972	966	957	948	972	977		971
31.5	66.1	74.9	51.6	32.9	300	294		1027	984	980	969	961	985	989		983
32.0	66.4	75.2	52.0	33.5	304	298		1039	996	993	981	974	999	1001		996
32.5	66.6	75.5	52.5	34.1	308	302		1052	1009	1007	994	987	1012	1013		1008
33.0	66.9	75.8	53.0	34.7	313	306		1065	1022	1022	1007	1001	1027	1026		1021
33.5	67.1	76.1	53.4	35.3	317	310		1078	1034	1036	1020	1015	1041	1039		1034
34.0	67.4	76.4	53.9	35.9	321	314		1092	1048	1051	1034	1029	1056	1052		1047
34.5	67.7	76.7	54.4	36.5	326	318		1105	1061	1067	1048	1043	1071	1006		1060
35.0	67.9	77.0	54.8	37.0	331	323		1119	1074	1082	1063	1058	1087	1079		1074
35.5	68.2	77.2	55.3	37.6	335	327		1133	1088	1098	1078	1074	1103	1094		1087
36.0	68.4	77.5	55.8	38.2	340	332		1147	1102	1114	1093	1090	1119	1108		1101
36.5	68.7	77.8	56.2	38.8	345	336		1162	1116	1131	1109	1106	1136	1123		1116
37.0	69.0	78.1	56.7	39.4	350	341		1177	1131	1148	1125	1122	1153	1139		1130
37.5	69.2	78.4	57.2	40.0	355	354		1192	1146	1165	1142	1139	1171	1155		1145
38.0	69.5	78.7	57.6	40.6	360	350		1207	1161	1183	1159	1157	1189	1171		1161
38.5	69.7	79.0	58.1	41.2	365	355		1222	1176	1201	1177	1174	1207	1187	1170	1176
39.0	70.0	79.3	58.6	41.8	371	360		1238	1192	1219	1195	1192	1226	1204	1195	1193
39.5	70.3	79.6	59.0	42.4	376	365		1254	1208	1238	1214	1211	1245	1222	1219	1209
40.0	70.5	79.9	59.5	43.0	381	370	370	1271	1225	1257	1233	1230	1265	1240	1243	1226
40.5	70.8	80.2	60.0	43.6	387	375	375	1288	1242	1276	1252	1249	1285	1258	1267	1244
41.0	71.1	80.5	60.4	44.2	393	380	381	1305	1260	1296	1273	1269	1306	1277	1290	1262
41.5	71.3	80.8	60.9	44.8	398	385	386	1322	1278	1317	1293	1289	1327	1296	1313	1280

续表

硬　度								抗拉强度 σ_b/MPa								
洛氏		表面洛氏			维氏	布氏 ($F/D^2=30$)		碳钢	铬钢	铬钒钢	铬镍钢	铬钼钢	铬镍钼钢	铬锰硅钢	超高强度钢	不锈钢
HRC	HRA	HR15N	HR30N	HR45N	HV	HBS	HBW									
42.0	71.6	81.1	61.3	45.4	404	391	392	1340	1296	1337	1314	1310	1348	1316	1336	1299
42.5	71.8	81.4	61.8	45.9	410	396	397	1359	1315	1358	1336	1331	1370	1336	1359	1319
43.0	72.1	81.7	62.3	46.5	416	401	403	1378	1335	1380	1358	1353	1392	1357	1381	1339
43.5	72.4	82.0	62.7	47.1	422	407	409	1397	1355	1401	1380	1375	1415	1378	1404	1361
44.0	72.6	82.3	63.2	47.7	428	413	415	1417	1376	1424	1404	1397	1439	1400	1427	1383
44.5	72.9	82.6	63.6	48.3	435	418	422	1438	1398	1446	1427	1420	1462	1422	1450	1405
45.0	73.2	82.9	64.1	48.9	441	424	428	1459	1420	1469	1451	1444	1487	1445	1473	1429
45.5	73.4	83.2	64.6	49.5	448	430	435	1481	1444	1493	1476	1468	1512	1469	1496	1453
46.0	73.7	83.5	65.0	50.1	454	436	441	1503	1468	1517	1502	1492	1537	1493	1520	1497
46.5	73.9	83.7	65.5	50.7	461	442	448	1526	1493	1541	1527	1517	1563	1517	1554	1505
47.0	74.2	84.0	65.9	51.2	468	449	455	1550	1519	1566	1554	1542	1589	1543	1569	1533
47.5	74.5	84.3	66.4	51.8	475		463	1575	1546	1591	1581	1568	1616	1569	1594	1562
48.0	74.7	84.6	66.8	52.4	482		470	1600	1574	1617	1608	1595	1643	1595	1620	1592
48.5	75.0	84.9	67.3	53.0	489		478	1626	1603	1643	1636	1622	1671	1623	1646	1623
49.0	75.3	85.2	67.7	53.6	497		486	1653	1633	1670	1665	1649	1699	1651	1674	1655
49.5	75.5	85.5	68.2	54.2	504		494	1681	1665	1697	1695	1677	1728	1679	1702	1689
50.0	75.8	85.7	68.6	54.7	512		502	1710	1698	1724	1724	1706	1758	1709	1731	1725
50.5	76.1	86.0	69.1	55.3	520		510		1732	1752	1755	1735	1788	1739	1761	
51.0	76.3	86.3	69.5	55.9	527		518		1768	1780	1786	1764	1819	1770	1792	
51.5	76.6	86.6	70.0	56.5	535		527		1806	1809	1818	1794	1850	1801	1824	
52.0	76.9	86.8	70.4	57.1	544		535		1845	1839	1850	1825	1881	1834	1857	
52.5	77.1	87.1	70.9	57.6	552		544		1869		1883	1856	1914	1867	1892	
53.0	77.4	87.4	71.3	58.2	561		552		1899		1917	1888	1947	1901	1929	
53.5	77.7	87.6	71.8	58.8	569		561		1930		1951			1936	1966	
54.0	77.9	87.9	72.2	59.4	578		569		1961		1986			1971	2006	
54.5	78.2	88.1	72.6	59.9	587		577		1993		2022			2008	2047	
55.0	78.5	88.4	73.1	60.5	596		585		2026		2058			2045	2090	

第一节　金属材料的主要性能指标

硬　度								抗拉强度 σ_b/MPa								
洛氏		表面洛氏			维氏	布氏 $(F/D^2=30)$		碳钢	铬钢	铬钒钢	铬镍钢	铬钼钢	铬镍钼钢	铬锰硅钢	超高强度钢	不锈钢
HRC	*HRA*	*HR15N*	*HR30N*	*HR45N*	*HV*	*HBS*	*HBW*									
55.5	78.7	88.6	73.5	61.1	600		593								2135	
56.0	79.0	88.9	73.9	61.7	615		601								2181	
56.5	79.3	89.1	74.4	62.2	625		608								2230	
57.0	79.5	89.4	74.8	62.8	635		616								2281	
57.5	79.8	89.6	75.2	63.4	645		622								2334	
58.0	80.1	89.8	75.6	63.9	655		628								2390	
58.5	80.3	90.0	76.1	64.5	666		634								2448	
59.0	80.6	90.2	76.5	65.1	676		639								2509	
59.5	80.9	90.4	76.9	65.6	687		643								2572	
60.0	81.2	90.6	77.3	66.2	698		647								2639	
60.5	81.4	90.8	77.7	66.8	710		650									
61.0	81.7	91.0	78.1	67.3	721											
61.5	82.0	91.2	78.6	67.9	733											
62.0	82.2	91.4	79.0	68.4	745											
62.5	82.5	91.5	79.4	69.0	757											
63.0	82.8	91.7	79.8	69.5	770											
63.5	83.1	91.8	80.2	70.1	782											
64.0	83.3	91.9	80.6	70.6	795											
64.5	83.6	92.1	81.0	71.2	809											
65.0	83.9	92.2	81.3	71.7	822											
65.5	84.1				836											
66.0	84.4				850											
66.5	84.7				865											
67.0	85.0				879											
67.5	85.2				894											
68.0	85.5				900											

表 1-3　黑色金属硬度及强度换算值(主要适用于低碳钢)

洛氏	表面洛氏			维氏	布氏		抗拉强度 σ_b/MPa
					HBS		
HRB	HR15T	HR30T	HR45T	HV	$F/D^2=10$	$F/D^2=30$	
60.0	80.4	56.1	30.4	105	102		375
60.5	80.5	56.4	30.9	105	102		377
61.0	80.7	56.7	31.4	106	103		379
61.5	80.8	57.1	31.9	107	103		381
62.0	80.9	57.4	32.4	108	108	104	382
62.5	81.1	57.7	32.9	108	108	104	384
63.0	81.2	58.0	33.5	109	109	105	386
63.5	81.4	58.3	34.0	110	110	105	388
64.0	81.5	58.7	34.5	110	110	106	390
64.5	81.6	59.0	35.0	111	106		393
65.0	81.8	59.3	35.5	112	107		395
65.5	81.9	59.6	36.1	113	107		397
66.0	82.1	59.9	36.6	114	108		399
66.5	82.2	60.3	37.1	115	108		702
67.0	82.3	60.6	37.6	115	109		404
67.5	82.5	60.9	38.1	116	110		407
68.0	82.6	61.2	38.6	117	110		409
68.5	82.7	61.5	39.2	118	111		412
69.0	82.9	61.9	39.7	119	112		415
69.5	83.0	62.2	40.2	120	112		418
70.0	83.2	62.5	40.7	121	113		421
70.5	83.3	62.8	41.2	122	114		424
71.0	83.4	63.1	41.7	123	115		427
71.5	83.6	63.5	42.3	124	115		430
72.0	83.7	63.8	42.8	125	116		433
72.5	83.9	64.1	43.3	126	117		437
73.0	84.0	64.4	43.8	128	118		440
73.5	84.1	64.7	44.3	129	119		444
74.0	84.3	65.1	44.8	130	120		447

续表

洛氏	表面洛氏			维氏	布氏		抗拉强度 σ_b/MPa
					HBS		
HRB	HR15T	HR30T	HR45T	HV	$F/D^2=10$	$F/D^2=30$	
74. 5	84. 4	65. 4	45. 4	131	121		451
75. 0	84. 5	65. 7	45. 9	132	122		455
75. 5	84. 7	66. 0	46. 4	134	123		459
76. 0	84. 8	66. 3	46. 9	135	124		463
76. 5	85. 0	66. 6	47. 4	136	125		467
77. 0	85. 1	67. 0	47. 9	138	126		471
77. 5	85. 2	67. 3	48. 5	139	127		475
78. 0	85. 4	67. 6	49. 0	140	128		480
78. 5	85. 5	67. 9	49. 5	142	129		484
79. 0	85. 7	68. 2	50. 0	143	130		489
79. 5	85. 8	68. 6	50. 5	145	132		493
80. 0	85. 9	68. 9	51. 0	146	133		498
80. 5	86. 1	69. 2	51. 6	148	134		503
81. 0	86. 2	69. 5	52. 1	149	136		508
81. 5	86. 3	69. 8	52. 6	151	137		513
82. 0	86. 5	70. 2	53. 1	152	138		518
82. 5	86. 6	70. 5	53. 6	154	140		523
83. 0	86. 8	70. 8	54. 1	156		152	529
83. 5	86. 9	71. 1	54. 7	157		154	534
84. 0	87. 0	71. 4	55. 2	159		155	540
84. 5	87. 2	71. 8	55. 7	161		156	546
85. 0	87. 3	72. 1	56. 2	163		158	551
85. 5	87. 5	72. 4	56. 7	165		159	557
86. 0	87. 6	72. 7	57. 2	166		161	563
86. 5	87. 7	73. 0	57. 8	168		163	570
87. 0	87. 9	73. 4	58. 3	170		164	576
87. 5	88. 0	73. 7	58. 8	172		166	582
88. 0	88. 1	74. 0	59. 3	174		168	589

洛氏	表面洛氏			维氏	布氏		抗拉强度 σ_b/MPa
					HBS		
HRB	HR15T	HR30T	HR45T	HV	$F/D^2=10$	$F/D^2=30$	
88. 5	88. 3	74. 3	59. 8	176		170	596
89. 0	88. 4	74. 6	60. 3	178		172	603
89. 5	88. 6	75. 0	60. 9	180		174	609
90. 0	88. 7	75. 3	61. 4	183		176	617
90. 5	88. 8	75. 6	61. 9	185		178	624
91. 0	89. 0	75. 9	62. 4	187		180	631
91. 5	89. 1	76. 2	62. 9	189		182	639
92. 0	89. 3	76. 6	63. 4	191		184	646
92. 5	89. 4	76. 9	64. 0	194		187	654
93. 0	89. 5	77. 2	64. 5	196		189	662
93. 5	89. 7	77. 5	65. 0	199		192	670
94. 0	89. 8	77. 8	65. 5	201		195	678
94. 5	89. 9	78. 2	66. 0	203		197	686
95. 0	90. 1	78. 5	66. 5	206		200	695
95. 5	90. 2	78. 8	67. 1	208		203	703
96. 0	90. 4	79. 1	67. 6	211		206	712
96. 5	90. 5	79. 4	68. 1	214		209	721
97. 0	90. 6	79. 8	68. 6	216		212	730
97. 5	90. 8	80. 1	69. 1	219		215	739
98. 0	90. 9	80. 4	69. 6	222		218	749
98. 5	91. 1	80. 7	70. 2	225		222	758
99. 0	91. 2	81. 0	70. 7	227		226	768
99. 5	91. 3	81. 4	71. 2	230		229	778
100. 0	91. 5	81. 7	71. 7	233		232	788

表 1-4　常用有色金属的力学性能

符号	名称	抗拉强度 σ_b/MPa	屈服强度 $\sigma_{0.2}$/MPa	断后伸长率 δ/%	硬度 HBS 或 HV	弹性模量（拉伸）E/GPa	备注
Ag	银	125	35	50	25	71	
Al	铝	40～50	15～20	50～70	20～35	62	
Au	金	103	30～40	30～50	18	78	
Be	铍	228～352	186～262	1～3.5	75～85	275～300	
Bi	铋	20	—	—	7	32	
Ce	铈	117	28	22	22HV	30	γ 相
Cd	镉	71	10	50	16～23	55	
Co	钴	255	—	5	125	211	
Cu	铜	209	33.3	60	37	128	
Mg	镁	165～205	69～105	5～8	35	44	
Mo	钼	600	450	60	300～400HV	320	
Nb	铌	275	207	30	80HV	103	退火状态
Ni	镍	317	59	30	60～80	207	
Pb	铅	15～18	5～10	50	4～6	15～18	
Pd	钯	185	32	40	32	114.8	
Pt	铂	143	37	31	30	150	
Rh	铑	951	70～100	30～35	55	293	
Sb	锑	11.4	—	—	30～58	77.759	
Sn	锡	15～27	12	40～70	5	44.3	
Ta	钽	392	362	46.5	120HV	186	粉末冶金法
Ti	钛	235	140	54	60～74	106	
W	钨	1000～1200	750	—	350～450HV	405～410	
Y	钇	186	27	17	40HV	63.6	
Zn	锌	110～150	90～100	40～60	30～42	130	
Zr	锆	300～500	200～300	15～30	120	99	

二、物理性能

金属材料的物理性能是指不发生化学反应就能表现出来的一些本征性能。包括材料与热、电、磁等现象相关的性能。金属材料物理性能的有关名词术语见表

1-5,常用有色金属的物理性能见表 1-6。

表 1-5　物理性能表

名　称	符　号	单　位	含　义
密度	ρ	g/cm³ kg/cm³	密度就是指某种物质单位体积的质量
熔点		K 或℃	金属材料由固态转变为液态时的熔化温度
比热容	C	J/(kg·K)	单位质量的某种物质,在温度升高 1℃时所放出的热量
导热系数 热导率	λ 或 K	W/(m·K)	维持单位温度梯度($\frac{\Delta L}{\Delta T}$)时,在单位时间($t$)内流经物体单位横截面积($A$)的热量($Q$)称为该材料的导热系数 $$\lambda = \frac{1}{A} \cdot \frac{Q}{t} \cdot \frac{\Delta L}{\Delta T}$$
线膨胀系数	α_1	$10^{-6}K^{-1}$	金属温度每升高 1℃所增加的长度与原来长度的比值。随温度增高,热膨胀系数值相应增大,钢的线膨胀系数值一般在($10\sim20$)$\times10^{-6}$的范围内
电阻系数	ρ	$\Omega\cdot mm^2/m$	电阻系数是表示物体导电性能的一个参数。它等于 1m 长,横截面积为 1mm² 的导线两端间的电阻。也可以一个单位立方体的两平行端面间的电阻表示
电阻温度系数	α	1/℃	温度每升降 1℃,材料电阻系数的改变量与原电阻系数之比
电导率	γ,δ,K	S/m	电阻系数的倒数叫导电系数,在数值上它等于导体维持单位电位梯度时,流过单位面积的电流
导磁率	μ	H/m	衡量磁性材料磁化难易程度,即导磁能力的性能指标等于磁性材料磁感应强度(B)和磁场强度(H)的比值。磁性材料通常分为软磁材料(μ值甚高,可达数万)和硬磁材料(μ值在 1 左右)两大类

14

名　称	符　号	单　位	含　义
磁感应强度	B	T 特(斯拉)	对于磁介质中的磁化过程,可以看作在原先的磁场强度(H)上再加上一个由磁化强度(J)所决定的,数量等于 $4\pi J$ 的新磁场,因而在磁介质中的磁场,叫作磁感应强度 $B = H + 4\pi J$
磁场强度	H	A/m	导体中通过电流,其周围就产生了磁场。磁场对原磁矩或电流产生作用力的大小为磁场强度的表征
磁化强度	M 或 H	A/m	磁体内任一点,单位体积物质的磁矩
铁损的各向异性			指沿轧制方向和垂直于轧制方向所测得的铁损值之差,用百分数表示
饱和磁化强度(磁极化强度)	J 或 B	T 特(斯拉)	用足够大的磁场使所有磁畴的磁化强度都沿此磁场方向排列起来所观测到的磁化强度
饱和磁感应强度	B_s	T 特(斯拉)	用足够大的磁场来磁化样品使样品达到饱和时,相应的磁感应强度
矫顽力	H_c	A/m	样品磁化到饱和后,由于有磁滞现象,欲使 B 减为零,须施加一定的负磁场 H_c, H_c 就称为矫顽力
初始导磁率	μ_0	H/m	当 H 趋于 0 时的导磁率
最大导磁率	μ_m	H/m	μ 值随 H 而变化,其最大值称为最大导磁率,从原点作与 B-H 曲线相切的直线,其斜度即为最大导磁率
弹性模量温度系数	β_E	1℃	金属的弹性模量随温度的升降而改变。当温度每升(降)1℃时,弹性模量的增(减)量与原弹性模量之比,称为弹性模量温度系数
磁致伸缩系数	λ		磁性材料在磁化过程中,材料的形状在该方向的相对变化率 $\lambda = \dfrac{\Delta l}{L}$,称为该材料的磁致伸缩系数
饱和磁致伸缩系数	λ_s		在自发磁化的方向,磁畴有一个磁致伸缩应变 λ_s ,这个应变称为饱和磁致伸缩系数

15

名　称	符　号	单　位	含　义
铁损	$P_{10}/400$	W/kg	铁磁材料在动态磁化条件下,由于磁滞和涡流效应所消耗的能量
比弯曲	K	1/℃	单位厚度的热双金属片,温度变化 1℃ 时的曲率变化称比弯曲。它是表示热双金属敏感性能好坏的标志之一
居里点	T_c	℃	铁磁性物质当温度升高到一定温度时,磁被破坏,变为顺磁体,这个转变温度称为居里点。在居里点时,铁磁物质的自发磁化强度降至为零。居里点是二级相变的转变点,在膨胀曲线上表现为变曲点
最大磁能积	$(B \cdot H)_{max}$	KJ/m³	它是衡量永磁材料能量密度的一个重要参数,以$(B \cdot H)_{max}$表示。它是材料在外磁场的磁化下,磁感应强度 B 和磁场强度 H 乘积的最大值。有时也称为永磁材料的能量,能量密度是永磁材料性能的常用评价标准
叠装系数			叠装系数是指压紧无绝缘层钢带条,其实测质量与相同体积的材料计算质量比,以此评价有效的磁性体积
机械品质因数	Q		机械品质因数是内耗的倒数。固体由于内部发生的物理过程,把机械振动能变为热能的特性或过程,称为内耗(或内摩擦)
峰值导磁率	μ_p		试样在经受对称周期磁化条件下,测得磁通密度峰值 B_m 与测得磁场强度峰值 H_m 之比,即 $\mu_p=B_m/H_m$,称为峰值导磁率
方形系数(矩形比)	B_r/B_m		剩余磁感应强度 B_r 与规定磁场强度所对应的 B_m(磁通密度峰值)比值
频率温度系数	β_f		金属和合金的固有振动频率,随温度的升降而改变。当温度每升降 1℃ 时,振动频率的增(减)量与原来固有振动频率之比,称为频率温度系数

表 1-6　常用有色金属的物理性能

符号	名称	原子量	室温密度/g·cm³	熔点/℃	沸点/℃	室温比热容/J·(kg·K)⁻¹	线膨胀系数/μm·(m·K)⁻¹	电阻率/(nΩ·m)	电导率/W·(m·K)⁻¹	热导率/W·(m·K)⁻¹	晶体结构
Ag	银	107.868	10.49	961.9	2163	235	19.0	14.7	108.4	428	面心立方
Al	铝	2.98154	2.6989	660.4	2494	900	23.6	26.55	64.96	247	面心立方
Au	金	196.9665	19.302	1064.43	2857	128	14.2	23.5	73.4	317.9	面心立方
Be	铍	9.0122	1.848	1283	2770	1886	11.6	40	38~43	190	密排六方
Bi	铋	208.980	9.808	271.4	1564	122	13.2	1050	—	8.2	菱方
Ce	铈	140.12	8.160	798	3443	192	6.3	828	—	11.3	密排六方
Cd	镉	112.40	8.642	321.1	767	230	31.3	72.7	25	96.8	密排六方
Co	钴	58.9332	8.832	1495	2900	414	13.8	52.5	27.6	69.04	密排六方
Cu	铜	63.54	8.93	1084.88	2595	386	16.7	16.73	103.06	398	面心立方
Hg	汞	200.59	14.193	−38.87	356.58	139.6	—	958	—	9.6	简单菱方
Mg	镁	24.312	1.738	650	1107	102.5	25.2	44.5	38.6	155.5	密排六方
Mo	钼	95.94	10.22	2610	5560	276	4.0	52	34	142	体心立方
Nb	铌	92.9064	8.57	2468	4927	270	7.31	25	13.2	53	体心立方
Ni	镍	58.71	8.902	1453	2730	471	13.3	68.44	25.2	82.9	面心立方
Pb	铅	207.19	11.34	327.4	1750	128.7	29.3	206.43	—	34	面心立方
Pd	钯	106.4	12.02	1552	3980	245	11.76	108	16	70	面心立方

续表

符号	名称	原子量	室温密度 /g·cm³	熔点/℃	沸点/℃	室温比热容 /J·(kg·K)⁻¹	线膨胀系数 /μm·(m·K)⁻¹	电阻率 /(nΩ·m)	电导率 /W·(m·K)⁻¹	热导率 /W·(m·K)⁻¹	晶体结构
Pt	铂	195.09	21.45	1769	3800	132	9.1	106	16	41.1	面心立方
Rh	铑	102.905	21.41	1963	3700	247	8.3	15.1	—	150	面心立方
Sb	锑	121.75	6.697	630.7	1587	207	8~11	370	—	25.9	菱方
Sn	锡	118.69	5.765	231.9	2700	205	23.1	110	15.6	62	正方
Ta	钽	180.949	16.6	2996	5427	139.1	6.5	135	13	54.4	体心立方
Ti	钛	47.9	4.507	1668±10	3260	522.3	10.2	420	—	11.4	密排六方
W	钨	183.85	19.254	3410±20	~5700	160	127	53	—	190	体心立方
Y	钇	88.9059	4.469	1522	3338	298.4	10.6	596	—	17.2	密排六方
Zn	锌	65.36	7.133	420	906	382	15	58.9	28.27	113	密排六方
Zr	锆	91.22	6.505	1852±	4377	300	5.85	450	4.1	21.1	密排六方

三、化学性能

金属材料的化学性能是指发生化学反应时表现出来的性能。包括抗氧化性、耐蚀性和化学稳定性等。金属材料化学性能的有关名词术语见表1-7。

表 1-7　化学性能表

名　称	含　义
化学性能	金属材料的化学性能,是指金属材料在室温或高温条件下,抵抗各种腐蚀性介质对它进行化学侵蚀的一种能力,主要包括耐腐蚀性和抗氧化性两个方面
化学腐蚀	是金属与周围介质直接起化学作用的结果。它包括气体腐蚀和金属在非电解质中的腐蚀两种形式。其特点是腐蚀过程不产生电流,且腐蚀产物沉积在金属表面
电化学腐蚀	金属与酸、碱、盐等电解质溶液接触时发生作用而引起的腐蚀,称为电化学腐蚀。它的特点是腐蚀过程中有电流产生。其腐蚀产物(铁锈)覆盖在作为阳极的金属表面上,而是在距离阳极金属的一定距离处
一般腐蚀	这种腐蚀是均匀地分布在整个金属内外表面上,使截面不断减小,最终使受力件破坏
晶间腐蚀	这种腐蚀在金属内部沿晶粒边缘进行,通常不引起金属外形的任何变化,往往使设备或机件突然破坏
点腐蚀	这种腐蚀集中在金属表面不大的区域内,并迅速向深处发展,最后穿透金属。是一种危害较大的腐蚀破坏
应力腐蚀	指在静应力(金属的内外应力)作用下,金属在腐蚀介质中所引起的破坏。这种腐蚀一般穿过晶粒,即所谓穿晶腐蚀
腐蚀疲劳	指在交变应力作用下,金属在腐蚀介质中所引起的破坏。它也是一种穿晶腐蚀
抗氧化性	金属材料在室温或高温下,抵抗氧化作用的能力。金属的氧化过程实际上是属于化学腐蚀的一种形式。它可直接用一定时间内,金属表面经腐蚀之后重量损失的大小,即用金属减重的速度来表示

四、工艺性能

金属材料的工艺性能是指金属材料适应加工工艺要求的能力。在设计机械零件和选择其加工方法时,都要考虑金属材料的工艺性能。一般地,按成形工艺方法不同,工艺性能包括:铸造性、锻造性、焊接性、切削加工性。另外,常把与材料最终性能相关的热处理工艺性也作为工艺性能的一部分。

1. 铸造性

金属材料的铸造性是指金属熔化成液态后，再铸造成型时所具有的一种特性。通常衡量金属材料铸造性的指标有：流动性、收缩率和偏析倾向见表1-8。

表1-8 衡量金属材料铸造性能的主要指标名称、含义和表示方法

指标名称	计量单位	含义解释	表示方法	有关说明
流动性	cm	液态金属充满铸型的能力，称为流动性	流动性通常用浇注法来确定，其大小以螺旋长度来表示。方法是用砂土制成一个螺旋形浇道的试样，它的截面为梯形或半圆形，根据液态金属在浇道中所填充的螺旋长度，就可以确定其流动性	液态金属流动性的大小，主要与浇注温度和化学成分有关。 流动性不好，铸型就不容易被金属充满，逐渐由于形状不全而变成废品。在浇注复杂的薄壁铸件时，流动性的好坏，尤其显得重要
收缩率 线收缩率 体积收缩率	%	铸件从浇注温度冷却至常温的过程中，铸件体积的缩小，叫体积收缩。铸件线体积的缩小，叫线收缩	线收缩率是以浇注和冷却前后长度尺寸差所得尺寸的百分比（%）来表示。体积收缩率是以浇注时的体积和冷却后所得的体积之差与所得体积的百分比（%）来表示	收缩是金属铸造时的有害性能，一般希望收缩率愈小愈好。 体积收缩影响着铸件形成缩孔、缩松倾向的大小 线收缩影响着铸件内应力的大小、产生裂纹的倾向和铸件的最后尺寸
偏析		铸件内部呈现化学成分和组织上不均匀的现象，叫做偏析		偏析的结果，导致铸件各处力学性能不一致，从而降低铸件的质量。 偏析小，各部位成分较均匀，就可使铸件质量提高。 一般说来，合金钢偏析倾向较大，高碳钢偏析倾向比低碳钢大，因此这类钢需铸后热处理（扩散退火）来消除偏析

2. 锻造性

锻造性是指金属材料在锻造过程中承受塑性变形的性能。如果金属材料的塑性好，易于锻造成形而不发生破裂，就认为锻造性好。铜、铝的合金在冷态下就具有很好的锻造性；碳钢在加热状态下，锻造性也很好；而青铜的可锻性就差些。至

于脆性材料的锻造性就更差,如铸铁几乎就不能锻造。

为了保证热压加工能获得好的成品质量,必须制订科学的加热和冷却规范见表1-9。

表1－9　锻件加热和冷却规范的内容、含义和使用说明

名　称		计量单位	含义解释	使用说明
加热规范	始锻温度	℃	始锻温度就是开始锻造时的加热最高温度	加热时要防止过热和过烧
	终锻温度	℃	终锻温度是指热锻结束时的温度	终锻温度过低,锻件易于破裂;终锻温度过高,会出现粗大晶粒组织,所以终锻温度应选择某一最合适的温度
冷却规范	(1)在空气中冷却; (2)堆在空气中冷却; (3)在密闭的箱子中冷却; (4)在密封的箱子中,埋在沙子或炉渣里冷却; (5)在炉中冷却			锻件过分迅速冷却的结果,会产生热应力所引起的裂纹。钢的热导率愈小,工件的尺寸愈大,冷却必须愈慢。因此在确定冷却规范时,应根据材料的成分、热导率以及其他具体情况来决定

3. 焊接性

用焊接方法将金属材料焊合在一起的性能,称为金属材料的焊接性。用接头强度与母材强度相比来衡量焊接性,如接头强度接近母材强度则焊接性好。

一般说来,低碳钢具有良好的焊接性,中碳钢中等,高碳钢、高合金钢、铸铁和铝合金的焊接性较差。各种金属材料的焊接难易程度见表1-10。

表1-10　各种金属材料的焊接难易程度

金属及其合金		焊条电弧焊	埋弧焊	CO_2气体保护焊	惰性气体保护焊	电渣焊	电子束焊	气焊	气压焊	点缝焊	闪光对焊	铝热焊	钎焊
铸铁	灰铸铁	B	D	D	B	B	C	A	D	D	D	B	C
	可锻铸铁	B	D	D	B	B	C	A	D	D	D	B	C
	合金铸铁	B	D	D	B	B	C	A	D	D	D	A	C

金属及其合金		焊条电弧焊	埋弧焊	CO$_2$气体保护焊	惰性气体保护焊	电渣焊	电子束焊	气焊	气压焊	点缝焊	闪光对焊	铝热焊	钎焊
铸钢	碳素钢	A	A	A	B	A	B	A	B	B	A	A	B
	高锰钢	B	B	B	B	A	B	A	D	B	B	B	B
纯铁		A	A	A	C	A	A	A	A	A	A	A	A
碳素钢	低碳钢	A	A	A	B	A	A	A	A	A	A	A	A
	中碳钢	A	A	A	B	B	A	A	A	A	A	A	B
	高碳钢	A	B	B	B	B	A	A	A	A	D	A	B
	工具钢	B	B	B	B	—	A	A	A	A	D	B	B
	含铜钢	A	A	A	B	—	A	A	A	A	A	B	B
低合金钢	镍钢	A	A	A	B	B	A	B	A	A	B	A	B
	镍铜钢	A	A	A	—	B	A	B	A	A	A	B	B
	锰钼钢	A	A	A	—	B	A	B	B	A	A	B	B
	碳素钼钢	A	A	A	—	B	A	B	B	—	A	B	B
	镍铬钢	A	A	A	B	B	A	B	A	A	A	B	B
	铬钼钢	A	A	A	B	B	A	B	A	D	A	B	B
	镍铬钼钢	B	A	B	B	B	A	B	A	A	B	B	B
	镍钼钢	B	B	B	A	B	A	B	A	A	A	B	B
	铬钢	A	A	A	—	B	A	B	A	D	A	B	B
	铬钒钢	A	A	A	—	B	A	B	A	D	A	B	B
	锰钢	A	A	A	B	B	A	B	A	B	D	A	B
不锈钢	铬钢(马氏林)	A	A	B	A	C	A	A	B	C	B	D	C
	铬钢(铁素体)	A	A	B	A	C	A	A	B	A	A	D	C
	铬镍钢(奥氏林)	A	A	A	A	C	A	A	A	A	A	D	C
耐热合金		A	A	A	A	D	A	B	B	B	A	D	C
高镍合金		A	A	A	A	D	A	B	A	A	A	D	C
轻金属	纯铝	B	D	D	A	D	A	B	C	A	A	D	B
	非热处理铝合金	B	D	D	A	D	A	B	C	A	A	D	B
	热处理铝合金	B	D	D	A	D	A	B	C	A	A	D	C
	纯镁	D	D	D	A	D	B	D	C	A	A	D	B

续表

金属及其合金		焊条电弧焊	埋弧焊	CO_2气体保护焊	惰性气体保护焊	电渣焊	电子束焊	气焊	气压焊	点缝焊	闪光对焊	铝热焊	钎焊
	镁合金	D	D	D	A	D	B	C	C	A	A	D	C
	纯钛	D	D	D	A	D	A	D	D	A	D	D	C
	钛合金(a相)	D	D	D	A	D	A	D	D	A	D	D	D
	钛合金(其他相)	D	D	D	B	D	A	D	D	B	D	D	D
铜合金	纯铜	B	C	B	A	D	B	B	C	C	C	D	B
	黄铜	B	C	B	A	D	B	B	C	C	C	D	B
	磷青铜	B	C	C	A	D	B	B	C	C	C	D	B
	铝青铜	B	D	D	A	D	B	B	C	C	C	D	C
	镍青铜	B	D	D	C	A	D	B	B	C	C	C	B
锆、铌		D	D	D	B	D	B	B	B	D	B	D	C

注：A—通常采用；B—有时采用；C—很少采用；D—不采用

4. 切削加工性

金属材料的加工性是指金属在切削加工时的难易程度。加工性如何是与多种因素有关的。诸如：材料的组织成分、硬度、强度、塑性、韧性、导热性，金属加工硬化程度及热处理等。具有良好切削性能的金属材料，必须具有适宜的硬度（一般希望硬度控制在170～230 HBS之间）和足够的脆性。在切削过程中，由于刀具易于切入，切屑易碎断，就可减少刀具的磨损，降低刃部受热的温度，使切削速度提高，从而降低工件加工表面的粗糙度。

一般说来，有色金属材料比黑色金属材料的加工性好，铸铁比钢的加工性好，中碳钢比低碳钢的可加工性要好，热轧低碳钢加工表面精度差，切削加工中易出现"粘刀"现象，这是由于它的硬度、强度低而塑性、韧性高的缘故。难切削金属材料，不锈钢和耐热钢是由于它们的强度、硬度（特别是高温强度、硬度）和塑性、韧性都偏高，所以难于加工。

金属材料的加工性很难用一个指标来评定可切削性能的好坏，通常用"切削率"或"切削加工系数"来相对地表示，亦即"相对切削加工性"。这种表示方法，对于加工部门来说是比较实用的，因而使用较为广泛。

所谓"切削率"或"切削加工系数"，是指选用某一钢种作为标准材料（一般选用易切结构钢——Y12，也有采用其他钢种的），取其在切削加工精度、粗糙度相同和刀具寿命一致的情况下，用被试材料与标准材料的最大切削速度之比值来表示。

比值以百分数表示的,称为"切削率"(标准材料的切削率规定为100%);比值以整数或小数表示的,称为"切削加工系数",(标准材料的切削加工系数规定为1)。凡切削率高或切削加工系数大的,这种材料的加工性就较好;反之,就不好。

各种金属材料的可加工性,按其相对切削加工性的大小,可以分为8级,见表1-11。

表1-11　金属材料的加工性级别及其代表性材料举例

加工性级别	各种材料的加工性质		以Y12为标准材料的切削率(%)	代表性的工件材料举例
1	很容易加工的材料	一般有色金属材料	500~2000	镁合金
			>100~250	铸造铝合金、锻铝及防锈铝
				铅黄铜、铅青铜及含铅的锡青铜(如:QSn4-4-4、ZQSn6-6-3等)
2		铸　铁	80~120	灰铸铁、可锻铸铁、球墨铸铁
3	易加工的材料	易切削钢	100	易切结构钢Y12(179~229HBS)
			70~90	易切结构钢Y15、Y20、Y30、Y40Mn
				易切不锈钢1Crl4Se、1Crl7Se
		较易切削钢	65~70	正火或热轧的30及35中碳钢(170~217HBS)
				冷作硬化的20、25、15Mn、20Mn、25Mn、30Mn
				正火或调质的20Cr(170~212HBS)
				易切不锈钢1Crl4S
4	普通材料	一般钢铁材料	>50~<65	正火或热轧的40、45、50及55中碳钢(179~229HBs)
				冷作硬化的低碳钢08、10及15钢
				退火的40Cr、45Cr(174~229HBS)
				退火的35CrMo(187~229HBS)
				退火的碳素工具钢
				铁素体不锈钢及铁素体耐热钢
5		稍难切削材料	>45~50	热轧高碳钢(65、70、75、80及85钢)
				热轧低碳钢(20、25钢)
				马氏体不锈钢(1Cr13、2Cr13、3Cr13、3Cr13Mo、1Cr17Ni2)

加工性级别	各种材料的加工性质		以 Y12 为标准材料的切削率(%)	代表性的工件材料举例
6		较难切削材料	>40~45	调质的 60Mn(ab＝700~1000MPa) 马氏体不锈钢(4Cr13、9Cr18) 铝青铜、铬青铜、锆青铜及锰青铜 热轧低碳钢(08、10 及 15 钢)
7	难加工材料	难切削材料	30~40	奥氏体不锈钢和耐热钢 正火的硅锰弹簧钢 99.5%纯铜,德银 钨系及钼系高速钢 超高强度钢
8		很难切削材料	<30	高温合金、钛合金 耐低温的高合金钢

注:由于资料来源不一,本表所列各类材料的切削率,仅供参考。

5. 热处理工艺性能

热处理是指金属或合金在固态范围内,通过一定的加热、保温和冷却方法,以改变金属或合金的内部组织,而得到所需性能的一种工艺操作。

衡量金属材料热处理工艺性能的指标有:淬硬性、淬透性、淬火变形及开裂趋势、表面氧化及脱碳趋势、过热及过烧敏感趋势、回火稳定性、回火脆性等见表1-12。

表 1-12　衡量金属材料热处理工艺性能的主要指标名称、含义和评定方法

名　　称	含　　义	评定方法	说　　明
淬硬性	淬硬性,是指钢在正常淬火条件下,以超过临界冷却速度所形成的马氏体组织能够达到的最高硬度	以淬火加热时固溶钢的高温奥氏体中的含碳量及淬火后所得到的马氏体组织的数量来具体确定,一般用 HRC 硬度值来表示	淬硬性主要与钢中的含碳量有关。固溶在奥氏体中的含碳量愈多,淬火后的硬度值也愈高;但实际操作中由于工件尺寸、冷却介质的冷却速度以及加热时所形成的奥氏体晶粒度的不同影响淬硬性

名称	含　义	评定方法	说　明
淬透性	淬透性,是指钢在淬火时能够得到的淬硬层深度。它是衡量各个不同钢种接受淬火能力的重要指标之一—淬硬层深度,也叫淬透层深度;是指由钢的表面量到钢的半马氏体区(组织中马氏体占50%,其余 50% 为珠光体类型组织)组织处的深度(也有个别钢种如工具钢、轴承钢需要量到 90% 或 95% 的马氏体组织处)。钢的淬硬层深度越大,就表明这种钢的淬透性越好	(1)测定钢的淬透性方法很多,在我国通常采用以下三种方法: 1)结构钢末端淬透性试验法; 2)碳素工具钢淬透性试验法; 3)计算法。 (2)淬透性的表示方法主要有: 1)用淬透性值 $J=\dfrac{HRC}{d}$ 来表示 HRC:指钢中半马氏体区域的硬度值; d:指淬透性曲线中半马氏体硬度值区距水冷端处的距离 (mm)。 2)用淬硬层深度 h 来表示; h:指钢件表面至半马氏体区组织的距离(mm)。 3)用临界(淬透)直径 D_1 或 D_c 来表示。 D_1:指冷却强度 H=∞时,中心获得半马氏体组织的直径(mm)。通常称为理想临界直径 D_c:指冷却强度 H<∞时,即在水、油或其他冷却介质中冷却时,中心获得半马氏体组织的直径(mm),通常称为实际临界直径	淬透性主要与钢的临界冷却速度有关,临界冷却速度愈低,淬透性一般也愈高。值得注意的是:淬透性好的钢,淬硬性不一定高;而淬透性低的钢也可能具有高的淬硬性 　　钢的淬透性指标在实际生产中具有十分重要的意义,一方面可以供机械设计人员作考核钢件经热处理后的综合力学性能,能否满足使用性能的要求;另一方面供热处理工艺人员在淬火过程中,能否保证不形成裂纹及减少变形等方面,提供理论根据
淬火变形及开裂趋势	钢件的内应力(包括机械加工应力和热处理应力)达到或超过钢的屈服强度时,钢件将发生变形(包括尺寸和形状的改变);而钢件的内应力达到或超过钢的破断抗力时,钢件将发生裂纹或导致钢件破断	热处理变形程度,常常采用特制的环形试样或圆柱形试样来测量或比较 　　钢件的裂纹分布及深度,一般采用特制的仪器(如磁粉探伤仪或超声波探伤仪)来测量或判断	淬火变形是热处理的必然趋势,而开裂则往往是可能趋势。如果钢材原始成分及组织质量良好、工件形状设计合理、热处理工艺得当,则可减少变形及避免开裂

续表

名称	含　义	评定方法	说　明
氧化及脱碳趋势	钢件在炉中加热时，炉内的氧、二氧化碳或水蒸气与钢件表面发生化学反应而生成氧化铁皮的现象，叫氧化；同样，在这些炉气的作用下，钢件表面的碳量比内层降低的现象，叫脱碳。在热处理过程中，氧化与脱碳往往都是同时发生的	钢件表面氧化层的评定，尚无具体规定；而脱碳层的深度一般都采用金相法	钢件氧化使钢材表面粗糙不平，增加热处理后的清理工作量，而且又影响淬火时冷却速度的均匀性；钢件脱碳不仅降低淬火硬度，而且容易产生淬火裂纹。所以，进行热处理时应对钢件采取保护措施，以防止氧化及脱碳
过热及过烧敏感趋势	钢件在高温加热时，引起奥氏体晶粒粗大的现象，叫过热；同样，在更高的温度下加热，不仅使奥氏体晶粒粗大，而且晶粒间界因氧化而出现氧化物或局部熔化的现象，叫过烧	过热趋势则用奥氏体晶粒度的大小来评定，粗于1号以上晶粒度的钢属于过热钢。钢件的过烧无需评定	过热与过烧都是钢在超过正常加热温度情况下形成的缺陷，钢件热处理时的过热不仅增加淬火裂纹的可能性，而且又会显著降低钢的力学性能。所以对过热的钢，必需通过适当的热处理加以挽救；但过烧的钢件无法挽救，只能报废
回火稳定性	淬火钢进行回火时，合金钢与碳钢相比，随着回火温度的升高、硬度值下降缓慢，这种现象称为回火稳定性	回火稳定性可用不同回火温度的硬度值，即回火曲线来加以比较、评定	合金钢与碳钢相比，其含碳量相近时，淬火后如果要得到相同的硬度值，则其回火温度要比碳钢高，也就是它的回火稳定性比碳钢好。所以合金钢的各种力学性能全面地优于碳钢

续表

名称	含　义	评定方法	说　明
回火脆	淬火钢在某一温度区域回火时,其冲击韧性会比其在较低温度回火时反而下降的现象,叫回火脆性。在250~400℃回火时出现的回火脆性叫第Ⅰ类回火脆性;它出现在所有钢种中,而且在重复回火时不再出现,又称之为不可逆回火脆性	回火脆性一般采用淬火钢回火后,快冷与缓冷以后进行常温冲击试验的冲击值之比来表示。即:$$\Delta = \frac{ak(回火快冷)}{ak(回火缓冷)}$$当$\Delta > 1$,则该钢具有回火脆性;其值愈大,则该钢回火脆性倾向愈大	钢的第Ⅰ类回火脆性无法抑制,在热处理过程中,应尽量避免在这一温度范围内回火;第Ⅱ类回火脆性可通过合金化或采用适当的热处理规范来加以防止
时效趋势	纯铁或低碳钢件经淬火后,在室温或低温下放置一段时间后,使钢件的硬度及强度增高,而塑性、韧性降低的现象,称为时效	时效趋势一般用力学性能或硬度、在室温或低温下随着时间的延长而变化的曲线来表示	钢件的时效趋势往往给工程上带来很大危害,如:精密零件不能保持精度、软磁材料失去磁性、某些薄板在长期库存中发生裂纹等。所以,对此必须引起足够的重视,并采取有效的预防措施

6. 金属材料的工艺性能试验

金属材料的工艺性能试验见表1-13。

表1-13　金属材料的工艺性能试验

名　称	说　明
顶锻试验	需经受打铆、镦头等顶锻作业的金属材料须作常温的冷顶锻试验或热顶锻试验,判定顶锻性能。试验时,将试样锻短至规定长度,如原长度的1/3或1/2等,然后检查试样是否有裂纹等缺陷
冷弯试验	检验金属材料冷弯性能的一种方法,即将材料试样围绕具有一定直径的弯心弯到一定的角度或不带弯心弯到两面接触(即弯曲180°,弯心直径 d:0)后检查弯曲处附近的塑性变形情况,看是否有裂纹等缺陷存在,以判定材料是否合格。弯心直径 d 可等于试样厚度口的一半、相等、2倍、3倍等。弯曲角度可为90°、120°、180°

续表

名　称	说　明
杯突试验	检验金属材料冲压性能的一种方法：用规定的钢球或球形冲头顶压在压模内的试样，直至试样产生第一个裂纹为止。压入深度即为杯突深度。其深度小于规定值者为合格
型材展平、弯曲试验	检验金属型材在室温或热状态下承受展平、弯曲变形的性能，并显示其缺陷。其过程是，用手锤或锻锤将型材的角部锤击展平成为平面，随后以试样棱角的一面为弯曲内面进行弯曲。弯曲角度和热状态试验温度，在有关标准中规定
锻平试验	检验金属条材、带材、板材及铆钉等在室温或热状态下承受规定程度的锻平变形性能，并显示其缺陷。锻平作业可在压力机、机械锤或锻锤上进行；亦可使用手锤或大锤。对带材和板材试样，应使其宽度增至有关标准的规定值为止，长度应等于该值的 2 倍。对条材和铆钉，应将试样锻平到头部直径为腿径的 1.5～1.6 倍、高度为腿径的 0.4～0.5 倍时为止
缠绕试验	该试验用以检验线材或丝材承受缠绕变形性能，以显示其表面缺陷或镀层的结合牢固性。试验时，将试样沿螺纹方向以紧密螺旋圈缠绕在直径为 D 的芯杆上。D 的尺寸在有关技术条件中规定。缠绕圈数为 5～10 圈
扭转试验	该试验用于检验直径(或特征尺寸)≤10 mm 的金属线材扭转时承受塑性变形的性能，并显示金属的不均匀性、表面缺陷及部分内部缺陷。其过程是，以试样自身为轴线，沿单向或交变方向均匀扭转，直至试样裂断或达到规定的扭转次数
反复弯曲试验	该试验是检验金属(及覆盖层)的耐反复弯曲性能，并显示其缺陷的一种方法。它适用于截面积≤120 mm² 的线材、条材和厚度≤5 mm 的带材及板材。其方法是：将试样垂直夹紧于仪器夹中，在与仪器夹口相互接触线成垂直的平面上沿左右方向作 90°反复弯曲，其速度不超过 60 次/min。弯曲次数由有关标准规定
打结拉力试验	该试验用于检验直径较小的钢丝和钢丝绳拆股后的单根钢丝，以代替反复弯曲试验。试验时，将试样打一死结，置于拉力试验机上连续均匀地施加载荷，直至拉断。以试验机上载荷指示器显示的最大载荷(单位：N)除试样原横截面面积所得商为结果(单位：MPa 或 N/mm²)。

名　称	说　明
压扁试验	该试验用以检验金属管压扁到规定尺寸的变形性能,并显示其缺陷。试验时将试样放在两个平行板之间,用压力机或其他方法,均匀地压至有关的技术条件规定的压扁距,用管子外壁压扁距或内壁压扁距,以 mm 表示。试验焊接管时,焊缝位置应在有关技术标准中规定,如无规定时,则焊缝应位于同施力方向成 90^0 角的位置。试验均在常温下进行,但冬季不应低于－10℃试验后检查试样弯曲变形处,如无裂缝、裂口或焊缝开裂,即认为试验合格
扩口试验	该试验用以检验金属管端扩口工艺的变形性能。将具有一定锥度(如 1∶10、1∶15 等)的顶芯压入管试样一端,使其均匀地扩张到有关技术条件规定的扩口率(%),然后检查扩口处是否有裂纹等缺陷,以判定合格与否
卷边试验	该试验用以检验金属管卷边工艺的变形性能。试验时,将管壁向外翻卷到规定角度(一般为 90°),以显示其缺陷。试验后检查变形处有无裂纹等缺陷,以判定是否合格
金属管液压试验	液压试验用以检验金属管的质量和耐液压强度,并显示其有无漏水(或其他流体)、浸湿或永久变形(膨胀)等缺陷钢管和铸铁管的液压试验,大都用水作压力介质,所以又称水压试验。该试验虽不是为了进一步加工工艺而进行的试验,但目前标准中还称它为工艺试验

第二节　影响金属材料力学性能的因素

　　机械工业生产中,往往对金属材料的力学性能要求较多,影响金属材料力学性能的因素很多,一般归结为金属材料的成分、组织结构和应力状态。

一、合金元素及其在合金中的作用

　　用化学元素符号及其含量的数字来表示某种金属材料牌号是我国和世界许多国家普遍采用的一种方法。它的优点是直观、易分辨和易记忆,缺点是书写比较麻烦。按门捷列夫元素周期表的排列,到目前为止,已发现元素有 110 种,铁元素则是其中之一。

　　所谓纯铁,是指总杂质含量约为 0.1% 的铁。以铁为基础,加入其他元素构成的金属材料,叫做铁合金。

同样,以铝元素为基础,加入其他合金元素所构成的材料,则称为铝合金。

一种金属材料,它的各种性能与其化学成分有着密切的关系。了解合金元素的作用,对用材、选材都是非常重要的。

1. 合金元素在钢中的作用

钢中的元素分常存和添加两种。在实际生产和使用的钢中总是有少量非有意加入的各种元素,如硅、锰、磷、硫、氧、氮、氢等,这些元素称为常存或残余元素。其中,硅、锰是脱氧后残留下来的;磷、硫主要是原材料带来的;而氧、氮、氢部分是原材料带来,其余部分是在冶炼过程中从空气中吸收的。

为了改善和提高钢的某些性能,或获得某些特殊性能而有意在冶炼过程中加入的元素称为合金元素。常用的合金元素有铬(Cr),镍(Ni),钼(Mo),钨(W),钒(V),钛(Ti),铌(Nb),锆(Zr,),钴(Co),硅(Si),锰(Mn),铝(Al),铜(Cu),硼(B),稀土(Re)等。磷(P),硫(S),氮(N)等在某些情况下也起到合金元素的作用。

合金元素在钢中与铁和碳这两个基本组元的相互作用,以及它们彼此之间相互作用,影响钢中各组成相、组织和结构,促使其发生有利的变化,可提高和改善钢的综合力学性能;能显著提高和改善钢的工艺性能,如淬透性、回火稳定性、切削加工性等;还可使钢获得一些特殊的物理化学性能,如耐热、不锈、耐腐蚀等。这些性能的改善和获得,一部分是加入合金元素的直接影响,而大部分则是通过合金元素对钢的相变过程影响所引起的。合金元素所起的作用,与其本身的原子结构、原子大小和晶体结构特征等有关。人们对合金元素在钢中所起作用的认识是经过长期实践、不断探索而发展起来的,因此,还需不断地研究、探索、发展。

总的说来,合金元素在退火状态下起着强化铁素体的作用,从而提高退火状态下钢的强度。它们对铁素体强化的程度由强到弱排列为 P,Si,Ti,Mn,Al,Cu,Ni,W,Mo,V,Co,Cr。除 Ni 外,它们都使伸长率和冲击值下降,而 Ni 一方面显著提高强度,另一方面却始终使塑性和韧性保持高水平。

除 Co、Al 外的大多数合金元素在淬火回火状态下均能提高钢的淬透性。添加了合金元素的合金钢在硬度、强度(σ_b,σ_s),塑性指标($\sigma\%$,$\varphi\%$)等性能方面均高于碳钢,冲击韧性 α_k 也较高。一般是采用低温或高温回火。因为中温回火虽可获得最高的强度指标,但由于回火脆性的产生,使 α_k 值降低,只有弹簧为得到高的弹性极限 σ_p 才采用。

合金元素的加入,能提高材料的强度、硬度和冷作硬化率,但降低了钢的延展性。其中 P,S,Si,C 等元素对提高材料冷作硬化率最显著,钢中的硫化物夹杂亦造成钢的延展性的降低,因此,凡需经冷作加工的钢,如冷冲压钢板、冷拔钢、冷镦钢、深冲钢等需严格控制钢中的有害元素 P 和 S 到最低限含量,还要尽可能降低 Si 和 C 的含量。Ni,Cr,Cu,V 也会降低其延展性,会降低钢的深冲压性能,而加入少量Al 则可提高深冲压钢板的表面质量,所以深冲压钢板的钢号采用 08Al 是适当的。

　　一般来说,加入 W,Mo,V,Cr,Ni 等元素的钢材会使压力加工变得困难。

　　各种合金元素在钢中的作用简要介绍如下:

　　(1)铬(Cr)。铬能增加钢的淬透性并有二次硬化作用,可提高高碳钢的硬度和耐磨性而不使钢变脆。含量超过 12% 时,使钢有良好的高温抗氧化性和耐氧化性介质腐蚀的作用,还增加钢的热强性。铬为不锈耐酸钢及耐热钢的主要合金元素。

　　铬能提高碳素钢轧制状态的强度和硬度,降低伸长率和断面收缩率。当铬含量超过 15% 时,强度和硬度将下降,伸长率和断面收缩率则相应地有所提高。含铬钢的零件经研磨容易获得较高的表面加工质量。

　　铬在调质结构钢中的主要作用是提高淬透性,使钢经淬火回火后具有较好的综合力学性能,在渗碳钢中还可以形成含铬的碳化物,从而提高材料表面的耐磨性。

　　含铬的弹簧钢在热处理时不易脱碳。铬能提高工具钢的耐磨性、硬度和红硬性,有良好的回火稳定性。

　　在电热合金中,铬能提高合金的抗氧化性、电阻和强度。

　　(2)镍(Ni)。镍在钢中强化铁素体并细化珠光体,总的效果是提高强度,对塑性的影响不显著。一般来说,对不需调质处理而在轧制、正火或退火状态使用的低碳钢,一定的含镍量能提高钢的强度而不显著降低其韧性。据统计,每增加 1% 的镍约可提高强度 29.4Pa。随着镍含量的增加,钢的屈服强度比抗拉强度提高得快,因此含镍钢的屈服比可较普通碳素钢高。镍在提高钢强度的同时,对钢的韧性、塑性以及其他工艺性能的损害较其他合金元素的影响小。对于中碳钢,由于镍降低珠光体转变温度,使珠光体变细;又由于镍降低共析点的含碳量,因而和相同碳含量的碳素钢比,其珠光体数量较多,使含镍的珠光体铁素体钢的强度较相同碳含量的碳素钢高。反之,若使钢的强度相同,含镍钢的碳含量可以适当降低,因而能使钢的韧性和塑性有所提高。

　　镍可以提高钢对疲劳的抗力和减少钢对缺口的敏感性。镍降低钢的低温脆性转变温度,这对低温用钢有极重要的意义。含镍 3.5% 的钢可在 −100℃ 时使用,含镍 9% 的钢则可在 −196℃ 时工作。镍不增加钢对蠕变的抗力,因此一般不作为热强钢的强化元素。

　　镍含量高的铁镍合金,其线胀系数随镍含量增减有显著的变化,利用这一特性,可以设计和生产具有极低或一定线胀系数的精密合金、双金属材料等。

　　此外,镍加入钢中不仅能耐酸,而且也能抗碱,对大气及盐都有抗蚀能力,镍是不锈耐酸钢中的重要元素之一。

　　(3)钼(Mo)。钼在钢中能提高淬透性和热强性,防止回火脆性,增加剩磁和矫顽力,以及在某些介质中的抗蚀性。

　　在调质钢中,钼能使较大断面的零件淬深、淬透,提高钢的抗回火性或回火稳定性,使零件可以在较高温度下回火,从而更有效地消除(或降低)残余应力,提高塑性。

在渗碳钢中钼除具有上述作用外,还能在渗碳层中降低碳化物在晶界上形成连续网状的倾向,减少渗碳层中残留的奥氏体,相对地增加了表面层的耐磨性。

在锻模钢中,钼还能使钢保持比较稳定的硬度,增加对变形、开裂和磨损等的抗力。

在不锈耐酸钢中,钼能进一步提高对有机酸(如蚁酸、醋酸、草酸等)以及过氧化氢、硫酸、亚硫酸、硫酸盐、酸性染料、漂白粉液等的抗蚀性。特别是由于钼的加入,防止了氯离子存在所产生的点腐蚀倾向。

含 1% 左右钼的 w12Cr4V4Mo 高速钢具有高的耐磨性、回火硬度和红硬性等。

(4)钨(W)。钨在钢中除形成碳化物外,部分地熔入铁中形成固溶体。其作用与钼相似,按重量百分数计算,一般效果不如钼显著。钨在钢中的主要用途是增加回火稳定性、红硬性、热强性以及由于形成碳化物而增加的耐磨性。因此它主要用于工具钢,如高速钢、热锻模具钢等。

钨在优质弹簧钢中形成难熔碳化物,在较高温度回火时,能延缓碳化物的聚集过程,保持较高的高温强度。钨还可以降低钢的过热敏感性、增加淬透性和提高硬度。65Si2MnWA 弹簧钢热轧后空冷就具有较高的硬度,$50\ mm^2$ 截面的弹簧在油中即能淬透,可作承受大负荷、耐热(不大于 350%)、受冲击的重要弹簧。

30W4Cr2VA 作为高强度耐热优质弹簧钢,具有较好的淬透性,$1050\sim1100\ ℃$ 淬火,$550\sim650\ ℃$ 回火后抗拉强度达 $1\,470\sim1\,666\ Pa$。它主要用于制造在高温(不大于 500%)条件下使用的弹簧。

由于钨的加入,能显著提高钢的耐磨性和切削性,所以,钨是合金工具钢的主要元素。

(5)钒(V)。钒和碳、氮氧有极强的亲合力,与之形成相应的稳定化合物。钒在钢中主要以碳化物的形态存在。其主要作用是细化钢的组织和晶粒,降低钢的过热敏感性,提高钢的强度和韧性。当在高温熔入固溶体时,增加淬透性;反之,如以碳化物形态存在时,降低淬透性。钒增加淬火钢的回火稳定性,并产生二次硬化效应。

钢中的含钒量,除高速工具钢外,一般均不大于 0.5%。

钒在普通低合金钢中能细化晶粒,提高正火后的强度和屈服比及低温韧性,改善钢的焊接性能。

钒在合金结构钢中,由于在一般热处理条件下会降低淬透性,故在结构钢中常和锰、铬、钼以及钨等元素联合使用。钒在调质钢中主要是提高钢的强度和屈服比,细化晶粒。降低过热敏感性。在渗碳钢中因钒能细化晶粒,可使钢在渗碳后直接淬火,不需二次淬火。

　　钒在弹簧钢和轴承钢中能提高强度和屈服比,特别是提高比例极限和弹性极限,降低热处理时脱碳敏感性,从而提高了表面质量。无铬含钒的轴承钢,碳化物弥散度高,使用性能良好。

　　钒在工具钢中细化晶粒,降低过热敏感性,增加回火稳定性和耐磨性,从而延长了工具的使用寿命。

　　(6)钛(Ti)。钛和氮、氧、碳都有极强的亲和力,与硫的亲和力比铁强。因此,它是一种良好的脱氧去气剂和固定氮和碳的有效元素。钛虽然是强碳化物形成元素,但不和其他金属元素联合形成复合化合物。碳化钛结合力强,稳定,不易分解,在钢中只有加热到 1 000 ℃以上才缓慢地溶入固溶体中。在未溶入之前,碳化钛微粒有阻止晶粒长大的作用。由于钛和碳之间的亲和力远大于铬和碳之间的亲和力,在不锈钢中常用钛来固定其中的碳以消除铬在晶界处的贫化,从而消除或减轻钢的晶间腐蚀。

　　钛也是强铁素体形成元素之一,强烈地提高钢的奥氏体化温度。钛在普通低合金钢中能提高塑性和韧性。由于钛固定了氮和硫,并形成碳化钛,提高了钢的强度。经正火使晶粒细化,析出形成碳化物可使钢的塑性和冲击韧性得到显著改善。含钛的合金结构钢,有良好的力学性能和工艺性能,主要缺点是淬透性稍差。

　　在高铬不锈钢中通常须加入约 5 倍碳含量的钛,不但能提高钢的抗蚀性(主要抗晶间腐蚀)和韧性,还能阻止钢在高温时的晶粒长大倾向和改善钢的焊接性能。

　　(7)铌/钶(Nb/Cb)。铌与钶常与钽共存,它们在钢中的作用相近。铌和钽部分溶入固溶体,起固溶强化作用。溶入奥氏体时显著提高钢的淬透性。但以碳化物和氧化物微粒形态存在时,细化晶粒并降低钢的淬透性。它能增加钢的回火稳定性,有二次硬化作用。微量铌可以在不影响钢的塑性或韧性的情况下提高钢的强度。由于有细化晶粒作用,能提高钢的冲击韧性并降低其脆性转变温度。当含量大于碳含量的 8 倍时,几乎可以固定钢中所有的碳,使钢具有很好的抗氢性能。铌在奥氏体钢中可以防止氧化介质对钢的晶间腐蚀。由于固定碳和沉淀硬化作用,能提高热强钢的高温性能,如蠕变强度等。

　　铌在建筑用普通低合金钢中能提高屈服强度和冲击韧性,降低脆性转变温度,有益利于焊接性能。在渗碳及调质合金结构钢中,在增加淬透性的同时,提高钢的韧性和低温性能。铌能降低低碳马氏体耐热不锈钢的空冷硬化性,避免回火脆性,提高蠕变强度。

　　(8)锆(Zr)。锆是强碳化物形成元素,它在钢中的作用与铌、钛、钒相似。加入少量的锆元素有脱气、净化和细化晶粒作用,有利于改善钢的低温性能,改善冲压性能,在制造燃气发动机和弹道式导弹结构使用的超高强度钢和镍基高温合金中经常应用。

　　(9)钴(Co)。钴多用于特殊钢和合金中,含钴高速钢有高的高温强度,在与钼同时加入马氏体时效钢中可以获得超高强度和良好的综合力学性能。此外,钴在热强钢和磁性材料中也是重要的合金元素。

钴能降低钢的淬透性,因此,单独加入碳素钢中,会降低调质后的综合力学性能。钴能强化铁素体,加入碳素钢中,在退火或正火状态下能提高钢的硬度、屈服点和抗拉强度,对伸长率和断面收缩率有不利的影响,冲击韧性也随钴含量的增加而下降。由于钴具有抗氧化性能,在耐热钢和耐热合金中得到应用。在钴基合金燃气涡轮中更显示了它特有的作用。

(10)硅(Si)。硅能溶于铁素体和奥氏体中,提高钢的硬度和强度,其作用仅次于磷,较锰、镍、铬、钨、钼和钒等元素强。

但含硅超过3%时,将显著降低钢的塑性和韧性。硅能提高钢的弹性极限、屈服强度和屈服比(σ_s/σ_b),以及疲劳强度和疲劳比(σ_{-1}/σ_b)等。因此,硅或硅锰钢可作为弹簧钢。

硅能降低钢的比重、导热系数和导电系数,能促使铁素体晶粒粗化,降低矫顽力。可以减小晶体的各向异性倾向,使磁化容易,磁阻减小,可用来生产电工用钢,所以硅钢片的磁滞损耗较低。硅能提高铁素体的磁导率,使硅钢片在较弱磁场下有较高的磁感强度。但在强磁场下硅降低钢的磁感强度。硅因有强的脱氧力,从而减小了铁的磁时效作用。

含硅的钢在氧化气氛中加热时,表面将形成一层SiO_2薄膜,从而提高钢在高温时的抗氧化性。

硅能促使铸钢中的柱状晶成长,降低塑性。硅钢若加热或冷却较快,由于导热率低,钢的内部和外部温差较大,导致热应力较大,容易开裂。

硅能降低钢的焊接性能。因为与氧的亲合力硅比铁强,在焊接时容易生成低熔点的硅酸盐,增加熔渣和熔化金属的流动性,引起喷溅现象,影响焊缝质量。硅是良好的脱氧剂。用铝脱氧时酌加一定量的硅,能显著提高铝的脱氧能力。硅在钢中本来就有一定的残存,这是由于炼铁炼钢作为原料带入的。在沸腾钢中,硅限制在<0.07%,作为合金元素加入时,则在炼钢时加入硅铁合金。

(11)锰(Mn)。锰是良好的脱氧剂和脱硫剂。钢中一般都含有一定量的锰,它能消除或减弱由于硫所引起的钢的热脆性,从而改善钢的热加工性能。

锰和铁形成固溶体,提高钢中铁素体和奥氏体的硬度和强度;同时又是碳化物形成元素,进入渗碳体中取代一部分铁原子。锰在钢中由于降低临界转变温度,起到细化珠光体的作用,也间接地起到提高珠光体钢强度的作用。锰稳定奥氏体组织的能力仅次于镍,也强烈增加钢的淬透性。常用含量不超过2%的锰与其他元素配合制成多种合金钢。

锰具有资源丰富、效能多样的特点,获得了广泛的应用,如含锰较高的碳素结构钢、弹簧钢。

在高碳高锰耐磨钢中，锰含量 10%～14%，经固溶处理后有良好的韧性，当受到冲击而变形时，表面层将因变形而强化，具有高的耐磨性。

锰与硫形成熔点较高的 MnS，可防止因 FeS 而导致的热脆现象。锰有增加钢晶粒粗化的倾向和回火脆性敏感性。若冶炼、浇铸和锻轧后冷却不当，容易使钢产生白点。

(12)铝(Al)。铝主要用来脱氧和细化晶粒。在渗氮钢中促使形成坚硬耐蚀的渗氮层。铝能抑制低碳钢的时效，提高钢在低温下的韧性。含量高时能提高钢的抗氧化性及在氧化性酸和 H_2S 气体中的耐蚀性，能改善钢的电、磁性能。铝在钢中固溶强化作用大，提高渗碳钢的耐磨性、疲劳强度及内部力学性能。

在耐热合金中，铝与镍形成化合物，从而提高热强性。含铝的铁铬铝合金在高温下具有接近恒电阻的特性和优良的抗氧化性，适于作电热合金材料，如铬铝电阻丝。

某些钢脱氧时，如果铝用量过多，则会使钢产生反常组织和有促进钢的石墨化倾向。在铁素体及珠光体钢中，铝含量较高时会降低其高温强度和韧性，并给冶炼、浇铸等方面带来若干困难。

(13)铜(Cu)。铜在钢中的突出作用是改善普通低合金钢的抗大气腐蚀性能，特别是和磷配合使用时，加入铜还能提高钢的强度和屈服比，而对焊接性能没有不利的影响。含铜 0.20%～0.50%的钢轨钢(U-Cu)，除耐磨外，其耐蚀寿命为一般碳素钢钢轨的 2～5 倍。

铜含量超过 0.75%时，经固溶处理和时效后可产生时效强化作用。含量低时，其作用与镍相似，但较弱；含量较高时，对热变形加工不利，在热变形加工时导致铜脆现象。2%～3%铜在奥氏体不锈钢中可提高对硫酸、磷酸及盐酸等的抗腐蚀性及对应力腐蚀的稳定性。

(14)硼(B)。硼在钢中的主要作用是增加钢的淬透性，从而节约其他较稀贵的金属，如镍、铬、钼等。为了这一目的，其含量一般规定在 0.001%～0.005%范围内。它可以代替 1.6%的镍，0.3%的铬或 0.2%的钼，以硼代钼时应注意：因钼能防止或降低回火脆性，而硼却略有促进回火脆性的倾向，所以不能用硼将钼完全替代掉。

中碳碳素钢中加硼，由于提高了淬透性，可使厚 20 mm 以上的钢材调质后性能大为改善，因此，可用 40B 和 40MnB 钢代替 40Cr 钢，可用 20Mn2TiB 钢代替20CrMnTi 渗碳钢。但由于硼的作用随钢中碳含量的增加而减弱，甚至消失，在选用含硼渗碳钢时，必须考虑到零件渗碳后，渗碳层的淬透性将低于芯部的淬透性这一特点。

弹簧钢一般要求完全淬透，通常弹簧截面不大，采用含硼钢有利。而高硅弹簧钢硼的作用波动较大，不便采用。

硼和氮及氧有强的亲和力,沸腾钢中加入 0.007％的硼,可以消除钢的时效现象。

(15)稀土(Re)。一般所说的稀土元素,是指元素周期表中原子序数从 57 号至71 号的镧系元素(15 个),加上 21 号钪和 39 号钇,共 17 个元素。它们的性质接近,不易分离。未分离的叫混合稀土,比较便宜。

稀土元素能提高锻轧钢材的塑性和冲击韧性,特别是在铸钢中尤为显著。它还能提高耐热钢、电热合金和高温合金的抗蠕变性能。

稀土元素也可以提高钢的抗氧化性和耐蚀性。抗氧化性的效果超过硅、铝、钛等元素。它能改善钢的流动性,减少非金属夹杂,使钢组织致密、纯净。

普通低合金钢中加入适量的稀土元素,有良好的脱氧去硫作用,可以提高冲击韧性(特别是低温韧性),改善各向异性性能。

稀土元素在铁铬铝合金中增加合金的抗氧能力,在高温下保持钢的细晶粒,提高高温强度,因而使电热合金的寿命得到显著提高。

(16)氮(N)。氮能部分溶于铁中,有固溶强化和提高淬透性的作用,但不显著。由于氮化物在晶界上析出,能提高晶界高温强度,增加钢的蠕变强度。与钢中其他元素化合,有沉淀硬化作用。对钢抗腐蚀性能影响不显著,但钢的表面渗氮后,不仅增加其硬度和耐磨性,也显著改善抗蚀性。在低碳钢中,残留氮会导致时效脆性。

(17)硫(S)。提高硫和锰的含量,可改善钢的被切削性能,在易切削钢中硫作为有益元素加入。硫在钢中偏析严重,恶化钢的质量,在高温下,降低钢的塑性,是一种有害元素,它以熔点较低的 FeS 的形式存在。单独存在的 FeS 的熔点只有1190℃,而在钢中与铁形成共晶体的共晶温度更低,只有 988℃,当钢凝固时,硫化铁析集在原生晶界处。钢在 1100～1200℃ 进行轧制时,晶界上的 FeS 就将熔化,大大地削弱了晶粒之间的结合力,导致钢的热脆现象,因此对硫应严加控制,一般控制在 0.020％～0.050％。为了防止因硫导致的脆性,应加入足够的锰,使其形成熔点较高的 MnS。若钢中含硫量偏高,焊接时由于 SO_2 的产生,将在焊接金属内形成气孔和疏松。

(18)磷(P)。磷在钢中固溶强化和冷作硬化作用强。作为合金元素加入低合金结构钢中,能提高其强度和钢的耐大气腐蚀性能,但降低其冷冲压性能。磷与硫和锰联合使用,能增加钢的切削加工性能,提高加工件的表面质量,常用于易切削钢,所以易切削钢含磷量也较高。磷溶于铁素体,虽然能提高钢的强度和硬度,最大的害处是偏析严重,增加回火脆性,显著降低钢的塑性和韧性,致使钢在冷加工时容易脆裂,也即所谓“冷脆”现象。磷对焊接性也有不良影响。磷是有害元素,应严加控制,一般含量在 0.030％～0.040％。

主要合金元素对钢性能的影响见表 1-14。

表 1-14　主要合金元素对钢性能的影响

元素名称	强度	弹性	冲击韧性	屈服点	硬度	伸长率	断面收缩率	低温韧性	高温强度	耐磨性	被切削性	锻压性	渗碳化性	抗氧化性	耐蚀性	冷却速度
Mn①	+	+	0	+	+	0	+	0	--	-	+	0	0	0	.	-
Mn②	+	.	.	-	---	0	+	.	.	.	.	.	.	.	.	--
Cr	++	+	-	++	++	-	.	+	+	.	-	++	++	---	+++	--
Ni①	+	.	-	+	.	0	++	+	.	.	.	+	.	.	.	--
Ni②	+	.	+++	.	--	++	++	+++	.	.	.	.	.	.	++	-
Si	+	+++	-	++	+	-	.	.	+	-	-	-	-	-	+	-
Cu	+	.	0	++	+	0	.	.	0	.	.	.	.	0	+	.
Mo	+	.	.	.	+	+	.	++	++	.	+++	++	++	.	.	--
Co	+	.	.	.	+	+	.	++	+++	0	.	.	.	.	.	++
V	+	+	.	+	+	0	+	+	++	.	++++	+	.	.	.	--
W	+	.	+	0	+	.	.	+++	+++	++	.	.	++	.	.	--
Al	+	.	.	+	.	.	.	+	.	.	.	.	.	+++	+	--
Ti	+	.	.	.	.	.	.	+	+	.	.	+	+	+	.	.
S	.	.	.	.	.	.	.	.	.	.	+++	---	.	.	.	.
P	+	.	---	.	+	.	.	.	.	.	++	.	.	.	.	.

注:①表示在珠光体钢中,②表示在奥氏体钢中。

"＋"表示提高,"－"表示降低,"."表示影响情况尚不清楚,"0"表示没有影响,多个"＋"或多个"－"表示提高或降低的强烈程度。

2. 合金元素在铝合金中的作用

(1)在 Al-Cu-Mn 系硬铝中。

铜　铜的作用主要是提高合金强度,铜含量达到 5％时,合金强度接近于最大值。铜可改善合金的焊接性,铜含量超过 6.5％时,焊接裂纹系数迅速下降。

锰　锰的作用是提高合金淬火和自然时效状态下的强度。(当 Mn 含量超过 0.4％时)锰还是提高合金耐热性能的主要元素。其含量以 0.6％~0.8％为宜,并有降低焊接裂纹的倾向。

镁　属微量添加元素,可提高合金室温强度,并能改善 150~250℃ 以下的耐热强度,但加镁后会降低焊接性能,所以应控制镁的加入量,一般以不得大于 0.05％为好。

钛　属微量添加元素,主要作用是细化铸铝晶状,提高合金再结晶温度。当钛含量大于 0.3％时,会降低耐热性,故一般加入量控制在 0.1％~0.2％之间。

　　锆　属微量添加元素,加入 0.10%～0.25%时可细化晶粒,并能提高合金的再结晶温度和固溶体的稳定性、耐热性,亦可改善合金的焊接性和焊缝的塑性。

　　铁　与硅均为微量添加元素,其含量一般分别控制在 0.3%以下。

　　锌　属微量添加元素,能加快铜在铝中的扩散速度,其含量限制在 0.1%以下。

　　(2)在锻造铝合金中。

　　铜　与镁由于合金中铜镁含量比硬铝低,使合金位于两相区中,因此,合金具有较好的室温强度,良好的耐热性。

　　镍　在铁含量很低的铝铜镁合金中加入镍时,随着含量增加,会降低合金硬度,减小合金的强化效果。

　　铁　和镍生成硬脆化合物,在铝中溶解度极小,经锻造和热处理后,当它们弥散分布于组织中时,能显著提高合金的耐热性。

　　硅　在 8# 锻铝中加入 0.5%～1.2%的硅可提高其室温强度,但使合金耐热性下降。

　　钛　在 7# 锻铝中加入 0.02%～0.1%的钛,能细化铸态合金晶粒,提高锻造工艺性能,对耐热性有利,且对室温性能影响不大。

　　3)在防锈铝合金中

　　锰　是合金中唯一的合金元素,随其含量的增加,合金的强度也随之提高。锰含量在 1.0%～1.6%范围内时,合金具有较高的强度和良好的塑性及工艺性。当锰含量高于 1.6%时,合金的强度虽有增加,但由于形成大量 $MnAl_6$ 脆性化合物,合金在变形时易开裂。

　　镁　加入少量的镁(约 0.30%),能显著地细化 Al-Mn 合金退火后的晶粒,并能少量提高其抗拉强度。但对退火材料表面光泽不利。

　　铜　在合金中的含量为 0.05%～0.5%时,可显著提高其抗拉强度,但使合金耐蚀性下降,因此,铜含量应限制在 0.2%以下。

　　锌　含量低于 0.5%时,对合金性能及耐蚀性无明显影响,考虑到合金的焊接性能,锌的含量应限制在 0.2%以下。

二、金属材料的热处理

　　金属材料的组织结构和应力状态通常是通过各种金属热处理工艺来实现的。

　　热处理是金属材料的热工艺之一,它是各类机械制造业工艺中重要的一环。尽管选材适当,但没有相应的热处理工艺,就不可能满足各种使用要求,也没有发挥材料的潜在能力。

　　所谓热处理就是将金属材料加热到一定温度,并在此温度下停留一段时间,然后以适当的冷却速度冷却至一定温度的工艺过程。热处理改变金属内的组织结构,从而改善金属的性能,使其满足各种使用要求。现将现代业中使用的各类热处理工艺做如下介绍。

(1)退火。将金属材料加热到较高温度,保持一定时间,然后缓慢冷却,以得到接近于平衡状态组织的工艺方法,称为退火。

退火的主要目的是:①降低硬度,改善加工性能;②增加塑性和韧性;③消除内应力;④改善内部组织,为最终热处理作好准备。

根据退火的目的和工艺特点,可分为完全退火、不完全退火、等温退火、球化退火、去应力退火、再结晶退火和扩散退火七类。

按零件需退火部分的体积可分为整体退火及局部退火,按零件表面状态可分为黑皮退火及光亮退火等。

铸铁件的退火主要包括脱碳退火、各种石墨化退火及消除应力退火等。有色金属零件主要有再结晶退火、消除应力退火及铸态的扩散退火等。

(2)正火。将金属材料加热到一定温度,保温后在空气中冷却,以得到较细的珠光体类组织的工艺方法,称为正火。

正火与退火基本上相似,正火的目的是:

①提高低碳钢的硬度,改善切削加工性;②细化晶粒,使内部组织均匀,为最后热处理做准备;③消除内应力,并防止淬火中的变形开裂。

正火主要用于低碳钢、中碳钢和低合金钢,而对于高碳钢和高合金钢则不常用。正火与退火比较,正火后钢的强度和硬度都比退火高,正火工艺简单、经济,应用很广,与退火相比成本也较低。

(3)淬火。淬火是把金属材料加热到相变温度以上,保温后,以大于临界冷却速度的速度急剧冷却,以获得马氏体组织的热处理工艺。

淬火是为了得到马氏体组织,再经过回火后,使工件获得良好的使用性能,以充分发挥材料的潜力。其主要目的是:①提高金属金属材料的力学性能。例如:提高工具、轴承等的硬度和耐磨性,提高弹簧钢的弹性极限,提高轴类零件的综合力学性能,等等。②改善某些特殊钢的力学性能或化学性能。如提高不锈钢的耐蚀性,增加磁钢的永磁性等。

淬火冷却时,除需合理选用淬火介质外,还要有正确的淬火方法。常用的淬火方法,主要有单液淬火、双液淬火、分级淬火、等温淬火、预冷淬火和局部淬火等。

钢材或金属材料零件热处理时选用不同的淬火工艺,其目的除了为使其得到所需要的组织和适当的性能外,淬火工艺还应保证被处理的零件尺寸和几何形状的变化尽可能地小,以保证零件的精度。

(4)回火。回火是指将淬火(或正火)后的钢材或零件加热到临界点(Ac1)以下的某一温度,保温一定的时间后,以一定速度冷却至室温的热处理工艺的总称。回火是淬火后紧接着进行的一种操作,通常也是工件进行热处理的最后一道工序,因而把淬火和回火的联合工艺称为最终热处理。

淬火回火的主要目的是：①减少内应力和降低脆性。淬火件存在着很大的应力和脆性，如不及时回火往往会产生变形甚至开裂。②调整工件的力学性能。工件淬火后硬度高、脆性大，为了满足各种工件不同的性能要求。可以通过回火来调整硬度、强度、塑性和韧性。③稳定工件尺寸。通过回火可使金相组织趋于稳定，以保证在以后的使用过程中不再发生变形。④改善某些合金钢的切削性能。

在生产中，常根据对工件性能的要求，按加热温度的不同，把回火分为低温回火、中温回火和高温回火。

淬火和随后高温回火相结合的热处理工艺，称为调质。调质的目的是获得回火索氏体，使工件具有良好的综合力学性能，即在具有高强度的同时，又有好的塑性和韧性。主要用于处理承受较大载荷的机器结构零件，如机床主轴、汽车后桥半轴、强力齿轮等。

（5）冷处理。冷处理是指将淬火后的金属成材或零件置于 0℃以下的低温介质（通常在 $-150\sim-30$℃）中继续冷却，使淬火时的残余奥氏体转变为马氏体组织的操作方法。

冷处理的主要目的是：①进一步提高淬火件的硬度和耐磨性；②稳定工件尺寸，防止和使用过程变形；③提高钢的铁磁性。

冷处理主要用于高合金钢、高碳钢和渗碳钢制造的精密零件。

（6）时效。时效包括自然时效和人工时效。将工件长期（半年至一年或长时间）放置在室温或露天条件下，不需任何加热的工艺方法，即为自然时效。将工件加热至低温（钢加热到 $100\sim150$℃，铸铁加热到 $500\sim600$℃），经较长时间（一般为 $8\sim15$ h）保温后，缓慢冷却到室温的工艺方法，叫做人工时效。

时效主要用于精密工具、量具、模具和滚动轴承，以及其他要求精度高的机械零件。时效的目的是：①消除内应力，以减少工件加工或使用时的变形；②稳定尺寸，使工件在长期使用过程中保持几何精度。

（7）表面淬火。在动力载荷及摩擦条件下工作的齿轮、曲轴等零件，要求表面具有高硬度和高耐磨性，而心部又要求具有足够的塑性和韧性。这就需要采用表面热处理的方法来解决。表面淬火属于表面热处理工艺，是通过不同的热源对零件进行快速加热，使零件的表面层（一定厚度）很快地加热到淬火温度，然后迅速冷却，从而使表面层获得具有高硬度的马氏体，而心部仍然保持塑性和韧性较好的原来组织。

根据加热方式的不同，表面淬火又可分为火焰表面淬火、感应加热表面淬火、电接触加热表面淬火、电解液加热表面淬火等。

表面淬火后常需进行低温回火以降低应力并部分地恢复表面层的塑性。

（8）化学热处理。化学热处理是将工件在含有活性元素的介质中加热和保温，使合金元素渗入表面层,以改变表层的化学成分和组织,提高工件的耐磨性、抗蚀性、疲劳抗力或接触疲劳抗力等性能的工艺方法。

化学热处理包含着分解、吸收、扩散三个基本过程。

分解系指化学介质在一定温度下,由于发生化学分解反应,生成能够渗入工件表面的"活性原子"。

吸收系指分解析出的"活性原子"被吸附在工件表面,然后溶入金属晶格中。

扩散系指表面吸附"活性原子"后,使渗入元素的浓度大大提高,这样就形成了表面和内部显著的浓度差,从而获得一定厚度的扩散层。

根据渗入元素的不同,化学热处理可分为渗碳、渗氮(氮化)、碳氮共渗、软氮化、渗金属等。通常,在进行化学渗(镀)的前后均需施以合适的热处理,以期最大限度地发挥渗(镀)层的潜力,并达到钢件心部与表层在金相组织、应力分布等方面的最佳配合。

渗碳是化学热处理中最常用的一种,它是向工件表层渗入活性碳原子,提高表层碳浓度的一种操作工艺。渗碳的目的是获得高碳的表面层,提高工件表面的硬度和耐磨性,而心部仍保持原有的高韧性和高塑性,主要用于处理承受交变载荷、冲击载荷、很大接触应力和严重磨损条件下工作的机械结构零件,如汽车变速箱及后桥齿轮、发动机活塞销等。

此外,根据不同的用途及要求,还有渗氮及碳氮共渗等工艺。

第三节　钢铁材料的分类与牌号

一、钢铁材料的分类

钢铁材料又称黑色金属材料,它是工业中应用最广、用量最多的金属材料。钢铁是钢和生铁的统称,它们都是以铁和碳为主要元素构成的合金。

1. 生铁的分类

碳的质量分数(w_c)大于 2% 的铁碳合金称为生铁。生铁的分类见表 1-15。

表 1-15　生铁的分类

分类方法	分类名称	说　明
按用途分	炼钢生铁	炼钢生铁是指用于平炉、转炉炼钢用的生铁,一般含硅量较低($w_{si} \leqslant 1.75\%$)。它是炼钢用的主要原料,在生铁产量中占 80%～90%。炼钢生铁质硬而脆,断口呈白色,所以也叫白口铁

续表

分类方法	分类名称		说　明
按用途分	铸造生铁		铸造生铁是指用于铸造各种生铁铸件的生铁,俗称翻沙铁。一般含硅量较高(w_i 达 3.75%),含硫量稍低($w_s \leqslant$ 0.06%)。 它在生铁产量中约占 10%,是钢铁厂中的主要商品铁,其断口为灰色,所以也叫灰口铁
按化学成分分	普通生铁		普通生铁是指不含其他合金元素的生铁,如炼钢生铁、铸造生铁都属于这一类生铁
	特种生铁	天然合金生铁	天然合金生铁是指用含有共生金属如铜、钒、镍等的铁矿石或精矿,用还原剂还原而炼成的一种生铁。它含有一定量的合金元素(一种或多种,由矿石的成分决定),可用来炼钢,也可用于铸造
		铁合金	铁合金和天然合金生铁的不同之处,是在炼铁时特意加入其他成分,炼成含有多种合金元素的特种生铁。铁合金是炼钢的原料之一,也可用于铸造。在炼钢时作钢的脱氧剂和合金元素添加剂,用以改善钢的性能。 铁合金的品种很多,如按所含的元素不同,可分为:硅铁、锰铁、铬铁、钨铁、钼铁、铌铁、钛铁、钒铁、磷铁、硼铁、镍铁、硅锰合金、稀土合金等,其中用量最大的是锰铁、硅铁和铬铁。按照生产方法的不同,铁合金通常又分为:高炉铁合金、电炉铁合金、真空碳还原铁合金等

2. 铁的分类

碳的质量分数(w_c)超过 2%(一般为 2.5%～3.5%)的铁碳合金称为铸铁,铸铁是用铸造生铁经过冲天炉子等设备重熔,用于浇注机器零件。铸铁的分类见表 1-16。

表 1-16　铸铁的分类

分类方法	分类名称	说　明
按断口颜色分	灰铸铁	这种铸铁中的碳大部分或全部以自由状态的片状石墨形存在,其断口呈灰色,故称为灰铸铁。它有一定的力学性能和良好的被切削加工性,是工业上应用最普通的一种铸铁
	白口铸铁	白口铁是组织中完全没有或几乎完全没有石墨的一种铁碳合金,其中碳全部以渗碳体形式存在,断口呈白亮色,因而得名。这种铸铁硬而且脆,不能进行切削加工,工业上很少直接应用它来制作机械零件。在机械制造中,有时仅利用

续表

分类方法	分类名称	说　明
按断口颜色分		它来在机械制造中,有时仅利用它来制作需要耐磨而不承受冲击载荷的机件,如拉丝板、球磨机的铁球等,或用激冷的办法制作内部为灰铸铁组织、表层为白口铸铁组织的耐磨零件,如火车轮圈、轧辊等。这种铸铁具有很高的表面硬度和耐磨性,通常又称为激冷铸铁或冷硬铸铁
	麻口铸铁	这是介于白口铸铁和灰铸铁之间的一种铸铁,它的组织由珠光体+渗透体+石墨构成,断口呈灰白相间的麻点状,故称麻口铸铁,这种铸铁性能不好,极少应用
按化学成分分	普通铸铁	普通铸铁是指不含任何合金元素的铸铁,一般常用的灰铸铁、可锻铸铁、激冷铸铁和球墨铸铁等,都属于这一类铸铁。
	合金铸铁	它是在普通铸铁内有意识的加入一些合金元素,借以提高铸铁某些特殊性而配置的一种高级铸铁,如各种耐蚀、耐热、耐磨的特殊性能铸铁,都属于这一类型的铸铁
按生产方法和组织性能分	普通灰铸铁	(参见"灰铸铁")
	孕育铸铁	孕育铸铁又称变质铸铁,它是在灰铸铁的基础上,采用"变质处理",即在铁水中加入少量的变质剂(硅铁或硅钙合金)造成人工晶核,使能获得细晶粒的珠光体和细片状石墨组织的一种高级铸铁。这种铸铁的强度、塑性和韧性均比一般灰铸铁要好得多,组织也较均匀一些,主要用来制造力学性能要求较高而截面尺寸变化较大的大型铸铁件
	可锻铸铁	可锻造铸铁是由一定成分的白口铸铁经石墨化退火后而成,其中碳大部分或全部呈团絮状石墨的形式存在,由于其对基体的破坏作用,较之片状石墨大大减轻,因而比灰铸铁具有较高的韧性,故又称韧性铸铁。可锻铸铁实际上并不可以锻造,只不过具有一定的塑性而已,通常用来制造承受冲击载荷的铸件
	球墨铸铁	球墨铸铁简称球铁。它是用国在浇注前往铁水中加入一定量的球化剂(如纯镁或其他合金)和墨化剂(硅铁或硅钙合金),以促进碳呈球状的石墨晶体而获得的。由于石墨呈球体,应力大为减轻,它主要减小金属基体的有效截面积,因而这中铸铁的力学性能比普通灰铸铁高得多,也比可锻造铸铁好;此外,它还具有比灰铸铁好的焊接性和接受热处理的性能;和钢相比,除可塑性、韧性稍低外,其他性能均接近,是一

分类方法	分类名称	说　明
按生产方法和组织性能分	球墨铸铁	种同时兼有钢和铸铁优点的优良材料,因此在机械工程上获得了广泛的应用
	特殊性能铸铁	这是一类具有某些特性的铸铁,根据用途的不同,可分为耐磨铸铁、耐热铸铁、耐蚀铸铁等。这类铸铁大部分都属于合金铸铁,在机械制造上应用也较为广泛

3. 钢的分类

碳的质量分数(w_c)不大于 2% 的铁碳合金称为钢,钢的分类见表 1-17。非合金钢、低合金钢和合金钢的合金元素规定含量界限值见表 1-18。

表 1-17　钢的分类

分类方法	分类名称		说　明
按冶炼方法分	按冶炼设备分	平炉钢	平炉钢是指用平炉炼钢法所炼制出来的钢,按炉衬材料的不同,分酸性和碱性两种,一般平炉都是碱性的,只有特殊情况下才在酸性平炉里炼制。平炉钢具有原料范围宽、设备能力大、品种多、质量好等特点,在 20 世纪 50 年代前,平炉钢在世界总产量中占绝对优势,以后由于氧气顶吹转炉炼钢法的出现很快使平炉相形见绌,现在世界各国都有停建平炉的趋势。平炉钢的主要品种是普碳钢、低合金钢和优质碳素钢
	按脱氧程度和浇注制度分	转炉钢	转炉钢是指转炉炼钢法所炼制出来的钢,除分为酸性转炉钢和碱性转炉钢外,还可分为低吹、侧吹、顶吹和空气吹炼、纯氧吹炼等转炉钢。它们常常混合使用,例如:贝氏炉钢为低吹酸性转炉钢,氧气顶吹转炉钢具有生产速度快、质量高、成本底、投资少、基建快等一系列优点
		电炉钢	电炉钢是指用电炉炼钢法炼制出的钢,可分为电弧炉钢、感应电炉钢、真空感觉电炉钢、电渣炉钢、真空自耗炉钢、电子束炉钢等。工业上大量生产的,主要是碱性电弧炉钢,品种有优质钢和合金钢
		沸腾钢	这是脱氧不完全的钢,浇注时在钢锭里产生沸腾,因此得名,其特点是收得率高,成本低,表面质量及深冲性能好;但成分偏析大、质量不均匀,耐腐蚀性和机械强度较差。这类钢大量用于轧制普通碳素钢的型钢和钢板

分类方法	分类名称		说 明
按冶炼方法分	按脱氧程度和浇注制度分	镇静钢	它是脱氧完全的钢,在浇注时钢液镇静,没有沸腾现象,所以称镇静钢。其特点是成分偏析少、质量均匀,但金属的收得率低(缩孔多),成本比较高,一般合金钢和优质碳素钢都是镇静钢
		半镇静钢	它是脱氧程度介于沸腾钢和镇静钢之间的钢,浇注时沸腾现象较沸腾钢弱。钢的质量、成本和收得率也介于沸腾钢和镇静钢之间。它的生产较难控制,故目前在钢的生产中所占比重不大
按化学成分分	碳素钢		碳素钢是指在碳量 $\omega_c < 2\%$,并含有少量锰、硅、硫、磷、氧等杂质元素的铁碳合金,按其含碳量的不同可分为: 工业纯铁——为含碳量 $\omega_c \leqslant 0.04\%$ 的铁碳合金 低碳钢——为含碳量 $\omega_c \leqslant 0.25\%$ 的钢 中碳钢——为含碳量 $\omega_c > 0.25\% \sim 0.60\%$ 的钢 高碳钢——为含碳量 $\omega_c > 0.60\%$ 的钢 此外,按照钢的质量和用途的不同,碳素钢通常又分为:普通碳素结构钢、优质碳素结构钢和工业碳素钢三大类
	合金钢		合金钢是指在碳素钢的基础上,为了改善钢的性能,在冶炼时特意加入一些合金元素(如铬、镍、硅、锰、钼、钨、钒、钛……)而炼成的钢。 按其合金元素的种类不同,可分为:铬钢、锰钢、铬锰钢、铬镍钢、铬钼钢、硅锰钢等 按其合金元素的总含量,可分为: 低合金钢——这类钢的合金元素总质量分数≤5% 中合金钢——这类钢的合金元素总质量分数>5%~10% 高合金钢——这类钢的合金元素总质量分数>10% 按照钢中主要合金元素的种类,又可分为: 三元合金钢——指除铁、碳以外,还含有另一种合金元素的钢,如锰钢、铬钢、硼钢、钼钢、硅钢、镍钢等 四元合金钢——指除铁、碳以外,还含有另外两种合金元素的钢,如硅锰钢、锰硼钢、铬锰钢、铬镍钢等 多元合金钢——指除铁、碳以外,还有含有另外三种或三种以上合金元素的钢,如铬锰钛钢、硅锰钼钒钢等

续表

分类方法	分类名称		说　明
按用途分	结构钢	建筑及工程用结构钢	建筑及工程用结构钢简称建造用钢,它是指用于建筑、桥梁、船舶、锅炉或其他工程上制作金属结构件的钢。这类钢大多为低碳钢,因为它们多要经过焊接施工,含碳量不宜过高,一般都是在热轧供应状态或正火状态下使用属于这一类型的钢,主要有: 普通碳素结构钢——按用途又分为:①一般用途的普碳钢;②专用普碳钢 ②低合金钢——按用途又分为:①低合金结构钢;②耐腐蚀用钢;③低温用钢;④钢筋钢;⑤钢轨钢;⑥耐磨钢;⑦特殊用途的专用钢
		机械制造用	机械制造用结构钢是指用于制造机械设备上结构零件的钢。这类钢基本上都是优质钢或高级优质钢,它们往往要经过热处理、冷塑成形和机械切削加工后才能使用。属于这一类型的钢,主要有:①优质碳素结构钢;②合金结构钢;③易切结构钢;④弹簧钢;⑤滚动轴承钢
	工具钢		工具钢是指用于制造各种工具的钢。 这类钢按其化学成分,通常分为:①碳素工具钢;②合金工具钢;③高速钢。 按照用途又可分为:①刃具钢(或称刀具钢);②模具钢(包括冷作模具钢和热作模具钢);③量具钢
	特殊钢		特殊钢是指用特殊方法生产,具有特殊物理、化学性能或力学性能的钢。属于这一类型的钢,主要有:①不锈耐酸钢;②耐热不起皮钢;③高电阻合金;④低温用钢;⑤耐磨钢;⑥磁钢(包括硬磁钢和软磁钢);⑦抗磁钢;⑧超高强度钢(指 $\sigma_b \geqslant 1\,400\,\text{MPa}$ 的钢)
	专业用钢		这是指各个工业部门专业用途的钢。例如:农机用钢、机床用钢、重型机械用钢、汽车用钢、航空用钢、宇航用钢、石油机械用钢、化工机械用钢、锅炉用钢、电工用钢、焊条用钢……

续表

分类方法	分类名称		说　明
按金相组织分	按退火后的金相组织分	亚共析钢	含碳量 $w_c<0.80\%$,组织为游离铁素体+珠光体
		共析钢	含碳量 w_c 为 0.80%,组织全部为珠光体
		过共析钢	含碳量 $w_c>0.80\%$,组织为游离碳化物+珠光体
		莱氏体钢	实际上也是过共析钢,但其组织为碳化物和奥氏体的共晶体,通常把它另分为一类
	按正火后的金相组织分	珠光体钢、贝氏体钢	当合金元素含量较少,于空气中冷却可得到珠光体或索氏体、托氏体的,就属于珠光体钢;若得到贝氏体组织的,就属于贝氏体钢
		马氏体钢	当合金元素含量较高,于空气中冷却,可得到马氏体组织的,称为马氏体钢
		奥氏体钢	当合金元素含量很多时,在空气中冷却,奥氏体直到室温仍不转变的,称为奥氏体钢
		碳化物钢	当含碳量较高并含有大量碳化物组成元素时,于空气中冷却,可得到由碳化物及其基体组织(珠光体或马氏体、奥氏体)所构成的混合物组织的,称为碳化物钢。最典型的碳化物钢是高速钢
按金相组织分	按加热、冷却时有无相变和室温	铁素体钢	这类钢含碳量很低并含有多量的形成或稳定铁素体的元素(如铬、硅等),以致加热或冷却时,始终保持铁素体组织
		半铁素体钢	这类钢含碳量较低并含有较多的形成或稳定铁素体的元素(如铬、硅),在加热或冷却时,只有部分发生 $\alpha \rightleftharpoons \gamma$ 相变,其他部分始终保持 α 相的铁素体组织
		半奥氏体钢	这类钢含有一定的形成或稳定奥氏体的元素(如镍、锰),以致在加热或冷却时,只有部分发生 $\alpha \rightleftharpoons \gamma$ 相变,其他部分始终保持 γ 相的奥氏体组织
		奥氏体钢	这类钢含有多量的形成或稳定奥氏体的元素(如锰、镍等),以致加热或冷却时,始终保持奥氏体组织

48

续表

分类方法	分类名称	说　明
按品质分	普通钢	这类钢含杂质元素较多，其中 ω_p 与 ω_s 均被限制在 0.7% 以内，主要用作建筑结构和要求不太高的机械零件，属于这一类的钢有：普通碳素钢、低合金结构钢等
	优质钢	这类钢含杂质元素较少，质量较好，其中硫与磷的含量 ω_s、ω_p 均被限制在 0.04% 以内，主要用作机械结构零件和工具。属于这一类的钢有：优质碳素结构钢、合金结构钢、碳素工具钢和合金工具钢、弹簧钢、轴承钢等
	高级优质钢	这类钢含杂质元素极少，其中硫、磷含量 ω_s、ω_p 均被限制在 0.03% 以内，主要用作重要的机械结构零件和工具，属于这一类的钢，大多是合金结构钢和工具钢，为了区别一般优质钢，这类钢的钢号后面，通常加符号"A"或汉字"高"以便识别
按制造加工形式分	铸钢	铸钢是指采用铸造方法而生产出来的一种钢铸件，其含碳量 ω_c 一般在 0.15%～0.60% 之间。铸钢件由于铸造性能差，常常需要用热处理和合金化等方法来改善其组织和性能，在机械制造业中，铸钢主要用于制造一些形状复杂、难以进行锻造或切削加工成形而又要求较高强度和塑性的零件。按照化学成分，铸钢一般分为铸造碳钢和铸造合金钢两大类；按照用途，铸钢又可分为铸造结构钢、铸造特殊钢和铸造工具钢三大类
	锻钢	锻钢是指采用锻造方法而生产出来的各种锻材和锻件，锻钢件的质量比铸钢件高，能承受大的冲击力作用，塑性、韧性和其他方面的力学性能也都比铸钢件高，所以凡是一些重要的机器零件都应当采用锻钢件。在冶金工厂，某些截面较大的型钢，也采用锻造方法，生产和供应一定规格的锻材，如锻制圆钢、方钢和扁钢等
	热轧钢	热轧钢是指用热轧方法而生产出来的各种热轧钢材。大部分钢材都是采用热轧轧成的，热轧常用来生产型钢、钢管、钢板等大型钢材，也用于轧制线材
	冷轧钢	冷轧钢是指用冷轧方法而生产出来的各种冷轧钢材。与热轧钢相比，冷轧钢的特点是表面光洁、尺寸精确、力学性能好。冷轧常用来轧制薄板、钢带和钢管
	冷拔钢	冷拔钢是指用冷拔方法而生产出来的各种冷拔钢材，冷拔钢的特点是精度高、表面质量好。冷拔主要用于生产钢丝，也用于生产直径在 50 mm 以下的圆钢和六角钢，以及直径在 76 mm 以下的钢管

表 1-18 非合金钢、低合金钢和合金钢的合金元素规定含量界限值

合金元素	合金元素规定质量分数界限值（%）			合金元素	合金元素规定质量分数界限值（%）		
	非合金钢<	低合金钢	合金钢≥		非合金钢<	低合金钢	合金钢≥
Al	0.10	—	0.10	Se	0.10	—	0.10
B	0.0005	—	0.0005	Si	0.50	0.50～<0.90	0.90
Bi	0.10	—	0.10	Te	0.10	—	0.10
Cr	0.30	0.30～<0.50	0.50	Ti	0.05	0.05～<0.13	0.13
Co	0.10	—	0.10	W	0.10	—	0.10
Cu	0.10	0.10～<0.50	0.50	V	0.04	0.04～<0.12	0.12
Mn	1.00	1.00～<1.40	1.40	Zr	0.05	0.05～<0.12	0.12
Mo	0.05	0.05～<0.10	0.10	RE	0.02	0.02～<0.05	0.05
Ni	0.30	0.03～<0.50	0.50	其他规定元素（S、P、C、N 除外）	0.05	—	0.05
Nb	0.02	0.02～<0.06	0.06				
Pb	0.40	—	0.40				

二、钢铁产品牌号的表示方法

1. 常用钢铁产品的命名符号

常用钢铁产品化学元素符号见表 1-19，钢铁产品的名称、用途、特性和工艺方法表示符号（GB/T 221—2000）见表 1-20。

表 1-19 常用化学元素符号

铁	Fe
锰	Mn
铬	Cr
镍	Ni
钴	Co
铜	Cu
钨	W
钼	Mo
钒	V
钛	Ti
铝	Al
铌	Nb

钽	Ta
锂	Li
铍	Be
镁	Mg
钙	Ca
锆	Zr
锡	Sn
铅	Pb
铋	Bi
铯	Cs
钡	Ba
镧	La
铈	Ce
钕	Nd
钐	Sm
锕	Ac
硼	B
碳	C
硅	Si
硒	Se
碲	Te
砷	As
硫	S
磷	P
氮	N
氧	O
氢	H

注:稀土元素符号用"RE"表示

表 1-20 钢铁产品的名称、用途、特性和工艺方法表示符号

名　称	采用的汉字及汉语拼音		采用符号	字体	位置
	汉字	汉语拼音			
炼钢用生铁	炼	LIAN	L	大写	牌号头
铸造用生铁	铸	ZHU	Z	大写	牌号头
球墨铸铁用生铁	球	QIU	Q	大写	牌号头
脱碳低磷粒铁	脱炼	TUOLIAN	TL	大写	牌号头
含钒生铁	钒	FAN	F	大写	牌号头
耐磨生铁	耐磨	NAI MO	NM	大写	牌号头
碳素结构钢	屈	QU	Q	大写	牌号头
低合金高强度钢	屈	QU	Q	大写	牌号头
耐候钢	耐候	NAI HOU	NH	大写	牌号尾
保证淬透性钢			H	大写	牌号尾
易切削非调质钢	易非	YIFEI	YF	大写	牌号头
热锻用非调质钢	非	FEI	F	大写	牌号头
易切削钢	易	YI	Y	大写	牌号头
电工用热轧硅钢	电热	DIAN RE	DR	大写	牌号头
电工用冷轧无取向硅钢	无	WU	W	大写	牌号中
电工用冷轧取向硅钢	取	QU	Q	大写	牌号中
电工用冷轧取向高磁感硅钢	取高	QU GAO	QG	大写	牌号中
(电讯用)取向高磁感硅钢	电高	DIAN GAO	DG	大写	牌号头
电磁纯铁	电铁	DIAN TIE	DT	大写	牌号头
碳素工具钢	碳	TAN	T	大写	牌号头
塑料模具钢	塑模	SU MO	SM	大写	牌号头
(滚珠)轴承钢	滚	GUN	G	大写	牌号头
焊接用钢	焊	HAN	H	大写	牌号头
钢轨钢	轨	GUI	U	大写	牌号头
铆螺钢	铆螺	MAO LUO	ML	大写	牌号头
锚链钢	锚	MAO	M	大写	牌号头
地质钻探钢管用钢	地质	DI ZHI	DZ	大写	牌号头
船用钢			采用国际符号		
汽车大梁用钢	梁	LIANG	L	大写	牌号尾

名　称	采用的汉字及汉语拼音		采用符号	字体	位置
	汉字	汉语拼音			
矿用钢	矿	KUANG	K	大写	牌号尾
压力容器用钢	容	RONG	R	大写	牌号尾
桥梁用钢	桥	QIAO	q	大写	牌号尾
锅炉用钢	锅	GUO	g	大写	牌号尾
焊接气瓶用钢	焊瓶	HAN PING	HP	大写	牌号尾
车辆车轴用钢	辆轴	LIANG ZHOU	LZ	大写	牌号头
机车车轴用钢	机轴	JI ZHOU	JZ	大写	牌号头
管线用钢			S	大写	牌号头
沸腾钢	沸	FEI	F	大写	牌号尾
半镇静钢	坐	BAN	b	大写	牌号尾
镇静钢	镇	ZHEN	Z	大写	牌号尾
特殊镇静钢	特镇	TE ZHEN	TZ	大写	牌号尾
质量等级			A	大写	牌号尾
			B	大写	牌号尾
			C	大写	牌号尾
			D	大写	牌号尾
			E	大写	牌号尾

注:没有汉字及汉语拼音的,采用符号为英文字母

2. 常用钢铁产品的牌号表示方法

(1)碳素结构钢(GB/T 700—1988):Q195F,Q215AF,Q235Bb,Q255A,Q275。以 Q235Bb 为例:

Q——钢材屈服强度"屈"字的拼音首位字母;

235——屈服点(强度)值(MPa);

B——质量等级:A、B、C、D;

b——脱氧方法【F:沸腾钢　b:半镇静钢　Z:镇静钢(可省略)　TZ:特殊镇静钢(可省略)】。

(2)优质碳素结构钢(GB/T 699—1999):普通含锰量08F、45、20A,较高含锰量 40Mn、70Mn,锅炉用钢,20 g。

50——含碳量:以平均万分之几表示;

Mn——锰元素:含量较高 $\omega Mn(0.70\% \sim 1.00\%)$ 时标出;

F——脱氧方法:同碳素结构钢;

A——质量等级【无符号:优质 A:高级优质】。

(3)低合金高强度结构钢(GB/T 1591—1994):Q295,Q345A,Q390B,Q420C,Q460E。

Q——钢材屈服强度"屈"字的拼音首位字母;

390——屈服点(强度)值(Mpa);

A—质量等级:A、B、C、D、E。

(4)碳素工具钢(GB/T 1289—1986):T7,T8,T9,T10,T11,T12A,T8Mn。

T——代表碳素工具钢;

8——含碳量:以千分之几表示;

Mn——锰元素含量较高时标出 Mn;

A——质量等级:同优质碳素结构钢。

(5)易切削结构钢(GB/T 8731—1988):普通含锰量 Y12,较高含锰量 Y30,Y40Mn,Y45Ca。

Y——代表易切削结构钢;

40——含碳量:以万分之几表示;

Mn——易切削元素符号【1.S、SP 易切削钢不标元素符号。2.Ca、Pb、Si 等易切钢标元素符号。3.Mn 易切削钢一般不标元素符号,含量较高 ωMn(1.20%～1.55%)时标出】。

(6)电工用热轧硅钢薄板(GB/T 8731—1988):DR510-50,DR1750G-35。

DR——代表电工用热轧硅钢薄钢板;

1750——铁损值的 100 倍;

G——表示频率为 400Hz 时在强磁下检验的钢板;

35——厚度值的 100 倍。

(7)电磁纯铁热轧厚板(GB/T 6984—1986):DT3,DT4A。

DT——代表电磁纯铁热轧厚板;

4——不同牌号的顺序号;

E——电磁性能【A——高级,E——特级,C——超级】。

(8)合金结构钢(GB/T 3077—1999):25Cr2MoVA,30CrMnSi。

25——含硫量:以万分之几表示;

Cr2——化学元素符号及含量:以百分之几表示;

A——质量等级:标 A 表示硫、磷含量较低的高级优质钢。

(9)弹簧钢(GB/T 1222—2007):50CrVA,55Si2Mn。

50——含碳量:以万分之几表示;

Cr——化学元素及含量:以百分之几表示;

A——质量等级:标 A 表示硫、磷含量较低的高级优质钢。

（10）滚动轴承钢（GB/T 18254—2000）：GCr9，GCr15Si

G——代表滚动轴承钢；

Cr15——含铬量：以千分之几表示；

Si——化学元素符号及含量：以百分之几表示。

（11）合金工具钢（GB/T 1299—2000）：4CrW2Si，CrWMn

4——含碳量【1.≥1.00％时，不予标出。2.＜1.00％时，数学为千分之几】

CrW2Si——化学元素符号及含量【1.一般以百分之几表示。2.个别低铬合金钢的铬含量以千分之几表示，但在含铬量前加"0"，如Cr06】。

（12）高速工具钢（GB/T 1299—2000）：W18Cr4V，W12Cr4V5Co5

不标含碳量；

W18Cr4V——化学元素符号及含量：以百分之几表示。

（13）不锈钢和耐热钢（GB/T 1220—2007）（GB/T 1221—2007）：1Cr13，00Cr18Ni10N，0Cr25Ni20

1——以千分之几表示【1.一个"0"表示含碳量 ω_c≤0.09％。2.二个"0"表示含碳量 ω_c≤0.03％】

（14）专门用途钢：铆螺钢、焊接用碳素结构钢、焊接用合金结构钢、焊接用不锈耐热钢、造船用钢、桥梁用钢、锅炉用钢、压力容器用钢、低温压力容器用钢、焊接气瓶用钢、保证淬透性结构钢、低淬透性含钛钢、汽车大梁用钢。ML10、ML40Mn、H08、H08MnA、H08Mn2Si、H00Cr19Ni9、3C、15MnTiC、16q、15MnVq、20g、15CrMog、20R、15MnVNR、16MnDR、HP245、HP265、40CrH、55Ti、70Ti、09MnREL。

在头部或尾部加代表钢用途的符号

例：ML10　　　　　　　　ML——表示铆螺用钢

　　　　　　　　　　　　10——牌号

H08Mn2Si　　　　　　　H——表示焊接用

　　　　　　　　　　　　08Mn2Si——牌号

15CrMog　　　　　　　 g——表示锅炉用钢

　　　　　　　　　　　　15CrMo——牌号

15MnVNR　　　　　　　R——表示压力容器用钢

　　　　　　　　　　　　15MnVN——牌号

HP245　　　　　　　　　HP——表示焊接气瓶用钢

　　　　　　　　　　　　245——屈服点（MPa）

40CrH　　　　　　　　　H——表示保证淬透性结构钢

　　　　　　　　　　　　40Cr——牌号

（15）高温合金（GB/T 14992—2005）：CH1040，CH1140，CH2302，CH3044。

以 CH1140 为例：

GH—代表高温合金

1—合金分类号【1.固溶强化型铁基合金。2.时效硬化型铁基合金。3.固溶强化型镍基合金。4.时效硬化型镍基合金。5.(空位)。6.钴基合金】

140—牌号的顺序号

(16)耐蚀合金(GB/T 15007—1994)：NS111，NS322，NS333，NS411

HS—代表耐蚀合金；

3—合金分类号【1.固溶强化型铁镍基合金。2.时效硬化型铁镍基合金。3.固溶强化型镍基合金。4.时效硬化型镍基合金】

1—不同合金系列号【1.NiCr 系。2.NiCo 系。3.NiCrMo 系。4.NiCrMoCu 系】；

2—不同合金牌号的顺序号

注：①平均合金含量 $\omega_{均}$ <1.5%者，在牌号中只标出元素符号，不注其含量。

②平均合金含量为 $\omega_{均}$ 1.5%~2.49%、2.50%~3.49%、……、22.5%~23.49%、……时，相应地注为 2、3、…、23、…。

3. 钢铁及合金牌号统一数字代号体系(GB/T17616—1998)

本标准适用于钢铁及合金产品牌号编制统一数字代号。凡列入国家标准和行业标准的钢铁及合金产品应同时列入产品牌号和统一数字代号，相互对照，两种表示方法均有效。

(1)总则。

1)统一数字代号由固定的 6 位符号组成，左边第一位用大写的拉丁字母作前缀(一般不使用"I"和"O"字母)，后接 5 位阿拉伯数字。

2)每一个统一数字代号只适用于一个产品牌号；反之，每一个产品牌号只对应于一个统一数字代号。当产品牌号取消后，一般情况下，原对应的统一数字代号不再分配给另一个产品牌号。

统一数字代号的结构型式如下：

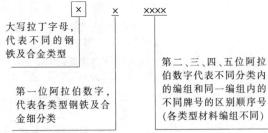

(2)分类与统一数字代号。

1)钢铁及合金的类型和每个类型产品牌号统一数字代号见表 1-21。

第三节　钢铁材料的分类与牌号

表 1-21　钢铁及合金的类型与统一数字代号

钢铁及合金的类型	英文名称	前缀字母	统一数字代号
合金结构钢	Alloy structural steel	A	A××××
轴承钢	Bearing steel	B	B××××
铸铁、铸钢及铸造合金	Cast iron，cast steel and cast alloy	C	C××××
电工用钢和纯铁	Electrical steel and iron	E	E××××
铁合金和生铁	Ferro alloy and pig iron	F	F××××
高温合金和耐蚀合金	Heat resisting and corrosion resisting alloy	H	H××××
精密合金及其他特殊物理性能材料	Precision alloy and other special physical character materials	J	J××××
低合金钢	Low alloy steel	L	L××××
杂类材料	Miscellaneous materials	M	M××××
粉末及粉末材料	Powders and powder materials	P	P××××
快淬金属及合金	Quick quench matels and alloys	Q	Q××××
不锈、耐蚀和耐热钢	Stainless，corrosion resisting and heat resisting steel	S	S××××
工具钢	Tool steel	T	T××××
非合金钢	Unalloy steel	U	U××××
焊接用钢及合金	Steel and alloy for welding	W	W××××

2）各类型钢铁及合金的细分类和主要编组及其产品牌号统一数字代号，见表1-22 至表 1-36。

表 1-22　合金结构钢细分类与统一数字代号

统一数字代号	合金结构钢（包括合金弹簧钢）细分类
A0××××	Mn(X)、MnMo(X)系钢
A1××××	SiMn(X)、SiMnMo(X)系钢
A2××××	Cr(X)、CrSi(X)、CrMn(X)、CrV(X)、MoWV(X)系钢
A3××××	CrMo(X)、CrMoV(X)系钢
A4××××	CrNi(X)系钢
A5××××	CrNiMo(X)、CrNiW(X)系钢
A6××××	Ni(X)、NiMo(X)、NiCoMo(X)、Mo(X)、MoWV(X)系钢
A7××××	B(X)、MnB(X)、SiMnB(X)系钢
A8××××	（暂空）
A 9××××	其他合金结构钢

表 1-23　轴承钢细分类与统一数字代号

统一数字代号	轴承钢细分类
B0××××	高碳铬轴承钢
B1××××	渗碳轴承钢
B2××××	高温、不锈轴承钢
B3××××	无磁轴承钢
B4××××	石墨轴承钢
B5××××	(暂空)
B6××××	(暂空)
B7××××	(暂空)
B8××××	(暂空)
B 9××××	(暂空)

表 1-24　铸铁、铸钢及铸造合金细分类与统一数字代号

统一数字代号	铸铁、铸钢及铸造合金细分类
C0××××	铸铁(包括灰铸铁、球墨铸铁、黑心可锻铸铁、珠光体可锻铸铁、白心可锻铸铁、高硅耐蚀铸铁、耐热铸铁等)
C1××××	铸铁(暂空)
C2××××	非合金铸钢(一般非合金铸钢、含锰非合金铸钢、一般工程和焊接结构用非合金铸钢、特殊专用非合金铸钢等)
C3××××	低合金铸钢
C4××××	合金铸钢(不锈耐热铸钢、铸造永磁钢除外)
C5××××	不锈耐热铸钢
C6××××	铸造永磁钢和合金
C7××××	铸造高温合金和耐蚀合金
C8××××	(暂空)
C9××××	(暂空)

表 1-25　电工用钢和纯铁细分类与统一数字代号

统一数字代号	电工用钢和纯铁细分类
E0××××	电磁纯铁
E1××××	热轧硅钢
E2××××	冷轧无取向硅钢
E3××××	冷轧取向硅钢
E4××××	冷轧取向硅钢(高磁感)
E5××××	冷轧取向硅钢(高磁感、特殊检验条件)

续表

统一数字代号	轴承钢细分类
E6××××	无磁钢
E7××××	（暂空）
E8××××	（暂空）
E9××××	（暂空）

表1-29　铁合金和生铁细分类与统一数字代号

统一数字代号	铁合金和生铁细分类
F0××××	生铁（包括炼钢生铁、铸造生铁、含钒生铁、球墨铸铁用生铁、铸造用磷铜钛低合金耐磨生铁、脱碳低磷粒铁等）
F1××××	锰铁合金及金属锰（包括低碳锰铁、中碳锰铁、高碳锰铁、高炉锰铁、锰硅合金、铌锰铁合金、金属锰、电解金属锰等）
F2××××	硅铁合金（包括硅铁合金、硅铝铁合金、硅钙合金、硅钡合金、硅钡铝合金、硅钙钡铝合金等）
F3××××	铬铁合金及金属铬（包括微碳铬铁、低碳铬铁、中碳铬铁、高碳铬铁、渗氮铬铁、金属铬、硅铬合金等）
F4××××	钒铁、钛铁、铌铁及合金（包括钒铁、钒铁合金、钛铁、铌铁等）
F5××××	稀土铁合金（包括稀土硅铁合金、稀土镁硅铁合金等）
F6××××	钼铁、钨铁及合金（包括钼铁、钨铁等）
F7××××	硼铁、磷铁及合金
F8××××	（暂空）
F9××××	（暂空）

表1-27　高温合金和耐蚀合金细分类与统一数字代号

统一数字代号	高温合金和耐蚀合金细分类
H0××××	耐蚀合金（包括固溶强化型铁镍基合金、时效硬化型铁镍基合金、固溶强化型镍基合金、时效硬化型镍基合金）
H1××××	高温合金（固溶强化型铁镍基合金）
H2××××	高温合金（时效硬化型铁镍基合金）
H3××××	高温合金（固溶强化型镍基合金）
H4××××	高温合金（时效硬化型镍基合金）
H5××××	高温合金（固溶强化型钴基合金）
H6××××	高温合金（时效硬化型钴基合金）
H7××××	（暂空）
H8××××	（暂空）
H9××××	（暂空）

表 1-28　精密合金及其他特殊物理性能材料细分类与统一数字代号

统一数字代号	精密合金及其他特殊物理性能材料细分类
J0××××	(暂空)
J1××××	软磁合金
J2××××	变形永磁合金
J3××××	弹性合金
J4××××	膨胀合金
J5××××	热双金属
J6××××	电阻合金(包括电阻电热合金)
J7××××	(暂空)
J8××××	(暂空)
J9××××	(暂空)

表 1-29　低合金钢细分类与统一数字代号

统一数字代号	低合金钢细分类(焊接用低合金钢、低合金铸钢除外)
L0××××	低合金一般结构钢(表示强度特性值的钢)
L1××××	低合金专用结构钢(表示强度特性值的钢)
L2××××	低合金专用结构钢(表示成分特性值的钢)
L3××××	低合金钢筋钢(表示强度特性值的钢)
L4××××	低合金钢筋钢(表示成分特性值的钢)
L5××××	低合金耐候钢
L6××××	低合金铁道专用钢
L7××××	(暂空)
L8××××	(暂空)
L9××××	其他低合金钢

表 1-30　杂类材料细分类与统一数字代号

统一数字代号	杂类材料细分类
M0××××	杂类非合金钢(包括原料纯铁、非合金钢球钢等)
M1××××	杂类低合金钢
M2××××	杂类合金钢(包括锻制轧辊用合金钢、钢轨用合金钢等)
M3××××	冶金中间产品(包括钒渣、五氧化二钒、氧化钼铁、铌磷半钢等)
M4××××	铸铁产品用材料(包括灰铸铁管、球墨铸铁管、铸铁轧辊、铸铁焊丝、铸铁丸、铸铁砂等用铸铁材料)

续表

统一数字代号	轴承钢细分类
M5××××	非合金铸钢产品用材料(包括一般非合金铸钢材料、含锰非合金铸钢材料、非合金铸钢丸材料、非合金铸钢砂材料等)
M6××××	合金铸钢产品用材料[包括 Mn 系、Mn—Mo 系、Cr 系、CrMo 系、CrNiMo 系、Cr(Ni)MoSi 系铸钢材料等]
M7××××	(暂空)
M8××××	(暂空)
M9××××	(暂空)

表 1-31　粉末及粉末材料细分类与统一数字代号

统一数字代号	粉末及粉末材料细分类
P0××××	粉末冶金结构材料(包括粉末烧结铁及铁基合金、粉末烧结非合金结构钢、粉末烧结合金结构钢等)
P1××××	粉末冶金摩擦材料和减摩材料(包括铁基摩擦材料、铁基减摩材料等)
P2××××	粉末冶金多孔材料(包括铁及铁基合金多孔材料、不锈钢多孔材料)
P3××××	粉末冶金工具材料(包括粉末冶金工具钢等)
P4××××	(暂空)
P5××××	粉末冶金耐蚀材料和耐热材料(包括粉末冶金不锈、耐蚀和耐热钢、粉末冶金高温合金和耐蚀合金等)
P6××××	(暂空)
P7××××	粉末冶金磁性材料(包括软磁铁氧体材料、永磁铁氧体材料、特殊磁性铁氧体材料、粉末冶金软磁合金、粉末冶金铝镍钴永磁合金、粉末冶金稀土钴永磁合金、粉末冶金钕铁硼永磁合金等)
P8××××	(暂空)
P9××××	铁、锰等金属粉末(包括粉末冶金用还原铁粉、电焊条用还原铁粉、穿甲弹用铁粉、穿甲弹用锰粉等)

表 1-32　快淬金属及合金细分类与统一数字代号

统一数字代号	快淬金属及合金细分类
Q0××××	(暂空)
Q1××××	快淬软磁合金

统一数字代号	轴承钢细分类
Q2××××	快淬永磁合金
Q3××××	快淬弹性合金
Q4××××	快淬膨胀合金
Q5××××	快淬热双金属
Q6×X××	快淬电阻合金
Q7××××	快淬可焊合金
Q8××××	快淬耐蚀耐热合金
Q9××××	(暂空)

表1-33　不锈、耐蚀和耐热钢细分类与统一数字代号

统一数字代号	不锈、耐蚀和耐热钢细分类
S0××××	(暂空)
S1××××	铁素体型钢
S2××××	奥氏体—铁素体型钢
S3××××	奥氏体型钢
S4××××	马氏体型钢
S5××××	沉淀硬化型钢
S6××××	(暂空)
S7××××	(暂空)
S8××××	(暂空)
S9××××	(暂空)

表1-34　工具钢细分类与统一数字代号

统一数字代号	工具钢细分类
T0××××	非合金工具钢(包括一般非合金工具钢,含锰非合金工具钢)
T1××××	非合金工具钢(包括非合金塑料模具钢,非合金钎具钢等)
T2××××	合金工具钢(包括冷作、热作模具钢,合金塑料模具钢,无磁模具钢等)
T3××××	合金工具钢(包括量具刃具钢)
T4××××	合金工具钢(包括耐冲击工具钢、合金钎具钢等)
T5××××	高速工具钢(包括 W 系高速工具钢)
T6××××	高速工具钢(包括 W-Mo 系高速工具钢)

续表

统一数字代号	轴承钢细分类
T7××××	高速工具钢(包括含 Co 高速工具钢)
T8××××	(暂空)
T9××××	(暂空)

表 1-35　非合金钢细分类与统一数字代号

统一数字代号	非合金钢细分类(非合金工具钢、电磁纯铁、焊接用非合金钢、非合金钢铸钢除外)
U0××××	(暂空)
U1××××	非合金一般结构及工程结构钢(表示强度特性值的钢)
U2××××	非合金机械结构钢(包括非合金弹簧钢,表示成分特性值的钢)
U3×××X	非合金特殊专用结构钢(表示强度特性值的钢)
U4××××	非合金特殊专用结构钢(表示成分特性值的钢)
U5××××	非合金特殊专用结构钢(表示成分特性值的钢)
U6××××	非合金铁道专用钢
U7××××	非合金易切削钢
U8××××	(暂空)
U9××××	(暂空)

表 1-36　焊接用钢及合金细分类与统一数字代号

统一数字代号	焊接用钢及合金细分类
W0××××	焊接用非合金钢
W1××××	焊接用低合金钢
W2X×××	焊接用合金钢(不含 Cr、Ni 钢)
W3××××	焊接用合金钢(W2××××,W4××××类除外)
W4X×××	焊接用不锈钢
W5××××	焊接用高温合金和耐蚀合金
W6X×××	钎焊合金
W7X×××	(暂空)
W8××××	(暂空)
W9××××	(暂空)

第四节 有色金属材料的分类与牌号

一、有色金属材料的分类

钢铁以外的金属材料称为有色金属材料或非铁金属材料。当前,全世界的金属材料总产量约 8 亿吨,其中钢铁约占 95%,是金属材料的主体;有色金属材料约占 15%,处于补充地位,但它的作用却是钢铁材料所无法代替的。有色金属材料的分类见表 1-37。

表 1-37 有色金属材料的分类

分类方法	分类名称	说 明
按密度和自然界中藏量分	有色轻金属	指密度<4.5g/cm³ 的有色金属材料,包括铝、镁、钠、钾、钙、锶、钡等纯金属及其合金。这类金属的共同特点是:密度小(0.35～4.5g/cm³),化学活性大,与氧、硫、碳和卤素的化合物都相当稳定。其中在工业上应用最为广泛的是铝及铝合金,目前它的产量已超过有色金属材料总量的 1/3
	有色重金属	指密度>4.5g/cm³ 的有色金属材料,包括铜、镍、铅、锌、锡、锑、钴、汞、镉、铋、等纯金属及其合金。每种重有色金属材料根据其特性,在国民经济各部门中都具有其特殊的应用范围和用途,其中最常用的是铜及铜合金,它包括纯铜(紫铜)、铜锌合金(黄铜)、铜锡合金(锡青铜)、无锡青铜(如铝青铜、锰青铜、铅青铜……)、铜镍合金(白铜)等许多品种的产品,是机械制造和电气设备的基本材料。其他如铅、锡、镍、锌、钴等及其合金,在工业上也都是用量较大的有色金属材料
	贵金属	这类金属材料包括金、银和铂族元素(铂、铱、钯、钌、铑、锇)及其合金,由于它们对氧和其他试剂的稳定性,而且在地壳中含量少,开采和提取比较困难,故价格比一般金属贵,因而得名为贵金属。它们的特点是密度大(10.4～22.4g/cm³)、熔点高(916～3000℃)、化学性质稳定,能抵抗酸、碱,难于腐蚀(除银和钯外)。贵金属在工业上广泛应用于电气、电子工业、宇宙航空工业,以及高温仪表和接触剂等
	半金属	这类金属材料一般是指硅、硒、碲、砷、硼 5 种元素,其物理化学性质介于金属与非金属之间,故称半金属。如砷是非金属,但又不能传热导电。 此类金属根据各自特性,具有不同用途,硅是半导体主要材料之一;高纯碲、硒、砷是制造化合物半导体的原料;硼是合金的添加元素

续表

分类方法	分类名称	说　　明
稀有金属	稀有轻金属	稀有金属通常是指那些在自然界中含量很少、分布稀散或难以从原料中提取的金属。稀有轻金属一般包括钛、铍、锂、铷、钯 5 种金属及其合金,它们的共同特点是密度小(锂—0.53 g/cm³、铍—1.85 g/cm³、铷—1.55 g/cm³、钯—1.87 g/cm³、钛—4.5 g/cm³),化学活性很强。这类金属的氧化物和氯化物都具有很高的化学稳定性,很难还原
	稀有高熔点金属	又称稀有难熔金属材料,它包括钨、钼、钽、铌、锆、铪、钒、铼 8 种金属及其合金,其共同特点是熔点高(均在 1 700 ℃以上,最高的为钨,达 3 400 ℃),硬度大,抗腐蚀性强,可与一些非金属生成非常硬和非常难熔的稳定化合物,如碳化物、氮化物、硅化物和硼化物。这些合物是生产硬质合金的重要材料
按密度和自然界中藏量分　稀有金属	稀有分散金属(稀散金属)	也叫稀散金属材料。它包括:镓、铟、铊、锗 4 种金属,除铊外,都是半导体材料。其特点是在地壳中很分散,大多数没有形成单独的矿物和矿床,个别即使有单独矿物,由于产量极少,没有工业开采价值。所以这类金属都是从各种冶金工厂和化学工厂的废料中提取的
	稀土金属	稀土金属包括镧系元素和镧系元素性质很相近的钪、钇,共 17 种元素。这类金属的原子结构相同,理化性质很近似,在矿石中它们总是伴生在一起,在提取过程中需经繁杂作业才能逐个分离出来。过去由于提纯和分离技术水平低,只能获得外观类似碱土(如氧化钙)的稀土氧化物,故取名"稀土",并沿用至今,实际上稀土金属并不稀少,也不像泥土,而是在地壳中藏量极其丰富的典型金属,故稀土一词,并不确切。稀土金属的特性是:化学性质活泼,与硫、氧、氢、氮等有强烈的亲和力,在冶炼中有脱硫、脱氧作用,能纯净金属且能减少、消除钢的枝晶结构和细化晶粒.能使铸铁中石墨球化,故在冶金工业和球墨铸铁生产中获得广泛的应用
	稀有放射性金属	属于这一类的是各种天然放射性元素,包括钋、镭、锕、钍、镤和铀 6 种元素;此外各种人造超铀元素,如镎、钚、镅、锔等 12 种元素也属于这一类金属。天然放射性元素在矿石中往往是共同存在的。它们常常与稀土金属矿伴生。这类金属是原子能工业的主要原料

分类方法	分类名称	说　明
按生产方法和用途分	有色冶炼产品	指以冶炼方法得到的各种纯金属或合金产品。纯金属冶炼产品一般分为工业纯度及高纯度两类,按照金属不同,可分为纯铜、纯铝、纯镍、纯锡等许多产品。合金冶炼产品是按铸造有色合金的成分配比而生产的一种原始铸锭,如铸造黄铜锭、铸造青铜锭、铸造铝合金锭等
	有色加工产品(或称变形合金)	指以压力加工方法生产出来的各种管、棒、线、型、板、箔、条、带等有色半成品材料,它包括纯金属加工产品和合金加工产品两部分。按照有色金属和合金系统,可分为纯铜加工产品、黄铜加工产品、青铜加工产品、白铜加工产品、铝及铝合金加工产品、锌及锌合金加工产品、钛及钛合金加工产品等
	铸造有色合金	指以铸造方法,用有色金属材料直接浇铸各种形状的机械零件,其中最常用的有铸造铜合金(包括铸造黄铜和铸造青铜)、铸造铝合金、铸造镁合金、铸造锌合金等
	轴承合金	指制作滑动轴承轴瓦的有色金属材料,按其基体材料的不同,可分为锡基、铅基、铜基、铝基、锌基、镉基和银基等轴承合金。实质上,它也是一种铸造有色合金,但因其属于专用合金,故通常都把它划分出来,单独列为一类
	硬质合金	指以难熔硬质金属化合物(如碳化钨、碳化钛)作基体,以钴、铁或镍作黏结剂,采用粉末冶金法(也有铸造的)制作而成的一种硬质工具材料。其特点是:它具有比高速工具钢更好的红硬性和耐磨性。常用的硬质合金有钨钴合金、钨钴钛合金和通用硬质合金三类
	中间合金	系指熔炼过程中,为了使合金元素能准确而均匀地加入合金中去而配制的一种过渡性合金——中间合金主要用二元的,常见的有:铜硅中间合金、铜锰中间合金、铜锡中间合金、铜锑中间合金、铝硅中间合金、铝铜中间合金、铝锰中间合金、铝铁中间合金,等等
	印刷合金	指专用于印刷工业的铅字合金,其特点是:熔点低、流动性高、凝固时收缩小,且具有一定的机械强度,耐印刷油和清洗物的侵蚀。根据不同的印刷生产用途,印刷合金可分为三类:活字铸字合金、排字机合金及铅版印刷台合金。所有这些合金都属于铅锑锡系合金,只是各个元素的含量有所不同而已

续表

分类方法	分类名称	说　明
按生产方法和用途分	焊料	焊料是指焊接金属制件时所用的有色合金。焊料应具有的基本特性是：熔点较低，黏合力较强，焊接处有足够的强度和韧性等。按照化学成分和用途的不同，焊料通常分为三类： （1）软焊料——即铅基和锡基焊料，熔点在220～280℃之间； （2）硬焊料——即铜基和锌基焊料，熔点在825～880℃之间； （3）银焊料——熔点在720～850℃之间，也属硬焊料，但这类焊料比较贵，主要用于电子仪器和仪表中，因为它除了具有上述一般特性外，还具有在熔融状态不氧化（或微弱氧化）和高的电化学稳定性
	金属粉末	指粉状的有色金属材料，如镁粉、铝粉、铜粉等
	特殊合金	指具有特殊物理、化学性能或特殊组织结构的有色金属材料，常见的有： （1）高温合金——指比耐热钢有更高的抗热性的高温材料，如镍基合金、钴基合金和铁—镍基合金等。 （2）精密合金——指具有特殊物理性能的合金，其特点是：成分控制严格、性能稳、加工精。通常分为磁性的和非磁性的两大类，前者包括硬磁、软磁合金，后者包括各种精密导电合金、电触头、精密电阻、高弹性及恒弹性合金、低膨胀及恒膨胀合金、热双金属等。绝大多数精密合金是以黑色金属为基的，有色金属为基的只占少数。精密合金主要用于各种精密测量、控制、遥测、遥控仪表元件等。 （3）复合材料——主要是指用压力加工方法或其他方法，将两种以上金属或合金压合在一起的复合金属材料，也称双金属。 双金属的种类甚多，其用途也较广泛。例如铝—铜或铝—铜—铝复合材料用作导体可节约铜，用于高频装置、无线电装置、导线、线圈及电缆等。铝—镍双金属用于电真空技术，铜—银用于电触头材料，锡用于蓄电池等。 钢和有色金属复合的材料用于电工技术及高压热交换器以及其他工业技术方面。钢与铂复合，镍与铂复合，硬铝与铝复合作耐蚀材料或耐磨材料，用于化工设备及仪表零件，以及其他结构材料。 还有一种复合材料称复合强化材料。它是以纤维呈规则几何排列，并与金属（合金）或陶瓷材料（作为基体）很好地结合，可达到很高的强度。如钨纤维强化钨基合金材料用于制造火箭喷嘴，硅纤维强化硅复合材料用于宇宙飞船的结构材料等

工业上常用的有色金属见表1-38。

表 1-38　工业上常用的有色金属

分类名称			说　明
纯金属			铜（纯铜）、铝、钛、镁、镍、锌、铅、锡等
铜合金	黄铜	压力加工用铸造用	普通黄铜（铜锌合金）
			普通黄铜（含有其他合金元素的黄铜）：铝黄铜、铅黄铜、锡黄铜、硅黄铜、锰黄铜、铁黄铜、镍黄铜等
	青铜	压力加工用铸造用	锡青铜（铜锡合金，一般还含有磷或锌、铅等合金元素）
			特殊青铜（铜与除锌、锡、镍以外的其他合金元素的合金）：铝青铜、硅青铜、锰青铜、镀青铜、锆青铜、铬青铜、镉青铜、镁青铜等
铜合金	白铜	压力加工用	普通白铜（铜镍合金）
			特殊白铜（含有其他合金元素的白铜）：锰白铜、铁白铜、锌白铜、铝白铜等
铝合金		压力加工用（变形用）	不可热处理强化的铝合金：防锈铝（铝锰或铝镁合金）
			可热处理强化的铝合金：硬铝（铝、铜、镁或铝、铜、锰合金）、锻铝（铝、铜、镁、硅合金）、超硬铝（铝、铜、镁、锌合金）等
		铸造用	铝硅合金、铝铜合金、铝镁合金、铝锌合金、铝稀土合金等
钛合金		压力加工用	钛与铝、钼等合金元素的合金
		铸造用	钛与铝、钼等合金元素的合金
镁合金		压力加工用	镁锌铝合金、镁铝合金、镁锌合金等
		铸造用	镁锌铝合金、镁铝合金、镁稀土合金等
镍合金		压力加工用	镍硅合金、镍锰合金、镍铬合金、镍铜合金、镍钨合金等
锌合金		压力加工用	锌铜合金、锌铝合金
		铸造用	锌铝合金
铅合金		压力加工用	铅锑合金等
轴承合金			铅基轴承合金、锡基轴承合金、铜墙铁壁基轴随合金、铝基轴承合金
印刷合金			铅基印刷合金
硬质合金			钨钴合金、钨钛钽（铌）钴合金、钨钛钴合金、碳化钛镍相合金

有色金属在汽车上的应用见表 1-39。

表 1-39　有色金属在汽车上的应用

名称	牌号	零件名称
普通黄铜	H90	排气管热密圈外壳、水箱本体、冷却管、暖风散热器的散热管等
	H68	水箱上下储水室、水箱上下储水室夹、水箱本体主片、暖风散热器主片
	H62	水箱进出水管、加水口座及支承、水箱盖、暖风散热器进出水管、曲轴箱通风阀及通风管
铅黄铜	HPb59-1	化油器配制针、制动阀阀座
		化油器进气阀本体、主量孔、功率量孔、怠速油量孔、曲轴箱通风阀座、储气筒放水阀本体及安全阀座
锡黄铜	HSn90-1	转向节衬套、行星齿轮及半轴齿轮支承垫圈
	QSn4-4-2.5	连杆衬套
		连杆衬套、发动机摇臂衬套
硅青铜	Qsi3-1	水箱盖出水阀弹簧、空气压缩机松压阀阀套、车门铰链衬套
铸造锡青铜	ZcuSn5Pb5Zn5	离心式机油滤清器上、下轴承
铸造铅青铜	ZcuPb30	曲轴轴瓦、曲轴止推垫圈
铸造铝合金	ZL103	风扇、离心器壳体、主动板
	ZL104	汽缸盖前后盖罩、挺杆室前后盖板、离心式机油滤清器底座、转子罩、转子体、外罩及过滤法兰
	ZL108	发动机活塞

二、有色金属产品牌号的表示方法

1. 有色金属及其合金牌号的表示方法

（1）产品牌号的命名，以代号字头或元素符号后的成分数字或顺序号结合产品类别或组别名称表示。

（2）产品代号，采用标准规定的汉语拼音字母（见表 1-40、表 1-41）、化学元素符号及阿拉伯数字相结合的方法表示。

表 1-40　常用有色金属、合金名称及其汉语拼音字母的代号

名称	铜	铝	镁	镍	黄铜	青铜	白铜	钛及钛合金
采用代号	T	L	M	N	H	Q	B	T,TA,TB,TC

表 1-41 专用有色金属、合金名称及其汉语拼音字母的代号

名 称	采用的汉字及汉语拼音		采用代号	字体
	汉字	汉语拼音		
防锈铝	铝、防	Lu fang	LF①	大写
锻铝	铝、锻	Lu duan	LD①	大写
硬铝	铝、硬	Lu ying	LY①	大写
超硬铝	铝、超	Lu chao	LC①	大写
特殊铝	铝、特	Lu te	LT①	大写
硬钎焊铝	铝、钎	Lu qian	LQ①	大写
无氧铜	铜、无	Tong wu	TW①	大写
金属粉末	粉	Fen	F	大写
喷铝粉	粉、铝、喷	Fen lu pen	FLP	大写
涂料铝粉	粉、铝、涂	Fen lu tu	FLT	大写
细铝粉	粉、铝、细	Fen lu xi	FLX	大写
炼钢、化工用铝粉	粉、铝、钢	Fen lu gang	FLG	大写
镁粉	粉、镁	Fen mei	FM	大写
铝镁粉	粉、铝、镁	Fen lu mei	FLM	大写
镁合金(变形加工用)	镁、变	Mei bian	MB	大写
焊料合金	焊、料	Han liao	Hl	H 大写 l 小写
阳极镍	镍、阳	Nie yang	NY	大写
电池锌板	锌、电	Xin dian	XD	大写
印刷合金	印	Yin	I	大写
印刷锌板	锌、印	Xin yin	XI	大写
稀土	稀土	Xi tu	RE	大写
钨钴硬质合金	硬、钴	Ying gu	YG	大写
钨钛钴硬质合金	硬、钛	Ying tai	YT	大写
铸造碳化钨	硬、铸	Ying zhu	YZ	大写
碳化钛-(铁)镍钼硬质合金	硬、镍	Ying nie	YN	大写
多用途(万能)硬质合金	硬、万	Ying wan	YW	大写
钢结硬质合金	硬、结	Ying jie	YJ	大写

注:① 铝合金牌号表示方法按 GB/T 16474—1996 标准执行。

(3)产品的统称(如铜材、铝材)、类别(如黄铜、青铜)以及产品标记中的品种

（如板、管、带、线、箔）等，均用汉字表示。

（4）产品的状态、加工方法、特性的代号，采用标准规定的汉语拼音字母表示见表 1-44。

（5）常用有色金属及其合金产品的牌号表示方法如下：

①铜及铜合金（纯铜、黄铜、青铜、白铜）：T1，T2-M，Tu1，H62，HSn90-1，QSn4-3，QSn4，4-2.5，QAl10-3-1.5、B25、BMn3-12。

以 QAl10-3-1.5 为例：

　　Q——分类代号　T——纯铜（TU——无氧铜，TK——真空铜）　H——黄铜

　　Q——青铜　B——白铜

　　Al——主添加元素符号　纯铜、一般黄铜、白铜不标三元以上黄铜、白铜为第二主添加元素（第一主添加元素分别为 Zn、Ni 青铜为第一主添加元素）

　　10——主添加元素　以百分之几表示，纯铜中为金属顺序号、黄铜中为铜含量（Zn 为余数）、白铜为 Ni 或（Ni＋Co）含量、青铜为第一主添加元素含量

　　－3－1.5——添加元素量　以百分之几表示　纯铜、一般黄铜、白铜无此数字，三元以上黄铜、白铜为第二主添加元素，合金、青铜为第二主添加元素含量。

　　M——状态　符号含义见表 1-42。

有色产品状态名称、特性及其汉语拼音字母的代号。

表 1-42　有色产品状态名称、特性及其汉语拼音字母的代号

名　称	采用代号
（1）产品状态代号	
热加工（如热轧、热挤）	R
退火	M
淬火	C
淬火后冷轧（冷作硬化）	CY
淬火（自然时效）	CZ
淬火（人工时效）	CS
硬	Y
3/4 硬、1/2 硬	Y_1、Y_2
1/3 硬	Y_3
1/4 硬	Y_4
特硬	T
（2）产品特性代号	
优质表面	O

名　称		采用代号
涂漆蒙皮板		Q
加厚包铝的		J
不包铝的		B
硬质合金	表面涂层	U
	添加碳化钽	A
	添加碳化铌	N
	细颗粒	X
	粗颗粒	C
	超细颗粒	H

（3）产品状态、特性代号组合举例

不包铝（热轧）	BR
不包铝（退火）	BM
不包铝（淬火、冷作硬化）	BCY
不包铝（淬火、优质表面）	BCO
不包铝（淬火、冷作硬化、优质表面）	BCYO
优质表面（退火）	MO
优质表面淬火、自然时效	CZO
优质表面淬火、人工时效	CSO
淬火后冷轧、人工时效	CYS
热加工、人工时效	RS
淬火、自然时效、冷作硬化、优质表面	CZYO

②铝及铝合金（纯铝、铝合金）：1A99、2A50、3A21。

组　别		牌号系列
1—	纯铝（铝含量不小于 99.00%）	1×××
2—	以铜为主要合金元素的铝合金	2×××
3—	以锰为主要合金元素的铝合金	3×××
4—	以硅为主要合金元素的铝合金	4×××
5—	以镁为主要合金元素的铝合金	5×××
6—	以镁和硅为主要合金元素并以 Mg_2Si 相为强化相的铝合金	6×××
7—	以锌为主要合金元素的铝合金	7×××
8—	以其他合金元素为主要合金元素的铝合金	8×××
9—	备用合金组	9×××

A——表示原始纯铝

B~Y 的其他英文字母——表示铝合金的改型情况

99—1、××系列(纯铝)——表示最低铝百分含量 2、××~8×××系列——用来区分同一组中不同的铝合金。

③钛及钛合金:TA1—M,TA4,TB2,TC1,TC4,TC9。

以 TA1—M 为例:

TA——分类代号　表示金属或合金组织类型【TA—α 型 Ti 及合金、TB—β 型 Ti 合金、TC—(α+β)型 Ti 合金】

1——顺序号　金属或合金的顺序号

－M——状态　符号含义见表 1-42。

④镁合金:MB1,MB8-M。

以 MB8－M 为例:

MB——分类代号,【M——纯镁,MB——变形镁合金】

8——顺序号金属或合金的顺序号

－M——状态　符号含义见表 1-42。

⑤镍及镍合金:N4NY1,Nsi0.19,NMn2-2-1,NCu28-2.5-1.5,NCr10。

以 NCu28-2.5-1.5 为例:

N——分类代号【N——纯镍或镍合金,NY——阳极镍】

Cu——主添加元素,用国际化学符号表示

28——序号或主添加元素含量【纯镍中为顺序号,以百分之几表示主添元素符号】

2.5——添加元素含量,以百分之几表示

－M——状态,符号含义见表 1-45。

⑥专用合金(焊料 HICuZn64、HISbPb39,印刷合金 IpbSP14-4,轴承合金 ChSnSb8-4、ChPbSb2-0.2-0.15,硬质合金 YG6、YT5、YZ2,喷铝粉 FLP2、FLXI、FMI)。

以 HI Ag Cu20-15 为例:

HI——分类代号【HI——焊接合金,I——印刷合金,Ch——轴承合金,YG——钨钴合金,YT——钨钛合金,YZ——铸造碳化钨,F——金属粉末,FLP——喷铝粉,FLX——细铝粉,FLM——铝镁粉,FM——纯镁粉】

Ag——第一基体元素,用国际化学元素符号表示

Cu——第二基体元素,用国际化学元素符号表示

20——含量或等级数【合金中第二基体元素含量,以百分之几表示,硬质合金中决定其特性的主元素成分,金属粉末中纯度等级】

15——含量或规格【合金中其他添加元素含量,以百分之几表示,金属粉末之

粒度规格】

三、铸造有色金属及其合金牌号的表示方法

1. 铸造有色纯金属的牌号表示方法

铸造有色纯金属的牌号由"Z"和相应纯金属的化学元素符号及表明产品纯度百分含量的数字或用一短横加顺序号组成。

2. 铸造有色合金的牌号表示方法

(1)铸造有色合金牌号由"Z"和基体金属的化学元素符号、主要合金化学元素符号(其中混合稀土元素符号统一用"RE"表示)以及表明合金化学元素名义百分含量的数字组成。

(2)当合金化元素多于两个时,合金牌号中应列出足以表明合金主要特性的元素符号及其名义百分含量的数字。

(3)合金化学元素符号按其名义百分含量递减的次序排列。当名义百分含量相等时,则按元素符号字母顺序排列。当需要表明决定合金类别的合金化学元素首先列出时,不论其含量多少,该元素符号均应紧置于基体元素符号之后。

(4)除基体元素的名义百分含量不标注外,其他合金化学元素的名义百分含量均标注于该元素符号之后。当合金化学元素含量规定为大于或等于1%的某个范围时,采用其平均含量修约化的整值。必要时也可用带一位小数的数字标注。合金化学元素含量小于1%时,一般不标注,只对合金性能起重大影响的合金化学元素,才允许用一位小数标注其平均含量。

(5)对具有相同主成分,需要控制低间隙元素的合金,在牌号后的圆括弧内标注 ELI。

(6)对杂质限量要求严、性能高的优质合金,在牌号后面标注大写字母"A"表示优质。

铸造有色金属及其合金的牌号表示方法如下:

(1)铸造铜合金 (10-1 青铜 ZCuSn10Pb1,15-8 铅青铜 ZCuPb15Sn8,9-2 铅青铜 ZCuAl9Mv2,38 黄铜 ZCuZn38,16-4 硅青铜 ZCuZn16Si4,31-2 铅黄铜 ZC-Zn31Pb2,40-2 锰黄铜 ZCuZn40Mn2)。

Z——铸造代号;

Cu——基体金属铜的元素符号;

Sn——锡的元素符号;

3——锡的名义百分含量;

Zn——锌的元素符号;

11——锌的名义百分含量;

Pb——铅的元素符号;

4——铅的名义百分含量。

(2)铸造铝合金(ZAlSi7Mg，AlSi12，ZAlSi7Cu4，ZAlCu5MnA，ZAlCu10，ZAlR5Cu3Si2，ZAlMg10，ZAlMg5Si1，ZAlMg5Si1，ZAlZn6Mg)。

Z——铸造代号；

Al——基体金属铝的元素符号；

Si——硅的元素符号；

5——的名义百分含量；

Cu——铜的元素符号；

2——铜的名义百分含量；

Mg——镁的元素符号；

Mn——锰的元素符号；

Fe——铁杂质含量高。

(3)铸造钛合金(ZTA1，ZTA2，ZTA3，ZTA5，ZTA7，ZAC4，ZTB32)。

Z——铸造代号；

TA——钛合金类型(A——α 型，B——β 型号，C——α＋β 型)；

1——顺序号(分 1 2 3 4 5 7 32)。

(4)铸造镁合金(ZMgAl18Zn，AMgR3Zn，ZMgZn5)。

Z——铸造代号；

Mg——基体金属镁的元素符号；

Al——铝的元素符号；

8——铝的名义百分含量；

Zn——锌的元素符号。

(5)铸造锌合金(ZZnAl10Cu5. 代号 105，ZZnAl4 代号 040)

Z——铸造代号；

Zn——基体金属锌的元素符号；

Al——铝的元素符号；

4——铝的名义百分含量；

Cu——铜的元素符号；

1——铜的名义百分含量。

第五节　金属材料产品的缺陷

金属材料产品的缺陷主要表现在性能的不足或残缺，以及形状、表面质量等的缺陷。

一、金属材料产品的性能缺陷

金属材料产品的性能缺陷见表 1-43。

表 1-43　金属材料产品的性能缺陷

序号	症状	定义
1	过热	由于加热温度过高或高温下加热时间过长，引起晶粒粗化的现象，会导致金属材料强度、塑性韧性等各方面性能的下降
2	过烧	如果加热温度远远超过了正常的加热温度，以至金属材料中晶界出现氧化和熔化的现象，在显微镜下观察，有粗大晶粒，呈过热组织，在晶粒边界处有小裂纹。过烧一般产生在钢锭的中上部
3	脆性	金属材料中由于存在严重的非金属夹杂或碳化物分布不均匀或热处理时回火工艺不当，将导致金属材料韧性下降、容易开裂的现象
4	氧化	金属材料在较高温度下如果不采取措施，超过一定温度后就会产生氧化，氧化使金属表面形成氧化皮，不仅影响表面性能，而且影响冷却过程的均匀性
5	脱碳	加热使钢材表面失去全部或部分碳量，造成钢材表面比内部的含碳量降低，称为脱碳。钢材表面的脱碳部分就叫脱碳层。钢材表面脱碳将大大降低表面硬度和耐磨性，并使轴承寿命和弹簧钢的疲劳极限降低，因此，在工具钢、轴承钢和弹簧钢等标准中对脱碳层作了具体规定
6	碳化物不均匀度	在高速钢及莱氏体型合金工具钢的钢锭冷凝过程中，由于实际冷却速度较快，温度继续下降时，剩余的钢液发生共晶反应，形成鱼骨状莱氏体，在钢中呈网状分布，这样形成的碳化物不均匀分布就是通常所说的碳化物不均匀度。碳化物不均匀分布严重时，会引起轧件热处理后产生裂纹，并因含碳不均匀使刃具的红硬性、耐磨性下降，以及造成崩刃、断齿等
7	带状碳化物	含铬轴承钢钢锭在冷却时形成的结晶偏析，在热轧时变形延伸而成的碳化物富集带，叫带状碳化物。钢锭中碳化物偏析愈严重，其未经扩散退火的热轧材中带状碳化物的颗粒和密集程度也就愈大。严重的带状碳化物会造成轴承零件等在淬火、回火后硬度和组织不均匀等缺陷。在热轧前钢锭经过长时间的高温扩散退火可以改善带状碳化物，但不能完全消除

序号	症　状	定　义
8	网状碳化物	过共析碳素钢、合金工具钢和含铬轴承钢等钢材在轧制后的冷却过程中,过剩的碳化物沿奥氏体晶粒边界析出形成的网络,叫网状碳化物。钢的含碳量愈高、终轧温度和冷却速度愈慢,网状碳化物的析出就愈严重。网状碳化物可使钢的脆性增加,降低冲击性能并缩短轧制件的使用寿命。这种缺陷可以用正火的办法消除。球化退火也能使网状碳化物得到改善
9	硬度不足	金属材料由于组织缺陷或热处理不当,造成硬度未达到规定要求的现象叫硬度不足,这是金属材料常见的性能缺陷
10	软点	金属材料由于化学成分偏析、组织不均匀或冷却差异等因素造成某些部位硬度偏低的现象
11	黑色断口	黑色断口是高碳钢中易出现的缺陷,是钢产生石墨化的特征。黑色断口的钢在淬火时容易出现硬度不均匀和裂纹。这种缺陷单靠热处理是难以消除的
12	残余缩孔	在横向低倍试片的中心部位呈现不规则的裂纹或空洞,附近往往出现严重的疏松、偏析及夹杂物的聚集。在纵向断口试片上呈现中心夹层。高倍组织能观察到严重的非金属夹杂物,带状分布。残余缩孔一般出现在钢锭头部,也有出现在钢锭中部和尾部的,即二次缩孔
13	疏松	一般疏松——在横向低倍试片上表现的特征是组织致密,呈分散的小孔隙和小黑点,孔隙多呈不规则的多边形或圆形,分布在除了边沿部分以外的整个断面上,一般疏松有时也表现为在粗大发亮的树枝状晶主轴及各轴间的疏松,疏松区发暗而轴部发亮,亮区与暗区腐蚀程度差别不大,所以不产生凹坑。 中心疏松——在横向低倍试片上的中心部位呈集中的空隙和暗黑小点。纵向断口上呈轻微夹层。在显微镜下可以看到中心疏松处珠光体增多,这说明中心疏松处含碳量增多。中心疏松一般出现在钢锭头部和中部,和一般疏松的区别在于分布在钢材断面的中心部位而不是整个截面。通常含碳量愈高的钢种,中心疏松就愈严重
14	偏析	方形偏析——在横向低倍试片上呈腐蚀较深的,由密集的暗色小点组成的偏析带,多为方框形,亦有呈圆框形,因其形状与锭模形状有关,所以也叫锭型偏析。 点状偏析——在横向低倍试片上呈分散的、不同形状和大小的、稍微凹陷的暗色斑点,斑点一般比较大,有时呈十字形、方框形或同心

序号	症　状	定　义
14	偏析	圆点状。在纵向断口试验上呈木纹状,即点状沿压延方向延伸的暗色条带。在显微镜下,点状偏析处有硫化物和硅酸盐类非金属夹杂物。这类缺陷多出现在钢锭上中部。 　　树枝状偏析——在纵向低倍试片上,晶干呈灰白色,晶间呈暗灰色,晶干常与纤维方向平行或有一定的角度。在横向低倍试片上呈树枝状组织,无一定规律。在与纵向低倍试片相同的部位做硫印试验表明,树枝状偏析处晶间含硫量较高。在显微镜下树枝状偏析处呈不均匀的组织,即非金属夹杂物和较多的分布不均匀的珠光体,这说明树枝状偏析不但有化学成分和杂质的偏析,而且含碳量也有较大的偏析。树枝状偏析是钢液结晶过程中不可避免的,若钢液成分不均,就可能形成树枝状组织
15	气泡	皮下气泡——在横向低倍试片上看,皮下气泡仅在试片边沿存在,呈垂直于表面的或放射状的细裂纹,也有的呈圆形、椭圆形黑斑点。有的暴露在表面形成深度不大的裂纹,有的潜伏在皮下,在试片的表皮呈现成簇的、垂直于表皮的细长裂缝。纵向断口组织呈白色亮线条状组织。在显微镜下观察,可看到皮下气泡处脱碳现象严重。这种缺陷分布在钢材(坯)表皮下。 　　内部气泡——在横向低倍试片上呈放射性的裂缝缺隐,裂缝的数量、长度和宽度都不固定,其形状有直的、弯的、无一定分布规律。在纵向断口上,沿纤维方向有非结晶构造的、不同的细条纹夹层,在显微镜下观察,可见到内部气泡处有硫化物和硅酸盐类非金属夹杂物及裂纹。有些气泡在低倍试片上呈蜂窝状,称蜂窝气泡,有时分布在试片边缘处,但距钢材(坯)表面的距离均较大。内部气泡往往伴随点状出现在钢锭头部
16	翻皮	在横向低倍试片上呈亮白色或暗黑色的弯曲细长带,形状不规则,一般出现在试片的边缘处,也有的出现在内部,在翻皮附近有些分散的点状夹杂和孔隙。在纵向断口有气孔和夹杂,在显微镜下观察,翻皮与正常组织交接处的组织细、含碳量低,翻皮处的片状珠光体增多,含有严重的非金属夹杂。 　　金属夹杂——在横向低倍试片上可以看到带有金属光泽的,与基本金属组织不同的金属。纵向断口上呈条状组织。在显微镜下观察,金属夹杂与基体金属组织不同。 　　非金属夹杂——在横向低倍试片上呈个别的、颗粒较大或细小成群的夹杂物。由于夹杂物性质不同,表现的特征也不同,有的呈白色

序号	症　状	定　义
16	翻皮	或其他颜色的夹杂物,有的则被腐蚀掉,在试片上出现许多空隙或孔洞。非金属夹杂物在断口上呈一种非结晶构造的颗粒,有时为颜色不同的细条纹及块状,其分布无一定规律,有时出现在整个断口上,有时出现在局部或皮下。分布在钢材(坯)表皮下的夹杂称为皮下夹杂
17	白点	在横向低倍试片上为不同长度的细小发纹,亦称发裂,呈放射状或不规则状,但距表面均有一定距离。在纵向低倍试片上的白点呈锯齿形发纹,并与轧制方向成一定角度。在纵向断口上,随白点的形成条件和折断面的不同,其形状也不同,有的是圆形,有的是椭圆形银色斑点或裂口
18	裂纹	内部裂纹——在横向低倍试片上呈弯曲状或直裂状,如"鸡爪形"或"人字形"。在横向断口上呈凹凸不平的"鸡爪形"或"人字形"裂纹,裂纹侧壁一般比较干净,有时也有氧化现象。在纵向断口上,由于热加工的影响,裂纹处呈光滑平面。在显微镜下观察,有的裂纹有脱碳现象。裂纹的形式很多,一般有锻裂和钢锭冷凝时由于热应力造成的裂纹。还有钢材(坯)加热、冷却不当造成的裂纹等。内部裂纹多出现在马氏体、莱氏体和具有双相组织的高速钢、高铬钢及高碳不锈耐热钢中。内裂的危害性极大,它破坏了金属的连续性,一旦发生内裂即应报废。这种缺陷通过再轧制一般不能焊合。 轴心晶裂纹——横向低倍试片的轴心集位置有沿晶粒间裂开的一种形如蜘蛛网状的断续裂缝,亦称蛛网状裂缝。严重时由于轴心向外呈放射状裂开。纵向断口呈宽窄不一的非结晶构造的较光滑的条带,有时有夹渣或杂颗粒。在显微镜下观察,晶间裂纹处的夹杂物一般不严重,个别情况下夹杂物的级别较高 矫直裂纹——这种裂纹是钢材在矫直过程中产生的。当钢材在缓冷或热处理后进行矫直时,一般不会发生裂纹。但是,如果精整工艺流程不合理,钢材未经热处理就矫整,则容易产生矫直裂纹
19	魏氏组织	亚共析钢因为过热而形成粗晶奥氏体,在一定的过冷条件下,除了在原来奥氏体晶粒边界上析出块状的铁素体外,还有从晶界向晶粒内部生长的铁素体,称之为魏氏组织铁素体。严重的魏氏组织使钢的冲击韧度、断面收缩率下降,使钢变脆。这种缺陷可采用完全退火的方法使之消除

续表

序号	症　状	定　义
20	带状组织	在热轧低碳结构钢材的显微组织中,铁素体和珠光体沿轧制方向平行成层分布的条带组织,统称为带状组织。带状组织使钢的力学性能呈各向异性,并降低钢的冲击韧度和断面收缩率。如18CrMnTi等低碳结构钢,如带状组织严重,就会降低零件的塑性、韧性,热处理时易产生变形

二、金属材料产品的形状缺陷

金属材料产品形状缺陷见表1-44。

表1-44　金属材料产品形状缺陷

序号	症　状	定　义
1	尺寸超差	尺寸超差是指尺寸超出标准规定的允许偏差,包括比规定的极限尺寸大或小。有的厂习惯叫"公差出格",这种叫法把偏差和公差等同起来是不严密的
2	厚薄不均	在钢板、钢带和钢管标准中常见这一名词,而钢管标准中叫做壁厚不均。 厚薄不均是指钢材在横截面及纵向厚度不等的现象。实际上一根轧件的厚度不可能到处相等,为了控制这种不均匀性,有的标准中规定了同条差、同板差等,钢管标准中规定壁厚不均等指标
3	形状不正确	形状不正确是指轧材横截面几何形状的不正确,表现为歪斜、凹凸不平等。此类缺陷,按轧材品种不同,名目繁多,如方钢脱方、扁钢脱矩、六角钢六边不等、重轨不对称、工字钢腿斜、槽钢塌角、腿扩及腿并、角钢顶角大或小等。严格来讲,弯曲、扭转、波浪、缺肉等亦属形状不正确范畴
4	椭圆度	椭圆度也称圆度,是指圆形截面的轧材,如圆钢和圆形钢管的横截面上最大最小直径之差
5	弯曲、不平度	弯曲是指轧件在长度或宽度方向不平直,呈曲线状的总称。如果把它的不平直程度用数字表示出来,就叫做不平度。不同材料的不平度有不同的名称,型材以不平度表示;板、带则以镰刀弯、波浪弯、瓢曲度表示
6	脱方、脱矩	指方形、矩形截面的材料对边不等或截面的对角线不等,称为脱方或脱矩

续表

序号	症　状	定　义
7	镰刀弯	镰刀弯又称侧面弯,矩形截面(如钢板、钢带及扁钢)或接近于矩形截面的型钢(包括异型钢),在窄面一侧呈凹入曲线,另一相对的窄面一侧形成相应的凸出曲线,叫做镰刀弯。它以凹入高度(mm)表示
8	波浪度、波浪弯	主要是钢板或钢带标准中有规定,而在个别型钢标准(例如工槽钢)中也有要求。波浪度是指沿长度或宽度上出现高低起伏状弯曲,形如波浪状,通常在全长或全宽上有几个浪峰。测量时将钢板或钢带以自由状态轻放于检查平台上以1m直尺靠量,测量大波高,但有些标准中也规定有单波波峰高度及浪距的要求
9	瓢曲度	在钢板或钢带长度及宽度方向同时出现高低起伏波浪的现象,使其成为"瓢形"或"船形",称为瓢曲。瓢曲度的测量是将钢板或钢带自由地(不施外力)放在检查平台上进行检查
10	扭转	条形轧件沿纵轴扭成螺旋状,称为扭转。在标准中,一般以肉眼检查,所以规定为不得有显著扭转,"显著"是定性概念。但也有的标准中规定了扭转角度(以每米度数表示)或规定了以塞尺检查翘起高度等
11	剪(锯)切正直	指轧件剪(锯)切面应与轧制表面(或轧制轴线)成直角。但实际上截切均有误差,不可能达到90°,所以"正直"在标准中是一个定性的概念,一般以肉眼检查。对于严格要求者,在标准中规定了切斜度
12	切割缺陷	指轧件在切割(剪、锯、烧割)头部造成的缺陷,如毛刺、飞翅、锯伤、切伤、压伤、剪切宽展、切斜等

三、金属材料产品的表面质量缺陷

金属材料产品表面质量缺陷见表1-45。

表1-45　金属材料产品表面质量缺陷

序号	症　状	定　义
1	裂纹	指钢材表面呈直线形的裂纹现象,一般多与轧制方向一致
2	结疤	指钢材表面粘结的呈"舌状"或"鳞状"的金属薄片,形似疗疤
3	麻点	指钢材表面呈现有局部的或连续成片的粗糙面,其面积较少而数量较多
4	刮伤	又称划痕或划道或拉痕(钢丝为划痕),系指钢材表面在外力作用下呈直线形或弧形的沟痕(可见到沟底)

序号	症　状	定　义
5	表面夹杂	指钢材表面嵌有呈暗红、淡黄、灰白等颜色的点状、块状或条状不易剥落物
6	分层	指钢材从原料(坯)带来的内部缺陷,在断面呈现未焊合的缝隙
7	粘结	指钢材在制造过程(叠轧、退火)中造成局部黏合,经掀动后留下的痕迹
8	发裂	指钢材出现宽度和长度都较小的开裂,其一般呈直线形
9	龟裂	指钢材表面出现的非直线形、畸形杂乱的开裂纹
10	折叠	钢材表面局部重叠,有明显的折叠纹
11	皱纹	指钢材表面还未折叠,但已有折叠现象,比折叠轻微的纹,其粗看类似发纹
12	断口	物体(晶体)受打击后所产生的无一定方向的破裂面
13	皮下气泡	指钢材表面呈现无规律分布、大小不等、形状各异、周围圆滑的小凸起,破裂的凸泡呈鸡爪形裂口或舌状结疤,称为气泡
14	氧化色	指钢材在加工过程中,表面生成的金属氧化物
15	耳子	指钢材表面沿轧制方向延伸的突起
16	水渍	钢材受雨水或海水侵蚀,尚未起锈。仅在表面呈现灰黑色或暗红色的水纹印迹的现象
17	浮锈(轻锈)	指钢材出现轻微的锈蚀,呈黄或淡红色细粉末状,去锈后仅轻微损伤氧化膜层(蓝皮)
18	中锈(迹锈)	指钢材去锈后,表面粗糙,留有锈痕的锈蚀
19	重锈(层锈)	指钢材去锈后,表面呈现麻坑的严重锈蚀
20	粉末锈	指钢材镀覆层表面被氧化,形成白色或灰色粉末状的锈层,去锈后,大多数表面留有锈痕或呈现粗糙面(去锈物系麻布或硬质刷,如棕、钢丝)
21	破层锈(锡、锌等镀层)	指基本金属上的镀层由于锈蚀而被破坏,使基体金属暴露的锈蚀

第二章　钢铁材料的化学成分与性能

第一节　生铁和铁合金

一、生铁

生铁主要用做钢铁铸造材料,其主要种类有:

(1)铸造用生铁(YB/T 14—1991)。主要用于铸铁件生产原料。铸造用生铁的牌号和化学成分见表2-1。

表2-1　铸造用生铁的牌号和化学成分

铁　种			铸造用生铁					
铁号	牌号		铸34	铸30	铸26	铸22	铸18	铸14
	代号		Z34	Z30	Z26	Z22	Z18	Z14
化学成分 (质量分数)%	C		>3.3					
	Si		>3.20	>2.80	>2.40	>2.00	>1.60	>1.25
			～3.60	～3.20	～2.80	～2.40	～2.00	～1.60
	Mn	1组	≤0.50					
		2组	>0.50～0.90					
		3组	>0.90～1.30					
	P	1级	≤0.06					
	S	1级	≤0.03			≤0.04		
		2级	≤0.04					
微量元素 成分(质量 分数)%	As	1组锰时	≤0.0008					
		2组锰时	≤0.0018					
	Pb	1级	≤0.0005					
		2级	≤0.0007					
	Sn	1级	≤0.0005					
		2级	≤0.0005					
	Sb	1级	≤0.0004					
		2级	≤0.0006					

铁　种			铸造用生铁
微量元素成分(质量分数)%	Zn	1级	≤0.0008
		2级	≤0.0020
	Cr	1级	≤0.020
		2级	≤0.020
	Ni	1级	≤0.0064
		2级	≤0.0064
	Cu	1组锰时	≤0.0050
		2组锰时	≤0.0060
	V	1级	≤0.0095
		2级	≤0.0115
	Ti	1级	≤0.0700
		2级	≤0.0870
	Mo	1级	≤0.0010
		2级	≤0.0012

注：1. 微量元素含量(质量分数)之总和(∑T)，一级品 $W_总$ 不得大于 0.1000%；二级品不得大于 0.1200%。

2. 生铁块重 2～7kg。大于 7kg 与小于 2kg 的铁块之和，每一批次中不得超过总重的 6%。

(2)炼钢用生铁(GB/T 717—1998)。主要用于炼钢生产原料。炼钢用生铁的牌号和化学成分见表 2-2。

表 2-2　炼钢用生铁的牌号和化学成分

牌号			L04	L08	L10
化学成分(质量分数)%	C		≥3.50		
	Si		≤0.45	>0.45～0.85	>0.85～1.25
	Mn	1组	≤0.40		
		2组	>0.40～1.00		
		3组	>1.00～2.00		
	P	特级	≤0.100		
		1级	>0.100～0.150		
		2级	>0.150～0.250		
		3级	>0.250～0.040		

牌号			L04	L08	L10
化学成分 (质量分数)%	S	特类	≤0.020		
		1类	>0.020~0.030		
		2类	>0.030~0.050		
		3类	>0.050~0.070		

注:1. 各牌号生铁的含碳量,均不作报废依据。

2. 各牌号生铁铸成块状时,可以生产两种块度的铁块:①每块生铁的重量为2~7 kg,每一批次中大于7 kg及小于2 kg两者之和所占重量比,由供需双方协议规定;②每块生铁的重量不得大于40 kg,并有两个凹口,凹口处厚度不大于45 mm,每一批次中小于4 kg的碎铁块所占重量比,由供需双方协议规定。

(3)球墨铸铁用生铁(GB/T 1412—2005)。主要用于生产球墨铸铁件。球墨铸铁用生铁的牌号和化学成分见表2-3。

表2-3 球墨铸铁用生铁的牌号和化学成分

铁 种			球墨铸铁用生铁		
铁 号			Q10	Q12	Q16
化学成分 (质量分数)%	Mn	1组	≤0.20		
		2组	>0.20~0.50		
		3组	>0.50~0.80		
	P	特级	≤0.05		
		1级	>0.05~0.06		
		2级	>0.06~0.08		
		3级	>0.08~0.10		
	S	特类	≤0.02		
		1类	>0.02~0.03		
		2类	>0.03~0.04		
		3类	≤0.05	≤0.045	
	Cr		≤0.030		

注:各牌号生铁均应铸成2~7 kg小块,而大于7 kg与小于2 kg的铁块之和,每批中应不超过总重量的10%。根据需求方要求,方可供应重量不大于40 kg的铁块。

(4)铸造用磷铜钛低合金耐磨生铁(YB/T 5210—1993)。主要用于内燃机汽缸套,火车车轮闸瓦,球磨机铁球,轧辊,拉丝机塔轮和车床床身导轨等耐磨机件的生产。铸造用磷铜钛低合金耐磨生铁的牌号和化学成分见表2-4。

表 2-4 铸造用磷铜钛低合金耐磨生铁的牌号和化学成分

铁 种			铸造用磷铜钛低合金耐磨生铁					
铁 号			NMZ34	NMZ30	NMZ26	NMZ22	NMZ18	NMZ14
化学成分（质量分数）%	C		≥3.30					
	Si		>3.2 ~3.6	>2.8 ~3.2	>2.4 ~2.8	>2.0 ~2.4	>1.60 ~2.00	>1.25 ~1.60
	Mn	1组	≤0.50					
		2组	>0.50~0.90					
		3组	>0.90					
	S	1类	≤0.03				≤0.04	
		2类	≤0.04				≤0.05	
		3类	≤0.05					
	P	A类	0.35~0.60					
		B类	>0.60~0.90					
		C类	>0.90					
	Cu	A类	0.30~0.70					
		B类	>0.70					
	Ti	—	≥0.06					

注：1. 牌号中的"NMZ"符号为汉字"耐""磨""铸"三字的汉语拼音第一个字母的组合，牌号中的数字代表平均硅含量的千分之几。

2. 块重：各牌号生铁均应铸成 2~7 kg 小块，而大于 7 kg 与小于 2 kg 的铁块之和，每一批次中应不超过总重量的 10%。

（5）含钒生铁（YB/T 5125—2006）。主要用于提炼钒，也可用于炼钢或铸造。含钒生铁的牌号和化学成分见表 2-5。

表 2-5 含钒生铁的牌号和化学成分

铁号			牌号	钒02	钒03	钒04	钒05
			代号	F02	F03	F04	F05
化学成分（质量分数）%	V			≥0.20	≥0.30	≥0.40	≥0.50
	Ti			≤0.60			
	Si	1组		≤0.45			
		2组		>0.45~0.80			

铁号		牌号	钒02	钒03	钒04	钒05
		代号	F02	F03	F04	F05
化学成分 （质量分数）%	P	1级	≤0.15			
		2级	>0.15~0.25			
		3级	>0.25~0.40			
	S	1类	≤0.05			
		2类	≤0.07			
		3类	≤0.10			

注：1.作为炼钢或铸造用的含钒生铁，硅含量（质量分数）允许大于0.80%。但除钒，钛以外的其他化学成分（硅，碳，锰，磷，硫）应符合 GB/T 717《炼钢用生铁》和 YB/T14《铸造用生铁》国家标准相应牌号成分的规定。

2.各牌号含钒生铁铸成块状时，可以生产大、小两种块度的铁块，小块生铁重2~7 kg，每一批次中大于7 kg与小于2 kg的铁块之和所占比例，由供需双方协议规定。大块生铁不得大于40 kg，并有凹口，凹口处厚度不大于45 mm。每一批次中小于4 kg的碎铁块所占比例，由供需双方协议规定。

二、铁合金

（1）硅铁（GB/T 2272—2009）。主要用于炼钢和铸造做脱氧剂和合金元素加入剂。硅铁的牌号和化学成分见表2-7。

表2-7　硅铁的牌号和化学成分

牌　号	化学成分							
	Si	Al	Ca	Mn	Cr	P	S	C
		≤						
FeSi90Al1.5	87~95	1.5	1.5	0.4	0.2	0.04	0.02	0.2
FeSi90Al3	87~95	3.0	1.5	0.4	0.2	0.04	0.02	0.2
FeSi75Al0.5-A	74~80	0.5	1.0	0.4	0.3	0.035	0.02	0.1
FeSi75Al0.5-B	72~80	0.5	1.0	0.5	0.5	0.04	0.02	0.2
FeSi75Al1.0-A	74~80	1.0	1.0	0.4	0.3	0.035	0.02	0.1
FeSi75Al1.0-B	72~80	1.0	1.0	0.5	0.5	0.04	0.02	0.2
FeSi75Al1.5-A	74~80	1.5	1.0	0.4	0.3	0.035	0.02	0.1
FeSi75Al1.5-B	72~80	1.5	1.0	0.5	0.5	0.04	0.02	0.2
FeSi75Al2.0-A	74~80	2.0	1.0	0.4	0.3	0.035	0.02	0.1

牌　号	化学成分							
	Si	Al	Ca	Mn	Cr	P	S	C
					≪			
FeSi75Al2.0-B	74～80	2.0	1.0	0.4	0.3	0.04	0.02	0.1
FeSi75Al2.0-C	72～80	2.0	—	0.5	0.5	0.04	0.02	0.2
FeSi75－A	74～80	—		0.4	0.3	0.035	0.02	0.1
FeSi75-B	74～80	—		0.4	0.3	0.04	0.02	0.1
FeSi75-C	72～80	—		0.5	0.5	0.04	0.02	0.2
FeSi65	65～<72	—		0.6	0.5	0.04	0.02	—
FeSi45	40～<47	—		0.7	0.5	0.04	0.02	—

(2)硅钙合金(YB/T 5051—2007)。主要用于炼钢、合金冶炼做复合脱氧剂和铸铁生产中做孕育剂。

(3)硅钡合金(GB/T 15710—2006)。主要用于炼钢作脱氧剂、脱硫剂和铸造孕育剂。

(4)硅铝合金(YB/T 065—2008)。主要用于炼钢作脱氧剂、发热剂。

(5)硅钡铝合金(YB/T 066—2005)。主要用于炼钢作脱氧剂、脱硫剂。

(6)硅钙钡铝合金(YB/T 067—2008)。主要用于炼钢作脱氧剂、脱硫剂。

各种硅系列合金的牌号和化学成分见表2-8。

表2-8　硅系列合金的牌号和化学成分

牌　号		化学成分(%)							
		Si	Ca	Ba	Al	C	Al	P	S	Mn
		≥				≪				
硅钙合金	Ca31Si60	55～65	31			0.8	2.4	0.04	0.06	
	Ca28Si60	55～65	28			0.8	2.4	0.04	0.06	
	Ca24Si60	55～65	24			0.8	2.5	0.04	0.04	
硅钡合金	FeBa30Si35	35.0		30.0		0.30	3.0	0.04	0.04	0.04
	FeBa25Si40	40.0		25.0		0.30	3.0	0.04	0.04	0.04
	FeBa20Si45	45.0		20.0		0.30	3.0	0.04	0.04	0.04
	FeBa15Si50	50.0		15.0		0.30	3.0	0.04	0.04	0.04
	FeBa10Si55	55.0		10.0		0.30	3.0	0.04	0.04	0.04
	FeBa5Si60	60.0		5.0		0.20	3.0	0.04	0.04	0.04
	FeBa2Si65	65.0		2.0		0.20	3.0	0.04	0.04	0.04

牌　号	化学成分(%)								
	Si	Ca	Ba	Al	C	Al	P	S	Mn
	≥				≤				
硅铝合金 FeAl52Si5	5			52	0.20		0.02	0.02	0.20
FeAl47Si10	10			47	0.20		0.02	0.02	0.20
FeAl42Si15	15			42	0.20		0.20	0.02	0.20
FeAl37Si20	20			37	0.20		0.02	0.02	0.20
FeAl32Si25	25			32	0.20		0.02	0.02	0.20
FeAl27Si30	30			27	0.40		0.03	0.03	0.40
FeAl22Si35	35			22	0.40		0.03	0.03	0.40
FeAl17Si40	40			17	0.40		0.03	0.03	0.40
硅钡铝合金 FeAl34Ba6Si20	20.0		6.0	34.0	0.20		0.03	0.02	0.30
FeAl30Ba6Si25	25.0		6.0	30.0	0.20		0.03	0.02	0.30
FeAl26Ba6Si30	30.0		9.0	26.0	0.20		0.03	0.02	0.30
FeAl16Ba6Si35	35.0		12.0	16.0	0.20		0.04	0.03	0.30
FeAl12Ba6Si40	40.0		15.0	12.0	0.20		0.04	0.03	0.30
硅钙钡铝合金 Fe16Ba9Ca12Si30	30.0	12.0	9.0	16.0	0.40			0.04	0.40
Fe12Ba9Ca9Si35	35.0	9.0	9.0	12.0	0.40			0.04	0.40
Fe8Ba12Ca6Si40	40.0	6.0	10.2	8.0	0.40			0.04	0.02	0.40

（7）锰铁（GB/T 3795—2006）。主要用于炼钢、铸造作脱氧剂、脱硫剂和合金元素加入剂。

电炉（高炉）锰铁的牌号和化学成分见表 2-9 和表 2-10。

表 2-9　电炉锰铁的牌号和化学成分

类别	牌号	化学成分（质量成分）（%）						
		Mn	C	Si		P		S
				I	II	I	II	
		≤						
低碳锰铁	FeMn88C0.2	85.0～92.0	0.2	1.0	2.0	0.10	0.30	0.02
	FeMn84C0.4	80.0～87.0	0.4	1.0	2.0	0.15	0.30	0.02
	FeMn84C0.7	80.0～87.0	0.7	1.0	2.0	0.20	0.30	0.02

类别	牌　号	化学成分（质量成分）（%）						
		Mn	C	Si		P		S
				I	II	I	II	
				≤				
中碳锰铁	FeMn82C1.0	78.0～85.0	1.0	1.5	2.5	0.20	0.35	0.03
	FeMn82C1.5	78.0～85.0	1.5	1.5	2.5	0.20	0.35	0.03
	FeMn78C2.0	75.0～82.0	2.0	1.5	2.5	0.20	0.40	0.03
高碳锰铁	FeMn78C8.0	75.0～82.0	8.0	1.5	2.5	0.20	0.33	0.03
	FeMn74C7.5	70.0～77.0	7.5	2.0	3.0	0.25	0.38	0.03
	FeMn68C7.0	65.0～72.0	7.0	2.5	4.5	0.25	0.40	0.03

表 2-10　高炉锰铁的牌号和化学成分

类别	牌　号	化学成分（质量成分）（%）						
		Mn	C	Si		P		S
				I	II	I	II	
				≤				
高炉锰铁	FeMn78	75.0～82.0	7.5	1.0	2.0	0.30	0.50	0.03
	FeMn74	70.0～77.0	7.5	1.0	2.0	0.40	0.50	0.03
	FeMn68	65.0～72.0	7.0	1.0	2.5	0.40	0.60	0.03
	FeMn64	60.0～67.0	7.0	1.0	2.5	0.50	0.60	0.03
	FeMn58	55.0～62.0	7.0	1.0	2.5	0.50	0.60	0.03

（8）金属锰（GB/T 2774—2006）。冶炼高级合金钢和非铁基合金时，作锰元素添加剂或脱氧剂。

金属锰的牌号和化学成分见表 2-11。

表 2-11　金属锰的牌号和化学成分

牌号	化学成分（质量分数）（%）								
	Mn	C	Si	Fe	P	S	Ni	Cu	Al+Ca+Mg
	≥	≤							
JMn97	97.0	0.08	0.4	2.0	0.04	0.04	0.02	0.03	0.7
JMn96	96.5	0.10	0.4	2.3	0.05	0.05	0.02	0.03	0.7
JMn95-A	95.0	0.15	0.8	2.8	0.06	0.05	0.02	0.03	0.7
JMn95-B	95.0	0.15	0.8	3.0	0.06	0.05	0.02	0.03	0.7

续表

牌号	化学成分(质量分数)(%)								
	Mn	C	Si	Fe	P	S	Ni	Cu	Al+Ca+Mg
	≥				≤				
JMn93-A	93.5	0.20	1.8	2.8	0.06	0.05	0.02	0.03	0.7
JMn93-B	93.5	0.20	1.8	4.0	0.06	0.05	0.02	0.03	0.7

(9)电解金属锰(YB/T 051—2003),主要用于冶炼特殊钢及有色合金作为锰添加剂。

电解金属锰的牌号和化学成分见表 2-12。

表 2-12　电解金属锰的牌号和化学成分

牌号	化学成分(质量分数)(%)							
	Mn	C	S	P	Si	Fe		Se
						Ⅰ	Ⅱ	
	≥			≤				
DJMn99.8	99.8	0.02	0.03	0.005	0.005	0.01	0.03	0.06
DJMn99.7	99.7	0.04	0.05	0.005	0.010	0.01	0.03	0.10
DJMn99.5	99.5	0.08	0.10	0.010	0.015	0.05		0.15

(10)铬铁(GB/T 5683—2008)。

钨铁(GB/T 3648—1996)

钛铁(GB/T 3282—2012)

钼铁(GB/T 3649—2008)

钒铁(GB/T 4139—2004)

磷铁(GB/T 5036—2012)

硼铁(GB/T 5682—1995)

铌铁(GB/T 7737—2007)

主要用于炼钢中作为合金元素加入剂。铬铁的牌号和化学成分见表 2-13。硼铁的牌号和化学成分见表 2-14。

表 2-13 铬铁的牌号和化学成分

类别	牌 号	化学成分(质量分数)(%)									
		Cr			C	Si		P		S	
		范围	I	II		I	II	I	II	I	II
			≥	≥	≤	≤	≤	≤	≤	≤	≤
微碳	FeCr69C0.03	63~75			0.03	1.0		0.03		0.025	
	FeCr55C3		60	52	0.03	1.5	2.0	0.03	0.04	0.03	
	FeCr69C0.06	63~75			0.06	1.0		0.03		0.025	
	FeCr55C6		60	52	0.06	1.5	2.0	0.04	0.06	0.03	
	FeCr69C0.10	63~75			0.10	1.0		0.03		0.025	
	FeCr55C10		60	52	0.10	1.5	2.0	0.04	0.06	0.03	
	FeCr69C0.15	63~75			0.15	1.0		0.03		0.025	
	FeCr55C15		60	52	0.15	1.5	2.0	0.04	0.06	0.03	
低碳	FeCr69C0.25	63~75			0.25	1.5		0.03		0.025	
	FeCr55C25		60	52	0.25	2.0	3.0	0.04	0.06	0.03	0.05
	FeCr69C0.50	63~75			0.50	1.5		0.03		0.025	
	FeCr55C50		60	52	0.50	2.0	3.0	0.04	0.06	0.03	0.05
中碳	FeCr69C1.0	63~75			1.0	1.5		0.03		0.025	
	FeCr55C100		60	52	1.0	2.5	3.0	0.04	0.06	0.03	0.05
	FeCr69C200	63~75			2.0	1.5		0.03		0.025	
	FeCr55C10		60	52	2.0	2.5	3.0	0.04	0.06	0.03	0.05
	FeCr69C4.0	63~75			4.0	1.5		0.03		0.025	
	FeCr55C400		60	52	4.0	2.5	3.0	0.04	0.06	0.03	0.05
高碳	FeCr67C6.0	62~72			6.0	3.0		0.03		04	0.06
	FeCr55C600		60	52	6.0	3.0	5.0	0.04	0.06	04	0.06
	FeCr67C9.5	62~72			9.5	3.0		0.03		04	0.06
	FeCr55C1000		60	52	10	3.0	5.0	0.04	0.06	0.04	0.06

表 2-14 硼铁的牌号和化学成分

类别	牌 号	化学成分(质量分数)(%)						
		B	C	Si	Al	S	P	Cu
			≤	≤	≤	≤	≤	≤
低碳	FeB23C0.05	20.0~25.0	0.05	2.0	3.0	0.01	0.015	0.05
	FeB22C0.1	19.0~25.0	0.1	4.0	3.0	0.01	0.03	—

续表

类别	牌号		化学成分(质量分数)(%)						
			B	C	Si	Al	S	P	Cu
				≤					
	FeB17C0.1		14.0～19.0	0.1	4.0	6.0	0.01	0.1	—
	FeB12C0.1		9.0＜14.0	0.1	4.0	6.0	0.01	0.1	—
中碳	FeB20C0.5	A	19.0～21.0	0.5	4.0	0.05	0.01	0.1	—
		B		0.5	4.0	0.5	0.01	0.2	—
	FeB18C0.5	A	17.0～＜19.0	0.5	4.0	0.05	0.01	0.1	—
		B		0.5	4.0	0.5	0.01	0.2	—
	FeB16C1.0		15.0～17.0	1.0	4.0	0.5	0.01	0.2	—
	FeB14C1.0		13.0～＜15.0	1.0	4.0	0.5	0.01	0.2	—
	FeB12C1.0		9.0～＜13.0	1.0	4.0	0.5	0.01	0.2	—

各种钨铁、钛铁、钼铁、钒铁、磷铁、铌铁牌号见表2-15。

表2-15 钨铁、钛铁、钼铁、钒铁、磷铁、铌铁牌号

品名	钨铁	钛铁	钼铁	钒铁	磷铁	铌铁
牌号	FeW80-A	FeTi30-A	FeMo70	FeV40-A	FeP24	FeNb70
	FeW80-B	FeTi30-B	FeMo70CuL	FeV40-B	FeP21	FeNb60-A
	FeW80-C	FeTi40-A	FeMo60 CuL1.5	FeV50-A	FeP18	FeNb60-B
	FeW70	FeTi40-B	FeMo60-A	FeV50-B	FeP16	FeNb50
			FeMo60-B	FeV75-A		FeNb20
			FeMo60-C	FeV75-B		
			FeMo60			
			FeMo55-A			
			FeMo55-B			

(11)锰硅合金(GB/T 4008—2008)。主要用于炼钢及铸造作合剂复合脱氧剂和脱硫剂。锰硅合金的牌号和化学成分见表2-16。

表 2-16　锰硅合金的牌号和化学成分

牌号	化学成分(质量分数)(%)						
	Mn	Si	C	P			S
				I	II	III	
				≤			
FeMn64Si27	60.0～67.0	25.0～28.0	0.5	0.100	0.150	0.250	0.04
FeMn67Si23	63.0～70.0	22.0～25.0	0.7	0.100	0.150	0.250	0.04
FeMn68Si22	65.0～72.0	20.0～23.0	1.2	0.100	0.150	0.250	0.04
FeMn64Si23	60.0～67.0	20.0～25.0	1.2	0.100	0.150	0.250	0.04
FeMn68Si18	65.0～72.0	17.0～20.0	1.8	0.100	0.150	0.250	0.04
FeMn64Si18	60.0～67.0	17.0～20.0	1.8	0.100	0.150	0.250	0.04
FeMn68Si16	65.0～72.0	14.0～17.0	2.5	0.100	0.150	0.250	0.04
FeMn64Si16	60.0～67.0	14.0～17.0	2.5	0.200	0.250	0.300	0.05

第二节　铸　　铁

铸铁的名称及代号见表 2-17。

表 2-17　铸铁名称、代号及牌号表示方法

铸铁名称	代　号	牌号表示方法
灰铸铁	HT	HT100
蠕墨铸铁	RuT	RuT420
球墨铸铁	QT	QT400-18
抗磨白口铸铁	KmTB	KmTBMn5W3
抗磨球墨铸铁	KmTQ	KmTQMn6
冷硬铸铁	LT	LTCrMoR
耐蚀铸铁	ST	STSi5R
耐蚀球墨铸铁	STQ	STQA15Si5
黑心可锻铸铁	KTH	KTH300-06
白心可锻铸铁	KTB	KTB350-04
球光体可锻铸铁	KTZ	KTZ450-06
耐磨铸铁	MT	MTCu1PTi-150

铸铁名称	代号	牌号表示方法
耐热铸铁	RT	RTCr2
耐热球墨铸铁	RQT	RQTA122
奥氏体铸铁	AT	

注:1.牌号中常规碳、锰、硫、磷元素,一般不标注,有特殊作用时,才标注其元素符号及含量;其质量分数大于或等于1%时,用正数表示,小于1%时,一般不标注。

2.牌号中代号后面的一组数字,表示抗拉强度值;有两组数字时,第一组表示抗拉强度值,第二组表示伸长率。

一、灰铸铁件

灰铸铁件(GB/T 9439—2010)力学性能与金属组织见表2-18。砂型铸造灰铸铁件的化学成分见表2-19。灰铸铁件的特性和应用见表2-20。灰铸铁件的中外牌号对照见表2-21。

表2-18 灰铸铁件力学性能与金属组织

牌 号	铸件壁厚/mm		最小抗拉强度	铸件硬度范围	除片状石墨外
	＞	～	σ_b/MPa	HBW	金属组织
HT100	2.5	10	130	≤170	铁素体
	10	20	100		
	20	30	90		
	30	50	80		
HT150	2.5	10	175	150～200	铁素体＋珠光体
	10	20	145		
	20	30	130		
	30	50	120		
HT200	2.5	10	195	170～220	珠光体
	10	20	195		
	20	30	170		
	30	50	160		
HT250	4.0	10	270	190～240	珠光体
	10	20	240		
	20	30	220		
	30	50	200		

续表

牌 号	铸件壁厚/mm		最小抗拉强度 σ_b/MPa	铸件硬度范围 HBW	除片状石墨外 金属组织
	>	~			
HT300	10	20	290	210~260	100%珠光体 (孕育铸铁)
	20	30	250		
	30	50	230		
HT350	10	20	290	230~280	100珠光体 (孕育铸铁)
	20	30	290		
	30	50	260		

表 2-19 砂型铸造灰铸铁件的化学成分

牌 号		铸件壁厚/mm	化学成分(质量分数)(%)				
			C	Si	Mn	P	S
普通 灰铸 铁	TH100	所有尺寸	3.2~3.8	2.1~2.7	0.5~0.8	<0.3	≤0.15
	HT150	<15	3.3~3.7	2.0~2.4	0.5~0.8	<0.2	≤0.12
		15~30	3.2~3.6	2.0~2.3			
		30~50	3.1~3.5	1.9~2.2			
		>50	3.0~3.4	1.8~2.1			
普通 灰铸 铁	HT200	<15	3.2~3.6	1.9~2.2	0.6~0.9	<0.15	≤0.12
		15~30	3.1~3.5	1.8~2.1	0.7~0.9		
		30~50	3.0~3.4	1.5~1.8	0.8~1.0		
		>50	3.0~3.2	1.4~1.7	0.8~1.0		
孕育 铸铁	HT250	<15	3.2~3.5	1.8~2.1	0.7~0.9	<0.15	≤0.12
		15~30	3.1~3.4	1.6~1.9	0.8~1.0		
		30~50	3.0~3.3	1.5~1.8	0.8~1.0		
		>50	2.9~3.2	1.4~1.7	0.9~1.1		
	HT300	<15	3.1~3.4	1.5~1.8	0.8~1.0	<0.15	≤0.12
		15~30	3.0~3.3	1.4~1.7	0.9~1.1		
		30~50	2.9~3.2	1.4~1.7	0.8~1.0		
		>50	2.8~3.1	1.3~1.6	1.0~1.2		
	HT350	<15	2.9~3.2	1.4~1.7	0.9~1.2	<0.15	≤0.12
		15~30	2.8~3.1	1.3~1.6	1.0~1.3		
		30~50	2.8~3.1	1.2~1.5	1.0~1.3		
		>50	2.7~3.0	1.1~1.4	1.1~1.4		

表2-20 灰铸铁件的特性和应用

牌号	主要特性	应用范围	
		工作条件	应用举例
HT100	铸造性能好,工艺简便;铸造应力小,不用人工时效处理;减震性优良	负荷极低;对摩擦或磨损无特殊要求;变形很小	盖、外罩、油盘、手轮、手把、支架、底板、重锤等形状简单、不甚重要的零件
HT150	铸造性能好,工艺简便;铸造应力小,不用人工时效处理;有一定的机械强度及良好的减震性能	承受中等载荷的零件(弯曲应力<9.81Mpa);摩擦面间的单位面积压力<0.49Mpa下受磨损的零件;在弱腐蚀介质中工作的零件	一般机械制造中的铸件,如:支柱、底座、罩壳、齿轮箱、刀架、刀架座、普通机床床身、滑板、工作台、薄壁(质量不大)零件,工作压力不大的管子配件,以及壁厚≤30 mm的耐磨轴套等
HT200 HT250	强度、耐磨性、耐热性均较好,减震性也良好;铸造性能较好,需要进行人工时效处理	承受较大应力的零件(弯曲应力<29.40MPa);摩擦面间的单位面积压力>0.49MPa(大于10 t)在磨损下工作的大型铸件压力>1.47MPa;要求一定的气密性或耐弱腐蚀性介质	一般机械制造中较为重要的铸件,如:汽缸、齿轮、机座、金属切削机床身床面、汽车、拖拉机的汽缸体、汽缸盖、活塞、刹车轮、联轴器盘以及汽油机和柴油机的活塞环,具有测量平面的检验工件,如:画线平板、V形铁、平尺、水平仪框架,承受中等压力(<7.85MPa)的液压缸、泵体、阀体,以及要求有一定耐腐蚀能力的泵壳、容器
HT300 HT350	强度高,耐磨性好;白口倾向大,铸造性能差,需进行人工时效处理	承受高弯曲应力(<49MPa)摩擦面间的单位面积压力≥1.96MPa;要求保持高度气密性	机械制造中重要的铸件,如:床身导轨、车床、冲床、剪床和其他重型机械等受力较大的床身、机座、主轴箱、卡盘、齿轮、凸轮、衬套;大型发动机的曲轴、汽缸体、缸套、汽缸盖、高压的液压缸、泵体、阀体、镦锻和热锻锻模、冷冲模等

表 2-21　灰铸铁件的中外牌号对照

中国 GB/T 9439	国际标准 ISO	前苏联 ТОСТ	美国	日本 JIS	德国 DIN	英国 BS	法国 NF
HT-100	100	сч10	—	FC100	—	100	—
HT-150	150	сч15	No. 20	FC150	GG15	150	FGL150
HT-200	200	сч20	No. 30	FC200	GG20	200	FGL200
HT-250	250	сч25	No. 35	FC250	GG25	250	FGL250
HT-300	300	сч30	No. 45	FC300	GG30	300	FGL300
HT-350	350	сч35	No50	FC350	GG35	350	FGL350
HT-400	—	сч40	No. 60	—	GG40	—	FGL400

二、球墨铸铁件

球墨铸铁件(GB/T 1348—2009)力学性能见表 2-22。球墨铸铁件的化学成分见表 2-23。球墨铸铁件的特性和应用见表 2-24。球墨铸铁件的中外牌号对照见表 2-25。

表 2-22　球墨铸铁件力学性能

牌　号	壁厚/mm	抗拉强度 σ_b/MPa	屈服强度 $\sigma_{0.2}$/MPa	伸长率 δ(%)	布氏硬度 范围 HBS	主要金 相组织
		最小值				
QT400-18A	≥30~60	390	250	18	130~180	铁素体
	>60~200	370	240	12		
QT400-15A	≥30~60	390	250	15	130~180	铁素体
	>60~200	370	240	12		
QT500-7A	≥30~60	450	300	7	170~240	铁素体+ 球光体
	>60~200	420	290	5		
QT600-3A	≥30~60	600	360	3	180~270	球光体+ 铁素体
	>60~200	550	340	1		
QT700-2A	≥30~60	700	400	2	220~320	球光体
	>60~200	650	380	1		

注:1. 当铸件质量≥2 000 kg,且壁厚在 30~200 mm 范围内时,采用附铸试块应优于单铸试块,附铸试块的形状和尺寸,按本标准规定的图样制备。

2. 牌号后面的字母 A 表示该牌号在附铸试块上测定的力学性能,以区别上列的单铸试块测定的性能。

表 2-23　球墨铸铁件的化学成分实例(参考数据)

牌 号	化学成分(质量分数)(%)								
	C	Si	Mn	P	S	Mg	RE	Cu	Mo
QT400-18	3.6~3.8	2.3~2.7	<0.5	<0.08	<0.025	0.03~0.05	0.02~0.03	—	—
QT500-7	3.6~3.8	2.5~2.9	<0.6	<0.08	<0.025	0.03~0.05	0.03~0.05	—	—
QT600-2	3.6~3.8	2.0~2.4	0.5~0.7	<0.08	<0.025	0.035~0.05	0.025~0.45	—	—
QT600-2	3.5~3.7	2.0~2.5	<0.5	<0.08	<0.025	0.04~0.07	0.015~0.03	0.3~0.8	0.15~0.4
QT900-2	3.5~3.7	2.7~3.0	<0.5	<0.08	<0.025	0.03~0.05	0.025~0.045	0.5~0.7	0.15~0.25

表 2-24　球墨铸铁件的特性和应用

牌 号	基本组织	主要特性	应用举例
QT400-18 QT400-15	铁素体(100%)	具有良好的焊接性和可加工性,常温时冲击韧性改造,而且脆性转变温度低,同时低温韧性也很好	农机具:重型机引五铧犁、悬挂犁上的犁柱、犁托、犁侧板、牵引架、收割机及割草机上的导架、差速器壳、护刃器
QT450-10	铁素体(≥80%)	焊接性、可加工性均较好塑性略低于 QT400-18,而强度与小能量冲击韧度优于 QT400-18	汽车、拖拉机、手扶拖拉机:牵引框、驱动桥壳体、离合器壳、差速器壳、离合器拨叉、弹簧吊耳、汽车底盘悬挂件
QT500-7	珠光体+铁素体 (<80%~50%)	具有中等强度和塑性,被切削性好	内燃机的机油泵轮,汽轮机中温汽缸隔板,水轮机的阀门体,铁路机车车辆轴瓦,机器座架、传动轴、链轮、飞轮,电动机架,千斤顶座等
QT600-3	铁素体+珠光体 (<80%~50%)	中高强度,低塑性,耐磨性较好	内燃机:5~4 000 hp 柴油机和汽油机的曲轴、部分轻型柴油机和汽油机的凸轮轴、汽缸套、连杆、进排气门座
QT700-2 QT800-2	珠光体或回火索氏体	有较高的强度、耐磨性、低韧性(或低塑性)	农机具:脚踏脱粒机齿条、轻负荷齿轮、畜力犁铧 机床:部分磨床、铣床、车床的主轴

牌号	基本组织	主要特性	应用举例
QT700-2 QT800-2	珠光体或回火索氏体	有较高的强度、耐磨性,低韧性(或低塑性)	通用机械:空调机、气压机、冷冻机、制氧机及泵的曲轴、缸体、缸套 冶金,矿山、起重机械:球磨机齿轴、矿车轮、桥式起重机大小车滚轮
QT900-2	下贝氏体或回火马氏体、回火托氏体	有高的强度、耐磨性、较高的弯曲疲劳程度、接触疲劳强度和一定的韧性	农机具:犁铧、耙片、低速农用轴承套圈 汽车:曲线齿锥齿轮、转向节、传动轴 拖拉机:减速齿轮 内燃机:凸轮轴、曲轴

表 2-25 球墨铸铁件的中外牌号对照

中国 GB/T 1348	国际标准 ISO	原苏联 ГОСТ	美国	日本 JIS	德国 DIN	英国 BS	法国 NF
QT400-18	400-18	Вч40	60-40-18	FCD400	GGG40	400/70	FGS370-17
QT450-10	450-10	Вч50	65-45-12	FCD450	—	420/12	FGS400-12
QT500-7	500-7	Вч60	70-50-05	FCD500	GGG50	500/7	FGS500-7
QT600-3	600-3	Вч55	80-60-03	FCD600	GGG60	600/3	FGS600-3
QT700-2	700-2	Вч70	100-70-03	FCD700	GGG70	700/2	FGS700-2
QT800-2	800-2	Вч80	120-90-02	FCD800	GGG80	800/2	FGS800-2
QT900-2	900-2	Вч100	—	—	—	900/2	—

三、可锻铸铁件

可锻铸铁件(GB/T 9440—2010)的化学成分见表 2-26。

可锻铸铁件的牌号和力学性能见表 2-27。

可锻铸铁的特性和应用见表 2-28。

表 2-26 可锻铸铁件的化学成分(参考数据)

类 型	牌 号	化学成分(质量分数)(%)					
		C	Si	Mn	P	S	Cr
黑色可锻铸铁	KTH300-06	2.7~3.1	0.7~1.1	0.3~0.6	<0.2	0.18	—
	KTH330-08	2.5~2.9	0.8~1.2	0.3~0.6	<0.2	0.18	—
	KTH350-10	2.4~2.8	0.9~1.4	0.3~0.6	<0.2	0.12	—
	KTH370-12	2.2~2.5	1.0~1.5	0.3~0.6	<0.2	0.12	—

类 型	牌 号	化学成分(质量分数)(%)					
		C	Si	Mn	P	S	Cr
球光体可锻铸铁	通用	2.3～2.8	1.3～2.0	0.4～0.6	<0.1	<0.2	—
	常用	2.3～2.6	1.3～1.6	0.4～0.7	<0.1	<0.16	—
白心可锻铸铁	常用	2.8～3.4	0.7～1.1	0.4～0.7	<0.2	<0.2	—
	冲天炉炼	2.8～3.2	0.6～1.15	≤0.60	≤0.20	≤0.1	≤0.04
	感应炉炼	2.8～3.4	0.6～1.2	≤0.60	≤0.20	≤0.1	≤0.03

表 2-27 可锻铸铁件的牌号和力学性能

类 型	牌 号 新牌号	试样直径 d/mm	抗拉强度 δ_b/MPa	屈服强度 $\delta_{0.2}$/MPa	伸长率 $\delta(\%)$ $(L_0=3d)$ ≥	硬度 HBS
黑心可锻铸铁(铁素体可锻铸铁)	KTH300-06	12 或 15	300	—	6	≤150
	KTH330-08		330	—	8	
	KTH350-10		350	200	10	
	KTH370-12		370	—	12	
珠光体可锻铸铁	KTZ450-06		450	270	6	150～200
	KTZ550-04		550	340	4	180～230
	KTZ650-02		650	430	2	210～260
	KTZ700-02		700	530	2	240～290
白心可锻铸铁	KTB350-04	9	340	—	5	≤230
		12	350	—	4	
		15	360	—	3	
	KTB380-12	9	320	170	15	≤200
		12	380	200	12	
		15	400	210	8	
白心可锻铸铁	KTB400-05	9	360	200	8	≤220
		12	400	220	5	
		15	420	230	4	
	KTB450-07	9	400	230	10	≤220
		12	450	260	7	
		15	480	280	4	

表 2-28　可锻铸铁的特性和应用

类型	牌号	特性及应用
黑心可锻铸铁	KTH300-06	有一定的韧性和适度的强度,气密性好;用于承受低动载荷及静载荷、要求气密性好的工作零件,如管道配件(弯头、三通、管件)、中低压阀门等
	KTH330-08	有一定的韧性和强度,用于承受中等动载荷的工作零件,如农机上的犁刀、犁柱、车轮壳,机床用的 勾型扳手、螺钉扳手,铁道扣板,输电线路上的线夹本体及压板等
	KTH350-10 KTH370-12	有较高的韧性和强度,用于承受较高的冲击、震动及扭转负荷下工作的零件,如汽车、拖拉机上的前后轮壳、差速器壳,农机上的犁刀、犁柱,船用电机壳,绝缘子铁帽等
珠光体可锻铸铁	KTZ450-06 KTZ550-04 KTZ650-02 KTZ700-02	韧性较低,但强度大、硬度高、耐磨性好,且可加工性良好;可代替低碳、中碳、低合金钢及有色合金制造承受较高的动、静载荷,在磨损条件下工作并要求有一定的韧性的重要的工作零件,如曲轴、连杆、齿轮、摇臂、凸轮轴、万向接头、活塞环、轴套、犁刀、耙片等
白心可锻铸铁	KTB350-04 KTB380-12 KTB400-05 KTB450-07	薄壁铸件仍有较好的韧性,有非常优良的焊接性,可与钢钎焊,可加工性好,但工艺复杂、生产周期长、强度及耐磨性较差,适于铸造厚度在 12 mm 以下的薄壁铸件和焊接后不需进行热处理的铸件。在机械制造工业上很少应用这类铸铁

四、抗磨白口铸铁件

抗磨白口铸铁件(GB/T 8263—2010)的牌号和化学成分见表 2-29。抗磨白口铸铁件的硬度见表 2-30。抗磨白口铸铁件的金相组织的使用特性见表 2-31。

表 2-29　抗磨白口铸铁件的牌号和化学成分

牌　号	化学成分(质量分数)(%)								
	C	Si	Mn	Cr	Mo	Ni	Cu	S	P
KmTBNi4Cr2-DT	2.4~3.0	≤0.8	≤2.0	1.5~3.0	≤1.0	3.3~5.0	—	≤0.15	≤0.15
KmTBNi4Cr2-GT	3.0~3.6	≤0.8	≤2.0	1.5~3.0	≤1.0	3.3~5.0	—	≤0.15	≤0.15

牌 号	化学成分(质量分数)(%)								
	C	Si	Mn	Cr	Mo	Ni	Cu	S	P
KmTBCr9Ni5	2.5~3.6	≤2.0	≤2.0	7.0~11.0	≤1.0	4.5~7.0	—	≤0.15	≤0.15
KmTBCr2	2.1~3.6	≤1.2	≤2.0	1.5~3.0	≤1.0	≤1.0	≤1.2	≤0.10	≤0.15
KmTBCr8	2.1~3.2	1.5~2.2	≤2.0	7.0~11.0	≤1.5	≤1.0	≤1.2	≤0.06	≤0.10
KmTBCr12	2.0~3.3	≤1.5	≤2.0	11.0~14.0	≤3.0	≤2.5	≤1.2	≤0.06	≤0.10
KmTBCr15Mo[2]	2.0~3.3	≤1.2	≤2.0	14.0~18.0	≤3.0	≤2.5	≤1.2	≤0.06	≤0.10
KmTBCr20 Mo[2]	2.0~3.3	≤1.2	≤2.0	18.0~23.0	≤3.0	≤2.5	≤1.2	≤0.06	≤0.10
KmTBCr26	2.0~3.3	≤1.2	≤2.0	23.0~30.0	≤3.0	≤2.5	≤2.0	≤0.06	≤0.10

表 2-30 抗磨白口铸铁件的硬度

牌 号	硬度					
	铸态或铸态并去应力处理		硬化态或硬化态并去应力处理		软化退火态	
	HRC	HBW	HRC	HBW	HRC	HBS
KmTBNi4Cr2-DT	≥53	≥550	≥56	≥600	—	—
KmTBNi4Cr2-GT	≥53	≥550	≥56	≥600	—	—
KmTBCr9Ni5	≥50	≥500	≥56	≥600	—	—
KmTBCr2	≥46	≥450	≥56	≥600	≤41	≤400
KmTBCr8	≥46	≥450	≥56	≥600	≤41	≤400
KmTBCr12	≥46	≥450	≥56	≥600	≤41	≤400
KmTBCr15Mo	≥46	≥450	≥58	≥650	≤41	≤400
KmTBCr20Mo	≥46	≥450	≥58	≥650	≤41	≤400
KmTBCr26	≥46	≥450	≥56	≥600	≤41	≤400

表 2-31　抗磨白口铸铁件的金相组织的使用特性

牌　号	金相组织		使用特性
	铸态或铸态 并去应力处理	硬化态或硬化态 并去应力处理	
MmTBCNi4Cr2-DT	共晶碳化物 M_3C＋少量 M_3C＋马氏体＋贝氏体＋奥氏体	共晶碳化物 M_3C＋马氏体＋贝氏体＋残余奥氏体	可用于中等冲击载荷的磨料磨损
MmTBCNi4Cr2-GT			用于较小冲击载荷的磨料磨损
KmTBCr9Ni5	共晶碳化物(M_7C_3＋少量 M_3C)＋马氏体＋奥氏体	共晶碳化物(M_7C_3＋少量 M_3C)＋二次碳化物＋马氏体＋残余奥氏体	有很好的淬透性,可用于中等冲击载荷的磨料磨损
KmTBCr2	共晶碳化物 M_3C＋珠光体	共晶碳化物 M_3C＋二次碳化物＋马氏体＋残余奥氏体	用于较小冲击载荷的磨料磨损
KmTBCr8	共晶碳化物(M_7C_3＋少量 M_3C)＋珠光体	共晶碳化物(M_7C_3＋少量 M_3C)＋二次碳化物＋贝氏体＋马氏体＋奥氏体	有一定耐蚀性,可用于中等冲击载荷的磨料磨损
KmTBCr12	共晶碳化物 M_7C_3＋奥氏体及其转变产物	共晶碳化物 M_7C_3＋二次碳化物＋马氏体＋残余奥氏体	可用于中等冲击载荷的磨料磨损
KmTBCr15Mo	共晶碳化物 M_7C_3＋奥氏体及其转变产物	共晶碳化物 M_7C_3＋二次碳化物＋马氏体＋残余奥氏体	可用于中等冲击载荷的磨料磨损
KmTBCr20Mo	共晶碳化物 M_7C_3＋奥氏体及其转变产物	共晶碳化物 M_7C_3＋二次碳化物＋马氏体＋残余奥氏体	有很好淬透性。有较好耐蚀性,可用于较大冲击载荷的磨料磨损
KmTBCr26	共晶碳化物 M_7C_3＋奥氏体	共晶碳化物 M_7C_3＋二次碳化物＋马氏体＋残余奥氏体	有很好淬透性。有良好耐蚀性和抗高温氧化性。可用于较大载荷的磨料磨损

注：金相组织中的 M 代表 Fe,Cr 等金属原子,C 代表碳原子。

五、耐磨铸铁

耐磨铸铁(YB/T 036.2—1992)的牌号和化学成分见表 2-32。耐磨铸铁件的力学性能和用途见表 2-33。

表 2-32 耐磨铸铁的牌号和化学成分

牌 号	化学成分质量分数(%)							
	C	Si	Mn	P	S	Cu	Mo	Cr
MTCuMo-175	3.00~3.60	1.50~2.00	0.60~0.90	≤0.30	≤0.140	1.00~1.30	0.40~0.60	—
MTCuMo-235	3.20~3.60	1.30~1.80	0.50~1.00	≤0.30	≤0.150	0.60~1.10	0.30~0.70	0.20~0.60

表 2-33 耐磨铸铁件的力学性能和用途

牌 号	抗拉强度 σ_b/MPa≥	硬度 HBS	应用举例
MTCuMo-175	175	195~260	一般耐磨零件
MTCrMoCu-235	235	200~250	活塞环、机床床身、卷筒圈等耐磨零件

六、耐热铸铁件

耐热铸铁件(GB/T 9437—2009)的牌号和化学成分见表 2-34。耐热铸铁件的力学性能见表 2-35。耐热铸铁件的使用条件和应用见表 2-36。

表 2-34 耐热铸铁件的牌号和化学成分

类 别	牌 号	化学成分(质量分数)(%)						
		C	Si	Mn	P	S	Cr	Al
					≤			
耐热铸铁	RTCr	3.0~3.8	1.5~2.5	1.0	0.20	0.12	0.50~1.00	—
	RTCr2	3.0~3.8	2.0~3.0	1.0	0.20	0.12	>1.00~2.00	—
	RTCr16	1.6~2.4	1.5~2.2	1.0	0.10	0.05	15.00~18.00	—
	RTSi5	2.4~3.2	4.5~5.5	0.8	0.20	0.12	0.50~1.00	—
耐热球墨铸铁	RTQSi4	2.4~3.2	3.5~4.5	0.7	0.10	0.03	—	—
	RTQSi4Mo	2.7~3.5	3.5~4.5	0.5	0.10	0.03	Mo:0.3~0.7	—
	RTQSi5	2.4~3.2	>4.5~5.5	0.7	0.10	0.03	—	—
	RTQAl4Si4	2.5~3.0	3.5~4.5	0.5	0.10	0.02	—	4.0~5.0
	RTQAl5Si5	2.3~2.8	>4.5~5.5	0.5	0.10	0.02	—	>5.0~5.8
	RTQAl22	1.6~2.2	1.0~2.0	0.7	0.10	0.03	—	20.0~24.0

注：牌号的符号中，"RT"表示耐热铸铁，"Q"表示球墨铸铁，其余字母为合金元素符号，

数字表示合金元素的平均含量,取整数值。

表 2-35　耐热铸铁件的力学性能

牌　号	室温抗拉强度 σ_b/MPa⩾	硬度 HBS	下列温度(℃)时的抗拉强度 σ_b/MPa				
			500	600	700	800	900
RTCr	200	189~288	225	144	—	—	—
RTCr2	150	207~288	243	166	—	—	—
RTCr16	340	400~450	—	—	—	144	88
RTQSi5	140	160~270	—	—	41	27	
RTQSi4	480	187~269	—	—	75	35	
RTQSi4Mo	540	197~280	—	—	101	46	
RTQSi5	370	228~302	—	—	67	30	
RTQAl4Si4	250	285~341	—	—	—	82	32
RTQAl5Si5	200	302~363	—	—	—	167	75
RTQAl22	300	241~364	—	—	—	130	77

表 2-36　耐热铸铁件的使用条件和应用

牌号	使用条件	应用举例
RTCr	在空气炉气中,耐热温度达 550 ℃	炉条、高炉支梁式水箱、金属型玻璃模
RTCr2	在空气炉气中,耐热温度到 600 ℃	煤气炉内灰盒、矿山烧结车挡板
RTSi5	在空气炉气中,耐热温度到 700 ℃	炉条、煤粉烧嘴、锅炉用梳形定位板、换热器针状管、二硫化碳反应甑
RTQSi4	在空气炉气中耐热温度到 650 ℃,其含 Si 上限时到 750 ℃,力学性抗裂性较 RQT-Si5 好	玻璃窑烟道闸门、玻璃引上机墙板、加热炉两端管架
RTQSi4Mo	在空气炉气中耐热温度到 680 ℃,其含硅上限时到 780 ℃,高温力学性能较好	罩式退火炉导向器、烧结机中后热筛板、加热炉吊梁等
RTCr16	在空气炉气中耐热温度到 900 ℃,在室温及高温下有抗磨性,耐硝酸的腐蚀	退火罐、煤粉烧嘴、炉栅、水泥焙烧炉零件、化工机械零件
RTQSi5	在空气炉气中耐热温度到 800 ℃,规上限时到 900 ℃	煤分烧嘴、炉条、辐射管、烟道闸门、加热炉中间管架
RTQAl4Si4	在空气炉气中耐热温度到 900℃	焙烧机蓖条、炉用件
RTQAl5Si5	在空气炉气中耐热温度到 1050℃	焙烧机蓖条、炉用件
RTQAl22	在空气炉气中耐热温度到 1 100 ℃,抗高温硫蚀性好	锅炉用侧密封链式、加热炉炉爪、黄铁矿焙烧炉零件

七、高硅耐蚀铸铁

高硅耐蚀铸铁(GB/T 8491—2009)件的牌号和化学成分见表2-38。高硅耐蚀铸铁件的力学和物理性能见表2-39。高硅耐蚀铸铁的特性和应用见表2-40。

表 2-38 高硅耐蚀铸铁件的牌号和化学成分

牌 号	化学成分(质量分数)(%)								
	C	Si	Mn	P	S	Cr	Mo	Cu	RE残留量
STSi11Cu2CrR	最大值 1.20	10.00~12.00	最大值	最大值	最大值	0.60~0.80	—	0.80~2.20	最大值
STSi15R	1.00	14.25~15.75	0.50	0.10	0.10	—	—		0.10
STSi15Mo3R	0.90	14.25~15.75				—	3.00~1.00		
STSi15Cr4R	1.40	14.25~15.75				4.00~5.00	—		
STSi17R	0.80	16.00~18.00				—	—		

表 2-39 高硅耐蚀铸铁件的力学和物理性能

牌 号	力学性能			物理性能(参考数据)		
	最小抗弯强度 σ_{dB}/MPa	最小挠度 f/mm	最大硬度 HRC	熔点/℃	密度 ρ/(g/cm³)	线收缩率(%)
STSi11Cu2CrR	190	0.80	42			1.5~2.0
STSi15R	140	0.66	48	1190~1220	6.8~7.0	2.3~2.8
STSi15Mo3R	130	0.66	48	1170		~2.0
STSi15Cr4R	130	0.66	48			1.9~2.5
STSi17R	130	0.66	48			

注:高硅耐蚀铸铁的力学性能一般不作为验收数据;如需方有要求时,应符合表列规定。

表 2-40　高硅耐蚀铸铁的特性和应用

牌号	主要特性	应用举例
STSi11Cu2CrR	具有较好的力学性能,可用一般的机械加工方法进行生产。在质量分数大于或等于10%的硫酸、质量分数小于或等于46%的硝酸或由上述两种介质组成的混合酸、质量分数大于或等于70%的硫酸加氯、苯、苯磺酸等介质中,具有较稳定的耐蚀性,但不允许有急剧的交变载荷、冲击载荷和温度突变	卧式离心机、潜水泵、阀门、旋塞、塔罐、冷却排水管、弯头等化工设备和零部件等
STSi15R STSi17R	在氧化性酸(例如:各种温度和浓度的硝酸、硫酸、铬酸等),各种有机酸和一系列盐溶液介质中都有良好的耐蚀性,但在卤素的酸、盐溶液(如氢氟酸、氟化物等)和强碱溶液中不耐蚀。不允许有急剧的交变载荷、冲击载荷和温度突变	各种离心泵、阀类、旋塞、管道配件、塔罐、低压容器及各种非标准零部件
STSi15Mo3R	在各种浓度和温度的硫酸、硝酸、盐酸中,在碱水、盐水溶液中,当同一铸件上各部位的温度不大于 30℃ 时,在没有动载荷、交变载荷和脉冲载荷上,具有特别高的耐蚀性	各种离心泵、阀类、旋塞、管道配件、塔罐、低压容器及各种非标准零部件
STSi15Cr4R	具有优良的耐电化学腐蚀性能,并有改善抗氧化性的耐蚀性能。高硅铬铸铁中的铬可提高其钝化性和点蚀击穿电位,但不允许有急剧的交变载荷和温度突变	在外加电流的阴极保护系统中,大量用做辅助阳极铸件

八、铸铁件热处理状态的名称和代号

铸铁件有时需标明热处理状态。铸铁件热处理状态的名称和代号见表 2-41。

表 2-41　铸铁件热处理状态的名称和代号

名称	铸态	退火态	正火态	淬火态	回火态	等温淬火态	时效态	表面淬火态	化学热处理态
代号	Z	T	Zh	C	H	D	S	B	Hu

第三节 铸 钢

一、一般工程用碳素铸钢件

一般工程用碳素铸钢件的牌号和化学成分见表2-42。一般工程用碳素钢铸钢件的力学性能见表2-43。一般工程用碳素铸钢件的特性和应用见表2-44。一般工程用碳素铸钢件的中外牌号对照见表2-45。

表2-42 一般工程用碳素铸钢件的牌号和化学成分

牌号	旧牌号	化学成分（质量分数）（%）					残余元素
		C	Si	Mn	S	P	
		≤					
ZG200-400	ZG15	0.20	0.50	0.80	0.04	0.04	Cr≤0.35
ZG230-450	ZG25	0.30	0.50	0.90	0.04	0.04	Ni≤0.30 Mo≤0.20
ZG270-500	ZG35	0.40	0.50	0.90	0.04	0.04	Cu≤0.30
ZG310-570	ZG45	0.50	0.60	0.90	0.04	0.04	V≤0.05
ZG340-640	ZG55	0.60	0.60	0.90	0.04	0.04	但 Cr+Ni+Mo+Cu+V≤1.00

表2-43 一般工程用碳素钢铸钢件的力学性能

牌号	热处理		力学性能 最小值					
	正火或退火温度/℃	回火温度/℃	屈服强度 $\sigma_{0.2}$/MPa	抗拉强度 $\sigma_{0.2}$/MPa	伸长率 δ(%)	断面收缩率 ϕ(%)	冲击吸收功 A_{KV}/J	冲击韧度 α_k (J/cm²)
ZG200-400	920~940	—	200	400	25	40	30	—
ZG230-450	890~910	620~680	230	450	22	23	25	—
ZG270-500	880~900	620~680	270	500	18	25	22	—
ZG310-570	870~890	620~680	310	570	15	21	15	—
ZG340-640	840~860	620~680	340	640	10	18	10	—

注：伸长率 δ_5 和冲击吸收功 A_{KV} 根据双方协议选择。如需方无要求，由供方选择其中

之一。

表 2-44　一般工程用碳素铸钢件的特性和应用

牌　号	主要特性	应用举例
ZG200-400	有良好的塑性、韧性和焊接性能	用于受力不大、要求韧性高的各种机械零件，如机座、变速箱壳体等
ZG230-450	有一定的强度和较好的塑性、韧性，焊接性能良好，加工性尚佳	用于受力不大、要求韧性较高的各种机械零件，如外壳、轴承盖、底板、阀体、犁柱等
ZG270-500	有较高的强度和较好的塑性，铸造性能良好，焊接性能尚好，加工性佳	用于轧钢机机床、轴承座、连杆、箱体、曲轴、缸体等
ZG310-570	强度和加工性良好，塑性，韧性较低	用于负荷较高的零件，如大齿轮、缸体、制动轮、机架
ZG340-640	有高的强度、硬度和耐磨性，可加工性中等，焊接性较差；铸造时流动性好，但裂纹敏感性较大	用于齿轮、棘轮、联结器、叉头等

表 2-45　一般工程用碳素铸钢件的中外牌号对照

中国 GB/T 11352	国际标准 ISO	俄罗斯 ГОСТ	美国 MSTM	日本 JIS	德国 DIN	英国 BS	法国 NF
ZG200-400	200-400	15д	—	SC360	GS-38 GS-CK16	AW1, CLA9	E20-40M
ZG230-450	230-450	25д	LC8	SC410	GS-52 GS-CK25	CLA1Cr. B	E23-45M
ZG270-500	270-480	35д	—	SC480	GS-60 GS-62	A2	—
ZG310-570	340-550	45д	80-40	SCC5	GS-70 GS-CK45	A3	—
ZG340-640	—	55д	—	—	—	AW2	—

二、一般工程与结构用低合金钢铸件

一般工程与结构用低合金钢铸件（GB/T 14408—1993）的化学成分和力学性能见表2-46。

表 2-46　一般工程与结构用低合金钢铸件的化学成分和力学性能

牌号	化学成分(质量分数)(%)		力学性能　最小值			
	S	P	屈服强度	抗拉强度	伸长率	断面收缩率
	≤		$\sigma_{0.2}$/MPa	σ_{b2}/MPa	δ(%)	ϕ(%)
ZGD270-480	0.040	0.040	270	480	18	35
ZGD290-510			290	510	16	35
ZGD345-570			345	570	14	35
ZGD410-620			410	620	13	35
ZGD535-720			535	720	12	30
ZGD650-830			650	830	10	25
ZGD730-910	0.035	0.035	730	910	8	22
ZGD840-1030			840	1030	6	20

三、焊接结构用碳素钢铸件

焊接结构用碳素钢铸件(GB/T 7659—2010)的牌号和化学成分见表 2-47。焊接结构用碳素钢铸件的力学性能见表 2-48。

表 2-47　焊接结构用碳素钢铸件的牌号和化学成分

牌号	元素含量(质量分数)(%)≤										
	C	Si	Mn	S	P	残余元素					
						Ni	Cr	Cu	Mo	V	总和
ZG200-400H	0.20	0.50	0.80	0.04	0.04	0.30	0.30	0.30	0.15	0.05	0.80
ZG230-450H	0.20	0.50	1.20	0.04	0.04						
ZG275-485H	0.25	0.50	1.20	0.04	0.04						

表 2-48　焊接结构用碳素钢铸件的力学性能

牌号	屈服点	抗拉强度	伸长率	断面收缩率	冲击吸收功	冲击韧度
	σ_s/MPa	σ_b/MPa	δ(%)	ϕ(%)	A_{KV}/J	α_k/(J/cm²)
	≥					
ZG200-400H	200	400	25	40	30	5.9
ZG230-450H	230	450	22	35	25	44
ZG275-485H	275	485	20	35	22	34

四、低合金铸钢件(JB/T 6402-2006)

低合金铸钢件(JB/T 6402-2006)的牌号和化学成分表见表 2-49。低合金铸钢的力学性能见表 2-50。低合金铸钢件的特性和应用见表 2-51。部分低合金铸钢件的中外牌号对照见表 2-52。

表 2-49 低合金铸钢件的牌号和化学成分

牌号	化学成分(质量分数)(%)								
	C	Si	Mn	S	P	Cr	Ni	Mo	Cu
ZG30Mn	0.27~0.34	0.30~0.50	1.20~1.50	≤0.035		—	—	—	—
ZG40Mn	0.35~0.45	0.30~0.45	1.20~1.50	≤0.035		—	—	—	—
ZG40Mn2	0.35~0.45	0.20~0.40	1.60~1.80	≤0.035		—	—	—	—
ZG50Mn2	0.45~0.55	0.20~0.40	1.50~1.80	≤0.035		—	—	—	—
ZG20Mn (ZG20SiMn)	0.12~0.22	0.60~0.80	1.00~1.30	≤0.035		—	≤0.40	—	—
ZG35Mn (ZG350SiMn)	0.30~0.40	0.60~0.80	1.10~1.40	≤0.035		—	—	—	—
ZG35SiMnMo	0.32~0.40	1.10~1.40	1.10~1.40	≤0.035		—	—	0.20~0.30	≤0.30
ZG35CrMnSi	0.30~0.40	0.90~1.20	0.90~1.20	≤0.035		0.50~0.80	—	—	—
ZG20MnMo	0.17~0.23	1.10~1.40	1.10~1.40	≤0.035		—	—	0.20~0.35	≤0.30
ZG55CrMnMo	0.50~0.60	0.50~0.75	1.20~1.60	≤0.035		0.60~0.90	—	0.20~0.30	≤0.30
ZG40Cr1 (ZG40Cr)	0.35~0.45	0.20~0.40	0.50~0.80	≤0.035		0.80~1.10	—	—	—
ZG34Cr2Ni2Mo ZG34CrNiMo	0.30~0.37	0.30~0.60	0.60~1.00	≤0.035		1.40~1.70	1.40~1.70		—
ZG20CrMo	0.17~0.25	0.20~0.45	0.50~0.80	≤0.035		0.50~0.80	—	—	—
ZG35Cr1Mo (ZG35CrMo)	0.30~0.37	0.30~0.50	0.50~0.80	≤0.035		0.80~1.20	—	—	—

牌号	化学成分（质量分数）（%）								
	C	Si	Mn	S	P	Cr	Ni	Mo	Cu
ZG42Cr1Mo (ZG42CrMo)	0.38~ 0.45	0.30~ 0.60	0.60~ 1.00	≤0.035		0.80~ 1.20	—	—	—
ZG50Cr1Mo (ZG50CrMo)	0.46~ 0.54	0.25~ 0.50	0.50~ 0.80	≤0.035		0.90~ 1.20	—	—	—
ZG65Mn	0.60~ 0.70	0.17~ 0.37	0.90~ 1.20	≤0.035		—	—	—	—
ZG28NiCrMo	0.25~ 0.30	0.30~ 0.80	0.60~ 0.90	≤0.035		0.35~ 0.85	0.40~ 0.80	0.35~ 0.55	—
ZG30NiCrMo	0.25~ 0.30	0.30~ 0.60	0.70~ 1.00	≤0.035		0.60~ 0.90	0.60~ 1.00	0.35~ 0.55	—
ZG35NiCrMo	0.30~ 0.37	0.60~ 0.90	0.70~ 1.00	≤0.035		0.40~ 0.90	0.60~ 0.90	0.40~ 0.50	—

表 2-50　低合金铸钢的力学性能

牌号	热处理	截面尺寸/mm	力学性能不小于							
			屈服强度 σ_s 或 $\sigma_{0.2}$ /MPa	抗拉强度 $\sigma_{0.2}$ /MPa	伸长率 δ(%)	断面收缩率 ϕ(%)	冲击吸收功			硬度 HBS
							A_{KU}	A_{KV}	A_{KDM}	
							J			
ZG30Mn	正火+回火	—	300	558	18	30	—	—	—	163
ZG40Mn	正火+回火	≤100	295	640	12	30	—	—	—	163
ZG40Mn2	正火+回火	≤100	395	590	20	55	—	—	—	179
	调质		685		13	45	35	—	35	269~ 302
ZG50Mn2	正火+回火	≤100	445	835	18	37	—	—	—	—
ZG20Mn	正火+回火	≤100	295	785	14	30	39	—	—	156
	调质		300		24	—	—	45	—	150~ 90

续表

牌 号	热处理	截面尺寸/mm	力学性能不小于							
			屈服强度 σ_s 或 $\sigma_{0.2}$ /MPa	抗拉强度 $\sigma_{0.2}$ /MPa	伸长率 δ(%)	断面收缩率 ψ(%)	冲击吸收功			硬度 HBS
							A_{KU}	A_{KV}	A_{KDM}	
							J			
ZG35Mn	正火＋回火 调质	≤100	345 415	510 500～ 650	12 12	20 25	24 27	— —	— 27	—
ZG35SiMnMo	正火＋回火	≤100	395 400	570 640	12 12	20 25	24 27	— —	— 27	—
ZG35CrMnSi	正火＋回火	≤100	345	640 690	14	30	—	—	—	217
ZG20MnMo	正火＋回火	≤100	295	490	16	—	39	—	—	156
ZG55CrMnMo	正火＋回火	≤100	不规定			—	—	—	—	—
ZG40Cr1	正火＋回火	≤100	345	630	18	26	—	—	—	212
ZG65Mn	正火＋回火	≤100	不规定			—	—	—	—	—
ZG34Cr2Ni2Mo	调质	＜150 150～ 250 250～ 400	700 650 650	950～ 1000 800～ 950 800～ 950	12 12 10	—	—	32 28 20	—	240～ 290 220～ 270 220～ 270
ZG20CrMo	调质	≤100	245	460	18	30	—	—	24	—
ZG35Cr1Mo	调质	≤100	510	740～ 880	12	—	27	—	—	—

续表

牌 号	热处理	截面尺寸/mm	屈服强度 σ_s 或 $\sigma_{0.2}$ /MPa	抗拉强度 $\sigma_{0.2}$ /MPa	伸长率 $\delta(\%)$	断面收缩率 $\phi(\%)$	冲击吸收功			硬度 HBS
							A_{KU}	A_{KV}	A_{KDM}	
							J			
ZG42Cr1Mo	调质	～30 30～100 100～150 150～250 250～400	490	690～830	11	—	—	—	27	200～250
ZG50Cr1Mo	调质	≤100	520	740～880	11	—	—	—	34	220～260
ZG28NiCrMo	—	—	420	630	20	40	—	—	—	—
ZG30NiCrMo	—	—	590	730	17	35	—	—	—	—
ZG35NiCrMo	—	—	660	830	14	30	—	—	—	—

表 2-51 低合金铸钢件的特性和应用

牌 号	主要特性	应用举例
ZG40Mn	有较好的强度和韧性,铸造性能尚好,焊接性能较差. 焊接时应预热至 250～300℃,焊后缓冷	用于较高压力工作条件下承受摩擦和冲击的零件,如齿轮等
ZG40Mn2	强度和耐磨性均较 ZG40Mn 高,铸造性能和焊接性能和 ZG40Mn 相近	用于高载荷、受摩擦的零件,如齿轮
ZG50Mn2	正火回火后有高的强度、硬度和耐磨性;铸造流动性较好,但有晶粒长大倾向和裂纹敏感性;焊接性能差	用于高应力及严重磨损条件下的零件,如高强度齿轮、齿轮圈、碾轮等

115

续表

牌　号	主要特性	应用举例
ZG20Mn	强度介于 ZG270-500 与 ZG310-570 之间，塑性与韧性较高，铸造性能和焊接性能良好	用于水压机工作缸、水轮机叶片等
ZG35Mn	强度和耐磨性均较 ZG40Mn 高；铸造性能与焊接性能和 ZG40Mn2 相同	用于中等载荷或较高载荷但受冲击不大的零件，以及受摩擦的零件
ZG35SiMnMo	强度和耐磨性均高于 ZG40Mn，铸造性能和焊接性能与 ZG40Mn 相似	用于中等载荷或高负荷的零件以及承受摩擦的零件，如齿轮、轴类零件以及其他耐磨零件。由于淬透性较高，也可用于较大铸件
ZG35CrMnMo	正火回火后有较好的综合力学性能，与 ZG35CrMo 相似，铸造性能尚好，焊接性能较差	用做承受冲击和磨损的零件，如齿轮、滚轮、高速锤框架等
ZG20MnMo	强度与 ZG270-500 相似，塑性和韧性较高，铸造性能和焊接性能良好	适用于泵类零件和一般铸件以及水轮机工作缸、转轮等
ZG55CrMnMo	有一定的热硬性	用于锻模等
ZG40Cr1	有较好的综合力学性能，可承受较高载荷，耐冲击；铸造性能尚好，焊接性能较差	用于高强度的铸造零件，如铸造齿轮、齿轮轮缘等
ZG35Cr1Mo	热处理后有较好的综合力学性能，与 ZG40Cr 相近，铸造性能尚好，焊接性能较差	用做链轮、电铲的支承轮、轴套、齿圈、齿轮等

表 2-52　部分低合金铸钢件的中外牌号对照

中国 JB/T 6402	国际标准 ISO	俄罗斯 ГОСТ	美国 ASTM	日本 JIS	德国 DIN	英国 BS	法国 NF
ZG40Mn	—	—	—	SCM3	GS-40Mn5	AW3	—
ZG20Mn	—	20ГСд	LCC	SCW480	GS-20Mn5	—	FB-M
ZG35Mn	—	35СГд	—	SCSiMn2	GS-37MnSi5	—	—
ZG35CrMnSi	—	35ХГСд	—	SCSiMn3	—	—	—
ZG40Cr1	—	40Хд	—	—	—	—	—
ZG35Cr1Mo	—	35ХМд	—	SCCrM3	GS—34CrMo4	—	—

五、高锰钢铸件

高锰钢铸件(GB/T 5680—1998)的牌号和化学成分见表 2-53。高锰钢铸件的力学性能见表 2-54。高锰钢铸件的特性和应用见表 2-55。高锰钢铸件的中外牌号对照见表 2-56。

表 2-53 高锰钢铸件的牌号和化学成分

牌号	化学成分(质量分数)(%)						
	C	Mn	Si	Cr	Mo	S≤	P≤
ZGMn13-1	1.00~1.45	11.00~14.00	0.30~1.00	—	—	0.040	0.090
ZGMn13-2	0.90~1.35	11.00~14.00	0.30~1.00	—	—	0.040	0.070
ZGMn13-3	0.95~1.35	11.00~14.00	0.30~0.80	—	—	0.040	0.070
ZGMn13-4	0.90~1.30	11.00~14.00	0.30~0.80	1.50~2.50	—	0.040	0.070
ZGMn13-5	0.75~1.30	11.00~14.00	0.30~1.00	—	0.90~1.20	0.040	0.070

表 2-54 高锰钢铸件的力学性能

牌号	屈服点 σ_s/MPa	抗拉强度 σ_b/MPa	伸长率 δ(%)	冲击韧度 α_k/(J/cm²)	硬度 HBS
ZGMn13-1	—	≥635	≥20	—	—
ZGMn13-2	—	≥685	≥25	≥147	≤300
ZGMn13-3	—	≥735	≥30	≥147	≤300
ZGMn13-4	≥390	≥735	≥20	—	≤300
ZGMn13-5	—				

表 2-55 高锰钢铸件的特性和应用

牌号	主要特性	应用举例
ZGMn13-1	经水韧处理后可获得单一的奥氏体组织,具有高的抗拉强度、塑性和韧性以及无磁性;其主要特点是在使用中受到剧烈冲击和强大压力而变形时,其表面层将迅速产生加工硬化并有马氏体及ε相沿滑移面形成,进而产生高耐磨的表面层,而内层仍保持优良的韧性,因此即使零件磨损到很薄,仍能承受较大的冲击载荷而不致破裂。故可用于铸造各种耐冲击的磨损件,如球磨机衬板、挖掘机斗齿、破碎机牙板等	用于结构简单,要求以耐磨为主的低冲击铸件。如衬板、齿板、破碎壁、轧臼壁、辊套、铲齿等
ZGMn13-2		
ZGMn13-3		用于结构复杂,要求以韧性高为主的高冲击铸件。如履带板、斗前壁、提梁等,ZGMn13-4的耐冲击性优于ZGMn13-3
ZGMn13-4		

表 2-56　高锰钢铸件的中外牌号对照

中国 JB/T 6402	国际标准 ISO	俄罗斯 ГОСТ	美国 ASTM	日本 JIS	德国 DIN	英国 BS	法国 NF
ZGMn13-1 ZGMn13-2	—	Г13д	B-4 B-3 B-2 A	—	G-×120Mn13 G-×120Mn12	BW10	—
ZGMn13-3 ZGMn13-4	—	100Г13д	B—1	SCMnH1 SCMnH2 SCMnH3	—	—	—

六、承压钢铸件

承压钢铸件(GB/T 16253—1996)的牌号和化学成分见表 2-57。承压钢铸件的力学性能见表 2-58。承压钢铸件与 ISO 的牌号对照见表 2-59。

表 2-57　承压钢铸件的牌号和化学成分

序号	牌号	元素[②](质量分数)(%)								
		C	Si	Mn	P	S	Cr	Mo	Ni	其他
1	ZG240-450A	0.25	0.60	1.20	0.035	0.035	—			—
2	ZG240-450AG									
3	ZG240-450B	0.20		1.00~ 1.60						
4	ZG240-450BG									
5	ZG240-450BD				0.030	0.030				
6	ZG280-520G	0.25		1.20	0.035	0.035				
7	ZG280-520G									
8	ZG280-520D				0.030	0.030				
9	铁素体和马氏体合金钢 ZG19MoG	0.08~ 0.23	0.30~ 0.60	0.50~ 1.00	0.035	0.035	0.030	0.40~ 0.60	—	
10	ZG29Cr1MoD	0.29		0.50~ 0.80	0.030	0.030	0.90~ 1.20	0.15~ 0.30		
11	ZG15Cr1MoG	0.10~ 0.20			0.035	0.035	1.00~ 1.50	0.45~ 0.65		
12	ZG14MoVG	0.10~ 0.17		0.40~ 0.70			0.30~ 0.60	0.40~ 0.60	0.40	V:0.22 ~0.32

续表

序号	牌　号	元素②（质量分数）（%）								
		C	Si	Mn	P	S	Cr	Mo	Ni	其他
13	ZG12Cr2Mo1G	0.08~0.15	0.30~0.60	0.50~0.80	0.030	0.030	2.00~2.50	0.90~1.20	—	—
14	ZG16Cr2Mo1G	0.13~0.20								
15	ZG20Cr2Mo1D	0.20					2.00~2.50	0.90~1.20	—	—
16	ZG17Cr1Mo1VG	0.13~0.20					1.20~1.60⑤	1.20	⑥	V:0.15~0.35
17	ZG16Cr5MoG	0.12~0.19	0.80		0.035	0.035	4.00~6.00	0.45~0.65	—	—
18	ZG14Cr9Mo1G	0.10~0.17					8.00~10.00	1.00~1.30		
19	ZG14Cr12NiMoG			1.00			11.5~13.5	0.50	1.00	
20	ZG08Cr12Ni1MoG	0.05~0.10		0.40~0.80			11.5~13.0	0.20~0.50	0.80~1.80	
21	ZG08Cr12Ni4Mo1G	0.08	1.00	1.50			11.5~13.5	1.00	3.50~5.00	
22	ZG08Cr12Ni4Mo1D				0.030	0.030				
23	ZG23Cr12Mo1NiVG	0.20~0.26	0.20~0.40	0.50~0.70	0.035	0.035	11.3~12.3	1.00~1.20	0.70~1.00	V:0.25~0.35
24	ZG14Ni4D	0.14	0.30~0.60	0.50~0.80	0.030	0.030	—	—	3.00~4.00	—
25	ZG24Ni2MoD	0.24		0.50~0.80			—	0.15~0.30	1.50~2.00	
26	ZG22Ni3MoAD	0.22	0.60	0.40~0.80			1.35~2.00	0.35~0.60	2.50~3.50	
27	ZG22Ni3Cr2MoBD						1.50~2.00	0.60	3.75~3.90	

铁素体和马氏体合金钢

序号	牌号	元素②(质量分数)(%)								
		C	Si	Mn	P	S	Cr	Mo	Ni	其他
28	ZG03Cr18Ni10	0.30	2.00	2.00	0.045	0.035	17.0~19.0	—	9.00~12.0	—
29	ZG07Cr20Ni10	0.07					18.0~21.0		8.00~11.0	
30	ZG07Cr20Ni10G	0.04~0.10							8.00~12.0	
31	ZG07Cr18Ni10D	0.07					17.0~20.0			
32	ZG08Cr20Ni10Nb	0.08					18.0~21.0			NB:8×C%≤1.0
33	ZG03Cr19Ni11Mo2	0.03					17.0~21.0	2.0~2.5	9.00~13.00	—
34	ZG07Cr19Ni11Mo2	0.07								
35	ZG07Cr19Ni11Mo2G	0.01~0.10								
36	ZG08Cr19Ni11Mo2Nb	0.08								NB:8×C%≤1.0
37	ZG03Cr19Ni11Mo3	0.03						2.5~3.0		—
38	ZG07Cr19Ni11Mo3	0.07								

奥氏体不锈钢

表 2-58　承压钢铸件的力学性能

序号	牌　号	力学性能[①]					
		σ_s	σ_b	δ_s	ϕ	A_{KV}	
		MPa		%		℃	J
1	ZG240-450A						室温
2	ZG240-450AG						
3	ZG240-450B	240	450～600	22	35	室温	
4	ZG240-450BG						45
5	ZG240-450BD						27
6	ZG280-520						
7	ZG280-520G	280	520～670[④]	18	—	-40	35
8	ZG280-520D						27
9	ZG19MoG	250	450～600	21	35	室温	25
10	ZG29Cr1MoD	370	550～700	16	30	-45	27
11	ZG15Cr1MoG	290	490～640	18	35		
12	ZG14Mo1G	320	500～650	17	30	室温	13
13	ZG12Cr2Mo1G	280	510～660		35		25
14	ZG16Cr2Mo1G	390	600～750	18			40
15	ZG20Cr2Mo1D				—	-50	27
16	ZG17Cr1Mo1VG	420	590～740	15	35		24
17	ZG16Cr5MoG		630～780				25
18	ZG14Cr9Mo1G		620～770	16	30	室温	20
19	ZG14Cr12NiMoG	450	540～690	14	35		
20	ZG08Cr12NiMoG	360	750～900	18	35		35
21	ZG08Cr12Ni4Mo1G	550					45
22	ZG08Cr12Ni4Mo1D		740～800	15	—	-80	27
23	ZG08Cr12Ni4Mo1G	540	460		20	室温[⑥]	21
24	ZG14Ni4D	300	610			-70	
25	ZG24Ni2MoD	380	520～670	10	—	-35	27
26	ZG22Ni3Cr2MoAD	450	620～880	16		-80	
27	ZG22Ni3Cr2MoBD	655	800～950	13	—	-60	27

（序号 1～8 为碳素钢；序号 9～27 为铁素体和马氏体合金钢）

序号	牌 号	力学性能[①]					
		σ_s	σ_b	δ_s	ϕ	A_{KV}	
		MPa		%		℃	J
28	ZG03Cr18Ni10	210	440~640	30		—	
29	ZG07Cr20Ni10						
30	ZG07Cr20Ni10G	230	470~670				
31	ZG07Cr18Ni10D	210	440~640			−195	45
32	ZG08Cr20Ni10Nb			25			
33	ZG03Cr19Ni11Mo2		440~620				
34	ZG07Cr19Ni11Mo2		440~640	30			
35	ZG07Cr19Ni11Mo2G	230	470~670			—	—
36	ZG08Cr19Ni11Mo2Nb	210	440~640	25			
37	ZG03Cr19Ni11Mo3			30			
38	ZG07Cr19Ni11Mo3						

序号28~38左侧标注：奥氏体不锈钢

表 2-59 承压钢铸件与 ISO 的牌号对照

序号		本标准主钢牌号	ISO 4991 铸钢牌号
1	碳素钢	ZG240-450A	C23-45A
2		ZG240-450AG	C23-45AH
3		ZG240-450B	C23-45B
4		ZG240-450BG	C23-45BH
5		ZG240-450BD	C23-45BL
6		ZG280-520	C26-52
7		ZG280-520G	C26-52H
8		ZG280-520D	C26-52L
9	铁素体与马氏体合金钢	ZG19MoG	C28H
10		ZG29Cr1MoD	C31H
11		ZG15Cr1MoG	C32H
12		ZG14MoVG	C33H
13		ZG12Cr2Mo1G	C34AH
14		ZG16Cr2Mo1G	C34BH
15		ZG20Cr2Mo1D	C34BL

序号	本标准主钢牌号		ISO 4991 铸钢牌号
16		ZG17Cr1Mo1VG	C35BH
17		ZG16Cr5MoG	C37H
18		ZG14Cr9Mo1G	C38H
19	铁素体与马氏体合金钢	ZG14Cr12Ni1MoG	C39CH
20		ZG08Cr12Ni1MoG	C39CNiH
21		ZG08Cr12Ni4Mo1G	C39NiH
22		ZG08Cr12Ni4Mo1D	C39NiL
23		ZG23Cr12Mo1NiVG	C40H
24		ZG14Ni4D	C43H
25		ZG24Ni2MoAD	C43C1L
26		ZG22Ni3Cr2MoAD	C43E2aL
27		ZG22Ni3Cr2MoBD	C43E26L
28	奥氏体不锈钢	ZG03Cr18Ni10	C46
29		ZG07Cr20Ni10	C47
30		ZG07Cr20Ni10G	C47H
31		ZG07Cr18Ni10D	C47L
32		ZG08Cr20Ni10Nb	C50
33		ZG03Cr19NiMo2	C57
34		ZG07Cr19Ni11Mo2	C60
35		ZG07Cr19Ni11Mo2G	C60H
36		ZG08Cr19Ni11Mo2Nb	C60Nb
37		ZG03Cr19Ni11Mo3	C61LC
38		ZG07Cr19Ni11Mo3	C61

注：①表中数值除给出的范围者外，均为最大值；
　　②铸焊结构工程使用时，$\omega_c \leqslant 0.06\%$。

七、工程结构用中、高强度不锈钢铸件

工程结构中、高强度不锈钢铸件(GB/T 6967—2009)牌号和化学成分 见表 2-60。工程结构中、高强度不锈钢铸件力学性能和应用见表 2-61。

表 2-60　工程结构中、高强度不锈钢铸件的牌号和化学成分

| 牌号 | 化学成分(质量分数)(%) | | | | | | | | 残余元素 | | | |
	C	Cr	Ni	Si	Mn	Mo	P	S	Cu	V	W	总量
ZG10Cr13	0.15	11.5~13.5	—	1.00	0.60	—	0.035	0.030	0.50	0.03	0.10	0.80
ZG20Cr13	0.16~0.24	11.5~13.5	—	1.00	0.60	—	0.035	0.030	0.50	0.03	0.10	0.80
ZG10Cr13Ni1	0.15	11.5~13.5	1.00	1.00	1.00	0.50	0.035	0.030	0.50	0.03	0.10	0.80
ZG10Cr13Ni1Mo	0.15	11.5~13.5	1.00	1.00	1.00	0.15~1.00	0.035	0.030	0.50	0.03	0.10	0.80
ZG06Cr13Ni4Mo	0.07[②]	11.5~3.5	3.5~5.0	1.00	1.00	0.40~1.00	0.035	0.030	0.50	0.03	0.10	0.80
ZG06Cr13Ni6Mo	0.07[②]	11.5~13.5	5.0~6.5	1.00	1.00	0.40~1.00	0.035	0.030	0.50	0.03	0.10	0.80
ZG06Cr16Ni5Mo	0.06	15.5~17.5	4.5~6.0	1.00	1.00	0.40~1.00	0.035	0.030	0.50	0.03	0.10	0.80

表 2-61　工程结构中、高强度不锈钢铸件的力学性能和应用

| 牌号 | 力学性能≥ | | | | | | | 应用举例 |
	σ_s/MPa	σ_b/MPa	δ(%)	ϕ(%)	A_k/J	a_k/(J/cm²)	硬度 HBS	
ZG10Cr13	350	550	18	40	—	—	163~229	耐大气腐蚀好,力学性能较好,可用于承受冲击符合且韧性较高的零件,可耐有机酸水液、聚乙烯醇、碳酸氢钠、橡胶液,还可做水轮机转轮叶片、水压机阀
ZG20Cr13	400	600	16	35	—	—	170~235	
ZG10Cr13Ni1	450	600	16	35	—	—	170~241	
ZG10Cr13Ni1Mo	450	630	16	35	—	—	170~241	综合力学性能高,抗大气腐蚀、水中抗疲劳性能均较好,钢的焊接性能良好,焊后不必热处理,铸造性能尚好,耐泥沙磨损,可用于制作大型水轮机转轮(叶片)
ZG10Cr13Ni4Mo	560	760	15	35	50	60	217~286	
ZG10Cr13Ni6Mo	560	760	15	35	50	60	221~286	
ZG10Cr13Ni5Mo	600	800	15	35	40	50	221~286	

八、耐热钢铸件

耐热钢铸件(GB/T 8492—2002)牌号和化学成分见表 2-62。耐热钢铸件的力学性能见表 2-63。耐热钢铸铁的特性和应用见表 2-64。

表 2-62 耐热钢铸件的牌号和化学成分

牌号	化学成分(质量分数)(%)								
	C	Mn	Si	Cr	Ni	Mo	N	P	S
ZG40Cr9Si2	0.35~0.50	≤0.70	2.00~3.00	8.00~10.00	—	—	—	≤0.035	≤0.030
ZG30Cr18Mn12Si2N	0.26~0.36	11.0~13.0	1.60~2.40	17.0~20.0			0.22~0.28	≤0.06	≤0.04
ZG35Cr24Ni7SiN	0.30~0.40	0.80~1.50	1.30~2.00	23.0~25.5	7.00~8.50		0.20~0.28	≤0.04	≤0.04
ZG30Cr26Ni5	0.20~0.40	≤1.00	≤2.00	24.0~28.0	4.00~6.00	≤0.50	—	≤0.04	≤0.04
ZG30Cr20Ni10	0.20~0.40	≤2.00	≤2.00	18.0~23.0	8.00~12.00	≤0.50		≤0.04	≤0.04
ZG35Cr26Ni12	0.20~0.50	≤2.00	≤2.00	24.0~28.0	11.0~14.0	—		≤0.04	≤0.04
ZG35Cr28Ni16	0.20~0.50	≤2.00	≤2.00	26.0~30.0	14.0~18.0	≤0.50		≤0.04	≤0.04
ZG40Cr25Ni20	0.35~0.45	≤1.50	≤1.75	28.0~27.0	19.0~22.0	≤		≤0.04	≤0.04
ZG40Cr30Ni20	0.20~0.60	≤2.00	≤2.00	28.0~32.0	18.0~22.0	≤0.50		≤0.04	≤0.04
ZG35Cr24Ni18Si2	0.30~0.40	≤1.50	1.50~2.50	17.0~20.0	23.0~26.0	—	—	≤0.035	≤0.035
ZG30 Ni35Cr15	0.20~0.35	≤2.00	≤2.50	13.0~17.0	33.0~37.0	—		≤0.04	≤0.04
ZG45 Ni35Cr26	0.35~0.75	≤2.00	≤2.00	24.0~28.0	33.0~37.0	≤0.50		≤0.04	≤0.04

表 2-63　耐热钢铸件的力学性能

牌号	交货状态	屈服强度 $\sigma_{0.2}$/MPa ⩾	抗拉强度 σ_b/MPa ⩾	伸长率 σ_5(%) ⩾	备注
ZG40Cr9Si2	950℃退火	—	550	—	铸件的力学性能一般不作验收项目,只有在合同明确提出时,测定项目应符合表列规定。 除 ZG40Cr9Si2 的铸件需按表中规定进行热处理外,其余牌号的铸件均可不经热处理,以铸态交货。如需要热处理,由双方商定
ZG30Cr18Mn12Si2N	铸态	340	490	8	
ZG35Cr24Ni7SiN		—	540	12	
ZG30Cr20Ni10		235	590	—	
ZG35Cr26Ni12		235	490	23	
ZG35Cr28Ni16	铸态	235	490	8	铸件的力学性能一般不做验收项目,只有在合同中明确提出时,测定项目应符合列表规定。 除 ZG40Cr9Si2 的铸件需按表中规定进行热处理外,其余牌号的铸件均可不经热处理,以铸态交货。如需要热处理,由双方商定
ZG40Cr25Ni20		235	440	8	
ZG40Cr30Ni20		245	450	8	
ZG35Ni24Cr18Si2		195	390	5	
ZG30Ni35Cr15		195	440	13	
ZG45Ni35Cr26		235	440	5	

表 2-64　耐热钢铸铁的特性和应用

牌号	最高使用温度℃	特性和应用举例
ZG40Cr9Si2	800	高温强度低,抗氧化最高至800℃,长期工作的受载件的工作温度低于700℃。用于坩埚、炉门、底板等构件
ZG30Cr18Mn12Si2N	950	高温强度和抗热疲劳性较好。用于炉罐、炉底板、料筐、传送带导轨、支架架、吊架等炉用构件
ZG35Cr24Ni7SiN	1100	抗氧化性好。用于炉罐、炉辊、通风机叶片、热滑轨、炉底板、玻璃水泥窑及搪瓷窑等构件
ZG30Cr26Ni5	1050	承载情况使用温度可达650℃,轻负荷时可达1050℃,在650~870℃之间易析出 σ 相。可用于矿石焙烧炉,也可用于不需要高温强度的高硫环境下工作的炉用构件
ZG30Cr20Ni10	900	基本上不形成 σ 相。可用于炼油厂加热炉、水泥干燥窑、矿石焙烧炉和热处理炉构件

牌号	最高使用温度℃	特性和应用举例
ZG35Cr26Ni12	1100	高温强度高、抗氧化性能好,在规格范围内调整其成分,可使组织内含一些铁素体,也可为单相奥氏体。能广泛的用于许多类型的炉子构件,但不宜用于温度急剧变化的地方
ZG35Cr28Ni16	1150	力学性能同单相 ZG40Cr25Ni12,具有较高温度的抗氧化性能,用途同 ZG40Cr25Ni12、ZG40Cr25Ni20
ZG40Cr25Ni20	1150	具有较高的蠕变和持久强度,抗高温气体腐蚀能力强,常用于做炉辊、辐射管、钢坯滑板、热处理炉炉辊、管支架、制氢转化管、乙烯裂解管以及需要较高蠕变强度的零件
ZG40Cr30Ni20	1150	在高温含硫气体中耐蚀性好,用于气体分离装置、焙烧炉衬板
ZG35Ni24Cr18Si2	1100	加热炉传送带、螺杆、紧固件等高温承载零件
ZG30Ni35Cr15	1150	抗热疲劳性好,用于渗炉构件、热处理炉板、导轨、轮子、铜焊夹具、蒸馏器、辐射管、玻璃轧辊、搪瓷窑构件以及周期加热的紧固件
ZG45Ni35Cr26	1150	抗氧化及抗渗透性良好,高温强度高。用于乙烯裂解管、辐射管、弯管、接头、管支架、炉辊以及热处理用夹具等
ZGCr28	1050	抗氧化性能好,使用于无强度要求的炉用构件以及含有硫化物、重金属蒸气的焙烧炉构件等

九、铸钢件常用热处理状态的名称和代号

铸钢件常用热处理状态的名称和代号见表2-65。

表 2-65 铸钢件常用热处理状态的名称和代号

名称	铸态	去压力退火态	均匀退火态	稳定化处理态	正火态	淬火态	回火态	沉淀硬化态	固溶态
代号	Z	T	Q	W	Zh	C	H	Ch	G

第四节　结构与机器零件用钢

一、结构钢

（1）碳素结构钢（GB/T 700—2006）。碳素结构钢的牌号和化学成分见表 2-64。碳素结构的力学性能见表 2-67。碳素结构钢的特性和应用见表 2-68。碳素结构钢的中外牌号对照见表 2-69。

表 2-66　碳素结构钢的牌号和化学成分

牌号	等级	化学成分（质量分数）（%）					脱氧方法
		C	M_n	Si	S	P	
					≤		
Q195	—	0.06～0.12	0.25～0.50	0.30	0.050	0.045	F、b、Z
Q215	A	0.09～0.15	0.25～0.55	0.30	0.050	0.045	F、b、Z
	B				0.045		
Q235	A	0.14～0.22	0.30～0.65	0.30	0.050	0.045	F、b、Z
	B	0.12～0.20	0.30～0.70		0.045		
	C	≤0.18	0.35～0.80		0.040	0.040	Z
	D	≤0.17			0.035	0.035	TZ
Q255	A	0.18～0.28	0.40～0.70	0.30	0.050	0.045	Z
	B				0.045		
Q275	—	0.28～0.38	0.50～0.80	0.35	0.050	0.045	Z

注：1. 钢中残余元素 Cr、Ni、Cu 含量应各不大于 $\omega=0.30\%$，如供方能保证，可不作分析。

2. 氧气转炉钢的氮含量不大于 $\omega=0.008\%$。

3. F 表示沸腾钢，b 表示半镇静钢，Z 表示镇静钢，TZ 表示特殊镇静钢。

表 2-67　碳素结构的力学性能

牌号	等级	拉伸实验 屈服点 σ_s/MPa ≤16	>16~40	>40~60	>60~100	>100~150	>150	抗拉强度 σ_b/MPa	伸长率 δ_5(%) ≤16	>16~40	>40~60	>60~100	>100~150	>150	冲击实验 温度/℃	V型(纵向)冲击吸收功 A_k/J≥	冷弯实验 $B=2a180°$ ≤60	>60~100	>100~200
Q195	—	(195)	(185)	—	—	—	—	315~430	33	32	—	—	—	—	—	—	纵0 横0.5a	—	—
Q215	A	215	205	195	185	175	165	335~450	31	30	29	28	27	26	—	—	纵0.5a 横a	纵1.5a 横2a	纵2a 横2.5a
	B														20	27			
Q235	A	235	225	215	205	195	185	375~500	26	25	24	23	22	21	—	—	纵a 横1.5a	纵2a 横2.5a	纵2.5a 横3a
	B														20	—			
	C														0	27			
	D														-20	27			
Q255	A	255	245	235	225	215	205	410~550	24	23	22	21	20	19	—	—	2a	3a	3.5a
	B														20	27			
Q275	—	275	265	255	245	235	225	490~630	20	19	18	17	16	15	—	—	3a	4a	4.5a

注：屈服点、伸长率对应钢材厚度或直径/mm；冷弯实验弯心直径 d/mm。

表 2-68　碳素结构钢的特性和应用

牌号	主要特性	应用举例
Q195	具有高的塑性、韧性和焊接性能，良好的压力加工性能，但强度低	用于制造地脚螺栓、犁铧、烟筒、屋面板、铆钉、低碳钢丝、薄板、焊管、拉杆、吊钩、支架、焊接结构
Q215		
Q235	具有良好的塑性、韧性和焊接性能、冷压性能，以及一定的强度、好的冷弯性能	广泛用于一般要求的零件和焊接结构.如受力不大的拉杆、连杆、销、轴、螺钉、螺母、套圈、支架、机座、建筑结构、桥梁等
Q255	具有较好的强度、塑性和韧性，较好的焊接性能和冷、热压力加工性能	用于制造要求强度不太高的零件，如螺栓、键、摇杆、轴、拉杆和钢结构用各种型钢、钢板等
Q275	具有较高的强度、较好的塑性和切削加工性能、一定的焊接性能，小型零件可以淬火强化	用于制造要求强度较高的零件，如齿轮、轴、链轮、键、螺栓、螺母、农机用型钢、输送链和链节

表 2-69　碳素结构钢的中外牌号对照

中国 GB/T 700	国际标准 ISO	前苏联 ГОСТ	美国 ASTM	UNS	日本 JIS	德国 DIN	英国 BS	法国 NF
Q195	HR2(σ_s195)	CT1KII CT1CII CT1IIC	Gr・B (σ_s185)	—	SS330 (SS34)(σ_s205) SPHC(σ_s205) SPHD(σ_s205)	St33	040A10	A33
Q215-A	HR1(σ_s215)	CT2KII-2 (σ_s215) CT2CII-2 (σ_s215) CT2IIC-2 (σ_s215)	Cr・C (σ_s205) Cr・58 (σ_s220)	—	SS330 (SS34)(σ_s205) SPHC(σ_s215)	Fe360C (σ_s215) USt34-2 RSt34-2	040A12 Fe360C (σ_s215)	Fe360C (σ_s215) A34-2NE
Q215-B	—	CT2KII-3 (σ_s215) CT2CII-3 (σ_s215) CT2IIC-3 (σ_s215)	Cr・C (σ_s205) Cr・58 (σ_s220)		SS330 (SS34)(σ_s205) SPHC (σ_b270) SPHD(σ_b270)		040A12	

中国 GB/T 700	国际标 准 ISO	前苏联 ГOCT	美国		日本 JIS	德国 DIN	英国 BS	法国 NF
			ASTM	UNS				
Q235-A	Fe360A (σ_s235)	CT3KⅡ-2 (σ_s235) CT3CⅡ-2 (σ_s245) CT3CⅡ-2 (σ_s255)	Cr・D (σ_s230)	K02 502	SS400 (SS41) (σ_s245) SM400A (SM41A) (σ_s245)	Fe360B (σ_s235) Fe360C (σ_s235) Ust37-2 RSt37-2	080A15 Fe360B (σ_s235) Fe360C (σ_s235)	Fe360B (σ_s235) Fe360C (σ_s235)
Q235-B	Fe360D (σ_s235)	CT3KⅡ-3 (σ_s235) CT3CⅡ-3 (σ_s245) CT3ⅡC-3 (σ_s255)	Cr・D (σ_s230)	K02 502	SS400 (SS41) (σ_s245) SM400A (SS41) (σ_s245)	Fe360B (σ_s235) Fe360C (σ_s235)	080A15 Fe360B (σ_s235) Fe360C (σ_s235)	Fe360B (σ_s235) Fe360C (σ_s235)
Q235-C	Fe360D (σ_s235)	CT3KⅡ-4 (σ_s235) CT3CⅡ-4 (σ_s245) CT3ⅡC-4 (σ_s255)	Cr・D (σ_s230) Cr・65 (σ_s240)	—	SS400A (SS41) (σ_s245) SM400B (SS41B) (σ_s245)	Fe360C (σ_s235)	080A15 Fe360C (σ_s235)	Fe360C (σ_s235)
Q235-D	Fe360D (σ_s235)	CT3KⅡ-4 (σ_s235) CT3CⅡ-4 (σ_s245) CT3ⅡC-4 (σ_s255)	—	—	SM400A (SM41A) (σ_s245)	Fe360D1 (σ_s235) Fe360D2 (σ_s235)	Fe360D1 (σ_s235) Fe360D2 (σ_s275)	Fe360D1 (σ_s235) Fe360D2 (σ_s235)
Q255A	—	CT4KⅡ-2 (σ_s255) CT4CⅡ-2 (σ_s265) CT4ⅡC-2 (σ_s265)	Gr・36 [250] (σ_s250)	K02 502	SS400 (SS41) (σ_s245) SM400A (SM41A) (σ_s245)	St44-2 St44-3	—	—

续表

中国 GB/T 700	国际标准 ISO	前苏联 ГОСТ	美国		日本 JIS	德国 DIN	英国 BS	法国 NF
			ASTM	UNS				
Q255-B		CT4KII-3 (σ_s255) CT4CII-3 (σ_s 265) CT4IIC-3 (σ_s 265)	Cr·36 [250] (σ_s 250)	—	SS400 (SS41) (σ_s245) SM400A (SM41A) (σ_s245)	St52-3	—	—
Q257	Fe430A (σ_s275)	CT5KII-2 (σ_s285) CT5CII-2 (σ_s295)	—	—	SS400 (SS41) (σ_s285)	St50-2	—	—

（2）优质碳素结构钢（GB/T 699—1999）。

优质碳素结构钢的牌号和化学成分见表 2-70。优质碳素结构钢的硫、磷含量（质量分数）见表 2-71。优质碳素结构钢的力学性能见表 2-72。优质碳素结构钢的特性和应用见表 2-73。优质碳素结构钢的中外牌照号对照见表 2-74。

表 2-70 优质碳素结构钢的牌号和化学成分

序号	牌号	化学成分（质量分数）（%）					
		C	Si	Mn	Cr	Ni	Cu
					≤		
1	08F	0.05～0.11	≤0.03	0.25～0.50	0.10	0.30	0.25
2	10F	0.07～0.13	≤0.07	0.25～0.50	0.15	0.30	0.25
3	15F	0.12～0.18	≤0.07	0.25～0.50	0.25	0.30	0.25
4	08	0.05～0.11	0.17～0.37	0.35～0.65	0.10	0.30	0.25
5	10	0.07～0.13	0.17～0.37	0.35～0.65	015	0.30	0.25
6	15	0.12～0.18	0.17～0.37	0.35～0.65	0.25	0.30	0.25
7	20	0.17～0.23	0.17～0.37	0.35～0.65	0.25	0.30	0.25
8	25	0.22～0.29	0.17～0.37	0.50～0.80	0.25	0.30	0.25
9	30	0.27～0.34	0.17～0.37	0.50～080	0.25	0.30	0.25
10	35	0.32～0.39	0.17～0.37	0.50～0.80	0.25	0.30	0.25
11	40	0.37～0.44	0.17～0.37	0.50～0.80	0.25	0.30	0.25
12	45	0.42～0.50	0.17～0.37	0.50～0.80	0.25	0.30	0.25

续表

序号	牌号	化学成分(质量分数)(%)					
		C	Si	Mn	Cr	Ni	Cu
					≤		
13	50	0.47～0.55	0.17～0.37	0.50～0.80	0.25	0.30	0.25
14	55	0.52～0.60	0.17～0.37	0.50～0.80	0.25	0.30	0.25
15	60	0.57～0.65	0.17～0.37	0.50～0.80	0.25	0.30	0.25
16	65	0.62～0.70	0.17～0.37	0.50～0.80	0.25	0.30	0.25
17	70	0.67～0.75	0.17～0.37	0.50～0.80	0.25	0.30	0.25
18	75	0.72～0.80	0.17～0.37	0.50～0.80	0.25	0.30	0.25
19	80	0.77～0.85	0.17～0.37	0.50～0.80	0.25	0.30	0.25
20	85	0.82～0.90	0.17～0.37	0.50～0.80	0.25	0.30	0.25
21	15Mn	0.12～0.18	0.17～0.37	0.70～1.00	0.25	0.30	0.25
22	20 Mn	0.17～0.23	0.17～0.37	0.70～1.00	0.25	0.30	0.25
23	25 Mn	0.22～0.29	0.17～0.37	0.70～1.00	0.25	0.30	0.25
24	30 Mn	0.27～0.34	0.17～0.37	0.70～1.00	0.25	0.30	0.25
25	35 Mn	0.32～0.39	0.17～0.37	0.70～1.00	0.25	0.30	0.25
26	40 Mn	0.37～0.44	0.17～0.37	0.70～1.00	0.25	0.30	0.25
27	45 Mn	0.42～0.50	0.17～0.37	0.70～1.00	0.25	0.30	0.25
28	50 Mn	0.48～0.56	0.17～0.37	0.70～1.00	0.25	0.30	0.25
29	60 Mn	0.57～0.65	0.17～0.37	0.70～1.00	0.25	0.30	0.25
30	65 Mn	0.62～0.70	0.17～0.37	0.90～1.20	0.25	0.30	0.25
31	70 Mn	0.67～0.75	0.17～0.37	0.90～1.20	0.25	0.30	0.25

表 2-71 优质碳素结构钢的硫、磷含量(质量分数)

组别	P	S
	(%)≤	
优质钢	0.035	0.035
高级优质钢	0.030	0.030
特级优质钢	0.025	0.020

表 2-72 优质碳素结构钢的力学性能

牌号	试样毛坯尺码/mm	推荐热处理/℃			力学性能					钢材交货状态硬度 HBS10/3000	
		正火	淬火	回火	σ_b/MPa	σ_s/MPa	δ_5(%)	φ(%)	A_{ku_2}/J	未热处理钢	退火钢
08F	25	930	—	—	295	175	35	60	—	131	—
10F	25	930	—	—	315	185	33	55	—	137	—
15F	25	930	—	—	355	205	29	55	—	143	—
08	25	930	—	—	325	195	33	60	—	131	—
10	25	930	—	—	335	205	31	55	—	137	—
15	25	920	—	—	375	225	27	55	—	143	—
20	25	910	—	—	410	245	25	55	—	156	—
25	25	900	870	600	450	275	23	50	71	170	—
30	25	880	860	600	490	295	21	50	63	179	—
35	25	870	850	600	530	315	20	45	55	197	—
40	25	860	840	600	570	335	19	45	47	217	187
45	25	850	840	600	600	355	16	40	39	229	197
50	25	830	830	600	630	375	14	40	31	241	207
55	25	820	820	600	645	380	13	35	—	255	217
60	25	810			675	400	12	35	—	255	229
65	25	810	—	—	695	410	10	30	—	255	229
70	25	790			715	420	9	30	—	269	229
75	试样	—	820	480	1080	880	7	30	—	285	241
80	试样	—	820	480	1080	930	6	30	—	285	241
85	试样	—	820	480	1130	980	6	30	—	302	255
15Mn	25	920	—	—	410	245	26	55	—	163	—
20 Mn	25	910	—	—	450	275	24	50	—	197	—
25 Mn	25	900	870	600	490	295	22	50	71	207	—
30 Mn	25	880	860	600	540	315	20	45	63	217	187
35 Mn	25	870	850	600	560	335	18	45	55	229	197
40 Mn	25	860	840	600	590	355	17	45	47	229	207
45 Mn	25	850	840	600	620	375	15	40	39	241	217
50 Mn	25	830	830	600	645	390	13	40	31	255	217

第四节 结构与机器零件用钢

牌号	试样毛坯尺码/mm	推荐热处理/℃			力学性能					钢材交货状态硬度 HBS10/3000	
		正火	淬火	回火	σ_b/MPa	σ_s/MPa	δ_5(%)	φ(%)	A_{ku_2}/J	未热处理钢	退火钢
60 Mn	25	810	—	—	695	410	11	35	—	269	229
65 Mn	25	830	—	—	735	430	9	30	—	285	229
70 Mn	25	790	—	—	785	450	8	30	—	285	229

表 2-73 优质碳素结构钢的特性和应用

牌号	主要特性	应用举例
08F	优质沸腾钢,强度、硬度低,塑性极好。深冲压,深拉延好,冷加工性,焊接性好。成分偏析倾向大,时效敏感性大,故冷加工时,可采用消除应力热处理,或水韧处理,防止冷加工断裂	易轧成薄板、薄带、冷变形材、冷拉钢丝用作冲压件、压延件,各类不承受载荷的覆盖件、渗碳、渗氮、氰化件、制作各类套筒、靠模、支架
08	极软低碳钢,强度、硬度很低,塑性、韧性极好,冷加工性好,淬透性、淬硬性极差,时效敏感性比08F稍弱,不宜切削加工,退火后,导磁性能好	宜轧制成薄板、薄带、冷变形材、冷拉、冷冲压、焊接件、表面硬化件
10F 10	强度低(稍高于08钢),塑性、韧性很好,焊接性优良,无回火脆性。易冷热加工成型、淬透性很差,正火或冷加工后切削性能好	宜用冷轧、冷冲、冷镦、冷弯、热轧、热挤压、热镦等工艺成型,制造要求受力不大、韧性高的零件,如摩擦片、深冲器皿、汽车车身、弹体等
15F 15	强度、硬度、塑性与10F、10钢相近。为改善其切削性能需进行正火或水韧处理适当提高硬度。淬透性、淬硬性低、韧性、焊接性好	制造受力不大,形状简单,但韧性要求较高或焊接性能较好的中、小结构件、螺钉、螺栓、拉杆、起重钩、焊接容器等
20	强度硬度稍高于15F、15钢,塑性焊接性都好,热轧或正火后韧性好	制作不太重要的中小型渗碳、碳氮共渗件、锻压件,如杠杆轴、变速箱变速叉、齿轮,重型机械拉杆,钩环等

135

续表

牌号	主要特性	应用举例
25	具有一定强度、硬度。塑性和韧性好。焊接性、冷塑性加工性较高,被切削性中等、淬透性、淬硬性差。淬火后低温回火后强韧性好,无回火脆性	焊接件、热锻、热冲压件渗碳后用作耐磨件
30	强度、硬度较高,塑性好,焊接性尚好,可在正火或调质后使用,适于热锻、热压。被切削性良好	用于受力不大,温度<150℃的低载荷零件,如丝杆、拉杆、轴键、齿轮、轴套筒等。渗碳件表面耐磨性好,可作耐磨件
35	强度适当,塑性较好,冷塑性高,焊接性尚可。冷态下可局部镦粗和拉丝。淬透性低,正火或调质后使用	适于制造小截面零件,可承受较大载荷的零件,如曲轴、杠杆、连杆、钩环等,各种标准件、紧固件
40	强度较高,可切削性良好,冷变形能力中等,焊接性差,无回火脆性,淬透性低,易生水淬裂纹,多在调质或正火态使用,两者综合性能相近,表面淬火后可用于制造承受较大应力件	适于制造曲轴心轴、传动轴、活塞杆、连杆、链轮、齿轮等,作焊接件时需先预热,焊后缓冷
45	最常用中碳调质钢,综合力学性能良好,淬透性低,水淬时易生裂纹。小型件宜采用调质处理,大型件宜采用正火处理	主要用于制造强度高的运动件,如透平机叶轮、压缩机活塞。轴、齿轮、齿条、蜗杆等。焊接件注意焊前预热,焊后消除应力退火
50	高强度中碳结构钢,冷变形能力低,可切削加工性中等。焊接性差,无回火脆性,淬透性较低,水淬时易生裂纹。使用状态:正火、淬火后回火,高频表面淬火,适用于在动载荷及冲击作用不大的条件下耐磨性高的机械零件	锻造齿轮、拉杆、轧辊、轴摩擦盘、机床主轴、发动机曲轴、农业机械犁铧、重载荷芯轴及各种轮类零件等,及较次要的减振弹簧、弹簧垫圈等
55	具有高强度和硬度,塑性和韧性差,被切削性中等,焊接性差,淬透性差,水淬时易淬裂。多在正火或调质处理后使用,适于制造高强度、高弹性、高耐磨性机件	齿轮、连杆、轮圈、轮缘、机车轮箍、扁弹簧、热轧轧辊等
60	具有高强度、高硬度和高弹性。冷变形时塑性差,可切削性能中等,焊接性不好,淬透性差,水淬易生裂纹,故大型件用正火处理	轧辊、轴类、轮箍、弹簧圈、减振弹簧、离合器、钢丝绳

续表

牌号	主要特性	应用举例
65	适当热处理或冷作硬化后具有较高强度与弹性。焊接性不好,易形成裂纹,不宜焊接,可切削性差,冷变形塑性低,淬透性不好,一般采用油淬,大截面件采用水淬油冷,或正火处理。其特点是在相同组态下其疲劳强度可与合金弹簧钢相当	宜用于制造截面、形状简单、受力小的扁形或螺形弹簧零件。如气门弹簧、弹簧环等也宜用于制造高耐磨性零件,如轧辊、曲轴、凸轮及钢丝绳等
70	强度和弹性比 65 钢稍高,其他性能与 65 钢近似	弹簧、钢丝、钢带、车轮圈等
75 80	性能与 65、70 钢相似,但强度较高而弹性略低,其淬透性亦不高。通常在淬火、回火后使用	板弹簧、螺旋弹簧、抗磨损零件、较低速车轮等
85	含碳量高的高碳结构钢,强度、硬度、比其他高碳钢高,但弹性略低,其他性能与 64,70,75,80 钢相近。淬透性仍然不高	铁道车辆、扁形板弹簧、圆形螺旋弹簧、钢丝钢带等
15Mn	含锰(ωMn0.70%～1.00%)较高的低碳渗碳钢,因锰含量高故其强度、塑性、可切削性和淬透性均比 15 钢稍高,渗碳与淬火时表面形成软点较少,宜进行渗碳、碳氮共渗处理,得到表面耐磨而心部韧性好的综合性能。热轧或正火处理后韧性好	齿轮、曲柄轴。支架、铰链、螺钉、螺母。铆焊结构件。板材适于制造油罐等。寒冷地区农具,如奶油罐等
20Mn	其强度和淬透性比 15Mn 高略高,其他性能与 15Mn 钢相近	与 15Mn 钢基本相同
25Mn	性能与 Mn 及 25 钢相近,强度稍高	与 20Mn 及 25 钢相近
30Mn	与 30 钢相比具有较高的强度和淬透性,冷变形时塑性好,焊接性中等,可切削性良好。热处理时有回火脆性倾向及过热敏感性	螺栓、螺母、螺钉、拉杆、杠杆、小轴、刹车机齿轮
35Mn	强度及淬透性比 30Mn 高,冷变形时的塑性中等。可切削性好,但焊接性较差。宜调质处理后使用	转轴、啮合杆、螺栓、螺母、铆钉等、心轴、齿轮等
40Mn	淬透性略高于 40 钢。热处理后,强度、硬度、韧性比 40 钢稍高,冷变形塑性中等,可切削性好,焊接性能差,具有过热敏感性和回火脆性,水淬易裂	耐疲劳件、曲轴、辊子、轴、连杆。高应力下工作的螺钉、螺母等

137

牌号	主要特性	应用举例
45Mn	中碳调质结构钢,调质后具有良好的综合力学性能。淬透性、强度、韧性比 45 钢高,可切削性尚好,冷变形塑性低,焊接性差,具有回火脆性倾向	转轴、芯轴、花键轴、汽车半轴、万向接头轴、曲轴、连杆、制动杠杆、啮合杆、齿轮、离合器、螺栓、螺母等
50Mn	性能与 50 钢相近,但其淬透性较高,热处理后强度、硬度、弹性均稍高于 50 钢。焊接性差,具有过热敏感性和回火倾向	用作承受高应力零件。高耐磨零件。如齿轮、齿轮轴、摩擦盘、心轴、平板弹簧等
60Mn	强度、硬度、弹性和淬透性比 60 钢稍高,退火态可切削性良好、冷变形塑性和焊接性差。具有过热敏感和回火脆性倾向	大尺寸螺旋弹簧、板簧、各种圆扁弹簧,弹簧环、片,冷拉钢丝及发条
65Mn	强度、硬度、弹性和淬透性均比 65 钢高,具有过热敏感性和回火脆性倾向,水淬有形成裂纹倾向。退火态可切削加工性尚可,冷变形塑性低,焊接性差	受中等载荷的板弹簧,直径达 7～20 mm 螺旋弹簧及弹簧垫圈,弹簧环。高耐磨性零件,如磨床主轴、弹簧卡头、精密机床丝杆、犁、切刀、螺旋辊子轴承上的套环、铁道钢轨等
70Mn	性能与 70 钢相近,但淬透性稍高,热处理后强度、硬度、弹性均比 70 钢好,具有过热敏感性和回火脆性倾向,易脱碳及水淬时形成裂纹倾向,冷塑性变形能力差,焊接性差	承受大应力、磨损条件下工作零件。如各种弹簧圈、弹簧垫圈、止推环、锁紧圈、离合器盘等

表 2-74　优质碳素结构钢的中外牌照号对照

中国 GB/T699	国际标准 ISO	前苏联 ГОСТ	美 国		日 本 JIS	德 国 DIN	英国 BS	法国 NF
			ASTM	UNS				
08F		80КП	1008	G10080	SO9CK SPHD SPHE S9CK	St22 C10 (1.0301) CK10 (1.1121)	040A10	
10F	—	10КП	1010	G10100	SPHD SPHE	USt13	040A12	FM10 XC10
15F	—	15КП	1015	G10150	S15CK	Fe360B	Fe360B	Fe360B FM15

续表

中国 GB/T699	国际标 准 ISO	前苏联 ГОСТ	美 国		日 本 JIS	德 国 DIN	英 国 BS	法 国 NF
			ASTM	UNS				
08	—	08	1008	G10080	S10C S09CK SPHE	CK10	040A10 2S511	FM8
10	—	10	1010	G10100	S10C S12C S09CK	CK10 C10		XC10 CC10
15	—	15	1015	G10150	S15C S17C S15CK	Fe360B CK15 C15 Cm15	Fe360B 090A15 040A15 050A15 060A15	Fe360B XC12 XC15
20	—	20	1020	G10200	S20C S22C S20CK	1C22 CK22 Cm22	1C22 050A20 040A20 060A20	1C22 XC18 CC20
25	C25E4	25	1025	G10250	S25C S28C	1C25 CK25 Cm25	1C25 060A25 070A26	1C25 XC25
30	C30E4	30	1030	G10300	S30C S33C	1C30 CK30	1C30 060A30	1C30 XC32CC30
35	C35E4	35	1035	G10350	S35C S38C	1C35 CK35 CF35 Cm35	1C35 060A35	1C35 XC38TS XC35 CC35
40	C40E4	40	1040	G10400	S40C S43C	1C40 CK40	1C40 060A40 080A40 2S93 2S113	1C40 XC38 XC42 XC387H1

续表

中国 GB/T699	国际标准 ISO	前苏联 ГОСТ	美国 ASTM	美国 UNS	日本 JIS	德国 DIN	英国 BS	法国 NF
45	C45E4	45	1045	G10450	S45C S48C	1C45 CK45 CC45 XF45 CM45	1C45 060A42 060A47 080M46	1C45 XC42 XC45 CC45 XC425TS
50	G50E4	50	1050 1049	G10500 G10490	S50C S53C	1C50 CK53 CK50 CM50	1C50 060A52	1C50 XC48TX CC50 XC50
55	G55E4 Type SC Type DC	55	1055	G10550	S55C S58C	1C55 CK55 CM55	1C55 070M55 060M57	1C55 XC55 XC48TS CC55
60	G60E4 Type SC Type DC	60	1061	G10600	S58C	1C60 CK60 CM60	1C60 060A62 080A62	1C60 XC60 XC68 CC55
65	SL SM Type SC Type DC	65	1065	G10650 G10640	SWRH67A SWRH67B	A C67 CK65 CK67	080A67 060A67	FM66 C65 XC65
70	SL SM Type SC Type DC	70	1070	G10700 G10690	SWRH72A SWRH72B	A Cf70	070A72 060A72	FM70 C70 XC70
75	SL SM	75	1075	G10750 G10740	SWRH77A SWRH77B	C C75 CK75	070A78 060A78	FM76 XC75

中国 GB/T699	国际标准 ISO	前苏联 ГOCT	美 国		日 本 JIS	德 国 DIN	英国 BS	法国 NF
			ASTM	UNS				
80	SL SM Type SC Type DC	80	1080	G10800	SWRH82A SWRH82B	D CK80	060A83 080A83	FM80 XC80
85	DM DH	85	1085 1084	G10850 G10840	SWRH82A SWRH82B SUP3	C D CK85	060A86 080A86 050A86	FM86 XC85
15Mn	—	15Г	1016	G10160	SB46	14Mn4 15Mn4	080A15 080A17 4S14 220M07	XC12 12M5
20Mn	—	20Г	1019 1022	G10190 G10220		19Mn5 20Mn5 21Mn4	070M20 080A20 080A22 080M20	XC18 20M5
25M	—	25Г	1026 1525	G10260 G15250	S28C	—	080A25 080A27 070M26	—
30M	—	30Г	1033	G10330	S30C	30Mn4 30Mn5 31Mn4	080A30 080A32 080M30	XC32 32M5
35M	—	35Г	1037	G10370	S35C	35Mn4 35Mn4 36Mn5	080A35 080A36	35M5
40M	SL SM	40Г	1039	G10390 G15410	SWRH42B S40C	2C40 40Mn4	2C40 080A40 080M40	2C40 40M5

续表

中国 GB/T699	国际标准 ISO	前苏联 ГOCT	美国 ASTM	美国 UNS	日本 JIS	德国 DIN	英国 BS	法国 NF
45M	SL SM	45Г	1043 1046	G10430 G10460	SWRH47B S45C	2C45 46Mn5	2C45 080A47 080M46	2C45 45M5
50M	SL SM Type Type	50Г	1053 1551	G10530 G15510	SWRH52B S53C	2C50	2C50 080A52 080M50	2C50 XC48
60M	—	60Г	1561	G15610	SWRH62B S58C	2C60 CK60	2C60 080A57 080M62	2C60 XC60
65M	—	65ГА	1566	G15660	S58C	65M4	080A67	—
70	DH	70Г	1572	15720	—	B	080A72	—

(3)低合金高强度结构钢(GB/T 1591—2008)。

低合金高强度结构钢的牌号和化学成分见表 2-75。低合金高强度结构钢的力学和工艺性能见表 2-76。低合金高强度结构钢的特性和应用见表 2-77。低合金高强度结构钢的中外牌号对照见表 2-78。

表 2-75　低合金高强度结构钢的牌号和化学成分

牌号	质量等级	化学成分(质量分数)(%) C≤	Mn	Si≤	P≤	S≤	V	Nb	Ti	Al≥	Cr≤	Ni≤
Q295	A	0.16	0.80~ 1.50	0.55	0.045	0.045	0.02~ 0.15	0.015~ 0.060	0.02~ 0.20	—	—	—
Q295	B	0.16	0.80~ 1.50	0.55	0.040	0.040	0.02~ 0.15	0.015~ 0.060	0.02~ 0.20	—	—	—
Q345	A	0.20	1.00~ 1.60	0.55	0.045	0.045	0.02~ 0.15	0.015~ 0.060	0.02~ 0.20	—	—	—
Q345	B	0.20	1.00~ 1.60	0.55	0.040	0.040	0.02~ 0.15	0.015~ 0.060	0.02~ 0.20	—	—	—
Q345	C	0.20	1.00~ 1.60	0.55	0.035	0.035	0.02~ 0.15	0.015~ 0.060	0.02~ 0.20	0.015	—	—

牌号	质量等级	化学成分（质量分数）（%）										
		C≤	Mn	Si≤	P≤	S≤	V	Nb	Ti	Al≥	Cr≤	Ni≤
	D	0.18	1.00~1.60	0.55	0.030	0.030	0.02~0.15	0.015~0.060	0.02~0.20	0.015	—	—
	E	0.18	1.00~1.60	0.55	0.025	0.025	0.02~0.15	0.015~0.060	0.02~0.20	0.015	—	—
Q390	A	0.20	1.00~1.60	0.55	0.045	0.045	0.02~0.20	0.015~0.060	0.02~0.20	—	0.30	0.70
	B	0.20	1.00~1.60	0.55	0.040	0.040	0.02~0.20	0.015~0.060	0.02~0.20	—	0.30	0.70
	C	0.20	1.00~1.60	0.55	0.035	0.035	0.02~0.20	0.015~0.060	0.02~0.20	0.015	0.30	0.70
	D	0.20	1.00~1.60	0.55	0.030	0.030	0.02~0.20	0.015~0.060	0.02~0.20	0.015	0.30	0.70
	E	0.20	1.00~1.60	0.55	0.025	0.025	0.02~0.20	0.015~0.060	0.02~0.20	0.015	0.30	0.70
Q420	A	0.20	1.00~1.70	0.55	0.045	0.045	0.02~0.20	0.015~0.060	0.02~0.20	—	0.40	0.70
	B	0.20	1.00~1.70	0.55	0.040	0.040	0.02~0.20	0.015~0.060	0.02~0.20	—	0.40	0.70
	C	0.20	1.00~1.70	0.55	0.035	0.035	0.02~0.20	0.015~0.060	0.02~0.20	0.015	0.40	0.70
	D	0.20	1.00~1.70	0.55	0.030	0.030	0.02~0.20	0.015~0.060	0.02~0.20	0.015	0.40	0.70
	E	0.20	1.00~1.70	0.55	0.025	0.025	0.02~0.20	0.015~0.060	0.02~0.20	0.015	0.70	0.70
Q460	C	0.20	1.00~1.70	0.55	0.035	0.035	0.02~0.20	0.015~0.060	0.02~0.20	0.015	0.70	0.70
	D	0.20	1.00~1.70	0.55	0.030	0.030	0.02~0.20	0.015~0.060	0.02~0.20	0.015	0.70	0.70
	E	0.20	1.00~1.70	0.55	0.025	0.025	0.02~0.20	0.015~0.060	0.02~0.20	0.015	0.70	0.70

注：表中的 Al 为全铝含量。如化验酸溶铝时，其含量 ω 应不小于 0.010%。

表 2-76　低合金高强度结构钢的力学和工艺性能

牌号	质量等级	屈服点 σ_s/MPa				抗拉强度 σ_b/MPa 490~630	伸长率 δ_5(%)	冲击吸收功 A_{kv}(纵向)/J				180°弯曲实验 d=弯心直径 a=试样厚度(直径)	
		厚度(直径,边长)/mm						+20℃	0℃	−20℃	−40℃	钢材厚度(直径)/mm	
		≤16	>16~35	>35~50	>50~100							≤16	>16~100
		≥						≥					
Q295	A	295	275	255	235	390~570	23	—	—	—	—	$d=2a$	$d=3a$
	B	295	275	255	235	390~570	23	34	—	—	—	$d=2a$	$d=3a$
Q345	A	345	325	295	275	470~630	21	—	—	—	—	$d=2a$	$d=3a$
	B	345	325	295	275	470~630	21	34	—	—	—	$d=2a$	$d=3a$
	C	345	325	295	275	470~630	22	—	34	34	—	$d=2a$	$d=3a$
	D	345	325	295	275	470~630	22	—	—	—	—	$d=2a$	$d=3a$
	E	345	325	295	275	470~630	21	—	—	—	27	$d=2a$	$d=3a$
Q390	A	390	370	350	330	490~650	19	—	—	—	—	$d=2a$	$d=3a$
	B	390	370	350	330	490~650	19	34	—	—	—	$d=2a$	$d=3a$
	C	390	370	350	330	490~650	20	—	34	—	—	$d=2a$	$d=3a$

牌号	质量等级	屈服点 σ_s/MPa 厚度(直径,边长)/mm ≤16	>16 ~35	>35 ~50	>50 ~100	抗拉强度 σ_b/MPa 490~630	伸长率 δ_5 (%)	冲击吸收功 A_{kv}(纵向)/J +20℃	0℃	−20℃	−40℃	180°弯曲实验 d=弯心直径 a=试样厚度(直径) 钢材厚度(直径)/mm ≤16	>16 ~100
Q390	D	390	370	350	330	490~650	20	—	—	34	—	$d=2a$	$d=3a$
	E	390	370	350	330	490~650	20	—	—	—	27	$d=2a$	$d=3a$
Q420	A	420	400	380	360	520~680	18	—	—	—	—	$d=2a$	$d=3a$
	B	420	400	380	360	520~680	18	34	—	—	—	$d=2a$	$d=3a$
	C	420	400	380	360	520~680	19	—	34	—	—	$d=2a$	$d=3a$
	D	420	400	380	360	520~680	19	—	—	34	—	$d=2a$	$d=3a$
	E	420	400	380	360	520~680	19	—	—	—	27	$d=2a$	$d=3a$
Q460	A	460	440	420	400	550~720	17	—	34	—	—	$d=2a$	$d=3a$
	B	460	440	420	400	550~720	17	—	—	34	—	$d=2a$	$d=3a$
	C	460	440	420	400	550~720	17	—	—	—	27	$d=2a$	$d=3a$

表 2-77　低合金高强度结构钢的特性和应用

牌号	主要特性	应用举例
Q295	钢中只含有少量的合金元素,强度不高,但有良好的塑性、冷弯、焊接及耐蚀性能	建筑结构,工业厂房,低压锅炉,低、中压化工容器,油罐,管道,起重机,拖拉机,车辆及对强度不高的一般工程结构
Q345 Q390	综合力学性能好,焊接性、冷、热加工性能和耐蚀性能均好,质量等级 C、D、E 的钢具有良好的低温韧性	船舶,锅炉,压力容器,石油储罐,桥梁,电站设备,起重运输机械及其他较高载荷的焊接结构件
Q420	强度高,特别是在正火或正火加回火状态有较高的综合力学性能	大型船舶,桥梁,电站设备,中、高压锅炉,高压容器,机车车辆,起重机械,矿山机械及其他大型焊接结构件
Q460	强度最高,在正火,正火加回火或淬火加回火状态有很高的综合力学性能,全部用铝补充脱氧,质量等级为 C、D、E 级,可保证钢的良好韧性	备用钢种,用于各种大型工程结构及要求强度高、载荷大的轻型结构
09MnV 09MnNb	具有良好的塑性、韧性、冷弯性能、冷热压力加工性能和焊接性能,且有一定的耐蚀性能。通常在热轧和正火状态下使用	用于制造各种容器、螺旋焊管、拖拉机轮圈、农机结构件、建筑结构、车辆用冲压件和船体等
12Mn	具有良好的综合力学性能、焊接性能、冷弯性能和冷、热压力加工性能、中温(＜400℃)和低温的性能、冶炼工艺简单、成本低、常在轧制状态下使用,正火状态力学性能更好一些	大量用于制造低压锅炉、车辆、容器、油罐、造船等焊接结构
18Nb	含铌半镇静钢,具有镇静钢的优点,但材料利用率高。综合力学性能和低温冲击韧度良好。焊接性能和冷、热压力加工性能良好	用于建筑结构、化工容器、管道、起重机械、鼓风机等
12MnV	性能与 12Mn 相似,但由于钒的作用,该钢具有较高的强韧性。一般在热轧或正火状态下使用	主要用于船体、车辆、桥梁、农机构件和一般钢结构

牌号	主要特性	应用举例
14MnNb	具有综合力学性能、焊接性能、压力加工性能。一般在热轧或正火状态下使用	主要用作建筑结构、低压锅炉、化工容器、桥梁等焊接结构。使用温度为−20～450℃
16Mn	具有综合力学性能、低温冲击韧度、冷冲压、切削加工性、焊接性能。16Mn 钢的综合性能明显优于 Q235A,但缺口敏感性较大,在带有缺口时,16Mn 的疲劳强度低于 Q235A。该钢在热轧或正火状态下使用,正火状态具有较好塑性、冲击韧性、冷压成形性能	广泛用于受动载荷作用的焊接结构,如桥梁、车辆、船舶、管道、锅炉、大容器、油罐、重型机械设备、矿山机械、电站、厂房结构、−40℃的低温压力容器等
16MnRE	性能与16Mn 相近,但由于稀土元素对钢液的净化作用,该钢具有更好的韧性和冷弯性能	主要用途与16Mn 钢相同
15MnV	强度高于16Mn,在 520℃时有一定的热稳定性、缺口敏感性和时较敏感性较 16Mn 大,冷加工变形性较差。使用温度在−20～520℃。该钢一般在热轧或正火状态下使用,正火状态有较好冲击韧度	用于制造高、中压石油、化工容器、锅炉气包、桥梁、船体、起重机、较高负荷度焊接结构、锅炉钢管,也可作为低碳淬火马氏体钢使用
15MnTi	性能和用途与15MnV 钢相近。正火处理的冷冲压性能和焊接性能优于15MnV和16Mn 钢,可以代替 15MnV 制造承受动载荷的构件	主要用途与15MnV 相同。此外可用作汽轮机的蜗壳和汽轮发电机电弹簧板等
16MnNb	焊接性能、冷、热加工性能和低温冲击韧性均优于16Mn,一般在热轧和正火状态下使用	用于制造容器、管道及起重型机械的焊接结构
14MnVTiRE	具有很高的低温冲击韧度,良好的综合力学性能和焊接性能,一般在热轧或正火状态下使用	用于制造高压容器、重型机械的焊接结构件、桥梁、船舶、低温钢结构等
15MnVN	综合力学性能优于15MnV,具有良好的焊接性能和冷、热压力加工性能。但冷加工时对缺口对敏感性较大	用于车辆、船舶、中、高压锅炉、容器、桥梁等焊接结构

表 2-78　低合金高强度结构钢的中外牌号对照

中国 GB/T 1591	国际标准 ISO	前苏联 ГОСТ	美国		日本 JIS	德国 DIN	英国 BS	法国 NF
			ASTM	UNS				
Q295-A	—	295	Gr. 42 $(\sigma_s 290)$ Gr. A $(\sigma_s 290)$	—	SPFC490	15M03 PH295	—	A50
Q295-B	—						—	
Q345-A	E355CC $(\sigma_s 355)$	345	Gr. 50		SPF590 $(\sigma_s 355)$	Fe510C $(\sigma_s 355)$	Fe510C $(\sigma_s 355)$	Fe510C $(\sigma_s 355)$
Q345-B	E355DD $(\sigma_s 355)$	—	Gr. B	—	—	Fe510D1 $(\sigma_s 355)$	Fe510D1 $(\sigma_s 355)$	Fe510D1 $(\sigma_s 355)$
Q345-C	E355E $(\sigma_s 355)$	—	Gr. C	—	—	Fe510D2 $(\sigma_s 355)$	Fe510D2 $(\sigma_s 355)$	Fe510D2 $(\sigma_s 355)$
Q345-D	—	—	Gr. D	—		Fe510DD1 $(\sigma_s 355)$	Fe510DD1 $(\sigma_s 355)$	Fe510DD1 $(\sigma_s 355)$
Q345-E	—	—	Gr. A A808M Type7	—		Fe510DD2 $(\sigma_s 355)$ PH355 $(\sigma_s 355)$	Fe510DD2 $(\sigma_s 355)$ 50EE $(\sigma_s 355)$	Fe510DD2 $(\sigma_s 355)$ E355-Ⅱ $(\sigma_s 355)$
Q390-A	E390CC	390	—	—	STKT540	—	—	
Q390-B							—	—
Q390-C	E390DD						—	A550-Ⅰ $(\sigma_s 400)$
Q390-D	—						50F	
Q390-E	E390E		—	—		—		—
Q420A	E420CC	—	60$(\sigma_s 415)$	—	SEV295	—	—	E420-Ⅰ
Q420B	E420DD	—	Gr. E $(\sigma_s 415)$	—	SEV345	—	—	E420-Ⅱ
Q420C	E420E	—	Gr. B $(\sigma_s 415)$	—		—	—	—

中国 GB/T 1591	国际标准 ISO	前苏联 ΓOCT	美国		日本 JIS	德国 DIN	英国 BS	法国 NF
			ASTM	UNS				
Q420D	—	—	Type7 (σ_s415)	—	—	—	—	—
Q420E	—	—	—	—	—	—	—	—
Q460C	E460DD	—	65 (σ_s450)	—	SM570	—	—	E460T-Ⅱ
Q460D	E460E		—	—	SMA570W	—		
Q460E	—	—	—	—	SWA570P			

(4)合金结构钢(GB/T 3077—1999)。

合金结构钢的牌号和化学成分见表 2-79。钢中硫、磷及残余铜、铬、镍、钼含量应符合表 2-80 的规定。合金结构钢的力学性能见表 2-81。合金结构钢的特性和作用见表 2-82。合金结构钢的中外牌号对照见表 2-83。

表 2-79 合金结构钢的牌号和化学成分

序号	牌号	化学成分(质量分数)(%)								
		C	Si	Mn	Cr	Mo	Ni	B	V	其他
1	20Mn2	0.17~ 0.24	0.17~ 0.37	1.40~ 1.80	—	—	—	—	—	—
2	30 Mn2	0.27~ 0.34	0.17~ 0.37	1.40~ 1.80	—	—	—	—	—	—
3	35 Mn2	0.32~ 0.39	0.17~ 0.37	1.40~ 1.80	—	—	—	—	—	—
4	40 Mn2	0.37~ 0.44	0.17~ 0.37	1.40~ 1.80	—	—	—	—	—	—
5	45 Mn2	0.42~ 0.49	0.17~ 0.37	1.40~ 1.80	—	—	—	—	—	—
6	50 Mn2	0.47~ 0.55	0.17~ 0.37	1.40~ 1.80	—	—	—	—	—	—
7	20 MnV	0.17~ 0.24	0.17~ 0.37	1.30~ 1.60	—	—	—	—	0.07~ 0.12	—
8	27SiMn	0.24~ 0.32	1.10~ 1.14	1.10~ 1.14	—	—	—	—	—	—

序号	牌号	化学成分（质量分数）（%）								
		C	Si	Mn	Cr	Mo	Ni	B	V	其他
9	35 SiMn	0.32~0.40	1.10~1.14	1.10~1.14	—	—	—	—	—	—
10	42 SiMn	0.39~0.45	1.10~1.14	1.10~1.14						
11	20SiMn2MoV	0.17~0.23	0.90~1.20	2.20~2.60	—	0.30~0.40	—	—	0.05~0.12	—
12	25SiMn2MoV	0.22~0.28	0.60~0.90	2.20~2.60	—	0.30~0.40	—		0.05~0.12	
13	37SiMn2MoV	0.33~0.39	0.17~0.37	1.60~1.90	—	0.40~0.50	—		0.05~0.12	
14	40B	0.37~0.44	0.17~0.37	0.60~090	—	—	—	0.0005~0.0035	—	
15	45 B	0.42~0.49	0.17~0.37	0.60~090				0.0005~0.0035		
16	50 B	0.47~0.55	0.17~0.37	0.60~090				0.0005~0.0035		
17	40MnB	0.37~0.44	0.17~0.37	1.10~1.40				0.0005~0.0035		
18	45MnB	0.42~0.49	0.17~0.37	1.10~1.40				0.0005~0.0035		
19	20MnMoB	0.16~0.22	0.17~0.37	0.90~1.20	—	0.20~0.30	—	0.0005~0.0035	—	
20	15MnVB	0.12~0.18	0.17~0.37	1.20~1.60				0.0005~0.0035	0.07~0.12	
21	20MnVB	0.17~0.23	0.17~0.37	1.20~1.60				0.0005~0.0035	0.07~0.12	—
22	40MnVB	0.37~0.44	0.17~0.37	1.10~1.40	—			0.0005~0.0035	0.05~0.10	—
23	20MnTiB	0.17~0.24	0.17~0.37	1.30~1.60	—	—		0.0005~0.0035	—	Ti0.04~0.10

续表

序号	牌号	化学成分（质量分数）（%）								
		C	Si	Mn	Cr	Mo	Ni	B	V	其他
24	25MnTiBRE	0.22~0.28	0.20~0.45	1.30~1.60	—	—	—	0.0005~0.0035	—	Ti0.04~0.10
25	15 Cr	0.12~0.18	0.17~0.37	0.40~0.70	0.70~1.00	—	—	—	—	—
26	15CrA	0.12~0.17	0.17~0.37	0.40~0.70	0.70~1.00	—	—	—	—	—
27	20 Cr	0.18~0.24	0.17~0.37	0.50~0.80	0.70~1.00	—	—	—	—	—
28	30 Cr	0.27~0.34	0.17~0.37	0.50~0.80	0.80~1.10	—	—	—	—	—
29	35 Cr	0.32~0.39	0.17~0.37	0.50~0.80	0.80~1.10	—	—	—	—	—
30	40 Cr	0.37~0.44	0.17~0.37	0.50~0.80	0.80~1.10	—	—	—	—	—
31	45 Cr	0.42~0.49	0.17~0.37	0.50~0.80	0.80~1.10	—	—	—	—	—
32	50Cr	0.47~0.54	0.17~0.37	0.50~0.80	0.80~1.10	—	—	—	—	—
33	38CrSi	0.35~0.43	1.00~1.30	0.30~0.60	1.30~1.60	—	—	—	—	—
34	12CrMo	0.08~0.15	0.17~0.37	0.40~0.70	0.40~0.70	0.40~0.55	—	—	—	—
35	15CrMo	0.12~0.18	0.17~0.37	0.40~0.70	0.80~1.10	0.40~0.55	—	—	—	—
36	20CrMo	0.17~0.24	0.17~0.37	0.40~0.70	0.80~1.10	0.15~0.25	—	—	—	—
37	30CrMo	0.26~0.34	0.17~0.37	0.40~0.70	0.80~1.10	0.15~0.25	—	—	—	—
38	30CrMoA	0.26~0.33	0.17~0.37	0.40~0.70	0.80~1.10	0.15~0.25	—	—	—	—

续表

序号	牌号	化学成分（质量分数）（%）								
		C	Si	Mn	Cr	Mo	Ni	B	V	其他
39	35CrMo	0.32~0.40	0.17~0.37	0.40~0.70	0.80~1.10	0.15~0.25	—	—	—	
40	42CrMo	0.38~0.45	0.17~0.37	0.50~0.80	0.90~1.20	0.15~0.25	—	—	—	
41	12CrMoV	0.08~0.15	0.17~0.37	0.40~0.70	0.30~0.60	0.25~0.35	—	—	0.15~0.30	
42	35CrMoV	0.30~0.38	0.17~0.37	0.40~0.70	1.00~1.30	0.20~0.30	—	—	0.10~0.20	—
43	12 Cr1MoV	0.08~015	0.17~0.37	0.40~0.70	0.90~1.20	0.25~0.35	—	—	0.15~0.30	
44	25 Cr2MoVA	0.22~0.29	0.17~0.37	0.40~0.70	1.50~1.80	0.25~0.35	—	—	0.15~0.30	
45	25 Cr2Mo1VA	0.22~0.29	0.17~0.37	0.50~0.80	2.10~2.50	0.90~1.10	—	—	0.30~0.50	—
46	38 CrMoAl	0.35~0.42	0.20~0.45	0.30~0.60	1.35~1.65	0.15~0.25	—	—	—	Al0.70~1.10
47		0.37~0.44	0.17~0.37	0.50~0.80	0.80~1.10		—	—	0.10~0.20	
48	50CrVA	0.47~0.54	0.17~0.37	0.50~0.80	0.80~1.10	—	—	—	0.10~0.20	
49	15CrMn	0.12~0.18	0.17~0.37	1.10~1.14	0.40~0.70		—	—	—	
50	20CrMn	0.17~0.23	0.17~0.37	0.90~1.20	0.90~1.20		—	—	—	
51	40CrMn	0.37~0.45	0.17~0.37	0.90~1.20	0.90~1.20		—	—	—	
52	20CrMnSi	0.17~0.23	0.90~0.12	0.80~1.10	0.80~1.10		—	—	—	
53	25CrMnSi	0.22~0.28	0.90~0.12	0.80~1.10	0.80~1.10	—	—	—	—	—

续表

序号	牌号	化学成分（质量分数）（%）								
		C	Si	Mn	Cr	Mo	Ni	B	V	其他
54	30CrMnSi	0.27～0.34	0.90～0.12	0.80～1.10	0.80～1.10	—	—	—	—	—
55	30CrMnSiA	0.28～0.34	0.90～0.12	0.80～1.10	0.80～1.10	—	—	—	—	—
56	35CrMnSiA	0.32～0.39	1.10～1.40	0.80～1.10	1.10～1.40	—	—	—	—	—
57	20CrMnMo	0.17～0.23	0.17～0.37	0.90～0.12	1.10～1.40	0.20～0.30	—	—	—	—
58	40CrMnMo	0.37～0.45	0.17～0.37	0.90～0.12	0.90～0.12	0.20～0.30	—	—	—	—
59	20CrMnTi	0.17～0.23	0.17～0.37	0.80～1.10	1.00～1.30	—	—	—	—	Ti0.04～0.10
60	30CrMnTi	0.24～0.32	0.17～0.37	0.80～1.10	1.00～1.30	—	—	—	—	Ti0.04～0.10
61		0.17～0.23	0.17～0.37	0.40～0.70	0.45～0.75	—	1.00～1.40	—	—	—
62		0.37～0.44	0.17～0.37	0.50～0.80	0.45～0.75	—	1.00～1.40	—	—	—
63		0.42～0.49	0.17～0.37	0.50～0.80	0.45～0.75	—	1.00～1.40	—	—	—
64		0.47～0.54	0.17～0.37	0.50～0.80	0.45～0.75	—	1.00～1.40	—	—	—
65	12 CrNi2	0.10～0.17	0.17～0.37	0.30～0.60	0.60～0.90	—	1.50～1.90	—	—	—
66	12 CrNi3	0.10～0.17	0.17～0.37	0.30～0.60	0.60～0.90	—	2.75～3.15	—	—	—
67	20 CrNi3	0.17～0.24	0.17～0.37	0.30～0.60	0.60～0.90	—	2.75～3.15	—	—	—
68	30 CrNi3	0.27～0.33	0.17～0.37	0.30～0.60	0.60～0.90	—	2.75～3.15	—	—	—

续表

序号	牌号	化学成分(质量分数)(%)								
		C	Si	Mn	Cr	Mo	Ni	B	V	其他
69	37 CrNi3	0.34~0.41	0.17~0.37	0.30~0.60	1.20~1.60	—	3.00~3.50	—	—	—
70	12 Cr2Ni4	0.10~0.16	0.17~0.37	0.30~0.60	1.25~1.65	—	3.25~3.65	—	—	—
71	20 Cr2Ni4	0.17~0.23	0.17~0.37	0.30~0.60	1.25~1.65	—	3.25~3.65	—	—	—
72	20CrNiMo	0.17~0.23	0.17~0.37	0.60~0.95	0.40~0.70	0.20~0.30	0.35~0.75	—	—	—
73	40CrNiMoA	0.37~0.44	0.17~0.37	0.50~0.80	0.60~0.90	0.15~0.25	1.25~1.65	—	—	—
74	18CrNiMnMoA	0.15~0.12	0.17~0.37	1.10~1.40	1.00~1.30	0.20~0.30	1.00~1.30	—	—	—
75	45CrNuMoVA	0.42~0.49	0.17~0.37	0.50~0.80	0.80~1.10	0.20~0.30	1.30~1.80	—	0.10~0.20	—
76	18Cr2Ni4WA	0.13~0.19	0.17~0.37	0.30~0.60	1.35~1.65	—	4.00~4.50	—	—	W0.80~1.20
77	25Cr2Ni4WA	0.21~0.28	0.17~0.37	0.30~0.60	1.35~1.65	—	4.00~4.50	—	—	W0.80~1.20

表 2-80　钢中其余成分规定

钢类	化学成分(质量分数)(%)					
	P	S	Cu	Cr	Ni	Mo
	≤					
优质钢	0.035	0.035	0.30	0.30	0.30	0.15
高级优质钢	0.025	0.025	0.25	0.30	0.30	0.10
特级优质钢	0.025	0.015	0.25	0.30	0.30	0.10

表2-81 合金结构钢的力学性能

钢组	序号	牌号	试样毛坯尺码/mm	热处理					力学性能					钢材退火或高温回火供应状态布氏硬度 HBS100/3000 ≤
				淬火 加热温度/℃ 第一次淬火	淬火 加热温度/℃ 第二次淬火	淬火 冷却剂	回火 加热温度/℃	回火 冷却剂	抗拉强度 σ_b/MPa	屈服点 σ_s/MPa	断后伸长率 δ_5(%) ≥	断面收缩率 Ψ(%) ≥	冲击吸收功 A_{ku_2}/J	
Mn	1	20Mn2	15	850	—	水,油	200	水,空	785	590	10	40	47	187
	2	30Mn2	25	880	—	水,油	440	水,空	785	635	12	45	63	207
	3	35Mn2	25	840	—	水	500	水	835	685	12	45	55	207
	4	40Mn2	25	840	—	水	500	水	885	735	12	45	55	217
	5	45Mn2	25	840	—	水,油	540	水	885	735	10	45	47	217
	6	50Mn2	25	820	—	油	550	水,油	930	785	9	40	39	229
MnV	7	20MnV	15	880	—	油	550	水,油	785	590	10	40	55	187
SiMn	8	27SiMn	25	920	—	水	200	水,空	980	835	12	40	39	217
	9	35SiMn	25	900	—	水	450	水,油	885	735	15	45	47	229
	10	42SiMn	25	880	—	水	570	水,油	885	735	15	40	47	229

续表

钢组	序号	牌号	试样毛坯尺码/mm	热处理					力学性能					钢材退火或高温回火供应状态布氏硬度 HBS100/3000 ≤
				淬火 加热温度/℃		冷却剂	回火 加热温度/℃	冷却剂	抗拉强度 σ_b/MPa	屈服点 σ_s/MPa	断后伸长率 δ_5(%)	断面收缩率 ψ(%)	冲击吸收功 A_{ku2}/J	
				第一次淬火	第二次淬火						≥	≥	≥	
SiMnMoV	11	20SiMn2MoV	试样	900	—	水	590	水	1380	—	10	45	55	269
	12	25SiMn2MoV	试样	900	—	油	200	水、空	1470	—	10	40	47	269
	13	37SiMn2MoV	25	870	—	油	200	水、空	980	835	12	50	63	269
B	14	40B	25	840	—	水、油	650	水、空	785	635	12	45	55	207
	15	45B	25	840	—	水	550	水	835	685	12	45	47	217
	16	50B	20	840	—	水	550	水	785	540	10	45	39	207
MnB	17	40MnB	25	850	—	油	600	空	980	785	10	45	47	207
	18	45MnB	25	840	—	油	500	水、油	1030	835	9	40	39	217
MnMoB	19	20MnMoB	15	880	—	油	200	水、油	1080	885	10	50	55	207
MnVB	20	15MnVB	15	860	—	油	200	油、空	885	635	10	45	55	207
	21	20MnVB	15	860	—	油	200	水、空	1080	885	10	45	55	207
	22	40MnVB	25	850	—	油	520	水、油	980	785	10	45	47	207

续表

钢组	序号	牌号	试样毛坯尺码/mm	热处理 淬火 加热温度/℃ 第一次淬火	第二次淬火	冷却剂	回火 加热温度/℃	冷却剂	力学性能 抗拉强度 σ_b/MPa	屈服点 σ_s/MPa	断后伸长率 δ_5(%) ≥	断面收缩率 ψ(%)	冲击吸收功 A_{ku2}/J	钢材退火或高温回火供应状态布氏硬度 HBS100/3000 ≤
MnTiB	23	20MnTiB	15	860	—	油	200	水、空	1130	930	10	45	55	187
	24	25MnTiBRE	试样	860	—	油	200	水、空	1380	—	10	40	47	229
Cr	25	15Cr	15	880	780~820	水、油	200	水、空	735	490	11	45	55	179
	26	15CrA	15	880	770~820	水、油	180	油、空	685	490	12	45	55	179
	27	20Cr	15	880	780~820	水、油	200	水、空	835	540	10	40	47	179
	28	30Cr	25	860	—	油	500	水、油	885	685	11	45	47	187
	29	35Cr	25	860	—	油	500	水、油	930	735	11	45	47	207
	30	40Cr	25	850	—	油	520	水、油	980	785	9	45	47	207
	31	45Cr	25	840	—	油	520	水、油	1030	835	9	40	39	217
	32	50Cr	25	830	—	油	520	水、油	1080	930	9	40	39	229

续表

钢组	序号	牌号	试样毛坯尺码/mm	热处理 淬火 加热温度/℃ 第一次淬火	第二次淬火	冷却剂	回火 加热温度/℃	冷却剂	力学性能 抗拉强度 σ_b/MPa	屈服点 σ_s/MPa	断后伸长率 δ_5(%) ≥	断面收缩率 ψ(%) ≥	冲击吸收功 A_{ku_2}/J ≥	钢材退火或高温回火供应状态布氏硬度 HBS100/3000 ≤
CrSi	33	38CrSi	25	900	—	油	600	水,油	980	835	12	50	55	255
CrMo	34	12CrMo	30	900	—	空	650	空	410	265	24	60	110	179
	35	15CrMo	30	900	—	空	650	空	440	295	22	60	94	179
	36	20CrMo	15	880	—	水,油	500	水,油	885	685	12	50	78	197
	37	30CrMo	25	880	—	水,油	540	水,油	930	785	12	50	63	229
	38	30CrMoA	15	880	—	油	540	水,油	930	735	12	50	71	229
	39	35CrMo	25	850	—	油	550	水,油	980	835	12	45	63	229
	40	42CrMo	25	850	—	油	560	水,油	1080	930	12	45	63	217
CrMoV	41	12CrMoV	30	970	—	空	750	空	440	225	22	50	78	241
	42	35CrMoV	25	900	—	油	630	水,油	1080	930	10	50	71	241
	43	12Cr1MoV	30	970	—	空	750	空	490	245	22	50	71	179
	44	25Cr2MoV	25	900	—	油	640	空	930	785	14	55	63	241

续表

钢组	序号	牌号	试样毛坯尺码/mm	淬火 加热温度/℃ 第一次淬火	淬火 第二次淬火	淬火 冷却剂	回火 加热温度/℃	回火 冷却剂	抗拉强度 σ_b/MPa	屈服点 σ_s/MPa	断后伸长率 δ_5(%)	断面收缩率 Ψ(%)	冲击吸收功 A_{ku_2}/J	钢材退火或高温回火供应状态布氏硬度 HBS100/3000 ≤
CrMoAl	45	25CrMo1VA	25	1040	—	空	700	空	735	590	16	50	47	241
CrMoAl	46	38CrMoAl	30	940	—	水、油	640	水、油	980	835	14	50	71	229
CrV	47	40CrV	25	880	—	油	650	油	885	735	10	50	71	241
CrV	48	50CrVA	25	860	—	油	500	油	1280	1130	10	40	—	255
CrMn	49	15CrMn	15	880	—	油	200	水、空	785	590	12	50	47	179
CrMn	50	20CrMn	15	850	—	油	200	水、空	930	735	10	45	47	187
CrMn	51	40CrMn	25	840	—	油	550	水、油	980	835	9	45	47	229
CrMnSi	52	20CrMnSi	25	880	—	油	480	水、油	785	635	12	45	55	207
CrMnSi	53	25CrMnSi	25	880	—	油	480	水、油	1080	885	10	40	39	217
CrMnSi	54	30CrMnSi	25	880	—	油	520	水、油	1080	885	10	45	39	229
CrMnSi	55	30CrMnSiA	25	880	—	油	540	水、油	1080	835	10	45	39	229

续表

钢组	序号	牌号	试样毛坯尺码/mm	热处理					力学性能					钢材退火或高温回火供应状态布氏硬度 HBS100/3000 ≤
				淬火 加热温度/℃ 第一次淬火	第二次淬火	冷却剂	回火 加热温度/℃	冷却剂	抗拉强度 σ_b/MPa	屈服点 σ_s/MPa ≥	断后伸长率 δ_5(%) ≥	断面收缩率 ψ(%) ≥	冲击吸收功 A_{ku2}/J	
	56	35CrMnSiA	试样	加热到880℃,于280～310℃等温					1620	1280	9	40	31	241
			试样	950	890	油	230	空、油						
CrMnMo	57	20CrMnMo	15	850	—	油	200	水、空	1180	885	10	45	55	217
	58	40CrMnMo	25	850	—	油	600	水、油	980	785	10	45	63	217
CrMnTi	59	20CrMnTi	15	880	870	油	200	水、油	1080	850	10	45	55	217
	60	30CrMnTi	试样	880	850	油	200	水、油	1470	—	9	40	47	229
CrNi	61	20CrNi	25	850	—	水、油	460	水、油	785	590	10	50	63	197
	62	40CrNi	25	820	—	油	500	油	980	785	10	45	55	241
	63	45CrNi	25	820	—	油	530	油	980	785	10	45	55	255
	64	50CrNi	25	820	—	油	500	油	1080	835	8	40	39	255
	65	12CrNi2	15	860	780	水、油	200	水、空	785	590	12	50	63	207

续表

钢组	序号	牌号	试样毛坯尺码/mm	热处理 淬火 加热温度/℃ 第一次淬火	第二次淬火	淬火 冷却剂	回火 加热温度/℃	回火 冷却剂	抗拉强度 σ_b/MPa	屈服点 σ_s/MPa	断后伸长率 δ_5(%) ≥	断面收缩率 Ψ(%) ≥	冲击吸收功 A_{ku_2}/J	钢材退火或高温回火供应状态布氏硬度 HBS100/3000 ≤
	66	12CrNi3	15	860	780	油	200	水、空	930	685	11	50	71	217
	67	20CrNi3	25	860		水、油	480	水、油	930	735	11	55	78	241
	68	30CrNi3	25	830	—	油	500	水、油	980	785	9	45	63	241
	69	37CrNi3	25	820	—	油	500	水、油	1130	980	10	50	47	269
	70	12Cr2Ni4	15	860	780	油	200	水、空	1080	835	10	50	71	269
	71	20Cr2Ni4	15	880	780	油	200	水、空	1180	1080	10	45	63	269
CrNiMo	72	20CrNiMo	15	850	—	油	200	空	980	785	9	40	47	197
	73	40CrNiMoA	25	850	—	油	600	水、油	980	835	12	55	78	269
CrMnNiMo	74	18CrMnNiMoA	15	830	—	油	200	空	1180	885	10	45	71	269
CrNiMoV	75	45CrNiMoVA	试样	860	—	油	460	油	1470	1330	7	35	31	269
CrNiW	76	18Cr2Ni4WA	15	950	850	空	200	水、空	1180	835	10	45	78	269
	77	25Cr2Ni4WA	25	—	—	—	550	水、油	1080	930	11	45	71	269

注：1. 表中所列热处理允许调整温度范围：淬火±20℃，高温回火±50℃。
2. 硼钢中淬火前可先经正火，正火温度应不高于其淬火温度，铬锰钛钢第一次淬火可用正火代替。

161

表 2-82 合金结构钢的特性和作用

牌号	主要特性	应用举例
20Mn2	具有中等强度,较小截面尺寸的20Mn2和20Cr性能相似,低温冲击韧度、焊接性能较20Cr好,冷变形时塑性高,切削加工性良好,淬透性比相应的碳钢要高,热处理时有过热、脱碳敏感性及回火脆性倾向	用于制造截面尺寸小于50mm的渗碳零件,如渗碳的小齿轮、小轴、力学性能要求不高的十字头销、活塞销、柴油机套筒、汽门顶杆、变速齿轮操纵杆、钢套,热轧及正火状态下用于制造螺栓、螺钉、螺母及铆焊件等
30Mn2	30Mn2通常经调质处理之后使用,其强度高、韧性好,并有优良的耐磨性能,当制造截面尺寸小的零件时,具有良好的静强度和疲劳强度,拉丝、冷镦、热处理工艺性都良好,切削加工性中等,焊接性尚可,一般不做焊接件,需焊接时,应将零件预热到200℃以上,具有较高的淬透性,淬火变形小,但有过热、脱碳敏感性及回火脆性	用于制造汽车、拖拉机中的车架、纵横梁、变速箱齿轮、轴、冷镦螺栓、较大截面的调质件,也可制造心部强度较高的渗碳件,如起重机的后车轴等
35Mn2	比30Mn2的含碳量高,因而具有更高的强度和更好的耐磨性,淬透性也提高,但塑性略有下降,冷变形时塑性中等,切削加工性能中等,焊接性低,且有白点敏感性、过热倾向及回火脆性倾向,水冷易产生裂纹,一般在调质或正火状态下使用	制造直径小于20mm的较小零件时,可代替40Cr,用于制造直径小于15mm的各种冷镦螺栓、力学性能要求较高的小轴、轴套、小连杆、操纵杆、曲轴、风机配件、农机中的锄铲柄、锄铲
40Mn2	中碳调质锰钢,其强度、塑性及耐磨性均优于40钢,并具有良好的热处理工艺性及切削加工性,焊接性差,当含碳量在下限时,需要预热到100~425℃才能焊接,存在回火脆性,过热敏感性,水冷易产生裂纹,通常在调质状态下使用	用于制造重载工作的各种机械零件,如曲轴、车轴、轴、半轴、杠杆、连杆、操纵杆、蜗杆、活塞杆、承载螺栓、螺钉、加固环、弹簧,当制造直径小于40mm的零件时,其静强度及疲劳性能与40Cr相似,因而可代替40Cr制作直径小的重要零件

牌号	主要特性	应用举例
45Mn2	中碳调质钢,具有较高的强度、耐磨性及淬透性,调质后能获得良好的综合力学性能,适宜于油冷再高温回火,常在调质状态下使用,需要时也可在正火状态下使用,切削加工性尚可,但焊接性能差,冷变形塑性低,热处理有过热敏感性和回火脆性倾向,水冷易产生裂纹	用于制造承受高应力和耐磨损的零件,如果制作直径小于 60 mm 的零件,可代替 40Cr 使用,在汽车、拖拉机及通用机械中,常用于制造轴、车轴、万向接头轴、蜗杆、齿轮轴、齿轮、连杆盖、摩擦盘、车厢轴、电车和蒸汽机车轴、重负载机架,冷拉状态中的螺栓和螺母等
50Mn2	中碳调质高强度锰钢,具有高强度、高弹性及优良的耐磨性,并且淬透性亦较高,切削加工性尚好,冷变形塑性低,焊接性能差,具有过热敏感、白点敏感及回火脆性,水冷易产生裂纹,采用适当低调质处理,可获得良好的综合力学性能,一般在调质后使用,也可在正火及回火后使用	用于制造高应力、高磨损工作的大型零件,如通用机械中的齿轮轴、曲轴、各种轴、连杆、蜗杆、万向接头轴、齿轮等,汽车的传动轴、花键轴、承受强烈冲击负荷的车轴,重型机械中的滚动轴承支撑的主轴、轴和大型齿轮以及用于制造手卷簧等,如果用于制作直径小于 80 mm 的零件,可代替 45Cr 使用
20MnV	20MnV 性能好,可以代替 20Cr、20CrNi 使用,其强度、韧性及塑性均优于 15Cr 和 20Mn2,淬透性亦好,切削加工性尚可,渗碳后,可以直接淬火,不需要第二次淬火来改善心部组织,焊接性较好,但热处理时,在 300～360℃ 时有回火脆性	用于制造高压容器、锅炉、大型高压管道等的焊接构件(工作温度不超过 450～475℃),还用于制造冷轧、冷拉、冷冲压加工的零件,如齿轮、自行车链条、活塞销等,还广泛用于制造直径小于 20 mm 的矿用链环
27SiMn	27SiMn 的性能高于 30Mn2,具有较高的强度和耐磨性,淬透性较高,冷变形时塑性中等,切削加工性良好,焊接性能尚可,热处理时,钢的韧性降低较少,水冷时仍能保持较高的韧性,但有过热敏感性、白点敏感性及回火脆性倾向,大多在调质后使用,也可在正火或热轧供货状态下使用	用于制造高韧性、高耐磨的热冲压件,不需热处理或正火状态下使用的零件,如拖拉机履带销

牌号	主要特性	应用举例
35SiMn	合金调质钢,性能良好,可以代替 40Cr 使用,还可部分代替 40CrNi 使用,调质处理后具有高的静强度、疲劳强度和耐磨性以及良好的韧性,淬透性良好,冷变形时塑性中等,切削加工性良好,但焊接性能差,焊前应预热,且有过热敏感性、白点敏感情及回火脆性,并且容易脱碳	在调质状态下用于制造中速、中负载的零件,在淬火回火状态下用于制造高负载、小冲击震动的零件以及制作截面较大、表面淬火的零件,如汽轮机的主轴和轮毂(直径小于 250 mm,工作温度小于 400℃)、叶轮(厚度小于 170 mm)以及各种重要紧固件,通用机械中的传动轴、主轴、心轴、连杆、齿轮、蜗杆、电车轴、发电机轴、曲轴、飞轮及各种锻件,农机中的锄铲柄、犁辕等耐磨件,另外还可制作薄壁无缝钢管
42SiMn	性能与 35SiMn 相近,其强度、耐磨性及淬透性均略高于 35SiMn,在一定条件下,此钢的强度、耐磨及热加工性能优于 40Cr,还可代替 40CrNi 使用	在高频淬火及中温回火状态下,用于制造中速、中载的齿轮传动件,在调质后高频淬火、低温回火状态下,用于制造较大截面的表面高硬度、较高耐磨性的零件,如齿轮、主轴、轴等,在淬火后低、中温回火状态下,用于制造中速、重载的零件,如主轴、齿轮、液压泵转子、滑块等
20SiMn2MoV	高强度、高韧性低碳淬火新型结构钢,有较高的淬透性,油冷变形及裂纹倾向很小,脱碳倾向低,锻造工艺性能良好,焊接性较好,复杂形状零件焊前应预热到 300℃,焊后缓冷,但切削加工性差,一般在淬火及低温回火状态下使用	在低温回火状态下可代替调质状态下使用的 35CrMo、35CrNi3MoA、40CrNiMoA 等中碳合金结构钢使用,用于制造较重载荷、应力状况复杂或低温下长期工作的零件,如石油机械中的吊卡、吊环、射孔器以及其他较大截面的连接件

牌号	主要特性	应用举例
25SiMn2MoV	性能与20SiMn2MoV基本相同,但强度和淬硬性稍高于20SiMn2MoV,而塑性及韧性又略有降低	用途和20SiMn2MoV基本相同,用该钢制成的石油钻机吊环等零件,使用性能良好,较之35CrNi3Mo和10CrNi3Mo制作的同类零件更安全可靠,且质量轻,节省材料
37SiMn2MoV	高级调质钢,具有优良的综合力学性能,热处理工艺性良好,淬透性好,淬裂敏感性小,回火稳定性高,回火脆性倾向很小,高温强度较佳,低温韧性亦好,调质处理后能得到高强度和高韧性,一般在调质状态下使用	调质处理后,用于制造重载、大截面的重要零件,如重型机器中的齿轮、轴、连杆、转子、高压无缝钢管等,石油化工用的高压容器及大螺栓,制作高温条件下的大螺栓紧固件(工作温度低于450℃),淬火低温回火后可做为超高强度钢使用,可代替35CrMo、40CrNiMo使用
40B	硬度、韧性、淬透性都比40钢高,调质后的综合力学性能良好,可代替40Cr,一般在调质状态下使用	用于制造比40钢截面大、性能要求高的零件,如轴、拉杆、齿轮、拖拉机曲轴等,制作小截面尺寸零件,可代替40Cr使用
45B	强度、耐磨性、淬透性都比45钢好,多在调质状态下使用,可代替40Cr使用	用于制造截面较大、强度要求较高的零件,如拖拉机的连杆、曲轴及其他零件,制造小尺寸、且性能要求不高的零件,可代替40Cr使用
50B	调质后,比50钢的综合力学性能要高,淬透性好,正火时硬度偏低,切削性尚可,一般在调质状态下使用,因抗回火性能较差,调质时应降低回火温度50℃左右	用于代替50钢、50Mn钢、50Mn2钢制造强度较高、淬透性较高、截面尺寸不大的各种零件,如凸轮、花键轴、曲轴、惰轮、左右分离叉、轴套等

牌号	主要特性	应用举例
40MnB	具有高强度、高硬度、良好的塑性及韧性，高温回火后，低温冲击韧度良好，调质或淬火＋低温回火后，承受动载荷能力有所提高，淬透性和40Cr相近，回火稳定性比40Cr低，有回火脆性倾向，冷热加工性良好，工作温度范围为—20～425℃，一般在调质状态下使用	用于制造拖拉机、汽车及其他通用机器设备中的中小重要调质零件，如汽车半轴、转向轴、花键轴、蜗杆和机床主轴、齿轴等可代替40Cr制造较大截面的零件，如卷扬机中轴，制造小尺寸零件时，可代替40CrNi
45MnVB	强度、淬透性均高于40Cr塑性和韧性略低，热加工和切削加工性能良好，加热时晶粒长大，氧化脱碳、热处理变形都小，在调质状态下使用	用于代替40Cr、45Cr和45Mn2制造中、小截面的耐磨的调件及高频淬火件，如钻床主轴、拖拉机拐轴、机床齿轮、凸轮、花键轴、曲轴、惰轮、左右分离叉、轴套等
15MnVB	低碳马氏体淬火钢可完全代替40Cr钢，经淬火低温回火后，具有较高的强度，良好的塑性及低温冲击韧性，较低的缺口敏感性，淬透性好，焊接性能亦佳	采用淬火＋低温回火，用以制造高强度的重要螺栓零件，如汽车上的汽缸盖螺栓、半轴螺栓、连杆螺栓，亦可用于制造中负载的渗碳零件
20MnVB	渗碳钢，其性能与20CrMnTi及20CrNi相近，具有高强度、高耐磨性及良好的淬透性，切削加工性，渗碳及热处理工艺性能均较好，渗碳后可直接降温淬火，但淬火变形、脱碳较20CrMnTi稍大，可代替20CrMnTi、20Cr、20CrNi使用	常用于制造较大载荷的中小渗碳零件，如重型机床上的轴、大模数齿轮、汽车后桥的主、从动齿轮
40 MnVB	综合力学性能优于40Cr，具有高强度、高韧性和塑性，淬透性良好，热处理过热敏感性较小，冷拔、切削加工性均好，调质状态下使用	常用于代替40Cr、45Cr及38CrSi，制造低温回火、中温回火及高温回火状态的零件，还可以代替42CrMo、40CrNi制造重要调质，如机床和汽车上的齿轮、轴等

牌号	主要特性	应用举例
20MnTiB	具有良好的力学性能和工艺性能,正火后切削加工性良好,热处理后的疲劳强度较高	较多地用于制造汽车、拖拉机中尺寸较小、中载荷的各种齿轮及渗碳零件,可代替 20CrMnTi 使用
25MnTiBRE	综合力学性能比 20CrMnTi 好,且具有很好的工艺性能及较好的淬透性,冷热加工性良好,锻造温度范围大,正火后切削加工性较好,RE 加入后,低温冲击韧度提高,缺口敏感性降低,热处理变形比铬钢稍大,但可以控制工艺条件予以调整	常用以代替 20CrMnTi、20CrMo 使用,用于制造中载的拖拉机齿轮(渗碳)、推土机和中、小汽车变速箱齿轮和轴等渗碳、碳氮共渗零件
15Cr	低碳合金渗碳钢,比 15 钢的强度和淬透性均高,冷变形塑性高,焊接性良好,退火后切削加工性较好,对性能要求不高且形状简单的零件,渗碳后可直接淬火,但热处理变形较大,有回火脆性,一般均做为渗碳钢使用	用于制造表面耐磨、心部强度和韧性较高、较高工作速度但断面尺寸在 30 mm 以的各种渗碳碳零件,如曲柄销、活塞销、活塞环、联轴器、小凸轮轴、小齿轮、滑阀、活塞、衬套、轴承圈、螺钉、铆钉等,还可以用作淬火钢,制造要求一定强度和韧性,但变形要求较宽的小型零件
20Cr	比 15Cr 和 20 钢的强度和淬透性高,经淬火+低温回火后,能得到良好的综合力学性能和低温冲击韧度,无回火脆性,渗碳时,钢的晶粒仍有长大的倾向,因而应进行二次淬火以提高心部韧性,不宜降温淬火,冷弯形时塑性较高,可进行冷拉丝,高温正火或调质后,切削加工性良好,焊接性较好(焊前一般应预热至100~150℃),一般作为渗碳钢使用	用于制造小截面(小于 300 mm),形状简单、较高转速、载荷较小,表面耐磨、心部强度较高的各种渗碳或碳氮共渗零件,如小齿轮、小轴、阀、活塞销、衬套棘轮、托盘、凸轮、蜗杆、牙形离合器等,对热处理变形小,耐磨性要求高的零件,渗碳后尖进行一般淬火或高频淬火,如小模数(小于 3 mm)齿轮、花键轴、轴等,也可作调质钢用于制造低速、中载(冲击)的零件

牌号	主要特性	应用举例
30Cr	强度和淬透性均高于 30 钢,冷弯塑性较好,退火或高温回火后的切削加工性良好,焊接性中等,一般在调质后使用,也可在正火后使用	用于制造耐磨或受冲击的各种零件、如齿轮、滚子、轴、杠杆、摇杆、连杆、螺栓、螺母等,还可用作高频表面淬火用钢,制造耐磨、表面高硬度的零件
35Cr	中碳合金调质钢,强度和韧性较高,其强度比 35 钢高,淬透性比 30Cr 略高,性能基本上与 30Cr 相近	用于制造齿轮、轴、滚子、螺栓以及其他重要调质件,用途和 30Cr 基本相同
40Cr	经调质处理后,具有良好的综合力学性能、低温冲击韧度及低的缺口敏感性,淬透性良好,油冷时可得到较高的疲劳强度,水冷时复杂形状的零件易产生裂纹,冷弯塑性中等,正火或调节器质后切削加工性好,但焊接性不好,易产生裂纹,焊前应预热到 $100\sim150℃$,一般在调质状态下使用,还可以进行碳氮共渗和高频表面淬火处理	使用最广泛的钢种之一,调质处理后用于制造中速、中载的零件,如机床齿轮、轴、蜗杆、花键轴、顶针套等,调质并高频表面淬火后面用于制造表面高硬度、耐磨的零件,如齿轮、轴、主轴、曲轴、心轴、套筒、销子、连杆、螺钉、螺母、进气阀等,经淬火及中温回火后用于制造重载、中速冲击的零件,如油泵转子、滑块、齿轮、主轴、套环等,经淬火及低温回火后用于制造重载、低冲击、耐磨的零件,如蜗杆、主轴、轴、套环等,碳氮共渗处理后制造尺寸较大、低温冲击韧度较高的传动零件,如轴、齿轮等,40Cr 的代用钢有 40MnB、45MnB、35SiMn、42SiMn、40MnVB、42MnV、40MnMoB、40MnWB 等
45Cr	强度、耐磨性及淬透性均优于 40Cr,但韧性稍低,性能与 40Cr 相近	与 40Cr 的用途相似,主要用于制造高频表面淬火的轴、齿轮、套筒、销子等

牌号	主要特性	应用举例
50Cr	淬透性好,在油冷及回火后,具有高强度、高硬度、水冷易产生裂纹,切削加工性良好,但冷弯形时塑性低,且焊接性不好,有裂纹倾向,焊前预热到 200℃,焊后热处理消除应力,一般在淬火及回火或调质状态下使用	用于制造重载、耐磨的零件,如 600 mm 以下的热轧辊、传动轴、齿轮、止推环,支承辊的心轴、柴油机连杆、挺杆、拖拉机离合器、螺栓、重型矿山机械中耐磨、高强度的油膜轴承套、齿轮,也可用于制造高频表面淬火零件、中等弹性的弹簧等
38CrSi	具有高强度、较高的耐磨性及韧性,淬透性好,低温冲击韧度较高,回火稳定性好,切削加工性尚可,焊接性差,一般在淬火加回火后使用	一般用于制造直径 30～40 mm,强度和耐磨性要求较大我高的各种零件,如拖拉机、汽车等机器设备中的小模数齿轮、拨叉轴、履带轴、小轴、起重钩、螺栓、进气阀、铆钉机压头等
12CrMo	耐热钢,具有高的热强度,且无热脆性,冷变形塑性及切削加工性良好,焊接性能尚好,一般在正火及高温回火后使用	正火回火后用于制造蒸汽温度至 510℃ 的锅炉及汽轮机之主汽管,管壁温度不超过 540℃ 的各种导管、过热器管,淬火回火后还可制造各种高温弹性零件
15CrMo	珠光体耐热钢,强度优于 12 CrMo,韧性稍低,在 500～500℃ 温度以下,持久强度较高,切削加工性及冷应变塑性良好,焊接性尚可(焊前预热至 300℃,焊后热处理),一般在正火及高温回火状态下使用	正火及高温回火后用于制造蒸汽温度至 510℃ 的锅炉过热器、中高压蒸汽导管及联箱,蒸汽温度至 510℃ 的主汽管,淬火＋回火后,可用于制造常温工作的各种主要零件
20CrMo	热强性较高,在 500～520℃ 时,热强度仍高,淬透性较好,无回火脆性,冷应变塑性、切削加工性及焊接性均良好,一般在调质或渗碳淬火状态下使用	用于制造化工设备中非腐蚀介质及工作温度 250℃ 以下、氮氢介质的高压管和各种紧固件,汽轮机、锅炉中的叶片、隔板、锻件、轧制型材,一般机器中的齿轮、轴等重要渗碳零件,还可以替代 1Cr13 钢使用,制造中压、低压汽轮机处在过热蒸汽区压力级工作叶片

牌号	主要特性	应用举例
30CrMo	具有高强度、高韧性、在低于500℃温度时,具有良好的高温强度,切削加工性良好,冷弯塑性中等,淬透性较高,焊接性能良好,一般在调质状态下使用	用于制造工作温度400℃以下的导管,锅炉、汽轮机中工作温度低于450℃的紧固件,工作温度低于500℃、高压用的螺母及法兰,通用机械中受载荷大的主轴、轴、齿轮、螺栓、螺柱、操纵轮,化工设备中低于250℃、氮氢介质中工作的高压导管以及焊件
35CrMo	高温下具有高的持久强度和蠕变强度,低温冲击韧度较好,工作温度高温可达500℃,低温可至−110℃,并具有高的静强度、冲击韧度及较高的疲劳强度,淬透性良好,无过热倾向,淬火变形小,冷变形时塑性尚可,切削加工性中等,但有第一类回火脆性,焊接性不好,焊前需预热至150~400℃,焊后热处理以消除应力,一般调质处理后使用,也可在高中频表面淬火或淬火及低、中温回火后使用	用于制造承受冲击、弯扭、高载荷的各种机器中的主要零件,如轧钢机人字齿轮、曲轴、锤杆、连杆、紧固件,汽轮发动机主轴、车轴、发动机传动零件,大型电动机轴,石油机械中的穿孔器,工作温度低于400℃的锅炉用螺栓,低于510℃的螺母,化工机械中高压无缝厚壁的导管(温度450~500℃,无腐蚀性介质)等,还可代替40CrNi用于制造高载荷传动轴、汽轮发电机转子、大截面齿轮、支承轴(直径小于50 mm)等
42CrMo	与35 CrMo的性能相近,由于碳和铬含量增高,因而其强度和淬透性均优于35 CrMo,调质后有较高的疲劳强度和抗多次冲击能力,低温冲击韧度良好,且无明显的回火脆性,一般在调质后使用	一般用于制造比35CrMo强度要求更高、断面尺寸较大的重要零件,如轴、齿轮、连杆、变速箱齿轮、增压器齿轮、发动机汽缸、弹簧、弹簧夹、1200~2000 mm石油钻杆接头、打捞工具以及代替含镍较高的调质钢使用
12CrMoV	珠光体耐热钢,具有较高的高温力学性能,冷变形时塑性高,无回火脆性倾向,切削加工性较好,焊接性尚可(壁厚零件焊前应预热焊后需热处理消除应力),使用温度范围较大,高温达560℃,低温可至−40℃,一般在高温正火及高温回火状态下使用	用于制造汽轮机温度540℃的主汽管道、转向导叶环、隔板以及温度小于或等于570℃的各种过热汽器官、导管

牌号	主要特性	应用举例
35CrMoV	强度较高,淬透性良好,焊接性差,冷变形时塑性低,经调质后使用	用于制造高应力下的重要零件,如 500℃ 以下工作的汽轮机叶轮、高级涡轮鼓风机和压缩机的转子、盖盘、轴盘、发动机轴、强力发动机的零件等
12Cr1MoV	此钢具有蠕变极限与持久强度数值相近的特点,在持久拉伸时,具有高的塑性,其抗氧化性及热强性均比 12CrMoV 更高,且工艺性与焊接性良好(焊前应预热,焊后热处理消除应力),一般在正火及高温回火后使用	用于制造工作温度不超过 570℃ 的高压设备中的过热钢管、导管、散热器管及有关的锻件
25Cr2MoV	中碳耐热钢,强度和韧性均高,低于 500℃ 时,高温性能良好,无热脆倾向,淬透性较好,切削加工性尚可,冷变形塑性中等,焊接性差,一般在调质状态下使用,也可在正火及高温回火后使用	用于制造高温条件下的螺母(小于或等于 550℃)、螺栓、螺柱(小于 530℃),长期工作温度至 510℃ 左右的紧固件,汽轮机整体转子、套筒、主气阀、调节阀,还可作为渗氮钢,用以制作阀杆、齿轮等
38CrMoAl	高级渗氮钢,具有很高的渗氮性能和力学性能,良好的耐热性和耐蚀性,经渗氮处理后,能得到高的表面硬度、高的疲劳强度及良好的抗过热性,无回火脆性,切削加工性尚可,高温工作温度可达 500℃,但冷变形时塑性低,焊接性差,淬透性低,一般在调质及渗氮使用	用于制造高疲劳强度、高耐磨性、热处理后尺寸精确、强度较高的各种尺寸不大的渗氮零件,如汽缸套、座套、底盖、活塞螺栓、检验规、精密磨床主轴、掂杆、精密丝杠和齿轮、蜗杆、高压阀门、阀杆、滚子、样板、汽轮机的调速器、转动套、固定套、塑料挤压机上的一些耐磨零件

牌号	主要特性	应用举例
40CrV	调质钢,具有高强度和高屈服点,综合力学性能比 40Cr 要好,冷变形塑性和切削性均属中等,过热敏感性小,但有回火脆性倾向及白点敏感性,一般在调质状态下使用	用于制造变载、高负荷的各种重要零件,如机车连杆、曲轴、推杆、螺旋浆、横梁、轴套支架、双头螺柱、螺钉、不渗碳齿轮、经渗氮处理的各种齿轮和销子、高压锅炉水浆轴(直径小于 30 mm)、高压汽缸、钢管以及螺栓(工作温度小于 420℃,30MPa)
50CrV	合金弹簧钢,具有良好的综合力学性能和工艺性,淬透性较好,回火稳定性良好,疲劳强度高,工作温度最高可达500℃,低温冲击韧度良好,焊接性差,通常在淬火并中温回火后使用	用于制造工作温度低于 210℃的各种弹簧以及其他机械零件,如内燃机气门弹簧、喷油嘴弹簧、锅炉安全阀弹簧、轿车缓冲弹簧
15CrMn	属淬透性好的渗氮钢,表面硬度高,耐磨性好,可用于代替 15CrMo	制造齿轮、蜗轮、塑料模子、汽轮机油封和汽轴套等
20CrMn	渗氮钢,强度、韧性均高,淬透性良好,热处理后所得到的性能优于 20Cr,淬火变形小,低温韧性良好,切削加工性较好,但焊接性能低,一般在渗碳淬火或调质后使用	用于制造重载大截面的调质零件及小截面的渗碳零件,还可用于制造中等负载、冲击较小的中小零件时,代替 20CrNi 使用,如齿轮、轴、摩擦轮、蜗杆调速器的套筒等
40CrMn	淬透性好,强度高,可替代 42CrMo 和40CrNi	制造在高速和高弯曲负荷工作条件下泵的轴和连杆、无强力冲击负荷的齿轮泵、水泵转子、离合器、高压容器盖板的螺栓等
20CrMnSi	具有较高的强度和韧性,冷变形加工塑性高,冲压性能较好,适于冷拔、冷轧等冷作工艺,焊接性能较好,淬透性较低,回火脆性较大,一般不用于渗碳或其他热处理,需要时,也可在淬火+回火后使用	用于制造强度较高的焊接件、韧性较好的受拉力的零件以及厚度小于 16 mm 的薄板冲压件、冷拉零件、冷冲零件,如矿山设备中的较大截面的链条、链环、螺栓

牌号	主要特性	应用举例
25CrMnSi	强度较 20CrMnSi 高,韧性较差,经热处理后,强度、塑性、韧性都好	制造拉杆、重要的焊接和冲压零件、高强度的焊接构件
30CrMnSi	高强度调质结构钢,具有很高的强度和韧性,淬透性较高,冷变形塑性中等,切削加工性良好,有回火脆性倾向,横向的冲击韧度差,焊接性能较好,但厚度大于 3 mm 时,应先预热到 150℃,焊后,需热处理,一般调质后使用	多用于制造高负载、高速的各种重要零件,如齿轮、轴、离合器、链轮轴、砂轮轴、轴套、螺栓、螺母等,也用于制造耐磨、工作温度不高的零件、变载荷的焊接构件,如高压鼓风机的叶片、阀板以及非腐蚀性管道管子
35CrMnSi	低合金超高强度钢,热处理后具有良好的综合力学性能,高强度,足够的韧性,淬透性、焊接性(焊前预热)、加工成形性均较好,但耐蚀性和抗氧化性能低,使用温度通常不高于 200℃,一般是低温回火后使用	用于制造中速、重载、高强度的零件及高强度构件,如飞机起落架等高度零件、高压鼓风机叶片,在制造中小截面零件时,可以部分替代相应的铬镍钼合金使用
20CrMnMo	高强度的高级渗碳钢,强度高于15CrMnMo,塑性及韧性稍低,淬透性及力学性能比 20CrMnTi 较高,淬火低温回火后具有良好的综合力学性能和低温冲击韧皮部度,渗碳淬火后具有较高的抗弯强度和耐磨性能,但磨削时易产生裂纹,焊接性不好,适于电阻焊接,焊前需预热,焊后需回火处理,切削加工性和热加工性良好	常用于制造高硬度、高强度、高韧性的较大的重要渗碳件(其要求均高于 15CrMnMo),如曲轴、凸轮轴、连杆、齿轮轴、齿轮、销轴,还可代替 12CrNi4 使用
40CrMnMo	调质处理后具有良好的综合力学性能,淬透性较好,回火稳定性较高,大多在调质状态下使用	用于制造重载、截面较大的齿轮轴、齿轮、大卡车的后桥半轴、轴、偏心轴、连杆、汽轮机的类似零件,还可代替 40CrNiMo 使用

牌号	主要特性	应用举例
20CrMnTi	渗碳钢，也可做为调质钢使用，淬火＋低温回火后，综合力学性能和低温冲击韧度良好，渗碳后具有良好的耐磨性和抗弯强度，热处理工艺简单，热加工和冷加工性较好，但高温回火时有回火脆性倾向	是应用广泛、用量很大的一种合金结构钢，用于制造汽车拖拉机中的截面尺寸小于 30mm 的中载或重载、冲击耐磨且高速的各种重要零件，如齿轮轴、齿圈、齿轮、十字轴、滑动轴承支撑的主轴、蜗杆、牙形离合器，有时，还可以代替 20SiMoVB、20MnTiB 使用
30CrMnTi	主要用钛渗碳钢，有时也可作为调质钢使用，经渗碳及淬火后具有耐磨性好、静强度高的特点，热处理工艺性小，渗碳后可直接降温淬火，且淬火变形很小，高温回火时有回火脆性	用于制造心部强度特高的渗碳零件，如齿轮轴、齿轮、蜗杆等，也可制造调质零件，如汽车、拖拉机上较大截面的主动齿轮等
20CrNi	具有高强度、高韧性、良好的淬透性，经渗碳及淬火后，心部具有韧性好，表面硬度高，切削加工性尚好，冷变形时塑性中等，焊接性差，焊前应预热到 100～150℃；一般经渗碳及淬火回火后使用	用于制造重载大型重要的渗碳零件，如花键轴、轴、键、齿轮、活塞销，也可用于制造高冲击韧度的调质零件
40CrNi	中碳合金调质钢，具有高强度、高韧性以及高的淬透性，调质状态下，综合力学性能良好，低温冲击韧度良好，有回火脆性倾向，水冷易产生裂纹，切削加工性良好，但焊接性差，在调质状态下使用	用于制造锻造和冷冲压且截面尺寸较大的重要调质件，如连杆、圆盘、曲轴、齿轮、螺钉等
45CrNi	性能和 40CrNi 相近，由于含碳量高，因而其强度和淬透性均稍有提高	用于制造各种重要的调质件，用途与 40CrNi 相近，如制造内燃机曲轴、汽车、拖拉机主轴、连杆、气门及螺栓等
50CrNi	性能比 45CrNi 更好	可制造重要的轴、曲轴、传动轴等

牌号	主要特性	应用举例
12CrNi2	低碳合金渗碳结构钢,具有高强度、高韧性及高淬透性,冷变形时塑性中等,低温韧性较好,切削加工性及焊接性较好,大型锻件时有形成白点的倾向,回火脆性倾向小	适于制造心部韧性较高、强度要求不太高的受力复杂的中、小渗碳和碳氮共渗零件,如活塞销、轴套、推杆、小轴、小齿轮、齿套等
12CrNi3	高级渗碳钢,淬火加低温回火或高温回火后,均具有良好的综合力学性能,低温韧度好,缺口敏感性小,切削加工性及焊接性尚好,但有回火脆性,白点敏感性较高,渗碳后均需进行二次淬火,特殊情况还需要冷处理	用于制造表面硬度高、心部力学性能良好、重负荷、冲击、磨损等要求的各种渗碳或碳氮共渗零件,如传动轴、主轴、凸轮轴、心轴、连杆、齿轮、轴套、滑轮、气阀托盘、油泵转子、活塞涨圈、活塞销、万向联轴器十字头、重要螺杆、调节螺钉等
20 CrNi3	钢调质或淬火低温回火后都有良好的综合力学性能,低温冲击韧性也较好,此钢有白点敏感倾向,高温回火有回火脆性倾向。淬火到半马氏体硬度,油淬时可淬透 $\phi50\sim70\ \mathrm{mm}$,可切削加工性良好,焊接性中等	多用于制造高载荷条件下工作的齿轮、轴、蜗杆及螺钉、双头螺栓、销钉等
30 CrNi3	具有极佳的淬透性,强度和韧性较高,经淬火加低温回火或高温回火后均具有良好的综合力学性能,切削加工性良好,但冷变形时塑性低,有白点敏感性及回火脆性倾向,一般均在调质状态下使用	用于制造大型、载荷的重要零件或热锻、热冲压负荷高的零件,如轴、蜗杆、连杆、曲轴、传动轴、方向轴、前轴、齿轮、键、螺栓、螺母等
37 CrNi3	具有高韧性,淬透性很高,油冷可把 $\phi150\,\mathrm{mm}$ 的零件安全淬透,在450℃时抗蠕变性稳定,低温冲击韧度良好,在450~550℃范围内回火时有第二类回火脆性,形成白点倾向较大,由于淬透性很好,必须采用正火及高温回火降低硬度,改善切削加工性,一般在调质状态下使用	用于制造重载、冲击、截面较大的零件或低温、受冲击的零件或热锻、热冲压的零件,如转子轴、叶轮、重要的紧固件等

牌号	主要特性	应用举例
12Cr2Ni4	合金渗碳钢,具有高强度、高韧性,淬透性良好,渗碳淬火后表面硬度和耐磨性很高,切削加工性尚好,冷变形时塑性中等,但有白点敏感性及回火脆性,焊接性差,焊前需预热,一般在渗碳及二次淬火,低温回火后使用	采用渗碳及二次淬火、低温回火后,用于制造高载荷的大型渗碳件,如各种齿轮、蜗轮、轴等,也可经淬火及低温回火后使用,制造高强度、高韧性的机械零件
20Cr2Ni4	强度、韧性及淬透性均高于12Cr2Ni4,渗碳后不能直接淬火,而在淬火前需进行一次高温回火,以减少表层大量残余奥氏体,冷变形时塑性中等,切削加工性尚可,焊接性差,焊前应预热到150℃,白点敏感性大,有回火脆性倾向	用于制造要求高于12Cr2Ni4性能的大型渗碳件,如大型齿轮、轴等,也可用于制造强度、韧性均高的调质件
20CrNiMo	20 CrNiMo 钢原系美国 AISI、SAE 标准中的钢号 8720。淬透性能与 20 Cr2Ni4 钢相似。虽然钢中 Ni 含量为 20 CrNi 钢的一半,但由于加入少量 Mo 元素,使奥氏体等温转变曲线的上部往右移;又因适当提高 Mn 含量,致使此钢的淬透性仍然很好,强度也比 20 CrNi 钢高	常用于制造中小型汽车、拖拉机的发动机和传动系统中的齿轮;亦可代替12CrNi3钢制造要求心部性能较高的渗碳件、氰化件,如石油钻探和冶金露天矿用的牙轮钻头的牙爪和牙轮体
40CrNiMoA	具有高的强度、高的韧性和良好的淬透性,当淬硬到半马氏体硬度时(HRC45),水淬临界淬透直径为 $\phi \geqslant$ 100 mm;油淬临界淬透直径为 $\phi \geqslant$ 75 mm;当淬硬到 90% 马氏体时水淬临界直径为 $\phi80\sim90$ mm,油淬临界直径为 $\phi55\sim66$ mm。此钢又具有抗过热的稳定性,但白点敏感性高,有回火脆性,钢的焊接性很差,焊前需经高温预热,焊后要进行消除应力处理	经调质后使用,用于制造要求塑性好,强度高及大尺寸的重要零件,如重载机械中高载荷的轴类、直径大于 250 mm 的汽轮机轴、叶片、高载荷的传动件、紧固件、曲轴、齿轮等;也可用于操作温度超过 400℃的转子轴和叶片等,此外,这种钢还可以进行氮化处理后来制作特殊性能要求的重要零件

牌号	主要特性	应用举例
45CrNiMoVA	这是一种低合金超高强度钢,钢的淬透性高,油中临界淬透直径为 60 mm(96％马氏体),钢在淬火回火后可获得很高的强度,并具有一定的韧性,且可加工成型;但冷变形塑性与焊接性降低。抗腐蚀性能较差,受回火温度的影响,使用温度不宜过高,通常均在淬火、低温(或中温)回火后使用	主要用于制作飞机发动机曲轴、大梁、起落架、压力容器和中小型火箭壳体等高强度的结构零部件。在重型机器制造中,用于制作重载荷的扭力轴、变速箱轴、摩擦离合器轴等
18Cr2Ni4W	力学性能比 12 Cr2Ni4 钢还好,工艺性能与 12 Cr2Ni4 钢相近	用于断面更大、性能要求比 12 Cr2Ni4 钢更高的零件
25Cr2Ni4WA	综合性能良好,且耐较高的工作温度	制造在动负荷下工作的重要零件,如挖掘机的轴齿轮等

表 2-83　合金结构钢的中外牌号对照

中国 GB/T 3077	国际标准 ISO	前苏联 rOCT	美国		日本 JIS	德国 DIN	英国 BS	法国 NF
			ASTM	UNS				
20Mn2	22Mn6	20r2	1320 1321 1330 1524	—	SMn420	20Mn5 PH355	150M19	20M5
30Mn2	28Mn6	30r2	1330 1536	G13300	SMn433 SMn433H	28Mn6 30Mn5 34Mn5	28Mn6 150M28	28Mn6 32M5
35Mn2	36Mn6	35r2	1335	G13350	SCMn443 SMn438 SMn438H	36Mn5	150M36	35M5
40Mn2	42Mn6	40r2	1340	G13400	SMn438 SMn443 SMn443H	—	—	40M5
45Mn2	—	45r2	1345	G13450	SMn443	46Mn7	—	45M5

中国 GB/T 3077	国际标准 ISO	前苏联 rOCT	美国		日本 JIS	德国 DIN	英国 BS	法国 NF
			ASTM	UNS				
50Mn2	—	50r2	H13450	—	—	50Mn7	—	55 M5
20MnV	—	—	—	—	—	20MnV6	—	—
27SiMn	—	27CT	—	—	—	37MnSi5	—	—
35SiMn	—	35CT	—	—	—	46MnSi4	En46	38MS5
42SiMn	—	42CT	—	—	—	—	—	41S7
20SiMn2 MoV	—	—	—	—	—	—	—	—
25SiMn2 MoV	—	—	—	—	—	—	—	—
37SiMn2 MoV	—	—	—	—	—	—	—	—
40B	—	—	1040B TS14B35	—	—	—	170H41	—
45B	—	—	1045B50 B46H	—	—	—	—	—
50B	—	—	1050BTS 14B50	—	—	—	—	—
40MnB	—	—	1541B50 B40	—	—	—	185H40	38MB5
45MnB	—	—	1047B 50B44	—	—	—	—	—
20MnMoB	—	—	8B20	—	—	—	—	—
15MnVB	—	—	—	—	—	—	—	—
20MnVB	—	—	—	—	—	—	—	—
40MnVB	—	—	—	—	—	—	—	—
20MnTiB	—	—	—	—	—	—	—	—
25MnTiRE	—	—	—	—	—	—	—	—

续表

中国 GB/T 3077	国际标准 ISO	前苏联 rOCT	美国		日本 JIS	德国 DIN	英国 BS	法国 NF
			ASTM	UNS				
15Cr	—	15X	5115	G51150	SCr415	17Cr3 15Cr3	527A17 523M15	12C3
15Cr	—	15XA	5115	G51150	SCr415	17Cr3	527A17	—
20Cr	20Cr4	20X	5120	G51200	SCr4250 420H	20Cr4	590M17 527A19 527M20	18C3
30Cr	34Cr4	30X	5130	G51300	SCr430	34Cr4 28Cr4	34Cr4 530A30	34Cr4
35Cr	34Cr4	35X	5135 5132	G51350	SCr435 SCr435H	34Cr4 37Cr4 38Cr2	34Cr4 530A32 530A35	34Cr4 32C4 38C2 38C4
40Cr	41Cr4	40X	5140	G51400	SCr440 SCr440H	41Cr4	41Cr4 520M40 530A40 530A40	41Cr4 42C4
45Cr	41Cr4	45X	5145 5147	G51450	SCr445	41Cr4	41Cr4 534A99	41Cr4 42C4
50Cr	—	50X	5150	—	SCr445	—	—	50C4
38CrSi	—	38XC 37XC	—	—	—	—	—	— C
12CrMo	—	12XM	A182-F11 F12	—	—	13CrMo44	620CrB	12CD4
15CrMo	—	15XM	A-387 Cr. B	—	STC42 STT42 STB42 SCM415	13CrMo45 16CrMo44 15CrMo5	1653	12CD4 15CD 4. 05
20CrMo	18CrMo4 (7)	20XM	4118	—	SCM22 STC42 STT42 STB42	25CrMo4 20CrMo44	25CrMo4 708M20 CDS12 CDS110	25CrMo4 18CD4

中国 GB/T 3077	国际标准 ISO	前苏联 ГОСТ	美国		日本 JIS	德国 DIN	英国 BS	法国 NF
			ASTM	UNS				
30CrMo		30XM	4130	G41300	SCM420 SCM430	25CrMo4	25CrMo4 1717COS 110	25CrMo4 25CD4
30CrMo	2	30XM	4130	—	SCM430	34CrMo4	34CrMo4	34CrMo4
35CrMo	3CrMo	35XM AS38 XГM	4137 4135	—	SCM435 SCM432 SCCrM3	34CrMo4	34CrMo4 708A37	34CrMo4 35CD4
42CrMo	42CrMo4	38XM 40XMA	4140 4142	G41400	SCM440	42CrMo4 41CrMo4	42CrMo4 708M40	42CrMo4
12CrMoV	—	12XMф	—	—	—	—	—	—
35CrMoV	—	35XMφ	—	—	—	—	—	—
12Cr1MoV	—	12X1Mφ	—	—	—	13CrMoV42	—	—
25Cr2 MoVA	—	25X2 MφA	—	—	—	—	—	—
25Cr2 MoVA	—	25X2 M1φA	—	—	—	24CrMoV55	—	—
38Cr2MoAl	41CrAl Mo74	38X2 MюA 38X MюA	—	—	SACM645	41CrAl Mo7 34CrAl Mo5	905M39 905M31	40CAD 6. 12 30CAD 6. 12
40CrV	—	40XφA	—	—	—	—	—	—

中国 GB/T 3077	国际标准 ISO	前苏联 ГОСТ	美国		日本 JIS	德国 DIN	英国 BS	法国 NF
			ASTM	UNS				
50CrVA	13	50ХφА	—	G61500	SUP10	51CrV4	51CrV4 735A51 735A50	51CrV4 51CV4
15CrMn	—	15ХГ 18ХГ	—	— G51150	—	16MnCr5	—	16MC5
20CrMn	20MnCo5	20ХГ 18ХГ	—	G51200	SNC420	20MnCr5	—	20MC5
40CrMn	41Cn4	40ХГ	—	—	—	41Cr4	41Cr4	41Cr4
20CrMnSi	—	20ХГСА	—	—	—	—	—	—
25CrMnSi	—	25ХГСА	—	—	—	—	—	—
30CrMnSi	—	30ХГС	—	—	—	—	—	—
30CrMnSi	—	30ХГСА	—	—	—	—	—	—
35CrMnSi	—	35ХГСА	—	—	—	—	—	—
20CrMno	—	18ХГМ	—	—	SCM421	20CrMo5	—	18CD4
40CrMno	40CrMo4	40ХГМ 38ХГМ	4140 3142	— G41420	SCM440	42CrMo4	42CrMo4 708A42	42CrMo4
20CrMnTi	—	18ХГТ	—	—	SMK22 SCM421	—	—	—
30CrMnTi	—	30ХГТ	—	—	—	30MnCrTi4	—	—
20CrNi	—	20ХН	—	—	—	—	637M17	—
40CrNi	—	40ХН	3140	G31400	SNC236	40NiCr6	640M40	—
45CrNi	—	45ХН	3145	—	—	—	—	—
50CrNi	—	50ХН	—	—	—	—	—	—
12CrNi2	—	10ХН2	—	—	SNC415	14NiCr610	—	14NC11
12CrNi3	15NiCn 13	12ХН3А	—	G33100	SNC815	14NiCr614	832H13 655M13 665A12	14NC12

（5）易切削结构钢（GB/T 8731—2008）。

易切削结构钢的牌号和化学成分见表2-84。易切削结构热轧条钢和盘钢的力学性能见表 2-85。易切削结构钢直径大于 16 mm 热处理后的力学性能见表 2-86。易切削结构钢冷拉条钢的纵向力学性能见表 2-87。Y40Mn 冷拉加高温回火后的力学性能见表 2-88。易切削结构钢的特性和应用见表 2-89。

表 2-84　易切削结构钢的牌号和化学成分

牌号	化学成分(质量分数)(%)						
	C	Si	Mn	S	P	Pb	Ca
Y12	0.08~0.16	0.15~0.35	0.70~1.00	0.10~0.20	0.08~0.15	—	—
Y12Pb	0.08~0.16	≤0.15	0.70~1.10	0.15~0.25	0.05~0.10	0.15~0.35	—
Y15	0.10~0.18	≤0.15	0.80~1.20	0.23~0.33	0.05~0.10	—	—
Y15Pb	0.10~0.18	≤0.15	0.80~1.20	0.23~0.33	0.05~0.10	0.15~0.35	—
Y20	0.17~0.25	0.15~0.35	0.70~1.00	0.08~0.15	≤0.06	—	—
Y30	0.27~0.35	0.15~0.35	0.70~1.00	0.08~0.15	≤0.06	—	—
Y35	0.32~0.40	0.15~0.35	0.70~1.00	0.08~0.15	≤0.06	—	—
Y40Mn	0.37~0.45	0.15~0.35	1.20~1.55	0.20~0.30	≤0.05	—	—
Y45Ca	0.42~0.50	0.20~0.40	0.60~0.90	0.04~0.08	≤0.04	—	—

注：Y45Ca 钢中残余元素 Ni、Cr、Cu 的质量分数不大于 0.25%；供热压力加工时,铜的质量分数不大于 0.2%。供方能保证不大于此值时可不作分析。

表 2-85　易切削结构热轧条钢和盘钢的力学性能

牌号	力 学 性 能			布氏硬度 HBS≤
	抗拉强度 σ_b/MPa	断后伸长率 δ_5 (%)≥	断面收缩率 φ (%)≥	
Y12	390~540	22	36	170
Y12Pb	390~540	22	36	170
Y15	390~540	22	36	170
Y15Pb	390~540	22	36	170
Y20	450~600	20	30	175
Y30	510~655	15	25	187
Y35	510~655	14	22	187
Y40Mn	590~735	14	20	207
Y45Ca	600~745	12	26	241

表 2-86　易切削结构钢直径大于 16 mm 热处理后的力学性能

牌号	力学性能				
	屈服点 σ_b /MPa	拉伸强度 σ_b/MPa	断后伸长率 δ_5(%)	断面收缩率 φ(%)	冲击功 A_{kv}/J
	$\geqslant$				
Y45Ca	355	600	16	40	39

表 2-87　易切削结构钢冷拉条钢的纵向力学性能

牌号	力学性能			断后伸长率 δ_5 (%)$\geqslant$	布氏硬度 HBS
	拉伸强度 σ_b/MPa				
	钢材尺寸/mm				
	8~20	>20~30	>30		
Y12	530~755	510~735	490~685	7.0	152~217
Y12Pb	530~755	510~735	490~685	7.0	152~217
Y15	530~755	510~735	490~685	7.0	152~217
Y15Pb	530~755	510~735	490~685	7.0	152~217
Y20	570~785	530~745	510~705	7.0	167~217
Y30	600~825	560~765	540~735	6.0	174~223
Y35	625~845	590~785	570~765	6.0	176~229
Y45Ca	695~920	635~835	635~835	6.0	196~255

表 2-88　Y40Mn 冷拉加高温回火后的力学性能

力学性能		布氏硬度 HBS
抗拉强度 σ_b/MPa	断后伸长率 δ_5(%)$\geqslant$	
590~785	17	179~229

表 2-89　易切削结构钢的特性和应用

牌号	主要特性	应用举例
Y12	硫、磷复合低碳易切削结构钢,是现有易切钢中含磷最多的一个钢种。可切削性较 15 钢有明显改善,用自动机床加工 Y12 钢的标准件时,切削速度可达 60 m/min,粗糙度 R_a 为 6.3。热加工材料性能有明显的方向性,通常多以冷拉状态交货	常代替 15 钢制造对力学性能要求不高的各种机器和仪器仪表零件,如螺栓、螺母、销钉、轴、管接头、火花塞外壳等

牌号	主要特性	应用举例
Y12Pb	含铅易切削钢。铅以微粒弥散分布于基体组织中,由于铅的熔点低(327℃),切削热使钢中的铅呈熔融状态,起到断屑、润滑和降低加工硬化等作用。有优越的切削加工性能,且不存在性能上的方向性	用于制造较主要的机械零件、精密仪表零件等
Y15	硫、磷复合高硫、低硅易切削结构钢。该钢含硫量比Y12钢高64%,可切削性,明显高于Y12钢。用自动机床切削加工时,其切削速度可稳定在60 m/min,粗糙度 R_a 为3.2,生产效率比Y12钢提高30%~50%。	制造要求可切削性高的不重要的标准件,如螺栓、螺母、管接头、弹簧座等
Y15Pb	含铅易切削钢。可切削性比Y12Pb钢更优越,且强度稍高	制造对强度要求较高的重要机械零件、精密仪表零件等
Y20	低硫、磷复合易切削结构钢,其切削性能比20钢高30%~40%,而低于Y12钢,但力学性能优于Y12钢。该钢可进行渗碳处理	制造仪器、仪表零件,特别上要求表面硬而耐磨,心部韧性好的仪器、仪表、轴类等渗碳零件
Y30	低硫、磷复合易切削结构钢。可切削性能优于30钢,可提高生产效率30%~40%。淬裂敏感性与30钢相当或略低,可根据零件形状复杂程度选择适当的淬火介质。热处理工艺与30钢基本相同	用于制造要求强度较高的非热处理标准件,但小零件可进行调质处理,以提高零件的使用寿命
Y35	同Y30,但强度稍高	同Y30
Y40Mn	高硫中碳易切削结构钢。有较好的可切削性能,以其加工机床丝杠为例,粗加工切削速度可达70 m/min,精加工切削速度可达150 m/min,刀具寿命达4 h,断屑性能良好,粗糙度 R_a 为0.8 与45钢比,可提高刀具寿命4倍,提高生产效率30%左右。该钢还有较高的强度和硬度	适于加工要求强度高的机床零部件,如丝杠、光杠、花键轴、齿条、销子等
Y45Ca	钙硫复合易切削结构钢。加钙后改变了钢中夹杂物的组成,获得了 $CaO-Al_2O_3-SiO_2$ 系低熔点夹杂物和复合氧化物及(Ca、Mn)S共晶混合物,从而使Y45Ca具有优良的可切削性能。正常切削加工速度可达150 m/min以上,比45钢提高切削速度1倍以上,可使生产效率提高1~2倍;在中低速切削加工时,也具有良好的可切削性能,比45钢提高生产效率30%。该钢热处理后还具有良好的力学性能	用于制造较重要的机器结构件,如机床的齿轮轴、花键轴、拖拉机传动机轴等热处理零件和非热处理件。也常用于自动机床上切削加工高强度标准件,如螺钉、螺母等

表 2-90 易切削结构钢的中外牌号对照

中国 GB/T 8731	国际标准 ISO	前苏联 rOCT	美国 ASTM	美国 UNS	日本 JIS	德国 DIN	英国 BS	法国 NF
Y12	10S20 4	A12	1211 C1211 B1112 1109	C12110 G11090	SUM12 SUM21	10S20	210M15 220M07	13MF4 10F 10F1
Y12Pb	11SMnPb28 4Pb	—	12L13	G12134	SUM22L	10SPb20		AD37Pb 10Pb2 10PbF2
Y15	11SMnPb28 6	—	1213 1119 B1113	G12130 G11190	SUM25 SUM22	10SPb20	220M07 230M07 210A15 240M07	15F2
Y15Pb	11SMnPb28	AC14	12L14	G12144	SUM22L SUM24L	10S20 15S20 95Mn28	—	10PbF2 S250Pb
Y20	—	A20	1117	G11170	SUM32	1C22	1C22	1C22
Y20	—		C1120		SUM31	22S20	En7	18MF5 20F2
Y30	C30ea	A30	1132 C1126	G11320	—	1C30	1C30	1C30
Y35	C35ea	A35	1137	G11370	SUM41	1C35 212M36 212A37	1C35 212M36 212A37	1C35 35MF6
Y40Mn	44SMn28 9	A40r	1144 1141	G11440 G11410	SUM43 SUM42	35MF4 40S20	226M44 225M44 225M36 212M44	45MF6.3 45MF4 40M5
Y45Ca	—	—	—	—	—	1C45	1C45	1C45

(6)非调质机械结构钢(GB/T 1512—2008)。

用途:适用于切削加工和热压力加工用的非调质结构钢。钢材以热轧(锻制)状态交货。非调质机械结构钢的牌号和化学成分见表2-91。非调质机械结构钢的力学性能见表 2-92。

表 2-91　非调质机械结构钢的牌号和化学成分

序号	牌号	化学成分(质量分数)(%)						
		C	Si	Mn	S	P	V	其他
1	YF35V	0.32~0.39	0.20~0.40	0.60~1.00	0.035~0.075	≤0.035	0.06~0.13	—
2	YF40V	0.37~0.44	0.20~0.40	0.60~1.00	0.035~0.075	≤0.035	0.06~0.13	—
3	YF45V	0.42~0.49	0.20~0.40	0.60~1.00	0.035~0.075	≤0.035	0.06~0.13	—
4	YF35MnV	0.32~0.39	0.30~0.60	1.00~1.50	0.035~0.075	≤0.035	0.06~0.13	—
5	YF40MnV	0.37~0.44	0.30~0.60	1.00~1.50	0.035~0.075	≤0.035	0.06~0.13	—
6	YF45MnV	0.42~0.49	0.20~0.40	1.00~1.50	0.035~0.075	≤0.035	0.06~0.13	—
7	F45	0.42~0.49	0.20~0.40	0.60~1.00	≤0.035	≤0.035	0.06~0.13	—
8	F35MnVN	0.32~0.39	0.20~0.40	1.00~1.50	0.035	≤0.035	0.06~0.13	N≥0.0090
9	F40MnV	0.37~0.44	0.20~0.40	1.00~1.50	≤0.035	≤0.035	0.06~0.13	—

注:1. YF 表示易切削非调质机械结构钢;F 表示热锻用非调质机械结构钢。

2. 钢中允许含有 ω 不大于 0.30%铬、镍、铜,热压力加工用钢允许含有 ω 不大于 0.20%铜。

表 2-92　非调质机械结构钢的力学性能

钢材类型	牌号	抗拉强度 σ_b/MPa	屈服点 σ_b/MPa	伸长率 δ_5(%)	收缩率 φ(%)	冲击吸收功 A_{kv}/J	布氏硬度 HBS
		≥	≥	≥	≥	≥	≤
直径或边长≤40 mm 易切削非调质钢	YF35V	590	390	18	40	47	229
	YF40V	640	420	16	35	37	255
	YF45V	685	440	15	30	35	257

续表

钢材类型	牌号	抗拉强度 σ_b/MPa	屈服点 σ_b/MPa	伸长率 δ_5(%)	收缩率 φ(%)	冲击吸收功 A_{kv}/J	布氏硬度 HBS
				$\geqslant$			$\leqslant$
直径或边长≤40 mm 易切削非调质钢	YF35MnV	735	460	17	35	37	257
	YF40MnV	785	490	15	33	32	275
	YF45MnV	835	510	13	28	28	285
直径或边长＞40～60 mm 易切削非调质钢	YF35MnV	710	440	15	33	35	257
	YF40MnV	760	470	13	30	28	265
	YF45MnV	810	490	12	28	25	275
热锻用非调质钢	F45V	685	440	15	40	32	257
	F35MnVN	785	490	15	40	39	269
	F40MnV	785	490	15	40	36	275

(7)冷镦和冷挤压用钢(GB/T 6478—2001)

非热处理型冷镦和冷挤压用钢的牌号和化学成分见表 2-93。表面硬化型冷镦和冷挤压用钢的牌号和化学成分见表 2-94。调质型冷镦和冷挤压用钢(包括含硼钢)的牌号及化学成分见表 2-95，表 2-96。非热处理型冷镦和冷挤压用钢热轧状态的力学性能见表 2-97。表面硬化型冷镦合冷挤压用钢热轧状态得力学性能见表 2-98。调质型钢的力学性能见表 2-99。

表 2-93 非热处理型冷镦和冷挤压用钢的牌号和化学成分

序号	统一数字代号	牌号	化学成分(熔炼分析)(质量分数)(%)					
			C	Si	Mn	P	S	Alt
1	U40048	ML04Al	≤0.06	≤0.10	0.20～0.40	≤0.035	≤0.035	≥0.020
2	U40088	ML08Al	0.05～0.10	≤0.10	0.30～0.60	≤0.035	≤0.035	≥0.020
3	U40108	ML10Al	0.08～0.13	≤0.10	0.30～0.60	≤0.035	≤0.035	≥0.020
4	U40158	ML15Al	0.13～0.18	≤0.10	0.30～0.60	≤0.035	≤0.035	≥0.020
5	U40152	ML15	0.13～0.18	0.15～0.35	0.30～0.60	≤0.035	≤0.035	—

序号	统一数字代号	牌号	化学成分(熔炼分析)(质量分数)(%)					
			C	Si	Mn	P	S	Alt
6	U40208	ML20Al	0.18~0.23	≤0.10	0.30~0.60	≤0.035	≤0.035	≥0.020
7	U40202	ML20	0.18~0.23	0.15~0.35	0.30~0.60	≤0.035	≤0.035	—

表 2-94　表面硬化型冷镦和冷挤压用钢的牌号和化学成分

序号	统一数字代号	牌号	化学成分(熔炼分析)(质量分数)(%)						
			C	Si	Mn	P	S	Cr	Alt
1	U41188	ML18Mn	0.15~0.20	≤0.10	0.60~0.90	≤0.030	≤0.035	—	≥0.020
2	U41228	ML22Mn	0.18~0.23	≤0.10	0.70~1.00	≤0.030	≤0.035	—	≥0.020
3	A20204	ML20Cr	0.17~0.23	≤0.10	0.60~0.90	≤0.035	≤0.035	0.90~1.20	≥0.020

注:Alt 表示钢中的全铝量。

表 2-95　调质型冷镦和冷挤压用钢(包括含硼钢)的牌号及化学成分(1)

序号	统一数字代号	牌号	化学成分(熔炼分析)(质量分数)(%)						
			C	Si	Mn	P	S	Cr	Mo
1	U40252	ML25	0.22~0.29	≤0.20	0.30~0.60	≤0.035	≤0.035	—	—
2	U40302	ML30	0.27~0.34	≤0.20	0.30~0.60	≤0.035	≤0.035	—	—
3	U40352	ML35	0.32~0.39	≤0.20	0.30~0.60	≤0.035	≤0.035	—	—
4	U40402	ML40	0.37~0.44	≤0.20	0.30~0.60	≤0.035	≤0.035	—	—
5	U40452	ML45	0.42~0.50	≤0.20	0.30~0.60	≤0.035	≤0.035	—	—
6	L20158	ML15Mn	0.14~0.20	0.20~0.40	1.20~1.60	≤0.035	≤0.035	—	—

续表

序号	统一数字代号	牌号	化学成分（熔炼分析）（质量分数）（%）						
			C	Si	Mn	P	S	Cr	Mo
7	U41252	ML25Mn	0.22~0.29	≤0.25	0.60~0.90	≤0.035	≤0.035	—	—
8	U41302	ML30Mn	0.27~0.34	≤0.25	0.60~0.90	≤0.035	≤0.035	—	—
9	U41352	ML35Mn	0.32~0.39	≤0.25	0.60~0.90	≤0.035	≤0.035	—	—
10	A20374	ML37Cr	0.34~0.41	≤0.30	0.60~0.90	≤0.035	≤0.035	0.90~1.20	—
11	A20404	ML40Cr	0.38~0.45	≤0.30	0.60~0.90	≤0.035	≤0.035	0.90~1.20	—
12	A30304	ML30CrMo	0.26~0.34	≤0.30	0.60~0.90	≤0.035	≤0.035	0.80~1.10	0.15~0.25
13	A30354	ML35CrMo	0.32~0.40	≤0.30	0.60~0.90	≤0.035	≤0.035	0.80~1.10	0.15~0.25
14	A30424	ML42CrMo	0.38~0.45	≤0.30	0.60~0.90	≤0.035	≤0.035	0.90~1.20	0.15~0.25

表 2-96　调质型冷镦和冷挤压用钢（包括含硼钢）的牌号及化学成分（2）

序号	统一数字代号	牌号	化学成分（熔炼分析）（质量分数）（%）							
			C	Si	Mn	P	S	B	Alt	其他
1	A70204	ML20B	0.17~0.24	≤0.40	0.50~0.80	≤0.035	≤0.035	0.0005~0.0035	≥0.02	—
2	A70284	ML28B	0.25~0.32	≤0.40	0.60~0.90	≤0.035	≤0.035	0.0005~0.0035	≥0.02	—
3	A70354	ML35B	0.32~0.39	≤0.40	0.50~0.80	≤0.035	≤0.035	0.0005~0.0035	≥0.02	—
4	A71154	ML15MnB	0.14~0.20	≤0.30	1.20~1.60	≤0.035	≤0.035	0.0005~0.0035	≥0.02	—
5	A71204	ML20MnB	0.17~0.24	≤0.40	0.80~1.20	≤0.035	≤0.035	0.0005~0.0035	≥0.02	—
6	A71354	ML35MnB	0.32~0.39	≤0.40	1.10~1.40	≤0.035	≤0.035	0.0005~0.0035	≥0.02	—

序号	统一数字代号	牌号	化学成分(熔炼分析)(质量分数)(%)							
			C	Si	Mn	P	S	B	Alt	其他
7	A20378	ML37CrB	0.34~0.41	≤0.40	0.50~0.80	≤0.035	≤0.035	0.0005~0.0035	≥0.02	Cr0.20~0.40
8	A74204	ML20MnTiB	0.19~0.24	≤0.30	1.30~1.60	≤0.035	≤0.035	0.0005~0.0035	≥0.02	Ti0.04~0.10
9	A73154	ML15MnVB	0.13~0.18	≤0.30	1.20~1.60	≤0.035	≤0.035	0.0005~0.0035	≥0.02	V0.07~0.12
10	A73204	ML20MnVB	0.19~0.24	≤0.30	1.20~1.60	≤0.035	≤0.035	0.0005~0.0035	≥0.02	V0.07~0.12

表 2-97　非热处理型冷镦和冷挤压用钢热轧状态的力学性能

牌号	抗拉强度 σ_b/MPa ≤	断面收缩率 φ(%) ≥
ML04Al	440	60
ML08Al	470	60
ML10Al	490	55
ML15Al	530	50
ML15	530	50
ML20Al	580	45
ML20	580	45

表 2-98　表面硬化型冷镦合冷挤压用钢热轧状态得力学性能

牌号	规定非比例伸长应力 $\sigma_p0.2$/MPa≥	抗拉强度 σ_b/MPa	伸长率 δ_5(%) ≥	热轧布氏硬度 HBS ≤
ML10Al	250	400~700	15	137
ML15Al	260	450~750	14	143
ML15	260	450~750	14	—
ML20Al	320	520~820	11	156
ML20	320	520~820	11	—
ML20Cr	490	750~1100	9	—

注:直径大于和等于 25 mm 的钢材,试样毛坯直径 25 mm;直径小于 25 mm 的钢材,按钢材实际尺寸。

表 2-99　调质型钢的力学性能

牌号	规定非比例伸长应力 $\sigma_{p0.2}$/MPa≥	抗拉强度 σ_b/MPa	伸长率 δ_5(%) ≥	断面收缩率 φ(%) ≥	热轧布氏硬度 HBS ≤
ML25	275	450	23	50	170
ML30	295	490	21	50	179
ML33	290	490	21	50	—
ML35	315	530	20	45	187
ML40	335	570	19	45	217
ML45	335	600	16	40	229
ML15Mn	705	880	9	40	—
ML25Mn	275	450	23	50	170
ML30Mn	295	490	21	50	179
ML35Mn	430	630	17	—	187
ML37Cr	630	850	14	—	—
ML40Cr	660	900	11	—	—
ML30CrMo	785	930	12	50	—
ML35CrMo	835	980	12	45	—
ML42CrMo	930	1080	12	45	—
ML20B	400	550	16	—	—
ML28B	480	630	14	—	—
ML35B	500	650	14	—	—
ML15MnB	930	1130	9	45	—
ML20MnB	500	650	14	—	—
ML35MnB	650	800	12	—	—
ML15MnVB	720	900	10	45	207
ML20MnVB	940	1040	9	45	—
ML20MnTiB	930	1130	10	45	—
ML37CrB	600	750	12	—	—

(8)弹簧钢(GB/T 1222—2009)。

弹簧钢的牌号和化学成分见表 2-100。弹簧钢的力学性能见表 2-101。弹簧钢的特性和应用见表 2-102。弹簧钢的中外牌号对照见表 2-103。

表 2-100　弹簧钢的牌号和化学成分

序号	牌号	化学成分（质量分数）（%）								
		C	Si	Mn	Cr	其他合金元素	Ni	Cu	P	S
							≤			
1	65	0.62~0.70	0.17~0.37	0.50~0.80	≤0.25	—	0.25	0.25	0.035	0.035
2	70	0.62~0.75	0.17~0.37	0.50~0.80	≤0.25					
3	85	0.82~0.90	0.17~0.37	0.50~0.80	≤0.25					
4	65Mn	0.62~0.70	0.17~0.37	0.90~1.20	≤0.25					
5	55Si2Mn	0.52~0.60	1.50~2.00	0.60~0.90	≤0.35		0.35	0.25		
6	55Si2MnB	0.52~0.60	1.50~2.00	0.60~0.90	≤0.35	B0.0005~0.004			0.035	0.035
7	55SiMnVB	0.52~0.60	0.70~1.00	1.00~1.30	≤0.35	V0.08~0.16 B0.0005~0.0035				
8	60Si2Mn	0.56~0.64	1.50~2.00	0.60~0.90	≤0.35	—				
9	60Si2MnA	0.56~0.64	1.50~2.00	0.60~0.90	≤0.35	—			0.030	0.030
10	60Si2CrA	0.56~0.64	1.40~1.80	0.40~0.70	0.70~1.00	—				
11	60Si2CrVA	0.56~0.64	1.40~1.80	0.40~0.70	0.90~1.20	V0.10~0.20				
12	55CrMnA	0.52~0.60	0.17~0.37	0.65~0.95	0.65~0.95	—				
13	60CrMnA	0.56~0.64	0.17~0.37	0.70~1.00	0.70~1.00	—				

192

序号	牌号	化学成分(质量分数)(%)								
		C	Si	Mn	Cr	其他合金元素	Ni	Cu	P	S
							≤			
14	60CrMnMoA	0.56~0.64	0.17~0.37	0.70~1.00	0.70~0.90	Mo0.25~0.35				
15	50CrVA	0.46~0.54	0.17~0.37	0.50~0.80	0.80~1.10	V0.10~0.20				
16	60CrMnBA	0.56~0.64	0.17~0.37	0.70~1.00	0.70~1.00	B0.0005~0.004				
17	30W4Cr2VA	0.26~0.34	0.17~0.37	≤0.40	2.00~2.5	V0.5~0.8, W4~4.5				

表 2-101 弹簧钢的力学性能

序号	牌号	热处理制度			力学性能≥					交货状态	交货状态下的布氏硬度 HBS ≤
		淬火温度/℃	淬火介质	回火温度/℃	σ_s/MPa	σ_b/MPa	$\delta(\%)$		φ(%)		
							δ_5	δ_{10}			
1	65	480	油	500	785	980	—	9	35	热轧冷拉+热处理	285
2	70	830	油	480	835	1030	—	8	30		321
3	85	820	油	480	980	1130	—	6	30	热轧冷拉+热处理	302
4	65Mn	830	油	540	785	980	—	8	30		321
5	55Si2Mn	870	油	480	1175	1275	—	6	30		
6	55Si2MnB	870	油	480	1175	1275	—	6	30		
7	55SiMnVB	860	油	460	1225	1375	—	5	30	热轧冷拉+热处理	321
8	60Si2Mn	870	油	480	1175	1275	—	5	25		321
9	60Si2MnA	870	油	440	1375	1570	—	5	20		
10	60Si2CrA	870	油	420	1570	1765	6	—	20	热轧+热处理	321
11	60Si2CrVA	850	油	410	1665	1865	6	—	20	冷拉+热处理	321

续表

序号	牌号	热处理制度			力学性能≥					交货状态	交货状态下的布氏硬度 HBS ≤
		淬火温度/℃	淬火介质	回火温度/℃	σ_s/MPa	σ_b/MPa	$\delta(\%)$		φ(%)		
							δ_5	δ_{10}			
12	55CrMnA	830~860	油	460~510	$\sigma_{0.2}$1080	1225	9	—	20	热轧冷拉+热处理	321
13	60CrMnA	830~860	油	460~520	$\sigma_{0.2}$1080	1225	9	—	20		321
14	60CrMnMoA	—								热轧+热处理	321
										冷拉+热处理	321
15	50CrVA	850	油	500	1130	1275	10	—	40	热轧冷拉+热处理	321
											321
16	60CrMnBA	830~860	油	460~520	$\sigma_{0.2}$1080	1225	9	—	20	热轧+热处理	
										冷拉+热处理	321
17	30W4Cr2VA	1050~1100	油	600	1325	1470	7	—	40		321

表 2-102　弹簧钢的特性和应用

牌号	主要特性	应用举例
65 70 85	经热处理及冷拔硬化后，可得到较高的强度和适当的韧性、塑性；在相同表面状态和安全淬透情况下，疲劳极限不比合金弹簧钢差。但淬透性低，尺寸较大，油中淬不透，水淬则变形。开裂倾向较大，只宜用于较小尺寸弹簧	调压调速弹簧、测力弹簧、一般机械上的圆、方螺旋弹簧或拉成钢丝作小型机械上的弹簧， 汽车、拖拉机或火车等机械上承受振动的扁形板簧和圆形螺旋弹簧
65Mn	锰提高淬透性，φ12mm 的钢材油中可以淬透，表面脱碳倾向比硅钢小，经热处理后的综合力学性能优于碳钢，但有过热敏感性和回火脆性	小尺寸各种扁、圆弹簧、座垫弹簧、弹簧发条，也可制作弹簧环、气门簧、离合器簧片、刹车弹簧、冷卷螺旋弹簧

牌号	主要特性	应用举例
55Si2Mn 55Si2MnB	硅和锰提高弹性极限和屈强比,提高淬透性、回火稳定性和抗松弛稳定性,过热敏感性也较小,但脱碳倾向较大,尤其是硅与碳含量较大,碳易于石墨化,使钢变脆	汽车、拖拉机、机车上的减振板簧和螺旋弹簧,汽缸安全阀簧,电力机车用升弓钩弹簧,止回阀簧,还可用作250℃以下使用的螺旋弹簧
55SiMnVB	合金元素含量低,淬透性比60Si2Mn高,韧性、塑性也较高,脱碳倾向小,回火稳定性良好,热加工性能好,成本低	代替60Si2MnA制作重型、中、小型汽车的板簧和其他中型断面的板簧和螺旋弹簧
60Si2Mn 60Si2MnA	钢的强度和弹性极限较55Si2Mn稍高,淬透性也较高,在油中临界淬透直径为35~73mm,其他性能和55Si2Mn钢相同	汽车、拖拉机、机车上的减振板簧和螺旋弹簧,汽缸安全阀簧,止回阀簧,还可用作250℃以下非腐蚀介质中的耐热弹簧
60Si2CrA 60Si2CrVA	与硅锰钢相比,当塑性相近时,具有较高的抗拉强度和屈服强度,尤其是60Si2CrVA有更高的弹性极限,钢的淬透性较大,有回火脆性	用于承受高压力及工作温度在300~350℃以下的弹簧,如调速器弹簧、汽轮机汽封弹簧、破碎机用簧等
55CrMnA 60CrMnA 60CrMnMoA	有较高强度、塑性和韧性、淬透性好,过热敏感性比锰钢低比硅锰钢高,脱碳倾向比硅锰钢小,回火脆性大	用于车辆、拖拉机上制作负荷较重,应力较大的板簧和直径较大的螺旋弹簧
50CrVA	有良好的力学性能和工艺性能、淬透性较高。加入钒使钢的晶粒细化,降低过热敏感性,提高强度和韧性,具有高的疲劳强度,$\sigma_{0.2}/\sigma_b$的比值也高。是一种较高级的弹簧钢	用作较大截面的高负荷重要弹簧及工作温度<300℃的阀门弹簧、活塞弹簧、安全阀弹簧等
65Si2MnWA	与60Si2CrA相比,在高温下有较高的高温强度和硬度,降低过热敏感性,增加了,特别是提高了承受冲击负荷的能力	用于承受高负荷或耐热(≤350℃)、耐冲击负荷的大截面弹簧
30W4CrVA	由于钨、铬、钒的作用,此钢有良好的室温和高温力学性能,有很高的淬透性和回火稳定性,热加工性能良好	用作工作温度≤500℃以下的耐热弹簧,如钢炉主安全阀弹簧、汽轮机汽封弹簧片等

表 2-103　弹簧钢的中外牌号对照

中国 GB/T 1222	国际标准 ISO	前苏联 rOCT	美国		日本 JIS	德国 DIN	英国 BS	法国 NF
			ASTM	UNS				
65	Type DC	65	1064	G10650	SWRH67A SWRH67B SUP2	C67 CK67	080A67 060A67	FMR66 FMR68 XC65
70	Type DC	70	1070	G10700	SWRH72A SWRH72B SWRS72B	CK75	070A72 060A72	FMR66 FMR68 FMR70 FMR72 XC70
85	Type DC	85	1084 1085	G10840 G10850	SUP3	CK85	060A86 180A86	FMR86 XC85
65Mn	Type DC	65r	1566C1065	G15660	—	65Mn4	080A67	—
55Si2Mn	56SiCr7	55C2r	9255	H92600	SUP6 SUP7	55Si7	251H60 250A53	56SC7 55S7
55Si2MnB	—	—						
55SiMnVB	—	—						
60Si2Mn	61SiCr7	60C2r	9260	H92600	SUP6	—	251H60	61SC7
60Si2Mn	6 7	—	—	G92600	SUP7	60Si7 60SiMn5	250A58 250A61	60S7 60SC7
60Si2MnA	61SiCr7 7	60C2A	9260H	H92600	SUP6 SUP7	60SICr7	251H60	61SC7
60Si2CrA	55SiCr63	60C2XA	—	—	SWOSC-V	60SICr7 60SICr5	685H57	60SC7
60Si2CrVA	—	60C2XФA	—	—	—	—	—	—
55CrMnA	55Cr3 8		5155	H51550 G51550	SUP9	55Cr3	525A58 527A60	55C3 55C2
60CrMnA	55Cr3 8	—	5160	H51600 H51600	SUP9A SUP11A	55Cr3	527H60 527A60	55Cr3
60CrMnMoA	60CrMo33	—	4161	G41610 H41610	SUP13	51CrMoV4	705H60 805A60	—

中国 GB/T 1222	国际标 准 ISO	前苏联 ГОСТ	美国		日本 JIS	德国 DIN	英国 BS	法国 NF
			ASTM	UNS				
50CrVA	51CrV4 13	60ХФА	6150 H51500	G61500	SUP10	50CrV4	735A51	50CV4
60CrMnBA	60CrB3 10	—	51B60	H51601 G51601	SUP11A	58CrMnB4	—	—
30W4Cr2VA	—	—	—	—	—	60WCr V17.9	—A	—

二、工具钢

(1)碳素工具钢(GB/T 1298—2008)。

碳素工具钢的牌号和化学成分见表 2-104。碳素工具钢的特性和应用见表 2-105。碳素工具钢的中外牌号对照见表 2-106。

表 2-104　碳素工具钢的牌号和化学成分

序号	牌号	化学成分(质量分数)(%)				
		C	Mn	Si	S	P
1	T7	0.65~0.75	≤0.40	≤0.35	≤0.030	≤0.035
2	T8	0.75~0.84				
3	T8Mn	0.80~0.90	0.40~0.60			
4	T9	0.85~0.94	≤0.40			
5	T10	0.95~1.04				
6	T11	1.05~1.14				
7	T12	1.15~1.24				
8	T13	1.25~1.35				
9	T7A	0.65~0.75			≤0.020	≤0.030
10	T8A	0.75~0.84				
11	T8MnA	0.80~0.90	0.40~0.60			
12	T9A	0.85~0.94	≤0.40			
13	T10A	0.95~1.04				
14	T11A	1.05~1.14				
15	T12A	1.15~1.24				
16	T13A	1.25~1.35				

表 2-105　碳素工具钢的特性和应用

牌号	主要特性	应用举例
T7 T7A	经热处理(淬火 回火)之后,可得到较高的强度和韧性以及相当的硬度,但淬透性低,淬火变形,而且热硬性低	用于制作承受撞击、震动载荷、韧性较好、硬度中等且切削能力不高的各种工具,如小尺寸风动工具(冲头、凿子)、木工用的凿和锯,压模、锻模、钳工工具、铆钉冲模、车床顶针、钻头、钻软岩石的钻头、镰刀、剪铁皮的剪子,还可用于制作弹簧、销轴、杆、垫片等耐磨、承受冲击、韧性不高的零件,T7 还可制作手用大锤、钳工锤头、瓦工用抹子
T8 T8A	经淬火回灰处理后,可得到较高的硬度和良好的耐磨性,但强度和塑性不高,淬透性低,加热时易过热、易变形,热硬度低,承受冲击载荷的能力低	用于制作切削刀口在工作中不变热的、硬度和耐磨性较高的工具,如木材加工用的铣刀、埋头钻、斧、凿、纵向手锯、圆锯片、滚子、铅锡合金压铸板和型芯、简单形状的模子和冲头、软金属切削工具、打眼工具、钳工装配工具、铆钉冲模、虎钳口以及弹性垫圈、弹簧片、卡子、销子、夹子、止动圈等
T8Mn T8MnA	性能和 T8、T8A 相近,由于合金元素锰的作用,淬透性比 T8、T8A 为好,能获得较深的淬硬层,可以制作截面较大的工具	用途和 T8、T8A 相似
T9 T9A	性能和 T8、T8A 相近	用于制作硬度、韧性较高,但不受强烈冲击震动的工具,如冲头,冲模、中心铣、木工工具、切草机刀片、收割机中的收割零件
T10 T10A	钢的韧性较好,强度较高,耐磨性比 T8、T8A、T9、T9A 均高,但热硬度低,淬透性不高,淬火变形较大	用于制造切削条件较差、耐磨行较高、且不受强烈震动、要求韧性及锋刃的工具,如钻头、丝锥、车刀、刨刀、扩孔刀具、拉丝模、直径或厚度为 6～8 mm、断面均匀的冷切边模及冲孔模、卡板量具以及用语制作冲击不大的耐磨零件,如小轴,低速传动轴承、滑轮轴、销子等
T11 T11A	具有较好的韧性和耐磨性,较高的强度和硬度,而且对晶粒长大和形成碳化物网的敏感性较小,但淬透性低,热硬度差,淬火变形大	用于制造钻头、丝模、手用锯金属的锯条,形状简单的冲头和阴模、剪边模和剪冲模

牌号	主要特性	应用举例
T12 T12A	具有高硬度和高耐磨性,但韧性较低,热硬性差,淬透性不好,淬火变形大	用于制造冲击小、切削速度不高、高硬度的各种工具,如铣刀、车刀、钻头。铰刀扩孔钻、丝锥、板刀、刮刀、切烟丝刀、锉刀、锯片、切黄铜用工具、羊毛剪刀、小尺寸的冷切边模及冲孔模以及高硬度但冲击小的机械零件
T13 T13A	在碳素工具钢中,是硬度和耐磨性都最好的工具钢,韧性较差,不能受冲击	用于制造要求极高硬度但不受冲击的工具,如刮刀、剃刀、拉丝工具、刻锉刀纹的工具、钻头、硬石加工用的工具、锉刀、雕刻用的工具、剪羊毛刀片等

表 2-106　碳素工具钢的中外牌号对照

中国 GB/T 1298	国际标准 ISO	前苏联 ГOCT	美国		日本 JIS	德国 DIN	英国 BS	法国 NF
			ASTM	UNS				
T7	TC70	У7	W1-7	T72301	SK6 SK7	C70W1 C70W2	060A67 060A72	C70E2U $Y_1$70
T8	TC80	У8	W1A-8	T72301	SK5 SK6	C80W1 C80W2 C85W2	060A78 060A81	C80E2U $Y_1$80
T8Mn	—	У8D	W1-8	T72301	SK5	C85W 080W2 C75W3	060A81	Y75
T9	TC90	У9	W1A-8.5 W1-0.9C W2-8.5	T72301	SK4 SK5	C85W2 C90W3	BW1A	C90E2U $Y_1$90
T10	TC105	У10	W1A-9.5 W1-9 W2-9.5 W1-1.0C	T72301	SK3 SK4	C100W2 C105W1 C105W2	BW1B D1 1407	C105E2U $Y_1$105
T11	TC105	У11	W1A-10.5 1A(ASM)	T72301	SK3	C105W1	1407	C105E2U XC110
T12	TC120	У12	W1A-11.5 W1-12 W1-1.2C	T72301	SK2	C125W	1407 D1	C120E2U $Y_2$120
T13	TC140	У13	—	T72301	SK1	C135W	—	C140E3U $Y_2$140

199

(2)合金工具钢(GB/T 1299—2000)。

1)量具刃具钢。

量具刃具钢的牌号和化学成分见表 2-107。量具刃具钢的特性和应用见表 2-108。

表 2-107 量具刃具钢的牌号和化学成分

牌号	化学成分(质量分数)(%)									
	C	Si	Mn	P	S	Cr	W	Mo	V	其他
				≤						
9SiCr	0.85~0.95	1.20~1.60	0.30~0.60	0.030	0.030	0.95~1.25	—	—	—	—
8MnSi	0.75~0.85	0.30~0.60	0.80~1.10	0.030	0.030	—	—	—	—	—
Cr06	1.30~1.45	≤0.40	≤0.40	0.030	0.030	0.50~0.70	—	—	—	—
Cr2	0.95~1.10	≤0.40	≤0.40	0.030	0.030	1.30~1.65	—	—	—	—
9Cr2	0.80~0.95	≤0.40	≤0.40	0.030	0.030	1.30~1.70	—	—	—	—
W	1.05~1.25	≤0.40	≤0.40	0.030	0.030	0.10~0.30	0.80~1.20	—	—	—

表 2-108 量具刃具钢的特性和应用

牌号	主要特性	应用举例
9SiCr	淬透性比铬钢好,φ45~50 mm的工件在油中可以淬透,耐磨性高,具有较好的回火稳定性,可加工性差,热处理时变形小,但脱碳倾向较大	适用于耐磨性高,切削不剧烈、且变形小的刃具,如板牙、丝锥、钻头、绞刀、齿轮铣刀、拉刀等,还可用作冷冲模及冷轧辊
8MnSi	韧性、淬透性与耐磨性均优于碳素工具钢	多用做木工凿子、锯条及其他工具,制造穿孔器及扩孔器工具以及小尺寸热锻模和冲头、热压锻模、螺栓、道钉冲模、拉丝模、冷冲模及切削工具

牌号	主要特性	应用举例
Cr06	韧性、淬透性与耐磨性都很高,淬透性不好,较脆	多经冷轧成薄钢带后,用于制作剃刀、刀片及外科医疗刀具,也可用做刮刀、刻刀、锉刀等
Cr2	淬火后的硬度、耐磨性都很高,淬火变形不大,但高温塑性差	多用于低速、进给量小,加工材料不很硬的切削刀具,如车刀、插刀、铣刀绞刀等,还可用做量具、样板、量规、偏心轮、冷轧辊、钻套和拉丝模,还可做大尺寸的冷冲模
9Cr2	性能与Cr2基本相似	主要用做冷轧辊、钢印冲孔凿、冷冲模及冲头、木工工具等
W	淬火后的硬度和耐磨性较碳工钢好,热处理变形小,水淬不易开裂	多用于工作温度不高、切削速度不大的刀具,如小型麻花钻、丝锥、板牙、绞刀、锯条、辊式刀具等

2)耐冲击工具钢。

耐冲击工具钢的牌号和化学成分见表2-109。耐冲击工具钢的特性和应用见表2-110。

表2-109 耐冲击工具钢的牌号和化学成分

牌号	化学成分(质量分数)(%)									
	C	Si	Mn	P	S	Cr	W	Mo	V	其他
				≤						
4CrW2Si	0.35~0.45	0.80~1.10	≤0.40	0.030	0.030	1.00~1.30	2.00~2.50	—	—	—
5CrW2Si	0.45~0.55	0.50~0.80	≤0.40	0.030	0.030	1.00~1.30	2.00~2.50	—	—	—
6CrW2Si	0.55~0.65	0.50~0.80	≤0.40	0.030	0.030	1.00~1.30	2.20~2.70	—	—	—
6CrMnSi2Mo1V	0.50~0.65	1.75~2.25	0.60~1.00	0.030	0.030	0.10~0.50	—	0.20~1.35	0.15~0.35	—
6Cr3Mn1SiMo1V	0.45~0.55	0.20~1.00	0.20~0.90	0.030	0.030	3.00~3.50	—	1.30~1.80	≤0.35	—

表 2-110　耐冲击工具钢的特性和应用

牌号	主要特性	应用举例
4CrW2Si	高温时有较好的强度和硬度，且韧性较高	适用于剪切机刀片、冲击震动较大的风动工具、中应力热锻模、受低热的压铸模
5CrW2Si	特性同 4CrW2Si，但在 650℃ 时硬度稍高，可达（41～43）HRC，热处理时对脱碳、变形和开裂的敏感性不大	用于手动和风动凿子、空气锤工具、铆钉工具、冷冲模重震动的切割器，做为热加工用钢时，可用于冲孔、穿孔工具、剪切、热锻模、易熔合金的压铸模
6CrW2Si	特性同 5CrW2Si，但在 650℃ 时硬度可达（43～45）HRC	可用于重载荷下工作的冲模、压模、铸造精整工具、风动凿子等，做为热加工用干，可生产螺钉和热柳的冲头、高温压铸轻合金的顶头、热锻模等

3）冷作模具钢。

冷作模具钢的牌号和化学成分见表 2-111。冷作模具钢的特性和应用见表 2-112。

表 2-111　冷作模具钢的牌号和化学成分

牌号	化学成分（质量分数）（%）									
	C	Si	Mn	P	S	Cr	W	Mo	V	其他
				≤						
Cr12	2.00～2.30	≤0.40	≤0.40	0.030	0.030	11.5～13.00	—	—	—	—
Cr12Mo1V1	1.40～1.60	≤0.60	≤0.60	0.030	0.030	11.00～13.00	—	0.70～1.20	0.50～1.10	Co：≤1.00
Cr12Mo1V	1.45～1.70	≤0.40	≤0.40	0.030	0.030	11.00～12.50	—	0.40～0.60	0.15～0.30	—
Cr5Mo1V	0.95～0.05	≤0.50	≤1.00	0.030	0.030	4.75～5.50	—	0.90～1.40	0.15～0.50	—
9Mn2V	0.85～0.95	≤0.40	1.70～2.00	0.030	0.030	—	—	—	0.10～0.25	—
CrWMn	0.90～1.05	≤0.40	0.80～1.20	0.030	0.030	0.90～1.20	1.20～1.60	—	—	—
9CrWMn	0.85～0.95	≤0.40	0.90～1.20	0.030	0.030	0.50～0.80	0.50～0.80	—	—	—

牌号	化学成分(质量分数)(%)									
	C	Si	Mn	P	S	Cr	W	Mo	V	其他
				≤						
Cr4W2MoV	1.12~ 1.25	0.40~ 0.70	≤0.40	0.030	0.030	3.50~ 4.00	1.90~ 2.60	0.80~ 1.20	0.80~ 1.10	—
6Cr4W3Mo2VNb	0.60~ 0.70	≤0.40	≤0.40	0.030	0.030	3.80~ 4.40	2.50~ 3.50	1.80~ 2.50	0.80~ 1.20	Nb: 0.20~ 0.35
6W6Mo5Cr4V	0.55~ 0.65	≤0.40	≤0.60	0.030	0.030	3.70~ 4.30	6.00~ 7.00	4.50~ 5.50	0.70~ 1.10	
7CrSiMnMoV	0.65~ 0.75	0.85~ 1.15	0.65~ 1.05	0.030	0.030	0.90~ 1.20	—	0.20~ 0.50	0.15~ 0.30	

表 2-112 冷作模具钢的特性和应用

牌号	主要特性	应用举例
Cr12	高碳高铬钢,具有高的强度、耐磨性和淬透性,淬火变形小,较脆,导热性差,高温塑造性差	多用于制造耐磨性高、不承受冲击的模具及加工材料不硬的刃具,如车刀、教导、冷冲模、冲头及量规、样板、量具、凸轮销、偏心轮、冷轧辊、钻套和拉丝模
Cr12MoV	淬透性、淬火回火后的硬度、强度、韧性比 Cr12 高,截面为 300～400mm 以下的工件完全淬透,耐磨性和塑性也好,但变形小,高温塑性差	适用于各种铸、锻、模具,如各种冲孔凹模,切边模、滚动模、封口模、拉丝模、钢板拉深模、螺纹搓丝板、标准工具和量具
Cr5Mo1V	系引进美国钢种,具有良好的空淬性能,空淬尺寸变形小,韧性比 9Mn2V、Cr12 均好,碳化物均匀细小,耐磨性好	适于制造韧性好,耐磨的冷作模具、成型模,下料模、冲头、冷冲裁模等
9Mn2V	淬透性和耐磨性比碳工钢高,淬火后变形小	适用于各种变形小,耐磨性高的精密丝杠、磨床主轴、样板、凸轮、量块、量具及丝锥、板牙、教导以及压铸轻金属和合金的推入装置

续表

牌号	主要特性	应用举例
CrWMn	淬透性和耐磨性及淬火后的硬度比铬钢及铬硅钢高,且韧性较好,淬火后的变形比 CrMn 钢更小,缺点是形成碳化物网状程度严重	多用于制造变形小、长而形状复杂的切削工具,如拉刀、长丝锥、长铰刀、专用铣刀、量规及形状复杂、高精度的冷冲模
9CrWMn	特性与 CrWMn 相似,但由于含碳量稍低,在碳化物偏析上比 CrWMn 好些,因而力学性能更好,但热处理后硬度较低	同 CrWMn
Cr4W2MoV	系我国自行研制的新型中合金冷作模具钢,共晶化合物颗粒细小,分布均匀,具有较高的力学性能、耐磨性和尺寸稳定性	用于制造冷冲模、冷挤压模、搓丝板等,也可冲裁 1.5～6.0cm 弹簧钢板
6Cr4W3Mo2VNb	高韧性冷作模具钢,具有高强度、高硬度,且韧性好,又有较高的疲劳强度	用于制造冲击载荷及形状复杂的冷作模具、冷挤压模具、冷镦模具、螺钉冲头等
6W6Mo5Cr4V	系我国自行研制的适合于黑色金属挤压用的模具钢,具有高强度、耐磨性及抗回火稳定性,有良好的综合性能	适用于黑色金属的冷挤压模具、冷作模具、温挤压模具、热剪切模等

4) 热作模具钢。

热作模具钢的牌号和化学成分见表 2-113。热作模具钢的特性和应用见表 2-114。

表 2-113 热作模具钢的牌号和化学成分

牌号	化学成分(质量分数)(%)										
	C	Si	Mn	P	S	Cr	W	Mo	V	Al	其他
				≤							
5CrMnMo	0.50〜0.60	0.25〜0.60	1.20〜1.60	0.030	0.030	0.60〜0.90	—	0.15〜0.30	—	—	—
5CrNiMo	0.50〜0.60	≤0.40	0.50〜0.80	0.030	0.030	0.50〜0.80	—	0.15〜0.30	—	—	Ni:1.40〜1.80

牌号	化学成分(质量分数)(%)										
	C	Si	Mn	P	S	Cr	W	Mo	V	Al	其他
				≤							
3Cr2W8V	0.30 ~ 0.40	≤0.40	≤0.40	0.030	0.030	2.20 ~ 2.70	—	—	0.20 ~ 0.50	—	—
5Cr4Mo3SiMnVAl	0.47 ~ 0.57	0.80 ~ 1.10	0.80 ~ 1.10	0.030	0.030	3.80 ~ 4.30	—	2.80 ~ 3.40	0.80 ~ 1.20	0.30 ~ 0.70	—
3Cr3Mo3W2V	0.32 ~ 0.42	0.60 ~ 0.90	≤0.65	0.030	0.030	2.80 ~ 3.30	—	2.50 ~ 3.00	0.80 ~ 1.20	—	—
5Cr4W5Mo2V	0.40 ~ 0.50	≤0.40	≤0.40	0.030	0.030	3.40 ~ 4.40	—	1.50 ~ 2.10	0.70 ~ 1.10	—	—
8Cr3	0.75 ~ 0.85	≤0.40	≤0.40	0.030	0.030	3.20 ~ 3.80	—	—	—	—	—
4CrMnSiMoV	0.35 ~ 0.45	0.80 ~ 1.10	0.80 ~ 1.10	0.030	0.030	1.30 ~ 1.50	—	0.40 ~ 0.60	0.20 ~ 0.40	—	—
4Cr3Mo3SiV	0.35 ~ 0.45	0.80 ~ 1.20	0.25 ~ 0.70	0.030	0.030	3.00 ~ 3.75	—	2.00 ~ 3.00	0.25 ~ 0.75	—	—
4Cr5MoSiV	0.33 ~ 0.43	0.80 ~ 1.20	0.20 ~ 0.50	0.030	0.030	4.75 ~ 5.50	—	1.10 ~ 1.60	0.30 ~ 0.60	—	—
4Cr5MoSiV1	0.32 ~ 0.45	0.80 ~ 1.20	0.20 ~ 0.50	0.030	0.030	4.75 ~ 5.50	—	1.10 ~ 1.75	0.80 ~ 1.20	—	—
4Cr5W2VSi	0.32 ~ 0.42	0.80 ~ 1.20	≤0.40	0.030	0.030	4.50 ~ 5.50	—	—	0.60 ~ 1.00	—	—

表 2-114 热作模具钢的特性和应用

牌号	主要特性	应用举例
5CrMnMo	不含镍的锤锻模具钢,具有良好的韧性、强度和高耐磨性,对回火脆性不敏感,淬透性好	适用于中小型热锻模,且边长≤300~400 mm
5CrNiMo	特性与 5CrMnMo 详尽,高温下强度、韧性及耐热疲劳性高于 5CrMnMo	适用于形状复杂、冲击载荷重的各种中大型锤锻模
3Cr2W8V	常用的压铸模具钢,具有较低的含碳量,以保证高韧性及良好的导热性,同时含有较多的易形成碳化物铬、钨高温下有高硬度、强度,相变温度较高,耐热疲劳性良好,淬透性也很好,断面厚度≤100 mm,可淬透,但其韧性和塑性较差	适于高温、高应力但不受冲击的压模,如平锻机上凸凹模、镶块、铜合金积压模等,还可作螺钉及热剪切刀
5Cr4Mo3SiMnVAl	具有较高的强韧性,良好的耐热性和冷热疲劳性,淬透性和淬硬性均较好,是一种热作模具钢,又可作为冷作模具钢使用	适用于冷镦模、冲孔凹模、槽形螺栓热锻模、热挤压冲头等,还可代替 3Cr2W8V 使用
3Cr3Mo3W2V	具有良好的冷热加工性能,较高的热强性,良好的抗冷热疲劳性,耐磨性能好,淬硬性好,有一定的耐冲击耐力	可制作热作模具,如镦锻模、精锻模、辊锻模具、压力机用模具
5Cr4W5Mo2V	系自行研制的热挤压、精密锻造模具钢,具有高热硬性、高耐磨性、高温强度、抗回火稳定性及一定的冲击韧性,可进行一般热处理或等温热处理和化学热处理	多用于制造热挤压模具,时常代替 3Cr2W8V
8Cr3	具有良好的淬透性,室温强度和高温强度均可,碳化物细小且均匀,耐磨性能较好	常用于冲击、震动较小,工作温度低于 500℃,耐磨损的模具;如热切边模、成形冲模、螺栓热顶锻模等
4CrMnSiMoV	具有较高的高温力学性能,耐热疲劳性能好,可代替 5CrNiMo 使用	用于锤锻模、压力机锻模、校正模、弯曲模等
4Cr3Mo3SiV	具有高的淬透性,高的高温硬度,优良的韧性,可代替 3Cr2W8V 使用	可制热滚锻模、塑压模、热锻模、热冲模等

牌号	主要特性	应用举例
4Cr5MoSiV	具有高的淬透性,中温以下综合性能好,热处理变形小,耐冷热疲劳性能良好	适于制造热挤压模、螺栓模热切边模、锤锻模、铝合金压铸模等
4Cr5MoSiV1	在中温(~600℃)下的综合性能好,淬透性高(在空气中即能淬硬),热处理变形率较低,其性能及使用寿命高于3Cr2W8V	可用于模锻锤锻模、铝合金压铸模、热挤压模具、高速精锻模具及锻造压力机模具等
4Cr5W2VSi	在中温下具有较高的硬度和热强度,韧性和耐磨性良好,耐冷热疲劳性能较好	可用于热锻模具、冲头、热挤压模具、有色金属压铸模等
7Mn15Cr2Al3V2WMo	在各种状态下都能保持稳定的奥氏低,且有非常低的磁导率,高的强度、硬度、耐磨性,但切削加工性差	用于制造无磁模具、无磁轴承以及要求在强磁场中不产生磁感应的结构零件
3Cr2Mo	具有良好的切削性、镜面研磨性能,机械加工成型后,型腔变形及尺寸变化小,经热处理后可提高表面硬度,提高使用寿命	适用于制造塑料模、低熔金属压铸模

表 2-115 合金工具钢的中外牌号对照

中国GB/T1299	国际标准 ISO	原苏联 rOCT	美国		日本 JIS	德国 DIN	英国 BS	法国 NF
			ASTM	UNS				
9SiCr	—	9XC	—	—	—	90SiCr5	BH21	—
8MnSi	—	—	—	—	—	C75W3	—	—
Cr06	—	13X	W5	—	SKS8	140Cr3	—	130Cr3
Cr2	100Cr2	X	L1	—	—	100Cr6	BL1	100Cr6 100C6
9Cr2	—	9X1 9X	L7	—	—	100Cr6	—	100C6
W	—	B1	F1	T60601	SkS21	120W4	BF1	—
4CrW2Si	—	4XB2C	—	—	—	35 WCrV7	—	40WCDS35-12
5CrW2Si	—	5XB2C	S1	—	—	45WCrV7	Bsi	—

中国 GB/T 1299	国际标准 ISO	原苏联 rOCT	美国 ASTM	美国 UNS	日本 JIS	德国 DIN	英国 BS	法国 NF
6CrW2Si	—	6XB2C	—	—	—	55WCrV7 60WCrV7	—	—
6CrMnSi2Mo1V	—	—	—	—	—	—	—	—
5Cr3Mn1Simo1V	—	—	—	—	—	—	—	—
Cr12	210Cr12	X12	D3	T30403	SKD1	X210Cr12	BD3	Z200C12
Cr12Mo1V1	160CrMoV12	—	D2	T30402	SKD11	X155CrVMo121	BD2	—
Cr12MoV	—	X12M	D2	—	SKD11	165CrMoV46	BD2	Z200C12
Cr5Mo1V	100CrMoV5	—	A2	T30102	SKD12	—	BA2	X100CrMoV5
9Mn2V	90MnV2	9r2ф	02	T31502	—	90MnV8	B02	90MnV8 80M80
CrWMn	105WCr1	XBr	07	—	SKS31 SKS2 SKS3	105WCr6	—	105WCr5 105WC13
9CrWMn	—	9XBr	—	T31201	SKS3	—	B01	80M8
Cr4W2MoV	—	—	—	—	—	—	—	—
6Cr4W3Mo2VNb	—	—	—	—	—	—	—	—
6W6Mo5Cr4V	—	—	—	—	—	—	—	—
7CrSiMnMoV	—	—	—	—	—	—	—	—
5CrMnMo	—	5 XrM	—	—	SKT5	40CrMnMo7	—	—
5CrNiMo	—	5 XrM	L6	T61206 T61203	SKT4	55NiCrMoV6	BH224/5	55NCDV7

续表

中国 GB/T 1299	国际标准 ISO	原苏联 rOCT	美国		日本 JIS	德国 DIN	英国 BS	法国 NF
			ASTM	UNS				
3Cr2W8V	30WCrV9	3X2B8φ 3X2B3ф	H21 H10	T20821	SKD5	X30WCrV93 X32CrMnV33	BH21 BH10	X30WCrV9 Z30WCV9 32DCV28
5Cr4Mo3 SiMnVAl	—	—	—	—	—	—	—	—
3Cr3Mo3 W2V	—	—	—	—	—	—	—	—
5Cr4W5 Mo2V	—	—	—	—	—	—	—	—
8Cr3	—	8X3	—	—	—	—	—	—
4CrMn SiMoV	—	—	—	—	—	—	—	—
4Cr3Mo3 SiV	—	—	—	—	—	—	BH10	—
4Cr5MoSiV	—	4X5MФC	H11 H12	T20811	SKD6 SKD62	X38CrMoV51 X37CrMoW51	BH11 BH12	X38CrMoV5 Z38CDV5 Z35CWDV5
4Cr5Mo SiV1	40CrMo V5(H6)	4X5MФ1C (Эtt572)	H H13	T20813	SKD61	X40CrMoV51	BH13	X40CrMoV5 Z40CDV5
4Cr5W2VSi	—	4\X5B2Ф C(Эи958)	—	—	—	—	—	—
7Mn15Cr2 Al3V2WMo	—	—	—	—	—	—	—	—
3Cr2Mo	35CrMo2	—	—	—	—	—	—	35CrMo8
3Cr2Mn NiMo	—	—	—	—	—	—	—	—

(3)高速工具钢(GB/T 9943—2008)。

高速工具钢的牌号和化学成分见表2-116。高速工具钢的特性和应用见表2-117。高速工具钢的中外牌号对照见表2-118。

表 2-116　高速工具钢的牌号和化学成分

牌号	化学成分（质量分数）（%）									S	P
	C	W	Mo	Cr	V	Co	Al	Mn	Si	≤	
W18Cr4V	0.70~0.80	17.5~19.0	≤0.30	3.80~4.40	1.00~1.40	—	—	0.15~0.40	0.15~0.40	0.030	0.030
W18Cr4Vco5	0.70~0.80	17.5~19.0	0.40~1.00	3.75~4.50	0.80~1.20	4.25~5.75	—	0.10~0.40	0.15~0.40	0.030	0.030
W18Cr4V2Co8	0.75~0.85	17.5~19.0	0.5~1.25	3.75~5.00	1.80~2.40	7.00~9.50	—	0.20~0.40	0.15~0.40	0.030	0.030
W12Cr4V5Co5	1.50~1.60	11.75~13.0	≤1.00	3.75~5.00	4.50~5.25	4.75~5.25	—	0.15~0.40	0.15~0.40	0.030	0.030
W6Mo5Cr4V2	0.80~0.90	5.50~6.75	4.50~5.50	3.80~4.40	1.75~2.20	—	—	0.15~0.40	0.20~0.45	0.030	0.030
CW6Mo5Cr4V2	0.95~1.05	5.50~6.75	4.50~5.50	3.80~4.40	1.75~2.20	—	—	0.15~0.40	0.20~0.45	0.030	0.030
W6Mo5Cr4V3	1.0~1.1	5.0~6.75	4.50~6.50	3.75~4.50	2.25~2.75	—	—	0.15~0.40	0.20~0.45	0.030	0.030
CW6Mo5Cr4V3	1.15~1.25	5.0~6.75	4.75~6.50	3.75~4.50	1.75~2.20	—	—	0.15~0.40	0.20~0.45	0.030	0.030
W2Mo9Cr4V2	0.97~1.05	1.4~2.1	8.20~9.20	3.50~4.00	1.75~2.25	—	—	0.15~0.40	0.20~0.55	0.030	0.030
W6Mo5Cr4V2Co5	0.80~0.90	5.5~6.5	5.50~6.50	3.75~4.50	1.75~2.25	5.50~6.50	—	0.15~0.40	0.20~0.45	0.030	0.030
W7Mo4Cr4V2Co5	1.05~1.15	6.25~7.00	3.25~4.25	3.75~4.50	1.75~2.25	4.75~5.75	—	0.20~0.60	0.15~0.50	0.030	0.030
W2Mo9Cr4VCo8	1.05~1.20	1.15~1.85	9.0~10.0	3.50~4.25	0.95~1.35	7.75~8.75	—	0.15~0.40	0.15~0.65	0.030	0.030
W9Mo3Cr4V	0.77~0.87	8.50~9.50	2.70~3.30	3.80~4.40	1.30~1.70	—	—	0.20~0.40	0.20~0.40	0.030	0.030
W6Mo5Cr4V2Al	1.05~0.20	5.5~6.75	4.50~5.50	3.80~4.40	1.75~2.20	—	0.80~1.20	0.15~0.40	0.20~060	0.030	0.030

表 2-117　高速工具钢的特性和应用

牌号	主要特性	应用举例
W18Cr4V	具有良好的热硬性,在 600℃时,仍具有较高的硬度和较好的切削性,被磨削加工性好,淬火过热敏感性小,比合金工具钢的耐热性能高。但由于其碳化物较粗大,强度和韧性随材料尺寸增大而下降,因此,仅限于制造一般的刀具,不适合制造薄刃或较大的刀具	广泛用于制造加工中等硬度或软的材料的各种刀具,如车刀、铣刀、拉刀、齿轮工具、丝锥等;也可制造冷作模具,还可用于制造高温下工作的轴承、弹簧等耐磨、耐高温的零件
W18Cr4VCo5	含钴高速钢,具有良好的高温硬度和热硬性,耐磨性较高,淬火硬度高,表面硬度可达(64~66)HRC	可以制造加工较高硬度的高速切削的各种工具,如滚刀、车刀和铣打等,以及自动化机床的加工刀具
W18Cr4V2Co8	含钴高速钢,其高温硬度、热硬性及耐磨性均优于 W18Cr4V2Co5,但韧性有所降低,淬火硬度可达(64~66)HRC(表面硬度)	可以用以制造加工高硬度 高切削力的各种刀具,如滚刀、铣刀及车刀等
W12Cr4V5Co5	高碳高钒含钴高速钢,具有很好的耐磨性,硬度高,抗回火硬度稳定性良好,高温硬度和热硬性均较高,因此,工作温度高,工作寿命较其他的高速钢成倍提高	适用于加工难加工材料,如高强度钢,中强度钢、冷轧钢、铸造合金钢等,适于制造车刀、铣刀、齿轮刀具、成形刀具、螺纹加工刀具及冷作模具,但不适合制造高精度的复杂刀具
W6Mo5Cr4V2	具有良好的热硬性和韧性,淬火后的硬度可达(64~66)HRC,这是一种含钼低钨高速钢,成本较低 是仅次于 W18Cr4V 而获得广泛应用的一种高速工具钢	适于制造钻头、丝锥、板牙、铣刀、齿轮工具、冷作模具等
CW6Mo5CrV2	淬火后,其表面硬度,高温硬度、耐热性、耐磨性均比 W6Mo5Cr4V2 有所提高,但其强度和冲击韧性均比 W6Mo5Cr4V2 有所降低	用于制造切削性能较高的冲击不大的刀具,如拉刀、绞刀、滚刀、扩孔刀

牌号	主要特性	应用举例
W6Mo5Cr4V3	具有碳化物细小均匀、韧性高塑性好的优点,且耐磨性优于 W6Mo5Cr4V2,但可磨削性差,易于氧化脱碳	可供制作各种类型的一般刀具,如车刀、刨刀、丝锥、绞刀、钻头、成型铣刀、拉刀、滚刀等,适于加工中高强度钢、高温合金等难加工材料.因可磨削性差,不宜制作高精度复杂刀具
CW6Mo5Cr4V3	高碳钼系该钒型高速钢,它是在 W6Mo5Cr4V3 的基础上把平均含碳量 Wc 由 1.05% 提高到 1.20%,并响应的提高了含钒量而形成的一个钢种,钢的耐磨性更好	用途同 W6Mo5Cr4V3
W2Mo9Cr4V2	具有较高的热硬性、韧性及耐磨性,密度较小,可磨削性优良,在切削一般材料时有着良好的效果	用于制作铣刀,成形刀具、丝锥、锯条、车刀、拉刀、冷冲模具等
W6Mo5Cr4V2Co5	含钴高速钢,具有良好的高温硬度和热硬性,切削性及耐磨性较好,强度和冲击韧性不高	可用于制作加工硬质材料的各种刀具,如齿轮刀具,铣刀,冲头等
W7Mo5Cr4V2Co5	在 W6Mo5Cr4V3 的基础上增加了 5% 的钴 Wco,提高了含碳量并调整了钨、钼含量.提高了钢的红硬性及高温硬度,改善了耐磨性,钢的切削性能较好,但强度和冲击韧性较低	一般用于制造齿轮刀具。如成形铣刀、精拉刀、专用钻头、车刀、刀头及刀片,对于加工铸造高温合金、钛合金、超高强度钢等难加工材料,均可得到良好的效果
W2Mo9Cr4VCo8	高碳高钴超硬性高速钢,具有高的室温及高温硬度,热硬性高,可磨削性好,刀刃锋利	适于制作各种精密复杂刀具,如成形铣刀、精拉刀、专用钻头、车刀、刀头及刀片,对于加工铸造高温合金、钛合金、超高强度钢等难加工材料,均可得到良好效果
W9Mo3Cr4V	钨钼系通用型高速钢,通用性强,综合性能超过 W6Mo5Cr4V2,且成本较低	制造各种高速切削工具和冷、热模具

牌号	主要特性	应用举例
W6Mo5Cr4V2Al	含铝超硬型高速钢,具有高热硬性,高耐磨性,热塑性好,且高温硬度高,工作寿命长	适于加工各种难加工材料,如高温合金、超高度钢、不锈钢等,可制作车刀、镗刀、铣刀、钻头、齿轮工具、拉刀等

表 2-118 高速工具钢的中外牌号对照

中国 GB/T 19943	国际标准 ISO	前苏联 rOCT	美国		日本 JIS	德国 DIN	英国 BS	法国 NF
			ASTM	UNS				
W18Cr4V	HS18-0-1 (S1)	P18 P9	T1	T12001	SKH2	S18-0-1 B18	BT1	HS18-0-1 Z80WCV 18-04-01 Z80WCN 18-04-01
W18Cr4 VCo5	HS19-1-1-5 (S7)	P18к5ф2	T4 T5 T6	T12004 T12005 T12006	SKH3 SKH4A SKH4B	S18-1-2-5 S18-1-2-10 S18-1-2-15	BT4 BT5 BT6	HS18-1-1-5 Z8020WKCV 18-05-05-01 Z85WKCV 18-10
W18Cr4 V2Co8	HS18-0-1-10	—	T5	T12005	SKH40	S18-1-2-10	BT5	HS18-0-2-9 Z80WKCV 18-05-04-02
W12Cr4 V5Co5	HS12-1-5-5 (S9)	P10к5ф5	T15	T12015	SKH10	S12-1-4-5 S12-1-5-5	BT15	Z160WK 12-05-05-04 HS12-1-5-5
W6Mo5 Cr4V2	HS6-5-2 S4	P6M5	M2 (regularc)	T11302 T11313	SKH51 SKH9	S6-5-2 SC6-5-2	BM2	HS6-5-2 Z85WDCV 06-05-04-02 Z90WDCV 06-05-04-02
CW6Mo5 Cr4V2	—	—	M2 (high C)	T11302	—	SC6-5-2	—	—
W2Mo5 Cr4V3	HS6-5-3	—	M3 (class a)	T11313	SKHY52	S6-5-3	—	Z120WDCV 06-05-04-03

213

续表

中国 GB/T 19943	国际标 准 ISO	前苏联 rOCT	美国		日本 JIS	德国 DIN	英国 BS	法国 NF
			ASTM	UNS				
CW6Mo5 Cr4V3	HS6-5-3 (S5)	—	M3 (class b)	T11323	SKH53	S6-5-3	—	HS6-5-3
W2Mo9 Cr4V2	HS2-8-2 (S2)	—	M7	T11307	SKH58	S2-9-2	—	HS2-9-2 Z100DCWV 09-04-02-02
W6Mo5 Cr4V2Co5	HS6-5-2-5 (S8)	P6M5K5	M35	—	SKH55	S6-5-2-5	—	HS6-5-2-5 Z85WDKCV 06-05-05- 04-02
W7Mo4 Cr4V2Co5	HS7-4-2-5 (S12)	P6M5K5	M41	T11341	—	S7-4-2-5	—	HS7-4-2-5 Z110WK CDV07-05- 04-04-02
W2Mo9 Cr4VCo8	HS2-9-1-8 (S11)	—	M42	T11342	SKH59	S2-10-1-8	BM42	HS2-9-1-8 Z110WK CDV09-08- 04-02-01
W9Mo3Cr4V	—	—	—	—	—	—	—	—
W6Mo5 Cr4V2Al	—	—	—	—	—	—	—	—

三、轴承钢

(1)高碳铬轴承钢(GB/T 18254—2000)。

主要用于制作轴承圈和滚动体。高碳铬轴承钢的牌号和化学成分见表 2-119。高碳铬轴承钢退火后的硬度见表 2-120。

表 2-119　高碳铬轴承钢的牌号和化学成分

牌　号	化学成分(质量分数)(%)										
	C	Si	Mn	Cr	Mo	P	S	Ni	Cu	Ni+Cu	O *10^{-6}
						≤					
GCr4	0.95~1.050	0.15~0.30	0.15~0.30	0.35~0.50	≤0.08	0.025	0.020	0.25	0.20	—	15
GCr5	0.95~1.050	0.15~0.35	0.25~0.45	1.40~1.65	≤0.10	0.025	0.020	0.30	0.25	0.50	15
GCr15SiMn	0.95~1.050	0.45~0.75	0.95~1.25	1.40~1.65	≤0.10	0.025	0.020	0.320	0.25	0.50	15
GCr15SiMo	0.95~1.050	0.65~0.85	0.20~0.40	1.40~1.70	0.30~0.40	0.025	0.020	0.30	0.25	—	15
GCr18Mo	0.95~1.050	0.20~0.40	0.25~0.40	1.65~1.95	0.15~0.25	0.025	0.020	0.25	0.25		15

表 2-120　高碳铬轴承钢退火后的硬度

牌　号	布氏硬度　HBW
GCRr4	179~207
GCRr15	179~207
GCRr15SiMn	179~217
GCRr15SiMo	179~217
GCRr18Mo	179~207

(2)高碳铬不锈轴承钢(YB/T096-1997)。

高碳铬不锈轴承钢的牌号和化学成分见表 2-121。高碳铬不锈轴承钢的力学性能见表 2-122。高碳铬不锈轴承钢特性和应用见表 2-123。

表 2-121　高碳铬不锈轴承钢的牌号和化学成分

牌号	化学成分(质量分数)(%)						
	C	Si	Mn	P	S	Cr	Mo
9 Cr18	0.90~1.00	0.08	0.08	0.035	0.030	17.0~19.0	—
9 Cr18Mo	0.95~1.10					16.0~18.0	0.40~0.70

表 2-122　高碳铬不锈轴承钢的力学性能

牌号	钢材直径/mm	抗拉强度 σ_b/MPa	硬度 HBS
9Cr18	>16	—	179～241
	≤16	590～785	—
9Cr18Mo	>16	—	197～241
	≤16	590～785	—

表 2-123　高碳铬不锈轴承钢的特性和应用

牌号	主要特性	应用举例
9 Cr18 9 Cr18Mo	具有高的硬度和抗回火稳定性，切削性及冷冲压性良好，导热性差，淬火冷处理和低温回火有更高的力学性能	用于制造耐蚀的轴承套圈及滚动体，如海水、河水、硝酸、化工石油、原子反应堆用轴承；还可以制作耐蚀高温轴承钢使用，其工作温度不高于250℃；也可制造高质量的刀具医用手术刀、耐磨和耐蚀但动负荷较小的机械零件

（3）渗碳轴承钢（GB/T 3203—1982）。

渗碳轴承钢的牌号和化学成分见表 2-124。渗碳轴承钢的纵向力学性能见表 2-125。渗碳轴承钢的应用见表 2-126。

表 2-124　渗碳轴承钢的牌号和化学成分

牌号	化学成分（质量分数）（%）						Cu	P	S
	C	Si	Mn	Cr	Ni	Mo	≤		
G20CrMo	0.17～0.23	0.20～0.35	0.65～0.95	0.35～0.65	—	0.80～0.15	0.25	0.30	0.030
G20CrNiMo		0.15～0.40	0.60～0.90		0.40～0.70	0.15～0.30			
G20CrNi2Mo			0.40～0.70	0.25～1.75	1.60～2.00	0.20～0.30			
G20CrNi4			0.30～0.60	1.00～1.40	3.25～3.75	—			
G10CrNi3Mo	0.08～0.13		0.40～0.70	1.70～2.00	3.00～3.50	0.08～0.15			
G20Cr2Mn2Mo	0.17～0.23		1.30～1.60		≤0.30	0.20～0.30			

表 2-125 渗碳轴承钢的纵向力学性能

牌号	试样毛坯/mm	淬火		冷却剂	回火		力学性能			
		温度/℃			温度/℃	冷却剂	抗拉强度 σ_b/MPa	伸长率 δ_5(%)	断面收缩率 φ(%)	冲击韧度 α_k/(kJ/m²)
		第一次淬火	第二次淬火				≥			
G20CrNiMo	15	880±20	790±20	油	150~200	空	1175	9	45	800
G20CrNi2Mo	25		800±20				980	13		
G20CrNi4	15	870±20	790±20				1175	10		
G10CrNi3Mo		880±20			180~200		1080	9		
G20Cr2Mn2Mo			810±20				1275		40	700

表 2-126 渗碳轴承钢的应用

牌号	应用举例
G20CrMo	用于汽车、拖拉机等承受冲击载荷的轴承套圈和滚动体
G20CrNiMo	用于汽车、拖拉机等承受冲击载荷的轴承套圈和滚动体
G20CrNi2Mo	用于承受冲击载荷较大的轴承,如发动机主轴承等
G20Cr2Ni4	制造高冲击载荷的特大型轴承,如轧钢机、矿山机械的轴承,也用于制造承受冲击载荷大、安全性要求高的中小型轴承
G10CrNi3Mo	用于承受冲击载荷大的大中型轴承
G20Cr2Mn2Mo	制造高冲击载荷的特大型轴承,如轧钢机、矿山机械的轴承,也用于制造承受冲击载荷大、安全性要求高的中小型轴承,是适应我国资源特点创新的新钢种

表 2-127 轴承钢的中外牌号对照

中国 GB/T 3086	国际标准 ISO	原苏联 rOCT	美国		日本 JIS	德国 DIN	英国 BS	法国 NF
			ASTM	UNS				
9Cr18	—	95X18 X18	440C	S44004	SUS440C	X45Cr13	—	—
9Cr18Mo	21	X18M	440C	S44004	SUS440C	X110CrMo18 X110CrMo15	—	Z100CD17

217

中国 GB/T 3086	国际标准 ISO	原苏联 rOCT	美国		日本 JIS	德国 DIN	英国 BS	法国 NF
			ASTM	UNS				
G20CrMo	10	20XM	4118 4118H	G41180	SCM22 SCM420	—	CDS12 CDS110	1BCD4
G20CrNiMo	12	—	8620 8620H4	G86200	SNCM21 SNCM220	—	—	—
G20CrNi2Mo	14	20XH2M 20XHM	4320 4320H	G43200	—	—	—	70NCD7
G20Cr2Ni4	—	20XH4A	—	—	—	—	—	—
G10CrNi3Mo	—	—	9310 9310H	C93106	—	—	—	—
G20Cr2Mn2Mo	—	—	—	—	—	—	—	—

四、特种钢

(1)不锈钢(GB/T 1220—2007)。

不锈钢的牌号和化学成分见表 2-128。

表 2-128　不锈钢的牌号和化学成分

类型	序号	牌号	化学成分（质量分数）（%）										
			C	Si	Mn	P	S	Ni	Cr	Mo	Cu	N	其他
奥氏体型	1	1Cr17Mn6Ni5N	≤0.15	≤1.00	5.50~7.50	≤0.060	≤0.030	3.50~5.50	16.00~18.00	—	—	≤0.25	—
	2	1Cr18Mn8Ni5N	≤0.15	≤1.00	7.50~10.00	≤0.060	≤0.030	4.00~6.00	17.00~19.00	—	—	≤0.25	—
	3	1Cr18Mn10Ni5Mo3N	≤0.10	≤1.00	8.50~12.00	≤0.060	≤0.030	4.00~6.00	17.00~19.00	2.8~3.5	—	0.20~0.30	—
	4	1Cr17Ni7	≤0.15	≤1.00	≤2.00	≤0.035	≤0.030	6.00~8.00	16.00~18.00	—	—	—	—
	5	1Cr18Ni9	≤0.15	≤1.00	≤2.00	≤0.035	≤0.030	8.00~10.00	17.00~19.00	—	—	—	—
	6	Y1Cr18Ni9	≤0.15	≤1.00	≤2.00	≤0.20	≥0.15	8.00~10.00	17.00~19.00	—	—	—	—
	7	Y1Cr18Ni9Se	≤0.15	≤1.00	≤2.00	≤0.20	≤0.060	8.00~10.00	17.00~19.00	—	—	—	Se≥0.15
	8	0Cr18Ni9	≤0.07	≤1.00	≤2.00	≤0.035	≤0.030	8.00~11.00	17.00~19.00	—	—	—	—
	9	00Cr19Ni10	≤0.030	≤1.00	≤2.00	≤0.035	≤0.030	8.00~12.00	18.00~20.00	—	—	—	—

续表

类型	序号	牌号	化学成分(质量分数)(%)										
			C	Si	Mn	P	S	Ni	Cr	Mo	Cu	N	其他
奥氏体型	10	0Cr19Ni9N	≤0.08	≤0.10	≤2.00	≤0.035	≤0.030	7.00~10.50	18.00~20.00	—	—	0.10~0.25	—
	11	0Cr19Ni10NbN	≤0.08	≤1.00	≤2.00	≤0.035	≤0.030	7.50~10.50	18.00~20.00	—	—	0.15~0.30	Nb≤0.15
	12	00Cr18Ni10N	≤0.030	≤1.00	≤2.00	≤0.035	≤0.030	8.50~11.50	17.00~19.00	—	—	0.12~0.22	—
	13	1Cr18Ni12	≤0.12	≤1.00	≤2.00	≤0.035	≤0.030	10.50~13.00	17.00~19.00	—	—	—	—
	14	0Cr23Ni13	≤0.08	≤1.00	≤2.00	≤0.035	≤0.030	12.00~15.00	22.00~24.00	—	—	—	—
	15	0Cr25Ni20	≤0.08	≤1.00	≤2.00	≤0.035	≤0.030	19.00~22.00	24.00~26.00	—	—	—	—
	16	0Cr17Ni12Mo2	≤0.08	≤1.00	≤2.00	≤0.035	≤0.030	10.00~14.00	16.00~18.50	2.00~3.00	—	—	—
	17	1Cr18Ni12Mo2Ti①	≤0.12	≤1.00	≤2.00	≤0.035	≤0.030	11.00~14.00	16.00~19.00	1.80~2.50	—	—	Ti5×(C%—0.02~0.80)
	18	0Cr18Ni12Mo2Ti	≤0.08	≤1.00	≤2.00	≤0.035	≤0.030	11.00~14.00	16.00~19.00	1.80~2.50	—	—	Ti5×(C%—0.70)

续表

类型	序号	牌号	化学成分（质量分数）（%）										
			C	Si	Mn	P	S	Ni	Cr	Mo	Cu	N	其他
奥氏体型	19	00Cr17Ni14Mo2	≤0.30	≤1.00	≤2.00	≤0.035	≤0.030	12.00~15.00	16.00~18.00	2.00~3.00	—	—	—
	20	0Cr17Ni14Mo2N	≤0.08	≤1.00	≤2.00	≤0.035	≤0.030	10.00~14.00	16.00~18.00	2.00~3.00	—	0.10~0.22	—
	21	00Cr17Ni13Mo2N	≤0.30	≤1.00	≤2.00	≤0.035	≤0.030	10.50~14.50	16.00~18.50	2.00~3.00	—	0.12~0.22	—
	22	00Cr18Ni12Mo2Cu2	≤0.08	≤1.00	≤2.00	≤0.035	≤0.030	10.00~14.50	17.00~19.00	1.20~2.75	1.00~2.50	—	—
	23	00Cr18Ni14Mo2Cu2	≤0.30	≤1.00	≤2.00	≤0.035	≤0.030	12.00~16.00	17.00~19.00	1.20~2.75	1.00~2.50	—	—
	24	0Cr19Ni13Mo3	≤0.08	≤1.00	≤2.00	≤0.035	≤0.030	11.00~15.00	18.00~20.00	3.00~4.00	—	—	—
	25	00Cr19Ni13Mo3	≤0.308	≤1.00	≤2.00	≤0.035	≤0.030	11.00~15.00	18.00~20.00	3.00~4.00	—	—	—
	26	Cr18Ni12Mo3Ti①	≤0.12	≤1.00	≤2.00	≤0.035	≤0.030	11.00~14.00	16.00~19.00	2.50~3.50	—	—	Ti5×(C%—0.02~0.80)
	27	0Cr18Ni12Mo3Ti	≤0.08	≤1.00	≤2.00	≤0.035	≤0.030	11.00~14.00	16.00~19.00	2.50~3.50	—	—	Ti5×(C%—0.70)

续表

类型	序号	牌　号	化学成分(质量分数)(%)										
			C	Si	Mn	P	S	Ni	Cr	Mo	Cu	N	其他
奥氏体型	28	0Cr18Ni16Mo5	≤0.040	≤1.00	≤2.00	≤0.035	≤0.030	15.00~17.00	16.00~19.00	4.00~6.00	—	—	—
	29	1Cr18Ni9Ti[6]	≤0.12	≤1.00	≤2.00	≤0.035	≤0.030	8.00~11.00	17.00~19.00	—	—	—	Yi5(C%—0.02~0.80)
	30	0Cr18Ni10Ti	≤0.08	≤1.00	≤2.00	≤0.035	≤0.030	9.00~12.00	17.00~19.00	—	—	—	Ti≥5×C%
	31	0Cr18Ni11Nb	≤0.08	≤1.00	≤2.00	≤0.035	≤0.030	9.00~13.00	17.00~19.00	—	—	—	Nb≥×C%
	32	0Cr18Ni9Cu3	≤0.08	≤1.00	≤2.00	≤0.035	≤0.030	8.50~10.50	17.00~19.00	—	3.00~4.00	—	
	33	0Cr18Ni13Si4	≤0.08	3.00~5.00	≤2.00	≤0.35	≤0.030	11.50~15.00	15.00~20.00	—	—	—	
奥氏体—铁素体型	34	0Cr26Ni5Mo2	≤0.08	≤1.00	≤1.50	≤0.035	≤0.030	3.00~6.00	23.00~28.00	1.00~3.00	—	—	
	35	1Cr18Ni11Si4A1Ti	0.10~0.18	3.40~4.00	≤0.80	≤0.035	≤0.030	10.00~12.00	17.50~19.50	—	—	—	Al0.10~0.30 Ti0.40~0.70
	36	00Cr18Ni5Mo3Si2	≤0.30	1.30~2.00	1.00~2.00	≤0.035	≤0.030	4.50~5.50	18.00~19.50	2.50~3.00	—	—	—

续表

类型	序号	牌号	化学成分（质量分数）（%）										
			C	Si	Mn	P	S	Ni	Cr	Mo	Cu	N	其他
铁素体型	37	0Cr13A1	≤0.08	≤1.00	≤1.00	≤0.035	≤0.030	—	11.50~14.50	—	—	—	A10.10~0.30
	38	00Cr12	≤0.30	≤1.00	≤1.00	≤0.035	≤0.030	—	11.00~13.00	—	—	—	—
	39	1Cr17	≤0.12	≤0.75	≤1.00	≤0.035	≤0.030	—	16.00~18.00	—	—	—	—
	40	Y1Cr17	≤0.12	≤1.00	≤1.25	≤0.060	≤0.15	—	16.00~18.00	—	—	—	—
	41	1Cr17Mo	≤0.12	≤1.00	≤1.00	≤0.035	≤0.030	—	16.00~18.00	0.75~1.25	—	—	—
	42	00Cr30Mo2	≤0.010	≤0.40	≤0.40	≤0.030	≤0.020	—	28.50~32.00	1.50~2.50	—	≤0.015	—
	43	00Cr27Mo	≤0.010	≤0.40	≤0.40	≤0.030	≤0.020	—	25.00~27.50	0.75~1.50	—	≤0.015	—
马氏体型	44	1Cr12	≤0.15	≤0.50	≤1.00	≤0.035	≤0.030	—	11.50~13.090	—	—	—	—
	45	1Cr13	≤0.15	≤1.00	≤1.00	≤0.035	≤0.030	—	11.50~13.50	—	—	—	—

续表

类型	序号	牌号	化学成分(质量分数)(%)										
			C	Si	Mn	P	S	Ni	Cr	Mo	Cu	N	其他
马氏体型	46	0Cr13	≤0.08	≤1.00	≤1.00	≤0.035	≤0.030	—	11.50~13.50	—	—	—	—
	47	Y1Cr13	≤0.15	≤1.00	≤1.25	≤0.060	≥0.15	—	12.00~14.00	—	—	—	—
	48	1Cr13Mo	0.08~0.18	≤0.60	≤1.00	≤0.035	≤0.030	—	12.00~14.00	0.30~0.60	—	—	—
	49	2Cr13	0.16~0.25	≤1.00	≤1.00	≤0.035	≤0.030	—	12.00~14.00	—	—	—	—
	50	3Cr13	0.26~0.35	≤1.00	≤1.00	≤0.035	≤0.030	—	12.00~14.00	—	—	—	—
	51	Y3Cr13	0.26~0.40	≤1.00	≤1.25	≤0.060	≥0.15	—	12.00~14.00	—	—	—	—
	52	3Cr13Mo	0.28~0.35	≤0.80	≤1.00	≤0.035	≤0.030	—	12.00~14.00	0.50~1.00	—	—	—
	53	4Cr13	0.36~0.45	≤0.60	≤0.80	≤0.035	≤0.030	—	12.00~14.00	—	—	—	—
	54	1Cr17Ni2	0.11~0.17	≤0.80	≤0.80	≤0.035	≤0.030	1.50~2.50	16.00~18.00	—	—	—	—
	55	7Cr17	0.60~0.75	≤1.00	≤1.00	≤0.035	≤0.030	—	16.00~18.00	—	—	—	—

续表

类型	序号	牌号	化学成分(质量分数)(%)										
			C	Si	Mn	P	S	Ni	Cr	Mo	Cu	N	其他
马氏体型	56	8Cr17	0.75~0.95	≤1.00	≤1.00	≤0.035	≤0.030		16.00~18.00	④	—	—	—
	57	9Cr18	0.90~1.00	≤0.80	≤0.80	≤0.035	≤0.030		17.00~19.00	④	—	—	—
	58	11Cr17	0.95~1.20	≤1.00	≤1.00	≤0.035	≤0.030		16.00~18.00	④	—	—	—
	59	Y11Cr17	0.95~1.20	≤1.00	≤1.25	≤0.060	≥0.19		16.00~18.00	④	—	—	—
	60	9Cr18Mo	0.95~1.10	≤0.80	≤0.80	≤0.035	≤0.030		16.00~18.00	0.40~0.70	—	—	—
	61	9Cr18MoV	0.85~0.95	≤0.80	≤0.80	≤0.035	≤0.030		17.00~19.00	1.00~1.30	—	—	—
	62	0Cr17Ni4Cu4Nb	≤0.07	≤1.00	≤1.00	≤0.035	≤0.030	3.00~5.00	15.50~17.50	—	3.00~5.00	—	V0.07~0.12
	63	0Cr17Ni7Al	≤0.09	≤1.00	≤1.00	≤0.035	≤0.030	6.50~7.75	16.00~18.00	—	≤0.05	—	Nb0.15~0.45
	64	0Cr15Ni7Mo2Al	≤0.09	≤1.00	≤1.00	≤0.035	≤0.030	6.50~7.50	14.00~16.00	2.00~3.00	—	—	Al0.75~1.50

表 2-129　奥氏体型、奥氏体-铁素体型、铁素体型不锈钢的热处理温度及力学性能

类型	序号	牌　号	热处理/℃	拉伸试验				冲击试验	硬度试验		
				$\sigma_{0.2}$ /MPa	σ_b /MPa	δ_5 (%)	φ (%)	A_K/J	HBS	HRB	HV
				≥					≥		
奥氏体型	1	1Cr17Mn6Ni5N	固溶 1010～1120 快冷	275	520	40	45	—	241	100	253
	2	1Cr18Mn8Ni5N	固溶 1010～1150 快冷	275	520	40	45	—	207	95	218
	3	1Cr18Mn10Ni5Mo3N	固溶 1010～1150 快冷	345	685	45	65	—	—	—	—
	4	1Cr17Ni7	固溶 1010～1150 快冷	205	520	40	60	—	187	90	200
	5	1Cr18Ni9	固溶 1010～1150 快冷	205	520	40	60	—	187	90	200
	6	Y1Cr18Ni9	固溶 1010～1150 快冷	205	520	40	50	—	187	90	200
	7	Y1Cr18Ni9Se	固溶 1010～1150 快冷	205	520	40	50	—	187	90	200
	8	0Cr18Ni9	固溶 1010～1150 快冷	205	520	40	60	—	187	90	200
	9	00Cr19Ni10	固溶 1010～1150 快冷	177	480	40	60	—	187	90	200
	10	0Cr19Ni9N	固溶 1010～1150 快冷	275	550	35	50	—	217	95	220
	11	0Cr19Ni10NbN	固溶 1010～1150 快冷	245	685	35	50	—	250	100	260
	12	00r18Ni10N	固溶 1010～1150 快冷	245	550	40	50	—	217	95	220
	13	1Cr18Ni12	固溶 1010～1150 快冷	177	480	40	60	—	187	90	200
	14	0Cr23Ni13	固溶 1030～1150 快冷	205	520	40	60	—	187	90	200
	15	0Cr25Ni20	固溶 1030～1180 快冷	205	520	40	50	—	187	90	200

类型	序号	牌　号	热处理/℃	拉伸试验				冲击试验	硬度试验		
				$\sigma_{0.2}$ /MPa	σ_b /MPa	δ_5 (%)	φ (%)	A_K/J	HBS	HRB	HV
				$\geqslant$					$\geqslant$		
奥氏体型	16	0Cr17Ni12Mo2	固溶 1010～1150 快冷	205	520	40	60	—	187	90	200
	17	1Cr18Ni12Mo2Ti	固溶 1000～1100 快冷	205	530	40	55	—	187	90	200
	18	0Cr18Ni2Mo2Ti	固溶 1000～1100 快冷	205	530	40	55	—	187	90	200
	19	00Cr17Ni14Mo2	固溶 1010～1150 快冷	177	480	40	60	—	187	90	200
	20	0Cr17Ni12Mo2N	固溶 1010～1150 快冷	275	550	35	50	—	217	95	200
	21	00Cr17Ni13Mo2N	固溶 1010～1150 快冷	245	550	40	50	—	217	95	200
	22	0Cr18Ni12Mo2Cu2	固溶 1010～1150 快冷	205	520	40	60	—	187	90	200
	23	00Cr18Ni14Mo2Cu2	固溶 1010～1150 快冷	177	400	40	60	—	187	90	200
	24	0Cr19Ni13Mo3	固溶 1010～1150 快冷	205	520	40	60	—	187	90	200
	25	00Cr19Ni13Mo3	固溶 1010～1150 快冷	177	480	40	60	—	187	90	200
	26	1Cr18Ni12Mo3Ti	固溶 1000～1100 快冷	205	530	40	55	—	187	90	200
	27	0Cr18Ni12Mo3Ti	固溶 1000～1100 快冷	205	530	40	55	—	187	90	200
	28	0Cr18Ni16Mo5	固溶 1030～1180 快冷	177	480	40	45	—	187	90	200
	29	1Cr18Ni9Ti	固溶 920～1150 快冷	205	520	40	50	—	187	90	200
	30	0Cr18Ni10Ti	固溶 920～1150 快冷	205	520	40	50	—	187	90	200

类型	序号	牌 号	热处理/℃	拉伸试验				冲击试验	硬度试验		
				$\sigma_{0.2}$ /MPa	σ_b /MPa	δ_5 (%)	φ (%)	A_K/J	HBS	HRB	HV
				≥					≥		
奥氏体型	31	0Cr18Ni11Nb	固溶 980～1150 快冷	205	520	40	50	—	187	90	200
	32	0Cr18Ni9Cu3	固溶 1010～1150 快冷	177	480	40	60	—	187	90	200
	33	0Cr18Ni13Si4	固溶 1010～1150 快冷	205	520	40	60	—	207	95	218
奥氏体—铁素体型	34	0Cr26Ni5Mo2	固溶 950～1100 快冷	390	590	18	40	—	277	29	292
	35	1Cr18Ni11Si4AlTi	固溶 930～1050 快冷	440	715	25	40	63	—	—	—
	36	00Cr18Ni5Mo3Si2	固溶 920～1150 快冷	390	590	20	40			30	300
铁素体型	37	00Cr13Al	退火 780～830 空冷或缓冷	177	410	20	60	78	183	—	—
	38	00Cr12	退火 780～820 空冷或缓冷	196	265	22	60	—	183	—	—
	39	1Cr17	退火 780～850 空冷或缓冷	205	450	22	50	—	183	—	—
	40	Y1Cr17	退火 680～820 空冷或缓冷	205	450	22	50	—	183	—	—
	41	1Cr17Mo	退火 780～850 空冷或缓冷	205	450	22	60	—	183	—	—
	42	00Cr30Mo2	退火 900～1050 快冷	295	450	20	45	—	228	—	—
	43	00Cr27Mo	退火 900～1050 快冷	245	410	20	45	—	219	—	—

表2-130 马氏体型不锈钢的热处理制度及力学性能

类型	序号	牌号	热处理/℃ 退火	热处理/℃ 淬火	热处理/℃ 回火	退火后的硬度 HBS≤	经淬回火的力学性能 拉伸试验 σ0.2/MPa ≥	σb+/MPa	δ5(%)	φ(%)	冲击试验 Ak/J	硬度试验 HBS	HRC	HV
马氏体型	44	1Cr12	800~900 缓冷或约 750 快冷	950~1000 油冷	700~750 快冷	200	390	590	25	55	118	170	—	—
	45	1Cr13	800~900 缓冷或约 750 快冷	950~1000 油冷	700~750 快冷	200	345	540	25	55	78	159	—	—
	46	0Cr13	800~900 缓冷或约 750 快冷	950~1000 油冷	700~750 快冷	183	345	490	24	60	—	—	—	—
	47	Y1Cr13	800~900 缓冷或约 750 快冷	950~1000 油冷	700~750 快冷	200	345	510	25	55	78	159	—	—
	48	1Cr13mo	800~900 缓冷或约 750 快冷	970~1020 油冷	650~750 快冷	200	490	685	20	60	78	192	—	—
	49	2Cr13	800~900 缓冷或约 750 快冷	920~980 油冷	600~750 快冷	223	440	635	20	50	63	192	—	—
	50	3Cr13	800~900 缓冷或约 750 快冷	920~980 油冷	600~750 快冷	235	540	735	12	40	24	217	—	—
	51	Y3Cr13	800~900 缓冷或约 750 快冷	920~980 油冷	600~750 快冷	235	540	735	12	40	24	217	—	—

续表

类型	序号	牌号	热处理/℃			退火后的硬度HBS≤	经淬回火的力学性能							
							拉伸试验				冲击试验		硬度试验	
			退火	淬火	回火		$\sigma_{0.2}$/MPa	σ_b+/MPa	δ_5(%)	φ(%)	A_K/J	HBS	HRC	HV
							≥							
马氏体型	52	3Cr13Mo	800~900 缓冷或约750 快冷	1025~1075 油冷	200~300 油、水、空冷	207	—	—	—	—	—	—	50	—
	53	4Cr13	800~900 缓冷或约750 快冷	1050~1100 油冷	200~300 空冷	201	—	—	—	—	—	—	50	—
	54	1Cr17Ni2	680~700 高温回火 控冷	950~1050 油冷	275~350 快冷	285	—	1080	10	—	39	—	—	—
	55	7Cr17	800~920 缓冷	1010~1070 油冷	100~180 快冷	255	—	—	—	—	—	—	54	—
	56	8Cr17	800~920 缓冷	1010~1070 油冷	100~180 快冷	255	—	—	—	—	—	—	56	—
	57	9Cr18	800~920 缓冷	1000~1050 油冷	200~300 油、空冷	255	—	—	—	—	—	—	55	—
	58	11Cr17	800~920 缓冷	1010~1070 油冷	100~180 快冷	269	—	—	—	—	—	—	58	—
	59	Y11Cr17	800~920 缓冷	1010~1070 油冷	100~180 快冷	269	—	—	—	—	—	—	58	—

续表

类型	序号	牌号	热处理/℃			退火后的硬度 HBS≤	经淬回火后的力学性能							
							拉伸试验				冲击试验	硬度试验		
			退火	淬火	回火		$\sigma_{0.2}$/MPa	σ_b+/MPa	δ_5(%)	φ(%)	A_K/J	HBS	HRC	HV
							≥							
马氏体型	60	9Cr18Mo	800~920 缓冷	1000~1050 油冷	200~300 空冷	269	—	—	—	—	—	—	55	—
	61	9Cr18Mov	800~920 缓冷	1050~1075 油冷	100~200 空冷	269	—	—	—	—	—	—	55	—

表2-131 沉淀硬化型不锈钢的热处理制度及力学性能

类型	序号	牌号	热处理		拉伸试验				硬度试验	
			种类	条件	$\sigma_{0.2}$/MPa	σ_b/MPa	δ_5(%)	φ(%)	HBS	HRC
沉淀硬化型	62	0Cr17Ni4Cu4Nb	固溶	1020~1060℃快冷	—	—	—	—	≤363	≤38
			480℃时效	经固溶处理后,470~490℃空冷	≥1180	≥1310	≥10	≥40	≥375	≥40
			550℃时效	经固溶处理后,540~560℃空冷	≥1000	≥1060	≥12	≥45	≥331	≥35
			580℃时效	经固溶处理后,570~590℃空冷	≥865	≥1000	≥13	≥45	≥302	≥31
			620℃时效	经固溶处理后,610~630℃空冷	≥725	≥930	≥16	≥50	277	≥28

续表

类型	序号	牌号	热处理		拉伸试验				硬度试验	
			种类	条件	$\sigma_{0.2}$/MPa	σ_b/MPa	δ_5(%)	φ(%)	HBS	HRC
沉淀硬化型	63	0Cr17Ni7Al	固溶	1000~1100℃快冷	≤380	≤1030	≥20	—	≤229	—
			565℃时效	经固溶处理后,于(760±15)℃保持90min,在1h内冷却到15℃以上,保持30min,再加热到(565±10)℃保持90min空冷	≥960	≥1140	≥5	≥25	≥363	—
			510℃时效	经固溶处理后,(955±10)℃保持10min,空冷到室温,在24h内冷却到(-73±6)℃保持8h,再加热到510℃+10℃保持60min空冷	≥1030	≥1230	≥4	≥10	≥388	—
	64	0Cr15Ni7Mo2Al	固溶	1000~1100℃快冷	—	—	—	—	≤269	—
			550℃时效	经固溶处理后,于(760±15)℃保持90min,在1h内冷却到15℃以上,保持30min,再加热到(565±10)℃保持90min空冷	≥1100	≥1210	≥7	≥25	≥375	—
			510℃时效	经固溶处理后,(955±10)℃保持10min,空冷到室温,在24h内冷却到(-73±6)℃保持8h,再加热到510℃+10℃保持60min空冷	≥1210	≥1320	≥6	≥20	≥388	—

表 2-132　不锈钢的耐蚀性能

牌号	条件介质			腐蚀深度/(mm/a)
	介质	浓度 (质量分数)(%)	温度/℃	
0Cr18Ni12Mo2Ti	硝酸	1~5	20	<0.1
		1~5	80	<0.1
		5	沸腾	<0.1
		20	20~80	<0.1
		50	20~50	<0.1
		50	80	<0.1
		50	沸	<0.1
		60	20~60	<0.1
		60	沸	0.1~1.0
		65	20	<0.1
		65	85	<0.1
		65	沸	0.1~1.0
		90	20	沸
		90	70	0.1~1.0
		90	沸	1.0~3.0
		99	20	0.1~1.0
		99	沸	3.0~10
	硫酸	0.5	20	<0.1
		1	20	<0.1
		3	20	<0.1
		40	20	<0.1
		80	20	0.1~1.0
		98	20	<0.1
	亚硝酸	2	20	<0.1
		20	20	<0.1
	氢氟酸	10	20	<0.1
		10	100	1.0~3.0

牌号	条件介质			腐蚀深度/(mm/a)
	介质	浓度 (质量分数)(%)	温度/℃	
0Cr18Ni12Mo2Ti	氢氧化钠	10~20	沸	<0.1
		30	100	<0.1
		40	90	<0.1
		50	90	<0.1
		50	100	<0.1
		60	90	<0.1
		70	90	<0.1
	草酸	2.5	20	<0.1
		2.5	60	<0.1
		2.5	沸	<0.1
		10	20	<0.1
		10	沸	1.0~3.0
		50	沸	0.1~1.0
	氢氧化钾	25	沸	<0.1
		50	20	<0.1
		50	沸	<0.1
		68	120	<0.1
	高锰酸钾	5~10	20	<0.1
		10	沸	<0.1
	盐酸	0.5	—	1.0~3.0
		3	—	<0.1
		5	—	<0.1
		10	—	0.1~1.0
		30	—	3.0~10
0Cr18Ni9	硝酸	1~5	20	<0.1
		1~5	80	<0.1
		5	沸腾	<0.1
		20	20~80	<0.1

牌号	条件介质			腐蚀深度/(mm/a)
	介质	浓度 (质量分数)(%)	温度/℃	
0Cr18Ni9	硝酸	50	20～50	＜0.1
		50	80	＜0.1
		50	沸腾	＜0.1
		60	20～60	＜0.1
		60	沸腾	0.1～1.0
		65	20	＜0.1
		65	85	＜0.1
		65	沸腾	0.1～1.0
		90	20	＜0.1
		90	70	0.1～1.0
		90	沸腾	1.01～3.0
		99	20	0.1～1.0
		99	沸腾	3.0～10
	硫酸	0.4	36～40	0.0001
		2	20	0～0.014
		2	100	3.0～6.5
		5	50	3.0～4.5
		10～50	20	2.0～5.0
		10～65	50～100	不可用
		90～95	20	0.006～0.008
	亚硝酸	2	20	＜1.0
		20	20	＜0.1
	磷酸	1	20	＜0.1
		1	沸腾	＜0.1
		10	20	＜0.1
		10	沸腾	＜0.1
		40	100	0.1～1.0
		65	80	＜0.1
		65	110	＞10
		80	60	＜0.1

续表

牌号	条件介质			腐蚀深度/(mm/a)
	介质	浓度 (质量分数)(%)	温度/℃	
0Cr18Ni9	盐酸	0.5	20	0.1~1.0
		0.5	沸腾	>10
		3	20	0.1~1.0
		5	20	0.1~1.0
		10	20	0.1~1.0
		30	20	>10
	氢氟酸	10	20	0.1~1.0
		10	100	3.0~10
	氢氧化钠	10	90	<0.1
		50	90	<0.1
		50	100	0.1~1.0
	高锰酸钾	90	300	1.0~3.0
		熔盐	318	3.0~10
	氟化钠	5~10	20	<0.1
		10	沸腾	<0.1
	苯	5	20	0.1~1.0
		纯苯	20~沸腾	<0.1
1Cr17	硝酸	5	20	<0.1
		5	沸	<0.1
		20	20	<0.1
		20	沸	<1.9
		30	80	0.03
		65	85	<1.0
		65	沸	2.20
		90	70	1.0~3.0
		90	沸	1.0~3.0
	磷酸	10	20	<0.1
		10	沸	<0.1
		45	20~沸腾	0.1~3.0
		80	20	<0.1
		80	110~120	>10.0

牌号	条件介质			腐蚀深度/(mm/a)
	介质	浓度 (质量分数)(%)	温度/℃	
1Cr17	醋酸	10	20	<0.1
		10	100	1.0～3.0
	硫酸	5	20	>10.0
		50	20	>10.0
		80	20	1.0～3.0
2Cr13	硝酸	5	20	<0.1
		5	沸	3.0～10.0
		20	20	<0.1
		20	沸	1.0～3.0
		50	20	<0.1
		50	沸	<3.0
		65	20	<0.1
		65	沸	3.0～10.0
		90	20	<0.1
		90	沸	<10.0
	硼酸	50～饱和	100	<0.1
	醋酸	1	90	<0.1
		5	20	<0.1
		10	20	<0.1
		5	沸	>10.0
	柠檬酸	1	20	<0.1
		20	沸	<10.0
	氢氧化钠	20	50	<0.1
3Cr13	硫酸	2～50	20～100	腐蚀破坏
		52	15	2.11
		52	60	9.6
		63.4	15	2.1
		65	20	0.03

牌号	条件介质			腐蚀深度/(mm/a)
	介质	浓度 (质量分数)(%)	温度/℃	
1Cr17Ni2	硝酸	10	50	<0.1
		10	85	<0.1
		30	60	<0.1
		30	沸	<0.1
		50	50	<0.1
		50	80	0.1～1.0
		50	沸	<3.0
		60	60	<0.1
	硫酸	1	20	3.0～10.0
		5	20	>10.0
		10	20	>10.0
	硫酸铝	10	50	<0.1
		10	沸	1.0～3.0
	醋酸	10	75	<3.0
	醋酸	10	90	3.0～10.0
		15	20	<1.0
		15	40	<3.0
		25	50	<1.0
		25	90	<3.0
		25	沸	3.0～10.0
	磷酸	5	20	<1.0
		5	85	<1.0
		10	20	<3.0
		25	20	3.0～10.0
	盐酸	1	20	<3.0
		2	20	3.0～10.0
		5	20	>10.0

续表

牌号	条件介质			腐蚀深度/(mm/a)
	介质	浓度 (质量分数)(%)	温度/℃	
1Cr17Ni2	氢氧化钠	10	90	<0.1
		20	50	<1.0
		20	沸	
		30	20	
		30	100	
		40	90	
		50	100	
		60	90	
	氢氧化钾	25	沸	<0.1
		20	20	<0.1
		50	沸	<0.1
		68	120	<1.0
		熔体	300	>10.0

注:本表数据仅供参考。

表 2-133　不锈钢的特性和应用

类型	序号	牌号	特性和应用
奥氏体型	1	1Cr17Mn6Ni5N	节镍钢种,代替牌号 1Cr17Ni7,冷加工后具有磁性。铁道车辆用
	2	1Cr18Mn3Ni5N	节镍钢种,代替牌号 1Cr18Ni9
	3	1Cr18Mn10Ni5mo3N	对尿素有良好的耐蚀性,可制造尿素腐蚀的设备
	4	1Cr17Ni7	经冷加工有高的强度,铁道车辆,传送带螺栓螺母用
	5	1Cr18Ni9	经冷加工有高的强度,但伸长率比 1Cr17Ni7 稍差。建筑用装饰部件
	6	Y1Cr18Ni9	提高切削性,耐烧蚀性,最适用于自动车床。螺栓螺母
	7	Y1Cr18Ni9Se	提高切削性,耐烧蚀性,最适用于自动车床。铆钉、螺钉
	8	0Cr18Ni9	作为不锈耐热钢使用最广泛,如食品用设备,一般化工设备,原子能工业用设备
	9	00Cr19Ni10	比 0Cr19Ni9 碳含量更低的钢,耐晶间腐蚀性优越,为焊接后不进行热处理部件类

类型	序号	牌号	特性和应用
奥氏体型	10	0Cr19Ni9N	在牌号 0Cr19Ni9 上加 N,强度提高,塑性不降低。使材料的厚度减少。作为结构用高强度部件
	11	0Cr19Ni10NbN	在牌号 0Cr19Ni9 上加 N 和 Nb,具有与 0Cr19Ni9 相同的特性和用途
	12	00Cr18Ni10N	在牌号 00Cr19Ni10 上添加 N,具有以上牌号同样特性,用途与 0Cr19Ni9 相同,但耐晶间腐蚀性更好
	13	1Cr18Ni12	与 0Cr19Ni9 相比,加工硬化性低。施压加工,特殊拉拔,冷镦用
	14	0Cr23Ni13	耐腐蚀性,耐热性均比 0Cr19Ni9 好
	15	0Cr25Ni20	抗氧化性比 0Cr23Ni13 好,实际上多作为耐热钢使用
	16	0Cr17Ni12Mo2	在海水和其他各种介质中,耐腐蚀性比 0Cr19Ni9 好,主要作耐点蚀材料
	17	1Cr18Ni12Mo2Ti	用于抵抗酸、磷酸、蚁酸、醋酸的设备,有良好的耐晶间腐蚀性
	18	0Cr18Ni12Mo2Ti	用于抵抗酸、磷酸、蚁酸、醋酸的设备,有良好的耐晶间腐蚀性
	19	00Cr17Ni14Mo2	为 0Cr17Ni12Mo2 的超低碳钢,比 0Cr17Ni12Mo2 的耐晶间腐蚀性好
	20	0Cr17Ni12Mo2N	在牌号 0Cr17Ni12Mo2 中加入 N,提高强度,不降低塑性,使材料的厚度减薄。作耐腐蚀性较好的强度较高的部件
	21	00Cr17Ni13Mo2N	在牌号 00Cr17Ni14Mo2 中加入 N,具有以上牌号同样特性,用途与 0Cr17Ni12Mo2N 相同,但耐晶间腐蚀性更好
	22	0Cr18Ni12Mo2Cu2	耐腐蚀性、耐点腐蚀性比 0Cr17Ni12Mo2 好,用于耐硫酸材料
	23	00Cr18Ni14Mo2Cu2	为 0Cr18Ni12Mo2Cu2 的超低碳钢,比 0Cr18Ni12Mo2Cu2 的耐晶间腐蚀性好
	24	0Cr19Ni13Mo3	耐点腐蚀性比 0Cr17Ni12Mo2 好,作染色设备材料等
	25	00Cr19Ni13Mo3	为 0Cr19Ni13Mo3 的超低碳钢,比 0Cr19Ni13Mo3 的耐晶间腐蚀性好
	26	1Cr18Ni12Mo3Ti	用于抵抗硫酸、磷酸、蚁酸、醋酸的设备,有良好的耐晶间腐蚀性
	27	0Cr18Ni12Mo3Ti	用于抵抗硫酸、磷酸、蚁酸、醋酸的设备,有良好的耐晶间腐蚀性

续表

类型	序号	牌号	特性和应用
奥氏体型	28	0Cr18Ni16Mo5	吸取含氯离子溶液的热交换器,醋酸设备,磷酸设备,漂白装置等,在00Cr17Ni14Mo2 和 00Cr19Ni13Mo3 不能适用的环境中使用
	29	1Cr18Ni9Ti	作焊芯、抗磁仪表、医疗器械、耐酸容器及设备衬里输送管道等设备和零件
	30	0Cr18Ni10Ti	添加 Ti 提高耐晶间腐蚀性,不推荐作装饰部件
	31	0Cr18Ni11Nb	含 Nb 提高耐晶间腐蚀性
	32	0Cr18Ni9Cu3	在牌号 0Cr19Ni9 中加入 Cu,提高冷加工性的钢种。冷镦用
	33	0Cr18Ni13Si4	在牌号 0Cr19Ni9 中增加 Ni,添加 Si,增加耐应力腐蚀断裂性,用于含氯离子环境
奥氏体—铁素体型号	34	0Cr26Ni5Mo2	具有双组织、抗氧化性、耐点腐蚀性好。具有高的强度,作耐海水腐蚀用等
	35	1Cr18Ni11Si4AlTi	制作抗高温浓硝酸介质的零件和设备
	36	00Cr18Ni5Mo3Si2	具有铁素体—奥氏体型双相组织,耐应力腐蚀破裂性好,耐点蚀性能与00Cr17Ni13Mo2 相当,具有较高的强度适于含氯离子的环境,用于炼油、化肥、造纸、石油、化工等工业热交换器和冷凝器等
铁素体型	37	0Cr13A1	从高温下冷却不产生显著硬化,汽轮机材料,淬火用部件复合钢材
	38	00Cr12	比 0Cr13 含碳量低,焊接部位弯曲性能、加工性能、耐高温氧化性能好。作汽车排气处理装置、锅炉燃烧室、喷嘴
	39	1Cr17	耐蚀性良好的通用钢种,建筑内装饰,燃烧器部件,家庭用具,家用电器部件
	40	Y1Cr17	比 1Cr17 提高切削性能。自行车床用、螺栓、螺母等
	41	1Cr17Mo	为 1Cr17 的改良钢种。比 1Cr17 抗盐溶液性强,作为汽车外装材料使用
	42	00Cr30Mo2	高 Cr-Mo 系,C,N 降至极低,耐蚀性很好,作与乙酸、乳酸等有机酸有关的设备,制造苛性碱设备。耐卤离子应力腐蚀破裂,耐点腐蚀
	43	00Cr27Mo	要求性能、用途、耐蚀性和软磁性与 00Cr30Mo2 类似
	44	1Cr12	作为汽轮机叶片及高应力部件之良好的不锈钢耐热钢

类型	序号	牌号	特性和应用
马氏体型	45	1Cr 13	具有良好的耐蚀性,机械加工性,一般用途,刃具类
	46	0Cr13	作较高韧性及受冲击负荷的零件,如汽轮机子叶片、结构类、不锈设备、螺栓、螺母等
	47	Y1Cr13	不锈钢中切削性能最好的钢种,自动车床用
	48	1Cr 13Mo	为比1Cr13耐蚀性高的高强度钢钢种,汽轮机叶片,高温部件
	49	2Cr13	淬火状态下硬度较高,耐蚀性良好,作汽轮机叶片
	50	3Cr13	比2Cr13淬火后硬度高,作刃具、喷嘴、阀座、阀门等
	51	Y3Cr13	改善3Cr13切削性能的钢种
	52	3Cr13Mo	做较高硬度及高耐磨性的热油泵轴、阀片、阀门轴承、医疗器械、弹簧等零件
	53	4Cr13	做较高硬度及高耐磨性的热油泵轴、阀片、阀门轴承、医疗器械、弹簧等零件
	54	1Cr17Ni2	具有较高强度的耐硝酸及有机酸腐蚀的零件、容器和设备
	55	7Cr17	硬化状态下,坚硬,但不8Cr1711Cr17韧性高,做刃具、阀门
	56	8Cr17	硬化状态下,比7Cr17硬,而比11Cr17韧性高,做刃具、阀门
	57	9Cr18	不锈机片机械刃具及剪切刀具、手术刀片、高耐磨设备零件等
马氏体型	58	Y11Cr17	比11Cr17提高了切削性的钢种,自动车床用
	59	11Cr17	在所有不锈钢中,耐热钢中,硬度最高。作喷嘴、轴承
	60	9Cr18Mo	轴承套圈及滚动体用的高碳铬不锈钢
	61	9Cr18MoV	不锈机片机械刃具及剪切工具、手术刀、高耐磨设备零件等
沉淀硬化物	62	0Cr17Ni4Cu4Nb	添加铜的沉淀硬化型钢种,轴类、汽轮机部件
	63	0Cr17Ni7Al	添加铜的沉淀硬化型钢种,作弹簧、垫、计量器等部件
	64	0Cr15Ni7Mo2Al	用于有一定耐蚀要求的高强度容器、零件及结构件

表2-134　不锈钢的中外牌号对照

中国 GB/T 1220	国际标准 ISO	前苏联 OCT	美国		日本 JIS	德国 DIN	英国 BS	法国 NF
			ASTM AISI	UNS				
1Cr17Mn6Ni5N	A-2	—	201	S20100	SUS201	—	—	—
1Cr18Mn8Ni5N	A-3	12X17r9AH4	202	S20200	SUS202	—	184S16	—
1Cr18Mn10Ni5-Mo3N	—	—	—	—	—	—	—	—
1Cr17Ni7	14	—	301	S30100	SUS301	X12CrNi177	301S21	Z12CN17.07
1Cr18Ni9	12	12X18H9	302	S30200	SUS302	X12CrNi188	302S25 302X31	Z10CN18.09
Y1Cr18Ni9	17	—	303	S30300	SUS303	X12CrNiS188	303S21 303S31	Z10CNF18.09
Y1Cr18Ni9Se	17a	12\18H10E	303Se	S30323	SUS303Se	—	303S41 303S42	—
0Cr18Ni9	11	08X18H10	304	S30400	SUS304	X5CrNi189	304S15 304S31	Z6CN18.09 Z7Cn18.09
00Cr19Ni10	10,X2CrNi1810	03X18H11	304L	S30403	SUS304L	X2CrNi189	304S12 304S11	Z2CN18.09 Z3CN19.09
0Cr19Ni9N	—	—	304N	S30451	SUS304N1		304N, S30451	—
0Cr19Ni10NbN	—	—	XM21	S30452	SUS304N2			—

续表

中国 GB/T 1220	国际标准 ISO	前苏联 OCT	美国 ASTM AISI	美国 UNS	日本 JIS	德国 DIN	英国 BS	法国 NF
00Cr18Ni10N	10N,X2Cr NiN1810	—	—	—	SUS304LN	X2CrNiN1810	—	ZCN18.10N
1Cr18Ni12	13,X7CrNi189	12X18H12T	305	S30500	SUS305	X5CrNi1911	305S19	Z8CN18.12
0Cr23Ni13	—	—	309S	S30908	SUS309S	—	—	Z15CN23-B
0Cr25Ni20	—	—	310S	S31008	SUS310S	—	310S31 310S24	Z8CN25-20
0Cr17Ni12Mo2	20,20a X5CrNiMo1712 X5CrNiMo1713	08X17H13M2T	316	S31600	SUS316	X5CrNiMo1810 X5CrNiMo17122	316S16 316S31	Z6CND17.12 27CND18-12-03, 316F00
1Cr18Ni12-Mo2Ti	21,X6CrNiMo Ti1712	10X17H13M2T	—	—	—	X10CrNiMoTi1810 X6CrNiMoTi7122	320S17 320S31	Z8CNDT17.12
0Cr18Ni12-Mo2Ti	21,X6CrNiMo Ti1712	08X17H13M2T	—	—	—	X10CrNiMoTi1810 X2CrNiMo18143	320S17 320S31	Z6CNDT17.12
00Cr17Ni14Mo2	19,19a	03X17H13M2	316L	S31603	SUS316L	X2CrNiMo1810	316S12 316S13	Z2CND17.12 Z3CND18-14-03
0Cr17Ni12-Mo2N	—	—	316N	S31651	SUS316N	—	—	—
00Cr17Ni13-Mo2N	19N,19aNX2Cr NiMoN1713	—	—	—	SUS316LN	X2CrNiMoN1812 X2CrNiMoN17133	—	Z2CND17.12N

续表

中国 GB/T 1220	国际标准 ISO	前苏联 OCT	美国 ASTM AISI	美国 UNS	日本 JIS	德国 DIN	英国 BS	法国 NF
0Cr18Ni12-Mo2Cu2	—	—	—	—	SUS316J1	—	—	—
0Cr18Ni14-Mo2Cu2	—	—	—	—	SUS316J1L	—	—	—
0Cr19Ni13Mo3	25	08X17H15M3T	317	S31700	SUS317	X5CrNiMo17133	317S16 316S33	—
00Cr19Ni13Mo3	24	03X16H15M3	317L	S31703	SUS317L	X2CrNiMo1816	317S12 316S13	Z2CND19.15 Z3CND18-14-03
1Cr18Ni12-Mo3Ti	X6CrNiMoTi1712	10X17H13M3T	—		—			—
0Cr18Ni12-Mo3Ti	21X6CrNiMoTi1712	08X17H15M3T			—	X6CrNiMoTi17122	320S31 320S17	—
0Cr18Ni16Mo5		—	—		SUS317J1		—	—
1Cr18Ni9Ti	X7CrNiTiX6CrNiTi1810	12X18H10T				X10CrNiT189	321S12 321S31	Z6CNT18.10
0Cr18Ni10Ti	15X6CrNiTi1810	08X18H10T	321	S32100	SUS321	X10CrNi189	321S12 321S20	Z6CNT18.10
0Cr18Ni11Nb	16XCrNiNb1810	08X18H12Б	347	S34700	SUS347	X10CrNiNb189	347S17 347S31	Z6CNNb18.10

续表

中国 GB/T 1220	国际标准 ISO	前苏联 OCT	美国 ASTM AISI	美国 UNS	日本 JIS	德国 DIN	英国 BS	法国 NF
0Cr18Ni9Cu3	D32	—	XM7	—	SUSXM7	—	—	Z6CNU18.10 Z3CNU18.10
0Cr18Ni13Si4	—	—	XM15	S38100	SUSXM15J1	—	—	—
0Cr26Ni5Mo2	—	—	—	—	SUS329J1	—	—	—
1Cr18Ni11Si4-AlTi	—	15X18H12C4TIO	—	—	—	—	—	—
00Cr18Ni5-Mo3Si2	—		—	—	—	—	—	—
0Cr13Al	2	—	405	S40500	SUS405	X7CrAl13	405S17	Z6CA13
00Cr12	—	—	—	—	SUS410L	—	—	Z3CT12
1Cr17	8	12X17	430	S43000	SUS430	X8Cr17 X6Cr17	430S15 430S17	Z8C17 430F00
Y1Cr17	8a	—	430F	S43020	SUS430F	X12CrMoS17	—	Z10CF17
1Cr17Mo	9c	—	434	S43400	SUS434	X6CrMo17	434S19	Z8CD17.01
00Cr30Mo2	—	—	—	—	SUS447J1	—	—	—
00Cr27Mo	—	—	XM27	S44625	SUSXM27	—	—	Z01CD26.1
1Cr12	3	—	403	S40300	SUS403	X6Cr13	403S17 410S21	Z10C13, 403F00
1Cr13	3	12X13	410	S41000	SUS410	X10Cr13	410S17	Z12C13
0Cr13	1	08X13	410S	S41008	SUS410S	X7Cr13	416S21	Z6C13

续表

中国 GB/T 1220	国际标准 ISO	前苏联 OCT	美国 ASTM AISI	美国 UNS	日本 JIS	德国 DIN	英国 BS	法国 NF
1Y1Cr13	7	—	416	S41600	SUS416	X12CrS13	—	Z11CF13 Z12CF13
1Cr13Mo	—	—	—	—	SUS410J1	X15CrSMo13	420S37	—
2Cr13	4	20X13	420	S42000	SUS420J1	X20Cr13	420S45	Z20C13 420F20
3Cr13	5	30X13	420S45	—	SUS420J2	X30Cr13	—	Z33C13, Z30C13
Y3Cr13	—	—	420F	S42020	SUS420F	—	—	Z30CF16
3Cr13Mo	—	—	—	—	—	—	431S29	—
4Cr13	5	40X13	—	—	SUS420J2	X40Cr13 X38Cr13	—	Z40C13
1Cr17Ni2	9	14X17H2	431	S43100	SUS431	X22CrNi17	—	Z15CN16-02
7Cr17	—	—	440A	S44002	SUS440A	—	—	—
8Cr17	—	—	440B	S44003	SUS440B	—	—	—
9Cr18	—	95X18	440C	S44004	SUS440C	X105CrMo17	—	Z100CD17
11Cr17	A-1b	—	440C	S44004	SUS440C		—	Z100CD17
Y11Cr17	—	—	440F	S44020	SUS440F		—	—
9Cr18Mo	A-1b	—	440C	S44044	SUS440C		—	—

续表

中国 GB/T 1220	国际标准 ISO	前苏联 OCT	美国 ASTM AISI	美国 UNS	日本 JIS	德国 DIN	英国 BS	法国 NF
9Cr18MoV	—	—	440B	—	SUS440B	X90CrMoV18	—	Z6CND17.12
0Cr17Ni4Cu4Nb	1	—	630	S17400	SUS630	—	—	Z6CNU17.04
0Cr17Ni7Al	2	09X17H7IO	631	S17700	SUS631	X7CrNiAl177	—	Z8CNA17.7
0Cr15Ni7Mo2Al	3	—	632	S15700	—	—	—	Z8CND15.7

(2)耐热钢(GB/T1221-2007)。

耐热钢的牌号和化学成分见表2-135。奥氏体型、铁素体型耐热钢的热处理制度及力学性能见表2-136。马氏体耐热钢的热处理制度及力学性能见表2-137。沉淀硬化型耐热钢的热处理制度及力学性能见表2-138。耐热钢的特性和应用见表2-139。耐热钢的中外牌号对照见表2-140。

表 2-135 耐热钢的牌号和化学成分

类型	序号	牌号	化学成分(质量分数)(%)										
			C	Si	Mn	P	S	Ni	Cr	Mo	V	N	其他
奥氏体型	1	5Cr21Mn9Ni4N	0.48~0.58	≤0.35	8.00~10.00	≤0.040	≤0.030	3.25~4.50	20.00~22.00	—	—	0.35~0.50	—
	2	2Cr21Ni12N	0.15~0.28	0.75~1.25	1.00~1.60	≤0.035	≤0.030	10.50~12.50	20.00~22.00	—	—	0.15~0.30	—
	3	2Cr23Ni13	≤0.20	≤1.00	≤2.00	≤0.035	≤0.030	12.00~15.00	22.00~24.00	—	—	—	—

续表

类型	序号	牌号	化学成分（质量分数）（%）										
			C	Si	Mn	P	S	Ni	Cr	Mo	V	N	其他
	4	2Cr25Ni20	≤0.25	≤1.50	≤2.00	≤0.035	≤0.030	19.00~22.00	24.00~26.00	—	—	—	—
	5	1Cr16Ni35	≤0.15	≤1.50	≤2.00	≤0.035	≤0.030	33.00~37.00	11.00~17.00	—	—	—	—
	6	0Cr15Ni25Ti2MoAl1VB	≤0.08	≤1.00	≤2.00	≤0.035	≤0.030	24.00~27.00	13.50~16.00	1.00~1.50	0.10~0.50	—	Ti1.90~2.35 Al≤0.35 B0.001~0.010
奥氏体型	7	0Cr18Ni9	≤0.07	≤1.00	≤2.00	≤0.035	≤0.030	8.00~11.00	17.00~19.00	—	—	—	—
	8	0Cr23Ni13	≤0.08	≤1.00	≤2.00	≤0.035	≤0.030	12.00~15.00	22.00~24.00	—	—	—	—
	9	0Cr25Ni20	≤0.08	≤1.50	≤2.00	≤0.035	≤0.030	19.00~22.00	24.00~26.00	—	—	—	—
	10	0Cr17Ni12Mo2	≤0.08	≤1.00	≤2.00	≤0.035	≤0.030	10.00~14.00	16.00~18.00	2.00~3.00	—	—	—
	11	4Cr14Ni14W2Mo	0.40~0.50	≤0.80	≤0.70	≤0.035	≤0.030	13.00~15.00	13.00~15.00	0.25~0.40	—	—	W2.00~2.75
	12	3Cr18Mn12Si2N	0.22~0.30	1.40~2.20	10.50~12.50	≤0.060	≤0.030	—	17.00~19.00	—	—	0.22~0.33	—

续表

类型	序号	牌号	化学成分(质量分数)(%)										
			C	Si	Mn	P	S	Ni	Cr	Mo	V	N	其他
	13	2Cr20Mn9Ni2Si2N	0.17~0.25	1.80~2.70	8.50~11.00	≤0.060	≤0.030	2.00~3.00	18.00~21.00	—	—	0.20~0.30	—
	14	0Cr19Ni13Mo3	≤0.08	≤1.00	≤2.00	≤0.035	≤0.030	11.00~15.00	18.00~20.00	3.00~4.00	—	—	—
	15	1Cr18Ni9Ti④	≤0.12	≤1.00	≤2.00	≤0.035	≤0.030	8.00~11.00	17.00~19.00	—	—	—	Ti5×(C%－0.02~0.080)
奥氏体型	16	0Cr18Ni10Ti	≤0.08	≤1.00	≤2.00	≤0.035	≤0.030	9.00~12.00	17.00~19.00	—	—	—	Ti≥5×C
	17	0Cr18Ni11Nb	≤0.08	≤1.00	≤2.00	≤0.035	≤0.030	9.00~13.00	17.00~19.00	—	—	—	Nb≥10×C
	18	0Cr18Ni13Si4	≤0.08	3.00~5.00	≤2.00	≤0.035	≤0.030	11.50~15.00	15.00~20.00	—	—	—	①
	19	1Cr20Ni14Si2	≤0.20	1.50~2.50	≤1.50	≤0.035	≤0.030	12.00~15.00	19.00~22.00	—	—	—	—
	20	1Cr25Ni20Si2	≤0.20	1.50~2.50	≤1.50	≤0.035	≤0.030	18.00~21.00	24.00~27.0	—	—	—	—
	21	2Cr25N	≤0.20	≤1.00	≤1.50	≤0.040	≤0.030	—	23.00~27.00	—	—	≤0.25	②

续表

类型	序号	牌号	化学成分(质量分数)(%)										
			C	Si	Mn	P	S	Ni	Cr	Mo	V	N	其他
奥氏体型	22	0Cr13Al	≤0.08	≤1.00	≤1.00	≤0.040	≤0.030	—	11.50~14.50	—	—	—	Al0.10~0.30
	23	00Cr12	≤0.030	≤1.00	≤1.00	≤0.040	≤0.030	—	11.00~13.00	—	—	—	—
	24	1Cr17	≤0.12	≤0.75	≤1.00	≤0.040	≤0.030	—	16.00~18.00	—	—	—	—
	25	1Cr5Mo	≤0.15	≤0.50	≤0.60	≤0.035	≤0.030	≤0.60	4.00~6.00	0.45~0.60	—	—	—
	26	4Cr9Si2	0.35~0.50	2.00~3.00	≤0.70	≤0.035	≤0.030	≤0.60	8.00~10.00	—	—	—	—
	27	4Cr10Si2Mo	0.35~0.45	1.90~2.60	≤0.70	≤0.035	≤0.030	≤0.60	9.00~10.50	0.70~0.90	—	—	—
铁素体型	28	8Cr20Si2Ni	0.75~0.85	1.75~2.25	0.20~0.60	≤0.035	≤0.03	1.15~1.65	19.00~20.50	—	—	—	—
	29	1Cr11MoV	0.11~0.18	≤0.50	≤0.60	≤0.035	≤0.030	≤0.60	10.00~11.50	0.50~0.70	0.25~0.40	—	—
	30	1Cr12Mo	0.10~0.15	≤0.50	0.30~0.50	≤0.035	≤0.030	0.30~0.50	11.50~13.00	0.30~0.60	—	—	②

251

续表

类型	序号	牌号	化学成分（质量分数）（%）										
			C	Si	Mn	P	S	Ni	Cr	Mo	V	N	其他
铁素体型	31	2Cr12MoVNbN	0.15~0.20	≤0.50	0.50~1.00	≤0.035	≤0.030	③	10.00~13.00	0.30~0.90	0.10~0.40	0.05~0.10	Nb0.20~0.60
	32	1Cr12WMoV	0.12~0.18	≤0.50	0.50~0.90	≤0.035	≤0.030	0.40~0.80	11.00~13.00	0.50~0.70	0.18~0.30	—	W0.70~1.10
	33	2Cr12NiMoWV	0.20~0.25	≤0.50	0.50~1.00	≤0.035	≤0.030	0.50~1.00	11.00~13.00	0.75~1.25	0.20~0.40	—	W0.70~1.25
马氏体型	34	1Cr13	≤0.15	≤1.00	≤1.00	≤0.035	≤0.030	③	11.50~13.50	—	—	—	—
	35	1Cr13Mo	0.08~0.18	≤0.60	≤1.00	≤0.035	≤0.030	③	11.50~14.00	—	—	—	②
	36	2Cr13	0.16~0.25	≤1.00	≤1.00	≤0.035	≤0.030	③	12.00~14.00	—	—	—	—
	37	1Cr17Ni2	0.11~0.17	≤0.80	≤0.80	≤0.035	≤0.030	1.50~2.50	16.00~18.00	—	—	—	—
	38	1Cr11Ni2W2MoV	0.10~0.16	≤0.60	≤0.60	≤0.035	≤0.030	1.40~1.80	10.50~12.00	0.35~0.50	0.18~0.30	—	W1.50~2.00
沉淀硬化型	39	0Cr17Ni4Cu4Nb	≤0.07	≤1.00	≤1.00	≤0.035	≤0.030	3.00~5.00	15.50~17.50	—	—	—	Cu3.00~5.00; Nb0.15~0.45
	40	0Cr17Ni7Al	≤0.09	≤1.00	≤1.00	≤0.035	≤0.030	6.50~7.75	16.00~18.00	—	—	—	Cu≤0.50; Al0.75~1.50

表2-136 奥氏体型、铁素体型耐热钢的热处理制度及力学性能

类型	序号	牌号	热处理/℃	拉伸试验				冲击实验	硬度试验		
				$\sigma_{0.2}$/MPa	σ_b/MPa	δ_5/(%)	φ/(%)	A_k/J	HBS	HRB	HV
				≥							
奥氏体型	1	5Cr21Mn9Ni4N	固溶1100~1200快冷,时效730~780空冷	560	885	8	—	—	≥302	—	—
	2	2Cr21Ni2N	固溶1050~1150快冷,时效750~800空冷	430	820	26	20	—	≤269	—	—
	3	2Cr23Ni20	固溶1030~1150快冷	205	560	45	50	—	≤201	—	—
	4	2Cr25Ni20	固溶1030~1180快冷	205	590	40	50	—	≤201	—	—
	5	1Cr16Ni35	固溶1030~1180快冷	205	560	40	50	—	≤201	—	—
	6	0Cr15Ni25Ti2MoAlVB	固溶885~915或965~995快冷,时效700~760,16h空冷或缓冷	590	900	15	18	—	≥248	—	—
	7	0Cr18Ni9	固溶1010~1150快冷	205	520	40	60	—	≤187	—	—
	8	0Cr23Ni13	固溶1030~1150快冷	205	520	40	60	—	≤187	—	—
	9	0Cr25Ni20	固溶1030~1180快冷	205	520	40	50	—	≤187	—	—
	10	0Cr17Ni12Mo2	固溶1010~1150快冷	205	520	40	60	—	≤187	—	—
	11	4Cr14Ni14W2Mo	退火820~850快冷	315	705	20	35	—	≤248	—	—
	12	3Cr18Mn12Si2N	固溶1100~1150快冷	390	680	35	45	—	≤248	—	—
	13	2Cr20Mn9Ni2Si2N	固溶1100~1150快冷	390	635	35	45	—	≤248	—	—

续表

类型	序号	牌号	热处理/℃	拉伸试验				冲击实验	硬度试验		
				$\sigma_{0.2}$/MPa	σ_b/MPa	δ_5/(%)	φ/(%)	A_k/J	HBS	HRB	HV
				≥							
奥氏体型	14	0Cr19Ni13Mo3	固溶 1010~1150 快冷	205	540	40	60	—	≤187	—	—
	15	1Cr18Ni9Ti	固溶 920~1150 快冷	205	520	40	50	—	≤187	—	—
	16	0Cr18Ni10Ti	固溶 920~1150 快冷	205	520	40	50	—	≤187	—	—
	17	0Cr18Ni11Nb	固溶 980~1150 快冷	205	520	40	50	—	≤187	—	—
	18	0Cr18Ni13Si4	固溶 1010~1150 快冷	205	520	40	60	—	≤207	—	—
	19	1Cr20Ni14Si2	固溶 1080~1130 快冷	295	590	35	50	—	≤187	—	—
	20	1Cr25Ni20Si2	固溶 1080~1130 快冷	295	590	35	50	—	≤187	—	—
铁素体型	21	2Cr25N	退火 780~880 快冷	275	510	20	40	—	≤201	—	—
	22	0Cr13Al	退火 780~830 空冷或缓冷	177	410	20	60	—	≥183	—	—
	23	00Cr12	退火 780~830 空冷或缓冷	196	365	22	60	—	≥183	—	—
	24	1Cr17	退火 780~850 空冷或缓冷	205	450	22	50	—	≥183	—	—

注：1. 对于 1Cr18Ni9Ti、0Cr18Ni10Ti 和 0Cr18Ni11Nb 根据需方要求可进行稳定化处理，此时的热处理温度为 850~930℃。
2. 1Cr18Ni9Ti 与 0Cr18Ni10Ti 牌号，其力学性能指标一致，需方可根据耐腐蚀性的差别进行选用。

表 2-137　马氏体耐热钢的热处理制度及力学性能

类型	序号	牌号	热处理/℃			退火后的硬度 HBS	经淬回火的力学性能							
			退火/℃	淬火/℃	回火/℃		拉伸试验				冲击实验	硬度试验		
							$\sigma_{0.2}$/MPa ≥	σ_b/MPa ≥	δ_5/(%) ≥	φ/(%) ≥	A_k/J	HBS	HRB	HV
马氏体型	25	1Cr5Mo	—	900~950 油冷	600~700 空冷	≤200	390	590	18	—	—	—	—	—
	26	4Cr9Si2	—	1020~1040 油冷	700~780 油冷	≤269	590	885	19	50	—	—	—	—
	27	4Cr10Si2Mo	—	1010~1040 油冷	120~160 空冷	≤269	685	885	10	35	—	—	—	—
	28	8Cr20Si2Ni	800~900 缓冷 或约720 空冷	1030~1080 油冷	100~800 快冷	≤321	685	885	10	15	8	≥262	—	—
	29	1Cr11MoV	—	1050~1100 空冷	720~740 空冷	≤200	490	685	16	55	47	—	—	—
	30	1Cr12Mo	800~900 缓冷 或约750 快冷	950~1000 油冷	700~750 快冷	≤255	650	685	18	60	78	217~248	—	—
	31	2Cr12MoVNbN	850~950 缓冷	1100~1170 油冷或空冷	600 以上空冷	≤269	685	835	15	30	—	≤321	—	—
	32	1Cr12WMoV	—	1000~1050 油冷	680~700 空冷	—	585	735	15	45	47	—	—	—

续表

类型	序号	牌号	热处理/℃			退火后的硬度 HBS	经淬回火的力学性能							
			退火/℃	淬火/℃	回火/℃		拉伸试验				冲击实验	硬度试验		
							$\sigma_{0.2}$/MPa $\geqslant$	σ_b/MPa	δ_5/(%)	φ/(%)	A_k/J	HBS	HRB	HV
马氏体型	33	2Cr12NiMoWV	830~900 缓冷	1020~1070 油冷或空冷	600以上空冷	≤269	735	885	10	25	—	≤341	—	—
	34	1Cr13	800~900 或约750 快冷	950~1000 油冷	700~750 快冷	≤200	345	540	25	55	78	≥150	—	—
	35	1Cr13Mo	800~900 或约750 快冷	970~1020 油冷	650~750 快冷	≤200	490	685	20	60	78	≥192	—	—
	36	2Cr13	800~900 或约750 快冷	920~980 油冷	600~750 快冷	≤223	440	635	20	50	63	≥192	—	—
	37	1Cr17Ni2	—	950~1050 油冷	275~350 空冷	≤285	—	1080	10	—	39	—	—	—
	38	1Cr11Ni2 W2MoV	—	1组 1000~1020 正火 1000~1020 油冷或空冷 2组 1000~1020 正火 1000~1020 油冷或空冷	660~710 油冷或空冷 540~600 油冷或空冷	≤269	735 1080	885 1080	15 12	55 50	71 55	269~321 311~388	—	—

表 2-138　沉淀硬化型耐热钢的热处理制度及力学性能

类型	序号	牌号	热处理		拉伸试验				冲击实验	硬度试验		
			种类	条件	$\sigma_{0.2}$/MPa	σ_b/MPa	δ_5/(%)	φ/(%)	A_k/J	HBS	HRB	HV
沉淀硬度型	39	0Cr17Ni14Cu4Nb	固溶	1020~1060℃快冷	—	—	—	—	—	≤363	≤38	—
			480℃时效	经固溶处理后,470~490℃空冷	≥1180	≥1310	≥10	≥40	—	≥375	≥40	—
			550℃时效	经固溶处理后,540~560℃空冷	≥1000	≥1060	≥12	≥45	—	≥331	≥35	—
			580℃时效	经固溶处理后,570~590℃空冷	≥865	≥1000	≥13	≥45	—	≥302	≥31	—
			620℃时效	经固溶处理后,610~630℃空冷	≥725	≥930	≥16	≥50	—	≥277	≥28	—
	40	0Cr17Ni7Al	固溶	1000~1100℃快冷	≥380	≥1030	≥20	—	—	≤229	—	—
			565℃时效	经固溶处理后,(760±15)℃保持90min,在1h内冷却到15℃以下,保持30min,再加热到(565±10)℃,保持70min后空冷	≥960	≥1140	≥5	≥25	—	≥363	—	—
			510℃时效	经固溶处理后,(955±10)℃保持10min,空冷到室温,在24h内冷却到(-73±6)℃保持8h,再加热到(510±10)℃,保持60min后空冷	≥1030	≥1230	≥4	≥10	—	≥388	—	—

表 2-139 耐热钢的特性和应用

牌号	特性和应用
5Cr21Mn9Ni4N	以要求高温强度为主的汽油及柴油机用排气阀
2Cr21Ni12N	以抗氧化为主的汽油及柴油机用排气阀
2Cr23Ni13	承受 980℃ 以下反复加热的抗氧化钢。加热炉部件，重油燃烧器
2Cr25Ni20	承受 1035℃ 以下反复加热的抗氧化钢，炉用部件、喷嘴、燃烧室
1Cr16Ni35	抗渗碳、抗氮化性好的钢种，1035℃ 以下反复加热。炉用钢材、石油裂解装置
0Cr15Ni25Ti2MoA1VB	耐 700℃ 高温的汽轮机转子、螺栓、叶片、轴
0Cr18Ni9	通用耐氧化钢，可承受 870℃ 以下反复加热
0Cr23Ni13	比 0Cr18Ni9 耐氧化性好，可承受 980℃ 以下反复加热。炉用材料
0Cr25Ni20	比 0Cr23Ni13 抗氧化性好，可承受 1035℃ 加热。炉用材料、汽车净化装置用材料
0Cr17Ni14W2Mo2	高温具有优良的蠕变强度，作热交换用部件，高温耐蚀螺栓
4Cr14Ni14W2Mo	有较高的热强性，用于内燃机重负荷排气阀
3Cr18Mn12Si2N	有较高的高温强度和一定的抗氧化性，并且有较好的抗硫及抗增碳性。用于吊挂支架，渗碳炉构件，加热炉传送带、料盘、炉爪
2Cr20Mn9Ni2N	特性和用途同 3Cr18Mn12Si2N，还可用于盐浴坩埚和加热炉管道等
0Cr19Ni13Mo3	高温具有良好的蠕变强度，作热交换用部件
1Cr18Ni9Ti	有良好的耐热性及抗腐蚀性，作加热炉管、燃烧室筒体、退火炉罩
0Cr18Ni10Ti	作在 400～900℃ 腐蚀条件下使用的部件，高温用焊接结构部件
0Cr18Ni11Nb	作在 400～900℃ 腐蚀条件下使用的部件，高温用焊接结构部件
0Cr18Ni13Si4	具有与 0Cr25Ni20 相当的抗氧化性，汽车排气净化装置用材料
1Cr20Ni14Si2 1Cr25Ni20Si2	具有较高的高温强度及抗氧化性，对含硫气氛较敏感，在 600～800℃ 有析出相的脆化倾向，适于制作承受应力的各种炉用构件
2Cr25N	耐高温腐蚀性强，1082℃ 以下不产生易剥落的氧化皮，用于燃烧室

牌号	特性和应用
0Cr13Al	由于冷却硬化少,做燃气化机叶片、退火箱、淬火台架
00Cr12	耐高温氧化,作要求焊接的部件、汽车排气阀净化装置、锅炉燃烧室、喷嘴
1Cr17	作 900℃以下耐氧化部件、散热器、炉用部件、油喷嘴
1Cr5Mo	能抗石油裂化过程中产生的腐蚀。作再热蒸气管、石油裂解管、锅炉吊架、汽轮机汽缸衬套、泵的零件、阀、活塞杆、高压加氢设备部件、紧固件
4Cr9Si2	有较高的热强性,作内燃机进气阀、轻负荷发动机的排气阀
4Cr10Si2Mo	有较高的热强性,作内燃机进气阀、轻负荷发动机的排气阀
8Cr20Si2Ni	做耐磨性为主的吸气、排气阀、阀座
1Cr11MoV	有较高的热强性,良好的减振性及组织稳定性。用于蜗轮机叶片机导向叶片
1Cr12Mo	做汽轮机叶片
2Cr12MoVNbN	做汽轮机叶片、盘、叶轮轴、螺栓
1Cr12WMoV	有较高的热强性,良好的减振性及组织稳定性。用于蜗轮机叶片、紧固件、转子及轮盘
1Cr13	做高温结构部件,汽轮机叶片、叶轮、螺栓
1Cr13Mo	做 800℃以下、高温、高压蒸气用机械部件
2Cr13	淬火状态下硬度高,耐蚀性良好。汽轮机叶片
1Cr17Ni2	做具有较高程度的耐硝酸及机酸腐蚀的零件、容器和设备
1Cr11Ni2W2MoV	具有良好韧性和抗氧化性能,在淡水和湿空气中有较好的耐蚀性
0Cr17Ni4Cu4Nb	做燃起透平压缩机叶片,燃气轮发动机绝缘材料
0Cr17Ni7Al	做高温弹簧、膜片、固定器、波纹管

表2-140　耐热钢的中外牌号对照

中国 GB/T 1221	国际标准 ISO	原苏联 ГОСТ	美国 ASTM AISI	美国 UNS	日本 JIS	德国 DIN	英国 BS	法国 NF
5Cr21Mn9Ni4N	X53CrMnNiN2198		—		SUH35	X53CrMnNiN219	349S52	Z53CMN21.09AZ
2Cr21Ni12N	—		—	—	SUH37	—	381S34	C20CN21.12AZ
2Cr23Ni13	H16	20X23H12	309	S30900	SUH309	—	309S24	Z15CN24.13
2Cr25Ni20	—	20X25H20C2	310	S31000	SUH310	CrNi2520X12 CrNi25.21	310S24 310S31	Z12CN25.20
1Cr16Ni35	H17	—	330	N08330	SUH330	—	—	Z12NCS35.16
0Cr15Ni25Ti2-MoA1VB	—		660	K66286	SUH660	—	—	Z6NCTDV25.15B
0Cr18Ni9	11	08X18H10	304	S30400	SUS304	X5CrNi189	304S15	N6CN18.09
0Cr23Ni13	H14	—	309S	S30908	SUS309S	—	—	—
0Cr25Ni20	H15	—	310S	S31008	SUS310S	—	310S31	—
0Cr17Ni12Mo2	20.20a	08X17H13M2T	316	S31600	SUS316	X5CrNiMo1810	316S16 316S31	Z6CND17.12
4Cr14Ni14-W2Mo	—	45X14H14B2M	—	K66009	SUH31	—	331S42	Z35CNWS14.14
3Cr18Mn12-Si2N	—	—						
2Cr20MN9Ni2-Si2N	—	—						

续表

中国 GB/T 1221	国际标准 ISO	原苏联 ГОСТ	美国 ASTM AISI	美国 UNS	日本 JIS	德国 DIN	英国 BS	法国 NF
0Cr19Ni13Mo3	25	08X17H15M3T	317	S31700	SUS317	X5CrNiMo17133	317S16	—
1Cr18Ni9Ti	—	12X18H9T	—	—	—	X10CrNiTi189	321S20	Z10CnT18.10
0Cr18Ni10Ti	15	08X18H10T	321	S32100	SUS321	X10CrNiTi189	321S12 321S20	Z6CNT18.10
0Cr18Ni11Nb	16	08X18H12E	347	S34700	SUS347	X10CrNiNb189	347S17 347S31	ZCNNb18.10
0Cr18Ni13Si4	—	—	XM15	S38100	SUSXM15J1	—	—	—
1Cr20Ni14Si2	—	20X20H14C2	—	—	—	X15CrNiSi20.12	—	Z15CNS20.12 Z17CNS20.12
1Cr25Ni20Si2	—	20X25H20C2	314	S31400	—	X15CrNiSi25.20	310S24	Z12CNS25.20 Z15CNS25.20
2Cr25N	H7	—	446	S44600	SUH446	—	—	—
0Cr13Al	2	—	405	S40500	SUS405	X6CrAl113 X7CrAl13	405S17	Z6CA13
00Cr12	—	—	—	—	SUS410L	—	—	Z3CT12
1Cr17	8	12X17	430	S43000	SUS430	X6CR17 X8Cr17	430S15	Z8C17

续表

中国 GB/T 1221	国际标准 ISO	原苏联 ГОСТ	美国 ASTM AISI	美国 UNS	日本 JIS	德国 DIN	英国 BS	法国 NF
1Cr5Mo	—	15X5M	502	S50200	—	—	—	—
4Cr9Si2	X45CrSi93	40X9C2	—	K65007	SUH1	X45CrSi93	401S45	Z45CS9
4Cr10Si2Mo	2	40X10C2M	—	K64005	SUH3	X40CrSi Mo102	Z40CSD10	Z40CSD10
8Cr20Si2Ni	4	—	44S65	—	SUH4	X80CrNiSi20	443S65	Z80CNS20.02
1Cr12MoV	—	15X11MΦ	—	—	—	—	—	—
1Cr12Mo	X12CrMo126	—	—	—	SUS410J1	—	—	—
2Cr12MoVNbN	—	—	—	—	SUH600	X19CrMoV-NbN11.1	—	Z20CdNbV11
1Cr12WMoV	—	15X12BHMΦ	—	—	—	—	—	—
2Cr12NiMoWv	—	20X12BHMΦ	616	—	SUH616	X20CrMo WV12.1	—	—
1Cr13	3	12X13	410	S41000	SUS410	X10Cr13 X15Cr13	410S21	Z12C13 Z13C13
1Cr13Mo	X12CrMo126	—	—	—	SUS410J1	X15CrMo13	—	—
2Cr13	4	20X13	420	S42000	SUS420J1	X20Cr13	420S37	Z20C13 420F20

续表

中国 GB/T 1221	国际标准 ISO	原苏联 ГОСТ	美国		日本 JIS	德国 DIN	英国 BS	法国 NF
			ASTM AISI	UNS				
1Cr17Ni2	9	14Х17Н2	431	S43100	SUS431	X22CrNi17 X20CrNi72	431S29	Z15CN16.02
1Cr11Ni2W2-MoV	—	11Х11Н2В2МФ	—	—	—	—	—	—
0Cr17Ni4Cu4Nb	1	—	630	S17400	SUS630	X5CrNiCu Nb17.4	—	Z6CNU17.04
0Cr17Ni7Al	2	09Х17Н7Ю	631	S17700	SUS631	X7CrNiAl177	—	N8CNA17.7

第三章 钢铁型材

第一节 型 钢

一、盘条(线材)

1. 热轧盘条综合(GB/T 14981—2004)

(1)适用范围:适用于直径为5.5~30mm各类钢的圆盘条。

(2)尺寸规格见表3-1。

(3)精度等级见表3-2。

(4)盘重见表3-3。

表3-1 热轧盘条的尺寸规格

直径 /mm	横截面积 /mm²	理论重量 /(kg/m)	直径 /mm	横截面积 /mm²	理论重量 /(kg/m)
5.5	23.8	0.187	14.5	165.1	1.296
6.0	28.3	0.222	15.0	176.7	1.387
6.5	33.2	0.260	15.5	188.7	1.481
7.0	38.5	0.302	16.0	201.1	1.578
7.5	44.2	0.347	17.0	227.0	1.782
8.0	50.3	0.395	18.0	254.5	1.998
8.5	56.7	0.445	19.0	283.5	2.226
9.0	63.6	0.499	20.0	314.2	2.466
9.5	70.9	0.556	21.0	346.4	2.719
10.0	78.5	0.617	22.0	380.1	2.984
10.5	86.6	0.680	23.0	415.5	3.261
11.0	95.0	0.746	24.0	452.4	3.551
11.5	103.9	0.815	25.0	490.9	3.853
12.0	113.1	0.888	26.0	530.9	4.168
12.5	122.7	0.963	27.0	572.6	4.495
13.0	132.7	1.042	28.0	615.8	4.834
13.5	143.1	1.124	29.0	660.5	5.185
14.0	153.9	1.208	30.0	706.9	5.549

注:1. 密度按 7.85 g/cm³ 计算

2. 根据需方要求,可供应其他尺寸的盘条。

表 3-2　热轧盘条精度等级

直径/mm	A 级精度		B 级精度		C 级精度	
	允许的尺寸偏差	圆度	允许的尺寸偏差	圆度	允许的尺寸偏差	圆度
5. 5～10. 0	±0. 40	≤0. 50	±0. 30	≤0. 40	±0. 15	≤0. 24
10. 5～14. 5	±0. 45	≤0. 60	±0. 35	≤0. 48	±0. 20	≤0. 32
15. 0～25. 0	±0. 50	≤0. 70	±0. 40	≤0. 56	±0. 25	≤0. 40
26. 0～30. 0	±0. 60	≤0. 80	±0. 45	≤0. 64	±0. 30	≤0. 48

注:精度等级应在合同中注明,否则按 A 级精度供货。

表 3-3　热轧盘条的重量

组别	重量/(kg/盘)	组别	重量/(kg/盘)
Ⅰ	60～<500	Ⅳ	1500～<2000
Ⅱ	500～<1000	Ⅴ	≥2000
Ⅲ	1000～<1500		

注:1. 每批盘条允许有 5%的盘数(不足两盘的允许有两盘)由两根组成。其中Ⅰ组的每根重量不小于 20 kg,其余组的每根重量不小于 100 kg。

2. 根据需方要求,可供应其他盘重的盘条。

2. 低碳钢热轧圆盘条(GB/T 701—2008)

(1)用途:用于拉丝、建筑及其他一般用途;

(2)分类。根据用途,可分两类:

①用于拉丝,代号为:L

②用于建筑和其他,代号为:J。

(3)尺寸规格:尺寸规格符合表 3-1 的规定。

(4)牌号:Q195、Q195C、Q215A、Q215B、Q215C、Q235A、Q235B、Q235C。

3. 优质碳素钢热轧盘条（GB/T 4354—2008）

(1)用途:制造碳素弹簧钢丝、油淬火回火碳素钢弹簧钢丝、预应力钢丝、强度优质碳素钢结构钢丝、镀锌钢丝、镀锌钢绞线及钢丝绳用碳素钢丝。

(2)尺寸规格:符合 GB/T 14981《热轧盘条》的规定。

(3)牌号:用 GB/T 699《优质碳素结构钢》中的 20～80 钢、40Mn～70Mn。

4. 不锈钢盘条（GB/T 4356—2002）

(1)用途:用于制造不锈钢丝、不锈弹簧钢丝、不锈顶锻钢丝和不锈钢丝绳。

(2)尺寸规格:见表 3-4。

(3)牌号:0Cr18Ni2、0Cr16Ni8、0Cr17Ni8Al。

（4）交货状态。盘条以酸洗后交货。马氏体型钢盘条退火并酸洗后交货。

表 3-4 不锈钢盘条的尺寸规格　单位：mm

直径	允许的上、下偏差	圆度≤
5.5～16.0	±0.50	0.5

二、圆钢、方钢、六角钢及八角钢

1. 热轧圆钢、方钢（GB/T 702—2004）

（1）用途：用于直径为 5.5～250 mm 的热轧圆钢和边长为 5.5～200 mm 的热轧方钢。

（2）尺寸规格见表 3-5。

（3）尺寸精度表 3-6。

表 3-5　热轧圆钢、方钢的尺寸规格

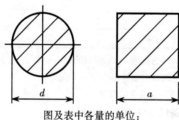

图及表中各量的单位：

长度：mm；　　　　　　　　　　截面面积：cm²；

理论重量：kg/m（理论重量按密度 7.85 g/cm³ 计算）

直径 d 或 对边距 a	圆钢		方钢	
	截面面积	理论重量	截面面积	理论重量
5.5	0.237	0.187	0.30	0.237
6	0.283	0.222	0.36	0.283
6.5	0.332	0.260	0.42	0.332
7	0.385	0.302	0.49	0.385
8	0.503	0.395	0.64	0.502
9	0.636	0.499	0.81	0.636
10	0.785	0.617	1.00	0.785
*11	0.950	0.746	1.2	0.950
12	1.131	0.888	1.4	1.13

直径 d 或	圆钢		方钢	
对边距 a	截面面积	理论重量	截面面积	理论重量
13	1.327	1.04	1.7	1.33
14	1.539	1.21	2.0	1.54
15	1.767	1.39	2.3	1.77
16	2.011	1.58	2.6	2.01
17	2.27	1.78	2.9	2.27
18	2.545	2.00	3.2	2.54
19	2.835	2.23	3.6	2.83
20	3.142	2.47	4.0	3.14
21	3.464	2.72	4.4	3.46
22	3.801	2.98	4.8	3.80
*23	4.155	3.26	5.3	4.15
24	4.524	3.55	5.8	4.52
25	4.909	3.85	6.3	4.91
26	5.309	4.17	6.8	5.31
*27	5.726	4.49	7.3	5.72
28	6.158	4.83	7.8	6.15
*29	6.605	5.19	8.4	6.60
30	7.069	5.55	9.0	7.07
*31	7.548	5.92	9.6	7.54
32	8.042	6.31	10.2	8.04
*33	8.553	6.71	10.9	8.55
34	9.079	7.13	11.6	9.07
*35	9.621	7.55	12.3	9.62
36	10.18	7.99	13.0	10.2
38	11.34	8.90	14.4	11.3
40	12.57	9.86	16.0	12.6
42	13.85	10.9	17.6	13.8
45	15.9	12.5	20.3	15.9
48	18.1	14.2	23.0	18.1
50	19.64	15.4	25.0	19.6
53	22.06	17.3	28.1	22.1

直径 d 或对边距 a	圆钢		方钢	
	截面面积	理论重量	截面面积	理论重量
* 55	23.76	18.7	30.3	23.7
56	24.63	19.3	31.4	24.6
* 58	26.42	20.7	33.6	26.4
60	28.27	22.2	36.0	28.3
63	31.17	24.5	39.7	31.2
* 65	33.18	26.0	42.3	33.2
* 68	36.32	28.5	46.2	36.3
70	38.48	30.2	49.0	38.5
75	44.18	34.7	56.3	44.2
80	50.27	39.5	64.0	50.2
85	56.75	44.5	72.3	56.7
90	63.62	49.9	81.0	63.6
95	70.88	55.6	90.3	70.8
100	78.54	61.7	100	78.5
105	86.59	68.0	110	86.5
110	95.03	74.6	121	95.0
115	103.9	81.5	132	104
120	113.1	88.8	144	113
125	122.7	96.3	156	123
130	132.7	104	169	133
140	153.9	121	196	154
150	176.7	139	225	177
160	201.1	158	256	201
170	227.0	178	289	227
180	254.5	200	324	254
190	283.5	223	361	283
200	314.2	247	400	314
220	380.1	298	484	380
250	490.9	385	625	491

注:表中带"＊"号的规格,不推荐使用。

表 3-6 热轧圆钢、方钢的精度等级与允许偏差

直径 d 或 对边距 a	精度等级			圆钢		方钢	
	1 组	2 组	3 组	直径 d	圆度	在同一截面内，任何两边边长之差≤对边距公差的50%	当边长<50时，方钢对角线长度≥边长1.33倍
	允许的偏差（±）						
5.5～7.0	0.20	0.30	0.40	≤40	≤直径公差的50%		
8～20	0.25	0.35	0.40				
21～30	0.30	0.40	0.50				
31～50	0.40	0.50	0.60	>40～85	≤直径公差的70%	在同一截面内，两对角线长度之差≤对边距公差的70%	当边长≥50时，方钢对角线长度≥边长1.29倍
53～80	0.60	0.70	0.80				
85～110	0.90	1.00	1.10				
115～150	1.2	1.30	1.40	>85	≤直径公差的75%		
160～190	—	—	2.00				
200～250	—	—	2.50				

2. 热轧六角钢和八角钢（GB/T 705—1989）

（1）适用范围：用于对边距离为 8～70 mm 的热轧六角钢和对边距离为 16～40 mm 的热轧八角钢。

（2）尺寸规格见表 3-7。

（3）尺寸精度见表 3-8。

表 3-7 热轧六角钢和八角钢的尺寸规格

图及表中各量的单位：

长度：mm；　　　　　　截面面积：cm²；

理论重量：kg/m（理论重量按密度 7.85 g/cm³ 计算）

对边距 a	六角钢		八角钢	
	截面积	理论重量	截面积	理论重量
8	0.55	0.435	—	—
9	0.70	0.551	—	—
10	0.87	0.680		

对边距 a	六角钢		八角钢	
	截面积	理论重量	截面积	理论重量
11	1.05	0.823	—	—
12	1.25	0.979	—	—
13	1.46	1.15	—	—
14	1.70	1.33	—	—
15	1.95	1.53	—	—
16	2.22	1.74	2.12	1.66
17	2.50	1.96	—	—
18	2.81	2.20	2.683	2.16
19	3.13	2.45	—	—
20	3.46	2.72	3.312	2.6
21	3.82	3.00	—	—
22	4.19	3.29	4.008	3.15
23	4.58	3.60	—	—
24	4.99	3.92	—	—
25	5.41	4.25	5.175	4.06
26	5.85	4.60	—	—
27	6.31	4.96	—	—
28	6.79	5.33	6.492	5.1
30	7.79	6.12	7.452	5.85
32	8.87	6.96	8.479	6.66
34	10.01	7.86	9.572	7.51
36	11.22	8.81	10.731	8.42
38	12.51	9.82	11.956	9.39
40	13.86	10.88	13.25	10.4
42	15.28	11.99	—	—
45	17.54	13.77	—	—
48	19.95	15.66	—	—
50	21.65	17.00	—	—
53	24.33	19.10	—	—

对边距 a	六角钢		八角钢	
	截面积	理论重量	截面积	理论重量
56	27.16	21.32	—	—
58	29.13	22.87	—	—
60	31.18	24.47	—	—
63	34.37	26.98	—	—
65	36.59	28.72	—	—
68	40.05	31.44	—	—
70	42.44	33.31	—	—

注:钢的通常长度为:普通钢 3～8 m,优质钢 2～6 m。

表 3-8 热轧六角钢、八角钢的允许偏差

对边距 a	精度等级		
	1组	2组	3组
	允许的偏差(±)		
8～20	0.25	0.35	0.40
21～30	0.30	0.40	0.50
32～58	0.40	0.50	0.60
60～70	0.60	0.70	0.80

3. 冷拉圆钢、方钢、六角钢(GB/T 905—1994)

(1)用途:适用于尺寸为 3～80mm 的冷拉圆钢、方钢、六角钢。

(2)尺寸规格见表格 3-9。

(3)尺寸精度见表 3-10、表 3-11。

表 3-9 冷拉圆钢、方钢、六角钢的尺寸规格

 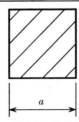 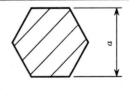

图及表中各量的单位:

长度:mm; 截面面积:cm²;

理论重量:kg/m(理论重量按密度 7.85g/cm³ 计算,高合金钢用相应牌号的密度计算)

续表

直径 d 或对边距 a	圆钢		方钢		六角钢	
	截面面积	理论重量	截面面积	理论重量	截面面积	理论重量
3.0	7.069	0.056	9.000	0.0706	7.794	0.0612
3.2	8.04	0.063	10.24	0.080	8.87	0.070
3.5	9.62	0.076	12.25	0.096	10.61	0.083
4.0	12.57	0.099	16.00	0.126	13.86	0.109
4.5	15.91	0.125	20.25	0.159	17.54	0.138
5.0	19.64	0.154	25.00	0.196	21.65	0.170
5.5	23.76	0.187	30.25	0.237	26.20	0.206
6.0	28.28	0.222	36.00	0.283	31.18	0.245
6.3	31.17	0.245	39.69	0.312	34.37	0.270
7.0	38.49	0.302	49.00	0.385	42.43	0.333
7.5	44.18	0.347	56.25	0.442	—	—
8.0	50.27	0.395	64.00	0.502	55.42	0.435
8.5	56.75	0.445	72.25	0.567	—	—
9.0	63.62	0.499	81.00	0.636	70.15	0.551
9.5	70.89	0.556	90.25	0.708	—	—
10.0	78.54	0.617	100.0	0.785	86.60	0.680
10.5	86.60	0.680	110.3	0.865	—	—
11.0	95.04	0.746	121.0	0.950	104.8	0.823
11.5	103.9	0.815	132.3	1.04	—	—
12.0	113.1	0.888	144.0	1.13	124.7	0.979
13.0	132.7	1.04	169.0	1.33	146.4	1.15
14.0	153.9	1.21	196.0	1.54	169.7	1.33
15.0	176.7	1.39	225.0	1.77	194.9	1.53
16.0	201.1	1.58	256.0	2.01	221.7	1.74
17.0	227.0	1.78	289.0	2.27	250.3	1.96
18.0	254.5	2.00	324.0	2.54	280.6	2.20
19.0	283.5	2.23	361.0	2.83	312.6	2.45
20.0	314.2	2.47	400.0	3.14	346.4	2.72
21.0	346.4	2.72	441.0	3.46	381.9	3.00

直径 d 或 对边距 a	圆钢		方钢		六角钢	
	截面面积	理论重量	截面面积	理论重量	截面面积	理论重量
22.0	380.2	2.98	484.0	3.80	419.1	3.29
24.0	452.4	3.55	576.0	4.52	498.8	3.92
25.0	490.9	3.85	625.0	4.91	541.3	4.25
26.0	531.0	4.17	676.0	5.31	585.4	4.60
28.0	615.8	4.83	784.0	6.15	678.9	5.33
30.0	706.9	5.55	900.0	7.07	779.4	6.12
32.0	804.3	6.31	1024	8.04	886.8	6.96
34.0	908.0	7.13	1156	9.07	1001	7.86
35.0	962.2	7.55	1225	9.62	—	—
36.0	—	—	—	—	1122	8.81
38.0	1134	8.90	1444	11.3	1251	9.82
40.0	1257	9.87	1600	12.6	1386	10.9
42.0	1386	10.9	1764	13.8	1528	12.0
45.0	1591	12.5	2025	15.9	1754	13.8
48.0	1810	14.2	2304	18.1	1995	15.7
50.0	1964	15.4	2500	19.6	2165	17.0
52.0	2124	16.7	2704	21.2	2342	18.4
55.0	—	—	—	—	2620	20.6
56.0	2463	19.3	3136	24.6	—	—
60.0	2828	22.2	3600	28.3	3118	24.5
63.0	3117	24.5	3969	31.2	—	—
65.0	—	—	—	—	3659	28.7
67.0	3526	27.7	4489	35.2	—	—
70.0	3849	30.2	4900	38.5	4243	33.3
75.0	4418	34.7	5625	44.2	4871	38.2
80.0	5027	39.5	6400	50.2	5542	43.5

表 3-10 冷拉圆钢、方钢、六角钢的尺寸精度 (单位:mm)

直径 d 或 对边距 a	精度等级					
	h8	h9	h10	h11	h12	h13
	允许的下偏差(上偏差为 0)					
3	−0.014	−0.025	−0.04	−0.06	−0.10	−0.14
3.2~6	−0.018	−0.03	−0.048	−0.075	−0.12	−0.18
6.3~10	−0.022	−0.036	−0.058	−0.09	−0.15	−0.22
10.5~18	−0.027	−0.043	−0.07	−0.11	−0.18	−0.27
19~30	−0.033	−0.052	−0.084	−0.13	−0.21	−0.33
32~50	−0.039	−0.062	−0.10	−0.16	−0.25	−0.39
52~80	−0.046	−0.074	−0.12	−0.19	−0.3	−0.46

表 3-11 冷拉圆钢、方钢、六角钢的精度等级适用范围

截面积形状	圆钢	方钢	六角钢
适用级别	8、9、10、11、12	10、11、12、13	10、11、12、13

4. 银亮钢(GB/T 3207—1988)

(1)适用范围:用于表面精加工,直径为 0.6~80 mm 银亮圆钢和钢丝。

(2)尺寸规格见表 3-12。

(3)尺寸精度见表 3-13。

表 3-12 银亮钢的尺寸规格

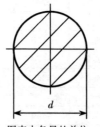

图表中各量的单位:

直径 d:mm; 截面面积:cm²;

理论重量:kg/m(理论重量按密度 7.85 g/cm³ 计算)

圆钢直径 d	截面面积	理论重量	圆钢直径 d	截面面积	理论重量
0.60	0.283	2.220	0.80	0.503	3.95
0.63	0.312	2.447	0.90	0.636	4.99
0.70	0.385	3.021	1.00	0.785	6.17

圆钢直径 d	截面面积	理论重量	圆钢直径 d	截面面积	理论重量
1.10	0.950	7.46	13.0	133	1042
1.20	1.13	8.88	14.0	154	1208
1.40	1.54	12.08	15.0	177	1387
1.50	1.77	13.87	16.0	201	1578
1.60	2.01	15.78	17.0	227	1782
1.80	2.54	19.98	18.0	254	1998
2.00	3.14	24.66	19.0	284	2226
2.20	3.80	29.84	20.0	314	2466
2.50	4.91	38.53	21.0	346	2719
2.80	6.16	48.34	22.0	380	2984
3.00	7.07	55.49	24.0	452	3551
3.20	8.04	63.13	25.0	491	3853
3.50	9.62	75.53	26.0	531	4168
4.00	12.6	98.6	28.0	616	4834
4.50	15.9	124.8	30.0	707	5549
5.00	19.6	154.1	32.0	804	6313
5.50	23.8	186.5	33.0	855	6714
6.00	28.3	222.0	34.0	908	7127
6.30	31.2	244.7	35.0	962	7553
7.0	38.5	302.1	36.0	1018	7990
7.5	44.2	346.8	38.0	1134	8903
8.0	50.3	395	40.0	1257	9865
8.5	56.7	445	42.0	1385	10876
9.0	63.6	499	45.0	1590	12485
9.5	70.9	556	48.0	1810	14205
10.0	78.5	617	50.0	1964	15413
10.5	86.6	680	53.0	2206	17319
11.0	95.0	746	55.0	2376	18650
11.5	104	815	56.0	2463	19335
12.0	113	888	58.0	2642	20740

圆钢直径 d	截面面积	理论重量	圆钢直径 d	截面面积	理论重量
60.0	2827	22195	70.0	3848	30210
63.0	3117	24470	75.0	4418	34680
65.0	3318	26049	80.0	5027	39458
68.0	3632	28509			

注:银亮钢的交货状态分为:抛光(代号为 P)、磨光(M)、磨拉(ML)及切削(Q)。交货状态应在合同中注明,否则按切削或磨光状态交货。

表 3-13 银亮钢直径的尺寸精度 (单位:mm)

直径	精度等级				
	h7	h8	h9	h10	h11
	允许的下偏差(上偏差为 0)				
0.6~1.0	−0.008	−0.010	−0.020	−0.028	−0.042
1.1~3.0	−0.010	−0.014	−0.024	−0.040	−0.060
3.2~6.0	−0.012	−0.018	−0.030	−0.048	−0.075
6.3~10	−0.015	−0.022	−0.036	−0.058	−0.09
10.5~18	−0.018	−0.027	−0.043	−0.070	−0.11
19~30	−0.021	−0.033	−0.052	−0.084	−0.13
32~50	−0.025	−0.039	−0.062	−0.100	−0.16
53~80	−0.030	−0.046	−0.074	−0.120	−0.19

注:供需双方在合同中注明银亮钢直径精度等级,否则按 h11 级交货。

5. 标准件用碳素热轧圆钢(GB/T 715—1989)

(1)用途:制造冷顶锻或热顶锻螺钉、螺母、螺栓和铆钉。

(2)尺寸规格见表 3-14。

(3)允许偏差见表 3-15。

(4)牌号:BL2、BL3。

表 3-14 标准件用碳素钢热扎圆钢的尺寸规格

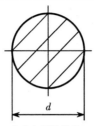

表中各量的单位：

直径 d : mm；　　　截面面积 : cm^2 ；

理论重量 : kg/m (理论重量按密度 7.85 g/cm^3 计算)

直径	截面面积	理论重量	直径	截面面积	理论重量
5.5	23.76	0.187	22.0	380.1	2.98
6.0	28.27	0.222	23.0	415.5	3.26
6.5	33.18	0.260	24.0	452.4	3.55
7.0	38.48	0.302	25.0	490.9	3.85
8.0	50.27	0.395	26.0	530.9	4.17
9.0	63.62	0.499	27.0	572.6	4.49
10.0	78.54	0.617	28.0	615.8	4.83
11.0	95.03	0.746	29.0	660.5	5.19
12.0	113.1	0.888	30.0	706.9	5.55
13.0	132.7	1.04	31.0	754.8	5.92
14.0	153.9	1.21	32.0	804.2	6.31
15.0	176.7	1.39	33.0	855.3	6.71
16.0	201.1	1.58	34.0	907.9	7.13
17.0	227.0	1.78	35.0	962.1	7.55
18.0	254.5	2.00	36.0	1017.9	7.99
19.0	283.5	2.23	38.0	1134.1	8.90
20.0	314.2	2.47	40.0	1256.6	9.86
21.0	346.4	2.72			

表 3-15 标准件用碳素钢热轧圆钢的直径允许偏差　　（单位 : mm）

圆钢直径	5.5～7	8～20	21～30	31～40
允许偏差	±0.30	±0.35	±0.40	±0.50

注：圆钢的圆度不大于直径公差的 0.5 倍。

三、扁钢

1. 热轧扁钢(GB/T 704—1988)

(1)用途:用于厚度为3～60 mm,宽度为10～150 mm,截面为矩形的一般用途热轧扁钢。

(2)尺寸规格见表3-16。

(3)尺寸精度见表3-17。

表3-16 热轧扁钢尺寸规格

宽度/mm	厚度/mm										
	3	4	5	6	7	8	9	10	11	12	14	16
	理论重量/(kg/m)(密度7.85 g/cm³)										
10	0.24	0.31	0.39	0.47	0.55	0.63	—	—	—	—	—	—
12	0.28	0.38	0.47	0.57	0.66	0.75	—	—	—	—	—	—
14	0.33	0.44	0.55	0.66	0.77	0.88	—	—	—	—	—	—
16	0.38	0.50	0.63	0.75	0.88	1.00	1.13	1.26	—	—	—	—
18	0.42	0.57	0.71	0.85	0.99	1.13	1.27	1.41	—	—	—	—
20	0.47	0.63	0.79	0.94	1.10	1.26	1.41	1.57	1.73	1.88	—	—
22	0.52	0.69	0.86	1.04	1.21	1.38	1.55	1.73	1.90	2.07	—	—
25	0.59	0.79	0.98	1.18	1.37	1.57	1.77	1.96	2.16	2.36	2.75	3.14
28	0.66	0.88	1.10	1.32	1.54	1.76	1.98	2.20	2.42	2.64	3.08	3.52
30	0.71	0.94	1.18	1.41	1.65	1.88	2.12	2.36	2.59	2.83	3.30	3.77
32	0.75	1.00	1.26	1.51	1.76	2.01	2.26	2.51	2.76	3.01	3.52	4.02
35	0.82	1.10	1.37	1.65	1.92	2.20	2.47	2.75	3.02	3.30	3.85	4.40
40	0.94	1.26	1.57	1.88	2.20	2.51	2.83	3.14	3.45	3.77	4.40	5.02
45	1.06	1.41	1.77	2.12	2.47	2.83	3.18	3.53	3.89	4.24	4.95	5.65
50	1.18	1.57	1.96	2.36	2.75	3.14	3.53	3.93	4.32	4.71	5.50	6.28
55		1.73	2.16	2.59	3.02	3.45	3.89	4.32	4.75	5.18	6.04	6.91
60		1.88	2.36	2.83	3.30	3.77	4.24	4.71	5.18	5.65	6.59	7.54
65		2.04	2.55	3.06	3.57	4.08	4.59	5.10	5.61	6.12	7.14	8.16
70		2.20	2.75	3.30	3.85	4.40	4.95	5.50	6.04	6.59	7.69	8.79
75		2.36	2.94	3.53	4.12	4.71	5.30	5.89	6.48	7.07	8.24	9.42
80		2.51	3.14	3.77	4.40	5.02	5.65	6.28	6.91	7.54	8.79	10.05
85			3.34	4.00	4.67	5.34	6.01	6.67	7.34	8.01	9.34	10.68

宽度/mm	厚度/mm										
	3	4	5	6	7	8	9	10	11	12	14	16
	理论重量/(kg/m)(密度7.85 g/cm³)										
90			3.53	4.24	4.95	5.65	6.36	7.07	7.77	8.48	9.89	11.30
95			3.73	4.47	5.22	5.97	6.71	7.46	8.20	8.95	10.44	11.93
100			3.93	4.71	5.50	6.28	7.07	7.85	8.64	9.42	10.99	12.56
105			4.12	4.95	5.77	6.59	7.42	8.24	9.07	9.89	11.54	13.19
110			4.32	5.18	6.04	6.91	7.77	8.64	9.50	10.36	12.09	13.82
120			4.71	5.65	6.59	7.54	8.48	9.42	10.36	11.30	13.19	15.07
125			—	5.89	6.87	7.85	8.83	9.81	10.79	11.78	13.74	15.7
130			—	6.12	7.14	8.16	9.18	10.21	11.23	12.25	14.29	16.33
140			—	—	7.69	8.79	9.89	10.99	12.09	13.19	15.39	17.58
150			—	—	8.24	9.42	10.60	11.78	12.95	14.13	16.49	18.84

宽度/mm	厚度/mm												
	18	20	22	25	28	30	32	36	40	45	50	56	60
	理论重量/(kg/m)(密度7.85 g/cm³)												
30	4.24	4.71		—	—	—	—	—	—	—	—	—	—
32	4.52	5.02		—	—	—	—	—	—	—	—	—	—
35	4.95	5.50	6.04	6.87	7.69	—	—	—	—	—	—	—	—
40	5.65	6.28	6.91	7.85	8.79	—	—	—	—	—	—	—	—
45	6.36	7.07	7.77	8.83	9.89	10.60	11.30	12.72	—	—	—	—	—
50	7.07	7.85	8.64	9.81	10.99	11.78	12.56	14.13	—	—	—	—	—
55	7.77	8.64	9.50	10.79	12.09	12.95	13.82	15.54	—	—	—	—	—
60	8.48	9.42	10.36	11.78	13.19	14.13	15.07	16.96	18.84	21.20	—	—	—
65	9.18	10.21	11.23	12.76	14.29	15.31	16.33	18.37	20.41	22.96	—	—	—
70	9.89	10.99	12.09	13.74	15.39	16.49	17.58	19.78	21.98	24.73	—	—	—
75	10.60	11.78	12.95	14.72	16.49	17.66	18.84	21.20	23.55	26.49	—	—	—
80	11.30	12.56	13.82	15.70	17.58	18.84	20.10	22.61	25.12	28.26	31.40	35.17	—
85	12.01	13.35	14.68	16.68	18.68	20.02	21.35	24.02	26.69	30.03	33.36	37.37	40.04
90	12.72	14.13	15.54	17.66	19.78	21.20	22.61	25.43	28.26	31.79	35.33	39.56	42.39
95	13.42	14.92	16.41	18.64	20.88	22.37	23.86	26.85	29.83	33.56	37.29	41.76	44.75
100	14.13	15.70	17.27	19.63	21.98	23.55	25.12	28.26	31.40	35.33	39.25	43.96	15.70

宽度 /mm	厚度/mm												
	18	20	22	25	28	30	32	36	40	45	50	56	60
	理论重量/(kg/m)(密度 7.85 g/cm³)												
105	14.84	16.49	18.13	20.61	23.08	24.73	26.38	29.67	32.97	37.09	41.21	46.16	16.49
110	15.54	17.27	19.00	21.59	24.18	25.91	27.63	31.09	34.54	38.86	43.18	48.36	17.27
120	16.96	18.84	20.72	23.55	26.38	28.26	30.14	33.91	37.68	42.39	47.10	52.75	18.84
125	17.66	19.63	21.59	24.53	27.48	29.44	31.40	35.33	39.25	44.16	49.06	54.95	19.63
130	18.37	20.41	22.45	25.51	28.57	30.62	32.66	36.74	40.82	45.92	51.03	57.15	20.41
140	19.78	21.98	24.18	27.48	30.77	32.97	35.17	39.56	43.96	49.46	54.95	61.54	21.98
150	21.20	23.55	25.91	29.44	32.97	35.33	37.68	42.39	47.10	52.99	58.88	65.94	23.55

注:1. 非定尺寸的通常长度:①理论重量≤19 kg/m,长为 3~9 m;理论重量>19 kg/m,长为 3~7 m;②优质钢长为 2~6 m。

2. 热轧扁钢常用牌号 Q235-A、20、45、16Mn 等。

表3-17 热轧扁钢的尺寸精度

宽度/mm			厚度/mm			长度/mm	
尺寸	允许偏差		尺寸	允许偏差		尺寸	允许偏差
	普通级	较高级		普通级	较高级		
10~50	+0.5 -1.0	+0.3 -0.9	3~16	+0.3 -0.5	+0.2 -0.4	≤4	+30 0
51~75	+0.6 -1.3	+0.4 -1.2				>4~6	+50 0
76~100	+0.9 -1.8	+0.7 -1.7	>16~60	+1.5% -3.0%	+1.0% -2.5%		
101~200	+1.0 -2.0%	+0.8 -1.8%				≥6	+70 0

注:在同一截面任意两点测量的厚度差不大于厚度公差的一半。

2. 优质结构钢冷拉扁钢(YB/T 037—2005)

(1)适用范围:适用于矩形截面、厚度为 5~30 mm,宽度为 8~50 mm 的优质碳素结构钢和合金结构钢的冷拉扁钢。

(2)尺寸规格见表 3-18。

(3)允许偏差见表 3-19。

表 3-18 优质结构钢冷拉扁钢的尺寸规格

宽度/mm	厚度/mm														
	5	6	7	8	9	10	11	12	14	15	16	18	20	25	30
	理论重量/(kg/m)(密度 7.85 g/cm³)														
8	0.31	0.38	0.44												
10	0.39	0.47	0.55	0.63	0.71	—	—	—	—	—	—	—	—	—	—
12	0.47	0.57	0.66	0.75	0.85	0.94	1.04	—	—	—	—	—	—	—	—
13	0.51	0.61	0.71	0.82	0.92	1.02	1.12								
14	0.55	0.66	0.77	0.88	0.99	1.10	1.21	1.32	—						
15	0.59	0.71	0.82	0.94	1.06	1.18	1.30	1.41							
16	0.63	0.75	0.88	1.00	1.13	1.26	1.38	1.51	1.76		—	—	—	—	—
18	0.71	0.85	0.99	1.13	1.27	1.41	1.55	1.70	1.98	2.12	2.26	—	—	—	—
20	0.79	0.94	1.10	1.26	1.41	1.57	1.73	1.88	2.20	2.36	2.51	2.83	—	—	—
22	0.86	1.04	1.21	1.38	1.55	1.73	1.90	2.07	2.42	2.59	2.76	3.11	3.45	—	—
24	0.94	1.13	1.32	1.51	1.70	1.88	2.07	2.26	2.64	2.83	3.01	3.39	3.77		
25	0.98	1.18	1.37	1.57	1.77	1.96	2.16	2.36	2.75	2.94	3.14	3.53	3.93	—	
28	1.10	1.32	1.54	1.76	1.98	2.20	2.42	2.64	3.08	3.30	3.52	3.96	4.40	5.50	—
30	1.18	1.41	1.65	1.88	2.12	2.36	2.59	2.83	3.30	3.53	3.77	4.24	4.71	5.89	—
32		1.51	1.76	2.01	2.26	2.51	2.76	3.01	3.52	3.77	4.02	4.52	5.02	6.28	7.54
35		1.65	1.92	2.20	2.47	2.75	3.02	3.30	3.85	4.12	4.40	4.95	5.50	6.87	8.24
36		1.70	1.98	2.26	2.54	2.83	3.11	3.39	3.96	4.24	4.52	5.09	5.65	7.07	8.48
38			2.09	2.39	2.68	2.98	3.28	3.58	4.18	4.47	4.77	5.37	5.97	7.46	8.95
40			2.20	2.51	2.83	3.14	3.45	3.77	4.40	4.71	5.02	5.65	6.28	7.85	9.42
45			2.83	3.18	3.53	3.89	4.24	4.95	5.30	5.65	6.36	7.07	8.83	10.60
50				3.53	3.93	4.32	4.71	5.50	5.89	6.28	7.07	7.85	9.81	11.78

表 3-19 优质结构冷拉扁钢的尺寸精度 （单位:mm）

扁钢厚度及宽度	精度等级		
	h10	h11	h12
	允许下误差(上偏差为 0)		
≤6	−0.048	−0.075	−0.12
>6~10	−0.058	−0.09	−0.15
>10~18	−0.07	−0.11	−0.18
>18~30	−0.084	−0.13	−0.21
>30~50	−0.10	−0.16	−0.25

3. 塑料模具用扁钢(YB/T 094—1997)

(1)尺寸规格见表 3-20。

(2)尺寸精度见表 3-21、表 3-22。

(3)牌号见表 3-23。

(4)交货状态：

a. 非合金塑料模具扁钢以热轧状态交货,合金塑料模具扁钢以退火状态交货。

b. 根据需方要求,SM3Cr2Mo、SM3Cr2Ni1Mo、SM2Cr13 可以以预硬化状态供应钢材。

表 3-20 塑料模具用扁钢的尺寸规格

宽度 /mm	厚度/mm										
	25	30	37	40	45	55	68	75	85	95	105
	理论重量(kg/m)（密度 7.85 g/cm³）										
170	33.36	40.04	49.38	53.38	60.05	73.4	90.75	100.09	113.43	126.78	140.12
190	37.29	44.75	55.19	59.66	67.12	82.03	101.42	111.86	126.78	141.69	156.61
210	41.21	49.46	60.99	65.94	74.18	90.67	112.1	123.64	140.12	156.61	173.09
230	45.14	54.17	66.8	72.22	81.25	99.3	122.77	135.41	153.47	171.52	189.58
260	51.03	61.23	75.52	81.64	91.85	112.26	138.79	153.08	173.49	193.9	214.31
280	54.95	65.94	81.33	87.92	98.91	120.89	149.46	164.85	186.83	208.81	230.79
300	58.88	70.65	87.14	94.2	105.98	129.53	160.14	176.63	200.18	223.73	247.28
325	63.78	76.54	94.4	102.05	114.81	140.32	173.49	191.34	216.86	242.37	267.88
365	71.63	85.96	106.01	114.61	128.94	157.59	194.84	214.89	243.55	272.2	300.85
390	76.54	91.85	113.28	122.46	137.77	168.38	208.18	229.61	260.23	290.84	321.46
410	80.46	96.56	119.08	128.74	144.83	177.02	218.86	241.39	273.57	305.76	337.94

注:扁钢的通常长度为 2～6 m。

表 3-21 塑料模具用扁钢的尺寸精度 （单位:mm）

种类	宽度		厚度	
	尺寸	允许偏差	尺寸	允许偏差
轧制扁钢	170～140	±2%,(最大值不超过±6)	25～55	±1.2
			>55～85	±1.5
			>85～105	±2.5
锻制扁钢	170～210	±5	≤65	±2.5
	>210～410	协议	>65～105	协议

注:根据需方要求,可供全正偏差钢材,其偏差值为正负偏差绝对值之和。

表3-22 截面形状的允许误差C （单位:mm）

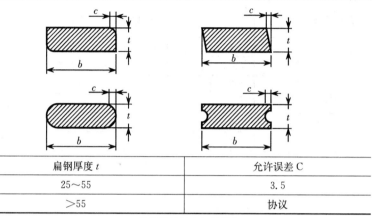

扁钢厚度 t	允许误差 C
25～55	3.5
＞55	协议

表3-23 塑料模具用扁钢的牌号

钢类	牌号
非合金钢	SM45、SM50、SM55
合金钢	SM1CrNi3、SM3Cr2Mo、SM3Cr2NiMo、SM2CrNi3MoAl1S、SM4Cr5MoSiV、SM4Cr5MoSiV1、SMCr12Mo1V1、SM2Cr13、SM3Cr17Mo、SM4Cr13

注:"SM"是塑料模具用扁钢中的"塑模"两汉字的拼音字母的首字母。

四、角钢

1. 热轧等边角钢(GB/T 9787—1988)

(1)尺寸规格见表3-24。

(2)尺寸精度见表3-25。

表3-24 热轧等边角钢的尺寸规格

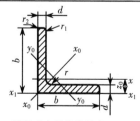

图及表中单位的尺寸：mm；

截面面积：cm²； 外表面积：m²/m

理论重量：kg/m（密度按 7.85g/ cm³ 计算）

角钢号数	尺寸/mm			截面面积	理论重量	外表面积
	b	d	r			
2.0	20	3	3.5	1.132	0.889	0.078
		4		1.459	1.145	0.077
2.5	25	3	3.5	1.432	1.124	0.098
		4		1.859	1.459	0.097
3.0	30	3	4.5	1.749	1.373	0.117
		4		2.276	1.787	0.117
3.6	36	3	4.5	2.109	1.656	0.141
		4		2.756	2.163	0.141
		5		3.382	2.655	0.141
4.0	40	3	5	2.359	1.852	0.157
		4		3.086	2.423	0.157
		5		3.792	2.977	0.156
4.5	45	3	5	2.659	2.088	0.177
		4		3.486	2.737	0.177
		5		4.292	3.369	0.176
		6		5.076	3.985	0.176
5.0	50	3	5.5	2.971	2.332	0.197
		4		3.897	3.059	0.196
		5		4.803	3.770	0.196
		6		5.688	4.465	0.196
5.6	56	3	6	3.343	2.624	0.221
		4		4.390	3.446	0.220
		5		5.415	4.251	0.220
		8		8.367	6.568	0.219
6.3	63	4	7	4.978	3.907	0.248
		5		6.143	4.822	0.248
		6		7.288	5.721	0.247
		8		9.515	7.469	0.247
		10		11.657	9.151	0.246

角钢号数	尺寸/mm			截面面积	理论重量	外表面积
	b	d	r			
7.0	70	4	8	5.570	4.372	0.275
		5		6.875	5.397	0.275
		6		8.160	6.406	0.275
		7		9.424	7.398	0.275
		8		10.667	8.373	0.274
(7.5)	75	5	9	7.412	5.818	0.295
		6		8.797	6.905	0.294
		7		10.160	7.976	0.294
		8		11.503	9.030	0.294
		10		14.126	11.089	0.293
8.0	80	5	9	7.912	6.211	0.315
		6		9.397	7.376	0.314
		7		10.860	8.525	0.314
		8		12.303	9.658	0.314
		10		15.126	11.874	0.313
9.0	90	6	10	10.637	8.350	0.354
		7		12.301	9.656	0.354
		8		13.944	10.946	0.353
		10		17.167	13.476	0.353
		12		20.306	15.940	0.352
10.0	100	6	12	11.932	9.367	0.393
		7		13.796	10.830	0.393
		8		15.639	12.276	0.393
		10		19.261	15.120	0.392
		12		22.800	17.898	0.391
		14		26.256	20.611	0.391
		16		29.627	23.257	0.390

角钢号数	尺寸/mm			截面面积	理论重量	外表面积
	b	d	r			
11.0	110	7	12	15.196	11.929	0.433
		8		17.239	13.532	0.433
		10		21.261	16.690	0.432
		12		25.200	19.782	0.431
		14		29.056	22.809	0.431
12.5	125	8	14	19.750	15.504	0.492
		10		24.373	19.133	0.491
		12		28.912	22.696	0.491
		14		33.367	26.193	0.490
14.0	140	10	14	27.373	21.488	0.551
		12		32.512	25.522	0.551
		14		37.567	29.490	0.550
		16		42.539	33.393	0.549
16.0	160	10	16	31.502	24.729	0.630
		12		37.441	29.391	0.630
		14		43.296	33.987	0.629
		16		49.067	38.518	0.629
18.0	180	12	16	42.241	33.159	0.710
		14		48.896	38.383	0.709
		16		55.467	43.542	0.709
		18		61.955	48.635	0.708
20.0	200	14	18	54.642	42.894	0.788
		16		62.013	48.680	0.788
		18		69.301	54.401	0.787
		20		76.505	60.056	0.787
		24		90.661	71.169	0.785

注:截面图中的 $r_1=1/3d$,表中 r 值的数据用于孔型设计,不作交货条件。

表 3-25　热轧等边角钢的尺寸精度和长度(单位:mm)

角钢号数	边宽 b /mm	边厚 d /mm	长度/m	角钢号数	边宽 b /mm	边厚 d /mm	长度/m
2～5.6	±0.8	±0.4	4～12	10～14	±1.8	±0.7	4～19
6.3～9	±1.2	±0.6	4～12	16～20	±2.5	±1.0	6～19

2. 热轧不等边角钢(GB/T 9788—1988)

(1)尺寸规格见表 3-26。

(2)尺寸精度见表 3-27。

表 3-26　热轧不等边角钢的尺寸规格

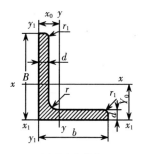

图及表中单位

尺寸:mm;　　截面面积:cm²;　　外表面积:m²/m;

理论重量:kg/m(密度按 7.85g/cm³计算)

角钢号数	尺寸				截面面积	理论重量	外表面积
	B	b	d	r			
2.5/1.6	25	16	3	3.5	1.162	0.912	0.08
			4		1.499	1.176	0.079
3.2/2	32	20	3		1.492	1.171	0.102
			4		1.939	1.522	0.101
4/2.5	40	25	3	4	1.89	1.484	0.127
			4		2.467	1.936	0.127
4.5/2.8	45	28	3	5	2.149	1.687	0.143
			4		2.806	2.203	0.143
5/3.2	50	32	3	5.5	2.431	1.908	0.161
			4		3.177	2.494	0.16

角钢号数	尺寸				截面面积	理论重量	外表面积
	B	b	d	r			
5.6/3.6	56	36	3	6	2.743	2.153	0.181
			4		3.59	2.818	0.18
			5		4.415	3.446	0.18
6.3/4	63	40	4	7	4.058	3.185	0.202
			5		4.993	3.92	0.202
			6		5.908	4.638	0.201
			7		6.802	5.339	0.201
7/4.5	70	45	4	7.5	4.547	3.57	0.226
			5		5.609	4.403	0.225
			6		6.647	5.218	0.225
			7		7.657	6.011	0.225
(7.5/5)	75	50	5	8	6.125	4.808	0.245
			6		7.26	5.699	0.245
			8		9.467	7.431	0.244
			10		11.59	9.098	0.244
8/5	80	50	5	8.5	6.375	5.005	0.255
			6		7.56	5.935	0.255
			7		8.724	6.848	0.255
			8		9.867	7.745	0.254
9/5.6	90	56	5	9	7.212	5.661	0.287
			6		8.557	6.717	0.286
			7		9.88	7.756	0.286
			8		11.183	8.779	0.286
10/6.3	100	63	6	10	9.617	7.55	0.32
			7		11.111	8.722	0.32
			8		12.584	9.878	0.319
			10		15.467	12.14	0.319

角钢号数	尺寸				截面面积	理论重量	外表面积
	B	b	d	r			
10/6.3	100	63	6	10	9.617	7.55	0.32
			7		11.111	8.722	0.32
			8		12.584	9.878	0.319
			10		15.467	12.14	0.319
10/8	100	80	6	10	10.64	8.35	0.35
			7		12.3	9.66	0.35
			8		13.94	10.95	0.35
			10		17.17	13.48	0.35
11/7	100	70	6	10	10.64	8.35	0.35
			7		12.3	9.66	0.35
			8		13.94	10.95	0.35
			10		17.17	13.48	0.35
12.5/8	125	80	7	11	14.1	11.07	0.4
			8		15.99	12.55	0.4
			10		19.71	15.47	0.4
			12		23.35	18.33	0.4
14/9	140	90	8	12	18.04	14.16	0.45
			10		22.26	17.48	0.45
			12		26.4	20.72	0.45
			14		30.46	23.91	0.45
16/10	160	100	10	13	25.32	19.87	0.51
			12		30.05	23.59	0.51
			14		34.71	27.25	0.51
			16		39.28	30.84	0.51
18/11	180	110	10	14	28.37	22.27	0.57
			12		33.71	26.46	0.57
			14		38.97	30.59	0.57
			16		44.14	34.65	0.57

续表

角钢号数	尺寸				截面面积	理论重量	外表面积
	B	b	d	r			
20/12.5	200	125	12		37.91	29.76	0.64
			14		43.87	34.44	0.64
			16		49.74	39.05	0.64
			18		55.53	43.59	0.64

表 3-27 热轧不等边角钢的允许偏差 （单位:mm）

角钢号数	边宽 B、b	边厚 d	长度	角钢号数	边宽 B、b	边厚 d	长度
2.5/1.6～5.6/3.6	±0.8	±0.4	4～12	10/6.3～14/9	±2.0	±0.7	4～19
6.3/4～9/5.6	±1.5	±0.6	4～12	16/10～20/12.5	±2.5	±1.0	6～19

3. 不锈钢热轧等边角钢(GB/T 4227—1984)

（1）尺寸规格见表 3-28。

（2）尺寸精度见表 3-29。

（3）牌号见表 3-30。

表 3-28 不锈钢热轧等边角钢的尺寸规格

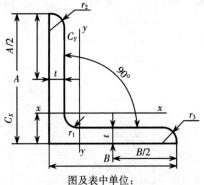

图及表中单位：

尺寸:mm； 截面面积:cm²； 外表面积:m²/m

理论重量:kg/m（密度按 7.85 g/ cm³ 计算）

标准截面尺寸					理论重量		
$A×B$	t	r_1	r_2、r_3	截面面积	A1、A2 A3、A4	A5、A6 A7	A8
20×20	3	4	2	1.13	0.89	0.90	0.87

标准截面尺寸					理论重量		
$A \times B$	t	r_1	r_2、r_3	截面面积	A1、A2 A3、A4	A5、A6 A7	A8
25×25	3	4	2	1.43	1.13	1.14	1.10
	4		3	1.84	1.46	1.47	1.41
30×30	3	4	2	1.73	1.37	1.38	1.33
	4		3	2.24	1.77	1.78	1.72
	5		3	2.75	2.18	2.19	2.11
	6		4	3.21	2.54	2.56	2.47
40×40	3	4.5	2	2.34	1.85	1.86	1.80
	4		3	3.05	2.45	2.46	2.38
	5		3	3.76	2.98	3.00	2.89
	6		4	4.42	3.61	3.63	3.51
50×50	4	6.5	3	3.89	3.09	3.11	3.00
	5		3	4.80	3.81	3.83	3.70
	6		4.5	5.64	4.48	4.50	4.35
60×60	5	6.5	3	5.80	4.60	4.63	4.47
	6		4	6.86	5.44	5.48	5.28
65×65	5	8.5	3	6.38	5.05	5.08	4.90
	6		4	7.53	5.97	6.01	5.80
	7		5	8.66	6.87	6.91	6.67
	8		6	9.76	7.74	7.79	7.52
70×70	6	8.5	4	8.13	6.44	6.49	6.26
	7		5	9.36	7.42	7.47	7.21
	8		6	10.56	8.37	8.43	8.13
75×75	6	8.5	4	8.73	6.92	6.96	6.72
	7		5	10.06	7.98	8.03	7.75
	8		6	11.36	9.01	9.07	8.75
	9		6	12.69	10.10	10.10	9.77

$A\times B$	t	r_1	r_2、r_3	截面面积	A1、A2 A3、A4	A5、A6 A7	A8
		标准截面尺寸			理论重量		
80×80	6	8.5	4	9.33	7.40	7.44	7.18
	7		5	10.76	8.53	8.59	8.29
	8		6	12.16	9.64	9.7	9.36
	9		6	13.59	10.8	10.8	10.5
90×90	8	10	6	13.82	11	11	10.9
	9		6	15.45	12.3	12.3	11.6
	10		7	17.00	13.5	13.6	13.1
100×100	8	10	6	15.42	12.2	12.3	11.9
	9		6	17.25	13.7	13.8	13.3
	10		7	19.00	15.1	15.2	14.6

注:表中种类代表如下:

A1 代表 1Cr18Ni9,A2 代表 0Cr19Ni9,A3 代表 00Cr19Ni11,A4 代表 0Cr18Ni11Ti,A5 代表 0Cr17Ni12Mo2,A6 代表 00Cr17Ni14Mo2,A7 代表 0Cr18Ni11Nb,A8 代表 1Cr17。

表 3-29　不锈钢热轧等边角钢的尺寸精度　　（单位:mm）

边 $A\times B$	边允许偏差	厚度 t							
		3	4	5	6	7	8	9	10
		厚度允许偏差							
20×20	±1.5	±0.4							
25×25	±1.5	±0.5	±0.5						
30×30	±2.0	±0.5	±0.5	±0.5	±0.5				
40×40	±2.0	±0.6	±0.6	±0.6	±0.6				
50×50	±2.0		±0.6	±0.6	±0.6				
60×60	±3.0			±0.6	±0.6				
65×65	±3.0			±0.6	±0.6	±0.7	±0.7		
70×70	±3.0				±0.7	±0.7	±0.7		
75×75	±3.0				±0.7	±0.7	±0.7	±0.7	
80×80	±3.0				±0.7	±0.7	±0.7	±0.7	
90×90	±3.0						±0.7	±0.7	±0.8
100×100	±4.0						±0.7	±0.7	±0.8

表 3-30 不锈钢热轧等边角钢的牌号

类 型	牌 号
奥氏体型钢	1Cr18Ni9、0Cr19Ni9、00Cr19Ni11、0Cr17Ni12Mo2、00Cr17Ni14Mo2、0Cr18Ni11Ti、0Cr18Ni11Nb
铁素体型钢	1Cr17

4. 热轧 L 型钢(GB/T 706—2008)

(1) 用途:用于造船、海洋工程结构及一般建筑结构等。

(2) 尺寸规格见表 3-31。

(3) 尺寸精度见表 3-32。

表 3-31 热轧 L 型钢的尺寸规格

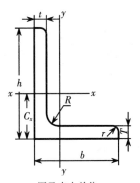

图及表中单位:

尺寸:mm; 截面面积:cm²;

理论重量:kg/m(密度按 7.85g/cm³计算)

型号	尺寸						截面面积 A	理论重量 M
	h	b	t	T	R	r		
L250×90×9×13			9	13			33.40	26.2
L250×90×10.5×15	250	90	10.5	15			38.50	30.3
L250×90×11.5×16			11.5	16	15	7.5	41.70	32.70
L300×100×10.5×15	300	100	10.5	15			45.30	35.60
L300×100×11.5×16			11.5	16			49.00	38.50

续表

型号	尺寸						截面面积 A	理论重量 M
	h	b	t	T	R	r		
L350×120×10.5×16	350	120	10.5	16	20	10	54.90	43.10
L350×120×11.5×18			11.5	18			60.40	47.40
L400×120×11.5×23	400	120	11.5	23			71.60	56.20
L450×120×11.5×25	450			25			79.50	62.40
L500×120×12.5×33	500	120	12.5	33			98.60	77.40
L500×120×13.5×35			13.5	35			105.00	82.20

注：1. 截面面积计算公式为：$A = ht + T(b-t) + 0.215(R^2 - r^2)$；

2. 型钢通常长度为 6~12 m。

3. 型钢直线度不大于其长度的 0.3%。

表 3-32　热轧 L 型钢面板厚度的允许偏差　（单位：mm）

面板厚度 T	≤20	>20~30	>30~35
允许偏差	+2.0 −0.4	+2.0 −0.5	+2.5 −0.6

五、工字钢、槽钢

1. 热轧工字钢（GB/T 706—1988）

(1) 尺寸规格见表 3-33。

(2) 尺寸精度见表 3-34。

表 3-33　热轧工字钢的尺寸规格

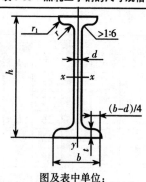

图及表中单位：

尺寸：mm；　　　截面面积：cm^2；

理论重量：kg/m（密度按 7.85g/cm^3 计算）

型号	尺寸						截面面积	理论重量
	h	b	d	t	r	r_1		
10	100	68	4.5	7.6	6.5	3.4	14.35	11.26
12.6	126	74	5.0	8.4	7.0	3.5	18.12	14.22
14	140	80	5.5	9.1	7.5	3.8	21.52	16.89
16	160	88	6.0	9.9	8.0	4.0	26.13	20.51
18	180	94	6.5	10.7	8.5	4.3	30.76	24.14
20a	200	100	7.0	11.4	9.0	4.5	35.58	27.93
20b		102	9.0	11.4	9.0	4.5	39.58	31.07
22a	220	110	7.5	12.3	9.5	4.8	42.13	33.07
22b		112	9.5	12.3	9.5	4.8	46.53	36.52
25a	250	116	8.0	13.0	10.0	5.0	48.54	38.11
25b		118	10.0	13.0	10.0	5.0	53.54	42.03
28a	280	122	8.5	13.7	10.5	5.3	55.40	43.49
28b		124	10.5	13.7	10.5	5.3	61.00	47.89
32a	320	130	9.5	15.0	11.5	5.8	67.16	52.72
32b		132	11.5	15.0	11.5	5.8	73.56	57.74
32c		134	13.5	15.0	11.5	5.8	79.96	62.77
36a	360	136	10.0	15.8	12.0	6.0	76.48	60.04
36b		138	12.0	15.8	12.0	6.0	83.68	65.69
36c		140	14.0	15.8	12.0	6.0	90.88	71.34
40a	400	142	10.5	16.5	12.5	6.3	86.11	67.60
40b		144	12.5	16.5	12.5	6.3	94.11	73.88
40c		146	14.5	16.5	12.5	6.3	102.11	80.16
45a	450	150	11.5	18.0	13.5	6.8	102.45	80.42
45b		152	13.5	18.0	13.5	6.8	111.45	87.49
45c		154	15.5	18.0	13.5	6.8	120.45	94.55
50a	500	158	12.0	20.0	14.0	7.0	119.30	93.65
50b		160	14.0	20.0	14.0	7.0	129.30	101.50
50c		162	16.0	20.0	14.0	7.0	139.30	109.35

续表

型号	尺寸						截面面积	理论重量
	h	b	d	t	r	r_1		
56a		166	12.5	21.0	14.5	7.3	135.44	106.32
56b	560	168	14.5	21.0	14.5	7.3	146.64	115.11
56c		170	16.5	21.0	14.5	7.3	157.84	123.90
63a		176	13.0	22.0	15.0	7.5	154.66	121.41
63b	630	178	15.0	22.0	15.0	7.5	167.26	131.30
63c		180	17.0	22.0	15.0	7.5	179.86	141.19
12①	120	74	5.0	8.4	7.0	3.5	17.82	13.99
24a①	240	116	8.0	13.0	10.0	5.0	47.74	37.48
24b①		118	10.0	13.0	10.0	5.0	52.54	41.25
27a①	270	122	8.5	13.7	10.5	5.3	54.55	42.83
27b①		124	10.5	13.7	10.5	5.3	59.95	47.06
30a①		126	9.0	14.4	11.0	5.5	61.25	48.08
30b①	300	128	11.0	14.4	11.0	5.5	67.25	82.79
30c①		130	13.0	14.4	11.0	5.5	73.25	57.50
55a①		168	12.5	21.0	14.5	7.3	134.19	105.34
55b①	550	168	14.5	21.0	14.5	7.3	145.19	113.97
55c①		170	16.5	21.0	14.5	7.3	156.19	122.61

注:表中右角带"①"的工字钢是经供需双方协议,可以供应的型号。

表 3-34　热轧工字钢的尺寸精度(单位:mm)

型号	8～14	16～18	20～30	32～40	45～63
高度 h	±2.0		±3.0		±4.0
腿宽 b	±2.0	±2.5	±3.0	±3.5	±4.0
腰厚 d	±0.5	±0.5	±0.7	±0.8	±0.9
弯腰挠度	不应超过 0.15 d				
通常长度	5～19 m		6～19 m		

2. 热轧槽钢 (GB/T 707—1988)

(1)尺寸规格见表 3-35。

(2)尺寸允许偏差见表 3-36。

表 3-35 热轧槽钢的尺寸规格

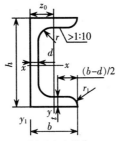

图及表中单位

尺寸：mm； 截面面积：cm²；

理论重量：kg/m（密度按 7.85 g/ cm³）计算

型号	尺寸						截面面积	理论重量
	h	b	d	t	r	r_1		
5	50	37	4.5	7.0	7.0	3.5	6.928	5.438
6.3	63	40	4.8	7.5	7.5	3.8	8.451	6.634
8	80	43	5.0	8.0	8.0	4.0	10.248	8.045
10	100	48	5.3	8.5	8.5	4.2	12.748	10.007
12.6	126	53	5.5	9.0	9.0	4.5	15.692	12.318
14a	140	58	6.0	9.5	9.5	4.8	18.516	14.535
14b		60	8.0				21.316	16.733
16a	160	63	6.5	10.0	10.0	5.0	21.962	17.240
16		65	8.5				25.162	19.752
18a	180	68	7.0	10.5	10.5	5.2	25.699	20.174
18		70	9.0				29.299	23.000
20a	200	73	7.0	11.0	11.0	5.5	28.837	22.637
20		75	9.0				32.837	25.777
22a	220	77	7.0	11.5	11.5	5.8	31.846	24.999
22		79	9.0				36.246	28.453
25a	250	78	7.0	12.0	12.0	6.0	34.917	27.410
25b		80	9.0				39.917	31.335
25c		82	11.0				44.917	35.260

续表

型号	尺寸						截面面积	理论重量
	h	b	d	t	r	r_1		
28a		82	7.5				40.034	31.427
28b	280	84	9.5	12.5	12.5	6.2	45.634	35.823
28c		86	11.5				51.234	40.219
32a		88	8.0				48.513	38.083
32b	320	90	10.0	14.0	14.0	7.0	54.913	43.107
32c		92	12.0				61.313	48.131
36a		96	9.0				60.916	47.814
36b	360	98	11.0	16.0	16.0	8.0	68.110	53.466
36c		100	13.0				75.110	59.118
40a		100	10.5				75.068	58.928
40b	400	102	12.5	18.0	18.0	9.0	83.068	65.208
40c		104	14.5				91.068	71.488
6.5①	65	40	4.8	7.5	7.5	3.8	8.547	6.709
12①	120	53	5.5	9.0	9.0	4.5	15.362	12.059
24a①		78	7.0				34.217	26.860
24b①	240	80	9.0	12.0	12.0	6.0	39.017	30.628
24c①		82	11.0				43.817	34.396
27a①		82	7.5				39.284	30.838
27b①	270	84	9.5	12.5	12.5	6.2	44.684	35.077
27c①		86	11.5				50.084	39.316
30a①		85	7.5				43.902	34.463
30b①	300	87	9.5	13.5	13.5	6.8	49.902	39.173
30c①		89	11.5				55.902	43.883

注:表中右角带"①"的工字钢是经供需双方协议,可以供应的型号。

表 3-36 热轧槽钢的尺寸允许偏差(单位:mm)

型号	5～8	10～14	16～18	20～30	32～40
高度 h	±1.5	±2.0	±2.0	±3.0	±3.0
腿宽 b	±1.5	±2.0	±2.5	±3.0	±3.5
腰厚 d	±0.4	±0.5	±0.6	±0.7	±0.8
弯腰挠度	不应超过 0.15d				
通常长度	5～12m	5～19m		6～19m	

六、其他型钢

1. 通用冷弯开口型钢(GB/T 6723—2008)

(1)适用范围:适用于可冷加工变形的冷轧或热轧钢带在连续辊式冷弯机组上生产的通用冷弯开口型钢。

(2)型别与代号见表 3-37。

(3)尺寸规格见表 3-38 至表 3-45。

(4)允许偏差见表 3-46 至表 3-50。

表 3-37 通用冷弯开口型钢的型别与代号

名称	冷弯等边角钢	冷弯不等边角钢	冷弯等边槽钢	冷弯不等边槽钢	冷弯内卷边槽钢	冷弯外卷槽钢	冷弯乙型钢	冷弯卷边乙钢
代号	∟	L	⊏	⊏	⊏	⊏	Z	Z

表 3-38 冷弯等边角钢的尺寸规格

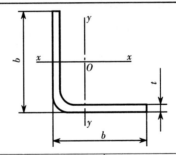

名称	尺寸/mm		参考数值	
$b×b×t$	b	t	截面面积/cm^2	理论重量(kg/m)
20×20×1.2	20	1.2	0.451	0.354
20×20×1.6		1.6	0.589	0.463
20×20×2.0		2	0.721	0.566
25×25×1.6	25	1.6	0.749	0.588
25×25×2.0		2	0.921	0.723
25×25×2.5		2.5	1.127	0.885
25×25×3.0		3	1.323	1.039

299

名称	尺寸/mm		参考数值	
$b \times b \times t$	b	t	截面面积/cm^2	理论重量（kg/m）
30×30×1.6	30	1.6	0.909	0.714
30×30×2.0		2	1.121	0.880
30×30×2.5		2.5	1.377	1.081
30×30×3.0		3	1.623	1.274
40×40×1.6	40	1.6	1.229	0.965
40×40×2.0		2	1.521	1.194
40×40×2.5		2.5	1.877	1.473
40×40×3.0		3	2.223	1.745
40×40×4.0		4	2.886	2.266
50×50×2.0	50	2	1.921	1.508
50×50×2.5		2.5	2.377	1.866
50×50×3.0		3	2.823	2.216
50×50×4.0		4	3.686	2.894
60×60×2.0	60	2	2.321	1.822
60×60×2.5		2.5	2.877	2.258
60×60×3.0		3	3.423	2.687
60×60×4.0		4	4.486	3.522
70×70×3.0	70	3	4.023	3.158
70×70×4.0		4	5.286	4.150
70×70×5.0		5	6.510	5.110
80×80×3.0	80	3	4.623	3.629
80×80×4.0		4	6.086	4.778
80×80×5.0		5	7.510	5.895
80×80×6.0		6	8.895	6.982
100×100×3.0	100	3	5.853	4.571
100×100×4.0		4	7.686	6.034
100×100×5.0		5	9.510	7.765
100×100×6.0		6	11.295	8.866

注：表3-38至表3-45的截面面积（cm^2）按内圆弧半径等于壁厚计算；理论重量（kg/m）按密度为7.85g/cm^3计算。

表 3-39 冷弯不等边角钢的尺寸规格

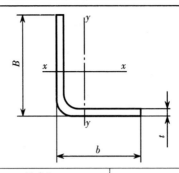

名称	尺寸/mm			参考数值	
$B \times b \times t$	B	b	t	截面面积/cm²	理论重量（kg/m）
25×15×2.0			2.0	0.721	0.566
25×15×2.5	25	15	2.5	0.877	0.688
25×15×3.0			3.0	1.023	0.803
30×20×2.0			2.0	0.921	0.732
30×20×2.5	30		2.5	1.127	0.885
30×20×3.0		20	3.0	1.323	1.039
35×20×2.0			2.0	1.021	0.802
35×20×2.5	35		2.5	1.252	0.983
35×20×3.0			3.0	1.473	1.156
40×25×2.5	40	25	2.5	1.502	1.179
40×25×3.0			3.0	1.773	1.392
50×30×2.5			2.5	1.877	1.473
50×30×3.0	50	30	3.0	2.23	1.745
50×30×4.0			4.0	2.886	2.266
60×40×2.5			2.5	2.377	1.866
60×40×3.0	60		3.0	2.823	2.216
60×40×4.0		40	4.0	3.686	2.894
70×40×3.0	70		3.0	3.123	2.452
70×40×4.0			4.0	4.086	3.208
80×50×3.0	80	50	3.0	3.723	2.923
80×50×4.0			4.0	4.886	3.836

续表

名称	尺寸/mm			参考数值	
$B×b×t$	B	b	t	截面面积/cm²	理论重量(kg/m)
100×60×3.0			3.0	4.623	3.629
100×60×4.0	100	60	4.0	6.086	4.778
100×60×4.0			5.0	6.510	5.895
120×80×5.0			4.0	9.686	6.034
120×80×5.0	120	80	5.0	9.510	7.465
120×80×6.0			6.0	11.295	8.866

表3-40　冷弯等边槽钢的尺寸规格

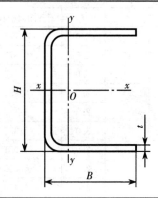

名称	尺寸/mm			参考数值	
$H×B×t$	H	B	t	截面面积/cm²	理论重量(kg/m)
20×10×1.5			1.5	0.511	0.401
20×10×2.0	20		2.0	0.643	0.505
20×10×2.5		10	2.5	0.755	0.593
30×10×1.5			1.5	0.661	0.519
30×10×2.0	30		2.0	0.843	0.662
30×10×2.5			2.5	1.005	0.789
30×30×3.0		30	3.0	2.347	1.843
40×20×2.0			2.0	1.443	1.133
40×20×2.5	40	20	2.5	1.755	1.378
40×20×3.0			3.0	2.047	1.607

名称	尺寸/mm			参考数值	
$H×B×t$	H	B	t	截面面积/cm²	理论重量（kg/m）
50×30×2.0	50	30	2.0	2.043	1.604
50×30×2.5			2.5	2.505	1.967
50×30×3.0			3.0	2.947	2.314
50×50×3.0		50	3.0	4.147	3.256
60×30×2.5	60	30	2.5	2.755	2.163
60×30×3.0			3.0	3.247	2.549
80×40×2.5	80	40	2.5	3.755	2.948
80×40×3.0			3.0	4.447	3.491
80×40×4.0			4.0	5.773	4.532
100×50×3.0	100	50	3.0	5.647	4.433
100×50×4.0			4.0	7.373	5.788
120×60×3.0	120	60	3.0	6.847	5.375
120×60×4.0			4.0	8.973	7.044
140×60×3.0	140		3.0	7.447	5.846
140×60×4.0			4.0	9.773	7.672
140×60×5.0			5.0	12.021	9.436
160×60×3.0	160		3.0	8.047	6.317
160×60×4.0			4.0	10.573	8.300
160×60×5.0			5.0	13.021	10.221
160×80×3.0		80	3.0	9.247	7.259
160×80×4.0			4.0	12.173	9.556
160×80×5.0			5.0	15.021	11.791
180×80×4.0	180	80	4.0	12.973	10.184
180×80×5.0			5.0	16.021	12.576
200×80×4.0	200		4.0	13.773	10.812
200×80×5.0			5.0	17.021	13.361
200×80×6.0			6.0	20.19	15.849

表 3-41　冷弯不等边槽钢的尺寸规格

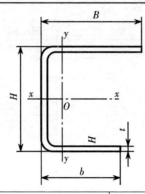

名称	尺寸/mm				参考数值	
$H \times B \times b \times t$	H	B	b	t	截面面积/cm²	理论重量(kg/m)
30×20×10×3.0	30	20	10	3.0	1.504	1.18
40×32×20×3.0	40				2.464	1.934
50×32×20×2.5		32	20	2.5	2.344	1.840
50×32×20×3.0	50			3.0	2.764	2.169
50×50×32×2.5		50	32	2.5	3.095	2.429
60×32×25×2.5	60	32	25		2.720	2.134
60×32×25×3.0				3.0	3.124	2.523
75×30×15×2.5	75	30		2.5	2.794	2.193
75×30×15×3.0			15		3.304	2.593
70×45×15×3.0	70	45		3.0	3.604	2.829
70×65×35×2.5		65	35		4.045	3.174
80×40×20×2.5	80	40	20	2.5	3.295	2.586
80×40×20×3.0					3.904	3.065
100×60×30×3.0	100	60	30	3.0	5.404	4.242
150×60×50×3.0	150		50		7.504	5.890

表 3-42 冷弯内卷边槽钢的尺寸规格

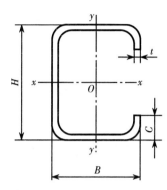

名称	尺寸/mm				参考数值	
$H \times B \times C \times t$	H	B	C	t	截面面积/cm²	理论重量(kg/m)
40×40×9×2.5	40	40	9	2.5	2.960	2.323
60×30×10×2.5	60	30	10	2.5	3.010	2.363
60×30×10×3.0				3.0	3.495	2.743
60×30×15×2.5			15	2.5	3.260	2.559
60×30×15×3.0				3.0	3.795	3.979
80×40×15×2.5	80	40	15	2.5	4.260	3.344
80×40×15×3.0				3.0	4.995	3.921
80×50×25×2.5		50	25	2.5	5.260	4.129

表 3-43 冷弯外卷边槽钢的尺寸规格

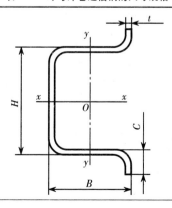

名称	尺寸/mm				参考数值	
$H \times B \times C \times t$	H	B	C	t	截面面积/cm²	理论重量(kg/m)
30×30×16×2.5	30	30	16	2.5	2.560	2.009
50×20×15×3.0	50	20	15	3.0	2.895	2.272
60×25×32×2.5	60	25	32	2.5	3.860	3.030
60×25×32×3.0	60	25	32	3.0	4.515	3.544
80×40×20×4.0	80	40	20	4.0	6.746	5.296
100×30×15×3.0	100	30	15	3.0	4.995	3.921

表 3-44 冷弯 Z 型钢的尺寸规格

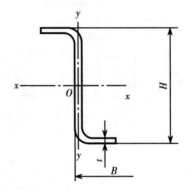

名称	尺寸/mm			参考数值	
$H \times B \times t$	H	B	t	截面面积/cm²	理论重量(kg/m)
80×40×2.5	80	40	2.5	3.755	2.947
80×40×3.0			3.0	4.447	3.491
100×50×2.5	100	50	2.5	4.755	3.732
100×50×3.0			3.0	5.647	4.433

表3-45 冷弯卷边Z型钢的尺寸规格

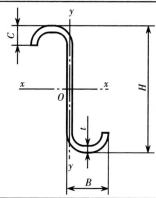

名称	尺寸/mm				参考数值	
$H \times B \times C \times t$	H	B	C	t	截面面积/cm²	理论重量(kg/m)
100×40×20×2.0	100	40		2.0	4.086	3.208
100×40×20×2.5				2.5	5.010	3.933
120×50×20×2.0	120			2.0	4.886	3.836
120×50×20×2.5				2.5	6.010	4.718
120×50×20×3.0		50		3.0	7.095	5.569
140×50×20×2.5	140			2.5	6.510	5.110
140×50×20×3.0				3.0	7.695	6.040
160×60×20×2.5		60	20	2.5	7.510	5.895
160×60×20×3.0				3.0	8.895	6.982
160×70×20×2.5	160			2.5	8.010	6.288
160×70×20×3.0				3.0	9.495	7.453
180×70×20×2.5	180	70		2.5	8.510	6.680
180×70×20×3.0				3.0	10.095	7.924
200×70×20×2.5	200			2.5	9.010	7.073
200×70×20×3.0				3.0	10.695	8.395
230×75×25×3.0	230			3.0	12.195	9.573
230×75×25×4.0		75	25	4.0	15.946	12.518
250×75×25×3.0	250			3.0	12.795	10.044
250×75×25×4.0				4.0	16.746	13.146

表 3-46 弯曲角部分的内圆弧半径（t:壁厚）

所用钢种屈服强度/MPa	内圆弧半径/mm	
	$t \leqslant 4.0$	$4.0 \leqslant t \leqslant 8.0$
$\leqslant 235$	$\leqslant 1.4t$	$\leqslant 1.8t$
$\leqslant 275$	$\leqslant 1.8t$	$\leqslant 2.4t$
$\leqslant 350$	$\leqslant 2.4t$	$\leqslant 3.0t$
> 350	双方协议	

表 3-47 型钢非自由边长的允许偏差

壁厚	允许偏差					
	<50		$50 \sim <100$		$100 \sim <250$	
	普通精度	较高精度	普通精度	较高精度	普通精度	较高精度
<3.0	± 1.2	± 0.75	± 1.50	± 1.00	± 1.50	± 1.00
$3.0 \sim <5.0$	± 1.50	± 1.00	± 2.00	± 1.25	± 2.00	± 1.20
$5.0 \sim 8.0$					± 2.25	± 1.50

表 3-48 型钢自由边长的允许偏差

壁厚	允许偏差					
	<50		$50 \sim <100$		$100 \sim <250$	
	普通精度	较高精度	普通精度	较高精度	普通精度	较高精度
<30	± 1.60	± 1.20	± 2.00	± 1.50	± 2.00	± 1.50
$3.0 \sim <5.0$	± 1.60	± 1.50	± 2.00	± 1.50	± 2.70	± 2.00
$5.0 \sim 8.0$	± 2.70	± 2.00	± 2.70	± 2.00	± 2.70	± 2.00

注:1. 两个自由边长相等时,其差不得大于公差的 75%。

2. 两个自由边长不相等时按较大边长允许偏差执行。

表 3-49 弯曲角度的允许偏差

较短边长尺寸/mm	允许偏差(°)	较短边长尺寸/mm	允许偏差(°)
$\leqslant 10$	± 3.0	$>40 \sim 80$	± 1.5
$>10 \sim 40$	± 2.0	>80	± 1.0

表 3-50 长度允许偏差 （单位:mm）

定尺精度	长度	允许偏差
普通定尺	$4000 \sim 9000$	$+60$ / 0
精确定尺	$4000 \sim 9000$	± 2
	$>6000 \sim 9000$	± 3

注:1. 型钢直线度每米不大于 3 mm,总直线度不大于总长度的 0.30%。

2. 型钢不得有明显扭转。

2. 结构用冷弯空心型钢 (GB/T 6728—2002)

(1)用途:用于建筑和机械制造结构。

(2)尺寸规格见表 3-51 至 3-54。

表 3-51 方形空心钢的尺寸规格

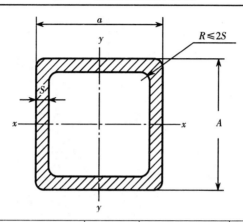

边长/mm	尺寸允许偏差/mm		壁厚 t/mm	理论重量/(kg/m)	截面面积/cm²
A	普通精度	较高精度			
25	±0.6	±0.30	1.2	0.867	1.105
			1.5	1.061	1.352
			1.8	1.215	1.548
			2.0	1.363	1.736
30			2.5	2.032	2.589
			3.0	2.361	3.008
40	±0.8	±0.40	2.5	2.817	3.589
			3.0	3.303	4.208
			4.0	4.197	5.347
50	±1.0	±0.50	2.5	3.602	4.589
			3.0	4.245	5.408
			4.0	5.453	6.947

| 边长/mm | 尺寸允许偏差/mm | | 壁厚 t/mm | 理论重量/(kg/m) | 截面面积/cm² |
A	普通精度	较高精度			
60	±1.2	±0.60	2.5	4.387	5.589
			3.0	5.187	6.608
			4.0	6.709	8.547
			5.0	8.129	10.356
70			3.0	6.129	7.808
			4.0	7.965	10.147
			5.0	9.699	12.356
80	±1.4	±0.70	3.0	7.071	9.008
			4.0	9.221	11.747
			5.0	11.269	14.356
90	±1.5	±0.75	3.0	8.013	10.208
			4.0	10.499	13.374
			5.0	12.839	16.356
			6.0	15.097	19.232
100	±1.6	±0.80	4.0	11.733	14.974
			5.0	14.409	18.356
			6.0	16.981	21.632
120	±1.8	±0.90	4.0	14.245	18.147
			5.0	17.549	22.356
			6.0	20.749	26.432
			8.0	26.840	34.191
140	±2.0	±1.00	4.0	16.757	21.347
			5.0	20.689	26.356
			6.0	24.517	31.232
			8.0	31.864	40.591
160	±2.4	±1.20	4.0	19.269	24.547
			5.0	23.829	30.356
			6.0	28.285	36.032
			8.0	36.888	46.991

表 3-52 矩形空心钢的尺寸规格

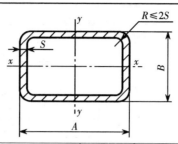

边长 /mm		尺寸允许偏差/mm		壁厚 t/mm	理论重量/(kg/m)	截面面积/cm²
A	B	普通精度	较高精度			
50	25	±1.0	±0.5	1.2	1.338	1.705
				1.5	1.650	2.102
				2.5	2.817	3.589
				3.0	3.303	4.208
60	30	±1.2	±0.6	4.0	4.197	5.347
				2.5	3.209	4.098
				3.0	3.774	4.808
				4.0	4.825	6.147
	40			2.5	3.602	4.589
				3.0	4.245	5.408
				4.0	5.453	6.947
70	50	±1.2	±0.6	3.0	5.187	6.608
				4.0	6.709	8.547
				5.0	8.129	10.356
80	40	±1.4	±0.7	2.5	4.387	5.589
				3.0	5.187	6.608
				4.0	6.709	8.547
				5.0	8.129	10.356
	60			3.0	6.129	7.808
				4.0	7.966	10.147
				5.0	9.699	12.356

续表

边长 /mm		尺寸允许偏差/mm		壁厚 t/mm	理论重量/(kg/m)	截面面积/cm²
A	B	普通精度	较高精度			
90	40	±1.5	±0.75	3.0	5.658	7.208
				4.0	7.338	9.347
				5.0	8.914	11.356
	50			3.0	6.129	7.808
				4.0	7.966	10.147
				5.0	9.699	12.356
	60			3.0	6.600	8.408
				4.0	8.593	10.947
				5.0	10.484	13.356
100	50	±1.6	±0.8	3.0	6.600	8.408
				4.0	8.593	10.947
				5.0	10.484	13.356
120	60	±1.8	±0.9	3.0	8.013	10.208
				4.0	10.478	13.347
				5.0	12.839	16.356
				6.0	15.097	19.232
	80			3.0	8.955	11.408
				4.0	11.733	14.947
				5.0	14.409	18.356
				6.0	16.981	21.632
140	80	±2.0	±1.0	4.0	12.989	16.547
				5.0	15.979	20.356
				6.0	18.865	24.032
150	100	±2.4	±1.2	4.0	14.873	18.947
				5.0	18.334	23.356
				6.0	21.691	27.632
				8.0	28.096	35.791
160	80			4.0	14.245	18.147
				5.0	17.549	22.356
				6.0	20.749	26.432
				8.0	26.840	34.191

续表

边长 /mm		尺寸允许偏差/mm		壁厚 t/mm	理论重量/(kg/m)	截面面积/cm²
A	B	普通精度	较高精度			
180	100	±2.6	±1.3	4.0	16.758	21.347
				5.0	20.689	26.356
				6.0	24.517	31.232
				8.0	31.864	40.591
200				4.0	18.013	22.947
				5.0	22.259	28.356
				6.0	26.401	33.632
				8.0	34.376	63.791

注:表中理论重量按密度为 7.85 g/cm² 计算。

表 3-53 型钢弯曲角的外圆弧半径

选用钢种	外圆弧半径/mm	
	$t \leqslant 4$	$4 < t \leqslant 8$
普通碳素结构钢	$\leqslant 2.5t$	$\leqslant 3.0t$
低合金结构钢	$\leqslant 3.0t$	供需双方协议

注:型钢弯曲角度的允许偏差不大于±1.6°。

表 3-54 型钢的长度允许偏差 （单位:mm）

定尺精度	长度	允许偏差
普通定尺	4000～9000	+100 0
精确定尺	4000～6000	+5 0
	>6000～9000	+10 0

注:1. 交付的型钢中,允许有长度不小于 2 m 的短尺寸型钢,但重量不大于该批交货重量的 5%。

2. 型钢壁厚≥2.5 mm 时,直线度每米不大于 2.5 mm,总直线度不大于总长度的 0.2%。型钢壁厚<2 mm 时,直线度每米不大于 3 mm,总直线度不大于总长度的 0.30%。

3. 型钢不得有明显扭转。型钢的端部应切得正直,由切断方法造成的较小变形和毛刺允许存在。

3. 冷拉异型钢(GB/T 13791—1992)

(1)用途:制造某些机器的结构零件,使切削加工量少,机加工生产率高。

(2)分类见表 3-55。

(3)尺寸规格见表 3-56 至表 3-68。

(4)允许偏差见表 3-69。

(5)牌号见表 3-70。

表 3-55 冷拉异型钢的分类

轴对称截面冷拉异型钢	代号为 ZD
中心对称截面冷拉异型钢	代号为 XD
非对称截面冷拉异型钢	代号为 FD

表 3-56 冷拉异型钢(ZD-1 单头圆扁)的尺寸规格

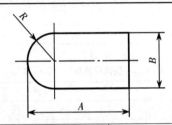

型号	公称尺寸			截面面积/mm²	理论重量/(kg/m)
	A	B	R		
	mm				
ZD-1-1	15	22	10	468.10	3.674
ZD-1-2	21	20	10	534.10	4.193
ZD-1-3	48	10	5	508.50	3.992

表 3-57 冷拉异型钢(ZD-2 等双头圆扁)的尺寸规格

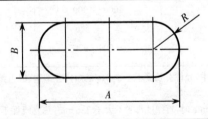

型号	公称尺寸			截面面积/mm²	理论重量/(kg/m)
	A	B	R		
	mm				
ZD-2-1	11	4.8	3	49.30	0.387

型号	公称尺寸			截面面积/mm²	理论重量/(kg/m)
	A	B	R		
	mm				
ZD-2-2	15	3	1.5	43.10	0.338
ZD-2-3	16	14.2	8	192.20	1.508
ZD-2-4	19	5	2.5	89.60	0.703
ZD-2-5	19	5	10	93.90	0.737
ZD-2-6	19	8	4	138.30	1.086
ZD-2-7	22	16	11	317.90	2.495
ZD-2-8	28	14	7	349.90	2.747

表3-58 冷拉异型钢(ZD-3不等双头圆扁)的尺寸规格

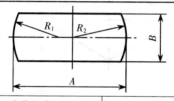

型号	公称尺寸				截面面积/mm²	理论重量/(kg/m)
	A	B	R_1	R_2		
	mm					
ZD-3	29.7	16.3	9	14.8	447.50	3.513

表3-59 冷拉异型钢(ZD-4倒角扁)的尺寸规格

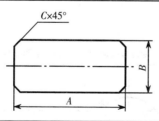

型号	公称尺寸			截面面积/mm²	理论重量/(kg/m)
	A	B	R		
	mm				
ZD-4-1	15	5	1	73.00	0.573

型号	公称尺寸			截面面积/mm²	理论重量/(kg/m)
	A	B	R		
	mm				
ZD-4-2	19	5	1	93.00	0.730
ZD-4-3	25	6	1	148.00	1.162
ZD-4-4	28	20	1	558.00	4.380
ZD-4-5	30	8	1	238.00	1.868
ZD-4-6	34	9	1.5	301.50	2.367

表 3-60　冷拉异型钢(ZD-5 菱形)的尺寸规格

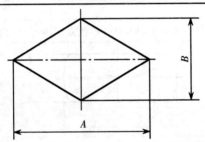

型号	公称尺寸		截面面积/mm²	理论重量/(kg/m)
	A	B		
	mm			
ZD-5-1	9.2	7	32.40	0.254
ZD-5-2	11	8.4	46.60	0.365
ZD-5-3	12.6	9.6	60.90	0.478
ZD-5-4	14	10.7	74.90	0.587

表 3-61　冷拉异型钢(ZD−6 棘轮爪形)的尺寸规格

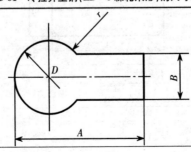

续表

型号	公称尺寸				截面面积/mm²	理论重量/(kg/m)
	A	B	D	r		
	mm					
ZD-6-1	20.5	11	15	—	245.30	1.926
ZD-6-2	22	4.8	9.5	1	131.90	1.035
ZD-6-3	22	11.5	16	—	278.80	2.188
ZD-6-4	25.4	4.8	9.5	1	148.20	1.163

表3-62 冷拉异钢(ZD-7梯形)的尺寸规格

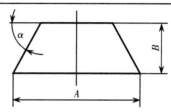

型号	公称尺寸			截面面积/mm²	理论重量/(kg/m)
	A	B	a		
	mm				
ZD-7-1	25	9	65°	187.2	1.469
ZD-7-2	25.5	7.5	71°30′	172.5	1.354
ZD-7-3	29	8	73°	244.5	1.920

表3-63 冷拉异型钢(ZD-8窄条型)的尺寸规格

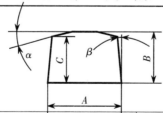

型号	公称尺寸					截面面积/mm²	理论重量/(kg/m)
	A	B	C	α	β		
	mm						
ZD-8	18.7	11.2	10.8	7°31′	3°	203.10	1.594

表 3-64　冷拉异型钢(ZD—9D 型)的尺寸规格

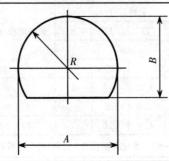

型号	公称尺寸			截面面积	理论重量
	A	B	R	/mm^2	/(kg/m)
	mm				
ZD-9-1	10	9	5	74.50	0.584
ZD-9-2	14	10.6	7	125.10	0.982
ZD-9-3	19	15.6	9.5	249.10	1.956
ZD-9-4	21.6	9	11	145.40	1.141
ZD-9-5	25	24	12.5	484.30	3.802
ZD-9-6	30	26	15	650.80	5.109

表 3-65　冷拉异型钢(XD-1 卡瓦型)的尺寸规格

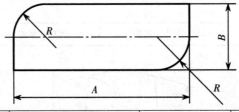

型号	公称尺寸			截面面积	理论重量
	A	B	R	/mm^2	/(kg/m)
	mm				
XD-1-1	28	12	6	320.50	2.516
XD-1-2	33	12	6	380.50	2.987
XD-1-3	40	12	6	464.50	3.646

表3-66 冷拉异型钢(FD-1 角尺型)的尺寸规格

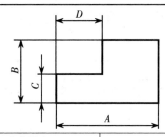

型号	公称尺寸				截面面积/mm²	理论重量/(kg/m)
	A	B	C	D		
	mm					
FD-1	19	13.5	7	12.8	173.30	1.360

表3-67 冷拉异型钢(FD-2 磁座型)的尺寸规格

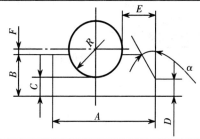

型号	公称尺寸								截面面积/mm²	理论重量/(kg/m)
	A	B	C	D	E	F	R	α		
	mm									
FD-2	56	23.5	10.2	7	17.3	1.5	14.7	22°30′	962.60	7.556

表3-68 冷拉异型钢(FD-3 送布牙型)的尺寸规格

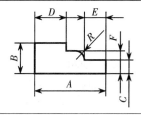

续表

型号	公称尺寸							截面面积 /mm²	理论质量 /(kg/m)
	A	B	C	D	E	F	R		
	mm								
FD-3	21.4	8.5	3.2	8.6	7	5.5	2	181.48	1.425

表 3-69 冷拉异型钢的尺寸精度 （单位:mm）

公称尺寸			≤3	>3~6	>6~10	>10~18	>18~30	>30~50	>50~80
精度 等级	h11	下偏差	−0.06	−0.075	−0.09	−0.11	−0.13	−0.16	−0.19
	h12	(上偏差为0)	−0.1	−0.12	−0.15	−0.18	−0.21	−0.25	−0.3

注:1.异型钢精度等级应在合同中注明,在精度不变的情况下,可调整正负偏差值。

2.如需方要求异型钢截面的各尺寸精度不同时,精度按其中最高要求的一个定精度等级。

3.对异型钢尺寸精度有更高要求时,在供需合同中注明。

4.当异型钢截面有小于 90°尖角时,尖角处的工艺圆角不大于 $R0.5\,mm$;需方有特殊要求,则在合同中注明。

5.直条交货的异型钢,直线度要求如下表所示:

级别	异型钢截面积/mm²		
	30~500	>500~2000	>2000
	/(mm/m)≤		
11 级	4	3	2
12 级	5	4	3

表 3-70 冷拉异型钢的牌号

10、15、20、25、30、35、40、45、50、60、

50Mn、40MnB、50B、20Cr、40Cr、20CrMo(A)、35CrMo(A)、30CrMoSi(A)、12CrNi3A

第二节 钢板及钢带

一、钢板及钢带综合

1.热轧钢板和钢带(GB/T 709—2006)

(1)适用范围:适用于宽度大于等于 600 mm,厚度为 0.35~200 mm 的热轧钢板和厚度为 1.2~25 mm 的钢带,也适用于由宽钢带纵剪的窄钢带。

(2)分类和代号见表 3-71。

(3)尺寸规格见表 3-72、表 3-73。

（4）允许偏差见表3-74至表3-78。

表3-71　热轧钢板和钢带的分类和代号

按边缘状态分		按轧制精度分	
分类	代号	分类	代号
切边	Q	较高精度	A
不切边	BQ	普通精度	B

表3-72　热轧钢板的尺寸规格

钢板公称厚度/mm	在下列钢板宽度下的最小和最大长度/m												
	0.6	0.65	0.7	0.71	0.75	0.8	0.85	0.9	0.95	1.0	1.1	1.25	1.4
0.50,0.55,0.60	1.2	1.4	1.42	1.42	1.5	1.5	1.7	1.8	1.9	2.0	—	—	—
0.65,0.70,0.75,0.80,0.90	2.0	2.0	1.42	1.42	1.5	1.5	1.7	1.8	1.9	2.0	—	—	—
1.0	2.0	2.0	1.42	1.42	1.5	1.6	1.7	1.8	1.9	2.0	—	—	—
1.2,1.3,1.4	2.0	2.0	2.0	2.0	2.0	2.0	2.0	2.0	2.0	2.0	2.0	2.5 3.0	—
1.5,1.6,1.8	2.0	2.0	2.0	2.0 6.0	2.0 6.0	2.0 6.0	2.0 6.0	2.0 6.0	2.0 6.0	2.0 6.0	2.0 6.0	2.0 6.0	2.0 6.0
2.0,2.2	2.0	2.0	2.0 6.0	2.0 6.0	2.0 6.0	2.0 6.0	2.0 6.0	2.0 6.0	2.0 6.0	2.0 6.0	2.0 6.0	2.0 6.0	2.0 6.0
2.5,2.8	2.0	2.0	2.0 6.0	2.0 6.0	2.0 6.0	2.0 6.0	2.0 6.0	2.0 6.0	2.0 6.0	2.0 6.0	2.0 6.0	2.0 6.0	2.0 6.0
3.0,3.2,3.5,3.8,3.9	2.0	2.0	2.0 6.0	2.0 6.0	2.0 6.0	2.0 6.0	2.0 6.0	2.0 6.0	2.0 6.0	2.0 6.0	2.0 6.0	2.0 6.0	2.0 6.0
4.0,4.5,5.0	—	—	2.0 6.0	2.0 6.0	2.0 6.0	2.0 6.0	2.0 6.0	2.0 6.0	2.0 6.0	2.0 6.0	2.0 6.0	2.0 6.0	2.0 6.0
6,7	—	—	2.0 6.0	2.0 6.0	2.0 6.0	2.0 6.0	2.0 6.0	2.0 6.0	2.0 6.0	2.0 6.0	2.0 6.0	2.0 6.0	2.0 6.0
8,9,10	—	—	2.0 6.0	2.0 6.0	2.0 6.0	2.0 6.0	2.0 6.0	2.0 6.0	2.0 6.0	2.0 6.0	2.0 6.0	2.0 6.0	2.0 6.0
钢板公称厚度/mm	在下列钢板宽度下的最小和最大长度/m											
	1.42	1.5	1.6	1.7	1.8	1.9	2.0	2.1	2.2	2.3	2.4	2.5
1.5,1.6,1.8	2.0 6.0	2.0 6.0	—	—	—	—	—	—	—	—	—	—

续表

钢板公称厚度/mm	在下列钢板宽度下的最小和最大长度/m											
	1.42	1.5	1.6	1.7	1.8	1.9	2.0	2.1	2.2	2.3	2.4	2.5
2.0,2.2	2.0/6.0	2.0/6.0	2.0/6.0	2.0/6.0	—	—	—	—	—	—	—	—
2.5,2.8	2.0/6.0	2.0/6.0	2.0/6.0	2.0/6.0	2.0/6.0	—	—	—	—	—	—	—
3.0,3.2,3.5,3.8,3.9	2.0/6.0	2.0/6.0	2.0/6.0	2.0/6.0	2.0/6.0	—	—	—	—	—	—	—
4.0,4.5,5.0	2.0/6.0	2.0/6.0	2.0/6.0	2.0/6.0	2.0/6.0	—	—	—	—	—	—	—
6,7	2.0/6.0	2.0/6.0	2.0/6.0	2.0/6.0	2.0/6.0	2.0/6.0	—	—	—	—	—	—
8,9,10	2.0/6.0	2.0/12	3.0/12	3.0/12	3.0/12	3.0/12	3.0/12	3.0/12	3.0/12	3.0/12	4.0/12	4.0/12

钢板公称厚度/mm	在下列钢板宽度下的最小和最大长度/m											
	1.0	1.1	1.25	1.4	1.42	1.5	1.6	1.7	1.8	1.9	2.0	2.1	2.2
11,12	2.0/6.0	2.0/6.0	2.0/6.0	2.0/6.0	2.0/6.0	2.0/12	3.0/12	3.0/12	3.0/12	3.0/12	3.0/10	3.0/10	3.0/10
13, 14, 15, 16, 17, 18, 19, 20, 21,22,25	2.5/6.5	2.5/6.5	2.5/12	2.5/12	2.5/12	3.0/12	3.0/11	3.5/11	4.0/10	4.0/10	4.0/10	4.5/10	4.5/9.0
26, 28, 30, 32, 34,36,38,40	—	—	2.5/12	2.5/12	2.5/12	3.0/12	3.0/12	3.5/12	3.5/12	4.0/12	4.0/12	4.0/12	4.5/12
42, 45, 48, 50, 52, 55, 60, 65, 70, 75, 80, 85, 90,95,100,105, 110, 120, 125, 130, 140, 150, 160, 165, 170, 180, 185, 190, 195,200	—	—	2.5/9.0	2.5/9.0	3.0/9.0	3.0/9.0	3.0/9.0	3.5/9.0	3.5/9.0	3.5/9.0	3.5/9.0	3.5/9.0	3.5/9.0

续表

钢板公称厚度/mm	在下列钢板宽度下的最小和最大长度/m											
	2.3	2.4	2.5	2.6	2.7	2.8	2.9	3.0	3.2	3.4	3.6	3.8
11,12	3.0 9.0	4.0 9.0	4.0 9.0	—	—	—	—	—	—	—	—	—
13, 14, 15, 16, 17, 18, 19, 20, 21,22,25	4.5 9.0	4.0 9.0	4.0 9.0	3.5 9.0	3.5 8.2	3.5 8.2		—	—	—	—	—
26, 28, 30, 32, 34,36,38,40	4.5 12	4.0 11	4.0 11	3.5 10	3.5 10	3.5 10	3.5 10	3.0 9.5	3.2 9.5	3.4 9.5	3.6 9.5	—
42, 45, 48, 50, 52, 55, 60, 65, 70, 75, 80, 85, 90,95,100,105, 110, 120, 125, 130, 140, 150, 160, 165, 170, 180, 185, 190, 195,200	3.5 9.0	3.5 9.0	3.5 9.0	3.0 9.0	3.0 9.0	3.0 9.0	3.0 9.0	3.0 9.0	3.2 9.0	3.4 8.5	3.6 8.0	3.6 7.0

表 3-73 热轧钢带尺寸规格

钢带公称厚度/mm	1.2, 1.4, 1.5, 1.8, 2, 2.5, 2.8, 3, 3.2, 3.5, 3.8, 4, 4.5, 5, 5.5, 6, 6.5,7, 8, 10, 11, 13, 14, 15, 16, 18, 19, 20, 22, 25
钢带公称宽度/mm	600,650,700,800,850,900,1000,1050,1100,1150,1200,1250,1300, 1350,1400,1450,1500,1550,1600,1700,1800,1900,

表 3-74 热轧钢板和钢带的厚度允许偏差

公称厚度/mm	在下列宽度下的厚度允许偏差/mm					
	600~750		>750~1000		>1000~1500	
	较高精度	普通精度	较高精度	普通精度	较高精度	普通精度
>0.35~0.50	±0.05	±0.07	±0.05	±0.07		
>0.50~0.60	±0.06	±0.08	±0.06	±0.08		
>0.60~0.75	±0.07	±0.09	±0.07	±0.09	—	
>0.75~0.9	±0.08	±0.10	±0.08	±0.10		
>0.9~1.1	±0.09	±0.11	±0.09	±0.12		

续表

公称厚度/mm	在下列宽度下的厚度允许偏差/mm					
	600~750		>750~1000		>1000~1500	
	较高精度	普通精度	较高精度	普通精度	较高精度	普通精度
>1.1~1.2	±0.10	±0.12	±0.11	±0.13	±0.11	±0.15
>1.20~1.30	±0.11	±0.13	±0.12	±0.14	±0.12	±0.15
>1.3~1.4	±0.11	±0.14	±0.12	±0.15	±0.12	±0.15
>1.4~1.6	±0.12	±0.15	±0.13	±0.15	±0.13	±0.18
>1.6~1.8	±0.13	±0.15	±0.14	±0.17	±0.14	±0.18
>1.8~2.0	±0.14	±0.16	±0.15	±0.17	±0.16	±0.18
>2.0~2.2	±0.15	±0.17	±0.16	±0.18	±0.17	±0.19
>2.2~2.5	±0.16	±0.18	±0.17	±0.19	±0.18	±0.20
>2.5~3.0	±0.17	±0.19	±0.18	±0.20	±0.19	±0.21
>3.0~3.5	±0.18	±0.20	±0.19	±0.21	±0.20	±0.22
>3.5~4.0	±0.21	±0.23	±0.22	±0.26	±0.24	±0.28
>4.0~5.5	+0.10 / −0.30	+0.20 / −0.40	+0.15 / −0.30	+0.30 / −0.40	+0.10 / −0.40	+0.30 / −0.50
>5.5~7.5	+0.10 / −0.40	+0.20 / −0.50	+0.10 / −0.50	+0.20 / −0.60	+0.10 / −0.50	+0.25 / −0.60
>7.5~10.0	+0.10 / −0.70	+0.20 / −0.80	+0.10 / −0.70	+0.20 / −0.80	+0.20 / −0.70	+0.30 / −0.80
>10.0~13.0	+0.10 / −0.70	+0.20 / −0.80	+0.10 / −0.70	+0.20 / −0.80	+0.20 / −0.70	+0.30 / −0.80

公称厚度/mm	在下列宽度下的厚度允许偏差/mm					
	>1500~2000		>2000~2300		>2300~2700	>2700~3000
	较高精度	普通精度	较高精度	普通精度	较高精度	普通精度
>1.8~2.0	±0.17	±0.20				
>2.0~2.2	±0.18	±0.20				
>2.2~2.5	±0.19	±0.21				
>2.5~3.0	±0.20	±0.22	±0.23	±0.25		
>3.0~3.5	±0.22	±0.24	±0.26	±0.29		
>3.5~4.0	±0.26	±0.28	±0.30	±0.33		
>4.0~5.5	+0.20 / −0.40	+0.40 / −0.50	+0.25 / −0.40	+0.45 / −0.60		

公称厚度/mm	在下列宽度下的厚度允许偏差/mm						
	>1500~2000		>2000~2300		>2300~2700	>2700~3000	
	较高精度	普通精度	较高精度	普通精度	较高精度	普通精度	
>5.5~7.5	+0.20 −0.50	+0.4 −0.6	+0.25 −0.6	+0.45 −0.60			
>7.5~10	+0.20 −0.70	+0.35 −0.80	+0.25 −0.70	+0.45 −0.80	+0.60 −0.80		
>10~13	+0.30 −0.70	+0.40 −0.80	+0.35 −0.70	+0.50 −0.80	+0.70 −0.80	+1.00 −0.80	

公称厚度(钢板或钢带)/mm	负偏差/mm	下列宽度的厚度允许正偏差/mm						
		>1000~1200	>1200~1500	>1500~1700	>1700~1800	>1800~2000	>2000~2300	>2300~2500
>13~25	0.8							0.8
>25~30	0.9	0.2	0.2	0.3	0.4	0.6	0.8	0.9
>30~34	1.0	0.2	0.2	0.3	0.4	0.6	0.8	0.9
>34~40	1.1	0.3	0.4	0.5	0.6	0.7	0.9	1.0
>40~50	1.2	0.4	0.5	0.6	0.7	0.8	1.0	1.1
>50~60	1.3	0.6	0.7	0.8	0.9	1.0	1.1	1.1
>60~80	1.8	—	—	1.0	1.0	1.0	1.0	1.1
>80~100	2.0	—	—	1.2	1.2	1.2	1.2	1.3
>100~150	2.2			1.3	1.3	1.3	1.4	1.5
>150~200	2.6			1.5	1.5	1.5	1.6	1.7

公称厚度(钢板或钢带)/mm	负偏差/mm	下列宽度的厚度允许正偏差/mm						
		>2500~2600	>2600~2800	>2800~3000	>3000~3200	>3200~3400	>3400~3600	>3600~3800
>13~25	0.8	1.0		1.1	1.2			
>25~30	0.9	1.0						
>30~34	1.0			1.2	1.3			
>34~40	1.1	1.1		1.3	1.4			
>40~50	1.2	1.2		1.4	1.5			
>50~60	1.3	1.2		1.4	1.5			
>60~80	1.8	1.3	1.3	1.3	1.3	1.3	1.4	1.4
>80~100	2.0	1.3		1.4	1.4	1.4	1.4	1.4

续表

公称厚度（钢板或钢带）/mm	负偏差/mm	下列宽度的厚度允许正偏差/mm						
		>2500~2600	>2600~2800	>2800~3000	>3000~3200	>3200~3400	>3400~3600	>3600~3800
>100~150	2.2	1.5	1.6	1.6	1.6	1.6	1.6	1.6
>150~200	2.6	1.7	1.7	1.8	1.8	1.8	1.8	1.8

表 3-75　切边钢板的厚度允许偏差（下偏差为 0）

公称厚度/mm	≤4		>4~16		>16~60	>60
宽度/mm	≤800	>800	≤1500	>1500	所有宽度	所有宽度
宽度允许偏度/mm	+6	+10	+10	+15	+30	+35

表 3-76　钢带的宽度允许偏差（下偏差为 0）

切边钢带		不切边钢带	
钢带宽度/mm	宽度允许偏差/mm	钢带宽度/mm	宽度允许偏差/mm
600~100	+5	≤1000	+20
>1000	+10	>1000	+30

表 3-77　纵剪钢带的宽度允许偏差

公称宽度/mm	在下列厚度时的宽度允许偏差/mm			
	≤4.0	>4.0~6.0	>6.0~8.0	>8.0
≤160	±0.5	±0.8	±1.0	±1.2
>160~250		±1.0	±1.2	±1.4
>250~600	±1.0			

表 3-78　热轧钢板的长度允许偏差（下偏差为 0）

公称厚度/mm	钢板长度/mm	长度允许偏差/mm
≤4	≤1500	+10
	>1500	+15
>4~16	≤2000	+10
	>2000~6000	+25
	>6000	+30
>16~60	≤2000	+15
	>2000~6000	+30
	>6000	+40
>60	所有长度	+50

2. 冷轧钢板和钢带(GB/T 708—1988)

(1)用途:用于汽车、家电、建筑材料工业及小商品生产等。

(2)分类和代号见表 3-79。

(3)尺寸规格见表 3-80。

(4)允许偏差见表 3-81 至表 3-84。

表 3-79　冷轧钢板和钢带的尺寸规格

按边缘状态分		按轧制精度分	
分类	代号	分类	代号
切边	Q	较高精度	A
不切边	BQ	普通精度	B

表 3-80　冷轧钢板和钢带的尺寸规格

公称厚度/mm	宽　度/mm									
	600	650	700	(710)	750	800	850	900	950	1000
	最小和最大长度/mm									
0.20,0.25,0.30 0.35,0.40,0.45	1200 2500	1300 2500	1400 2500	1400 2500	1500 2500	1500 2500	1500 2500	1500 3000	1500 3000	1500 3000
0.56,0.60,0.65	1200 2500	1300 2500	1400 2500	1400 2500	1500 2500	1500 2500	1500 2500	1500 3000	1500 3000	1500 3000
0.70,0.75	1200 2500	1300 2500	1400 2500	1400 2500	1500 2500	1500 2500	1500 2500	1500 3000	1500 3000	1500 3000
0.80,0.90,1.00	1200 3000	1300 3000	1400 3000	1400 3000	1500 3000	1500 3000	1500 3000	1500 3500	1500 3500	1500 3500
1.1,1.2,1.3	1200 3000	1300 3000	1400 3000	1400 3000	1500 3000	1500 3000	1500 3000	1500 3500	1500 3500	1500 3500
1.4,1.5,1.6, 1.7,1.8,2.0	1200 3000	1300 3000	1400 3000	1400 3000	1500 3000	1500 3000	1500 3000	1500 3000	1500 3000	1500 4000
2.2,2.5	1200 300	1300 3000	1400 3000	1400 3000	1500 3000	1500 3000	1500 3000	1500 3000	1500 3000	1500 4000
2.8,3.0,3.2	1200 3000	1300 3000	1400 3000	1400 3000	1500 3000	1500 3000	1500 3000	1500 3000	1500 3000	1500 4000

公称厚度/mm	宽 度/mm									
	1100	1250	1400	(1420)	1500	1600	1700	1800	1900	2000
	最小和最大长度/mm									
0.20,0.25,0.30 0.35,0.40,0.45	1500 3000	—	—	—	—	—	—	—	—	—
0.56,0.60,0.65	1500 3000	1500 3500	—	—	—	—	—	—	—	—
0.70,0.75	1500 3000	1500 3500	2000 4000	2000 4000	—	—	—	—	—	—
0.80,0.90,1.00	1500 3500	1500 4000	2000 4000	2000 4000	2000 4000	—	—	—	—	—
1.1,1.2,1.3	1500 3500	1500 4000	2000 4000	2000 4000	2000 4000	2000 4000	2000 4200	2000 4200	—	—
1.4,1.5,1.6, 1.7,1.8,2.0	1500 4000	1500 6000	2000 6000	2000 6000	2000 6000	2000 6000	2000 6000	2500 6000		
2.2,2.5	1500 4000	2000 6000	2000 6000	2000 6000	2000 6000	2000 6000	2500 6000	2500 6000	2500 6000	2500 6000
2.8,3.0,3.2	1500 4000	2000 6000	2000 6000	2000 6000	2000 6000	2000 2750	2500 2750	2500 2700	2500 2700	2500 2700
3.5,3.8,3.9	—	2000 4500	2000 4500	2000 4500	2000 4750	2000 2750	2500 2750	2500 2700	2500 2700	2500 2700
4.0,4.2,4.5	—	2000 4500	2000 4500	2000 4500	2000 4500	1500 2500	1500 2500	1500 2500	1500 2500	1500 2500
4.8,5.0	—	2000 4500	2000 4500	2000 4500	2000 4500	1500 2300	1500 2300	1500 2300	1500 2300	1500 2300

表 3-81 冷轧钢板和钢带的厚度允许偏差

公称厚度	公称宽度			
	厚度允许偏差/mm			
	A 级精度		B 级精度	
	≤1500	>1500~2000	≤1500	>1500~200
0.20~0.50	±0.04	—	±0.05	—
>0.50~0.65	±0.05	—	±0.06	—
>0.65~0.90	±0.06	—	±0.07	—

公称厚度	公称宽度			
	厚度允许偏差/mm			
	A级精度		B级精度	
	≤1500	>1500～2000	≤1500	>1500～200
>0.90～0.10	±0.07	±0.09	±0.09	±0.11
>1.10～1.20	±0.09	±0.10	±0.10	±0.12
>1.20～1.4	±0.10	±0.12	±0.11	±0.14
>1.4～1.5	±0.11	±0.13	±0.12	±0.15
>1.5～1.8	±0.12	±0.14	±0.14	±0.16
>1.8～2.0	±0.13	±0.15	±0.15	±0.17
>2.0～2.5	±0.14	±0.17	±0.16	±0.18
>2.5～3.0	±0.16	±0.19	±0.18	±0.20
>3.0～3.5	±0.18	±0.20	±0.20	±0.21
>3.5～4.0	±0.19	±0.21	±0.22	±0.24
>4.0～5.0	±0.20	±0.22	±0.23	±0.25

表 3-82 冷轧钢板和钢带的宽度允许偏差(下偏差为 0)

公称宽度/mm	宽度允许偏差/mm
≤1000	+6
>1000	+10
不剪纵边的钢带	+15

表 3-83 纵切钢带的宽度允许偏差(下偏差为 0)

公称厚度	公称宽度			
	宽度允许偏差/mm			
	A级精度		B级精度	
	≤125	>125～250	≤250～400	>400～<600
0.20～0.40	+0.3	+0.6	+1.0	+1.5
>0.40～1.0	+0.5	+0.8	+1.2	+1.5
>1.0～1.8	+0.7	+1.0	+1.5	+2.0
>1.8～3.0	+1.0	+1.3	+1.7	+2.0

表 3-84　冷轧钢板的长度允许偏差(下偏差为 0)

公称长度/mm	≤2000	>2000
允许偏差/mm	+10	+15

3. 宽度小于 600 mm 冷轧钢带(GB/T 15391—2010)

(1)适用范围:适用于宽度小于 600 mm,厚度不大于 3 mm 的冷轧钢带。

(2)分类和代号见表 3-85。

(3)允许偏差见表 3-86、表 3-87。

表 3-85　宽度小于 600mm 冷轧钢带的分类和代号

按边缘状态分		按轧制精度分	
分类	代号	分类	代号
切边钢带	Q	普通精度	P
不切边钢带	BQ	较高精度	J

表 3-86　宽度小于 600 mm 的冷轧钢带的厚度允许偏差(单位:mm)

厚度	厚度允许偏差			
	宽　度			
	<250		≥250～<600	
	普通精度	较高精度	普通精度	较高精度
≤1.10	±0.010	±0.005	±0.015	±0.010
>0.10～0.15			±0.020	±0.015
>0.15～0.25	±0.015	±0.010	±0.030	±0.020
>0.25～0.40	±0.020	±0.015	±0.035	±0.025
>0.40～0.70	±0.025	±0.020	±0.040	±0.030
>0.70～1.00	±0.035	±0.025	±0.050	±0.035
>1.00～1.50	±0.045	±0.035	±0.060	±0.045
>1.50～2.50	±0.060	±0.045	±0.080	±0.060
>2.50～3.00	±0.075	±0.060	±0.090	±0.070

注:1. 根据需方要求,可以供应其他尺寸的钢带、厚度为负偏差的钢带(公差值应符合表中规定)。

2. 钢带距头尾 15 m 长度范围内的厚度偏差允许比表中规定值超出 50%。

3. 钢带焊缝处 10 m 长度范围内的厚度偏差允许比表中规定值超出 100%。

表 3-87 宽度小于 600mm 冷轧钢带的厚度允许偏差 （单位：mm）

厚 度	切边钢带宽度允许偏差(下偏差为 0)						不切边钢带宽度允许偏差		
	宽 度						宽 度	普通精度	较高精度
	≤125		>125~250		>250~<600				
	普通精度	较高精度	普通精度	较高精度	普通精度	较高精度			
≤0.05	+0.250	+0.150	+0.450	+0.250	+0.600	+0.400	≤125	±1.50	±1.00
>0.5~1.0	+0.350	+0.250	+0.550	+0.350	+0.800	+0.600	>125~<250	±2.00	±1.50
>1.0~3.0	+0.500	+0.40	+0.700	+0.500	+1.100	+1.000	250~<400	±2.50	±2.00
							400~<600	±3.00	±2.50

注：经供需双方协商，可提供宽度负偏差的钢带，但负偏差的绝对值应符合表中规定。

4. 钢板和钢带的理论重量

(1)钢板的理论重量见表 3-88、表 3-89。

(2)钢带的理论重量见表 3-90。

表 3-88 薄钢板的理论重量

厚度/mm	宽度/mm												
	500	600	710	750	800	850	900	950	1000	1100	1250	1400	1500
	理论重量/(密度 7.85 g/cm³)												
0.20	0.785	0.942	1.115	1.178	1.256	1.335	1.413	1.492	1.570	1.727	1.963	2.198	2.355
0.25	0.981	1.178	1.393	1.472	1.570	1.668	1.766	1.864	1.963	2.159	2.453	2.748	2.944
0.30	1.178	1.413	1.672	1.766	1.884	2.002	2.120	2.237	2.355	2.591	2.944	3.297	3.533
0.35	1.374	1.649	1.951	2.061	2.198	2.335	2.473	2.610	2.748	3.022	3.434	3.847	4.121
0.40	1.570	1.884	2.229	2.355	2.512	2.669	2.826	2.983	3.140	3.454	3.925	4.396	4.710
0.45	1.766	2.120	2.508	2.649	2.826	3.179	3.356	3.533	3.886	4.416	4.946	5.299	
0.50	1.963	2.355	2.787	2.944	3.140	3.336	3.533	3.729	3.925	4.318	4.906	5.495	5.888
0.55	2.159	2.591	3.065	3.238	3.454	3.670	3.886	4.102	4.318	4.749	5.397	6.045	6.476
0.60	2.355	2.826	3.344	3.533	3.768	4.004	4.239	4.475	4.710	5.181	5.888	6.594	7.065
0.70	2.748	3.297	3.901	4.121	4.396	4.671	4.946	5.220	5.495	6.045	6.869	7.693	8.243
0.75	2.944	3.533	4.180	4.416	4.710	5.004	5.299	5.593	5.888	6.476	7.359	8.243	8.831
0.80	3.14	3.77	4.46	4.71	5.02	5.34	5.65	5.97	6.28	6.91	7.85	8.79	9.42
0.90	3.53	4.24	5.02	5.30	5.65	6.01	6.36	6.71	7.07	7.77	8.83	9.89	10.60

续表

厚度 /mm	宽度/mm												
	500	600	710	750	800	850	900	950	1000	1100	1250	1400	1500
	理论重量/(密度 7.85 g/cm³)												
1.00	3.93	4.71	5.57	5.89	6.28	6.67	7.07	7.46	7.85	8.64	9.81	10.99	11.78
1.10	4.32	5.18	6.13	6.48	6.91	7.34	7.77	8.20	8.64	9.50	10.79	12.09	12.95
1.20	4.71	5.65	6.69	7.07	7.54	8.01	8.48	8.95	9.42	10.36	11.78	13.19	14.13
1.25	4.91	5.89	6.97	7.36	7.85	8.34	8.83	9.32	9.81	10.79	12.27	13.74	14.72
1.40	5.50	6.59	7.80	8.24	8.79	9.34	9.89	10.44	10.99	12.09	13.74	15.39	16.49
1.50	5.89	7.07	8.36	8.83	9.42	10.01	10.60	11.19	11.78	12.95	14.72	16.49	17.66
1.60	6.28	7.54	8.92	9.42	10.05	10.68	11.30	11.93	12.56	13.82	15.70	17.58	18.84
1.80	7.07	8.48	10.03	10.60	11.30	12.01	12.72	13.42	14.13	15.54	17.66	19.78	21.20
2.00	7.85	9.42	11.15	11.78	12.56	13.35	14.13	14.92	15.70	17.27	19.63	21.98	23.55
2.20	8.64	10.36	12.26	12.95	13.82	14.68	15.54	16.41	17.27	19.00	21.59	24.18	25.91
2.50	9.81	11.78	13.93	14.72	15.70	16.68	17.66	18.64	19.63	21.59	24.53	27.48	29.44
2.80	10.99	13.19	15.61	16.49	17.58	18.68	19.78	20.88	21.98	24.18	27.48	30.77	32.97
3.00	11.78	14.13	16.72	17.66	18.84	20.02	21.20	22.37	23.55	25.91	29.44	32.97	35.33
3.20	12.56	15.07	17.84	18.84	20.10	21.35	22.61	23.86	25.12	27.63	31.40	35.17	37.68
3.50	13.74	16.49	19.51	20.61	21.98	23.35	24.73	26.10	27.48	30.22	34.34	38.47	41.21
3.80	14.92	17.90	21.18	22.37	23.86	25.35	26.85	28.34	29.83	32.81	37.29	41.76	44.75
4.00	15.70	18.84	22.29	23.55	25.12	26.69	28.26	29.83	31.40	34.54	39.25	43.96	47.10

表 3-89 中厚钢板的理论重量

厚度 /mm	宽度/mm										
	600	650	700	710	750	800	850	900	950	1000	1100
	理论重量/(kg/m)(密度 7.85 g/cm³)										
4.5	21.20	22.96	24.73	25.08	26.49	28.26	30.03	31.79	33.56	35.33	38.86
5.0	23.55	25.51	27.48	27.87	29.44	31.40	33.36	35.33	37.29	39.25	43.18
5.5	25.91	28.06	30.22	30.65	32.38	34.54	36.70	38.86	41.02	43.18	47.49
6.0	28.26	30.62	32.97	33.44	35.33	37.68	40.04	42.39	44.75	47.10	51.81
7.0	32.97	35.72	38.47	39.01	41.21	43.96	46.71	49.46	52.20	54.95	60.45
8.0	37.68	40.82	43.96	44.59	47.10	50.24	53.38	56.52	59.66	62.80	69.08
9.0	42.39	45.92	49.46	50.16	52.99	56.52	60.05	63.59	67.12	70.65	77.72

厚度/mm	宽度/mm										
	600	650	700	710	750	800	850	900	950	1000	1100
理论重量/(kg/m)(密度 7.85 g/cm³)											
10.0	47.10	51.03	54.95	55.74	58.88	62.80	66.73	70.65	74.58	78.50	86.35
11.0	51.81	56.13	60.45	61.31	64.76	69.08	73.40	77.72	82.03	86.35	94.99
12.0	56.52	61.23	65.94	66.88	70.65	75.36	80.07	84.78	89.49	94.20	103.62
13.0	61.23	66.33	71.44	72.46	76.54	81.64	86.74	91.85	96.95	102.05	112.26
14.0	65.94	71.44	76.93	78.03	82.43	87.92	93.42	98.91	104.41	109.90	120.89
15.0	70.65	76.54	82.43	83.60	88.31	94.20	100.09	105.98	111.86	117.75	129.53
16.0	75.36	81.64	87.92	89.18	94.20	100.48	106.76	113.04	119.32	125.60	138.16
18.0	84.78	91.85	98.91	100.32	105.98	113.04	120.11	127.17	134.24	141.30	155.43
20.0	94.20	102.05	109.90	111.47	117.75	125.60	133.45	141.30	149.15	157.00	172.70
22.0	103.62	112.26	120.89	122.62	129.53	138.16	146.80	155.43	164.07	172.70	189.97
24.0	113.04	122.46	131.88	133.76	141.30	150.72	160.14	169.56	178.98	188.40	207.24
25.0	117.75	127.56	137.38	139.34	147.19	157.00	166.81	176.63	186.44	196.25	215.88
26.0	122.46	132.67	142.87	144.91	153.08	163.28	173.49	183.69	193.90	204.10	224.51
28.0	131.88	142.87	153.86	156.06	164.85	175.84	186.83	197.82	208.81	219.80	241.78
30.0	141.30	153.08	164.85	167.21	176.63	188.40	200.18	211.95	223.73	235.50	259.05
32.0	150.72	163.28	175.84	178.35	188.40	200.96	213.52	226.08	238.64	251.20	276.32
34.0	160.14	173.49	186.83	189.50	200.18	213.52	226.87	240.21	253.56	266.90	293.59
35.0	164.85	178.59	192.33	195.07	206.06	219.80	233.54	247.28	261.01	274.75	302.23
36.0	169.56	183.69	197.82	200.65	211.95	226.08	240.21	254.34	268.47	282.60	310.86
38.0	178.98	193.90	208.81	211.79	223.73	238.64	253.56	268.47	283.39	298.30	328.13
40.0	188.40	204.10	219.80	222.94	235.50	251.20	266.90	282.60	298.30	314.00	345.40
42.0	197.82	214.31	230.79	234.09	247.28	263.76	280.25	296.73	313.22	329.70	362.67
44.0	207.24	224.51	241.78	245.23	259.05	276.32	293.59	310.86	328.13	345.40	379.94
45.0	211.95	229.61	247.28	250.81	264.94	282.60	300.26	317.93	335.59	353.25	388.58
46.0	216.66	234.72	252.77	256.38	270.83	288.88	306.94	324.99	343.05	361.10	397.21
48.0	226.08	244.92	263.76	267.53	282.60	301.44	320.28	339.12	357.96	376.80	414.48
50.0	235.50	255.13	274.75	278.68	294.38	314.00	333.63	353.25	372.88	392.50	431.75
52.0	244.92	265.33	285.74	289.82	306.15	326.56	346.97	367.38	387.79	408.20	449.02

厚度/mm	宽度/mm										
	600	650	700	710	750	800	850	900	950	1000	1100
	理论重量/(kg/m)(密度 7.85 g/cm³)										
54.0	254.34	275.54	296.73	300.97	317.93	339.12	360.32	381.51	402.71	423.90	466.29
55.0	259.05	280.64	302.23	306.54	323.81	345.40	366.99	388.58	410.16	431.75	474.93
56.0	263.76	285.74	307.72	312.12	329.70	351.68	373.66	395.64	417.62	439.60	483.56
58.0	273.18	295.95	318.71	323.26	341.48	364.24	387.01	409.77	432.54	455.30	500.83
60.0	282.60	306.15	329.70	334.41	353.25	376.80	400.35	423.90	447.45	471.00	518.10

厚度/mm	宽度/mm										
	1200	1300	1400	1500	1600	1700	1800	1900	2000	2400	3000
	理论重量/(kg/m)(密度 7.85 g/cm3)										
4.5	42.39	45.92	49.46	52.99	56.52	60.05	63.59	67.12	70.65	84.78	105.98
5.0	47.10	51.03	54.95	58.88	62.80	66.73	70.65	74.58	78.50	94.20	117.75
5.5	51.81	56.13	60.45	64.76	69.08	73.40	77.72	82.03	86.35	103.62	129.53
6.0	56.52	61.23	65.94	70.65	75.36	80.07	84.78	89.49	94.20	113.04	141.30
7.0	65.94	71.44	76.93	82.43	87.92	93.42	98.91	104.41	109.90	131.88	164.85
8.0	75.36	81.64	87.92	94.20	100.48	106.76	113.04	119.32	125.60	150.72	188.40
9.0	84.78	91.85	98.91	105.98	113.04	120.11	127.17	134.24	141.30	169.56	211.95
10.0	94.20	102.05	109.90	117.75	125.60	133.45	141.30	149.15	157.00	188.40	235.50
11.0	103.62	112.26	120.89	129.53	138.16	146.80	155.43	164.07	172.70	207.24	259.05
12.0	113.04	122.46	131.88	141.30	150.72	160.14	169.56	178.98	188.40	226.08	282.60
13.0	122.46	132.67	142.87	153.08	163.28	173.49	183.69	193.90	204.10	244.92	306.15
14.0	131.88	142.87	153.86	164.85	175.84	186.83	197.82	208.81	219.80	263.76	329.70
15.0	141.30	153.08	164.85	176.63	188.40	200.18	211.95	223.73	235.50	282.60	353.25
16.0	150.72	163.28	175.84	188.40	200.96	213.52	226.08	238.64	251.20	301.44	376.80
18.0	169.56	183.69	197.82	211.95	226.08	240.21	254.34	268.47	282.60	339.12	423.90
20.0	188.40	204.10	219.80	235.50	251.20	266.90	282.60	298.30	314.00	376.80	471.00
22.0	207.24	224.51	241.78	259.05	276.32	293.59	310.86	328.13	345.40	414.48	518.10
24.0	226.08	244.92	263.76	282.60	301.44	320.28	339.12	357.96	376.80	452.16	565.20
25.0	235.50	255.13	274.75	294.38	314.00	333.63	353.25	372.88	392.50	471.00	588.75
26.0	244.92	265.33	285.74	306.15	326.56	346.97	367.38	387.79	408.20	489.84	612.30

厚度 /mm	宽度/mm										
	1200	1300	1400	1500	1600	1700	1800	1900	2000	2400	3000
	理论重量/(kg/m)(密度 7.85 g/cm3)										
28.0	263.76	285.74	307.72	329.70	351.68	373.66	395.64	417.62	439.60	527.52	659.40
30.0	282.60	306.15	329.70	353.25	376.80	400.35	423.90	447.45	471.00	565.20	706.50
32.0	301.44	326.56	351.68	376.80	401.92	427.04	452.16	477.28	502.40	602.88	753.60
34.0	320.28	346.97	373.66	400.35	427.04	453.73	480.42	507.11	533.80	640.56	800.70
35.0	329.70	357.18	384.65	412.13	439.60	467.08	494.55	522.03	549.50	659.40	824.25
36.0	339.12	367.38	395.64	423.90	452.16	480.42	508.68	536.94	565.20	678.24	847.80
38.0	357.96	387.79	417.62	447.45	477.28	507.11	536.94	566.77	596.60	715.92	894.90
40.0	376.80	408.20	439.60	471.00	502.40	533.80	565.20	596.60	628.00	753.60	942.00
42.0	395.64	428.61	461.58	494.55	527.52	560.49	593.46	626.43	659.40	791.28	989.10
44.0	414.48	449.02	483.56	518.10	552.64	587.18	621.72	656.26	690.80	828.96	1036.20
45.0	423.90	459.23	494.55	529.88	565.20	600.53	635.85	671.18	706.50	847.80	1059.75
46.0	433.32	469.43	505.54	541.65	577.76	613.87	649.98	686.09	722.20	866.64	1083.30
48.0	452.16	489.84	527.52	565.20	602.88	640.56	678.24	715.92	753.60	904.32	1130.40
50.0	471.00	510.25	549.50	588.75	628.00	667.25	706.50	745.75	785.00	942.00	1177.50
52.0	489.84	530.66	571.48	612.30	653.12	693.94	734.76	775.58	816.40	979.68	1224.60
54.0	508.68	551.07	593.46	635.85	678.24	720.63	763.02	805.41	847.80	1017.36	1271.70
55.0	518.10	561.28	604.45	647.63	690.80	733.98	777.15	820.33	863.50	1036.20	1295.25
56.0	527.52	571.48	615.44	659.40	703.36	747.32	791.28	835.24	879.20	1055.04	1318.80
58.0	546.36	591.89	637.42	682.95	728.48	774.01	819.54	865.07	910.60	1092.72	1365.90
60.0	565.20	612.30	659.40	706.50	753.60	800.70	847.80	894.90	942.00	1130.40	1413.00

表 3-90 钢带的理论重量

厚度 /mm	宽度/mm												
	1	2	3	4	5	6	7	8	9	10	11	12	13
	理论重量/(kg/m)(密度 7.85 g/cm³)												
0.01	0.008	0.016	0.024	0.031	0.039	0.047	0.055	0.063	0.071	0.079	0.086	0.094	0.102
0.02	0.016	0.031	0.047	0.063	0.079	0.094	0.110	0.126	0.141	0.157	0.173	0.188	0.204
0.03	0.024	0.047	0.071	0.094	0.118	0.141	0.165	0.188	0.212	0.236	0.259	0.283	0.306
0.04	0.031	0.063	0.094	0.126	0.157	0.188	0.220	0.251	0.283	0.314	0.345	0.377	0.408

厚度/mm	宽度/mm												
	1	2	3	4	5	6	7	8	9	10	11	12	13
	理论重量/(kg/m)(密度 7.85 g/cm³)												
0.05	0.039	0.079	0.118	0.157	0.196	0.236	0.275	0.314	0.353	0.393	0.432	0.471	0.510
0.06	0.047	0.094	0.141	0.188	0.236	0.283	0.330	0.377	0.424	0.471	0.518	0.565	0.612
0.07	0.055	0.110	0.165	0.220	0.275	0.330	0.385	0.440	0.495	0.550	0.604	0.659	0.714
0.08	0.063	0.126	0.188	0.251	0.314	0.377	0.440	0.502	0.565	0.628	0.691	0.754	0.816
0.09	0.071	0.141	0.212	0.283	0.353	0.424	0.495	0.565	0.636	0.707	0.777	0.848	0.918
0.10	0.079	0.157	0.236	0.314	0.393	0.471	0.550	0.628	0.707	0.785	0.864	0.942	1.021
0.12	0.094	0.188	0.283	0.377	0.471	0.565	0.659	0.754	0.848	0.942	1.036	1.130	1.225
0.15	0.118	0.236	0.353	0.471	0.589	0.707	0.824	0.942	1.060	1.178	1.295	1.413	1.531
0.18	0.141	0.283	0.424	0.565	0.707	0.848	0.989	1.130	1.272	1.413	1.554	1.696	1.837
0.20	0.157	0.314	0.471	0.628	0.785	0.942	1.099	1.256	1.413	1.570	1.727	1.884	2.041
0.22	0.173	0.345	0.518	0.691	0.864	1.036	1.209	1.382	1.554	1.727	1.900	2.072	2.245
0.25	0.196	0.393	0.589	0.785	0.981	1.178	1.374	1.570	1.766	1.963	2.159	2.355	2.551
0.28	0.220	0.440	0.659	0.879	1.099	1.319	1.539	1.758	1.978	2.198	2.418	2.638	2.857
0.30	0.236	0.471	0.707	0.942	1.178	1.413	1.649	1.884	2.120	2.355	2.591	2.826	3.062
0.35	0.275	0.550	0.824	1.099	1.374	1.649	1.923	2.198	2.473	2.748	3.022	3.297	3.572
0.40	0.314	0.628	0.942	1.256	1.570	1.884	2.198	2.512	2.826	3.140	3.454	3.768	4.082
0.45	0.353	0.707	1.060	1.413	1.766	2.120	2.473	2.826	3.179	3.533	3.886	4.239	4.592
0.50	0.393	0.785	1.178	1.570	1.963	2.355	2.748	3.140	3.533	3.925	4.318	4.710	5.103
0.55	0.432	0.864	1.295	1.727	2.159	2.591	3.022	3.454	3.886	4.318	4.749	5.181	5.613
0.60	0.471	0.942	1.413	1.884	2.355	2.826	3.297	3.768	4.239	4.710	5.181	5.652	6.123
0.65	0.510	1.021	1.531	2.041	2.551	3.062	3.572	4.082	4.592	5.103	5.613	6.123	6.633
0.70	0.550	1.099	1.649	2.198	2.748	3.297	3.847	4.396	4.946	5.495	6.045	6.594	7.144
0.75	0.589	1.178	1.766	2.355	2.944	3.533	4.121	4.710	5.299	5.888	6.476	7.065	7.654
0.80	0.628	1.256	1.884	2.512	3.140	3.768	4.396	5.024	5.652	6.280	6.908	7.536	8.164
0.85	0.667	1.335	2.002	2.669	3.336	4.004	4.671	5.338	6.005	6.673	7.340	8.007	8.674
0.90	0.707	1.413	2.120	2.826	3.533	4.239	4.946	5.652	6.359	7.065	7.772	8.478	9.185
0.95	0.746	1.492	2.237	2.983	3.729	4.475	5.220	5.966	6.712	7.458	8.203	8.949	9.695
1.00	0.785	1.570	2.355	3.140	3.925	4.710	5.495	6.280	7.065	7.850	8.635	9.420	10.205

厚度/mm	宽度/mm												
	14	15	16	17	18	19	20	21	22	23	24	25	30
	理论重量/(kg/m)(密度 7.85 g/cm³)												
0.01	0.110	0.118	0.126	0.133	0.141	0.149	0.157	0.165	0.173	0.181	0.188	0.196	0.236
0.02	0.220	0.236	0.251	0.267	0.283	0.298	0.314	0.330	0.345	0.361	0.377	0.393	0.471
0.03	0.330	0.353	0.377	0.400	0.424	0.447	0.471	0.495	0.518	0.542	0.565	0.589	0.707
0.04	0.440	0.471	0.502	0.534	0.565	0.597	0.628	0.659	0.691	0.722	0.754	0.785	0.942
0.05	0.550	0.589	0.628	0.667	0.707	0.746	0.785	0.824	0.864	0.903	0.942	0.981	1.178
0.06	0.659	0.707	0.754	0.801	0.848	0.895	0.942	0.989	1.036	1.083	1.130	1.178	1.413
0.07	0.769	0.824	0.879	0.934	0.989	1.044	1.099	1.154	1.209	1.264	1.319	1.374	1.649
0.08	0.879	0.942	1.005	1.068	1.130	1.193	1.256	1.319	1.382	1.444	1.507	1.570	1.884
0.09	0.989	1.060	1.130	1.201	1.272	1.342	1.413	1.484	1.554	1.625	1.696	1.766	2.120
0.10	1.099	1.178	1.256	1.335	1.413	1.492	1.570	1.649	1.727	1.806	1.884	1.963	2.355
0.12	1.319	1.413	1.507	1.601	1.696	1.790	1.884	1.978	2.072	2.167	2.261	2.355	2.826
0.15	1.649	1.766	1.884	2.002	2.120	2.237	2.355	2.473	2.591	2.708	2.826	2.944	3.533
0.18	1.978	2.120	2.261	2.402	2.543	2.685	2.826	2.967	3.109	3.250	3.391	3.533	4.239
0.20	2.198	2.355	2.512	2.669	2.826	2.983	3.140	3.297	3.454	3.611	3.768	3.925	4.710
0.22	2.418	2.591	2.763	2.936	3.109	3.281	3.454	3.627	3.799	3.972	4.145	4.318	5.181
0.25	2.748	2.944	3.140	3.336	3.533	3.729	3.925	4.121	4.318	4.514	4.710	4.906	5.888
0.28	3.077	3.297	3.517	3.737	3.956	4.176	4.396	4.616	4.836	5.055	5.275	5.495	6.594
0.30	3.297	3.533	3.768	4.004	4.239	4.475	4.710	4.946	5.181	5.417	5.652	5.888	7.065
0.35	3.847	4.121	4.396	4.671	4.946	5.220	5.495	5.770	6.045	6.319	6.594	6.869	8.243
0.40	4.396	4.710	5.024	5.338	5.652	5.966	6.280	6.594	6.908	7.222	7.536	7.850	9.420
0.45	4.946	5.299	5.652	6.005	6.359	6.712	7.065	7.418	7.772	8.125	8.478	8.831	10.598
0.50	5.495	5.888	6.280	6.673	7.065	7.458	7.850	8.243	8.635	9.028	9.420	9.813	11.775
0.55	6.045	6.476	6.908	7.340	7.772	8.203	8.635	9.067	9.499	9.930	10.362	10.794	12.953
0.60	6.594	7.065	7.536	8.007	8.478	8.949	9.420	9.891	10.362	10.833	11.304	11.775	14.130
0.65	7.144	7.654	8.164	8.674	9.185	9.695	10.205	10.715	11.226	11.736	12.246	12.756	15.308
0.70	7.693	8.243	8.792	9.342	9.891	10.441	10.990	11.540	12.089	12.639	13.188	13.738	16.485
0.75	8.243	8.831	9.420	10.009	10.598	11.186	11.775	12.364	12.953	13.541	14.130	14.719	17.663
0.80	8.792	9.420	10.048	10.676	11.304	11.932	12.560	13.188	13.816	14.444	15.072	15.700	18.840
0.85	9.342	10.009	10.676	11.343	12.011	12.678	13.345	14.012	14.680	15.347	16.014	16.681	20.018
0.90	9.891	10.598	11.304	12.011	12.717	13.424	14.130	14.837	15.543	16.250	16.956	17.663	21.195
0.95	10.441	11.186	11.932	12.678	13.424	14.169	14.915	15.661	16.407	17.152	17.898	18.644	22.373
1.00	10.990	11.775	12.560	13.345	14.130	14.915	15.700	16.485	17.270	18.055	18.840	19.625	23.550

厚度 /mm	宽度/mm												
	35	40	45	50	55	60	65	70	75	80	85	90	95
	理论重量/(kg/m)（密度 7.85 g/cm³）												
0.01	0.275	0.314	0.353	0.393	0.432	0.471	0.510	0.550	0.589	0.628	0.667	0.707	0.746
0.02	0.550	0.628	0.707	0.785	0.864	0.942	1.021	1.099	1.178	1.256	1.335	1.413	1.492
0.03	0.824	0.942	1.060	1.178	1.295	1.413	1.531	1.649	1.766	1.884	2.002	2.120	2.237
0.04	1.099	1.256	1.413	1.570	1.727	1.884	2.041	2.198	2.355	2.512	2.669	2.826	2.983
0.05	1.374	1.570	1.766	1.963	2.159	2.355	2.551	2.748	2.944	3.140	3.336	3.533	3.729
0.06	1.649	1.884	2.120	2.355	2.591	2.826	3.062	3.297	3.533	3.768	4.004	4.239	4.475
0.07	1.923	2.198	2.473	2.748	3.022	3.297	3.572	3.847	4.121	4.396	4.671	4.946	5.220
0.08	2.198	2.512	2.826	3.140	3.454	3.768	4.082	4.396	4.710	5.024	5.338	5.652	5.966
0.09	2.473	2.826	3.179	3.533	3.886	4.239	4.592	4.946	5.299	5.652	6.005	6.359	6.712
0.10	2.748	3.140	3.533	3.925	4.318	4.710	5.103	5.495	5.888	6.280	6.673	7.065	7.458
0.12	3.297	3.768	4.239	4.710	5.181	5.652	6.123	6.594	7.065	7.536	8.007	8.478	8.949
0.15	4.121	4.710	5.299	5.888	6.476	7.065	7.654	8.243	8.831	9.420	10.009	10.598	11.186
0.18	4.946	5.652	6.359	7.065	7.772	8.478	9.185	9.891	10.598	11.304	12.011	12.717	13.424
0.20	5.495	6.280	7.065	7.850	8.635	9.420	10.205	10.990	11.775	12.560	13.345	14.130	14.915
0.22	6.045	6.908	7.772	8.635	9.499	10.362	11.226	12.089	12.953	13.816	14.680	15.543	16.407
0.25	6.869	7.850	8.831	9.813	10.794	11.775	12.756	13.738	14.719	15.700	16.681	17.663	18.644
0.28	7.693	8.792	9.891	10.990	12.089	13.188	14.287	15.386	16.485	17.584	18.683	19.782	20.881
0.30	8.243	9.420	10.598	11.775	12.953	14.130	15.308	16.485	17.663	18.840	20.018	21.195	22.373
0.35	9.616	10.990	12.364	13.738	15.111	16.485	17.859	19.233	20.606	21.980	23.354	24.728	26.101
0.40	10.990	12.560	14.130	15.700	17.270	18.840	20.410	21.980	23.550	25.120	26.690	28.260	29.830
0.45	12.364	14.130	15.896	17.663	19.429	21.195	22.961	24.728	26.494	28.260	30.026	31.793	33.559
0.50	13.738	15.700	17.663	19.625	21.588	23.550	25.513	27.475	29.438	31.400	33.363	35.325	37.288
0.55	15.111	17.270	19.429	21.588	23.746	25.905	28.064	30.223	32.381	34.540	36.699	38.858	41.016
0.60	16.485	18.840	21.195	23.550	25.905	28.260	30.615	32.970	35.325	37.680	40.035	42.390	44.745
0.65	17.859	20.410	22.961	25.513	28.064	30.615	33.166	35.718	38.269	40.820	43.371	45.923	48.474
0.70	19.233	21.980	24.728	27.475	30.223	32.970	35.718	38.465	41.213	43.960	46.708	49.455	52.203
0.75	20.606	23.550	26.494	29.438	32.381	35.325	38.269	41.213	44.156	47.100	50.044	52.988	55.931
0.80	21.980	25.120	28.260	31.400	34.540	37.680	40.820	43.960	47.100	50.240	53.380	56.520	59.660
0.85	23.354	26.690	30.026	33.363	36.699	40.035	43.371	46.708	50.044	53.380	56.716	60.053	63.389
0.90	24.728	28.260	31.793	35.325	38.858	42.390	45.923	49.455	52.988	56.520	60.053	63.585	67.118
0.95	26.101	29.830	33.559	37.288	41.016	44.745	48.474	52.203	55.931	59.660	63.389	67.118	70.846
1.00	27.475	31.400	35.325	39.250	43.175	47.100	51.025	54.950	58.875	62.800	66.725	70.650	74.575

二、热轧钢板

1. 碳素结构钢和低合金结构钢热轧薄钢板和钢带(GB/T 912—2008)

(1)用途:用于表面质量要求不高、不需要经深冲压的制品。也可用作焊接钢管和冷弯型钢的坯料。

(2)尺寸规格:厚度≤4 mm,尺寸规格应符合 GB/T 709《热轧钢板和钢带》的规定。

(3)牌号:钢的牌号应符合 GB/T 700《碳素结构钢》或 GB/T 1591《低合金高强度结构钢》的规定。

(4)交货状态:热轧薄钢板和钢带以退火状态交货;根据需方要求,交货的热处理状态,力学性能协议商定。

2. 碳素结构钢和低合金结构钢热轧厚钢板和钢带(GB/T 3274—2007)

(1)碳素结构钢热轧厚钢板和钢带。

分类:有沸腾钢板和镇静钢板两大类。

用途:沸腾钢板用于制造各种冲压件、建筑、工程结构构件及不太重要的机器零件。

镇静钢板用于低温下承受冲击的构件、焊接结构件及其他对性能要求较高的构件。

(2)低合金钢板。

分类:镇静钢钢板和半镇静钢钢板。

用途:因低合金钢物理力学性能优好,能节约大材,减轻结构重量,其应用越来越广泛。

(3)尺寸规格:尺寸规格和允许偏差应符合 GB/T 709《热轧钢板和钢带》的规定。

(4)牌号:牌号应符号 GB/T 700《碳素结构钢》和 GB/T 1591《低合金高强度结构钢》的规定。

(5)交货状态:钢板和钢带以热轧或热处理状态交货。

3. 优质碳素结构钢热轧薄钢板和钢带(GB/T 710—2008)

(1)用途:用于汽车、航空工业及其他部门。

(2)尺寸规格:厚度≤4 mm,尺寸规格应符合 GB/T 709《热轧钢板和钢带》的规定。

(3)牌号:见表 3-91。钢的化学成分应符合 GB/T 699 的规定。

表 3-91 优质碳素钢结构钢热轧薄钢板和钢带的牌号

08F	08	08Al	10F	10	15F	15	20	25	30	35	40	45	50

(4)交货状态。

a)钢板和钢带的热处理状态(退火、正火、正火后回火、高温回火)应在合同中注明。

b)钢带和由钢带剪成的钢板,在各项性能符合本标准的要求的条件下,可不经热处理交货。

c)普通拉延级的钢板和钢带允许不经热处理交货,当需方要求时才进行热处理。

d)钢板和钢带是否酸洗交货,应在合同中注明。

(5)工艺性能见表3-92。

表3-92 优质碳素结构钢热轧薄钢板和钢带的杯突值

厚度 /mm	牌 号				
	Z	S	P	Z	S
	08F　08 08Al　10F	08F　08 08Al　10F	08F　08 08Al　10F	1015F 15 20	1015F 15 20
	冲压深度/mm ≥				
0.5	9.0	8.4	8.0	8.0	7.6
0.6	9.4	8.9	8.5	8.4	7.8
0.7	9.7	9.2	8.9	8.6	8.0
0.8	10.0	9.5	9.3	8.8	8.2
0.9	10.3	9.9	9.6	9.0	8.4
1.0	10.5	10.1	9.9	9.2	8.6
1.1	10.8	10.4	10.2		
1.2	11.0	10.6	10.4		
1.3	11.2	10.8	10.6		
1.4	11.3	11.0	10.8		
1.5	11.5	11.1	11.0		
1.6	11.6	11.4	11.2	不做实验	
1.7	11.8	11.6	11.4		
1.8	11.9	11.7	11.5		
1.9	12.0	11.8	11.7		
2.0	12.1	11.9	11.8		

注:中间厚度的钢板和钢带,其杯突试验值按表中接近的小尺寸厚度钢板和钢带的冲压深度数值规定。

4.优质碳素结构钢热轧厚钢板和宽钢带(GB/T 711—2008)

(1)用途:主要用于制造机器结构零部件。

（2）尺寸规格：厚度>4～60 mm，尺寸规格应符合 GB/T 709《低合金高强度结构钢》的规定。

（3）牌号：常用牌号见表3-93。

（4）交货状态：钢板和钢带从热处理（正火、退火或高温回火）状态交货。

表3-93　优质碳素结构钢热轧厚钢板和宽钢带常用牌号

牌号	05F	08F	08	10F	10	15F	15	20F	20	25	30	35	40
	45	50	55	60	65	70	20Mn	25Mn	30Mn	40Mn	50Mn	60Mn	65Mn

5. 合金结构钢热轧厚钢板（GB/T 11251—2009）

（1）用途：用于制造机器零部件。

（2）尺寸规格：厚度>4～3 mm，其尺寸规格和允许偏差应符合 GB/T 709《热轧钢板和钢带》的规定。

（3）牌号：钢的牌号应符合 GB/T 3077《合金结构钢》的规定，常用牌号见表3-94。

（4）交货状态：钢板和钢带的热处理状态（退火、正火、正火后回火、高温回火）应在合同中注明。若能保证相应的力学性能，也可采取控制轧制和轧制后控温方法代替正火。

表3-94　合金结构钢热轧厚钢板的牌号

牌号	45Mn2	27SiMn	40B	45B	50B	15Cr	20Cr
	30Cr	35Cr	40Cr	20CrMnSiA	25CrMnSiA	30CrMnSiA	35CrMnSiA

6. 高强度结构钢热处理和控轧钢板、钢带（GB/T 16270—1996）

（1）适用范围：用于制造厂房、工程机械、煤矿液压支架等机械设备及其他结构件。

（2）尺寸规格：厚度≤100 mm，其尺寸规格和允许偏差应符合 GB/T 709《热轧钢板和钢带》的规定。

（3）牌号：见表3-95。

表3-95　高强度结构钢热处理和控轧钢板、钢带的牌号

牌号	Q420	Q460	Q500	Q550	Q620	Q690

（4）交货状态：Q420、Q460、Q500、Q550 淬火＋回火、正火＋回火、正火、控轧，Q620、Q690 淬火＋回火或其他的热处理方式。

7. 弹簧钢热轧薄钢板（GB/T 3279—1989）

（1）用途：用于机械、车辆的板簧、碟形弹簧及其他构件。

（2）尺寸规格：钢板的厚度不大于4 mm，其尺寸规格和允许偏差应符合 GB/T 709《热轧钢板和钢带》的规定。

（3）牌号：钢的牌号和化学成分应符合 GB/T 1222《弹簧钢》的规定。常用牌号

见表 3-96。

表 3-96　弹簧钢热轧薄钢板的常用牌号

牌号	85	65Mn	55Si2Mn	60Si2Mn	60Si2MnA	60Si2CrA	50CrVA

8. 碳素工具钢热轧钢板（GB/T 3278—2001）

(1)用途：用于制造形状简单、切削速度和精度要求较低的刃具、量具、模具等工具。

(2)尺寸规格：厚度为 0.7～15 mm，其尺寸规格和允许偏差应符合 GB/T 709《热轧钢板和钢带》的规定。

(3)牌号：牌号应符合 GB/T 1298《碳素工具钢》的规定。常用牌号见表 3-97。

(4)交货状态：钢板应在退火状态下交货。经供需双方协议，钢板也可在其他状态下交货。根据需方要求，并在合同中注明，钢板可经酸洗后交货。

表 3-97　碳素工具钢热轧钢板常用牌号

牌号	T7	T7A	T8	T8A	T8Mn	T9	T9A
T10	T10A	T11	T11A	T12	T12A	T13	T13A

9. 高速工具钢钢板（GB/T 9941—2009）

(1)用途：高速工具钢俗称锋钢，耐磨性和热硬性、淬透性高。用其制造的刀具和刃具在温度 500～600℃下高温切削时，仍能保持高的硬度。高速工具钢可用于制作刀具（车刀、铣刀、绞刀、拉刀、麻花钻等）及模具、轧辊和耐磨的机械零件

(2)适用范围：适用于厚度≤4 mm 的冷轧钢板和的钢板。

(3)尺寸规格：冷轧厚度≤4 mm，热轧厚度≤10 mm，尺寸规格和允许偏差应分别符合 GB/T 708《冷轧钢板和钢带》和 GB/T 709《热轧钢板和钢带》的规定。钢板的最小宽度和最小长度为 600 mm。

(4)牌号：见表 3-98。

(5)交货状态：钢板以退火状态交货。

表 3-98　高速工具钢钢板的牌号

牌号	W18Cr4V	W6Mo5Cr4V2	W9Mo3Cr4V	W6Mo5Cr4V2Al

10. 不锈钢热轧钢板（GB/T 4237—2007）

(1)用途：用于航空、石油、化工、纺织、食品、医疗器械等要求耐蚀的构件、容器、机械零件等。

(2)尺寸规格：钢板的尺寸规格和允许偏差应符合 GB/T 709《热轧钢板和钢带》的规定。钢种按组织特征分为奥氏体型、奥氏体-铁素体型、铁素体型、马氏体型和沉淀硬化型五类。

(3)交货状态：钢板热轧后应经相应热处理（固溶、退火、时效等），并进行酸洗或类似处理。对于沉淀硬化型，需方应说明钢板或试样的热处理种类。

(4)牌号:钢种按组织特征分为奥氏体型、奥氏体－铁素体型、铁素体型、马氏体型和沉淀硬化型五类。见表3-99至表3-103。

表3-99　奥氏体型不锈钢热轧钢板的牌号

牌号	1Cr17Mn6Ni5N	1Cr18Mn8Ni5N	1Cr18Ni9	1Cr18Ni9Si3	0Cr18Ni9
	00Cr19Ni10	0Cr19Ni9N	0Cr19Ni10NbN	00Cr18Ni10N	1Cr18Ni12
	0Cr23Ni13	0Cr25Ni20	0Cr17Ni12Mo2	00Cr17Ni14Mo2	0Cr17Ni12Mo2N
	00Cr17Ni13Mo2N	1Cr18Ni12Mo2Ti	0Cr18Ni12Mo2Ti	1Cr18Ni12Mo3Ti	0Cr18Ni12Mo3Ti
	0Cr18Ni12Mo2Cu2	00Cr18Ni14Mo2Cu2	00Cr19Ni13Mo3	00Cr19Ni13Mo3	0Cr18Ni16Mo5
	1Cr18Ni9Ti	0Cr18Ni10Ti	0Cr18Ni11Nb	0Cr18Ni13Si4	

表3-100　奥氏体-铁素体型不锈钢热轧钢板的牌号

牌号	0Cr26Ni5Mo2	00Cr18Ni5Mo3Si2

表3-101　铁素体型不锈钢热轧钢板的牌号

牌号	0Cr13Al	00Cr12	1Cr15	1Cr17
1Cr17Mo	00Cr17Mo	00Cr18Mo2	00Cr30Mo2	00Cr27Mo

表3-102　马氏体型不锈钢热轧钢板的牌号

牌号	1Cr12	0Cr13	1Cr13	2Cr13	3Cr13	4Cr13	3Cr16	7Cr17

表3-103　沉淀硬化型不锈钢热轧钢板

牌号	0Cr17Ni7Al

11. 耐热钢板(GB/T 4238—2007)

(1)用途:广泛用于石油、化工设备、锅炉、汽轮机、工业炉构件以及在高温下工作的其他构件。

(2)尺寸规格:热轧钢板的尺寸规格和允许偏差应符合GB/T 709《热轧钢板和钢带》的规定。

(3)交货状态:钢板经热轧或冷轧后,进行热处理,并进行酸洗或类似的处理,然后进行适当的矫直。

12. 花纹钢板(GB/T 3277—1991)

(1)用途:用作地板、厂房扶梯、工作架踏板、船舶甲板、汽车底板等。

(2)尺寸规格:见表3-104。

表 3-104　花纹钢板的尺寸规格　　（单位：mm）

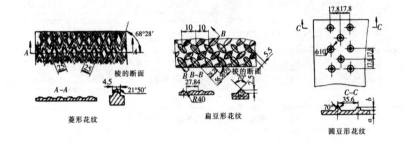

基本厚度	基本厚度	理论重量（kg/m）		
	允许偏差	菱形	扁豆形	圆豆形
2.5	±0.3	21.6	21.3	21.1
3.0	±0.3	25.6	24.4	24.3
3.5	±0.3	29.5	28.4	28.3
4.0	±0.4	33.4	32.4	32.3
4.5	±0.4	37.3	36.4	36.2
5.0	+0.4 −0.5	42.3	40.5	40.2
5.5	+0.4 −0.5	46.2	44.3	44.1
6.0	+0.5 −0.6	50.1	48.4	48.1
7.0	+0.6 −0.7	59.0	52.6	52.4
8.0	+0.6 −0.8	66.8	56.4	56.2

　　注：1. 钢板宽度为 600～1 800 mm，按 50 mm 进级；长度为 2 000～12 000 mm，按 100 mm 进级。

　　2. 花纹纹高不小于基板厚度 0.2 倍。图中尺寸不作为成品检查依据。

3. 钢板用钢的牌号按 GB/T 700,GB/T 712,GB/T 4171 规定。

4. 钢板以热轧状态交货。

13. 厚度方向性能钢板(GB/T 5313—2010)

(1)用途:主要用于造船、海上采油平台、锅炉和压力容器等重要焊接结构。

(2)尺寸规格:厚度为 15～150 mm,屈服点不大于 500 MPa 的镇静钢钢板。

14. 锅炉用钢板(GB 713—2008)

(1)用途:制造各种锅炉及其附件。

(2)尺寸规格:钢板的厚度为 6～150 mm。钢板的厚度允许偏差见表 3-105,钢板的宽度与长度允许偏差应符合 GB/T 709《热轧钢板和钢带》的规定。计算锅炉用钢板重量的附加值见表 3-106。

表 3-105 锅炉用钢板的厚度允许偏差 (单位:mm)

公称厚度	负偏差	宽 度							
		600～750	>750～1000	>1000～1200	>1200～1500	>1500～1700	>1700～1800	>1800～2000	>2000～2300
		正偏差							
6～7.5	0.25	0.45	0.55	0.60	0.6	0.75	0.75	0.75	0.8
>7.5～10		0.75	0.75	0.85	0.85	0.90	0.90	0.90	1.00
>10～13		0.75	0.75	0.85	0.85	0.95	0.95	0.95	1.05
>13～25				0.75	0.75	0.85	0.95	1.15	1.35
>25～30				0.85	0.85	0.95	1.05	1.25	1.45
>30～34				0.95	1.05	1.05	1.15	1.35	1.55
>34～40				1.15	1.25	1.35	1.45	1.55	1.75
>40～50				1.35	1.45	1.55	1.65	1.75	1.95
>50～60				1.65	1.75	1.85	1.95	2.05	2.15
>60～80						2.55	2.55	2.55	2.55
>80～100						2.95	2.95	2.95	2.95
>100～150						3.25	3.25	3.25	3.35

续表

公称厚度	负偏差	宽 度							
		>2300 ~2500	>2500 ~2600	>2600 ~2800	>2800 ~3000	>3000 ~3200	>3200 ~3400	>3400 ~3600	>3600 ~3800
		正偏差							
>7.5~10		1.15	1.15	1.15					
>10~13		1.25	1.25	1.25	1.55				
>13~25		1.35	1.55	1.65	1.75				
>25~30	0.25	1.55	1.65	1.75	1.85				
>30~34		1.65	1.75	1.95	2.05				
>34~40		1.85	1.95	2.15	2.25				
>40~50		2.05	2.15	2.35	2.45				
>50~60		2.15	2.25	2.35	2.55				
>60~80	0.25	2.65	2.75	2.85	2.85	2.85	2.85	2.95	2.95
>80~100	0.25	3.05	3.05	3.05	3.15	3.15	3.15	3.15	3.15
>100~150	0.25	3.45	3.45	3.55	3.55	3.55	3.55	3.55	3.55

表 3-106 计算锅炉用钢板重量的附加值(单位:mm)

公称厚度	宽 度							
	600~ 750	>750~ 1000	>1000 ~1200	>1200 ~1500	>1500 ~1700	>1700 ~1800	>1800 ~2000	>2000 ~2300
	计算重量的厚度附加值							
6~7.5	0.10	0.15	0.18	0.18	0.25	0.25	0.25	0.28
>7.5~10	0.25	0.25	0.30	0.30	0.33	0.33	0.33	0.38
>10~13	0.25	0.25	0.30	0.30	0.35	0.35	0.35	0.40
>13~25			0.25	0.25	0.30	0.35	0.45	0.55
>25~30			0.30	0.30	0.35	0.40	0.50	0.60
>30~34			0.35	0.40	0.40	0.45	0.55	0.65
>34~40			0.45	0.50	0.55	0.60	0.65	0.75
>40~50			0.55	0.60	0.65	0.70	0.75	0.85
>50~60			0.70	0.75	0.80	0.85	0.90	0.95
>60~80					1.15	1.15	1.15	1.15
>80~100					1.35	1.35	1.35	1.35
>100~150					1.50	1.50	1.50	1.55

续表

公称厚度	宽 度							
	>2300 ~2500	>2500 ~2600	>2600 ~2800	>2800 ~3000	>3000 ~3200	>3200 ~3400	>3400 ~3600	>3600 3800
	计算重量的厚度附加值							
6~7.5								
>7.5~10	0.45	0.45	0.45					
>10~13	0.50	0.50	0.50	0.65				
>13~25	0.55	0.65	0.70	0.75				
>25~30	0.65	0.70	0.75	0.80				
>30~34	0.70	0.75	0.85	0.90				
>34~40	0.80	0.85	0.95	1.00				
>40~50	0.90	0.95	1.05	1.10				
>50~60	0.95	1.00	1.05	1.15				
>60~80	1.20	1.25	1.30	1.30	1.30	1.30	1.35	1.35
>80~100	1.40	1.40	1.40	1.45	1.45	1.45	1.45	1.45
>100~150	1.60	1.60	1.65	1.65	1.65	1.65	1.65	1.65

15. 压力容器用钢板(GB713—2008)

(1)用途:适用于制造石油、化工等行业用的油气罐、球罐及化工机械设备等中常温压力容器受压元件。

(2)尺寸规格和允许偏差:见表3-107、表3-108。

(3)牌号:见表3-109。

表3-107 压力器用钢板的厚度允许偏差 (单位:mm)

公称厚度	负偏差	宽 度							
		600~ 750	>750~ 1000	>1000 ~1200	>1200 ~1500	>1500 ~1700	>1700 ~1800	>1800 ~2000	>2000 ~2300
		正偏差							
6~7.5	0.25	0.45	0.55	0.60	0.60	0.75	0.75	0.75	0.80
>7.5~10		0.75	0.75	0.85	0.85	0.90	0.90	0.90	1.00
>10~13		0.75	0.75	0.85	0.85	0.95	0.95	0.95	1.05
>13~25				0.75	0.75	0.85	0.95	1.15	1.35
>25~30				0.85	0.85	0.95	1.05	1.25	1.45
>30~34				0.95	1.05	1.05	1.15	1.35	1.55

公称厚度	负偏差	宽　度							
		600～750	>750～1000	>1000～1200	>1200～1500	>1500～1700	>1700～1800	>1800～2000	>2000～2300
		正偏差							
>34～40				1.15	1.25	1.35	1.45	1.55	1.75
>40～50				1.35	1.45	1.55	1.65	1.75	1.95
>50～60				1.65	1.75	1.85	1.95	2.05	2.15
>60～80						2.55	2.55	2.55	2.55
>80～100						2.95	2.95	2.95	2.95
>100～120						3.25	3.25	3.25	3.35

公称厚度	负偏差	宽　度							
		>2300～2500	>2500～2600	>2600～2800	>2800～3000	>3000～3200	>3200～3400	>3400～3600	>3600～3800
		正偏差							
6～7.5									
>7.5～10		1.15	1.15	1.15					
>10～13		1.25	1.25	1.25	1.55				
>13～25		1.35	1.55	1.65	1.75				
>25～30		1.55	1.65	1.75	1.85				
>30～34		1.65	1.75	1.95	2.05				
>34～40	0.25	1.85	1.95	2.15	2.25				
>40～50		2.05	2.15	2.35	2.45				
>50～60		2.15	2.25	2.35	2.55				
>60～80		2.65	2.75	2.85	2.85	2.85	2.85	2.95	2.95
>80～100		3.05	3.05	3.05	3.15	3.15	3.15	3.15	3.15
>100～120		3.45	3.45	3.55	3.55	3.55	3.55	3.55	3.55

注:钢板尺寸、外形及允许偏差应符合 GB/T 709 的规定。

表 3-108　压力容器用钢板的厚度附加值　（单位:mm）

公称厚度	宽　度							
	600～ 750	>750～ 1000	>1000 ～1200	>1200 ～1500	>1500 ～1700	>1700 ～1800	>1800 ～2000	>2000 ～2300
	计算重量的厚度附加值							
6～7.5	0.10	0.15	0.18	0.18	0.25	0.25	0.25	0.28
>7.5～10	0.25	0.25	0.30	0.30	0.32	0.32	0.32	0.38
>10～13	0.25	0.25	0.30	0.30	0.35	0.35	0.35	0.40
>13～25			0.25	0.25	0.30	0.35	0.45	0.55
>25～30			0.30	0.30	0.35	0.40	0.50	0.60
>30～34			0.35	0.40	0.40	0.45	0.55	0.65
>34～40			0.45	0.50	0.55	0.60	0.65	0.75
>40～50			0.55	0.60	0.65	0.70	0.75	0.85
>50～60			0.70	0.75	0.80	0.85	0.90	0.95
>60～80					1.15	1.15	1.15	1.15
>80～100					1.35	1.35	1.35	1.35
>100～120					1.50	1.50	1.50	1.60

公称厚度	宽　度							
	>2300 ～2500	>2500 ～2600	>2600 ～2800	>2800 ～3000	>3000 ～3200	>3200 ～3400	>3400 ～3600	>3600 3800
	计算重量的厚度附加值							
6～7.5								
>7.5～10	0.45	0.45	0.45					
>10～13	0.50	0.50	0.50	0.65				
>13～25	0.55	0.65	0.70	0.75				
>25～30	0.65	0.70	0.75	0.80				
>30～34	0.70	0.75	0.85	0.90				
>34～40	0.80	0.85	0.95	1.00				
>40～50	0.90	0.95	1.05	1.10				
>50～60	0.95	1.00	1.05	1.15				
>60～80	1.20	1.25	1.30	1.30	1.30	1.30	1.35	1.35
>80～100	1.40	1.40	1.40	1.45	1.45	1.45	1.45	1.45
>100～120	1.60	1.65	1.65	1.65	1.65	1.65	1.65	1.65

注:钢板按理论重量交货,用公称厚度表中所列的附加值作为计算重量的理论厚度。

表 3-109 压力容器用钢板的牌号

牌号	20R	16MnR	15MnVR	15MnVNR	18MnMoNbR	13MnNiMoNbR	15CrMoR

16. 低温压力容器用低合金钢钢板(GB 3531—2008)

(1)用途:适用于制造－70～－20℃低温压力容器。

(2)尺寸规格和允许偏差:见表 3-110、表 3-111。

(3)牌号:见表 3-112。

表 3-110 低温压力容器用低合金钢钢板的厚度允许偏差(单位:mm)

公称厚度	负偏差	宽 度							
		600～750	>750～1000	>1000～1200	>1200～1500	>1500～1700	>1700～1800	>1800～2000	>2000～2300
		正偏差							
6～7.5	−0.25	0.45	0.55	0.60	0.60	0.75	0.75	0.75	0.80
>7.5～10		0.75	0.75	0.85	0.85	0.90	0.90	0.90	1.00
>10～13		0.75	0.75	0.85	0.85	0.95	0.95	0.95	1.05
>13～25				0.75	0.75	0.85	0.95	1.15	1.35
>25～30				0.85	0.85	0.95	1.05	1.25	1.45
>30～34				0.95	1.05	1.05	1.15	1.35	1.55
>34～40				1.15	1.25	1.35	1.45	1.55	1.75
>40～50				1.35	1.45	1.55	1.65	1.75	1.95
>50～60				1.65	1.75	1.85	1.95	2.05	2.15
>60～80						2.55	2.55	2.55	2.55
>80～100						2.95	2.95	2.95	2.95

公称厚度	负偏差	宽 度							
		>2300～2500	>2500～2600	>2600～2800	>2800～3000	>3000～3200	>3200～3400	>3400～3600	>3600～3800
		正偏差							
6～7.5	−0.25								
>7.5～10		1.15	1.15	1.15					
>10～13		1.25	1.25	1.25	1.55				
>13～25		1.35	1.55	1.65	1.75				
>25～30		1.55	1.65	1.75	1.85				
>30～34		1.65	1.75	1.95	2.05				

续表

公称厚度	负偏差	宽　度							
		>2300~2500	>2500~2600	>2600~2800	>2800~3000	>3000~3200	>3200~3400	>3400~3600	>3600~3800
		正偏差							
>34~40		1.85	1.95	2.15	2.25				
>40~50		2.05	2.15	2.35	2.45				
>50~60	−0.25	2.15	2.25	2.35	2.55				
>60~80		2.65	2.75	2.85	2.85	2.85	2.85	2.95	2.95
>80~100		3.05	3.05	3.05	3.15	3.15	3.15	3.15	3.15

注:钢板尺寸、外形及允许偏差应符合 GB/T 709 的规定。

表 3-111　低温压力容器用低合金钢钢板的厚度附加值

公称厚度	宽　度							
	600~750	>750~1000	>1000~1200	>1200~1500	>1500~1700	>1700~1800	>1800~2000	>2000~2300
	计算重量的厚度附加值							
6~7.5	0.10	0.15	0.18	0.18	0.25	0.25	0.25	0.28
>7.5~10	0.25	0.25	0.30	0.30	0.32	0.32	0.32	0.38
>10~13	0.25	0.25	0.30	0.30	0.35	0.35	0.35	0.40
>13~25			0.25	0.25	0.30	0.35	0.45	0.55
>25~30			0.30	0.30	0.35	0.40	0.50	0.60
>30~34			0.35	0.40	0.40	0.45	0.55	0.65
>34~40			0.45	0.50	0.55	0.60	0.65	0.75
>40~50			0.55	0.60	0.65	0.70	0.75	0.85
>50~60			0.70	0.75	0.80	0.85	0.90	0.95
>60~80					1.15	1.15	1.15	1.15
>80~100					1.35	1.35	1.35	1.35
公称厚度	宽　度							
	>2300~2500	>2500~2600	>2600~2800	>2800~3000	>3000~3200	>3200~3400	>3400~3600	>3600 3800
	计算重量的厚度附加值							
6~7.5								
>7.5~10	0.45	0.45	0.45					

公称厚度	宽　度							
	>2300~2500	>2500~2600	>2600~2800	>2800~3000	>3000~3200	>3200~3400	>3400~3600	>3600~3800
	计算重量的厚度附加值							
>10~13	0.50	0.50	0.50	0.65				
>13~25	0.55	0.65	0.70	0.75				
>25~30	0.65	0.70	0.75	0.80				
>30~34	0.70	0.75	0.85	0.90				
>34~40	0.80	0.85	0.95	1.00				
>40~50	0.90	0.95	1.05	1.10				
>50~60	0.95	1.00	1.05	1.15				
>60~80	1.20	1.25	1.30	1.30	1.30	1.30	1.35	1.35
>80~100	1.40	1.40	1.40	1.45	1.45	1.45	1.45	1.45

注:钢板按理论重量交货,用公称厚度加上表中的厚度附加值作为计算重量的理论厚度。钢的密度为 $7.85\,g/cm^3$。

表 3-112　低温压力容器用低合金钢钢板的牌号

牌号	16MnDR	15MnNiDR	09Mn2VDR	09MnNiDR

17. 焊接气瓶用钢板(GB 6653—2008)

(1)用途:用于制造液化石油气瓶和乙炔气瓶。

(2)尺寸规格:厚度为 2.5~12.0 mm 的热轧钢板及厚度为 1.5~4.0 mm 的冷轧钢板,其尺寸规格和允许偏差应符合 GB/T 709 和 GB/T 708 的规定。

(3)交货状态:热轧钢板以热轧状态或控轧状态或热处理状态交货,冷轧钢板以退火状态交货。

(4)牌号:见表 3-113。

表 3-113　焊接气瓶用钢板的牌号

牌号	HP245	HP265	HP295	HP325	HP345	HP365

18. 汽车大梁用热轧钢板(GB/T 3273—2005)

(1)用途:制造汽车大梁(纵梁、横梁)的专用钢材。

(2)尺寸规格:厚度为 2.5~12 mm;宽度为 210~1 800 mm;长度为 2 000~10 000 mm。宽度和长度偏差符合 GB/T 709 规定,厚度偏差允许见表 3-116。

(3)牌号:见表 3-117。

(4)交货状态:钢板应在热轧或热处理状态下酸洗涂油交货。经供需双方协议,钢板也可不酸洗交货,但钢板厚度正负偏差应留有 0.1 mm 的酸洗余量。

表 3-116　汽车大梁用热轧钢板的厚度偏差允许

厚度	宽度		
	≤1250	>1250~1600	>1600
2.5~3.5	+0.15 −0.25	+0.15 −0.25	+0.20 −0.30
>3.5~4.5	+0.20 −0.30	+0.20 −0.35	+0.20 −0.40
>4.5~6.0	+0.25 −0.40	+0.30 −0.45	+0.30 −0.50
>6.0~7.5	+0.30 −0.50	+0.35 −0.50	+0.35 −0.55
>7.5~9.5	+0.30 −0.55	+0.35 −0.55	+0.35 −0.60
>9.5~12.0	+0.40 −0.60	+0.40 −0.60	+0.45 −0.65

注：1. 按需方需求，厚度上、下偏差允许在公差带范围内调整。

2. 轧制状态下切边交货的钢板，长度为 2 000~4 000 mm，总镰刀弯小于或等于 12 mm；长度大于 4 000~7 000 mm，总镰刀弯小于或等于 22 mm；长度大于 7 000 mm，总镰刀弯小于或等于 26 mm。

表 3-117　汽车大梁用热轧钢板的牌号

牌号	09MnREL	06TiL	08TiL	10TiL	09SiVL	16MnL	16MnREL

三、冷轧钢板

1. 碳素结构钢和低合金结构钢冷轧薄钢板和钢带（GB/T 1253—1989）

（1）用途：冷轧钢板表面质量好，尺寸精度高，在轻工、机械、建筑、电工、电子、民用等方面有广泛的应用。

（2）尺寸规格：钢板和钢带的尺寸规格和允许偏差应符合 GB/T 708《冷轧钢板和钢带》的规定。

（3）交货状态：钢板和钢带以退火状态交货。经供需双方协议，也可以其他热处理状态交货，此时的力学性能由供需双方协定。

2. 优质碳素结构钢冷轧薄钢板和钢带（GB/T 3237—1991）

（1）用途：用于汽车、航空工业以及其他部门。

（2）尺寸规格：钢板和钢带的厚度不大于 4 mm。其尺寸规格和允许偏差应符合 GB/T 708《冷轧钢板和钢带》的规定。

(3)牌号：见表3-120。

(4)交货状态。

a. 钢板和钢带应在热处理(退火、正火、正火后回火)状态下供应,如有特殊要求,经供需双方协议,其热处理方法可在合同中注明。

b. 钢板和钢带应经平整交货。

表3-120 优质碳素结构钢冷拉薄钢板和钢带的牌号

牌号	08F	10F	15F	08	08Al	10	15
	20	25	30	35	40	45	50

3. 合金结构钢薄钢板(YB/T 5132—2007)

(1)适用范围：适用于厚度不大于4mm的合金结构钢热轧及冷轧薄钢板。

(2)尺寸规格：钢板的尺寸规格和允许偏差应符合GB/T 709《热轧钢板和钢带》和GB/T 708《冷轧钢板和钢带》的规定。

(3)交货状态：钢板应以热处理(退火、正火、正火后回火、高温回火)后交货。在符合本标准其他各项规定条件下,可不经热处理交货。

(4)牌号：见表3-121。

表3-121 合金结构钢薄钢板的牌号

牌号	优质钢	35B	40B	45B	50B	15Cr	20Cr	30Cr
		35Cr	40Cr	50Cr	12CrMo	15CrMo	20CrMo	30CrMo
		35CrMo	12CrMoV	12Cr1MoV	20CrNi	40CrNi	20CrMnTi	30CrMnSi
	高级优质钢	12Mn2A	16Mn2A	45Mn2A	50BA	15CrA	38CrA	20CrMnSiA
		25CrMnSiA	30CrMnSiA	35CrMnSiA				

4. 不锈钢冷轧钢板(GB/T 3280—2007)

(1)用途：用于防锈、耐蚀以及装潢等方面。

(2)尺寸规格：钢板的厚度为0.40~0.80mm,其尺寸规格见表3-122。不锈钢冷轧钢板按组织特征分奥氏体型、奥氏体－铁素体型、铁素体型、马氏体型和沉淀硬化型五类。

(3)交货状态：钢板冷轧后应经相应热处理(固溶、退火、淬火回火、时效等),并进行酸洗或类似处理,然后进行矫直。对沉淀硬化型钢,需方应说明钢板或试样的处理种类。

(4)牌号：见表3-123至表3-126。

(5)表面加工等级：见表3-127。

表 3-122　不锈钢冷轧钢板的尺寸规格

尺寸规格	钢板尺寸的允许偏差符合 GB/T 708《冷轧钢板和钢带》的规定	
钢板平面度	≤ 10mm/m	
冷作硬化状态钢板的平面度	宽度/mm	厚度/mm
	≥600～<1000	<0.40
		≥0.40～<0.80
		≥0.80
	≥1000～<1219	<0.40
		≥0.40～<0.80
		≥0.80

注:冷作硬化钢板平面度,数值仅适用于 2Cr13Mn9Ni4 和 1Cr17Ni7,其他牌号不同冷硬化状态的平面度由供需双方协商。

表 3-123　奥氏体型不锈钢冷轧钢板的牌号

牌号					
	1Cr17Mn6Ni5N	1Cr18Mn8Ni5N	1Cr18Ni9	1Cr18Ni9Si3	0Cr18Ni9
	00Cr19Ni10	0Cr19Ni9N	0Cr19Ni10NbN	00Cr18Ni10N	1Cr18Ni12
	0Cr23Ni13	0Cr25Ni20	0Cr17Ni12Mo2	00Cr17Ni14Mo2	0Cr17Ni12Mo2N
	00Cr17Ni13Mo2N	(1Cr18Ni12Mo2Ti)	(0Cr18Ni12Mo2Ti)	(1Cr18Ni12Mo3Ti)	0Cr18Ni12Mo3Ti
	0Cr18Ni12Mo2Cu2	00Cr18Ni14Mo2Cu2	0Cr19Ni13Mo3	00Cr19Ni13Mo3	0Cr18Ni16Mo5
	(1Cr18Ni9Ti)	0Cr18Ni10Ti	0Cr18Ni11Nb	0Cr18Ni13Si4	2Cr13Mn9Ni4
	1Cr17Ni7	1Cr17Ni8			

表 3-124　奥氏体－铁素体型不锈钢冷轧钢板的牌号

牌号	0Cr26Ni5Mo2	00Cr18Ni5Mo3Si2	1Cr18Ni11Si4AlTi	1Cr21Ni5Ti

表 3-125　铁素体型不锈钢冷轧钢板的牌号

牌号	0Cr13Al	00Cr12	1Cr15	1Cr17
1Cr17Mo	00Cr17Mo	00Cr18Mo2	00Cr30Mo2	00Cr27Mo

表 3-126　马氏体型不锈钢冷轧钢板的牌号

牌号	1Cr12	0Cr13	1Cr13	2Cr13	3Cr13
	4Cr13	3Cr16	7Cr17	1Cr17Ni2	0Cr17Ni7Al

表 3-127 不锈钢冷轧钢板的表面加工等级

表面加工等级	表面加工要求
N0.2	冷轧后进行热处理,酸洗或类似的处理
N0.2D	冷轧后进行热处理、酸洗或类似的处理加工,最后经毛面辊进行轻度冷平整
N0.2B	冷轧后进行热处理、酸洗或类似的处理,最后经冷轧获得适当光洁度
N0.3	用 GB/T 2477 所规定的粒度为 100~200 号研磨材料进行抛光精整
N0.4	用 GB/T 2477 所规定的粒度为 150~180 号研磨材料进行抛光精整
N0.5	用 GB/T 2477 所规定的粒度为 240 号的研磨材料进行抛光精整
N0.6	用 GB/T 2477 所规定的粒度为 W63 号研磨材料进行抛光精整
N0.7	用 GB/T 2477 所规定的粒度为 W50 号研磨材料进行抛光精整
N0.9	冷轧后,进行光亮热处理
N0.10	用适当粒度的研磨材料抛光,使表面呈连续磨纹

5. 深冲压用冷轧薄钢板和钢带(GB/T 5213—2001)

(1)用途:用于汽车、拖拉机工业等深冲压变形复杂零件。

(2)分类:见表 3-128。

(3)尺寸规格:见表 3-129、表 3-130。

(4)工艺性能:见表 3-131。

表 3-128 深冲压用冷轧薄钢板和钢带的分类及代号

分类方法	类别及代号
SCI 按拉延级别	用于冲制拉延最复杂的零件:ZF 用于冲制拉延很复杂的零件:HF 用于冲制拉延复杂的零件:F
按切边状态	切边:EC 不切边:EM
按尺寸精度	普通厚度精度:PF.A 高级厚度精度:FT.C
按平面度	普通精度:PT.A 高级精度:PF.C
按表面结构	麻面:D 光亮表面:B
按表面质量	较高级的精整表面:FB 高级的精整表面:FC

第二节 钢板及钢带

表3-129 深冲压冷轧薄钢板及钢带的厚度和宽度范围(单位:mm)

牌号	公称厚度	公称宽度
SC1	≥0.30～3.5	≥600
SC2、SC3	0.70～0.79	700～1500
	0.80～0.91	700～1620
	0.92～1.50	700～1600

注:1.表中牌号由代表"深冲"拼音首字母"SC"和代表"冲压级别"顺序号"1、2、3"表示,牌号为SC1、SC2、SC3。

2.SC1为深冲压用钢板及钢带的牌号,SC2、SC3为超深冲压用钢板及钢带的牌号。

表3-130 深冲压用冷轧薄钢板及钢带的厚度允许偏差(单位:mm)

公称厚度	厚度允许偏差					
	普通精度 PT.A			高级精度 PT.C		
	公称宽度			公称宽度		
	≤1200	>1200～1500	>1500	≤1200	>1200～1500	>1500
0.30～0.40	±0.04	±0.05	—	±0.025	±0.035	—
>0.40～0.60	±0.05	±0.06	±0.07	±0.035	±0.045	±0.05
>0.60～0.80	±0.06	±0.07	±0.08	±0.040	±0.05	
>0.80～1.00	±0.07	±0.08	±0.09	±0.045	±0.06	±0.06
>1.00～1.20	±0.08	±0.09	±0.10	±0.055	±0.07	±0.07
>1.20～1.60	±0.10	±0.11	±0.11	±0.07	±0.08	±0.08
>1.60～2.00	±0.12	±0.13	±0.13	±0.08	±0.09	±0.09
>2.00～2.50	±0.14	±0.15	±0.15	±0.10	±0.11	±0.11
>2.50～3.00	±0.16	±0.17	±0.17	±0.11	±0.12	±0.12
>3.00～3.50	±0.17	±0.19	±0.19	±0.14	±0.15	±0.15

注:1.钢板及钢带的宽度允许偏差:公称宽度≤1200$^{+4}_{0}$mm;公称宽度>1200$^{+5}_{0}$mm;不切边:$^{+8}_{0}$mm。

2.钢板的长度允许偏差:公称宽度≤2000$^{+10}_{0}$mm;公称宽度>2000$^{+15}_{0}$mm

3.切边钢板及钢带的镰刀弯,任意2 000 mm长度应不大于6 mm;钢板的长度不大于2 000 mm时,镰刀弯应不大于钢板实际长度的0.3%。

4.钢板每米平面度应符合下表的规定(单位:mm):

357

公称宽度	平面度≤					
	普通精度 PF.A			高级精度 PF.C		
	公称厚度					
	<0.70	0.70～<1.20	≥1.20	<0.70	0.70～<1.20	≥1.20
≤1200	10	8	6	5	4	3
>1200～1500	12	10	8	6	5	4
>1500	18	15	12	8	7	6

表 3-131　深冲压用冷轧薄钢板及钢带的杯突值（单位：mm）

公称厚度	冲压深度≥		
	ZF	HF	F
0.50	9.5	9.3	9.1
0.60	9.8	9.6	9.4
0.70	10.3	10.1	9.9
0.80	10.6	10.5	10.3
0.90	10.8	10.7	10.5
1.00	11.2	10.8	10.7
1.10	11.3	11.0	10.9
1.20	11.5	11.2	11.1
1.30	11.7	11.3	11.3
1.40	11.8	11.4	11.4
1.50	12.0	11.6	11.5
1.60	—	11.8	11.7
1.70	—	12.0	11.9
1.80	—	12.1	12.0
1.90	—	12.2	12.1
2.00	—	12.3	12.2

注：厚度为 0.5～2mm 范围内的表列中间厚度，其杯突值按表列数值以内插法求得，保留小数点后 1 位。

四、复合钢板

1. 不锈钢复合钢板和钢带（GB/T 8165—2008）

（1）用途：用于制造石油、化工、轻工、海水淡化、核工业的各类压力容器、贮罐等结构件。

（2）分类和代号：见表3-132。

（3）尺寸规格：见表3-133。

（4）允许偏差：见表3-134至表3-135。

（5）复层、基层材料标准：见表3-136。

表3-132　不锈钢复合钢板和钢带的分类和代号

级别	代　号			用　途
	爆炸法	轧制法	爆炸轧制法	
Ⅰ级	BⅠ	RⅠ	BRⅠ	用于不允许有未结合区存在的、加工时要求严格的结构件上
Ⅱ级	BⅡ	RⅡ	BRⅡ	适用于可允许有少量未结合区存在的结构件上
Ⅲ级	BⅢ	RⅢ	BRⅢ	适用于复层材料只作为抗腐蚀层来使用的一般结构件上

表3-133　不锈钢复合钢板和钢带的尺寸规格

名　称	复合钢板	复合钢带
厚度	≥8 mm	4～8 mm
宽度	1 450～3 000 mm	1 000～1 400 mm
长度	4 000～10 000 mm	4 000～10 000 mm
基层厚度	0.5～14 mm，通常为2～3 mm，也可由双方协商确定	
基层最小厚度	复合钢板总厚度>8 mm时，基层最小厚度为6 mm，复合钢带的基层最小厚度由供需双方协商	

注：复合钢板和钢带按理论重量交货。基层密度按7.85 g/cm³，复层密度按GB/T 4229的规定。

表3-134　不锈钢复合钢板和钢带的厚度允许偏差

复层厚度允许偏差			复合钢板钢带总厚度允许偏差			
Ⅰ级	Ⅱ级	Ⅲ级	复合钢板总厚度/mm		允许偏差/mm	
			钢带	钢板	Ⅰ级、Ⅱ级	Ⅲ级
不大于复层公称尺寸的±9%，且不大于1 mm	不大于复层公称尺寸的±10%，且不大于1 mm		4～8	—	+10 −8	±9
			—	≥8～15	+9 −7	±8
			—	16～25	+8 −6	±7
			—	26～30	+7 −5	±6
			—	31～60	+6 −4	±5
			—	>60	协商	协商

注：复合钢板长度允许偏差，按基层钢板标准相应的规定。特殊要求由供需双方协商。

表 3-135 不锈钢复合钢板和钢带的宽度允许偏差(单位:mm)

公称厚度	宽度允许偏差			
	<1450	≥1450		
		Ⅰ级	Ⅱ级	Ⅲ级
4～8	按 GB/T 709	+6 0	+10 0	+15 0
≥8～25		+20 0	+25 0	+30 0
≥26		+25 0	+30 0	+35 0

表 3-136 不锈钢复合钢板和钢带的复层、基层材料标准

复层材料		基层材料	
标准号	GB/T 3280 GB/T 4237	标准号	GB/T 3274　GB713 GB3531　　GB6654 YB(T)40　　YB(T)41
典型 牌号	0Cr13、0Cr13Al、0Cr17、0Cr17Ti、0Cr18Ni9、 0Cr18Ni10Ti、00Cr19Ni10、0Cr17Ni12Mo2、 00Cr17Ni14Mo2、00Cr18Ni5Mo3Si2	典型 牌号	Q235-A、Q235-B、20、20R、 20g、16MnR、15CrMoR

2. 不锈复合钢冷轧薄钢板和钢带(GB/T 8165—2008)

(1)用途:用于制造轻工机械、食品、装饰、焊管、铁路客车、医药卫生、环境保护等行业的设备或用具。

(2)尺寸规格:见表 3-137。

(3)允许偏差:见表 3-138。

(4)牌号:见表 3-139。

(5)工艺性能:见表 3-140。

表 3-137　不锈复合钢冷轧薄钢板和钢带的尺寸规格　　（单位：mm）

复合板总厚度	复层厚度≥					表示法	
	对称型A、B面	减薄非对称型		加厚非对称型		对称型	非对称型
		A面	B面	A面	B面		
0.8	0.09	0.09	0.06	0.18	0.09	总厚度×（复×2＋基）例：3.0×（0.25×2＋2.5）	总厚度×（A面复层＋B面复层＋基层）例：1.5×（0.2＋0.13＋1.17）
1.5	0.13	0.13	0.08	0.20	0.13		
2.0	0.18	0.18	0.10	0.18	0.18		
2.5	0.22	0.22	0.12	0.22	0.22		
3.0	0.25	0.25	0.15	0.25	0.25		

注：1. A 面为钢板正面。

2. 根据需方要求，也可供 0.8～3.0 mm 范围内的其他厚度或其他复层厚度规格。

3. 不锈复合钢冷轧薄钢板和钢带的宽度为 900～1 200 mm。长度为 2 000 mm，或其他规定尺寸。

4. 不锈复合钢冷轧薄钢板也可成卷交货，成卷交货的钢带内径应在合同中注明。

表 3-138　不锈复合钢冷轧薄钢板和钢带的厚度允许偏差　　（单位：mm）

允许偏差 公称厚度	复层厚度允许偏差	复合钢板允许偏差		
		A 级精度	B 级精度	
0.8～1.0	不大于复层公称尺寸的±10％	±0.07	±0.08	宽度和长度的允许偏差应符合 GB/T 708 的规格
1.2		±0.08	±0.10	
1.5		±0.10	±0.12	
2.0		±0.12	±0.14	
2.5		±0.13	±0.16	
3.0		±0.15	±0.17	

表 3-139　不锈复合钢冷轧薄钢板和钢带的复层和基层牌号

复层材料		基层材料	
标准号	典型牌号	标准号	典型牌号
GB/T 4237	0Cr13Al、0Cr17、0Cr18Ni9	GB/T 5213	08Al、10Al

表 3-140 基层牌号为 08A1 或 10A1 的杯突（单位：mm）

厚度	牌号和拉延级别	
	08Al	10Al
	冲压深度≥	
0.8	9.3	8.3
1.0	9.6	8.6
1.2	10	—
1.5	10.3	—
2.0	11.0	—

注：1. 中间规格的冷轧复合薄钢板和钢带，其杯突试验值按内插法计算。
2. 基层为其他牌号时，不进行杯突试验。

五、镀涂钢板及钢带

1. 连续热镀锌薄钢板和钢带（GB/T 2518—2004）

（1）用途：用于建筑包装、铁路车辆、农机制造及日常生活用品等方面。

（2）分类及代号：见表 3-147。

（3）尺寸规格：见表 3-148。

（4）允许偏差：见表 3-149 至表 3-150。

表 3-147 连续热镀锌薄钢板和钢带的分类及符号

分类方法	类别及符号
按加工性能	普通用途：PT 机械咬合：JY 深冲：SC 超深冲耐时效：CS 结构：JG
按表面结构	正常锌花：Z 光整锌花：GZ 小锌花：X 锌铁合金：XT
按表面质量	Ⅰ组：Ⅰ Ⅱ组：Ⅱ
按尺寸精度	高级精度：A 普通精度：B

续表

分类方法	类别及符号		
按表面处理	铬酸钝化：L 涂油：Y 铬酸钝化加涂油：LY		
按锌层重量/(g/m²)	锌	001：001 100：100 200：200 275：275 350：350 450：450 600：600	
	锌铁合金	001：001 90：90 120：120 180：180	

表 3-148　连续热镀锌薄钢板和钢带的尺寸规格　(单位:mm)

名称		公称尺寸	
厚度		0.25～0.50	＞0.50～2.5
宽度		700～1500	
长度	钢板	1000～6000	
	钢带	卷内径 450	

表 3-149　连续热镀锌薄钢板和钢带的厚度允许偏差

公称厚度/mm	厚度允许偏差/mm					
	SC　CS				PT　JY　JG	
	公称厚度/mm					
	≤1200		＞1200～1500		≤1200	＞1200～1500
	普通 精度(B)	高级 精度(A)	普通 精度(B)	高级 精度(A)＞	普通精度(B)	
≤0.40	±0.05	±0.04	—	—	±.07	—
0.50、0.60	±0.06	±0.05	±0.07	±0.06	±0.08	±0.09
0.70、0.80	±0.07	±0.06	±0.08	±0.07	±0.09	±0.10
0.90、1.00	±0.08	±0.07	±0.09	±0.08	±0.10	±0.11
1.20	±0.09	±0.08	±0.10	±0.09	±0.11	±0.12

续表

公称厚度/mm	厚度允许偏差/mm					
	SC CS				PT JY JG	
	公称厚度/mm					
	≤1200		>1200~1500		≤1200	>1200~1500
	普通精度(B)	高级精度(A)	普通精度(B)	高级精度(A)>	普通精度(B)	
1.50	±0.11	±0.09	±0.12	±0.10	±0.13	±0.14
2.00	±0.13	±0.10	±0.14	±0.11	±0.15	±0.16
2.50	±0.15	±0.12	±0.16	±0.13	±0.17	±0.18

表 3-150 连续热镀锌薄钢板和钢带的宽度和长度允许偏度 （单位:mm）

宽度	宽度允许上偏差(下偏差为 0)		公称长度	长度允许上偏差(下偏差为 0)	
	高级精度 A	高级精度 B		高级精度 A	高级精度 B
≤1200	+2	+6	≤2000	+3	+6
>1200	+3	+8	>2000	+0.005× 公称长度	+0.003× 公称长度

2.连续热镀锌铝硅合金钢板和钢带(GB/T 167—2000)

(1)适用范围:适用于公称厚度为 0.4~3.0mm,公称宽度为 600~1500mm 连续热镀锌铝硅合金的钢板和钢带。

(2)分类和代号:见表 3-151。

(3)尺寸规格和允许偏差:见表 3-152 至表 154。

(4)镀层重量:见表 3-155。

表 3-151 连续热镀铝硅合金钢板和钢带的分类和代号

分类方法	类别及代号
按加工性能	普通级:01
	冲压级:02
	深冲级:03
	超深冲:04
按表面状态	光整:S
按表面处理	铬酸钝化:L
	涂油:Y
	铬酸钝化加涂油:LY

分类方法	类别及代号
按镀层重量 /(g/m²)	200：200
	150：150
	120：120
	100：100
	80：080
	60：060
	40：040

表 3-152 连续热镀铝硅合金钢板和钢带的尺寸规格(单位:mm)

名称	厚度	宽度	钢板长度	钢带内卷
公称尺寸	0.4～3.0	600～1500	1000～6000	508、610

表 3-153 钢板和钢带的厚度允许偏差 (单位:mm)

规定	600～1200	>1200～1500	规定	600～1200	>1200～1500
0.4～0.6	±0.06	±0.07	>1.2～1.6	±0.12	±0.13
>0.6～0.8	±0.08	±0.09	>1.6～2.0	±0.14	±0.15
>0.8～1.0	±0.09	±0.10	>2.0～2.5	±0.16	±0.17
>1.0～1.2	±0.10	±0.11	>2.5～3.0	±0.19	±0.20

注:1. 公差适用于总厚度。在钢板上距侧边≥25mm 的地方任选一点测量厚度。

2. 钢带头、尾部各 15m 内的厚度允许偏差≤表中规定值的 50%;钢带焊缝区域 20m 内厚度允许偏差最大≤表中规定值的 100%。

表 3-154 钢板和钢带的宽度和长度允许偏差 (单位:mm)

宽 度	公称宽度	宽度允许上偏差(下偏差为 0)
	600～1500	+7
长 度	公称长度	长度允许上偏差(下偏差为 0)
	≤2000	+3
	>2000	0.3‰×公称长度

表 3-155 连续热镀铝硅合金钢板和钢带的镀层重量

镀层代号	最小镀层重量极限/(g/m²)	
	三点试验	单点试验
200	200	150
150	150	115
120	120	60

| 镀层代号 | 最小镀层重量极限/（g/m²） ||
	三点试验	单点试验
100	100	75
080	080	60
060	060	45
040	040	30

3.连续电镀锌冷轧钢板和钢带(GB/T 15675—2008)

(1)用途:用于汽车、电子、家电等行业。

(2)分类和代号:见表3-161。

(3)尺寸规格:见表3-162。

(4)牌号:见表3-163。

(5)工艺性能:见表3-164。

(6)镀层重量:见表3-165。

表3-161　连续电镀锌冷轧钢板和钢带的分类和代号

分类方法	类别及代号	分类方法	类别及代号
按用途	商品级:DX1 冲压级:DX2 深冲级:DX3 结构级:DX4	按单面镀锌厚度(锌层/μm)	1.4:14 2.8:28 4.2:42 5.6:56 7.0:70 8.4:84 9.8:98 11.2:112 12.6:126 14.0:140
按轧制精度	高级精度:A 普通精度:B		
按表面处理	磷酸盐处理:P 铬酸处理:C 涂油:O 耐指级处理:N		

表3-162　连续电镀锌冷轧钢板及钢带的尺寸规格　(单位:mm)

| 尺寸规格 | 宽　度 || 优先公称厚度 ||||
	600~1500	<600				
纵切钢带宽度	120~<600	>20	0.40	0.50	0.60	0.70
钢卷内径	610	500	0.80	0.90	1.00	1.10
厚度	0.4~3.0		1.20	1.50	1.75	2.00
钢板长度	1000~6000		2.50	3.00	—	—

注:宽度小于600mm钢带的钢卷内径也可由供需双方另行商定。

表3-163 连续电镀锌冷轧钢板及钢带的牌号

牌号	D×1	D×2	D×3	D×4

表3-164 D×2、D×3 钢板和钢带杯突试验

牌号	厚度的杯突值(/mm											
	0.4	0.5	0.6	0.7	0.8	0.9	1.0	1.2	1.4	1.6	1.8	2.0
D×2	7.8	8.4	8.9	9.2	9.5	9.8	10.1	10.6	11.0	11.3	11.6	11.8
D×3	8.5	9.1	9.5	9.9	10.3	10.7	11.1	11.4	11.6	11.8	12.0	

注:本表系对厚度不大于2mm的D×2、D×3钢板和钢带。

表3-165 连续电镀锌冷轧钢板及钢带的镀锌层

锌层代号	锌层公称厚度（单面）/μm	标准锌层重量（单面）/(g/cm²)	锌层重量最小值（单面）/(g/cm²)	
			等厚镀层	差厚镀层
14	1.4	10	8.5	8
28	2.8	20	17	16
42	4.2	30	25.5	24
56	5.6	40	34	32
70	7.0	50	42.5	40
84	8.4	60	51	48
98	9.8	70	59.5	56
112	11.2	80	68	64
126	12.6	90	76.5	72
140	14.0	100	85	80

4. 热镀铅合金冷轧碳素钢板(GB/T 5065—2004)

(1)用途:适用于制造汽车油箱、贮油容器及其他防腐蚀零件之用。

(2)尺寸规格:钢板厚、宽和长度允许偏差应符合 GB/T 708 的规定,见表3-166。

(3)分类:按表面质量分为Ⅰ、Ⅱ、Ⅲ组;按拉延级别分为极深拉延(J),最深拉延(Z),深拉延(S),普通拉延(P)。

表3-166 热镀铅合金冷轧碳素钢板的尺寸规格

厚度	0.5	0.9	0.9	1.0	1.0	1.2	1.2	1.2	1.2	1.2	1.5	2.0
宽度	900	800	1000	1000	1000	850	880	950	1000	1010	1000	1000
长度	1800	1550	2000	1640	2000	1700	1635	1840	2000	1600	2000	2000

5. 冷轧电镀锡薄钢板(GB/T 2520—2008)

(1)用途:适用于仪表机壳、玩具、文具盒、食品及罐头盒等。

(2)分类和代号:见表 3-167。

(3)尺寸规格:见表 3-168。

(4)镀锡量:见表 3-169。

表 3-167　冷轧电镀锡薄钢板的分类和代号

分类方法	类别及代号
按成品形状	镀锡板:P 镀锡板卷:C
按钢级	一次冷轧镀锡板:TH50+SE　TH52+SE　TH55+SE 　　　　　　　TH57+SE　TH61+SE　TH65+SE 二次冷轧镀锡板:T550+SE　T580+SE　T620+SE 　　　　　　　T660+SE　T690+SE
按钢基	MR L D
按退火方式	箱式退火:BA 连续退火:CA
按表面外观	光亮表面:B 石纹表面:S_t 银光表面:S 无光表面:M
按镀锡量	等厚镀层镀锡板:1.0/1.0　1.5/1.5　2.0/2.0　2.8/2.8 　　　　　　　4.0/4.0　5.0/5.0　5.6/5.6　8.4/8.4　11.2/ 　　　　　　　11.2 差厚镀层镀锡板:D5.6/2.8　D8.4/2.8　D8.4/5.6 　　　　　　　D11.2/2.8　D11.2/5.6　D11.2/8.4
按钝化种类	阴极电化学钝化:CE 化学钝化:CP 低铬钝化:LCr
按表面质量	Ⅰ级镀锡板:Ⅰ Ⅱ级镀锡板:Ⅱ

注:如有必要,镀锡板和板卷也可分别表示为 Tinplate sheet,Tinplate coil。

表 3-168 冷轧电镀锡薄钢板的尺寸规格

尺寸规格	名称	公称尺寸	
		一次冷轧电镀锡板	二次冷轧电镀锡板
	厚度/mm	0.17~0.55	0.14~0.29
	宽度/mm	≥500	≥500
尺寸偏差	厚度/mm	a.一个货批内单张试验钢板的厚度偏差不超出公称厚度的±8.5%; b. 20 000 张以上的货批的平均厚度不超出公称厚度的±2.5%; c. 20 000 张以内的货批的平均厚度不超出公称厚度的±4%; d.同板差:从一张钢板取两片试样,它们的厚度不超出这张钢板平均厚度的 4%; e.薄边:边部厚度的减薄量不超过这张钢板厚度的 8%	
	长度/mm	−0/+3mm	
	宽度/mm	−0/+3mm	
形状偏差		a.边线镰刀弯:1 000 mm 内不超过 0.15%; b.切斜:不超过 0.15%; c.平面度:钢板 1 000 mm 平面度不大于 3 mm	

表 3-169 镀锡量代号和公称镀锡量

镀锡量代号	公称镀锡量(单面)/(g/cm²)
1.0/1.0	1.0/1.0
1.5/1.5	1.5/1.5
2.0/2.0	2.0/2.0
2.8/2.8	2.8/2.8
4.0/4.0	4.0/4.0
5.0/5.0	5.0/5.0
5.6/5.6	5.6/5.6
8.4/8.4	8.4/8.4
11.2/11.2	11.2/11.2
D5.6/2.8	5.6/2.8
D8.4/2.8	8.4/2.8
D8.4/5.6	8.4/5.6
D11.2/2.8	11.2/2.8
D11.2/5.6	11.2/5.6
D11.2/8.4	11.2/8.4

注:根据供需双方协议;也可供应其他类别的镀锡量。

6. 彩色涂层钢板及钢带(GB/T 12754—2006)

(1)用途:用于建筑、轻工、汽车、电器、农机具、家具、日常生活用品等方面。

(2)分类和代号:见表 3-170。

(3)尺寸规格:见表 3-171。

(4)允许偏差:见表 3-172。

表 3-170　彩色涂层钢板和钢带的分类和代号

分类方法	类别及代号
按用途分	建筑外用:JW 建筑内用:JN 家用电器:JD
按表面状态分	涂层板:TC 印花板:YH 压花板:YaH
按涂料种类分	外用聚脂:WZ 内用聚脂:NZ 硅改性聚脂:GZ 外用丙烯酸:WB 内用丙烯酸:NB 塑料溶胶:SJ 有机溶胶:YJ
按基材类别分	低碳钢冷轧钢带:DL 小锌花平整钢带:XP 大锌花平整钢带:DP 锌铁合金钢带:XT 电镀锌钢带:DX

表 3-171　彩色涂层钢板及钢带的主要规格(单位:mm)

名称	厚度	宽度	钢板长度	钢卷内径
尺寸	0.3~2	700~1550	500~4000	450、610

注:1. 经供需双方协商,可供应宽度小于 700 mm 的钢板。

2. 厚度指钢板和钢带涂层前基层板的厚度。

表 3-172　彩色涂层钢板和钢带的允许偏差(单位:mm)

宽度允许偏差			长度允许偏差		
公称宽度	A 级	B 级	公称宽度	A 级	B 级
≤1200	+3 0	+6 0	≤2000	+4 0	+10 0
>1200	+3 0		>2000	0.002× 公称长度	0.005× 公称长度

注:1. A 级为高级精度,B 级为普通精度。

2. 厚度允许偏差:基板的厚度允许偏差按相应产品标准的规定,三个试样上的涂层厚度平均值应符合表 3-172 中的规定,三个试样中最小值允许比平均值低 10%。

六、钢带

1. 碳素结构钢冷轧钢带(GB/T 716—1991)

(1)适用范围:适用于冷轧机制造的成卷钢带。

(2)分类和代号:见表 3-173。

(3)尺寸规格:钢带的厚度为 0.10~3.00 mm,宽度 10~250 mm。

(4)允许偏差:见表 3-174、表 3-175。

(5)牌号和化学成分应符合 GB/T 700《碳素结构钢》的规定。

表 3-173　碳素结构钢冷轧钢带的分类和代号

代　号	分　类
按尺寸精 度分代号	普通精度:P
	宽度较高精度:K
	厚度较高精度:H
	宽度、厚度较高精度:KH
按表面精 度分代号	普通精度 I
	较高精度 II
按边缘状 态分代号	切边钢带:Q
	不切边钢带:BQ
按力学性 质分代号	软钢带:R
	半软钢带:BR
	硬钢带:Y

表 3-174　碳素结构钢冷轧钢带的厚度允许偏差(单位:mm)

厚度	允许下偏差(上偏差为 0)	
	普通精度	较高精度
≤0.15	−0.02	−0.015
>0.15~0.25	−0.03	−0.02
>0.25~0.40	−0.04	−0.03
>0.40~0.70	−0.05	−0.04
>0.70~1.00	−0.07	−0.05
>1.00~1.50	−0.09	−0.07
>1.50~2.50	−0.12	−0.09
>2.50~3.00	−0.15	−0.12

注:成卷交货的钢带焊缝处 1 000 mm 范围内厚度偏差允许比上表数值增加 100%。

表 3-175　碳素结构钢冷轧钢带的宽度允许偏差　(单位:mm)

类别	厚度	允许下偏差(上偏差为 0)			
		宽度≤120		宽度>120	
		普通精度	较高精度	普通精度	较高精度
切边钢带	≤0.50	−0.25	−0.15	−0.45	−0.25
	>0.50~1.00	−0.35	−0.25	−0.55	−0.35
	>1.00~3.00	−0..50	−0.40	−0.70	−0.50
不切边钢带		±1.50	±1.00	±2.50	±2.00

2. 碳素结构钢和低合金结构钢热轧钢带(GB/T 3524—2005)

(1)适用范围:适用于宽度 50~600 mm,厚度 2.0~6.0 mm 的热轧钢带。

(2)分类:见表 3-176。

(3)允许偏差:见表 3-177、表 3-178。

(4)牌号:钢带采用 Q215、Q235、Q255 的 A、B 级和 Q195、Q275 轧制。

表 3-176　碳素结构钢和低合金结构钢热轧钢带的分类

种类	条状钢带 TD		卷状钢带 JD
厚度/mm	2~4	4~6	由连轧机轧制
长度/m	≥6　(允许交付≥4 的短钢带)	≥4　(允许交付≥3 的短钢带)	≥50 (允许交付长度 30~50 m 的钢带,其重量不得大于该批交货总重量的 3%)
	短尺钢带数量不得大于该批总重量的 8%		

表 3-177　热轧钢带的厚度允许偏差（单位:mm）

厚　　度	厚度允许偏差
≤3.00	±0.20
>3.00～5.00	±0.24
>5.00	±0.27

表 3-178　热轧钢带的宽度允许偏差　（单位:mm）

宽　　度	宽度允许偏差	
	不切边钢带（BQ）	切边钢带（Q）
≤200	+2.0 −1.0	±1.0
>200～300	+2.5 −1.0	
>300	+3.0 −2.0	

3. 低碳钢冷轧钢带（YB/T 5059—2005）

(1)用途:用于制造冷冲压零件、钢管和其他金属制品。

(2)分类和代号:见表 3-179。

(3)允许偏差:见表 3-180、表 3-181。

(4)牌号钢带用 08、10、08A1 钢轧制,根据需方要求,也可供 05F、08F、10F 钢轧制的钢带。

(5)工艺性能:见表 3-182。

表 3-179　低碳钢冷轧钢带的分类和代号

按表面质量分	按表面加工状况分	按软硬程度分	按制造精度分	按边缘状况分
Ⅰ组	磨光钢带（M）	特软钢带（TR）	普通精度钢带（P）	切边钢带（Q）
		软钢带（R）	宽度较高精度钢带（K）	
Ⅱ组		半软钢带（BR）	厚度较高精度钢带（H）	
Ⅲ组	不磨光钢带（BM）	低硬钢带（DY）	厚度高精度钢带（J）	不切边钢带（BQ）
		冷硬钢带（Y）	宽度及厚度较高精度的钢带（KH）	

表 3-180 低碳钢冷轧钢带的厚及其允许偏差 （单位：mm）

钢带厚度	允许下偏差（上偏差为 0）		
	普通精度	较高精度	高精度
0.05,0.06,0.08	−0.015	−0.01	
0.10,0.12,0.15	−0.02	−0.015	−0.01
0.18,0.20,0.22,0.25	−0.03	−0.02	−0.015
0.28,0.30,0.35,0.40	−0.04	−0.03	−0.02
0.45,0.50,0.55,0.60,0.65,0.70	−0.05	−0.04	−0.025
0.75,0.80,0.85,0.90,0.95	−0.07	−0.05	−0.03
1.00,1.05,1.10,1.15,1.20,1.25,1.30,1.35	−0.09	−0.06	−0.04
1.40,1.45,1.50,1.55,1.60,1.65,1.70,1.75	−0.11	−0.08	−0.05
1.80,1.85,1.90,1.95,2.00,2.10,2.20,2.30	−0.13	−0.10	−0.06
2.40,2.50,2.60,2.70,2.80,2.90,3.00	−0.16	−0.12	−0.08
3.10,3.20,3.30,3.40,3.50,3.60	−0.20	−0.16	−0.10

注：1. 根据需方要求，可供应中间厚度的钢带，其允许偏差按相邻较大尺寸钢带的规定。

2. 厚度小于 0.20mm 的钢带只生产特软（TR）和硬（Y）钢带。

表 3-181 低碳钢冷轧钢带的宽度及其允许偏差

钢带宽度	宽度允许的下偏差（上偏差为 0）						
	不切边钢带（各种厚度）	0.05～0.50		0.55～1.00		＞1.00	
		普通精度	较高精度	普通精度	较高精度	普通精度	较高精度
4,5,6,7,8,9,10,11,12,13,14,15,16,17,18,19,20,22,24,26,28,30,32,34,36,38,40,43,46,50	+2.0 −1.5	−0.30	−0.15	−0.40	−0.25	−0.50	−0.30
53,56,60,63,66,70,73,76,80,83,86,90,93,96,100	+2.5 −2.0						
105,110,115,120,125,130,135,140,145,150,155,160,165,170,175,180,185,190,195	+4.0 −2.5	−0.5	−0.25	−0.60	−0.35	−0.70	−0.50
200,205,210,215,220,225,230,235,240,245,250,260,270,280,290,300	+6.0 −4.5						

注：1. 钢带应成卷交货，其长度不应短于 6m。但允许交付长度不短于 3m 的短钢带，其数量不得超过一批交货总重量的 10%。

2. 厚度大于 0.2mm 的钢带应卷成内径为 200～600mm 的钢带卷，厚度不大于 0.2mm 的钢带则卷成内径不小于 150mm 的钢带卷。

表 3-182 低碳钢冷轧钢带的杯突试验(单位:mm)

钢带厚度	最小杯突深度				
	钢带宽度				
	<30	30~<70		≥70	
		特软(TR)	软(R)	特软(TR)	软(R)
<0.20		—	—	—	—
0.20		5.2	4.2	7.5	6.8
0.25		5.3	4.3	7.7	7.0
0.30		5.5	4.5	8.0	7.2
0.35		5.7	4.7	8.2	7.4
0.40		5.9	4.8	8.5	7.7
0.45		6.1	5.0	8.6	7.8
0.50		6.2	5.1	8.8	7.9
0.60	不作杯突试验	6.4	5.4	9.1	8.2
0.70		6.6	5.6	9.4	8.5
0.80		6.9	5.9	9.6	8.7
0.90		7.1	6.1	9.8	9.0
1.00		7.3	6.2	10.0	9.2
1.20		7.7	6.7	10.5	9.6
1.40		8.1	7.1	10.9	10.0
1.60		8.5	7.4	11.1	10.4
1.80		8.9	7.8	11.5	10.7
2.00		9.2	8.1	11.7	10.9
>2.00		—	—	—	—

注:厚度小于 0.2mm 和大于 2.0mm 的钢带以及半软、低硬和冷硬钢带不作杯突试验。

4. 热处理弹簧钢带(YB/T 5063—2007)

(1)用途:用于制造弹簧零件。

(2)尺寸规格:见表 3-184。

(3)允许偏差:见表 3-185 至表 3-187。

(4)牌号:钢带应采用 TA7、TA8、TA9、TA10、65Mn、60Si2MnA、70Si2CrA 钢轧制。

(5)工艺性能:见表 3-188。

表 3-184 热处理弹簧钢带的尺寸规格

厚度/mm	宽度/mm																			
	1.5	1.6	1.8	2	2.2	2.5	2.8	3	3.5	4	4.5	5	5.5	6	7	8	9	10	11	12
0.08								◎	◎	◎	◎	◎	◎	◎	◎	◎	◎	◎	◎	◎
0.10								◎	◎	◎	◎	◎	◎	◎	◎	◎	◎	◎	◎	◎
0.11								◎	◎	◎	◎	◎	◎	◎	◎	◎	◎	◎	◎	◎
0.12								◎	◎	◎	◎	◎	◎	◎	◎	◎	◎	◎	◎	◎
0.14								◎	◎	◎	◎	◎	◎	◎	◎	◎	◎	◎	◎	◎
0.15								◎	◎	◎	◎	◎	◎	◎	◎	◎	◎	◎	◎	◎
0.16								◎	◎	◎	◎	◎	◎	◎	◎	◎	◎	◎	◎	◎
0.18								◎	◎	◎	◎	◎	◎	◎	◎	◎	◎	◎	◎	◎
0.20	◎	◎	◎	◎	◎	◎	◎	◎	◎	◎	◎	◎	◎	◎	◎	◎	◎	◎	◎	◎
0.22	◎	◎	◎	◎	◎	◎	◎	◎	◎	◎	◎	◎	◎	◎	◎	◎	◎	◎	◎	◎
0.23	◎	◎	◎	◎	◎	◎	◎	◎	◎	◎	◎	◎	◎	◎	◎	◎	◎	◎	◎	◎
0.25	◎	◎	◎	◎	◎	◎	◎	◎	◎	◎	◎	◎	◎	◎	◎	◎	◎	◎	◎	◎
0.26	◎	◎	◎	◎	◎	◎	◎	◎	◎	◎	◎	◎	◎	◎	◎	◎	◎	◎	◎	◎
0.30	◎	◎	◎	◎	◎	◎	◎	◎	◎	◎	◎	◎	◎	◎	◎	◎	◎	◎	◎	◎
0.32	◎	◎	◎	◎	◎	◎	◎	◎	◎	◎	◎	◎	◎	◎	◎	◎	◎	◎	◎	◎
0.36	◎	◎	◎	◎	◎	◎	◎	◎	◎	◎	◎	◎	◎	◎	◎	◎	◎	◎	◎	◎
0.40	◎	◎	◎	◎	◎	◎	◎	◎	◎	◎	◎	◎	◎	◎	◎	◎	◎	◎	◎	◎
0.45	◎	◎	◎	◎	◎	◎	◎	◎	◎	◎	◎	◎	◎	◎	◎	◎	◎	◎	◎	◎
0.50	◎	◎	◎	◎	◎	◎	◎	◎	◎	◎	◎	◎	◎	◎	◎	◎	◎	◎	◎	◎
0.55			◎	◎	◎	◎	◎	◎	◎	◎	◎	◎	◎	◎	◎	◎	◎	◎	◎	◎
0.60								◎	◎	◎	◎	◎	◎	◎	◎	◎	◎	◎	◎	◎
0.65								◎	◎	◎	◎	◎	◎	◎	◎	◎	◎	◎	◎	◎
0.70								◎	◎	◎	◎	◎	◎	◎	◎	◎	◎	◎	◎	◎
0.80								◎	◎	◎	◎	◎	◎	◎	◎	◎	◎	◎	◎	◎
0.90								◎	◎	◎	◎	◎	◎	◎	◎	◎	◎	◎	◎	◎
1.00								◎	◎	◎	◎	◎	◎	◎	◎	◎	◎	◎	◎	◎
1.10								◎	◎	◎	◎	◎	◎	◎	◎	◎	◎	◎	◎	◎
1.20							◎	◎	◎	◎	◎	◎	◎	◎	◎	◎	◎	◎	◎	◎
1.40								◎	◎	◎	◎	◎	◎	◎	◎	◎	◎	◎	◎	◎
1.50							◎	◎	◎	◎	◎	◎	◎	◎	◎	◎	◎	◎	◎	◎

续表

厚度/mm	宽度/mm																			
	14	15	16	18	20	22	25	28	30	32	36	40	45	50	55	60	70	80	90	100
0.08	◎	◎	◎	◎	◎															
0.10	◎	◎	◎	◎	◎	◎	◎	◎	◎	◎	◎	◎								
0.11	◎	◎	◎	◎	◎	◎	◎	◎	◎	◎	◎	◎								
0.12	◎	◎	◎	◎	◎	◎	◎	◎	◎	◎	◎	◎								
0.13	◎	◎	◎	◎	◎	◎	◎	◎	◎	◎	◎	◎								
0.14	◎	◎	◎	◎	◎	◎	◎	◎	◎	◎	◎	◎								
0.15	◎	◎	◎	◎	◎	◎	◎	◎	◎	◎	◎	◎								
0.16	◎	◎	◎	◎	◎	◎	◎	◎	◎	◎	◎	◎								
0.18	◎	◎	◎	◎	◎	◎	◎	◎	◎	◎	◎	◎								
0.20	◎	◎	◎	◎	◎	◎	◎	◎	◎	◎	◎	◎	◎	◎	◎	◎	◎	◎	◎	◎
0.22	◎	◎	◎	◎	◎	◎	◎	◎	◎	◎	◎	◎	◎	◎	◎	◎	◎	◎	◎	◎
0.23	◎	◎	◎	◎	◎	◎	◎	◎	◎	◎	◎	◎	◎	◎	◎	◎	◎	◎	◎	◎
0.25	◎	◎	◎	◎	◎	◎	◎	◎	◎	◎	◎	◎	◎	◎	◎	◎	◎	◎	◎	◎
0.26	◎	◎	◎	◎	◎	◎	◎	◎	◎	◎	◎	◎	◎	◎	◎	◎	◎	◎	◎	◎
0.30	◎	◎	◎	◎	◎	◎	◎	◎	◎	◎	◎	◎	◎	◎	◎	◎	◎	◎	◎	◎
0.32	◎	◎	◎	◎	◎	◎	◎	◎	◎	◎	◎	◎	◎	◎	◎	◎	◎	◎	◎	◎
0.36	◎	◎	◎	◎	◎	◎	◎	◎	◎	◎	◎	◎	◎	◎	◎	◎	◎	◎	◎	◎
0.40	◎	◎	◎	◎	◎	◎	◎	◎	◎	◎	◎	◎	◎	◎	◎	◎	◎	◎	◎	◎
0.45	◎	◎	◎	◎	◎	◎	◎	◎	◎	◎	◎	◎	◎	◎	◎	◎	◎	◎	◎	◎
0.50	◎	◎	◎	◎	◎	◎	◎	◎	◎	◎	◎	◎	◎	◎	◎	◎	◎	◎	◎	◎
0.55	◎	◎	◎	◎	◎	◎	◎	◎	◎	◎	◎	◎	◎	◎	◎	◎	◎	◎	◎	◎
0.60	◎	◎	◎	◎	◎	◎	◎	◎	◎	◎	◎	◎	◎	◎	◎	◎	◎	◎	◎	◎
0.65	◎	◎	◎	◎	◎	◎	◎	◎	◎	◎	◎	◎	◎	◎	◎	◎	◎	◎	◎	◎
0.70	◎	◎	◎	◎	◎	◎	◎	◎	◎	◎	◎	◎	◎	◎	◎	◎	◎	◎	◎	◎
0.80	◎	◎	◎	◎	◎	◎	◎	◎	◎	◎	◎	◎	◎	◎	◎	◎	◎	◎	◎	◎
0.90	◎	◎	◎	◎	◎	◎	◎	◎	◎	◎	◎	◎	◎	◎	◎	◎	◎	◎	◎	◎
1.00	◎	◎	◎	◎	◎	◎	◎	◎	◎	◎	◎	◎	◎	◎	◎	◎	◎	◎	◎	◎
1.10	◎	◎	◎	◎	◎	◎	◎	◎	◎	◎	◎	◎	◎	◎	◎	◎	◎	◎	◎	◎
1.20	◎	◎	◎	◎	◎	◎	◎	◎	◎	◎	◎	◎	◎	◎	◎	◎	◎	◎	◎	◎
1.40	◎	◎	◎	◎	◎	◎	◎	◎	◎	◎	◎	◎	◎	◎	◎	◎	◎	◎	◎	◎
1.50	◎	◎	◎	◎	◎	◎	◎	◎	◎	◎	◎	◎	◎	◎	◎	◎	◎	◎	◎	◎

注:1.打"◎"者有产品。

2.厚度为0.10～0.18mm,宽度大于40mm的钢带按供需双方协议生产。

表 3-185 热处理弹簧钢带的宽度允许下偏差(上偏差为 0) (单位:mm)

钢带厚度	精 度[偏差(上偏差为 0)]		
	普通(P)	较高(J)	商级(G)
0.08~0.50	−0.3	−0.2	−0.1
>0.50~1.00	−0.4	−0.3	−0.2
>1.00~1.50	−0.5	−0.4	−0.3

表 3-186 热处理弹簧钢带的厚度允许下偏差(上偏差为 0) (单位:mm)

钢带厚度	精 度		
	普通(P)	较高(J)	商级(G)
0.08~0.15	−0.02	−0.015	−0.010
>0.15~0.25	−0.03	−0.02	−0.015
>0.25~0.40	−0.04	−0.03	−0.02
>0.40~0.70	−0.05	−0.04	−0.03
>0.70~0.90	−0.07	−0.05	−0.04
>0.90~1.10	−0.09	−0.06	−0.05
>1.10~1.50	−0.11	−0.08	−0.06

表 3-187 压扁钢丝制成钢带的宽度允许允许下偏差(上偏差为 0) (单位:mm)

钢带厚度	精 度		
	普通(P)	较高(J)	商级(G)
≤2.0	−0.20	−0.15	−0.10
>2.0~3.5	−0.30	−0.25	−0.20
>3.5~5.0	−0.40	−0.30	−0.25
>5.0	−0.50	−0.40	−0.30

表 3-188 热处理弹簧钢带的反复弯曲试验

钢带厚度 /mm	钳口半径 /mm	反复弯曲交数≥					
		Ⅰ级		Ⅱ级		Ⅲ级	
		65Mn T7A T8A	T9A、T10A 60Si2MnA 70Si2CrA	65Mn T7A T8A	T9A、T10A 60Si2MnA 70Si2CrA	65Mn T7A T8A	T9A、T10A 60Si2MnA 70Si2CrA
0.08		29	26	25	20	20	16
0.10	1	26	24	22	18	18	14
0.11		23	20	20	16	16	13

钢带厚度/mm	钳口半径/mm	反复弯曲交数≥					
		Ⅰ级		Ⅱ级		Ⅲ级	
		65Mn T7A T8A	T9A、T10A 60Si2MnA 70Si2CrA	65Mn T7A T8A	T9A、T10A 60Si2MnA 70Si2CrA	65Mn T7A T8A	T9A、T10A 60Si2MnA 70Si2CrA
0.12	1	20	17	17	14	15	12
0.14		17	15	13	11	9	7
0.15	2	31	22	22	18	18	15
0.16		28	21	21	16	17	14
0.18		25	19	19	15	15	12
0.20		23	18	17	14	13	10
0.22		20	17	15	12	11	9
0.23		18	16	13	11	9	7
0.25		17	15	12	10	7	6
0.26		14	13	10	9	6	3
0.28	4	37	30	26	21	21	17
0.30		35	29	26	20	19	16
0.32		33	27	24	19	18	15
0.35		31	26	22	18	16	13
0.36		30	25	21	17	15	12
0.40		26	24	19	15	12	10
0.45		22	20	15	13	8	6
0.50	6	31	25	22	18	19	15
0.55		29	23	20	16	16	12
0.60		25	21	17	14	11	7
0.65		21	18	13	10	7	5
0.70		20	17	12	9	5	3
0.80	8	17	14	11	9	3	2
0.90		14	12	7	4	—	—
1.00		12	10	2	1	—	—

注:1.厚度大于1mm的Ⅰ级强度钢带,不进行反复弯曲试验。

2.厚度为中间规格的钢带,其反复弯曲次数参照相邻大尺寸的规格。

5. 弹簧钢、工具钢冷轧钢带(YB/T 5058—2005)

(1)用途:供制造弹簧、刃具、带尺等制品。

(2)分类:钢带按制造精度分为:普通精度钢带—P,宽度精度较高的钢带—K,厚度精度较高的钢带—H,厚度精度高的钢带—J,宽度和厚度精度较高的钢带—KH。

按表面质量分为:Ⅰ、Ⅱ两组钢带。

按边缘状态分为:切边钢带—Q,不切边钢带—BQ。

按材料状态分为:冷硬钢带—Y,退火钢带—T,球化退火钢带—QT。

(3)尺寸规格:见表3-189。

表3-189　弹簧钢、工具钢冷轧钢带的尺寸规格及允许偏差　　　(单位:mm)

厚　　度				宽　　度				
尺寸	允许下偏差 (上偏差为0)			切边钢带允许下偏差 (上偏差为0)			不切边钢带	
尺寸	普通 精度(P)	较高 精度(H)	高精度 (J)	尺寸	普通 精度(P)	较高 精度(K)	尺寸	允许 偏差
0.10～0.15	−0.02	−0.015	−0.010	4～120	−0.3	−0.2	≤50	+2 −1
>0.15～0.25	−0.03	−0.020	−0.015	4～120	−0.3	−0.2	≤50	+2 −1
>0.25～0.40	−0.04	−0.030	−0.020	6～160	−0.3	−0.2	≤50	+2 −1
>0.40～0.50	−0.05	−0.040	−0.030	6～160	−0.3	−0.2	≤50	+2 −1
>0.50～0.70	−0.05	−0.040	−0.030	10～160	−0.4	−0.3	>50	+3 −2
>0.70～0.95	−0.07	−0.050	−0.040	10～160	−0.4	−0.3	>50	+3 −2
>0.95～1.00	−0.09	−0.060	−0.050	10～160	−0.4	−0.3	>50	+3 −2
>1.00～1.35	−0.09	−0.060	−0.050	18～200	−0.6	−0.4	>50	+3 −2
>1.35～1.75	−0.11	−0.080	−0.060	18～200	−0.6	−0.4	>50	+3 −2
>1.75～2.30	−0.13	−0.100	−0.080	18～200	−0.6	−0.4	>50	+3 −2
>2.30～3.00	−0.16	−0.120	−0.100	22～200	−0.6	−0.4	>50	+3 −2

第三节　钢管综合

一、无缝钢管的尺寸规格(GB/T 17395—2008)

(1)用途:规定各类平端无缝钢管的标准、尺寸、外形、重量及允许偏差。

(2)外径和壁厚:钢管尺寸分三个系列。

普通钢管组(见表3-190),有1、2、3三个系列;

精密钢管尺寸组(见表3-191),有1、2、二个系列;

不锈钢管尺寸组(见表3-192),有1、2、3三个系列。

系列1:标准化钢管;系列2:非标准化为主钢管;系列3:特殊用途钢管。

(3)允许偏差见表3-193至表3-199。

表3-190　普通钢管的尺寸规定

外径/mm			壁厚/mm							
系列1	系列2	系列3	0.25	0.3	0.4	0.5	0.6	0.8	1	1.2
			理论重量/(kg/m)							
	6		0.035	0.042	0.055	0.068	0.08	0.103	0.123	0.142
	7		0.042	0.05	0.065	0.08	0.095	0.122	0.148	0.172
	8		0.048	0.057	0.075	0.092	0.109	0.142	0.173	0.201
	9		0.054	0.064	0.085	0.105	0.124	0.162	0.197	0.231
10(10.2)			0.060	0.072	0.095	0.117	0.139	0.182	0.222	0.26
	11		0.066	0.079	0.105	0.129	0.154	0.201	0.247	0.29
	12		0.072	0.087	0.114	0.142	0.169	0.221	0.271	0.32
	13(12.7)		0.079	0.094	0.124	0.154	0.183	0.241	0.296	0.349
13.5			0.082	0.098	0.129	0.16	0.191	0.251	0.308	0.364
		14	0.085	0.101	0.134	0.166	0.198	0.26	0.321	0.379
	16		0.097	0.116	0.154	0.191	0.228	0.3	0.37	0.438
17(17.2)			0.103	0.124	0.164	0.203	0.243	0.32	0.395	0.468
		18	0.109	0.131	0.174	0.216	0.257	0.339	0.419	0.497
	19		0.116	0.138	0.183	0.228	0.272	0.359	0.444	0.527
	20		0.122	0.146	0.193	0.24	0.287	0.379	0.469	0.556
21(21.3)				0.203	0.253	0.302	0.399	0.493	0.586	
		22		0.213	0.265	0.317	0.418	0.518	0.616	
	25			0.243	0.302	0.361	0.477	0.592	0.704	
		25.4		0.247	0.307	0.367	0.485	0.602	0.716	
27(26.9)				0.262	0.327	0.391	0.517	0.641	0.764	
	28			0.272	0.339	0.405	0.537	0.666	0.793	
		30		0.292	0.364	0.435	0.576	0.715	0.852	
	32(31.8)			0.312	0.388	0.465	0.616	0.765	0.911	
34(33.7)				0.331	0.413	0.494	0.655	0.814	0.971	

续表

外径/mm			壁厚/mm							
系列1	系列2	系列3	0.25	0.3	0.4	0.5	0.6	0.8	1	1.2
			理论重量/(kg/m)							
		35			0.341	0.425	0.509	0.675	0.838	1.000
	38				0.371	0.462	0.553	0.734	0.912	1.089
	40				0.391	0.487	0.583	0.773	0.962	1.148
42(42.4)									1.011	1.207
		45(44.5)							1.085	1.296
48(48.3)									1.159	1.385
	51								1.233	1.474
		54							1.307	1.563
	57								1.381	1.651
60(60.3)									1.455	1.74
	64(63.5)								1.529	1.829
	65								1.578	1.888
	68								1.652	1.977
	70								1.702	2.036
		73							1.776	2.125
76(76.1)									1.85	2.214
	77									
	80									
		83(82.5)								
	85									
89(88.9)										
	95									
	102(101.6)									
		108								
114(114.3)										
	121									
	127									
	133									

续表

外径/mm			壁厚/mm							
系列1	系列2	系列3	0.25	0.3	0.4	0.5	0.6	0.8	1	1.2
			理论重量/(kg/m)							
140(139.7)										
		142(141.2)								
	146									
		152(152.4)								
		159								
168(168.3)										
		180(177.8)								
		194(193.7)								
	203									
219(219.1)										
		245(244.5)								
273										
	299									
325(323.9)										
	340(339.7)									
	351									
356(355.6)										
	377									
	402									
406(406.4)										
	426									
	450									
	457									
	480									
	500									
	508									
	530									
		560(559)								

续表

外径/mm			壁厚/mm							
系列1	系列2	系列3	0.25	0.3	0.4	0.5	0.6	0.8	1	1.2
			理论重量/(kg/m)							
610										
	630									
		660								

外径/mm			壁厚/mm							
系列1	系列2	系列3	1.4	1.5	1.6	1.8	2	2.2 (2.3)	2.5 (2.6)	2.8
			理论重量/(kg/m)							
	6		0.159	0.166	0.174	0.186	0.197			
	7		0.193	0.203	0.213	0.231	0.247	0.26	0.277	
	8		0.228	0.24	0.253	0.275	0.296	0.315	0.339	
	9		0.262	0.277	0.292	0.32	0.345	0.369	0.401	0.428
10(10.2)			0.297	0.314	0.331	0.364	0.395	0.423	0.462	0.497
	11		0.331	0.351	0.371	0.408	0.444	0.477	0.524	0.566
	12		0.366	0.388	0.41	0.453	0.493	0.532	0.586	0.635
	13(12.7)		0.401	0.425	0.45	0.497	0.543	0.586	0.647	0.704
13.5			0.418	0.444	0.47	0.519	0.567	0.613	0.678	0.739
		14	0.435	0.462	0.489	0.542	0.592	0.64	0.709	0.773
	16		0.504	0.536	0.568	0.63	0.691	0.749	0.832	0.911
17(17.2)			0.539	0.573	0.608	0.675	0.74	0.803	0.894	0.981
		18	0.573	0.61	0.647	0.719	0.789	0.857	0.956	1.05
	19		0.608	0.647	0.687	0.764	0.838	0.911	1.017	1.119
	20		0.642	0.684	0.726	0.808	0.888	0.966	1.079	1.188
21(21.3)			0.677	0.721	0.765	0.852	0.937	1.02	1.141	1.257
		22	0.711	0.758	0.805	0.897	0.986	1.074	1.202	1.326
	25		0.815	0.869	0.923	1.03	1.134	1.237	1.387	1.533
		25.4	0.829	0.884	0.939	1.048	1.154	1.259	1.412	1.561
27(26.9)			0.884	0.943	1.002	1.119	1.233	1.346	1.511	1.671
	28		0.918	0.98	1.042	1.163	1.282	1.4	1.572	1.74

外径/mm			壁厚/mm							
系列1	系列2	系列3	1.4	1.5	1.6	1.8	2	2.2 (2.3)	2.5 (2.6)	2.8
			理论重量/(kg/m)							
		30	0.987	1.054	1.121	1.252	1.381	1.508	1.695	1.878
	32(31.8)		1.057	1.128	1.200	1.341	1.48	1.617	1.819	2.016
34(33.7)			1.126	1.202	1.278	1.429	1.578	1.725	1.942	2.154
		35	1.16	1.239	1.318	1.474	1.628	1.78	2.004	2.223
	38		1.264	1.35	1.436	1.607	1.776	1.942	2.189	2.431
	40		1.333	1.424	1.515	1.696	1.874	2.051	2.312	2.569
42(42.4)			1.402	1.498	1.594	1.785	1.973	2.159	2.435	2.707
		45(44.5)	1.505	1.609	1.712	1.918	2.121	2.322	2.62	2.914
48(48.3)			1.609	1.72	1.831	2.051	2.269	2.485	2.805	3.121
	51		1.712	1.831	1.949	2.184	2.417	2.648	2.99	3.328
		54	1.816	1.942	2.068	2.317	2.565	2.81	3.175	3.535
	57		1.92	2.053	2.186	2.45	2.713	2.973	3.36	3.743
60(60.3)			2.023	2.164	2.304	2.584	2.861	3.136	3.545	3.95
	64(63.5)		2.127	2.275	2.423	2.717	3.009	3.299	3.73	4.157
	65		2.196	2.349	2.502	2.805	3.107	3.407	3.853	4.295
	68		2.299	2.46	2.62	2.939	3.255	3.57	4.038	4.502
	70		2.368	2.534	2.699	3.027	3.354	3.679	4.162	4.64
		73	2.472	2.645	2.817	3.161	3.502	3.841	4.347	4.847
76(76.1)			2.576	2.756	2.936	3.294	3.65	4.004	4.532	5.055
	77		2.61	2.793	2.975	3.338	3.699	4.058	4.593	5.124
	80		2.714	2.904	3.094	3.471	3.847	4.221	4.778	5.331
		83(82.5)	2.817	3.015	3.212	3.605	3.995	4.384	4.963	5.538
	85		2.886	3.089	3.291	3.693	4.094	4.492	5.086	5.676
89(88.9)			3.024	3.237	3.449	3.871	4.291	4.709	5.333	5.952
	95		3.232	3.459	3.685	4.137	4.587	5.035	5.703	6.367
	102(101.6)		3.473	3.718	3.962	4.448	4.932	5.415	6.135	6.85
		108	3.68	3.94	4.198	4.714	5.228	5.74	6.504	7.264

外径/mm			壁厚/mm							
系列1	系列2	系列3	1.4	1.5	1.6	1.8	2	2.2 (2.3)	2.5 (2.6)	2.8
			理论重量/(kg/m)							
114(114.3)				4.162	4.435	4.981	5.524	6.066	6.874	7.679
	121			4.421	4.711	5.291	5.869	6.446	7.306	8.162
	127				5.558	6.165	6.771	7.676	8.576	
	133								8.046	8.991
140(139.7)										
		142(141.2)								
	146									
		152(152.4)								
		159								
168(168.3)										
		180(177.8)								
		194(193.7)								
	203									
219(219.1)										
		245(244.5)								
	273									
	299									
325(323.9)										
	340(339.7)									
	351									
356(355.6)										
	377									
	402									
406(406.4)										
	426									
	450									
	457									

续表

外径/mm			壁厚/mm							
系列1	系列2	系列3	1.4	1.5	1.6	1.8	2	2.2 (2.3)	2.5 (2.6)	2.8
			理论重量/(kg/m)							
		480								
		500								
508										
	530									
		560(559)								
610										
	630									
		660								

外径/mm			壁厚/mm							
系列1	系列2	系列3	(2.9) 3	3.2	3.5 (3.6)	4	4.5	5	(5.4) 5.5	6
			理论重量/(kg/m)							
	6									
	7									
	8									
	9									
10(10.2)			0.518	0.537	0.561					
	11		0.592	0.616	0.647					
	12		0.666	0.694	0.734	0.789				
	13(12.7)		0.74	0.773	0.82	0.888				
13.5			0.777	0.813	0.863	0.937				
		14	0.814	0.852	0.906	0.986				
	16		0.962	1.01	1.079	1.184	1.276	1.356		
17(17.2)			1.036	1.089	1.165	1.282	1.387	1.48		
		18	1.11	1.168	1.252	1.381	1.498	1.603		
	19		1.184	1.247	1.338	1.48	1.609	1.726	1.831	1.924
	20		1.258	1.326	1.424	1.578	1.72	1.85	1.967	2.072

387

外径/mm			壁厚/mm							
系列1	系列2	系列3	(2.9) 3	3.2	3.5 (3.6)	4	4.5	5	(5.4) 5.5	6
			理论重量/(kg/m)							
21(21.3)			1.332	1.405	1.511	1.677	1.831	1.973	2.102	2.22
		22	1.406	1.484	1.597	1.776	1.942	2.096	2.238	2.368
	25		1.628	1.72	1.856	2.072	2.275	2.466	2.645	2.811
		25.4	1.657	1.752	1.89	2.111	2.319	2.515	2.699	2.871
27(26.9)			1.776	1.878	2.028	2.269	2.497	2.713	2.916	3.107
	28		1.85	1.957	2.115	2.368	2.608	2.836	3.052	3.255
		30	1.998	2.115	2.287	2.565	2.83	3.083	3.323	3.551
	32(31.8)		2.146	2.273	2.46	2.762	3.052	3.329	3.594	3.847
34(33.7)			2.294	2.431	2.633	2.959	3.274	3.576	3.866	4.143
		35	2.368	2.51	2.719	3.058	3.385	3.699	4.001	4.291
	38		2.589	2.746	2.978	3.354	3.718	4.069	4.408	4.735
	40		2.737	2.904	3.151	3.551	3.94	4.316	4.68	5.031
42(42.4)			2.885	3.062	3.323	3.749	4.162	4.562	4.951	5.327
		45(44.5)	3.107	3.299	3.582	4.044	4.495	4.932	5.358	5.771
48(48.3)			3.329	3.535	3.841	4.34	4.828	5.302	5.765	6.215
	51		3.551	3.772	4.1	4.636	5.16	5.672	6.172	6.659
		54	3.773	4.009	4.359	4.932	5.493	6.042	6.578	7.103
	57		3.995	4.246	4.618	5.228	5.826	6.412	6.985	7.546
60(60.3)			4.217	4.482	4.877	5.524	6.159	6.782	7.392	7.99
	64(63.5)		4.439	4.719	5.136	5.82	6.492	7.152	7.799	8.434
	65		4.587	4.877	5.308	6.017	6.714	7.398	8.07	8.73
	68		4.809	5.114	5.567	6.313	7.047	7.768	8.477	9.174
	70		4.957	5.272	5.74	6.511	7.269	8.015	8.749	9.47
		73	5.179	5.508	5.999	6.807	7.602	8.385	9.156	9.914
76(76.1)			5.401	5.745	6.258	7.103	7.935	8.755	9.563	10.36
	77		5.475	5.824	6.344	7.201	8.046	8.878	9.698	10.51
	80		5.697	6.061	6.603	7.497	8.379	9.248	10.11	10.95

续表

外径/mm			壁厚/mm							
系列1	系列2	系列3	(2.9) 3	3.2	3.5 (3.6)	4	4.5	5	(5.4) 5.5	6
			理论重量/(kg/m)							
		83(82.5)	5.919	6.298	6.862	7.793	8.712	9.618	10.51	11.39
	85		6.067	6.455	7.035	7.99	8.934	9.865	10.78	11.69
89(88.9)			6.363	6.771	7.38	8.385	9.378	10.36	11.33	12.28
	95		6.807	7.245	7.898	8.977	10.04	11.1	12.14	13.17
	102(101.6)		7.324	7.797	8.502	9.667	10.82	11.96	13.09	14.21
		108	7.768	8.271	9.02	10.26	11.49	12.7	13.9	15.09
114(114.3)			8.212	8.744	9.538	10.85	12.15	13.44	14.72	15.98
	121		8.73	9.296	10.14	11.54	12.93	14.3	15.67	17.02
	127		9.174	9.77	10.66	12.13	13.6	15.04	16.48	17.9
		133	9.618	10.243	11.18	12.73	14.26	15.78	17.29	18.79
140(139.7)			10.136	10.796	11.78	13.42	15.04	16.65	18.24	19.83
		142(141.2)	10.284	10.954	11.96	13.61	15.26	16.89	18.52	20.12
	146		10.58	11.269	12.3	14.01	15.7	17.39	19.06	20.72
		152(152.4)	11.024	11.743	12.82	14.6	16.37	18.13	19.87	21.6
		159		13.42	15.29	17.15	18.99	20.82	22.64
168(168.3)				14.2	16.18	18.15	20.1	22.04	23.97
		180(177.8)		15.24	17.36	19.48	21.58	23.67	25.75
		194(193.7)		16.44	18.74	21.03	23.31	25.57	27.82
	203			17.22	19.63	22.03	24.42	26.79	29.15
219(219.1)										31.52
	245(244.5)									35.37
273										
	299									
325(323.9)										
	340(339.7)									
	351									
356(355.6)										

外径/mm			壁厚/mm							
系列 1	系列 2	系列 3	(2.9) 3	3.2	3.5 (3.6)	4	4.5	5	(5.4) 5.5	6
			理论重量/(kg/m)							
		377								
		402								
406(406.4)										
		426								
		450								
457										
		480								
		500								
508										
		530								
		560(559)								
610										
		630								
		660								

外径/mm			壁厚/mm							
系列 1	系列 2	系列 3	(6.3) 6.5	7 (7.1)	7.5	8	8.5	(8.8) 9	9.5	10
			理论重量/(kg/m)							
	6									
	7									
	8									
	9									
10(10.2)										
	11									
	12									
	13(12.7)									
13.5										

续表

外径/mm			壁厚/mm							
			(6.3) 6.5	7 (7.1)	7.5	8	8.5	(8.8) 9	9.5	10
系列1	系列2	系列3	理论重量/(kg/m)							
		14								
	16									
17(17.2)										
		18								
	19									
	20									
21(21.3)										
		22								
	25		2.966	3.107						
		25.4	3.03	3.176						
27(26.9)			3.286	3.453						
	28		3.446	3.625						
		30	3.767	3.971	4.162	4.34				
	32(31.8)		4.088	4.316	4.532	4.735				
34(33.7)			4.408	4.661	4.901	5.13				
		35	4.569	4.834	5.086	5.327	5.555	5.771		
	38		5.049	5.352	5.641	5.919	6.184	6.437	6.677	6.905
	40		5.37	5.697	6.011	6.313	6.603	6.881	7.146	7.398
42(42.4)			5.691	6.042	6.381	6.708	7.022	7.324	7.614	7.892
		45(44.5)	6.172	6.56	6.936	7.3	7.651	7.99	8.317	8.632
48(48.3)			6.652	7.078	7.491	7.892	8.28	8.656	9.02	9.371
	51		7.133	7.596	8.046	8.484	8.909	9.322	9.723	10.11
		54	7.614	8.114	8.601	9.075	9.538	9.988	10.43	10.85
	57		8.095	8.632	9.156	9.667	10.17	10.65	11.13	11.59
60(60.3)			8.576	9.149	9.71	10.259	10.8	11.32	11.83	12.33
	64(63.5)		9.057	9.667	10.27	10.851	11.42	11.99	12.53	13.07
	65		9.378	10.01	10.64	11.246	11.84	12.43	13	13.56

外径/mm			壁厚/mm							
系列1	系列2	系列3	(6.3) 6.5	7 (7.1)	7.5	8	8.5	(8.8) 9	9.5	10
			理论重量/(kg/m)							
	68		9.858	10.53	11.19	11.838	12.47	13.1	13.71	14.3
	70		10.18	10.88	11.56	12.232	12.89	13.54	14.17	14.8
		73	10.66	11.39	12.12	12.824	13.52	14.21	14.88	15.54
76(76.1)			11.14	11.91	12.67	13.416	14.15	14.87	15.58	16.28
	77		11.3	12.08	12.86	13.613	14.36	15.09	15.81	16.52
	80		11.78	12.6	13.41	14.205	14.99	15.76	16.52	17.26
		83(82.5)	12.26	13.12	13.97	14.797	15.62	16.43	17.22	18
	85		12.58	13.47	14.34	15.192	16.04	16.87	17.69	18.5
89(88.9)			13.23	14.16	15.07	15.981	16.88	17.76	18.63	19.48
	95		14.19	15.19	16.18	17.164	18.13	19.09	20.03	20.96
	102(101.6)		15.31	16.4	17.48	18.545	19.6	20.64	21.67	22.69
		108	16.27	17.44	18.59	19.729	20.86	21.97	23.08	24.17
114(114.3)			17.23	18.47	19.7	20.913	22.12	23.31	24.48	25.65
	121		18.35	19.68	20.99	22.294	23.58	24.86	26.12	27.37
	127		19.32	20.72	22.1	23.478	24.84	26.19	27.53	28.85
	133		20.28	21.75	23.21	24.662	26.1	27.52	28.93	30.33
140(139.7)			21.4	22.96	24.51	26.043	27.57	29.08	30.57	32.06
		142(141.2)	21.72	23.31	24.88	26.437	27.99	29.52	31.04	32.55
	146		22.36	24	25.62	27.226	28.82	30.41	31.98	33.54
		152(152.4)	23.32	25.03	26.73	28.41	30.08	31.74	33.39	35.02
		159	24.45	26.24	28.02	29.791	31.55	33.29	35.03	36.75
168(168.3)			25.89	27.79	29.69	31.567	33.44	35.29	37.13	38.97
		180(177.8)	27.81	29.87	31.91	33.934	35.95	37.95	39.95	41.93
		194(193.7)	30.06	32.28	34.5	36.696	38.89	41.06	43.23	45.38
	203		31.5	33.84	36.16	38.472	40.77	43.06	45.33	47.6
219(219.1)			34.06	36.6	39.12	41.629	44.13	46.61	49.08	51.54
		245(244.5)	38.23	41.09	43.93	46.758	49.58	52.38	55.17	57.96

外径/mm			壁厚/mm							
系列1	系列2	系列3	(6.3) 6.5	7 (7.1)	7.5	8	8.5	(8.8) 9	9.5	10
			理论重量/(kg/m)							
273			42.72	45.92	49.11	52.283	55.45	58.6	61.73	64.86
	299				53.92	57.412	60.9	64.37	67.83	71.27
325(323.9)					58.73	62.542	66.35	70.14	73.92	77.68
	340(339.7)					65.501	69.49	73.47	77.43	81.38
	351					67.671	71.8	75.91	80.01	84.1
356(355.6)							77.02	81.18	85.33
	377							81.68	86.1	90.51
	402							87.23	91.96	96.67
406(406.4)								88.12	92.89	97.66
	426							92.56	97.58	102.6
	450							97.88	103.2	108.5
457								99.44	104.8	110.2
	480							104.5	110.2	115.9
	500							109	114.9	120.8
508								110.8	116.8	122.8
	530							115.6	121.9	128.2
		560(559)						122.3	129	135.6
610								133.4	140.7	148
	630							137.8	145.4	152.9
		660						144.5	152.4	160.3

外径/mm			壁厚/mm							
系列1	系列2	系列3	11	12 (12.5)	13	14 (14.2)	15	16	17 (17.2)	18
			理论重量/(kg/m)							
	6									
	7									
	8									

外径/mm			壁厚/mm							
系列1	系列2	系列3	11	12 (12.5)	13	14 (14.2)	15	16	17 (17.2)	18
			理论重量/(kg/m)							
		9								
10(10.2)										
		11								
		12								
	13(12.7)									
13.5										
		14								
	16									
17(17.2)										
		18								
	19									
	20									
21(21.3)										
		22								
	25									
		25.4								
27(26.9)										
	28									
		30								
	32(31.8)									
34(33.7)										
		35								
	38									
	40									
42(42.4)										
		45(44.5)	9.223	9.766						
48(48.3)			10.04	10.65						

续表

外径/mm			壁厚/mm								
系列1	系列2	系列3	11	12 (12.5)	13	14 (14.2)	15	16	17 (17.2)	18
			理论重量/(kg/m)							
	51		10.85	11.54						
		54	11.67	12.43	13.15	13.81				
	57		12.48	13.32	14.11	14.846				
60(60.3)			13.29	14.21	15.07	15.882	16.647	17.362		
	64(63.5)		14.11	15.09	16.03	16.918	17.756	18.545		
	65		14.65	15.69	16.67	17.608	18.496	19.335		
	68		15.46	16.57	17.63	18.644	19.606	20.518		
	70		16.01	17.16	18.27	19.335	20.346	21.308	22.22	
		73	16.82	18.05	19.24	20.37	21.456	22.491	23.478	24.415
76(76.1)			17.63	18.94	20.2	21.406	22.565	23.675	24.735	25.747
	77		17.9	19.24	20.52	21.751	22.935	24.07	25.155	26.191
	80		18.72	20.12	21.48	22.787	24.045	25.253	26.412	27.522
		83(82.5)	19.53	21.01	22.44	23.823	25.155	26.437	27.67	28.854
	85		20.08	21.6	23.08	24.514	25.895	27.226	28.509	29.742
89(88.9)			21.16	22.79	24.37	25.895	27.374	28.805	30.186	31.517
	95		22.79	24.56	26.29	27.966	29.594	31.172	32.701	34.181
	102(101.6)		24.69	26.63	28.53	30.383	32.183	33.934	35.636	37.288
		108	26.31	28.41	30.46	32.455	34.403	36.302	38.151	39.952
114(114.3)			27.94	30.19	32.38	34.526	36.622	38.669	40.667	42.615
	121		29.84	32.26	34.63	36.943	39.212	41.431	43.602	45.722
	127		31.47	34.03	36.55	39.014	41.431	43.799	46.117	48.386
	133		33.1	35.81	38.47	41.086	43.651	46.166	48.632	51.049
140(139.7)			35	37.88	40.72	43.503	46.24	48.928	51.567	54.157
		142(141.2)	35.54	38.47	41.36	44.193	46.98	49.718	52.406	55.044
	146		36.62	39.66	42.64	45.574	48.46	51.296	54.083	56.82
		152(152.4)	38.25	41.43	44.56	47.646	50.679	53.663	56.598	59.484
		159	40.15	43.5	46.81	50.063	53.269	56.426	59.533	62.591

外径/mm			壁厚/mm							
系列1	系列2	系列3	11	12 (12.5)	13	14 (14.2)	15	16	17 (17.2)	18
			理论重量/(kg/m)							
168(168.3)			42.59	46.17	49.69	53.17	56.598	59.977	63.306	66.586
		180(177.8)	45.85	49.72	53.54	57.313	61.037	64.712	68.337	71.913
		194(193.7)	49.64	53.86	58.03	62.147	66.216	70.236	74.206	78.128
	203		52.09	56.52	60.91	65.254	69.545	73.787	77.98	82.123
219(219.1)			56.43	61.26	66.04	70.778	75.464	80.101	84.688	89.225
		245(244.5)	63.48	68.95	74.38	79.755	85.082	90.36	95.588	100.767
273			71.08	77.24	83.36	89.423	95.44	101.408	107.327	113.196
	299		78.13	84.93	91.69	98.399	105.06	111.667	118.227	124.738
325(323.9)			85.18	92.63	100	107.38	114.68	121.926	129.128	136.279
	340(339.7)		89.25	97.07	104.8	112.56	120.23	127.845	135.416	142.938
	351		92.23	100.3	108.4	116.35	124.29	132.186	140.028	147.821
356(355.6)			93.59	101.8	110	118.08	126.14	134.159	142.124	150.041
	377		99.29	108	116.7	125.33	133.91	142.445	150.928	159.363
	402		106.1	115.4	124.7	133.96	143.16	152.309	161.409	170.46
406(406.4)			107.2	116.6	126	135.34	144.64	153.888	163.086	172.236
	426		112.6	122.5	132.4	142.25	152.04	161.779	171.471	181.114
	450		119.1	129.6	140.1	150.53	160.92	171.249	181.533	191.768
457			121	131.7	142.3	152.95	163.51	174.012	184.468	194.875
	480		127.2	138.5	149.7	160.89	172.01	183.087	194.111	205.085
	500		132.7	144.4	156.1	167.8	179.41	190.979	202.496	213.963
508			134.8	146.8	158.7	170.56	182.37	194.135	205.85	217.514
	530		140.8	153.3	165.8	178.16	190.51	202.816	215.073	227.28
		560(559)	148.9	162.2	175.4	188.51	201.61	214.654	227.65	240.598
610			162.5	177	191.4	205.78	220.1	234.383	248.613	262.793
	630		167.9	182.9	197.8	212.68	227.5	242.275	256.997	271.671
		660	176.1	191.8	207.4	223.04	238.6	254.112	269.575	284.988

外径/mm			壁厚/mm							
系列1	系列2	系列3	19	20	22 (22.2)	24	25	26	28	30
			理论重量/(kg/m)							
	6									
	7									
	8									
	9									
10(10.2)										
	11									
	12									
	13(12.7)									
13.5										
		14								
	16									
17(17.2)										
		18								
	19									
	20									
21(21.3)										
		22								
	25									
		25.4								
27(26.9)										
	28									
		30								
	32(31.8)									
34(33.7)										
		35								
	38									
	40									
42(42.4)										
		45(44.5)								

外径/mm			壁厚/mm							
系列 1	系列 2	系列 3	19	20	22 (22.2)	24	25	26	28	30
			理论重量/(kg/m)							
48(48.3)										
	51									
		54								
	57									
60(60.3)										
	64(63.5)									
	65									
	68									
	70									
		73	25.303							
76(76.1)			26.708	27.621						
	77		27.177	28.114						
	80		28.583	29.594						
		83(82.5)	29.988	31.073	33.096					
	85		30.926	32.06	34.181					
89(88.9)			32.8	34.033	36.351	38.472				
	95		35.611	36.992	39.606	42.023				
	102(101.6)		38.891	40.445	43.404	46.166	47.473	48.731	51.099	
		108	41.703	43.404	46.66	49.718	51.173	52.578	55.242	57.708
114(114.3)			44.514	46.364	49.915	53.269	54.872	56.426	59.385	62.147
	121		47.794	49.816	53.713	57.412	59.188	60.914	64.219	67.326
	127		50.605	52.776	56.968	60.963	62.887	64.761	68.362	71.765
	133		53.417	55.735	60.223	64.514	66.586	68.608	72.505	76.204
140(139.7)			56.697	59.188	64.021	68.658	70.902	73.097	77.338	81.383
		142(141.2)	57.634	60.174	65.106	69.841	72.135	74.379	78.719	82.863
	146		59.508	62.147	67.277	72.209	74.601	76.944	81.482	85.822
		152(152.4)	62.32	65.106	70.532	75.76	78.3	80.791	85.625	90.261
		159	65.6	68.559	74.33	79.903	82.616	85.279	90.458	95.44

398

外径/mm			壁厚/mm							
系列1	系列2	系列3	19	20	22 (22.2)	24	25	26	28	30
			理论重量/(kg/m)							
168(168.3)			69.817	72.998	79.213	85.23	88.165	91.05	96.673	102.1
		180(177.8)	75.44	78.917	85.723	92.333	95.563	98.745	104.96	110.98
		194(193.7)	81.999	85.822	93.319	100.62	104.2	107.72	114.63	121.34
	203		86.217	90.261	98.202	105.95	109.74	113.49	120.84	127.99
219(219.1)			93.714	98.153	106.88	115.42	119.61	123.75	131.89	139.83
		245(244.5)	105.896	110.98	120.99	130.81	135.64	140.42	149.84	159.07
273			119.016	124.79	136.18	147.38	152.9	158.38	169.18	179.78
	299		131.199	137.61	150.29	162.77	168.93	175.05	187.13	199.02
325(323.9)			143.382	150.44	164.39	178.16	184.96	191.72	205.09	218.25
	340(339.7)		150.41	157.83	172.53	187.03	194.21	201.34	215.44	229.35
	351		155.565	163.26	178.5	193.54	200.99	208.39	223.04	237.49
356(355.6)			157.908	165.73	181.21	196.5	204.07	211.6	226.49	241.19
	377		167.748	176.08	192.61	208.93	217.02	225.06	240.99	256.73
	402		179.462	188.41	206.17	223.73	232.44	241.09	258.26	275.22
406(406.4)			181.336	190.39	208.34	226.1	234.9	243.66	261.02	278.18
	426		190.707	200.25	219.19	237.93	247.23	256.48	274.83	292.98
	450		201.953	212.09	232.21	252.14	262.03	271.87	291.4	310.74
457			205.233	215.54	236.01	256.28	266.34	276.36	296.23	315.91
	480		216.01	226.89	248.49	269.9	280.53	291.1	312.12	332.93
	500		225.381	236.75	259.34	281.73	292.86	303.93	325.93	347.73
508			229.13	240.7	263.68	286.47	297.79	309.06	331.45	353.65
	530		239.438	251.55	275.62	299.49	311.35	323.16	346.64	369.92
		560(559)	253.496	266.34	291.89	317.25	329.85	342.4	367.36	392.12
610			276.924	291.01	319.02	346.84	360.67	374.46	401.88	429.11
	630		286.295	300.87	329.87	358.68	373.01	387.28	415.69	443.91
		660	300.352	315.67	346.15	376.43	391.5	406.52	436.41	466.1

外径/mm			壁厚/mm							
			32	34	36	38	40	42	45	48
系列1	系列2	系列3	理论重量/(kg/m)							
	6									
	7									
	8									
	9									
10(10.2)										
	11									
	12									
	13(12.7)									
13.5										
		14								
	16									
17(17.2)										
		18								
	19									
	20									
21(21.3)										
		22								
	25									
		25.4								
27(26.9)										
	28									
		30								
	32(31.8)									
34(33.7)										
		35								
	38									
	40									
42(42.4)										
		45(44.5)								

外径/mm			壁厚/mm							
系列1	系列2	系列3	32	34	36	38	40	42	45	48
			理论重量/(kg/m)							
48(48.3)										
	51									
		54								
	57									
60(60.3)										
	64(63.5)									
	65									
	68									
	70									
		73								
76(76.1)										
	77									
	80									
		83(82.5)								
	85									
89(88.9)										
	95									
	102(101.6)									
		108								
114(114.3)										
	121		70.24							
	127		74.97							
		133	79.71	83.011	86.118					
140(139.7)			85.23	88.88	92.333					
	142(141.2)		86.81	90.557	94.108					
	146		89.97	93.911	97.66	101.211	104.565			
	152(152.4)		94.7	98.942	102.99	106.834	110.484			
		159	100.2	104.81	109.2	113.394	117.389	121.187	126.513	

外径/mm			壁厚/mm							
系列1	系列2	系列3	32	34	36	38	40	42	45	48
			理论重量/(kg/m)							
168(168.3)			107.3	112.36	117.19	121.828	126.267	130.509	136.501	
	180(177.8)		116.8	122.42	127.85	133.073	138.104	142.938	149.819	156.255
	194(193.7)		127.8	134.16	140.28	146.193	151.915	157.439	165.355	172.828
		203	134.9	141.71	148.27	154.628	160.793	166.761	175.343	183.482
219(219.1)			147.6	155.12	162.47	169.622	176.576	183.334	193.1	202.422
	245(244.5)		168.1	176.92	185.55	193.987	202.224	210.264	221.953	233.199
273			190.2	200.4	210.41	220.227	229.845	239.266	253.027	266.344
	299		210.7	222.2	233.5	244.593	255.493	266.196	281.881	297.122
325(323.9)			231.2	244	256.58	268.958	281.141	293.127	310.735	327.899
	340(339.7)		243.1	256.58	269.9	283.015	295.938	308.663	327.381	345.656
		351	251.7	265.8	279.66	293.324	306.789	320.057	339.589	358.677
356(355.6)			255.7	269.99	284.1	298.01	311.721	325.236	345.138	364.596
		377	272.3	287.6	302.75	317.689	332.437	346.987	368.443	389.454
		402	292	308.57	324.94	341.118	357.098	372.882	396.187	419.048
406(406.4)			295.1	311.92	328.49	344.866	361.044	377.025	400.626	423.783
	426		310.9	328.69	346.25	363.609	380.774	397.741	422.821	447.458
	450		329.9	348.81	367.56	386.1	404.449	422.599	449.456	475.868
457			335.4	354.68	373.77	392.66	411.354	429.85	457.224	484.155
	480		353.5	373.97	394.19	414.215	434.042	453.673	482.749	511.381
	500		369.3	390.74	411.95	432.957	453.772	474.389	504.944	535.056
508			375.6	397.45	419.05	440.454	461.663	482.675	513.822	544.526
	530		393	415.89	438.58	461.071	483.365	505.462	538.237	570.568
		560(559)	416.7	441.05	465.21	489.185	512.959	536.536	571.53	606.081
610			456.1	482.97	509.61	536.042	562.282	588.325	627.019	665.269
	630		471.9	499.74	527.36	554.785	582.011	609.04	649.214	688.944
		660	495.6	524.9	554	582.899	611.605	640.114	682.507	724.456

外径/mm			壁厚/mm			
			50	55	60	65
系列1	系列2	系列3	理论重量/(kg/m)			
	6					
	7					
	8					
	9					
10(10.2)						
	11					
	12					
	13(12.7)					
13.5						
		14				
	16					
17(17.2)						
		18				
	19					
	20					
21(21.3)						
		22				
	25					
		25.4				
27(26.9)						
	28					
		30				
	32(31.8)					
34(33.7)						
		35				
	38					
	40					
42(42.4)						
		45(44.5)				

外径/mm			壁厚/mm			
系列1	系列2	系列3	50	55	60	65
			理论重量/(kg/m)			
48(48.3)						
	51					
		54				
	57					
60(60.3)						
	64(63.5)					
	65					
	68					
	70					
		73				
76(76.1)						
	77					
	80					
		83(82.5)				
	85					
89(88.9)						
	95					
	102(101.6)					
		108				
114(114.3)						
	121					
	127					
	133					
140(139.7)						
		142(141.2)				
	146					
		152(152.4)				
		159				

续表

外径/mm			壁厚/mm			
系列 1	系列 2	系列 3	50	55	60	65
			理论重量/(kg/m)			
168(168.3)						
		180(177.8)	160.3			
		194(193.7)	177.56			
	203		188.66	200.75		
219(219.1)			208.39	222.45		
		245(244.5)	240.45	257.71	273.74	288.54
273			274.98	295.69	315.17	333.42
	299		307.04	330.96	353.65	375.1
325(323.9)			339.1	366.22	392.12	416.78
	340(339.7)		357.59	386.57	414.31	440.82
	351		371.16	401.49	430.59	458.46
356(355.6)			377.32	408.27	437.99	466.47
	377		403.22	436.76	469.06	500.14
	402		434.04	470.67	506.05	540.21
406(406.4)			438.98	476.09	511.97	546.62
	426		463.64	503.22	541.57	578.68
	450		493.23	535.77	577.08	617.15
457			501.86	545.27	587.44	628.38
	480		530.22	576.46	621.47	665.24
	500		554.88	603.59	651.06	697.3
508			564.75	614.44	662.9	710.13
	530		591.88	644.28	695.45	745.39
		560(559)	628.87	684.97	739.85	793.48
610			690.52	752.79	813.83	873.63
	630		715.18	779.92	843.42	905.69
		660	752.18	820.61	887.81	953.78

注:括号内的尺寸为相应的英制规格。

表3-191　精密钢管的尺寸规格

外径/mm 系列 2、3	壁厚/mm										
	0.5	(0.8)	1.0	(1.2)	1.5	(1.8)	2.0	(2.2)	2.5	(2.8)	3.0
	理论重量/(kg/m)										
4	0.043	0.063	0.074	0.083							
5	0.055	0.083	0.099	0.112							
6	0.068	0.103	0.123	0.142	0.166	0.186	0.197				
8	0.092	0.142	0.173	0.201	0.240	0.275	0.296	0.315	0.339		
10	0.117	0.182	0.222	0.260	0.314	0.364	0.395	0.423	0.462		
12	0.142	0.221	0.271	0.320	0.388	0.453	0.493	0.532	0.586	0.635	0.666
12.7	0.150	0.235	0.289	0.340	0.414	0.484	0.528	0.570	0.629	0.684	0.718
14 *	0.166	0.260	0.321	0.379	0.462	0.542	0.592	0.640	0.709	0.773	0.814
16	0.191	0.300	0.370	0.438	0.536	0.630	0.691	0.749	0.832	0.911	0.962
18 *	0.216	0.339	0.419	0.497	0.610	0.719	0.789	0.857	0.956	1.050	1.110
20	0.240	0.379	0.469	0.556	0.684	0.808	0.888	0.966	1.079	1.188	1.258
22 *	0.265	0.418	0.518	0.616	0.758	0.897	0.986	1.074	1.202	1.326	1.406
25	0.302	0.477	0.592	0.704	0.869	1.030	1.134	1.237	1.387	1.533	1.628
28 *	0.339	0.537	0.666	0.793	0.980	1.163	1.282	1.400	1.572	1.740	1.850
30 *	0.364	0.576	0.715	0.852	1.054	1.252	1.381	1.508	1.695	1.878	1.998
32	0.388	0.616	0.765	0.911	1.128	1.341	1.480	1.617	1.819	2.016	2.146
35 *	0.425	0.675	0.838	1.000	1.239	1.474	1.628	1.780	2.004	2.223	2.368
38	0.462	0.734	0.912	1.089	1.350	1.607	1.776	1.942	2.189	2.431	2.589
40	0.487	0.773	0.962	1.148	1.424	1.696	1.874	2.051	2.312	2.569	2.737
42		0.813	1.011	1.207	1.498	1.785	1.973	2.159	2.435	2.707	2.885
45 *		0.872	1.085	1.296	1.609	1.918	2.121	2.322	2.620	2.914	3.107
48		0.931	1.159	1.385	1.720	2.051	2.269	2.485	2.805	3.121	3.329
50		0.971	1.208	1.444	1.794	2.140	2.368	2.593	2.929	3.259	3.477
55 *		1.069	1.332	1.592	1.979	2.362	2.614	2.865	3.237	3.605	3.847
60		1.168	1.455	1.740	2.164	2.584	2.861	3.136	3.545	3.950	4.217
63		1.227	1.529	1.829	2.275	2.717	3.009	3.299	3.730	4.157	4.439
70		1.365	1.702	2.036	2.534	3.027	3.354	3.679	4.162	4.640	4.957
76		1.484	1.850	2.214	2.756	3.294	3.650	4.004	4.532	5.055	5.401
80		1.563	1.948	2.332	2.904	3.471	3.847	4.221	4.778	5.331	5.697

外径/mm	壁厚/mm										
系列	0.5	(0.8)	1.0	(1.2)	1.5	(1.8)	2.0	(2.2)	2.5	(2.8)	3.0
2、3	理论重量/(kg/m)										
90 *				2.628	3.274	3.915	4.340	4.764	5.395	6.021	6.437
100				2.924	3.644	4.359	4.834	5.306	6.011	6.712	7.177
110 *				3.220	4.014	4.803	5.327	5.849	6.628	7.402	7.916
120						5.247	5.820	6.391	7.244	8.093	8.656
130						5.691	6.313	6.934	7.861	8.783	9.396
140 *						6.135	6.807	7.476	8.477	9.474	10.136
150						6.579	7.300	8.019	9.094	10.165	10.876
160						7.023	7.793	8.562	9.710	10.855	11.616
170											
180 *											
190											
200											
220 *											
240 *											
260 *											

外径/mm	壁厚/mm									
系列	(3.5)	4.0	(4.5)	5.0	(5.5)	6.0	(7.0)	8.0	(9.0)	10.0
2、3	理论重量/(kg/m)									
4										
5										
6										
8										
10										
12										
12.7										
14 *	0.906									
16	1.079	1.184								
18 *	1.252	1.381	1.498							
20	1.424	1.578	1.720	1.850						

外径/mm	壁厚/mm									
系列	(3.5)	4.0	(4.5)	5.0	(5.5)	6.0	(7.0)	8.0	(9.0)	10.0
2、3	理论重量/(kg/m)									
22 *	1.597	1.776	1.942	2.096						
25	1.856	2.072	2.275	2.466	2.645	2.811				
28 *	2.115	2.368	2.608	2.836	3.052	3.255	3.625	3.946		
30 *	2.287	2.565	2.830	3.083	3.323	3.551	3.971	4.340		
32	2.460	2.762	3.052	3.329	3.594	3.847	4.316	4.735		
35 *	2.719	3.058	3.385	3.699	4.001	4.291	4.834	5.327		
38	2.978	3.354	3.718	4.069	4.408	4.735	5.352	5.919	6.437	6.905
40	3.151	3.551	3.940	4.316	4.680	5.031	5.697	6.313	6.881	7.398
42	3.323	3.749	4.162	4.562	4.951	5.327	6.042	6.708	7.324	7.892
45 *	3.582	4.044	4.495	4.932	5.358	5.771	6.560	7.300	7.990	8.632
48	3.841	4.340	4.828	5.302	5.765	6.215	7.078	7.892	8.656	9.371
50	4.014	4.538	5.049	5.549	6.036	6.511	7.423	8.286	9.100	9.865
55 *	4.445	5.031	5.604	6.165	6.714	7.250	8.286	9.273	10.210	11.098
60	4.877	5.524	6.159	6.782	7.392	7.990	9.149	10.259	11.320	12.331
63	5.136	5.820	6.492	7.152	7.799	8.434	9.667	10.851	11.986	13.071
70	5.740	6.511	7.269	8.015	8.749	9.470	10.876	12.232	13.539	14.797
76	6.258	7.103	7.935	8.755	9.563	10.358	11.912	13.416	14.871	16.277
80	6.603	7.497	8.379	9.248	10.105	10.950	12.602	14.205	15.759	17.263
90 *	7.466	8.484	9.489	10.481	11.461	12.429	14.328	16.178	17.978	19.729
100	8.329	9.470	10.598	11.714	12.818	13.909	16.055	18.151	20.198	22.195
110 *	9.193	10.457	11.708	12.947	14.174	15.389	17.781	20.124	22.417	24.662
120	10.056	11.443	12.818	14.180	15.531	16.869	19.507	22.097	24.637	27.128
130	10.919	12.429	13.928	15.413	16.887	18.348	21.234	24.070	26.856	29.594
140 *	11.782	13.416	15.037	16.647	18.243	19.828	22.960	26.043	29.076	32.060
150	12.645	14.402	16.147	17.880	19.600	21.308	24.686	28.016	31.296	34.526
160	13.508	15.389	17.257	19.113	20.956	22.787	26.413	29.988	33.515	36.992
170	14.372	16.375	18.367	20.346	22.313	24.267	28.139	31.961	35.735	39.458
180 *				21.579	23.669	25.747	29.865	33.934	37.954	41.925

外径/mm	壁厚/mm								
系列	(3.5)	4.0	(4.5)	5.0	(5.5)	6.0	(7.0)	8.0	(9.0)	10.0
2、3	理论重量/(kg/m)									
190					25.025	27.226	31.591	35.907	40.174	44.391
200						28.706	33.318	37.880	42.393	46.857
220 *							36.770	41.826	46.832	51.789
240 *							40.223	45.772	51.271	56.722
260 *							43.676	49.718	55.710	61.654

外径/mm	壁厚/mm							
系列	(11.0)	12.5	(14.0)	16.0	(18.0)	20.0	(22.0)	25.0
2、3	理论重量/(kg/m)							
4								
5								
6								
8								
10								
12								
12.7								
14 *								
16								
18 *								
20								
22 *								
25								
28 *								
30 *								
32								
35 *								
38								
40								
42								

外径/mm	壁厚/mm							
系列	(11.0)	12.5	(14.0)	16.0	(18.0)	20.0	(22.0)	25.0
2、3	理论重量/(kg/m)							
45 *	9.223	10.019						
48	10.037	10.944						
50	10.580	11.560						
55 *	11.936	13.101	14.156					
60	13.293	14.643	15.882	17.362				
63	14.106	15.568	16.918	18.545				
70	16.005	17.725	19.335	21.308				
76	17.633	19.575	21.406	23.675				
80	18.718	20.808	22.787	25.253	27.522			
90 *	21.431	23.891	26.240	29.199	31.961	34.526	36.894	
100	24.144	26.974	29.693	33.145	36.400	39.458	42.319	46.240
110 *	26.856	30.056	33.145	37.091	40.840	44.391	47.745	52.406
120	29.569	33.139	36.598	41.037	45.279	49.323	53.170	58.571
130	32.282	36.222	40.050	44.983	49.718	54.255	58.596	64.737
140 *	34.995	39.304	43.503	48.929	54.157	59.188	64.021	70.902
150	37.708	42.387	46.956	52.874	58.596	64.120	69.447	77.067
160	40.420	45.470	50.408	56.820	63.035	69.052	74.872	83.233
170	43.133	48.552	53.861	60.766	67.474	73.985	80.298	89.398
180 *	45.846	51.635	57.313	64.712	71.913	78.917	85.724	95.564
190	48.559	54.718	60.766	68.658	76.352	83.849	91.149	101.729
200	51.271	57.801	64.219	72.604	80.791	88.782	96.575	107.894
220 *	56.697	63.966	71.124	80.495	89.669	98.646	107.426	120.225
240 *	62.122	70.131	78.029	88.387	98.548	108.511	118.277	132.556
260 *	67.548	76.297	84.934	96.279	107.426	118.375	129.128	144.887

注:1.带有 * 的外径尺寸为系列3,无 * 的为系列2。

2. 注:括号内的尺寸为不推荐使用的规格。

表 3-192 不锈钢管的尺寸规格

外径/mm 系列1	系列2	系列3	壁厚/mm 1.0	1.2	1.4	1.5	1.6	2.0	2.2(2.3)	2.5(2.6)	2.8(2.9)	3.0	3.2	3.5(3.6)	4.0
6				◎	◎										
7				◎	◎										
8					◎	◎									
9					◎	◎									
10(10.2)			◎	◎	◎	◎	◎	◎							
	12		◎	◎	◎	◎	◎	◎							
	12.7		◎	◎	◎	◎	◎	◎	◎	◎	◎	◎	◎		
13(13.5)			◎	◎	◎	◎	◎	◎	◎	◎	◎	◎	◎		
		14	◎	◎	◎	◎	◎	◎	◎	◎	◎	◎	◎	◎	
		16	◎	◎	◎	◎	◎	◎	◎	◎	◎	◎	◎	◎	◎
17(17.2)			◎	◎	◎	◎	◎	◎	◎	◎	◎	◎	◎	◎	◎
		18	◎	◎	◎	◎	◎	◎	◎	◎	◎	◎	◎	◎	◎
	19		◎	◎	◎	◎	◎	◎	◎	◎	◎	◎	◎	◎	◎
	20		◎	◎	◎	◎	◎	◎	◎	◎	◎	◎	◎	◎	◎
21(21.3)			◎	◎	◎	◎	◎	◎	◎	◎	◎	◎	◎	◎	◎
		22	◎	◎	◎	◎	◎	◎	◎	◎	◎	◎	◎	◎	◎
	24		◎	◎	◎	◎	◎	◎	◎	◎	◎	◎	◎	◎	◎
	25		◎	◎	◎	◎	◎	◎	◎	◎	◎	◎	◎	◎	◎
		25.4	◎	◎	◎	◎	◎	◎	◎	◎	◎	◎	◎	◎	◎
27(26.9)			◎	◎	◎	◎	◎	◎	◎	◎	◎	◎	◎	◎	◎
		30	◎	◎	◎	◎	◎	◎	◎	◎	◎	◎	◎	◎	◎
	32(31.8)		◎	◎	◎	◎	◎	◎	◎	◎	◎	◎	◎	◎	◎
34(33.7)			◎	◎	◎	◎	◎	◎	◎	◎	◎	◎	◎	◎	◎
		35	◎	◎	◎	◎	◎	◎	◎	◎	◎	◎	◎	◎	◎
	38		◎	◎	◎	◎	◎	◎	◎	◎	◎	◎	◎	◎	◎
	40		◎	◎	◎	◎	◎	◎	◎	◎	◎	◎	◎	◎	◎
42(42.4)			◎	◎	◎	◎	◎	◎	◎	◎	◎	◎	◎	◎	◎

续表

外径/mm 系列1	系列2	系列3	壁厚/mm 1.0	1.2	1.4	1.5	1.6	2.0	2.2 (2.3)	2.5 (2.6)	2.8 (2.9)	3.0	3.2	3.5 (3.6)	4.0
		45 (44.5)	◎	◎	◎	◎	◎	◎	◎	◎	◎	◎	◎	◎	◎
48(48.3)				◎	◎	◎	◎	◎	◎	◎	◎	◎	◎	◎	◎
	51			◎	◎	◎	◎	◎	◎	◎	◎	◎	◎	◎	◎
		54					◎	◎	◎	◎	◎	◎	◎	◎	◎
	57						◎	◎	◎	◎	◎	◎	◎	◎	◎
60(60.3)							◎	◎	◎	◎	◎	◎	◎	◎	◎
	64(63.5)						◎	◎	◎	◎	◎	◎	◎	◎	◎
	68						◎	◎	◎	◎	◎	◎	◎	◎	◎
	70						◎	◎	◎	◎	◎	◎	◎	◎	◎
	73						◎	◎	◎	◎	◎	◎	◎	◎	◎
76(76.1)							◎	◎	◎	◎	◎	◎	◎	◎	◎
		83(82.5)					◎	◎	◎	◎	◎	◎	◎	◎	◎
89(88.9)							◎	◎	◎	◎	◎	◎	◎	◎	◎
	95						◎	◎	◎	◎	◎	◎	◎	◎	◎
		102(101.6)					◎	◎	◎	◎	◎	◎	◎	◎	◎
	108						◎	◎	◎	◎	◎	◎	◎	◎	◎
114(114.3)							◎	◎	◎	◎	◎	◎	◎	◎	◎
	127						◎	◎	◎	◎	◎	◎	◎	◎	◎
	133						◎	◎	◎	◎	◎	◎	◎	◎	◎
140(139.7)							◎	◎	◎	◎	◎	◎	◎	◎	◎
	146						◎	◎	◎	◎	◎	◎	◎	◎	◎
	152						◎	◎	◎	◎	◎	◎	◎	◎	◎
	159						◎	◎	◎	◎	◎	◎	◎	◎	◎
168(168.3)							◎	◎	◎	◎	◎	◎	◎	◎	◎
	180							◎	◎	◎	◎	◎	◎	◎	◎
	194							◎	◎	◎	◎	◎	◎	◎	◎

外径/mm			壁厚/mm												
系列1	系列2	系列3	1.0	1.2	1.4	1.5	1.6	2.0	2.2(2.3)	2.5(2.6)	2.8(2.9)	3.0	3.2	3.5(3.6)	4.0
219(219.5)								◎	◎	◎	◎	◎	◎	◎	◎
	245								◎	◎	◎	◎	◎	◎	◎
273								◎	◎	◎	◎	◎	◎	◎	◎
325(323.9)									◎	◎	◎	◎	◎	◎	◎
	351								◎	◎	◎	◎	◎	◎	◎
356(355.6)									◎	◎	◎	◎	◎	◎	◎
	377								◎	◎	◎	◎	◎	◎	◎
406(406.4)									◎	◎	◎	◎	◎	◎	◎
	426												◎	◎	◎

外径/mm			壁厚/mm												
系列1	系列2	系列3	4.5	5.0	5.5(5.6)	6.0	6.5(6.3)	7.0(7.1)	7.5	8	8.5	9.0(8.8)	9.5	10	11
6															
7															
8															
9															
10(10.2)															
	12														
	12.7														
13(13.5)															
		14													
	16														
17(17.2)															
		18	◎												
	19		◎												
		20	◎												

| 外径/mm | | | 壁厚/mm | | | | | | | | | | | | |
系列1	系列2	系列3	4.5	5.0	5.5(5.6)	6.0	6.5(6.3)	7.0(7.1)	7.5	8	8.5	9.0(8.8)	9.5	10	11
21(21.3)			◎	◎											
	22		◎	◎											
	24		◎	◎											
	25		◎	◎	◎	◎									
		25.4	◎	◎	◎	◎									
27(26.9)			◎	◎	◎	◎									
		30	◎	◎	◎	◎	◎								
		32(31.8)	◎	◎	◎	◎	◎								
34(33.7)			◎	◎	◎	◎	◎								
		35	◎	◎	◎	◎	◎								
	38		◎	◎	◎	◎	◎								
	40		◎	◎	◎	◎	◎								
42(42.4)			◎	◎	◎	◎		◎	◎						
		45(44.5)	◎	◎	◎	◎	◎	◎	◎	◎	◎				
48(48.3)			◎	◎	◎	◎	◎	◎	◎	◎	◎				
	51		◎	◎	◎	◎	◎	◎	◎	◎	◎	◎			
		54	◎	◎	◎	◎	◎	◎	◎	◎	◎	◎	◎	◎	
	57		◎	◎	◎	◎	◎	◎	◎	◎	◎	◎	◎	◎	
60(60.3)			◎	◎	◎	◎	◎	◎	◎	◎	◎	◎	◎	◎	
	64(63.5)		◎	◎	◎	◎	◎	◎	◎	◎	◎	◎	◎	◎	
	68		◎	◎	◎	◎	◎	◎	◎	◎	◎	◎	◎	◎	◎
	70		◎	◎	◎	◎	◎	◎	◎	◎	◎	◎	◎	◎	◎
	73		◎	◎	◎	◎	◎	◎	◎	◎	◎	◎	◎	◎	◎
76(76.1)			◎	◎	◎	◎	◎	◎	◎	◎	◎	◎	◎	◎	◎
		83(82.5)	◎	◎	◎	◎	◎	◎	◎	◎	◎	◎	◎	◎	◎

外径/mm			壁厚/mm												
系列1	系列2	系列3	4.5	5.0	5.5(5.6)	6.0	6.5(6.3)	7.0(7.1)	7.5	8	8.5	9.0(8.8)	9.5	10	11
89(88.9)			◎	◎	◎	◎	◎	◎	◎	◎	◎	◎	◎	◎	◎
	95		◎	◎	◎	◎	◎	◎	◎	◎	◎	◎	◎	◎	◎
	102(101.6)		◎	◎	◎	◎	◎	◎	◎	◎	◎	◎	◎	◎	◎
	108		◎	◎	◎	◎	◎	◎	◎	◎	◎	◎	◎	◎	◎
114(114.3)			◎	◎	◎	◎	◎	◎	◎	◎	◎	◎	◎	◎	◎
	127		◎	◎	◎	◎	◎	◎	◎	◎	◎	◎	◎	◎	◎
	133		◎	◎	◎	◎	◎	◎	◎	◎	◎	◎	◎	◎	◎
140(139.7)			◎	◎	◎	◎	◎	◎	◎	◎	◎	◎	◎	◎	◎
	146		◎	◎	◎	◎	◎	◎	◎	◎	◎	◎	◎	◎	◎
	152		◎	◎	◎	◎	◎	◎	◎	◎	◎	◎	◎	◎	◎
	159		◎	◎	◎	◎	◎	◎	◎	◎	◎	◎	◎	◎	◎
168(168.3)			◎	◎	◎	◎	◎	◎	◎	◎	◎	◎	◎	◎	◎
	180		◎	◎	◎		◎	◎	◎	◎	◎	◎	◎	◎	◎
	194		◎	◎	◎		◎	◎	◎	◎	◎	◎	◎	◎	◎
219(219.5)			◎	◎	◎		◎	◎	◎	◎	◎	◎	◎	◎	◎
	245		◎	◎	◎		◎	◎	◎	◎	◎	◎	◎	◎	◎
273			◎	◎	◎		◎	◎	◎	◎	◎	◎	◎	◎	◎
325(323.9)			◎	◎	◎		◎	◎	◎	◎	◎	◎	◎	◎	◎
	351		◎	◎	◎		◎	◎	◎	◎	◎	◎	◎	◎	◎
356(355.6)			◎	◎	◎		◎	◎	◎	◎	◎	◎	◎	◎	◎
	377		◎	◎	◎		◎	◎	◎	◎	◎	◎	◎	◎	◎
406(406.4)			◎	◎	◎	◎	◎	◎	◎	◎	◎	◎	◎	◎	◎
	426		◎	◎	◎	◎	◎	◎	◎	◎	◎	◎	◎	◎	◎

续表

外径/mm			壁厚/mm											
系列1	系列2	系列3	12(12.5)	14(14.2)	15	16	17(17.5)	18	20	22(22.2)	24	25	26	28
6														
7														
8														
9														
10(10.2)														
	12													
	12.7													
13(13.5)														
		14												
	16													
17(17.2)														
		18												
	19													
	20													
21(21.3)														
		22												
	24													
	25													
		25.4												
27(26.9)														
		30												
	32(31.8)													
34(33.7)														
		35												
	38													
	40													
42(42.4)														

外径/mm			壁厚/mm											
系列1	系列2	系列3	12 (12.5)	14 (14.2)	15	16	17 (17.5)	18	20	22 (22.2)	24	25	26	28
		45 (44.5)												
48(48.3)														
	51													
		54												
	57													
60(60.3)														
	64(63.5)													
	68		◎											
	70		◎											
	73		◎											
76(76.1)			◎											
			◎	◎										
89(88.9)			◎	◎										
	95		◎	◎										
	102(101.6)		◎	◎										
	108		◎	◎										
114(114.3)			◎	◎										
	127		◎	◎										
	133		◎	◎										
140(139.7)			◎	◎	◎	◎								
	146		◎	◎	◎	◎								
	152		◎	◎	◎	◎								
	159		◎	◎	◎	◎								
168(168.3)			◎	◎	◎	◎	◎	◎						
	180		◎	◎	◎	◎	◎	◎						
	194		◎	◎	◎	◎	◎	◎						

外径/mm			壁厚/mm											
系列1	系列2	系列3	12 (12.5)	14 (14.2)	15	16	17 (17.5)	18	20	22 (22.2)	24	25	26	28
219(219.5)			◎	◎	◎	◎	◎	◎	◎	◎	◎	◎	◎	◎
	245		◎	◎	◎	◎	◎	◎	◎	◎	◎	◎	◎	◎
273			◎	◎	◎	◎	◎	◎	◎	◎	◎	◎	◎	◎
325(323.9)			◎	◎	◎	◎	◎	◎	◎	◎	◎	◎	◎	◎
	351		◎	◎	◎	◎	◎	◎	◎	◎	◎	◎	◎	◎
356(355.6)			◎	◎	◎	◎	◎	◎	◎	◎	◎	◎	◎	◎
	377		◎	◎	◎	◎	◎	◎	◎	◎	◎	◎	◎	◎
406(406.4)			◎	◎	◎	◎	◎	◎	◎	◎	◎	◎	◎	◎
	426			◎	◎	◎	◎	◎	◎					

注:括号内尺寸为英制规格;"◎"表示有此不锈钢管的规格。

表 3-193　外径的允许偏差

标准化外径		非标准化外径	
偏差等级	允许偏差	偏差等级	允许偏差(%)
D1	±1.5%,最小±0.75mm	ND1	+1.25 −1.50
D2	±1.0%,最小±0.50mm	ND2	±1.25
D3	±0.75%,最小±0.30mm	ND3	1.25 −1.00
D4	±0.50%,最小±0.10mm	ND4	±0.8

表 3-194　标准化壁厚的允许偏差

偏差等级		允许偏差			
		S/D			
		$0.1<S/D$	$0.05<S/D\leqslant0.1$	$0.025<S/D\leqslant0.05$	$S/D\leqslant0.025$
S1		±15%,最小±0.6mm			
S2	A	±12.5%,最小±0.4mm			
	B	+正偏差取决于重量要求 −12.50%			

偏差等级		允许偏差			
		S/D			
		$0.1<S/D$	$0.05<S/D\leqslant0.1$	$0.025<S/D\leqslant0.05$	$S/D\leqslant0.025$
S3	A	$\pm10\%$，最小±0.2mm			
	B	$\pm10\%$	$\pm12.5\%$	$\pm15\%$	
		最小±0.4mm			
	C	$+$正偏差取决于重量要求			
		-10%			
S4	A	$\pm7.5\%$，最小±0.15mm			
	B	$\pm7.5\%$	$\pm10\%$	$\pm12.5\%$	$\pm15\%$
		最小±0.2mm			
S5		$\pm5\%$，最小±0.1mm			

注：S是钢管公称壁厚，D是钢管公称外径。

表 3-195　非标准化壁厚的允许偏差

偏差等级	NS1	NS2	NS3	NS4
允许偏差%	$+15$ -12.5	$+15$ -10	$+12.5$ -10	$+12.5$ -7.5

表 3-196　全长的允许偏差

偏差等级	L1	L2	L3
允许偏差/mm	$0\sim20$	$0\sim10$	$0\sim5$
说明	1. 钢管一般以通常长度交货。通常长度应符合以下规定： 　热轧（扩）管：3 000～12 000 mm；　　　冷轧（拔）管：2 000～10 500 mm。 　热轧（扩）短尺管的长度不小于 2 m，　冷轧（拔）短尺管长度不小于 1 m。 特殊用途的钢管，小直径钢管等的长度要求可另行规定。 2. 定尺长度和倍尺长度的允许偏差与表中相同。每一倍尺长度按以下 　规定留出切口余量： 　外径≤159 mm：5～10 mm；　　　外径＞159 mm：10～15 mm		

表 3-197　钢管的弯曲度

全长弯曲度	弯曲度等级	E1	E2	E3	E4	E5
	弯曲度（%）≤	0.20	0.15	0.10	0.08	0.06
每米弯曲度	弯曲度等级	F1	F2	F3	F4	F5
	弯曲度/(mm/m)≤	3.0	2.0	1.5	1.0	0.5

表 3-198 钢管的圆度

椭圆度等级	NR1	NR2	NR3	NR4
外径允许偏差(%)≤	80	70	60	50

表 3-199 单根钢管重量的允许偏差

偏差等级	W1	W2	W3	W4	W5
允许偏差(%)	±10	±7.5	+10 −5	+10 −3.5	+6.5 −3.5

注:按理论重量交货的钢管,每批不小于10%钢管的理论重量与实际重量允许偏差为±7.5%或±5%。

二、无缝钢管

1. 输送流体用无缝钢管(GB/T 8163—2008)

(1)用途:用于输送流体的一般无缝钢管。

(2)尺寸规格:见表3-200。

(3)允许偏差:见表3-201。

表 3-200 输送流体用无缝钢管的尺寸规格

名称	数据
外径和壁厚	见表3-190
长度	1.热轧(挤压、扩)钢管为3~12 m 2.冷拔(轧)钢管为3~10.5 m
直线度	1.壁厚≤15 mm时不得大于1.5 mm/m 2.壁厚>15 mm时不得大于2.0 mm/m 3.外径≥351 mm时不得大于3.0 mm/m

表 3-201 输送流体用无缝钢管的外径和壁厚的允许偏差 (单位 mm)

钢管种类	钢管尺寸		允许偏差		高级
			普通级		
热轧(挤压、扩)管	外径 D	全部	±1%(最小±0.5)		——
	壁厚 S	全部	+15% −12.5%	(最小±0.48)	
冷拔(轧)管	外径 D	6~10	±0.20		±0.15
		>10~30	±0.40		±0.20
		>30~50	±0.45		±0.30
		>50	±1%		±0.8%

钢管种类	钢管尺寸		允许偏差	
			普通级	高级
	壁厚 S	≤1	±0.15	±0.12
		>1~3	+15% −10%	+12.5% −10%
		>3	+12.5% −10%	±10%

注:外径大于 351mm 的热扩管,壁厚允许偏差为±18%。

2. 流体输送用不锈钢无缝钢管(GB/T 14976—2002)

1)用途:由奥氏体型、铁素体型、奥氏体＋铁素体型不锈钢制成,用于输送流体。

2)尺寸规格:见表 3-202、表 3-203。

3)允许偏差:见表 3-204。

表 3-202 流体输送用不锈钢热轧(挤、扩)无缝钢管的尺寸规格 (单位:mm)

外径＼壁厚	4.5	5	6	7	8	9	10	11	12	13	14	15	16	17	18
68	◎	◎	◎	◎	◎	◎	◎	◎	◎						
70	◎	◎	◎	◎	◎	◎	◎	◎	◎						
73	◎	◎	◎	◎	◎	◎	◎	◎	◎						
76	◎	◎	◎	◎	◎	◎	◎	◎	◎						
80	◎	◎	◎	◎	◎	◎	◎	◎	◎						
83	◎	◎	◎	◎	◎	◎	◎	◎	◎						
89	◎	◎	◎	◎	◎	◎	◎	◎	◎						
95	◎	◎	◎	◎	◎	◎	◎	◎	◎	◎	◎				
102	◎	◎	◎	◎	◎	◎	◎	◎	◎	◎	◎				
108	◎	◎	◎	◎	◎	◎	◎	◎	◎	◎	◎				
114		◎	◎	◎	◎	◎	◎	◎	◎	◎	◎				
121		◎	◎	◎	◎	◎	◎	◎	◎	◎	◎				
127		◎	◎	◎	◎	◎	◎	◎	◎	◎	◎				
133		◎													
140			◎	◎	◎	◎	◎	◎	◎	◎	◎	◎	◎		
146			◎	◎	◎	◎	◎	◎	◎	◎	◎		◎		
152			◎	◎	◎	◎	◎	◎	◎	◎	◎	◎	◎		

续表

壁厚＼外径	4.5	5	6	7	8	9	10	11	12	13	14	15	16	17	18
159			◎	◎	◎	◎	◎	◎	◎	◎	◎	◎	◎		
168				◎	◎	◎	◎	◎	◎	◎	◎	◎	◎	◎	◎
180					◎	◎	◎	◎	◎	◎	◎	◎	◎	◎	◎
194					◎	◎	◎	◎	◎	◎	◎	◎	◎	◎	◎
219					◎	◎	◎	◎	◎	◎	◎	◎	◎	◎	◎
245							◎	◎	◎	◎	◎	◎	◎	◎	◎
237									◎	◎	◎	◎	◎	◎	◎
325									◎	◎	◎	◎	◎	◎	◎
351									◎	◎	◎	◎	◎	◎	◎
377									◎	◎	◎	◎	◎	◎	◎
426									◎	◎	◎	◎	◎	◎	◎

注：1."◎"表示有此不锈钢热轧(挤、扩)无缝钢管规格。

2.根据需方要求,可供应表3-202和表3-203规定以外的其他尺寸的钢管,尺寸偏差按相邻较大规格的规定执行。

表3-203　流体输送用不锈钢冷拔(轧)钢管的尺寸规格　（单位:mm）

壁厚＼外径	0.5	0.6	0.8	1.0	1.2	1.4	1.5	1.6	2.0	2.2	2.5	2.8	3.0	3.2	3.5	4.0	4.5
6	◎	◎	◎	◎	◎	◎	◎	◎	◎								
7	◎	◎	◎	◎	◎	◎	◎	◎	◎								
8	◎	◎	◎	◎	◎	◎	◎	◎	◎								
9	◎	◎	◎	◎	◎	◎	◎	◎	◎	◎							
10	◎	◎	◎	◎	◎	◎	◎	◎	◎	◎							
11	◎	◎	◎	◎	◎	◎	◎	◎	◎	◎							
12	◎	◎	◎	◎	◎	◎	◎	◎	◎		◎	◎					
13	◎	◎	◎	◎	◎	◎	◎	◎	◎		◎	◎					
14	◎	◎	◎	◎	◎	◎	◎	◎	◎		◎	◎	◎	◎			
15	◎	◎	◎	◎	◎	◎	◎	◎	◎		◎	◎	◎	◎			
16	◎	◎	◎	◎	◎	◎	◎	◎	◎		◎	◎	◎	◎	◎	◎	
17	◎	◎	◎	◎	◎	◎	◎	◎	◎		◎	◎	◎	◎	◎		
18	◎	◎	◎	◎	◎	◎	◎	◎	◎		◎	◎	◎	◎	◎	◎	◎

外径\壁厚	0.5	0.6	0.8	1.0	1.2	1.4	1.5	1.6	2.0	2.2	2.5	2.8	3.0	3.2	3.5	4.0	4.5
19	◎	◎	◎	◎	◎	◎	◎	◎	◎	◎	◎	◎	◎	◎	◎	◎	◎
20	◎	◎	◎	◎	◎	◎	◎	◎	◎	◎	◎	◎	◎	◎	◎	◎	◎
21	◎	◎	◎	◎	◎	◎	◎	◎	◎	◎	◎	◎	◎	◎	◎	◎	◎
22	◎	◎	◎	◎	◎	◎	◎	◎	◎	◎	◎	◎	◎	◎	◎	◎	◎
23	◎	◎	◎	◎	◎	◎	◎	◎	◎	◎	◎	◎	◎	◎	◎	◎	◎
24	◎	◎	◎	◎	◎	◎	◎	◎	◎	◎	◎	◎	◎	◎	◎	◎	◎
25	◎	◎	◎	◎	◎	◎	◎	◎	◎	◎	◎	◎	◎	◎	◎	◎	◎
27	◎	◎	◎	◎	◎	◎	◎	◎	◎	◎	◎	◎	◎	◎	◎	◎	◎
28	◎	◎	◎	◎	◎	◎	◎	◎	◎	◎	◎	◎	◎	◎	◎	◎	◎
30	◎	◎	◎	◎	◎	◎	◎	◎	◎	◎	◎	◎	◎	◎	◎	◎	◎
32	◎	◎	◎	◎	◎	◎	◎	◎	◎	◎	◎	◎	◎	◎	◎	◎	◎
34	◎	◎	◎	◎	◎	◎	◎	◎	◎	◎	◎	◎	◎	◎	◎	◎	◎
35	◎	◎	◎	◎	◎	◎	◎	◎	◎	◎	◎	◎	◎	◎	◎	◎	◎
36	◎	◎	◎	◎	◎	◎	◎	◎	◎	◎	◎	◎	◎	◎	◎	◎	◎
38	◎	◎	◎	◎	◎	◎	◎	◎	◎	◎	◎	◎	◎	◎	◎	◎	◎
40	◎	◎	◎	◎	◎	◎	◎	◎	◎	◎	◎	◎	◎	◎	◎	◎	◎
42	◎	◎	◎	◎	◎	◎	◎	◎	◎	◎	◎	◎	◎	◎	◎	◎	◎
45	◎	◎	◎	◎	◎	◎	◎	◎	◎	◎	◎	◎	◎	◎	◎	◎	◎
48	◎	◎	◎	◎	◎	◎	◎	◎	◎	◎	◎	◎	◎	◎	◎	◎	◎
50	◎	◎	◎	◎	◎	◎	◎	◎	◎	◎	◎	◎	◎	◎	◎	◎	◎
51	◎	◎	◎	◎	◎	◎	◎	◎	◎	◎	◎	◎	◎	◎	◎	◎	◎
53	◎	◎	◎	◎	◎	◎	◎	◎	◎	◎	◎	◎	◎	◎	◎	◎	◎
54	◎	◎	◎	◎	◎	◎	◎	◎	◎	◎	◎	◎	◎	◎	◎	◎	◎
56	◎	◎	◎	◎	◎	◎	◎	◎	◎	◎	◎	◎	◎	◎	◎	◎	◎
57	◎	◎	◎	◎	◎	◎	◎	◎	◎	◎	◎	◎	◎	◎	◎	◎	◎
60	◎	◎	◎	◎	◎	◎	◎	◎	◎	◎	◎	◎	◎	◎	◎	◎	◎
63					◎	◎	◎	◎	◎	◎	◎	◎	◎	◎	◎	◎	◎
65						◎	◎	◎	◎	◎	◎	◎	◎	◎	◎	◎	◎
68							◎	◎	◎	◎	◎	◎	◎	◎	◎	◎	◎

外径\壁厚	0.5	0.6	0.8	1.0	1.2	1.4	1.5	1.6	2.0	2.2	2.5	2.8	3.0	3.2	3.5	4.0	4.5
70								◎	◎	◎	◎	◎	◎	◎	◎	◎	◎
73											◎	◎	◎	◎	◎	◎	◎
75											◎	◎	◎	◎	◎	◎	◎
76											◎	◎	◎	◎	◎	◎	◎
80											◎	◎	◎	◎	◎	◎	◎
83												◎	◎	◎	◎	◎	◎
85												◎	◎	◎	◎	◎	◎
89												◎	◎	◎	◎	◎	◎
90													◎	◎	◎	◎	◎
95													◎	◎	◎	◎	◎
100													◎	◎	◎	◎	◎
102														◎	◎	◎	◎
108														◎	◎	◎	◎
114														◎	◎	◎	◎
127														◎	◎	◎	◎
133														◎	◎	◎	◎
140														◎	◎	◎	◎
146														◎	◎	◎	◎
159														◎	◎	◎	◎

外径\壁厚	5.0	5.5	6.0	6.5	7.0	7.5	8.0	8.5	9.0	9.5	10.0	11.0	12.0	13.0	14.0	15.0
6																
7																
8																
9																
10																
11																
12																
13																

外径\壁厚	5.0	5.5	6.0	6.5	7.0	7.5	8.0	8.5	9.0	9.5	10.0	11.0	12.0	13.0	14.0	15.0
14																
15																
16																
17																
18																
19																
20																
21	◎															
22	◎															
23	◎															
24	◎	◎														
25	◎	◎	◎													
27	◎	◎	◎													
28	◎	◎	◎	◎												
30	◎	◎	◎	◎	◎											
32	◎	◎	◎	◎	◎											
34	◎	◎	◎	◎	◎											
35	◎	◎	◎	◎	◎											
36	◎	◎	◎	◎	◎											
38	◎	◎	◎	◎	◎											
40	◎	◎	◎	◎	◎											
42	◎	◎	◎	◎	◎	◎										
45	◎	◎	◎	◎	◎	◎	◎	◎								
48	◎	◎	◎	◎	◎	◎	◎									
50	◎	◎	◎	◎	◎	◎	◎	◎	◎							
51	◎	◎	◎	◎	◎	◎	◎	◎	◎							
53	◎	◎	◎	◎	◎	◎	◎	◎	◎	◎						
54	◎	◎	◎	◎	◎	◎	◎	◎	◎	◎	◎					
56	◎	◎	◎	◎	◎	◎	◎	◎	◎	◎						

外径＼壁厚	5.0	5.5	6.0	6.5	7.0	7.5	8.0	8.5	9.0	9.5	10.0	11.0	12.0	13.0	14.0	15.0
57	◎	◎	◎	◎	◎	◎	◎	◎	◎	◎	◎					
60	◎	◎	◎	◎	◎	◎	◎	◎	◎	◎	◎					
63	◎	◎	◎	◎	◎	◎	◎	◎	◎	◎	◎					
65	◎	◎	◎	◎	◎	◎	◎	◎	◎	◎	◎					
68	◎	◎	◎	◎	◎	◎	◎	◎	◎	◎	◎	◎	◎			
70	◎	◎	◎	◎	◎	◎	◎	◎	◎	◎	◎	◎				
73	◎	◎	◎	◎	◎	◎	◎	◎	◎	◎	◎	◎				
75	◎	◎	◎	◎	◎	◎	◎	◎	◎	◎	◎					
76	◎	◎	◎	◎	◎	◎	◎	◎	◎	◎	◎	◎	◎			
80	◎	◎	◎	◎	◎	◎	◎	◎	◎	◎	◎	◎	◎	◎	◎	◎
83	◎	◎	◎	◎	◎	◎	◎	◎	◎	◎	◎	◎	◎	◎	◎	◎
85	◎	◎	◎	◎	◎	◎	◎	◎	◎	◎	◎	◎	◎	◎	◎	◎
89	◎	◎	◎	◎	◎	◎	◎	◎	◎	◎	◎	◎	◎	◎	◎	◎
90	◎	◎	◎	◎	◎	◎	◎	◎	◎	◎	◎	◎	◎	◎	◎	◎
95	◎	◎	◎	◎	◎	◎	◎	◎	◎	◎	◎	◎	◎	◎	◎	◎
100	◎	◎	◎	◎	◎	◎	◎	◎	◎	◎	◎	◎	◎	◎	◎	◎
102	◎	◎	◎	◎	◎	◎	◎	◎	◎	◎	◎	◎	◎	◎	◎	◎
108	◎	◎	◎	◎	◎	◎	◎	◎	◎	◎	◎	◎	◎	◎	◎	◎
114	◎	◎	◎	◎	◎	◎	◎	◎	◎	◎	◎	◎	◎	◎	◎	◎
127	◎	◎	◎	◎	◎	◎	◎	◎	◎	◎	◎	◎	◎	◎	◎	◎
133	◎	◎	◎	◎	◎	◎	◎	◎	◎	◎	◎	◎	◎	◎	◎	◎
140	◎	◎	◎	◎	◎	◎	◎	◎	◎	◎	◎	◎	◎	◎	◎	◎
146	◎	◎	◎	◎	◎	◎	◎	◎	◎	◎	◎	◎	◎	◎	◎	◎
159	◎	◎	◎	◎	◎	◎	◎	◎	◎	◎	◎	◎	◎	◎	◎	◎

注：“◎”表示有此不锈钢冷拔(轧)钢管的规格。

表 3-204　流体输送用不锈钢无缝钢管的允许偏差

热轧(挤、扩钢管)			冷拔(轧钢管)			钢管的直线度	
尺寸/mm	允许偏差(%)		尺寸/mm	允许偏差(%)			
	普通级	较高级		普通级	较高级		
外径 D	68~159	±1.25	±1	外径 D	6~10	±0.20	±0.15	壁厚 <15mm	直线度 <1.5mm/m
					>10~30	±0.30	±0.20		
	159<~426	±1.5			>30~50	±0.40	±0.30		
					>50	±0.9%	±0.8%	壁厚 ≥15mm	直线度 <2.0mm/m
壁厚 S	<15	+15 −12.5	±12.5	壁厚 S	0.5~1	±0.15	±0.12		
					>1~3	±14%	+12% −10%	热扩管	直线度 <3.0mm/m
	≥15	+20 −15			>3	+12% −10%	±10%		

3. 结构用无缝钢管(GB/T 8162—2008)

(1)用途:用于一般结构、机械结构。

(2)尺寸规格:见表 3-205。

(3)允许偏差:见表 3-206。

表 3-205　结构用无缝钢管的尺寸规格

名称	数值
外径和壁厚	见表 3-190
长度	1. 热轧(挤、扩)钢管为 3~12m
	2. 冷拔(轧)钢管为 2~10.5 m
弯曲度	1. 壁厚≤15 mm 时不得大于 1.5 mm/m
	2. 壁厚>15~30 mm 时不得大于 2.0 mm/m
	3. 壁厚>30 mm 或外径≥351 时不得大于 3.0 mm/m

表 3-206　结构用无缝钢管的外径和壁厚的允许偏差

钢管尺寸/mm			允许偏差(%)	
			普通级	较高级
热轧、挤、扩钢管	外径 D	<50	±0.50mm	±0.40mm
		≥50	±1%	±0.75%
	壁厚 S	<4	±12.5% (最小±0.40mm)	±10% (最小±0.30mm)

钢管尺寸/mm		允许偏差(%)	
		普通级	较高级
	≥4~20	+15% −12.5%	±10%
	>20	±12.5%	±10%
冷拔、轧钢管 外径 D	6~10	±0.20mm	±0.10mm
	>10~30	±0.40mm	±0.20mm
	>30~50	±0.45mm	±0.25mm
	>50	±1%	±0.5%
壁厚 s	≤1	±0.15mm	±0.12mm
	>1~3	+15% −10%	±10%
	>3	+12.5% −10%	±10%

注:对外径不得小于 351mm 的热扩管,壁厚允许偏差±18%。

4. 结构用不锈无缝钢管(GB/T 14975—2002)

(1)用途:适用于一般结构及机械结构。

(2)尺寸规格:见表 3-207、表 3-208。

(3)允许偏差:见表 3-209。

表 3-207 结构用不锈热轧(挤、扩)无缝钢管的尺寸规格 (单位:mm)

外径＼壁厚	4.5	5	6	7	8	9	10	11	12	13	14	15	16	17	18	19	20	22	24	25	26	28
68	☆	☆	☆	☆	☆	☆	☆	☆	☆													
70	☆	☆	☆	☆	☆	☆	☆	☆	☆													
73	☆	☆	☆	☆	☆	☆	☆	☆	☆													
76	☆	☆	☆	☆	☆	☆	☆	☆	☆													
80	☆	☆	☆	☆	☆	☆	☆	☆	☆													
83	☆	☆	☆	☆	☆	☆	☆	☆	☆													
89	☆	☆	☆	☆	☆	☆	☆	☆	☆													
95	☆	☆	☆	☆	☆	☆	☆	☆	☆	☆	☆											
102	☆	☆	☆	☆	☆	☆	☆	☆	☆	☆	☆											
108	☆	☆	☆	☆	☆	☆	☆	☆	☆	☆	☆											

外径\壁厚	4.5	5	6	7	8	9	10	11	12	13	14	15	16	17	18	19	20	22	24	25	26	28
114		☆	☆	☆	☆	☆	☆	☆	☆	☆	☆											
121		☆	☆	☆	☆	☆	☆	☆	☆	☆	☆											
127			☆	☆	☆	☆	☆	☆	☆	☆	☆											
133		☆	☆	☆	☆	☆	☆	☆	☆	☆	☆											
140			☆	☆	☆	☆	☆	☆	☆	☆	☆	☆	☆									
146			☆	☆	☆	☆	☆	☆	☆	☆	☆	☆	☆									
152			☆	☆	☆	☆	☆	☆	☆	☆	☆	☆	☆									
159			☆	☆	☆	☆	☆	☆	☆	☆	☆	☆										
168					☆	☆	☆	☆	☆	☆	☆	☆	☆	☆	☆							
180						☆	☆	☆	☆	☆	☆	☆	☆	☆	☆							
194						☆	☆	☆	☆	☆	☆	☆	☆	☆	☆							
219							☆	☆	☆	☆	☆	☆	☆	☆	☆	☆	☆	☆	☆	☆	☆	☆
245								☆	☆	☆	☆	☆	☆	☆	☆	☆	☆	☆	☆	☆	☆	☆
273									☆	☆	☆	☆	☆	☆	☆	☆	☆	☆	☆	☆	☆	☆
325									☆	☆	☆	☆	☆	☆	☆	☆	☆	☆	☆	☆	☆	☆
351									☆	☆	☆	☆	☆	☆	☆	☆	☆	☆	☆	☆	☆	☆
377									☆	☆	☆	☆	☆	☆	☆	☆	☆	☆	☆	☆	☆	☆
426									☆	☆	☆	☆	☆	☆	☆	☆	☆	☆	☆	☆	☆	☆

注:☆表示热轧钢管规格。

表 3-208 结构用不锈钢冷拔(轧)无缝钢管的尺寸规格 （单位:mm）

外径\壁厚	1.0	1.2	1.4	1.5	1.6	2.0	2.2	2.5	2.8	3.0	3.2	3.5	4.0	4.5	5.0	5.5
10	★	★	★	★	★	★	★	★								
11	★	★	★	★	★	★	★	★								
12	★	★	★	★	★	★	★	★	★	★						
13	★	★	★	★	★	★	★	★	★	★						
14	★	★	★	★	★	★	★	★	★	★	★	★				
15	★	★	★	★	★	★	★	★	★	★	★	★				
16	★	★	★	★	★	★	★	★	★	★	★	★	★			
17	★	★	★	★	★	★	★	★	★	★	★	★	★			

续表

外径\壁厚	1.0	1.2	1.4	1.5	1.6	2.0	2.2	2.5	2.8	3.0	3.2	3.5	4.0	4.5	5.0	5.5
18	★	★	★	★	★	★	★	★	★	★	★	★	★	★		
19	★	★	★	★	★	★	★	★	★	★	★	★	★	★		
20	★	★	★	★	★	★	★	★	★	★	★	★	★	★		
21	★	★	★	★	★	★	★	★	★	★	★	★	★	★	★	
22	★	★	★	★	★	★	★	★	★	★	★	★	★	★	★	
23	★	★	★	★	★	★	★	★	★	★	★	★	★	★	★	
24	★	★	★	★	★	★	★	★	★	★	★	★	★	★	★	★
25	★	★	★	★	★	★	★	★	★	★	★	★	★	★	★	★
27	★	★	★	★	★	★	★	★	★	★	★	★	★	★	★	★
28	★	★	★	★	★	★	★	★	★	★	★	★	★	★	★	★
30	★	★	★	★	★	★	★	★	★	★	★	★	★	★	★	★
32	★	★	★	★	★	★	★	★	★	★	★	★	★	★	★	★
34	★	★	★	★	★	★	★	★	★	★	★	★	★	★	★	★
35	★	★	★	★	★	★	★	★	★	★	★	★	★	★	★	★
36	★	★	★	★	★	★	★	★	★	★	★	★	★	★	★	★
38	★	★	★	★	★	★	★	★	★	★	★	★	★	★	★	★
40	★	★	★	★	★	★	★	★	★	★	★	★	★	★	★	★
42	★	★	★	★	★	★	★	★	★	★	★	★	★	★	★	★
45	★	★	★	★	★	★	★	★	★	★	★	★	★	★	★	★
48	★	★	★	★	★	★	★	★	★	★	★	★	★	★	★	★
50	★	★	★	★	★	★	★	★	★	★	★	★	★	★	★	★
51	★	★	★	★	★	★	★	★	★	★	★	★	★	★	★	★
53	★	★	★	★	★	★	★	★	★	★	★	★	★	★	★	★
54	★	★	★	★	★	★	★	★	★	★	★	★	★	★	★	★
56	★	★	★	★	★	★	★	★	★	★	★	★	★	★	★	★
57	★	★	★	★	★	★	★	★	★	★	★	★	★	★	★	★
60	★	★	★	★	★	★	★	★	★	★	★	★	★	★	★	★
63			★	★	★	★	★	★	★	★	★	★	★	★	★	★
65					★	★	★	★	★	★	★	★	★	★	★	★

外径\壁厚	1.0	1.2	1.4	1.5	1.6	2.0	2.2	2.5	2.8	3.0	3.2	3.5	4.0	4.5	5.0	5.5
68								★	★	★	★	★	★	★	★	★
70								★	★	★	★	★	★	★	★	★
73								★	★	★	★	★	★	★	★	★
75								★	★	★	★	★	★	★	★	★
76								★	★	★	★	★	★	★	★	★
80								★	★	★	★	★	★	★	★	★
83								★	★	★	★	★	★	★	★	★
85								★	★	★	★	★	★	★	★	★
89								★	★	★	★	★	★	★	★	★
90										★	★	★	★	★	★	★
95										★	★	★	★	★	★	★
100										★	★	★	★	★	★	★
102												★	★	★	★	★
108												★	★	★	★	★
114												★	★	★	★	★
127												★	★	★	★	★
133												★	★	★	★	★
140												★	★	★	★	★
146												★	★	★	★	★
159												★	★	★	★	★

外径\壁厚	6.0	6.5	7.0	7.5	8.0	8.5	9.0	9.5	10.0	11.0	12.0	13.0	14.0	15.0
25	★													
27	★													
28	★	★												
30	★	★	★											
32	★	★	★											
34	★	★	★											
35	★	★	★											

续表

外径\壁厚	6.0	6.5	7.0	7.5	8.0	8.5	9.0	9.5	10.0	11.0	12.0	13.0	14.0	15.0
36	★	★	★											
38	★	★	★											
40	★	★	★											
42	★	★	★	★										
45	★	★	★	★	★	★								
48	★	★	★	★	★	★								
50	★	★	★	★	★	★	★							
51	★	★	★	★	★	★	★							
53	★	★	★	★	★	★	★	★						
54	★	★	★	★	★	★	★	★	★					
56	★	★	★	★	★	★	★	★	★					
57	★	★	★	★	★	★	★	★	★					
60	★	★	★	★	★	★	★	★	★					
63	★	★	★	★	★	★	★	★	★					
65	★	★	★	★	★	★	★	★	★					
68	★	★	★	★	★	★	★	★	★	★	★			
70	★	★	★	★	★	★	★	★	★	★	★			
73	★	★	★	★	★	★	★	★	★	★	★			
75	★	★	★	★	★	★	★	★	★					
76	★	★	★	★	★	★	★	★	★	★	★			
80	★	★	★	★	★	★	★	★	★	★	★	★	★	★
83	★	★	★	★	★	★	★	★	★	★	★	★	★	★
85	★	★	★	★	★	★	★	★	★	★	★	★	★	★
89	★	★	★	★	★	★	★	★	★	★	★	★	★	★
90	★	★	★	★	★	★	★	★	★	★	★	★	★	★
95	★	★	★	★	★	★	★	★	★	★	★	★	★	★
100	★	★	★	★	★	★	★	★	★	★	★	★	★	★
102	★	★	★	★	★	★	★	★	★	★	★	★		★
108	★	★	★	★	★	★	★	★	★	★	★	★	★	★

外径\壁厚	6.0	6.5	7.0	7.5	8.0	8.5	9.0	9.5	10.0	11.0	12.0	13.0	14.0	15.0
114	★	★	★	★	★	★	★	★	★	★	★	★	★	★
127	★	★	★	★	★	★	★	★	★	★	★	★	★	★
133	★	★	★	★	★	★	★	★	★	★	★	★	★	★
140	★	★	★	★	★	★	★	★	★	★	★	★	★	★
146	★	★	★	★	★	★	★	★	★	★	★	★	★	★
159	★	★	★	★	★	★	★	★	★	★	★	★	★	★
钢管通常长度	热轧(挤、扩)钢管为:2~12 m						钢管的直线度≤			壁厚<15		1.5mm/m		
	冷拔(轧)钢管为:1~8 m									壁厚≥15		2.0mm/m		
										热扩管		3.0mm/m		

注:★表示冷拔(轧)钢管规格。

表 3-209　结构用不锈钢无缝钢管的允许偏差

热轧(挤、扩)钢管				冷拔(轧)钢管			
钢管尺寸/mm		允许偏差(%)		钢管尺寸/mm		允许偏差/mm	
		普通级	较高级			普通级	较高级
外径 D	68~159	±1.25	±1	外径 D	10~30	±0.30	±0.20
					30<~50	±0.40	±0.30
	159<~426	±1.5			D>50	±0.9%	±0.8%
壁厚 S	<15	+15\−12.5	±12.5	壁厚 S	≤3	±14%	+12%\−10%
	≥15	+20\−15			>3	+12%\−10%	±10%

5. 不锈钢小直径无缝钢管(GB/T 3090—2000)

(1)用途:适用于航空、航天、机电、仪器仪表元件、医用针管。

(2)尺寸规格见表 3-210。

(3)允许偏差见表 3-211。

表 3-210　不锈钢小直径无缝钢管的尺寸规格

壁厚＼外径	0.10	0.15	0.20	0.25	0.30	0.35	0.40	0.45	0.50	0.55	0.60	0.70	0.80	0.90	1.00
0.30	◎														
0.35	◎														
0.40	◎	◎													
0.50	◎	◎													
0.55	◎	◎													
0.60	◎	◎	◎												
0.70	◎	◎	◎	◎											
0.80	◎	◎	◎	◎											
0.90	◎	◎	◎												
1.00	◎	◎	◎	◎	◎										
1.20	◎	◎	◎	◎	◎	◎									
1.60	◎	◎	◎	◎	◎	◎	◎	◎							
2.00	◎	◎	◎	◎	◎	◎	◎	◎							
2.20	◎	◎	◎	◎	◎	◎	◎	◎	◎	◎					
2.50	◎	◎	◎	◎	◎	◎	◎	◎	◎	◎	◎	◎			
2.80	◎	◎	◎	◎	◎	◎	◎	◎	◎	◎	◎	◎	◎		
3.00	◎	◎	◎	◎	◎	◎	◎	◎	◎	◎	◎			◎	◎
3.20	◎	◎	◎	◎	◎	◎	◎	◎	◎	◎	◎	◎	◎	◎	◎
3.40	◎	◎	◎	◎	◎	◎	◎	◎	◎	◎	◎	◎	◎	◎	◎
3.60	◎	◎	◎	◎	◎	◎	◎	◎	◎	◎	◎	◎	◎	◎	◎
3.80	◎	◎	◎	◎	◎	◎	◎	◎	◎	◎	◎	◎	◎	◎	◎
4.00	◎	◎	◎	◎	◎	◎	◎	◎	◎	◎	◎	◎	◎	◎	◎
4.20	◎	◎	◎	◎	◎	◎	◎	◎	◎	◎	◎	◎	◎	◎	◎
4.50	◎	◎	◎	◎	◎	◎	◎	◎	◎	◎	◎	◎	◎	◎	◎
4.80	◎	◎	◎	◎	◎	◎	◎	◎	◎	◎	◎	◎	◎	◎	◎
5.00		◎	◎	◎	◎	◎	◎	◎	◎	◎	◎	◎	◎	◎	
5.50		◎	◎	◎	◎	◎	◎	◎	◎	◎	◎	◎	◎	◎	◎
6.00			◎	◎	◎	◎	◎	◎	◎	◎	◎	◎	◎	◎	◎

注：钢管的通常长度为 500～4 000 mm，"◎"表示不锈钢小直径钢管。

表 3-211 不锈钢无缝钢管的允许偏差(单位:mm)

尺寸		外径			壁厚		
		≤1.0	>1.0~2.0	>2.0	<0.2	0.2~0.5	>0.5
允许偏差	高级	±0.02	±0.02	±0.03	+0.02 -0.01	±0.03	±7.5%
	普通级	±0.03	±0.04	±0.05	+0.03 -0.02	±0.04	±10%

注:允许偏差应在合同中注明,否则按普通级供应。

6. 不锈耐酸钢极薄无缝钢管(GB/T 3090—2000)

(1)用途:主要用于化工、石油、轻工、食品、机械、仪表等工业制造耐酸容器,输送管道和机械仪表的结构件与制品。

(2)尺寸规格见表 3-212。

(3)允许偏差见表 3-213、表 3-214。

表 3-212 不锈耐酸钢极薄无缝钢管的尺寸规格

外径×壁厚/mm				
10.3×0.15	12.4×0.20	15.4×0.20	18.4×0.20	20.4×0.20
24.4×0.20	26.4×0.20	32.4×0.20	35.0×0.50	40.4×0.20
40.6×0.30	41.0×0.50	41.2×0.60	48.0×0.25	50.5×0.25
53.2×0.60	55.0×0.50	59.6×0.30	60.0×0.25	60.0×0.50
61.0×0.35	61.0×0.50	61.2×0.60	67.6×0.30	67.8×0.40
70.2×0.60	74.0×0.50	75.5×0.25	75.6×0.30	82.8×0.40
83.0×0.50	89.6×0.30	89.8×0.40	90.2×0.40	90.5×0.25
90.7×0.30	90.8×0.40	95.6×0.30	101.0×0.50	102×0.30
110.9×0.45	125.7×0.35	150.8×0.40	250.8×0.40	

注:1. 根据需方要求,可供应表中以外的其他尺寸钢管。

2. 钢管通常长度为 0.5~6 m。

表 3-213 不锈耐酸钢极薄无缝钢管的内径允许偏差

直径/mm	普通级/mm	高级/mm
10~250	+0.05 -0.1	±0.05

表 3-214 不锈耐酸钢极薄无缝钢管的壁厚允许偏差

钢管尺寸/mm		壁厚允许偏差/mm		钢管的直线度
外径 D	壁厚	普通级	高级	
D≤60	≤0.20	±0.03	+0.03 −0.01	
	0.25	+0.04 −0.03	+0.03 −0.02	
	0.3	±0.04	±0.04	
	0.35	+0.05 −0.04	+0.04 −0.03	
	0.4	±0.05	±0.04	
	0.5	±0.06	+0.05 −0.04	每米直线度≤5 mm。
	0.6	±0.08	±0.05	
>60	≤0.25	±0.04	±0.03	
	0.3		+0.04 −0.03	
	0.35	±0.05	±0.04	
	0.4		+0.05 −0.04	
	0.5	±0.06	±0.05	
	0.6	±0.08		

7. 薄壁不锈钢水管(GB/T 151—2001)

(1)用途:用于工作压力不大于 1.6MPa,输送饮用净水、生活饮用水、热水和温度不大于 135℃的高温水等,及其他用途。

(2)尺寸规格见表 3-215。

(3)薄壁不锈钢水管的牌号见表 3-216。

表 3-215 薄壁不锈钢水管的尺寸规格及允许偏差

公称通径 DN	管子外径 D_W	外径允许偏差	壁厚 s		重量 $W/(kg/m)$	
					0Cr18Ni9	0Cr17Ni12Mo2 0Cr17Ni14Mo2
10	10	±0.10	0.6	0.8	$W=0.02491$ (D_W-s)	$W=0.02507$ (D_W-s)
	12			0.8		
15	14					
	16					
20	20			1.0		
	22					
25	25.4		0.8			
	28					
32	35	±0.12	1.0			
	38					
40	40			1.2		
	42	±0.15				
50	50.8	±0.15				
	54	±0.18				
65	67	±0.20	1.2	1.5		
	70					
80	76.1	±0.23	1.5			
	88.9	±0.25		2.0		
100	102.0	±0.4%D_W				
	108.0					
125	133.0		2.0			
150	159.0			3.0		

注:1. 表中壁厚栏中厚壁管为不锈钢卡压式管件用。

2. 水管的壁厚允许偏差为名义壁厚的±10%。

表 3-216 薄壁不锈钢水管的牌号和用途

牌 号	用 途
0Cr18Ni9 (304)	饮用净水、生活饮用水、空气、医用气体、热水等管道
0Cr17Ni12Mo2 (316)	耐腐蚀性比 0Cr18Ni9 更高的场合
0Cr17Ni14Mo2 (316L)	海水

8. 冷拔或冷轧精密无缝钢管(GB/T 3639—2000)

(1)用途:适用于机械机构、液压设备、汽车用具等特殊尺寸精度和高表面质量的冷拔或冷轧精密无缝钢管。其牌号与用途见表 3-217。

(2)尺寸规格和允许偏差见表 3-218。

(3)交货状态见表 3-219。

表 3-217 薄壁不锈钢水管的尺寸规格和允许偏差

外径		壁厚±10%(最小±0.12%)							
		0.5	(0.8)	1.0	1.2	1.5	(1.8)	2.0	(2.2)
尺寸	允许偏差	内径(公称数值及允许偏差)							
4	±0.10	3±0.30	2.4±0.30	2±0.30					
5		4±0.30	3.4±0.30	3±0.30					
6		5±0.25	4.4±0.25	4±0.25	3.6±0.30				
8		7±0.20	6.4±0.20	6±0.20	5.6±0.30	5±0.30	4.4±0.35	4±0.35	3.6±0.40
10		9±0.15	8.4±0.15	8±0.20	7.6±0.25	7±0.25	6.4±0.30	6±0.30	5.6±0.35
12		11±0.15	10.4±0.15	10±0.15	9.6±0.20	9±0.20	8.4±0.25	8±0.25	7.6±0.30
(13)		12±0.15	11.4±0.15	11±0.15	10.6±0.20	10±0.20	9.4±0.25	9±0.25	8.6±0.30
14		13±0.10	12.4±0.10	12±0.10	11.6±0.15	11±0.15	10.4±0.20	10±0.20	9.6±0.25
16		15±0.10	14.4±0.10	14±0.10	13.6±0.15	13±0.15	12.4±0.15	12±0.15	11.6±0.20
18		17±0.10	16.4±0.10	16±0.10	15.6±0.10	15±0.10	14.4±0.10	14±0.10	13.6±0.25
20		19±0.10	18.4±0.10	18±0.10	17.6±0.10	17±0.10	16.4±0.10	16±0.10	15.6±0.15
22		21±0.10	20.4±0.10	20±0.10	19.6±0.10	19±0.10	18.4±0.10	18±0.10	17.6±0.10
25		24±0.10	23.4±0.10	23±0.10	22.6±0.10	22±0.10	21.4±0.10	21±0.10	20.6±0.10
(26)		25±0.10	24.4±0.10	24±0.10	23.6±0.10	23±0.10	22.4±0.10	22±0.10	21.6±0.10
28		27±0.10	26.4±0.10	26±0.10	25.6±0.10	25±0.10	24.4±0.10	24±0.10	23.6±0.10
30		29±0.10	28.4±0.10	28±0.10	27.6±0.10	27±0.10	26.4±0.10	26±0.10	25.6±0.10
32	±0.15	31±0.15	30.4±0.15	30±0.15	29.6±0.15	29±0.15	28.4±0.15	28±0.15	27.6±0.15
35		34±0.15	33.4±0.15	33±0.15	32.6±0.15	32±0.15	31.4±0.15	31±0.15	30.6±0.15
38		37±0.15	36.4±0.15	36±0.15	35.6±0.15	35±0.15	34.4±0.15	34±0.15	33.6±0.15
40		39±0.15	38.4±0.15	38±0.15	37.6±0.15	37±0.15	36.4±0.15	36±0.15	35.6±0.15
42	±0.20			40±0.20	39.6±0.20	39±0.20	38.4±0.20	38±0.20	37.6±0.20
45				43±0.20	42.6±0.20	42±0.20	41.4±0.20	41±0.20	40.6±0.20
48				46±0.20	45.6±0.20	45±0.20	44.4±0.20	44±0.20	43.6±0.20
50				48±0.20	47.6±0.20	47±0.20	46.4±0.20	46±0.20	45.6±0.20

续表

外径		壁厚±10%(最小±0.12%)							
		0.5	(0.8)	1.0	1.2	1.5	(1.8)	2.0	(2.2)
尺寸	允许偏差	内径(公称数值及允许偏差)							
55	±0.25			53±0.25	52.6±0.25	52±0.25	51.4±0.25	51±0.25	50.6±0.25
60				58±0.25	57.6±0.25	57±0.25	56.4±0.25	56±0.25	55.6±0.25
63	±0.30			61±0.30	60.6±0.30	60±0.30	59.4±0.30	59±0.30	58.6±0.30
70				68±0.30	67.6±0.30	67±0.30	66.4±0.30	66±0.30	65.6±0.30
76	±0.35			74±0.35	73.6±0.35	73±0.35	72.4±0.35	72±0.35	71.6±0.35
80				78±0.35	77.6±0.35	77±0.35	76.4±0.35	76±0.35	75.6±0.35
90	±0.40					87±0.40	86.4±0.40	86±0.40	85.6±0.40
100	±0.45						96.4±0.45	96±0.45	95.6±0.45
110	±0.50							106±0.50	105.6±0.50
120								116±0.50	115.6±0.50
130	±0.65								
140									
150	±0.75								
160	±0.80								
170	±0.85								
180	±0.90								
190	±0.95								
200	±1.00								

外径		壁厚±10%(最小±0.12%)							
		2.5	(2.8)	3.0	(3.5)	4.0	(4.5)	5.0	(5.5)
尺寸	允许偏差	内径(公称数值及允许偏差)							
4	±0.10								
5									
6									
8		3±0.40							
10		5±0.35							
12		7±0.30	6.4±0.40	6±0.40					

续表

外径		壁厚±10%(最小±0.12%)							
		2.5	(2.8)	3.0	(3.5)	4.0	(4.5)	5.0	(5.5)
尺寸	允许偏差	内径(公称数值及允许偏差)							
(13)	±0.10	8±0.30	7.4±0.40	7±0.40					
14		9±0.25	8.4±0.30	8±0.30					
16		11±0.20	10.4±0.30	10±0.30	9±0.35	8±0.35			
18		13±0.20	12.4±0.20	12±0.20	11±0.35	10±0.35			
20		15±0.15	14.4±0.15	14±0.20	13±0.30	12±0.35	11±0.35	10±0.35	
22		17±0.15	16.4±0.15	16±0.15	15±0.20	14±0.30	13±0.35	12±0.35	
25		20±0.10	19.4±0.15	19±0.15	18±0.15	17±0.20	16±0.20	15±0.30	
(26)		21±0.10	20.4±0.15	20±0.15	19±0.15	18±0.15	17±0.20	16±0.30	15±0.30
28		23±0.10	22.4±0.10	22±0.15	21±0.15	20±0.15	19±0.15	18±0.20	17±0.30
30		25±0.10	24.4±0.10	24±0.15	23±0.15	22±0.15	21±0.15	20±0.15	19±0.30
32	±0.15	27±0.15	26.4±0.10	26±0.15	25±0.15	24±0.15	23±0.15	22±0.15	21±0.35
35		30±0.15	29.4±0.15	29±0.15	28±0.15	27±0.15	26±0.15	25±0.15	24±0.20
38		33±0.15	32.4±0.15	32±0.15	31±0.15	30±0.15	29±0.15	28±0.15	27±0.15
40		35±0.15	34.4±0.15	34±0.15	33±0.15	32±0.15	31±0.15	30±0.15	29±0.15
42	±0.20	37±0.20	36.4±0.20	36±0.20	35±0.20	34±0.20	33±0.20	32±0.20	31±0.20
45		40±0.20	39.4±0.25	39±0.20	38±0.20	37±0.20	36±0.20	35±0.20	34±0.20
48		43±0.20	42.4±0.20	42±0.20	41±0.20	40±0.20	39±0.20	38±0.20	37±0.20
50		45±0.20	44.4±0.20	44±0.20	43±0.20	42±0.20	41±0.20	40±0.20	39±0.20
55	±0.25	50±0.25	49.4±0.25	49±0.25	48±0.25	47±0.25	46±0.25	45±0.25	44±0.25
60		55±0.25	54.4±0.25	54±0.25	53±0.25	52±0.25	51±0.25	50±0.25	49±0.25
63	±0.30	58±0.30	57.4±0.30	57±0.30	56±0.30	55±0.30	54±0.30	53±0.30	52±0.30
70		65±0.30	64.4±0.30	64±0.30	63±0.30	62±0.30	61±0.30	60±0.30	59±0.30
76	±0.35	71±0.35	70.4±0.35	70±0.35	69±0.35	68±0.35	67±0.35	66±0.35	65±0.35
80		75±0.35	74.4±0.35	74±0.35	73±0.35	72±0.35	71±0.35	70±0.35	69±0.35
90	±0.40	85±0.40	84.4±0.40	84±0.40	83±0.40	82±0.40	81±0.40	80±0.40	79±0.40
100	±0.45	95±0.45	94.4±0.45	94±0.45	93±0.45	92±0.45	91±0.45	90±0.45	89±0.45
110	±0.50	105±0.50	104.4±0.50	104±0.50	103±0.50	102±0.50	101±0.50	100±0.50	99±0.50
120		115±0.50	114.4±0.50	114±0.50	113±0.50	112±0.50	111±0.50	110±0.50	109±0.50

续表

外径		壁厚±10%(最小±0.12%)							
2.5	(2.8)	3.0	(3.5)	4.0	(4.5)	5.0	(5.5)		
尺寸	允许偏差	内径(公称数值及允许偏差)							
130	±0.65			124±0.65	123±0.65	122±0.65	121±0.65	120±0.65	119±0.65
140	±0.65			134±0.65	133±0.65	132±0.65	131±0.65	130±0.65	129±0.65
150	±0.75			144±0.75	143±0.75	142±0.75	141±0.75	140±0.75	139±0.75
160	±0.80				152±0.80	151±0.80	150±0.80	149±0.80	
170	±0.85				162±0.85	161±0.85	160±0.85	159±0.85	
180	±0.90					170±0.90	169±0.90		
190	±0.95								
200	±1.00								

外径		壁厚±10%(最小±0.12%)						
		6.0	(7)	8.0	(9)	10.0	11.0	12.5
尺寸	允许偏差	内径(公称数值及允许偏差)						
4								
5								
6								
8								
10								
12								
(13)								
14	±0.10							
16								
18								
20								
22								
25								
(26)		14±0.30						
28		16±0.30						
30		18±0.30						

外径		壁厚±10%(最小±0.12%)						
		6.0	(7)	8.0	(9)	10.0	11.0	12.5
尺寸	允许偏差	内径(公称数值及允许偏差)						
32	±0.15	20±0.35						
35		23±0.20	21±0.20					
38		26±0.15	24±0.20	22±0.25				
40		28±0.15	26±0.20	24±0.25				
42	±0.20	30±0.20	28±0.20	26±0.20	24±0.20	22±0.30		
45		33±0.20	31±0.20	29±0.20	27±0.20	25±0.25		
48		36±0.20	34±0.20	32±0.20	30±0.20	28±0.20		
50		38±0.20	36±0.20	34±0.20	32±0.20	30±0.20		
55	±0.25	43±0.25	41±0.25	39±0.25	37±0.25	35±0.25	33±0.25	30±0.25
60		48±0.25	46±0.25	44±0.25	42±0.25	40±0.25	38±0.25	35±0.25
63	±0.30	51±0.30	49±0.30	47±0.30	45±0.30	43±0.30	41±0.30	38±0.30
70		58±0.30	56±0.30	54±0.30	52±0.30	50±0.30	48±0.30	45±0.30
76	±0.35	64±0.35	62±0.35	60±0.35	58±0.35	56±0.35	54±0.35	51±0.35
80		68±0.35	66±0.35	64±0.35	62±0.35	60±0.35	58±0.35	55±0.35
90	±0.40	78±0.40	76±0.40	74±0.40	72±0.40	70±0.40	68±0.40	65±0.40
100	±0.45	88±0.45	86±0.45	84±0.45	82±0.45	80±0.45	78±0.45	75±0.45
110	±0.50	98±0.50	96±0.50	94±0.50	92±0.50	90±0.50	88±0.50	85±0.50
120		108±0.50	106±0.50	104±0.50	102±0.50	100±0.50	98±0.50	95±0.50
130	±0.65	118±0.65	116±0.65	114±0.65	112±0.65	110±0.65	108±0.65	105±0.65
140		128±0.65	126±0.65	124±0.65	122±0.65	120±0.65	118±0.65	115±0.65
150	±0.75	138±0.75	136±0.75	134±0.75	132±0.75	130±0.75	128±0.75	125±0.75
160	±0.80	148±0.80	146±0.80	144±0.80	142±0.80	140±0.80	138±0.80	135±0.80
170	±0.85	158±0.85	156±0.85	154±0.85	152±0.85	150±0.85	148±0.85	145±0.85
180	±0.90	168±0.90	166±0.90	164±0.90	162±0.90	160±0.90	158±0.90	155±0.90
190	±0.95	178±0.95	176±0.95	174±0.95	172±0.95	170±0.95	168±0.95	165±0.95
200	±1.00	188±1.00	186±1.00	184±1.00	182±1.00	180±1.00	178±1.00	175±1.00

注:1. 括号内的尺寸不推荐使用。

2. 钢管的通常长度为 2 000～7 000 mm。

3. 冷加工/硬(BK)状态和冷加工/软(BKW)状态的钢管直线度不大于 3.0mm,冷加工后消除应力退火(BKS)状态、退火(GBK)状态、正火(NBK)状态应不大于 1.3mm/m。

4. 钢管的椭圆度应不大于外径公差的 80%。

表 3-218 热处理状态钢管外径和内径的允许偏差

壁厚(S)/外径(D)	允许偏差
≥1/20	按表 3-217 规定的值
1/40~<1/20	按表 3-217 规定的值的 1.5 倍
<1/40	按表 3-217 规定的值的 2.0 倍

注:1. 冷加工/硬(BK)状态和冷加工/软(BKW)状态的钢管,其外径的和内径允许偏差应符合表 3-217 的规定。

表 3-219 冷拔或冷轧精密无缝钢管的交货状态

交货状态	代号	说明
冷加工/硬	BK	最后冷加工之后不进行热处理,从而管子只可能进行很小的变形
冷加工/软	BKW	最后热处理之后进行小的变形量的冷加工,对钢管再加工时允许有限的冷变形(例如:弯曲、扩口)
冷加工后消除应力火	BKS	最后冷加工后在 A_{C1} 点以下进行退火,以消除冷加工应力
退火	GBK	最后冷加工之后,钢管在保护气体下进行的完全退火
正火	NBK	最后冷加工之后,钢管在保护气体下进行的完全正火

注:钢管用 10、20、35、45 钢制造,其化学成分应符合 GB/T 699 的规定。钢管按熔炼成分验收。

9. 冷拔异型钢管(GB/T 3094—2000)

(1)用途:用于各种结构件、工具和机械零部件的生产制造。

(2)尺寸规格见表 3-220 至表 3-225。

(3)允许偏差见表 3-226 至表 3-229。

表 3-220　冷拔无缝方形钢管的尺寸规格

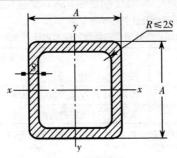

D-1 方形钢管

基本尺寸		截面面积 F/cm²	理论重量/(kg/m)
A	S		
mm			
12	0.8	0.346	0.271
	1.0	0.420	0.330
14	1.0	0.500	0.393
	1.5	0.706	0.554
16	1.0	0.580	0.456
	1.5	0.826	0.648
18	1.0	0.660	0.518
	1.5	0.946	0.742
	2.0	1.201	0.943
20	1.0	0.740	0.581
	1.5	1.066	0.837
	2.0	1.361	1.069
	2.5	1.627	1.277
22	1.0	0.820	0.644
	1.5	1.186	0.931
	2.0	1.521	1.194
	2.5	1.827	1.434
25	2.5	2.127	1.670
	3.0	2.463	1.933

基本尺寸		截面面积 F/cm^2	理论重量/(kg/m)
A	S		
mm			
30	2.5	2.627	2.062
	3.0	3.063	2.404
	3.5	3.469	2.723
	4.0	3.845	3.018
32	2.5	2.827	2.219
	3.0	3.303	2.593
	3.5	3.749	2.943
	4.0	4.165	3.270
35	2.5	3.127	2.455
	3.0	3.663	2.875
	3.5	4.169	3.273
	4.0	4.645	3.646
	5.0	5.508	4.324
36	2.5	3.227	2.533
	3.0	3.783	2.970
	3.5	4.309	3.382
	4.0	4.805	3.772
	5.0	5.708	4.481
40	2.5	3.627	2.847
	3.0	4.263	3.346
	3.5	4.869	3.822
	4.0	5.445	4.274
	5.0	6.508	5.109
	6.0	7.451	5.849
42	2.5	3.827	3.004
	3.0	4.503	3.535
	3.5	5.149	4.042
	4.0	5.765	4.526
	5.0	6.908	5.423
	6.0	7.931	6.226

基本尺寸		截面面积 F/cm^2	理论重量/(kg/m)
A	S		
mm			
45	3.5	5.569	4.372
	4.0	6.245	4.902
	5.0	7.508	5.894
	6.0	8.651	6.791
	7.0	9.676	7.595
	8.0	10.580	8.306
50	4.0	7.045	5.530
	5.0	8.508	6.679
	6.0	9.851	7.733
	7.0	11.076	8.694
	8.0	12.180	9.562
55	4.0	7.845	6.158
	5.0	9.508	7.464
	6.0	11.051	8.675
	7.0	12.476	9.793
	8.0	13.780	10.818
60	4.0	8.645	6.786
	5.0	10.508	8.249
	6.0	12.251	9.617
	7.0	13.876	10.892
	8.0	15.380	12.074
65	4.0	9.445	7.414
	5.0	11.508	9.034
	6.0	13.451	10.559
	7.0	15.276	11.991
	8.0	16.980	13.330

基本尺寸		截面面积 F/cm^2	理论重量/(kg/m)
A	S		
mm			
70	4.0	10.245	8.042
	5.0	12.508	9.819
	6.0	14.651	11.501
	7.0	16.676	13.090
	8.0	18.580	14.586
75	4.0	11.045	8.670
	5.0	13.508	10.604
	6.0	15.851	12.443
	7.0	18.076	14.189
	8.0	20.180	15.842
80	4.0	11.845	9.298
	5.0	14.508	11.389
	6.0	17.051	13.385
	7.0	19.476	15.288
	8.0	21.780	17.098
92	5.0	16.908	13.273
	6.0	19.931	15.646
	7.0	22.836	17.926
	8.0	25.620	20.112
100	5.0	18.508	14.529
	6.0	21.851	17.153
	7.0	25.076	19.684
	8.0	28.180	22.122
110	7.0	27.876	21.882
	8.0	31.380	24.634
	9.0	34.766	27.291

基本尺寸		截面面积 F/cm^2	理论重量/(kg/m)
A	S		
mm			
	4.5	18.231	14.312
	5.0	20.108	15.785
	6.0	23.771	18.661
	7.0	27.316	21.443
	8.0	30.740	24.131
108	10.0	37.232	29.227
	12.0	43.246	33.948
	12.5	44.675	35.070
	14.0	48.782	38.294
	16.5	55.032	43.200
	18.0	58.423	45.862
	4.5	18.591	14.594
	5.0	20.508	16.099
	6.0	24.251	19.037
110	10.0	38.032	29.855
	12.0	44.206	34.702
	14.0	49.902	39.173
	16.0	55.122	43.270
	18.0	59.863	46.993
	4.5	19.491	15.301
	5.0	21.508	16.884
	6.0	25.451	19.979
	7.0	29.276	22.981
115	8.0	32.980	25.890
	10.0	40.032	31.425
	12.0	46.606	36.586
	14.0	52.702	41.371
	16.0	58.322	45.782

基本尺寸		截面面积 F/cm²	理论重量/(kg/m)
A	S		
mm			
120	4.5	20.391	16.007
	5.0	22.508	17.669
	6.0	26.651	20.921
	7.0	30.676	24.080
	8.0	34.580	27.146
	10.0	42.032	32.995
	12.0	49.006	38.470
	14.0	55.502	43.569
	16.0	61.522	48.294
125	5.0	23.508	18.454
	6.0	27.851	21.863
	7.0	32.076	25.179
	8.0	36.180	28.402
	10.0	44.032	34.565
	12.0	51.406	40.354
	14.0	58.302	45.767
	16.0	64.722	50.806
130	5.0	24.508	19.239
	6.0	29.051	22.805
	7.0	33.476	26.278
	8.0	37.780	29.658
	10.0	46.032	36.135
140	5.0	26.508	20.809
	6.0	31.451	24.689
	7.0	36.276	28.476
	8.0	40.980	32.170
	10.0	50.032	39.275
	12.0	58.606	46.006
	14.0	66.702	52.361
	16.0	74.322	58.342

基本尺寸		截面面积 F/cm^2	理论重量/(kg/m)
A	S		
mm			
150	6.0	33.851	26.573
	7.0	39.076	30.674
	8.0	44.180	34.682
	10.0	54.032	42.415
	12.0	63.406	49.774
	14.0	72.302	56.757
	16.0	80.722	63.366
160	6.0	36.251	28.457
	7.0	41.876	32.872
	8.0	47.380	37.194
	10.0	58.032	45.555
	12.0	68.206	53.542
	14.0	77.902	61.153
	16.0	87.122	68.390
	18.0	95.863	75.253
180	7.0	47.476	37.268
	8.0	53.780	42.218
	10.0	66.032	51.835
	12.0	77.806	61.078
	14.0	89.102	69.945
	16.0	99.922	78.438
	18.0	110.263	86.557
200	8.0	60.180	47.242
	10.0	74.032	58.115
	12.0	87.406	68.614
	14.0	100.302	78.737
	16.0	112.722	88.486
	18.0	124.663	97.861

基本尺寸		截面面积 F/cm²	理论重量/(kg/m)
A	S		
mm			
250	10. 0	94. 032	73. 815
	12. 0	111. 406	87. 454
	14. 0	128. 302	100. 717
	16. 0	144. 722	113. 606
	18. 0	160. 663	126. 121
280	10. 0	106. 032	83. 235
	12. 0	125. 806	98. 758
	14. 0	145. 102	113. 905
	16. 0	163. 922	128. 678
	18. 0	182. 263	143. 077

注:1. 理论重量/(kg/m)＝0. 0157S(2A－2. 0854S) 式中:A——方形钢管的边长(mm);S——方形钢管的公称壁厚(mm)。

2. 理论重量是以钢管 R＝1. 55 S 时,钢管密度为 7. 85 kg/dm³ 计算的。

表 3-221 冷拔无缝矩形钢管的尺寸规格

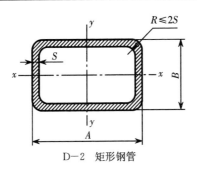

D－2 矩形钢管

截面尺寸			截面面积 F/cm²	理论重量/(kg/m)
A	B	S		
mm				
10	5	0. 8	0. 203	0. 160
		1	0. 243	0. 191

续表

截面尺寸			截面面积 F/cm^2	理论重量/(kg/m)
A	B	S		
mm				
12	5	0.8	0.235	0.185
		1	0.283	0.222
	6	0.8	0.251	0.197
		1	0.303	0.238
14	6	0.8	0.283	0.223
		1	0.343	0.269
		1.5	0.471	0.370
	7	0.8	0.299	0.235
		1	0.363	0.285
		1.5	0.501	0.394
	10	0.8	0.347	0.273
		1	0.423	0.332
		1.5	0.591	0.464
		2	0.731	0.574
15	6	0.8	0.299	0.235
		1	0.363	0.285
		1.5	0.501	0.394
		2	0.611	0.480
16	8	0.8	0.347	0.273
		1	0.423	0.332
		1.5	0.591	0.465
		2	0.731	0.575
	12	0.8	0.411	0.323
		1	0.503	0.395
		1.5	0.711	0.559
		2	0.891	0.700

截面尺寸			截面面积 F/cm^2	理论重量/(kg/m)
A	B	S		
mm				
18	9	0.8	0.395	0.310
		1	0.483	0.379
		1.5	0.681	0.535
		2	0.851	0.669
	10	0.8	0.411	0.323
		1	0.503	0.395
		1.5	0.711	0.559
		2	0.892	0.700
	14	0.8	0.476	0.373
		1	0.583	0.458
		1.5	0.832	0.653
		2	1.052	0.826
20	8	0.8	0.412	0.323
		1	0.503	0.395
		1.5	0.712	0.559
		2	0.892	0.700
	10	0.8	0.444	0.348
		1	0.543	0.426
		1.5	0.772	0.606
		2	0.972	0.763
	12	0.8	0.476	0.373
		1	0.583	0.458
		1.5	0.832	0.653
		2	1.052	0.826
		2.5	1.244	0.976
22	9	0.8	0.46	0.361
		1	0.563	0.442
		1.5	0.802	0.629

续表

截面尺寸			截面面积 F/cm^2	理论重量/(kg/m)
A	B	S		
mm				
22	9	2	1.012	0.794
		2.5	1.194	0.937
	14	0.8	0.54	0.424
		1	0.663	0.520
		1.5	0.952	0.747
		2	1.212	0.951
		2.5	1.444	1.133
24	12	0.8	0.54	0.424
		1	0.663	0.520
		1.5	0.952	0.747
		2	1.212	0.951
		2.5	1.444	1.133
25	10	0.8	0.524	0.411
		1	0.643	0.505
		1.5	0.922	0.724
		2	1.172	0.920
		2.5	1.394	1.094
	15	1	0.743	0.583
		1.5	1.072	0.841
		2	1.372	1.077
		2.5	1.644	1.290
28	11	1	0.723	0.568
		1.5	1.042	0.818
		2	1.332	1.046
		2.5	1.594	1.251
	14	1	0.783	0.615
		1.5	1.132	0.888
		2	1.452	1.140
		2.5	1.744	1.369

截面尺寸			截面面积 F/cm^2	理论重量/(kg/m)
A	B	S		
mm				
28	16	1	0.823	0.646
		1.5	1.192	0.936
		2	1.532	1.203
		2.5	1.844	1.447
	22	1	0.943	0.740
		1.5	1.372	1.077
		2	1.772	1.391
		2.5	2.144	1.683
		3	2.487	1.952
		3.5	2.802	2.199
30	12	1.5	1.132	0.888
		2	1.452	1.140
		2.5	1.744	1.369
		3	2.007	1.575
32	13	1.5	1.222	0.959
		2	1.572	1.234
		2.5	1.894	1.487
		3	2.187	1.717
	16	1.5	1.312	1.030
		2	1.692	1.328
		2.5	2.044	1.604
		3	2.367	1.858
	25	1.5	1.582	1.242
		2	2.052	1.611
		2.5	2.494	1.958
		3	2.907	2.282

截面尺寸			截面面积 F/cm^2	理论重量/(kg/m)
A	B	S		
mm				
35	14	1.5	1.342	1.053
		2	1.732	1.36
		2.5	2.094	1.644
		3	2.427	1.905
		3.5	2.732	2.144
36	18	1.5	1.492	1.171
		2	1.932	1.517
		2.5	2.344	1.84
		3	2.727	2.141
		3.5	3.082	2.419
	28	2	2.332	1.831
37	15	2	1.852	1.454
		2.5	2.244	1.761
		3	2.607	2.046
		3.5	2.942	2.309
		4	3.248	2.55
40	16	2	2.012	1.579
		2.5	2.444	1.918
		3	2.847	2.235
		3.5	3.222	2.529
		4	3.568	2.801
	20	2	2.172	1.705
		2.5	2.644	2.075
		3	3.087	2.423
		3.5	3.502	2.749
		4	3.888	3.052
	25	2	2.372	1.862
		2.5	2.894	2.272
		3	3.387	2.659
		3.5	3.852	3.024
		4	4.288	3.366

截面尺寸			截面面积 F/cm^2	理论重量/(kg/m)
A	B	S		
mm				
42	30	2	2.652	2.082
45	30	2	2.772	2.176
		2.5	3.394	2.664
		3	3.987	3.13
		3.5	4.552	3.573
		4	5.088	3.994
48	30	2	2.892	2.27
		2.5	3.544	2.782
50	32	2	3.052	2.396
		2.5	3.744	2.939
		3	4.407	3.459
55	38	2	3.492	2.741
		2.5	4.294	3.371
		3	5.067	3.978
		3.5	5.812	4.562
		4	6.528	5.124
60	40	3.5	6.302	4.947
		4	7.088	5.564
		5	8.575	6.731
70	50	4	8.688	6.82
		5	10.575	8.301
		6	12.348	9.693
		7	14.007	10.995
80	60	4	10.288	8.076
		5	12.575	9.871
		6	14.748	11.577
		7	16.807	13.193

截面尺寸			截面面积 F/cm²	理论重量/(kg/m)
A	B	S		
mm				
90	60	4	11.088	8.704
		5	13.575	10.656
		6	15.948	12.519
		7	18.207	14.292
100	70	5	15.575	12.226
		6	18.348	14.403
		7	21.007	16.49
		8	23.552	18.488
110	75	5	17.075	13.404
		6	20.148	15.816
		7	23.107	18.139
		8	25.952	20.372
120	80	6	21.948	17.229
		7	25.207	19.787
		8	28.352	22.256
		9	31.383	24.636
130	85	6	23.748	18.642
		7	27.307	21.436
		8	30.752	24.14
		9	34.083	26.755
140	80	7	28.007	21.985
		8	31.552	24.768
		9	34.983	27.462
		10	38.3	30.066
150	75	7	28.707	22.535
		8	32.352	25.396
		9	35.883	28.168

注:1. 理论重量/(kg/m)＝0.0157$S(A+B-2.8584S)$ 式中:A、B——矩形钢管的长和宽(mm);S——矩形钢管的公称壁厚(mm)

2. 理论重量是以钢管 $R=1.55S$ 时, 钢管密度为 $7.85\,kg/dm^3$ 计算的。

表 3-222　冷拔无缝椭圆形钢管的尺寸规格

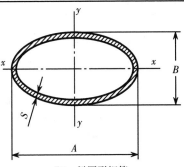

D3－椭圆形钢管

基本尺寸			截面面积 F/cm^2	理论重量/(kg/m)
A	B	S		
mm				
6	3	0.5	0.063	0.049
8	4	0.5	0.086	0.068
		0.8	0.131	0.103
		1	0.157	0.123
		1.2	0.181	0.142
10	5	0.5	0.11	0.086
		0.8	0.168	0.132
		1	0.204	0.16
		1.2	0.238	0.186
	7	0.5	0.126	0.099
		0.8	0.194	0.152
		1	0.236	0.185
		1.2	0.275	0.216
12	4	0.5	0.118	0.092
		0.8	0.181	0.142
		1	0.22	0.173
		1.2	0.256	0.201
	6	0.5	0.134	0.105

基本尺寸			截面面积 F/cm^2	理论重量/(kg/m)
A	B	S		
mm				
12	6	0.8	0.206	0.162
		1	0.251	0.197
		1.2	0.294	0.231
14	7	0.5	0.157	0.123
		0.8	0.244	0.191
		1	0.298	0.234
		1.2	0.351	0.275
15	5	0.5	0.149	0.117
		0.8	0.231	0.182
		1	0.283	0.222
		1.2	0.332	0.26
16	8	0.5	0.181	0.142
		0.8	0.281	0.221
		1	0.346	0.271
		1.2	0.407	0.32
18	8	0.5	0.196	0.154
		0.8	0.307	0.241
		1	0.377	0.296
		1.2	0.445	0.349
	9	0.5	0.204	0.16
		0.8	0.319	0.251
		1	0.393	0.308
		1.2	0.464	0.364
20	10	0.5	0.228	0.179
		0.8	0.357	0.28
		1	0.44	0.345
		1.2	0.52	0.408
	12	0.8	0.382	0.3
		1	0.471	0.37

基本尺寸			截面面积 F/cm^2	理论重量/(kg/m)
A	B	S		
		mm		
20	12	1.2	0.558	0.438
		1.5	0.683	0.536
24	8	0.8	0.382	0.3
		1	0.471	0.37
		1.2	0.558	0.438
		1.5	0.683	0.536
	12	0.8	0.432	0.339
		1	0.534	0.419
		1.2	0.633	0.497
		1.5	0.778	0.61
26	13	0.8	0.47	0.369
		1	0.581	0.456
		1.2	0.69	0.542
		1.5	0.848	0.666
30	10	0.8	0.483	0.379
		1	0.597	0.469
		1.2	0.709	0.556
		1.5	0.872	0.684
	15	0.8	0.545	0.428
		1	0.675	0.53
		1.2	0.803	0.63
		1.5	0.99	0.777
	18	0.8	0.583	0.458
		1	0.723	0.567
		1.2	0.86	0.675
		1.5	1.06	0.832

基本尺寸			截面面积 F/cm^2	理论重量/(kg/m)
A	B	S		
mm				
34	17	0.8	0.621	0.487
		1	0.77	0.604
		1.2	0.916	0.719
		1.5	1.131	0.888
43	32	2	2.231	1.751
44	22	1	1.005	0.789
		1.2	1.199	0.941
		1.5	1.484	1.165
		2	1.948	1.529
45	15	1	0.911	0.715
		1.2	1.086	0.852
		1.5	1.343	1.054
		2	1.759	1.381
	23	1	1.037	0.814
		1.2	1.237	0.971
		1.5	1.532	1.202
		2	2.011	1.578
	28	1	1.115	0.875
		1.2	1.331	1.045
		1.5	1.649	1.295
		2	2.168	1.702
50	25	1	1.147	0.9
		1.2	1.368	1.074
		1.5	1.696	1.332
		2	2.231	1.751
34	17	2	1.477	1.159

基本尺寸			截面面积 F/cm^2	理论重量/(kg/m)
A	B	S		
mm				
36	12	0.8	0.583	0.458
		1	0.723	0.567
		1.2	0.86	0.675
		1.5	1.06	0.832
	18	0.8	0.658	0.517
		1	0.817	0.641
		1.2	0.973	0.764
		1.5	1.202	0.943
		2	1.571	1.233
38	26	1	0.974	0.765
		1.2	1.161	0.911
		1.5	1.437	1.128
		2	1.885	1.48
40	20	1	0.911	0.715
		1.2	1.086	0.852
		1.5	1.343	1.054
		2	1.759	1.381
43	32	1	1.147	0.9
		1.2	1.368	1.074
		1.5	1.696	1.332
50	39	1	1.367	1.073
		1.2	1.632	1.281
		1.5	2.026	1.591
		2	2.67	2.096
51	17	1	1.037	0.814
		1.2	1.237	0.971
		1.5	1.532	1.202
		2	2.011	1.578

基本尺寸			截面面积 F/cm²	理论重量/(kg/m)
A	B	S		
mm				
54	28	1	1.257	0.986
		1.2	1.5	1.178
		1.5	1.861	1.461
		2	2.45	1.924
55	23	1	1.194	0.937
		1.2	1.425	1.119
		1.5	1.767	1.387
		2	2.325	1.825
	35	1	1.382	1.085
		1.2	1.651	1.296
		1.5	2.05	1.609
		2	2.702	2.121
		2.5	3.338	2.62
56	28	1	1.288	1.011
		1.2	1.538	1.207
		1.5	1.909	1.498
		2	2.513	1.973
		2.5	3.102	2.435
60	20	1	1.225	0.962
		1.2	1.463	1.148
		1.5	1.814	1.424
		2	2.388	1.874
		2.5	2.945	2.312
	30	1	1.382	1.085
		1.2	1.651	1.296
		1.5	2.05	1.609
		2	2.702	2.121
		2.5	3.338	2.62

基本尺寸			截面面积 F/cm^2	理论重量/(kg/m)
A	B	S		
mm				
64	32	1	1.477	1.159
		1.2	1.764	1.385
		1.5	2.191	1.72
		2	2.89	2.269
		2.5	3.574	2.805
65	35	1	1.539	1.208
		1.2	1.84	1.444
		1.5	2.286	1.794
		2	3.016	2.368
		2.5	3.731	2.929
66	22	1	1.351	1.06
		1.2	1.614	1.267
		1.5	2.003	1.572
		2	2.639	2.072
		2.5	3.259	2.559
70	35	1.5	2.403	1.887
		2	3.173	2.491
		2.5	3.927	3.083
72	24	1.5	2.191	1.72
		2	2.89	2.269
		2.5	3.574	2.805
76	38	1.5	2.615	2.053
		2	3.456	2.713
		2.5	4.28	3.36
80	40	1.5	2.757	2.164
		2	3.644	2.861
		2.5	4.516	3.545

基本尺寸			截面面积 F/cm^2	理论重量/(kg/m)
A	B	S		
		mm		
81	27	1.5	2.474	1.942
		2	3.267	2.565
		2.5	4.045	3.175
84	42	1.5	2.898	2.275
		2	3.833	3.009
		2.5	4.752	3.73
	56	1.5	3.228	2.534
		2	4.273	3.354
		2.5	5.301	4.162
90	30	1.5	2.757	2.164
		2	3.644	2.861
		2.5	4.516	3.545

注：1. 理论重量/(kg/m)＝0.0123$S(A+B-2S)$　式中：A、B——椭圆形钢管的长轴和短轴(mm)；S——椭圆形钢管的公称壁厚(mm)。

2. 钢管密度为 7.85 kg/dm³。

表 3-223　冷拔无缝平椭圆形钢管的尺寸规格

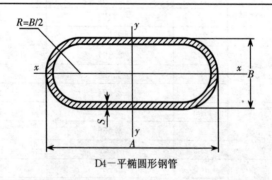

D4－平椭圆形钢管

续表

基本尺寸			截面面积 F/cm²	理论重量/(kg/m)
A	B	S		
mm				
6	3	0.8	0.103	0.0811
8	4	0.8	0.144	0.113
		1	0.174	0.137
9	3	0.8	0.151	0.119
10	5	0.8	0.186	0.146
		1	0.226	0.177
12	4	0.8	0.208	0.164
		1	0.254	0.200
	6	0.8	0.227	0.178
		1	0.277	0.218
14	7	0.8	0.268	0.210
		1	0.329	0.258
		1.5	0.469	0.368
15	5	0.8	0.266	0.209
		1	0.326	0.256
		1.5	0.465	0.365
16	8	0.8	0.309	0.243
		1	0.380	0.298
		1.5	0.546	0.429
17	8.5	0.8	0.330	0.259
		1	0.406	0.318
		1.5	0.585	0.459
		1.8	0.685	0.538
		2	0.748	0.588
18	6	0.8	0.323	0.253
		1	0.397	0.312
		1.5	0.572	0.449
		1.8	0.670	0.526
		2	0.731	0.574

续表

基本尺寸			截面面积 F/cm^2	理论重量/(kg/m)
A	B	S		
mm				
18	9	1	0.431	0.339
		1.5	0.623	0.489
		1.8	0.731	0.574
		2	0.800	0.628
20	10	1	0.483	0.379
		1.5	0.701	0.550
		1.8	0.824	0.647
		2	0.903	0.709
21	7	1	0.469	0.368
		1.5	0.679	0.533
		1.8	0.798	0.627
		2	0.874	0.686
24	8	1	0.540	0.424
		1.5	0.786	0.617
		1.8	0.927	0.727
		2	1.02	0.798
	12	1	0.586	0.460
		1.5	0.855	0.671
		1.8	1.01	0.792
		2	1.11	0.870
25	18.5	1	0.680	0.535
		1.5	0.996	0.782
		1.8	1.18	0.926
		2	1.30	1.02
26	13	1	0.637	0.500
		1.5	0.932	0.732
		1.8	1.10	0.864
		2	1.21	0.951

续表

基本尺寸			截面面积 F/cm^2	理论重量/(kg/m)
A	B	S		
mm				
27	8.5	1	0.606	0.475
		1.5	0.885	0.695
		1.8	1.05	0.820
		2	1.15	0.901
	13.5	1	0.663	0.520
		1.5	0.971	0.762
		1.8	1.15	0.901
		2	1.26	0.992
30	10	1	0.683	0.536
		1.5	1.00	0.786
		2	1.30	1.02
	15	1	0.740	0.581
		1.5	1.09	0.853
		2	1.42	1.11
34	17	1	0.843	0.662
		1.5	1.24	0.973
		2	1.62	1.27
36	12	1	0.826	0.648
		1.5	1.22	0.954
		2	1.50	1.25
39	13	1	0.897	0.704
		1.5	1.32	1.04
		2	1.73	1.36
40	20	1	0.997	0.783
		1.5	1.47	1.16
		2	1.93	1.52

基本尺寸			截面面积 F/cm^2	理论重量/(kg/m)
A	B	S		
mm				
45	15	1	1.04	0.816
		1.5	1.54	1.21
		2	2.02	1.58
50	25	1	1.25	0.924
		1.5	1.86	1.46
		2	2.45	1.92
51	17	1	1.18	0.929
		1.5	1.75	1.37
		2	2.30	1.81
60	20	1	1.40	1.10
		1.5	2.07	1.63
		2	2.73	2.14
	30	1	1.51	1.19
		1.5	2.24	1.76
		2	2.96	2.32
64	32	1	1.61	1.27
		1.5	2.40	1.88
		2	3.17	2.49
66	22	1	1.54	1.21
		1.5	2.29	1.80
		2	3.02	2.37
69	17	1	1.54	1.21
		1.5	2.29	1.80
		2	3.02	2.37
70	35	1	1.77	1.39
		1.5	2.63	2.06
		2	3.47	2.73

基本尺寸			截面面积 F/cm^2	理论重量/(kg/m)
A	B	S		
mm				
72	24	1.5	2.50	1.96
		2	3.30	2.59
		2.5	4.09	3.21
80	40	1.5	3.01	2.37
		2	3.99	3.13
		2.5	4.95	3.88
81	27	1.5	2.82	2.22
		2	3.73	2.93
		2.5	4.62	3.63
90	30	1.5	3.14	2.47
		2	4.16	3.27
		2.5	5.16	4.05

注：1. 理论重量/(kg/m)＝0.0157S(A＋0.5708B－1.5708S)　式中：A、B——平椭圆形钢管的长和宽(mm)；S——平椭圆钢管的公称壁厚(mm)

2. 钢管密度为 7.85 kg/dm³。

表 3-224　冷拔无缝内六角形钢管的尺寸规格

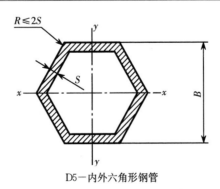

D5－内外六角形钢管

基本尺寸		截面面积 F/cm^2	理论重量（kg/m）
B	S		
mm			
8	1.5	0.320	0.251
	2	0.383	0.301
10	1.5	0.424	0.333
	2	0.522	0.410
12	1.5	0.527	0.414
	2	0.661	0.519
14	1.5	0.631	0.496
	2	0.799	0.627
17	1.5	0.787	0.618
	2	1.01	0.791
	2.5	1.201	0.946
	3	1.38	1.09
19	1.5	0.891	0.700
	2	1.15	0.899
	2.5	1.38	1.08
	3	1.59	1.25
22	1.5	1.05	0.822
	2	1.35	1.06
	2.5	1.64	1.29
	3	1.90	1.49
24	2	1.49	1.17
	2.5	1.81	1.42
	3	2.11	1.66
	4	2.64	2.07
27	2	1.70	1.33
	2.5	2.07	1.63
	3	2.42	1.90
	3.5	2.75	2.16
	4	3.06	2.40

基本尺寸		截面面积 F/cm^2	理论重量（kg/m）
B	S		
mm			
30	2	1.91	1.50
	2.5	2.33	1.83
	3	2.73	2.15
	3.5	3.11	2.44
	4	3.47	2.73
32	2	2.05	1.61
	2.5	2.50	1.97
	3	2.94	2.31
	3.5	3.36	2.63
	4	3.75	2.94
36	2	2.32	1.82
	2.5	2.85	2.24
	3	3.36	2.64
	3.5	3.84	3.02
	4	4.31	3.38
41	3	3.88	3.04
	3.5	4.45	3.49
	4	5.00	3.92
	4.5	5.53	4.34
	5	6.03	4.74
46	3	4.40	3.45
	3.5	5.05	3.97
	4	5.69	4.47
	4.5	6.31	4.95
	5	6.90	5.42
55	3	5.33	4.19
	3.5	6.15	4.82
	4	6.94	5.45
	4.5	7.71	6.05
	5	8.46	6.64

基本尺寸		截面面积 F/cm^2	理论重量（kg/m）
B	S		
mm			
	3	6.37	5.00
	3.5	7.36	5.78
65	4	8.32	6.53
	4.5	9.27	7.28
	5	10.19	8.00
	4	9.71	7.62
	4.5	10.83	8.50
75	5	11.92	9.36
	5.5	13.00	10.20
	6	14.05	11.03
	4	11.09	8.71
	4.5	12.39	9.72
85	5	13.65	10.72
	5.5	14.90	11.70
	6	16.13	12.66
	4	12.48	9.80
	4.5	13.94	10.95
95	5	15.39	12.08
	5.5	16.81	13.19
	6	18.21	14.29
	4	13.87	10.88
	4.5	15.50	12.17
105	5	17.12	13.44
	5.5	18.71	14.69
	6	20.29	15.92

注：1. 理论重量/（kg/m）＝0.02719S（B－1.2327S）式中：B——六角钢管的长和宽（mm）；S——六角钢管的公称壁厚（mm）。

2. 是以钢管 R＝1.55S 时，钢管密度为 7.85 kg/dm³ 计算的。

表 3-225 冷拔无缝直角梯形钢管的尺寸规格

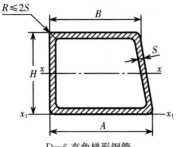

D—6 直角梯形钢管

基本尺寸 mm				截面面积 F/cm²	理论重量（kg/m）
A	B	H	S		
25	10	30	2	1.68	1.32
30	25	20	2	1.68	1.32
		30	1.5	1.59	1.25
32	25	20	2	1.72	1.35
35	20	35	1.8	2.07	1.62
	30	25	2	2.09	1.64
	25	30	2	2.18	1.71
45	40	60	1.5	2.95	2.31
	32	50	1.8	3.01	2.36
50	40	35	1.5	2.27	1.78
		30	1.5	2.12	1.66
		30	1.7	2.39	1.87
	35	60	2.2	4.25	3.34
	45	30	1.2	1.77	1.39
			1.4	2.05	1.61
			1.7	2.47	1.94
			1.8	2.61	2.05
			2	2.89	2.27
	40		1.8	2.97	2.33
53	48	47	1.7	3.16	2.48

基本尺寸 mm				截面面积 F/cm^2	理论重量(kg/m)
A	B	H	S		
55	50	40	1.8	3.15	2.48
60	55	50	1.5	3.1	2.43

注：1. 理论重量（kg/m）$= \left\{ 2HS + AS + BS - \dfrac{\alpha}{\tan\dfrac{\alpha}{2}} + 0.01746\alpha - 4.75829S^2 \right\} \times$

0.00785

$\alpha = \arctan\dfrac{H}{A-B}$

式中：A、B——直角梯形钢管的下底和上底(mm)；

2. 是以钢管 $R = 1.55S$ 时，钢管密度为 $7.85\,kg/dm^3$ 计算的。

表 3-226　冷拔异型钢管的允许偏差　（单位：mm）

尺寸			允许偏差	
			普通级	高级
边长		≤30	±0.30	±0.20
		>30~50	±0.40	±0.30
		>50~75	±0.80%	±0.70%
		>75	±1.00%	±0.80%
壁厚		≤1	±0.18	±0.12
		>1~3	+15% −10%	+12.5% −10%
		>3	+12.5% −10%	±10%
边凹凸度	边长	≤30	0.20	0.10
		>30~50	0.30	0.15
		>50~75	0.80%	0.50%
		>75	0.90%	0.60%

注：尺寸允许偏差应在合同中注明，否则按普通级交货。

表 3-227　冷拔异型钢管的外圆角半径　（单位：mm）

壁厚 S	$S \leqslant 0.6$	$6 < S \leqslant 10$	$S > 10$
外圆角半径(R)	≤2.0S	≤2.5S	≤3.0S

表3-228 冷拔异型钢管的直线度

精度等级	直线度/(mm/m)	总直线度(%)
普通级	≤4.0	≤0.4
高级	≤2.0	≤0.2

注:精度等级应在合同中注明,如未注明则按普通级交货。

表3-229 方形钢管、矩形钢管和直角菱形钢管的扭转值

钢管边长/mm	允许扭转值/(mm/m)
≤30	≤1.5
>30～50	≤2.0
>50～75	≤2.5
>75	≤3.0

三、焊接钢管

1. 直缝电焊钢管(GB/T 13793—2008)

(1)用途:适用于各种结构件、零件和流体输送管道。

(2)尺寸规格见表3-230。

(3)允许偏差见表3-231。

表3-230 直缝电焊钢管的尺寸规格

外径/mm	壁 厚/mm															
	0.5	0.6	0.8	1.0	1.2	1.4	1.5	1.6	1.8	2.0	2.2	2.5	2.8	3.0	3.2	3.5
	钢管的理论重量/(kg/m)															
5	0.055	0.065	0.083	0.099												
8	0.092	0.109	0.142	0.173	0.201											
10	0.117	0.139	0.181	0.222	0.260											
12	0.142	0.169	0.221	0.271	0.320	0.366	0.388	0.410								
13		0.183	0.241	0.296	0.343	0.400	0.425	0.450								
14		0.198	0.260	0.321	0.379	0.435	0.462	0.489								
15		0.123	0.280	0.345	0.408	0.470	0.499	0.529								
16		0.228	0.300	0.370	0.438	0.504	0.536	0.568								
17		0.243	0.320	0.395	0.468	0.359	0.573	0.608								
18		0.257	0.339	0.419	0.497	0.573	0.610	0.647								
19		0.272	0.359	0.444	0.527	0.608	0.647	0.687								
20		0.287	0.379	0.469	0.556	0.642	0.084	0.726	0.808	0.888						

钢管的理论重量/(kg/m)

外径/mm	壁 厚/mm															
	0.5	0.6	0.8	1.0	1.2	1.4	1.5	1.6	1.8	2.0	2.2	2.5	2.8	3.0	3.2	3.5
21			0.399	0.493	0.586	0.677	0.721	0.765	0.852	0.937						
22			0.418	0.518	0.616	0.711	0.758	0.805	0.897	0.986	1.074					
25			0.477	0.592	0.704	0.815	0.869	0.923	1.030	1.134	1.237	1.387				
28			0.537	0.666	0.793	0.918	0.980	1.0412	1.163	1.282	1.400	1.572	1.740			
30			0.576	0.715	0.852	0.987	1.054	1.121	1.252	1.381	1.508	1.695	1.878	1.997		
32				0.764	0.911	1.065	1.128	1.199	1.341	1.480	1.617	1.1819	2.016	2.145		
34				0.814	0.971	1.125	1.202	1.278	1.429	1.578	1.725	1.942	2.154	2.293		
37				0.888	1.059	1.229	1.313	1.397	1.562	1.726	1.888	2.127	2.361	2.515		
38				0.912	1.089	1.264	1.350	1.436	1.607	1.776	1.942	2.189	2.430	2.589	2.746	2.978
40				0.962	1.148	1.333	1.424	1.515	1.696	1.874	2.051	2.312	2.569	2.737	2.904	3.150
45				1.09	1.30	1.51	1.61	1.71	1.92	2.12	2.32	2.62	2.91	3.11	3.30	3.58
46					1.33	1.54	1.65	1.75	1.96	2.17	2.38	2.68	2.98	3.18	3.38	3.668
48					1.38	1.61	1.72	1.83	2.05	2.27	2.48	2.81	3.12	3.33	3.54	3.84
50					1.44	1.68	1.79	1.91	2.14	2.37	2.59	2.93	3.26	3.48	3.69	4.01
51					1.47	1.71	1.83	1.95	2.18	2.42	2.65	2.99	3.33	3.55	3.77	4.10
53					1.53	1.78	1.90	2.03	2.27	2.52	2.76	3.11	3.47	3.70	3.93	4.27
54					1.56	1.82	1.94	2.07	2.32	2.56	2.81	3.17	3.54	3.77	4.01	4.36
60					1.74	2.02	2.16	2.30	2.58	2.86	3.14	3.54	3.95	4.22	4.48	4.88
63.5					1.84	2.14	2.29	2.44	2.74	3.03	3.33	3.76	4.19	4.48	4.79	5.18
65							2.35	2.50	2.81	3.11	3.41	3.85	4.29	4.59	4.88	5.31
70						2.37		2.70	3.03	3.35	3.68	4.16	4.64	4.96	5.27	5.74
76							2.76	2.94	3.29	3.65	4.00	4.53	5.05	5.40	5.74	6.26
80							2.90	3.09	3.47	3.85	4.22	4.78	5.33	5.70	6.06	6.60
83							3.01	3.21	3.60	3.99	4.38	4.96	5.54	5.92	6.30	6.86
89							3.24	3.45	3.87	4.29	4.71	5.33	5.95	6.36	6.77	7.38
95							3.46	3.69	4.14	4.59	5.03	5.70	6.37	6.81	7.24	7.90
101.6							3.70	3.95	4.43	4.91	5.39	6.11	6.82	7.29	7.76	8.47
102							3.72	3.96	4.45	4.93	5.41	6.13	6.85	7.32	7.80	8.50

续表

外径/mm	壁厚/mm															
	0.5	0.6	0.8	1.0	1.2	1.4	1.5	1.6	1.8	2.0	2.2	2.5	2.8	3.0	3.2	3.5
	钢管的理论重量/(kg/m)															
108														7.77	8.72	9.02
114														8.21	8.74	9.54
114.3														8.23	8.77	9.56
121														8.73	9.30	10.14
127														9.17	9.77	10.66
133																11.18
139.3																11.72
140																11.78
152																12.82

外径/mm	壁厚/mm															
	3.8	4.0	4.2	4.5	4.8	5.0	5.4	5.6	6.0	6.5	7.0	8.0	9.0	10.0	11.0	12.0
	钢管的理论重量/(kg/m)															
108	9.76	10.26	10.75	11.49	12.22	12.70										
114	10.33	10.85	11.37	12.15	12.93	13.44	14.46	14.97								
114.3	10.35	10.88	11.40	12.18	12.96	13.48	14.50	15.01								
121	10.98	11.54	12.10	12.93	13.75	14.30	15.39	15.94								
127	11.51	12.13	12.72	13.59	14.46	15.04	16.19	16.76	17.90							
133	12.11	12.72	13.34	14.26	15.17	15.78	16.99	17.59	18.79							
139.3	12.70	13.35	13.99	14.96	15.92	16.56	17.83	18.46	19.72							
140	12.76	13.42	14.07	15.04	16.00	16.65	17.92	18.56	19.83							
152	13.80	14.60	15.31	16.37	17.42	18.13	19.52	20.22	21.60							
159		15.3	16.0	17.1	18.3	19.0	20.5	21.2	22.6	24.4	26.2					
165.1		15.9	16.7	17.8	19.0	19.7	21.3	22.0	23.5	25.4	27.3					
168.3		16.2	17.0	18.2	19.4	20.1	21.7	22.5	24.0	25.9	27.8					
177.8		17.1	18.0	19.2	20.5	21.3	23.0	23.8	25.4	27.5	29.5	33.5				
180		17.4	18.2	19.5	20.7	21.6	23.3	24.1	25.7	27.8	29.9	33.9				
193.7		18.7	19.6	21.0	22.4	23.3	25.1	26.0	27.8	30.0	32.2	36.6				
203			22.0	23.5	24.4	26.3	27.3	29.1	31.5	33.8	38.5					

续表

外径/mm	壁厚/mm														
	3.8	4.0	4.2	4.5	4.8	5.0	5.4	5.6	6.0	6.5	7.0	8.0	9.0	10.0	11.0	12.0
	钢管的理论重量/(kg/m)															
219.1			23.8	25.4	26.4	28.5	29.5	31.5	34.1	36.6	41.6	46.6				
244.5				26.6	28.4	29.5	31.8	33.0	35.3	38.1	41.0	46.7	52.3			
267						32.3	34.8	36.1	38.6	41.8	44.9	51.1	57.3	63.4		
273						33.0	35.6	36.9	39.5	39.5	42.7	48.9	52.3	58.6	64.9	
298.5							40.4	43.3	46.8	50.3	57.3	54.3	71.1	78.0		
323.9								44.0	47.0	50.9	54.7	62.3	69.9	77.4	84.9	
325									47.2	51.1	54.9	62.5	70.1	77.7	85.2	
351									51.0	55.2	59.4	67.7	75.9	84.1	92.2	
355.6									51.7	56.0	60.2	68.6	76.9	85.2	93.5	101.7
368									53.6	57.9	62.3	71.0	79.7	88.3	96.8	105.3
377									54.9	59.4	63.9	72.8	81.7	90.5	99.28	108.0
402									58.6	63.4	68.2	77.7	87.2	96.7	106.1	115.4
406.4									59.2	64.1	68.9	78.6	88.2	97.8	107.3	116.7
419									61.1	66.1	71.1	81.1	91.0	100.9	110.7	120.4
426									62.1	67.2	72.3	82.5	92.5	102.6	112.6	122.5
457									66.7	72.2	77.7	88.5	99.4	110.2	121.0	131.7
478									69.8	75.6	81.3	92.7	104.1	115.4	126.7	131.7
480									70.1	75.9	81.6	93.1	104.5	115.9	127.2	138.5
508									74.3	80.4	85.5	98.6	110.7	122.8	134.8	146.8

表3-231 直缝电焊钢管的外径和壁厚允许偏差(单位:mm)

外 径	高精度 D_1	较高精度 D_2	普通精度 D_3
5～20	±0.10	±0.20	±0.30
21～30		±0.25	
31～40	±0.15	±0.30	±0.50
41～50	±0.20	±0.35	
51～323.9	±0.5%	±0.8%	±1.0%
>323.9	±0.0.7%		

壁 厚	高精度 S_1	较高精度 S_2	普通精度 S_3
0.05	$+0.03$ -0.05	±0.06	±0.10
0.60	$+0.04$	±0.07	
0.80	-0.07	±0.08	
1.0	$+0.05$	±0.09	$\pm10\%$
1.2	-0.09	±0.11	
1.4	$+0.06$	±0.12	
1.5	-0.11	±0.13	
1.6	$+0.07$ -0.13	±0.14	
1.8			
2.0		±0.15	
2.2		±0.16	
2.5	$+0.08$ -0.16	±0.17	
2.8		±0.18	
3.0			
3.2	$+0.10$ -0.20	±0.20	
3.5			
3.8		±0.22	
4.0			
4.2～5.5	—	$\pm8\%$	
>5.5	—	$\pm10\%$	$\pm15\%$

2. 低压流体输送用焊接钢管 (GB/T 3091—2008)

(1)用途:适用于水、污水、燃气、空气、采暖蒸气等低压流体输送用和其他结构用的直缝焊接钢管。

(2)尺寸规格见表 3-232、表 3-233。

(3)允许偏差见表 3-234。

(4)重量系数见表 3-235

(5)工艺性能见表 3-236。

表 3-232　公称外径≤168.3mm 钢管的尺寸规格

公称内径 （mm）	公称外径 （mm）	普通钢管		加厚钢管	
		公称壁厚 （mm）	理论重量 （kg/m）	公称壁厚 （mm）	理论重量 （kg/m）
6	10.2	2.0	0.40	2.5	0.47
8	13.5	2.5	0.68	2.8	0.74
10	17.2	2.5	0.91	2.8	0.99
15	21.3	2.8	1.28	3.5	1.54
20	26.9	2.8	1.66	3.5	2.02
25	33.7	3.2	2.41	4.0	2.93
32	42.4	3.5	3.36	4.0	3.79
40	48.3	3.5	3.87	4.5	4.86
50	60.3	3.8	5.29	4.5	6.19
65	76.1	4.0	7.11	4.5	7.95
80	88.9	4.0	8.38	5.0	10.35
100	114.3	4.0	10.88	5.0	13.48
125	139.7	4.0	13.39	5.5	18.20
150	168.3	4.5	18.18	6.0	24.02

注:1. 表中的公称内径是名义尺寸,不表示公称外径减去公称壁厚所得到的内径。

2. 根据需方要求,可供表中规定以外尺寸的钢管。

表 3-233　公称外径＞168.3mm 钢管的尺寸规格

公称 外径 mm	公称壁厚/mm														
	4.0	4.5	5.0	5.5	6.0	6.5	7.0	8.0	9.0	10.0	11.0	12.5	14.0	15.0	16.0
	理论重量/(kg/m)														
177.8	17.14	19.23	21.31	23.37	25.42										
193.7	18.71	21.00	23.27	25.53	27.77										
219.1	21.22	23.82	26.40	28.97	31.53	34.08	36.61	41.65	46.63	51.57					
244.5	23.72	26.63	29.53	32.42	35.29	38.15	41.00	46.66	52.27	57.83					
273.0			33.05	36.28	39.51	42.72	45.92	52.28	58.60	64.86					
323.9			39.32	43.19	47.04	50.88	54.71	62.32	69.89	77.41	84.88	95.99			
355.6				47.49	51.73	55.96	60.18	68.58	76.93	85.23	93.48	105.77			
406.4				54.38	59.25	64.10	68.95	78.60	88.20	97.76	107.26	121.43			
457.2				61.27	66.76	72.25	77.72	88.62	99.48	110.29	121.04	137.09			
508				68.16	74.28	80.39	86.49	98.65	110.75	122.81	134.82	152.75			

续表

公称外径 mm	公称壁厚/mm														
	4.0	4.5	5.0	5.5	6.0	6.5	7.0	8.0	9.0	10.0	11.0	12.5	14.0	15.0	16.0
	理论重量/(kg/m)														
559				75.08	81.83	88.57	95.29	108.71	122.07	135.39	148.66	168.47	188.17	201.24	214.26
610				81.99	89.37	96.74	104.10	118.77	133.39	147.97	162.49	184.19	205.78	220.10	234.38

公称外径 mm	公称壁厚/mm															
	6.0	6.5	7.0	8.0	9.0	10.0	11.0	13.0	14.0	15.0	16.0	18.0	19.0	20.0	22.0	25.0
	理论重量/(kg/m)															
660	96.77	104.76	112.73	128.63	144.49	160.30	176.06	207.43	223.04	238.60	254.11	284.99	300.35	315.67	346.15	391.50
711	104.32	112.93	121.53	138.70	155.81	172.88	189.89	223.78	240.65	257.47	274.24	307.63	324.25	340.82	373.82	422.94
762	111.86	121.11	130.34	148.76	167.13	185.45	203.72	240.13	258.26	276.33	294.36	330.27	348.15	365.98	401.49	454.39
813	119.41	129.28	139.14	158.82	178.45	198.03	217.56	256.48	275.86	295.20	314.48	352.91	372.04	391.13	429.16	485.83
864	126.96	137.46	147.94	168.88	189.77	210.61	231.40	272.83	293.47	314.06	334.61	375.55	395.94	416.29	456.83	517.27
914	134.36	145.47	156.58	178.75	200.87	222.94	244.96	288.86	310.73	332.56	354.34	397.74	419.37	440.95	483.96	548.10
1016	149.45	161.82	174.18	198.87	223.51	248.09	272.63	321.56	345.95	370.29	394.58	443.02	467.16	491.26	539.30	610.99
1067	157.00	170.00	182.99	208.93	234.83	260.67	286.47	337.97	363.56	389.16	414.71	465.66	491.06	516.41	566.97	642.43
1118	164.54	178.17	191.79	218.99	246.15	273.25	300.30	354.37	381.17	408.02	434.83	488.30	514.96	541.57	594.64	673.86
1168	171.94	186.19	200.42	228.86	257.24	285.58	313.87	370.39	398.43	426.52	454.56	510.49	538.39	566.23	621.77	704.70
1219	179.49	194.36	209.23	238.92	268.56	298.16	327.70	386.64	416.04	445.39	474.68	533.13	562.28	591.38	649.77	736.15
1321	194.58	210.71	226.23	259.04	291.20	323.31	355.37	419.30	451.26	483.12	514.93	578.41	610.08	641.69	704.78	799.00
1422	209.52	226.90	244.27	278.97	313.62	348.22	382.77	451.72	486.13	520.48	554.79	623.25	657.40	691.51	759.57	861.30
1524	224.62	243.25	261.88	299.09	336.26	373.38	410.44	484.43	521.34	558.21	595.03	668.52	705.20	741.82	814.91	924.19
1626	239.71	259.61	279.49	319.22	358.90	398.53	438.11	517.15	556.56	595.95	635.28	713.80	752.99	792.13	870.26	987.08

表 3-234　钢管外径、壁厚的允许偏差

公称外径 D/mm	管体外径 允许偏差	管端外径允许偏差/mm （距管端 100mm 范围内）	壁厚允许偏差
≤48.3	±0.5mm	—	
48.3<～168.3	±1.0%	—	
168.3<～508	±0.75%	+2.4 −0.8	±12.5%
D>508	±1.0%	+3.0 −0.8	

注:钢管的圆度应≤公称外径的±0.75%。

483

表 3-235　镀锌钢管比黑管增加的重量系数

公称壁厚 S/mm	2.0	2.5	2.8	3.2	3.5	3.8	4.0	4.5
系数 c	1.064	1.051	1.045	1.040	1.036	1.034	1.032	1.028
公称壁厚 S/mm	5.0	5.5	6.0	6.5	7.0	8.0	9.0	10.0
系数 c	1.025	1.023	1.021	1.020	1.018	1.016	1.014	1.013

表 3-236　钢管的液压试验压力值

钢管公称外径 D/mm	试验压力值/MPa
≤168.3	3
168.3＜～323.9	5
323.9～508	3
D＞508	2.5

3. 流体输送用不锈钢焊接钢管(GB/T 12771—2008)

1)用途:用于腐蚀性流体的输送和腐蚀性气氛下工作的中、低压流体管道。

2)尺寸规格:表 3-237。

3)允许偏差:见表 3-238 至表 3-240。

4)交货重量管可按理论重量或实际重量交货,应在合同中注明。按理论重量交货时,其计算公式如下:

$$W=\pi S(D-S\rho/1000)$$

式中:W——钢管的理论重量（kg/m）;π——圆周率;S——钢管的公称壁厚（mm）;D——钢管的公称外径（mm）;ρ——钢的密度（kg/dm³）,见表 3-241。

表 3-294　流体输送用不锈钢焊接钢管的尺寸规格　（单位:mm）

外径 D		壁厚 S														
		0.3	0.4	0.5	0.6	0.8	1.0	1.2	1.4	1.5	1.8	2.0	2.2	2.5	2.8	3.0	3.2
8		◎	◎	◎	◎	◎	◎										
	(9.5)	◎	◎	◎	◎	◎	◎										
12		◎	◎	◎	◎	◎	◎	◎	◎								
	(12.7)	◎	◎	◎	◎		◎		◎								
13				◎	◎	◎	◎			◎		◎					
14				◎	◎	◎	◎	◎		◎		◎					
16					◎	◎	◎	◎		◎		◎	⊙				
18					◎	◎	◎	◎		◎		◎	⊙				
19					◎	◎	◎	◎		◎		⊙	⊙				
20					◎	◎	◎	◎		◎		◎	⊙	⊙			

外径D		壁厚S															
		0.3	0.4	0.5	0.6	0.8	1.0	1.2	1.4	1.5	1.8	2.0	2.2	2.5	2.8	3.0	3.2
	(21.3)					◎	◎	◎	◎	◎	◎	⊙	⊙				
22						◎	◎	◎	◎	◎	◎	⊙	⊙				
25						◎	◎	◎	◎	◎	◎	⊙	⊙	⊙			
	(25.4)					◎	◎	◎	◎	◎	◎	⊙	⊙	⊙			
	(26.7)					◎	◎	◎	◎	◎	◎	⊙	⊙	⊙			
28							◎	◎	◎	◎	◎	⊙	⊙	⊙			
30							◎	◎	◎	◎	◎	⊙	⊙	⊙			
	(31.8)						◎	◎	◎	◎	◎	⊙	⊙	⊙	⊙	⊙	
32							◎	◎	◎	◎	◎	⊙	⊙	⊙	⊙	⊙	
	(33.4)						◎	◎	◎	◎	◎	⊙	⊙	⊙	⊙	⊙	
36							◎	◎	◎	◎	◎	⊙	⊙	⊙	⊙	⊙	
38							◎	◎	◎	◎	◎	⊙	⊙	⊙	⊙	⊙	
	(38.1)						◎	◎	◎	◎	◎	⊙	⊙	⊙	⊙	⊙	
40							◎	◎	◎	◎	◎	⊙	⊙	⊙	⊙	⊙	
	(42.3)						◎	◎	◎	◎	◎	⊙	⊙	⊙	⊙	⊙	
45							◎	◎	◎	◎	◎	⊙	⊙	⊙	⊙	⊙	
48							◎	◎	◎	◎	◎	⊙	⊙	⊙	⊙	⊙	
	(48.3)						◎	◎	◎	◎	◎	⊙	⊙	⊙	⊙	⊙	
	(50.8)						◎	◎	◎	◎	◎	⊙	⊙	⊙	⊙	⊙	
57							◎	◎	◎	◎	◎	⊙	⊙	⊙	⊙	⊙	⊙
	(60.3)							◎	◎	◎	◎	⊙	⊙	⊙	⊙	⊙	⊙
	(63.5)							◎	◎	◎	◎	⊙	⊙	⊙	⊙	⊙	⊙
76										◎	◎	◎	⊙	⊙	⊙	⊙	⊙

外径D		壁厚S											
		1.5	1.8	2.0	2.2	2.5	2.8	3.0	3.2	3.5	3.6	4.0	4.2
	(88.9)	◎	◎	⊙	⊙	⊙	⊙	⊙	⊙	⊙	⊙	⊙	
89		◎	◎	⊙	⊙	⊙	⊙	⊙	⊙	⊙	⊙	⊙	
	(101.6)	◎	◎	⊙	⊙	⊙	⊙	⊙	⊙	⊙	⊙	⊙	
102		◎	◎	⊙	⊙	⊙	⊙	⊙	⊙	⊙	⊙	⊙	
108			◎	◎	⊙	⊙	⊙	⊙	⊙	⊙	⊙	⊙	

续表

外径D		壁厚S											
		1.5	1.8	2.0	2.2	2.5	2.8	3.0	3.2	3.5	3.6	4.0	4.2
114			◎	⊙	⊙	⊙	⊙	⊙	⊙	⊙	⊙	⊙	○
	(114.3)		◎	⊙	⊙	⊙	⊙	⊙	⊙	⊙	⊙	⊙	○
133				⊙	⊙	⊙	⊙	⊙	⊙	⊙	⊙	⊙	○
	(139.7)		⊙		⊙	⊙	⊙	⊙	⊙	⊙	⊙	⊙	○
	(141.3)			⊙	⊙	⊙	⊙	⊙	⊙	⊙	⊙	⊙	○
159				⊙	⊙	⊙	⊙	⊙	⊙	⊙	⊙	⊙	○
	(168.3)				⊙	⊙	⊙	⊙	⊙	⊙	⊙	⊙	○
219						⊙	⊙	⊙	⊙	⊙	⊙	⊙	○
	(219.1)					⊙	⊙	⊙	⊙	⊙	⊙	⊙	○
273									⊙	⊙	⊙	⊙	○
	(323.9)								⊙	⊙	⊙	⊙	○
325									⊙	⊙	⊙	⊙	○
	(355.6)												
377													
400													
	(406.4)												
426													
450													
	(457.2)												
478													
500													
508													
529													
550													
	(558.8)												
600													
	(609.6)												
630													

外径 D		壁厚 S									
		4.6	4.8	5.0	5.5	6.0	8.0	10	12	14	16
	(88.9)										
89											
	(101.6)										
102											
108											
114		○	○	○							
	(114.3)	○	○	○							
133		○	○	○	○	○					
	(139.7)	○	○	○	○	○					
	(141.3)	○	○	○	○	○					
159		○	○	○	○	○	○				
	(168.3)	○	○	○	○	○	○				
219		○	○	○	○	○	○	○	○		
	(219.1)	○	○	○	○	○	○	○	○		
273		○	○	○	○	○	○	○	○		
	(323.9)	○	○	○	○	○	○	○	○	○	
325		○	○	○	○	○	○	○	○		
	(355.6)			○	○	○	○	○	○	○	
377				○	○	○	○	○	○	○	
400				○	○	○	○	○	○	○	
	(406.4)			○	○	○	○	○	○	○	
426						○	○	○	○	○	
450						○	○	○	○	○	
	(457.2)					○	○	○	○	○	
478						○	○	○	○	○	
500						○	○	○	○	○	
508						○	○	○	○	○	
529						○	○	○	○	○	
550						○	○	○	○	○	

外径 D		壁厚 S									
		4.6	4.8	5.0	5.5	6.0	8.0	10	12	14	16
	(558.8)					○	○	○	○	○	
600						○	○	○	○	○	
	(609.6)					○	○	○	○	○	○
630						○	○	○	○	○	○

注：1.◎—采用冷轧板(带)制造；○—采用热轧板(带)制造；⊙—采用冷轧板(带)或热轧板(带)制造。

2.括号内为英制规格相应的公制单位尺寸。钢管的通常长度为2~8m。

3.钢管按供应状态分为四类：焊接状态(H)、热处理状态(T)、冷拔(轧)状态(WC)、磨(抛光)状态(SP)。

表 3-238 流体输送用不锈钢焊接钢管的外径允许偏差 (单位:mm)

类　别	外径 D	允 许 偏 差	
		较高级(A)	普通级(B)
焊接状态	<20	±0.20	±0.30
	20~<50	±0.40	±0.50
	≥50	±0.8%D	±1.0%D
热处理状态	<13	±0.20	±0.25
	13~<25	±0.30	±0.40
	25~<40	±0.40	±0.60
	40~<65	±0.60	±0.80
	65~<90	±0.80	±1.00
	90~<140	±0.100	±1.20
	140~<300	±1.0%D	±1.5%D
	300~<500	±0.8%D	±1.0%D
	≥500	按协议	按协议
冷拔(轧)状态 或磨抛光状态	<25	±0.10	±0.12
	25~<40	±0.12	±0.15
	40~<50	±0.15	±0.18
	50~<60	±0.18	±0.20
	60~<70	±0.20	±0.23
	70~<80	±0.23	±0.25

类　别	外径 D	允　许　偏　差	
		较高级(A)	普通级(B)
冷拔(轧)状态 或磨抛光状态	80～<90	±0.25	±0.30
	90～<100	±0.30	±0.40
	≥100	±0.4%D	±0.5%D

表 3-239　流体输送用不锈钢焊接钢管的壁厚允许偏差　（单位:mm）

钢板(带)料状态	壁厚 S	壁厚允许偏差
热轧钢板(带)或热轧纵剪钢带	≤4	+0.50 −0.60
	>4	±10%S
冷轧钢板(带)或冷轧纵剪钢带	≤0.5	±0.10
	>0.5～1	±0.15
	>1～2	±0.20
	>2	±10%S

表 3-240　流体输送用不锈钢焊接钢管的直线度

钢管外径/mm	弯曲度/(mm/m)
≤17	—
>17～140	≤2.0
>140	≤2.5

表 3-241　钢　的　密　度

牌　　号	密度 /(kg/dm)	计算公式
1Cr18Ni9,0Cr18Ni9,00Cr19Ni10, 0Cr18Ni10Ti,1Cr18Ni9Ti	7.93	$W=0.02491S(D-S)$
0Cr25Ni20,0Cr17Ni12Mo2, 00Cr17Ni14Mo2,0Cr18Ni11Nb	7.98	$W=0.02507S(D-S)$
00Cr17	7.70	$W=0.02419S(D-S)$
0Cr13,00Cr18Mo2,0Cr13Al	7.75	$W=0.02435S(D-S)$

4. 机械结构用不锈钢焊接钢管(GB/T 12700—2002)

(1)用途:用于制造机械、汽车、自行车、装饰及其他机械部件与结构件。

(2)尺寸规格和允许偏差:见表 3-242。

表 3-242 机械结构用不锈钢焊接钢管的尺寸规格和允许偏差

名　　称	说　　明
钢管外径和壁厚尺寸规格	外径和壁厚见表 3-294(壁厚 0.3 mm、0.4 mm 不适用 GB/T 12770)
钢管的尺寸允许偏差	外径和壁厚允许偏差见表 3-238、表 3-239。

5. 带式输送机托辊用电焊钢管(GB/T 13793—2008)

(1)用途:适用于带式输送机托辊用电焊钢管。

(2)尺寸规格:见表 3-243。

表 3-243 带式输送机托辊用电焊钢管的尺寸规格及允许偏差

外径 D/mm	壁厚 S/mm	理论重量 /(kg/m)	允许偏差/mm				同截面壁厚差
			外　　径		壁　　厚		
			普通级	较高级	普通级	较高级	
63.5	3.2	4.76	±0.50	±0.30	±0.32	±0.24	
	4.5	6.55			±0.45	±0.34	
76.0	3.2	5.74			±0.32	±0.24	
	4.5	7.93			±0.45	±0.34	
89.0	3.2	6.77	±0.60	±0.40	±0.32	±0.24	
	4.5	9.38			±0.45	±0.34	
108.0	3.2	8.27	±0.70		±0.32	±0.24	
	4.5	11.49			±0.45	±0.34	≤7.5%
133.0	4.5	14.26	±0.80			±0.34	
	5.0	15.78			±0.50	±0.38	
159.0	4.5	17.14	±0.90	±0.60	±0.45	±0.34	
	5.0	18.99			±0.50	±0.38	
	6.0	22.64			±0.60	±0.45	
194.0	5.0	23.30	±1.0		±0.50	±0.38	
	6.0	27.32		±0.80	±0.60	±0.45	
219.0	5.0	26.39	±1.1		±0.50	±0.38	
	6.0	31.52			±0.60	±0.45	

注:钢管通常长度为 4～10 m。

第四节　钢　丝

一、钢丝综合

1. 钢丝的分类

钢丝的分类见表3-244。

表 3-244　钢丝的分类

序号	分类方法	分类名称	说明
1	按横截面形状分	(1)圆形钢丝	
		(2)异形钢丝	
		1)方形钢丝	
		2)矩形钢丝	
		3)菱形钢丝	
		4)扁形钢丝	
		5)梯形钢丝	
		6)三角形钢丝	
		7)六角形钢丝	
		8)椭圆形钢丝	
		9)弓形钢丝	
		10)扁形钢丝	
		11)半圆形钢丝	
		12)Z字形钢丝	
		13)周期断面钢丝	
		14)特殊断面钢丝	
2	按尺寸分	(1)特细钢丝	直径或截面尺寸≤0.10mm 的钢丝
		(2)细钢丝	直径或截面尺寸>0.1~0.50mm 钢丝
		(3)较细钢丝	直径或截面尺寸>0.50~1.50mm 钢丝
		(4)中等钢丝	直径或截面尺寸>1.5~3.0mm 的钢线
		(5)较粗钢丝	直径或截面尺寸>3.0~6.0mm 的钢线
		(6)粗钢丝	直径或截面尺寸>6.0~8.0mm 的钢丝
		(7)特粗钢丝	直径或截面尺寸>8.0mm 的钢丝

序号	分类方法	分类名称	说明
3	按化学成分（质量分数）分	(1)低碳钢丝	含碳量≤0.25%的碳素钢丝
		(2)中碳钢丝	含碳量>0.25%～0.60%的碳素钢丝
		(3)高碳钢丝	含碳量>0.60%的碳素钢丝
		(4)低合金钢丝	含合金元素成分总量≤5%
		(5)中合金钢丝	含合金元素成分总量>5.0%～10.0%
		(6)高合金钢丝	含合金元素成分总量>10.0%
		(7)特殊性能合金丝	
4	按最终热处理方法分	(1)退火钢丝	钢丝在加工过程中进行的中间热处理不作为分类的依据
		(2)正火钢丝	
		(3)淬火并回火（调质）钢丝	
		(4)索氏体化（派登脱）处理钢丝	
		(5)固溶处理钢丝	
5	按表面加工状态分	(1)按加工方法分 1)冷拉钢丝 2)冷轧钢丝 3)热拉钢丝 4)直条钢丝 5)银亮钢丝 ①抛光钢丝 ②磨光钢丝 (2)按表面状态分 1)光面钢丝 2)光亮热处理钢丝 3)酸洗钢丝 4)黑皮钢丝 5)镀层钢丝 （镀锌、锡、铜、铝和其他镀层）	加工过程中为了润滑而在钢丝表面涂有磷酸盐、铜和其他涂层的钢丝均不属镀层钢丝
6	按抗拉强度分	(1)低强度钢丝	抗拉强度≤500MPa 的钢丝
		(2)较低强度钢丝	抗拉强度>500～800MPa 的钢丝
		(3)普通强度钢丝	抗拉强度>800～1000MPa 的钢丝

序号	分类方法	分类名称	说明
6	按抗拉强度分	(4)较高强度钢丝	抗拉强度 1000～2000MPa 的钢丝
		(5)高强度钢丝	抗拉强度 2000～3000MPa 的钢丝
		(6)超高强度钢丝	
7	按用途分	(1)一般用途钢丝	
		(2)焊接钢丝	
		(3)捆扎包装钢丝	
		(4)制钉钢丝	
		(5)制网钢丝	
		(6)制绳钢丝	
		(7)链条钢丝	
		(8)印刷工业钢丝	
		(9)冷顶锻或冷冲压钢丝	
		(10)钢芯铝铰线钢丝	
		(11)铠装电缆钢丝	
		(12)架空通讯钢丝	
		(13)针布钢	
		(14)制针钢丝	
		(15)弹簧钢丝	
		(16)琴弦钢丝	
		(17)轮胎钢丝	
		(18)胶管钢丝	
		(19)不同结构钢丝	
		(20)辐条钢丝	
		(21)钟表业钢丝	
		(22)易切削钢丝	
		(23)滚动轴承钢丝	
		(24)工具钢丝	
		(25)预应力钢丝	
		(26)医疗器械钢丝	
		(27)精密元件钢丝	
		(28)电阻、电热丝	
		(29)不锈耐蚀丝	
		(30)其他用途丝	

2.冷拉圆钢丝、方钢丝、六角钢丝(GB/T 342—1997)

(1)用途:适用于直径为 0.05～16.0 mm 的圆钢丝;边长为 0.50～10.0 mm 的方钢丝;对边距离为 1.60～10mm 的六角钢丝。

(2)尺寸规格:见表 3-245。

(3)允许偏差:见表 3-246 至表 3-248。

表 3-245 冷拉钢丝,方钢丝,六角钢丝的尺寸规格

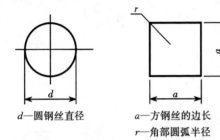

d—圆钢丝直径　　　　a—方钢丝的边长　　　　s—六角钢丝的对边距离

　　　　　　　　　　　r—角部圆弧半径　　　　r—角部圆弧半径

d、a、s 的公称尺寸/mm	圆形		方形		六角形	
	截面面积	理论重量	截面面积	理论重量	截面面积	理论重量
	/mm²	kg/1000m	/mm²	kg/1000m	/mm²	kg/1000m
0.050	0.0020	0.015	—	—	—	—
0.055	0.0024	0.019	—	—	—	—
0.063	0.0031	0.024	—	—	—	—
0.070	0.0038	0.030	—	—	—	—
0.080	0.0050	0.039	—	—	—	—
0.090	0.0064	0.050	—	—	—	—
0.10	0.0079	0.062	—	—	—	—
0.11	0.0095	0.075	—	—	—	—
0.12	0.0113	0.089	—	—	—	—
0.14	0.0154	0.121	—	—	—	—
0.16	0.0201	0.158	—	—	—	—
0.18	0.0254	0.200	—	—	—	—
0.20	0.0314	0.247	—	—	—	—

d、a、s 的 公称尺寸/mm	圆形		方形		六角形	
	截面面积 /mm²	理论重量 kg/1000m	截面面积 /mm²	理论重量 kg/1000m	截面面积 /mm²	理论重量 kg/1000m
0.22	0.0380	0.299	—	—	—	—
0.25	0.0491	0.386	—	—	—	—
0.28	0.0616	0.484	—	—	—	—
0.30	0.0707	0.555	—	—	—	—
0.32	0.0804	0.632	—	—	—	—
0.35	0.096	0.756	—	—	—	—
0.40	0.126	0.987	—	—	—	—
0.45	0.159	1.249	—	—	—	—
0.50	0.196	1.542	0.250	1.963	—	—
0.55	0.238	1.866	0.303	2.375	—	—
0.60	0.283	2.221	0.360	2.826	—	—
0.63	0.312	2.448	0.397	3.116	—	—
0.70	0.385	3.023	0.490	3.847	—	—
0.80	0.503	3.948	0.640	5.024	—	—
0.90	0.636	4.996	0.810	6.359	—	—
1.00	0.785	6.169	1.000	7.850	—	—
1.10	0.950	7.464	1.210	9.499	—	—
1.20	1.131	8.883	1.440	11.30	—	—
1.40	1.539	12.09	1.960	15.39	—	—
1.60	2.011	15.79	2.560	20.10	2.217	17.40
1.80	2.545	19.99	3.240	25.43	2.806	22.03
2.00	3.142	24.67	4.000	31.40	3.464	27.20
2.20	3.801	29.86	4.840	37.99	4.192	32.91
2.50	4.909	38.55	6.250	49.06	5.413	42.49
2.80	6.158	48.36	7.840	61.54	6.790	53.30
3.00	7.069	55.52	9.000	70.65	7.795	61.19
3.20	8.042	63.17	10.24	80.38	8.869	69.62
3.50	9.621	75.56	12.25	96.16	10.61	83.29
4.00	12.57	98.70	16.00	125.6	13.86	108.8
4.50	15.90	124.9	20.25	159.0	17.54	137.7

续表

d、a、s 的公称尺寸/mm	圆形		方形		六角形	
	截面面积	理论重量	截面面积	理论重量	截面面积	理论重量
	/mm²	kg/1000m	/mm²	kg/1000m	/mm²	kg/1000m
5.00	19.63	154.2	25.00	196.3	21.65	170.0
5.50	23.76	186.6	30.25	237.5	26.20	205.7
6.00	28.27	222.1	36.00	282.6	31.18	244.8
6.30	31.17	244.8	39.69	311.6	34.38	269.9
7.00	38.48	302.3	49.00	384.7	42.44	33.2
8.00	50.27	394.8	64.00	502.4	55.43	435.1
9.00	63.62	499.6	81.00	635.9	70.15	550.7
10.00	78.54	616.9	100.00	785.0	86.61	679.9
11.00	95.03	746.4	121.00	—	—	—
12.00	113.1	888.3	144.00	—	—	—
14.00	153.9	1209.0	196.00	—	—	—
16.00	201.1	1579.1	256.00	—	—	—

注：1.表中的理论重量是按密度为 7.85 g/cm³ 计算的。对特殊合金钢丝，应采用相应牌号的密度。

2.直条钢丝的长度通常为 2 000～4 000 mm，容许供应长度≥1 500 mm 的短尺钢丝，但其质量不得超过该批质量的 15%。

表3-246 冷拉圆钢丝、方钢丝、六角钢丝的允许偏差(1) （单位：mm)

钢丝尺寸	精度等级					
	JS8	JS9	JS10	JS11	JS12	JS13
	允许偏差(±)					
0.05～0.10	0.002	0.005	0.006	0.010	0.015	0.020
>0.10～0.30	0.003	0.006	0.009	0.014	0.022	0.029
>0.30～0.60	0.004	0.009	0.013	0.018	0.030	0.038
>0.60～1.00	0.005	0.011	0.018	0.023	0.035	0.045
>1.00～3.00	0.007	0.015	0.022	0.030	0.050	0.060
>3.00～6.00	0.009	0.020	0.028	0.040	0.062	0.080
>6.00～10.0	0.011	0.025	0.035	0.050	0.075	0.100
>10.0～16.0	0.013	0.030	0.045	0.060	0.090	0.120

注：1.钢丝尺寸的精度等级在相应的技术条件或合同中注明。

2.圆钢丝的圆度应≤直径公差之半，根据需方要求，可以供应其他圆度的钢丝。

3. 方钢丝的对角线差≤相应级别边长公差的0.7倍。

4. 直条钢丝每米直线度≤4mm。

表 3-247 冷拉圆钢丝、方钢丝、六角钢丝的尺寸允许偏差(2) (单位:mm)

钢丝尺寸	精度等级					
	h8	h9	h10	h11	h12	h13
	允许下偏差(上偏差为0)					
0.05~0.10	−0.004	−0.010	−0.012	−0.020	−0.030	−0.040
>0.10~0.30	−0.006	−0.012	−0.018	−0.028	−0.044	−0.058
>0.30~0.60	−0.008	−0.018	−0.026	−0.036	−0.060	−0.076
>0.60~1.00	−0.010	−0.022	−0.036	−0.046	−0.070	−0.090
>1.00~3.00	−0.014	−0.030	−0.044	−0.060	−0.100	−0.120
>3.00~6.00	−0.018	−0.040	−0.056	−0.080	−0.124	−0.160
>6.00~10.0	−0.022	−0.050	−0.070	−0.100	−0.150	−0.200
>10.0~16.0	−0.026	−0.060	−0.090	−0.120	−0.180	−0.240

表 3-248 冷拉圆钢丝、方钢丝、六角钢丝的允许偏差适用范围

钢丝截面形状	圆形	方形	六角形
适用范围	8~12	10~13	10~13

二、碳素钢丝

1. 一般用途低碳钢丝(YB/T 5294-2006)

(1)用途:冷拉钢丝也称光面钢丝,用于轻工业和建筑行业,如制钉、制作钢筋、焊接骨架、焊接网、水泥船织网、小五金等。退火钢丝又称黑铁丝,主要用于一般捆扎、牵拉、编织及轻镀锌制成镀锌低碳钢丝。镀锌钢丝也称铅丝,适用于需要耐腐蚀的捆绑、牵拉、编织等用途。

(2)分类见表3-249。

(3)允许偏差见表3-250、表3-251。

(4)捆重见表3-252。

表 3-249 一般用途低碳钢丝的分类

按交货状态分	代号
冷拉钢丝	WCD
退火钢丝	TA
镀锌钢丝	SZ

按用途分	
Ⅰ类	普通型
Ⅱ类	制钉用
Ⅲ类	建筑用

表 3-250 冷拉普通用钢丝、制钉用钢丝、建筑用钢丝、退火钢丝的直径允许偏差 （单位：mm）

钢丝直径	允许偏差(±)
≤0.30	0.01
>0.30~1.00	0.02
>1.00~1.60	0.03
>1.60~3.00	0.04
>3.00~6.00	0.05
>6.00	0.06

注：1. 钢丝也可按英制线规号或其他线规号交货。

2. 钢丝的圆度不得超过直径公差的 50%。

表 3-251 镀锌钢丝的直径允许偏差 （单位：mm）

钢丝直径	允许偏差(±)
≤0.30	0.02
>0.30~1.00	0.04
>1.00~1.60	0.05
>1.60~3.00	0.06
>3.00~6.00	0.07
>6.00	0.08

表 3-252 每捆钢丝的重量

钢丝直径/mm	标准捆			非标准最低重量/kg
	捆重/kg	每捆根数不多于	单根最低重量/kg	
≤0.30	5	6	0.2	0.5
>0.30~0.50	10	5	0.5	1
>0.50~1.00	25	4	1	2
>1.00~1.20	25		2	2.5
>1.20~3.00	50	3	3	3.5
>3.00~4.50	50		4	6
>4.50~6.00		2		8

2. 重要用途低碳钢丝(YB/T 5032—2006)

(1)用途:用于机器制造中重要部件及零件。

(2)尺寸规格见表 3-253。

(3)盘重见表 3-254。

表 3-253　重要用途低碳钢丝的尺寸规格和力学性能

公称直径/mm	直径允许偏差/mm		抗拉强度 σ_b/MPa≥		扭转次数(转数 36°)	弯曲次数(次/180°)
	光面	镀锌	光面	镀锌		
0.3	±0.02	+0.04 −0.02			30	打结拉力试验抗拉强度 光面:≥225MPa 镀锌:≥186MPa
0.4					30	
0.5					30	
0.6					30	
0.8	±0.04	+0.06 −0.02			30	
1.0					25	22
1.2					25	18
1.4			400	370	20	14
1.6					20	12
1.8	±0.06	+0.08 −0.06			18	12
2.0					18	10
2.3					15	10
2.6					15	8
3.0					12	10
3.5	±0.07	+0.09 −0.07			12	10
4.0					10	8
4.5	±0.07	+0.09 −0.07	400	370	10	8
5.0					8	6
6.0					—	—

表 3-254　重要用途低碳钢丝的盘重

公称直径/mm	盘　重/kg
6.0~4.0	20
3.5~1.8	10
1.6~1.2	5
1.0~0.8	1

公称直径/mm	盘 重/kg
0.6～0.5	0.5
0.4～0.3	0.3

3. 光缆用镀锌碳素钢丝(GB/T 125—1997)

(1)用途:用于光纤光缆用加强件等类似用途。

(2)尺寸规格见表 3-255。

表 3-255 光缆用镀锌碳素钢丝的尺寸规格及允许偏差

钢丝公称直径	实测直径允许偏差(±)
0.43	
0.50	
0.60	0.01
0.70	
0.80	
0.90	
1.00	
1.10	
1.20	0.02
1.30	
1.40	
1.50	
1.60	0.03
1.70	
1.80	
1.90	
2.00	
2.10	
2.20	
2.30	
2.40	0.03
2.50	
2.60	
2.70	
2.80	
2.90	
3.00	

4. 碳素工具钢丝(YB/T 5322—2006)

(1)用途:主要用于制造工具、针及耐磨零件等。

(2)分类见表 3-256。

(3)尺寸规格见表 3-257。

表 3-256 碳素工具钢丝的分类

分类、直径及允许偏差的规定	分类及代号	冷拉、热处理钢丝	磨光钢丝
	冷拉钢丝:L	直径及允许偏差按GB/T 342 中 11 级	直径及允许偏差按GB/T 3207 中 h11
	磨光钢丝:Zm		
	热处理钢丝:R	(h11)的规定	级的规定

表 3-257 碳素工具钢丝的尺寸规格

	直径/mm	通常长度/m	短尺	
			长度/m≥	数量
钢丝长度	1~3	1~2	0.8	不超过每批重量1.5%
	>3~6	2~3.5	1.2	
	>6~16	2~4	1.5	
	公称尺寸/mm	每盘重量/kg≥	备注	
钢丝盘重	<0.25	0.30	钢丝成盘交货时,每盘由同一根钢丝组成,其重量应符合本表规定。允许供应重量不少于表内规定盘重的50%的钢丝,其数量不得超过交货重量的10%。钢丝采用 GB/T 1298 碳素工具钢牌号的制成,牌号由需方指定,适用于制作工具及机械零件	
	>0.25~0.80	0.50		
	>0.80~1.50	1.50		
	>1.50~3.00	5.00		
	>3.00~4.50	8.00		
	>4.50	10.00		

5. 碳素弹簧钢丝(GB/T 4357—1989)

(1)用途:用于机械工业制作弹簧和其他弹性元件。

(2)分类和尺寸规格见表 3-258。

(3)盘重见表 3-259。

表 3-258 碳素弹簧钢丝的分类和尺寸规格

按用途分类	直径范围/mm
B 级:用于低应力弹簧	0.03~13.00
C 级:用于中等应力弹簧	0.03~13.00
D 级:用于高应力弹簧	0.08~6.00

注:1. 钢丝直径应符合表 3-245 的规定,根据需方要求,可供应中间尺寸的钢丝。

2. 钢丝直径的允许偏差应符合 GB/T 342 的中 h11 级的规定。

3. 钢丝的圆度应不大于直径允许公差的 50%。

表 3-259　碳素弹簧钢丝的盘重

钢丝直径/mm	最小盘重/kg
≤0.10	0.1
>0.10~0.20	0.2
>0.20~0.30	0.4
>0.30~0.80	0.5
>0.80~1.20	1.0
>1.20~1.80	2.0
>1.80~3.00	5.0
>3.00~5.00	8.0
>5.00~8.00	10.0
>8.00~13.00	20.0

6. 重要用途碳素弹簧钢丝（YB/T 5311—2006）

（1）用途：主要用于制造具有高应力、阀门弹簧等重要用途的不经热处理或仅经低温回火的弹簧。

（2）尺寸规格见表 3-260。

表 3-260　重要用途碳素弹簧钢丝的尺寸规格精度等级

序号	分类名称	直径范围/mm	直径尺寸精度等级
1	E 组	0.08~6.00	h10
2	F 组	0.08~6.00	h11
3	G 组	1.00~6.00	

注：1. 钢丝直径见表 3-245。

2. 经供需双方协议，E 组可按 h10 级，F 组、G 组可按 h11 级供货。

3. 钢丝的圆度应不大于直径公差之半。

7. 弹簧垫圈用梯形钢丝（YB/T 5319—2006）

（1）用途：用于制造标准弹簧垫圈。

（2）分类见表 3-261。

（3）尺寸规格见表 3-262。

（4）盘重见表 3-263。

表 3-261　弹簧垫圈用梯形钢丝的分类

按交货状态分	按截面形状分
冷拉（L）	平底（Pd）
退火（T）	弧底（Hd）

表 3-262 弹簧垫圈用梯形钢丝的尺寸规格

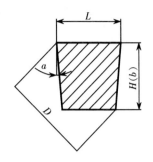 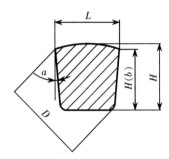

用途分类	规格型号	钢丝尺寸								r/mm
		b/mm	H/mm		L/mm		D/mm		a^2	
			尺寸	允许偏差	尺寸	允许偏差	最大尺寸	最小尺寸	角度	允许偏差	
标准型垫圈用钢丝	TD0.6	0.6	0.60	−0.10	0.62	−0.10	0.83	0.76			
	TD0.8	0.8	0.80	−0.10	0.85	−0.10	1.12	1.04			
	TD1	1.0	1.01	−0.10	1.05	−0.10	1.39	1.31	5.0		
	TD1.2	1.2	1.21	−0.10	1.25	−0.10	1.67	1.59		−0.5	0.25b
	TD1.4	1.6	1.62	−0.10	1.65	−0.10	2.21	2.12			
	TD2	2.0	2.02	−0.10	2.10	−0.10	2.80	2.71	4.5		
	TD2.5	2.5	2.52	−0.10	2.60	−0.10	3.48	3.38			
	TD3	3.0	3.03	−0.10	3.10	−0.10	4.17	4.07	4.5		
	TD3.5	3.5	3.53	−0.12	3.65	−0.12	4.38	4.77			
	TD4	4.0	4.03	−0.12	4.15	−0.12	5.57	5.46	1.5		
	TD4.5	4.5	4.54	−0.12	4.70	−0.12	6.31	6.19		−0.5	0.20b
	TD5	5.0	5.04	−0.12	5.20	−0.12	7.00	6.88	4		
	TD6	6.0	6.05	−.12	6.30	−0.12	8.44	8.30			
	TD6.5	6.5	6.55	−0.15	6.80	−0.15	9.12	8.98			
	TD7	7.0	7.06	−0.15	7.40	−0.15	9.88	9.73			
	TD8	8.0	8.06	−0.15	8.40	−0.15	11.25	11.10	4	−0.5	0.18b
	TD9	9.0	9.07	−0.15	9.50	−0.15	12.69	12.53			

续表

用途分类	规格型号	钢丝尺寸									r/mm
		b/mm	H/mm		L/mm		D/mm		α²		
		尺寸	尺寸	允许偏差	尺寸	允许偏差	最大尺寸	最小尺寸	角度	允许偏差	
轻型垫圈用钢丝	TD0.8×0.5	0.8	0.80	−0.10	0.52	−0.10	0.93	0.86	4	−0.5	0.25b
	TD0.8×0.6	0.8	0.80	−0.10	0.62	−0.10	0.98	0.90			
	TD1.0×0.8	1.0	1.01	−0.10	0.85	−0.10	1.28	1.20			
	TD1.2×0.8	1.2	1.21	−0.10	0.85	−0.10	1.43	1.35			
	TD1.2×1.0	1.2	1.21	−0.10	1.05	−0.10	1.55	1.47			
	TD1.6×1.2	1.6	1.62	−0.10	1.25	−0.10	1.98	1.89			
	TD2.0×1.6	2.0	2.02	−0.10	1.65	−0.10	2.54	2.45	3.5		
	TD2.5×2.0	2.5	2.52	−0.10	2.05	−0.10	3.16	3.06			
	TD3.5×2.5	3.5	3.52	−0.12	2.60	−0.12	4.26	4.16	3.5	−0.5	0.20b
	TD4×3	4.0	4.03	−0.12	3.10	−0.12	4.98	4.83			
	TD4.5×3.2	4.5	4.53	−0.12	3.30	−0.12	5.47	5.36			
	TD5×3.5	5.0	5.03	−0.12	3.60	−0.12	6.04	5.92			
	TD5.5×4	5.5	5.53	−0.12	4.10	−0.12	6.72	6.60	3		
	TD6×4.5	6.0	6.05	−0.15	4.60	−0.15	7.40	7.26			
	TD6.5×4.8	6.5	6.55	−0.15	4.90	−0.15	7.97	7.83			
	TD7×5.5	7.0	7.10	−0.15	5.60	−0.15	8.78	8.63	3	−0.5	0.18b
	TD8×6	8.0	8.10	−0.15	6.10	−0.15	9.86	9.70			

注:尺寸 b、α、r 供参考,不做验收依据。

表 3-263 弹簧垫圈用梯形钢丝的盘重

钢丝尺寸 b/mm	每盘重量/kg≥	
	正常盘重	较轻盘重
0.6～2.5	10	5
3.0～6.0	20	10
6.5～9.0	25	12

8. 熔化焊用钢丝(GB/T 14957—1994)

(1)用途:用于电弧焊、埋弧自动焊、电渣焊和气焊等。

(2)尺寸规格见表 3-264。

(3)捆重见表 3-265。

表 3-264 熔化焊用钢丝的直径允许偏差 （单位:mm）

公称直径	允许偏差	
	普通精度	较高精度
1.6,2.0,2.5,3.0	—0.10	—0.06
3.2,4.0,5.0,6.0	—0.12	—0.08

表 3-265 熔化焊用钢丝的捆重

公称直径/mm	捆(捆)的内径/mm ≥	每捆(盘)的重量/kg≥			
		碳素结构钢		合金结构钢	
		一般	最小	一般	最小
1.6,2.0,2.5,3.0	350	30	15	10	5
3.2,4.0,5.0,6.0	400	40	20	15	8

注:1.每批供货时最小重量的钢丝捆(盘)不得超过每批总重量的10%。

2.钢丝圆度不大于直径公差的50%。

9.气体保护焊用钢丝(GB/T 14958—1994)

（1）用途:适用于低碳钢、低合金钢和合金钢用气体保护焊(CO_2、CO_2+O_2、CO_2+Ar)。

（2）尺寸规格见表3-266。

（3）捆重见表3-267。

表 3-266 气体保护焊用钢丝的尺寸规格 （单位:mm）

公称直径	允许偏差	
	普通精度	较高精度
0.6	+0.01 −0.05	+0.01 −0.09
0.8,1.0,1.2,1.6	+0.01 −0.09	+0.01 −0.04
2.0,2.2	+0.01 −0.09	+0.01 −0.06

注：1.钢丝的圆度应不大于直径公差的50%。

2.根据供需双方协议可供给中间尺寸的钢丝,其尺寸允许偏差按表中相邻较大尺寸的规定值。

3.要求较高精度或其他精度的钢丝应于合同中注明。

表 3-267　气体保护焊用钢丝的捆重

公称直径/mm	钢丝捆（盘）内径/mm	每捆（盘）钢丝的重量/kg≥
0.6、0.8	250	4
1.0、1.2	300	10
1.6、2.0、2.2		15

10. 冷镦钢丝（GB/T 5953.1－2009；GB/T 5953.2－2009）

(1)用途：用于制造铆钉和螺栓等。

(2)尺寸规格见表 3-268。

(3)盘重见表 3-269。

表 3-268　冷镦钢丝的尺寸规格

项目	指标
尺寸规格	1. 钢丝的直径规格见表 3-245，直径在 1.00～16.00 mm 之间。 2. 钢丝的直径的允许偏差在表 3-247 中的 h9～h11 级之间。 3. 钢丝的直径允许偏差应在合同中注明，未注明时按 h11 级供货
外形	1. 钢丝应以盘状交货。直径≥8.00 mm 的钢丝，经需方要求，可以按直条交货，其长度为 2 000～6 000 mm，直条钢丝的每米直线度不大于 4 mm。 2. 钢丝的圆度不得大于钢丝直径公差之半

表 3-269　冷镦钢丝的盘重

公称直径/mm	最小盘重/kg	公称直径/mm	最小盘重/kg
1.00～2.00	4	＞3.00～9.0	15
＞2.00～3.00	10	＞9.0	30

三、合金钢丝

1. 合金结构钢丝（YB/T 5301—2006）

(1)用途：用于直径小于 10mm 的结构钢冷拉圆钢丝以及 2～8mm 的冷拉方、六角钢丝。

(2)分类见表 3-270。

(3)尺寸规格见表 3-271。

(4)盘重见表 3-272。

表 3-270 合金结构钢丝的分类

按用途分	按交货状态
Ⅰ类:特殊用途的钢丝 Ⅱ类:一般用途的钢丝	冷拉:代号为 L 退火:代号为 T

表 3-271 合金结构钢丝的尺寸规格

尺寸、外形	允许偏差级别
分别符号 GB/T 342、 GB/T 3204、 GB/T 3205 的规定	符合 GB/T 342、GB/T 3204、 GB/T 3205 表中 h11 级的规定

表 3-272 合金结构钢丝的盘重

钢丝公称尺寸/mm	每盘重量/kg
≤3.00	≥10
>3.00	≥15
马氏体及半马氏体钢	≥10

2. 合金工具钢丝(YB/T 095—1997)

(1)用途:适用于制造工具和零件。

(2)规格见表 3-273。

表 3-273 合金工具钢丝的规格

项目	指 标
尺寸及其 允许偏差	1.钢丝的直径规格见表 3-302,直径在 1.5~8.0mm 之间。 2.退火钢丝直径允许偏差应符合表 3-304 中 11 级精度要求。若执行表 3-303 中的直径允许偏差,应在合同中注明。 3.磨光钢丝直径应符合 GB/T 3207 的规定,直径允许偏差应符合 11 级精度
外形	1.退火钢丝的外形应符合 GB/T 342 的规定 2.磨光钢丝的外形应符合 GB/T 3207 的规定
交货状态	钢丝以退火或磨光状态交货,要求磨光状态的钢丝应在合同中注明。

3. 高速工具钢丝(GB/T 3080—2001)

(1)用途:用于制造各类工具,也用于制造偶件针阀等其他用途。

(2)尺寸规格见表 3-274、表 3-275。

(3)盘重见表 3-276。

表 3-274 高速工具钢丝的尺寸规格

项目	指 标
尺寸规格	1. 钢丝的直径规格见表 3-245,直径在 1.00~16.00 mm 之间。 2. 退火钢丝直径的允许偏差在表 3-247 中的 h9~h11 级之间。 3. 磨光钢丝的直径及其允许偏差应符合 GB/T 3207 表 2 中的 9~11 级规定
外形	1. 退火直条钢丝的每米直线度≤2 mm;磨光直条钢丝每米直线度≤1 mm。端部变形由公称尺寸算起,端头直径增加量不得超过直径公差。 2. 钢丝的圆度不得大于钢丝公称直径公差之半

表 3-275 直条钢丝的长度

钢丝公称直径/mm	通常长度/mm	短尺长度/mm
≥1.00~3.00	1000~2000	800
>3.00~6.00	2000~4000	1200
>6.00	2000~6000	1200

表 3-276 钢丝的最小盘重

钢丝公称直径/mm	盘重/kg
<3.00	15
≥3.00	30

4. 合金弹簧钢丝(YB/T 5318—2006)

(1)用途:用制造承受中、高应力机械合金弹簧。

(2)尺寸规格见表 3-277。

(3)盘重见表 3-278。

表 3-277 合金弹簧钢丝的尺寸规格

项目	指 标
尺寸规格	1. 钢丝的直径规格见表 3-302,直径在 0.50~14.0 mm 之间。 2. 冷拉或热处理钢丝的直径的允许偏差见表 3-303、表 3-304。 3. 银亮钢丝直径及直径允许偏差应符合 GB/T 3207 的规定。 4. 钢丝直径允许偏差级别应在合同中注明,未注明时银亮钢丝按 10 级、其他钢丝按 11 级供货
外形	1. 钢丝的圆度不得大于钢丝直径公差之半。 2. 钢丝盘应规整,打开钢丝盘时不得散乱或呈现"∞"字形。 3. 按直条交货的钢丝,其长度一般为 2 000~4 000 mm

3-278　合金弹簧钢丝的盘重

钢丝直径/mm	最小盘最重/kg
0.50~1.00	1.0
>1.00~3.00	5.0
>3.00~6.00	10.0
>6.00~9.00	15.0
>9.00~14.00	30.0

四、不锈钢丝（GB/T 4240—2009）

（1）用途：主要用于耐腐蚀制品结构件，但不适用于弹簧、冷顶锻和焊接用不锈钢丝。

（2）尺寸规格见表3-279。

表 3-279　不锈钢丝的尺寸规格

交货状态	直径范围/mm
软态（R）	0.05~14.0
轻拉（Q）	0.50~14.0
冷拉（L）	0.50~6.0

注：1. 钢丝直径规格见表3-245。

2. 钢丝直径允许偏差应取表3-247中的h11级的标准。

3. 钢丝的圆度不得大于直径公差的50%。

4. 根据需方要求可提供直条钢丝和银亮钢丝。直条钢丝的尺寸、外形应符合GB/T 342要求。银亮钢丝的尺寸、外形应符合GB/T 3207要求。

第五节　钢　丝　绳

一、钢丝绳综合

1. 钢丝绳的构件（GB/T 8706—2006）

（1）钢丝绳的构件见表3-280。

表 3-280　钢丝绳的构件

名称	说　明
钢丝	由碳素钢或合金钢通过冷拉或冷轧而成的圆形（或异形）丝材；它是构成股的基本单元

名称		说　明
股		由一定形状和大小的多根钢丝,拧成一层或多层螺旋状的结构;是构成钢丝绳的基本元件
	股的形状	圆股:横截面近似圆的股 三角股:横截面近似三角形的股 椭圆股:横截面近似椭圆形的股 扁股:横截面近似矩形或平行四边形的股
钢丝绳		由一定数量,一层或多层的股绕成螺旋状而形成的结构。在某些情况下,单股即为绳
	内应力和应力平衡	钢丝绳的不松散性:采用降低捻制应力的方法(如预变形和后变形)制造,使钢丝绳具有较低的内应力从而呈现不松散性。 钢丝绳的不旋转性:在钢丝绳中,钢丝和各层的股是以最小扭矩或最小旋转程度的方式排列。例如,在多层相同结构的股构成多股钢丝绳以及围绕着一个独立的钢丝绳芯捻制的单层股钢丝绳中,钢丝和各层的股的捻制方向相反时,这种钢丝绳具有较低的扭转应力,从而呈现不旋转性或微旋转性
	捻制特性	层数 股的捻制类型: 点接触(非平行捻):股中相临两层钢丝具有近似相同的捻角,而捻距不同。因此相邻两层钢丝之间呈点接触状态。 线接触(平行捻):股中所有的钢丝具有相同的捻距,所有钢丝相互之间呈线接触状态 捻制:钢丝捻成股和股捻成绳的工艺过程。 捻角:捻制时钢丝(或股)中心线与股(或绳)中心线的夹角。 a. 钢丝捻角:股中钢丝的捻角。 b. 股捻角:绳中股的捻角。 钢丝绳或股的捻向: a. 右捻向(或 Z):股在绳中的(或丝在股中)捻制的螺旋线方向是自左向上,向右为右向捻。 b. 左捻向(或 s):股在绳中的(或丝在股中)捻制的螺旋线方向是自右向上,向左为左向捻。 捻法: a. 交互捻:丝在股中的捻向与股在绳中的捻向相反。

名称			说　明
			b.同向捻:丝在股中的捻向与股在绳中的捻向相同。 捻距:钢丝围绕股芯或股围绕绳芯旋转一周(360°)相应两点间的距离称为股或绳的捻距
芯	天然纤维		硬纤维:质地较硬的天然纤维,如剑麻、蕉麻等。 软纤维:质地较软的天然纤维,如棉、黄麻等
	合成纤维		由聚合物(合成高分子化合物)制成的纤维,如聚乙烯、聚丙烯等
	金属芯		股的金属芯一般为单根钢丝;绳的金属芯为钢丝股或独立绳芯
填充料	隔开同一层(或相邻的钢丝、股)的材料		
润滑剂	由矿物,植物,动物或合成物制成的液态(油),油脂,固态或复合的润滑剂。这些润滑剂主要用于拉丝,浸渍芯绳(纤维芯)以及钢绳润滑,防腐等。		
钢丝绳的包覆	塑料,橡胶		
圆绳钢丝	按结构分类	单捻股钢丝绳	普通单股钢丝绳:由一层或多层圆钢丝螺旋状缠绕在一根芯丝上捻制而成的钢丝绳
			半密封钢丝绳:中心钢丝周围螺旋状缠绕着一层或多层圆钢丝,在外层是由异形丝和圆形丝相间捻制而成的钢丝绳
			密封钢丝绳:中心钢丝周围螺旋状缠绕着一层或多层圆钢丝,其外面有一层或数层异形钢丝捻制而成的钢丝绳
		双捻(多捻)钢丝绳:	由一层或多层股绕着一根绳芯呈螺旋状捻制而成的单层多股或多层股钢丝绳
		三捻钢丝绳(钢缆):	多根多股钢丝绳围绕一根纤维芯或钢绳芯捻制而成的钢丝绳
	按直径分类	细直径钢丝绳:	直径<8.0 mm 的钢丝绳
		普通钢丝绳:	直径 8.0~60 mm 的钢丝绳
		粗直径钢丝绳:	直径>60 mm 的钢丝绳

名称	说　　明	
圆绳钢丝	按用途分类	一般用途钢丝绳（含钢绞线）：用于如机械、运输等的钢丝绳； 电梯用钢丝绳； 航空用钢丝绳； 钻深井设备用钢丝绳； 架空索道及缆车用钢丝绳； 起重用钢丝绳； 预应力混凝土用钢绞线； 渔业用钢丝绳； 矿井提升用钢丝绳； 轮胎用钢帘线； 胶带用钢丝绳
	按捻制特性分类	点接触钢丝绳； 线接触钢丝绳； 面接触钢丝绳
	按表面状态分类	光面钢丝绳； 镀锌钢丝绳； 涂塑钢丝绳
	按股的断面形状分类	圆股形钢丝绳； 异形股钢丝绳
编织钢丝绳		
扁钢丝绳：由一定数量的子绳（一般由四股双捻钢绳组成）呈扁平状排列，用缝线交错织成		

二、钢丝绳

1. 钢丝绳（GB/T 8918—1996）

(1)分类见表 3-281。

(2)力学性能见表 3-282 至表 3-299。

(3)允许偏差见表 3-300。

(4)捻距见表 3-301。

(5)重量系数和破断拉力系数见表 3-302。

(6)用途见表 3-303。

第五节 钢 丝 绳

表 3-281　钢丝绳的分类

组别	类别	分类原则	典型结构		直径范围 /mm
			钢丝绳	股绳	
1	6×7	6 个圆股,每股外层钢丝可到 7 根,中心丝(或无)外捻制 1～2 层钢丝,钢丝等捻距	6×7 6×9W	(6+1) (3/3+3)	2～36 14～36
2	6×19(a)	6 个圆股,每股外层丝 8～12 根,中心丝外捻制 2～3 层钢丝,钢丝等捻距	6×19S 6×19W 6×25Fi 6×26SW 6×31SW	(9+9+1) (6/6+6+1) (12+6F+6+1) (10+5/5+5+1) (12+6/6+6+1)	6～36 6～40 14～44 13～40 12～46
	6×19(b)	6 个圆股,每股外层丝 12 根,中心丝外捻制 2 层钢丝	6×19	(12+6+1)	3～46
3	圆股钢丝	6×37(a)	6 个圆股,每股外层丝 14～18 根,中心丝外捻制 3～4 层钢丝,钢丝等捻距	6×29Fi 6×36SW 6×37S 6×41SW 6×49SWS 6×55SWS	(14+7F+7+1) (14+7/7+7+1) (15+15+6+1) (16+8/8+8+1) (16+8/8+8+8+1) (18+9/9+9+9+1)
				10～44 12～60 10～60 32～60 36～60 36～64
	6×37(b)	6 个圆股,每股外层丝 18 根,中心丝外捻制 3 层钢丝	6×37	(18+12+6+1)	5～66
4	8×19	8 个圆股,每股外层丝 8～12 根,中心丝外捻制 2～3 层钢丝,钢丝等捻距	8×19S 8×19W 8×25Fi 8×26SW 8×31SW	(9+9+1) (6/6+6+1) (12+6F+6+1) (10+5/5+5+1) (12+6/6+6+1)	11～44 10～48 18～52 16～48 14～56
5	8×37	8 个圆股,每股外层丝 14～18 根,中心丝外捻制 3～4 层钢丝,钢丝等捻距	8×36SW 8×41SW 8×49SWS 8×55SWS	(14+7/7+7+1) (16+8/8+8+1) (16+8/8+8+8+1) (18+9/9+9+9+1)	14～60 40～56 44～64 44～64

续表

组别	类别	分类原则	典型结构		直径范围/mm
			钢丝绳	股绳	
6	圆股钢丝	钢丝绳中有17或18个圆股,在纤维芯或钢芯外捻制2层股	17×7	(6+1)	6~44
			18×7	(6+1)	6~44
			18×19W	(6/6+6+1)	14~44
			18×19S	(9+9+1)	14~44
			18×19	(12+6+1)	10~44
7	34×7	钢丝绳中有34或36个圆股,在纤维芯或钢芯外捻制3层股	34×7	(6+1)	16~44
			36×7	(6+1)	16~44
8	6×24	6个圆股,每股外层丝12~16根,纤维股芯外捻制2层钢丝	6×24	(15+9+FC)	8~40
			6×24S	(12+12+FC)	10~44
			6×24W	(8/8+8+FC)	10~44
9	6V×7	6个三角形股,每股外层丝7~9根,三角形股芯外捻制1层钢丝	6V×18	(9+/3×2+3/)	20~36
10	6V×19	6个三角形股,每股外层丝10~14根,三角形股芯或纤维芯外捻制2层钢丝	6V×21	(12+9+FC)	11~36
			6V×30	(12+12+6)	20~38
			6V×33	(12+12+/3×2+3/)	28~44
11	6V×37	6个三角形股,每股外层丝15~18根,三角形股芯外捻制2层钢丝	6V×36	(15+12+/3×2+3/)	32~52
			6V×37S	(15+12+/1×7+3/)	32~52
			6V×43	(18+15+/1×7+3/)	52~58
12	4V×39	4个扇角形股,每股外层丝15~18根,纤维股芯外捻制3层钢丝	4V×39S	(15+15+9+FC)	8~36
			4V×48S	(18+18+12+FC)	20~40
13	6Q×19+6V×21	钢丝绳中有12~14个股,在2个三角形股外,捻制6~8个椭圆股	6Q×19+6V×21	外股(14+5)内股(12+9+FC)	40~52
			6Q×33+6V×21	外股(15+13+5)内股(2+9+FC)	40~60

注: "类别"列中,6、7 组为"圆股钢丝",9、10、11、12、13 组为"异形股钢丝绳"。

组别	类别	分类原则	典型结构		直径范围/mm
			钢丝绳	股绳	
14	扁钢丝绳	扁钢丝绳中有 6 个或 8 个左交互捻和右交互捻的子绳交替排列	P6×4×7 P8×4×7 P8×4×9 P8×4×19	(6+1) (6+1) (9+FC) (12+6+1)	—

注:1.2组和3组内推荐选用 a 类钢丝绳。

2.8组、12组及异型股钢丝绳中6V×12结构仅为纤维绳芯,其余组别的钢丝绳(扁钢丝绳除外),可有需方指定纤维芯或钢芯。

3.三角形股芯的结构可以互相交替,可改用其他结构的三角形股芯,但应在定货合同中注明。

4.钢丝绳按捻法分为右交互捻、左交互捻、右同向捻和左同向捻四种,如下图所示。图(a)和图(b)与股捻向相反,图(c)和图(d)与股捻向相同。

5.1~7组钢丝绳可分为交互捻和同向捻,其中 6 组和 7 组多层圆股钢丝绳的内层绳捻法,由生产厂确定。

6.6×37(b)组、8组和12组钢丝绳仅为交互捻。

7.9~11组和13组异型股钢丝绳为同向捻。13组钢丝绳的内层绳与外层绳捻向应相反,切内层绳为同向捻。

8.如用户对捻法无明确要求,则由生产厂自行决定。

(a)右交互捻(ZS)   (b)左交互捻(SZ)   (c)右同向捻(ZZ)   (d)左同向捻(SS)

表 3-282 钢丝绳第 1 组 6×7 类的结构图及力学性能

| 6×7+FC | 6×7+IWS | 6×9W+FC | 6×9W+IWR |

钢丝绳公称直径		钢丝绳近似重量			钢丝绳公称抗拉强度（MPa）									
					1470		1570		1670		1770		1870	
		天然纤维芯钢丝绳	合成纤维芯钢丝绳	钢芯钢丝绳	钢丝绳最小破断拉力									
d (mm)	允许偏差 (%)				纤维芯钢丝绳	钢芯钢丝绳	纤维芯钢丝绳	钢芯钢丝绳	纤维芯钢丝绳	钢芯钢丝绳	纤维芯钢丝绳	钢芯钢丝绳	纤维芯钢丝绳	钢芯钢丝绳
		kg/100m			kN									
2	+8 0	1.4	1.38	1.55	1.95	2.11	2.08	2.25	2.21	2.39	2.35	2.54	2.48	2.68
3		3.16	3.1	3.48	4.39	4.74	4.69	5.07	4.98	5.39	5.28	5.71	5.58	6.04
4	+7 0	5.62	5.5	6.19	7.8	8.44	8.33	9.01	8.87	9.59	9.4	10.1	9.93	10.7
5		8.77	8.6	9.68	12.2	13.1	13	14	13.8	14.9	14.6	15.8	15.5	16.7
6		12.6	12.4	13.9	17.5	12.9	18.7	20.2	19.9	21.5	21.1	22.8	22.3	24.1
7		17.2	16.9	19	23.9	25.8	25.5	27.6	27.1	29.3	28.7	31.1	30.4	23.8
8		22.5	22	24.8	31.2	33.7	33.3	36	35.4	38.3	37.6	40.6	39.7	42.9
9		28.4	27.9	31.3	29.5	42.7	42.2	45.6	44.9	48.5	47.5	50.4	50.2	54.3
10		35.1	34.4	38.7	48.8	52.7	52.1	56.3	50.4	59.9	58.7	63.5	62	67.1
11		42.5	41.6	46.8	59	63.8	63.6	68.1	67	72.5	71.1	76.8	75.1	81.2
12	+6 0	50.5	49.5	55.7	70.2	75.9	75	81.1	79.8	86.3	84.6	91.5	89.4	96.6
13		59.3	58.1	65.4	82.4	29.1	88	95.2	93.7	101	99.3	107	104	113
14		68.8	67.4	75.9	95.6	103	102	110	108	117	115	124	121	131
16		89.9	88.1	99.1	124	135	133	144	141	153	150	162	158	171
18		114	111	125	158	170	168	182	179	194	190	205	201	217
20		140	138	155	195	211	208	225	221	239	253	254	248	268
22		170	166	187	236	255	252	272	268	290	284	307	300	324
24		202	198	223	281	303	300	324	319	345	338	366	357	386

钢丝绳公称直径		钢丝绳近似重量			钢丝绳公称抗拉强度（MPa）									
					1470		1570		1670		1770		1870	
		天然纤维芯钢丝绳	合成纤维芯钢丝绳	钢芯钢丝绳	钢丝绳最小破断拉力									
d (mm)	允许偏差（%）				纤维芯钢丝绳	钢芯钢丝绳	纤维芯钢丝绳	钢芯钢丝绳	纤维芯钢丝绳	钢芯钢丝绳	纤维芯钢丝绳	钢芯钢丝绳	纤维芯钢丝绳	钢芯钢丝绳
		kg/100m			kN									
26		237	233	262	329	356	352	381	374	405	397	429	419	453
28		275	270	303	382	413	408	441	434	470	460	498	486	526
(30)	+6	316	310	348	439	474	469	507	498	539	528	571	558	604
32	0	359	352	396	499	540	533	577	567	613	601	650	635	687
(34)		406	398	447	564	610	602	651	640	693	679	734	717	776
36		455	446	502	632	683	675	730	718	776	761	823	804	870

注：1. 最小钢丝破断拉力总和＝钢丝绳最小破断拉力×1.134（纤维芯）或 1.214（钢芯）。

2. 新设计设备不得选用括号内的钢丝绳直径。

表 3-283　钢丝绳第 2 组 6×19(a) 类的结构图及力学性能

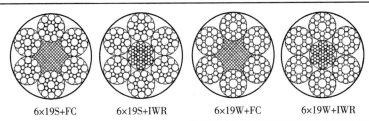

6×19S+FC　　　6×19S+IWR　　　6×19W+FC　　　6×19W+IWR

钢丝绳公称直径		钢丝绳近似重量			钢丝绳公称抗拉强度（MPa）									
					1470		1570		1670		1770		1870	
		天然纤维芯钢丝绳	合成纤维芯钢丝绳	钢芯钢丝绳	钢丝绳最小破断拉力									
d (mm)	允许偏差（%）				纤维芯钢丝绳	钢芯钢丝绳	纤维芯钢丝绳	钢芯钢丝绳	纤维芯钢丝绳	钢芯钢丝绳	纤维芯钢丝绳	钢芯钢丝绳	纤维芯钢丝绳	钢芯钢丝绳
		kg/100m			kN									
6	+6	13.3	13	14.6	17.4	18.8	18.6	20.1	19.8	21.4	21.0	22.6	22.2	23.9
7	0	18.1	17.6	19.9	23.7	25.6	25.3	27.3	27.0	29.1	28.6	30.8	30.2	32.6

续表

钢丝绳公称直径		钢丝绳近似重量			钢丝绳公称抗拉强度（MPa）									
					1470		1570		1670		1770		1870	
		天然纤维芯钢丝绳	合成纤维芯钢丝绳	钢芯钢丝绳	钢丝绳最小破断拉力									
d（mm）	允许偏差（%）				纤维芯钢丝绳	钢芯钢丝绳	纤维芯钢丝绳	钢芯钢丝绳	纤维芯钢丝绳	钢芯钢丝绳	纤维芯钢丝绳	钢芯钢丝绳	纤维芯钢丝绳	钢芯钢丝绳
		kg/100m			kN									
8		23.6	23	25.9	31	33.4	33.1	35.7	35.2	38.0	37.3	40.3	39.4	42.6
9		29.9	29.1	32.8	39.2	42.3	41.88	45.2	44.6	48.1	47.3	51.	49.9	53.87
10		36.9	36	40.5	48.5	52.3	51.8	55.80	55.10	59.4	58.4	62.98	61.70	66.50
11		44.6	43.5	49.1	58.6	63.3	62.6	67.6	66.6	71.9	70.6	76.2	74.6	80.5
12		53.1	51.8	58.4	69.80	75.3	74.6	80.4	79.3	85.6	84.1	90.7	88.85	95.8
13		62.3	60.8	68.5	81.9	88.4	87.5	94.4	93.1	100	98.7	106	104	112
14		72.2	70.5	79.5	95	102	101	109	108	116	114	123	120	130
16		94.4	92.1	104	124	133	132	143	141	152	149	161	157	170
18		119	117	131	157	169	167	181	178	192	189	204	199	215
20	+6	147	144	162	194	209	207	223	220	237	233	252	246	266
22	0	178	174	196	234	253	250	270	266	287	282	304	298	322
24		212	207	234	279	301	298	321	317	342	336	362	355	383
26		249	243	274	327	354	350	377	372	401	394	425	417	450
28		289	282	318	379	410	406	437	432	466	457	494	483	521
(30)		332	324	365	436	470	466	502	495	535	525	567	555	599
32		377	369	415	496	535	530	571	564	608	598	645	631	681
(34)		426	416	469	560	604	598	645	637	687	675	728	713	769
36		478	466	525	627	678	671	723	714	770	756	816	799	862
(38)		532	520	585	699	755	748	806	795	858	843	909	891	960
40		590	576	649	7746	837	828	893	881	950	934	1000	987	1060

注：1.最小钢丝破断拉力总和＝钢丝绳最小破断拉力×1.214(纤维芯)或1.308(钢芯)。
2.新设计设备不得选用括号内的钢丝绳直径。

表 3-284　钢丝绳第 2 组 6×19(b)类的结构图及力学性能

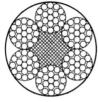

6×19+FC

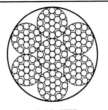

6×19+IWS

钢丝绳公称直径		钢丝绳近似重量			钢丝绳公称抗拉强度（MPa）									
					1470		1570		1670		1770		1870	
					钢丝绳最小破断拉力									
d (mm)	允许偏差（%）	天然纤维芯钢丝绳	合成纤维芯钢丝绳	钢芯钢丝绳	纤维芯钢丝绳	钢芯钢丝绳	纤维芯钢丝绳	钢芯钢丝绳	纤维芯钢丝绳	钢芯钢丝绳	纤维芯钢丝绳	钢芯钢丝绳	纤维芯钢丝绳	钢芯钢丝绳
		kg/100m			kN									
3	+8 0	3.11	3.03	3.43	4.06	4.39	4.33	4.69	4.61	4.98	4.89	5.28	5.16	5.58
4	+7	5.54	5.39	6.1	7.22	7.8	7.70	8.33	8.19	8.86	8.69	9.39	9.18	9.92
5	0	8.65	8.42	9.52	11.2	12.2	12.	13.	12.8	13.8	13.5	14.6	14.3	15.5
6		12.5	12.1	13.7	16.2	17.5	17.3	18.7	18.4	19.9	19.5	21.1	20.6	22.3
7		17	16.5	18.7	22.1	23.9	23.57	25.5	25.09	27.1	26.6	28.7	28.1	30.4
8		22.1	21.6	24.4	28.8	31.2	30.78	33.3	32.77	35.4	34.7	37.57	36.7	39.7
9		28	27.3	30.9	36.5	39.5	38.9	42.2	41.47	44.87	43.98	47.5	46.5	50.2
10		34.6	33.7	38.1	45.1	48.8	48.1	52.1	51.20	55.4	54.30	58.7	57.4	62.
11		41.9	40.8	46.1	54.6	59.0	58.20	63.	61.95	67.	65.70	71.1	69.4	75.1
12	+6 0	49.8	48.5	54.9	64.9	70.2	69.4	75.	73.8	79.78	78.19	84.53	82.6	89.4
13		58.5	57	64.4	76.2	82.4	81.4	88.	86.53	93.63	91.77	99.20	97.	104
14		67.8	66.1	74.7	88.4	95.6	94.4	102	100	108	106	115	112	121
16		88.6	86.3	97.5	115	124	123	133	131	141	139	150	146	158
18		112	109	123	146	158	156	168	166	179	176	190	186	201
20		138	135	152	180	195	192	208	205	221	217	235	229	248
22		167	163	184	218	236	233	252	248	268	263	284	277	300
24		199	194	219	259	281	277	300	295	319	312	338	330	357

续表

钢丝绳公称直径		钢丝绳近似重量			钢丝绳公称抗拉强度（MPa）									
					1470		1570		1670		1770		1870	
d (mm)	允许偏差 (%)	天然纤维芯钢丝绳	合成纤维芯钢丝绳	钢芯钢丝绳	钢丝绳最小破断拉力									
					纤维芯钢丝绳	钢芯钢丝绳	纤维芯钢丝绳	钢芯钢丝绳	纤维芯钢丝绳	钢芯钢丝绳	纤维芯钢丝绳	钢芯钢丝绳	纤维芯钢丝绳	钢芯钢丝绳
		kg/100m			kN									
26	+6 0	234	228	258	305	329	325	352	346	374	367	397	388	419
28		271	264	299	353	382	377	408	401	434	426	460	450	486
(30)		311	303	343	406	439	433	469	461	498	489	528	516	558
32		354	345	390	462	499	493	533	524	567	556	601	587	635
(34)		400	390	440	521	564	556	602	592	640	628	679	663	717
36		448	437	494	584	632	623	675	664	718	704	761	744	804
(38)		500	487	550	651	704	695	752	739	800	784	848	828	895
40		554	539	610	722	780	770	833	819	886	869	939	918	992
(42)		610	594	672	796	860	850	919	903	977	958	1030	1010	1090
44		670	652	738	873	944	933	1000	991	1070	1050	1130	1110	1200
(46)		732	713	806	954	1030	1010	1100	1080	1170	1140	1240	1210	1310

注：1.最小钢丝破断拉力总和＝钢丝绳最小破断拉力×1.197（纤维芯）或1.287（钢芯）。

2.新设计设备不得选用括号内的钢丝绳直径。

表3-285 钢丝绳第2组和第3组6×19(a)和6×37(a)的结构图及力学性能

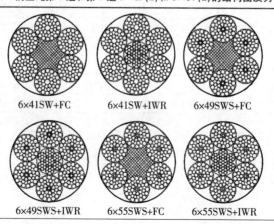

6×41SW+FC　　6×41SW+IWR　　6×49SWS+FC

6×49SWS+IWR　　6×55SWS+FC　　6×55SWS+IWR

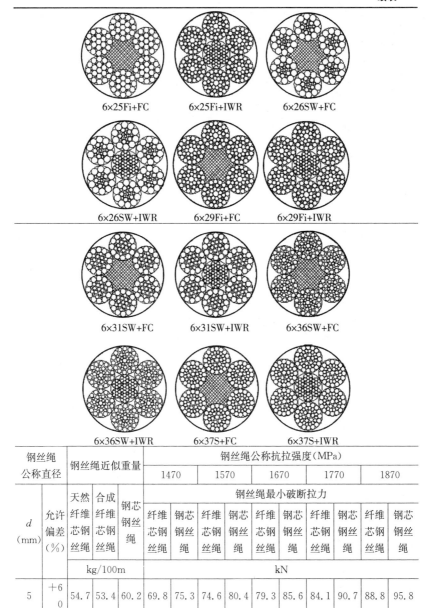

钢丝绳公称直径		钢丝绳近似重量			钢丝绳公称抗拉强度（MPa）									
					1470		1570		1670		1770		1870	
		天然纤维芯钢丝绳	合成纤维芯钢丝绳	钢芯钢丝绳	钢丝绳最小破断拉力									
d（mm）	允许偏差（%）				纤维芯钢丝绳	钢芯钢丝绳	纤维芯钢丝绳	钢芯钢丝绳	纤维芯钢丝绳	钢芯钢丝绳	纤维芯钢丝绳	钢芯钢丝绳	纤维芯钢丝绳	钢芯钢丝绳
		kg/100m			kN									
5	+6 0	54.7	53.4	60.2	69.8	75.3	74.6	80.4	79.3	85.6	84.1	90.7	88.8	95.8

钢丝绳公称直径		钢丝绳近似重量			钢丝绳公称抗拉强度（MPa）									
					1470		1570		1670		1770		1870	
					钢丝绳最小破断拉力									
d (mm)	允许偏差 (%)	天然纤维芯钢丝绳	合成纤维芯钢丝绳	钢芯钢丝绳	纤维芯钢丝绳	钢芯钢丝绳	纤维芯钢丝绳	钢芯钢丝绳	纤维芯钢丝绳	钢芯钢丝绳	纤维芯钢丝绳	钢芯钢丝绳	纤维芯钢丝绳	钢芯钢丝绳
		kg/100m			kN									
13		64.2	62.7	70.6	81.9	88.4	87.5	94.4	93	100.	98.7	106	104	112
14		74.5	72.7	81.9	95.	102	101	109	108	116	114	123	120	130
16		97.3	95	107	124	133	132	143	141	152	149	161	157	170
18		123	120	135	157	169	167	181	178	192	189	204	199	215
20		152	148	167	194	209	207	223	220	237	233	252	246	266
22		184	180	202	234	253	250	270	266	287	282	304	298	322
24		219	214	241	279	301	298	321	317	341	336	362	355	383
26		257	251	283	327	353	350	377	372	400	394	425	416	450
28		298	291	328	380	410	406	438	431	466	457	494	483	521
(30)		342	334	376	436	470	466	502	495	535	525	567	554	599
32		389	380	428	496	535	530	572	564	608	597	645	631	681
(34)	+6	439	429	483	560	604	598	645	636	687	674	728	713	769
36	0	492	481	542	628	678	671	724	713	770	756	816	799	862
(38)		549	536	604	700	755	748	806	795	858	842	909	890	961
40		608	594	669	776	837	828	893	880	950	933	1000	986	1060
(42)		670	654	737	855	922	913	985	971	1040	1030	1110	1080	1170
44		736	718	809	938	1010	1000	1080	1060	1150	1130	1210	1190	1280
(46)		804	785	884	1020	1100	1090	1180	1160	1250	1230	1330	1300	1400
48		876	855	963	1110	1200	1190	1280	1260	1360	1340	1450	1420	1530
(50)		950	928	1040	1210	1300	1290	1390	1370	1480	1460	1570	1540	1660
52		1030	1000	1130	1310	1410	1400	1510	1490	1600	1570	1700	1660	1800
(54)		1110	1080	1220	1410	1520	1510	1620	1600	1730	1700	1830	1790	1940
56		1190	1160	1310	1520	1640	1620	1750	1720	1860	1830	1970	1930	2080
(58)		1280	1250	1410	1630	1760	1740	1880	1850	1990	1960	2110	2070	2230

续表

钢丝绳公称直径		钢丝绳近似重量			钢丝绳公称抗拉强度（MPa）									
					1470		1570		1670		1770		1870	
					钢丝绳最小破断拉力									
d (mm)	允许偏差（%）	天然纤维芯钢丝绳	合成纤维芯钢丝绳	钢芯钢丝绳	纤维芯钢丝绳	钢芯钢丝绳	纤维芯钢丝绳	钢芯钢丝绳	纤维芯钢丝绳	钢芯钢丝绳	纤维芯钢丝绳	钢芯钢丝绳	纤维芯钢丝绳	钢芯钢丝绳
		kg/100m			kN									
60	+6 0	1370	1340	1500	1740	1880	1860	2010	1980	2140	2100	2260	2220	2390
(62)		1460	1430	1610	1860	2010	1990	2140	2110	2280	2240	2420	2370	2550
64		1560	1520	1710	1980	2140	2120	2280	2250	2430	2390	2580	2520	2720

注：1.最小钢丝破断拉力总和＝钢丝绳最小破断拉力×1.226（纤维芯）或1.321（钢芯）。其中，6×37S纤维为1.191；钢芯为1.238。

2.新设计设备不得选用括号内的钢丝绳直径。

表3-286 钢丝绳第3组6×37(b)类的结构图及力学性能

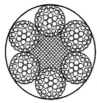 

6×37+FC　　　　　　6×37+IWR

钢丝绳公称直径		钢丝绳近似重量			钢丝绳公称抗拉强度（MPa）									
					1470		1570		1670		1770		1870	
					钢丝绳最小破断拉力									
d (mm)	允许偏差（%）	天然纤维芯钢丝绳	合成纤维芯钢丝绳	钢芯钢丝绳	纤维芯钢丝绳	钢芯钢丝绳	纤维芯钢丝绳	钢芯钢丝绳	纤维芯钢丝绳	钢芯钢丝绳	纤维芯钢丝绳	钢芯钢丝绳	纤维芯钢丝绳	钢芯钢丝绳
		kg/100m			kN									
5	+7 0	8.65	8.42	9.52	10.8	11.7	11.5	12.5	12.3	13.3	13.0	14.1	13.7	14.9
6	+6 0	12.5	12.1	13.7	15.6	16.8	16.6	18	17.7	191	18.7	20.3	19.8	21.5
7		17	16.5	18.7	21.2	22.9	22.6	24.5	24.1	26.1	25.5	27.6	27	29.2

钢丝绳公称直径		钢丝绳近似重量			钢丝绳公称抗拉强度(MPa)									
					1470		1570		1670		1770		1870	
					钢丝绳最小破断拉力									
d (mm)	允许偏差(%)	天然纤维芯钢丝绳	合成纤维芯钢丝绳	钢芯钢丝绳	纤维芯钢丝绳	钢芯钢丝绳	纤维芯钢丝绳	钢芯钢丝绳	纤维芯钢丝绳	钢芯钢丝绳	纤维芯钢丝绳	钢芯钢丝绳	纤维芯钢丝绳	钢芯钢丝绳
		kg/100m			kN									
8		22.1	21.6	24.4	27.7	30	29.5	32	31.5	34	33.4	36.1	35.3	38.1
9		28	27.3	30.9	35.1	37.9	37.3	40.5	39.9	43.1	42.2	45.7	44.6	48.3
10		34.6	33.7	38.1	43.3	46.8	46.1	50	49.2	53.2	52.2	56.4	55.1	59.6
11		41.9	40.8	46.1	52.4	56.7	55.8	60.6	59.5	64.4	63.1	68.2	66.7	72.1
12		49.8	48.5	54.9	62.4	67.5	66.4	72.1	70.8	76.6	75.1	81.2	79.3	85.8
13		58.5	57	64.4	73.2	79.2	77.9	84.6	83.1	89.9	88.2	95.3	93.1	100
14		67.8	66.1	74.7	84.9	91.9	90.4	98.1	96.4	104	102	110	108	116
16		88.6	86.3	97.5	111	120	118	128	126	136	133	144	141	152
18		112	109	123	140	151	149	162	159	172	169	182	178	193
20		138	135	152	173	1887	184	200	197	213	208	225	220	238
22		167	163	184	209	226	223	242	238	257	252	273	266	288
24		199	194	219	249	270	266	288	283	306	300	325	317	343
26	+6 0	234	228	258	293	316	312	338	333	360	352	381	372	403
28		271	264	299	339	367	361	392	386	417	409	442	432	467
(30)		311	303	343	390	422	415	450	443	479	469	508	496	536
32		354	345	390	444	480	472	512	504	545	534	578	564	610
(34)		400	390	440	501	542	533	578	569	615	603	652	637	689
36		448	437	494	562	607	597	649	638	689	676	731	714	772
(38)		500	487	550	625	677	666	723	710	768	753	814	796	861
40		554	539	610	693	750	738	801	787	851	835	902	882	954
(42)		610	594	672	764	826	813	883	868	938	921	995	972	1050
44		670	652	738	838	907	892	969	953	1030	1010	1090	1067	1150
(46)		732	713	806	916	991	975	1050	1040	1120	1100	1190	1166	1260
48		797	776	878	998	1079	1060	1150	1130	1220	1200	1299	1270	1370
(50)		865	842	952	1080	1170	1150	1250	1230	1330	1300	1410	1370	1490

续表

钢丝绳公称直径 d (mm)	允许偏差(%)	钢丝绳近似重量			钢丝绳公称抗拉强度(MPa)									
		天然纤维芯钢丝绳	合成纤维芯钢丝绳	钢芯钢丝绳	1470		1570		1670		1770		1870	
					钢丝绳最小破断拉力									
					纤维芯钢丝绳	钢芯钢丝绳	纤维芯钢丝绳	钢芯钢丝绳	纤维芯钢丝绳	钢芯钢丝绳	纤维芯钢丝绳	钢芯钢丝绳	纤维芯钢丝绳	钢芯钢丝绳
		kg/100m			kN									
52		936	911	1030	1168	1260	1247	1350	1330	1439	1410	1520	1490	1610
(54)		1010	983	1110	1260	1360	1350	1455	1430	1550	1520	1640	1600	1730
56		1090	1060	1190	1350	1467	1450	1565	1540	1668	1630	1770	1720	1869
(58)	+6	1160	1130	1280	1450	1570	1550	1679	1650	1790	1750	1890	1850	2000
60	0	1250	1210	1370	1555	1680	1660	1780	1770	1910	1870	2030	1980	2140
(62)		1330	1300	1460	1660	1799	1772	1920	1890	2040	2000	2168	2120	2290
64		1420	1380	1560	1769	1917	1888	2050	2010	2179	2130	2310	2250	2440
66		1510	1470	1660	1880	2038	2008	2180	2140	2320	2270	2450	2400	2590

注:1.最小钢丝破断拉力总和=钢丝绳最小破断拉力×1.249(纤维芯)或1.336(钢芯)。

2.新设计设备不得选用括号内的钢丝绳直径。

表3-287 钢丝绳第4组8×19类的结构图及力学性能

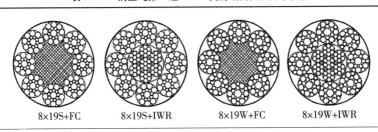

8×19S+FC   8×19S+IWR   8×19W+FC   8×19W+IWR

钢丝绳公称直径		钢丝绳近似重量			钢丝绳公称抗拉强度(MPa)									
					1470		1570		1670		1770		1870	
		天然纤维芯钢丝绳	合成纤维芯钢丝绳	钢芯钢丝绳	钢丝绳最小破断拉力									
d (mm)	允许偏差(%)				纤维芯钢丝绳	钢芯钢丝绳	纤维芯钢丝绳	钢芯钢丝绳	纤维芯钢丝绳	钢芯钢丝绳	纤维芯钢丝绳	钢芯钢丝绳	纤维芯钢丝绳	钢芯钢丝绳
		kg/100m			kN									
10		34.6	33.4	42.2	43	50.8	46	54.3	48.9	57.7	51.8	61.2	54.7	64.7
11		41.9	40.4	51.1	52.1	61.5	55.6	65.7	59.2	69.9	62.7	74.1	66.2	78.2
12		49.9	48	60.8	62	73.2	66.2	78.2	70.4	83.2	74.6	88.1	78.8	93
13		58.5	56.4	71.3	72.7	85.9	77.7	91.8	82.6	97.6	87.6	103	92.5	109
14		67.9	65.4	82.7	84.4	99.6	90.1	106	95.9	113	101	120	107	126
16		88.7	85.4	108	110	130	117	139	125	147	132	156	140	165
18		112	108	137	139	164	149	176	158	187	168	198	177	209
20		139	133	169	172	203	184	217	195	231	207	244	219	258
22		168	162	204	208	246	222	262	236	279	251	296	265	313
24		199	192	243	248	292	264	312	281	332	298	352	315	372
26	+6	234	226	285	291	343	310	367	330	390	350	413	370	437
28	0	271	262	331	337	398	360	425	383	453	406	480	459	507
(30)		312	300	380	387	457	414	488	440	520	466	551	493	582
32		355	342	432	441	520	471	556	501	591	531	627	561	662
(34)		400	386	488	497	587	531	627	565	667	599	707	633	747
36		449	432	547	558	659	5596	704	634	748	672	793	710	838
(38)		500	482	609	621	734	664	784	706	834	748	884	791	934
40		554	534	675	689	813	736	869	782	924	829	979	876	1030
(42)		611	589	744	759	897	811	958	863	1010	914	1080	966	1140
44		670	646	817	833	984	890	1050	947	1110	1000	1180	1060	1250
(46)		733	706	893	911	1070	973	1140	1030	1220	1090	1290	1150	1360
48		798	769	972	992	1170	1050	1250	1120	1330	1190	1410	1260	1490

注:1.最小钢丝破断拉力总和＝钢丝绳最小破断拉力×1.214(纤维芯)或1.360(钢芯)。

2.新设计设备不得选用括号内的钢丝绳直径。

表 3-288　钢丝绳第 4 组和第 5 组 8×19 和 8×37 类的结构图及力学性能

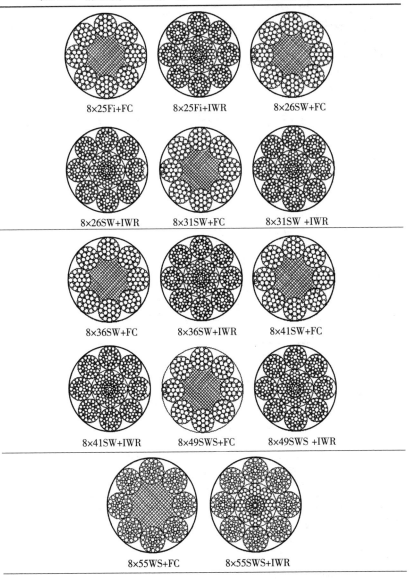

8×25Fi+FC　　　　8×25Fi+IWR　　　　8×26SW+FC

8×26SW+IWR　　　　8×31SW+FC　　　　8×31SW +IWR

8×36SW+FC　　　　8×36SW+IWR　　　　8×41SW+FC

8×41SW+IWR　　　　8×49SWS+FC　　　　8×49SWS +IWR

8×55WS+FC　　　　8×55SWS+IWR

钢丝绳公称直径		钢丝绳近似重量			钢丝绳公称抗拉强度（MPa）									
					1470		1570		1670		1770		1870	
		天然纤维芯钢丝绳	合成纤维芯钢丝绳	钢芯钢丝绳	钢丝绳最小破断拉力									
d (mm)	允许偏差（%）				纤维芯钢丝绳	钢芯钢丝绳	纤维芯钢丝绳	钢芯钢丝绳	纤维芯钢丝绳	钢芯钢丝绳	纤维芯钢丝绳	钢芯钢丝绳	纤维芯钢丝绳	钢芯钢丝绳
		kg/100m			kN									
14		70	67.4	85.3	84.4	99.6	90.1	106	95.9	113	101	120	107	126
16		91.4	88.1	111	110	130	117	139	125	147	132	156	140	165
18		116	111	141	139	164	149	176	158	187	168	198	177	209
20		143	138	174	172	203	184	217	195	231	207	244	219	258
22		173	166	211	208	246	222	262	236	279	251	296	265	313
24		206	198	251	248	292	264	312	281	332	298	352	315	372
26		241	233	294	291	343	310	367	330	390	350	413	370	437
28		280	270	341	337	398	360	425	383	453	406	480	429	507
(30)		321	320	392	387	457	414	488	440	520	466	551	493	582
32		366	352	445	441	520	471	556	501	591	531	627	561	662
(34)		413	398	503	497	587	531	627	565	667	599	707	633	747
36		463	446	564	558	659	596	704	634	748	672	793	710	838
(38)	+6	516	497	628	621	734	664	784	706	834	748	884	791	934
40	0	571	550	696	689	813	736	869	782	924	829	979	876	1030
(42)		630	607	767	759	897	811	958	863	1010	914	1080	966	1140
44		691	666	842	833	984	890	1050	947	1110	1000	1180	1060	1250
(46)		755	728	920	911	1070	973	1140	1030	1220	1090	1290	1150	1360
48		823	793	1000	992	1170	1050	1250	1120	1330	1190	1410	1260	1490
(50)		892	860	1090	1070	1270	1150	1350	1220	1440	1290	1530	1360	1610
52		965	930	1180	1160	1370	1240	1460	1320	1560	1400	1650	1480	1740
(54)		1040	1000	1270	1250	1480	1340	1580	1420	1680	1510	1780	1590	1880
56		1120	1080	1360	1350	1590	1440	1700	1530	1810	1620	1920	1710	2020
(58)		1200	1160	1460	1440	1710	1540	1820	1640	1940	1740	2060	1840	2170
60		1290	1240	1570	1550	1830	1650	1950	1760	2080	1860	2200	1970	2320
(62)		1370	1320	1670	1650	1950	1760	2080	1880	2220	1990	2350	2100	2480
64		1460	1410	1780	1760	2080	1880	2220	2000	2360	2120	2500	2240	2650

注：1. 最小钢丝破断拉力总和＝钢丝绳最小破断拉力×1.226(纤维芯)或 1.374(钢芯)。

2. 新设计设备不得选用括号内的钢丝绳直径。

表 3-289　钢丝绳第 6 组 17×7 类的结构图及力学性能

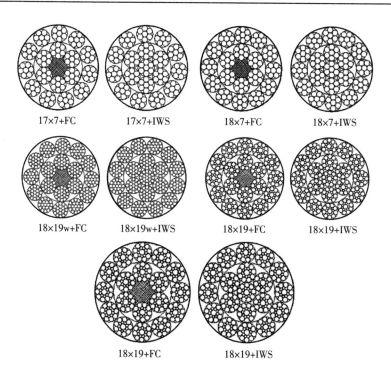

17×7+FC　　　17×7+IWS　　　18×7+FC　　　18×7+IWS

18×19w+FC　　18×19w+IWS　　18×19+FC　　18×19+IWS

18×19+FC　　　18×19+IWS

钢丝绳公称直径		钢丝绳近似重量	钢丝绳公称抗拉强度/MPa				
			1470	1570	1670	1770	1870
d (mm)	允许偏差 （%）	kg/100m	钢丝绳最小破断拉力				
			kN				
6		14	17.3	18.5	19.7	20.9	22
7		19.1	23.6	25.2	26.8	28.4	30
8		25	30.8	32.9	35	37.1	39.2
9	+6	31.6	39	41.7	44.3	47	49.6
10	0	39	48.2	51.4	54.7	58	61.3
11		47.2	58.3	62.3	66.2	70.2	74.2
12		56.2	69.4	74.1	78.8	83.6	88.3
13		65.9	81.4	87	92.5	98.1	103

钢丝绳公称直径		钢丝绳近似重量	钢丝绳公称抗拉强度/MPa				
			1470	1570	1670	1770	1870
d (mm)	允许偏差 (%)	kg/100m	钢丝绳最小破断拉力				
			kN				
14		76.4	94.5	100	107	113	120
16		99.8	123	131	140	148	157
18		126	156	166	177	188	198
20		156	192	205	219	232	245
22		189	233	249	265	280	296
24		225	277	296	315	334	353
26		264	325	348	370	392	414
28	+6	306	378	403	429	455	480
(30)	0	351	433	463	492	522	552
32		399	493	527	560	594	628
(34)		451	557	595	633	671	709
36		505	624	667	709	752	794
(38)		563	696	743	790	838	885
40		624	771	823	876	928	981
(42)		688	850	908	966	1020	1080
44		755	933	996	1060	1120	1180

注:1. 最小钢丝破断拉力总和=钢丝绳最小破断拉力×1.283,其中17×7为1.250。

2. 新设计设备不得选用括号内的钢丝绳直径。

表3-290 钢丝绳第7组34×7类的结构图及力学性能

34×7+FC   34×7+IWS   36×7+FC   36×7+IWS

钢丝绳公称直径		钢丝绳近似重量	钢丝绳公称抗拉强度/MPa				
			1470	1570	1670	1770	1870
d (mm)	允许偏差 (%)		钢丝绳最小破断拉力				
		kg/100m	kN				
16		99.8	119	127	135	144	152
18		126	151	161	172	182	192
20		156	186	199	212	225	237
22		189	226	241	257	272	287
24		225	269	287	305	324	342
26		264	316	337	358	380	401
28	+6 0	306	366	391	416	441	466
(30)		351	420	449	477	506	535
32		399	478	511	543	576	608
(34)		451	540	577	613	650	687
36		505	605	647	688	729	770
(38)		563	675	720	766	812	858
40		624	747	798	849	900	951
(42)		688	824	880	936	992	1040
44		755	905	966	1020	1080	1150

注:1.最小钢丝破断拉力总和=钢丝绳最小破断拉力×1.334,其中34×7为1.300。

2.新设计设备不得选用括号内的钢丝绳直径。

表3-291 钢丝绳第8组6×24类的结构图及力学性能

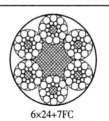

6×24+7FC

续表

钢丝绳公称直径		钢丝绳近似重量		钢丝绳公称抗拉强度/MPa		
				1470	1570	1670
d (mm)	允许偏差 (%)	天然纤维芯钢丝绳	合成纤维芯钢丝绳	钢丝绳最小破断拉力		
		kg/100m		kN		
8		20.4	19.5	26.3	28.1	29.9
9		25.8	24.6	33.3	35.6	37.8
10		31.8	30.4	41.1	43.9	46.7
11		38.5	36.8	49.8	53.1	56.5
12		45.8	43.8	59.2	63.3	67.3
13		53.7	51.4	69.5	74.2	79
14		62.3	59.6	80.6	86.1	91.6
16		81.4	77.8	105	112	119
18		103	98.5	133	142	151
20	+7	127	122	164	175	187
22	0	154	147	199	212	226
24		183	175	237	253	269
26		215	206	278	297	316
28		249	238	322	344	366
(30)		286	274	370	395	420
32		326	311	421	450	478
(34)		368	351	475	508	540
36		412	394	533	569	605
(38)		459	439	594	634	675
40		509	486	658	703	748

注:1.最小钢丝破断拉力总和＝钢丝绳最小破断拉力×1.150(纤维芯)。

2.新设计设备不得选用括号内的钢丝绳直径。

表3-292 钢丝绳第8组6×24类的结构图及力学性能

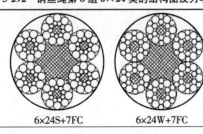

6×24S+7FC   6×24W+7FC

续表

钢丝绳公称直径		钢丝绳近似重量		钢丝绳公称抗拉强度/MPa		
				1470	1570	1670
d (mm)	允许偏差 (％)	天然纤维芯钢丝绳	合成纤维芯钢丝绳	钢丝绳最小破断拉力		
		kg/100m		kN		
10		33.1	31.6	42.8	45.7	48.6
11		40	38.3	51.7	55.3	58.8
12		47.6	45.5	61.6	65.8	70
13		55.9	53.4	72.3	77.2	82.1
14		64.8	62	83.9	89.6	95.3
16		84.7	80	109	117	124
18		107	102	138	148	157
20		132	126	171	182	194
22		160	153	207	221	235
24	+7	190	182	246	263	280
26	0	224	214	289	309	328
28		259	248	335	358	381
(30)		298	285	385	411	437
32		339	324	438	468	497
(34)		382	365	494	528	562
36		429	410	554	592	630
(38)		478	457	618	660	702
40		529	506	684	731	778
(42)		583	558	755	806	857
44		640	612	828	885	941

注:1.最小钢丝破断拉力总和＝钢丝绳最小破断拉力×1.150(纤维芯)。

2.新设计设备不得选用括号内的钢丝绳直径。

表3-293 钢丝绳第9组6V×7类的力学性能

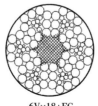

6V×18+FC

6V×18+IWR

钢丝绳公称直径		钢丝绳近似重量			钢丝绳公称抗拉强度（MPa）									
					1470		1570		1670		1770		1870	
		天然纤维芯钢丝绳	合成纤维芯钢丝绳	钢芯钢丝绳	钢丝绳最小破断拉力									
d (mm)	允许偏差（%）				纤维芯钢丝绳	钢芯钢丝绳	纤维芯钢丝绳	钢芯钢丝绳	纤维芯钢丝绳	钢芯钢丝绳	纤维芯钢丝绳	钢芯钢丝绳	纤维芯钢丝绳	钢芯钢丝绳
		kg/100m			kN									
20		165	162	175	220	234	235	249	350	265	265	281	280	297
22	+6	199	196	212	266	283	284	302	303	321	321	340	339	360
24	0	237	233	252	317	336	339	359	360	382	382	405	403	428
26		279	273	295	372	395	397	422	423	449	448	476	474	503
28		323	317	343	432	458	461	489	490	521	520	552	549	583
(30)		371	364	393	496	526	529	562	563	598	597	634	631	669
32	+7	422	414	447	564	599	602	639	641	680	679	721	718	762
(34)	0	476	467	505	637	676	680	722	723	768	767	814	810	860
36		534	524	566	714	758	763	809	811	861	860	912	908	964

注：1. 最小钢丝破断拉力总和＝钢丝绳最小破断拉力×1.156(纤维芯)或1.191(钢芯)。

2. 新设计设备不得选用括号内的钢丝绳直径。

表 3-294　钢丝绳第 10 组 6V×19 类的结构图及力学性能

6V×21+7FC

钢丝绳公称直径		钢丝绳近似重量		钢丝绳公称抗拉强度/MPa				
				1470	1570	1670	1770	1870
d (mm)	允许偏差（%）	天然纤维芯钢丝绳	合成纤维芯钢丝绳	钢丝绳最小破断拉力				
		kg/100m		kN				
11	+7	45.1	44.2	58.9	62.9	66.9	70.9	74.9
12	0	53.7	52.6	70.1	74.8	79.6	84.4	89.1

钢丝绳公称直径		钢丝绳近似重量		钢丝绳公称抗拉强度/MPa				
				1470	1570	1670	1770	1870
d (mm)	允许偏差（%）	天然纤维芯钢丝绳	合成纤维芯钢丝绳	钢丝绳最小破断拉力				
		kg/100m		kN				
13		63	61.4	82.2	87.8	93.4	99	104
14		73	71.6	95.4	101	108	114	121
16		95	93.5	124	133	141	150	158
18		121	118	157	168	179	189	200
20		149	146	194	207	221	234	247
22	+7 0	180	177	235	251	267	283	299
24		215	210	280	299	318	337	356
26		252	247	329	351	373	396	418
28		292	286	381	407	433	459	485
(30)		335	329	438	467	497	527	557
32		382	374	498	532	566	600	634
(34)		431	422	562	603	639	677	715
36		483	473	630	673	716	759	802

注：1. 最小钢丝破断拉力总和＝钢丝绳最小破断拉力×1.177。

2. 新设计设备不得选用括号内的钢丝绳直径。

表 3-295　钢丝绳第 10 组 6V×19 类的结构图及力学性能

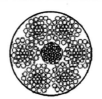

6V×30+FC　　　　　　　6V×30+IWR

续表

钢丝绳公称直径		钢丝绳近似重量			钢丝绳公称抗拉强度（MPa）									
					1470		1570		1670		1770		1870	
d (mm)	允许偏差（%）	天然纤维芯钢丝绳	合成纤维芯钢丝绳	钢芯钢丝绳	钢丝绳最小破断拉力									
					纤维芯钢丝绳	钢芯钢丝绳	纤维芯钢丝绳	钢芯钢丝绳	纤维芯钢丝绳	钢芯钢丝绳	纤维芯钢丝绳	钢芯钢丝绳	纤维芯钢丝绳	钢芯钢丝绳
		kg/100m			kN									
20		162	159	172	190	202	203	215	216	229	229	243	242	257
22		196	192	208	230	244	246	261	261	277	277	294	293	311
24		233	229	247	274	291	292	310	311	330	330	350	348	370
26		274	268	290	321	341	343	364	365	388	387	411	409	434
28	+7	318	311	336	373	396	398	423	424	450	449	477	475	504
(30)	0	364	357	386	428	454	457	485	486	516	516	547	545	578
32		415	407	439	487	517	520	552	554	587	587	623	620	658
(34)		468	459	496	550	584	588	623	625	663	662	703	700	743
36		525	515	556	617	654	659	699	701	744	743	788	785	833
(38)		585	573	619	687	729	734	779	781	829	828	878	874	928

注：1. 最小钢丝破断拉力总和＝钢丝绳最小破断拉力×1.177（纤维芯）或1.213（钢芯）。

2. 新设计设备不得选用括号内的钢丝绳直径。

表 3-296 钢丝绳第 10 组和 11 组 6V×19 和 6V×37 类的结构图及力学性能

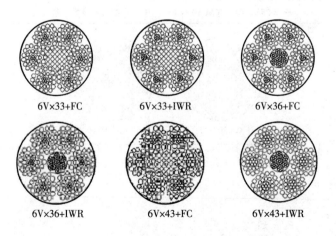

6V×33+FC   6V×33+IWR   6V×36+FC

6V×36+IWR   6V×43+FC   6V×43+IWR

续表

钢丝绳公称直径		钢丝绳近似重量			钢丝绳公称抗拉强度（MPa）									
					1470		1570		1670		1770		1870	
					钢丝绳最小破断拉力									
d (mm)	允许偏差（%）	天然纤维芯钢丝绳	合成纤维芯钢丝绳	钢芯钢丝绳	纤维芯钢丝绳	钢芯钢丝绳	纤维芯钢丝绳	钢芯钢丝绳	纤维芯钢丝绳	钢芯钢丝绳	纤维芯钢丝绳	钢芯钢丝绳	纤维芯钢丝绳	钢芯钢丝绳
		kg/100m			kN									
28		318	311	336	414	440	443	470	471	500	499	530	527	560
(30)		364	357	386	476	505	508	5390	541	574	573	608	605	542
32		415	407	549	541	575	578	614	615	653	652	692	689	731
(34)		468	459	596	611	649	653	693	694	737	736	781	778	825
36		525	515	556	685	727	732	777	779	826	825	876	872	925
(38)		585	573	619	764	810	816	866	868	921	920	976	972	1030
40	+7	648	635	686	846	898	904	959	961	1020	1010	1080	1070	1140
(42)	0	714	700	757	933	990	997	1050	1060	1120	1120	1190	1180	1260
44		784	769	831	1020	1080	1090	1160	1160	1230	1230	1300	1300	1380
(46)		857	840	908	1110	1180	1190	1260	1270	1340	1340	1430	1420	1510
48		933	915	988	1210	1290	1300	1380	1380	1460	1460	1550	1550	1640
(50)		1010	992	1070	1320	1400	1410	1490	1500	1590	1590	1690	1680	1780
52		1100	1070	1160	1430	1510	1520	1620	1620	1720	1720	1820	1820	1930
(54)		1180	1160	1250	1540	1630	1640	1740	1750	1860	1850	1970	1960	2080
56		1270	1240	1350	1650	1760	1770	1880	1880	2000	1990	2120	2110	2240
(58)		1360	1340	1440	1780	1880	1900	2010	2020	2140	2140	2270	2260	2400

注：1. 最小钢丝破断拉力总和＝钢丝绳最小破断拉力×1.177（纤维芯）或1.213（钢芯）。

2. 新设计设备不得选用括号内的钢丝绳直径。

表3-297　钢丝绳第11组6V×37类的结构图及力学性能

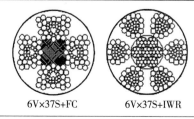

6V×37S+FC　　　　6V×37S+IWR

续表

钢丝绳公称直径		钢丝绳近似重量			钢丝绳公称抗拉强度（MPa）									
					1470		1570		1670		1770		1870	
		天然纤维芯钢丝绳	合成纤维芯钢丝绳	钢芯钢丝绳	钢丝绳最小破断拉力									
d (mm)	允许偏差（%）				纤维芯钢丝绳	钢芯钢丝绳	纤维芯钢丝绳	钢芯钢丝绳	纤维芯钢丝绳	钢芯钢丝绳	纤维芯钢丝绳	钢芯钢丝绳	纤维芯钢丝绳	钢芯钢丝绳
		kg/100m			kN									
32		435	427	461	568	603	607	644	646	685	685	726	723	768
(34)		492	482	521	642	681	686	727	729	774	773	820	817	867
36		551	540	584	720	764	769	816	818	868	867	920	916	972
(38)		614	602	650	802	851	856	909	911	967	966	1020	1020	1080
40	$+7 \atop 0$	680	667	721	889	943	949	1000	1010	1070	1070	1130	1130	1200
(42)		750	735	795	980	1040	1040	1110	1110	1180	1180	1250	1240	1320
44		823	807	872	1070	1140	1140	1210	1220	1290	1290	1370	1360	1450
(46)		900	882	953	1170	1240	1250	1330	1330	1410	1410	1500	1490	1580
48		980	960	1040	1280	1350	1360	1450	1450	1540	1540	1630	1620	1720
(50)		1060	1040	1130	1380	1470	1480	1570	1570	1670	1670	1700	1760	1870
52		1150	1130	1220	1500	1590	1600	1700	1700	1810	1800	1910	1910	2020

注：1. 最小钢丝破断拉力总和＝钢丝绳最小破断拉力×1.177（纤维芯）或1.213（钢芯）。

2. 新设计设备不得选用括号内的钢丝绳直径。

表 3-298　钢丝绳第 12 组 4V×39 类的结构图及力学性能

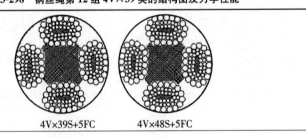

4V×39S+5FC　　　　4V×48S+5FC

钢丝绳公称直径		钢丝绳近似重量		钢丝绳公称抗拉强度/MPa				
				1470	1570	1670	1770	1870
d (mm)	允许偏差 (%)	天然纤维芯钢丝绳	合成纤维芯钢丝绳	钢丝绳最小破断拉力				
		kg/100m		kN				
8		26.2	25.7	23.8	36.1	38.4	40.7	43
9		33.2	32.6	42.8	45.7	48.6	51.6	54.5
10		41	40.2	52.9	56.5	60.1	63.7	67.3
11		49.6	48.6	64	68.3	72.7	77.1	81.4
12		59	57.9	76.2	81.3	86.5	91.7	96.9
13		69.3	67.9	89.4	95.5	101	107	113
14		80.4	78.8	103	110	117	124	131
16		105	103	135	144	153	163	172
18		133	130	171	183	194	206	218
20	+7	164	161	211	226	240	254	269
22	0	198	195	256	273	290	308	325
24		236	232	304	325	346	367	378
26		277	272	357	382	406	430	455
28		321	315	414	443	471	499	527
(30)		369	362	476	508	541	573	605
32		420	412	541	578	615	652	689
(34)		474	465	611	653	694	736	778
36		531	521	685	732	779	825	872
(38)		592	580	764	816	868	920	972
40		656	643	846	904	961	1010	1070

注:1. 最小钢丝破断拉力总和=钢丝绳最小破断拉力×1.191(纤维芯)。

2. 新设计设备不得选用括号内的钢丝绳直径。

表 3-299 钢丝绳第 13 组 6Q×19＋6V×21 类的结构图及力学性能

6Q×19+6V×21+7FC   6Q×33+6V×21+7FC

钢丝绳公称直径		钢丝绳近似重量		钢丝绳公称抗拉强度/MPa				
				1470	1570	1670	1770	1870
d (mm)	允许偏差 (%)	天然纤维芯钢丝绳	合成纤维芯钢丝绳	钢丝绳最小破断拉力				
		kg/100m		kN				
40		656	643	846	904	961	1010	1070
(42)		723	709	933	997	1060	1120	1180
44		794	778	1020	1090	1160	1230	1300
(46)		868	851	1110	1190	1270	1340	1420
48	+7 0	945	926	1210	1300	1380	1460	1550
(50)		1020	1000	1320	1410	1500	1590	1680
52		1110	1090	1430	1520	1620	1720	1820
(54)		1200	1170	1540	1640	1750	1850	1960
56		1290	1260	1650	1770	1880	1990	2110
(58)		1380	1350	1780	1900	2020	2140	2260
60		1480	1450	1900	2030	2160	2290	2420

注：1.最小钢丝破断拉力总和＝钢丝绳最小破断拉力×1.191（纤维芯）。

2.新设计设备不得选用括号内的钢丝绳直径。

表 3-300 钢丝绳的允许偏差和圆度

钢丝绳类型	公称直径 d/mm	允许偏差（%）		圆度（%）≤	
		股全部为钢丝的钢丝绳	带纤维股芯的钢丝绳	股全部为钢丝的钢丝绳	带纤维股芯的钢丝绳
圆股钢丝绳	2、3	+8 0		7	
	4、5	+7 0		6	

续表

钢丝绳类型	公称直径 d/mm	允许偏差(%)		圆度(%)≤	
		股全部为钢丝的钢丝绳	带纤维股芯的钢丝绳	股全部为钢丝的钢丝绳	带纤维股芯的钢丝绳
圆股钢丝绳	6、7	$+6 \atop 0$		5	
	≥8	$+6 \atop 0$	$+7 \atop 0$	4	6
异型股钢丝绳		$+7 \atop 0$		6	

注:钢丝绳长度用 m 表示,其长度允许偏差:长度≤400m 时,$+5\%\atop0$;长度>大于 400 m 时,每 1 000 m 或不足 1 000 m,$+20\atop0$ m。

表 3-301 钢丝绳与股的捻距

捻距区别	捻距倍数		
	圆股钢丝绳		异型股钢丝绳
	点接触	线接触	
绳捻距	7.3	6.7	7.3
股外层捻距	10.8	10	8.5(相当于圆股时)

表 3-302 钢丝绳的重量系数和最小破断拉力系数

组别	类别	钢丝绳重量系数 K			$\dfrac{k_2}{k_{1n}}$	$\dfrac{k_2}{k_{1p}}$	最小破断拉力系数 K'		$\dfrac{k'_2}{k'_1}$
		天然纤维芯钢丝绳	合成纤维芯钢丝绳	钢芯钢丝绳			纤维芯钢丝绳	钢芯钢丝绳	
		K_{1n}	K_{1p}	K_2			k'_1	k'_2	
		kg/(100m·mm²)							
1	6×7	0.315	0.344	0.387	1.10	1.12	0.332	0.359	
2	6×19(a)	0.380	0.371	0.418	1.10	1.13	0.330	0.356	
3	6×37(a)								
2	6×19(b)	0.346	0.337	0.381	1.10	1.13	0.307	0.332	1.18
3	6×37(b)	0.346	0.337	0.381	1.10	1.13	0.307	0.332	
4	8×19	0.357	0.344	0.435	1.22	1.26	0.293	0.346	
5	8×37								

续表

组别	类别	钢丝绳重量系数 K			$\dfrac{k_2}{k_{1n}}$	$\dfrac{k_2}{k_{1p}}$	最小破断拉力系数 K′		$\dfrac{k'_2}{k'_1}$
		天然纤维芯钢丝绳	合成纤维芯钢丝绳	钢芯钢丝绳			纤维芯钢丝绳	钢芯钢丝绳	
		K_{1n}	K_{1p}	K_2			k'_1	k'_2	
		kg/(100m·mm²)							
6	17×7	0.390					0.328		
7	34×7	0.390					0.318		
8	6×24	0.318	0.304	—	—	—	0.208	—	
9	6V×7	0.412	0.404	0.437	1.06	1.08	0.375	0.398	
10	6V×19	0.405	0.397	0.429	1.06	1.08	0.360	0.382	1.06
11	6V×37								
12	4V×39	0.410	0.402				0.360		
13	6Q×19+6V×21								

表 3-303 钢丝绳的主要用途推荐表

用途	名称	结构	备注
立井提升	三角股钢丝绳	6×37S 6V×36 6V×33 6V×30 6V×43 6V21	
	线接触钢丝绳	6×19S 6×19W 6×25Fi 6×29Fi 6×26SW 6×31SW 6×36SW 6×41SW	推荐同向捻
	多层股钢丝绳	18×7 17×7 6Q×19+6V×21 6Q×33+6V×21	用于钢丝绳管道的立井
开凿立井提升（建井用）	多层钢丝绳及异型股钢丝绳	6Q×33+6V×21 17×7 18×7 34×7 36×7 36×7 6Q×19+6V×21 4V×39S 4V×48S	

用途	名称	结构	备注
立井平衡绳	扁钢丝绳	6×4×7　8×4×7 8×4×9　8×4×19	仅适用于交互捻
	钢丝绳	6×37　6×37S　6×36SW 4V×39S　4V×48S	
	多层股钢丝绳	17×7　18×7 34×7　36×7	
斜井卷扬(绞车)	三角股钢丝绳	6V×180	
	钢丝绳	6T×7 见面接触钢丝绳标准	
		6×7　6×9W	推荐同向捻
高炉卷扬	三角股钢丝绳	6V×37S　6V×36 6V×30　6V×33　6V×43	
	线接触钢丝绳	6×19S　6×25Fi　6×29Fi 6×26SW　6×31SW 6×36SW　6×41SW	
立井管道及 索道承重	密封钢丝绳	见密封钢丝绳标准	
	三角股钢丝绳	6V×18	
	多层股钢丝绳	18×7　17×7	
	钢丝绳	6×7	推荐同向捻
露天斜坡卷扬	三角股钢丝绳	6V×37S　6V×36　6V×30 6V×33　6V×43	
	线接触钢丝绳	6×36SW　6×37S　6×41SW 6×49SWS　6×55SWS	推荐同向捻
石油钻井	线接触钢丝绳	6×19S　6×19W　6×25Fi 6×29Fi　6×26SW 6×31SW　6×36SW	也可采用钢芯
皮带运输机及 索道牵引缆车	线接触钢丝绳	6×19S　6×19W　6×25Fi 6×29Fi　6×26SW　6×31SW 6×36SW　6×41SW	推荐同向捻
挖掘机(电铲卷扬)	线接触钢丝绳及 三角股钢丝绳	6×19S+IWR　6×25Fi+IWR 6×19W+IWR　6×29Fi+IWR	

用途	名称	结构	备注
		6×26SW＋IWR 6×31SW＋IWR 6×36SW＋IWR 6×55SWS＋IWR 6×49SWS＋IWR　6V×30 6V×33　6V×36 6V×37S　6V×43	推荐同向捻
起重机	大型浇注吊车	三角股钢丝绳 6V×37S　6V×36　6V×43	1.指同规格左捻与右捻绳可成对使用的条件。 2.受热大时也可选择7×7金属绳芯
		线接触钢丝绳 6×19S＋IWR　6×19W＋IWR 6×25Fi＋IWR　6×36SW＋IWR 6×41SW＋IWR	
	港口装卸和建筑用塔式起重机	多层股钢丝绳 18×19　18×19S　18×19W 34×7　36×7	
		四股扇形股钢丝绳 4V×39S　4V×48S	
	其他用途	线接触钢丝绳 6×19S　6×19W　6×25Fi 6×29Fi　6×26SW　6×31SW 6×36SW　6×37SW　6×41SW 6×49SWS　6×55SWS　8×19S 8×19W　8×25Fi　8×26SW 8×31SW　8×36SW　8×41SW 8×49SWS　8×55SWS	
		点接触钢丝绳 6×19　6×37	
		四股扇形股钢丝绳 4V×39S　4V×48S	
热移钢机 （轧钢厂推台钢）		线接触钢丝绳 6×19S＋IWR　6×19W＋IWR 6×25Fi＋IWR　6×29Fi＋IWR 6×31SW＋IWR　6×37S＋IWR 6×36SW＋IWR	

用途	名称	结构	备注
	点接触钢丝绳	6×19+IWR	
船舶装卸	线接触钢丝绳	6×24S 6×24W 6×19S 6×19W 6×25Fi 6×29Fi 6×31SW 6×36SW 6×37S	
	点接触钢丝绳	6×19 6×37	
拖船,货网 浮运木材	钢丝绳	6×24 6×24S 6×24W 6×37 6×31SW 6×36SW 6×37S	
船舶张拉 桅杆及吊桥	钢丝绳	6×7+IWS 6×19+IWS 6×19S+IWR	镀锌
打捞沉船	钢丝绳	6×37 6×37S 6×36SW 6×41SW 6×49SWS 6×31SW 8×19S 8×19W 8×31SW 8×36SW 8×41SW 8×49SWS	
渔业拖网	钢丝绳	6×24 6×24S 6×24W 6×19 6×19S 6×19W 6×31SW 6×36SW 6×37 6×37S	
捆绑	钢丝绳	6×24 6×24S 6×24W	

注:1. 规格见相应的表格。当腐蚀是主要报废原因时,应采用镀锌钢丝绳。

2. 钢丝绳工作时,终端不能自由旋转,或有反拨力。

2. 不锈钢丝绳(GB/T 9944—2002)

(1)用途:适用于化工,航空,机械和仪表等方面使用。

(2)分类见表3-304。

(3)力学性能见表3-305。

表 3-304 不锈钢丝绳的结构分组

组别	断面图	结构	直径范围/mm
1		1×3	0.11~0.63

续表

组别	断面图	结构	直径范围/mm
2		1×7	0.15～1.2
3		1×19	0.6～4.0
4		6×3+IWS	0.25～1.2
5		3×7	0.3～1.27
6		6×7+IWS	0.3～6

组别	断面图	结构	直径范围/mm
7		$6 \times 19 + IWS$	2.4~12

表 3-305　不锈钢丝绳的力学性能

钢丝绳结构	钢丝绳公称 直径/mm	允许偏差 /mm	整绳破断 拉力/N $\geqslant$	参考重量 /(g/m)
1×3	0.11	±0.01	9.8	0.05
	0.17		24.5	0.12
	0.21		39.2	0.19
	0.25	±0.015	65.9	0.27
	0.36		112.7	0.55
	0.60	±0.02	254.8	1.20
	0.63		264.6	1.60
1×7	0.15	±0.01	24.5	0.10
	0.24		53.8	0.28
	0.30		93.1	0.44
	0.36	±0.015	127.4	0.64
	0.40		156.8	0.75
	0.45		196	1.0
	0.50		254.8	1.25
	0.60	±0.02	343.0	1.8
	0.75	±0.025	558.6	2.8
	0.90		823.2	4.0
	1.00	±0.03	999.6	4.3
	1.20		1323.0	7.0
1×19	0.60	±0.015	343.0	1.75
	0.70		470.4	2.4
	0.80		617.4	3.1
	0.90		774.2	3.9

547

钢丝绳结构	钢丝绳公称直径/mm	允许偏差/mm	整绳破断拉力/N ≥	参考重量/(g/m)
1×19	1.00	±0.020	950.6	4.9
	1.20		1274.0	7.0
	1.50		2254.0	11.0
	1.60		2597.0	12.5
	1.80	+0.18 −0.04	3136.0	15.
	2.00	+0.20 −0.04	3822.0	19.5
	2.40	+0.24 −0.05	4802.0	28.
	2.50	+0.25 −0.05	5586.0	30.38
	3.00	+0.30 −0.06	8036	43.74
	3.50	+0.35 −0.07	9310	59.54
	4.00	+0.40 −0.08	1274	77.76
6×3+IWS	0.25	±0.015	39.2	0.24
	0.30		63.7	0.34
	0.50		161.7	0.37
	0.80	±0.020	392	2.30
	1.00		686	4.00
	1.20		882	5.76
3×7	0.30	±0.010	63.7	0.32
	0.32		68.6	0.34
	0.70	±0.020	323.4	1.55
	0.82		421.4	2.30
	1.07		686	4.00
	1.27		931	5.50
6×7+IWS	0.30	±0.015	53.9	0.36
	0.36		83.3	0.51
	0.45		142.1	0.80
	0.54		205.8	1.15

钢丝绳结构	钢丝绳公称直径/mm	允许偏差/mm	整绳破断拉力/N≥	参考重量/(g/m)
6×7+IWS	0.60	±0.020	215.6	1.5
	0.72		362.6	2.0
	0.81	±0.025	460.6	2.6
	0.90		539	3.2
	1.00		637	3.9
	1.20		882	5.0
	1.60 *	+0.16 −0.03	2150	12.0
	1.80	+0.18 −0.04	2254	13.5
	2.00	+0.20 −0.04	2940	16.5
	2.40 *	+0.24 −0.05	4100	24.0
	2.50	+0.25 −0.05	4410	25.0
	3.00	+0.30 −0.06	6370	35.0
	3.50	+0.35 −0.07	7644	51.0
	4.00	+0.40 −0.08	9506	65.0
	5.00	+0.50 −0.10	14700	95.0
	6.00	+0.60 −0.12	18620	135.0
6×19+IWS	2.40 *	+0.24 −0.05	4100	22.0
	2.50	+0.25 −0.05	4410	24.0
	3.00	+0.30 −0.06	6370	46.0
	3.20 *	+0.32 −0.06	7850	43.0
	4.00 *	+0.40 −0.08	8624	67.00
	4.50	+0.45 −0.09	12250	85.20
	4.80 *	+0.48 −0.09	16500	97.00

续表

钢丝绳结构	钢丝绳公称 直径/mm	允许偏差 /mm	整绳破断 拉力/N ≥	参考重量 /(g/m)
6×19＋IWS	5.00	＋0.50 −0.10	16660	97.0
	5.60 *	＋0.56 −0.12	22250	128.0
	6.00	＋0.60 −0.12	23520	149.0
	6.40 *	＋0.64 −0.13	28500	164.0
	8.00 *	＋0.80 −0.16	40050	266.0
	9.00	＋0.90 −0.18	46060	350.0
	9.50 *	＋0.95 −0.19	53400	362.0
	10.0	＋1.00 −0.20	54880	384.0
	12.0	＋1.20 −0.24	73500	550.0

注：1.表中带"＊"的钢丝绳规格适用于飞机操纵用和减震器用钢丝绳。

2.对于钢丝绳尺寸为表中尺寸的中间值时,其力学性能按相邻较大尺寸钢丝绳的规定执行。

3.操纵用钢丝绳(GB/T 14451—2008)

(1)用途:适用于操纵各种机械装置(航空装置除外)。

(2)分类见表 3-306。

(3)力学性能见表 3-307 至表 3-310。

表 3-306 操纵用钢丝绳的断面结构图

结构标记	1×7	1×19
断面结构图		

结构标记	6×7＋IWS	6×19＋IWS
断面结构图		

表 3-307　1×7 钢丝绳的力学性能

公称直径/mm		钢丝绳金属总断面积/mm²	钢丝绳伸长率(%)≤		钢丝绳最小破断拉力	钢丝绳百米参考重量
钢丝绳	钢丝		弹性	永久	kN	kg/100m
0.9	0.30	0.51			0.90	0.41
1.0	0.33	0.62			1.03	0.50
1.2	0.40	0.91			1.52	0.74
1.4	0.46	1.25			2.08	1.01
1.5	0.50	1.42	0.8	0.2	2.25	1.15
1.6	0.53	1.74			2.77	1.42
1.8	0.60	2.01			3.19	1.63
2.0	0.66	2.52			4.02	2.05
说明	钢丝绳直径是钢丝绳任意断面上的外接圆直径,其允许偏差应符合下表的规定 　　钢丝绳公称直径/mm　　　允许上偏差(下偏差为 0) 　　　≥0.9～2.0　　　　　　　　＋10% 　　　＞2.0～6.0　　　　　　　　＋8%					

表 3-308　1×19 钢丝绳的力学性能

公称直径/mm		钢丝绳金属总断面积/mm²	钢丝绳伸长率(%)≤		钢丝绳最小破断拉力	钢丝绳百米参考重量
钢丝绳	钢丝		弹性	永久	kN	kg/100m
1.0	0.20	0.60			1.06	0.49
1.2	0.24	0.87	0.8	0.2	1.52	0.70
1.4	0.28	1.18			2.08	0.96
1.5	0.30	1.36			2.39	1.10

续表

公称直径/mm		钢丝绳金属总断面积/mm²	钢丝绳伸长率(%)≤		钢丝绳最小破断拉力	钢丝绳百米参考重量
钢丝绳	钢丝		弹性	永久	kN	kg/100m
1.6	0.32	1.54			2.59	1.25
1.8	0.36	1.98			3.29	1.59
2.0	0.40	2.42			4.06	1.96
2.5	0.50	3.77	0.8	0.2	6.01	3.07
2.8	0.56	4.73			7.53	3.84
3.0	0.60	5.42			8.63	4.41
3.5	0.70	7.37			11.74	5.99

表 3-309　6×7＋IWS 钢丝绳的力学性能

公称直径/mm		钢丝绳金属总断面积/mm²	钢丝绳伸长率(%)≤		钢丝绳最小破断拉力	钢丝绳百米参考重量
钢丝绳	钢丝		弹性	永久	kN	kg/100m
1.0	0.12	0.58			1.00	0.50
1.1	0.13	0.68			1.17	0.58
1.2	0.14	0.70			1.35	0.67
1.4	0.16	1.02			1.76	0.87
1.5	0.17	1.15			1.99	0.98
1.6	0.18	1.33	0.9		2.29	1.13
1.8	0.20	1.63			2.81	1.39
2.0	0.22	1.96			3.38	1.67
2.5	0.28	3.21		0.2	5.45	2.73
2.8	0.31	3.92			6.45	3.34
3.0	0.33	4.43			7.28	3.77
3.5	0.38	6.31			10.37	5.37
4.0	0.44	7.87			12.92	6.70
4.5	0.50	10.20			15.89	8.69
4.8	0.52	11.42	1.1		17.79	9.73
5.0	0.54	12.71			19.79	10.83
5.5	0.60	14.89			23.19	12.68
6.0	0.65	18.04			28.11	15.37

表 3-310　6×19+IWS 钢丝绳的力学性能

公称直径/mm		钢丝绳金属总断面积 / mm²	钢丝绳伸长率(%)≤		钢丝绳最小破断拉力	钢丝绳百米参考重量
钢丝绳	钢丝	/ mm²	弹性	永久	kN	kg/100m
1.8	0.12	1.56			2.59	1.32
2.0	0.14	1.82			3.03	1.55
2.5	0.17	3.09	0.9		5.15	2.63
2.8	0.19	3.93			6.56	3.35
3.0	0.20	4.35			7.25	3.70
3.5	0.23	5.72		0.2	9.53	4.87
4.0	0.27	7.28			12.13	6.20
4.5	0.30	9.78			16.13	8.33
4.8	0.32	10.43	1.1		16.58	8.89
5.0	0.33	11.79			18.74	10.04
5.5	0.36	14.62			23.23	12.45
6.0	0.39	17.40			27.66	14.82

4. 电梯用钢丝绳(GB 8903—2005)

(1)用途:主要用于客梯、货梯、病床梯、汽车用梯的牵引绳。但不适用于建筑工地升降机、矿井升降机用钢丝绳。

(2)尺寸规格和允许偏差见表 3-311、表 3-312。

(3)力学性能见表 3-313、表 3-314。

表 3-311　电梯用钢丝绳的尺寸规格

钢丝绳结构	公称直径/mm
6 ×19S+NF	6,8,10,11,13,16,19,22
8 ×19S+NF	8,10,11,13,16,19,226

表 3-312　电梯用钢丝绳的允许偏差

公称直径 /mm	公称直径允许偏差(%)			钢丝绳长度/m	钢丝绳长度允许偏差(%)
	无载荷	5%最小破断载荷	10%最小破断载荷		
≤10	+6 +2	+5 +1	+4 +0	≤400	+5% 0
>10	+5 +2	+4 +1	+3 +0	>400	+20m 0

表 3-313 6×19S＋NF 钢丝绳的断面结构图及力学性能

公称直径 (mm)	近似重量		钢丝绳最小破断载荷/kN	
	纤维芯钢丝绳		单强度:1570 MPa 双强度:1370/1770 MPa 均按 1500 MPa 单强度计算	单强度: 1770MPa
	天然纤维 (kg/100m)	人造纤维 (kg/100m)		
6	13.0	12.7	17.8	21.0
8	23.1	22.5	31.7	37.4
10	36.1	35.8	49.5	58.4
11	43.7	42.6	59.9	70.7
13	61.0	59.5	83.7	98.7
16	92.4	90.1	127	150
19	130	127	179	211
22	175	170	240	283

注:钢丝绳最小破断载荷＝钢丝破断载荷总和×0.86。

表 3-314 8×19S＋NF 钢丝绳的断面结构图及力学性能

公称直径 (mm)	近似重量		钢丝绳最小破断载荷/kN	
	纤维芯钢丝绳		单强度:1570 MPa 双强度:1370/1770 MPa 均按 1500 MPa 单强度计算	单强度: 1770MPa
	天然纤维 (kg/100m)	人造纤维 (kg/100m)		
8	22.2	21.7	28.1	33.2
10	34.7	33.9	44.0	51.9

公称直径 (mm)	近似重量		钢丝绳最小破断载荷/kN	
	纤维芯钢丝绳		单强度：1570 MPa 双强度：1370/1770 MPa 均按 1500 MPa 单强度计算	单强度： 1770MPa
	天然纤维 (kg/100m)	人造纤维 (kg/100m)		
11	42.0	41.0	53.2	62.8
13	58.6	57.3	74.3	87.6
16	88.8	86.8	113	133
19	125	122	159	187
22	168	164	213	251

注：钢丝绳最小破断载荷＝钢丝破断载荷总和×0.84。

5. 面接触钢丝绳(YB/T 5359—2006)

(1)用途：用于矿井提升、索道牵引和运输设备等。

(2)力学性能见表 3-314，表 3-315。

表 3-315　6T×7+FC 结构钢丝绳的断面结构图及力学性能

钢丝绳 公称直径		钢丝绳近似 重量	钢丝绳公称抗拉强度(MPa)				
			1470	1570	1670	1770	1870
D/mm	允许偏差 (%)		最小整绳破断拉力				
		kg/100m	kN				
16		99.8	141	151	160	170	180
18		126	179	191	203	215	227
20		156	221	236	251	266	281
22	+7	189	267	285	303	321	340
24	0	225	318	339	361	382	404
26		264	373	398	424	449	474
28		306	432	462	491	521	550
30		351	496	530	564	598	631

钢丝绳公称直径		钢丝绳近似重量	钢丝绳公称抗拉强度（MPa）				
			1470	1570	1670	1770	1870
D/mm	允许偏差（%）		最小整绳破断拉力				
		kg/100m	kN				
32	+7 0	399	565	603	642	680	718
34		451	638	681	724	768	811
36		505	715	763	812	861	909

注：钢丝绳应按长度供货（长度用 m 表示），其允许偏差为：

长度不大于 400 m……$^{+5\%}_{0}$

长度大于 400m……每 1000 或不足 1000 时，$(^{+20}_{0})$m

表 3-316　6T×19S＋FC,6T×19W＋FC 及 6T×25Fi＋FC 的断面结构图及力学性能

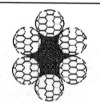

钢丝绳公称直径		钢丝绳近似重量	钢丝绳公称抗拉强度（MPa）				
			1470	1570	1670	1770	1870
D/mm	允许偏差（%）		最小整绳破断拉力				
		kg/100m	kN				
16		105	140	150	159	169	179
18		133	178	190	202	214	226
20		164	219	234	249	264	279
22		198	265	283	301	319	338
24	+7 0	236	316	337	359	380	402
26		277	371	396	421	446	471
28		321	430	459	488	517	547
30		369	493	527	560	594	628
32		420	561	600	638	676	714
34		474	634	677	720	763	806
36		531	710	759	807	855	904

注：最小钢丝破断拉力总和＝最小整绳破断拉力×1.191。

6. 镀锌钢绞线 (GB/T 5004—2001)

(1)用途:适用于吊架,悬挂,拴系,固定物件及通讯电缆,架空地线等。

(2)分类见表 3-317。

(3)力学性能见表 3-318 至表 3 至 321。

表 3-317　镀锌钢绞线的结构

结构标记	1×3	1×7
断面		
结构标记	1×19	1×37
断面		

表 3-318　1×3 镀锌钢绞线的最小破断拉力

公称直径		全部钢丝断面面积 mm²	参考重量 (kg/100 m)	公称抗拉强度/MPa			
钢绞线	钢丝			1270	1370	1470	1570
mm				钢绞线最小整绳破断拉力/kN			
6.2	2.90	19.82	16.48	23.1	24.9	26.8	28.6
6.4	3.20	24.13	20.09	28.1	30.4	32.6	34.8
7.5	3.50	28.86	24.03	33.7	36.3	39.0	41.6
8.6	4.00	37.70	31.38	44.0	47.5	50.9	54.4

表 3-319　1×7 镀锌钢绞线的最小破断拉力

公称直径		全部钢丝断面面积 mm²	参考重量 (kg/100 m)	公称抗拉强度/MPa			
钢绞线	钢丝			1270	1370	1470	1570
mm				钢绞线最小整绳破断拉力/kN			
3.0	1.00	5.50	4.58	6.42	6.92	7.43	7.94
3.3	1.10	6.65	5.54	7.77	8.38	8.99	9.60

续表

公称直径		全部钢丝断面面积 mm²	参考重量 (kg/100 m)	公称抗拉强度/MPa			
钢绞线	钢丝			1270	1370	1470	1570
mm				钢绞线最小整绳破断拉力/kN			
3.6	1.20	7.92	6.59	9.25	9.97	10.7	11.4
3.9	1.30	9029	7.73	10.8	11.7	12.5	13.4
4.2	1.40	10.78	8.97	12.5	13.5	14.5	15.5
4.5	1.50	12.37	10.30	14.4	15.5	16.7	17.8
4.8	1.60	14.07	11.71	16.4	17.7	19.0	20.3
5.1	1.70	15.89	13.23	18.5	20.0	21.4	22.9
5.4	1.80	17.81	14.83	20.8	22.4	24.0	25.7
6.0	2.00	21.99	18.31	25.6	27.7	29.7	31.7
6.6	2.20	26.61	22.15	31.0	33.5	35.9	38.4
7.2	2.40	31.67	26.36	37.0	39.9	42.8	45.7
7.8	2.60	37.16	30.93	43.4	46.8	50.2	53.6
8.4	2.80	43.10	35.88	50.3	54.3	58.2	62.2
9.0	3.00	49.48	41.19	57.8	62.3	66.9	71.4
9.6	3.20	56.30	46.87	65.7	70.9	76.1	81.3
10.5	3.50	67.35	56.07	78.6	84.8	91.0	97.2
11.4	3.80	79.39	66.09	92.7	100.0	107.0	114.0
12.0	4.00	87.96	73.22	102.0	110.0	118.0	127.0

表 3-320 1×19 镀锌钢绞线的最小破断拉力

公称直径		全部钢丝断面面积 mm²	参考重量 (kg/100 m)	公称抗拉强度/MPa			
钢绞线	钢丝			1270	1370	1470	1570
mm				钢绞线最小整绳破断拉力/kN			
5.0	1.00	14.92	12.42	17.0	18.4	19.7	21.0
5.5	1.10	18.06	15.03	20.6	22.2	23.8	25.5
6.0	1.20	21.49	17.89	24.5	26.5	28.4	30.3
6.5	1.30	25.22	20.99	28.8	31.0	33.3	35.6
7.0	1.40	29.25	24.35	33.4	36.0	38.6	41.3
8.0	1.60	38.20	21.80	43.6	47.1	50.5	53.9
9.0	1.80	48.35	40.25	55.2	59.6	63.9	68.3
10.0	2.00	59.69	49.69	68.2	73.6	78.9	84.3

续表

公称直径		全部钢丝断面面积 mm²	参考重量(kg/100 m)	公称抗拉强度/MPa			
钢绞线	钢丝			1270	1370	1470	1570
mm				钢绞线最小整绳破断拉力/kN			
11.0	2.20	72.22	60.12	82.5	89.0	95.5	102.0
12.0	2.40	85.95	71.55	98.2	105.0	113.0	121.0
12.5	2.50	93.27	77.64	106.0	114.0	123.0	131.0
13.0	2.60	100.88	83.98	115.0	124.0	133.0	142.0
14.0	2.80	116.99	97.39	133.0	144.0	154.0	165.0
15.0	3.00	134.30	118.80	153.0	165.0	177.0	189.0
16.0	3.20	152.81	127.21	174.0	188.0	202.0	215.0
17.5	3.50	182.80	152.17	208.0	225.0	241.0	258.0
20.0	4.00	238.76	198.76	272.0	294.0	315.0	337.0

表 3-321 1×37 镀锌钢绞线的最小破断拉力

公称直径		全部钢丝断面面积 mm²	参考重量(kg/100 m)	公称抗拉强度/MPa			
钢绞线	钢丝			1270	1370	1470	1570
mm				钢绞线最小整绳破断拉力/kN			
7.0	1.00	29.06	24.19	31.3	33.8	36.3	38.7
7.7	1.10	35.16	29.27	37.9	40.9	43.9	46.9
9.1	1.30	49.11	40.88	53.0	57.1	61.3	65.5
9.8	1.40	56.96	47.42	61.4	66.3	71.1	76.0
11.2	1.60	74.39	61.92	80.3	86.6	92.9	99.2
12.6	1.80	94.15	78.38	101.0	109.0	117.0	125.0
14.0	2.00	116.24	96.76	125.0	135.0	145.0	155.0
15.5	2.20	140.65	117.08	151.0	163.0	175.0	187.0
16.8	2.40	167.38	139.34	180.0	194.0	209.0	223.0
17.5	2.50	171.62	151.19	196.0	211.0	226.0	242.0
18.2	2.60	196.44	163.53	212.0	228.0	245.0	262.0
19.6	2.80	227.83	189.66	245.0	265.0	284.0	304.0
21.0	3.00	261.54	217.72	282.0	304.0	326.0	349.0
22.4	3.20	297.57	247.72	321.0	346.0	371.0	397.0
24.5	3.50	355.98	296.34	384.0	414.0	444.0	475.0
28.0	4.00	464.95	387.06	501.0	541.0	580.0	620.0

第四章　有色金属材料化学成分与性能

第一节　铜及铜合金

一、铜及铜合金冶炼及铸造产品

(1)铜的物理性能和力学性能见表4-1。

表4-1　铜的物理性能和力学性能

物　理　性　能				力学性能	
项　　目	数值	项　　目	数值	项　　目	数值
1. 密度 ρ(20℃) (g/cm^3)	8.93	6. 比热容 c(20℃)/ [J/(kg・K)]	386	1. 抗拉强度 σ_b/MPa	209
2. 熔点/℃	1084.88	7. 线胀系数 α_L/(10^{-6}/K)	16.7	2. 屈服强度 $\sigma_{0.2}$/MPa	33.3
3. 沸点/℃	2595	8. 热导率 λ/[W/(m・K)]	398	3. 断后伸长度 δ(%)	60
4. 熔化热/(kJ/mol)	13.02	9. 电阻率 ρ/(nΩ・m)	16.73	4. 硬度 HBS	37
5. 汽化热/(kJ/mol)	304.8	10. 电导率 k(%JACS)	103.06	5. 弹性模量(拉伸) E/GPa	128

(2)标准阴极铜(Cu-CATH-2)的化学成分见表4-2。

表4-2　标准阴极铜(Cu-CATH-2)的化学成分

化学成分(质量分数)(%)									
Cu+Ag≥	杂质含量≤								
	As	Sb	Bi	Fe	Pb	Sn	Ni	Zn	S	P
99.95	0.0015	0.0015	0.0006	0.0025	0.002	0.001	0.002	0.002	0.0025	0.001

注：1. 用于电解精炼法或电解沉积法生产的阴极铜,通常供重熔用。

2. 供方需按批测定标准阴极铜中的铜、砷、锑、铋含量,并保证其他杂质符合本标准的规定。

(3)高纯阴极铜(Cu-CATH-1)的化学成分见表4-3。

表 4-3 高纯阴极铜(Cu-CATH-1)的化学成分

元素组	杂质元素	化学成分(质量分数)(%)		
		含 量≤	元素组总含量≤	
1	Se	0.00020	0.00030	0.0003
	Te	0.00020		
	Bi	0.00020	—	
2	Cr	—	0.0015	
	Mn	—		
	Sb	0.0004		
	Cd	—		
	As	0.0005		
	P	—		
3	Pb	0.0005	0.0005	
4	S	0.0015①	0.0015	
5	Sn	—	0.0020	
	Ni	—		
	Fe	0.0010		
	Si	—		
	Zn	—		
	Co	—		
6	Ag	0.0025		
杂质元素总含量		0.0065		

注:1.①需在铸样上测定。

2.用途:压延导电线材、铜棒和型材用。

(4)电工用铜线锭的化学成分见表 4-4。

表 4-4 电工用铜线锭的化学成分

Cu+Ag≥	化学成分(质量分数)(%)										
	杂质含量≤										
	As	Sb	Bi	Fe	Pb	Sn	Ni	Zn	S	P	O
99.90	0.002	0.002	0.001	0.005	0.005	0.002	0.002	0.004	0.004	0.001	0.05

(5)T1、TU1 牌号铜线坯的化学成分见表 4-5。

表 4-5 T1、TU1 牌号铜线坯的化学成分

元素组	杂质元素	化学成分(质量分数)(%)		
		含 量≤	元素组总含量≤	
1	Se	0.0002	0.0003	0.0003
	Te	0.0002		
	Bi	0.0002		
2	Cr	—	0.0015	
	Mn	—		
	Sb	0.0004		
	Cd	—		
	As	0.0005		
	P	—		
3	Pb	0.0005	0.0005	
4	S	0.0015	0.0015	
5	Sn	—	0.0020	
	Ni	—		
	Fe	0.0010		
	Si	—		
	Zn	—		
	Co	—		
6	Ag	0.0025	0.0025	
杂质元素总含量		0.0065		

注:T1 的氧含量应不大于 0.045%;TU1 的氧含量应不大于 0.0010%。

(6)电工用铜线坯的力学性能见表 4-6。

表 4-6 电工用铜线坯的力学性能

牌 号	状态	直径/mm	抗拉强度 σ_b/MPa ≥	伸长率 δ_{10}(%) ≥
T1,TU1	热(R)	6.0~35	—	40
T2,T3,TU2			—	35
TU1,TU2	硬(Y)	6.0~7.0	370	2.0
		>7.0~8.0	345	2.2
		>8.0~9.0	335	2.4

(7)铸造黄铜锭的化学成分见表 4-7。

表 4-7 铸造黄铜锭的化学成分

序号	牌号	主要成分(质量分数)(%)						
		Cu	Al	Fe	Mn	Si	Pb	Zn
1	ZHD68	67.0～70.0	—	—	—	—	—	余量
2	ZHD62	60.0～63.0	—	—	—	—	—	余量
3	ZHAlD67-5-2-2	67.0～70.0	5.0～6.0	2.0～3.0	2.0～3.0	—	余量	
4	ZHAlD63-3-3	60.0～66.0	4.5～7.0	2.0～4.0	1.5～4.0	—	—	余量
5	ZHAlD62-4-3-3	60.0～66.0	2.5～5.0	1.5～4.0	1.5～4.0	—	—	余量
6	ZHAlD67-2.5	66.0～68.0	2.0～3.0	—	—	—	—	余量
7	ZHAlD61-2-2-1	57.0～65.0	0.5～2.0	0.5～2.0	0.1～3.0	—	—	余量
8	ZHMnD58-2-2	57.0～60.0	—	—	1.5～2.5	—	1.5～2.5	余量
9	ZHMnD58-2	57.0～60.0	—	—	1.0～2.0	—	—	余量
10	ZHMnD57-3-1	53.0～58.0	—	0.5～1.5	3.0～4.0	—	—	余量
11	ZHPbD65-2	63.0～66.0	—	—	—	—	1.0～2.8	余量
12	ZHPbD59-1	57.0～61.0	—	—	—	—	0.8～1.9	余量
13	ZHPbD60-2	58.0～62.0	0.2～0.8	—	—	—	0.52.5～	余量
14	ZHSiD80-3	79.0～81.0	—	—	—	2.5～4.5	—	余量
15	ZHSiD80-3-3	79.0～81.0	—	—	—	2.5～4.5	2.0～4.0	余量

序号	牌号	主要成分(质量分数)(%)						
		Pb	Sb	Mn	Sn	Al	P	Si	Fe
1	ZHD68	0.03	0.01	—	1.0	0.1	0.01	—	0.10
2	ZHD62	0.08	0.01	—	1.0	0.3	0.01	—	0.20
3	ZHAlD67-5-2-2	0.5	0.01	—	0.5	—	0.01	—	
4	ZHAlD63-3-3	0.20	—	—	0.2	—	—	0.10	
5	ZHAlD62-4-3-3	0.20	—	—	0.2	—	—	0.10	
6	ZHAlD67-2.5	0.50	0.05	0.5	0.5	—	—	—	0.6
7	ZHAlD61-2-2-1	0.5	Sp+P+As 0.4	—	1.0	—	—	0.10	
8	ZHMnD58-2-2		0.05	—	0.5	1.0	0.01	—	0.6
9	ZHMnD58-2	0.1	0.05	—	0.5	0.5	0.01	—	0.6
10	ZHMnD57-3-1	0.3	0.05	—	0.5	0.5	0.01	—	0.6
11	ZHPbD65-2	—	—	0.2	1.5	0.1	0.02	0.03	0.7
12	ZHPbD59-1	—	0.05	—	—	0.2	0.01	—	0.6

序号	牌号	主　要　成　分(质量分数)(%)							
		Pb	Sb	Mn	Sn	Al	P	Si	Fe
13	ZHPbD60-2	—	—	0.5	1.0	—		0.05	0.7
14	ZHSiD80-3	0.1	0.05	0.5	0.2	0.1	0.02	—	0.4
15	ZHSiD80-3-3	—	0.05	0.5	0.2	0.2	0.02	—	0.4

注:抗磁用的黄铜,铁含量不超过 0.05%。

(8)铸造黄铜锭的应用举例见表 4-8。

表 4-8　铸造黄铜锭的应用举例

序号	牌　号	应　用　举　例
1	ZHD68	制造冷冲、深拉制件和各种板、棒、管材等
2	ZHD62	冷态下有较高的塑性,广泛用于所有的工业部门
3	ZHAlD67-5-2-2	重载荷耐蚀零件
4	ZHAlD63-6-3-3	高强度耐磨零件
5	ZHAlD62-4-3-3	高强度耐蚀零件
6	ZHAlD67-2-5	管配件和要求不高的耐磨件
7	ZHAlD61-2-2-1	轴瓦、衬筒及其他减磨零件
8	ZHMnD58-2-2	轴瓦、衬筒及其他减磨零件
9	ZHMnD58-2	在空气、淡水、海水、蒸汽和各种液体燃料中工作的零件
10	ZHMnD57-3-1	大型铸件、耐海水腐蚀的零件及在 300℃ 以下工作的管配件
11	ZHPbD65-2	煤气、给水设备的壳体及机械电子等行业的部分构件和配件
12	ZHPbD59-1	滚珠轴承及一般用途的耐磨耐蚀零件
13	ZHPbD60-2	耐磨耐蚀零件,如轴套、双金属件等
14	ZHSiD80-3	摩擦条件下工作的零件
15	ZHSiD80-3-3	铸造轴承、衬套

(9)铸造青铜锭的牌号和化学成分见表 4-9。

表 4-9　铸造青铜锭的牌号和化学成分

牌　号	主　要　成　分(质量分数)(%)								
	Sn	Zn	Pb	P	Ni	Al	Fe	Mn	Cu
ZQSnD3-8-6-1	2.0～4.0	6.3～9.3	4.0～6.7		0.5～1.5				余量
ZQSnD3-11-4	2.0～4.0	9.5～13.5	3.0～5.8	—	—	—	—		

牌　号	主　要　成　分(质量分数)(%)								
	Sn	Zn	Pb	P	Ni	Al	Fe	Mn	Cu
ZQSnD5-5-5	4.0~6.0	4.5~6.0	4.0~5.7	—	—	—	—	—	余量
ZQSnD6-6-3	5.0~7.0	5.3~7.3	2.0~3.8		—	—	—	—	
ZQSnD10-1	9.2~11.5	—	—	0.60~1.0	—	—	—	—	
ZQSnD10-2	9.2~11.2	1.0~3.0	—	—	—	—	—	—	
ZQSnD10-5	9.2~11.0	—	4.0~5.8	—	—	—	—	—	
ZQPbD10-10	9.2~11.0	—	8.5~10.5	—	—	—	—	—	
ZQPbD15-8	7.2~9.0	—	13.5~16.5	—	—	—	—	—	
ZQPbD17-4-4	3.5~5.0	2.0~6.0	14.5~19.5	—	—	—	—	—	
ZQPbD20-5	4.0~6.0	—	19.0~23.0	—	—	—	—	—	
ZQPbD30	—	—	28.0~23.0	—	—	—	—	—	
ZQAlD9-2	—	—	—	—	—	8.2~10.0	—	1.5~2.5	
ZQAlD9-4-4-2	—	—	—	—	4.0~5.0	8.7~10.0	4.0~5.0	0.8~2.5	
ZQAlD10-2	—	—	—	—	—	9.2~11.0	—	1.5~2.5	
ZQAlD9-4	—	—	—	—	—	8.7~10.7	2.0~4.0	—	
ZQAlD10-3-2	—	—	—	—	—	9.2~11.0	2.0~4.0	1.0~2.0	
ZQMnD12-8-3	—	—	—	—	—	7.2~9.0	2.0~4.0	12.0~14.5	
ZQMnD12-8-3-2	—	—	—	—	1.8~2.5	7.2~8.5	2.5~4.0	11.5~14.5	

565

牌　号	杂质含量(质量分数)(%)										
	Sn	Zn	Pb	P	Ni	Al	Fe	Mn	Sb	Si	S
ZQSnD3-8-6-1	—	—	—	0.05	—	0.02	0.3	—	0.3	0.02	—
ZQSnD3-11-4	—	—	—	0.05	—	0.02	0.4	—	0.3	0.02	—
ZQSnD5-5-5	—	—	—	0.03	—	0.01	0.25	—	0.25	0.01	0.10
ZQSnD6-6-3	—	—	—	—	—	0.05	0.3	—	0.2	0.05	—
ZQSnD10-1	—	0.05	0.25	—	0.10	0.01	0.08	0.05	0.05	0.02	0.05
ZQSnD10-2	—	—	1.3	0.03	—	0.01	0.20	0.2	0.3	0.01	0.10
ZQSnD10-5	—	1.0	—	0.05	—	0.01	0.2	—	0.2	0.01	—
ZQPbD10-10	—	2.0	—	0.05	—	0.15	0.2	—	0.50	0.01	0.10
ZQPbD15-8	—	2.0	—	0.05	—	0.15	0.2	—	0.5	0.01	0.1
ZQPbD17-4-4	—	—	—	0.05	—	0.02	0.3	—	0.3	0.02	0.05
ZQPbD20-5	—	2.0	—	0.05	—	0.15	0.2	—	0.75	0.01	0.1
ZQPbD30	—	0.1	—	0.08	—	0.01	0.2	—	0.2	0.01	0.05
ZQAlD9-2	0.2	0.5	0.1	0.10	—	—	0.5	—	0.05	0.20	—
ZQAlD9-4-4-2	—	—	0.02	—	—	—	—	—	—	0.15	—
ZQAlD10-2	0.2	1.0	0.1	0.1	—	—	0.5	—	—	0.2	—
ZQAlD9-4	0.2	0.40	0.10	—	—	—	—	1.0	—	0.10	—
ZQAlD10-3-2	0.1	0.5	0.1	0.01	0.5	—	—	—	0.05	0.10	—
ZQMnD12-8-3	—	0.3	0.02	—	—	—	—	—	—	0.15	—
ZQMnD12-8-3-2	0.1	0.1	0.02	0.01	—	—	—	—	—	0.15	—

注:化学成分可以只分析主要成分,杂质定期分析,但必须保证其符合标准要求。

(10)铸造青铜锭的应用举例见表4-10。

表4-10　铸造青铜锭的应用举例

牌　号	应　用　举　例
ZQSnD3-8-6-1	在海水条件下工作的配件,压力不大于2.5MPa的阀门
ZQSnD3-11-4	用于海水、淡水、蒸汽中压力不大于2.5MPa的管配件
ZQSnD5-5-5	在较高负荷和中等滑动速度下工作的耐磨、耐蚀零件
ZQSnD6-6-3	在摩擦条件下工作的零件,如衬套、轴瓦等
ZQSnD10-1	高负荷和高滑动速度下工作的耐磨零件
ZQSnD10-2	用于复杂成型铸件、管配件及阀、泵体、齿轮、蜗轮等
ZQSnD10-5	用于结构材料,耐蚀、耐酸的配件及破碎机衬套、轴瓦

续表

牌　号	应　用　举　例
ZQPbD10-10	用于汽车及其他重载荷的零件,表面压力高、又存在侧压力的滑动轴承
ZQPbD15-8	用于耐酸配件,高压工作的零件
ZQPbD17-4-4	用于高滑动速度的轴承和一般耐磨件等
ZQPbD20-5	用于高滑动速度的轴承,抗蚀零件,负荷达 40MPa 的零件,负荷达 70MPa 的活塞销套
ZQPbD30	用于高速度滑动的双金属轴瓦及减磨件
ZQAlD9-2	用于耐蚀、耐磨零件。形状简单的大型铸件和在 250℃ 以下工作的管配件和要求气密性高的铸造零件
ZQAlD9-4-4-2	用于耐蚀、高强度铸件、耐磨和在 400℃ 以下工作的零件
ZQAlD10-2	用于轮缘、轴套、齿轮、阀座、压下螺母等
ZQAlD9-4	用于高强度、耐磨、耐蚀零件及在 250℃ 以下工作的管配件
ZQAlD10-3-2	用于高强度、耐磨、耐蚀的零件及耐热管配件等
ZQMnD12-8-3	适于重型机械用的轴套及高强度的耐磨、耐压零件
ZQMnD12-8-3-2	用于高强度耐蚀铸件及耐压、耐磨零件

(11)铜中间合金锭的牌号和化学成分见表4-11。

表 4-11　铜中间合金锭的牌号和化学成分

序号	牌号	化　学　成　分(质量分数)(%)								
		硅	锰	镍	铁	锑	铍	磷	镁	铜
1	CuSi16	13.5~16.5	—	—	—	—	—	—	—	余量
2	CuMn28	—	25.0~30.0	—	—	—	—	—	—	余量
3	CuMn22	—	20.0~25.0	—	—	—	—	—	—	余量
4	CuNi15	—	—	14.0~18.0	—	—	—	—	—	余量
5	CuFe10	—	—	—	9.0~11.0	—	—	—	—	余量
6	CuFe5	—	—	—	4.0~6.0	—	—	—	—	余量
7	CuSb50	—	—	—	—	49.0~51.0	—	—	—	余量
8	CuBe4	—	—	—	—	—	3.8~4.3	—	—	余量

序号	牌号	化 学 成 分(质量分数)(%)								
		硅	锰	镍	铁	锑	铍	磷	镁	铜
9	CuP14	—	—	—	—	—	—	13.0~15.0	—	余量
10	CuP12	—	—	—	—	—	—	11.0~13.0	—	余量
11	CuP10	—	—	—	—	—	—	9.0~11.0	—	余量
12	CuP8	—	—	—	—	—	—	8.0~9.0	—	余量
13	CuMg20	—	—	—	—	—	—	—	17.0~23.0	余量
14	CuMg10	—	—	—	—	—	—	—	9.0~11.0	余量

序号	牌号	化 学 成 分(质量分数)(%)								物理性能	
		杂 质 含 量 ≤								熔化温度/℃	特性
		硅	锰	镍	铁	锑	磷	铅	锌	铝	
1	CuSi16	—	—	—	0.50	—	—	—	0.10	0.25	800	脆
2	CuMn28	—	—	—	1.0	0.10	0.10	—	—	—	870	韧
3	CuMn22	—	—	—	1.0	0.10	0.10	—	—	—	850~900	韧
4	CuNi15	—	—	—	0.5	—	—	—	0.3	—	1050~1200	韧
5	CuFe10	—	0.10	0.10	—	—	—	—	—	—	1300~1400	韧
6	CuFe5	—	0.10	0.10	—	—	—	—	—	—	1200~1300	韧
7	CuSb50	—	—	—	0.2	—	0.1	0.1	—	—	680	脆
8	CuBe4	0.18	—	—	0.15	—	—	—	—	0.13	1100~1200	韧
9	CuP14	—	—	—	0.15	—	—	—	—	—	900~1020	脆
10	CuP12	—	—	—	0.15	—	—	—	—	—	900~1020	脆
11	CuP10	—	—	—	0.15	—	—	—	—	—	900~1020	脆
12	CuP8	—	—	—	0.15	—	—	—	—	—	900~1020	脆
13	CuMg20	—	—	—	0.15	—	—	—	—	—	1000~1100	脆
14	CuMg10	—	—	—	0.15	—	—	—	—	—	750~800	脆

注:作为脱氧剂用的 CuP14、CuP12、CuP10、CuP8,其杂质 Fe 的含量 ωFe 可允许不大于 0.3%。

(12)铸造铜合金的牌号和化学成分见表 4-12。

表4-12　铸造铜合金的牌号和化学成分

序号	合金名称	牌号	主要成 分（质量分数）（%）									
			Sn	Zn	Pb	P	Ni	Al	Fe	Mn	Si	Cu
1	锡青铜3-8-6-1	ZCuSn3Zn8Pb6Ni1	2.0~4.0	6.0~9.0	4.0~7.0	—	0.5~1.5	—	—	—	—	余量
2	锡青铜3-11-4	ZCuSn3Zn11Pb4	2.0~4.0	9.0~13.0	3.0~6.0	—	—	—	—	—	—	余量
3	锡青铜5-5-5	ZCuSn5Pb5Zn5	4.0~6.0	4.0~6.0	4.0~6.0	—	—	—	—	—	—	余量
4	锡青铜10-1	ZCuSn10Pb1	9.0~11.5	—		0.5~1.0	—	—	—	—	—	余量
5	锡青铜10-5	ZCuSn10Pb5	9.0~11.0	—	4.0~6.0	—	—	—	—	—	—	余量
6	锡青铜10-2	ZCuSn10Zn2	9.0~11.0	1.0~3.0		—	—	—	—	—	—	余量
7	铅青铜10-10	ZCuPb10Sn10	9.0~11.0	—	8.0~11.0	—	—	—	—	—	—	余量
8	铅青铜15-8	ZCuPb15Sn8	7.0~9.0	—	13.0~17.0	—	—	—	—	—	—	余量
9	铅青铜17-4-4	ZCuPb17Sn4Zn4	3.5~5.0	2.0~6.0	14.0~20.0	—	—	—	—	—	—	余量

续表

序号	合金名称	牌　号	主要成分（质量分数）(%)									
			Sn	Zn	Pb	P	Ni	Al	Fe	Mn	Si	Cu
10	铝青铜 20-5	ZCuPb20Sn5	4.0~6.0	—	18.0~23.0	—	—	—	—	—	—	余量
11	铝青铜 30	ZCuPb30	—	—	27.0~33.0	—	—	—	—	—	—	余量
12	铝青铜 8-13-3	ZCuAl8Mn13Fe3	—	—	—	—	—	7.0~9.0	2.0~4.0	12.0~14.5	—	余量
13	铝青铜 8-13-3-2	ZCuAl8Mn13Fe3Ni2	—	—	—	—	1.8~2.5	7.0~8.5	2.5~4.0	11.5~14.0	—	余量
14	铝青铜 9-2	ZCuAl9Mn2	—	—	—	—	—	8.0~10.0	—	1.5~2.5	—	余量
15	铝青铜 9-4-4-2	ZCuAl9Fe4Ni4Mn2	—	—	—	—	4.0~5.0	8.5~10.0	4.0~5.0	0.8~2.5	—	余量
16	铝青铜 10-3	ZCuAl10Fe3	—	—	—	—	—	8.5~11.0	2.0~4.0	—	—	余量
17	铝青铜 10-3-2	ZCuAl10Fe3Mn2	—	—	—	—	—	9.0~11.0	2.0~4.0	1.0~2.0	—	余量
18	黄铜 38	ZCuZn38	—	余量	—	—	—	—	—	—	—	60.0~63.0
19	铝青铜 25-6-3-3	ZCuZn25Al6Fe3Mn3	—	余量	—	—	—	4.5~7.0	2.0~4.0	1.5~4.0	—	60.0~66.0

续表

序号	合金名称	牌号	主要成分(质量分数)(%)									
			Sn	Zn	Pb	P	Ni	Al	Fe	Mn	Si	Cu
20	铝黄铜26-4-3-3	ZCuZn26Al4Fe3Mn3	—	余量	—	—	—	2.5~5.0	1.5~4.0	1.5~4.0	—	60.0~66.0
21	铝黄铜31-2	ZCuZn31Al2	—	余量	—	—	—	2.0~3.0	—	—	—	66.0~68.0
22	铝黄铜35-2-2-1	ZCuZn35Al2Mn2Fe1	—	余量	—	—	—	0.5~2.5	0.5~2.0	0.1~3.0	—	57.0~65.0
23	锰黄铜38-2-2	ZCuZn38Mn2Pb2	—	余量	1.5~2.5	—	—	—	—	1.5~2.5	—	57.0~60.0
24	锰黄铜40-2	ZCuZn40Mn2	—	余量	—	—	—	—	—	1.0~2.0	—	57.0~60.0
25	锰黄铜40-3-1	ZCuZn40Mn3Fe1	—	余量	—	—	—	—	0.5~1.5	3.0~4.0	—	53.0~58.0
26	铅黄铜33-2	ZCuZn33Pb2	—	余量	1.0~3.0	—	—	—	—	—	—	63.0~67.0
27	铅黄铜40-2	ZCuZn40Pb2	—	余量	0.5~2.5	—	—	0.2~0.8	—	—	—	58.0~63.0
28	硅黄铜16-4	ZCuZn16Si4	—	余量	—	—	—	—	—	—	2.5~4.5	79.0~81.0

(13)铸造铜合金的杂质限量见表 4-13。

表 4-13 铸造铜合金的杂质限量

序号	牌号	杂质限量(质量分数)(%)≤														
		Fe	Al	Sb	Si	p	S	As	C	Bi	Ni	Sn	Zn	Pb	Mn	总和
1	ZCuSn3Zn8Pb6Ni1	0.4	0.02	0.3	0.02	0.05	—	—	—	—	—	—	—	—	—	1.0
2	ZCuSn3Zn11Pb4	0.5	0.02	0.3	0.02	0.05	—	—	—	—	—	—	—	—	—	1.0
3	ZCuSn5Pb5Zn5	0.3	0.01	0.25	0.01	0.05	0.10	—	—	—	2.5	—	—	—	—	1.0
4	ZCuSn10Pb1	0.1	0.01	0.05	0.02	—	0.05	—	—	—	0.10	—	0.05	0.25	0.05	0.75
5	ZCuSn10Pb5	0.3	0.02	0.3	—	0.05	—	—	—	—	—	1.0	—	—	—	1.0
6	ZCuSn10Zn2	0.25	0.01	0.3	0.01	0.05	0.10	—	—	—	2.0	—	—	1.5	0.2	1.5
7	ZCuPb10Sn10	0.25	0.01	0.5	0.01	0.05	0.10	—	—	—	2.0	—	2.0	—	0.2	1.0
8	ZCuPb15Sn8	0.25	0.01	0.5	0.01	0.10	0.10	—	—	—	2.0	—	2.0	—	0.2	1.0
9	ZCuPb17Sn4Zn4	0.4	0.05	0.3	0.02	0.05	—	—	—	—	—	—	—	—	—	0.75
10	ZCuPb20Sn5	0.25	0.01	0.75	0.01	0.10	0.10	—	—	—	2.5	—	2.0	—	0.2	1.0
11	ZCuPb30	0.5	0.01	0.2	0.02	0.08	—	0.10	—	0.005	—	1.0	—	—	0.3	1.0
12	ZCuAl8Mn13Fe3	—	—	—	0.15	—	—	—	0.10	—	—	—	0.3	0.02	—	1.0
13	ZCuAl8Mn13Fe3Ni2	—	—	—	0.15	—	—	—	0.10	—	—	—	0.3	0.02	—	1.0
14	ZCuAl9Mn2	—	—	0.05	0.20	0.10	—	0.05	—	—	—	0.2	1.5	0.1	—	1.0
15	ZCuAl9Fe4Ni4Mn2	—	—	—	0.15	—	—	—	0.10	—	—	—	—	0.02	—	1.0
16	ZCuAl10Fe3	—	—	—	0.20	—	—	—	—	—	3.0	0.3	0.4	0.2	1.0	1.0
17	ZCuAl10Fe3Mn2	—	—	0.05	0.10	0.01	—	0.10	—	—	—	0.1	0.5	0.3	—	0.75
18	ZCuZn38	0.8	0.5	0.10	—	0.01	—	—	—	—	—	1.0	—	—	—	1.5
19	ZCuZn25Al6Fe3Mn3	—	—	—	0.10	—	—	—	—	—	3.0	0.2	—	0.2	—	2.0
20	ZCuZn26Al4Fe3Mn3	0.8	—	—	0.10	—	—	—	—	—	3.0	0.2	—	0.2	—	2.0
21	ZCuZn31Al2	—	—	—	—	—	—	—	—	—	—	1.0	—	1.0	0.5	1.5

序号	牌　号	杂质限量(质量分数)(%)≤													
		Fe	Al	Sb	Si	p	S	As	C	Bi	Ni	Sn	Zn	Pb	Mn	总和
22	ZCuZn35Al2 Mn2Fe1	—	—	—	0.10	—	—	—	—	—	3.0	1.0	—	0.5	—	2.0
23	ZCuZn38Mn2Pb2	0.8	1.0	0.10	—	—	—	—	—	—	—	2.0	—	—	—	2.0
24	ZCuZn40Mn2	0.8	1.0	0.10	—	—	—	—	—	—	—	1.0	—	—	—	2.0
25	ZCuZn40Mn3Fe1	—	1.0	0.10	—	—	—	—	—	—	—	0.5	—	0.5	—	1.5
26	ZCuZn33Pb2	0.8	0.1	—	0.05	0.05	—	—	—	—	1.0	1.5	—	—	0.2	1.5
27	ZCuZn 40Pb2	0.8	—	—	0.05	—	—	—	—	—	1.0	1.0	—	—	0.5	1.5
28	ZCuZn16Si4	0.6	0.1	0.10	—	—	—	—	—	—	—	0.3	—	0.5	0.5	2.0

注:1. 有"＊"符号的元素不计入杂质总和。

2. 未列出的杂质素质,计入杂质总和。

3. ZCuAl10Fe3 合金用于金属型铸造,铁含量 ω_{Fe} 允许为 1.0%～4.0%。该合金用于焊接,铅含量不得超过 0.02%。

4. ZCuZn40Mn3Fe1 合金用于船舶螺旋桨,铜含量 ω_{Cu} 为 55.0%～59.0%。ZCuAl8Mn13Fe3Ni2合金用于金属型和离心铸造,铝含量 ω_{Al} 为 6.8%～8.5%。

5. 经需方认可,ZCuSn5Pb5Zn5、ZCuSn10Zn2、ZcuPb10Sn10、ZCuPb15Sn8 和 ZCoPb20Sn5 合金用于离心铸造和连续铸造,磷含量 ω_P 允许增加到 1.5%,并不计入杂质总和。

(14)铸造铜合金的力学性能见表4-14。

表4-14　铸造铜合金的力学性能

序号	合金牌号	铸造方法	力　学　性　能 ≥			
			抗拉强度 σ_b/MPa	屈服强度 $\sigma_{r0.2}$/MPa	伸长率 δ_5(%)	布氏硬度 HBS
1	ZCuSn3Zn8Pb6Ni1	S	175	—	8	590
		J	215	—	10	685
2	ZCuSn3Zn11Pb4	S	175	—	8	590
		J	215	—	10	590
3	ZCuSn5Pb5Zn5	S、J	200	90	13	590
		Li、La	250	100	13	635

续表

序号	合金牌号	铸造方法	力 学 性 能 ≥			
			抗拉强度 σ_b/MPa	屈服强度 $\sigma_{r0.2}$/MPa	伸长率 δ_5(%)	布氏硬度 HBS
4	ZCuSn10Pb1	S	220	130	3	785
		J	310	170	2	885
		Li	330	170	4	885
		La	360	170	6	885
5	ZCuSn10Pb5	S	195	—	10	685
		J	245	—	10	685
6	ZCuSn10Zn2	S	240	120	12	685
		J	245	140	6	785
		Li、La	270	140	7	785
7	ZCuPb10Sn10	S	180	80	7	635
		J	220	140	5	685
		Li、La	220	110	6	685
8	ZCuPb15Sn8	S	170	80	5	590
		J	200	100	6	635
		Li、La	220	100	8	635
9	ZCuPb17Sn4Zn4	S	150	—	5	540
		J	175	—	7	590
10	ZCuPb20Sn5	S	150	60	5	440
		J	150	70	6	540
		La	180	80	7	540
11	ZCuPb30	J	—	—	—	245
12	ZCuAl8Mn13Fe3	S	600	270	15	1570
		J	650	280	10	1665
13	ZCuAl8Mn13 Fe3Ni2	S	645	280	20	1570
		J	670	310	18	1665
14	ZCuAl9Mn2	S	390	—	20	835
		J	440	—	20	930

续表

序号	合金牌号	铸造方法	力学性能 ≥			
			抗拉强度 σ_b/MPa	屈服强度 $\sigma_{r0.2}$/MPa	伸长率 δ_5(%)	布氏硬度 HBS
15	ZCuAl9Fe4Ni4Mn2	S	630	250	16	1570
16	ZCuAl10Fe3	S	490	180	13	980
		J	540	200	15	1080
		Li、La	540	200	15	1080
17	ZCuAl10Fe3Mn2	S	490	—	15	1080
		J	540	—	20	1175
18	ZCuZn38	S	295	—	30	590
		J	295	—	30	685
19	ZCuZn25Al6Fe3Mn3	S	725	380	10	1570
		J	740	400	7	1665
		Li、La	740	400	7	1665
20	ZCuZn26Al4Fe3Mn3	S	600	300	18	1175
		J	600	300	18	1275
		Li、La	600	300	18	1275
21	ZCuZn31Al2	S	295	—	12	785
		J	390	—	15	885
22	ZCuZn35Al2Mn2Fe2	S	450	170	20	980
		J	475	200	18	1080
		Li、La	475	200	18	1080
23	ZCuZn38Mn2Pb2	S	245	—	10	685
		J	345	—	18	785
24	ZCuZn40Mn2	S	345	—	20	785
		J	390	—	25	885
25	ZCuZn40Mn3Fe1	S	440	—	18	980
		J	490	—	15	1080
26	ZCuZn33Pb2	S	180	70	12	490

序号	合金牌号	铸造方法	力 学 性 能 ≥			
			抗拉强度 σ_b/MPa	屈服强度 $\sigma_{r\,0.2}$/MPa	伸长率 δ_5(%)	布氏硬度 HBS
27	ZCuZn 40Pb2	S	220	120	15	785
		J	280		20	885
28	ZCuZn16Si4	S	345	—	15	885
		J	390	—	20	980

注:1. 布氏硬度试验,力的单位为牛顿(N)。

2. 铸造方法代号表示涵义:

S—砂型铸造;J—金属型铸造;La—连续铸造;Li—离心铸造。

(15)铸造铜合金的特性和应用见表4-15。

表 4-15　铸造铜合金的特性和应用

序号	合金牌号	主要特性	应用举例
1	ZCuSn3Zn8Pb6Ni1	耐磨性较好,易加工,铸造性能好,气密性较好,耐腐蚀,可在流动海水中工作	在各种液体燃料以及海水、淡水和蒸气(<225℃)中工作的零件,压力不大于2.5MPa的阀门和管配件
2	ZCuSn3Zn11Pb4	铸造性能好,易加工,耐腐蚀	海水、淡水、蒸气中,压力不大于2.5MPa的管配件
3	ZCuSn5Pb5Zn5	耐磨性和耐蚀性好,易加工,铸造性能和气密性较好	在较高负荷、中等滑动速度下工作的耐磨、耐蚀零件,如轴瓦、衬套、缸套、活塞、离合器、泵件压盖、涡轮等
4	ZCuSn10Pb1	硬度高,耐磨性极好,不易产生咬死现象,有较好的铸造性能和可加工性,在大气和淡水中有良好的耐蚀性	可用于高负荷(20MPa以下)和高滑动速度(8m/s)下工作的耐磨零件,如连杆、衬套、轴瓦、齿轮、涡轮等
5	ZCuSn10Pb5	耐腐蚀,特别对稀硫酸、盐酸和脂肪酸的耐蚀性高	结构材料、耐蚀、耐酸的配件以及破碎机衬套、轴瓦

序号	合金牌号	主要特性	应用举例
6	ZCuSn10Zn2	耐蚀性、耐磨性和可切削加工性能好，铸造性能好，铸件致密性较高，气密性较好	在中等及较高负荷和小滑动速度下工作的重要管配件，以及阀、旋塞、泵体、齿轮、叶轮和涡轮等
7	ZCuPb10Sn10	润滑性能、耐磨性能和耐蚀性能好，适合用作双金属铸造材料	表面压力高，又存在侧压力的滑动轴承，如轧辊、车辆轴承、负荷峰值 60 MPa 的受冲击的零件，以及最高峰值达 100 MPa 的内燃机双金属轴瓦，以及活塞销套、摩擦片等
8	ZCuPb15Sn8	在缺乏润滑剂和用水质润滑剂条件下，滑动性和自润滑性能好，易切削，铸造性能差，对稀硫酸耐蚀性能好	表面压力高，又有侧压力的轴承，可用来制造冷轧机的铜冷却管，耐冲击负荷达 50 MPa 的内燃机双金属轴承，主要用于最大负荷达 70 MPa 的活塞销套、耐酸配件等
9	ZCuPb17Sn4Zn4	耐磨性和自润滑性能好，易切削，铸造性能差	一般耐磨件，高滑动速度的轴承等
10	ZCuPb20Sn5	有较高的滑动性能，在缺乏润滑介质和以水为介质时有特别好的自润滑性能，适用于双金属铸造材料，耐硫酸腐蚀，易切削，铸造性能差	高滑动速度的轴承及破碎机、水泵、冷轧机轴承，负荷达 40 MPa 的零件，抗腐蚀零件，双金属轴承，负荷达 70 MPa 的活塞销套
11	ZCuPb30	有良好的自润滑性，易切削，铸造性能差，易产生比重偏析。	要求高滑动速度的双金属轴瓦、减摩零件等
12	ZCuAl8Mn13Fe3	具有很高的强度和硬度，良好的耐磨性能和铸造性能，合金致密性高，耐蚀性好，作为耐磨件工作温度不大于 400℃，可以焊接，不易钎焊	适用于制造重型机械用轴套，以及要求强度高、耐磨、耐压零件，如衬套、法兰、阀体、泵体等

序号	合金牌号	主要特性	应用举例
13	ZCuAl8Mn13 Fe3Ni2	有很高的力学性能,在大气、淡水和海水中均有良好的耐蚀性,腐蚀疲劳强度高,铸造性能好,合金组织致密,气密性性好,可以焊接,不易钎焊	要求强度高,耐腐蚀的重要铸件,如船舶螺旋桨、高压阀体、泵体以及耐压、耐磨零件,如蜗轮、齿轮、法兰、衬套等
14	ZCuAl9Mn2	有高的力学性能,在大气、淡水和海水中耐蚀性好,铸造性能好,组织致密,气密性高,耐磨性好,可以焊接,不易钎焊	耐蚀、耐磨零件、形状简单的大型铸件,如衬套、齿轮、蜗轮,以及在250℃以下工作的管配件和要求气密性高的铸件,如增压器内气封
15	ZCuAl9Fe4 Ni4Mn2	在很高的力学性能,在大气、海水、海水中均有优良的耐蚀性,腐蚀疲劳强度高,耐磨性良好,在400℃以下具有耐热性,可以热处理,焊接性能好,不易钎焊,铸造性能尚好	要求强度高、耐蚀性好的重要铸件,是制造船舶螺旋桨的主要材料之一,也可用作耐磨和400℃以下工作的零件,如轴承、齿轮、蜗轮、螺母、法兰、阀体、导向套管
16	ZCuAl10Fe3	具有高的力学性能,耐磨性和耐蚀性能好,可以焊接,不易钎焊,大型铸件自700℃空冷可以防止变脆	要求强度高、耐磨、耐蚀的重型铸件,如轴套、螺母、蜗轮以及250℃以下工作的管配件
17	ZCuAl10Fe3Mn2	具有高的力学性能和耐磨性,可热处理,高温下耐蚀性和抗氧化性能好,在大气、淡水和海水中耐蚀性好,可以焊接,不易钎焊,大型铸件自700℃空冷可以防止变脆	要求强度高、耐磨、耐蚀的零件,如齿轮、轴承、衬套、管嘴,以及耐热管配件等

序号	合金牌号	主要特性	应用举例
18	ZCuZn38	具有优良的铸造性能和较高的力学性能,可加工性好,可以焊接,耐蚀性较好,有应力腐蚀开裂倾向	一般结构件和耐蚀零件,如法兰、阀座、支架、手柄和螺母等
19	ZCuZn25Al6Fe3Mn3	有很高的力学性能,铸造性能良好,耐蚀性较好,有应力腐蚀开裂倾向,可以焊接	适用高强、耐磨零件,如桥梁支承板、螺母、螺杆、耐磨板、滑块和蜗轮等
20	ZCuZn26Al4Fe3Mn3	有很高的力学性能,铸造性能良好,在空气、淡水和海水中耐蚀性较好,可以焊接	要求强度高、耐蚀零件
21	ZCuZn31Al2	铸造性能良好,在空气、淡水、海水中耐蚀性较好,易切削,可以焊接	适于压力铸造,如电机,仪表等压铸件及造船和机械制造业的耐蚀件
22	ZCuZn35Al2Mn2Fe1	具有高的力学性能和良好的铸造性能,在大气、淡水、海水中有较好的耐蚀性,可加工性好,可以焊接	管路配件和要求不高的耐磨件
23	ZCuZn38Mn2Pb2	有较高的力学性能和耐蚀性,耐磨性较好,可加工性良好	一般用途的结构件,船舶、仪表等使用的外形简单的铸件,如套筒、衬套、轴瓦、滑块等
24	ZCuZn40Mn2	有较高的力学性能和耐蚀性,铸造性能好,受热时组织稳定	在空气、淡水、海水、蒸气(300℃以下)和各种液体燃料中工作的零件和阀体、阀杆、泵、管接头,以及需要浇注巴氏合金和镀锡零件等
25	ZCuZn40Mn3Fe1	在高的力学性能,良好的铸造性能和可切削加工性,在空气、淡水、海水中耐蚀性较好,有应力腐蚀开裂倾向	耐海水腐蚀的零件,以及300℃以下工作的管配件,制造船舶螺旋桨等大型铸件

序号	合金牌号	主要特性	应用举例
26	ZCuZn33Pb2	结构材料,给水温度为90℃时抗氧化性能好,电导率为10~14 S/m	煤气和给水设备的壳体,机械制造业、电子技术、精密仪器和光学仪器的部分构件和配件
27	ZCuZn 40Pb2	有好的铸造性能和耐磨性,可切削加工性能好,耐蚀性较好,在海水中有应力腐蚀开裂倾向	一般用途的耐磨、耐蚀零件,如轴套、齿轮等
28	ZCuZn16Si4	具有较高的力学性能和良好的耐蚀性,铸造性能好,流动性高,铸件组织致密,气密性好	接触海水工作的管配件以及水泵、叶轮、旋塞和在空气、淡水、油、燃料,以及工作压力在4.5 MPa和250℃以下蒸气中工作的铸件

(16)铸造铜合金的新旧牌号对照见表4-16。

表4-16　铸造铜合金的新旧牌号对照

标准	新标准(GB/T 1176—1987)			旧标准(GB/T 1176—74)
代号意义	Z—铸造; Cu—基体元素铜的元素符号; 其余字母表示主要合金元素符号; 其后数字表示元素的平均百分含量			ZQ为"铸""青"两字汉语拼音第一个字母; ZH为"铸""黄"两字汉语拼音第一个字母; 化学元素符号为主要添加元素 其后数字为该合金的成分分组字组
牌号	序号	合金牌号	合金名称	合金牌号
	1	ZCuSn3Zn8Pb5Ni1	锡青铜 3-8-5-1	ZQSn3-7-5-1
	2	ZCuSn3Zn11Pb4	锡青铜 3-11-4	ZQSn3-12-5
	3	ZCuSn5Pb5Zn5	锡青铜 5-5-5	ZQSn5-5-5
	4	ZCuSn10Pb1	锡青铜 10-1	ZQSn10-1
	5	ZCuSn10Pb5	锡青铜 10-5	ZQSn10-5
	6	ZCuSn10Zn2	锡青铜 10-2	ZQSn10-2
	7	ZCuPb10Sn10	铅青铜 10-10	ZQSn10-10
	8	ZCuPb15Sn8	铅青铜 15-8	ZQSb12-8
	9	ZCuPb17Sn4Zn4	铅青铜 17-4-4	ZQSb17-4-4

标准		新标准(GB/T 1176—1987)		旧标准(GB/T 1176—74)
牌 号	10	ZCuPb20Sn5	铅青铜 20-5	ZQSb25-5
	11	ZCuPb30	铅青铜 30	ZQSb30
	12	ZCuAl8Mn13Fe3	铝青铜 8-13-3	—
	13	ZCuAl8Mn13Fe3Ni2	铝青铜 8-13-3-2	ZQAl2-8-3-2
	14	ZCuAl9Mn2	铝青铜 9-2	ZQAl9-2
	15	ZCuAl9Fe4Ni4Mn2	铝青铜 9-4-4-2	ZQAl9-4-4-2
	16	ZCuAl10Fe3	铝青铜 10-3	ZQAl9-4
	17	ZCuAl10Fe3Mn2	铝青铜 10-3-2	ZQAl10-3-1.5
	18	ZCuZn38	黄青铜 38	ZH62
	19	ZCuZn25Al6Fe3Mn3	铝青铜 25-6-3-3	ZHAl66-6-6-2
	20	ZCuZn26Al4Fe3Mn3	铝黄铜 26-4-3-3	—
	21	ZCuZn31Al2	铝黄铜 31-2	ZHAl67-2.5
	22	ZCuZn35Al2Mn2Fe1	铝黄铜 35-2-2-1	ZHFe59-1-1
	23	ZCuZn38Mn2Pb2	锰黄铜 38-2-2	ZHMn58-2-2
	24	ZCuZn40Mn2	锰黄铜 40-2	ZHMn58-2
	25	ZCuZn40Mn3Fe1	锰黄铜 4-3-1	ZHMn55-3-1
	26	ZCuZn33Pb2	铅黄铜 3-3-2	—
	27	ZCuZn 40Pb2	铅黄铜 40-2	ZHPb59-1
	28	ZCuZn16Si4	硅黄铜 16-4	ZHSi80-3

(17)铸造铜合金的中外牌号对照见表 4-17。

表 4-17　铸造铜合金的中外牌号对照

序 号	中国 GB/T 1176	国际标准 ISO	原苏联 ГOCT	美国 ASTM	日本 JIS	德国 DIN	英国 BS	法国 NF
1	ZCuSn3Zn8Pb6Ni1	—	БРОЗЦ7С5Н1	C83800	—	G-CuSn2ZnPb	LG1	—
2	ZCuSn3Zn11Pb4	—	БРОЗЦ12С5	C84500	BC1	—	—	—
3	ZCuSn5Pb5Zn5	CuPb5Sn5Zn5	БРО5Ц5С5	C83600	BC6	G-CuSn5ZnPb	LG2	CuPb5Sn5Zn5
4	ZCuSn10Pb1	CuSn10P	БРО10Ф1	C90700	PBC2B	—	PB4	—
5	ZCuSn10Pb5	—	БРО10С5	—	LBC2	G-CuPb5Sn	—	—
6	ZCuSn10Zn2	CuSn10Z2	БРО10Ц2	C90500	BC3	G-CuSn10Zn	G1	CuSn12
7	ZCuPb10Sn10	CuPb10Sn10	БРО10С10	—	LBC3	G-CuPb10Sn	LB2	CuPb10Sn10
8	ZCuPb15Sn8	CuPb15Sn8	—	—	LBC4	G-CuPb15Sn	LB1	—

序号	中国 GB/T 1176	国际标准 ISO	原苏联 ГOCT	美国 ASTM	日本 JIS	德国 DIN	英国 BS	法国 NF
9	ZCuPb17Sn4Zn4	—	БРОЦС4С17	—	—	—	—	—
10	ZCuPb20Sn5	CuPb20Sn5	—	—	LBC5	G-CuPb20Sn	LB5	CuPb20Sn5
11	ZCuPb30		БРС30	—	—	—	—	—
12	ZCuAl8Mn13Fe3		—		—		—	
13	ZCuAl8Mn13Fe3Ni2	—	НВВа-70	C95700	ALBC4	Al-MnBZ13	CMA1	—
14	ZCuAl9Mn2	—	БРАМЦ9-2		—	G-CuAll9Mn		
15	ZCuAl9Fe4Ni4Mn2	—	БРАЖНМЦ 9-4-4-1	C95800	ALBC3		AB2	CuAl10 Fe5Ni5
16	ZCuAl10Fe3	CuAl10Fe3	БРАЖ9-4л	C95200	ALBC1	G-CuAl10Fe	AB1	CuAl10Fe3
17	ZCuAl10Fe3Mn2		БРАЖМЦ 10-3-1.5				—	CuAl10Fe3
18	ZCuZn38	—	Л62Л	85500	YBSC1	—	DCB1	—
19	ZCuZn25Al6Fe3Mn3	CuZn25Al6 Fe3Mn3	ЛАЖМЦ 66-6-3-2	C86300	HBSC4	G-CuZn25Al5	HTB-3	CuZn19Al6
20	ZCuZn26Al4Fe3Mn3	CuZn26Al14 Fe3Mn3	—	C86200	HBSC3		HTB-2	
21	ZCuZn31Al2	—	ЛА67-2					
22	ZCuZn35Al2Mn2Fe1	CuZn35Al FeMn	ЛАЖ59-1-1Л	C86500	HBSC1	G-CuZn35Al1	HTB-1	
23	ZCuZn38Mn2Pb2		ЛМЦС58-2-2	—		—	—	
24	ZCuZn40Mn2		ЛМЦ58-2	—	—	—	—	—
25	ZCuZn40Mn3Fe1	—	ЛМЦДЖ55-3-1	C86800	HBSC2		—	
26	ZCuZn33Pb2	CuZn33Pb	—	C85400	YBSC3	—	SCB3	
27	ZCuZn 40Pb2	CuZn40Pb	ЛС59-1Л	85700	—	G-CuZn37Pb	DCB3	
28	ZCuZn16Si4	—	ЛК80-3Л	C87400 C87800	—	G-CuZn15Si4		

(18)压铸铜合金的力学性能见表 4-18。

表 4-18　压铸铜合金的力学性能

序号	合金牌号	抗拉强度 σ_b/MPa≥	长率 δ_5(%)≥	布氏硬度 HBS5/250/30 ≥
1	YZCuZn40Pb	300	6	85
2	YZCuZn16Si4	345	25	85
3	YZCuZn30Al3	400	15	110
4	YZCuZn35Al2Mn2Fe	475	3	130

(19)压铸铜合金的特性和应用见表 4-19。

表 4-19　压铸铜合金的特性和应用

序号	牌号	主要特性	应用举例
1	YZCuZn40Pb1	铅黄铜，塑性好，耐磨性能高，切削性能、耐蚀性优良，强度不高	一般用途的耐磨、耐蚀零件,如轴套、齿轮等
2	YZCuZn17Si3	硅黄铜，强度高，塑性、耐蚀性好，铸造性能优良，耐磨性、切削加工性一般	适于制造一般腐蚀介质中工作的管配件、阀体、阀盖,以及各种形状复杂的铸件
3	YZCuZn30Al3	铝黄铜，强度、耐磨性高，铸造性能好，大气中耐蚀性好，其他介质一般，切削加工性一般	适于制造空气中的耐蚀件

(20)铸造铜合金的新旧牌号对照见表 4-20。

表 4-20　铸造铜合金的新旧牌号对照

标准	新标准(GB/T 15116—1994)		旧标准(JB/T3071—82)	
代号意义举例	YZCu Zn 40 Pb 1 └ 铅的平均百分含量 └ 铅的元素符号 └ 锌的平均百分含量 └ 锌的元素符号 └ 压铸铜合金代号		YZCu Zn 40 Pb 1 └ 铅的平均百分含量 └ 铅的元素符号 └ 锌的平均百分含量 └ 锌的元素符号 └ 压铸铜合金代号	
牌号	序号 合金牌号 合金代号		序号 合金牌号 合金代号	

	序号	合金牌号	合金代号	序号	合金牌号	合金代号
牌号	1	YZCuZn40Pb	YT40-1	1	YZCuZn40Pb1	Y591
	2	YZCuZn16Si4	YT16-4	2	YZCuZn17Si3	Y803
	3	YZCuZn30Al3	YT30-3	3	YZCuZn30Al3	Y672
	4	YZCuZn35Al2Mn2Fe	YT35-2-2-1			

二、加工铜及铜合金

(1)加工铜的化学成分和产品形状见表 4-21。

表4-21　加工铜的化学成分和产品形状

级别	序号	名称	代号	Cu+Ag	P	Ag	Bi②	Sb②	As②	Fe	Ni	Pb	Sn	S	Zn	O	产品形状
纯铜	1	一号铜	T1	99.95	0.001	—	0.001	0.002	0.002	0.005	0.002	0.003	0.002	0.005	0.005	0.02	板、带、箔、管
纯铜	2	二号铜	T2③	99.90	—	—	0.001	0.002	0.002	0.005	—	0.005	—	0.005	—	—	板、带、箔、管、线、型
纯铜	3	三号铜	T3	99.70	—	—	0.002	—	—	—	—	0.01	—	—	—	—	板、带、箔、管、管、棒、线
无氧铜	4	零号无氧铜	TU0④[C10100]	Cu 99.99	0.0003	0.0025	0.0001	Se:0.0003	0.0004 Te:0.0002	0.00050 Mn:0.00005	0.00100	0.00050	0.0002 Cd:0.0001	0.00150	0.00010	0.0005	板、带、箔、管、棒、线
无氧铜	5	一号无氧铜	TU1	99.97	0.002	—	0.001	0.002	0.002	0.004	0.002	0.003	0.002	0.004	0.003	0.002	板、带、箔、管、棒、线
无氧铜	6	二号无氧铜	TU2	99.95	0.002	—	0.001	0.002	0.002	0.004	0.002	0.004	0.002	0.004	0.003	0.003	板、带、管、棒、线
磷脱氧铜	7	一号脱氧铜	TP1[C12000]	99.90	0.004~0.012	—	—	—	—	—	—	—	—	—	—	—	板、带、管
磷脱氧铜	8	二号脱氧铜	TP2[C12200]	99.9	0.015~0.040	—	—	—	—	—	—	—	—	—	—	—	板、带、管
银铜	9	0.1银铜	TAg0.1	Cu 99.5	—	0.06~0.12	0.002	0.005	0.01	0.05	0.2	0.01	0.05	0.01	—	0.1	板、管、线

①经双方协商,可限制表中未规定的元素或要求加严限制表中规定的元素。
②砷、铋、锑可不分析,但供应方必须保证不大于本界限值。
③经双方协商,可供应 P 小于或等于 0.001%的导电用 T2铜。
④TU0[C10100]铜量为差减去所得。

（2）加工黄铜的化学成分和产品形状见表4-22。

表4-22 加工黄铜的化学成分和产品形状

级别	序号	名称	代号	Cu	Fe①	Pb	Al	Mn	Sn	Ni①	Zn	杂质总和	产品形状
普通黄铜	1	96黄铜	H96	95.0~97.0	0.10	0.03	—	—	—	0.5	余量	0.2	板、带、管、棒、线
	2	90黄铜	H90	88.0~91.0	0.10	0.03	—	—	—	0.5	余量	0.2	板、带、棒、线、管、箔
	3	85黄铜	H85	84.0~86.0	0.10	0.03	—	—	—	0.5	余量	0.3	管
	4	80黄铜	H80②	79.0~81.0	0.10	0.03	—	—	—	0.5	余量	0.3	板、带、管、棒、线
	5	70黄铜	H70	68.5~71.5	0.10	0.03	—	—	—	0.5	余量	0.3	板、带、管、棒、线
	6	68黄铜	H68	67.0~70.0	0.10	0.03	—	—	—	0.5	余量	0.3	板、带、管、棒、线
	7	65黄铜	H65	63.5~68.0	0.10	0.03	—	—	—	0.5	余量	0.3	板、带、线、管、箔
	8	63黄铜	H63	62.0~65.0	0.15	0.08	—	—	—	0.5	余量	0.5	板、带、管、棒、线

续表

| 级别 | 序号 | 牌号 | | 化学成分①(质量分数)(%) | | | | | | | | | 产品形状 |
		名称	代号	Cu	Fe①	Pb	Al	Mn	Sn	Ni①	Zn	杂质总和	
普通黄铜	9	62黄铜	H62	60.5~63.5	0.15	0.08	—	—	—	0.5	余量	0.5	板、带、管、棒、线、型、箔
	10	59黄铜	H59	57.0~60.0	0.3	0.5	—	—	—	0.5	余量	1.0	板、带、线、管
镍黄铜	11	65-5镍黄铜	HNi65-5	64.0~67.0	0.15	0.03	—	—	—	5.0~6.5	余量	0.3	板、棒
	12	56-3镍黄铜	HNi65-3	54.0~58.0	0.15~0.5	0.2	0.3~0.5	—	—	2.0~3.0	余量	0.6	棒
铁黄铜	13	59-1-1铁黄铜	HFe59-1-1	57.0~60.0	0.6~1.2	0.20	0.1~0.5	0.5~0.8	0.3~0.7	0.5	余量	0.3	板、棒、管
	14	58-1-1铁黄铜	HFe58-1-1	56.0~58.0	0.7~1.3	0.7~1.3	—	—	—	0.5	余量	0.5	棒

续表

级别	序号	牌号 名称	牌号 代号	化学成分①（质量分数）（%） Cu	Fe①	Pb	Al	Mn	Ni①	Co	As	Zn	Si	杂质总和	产品形状
铅黄铜	15	89-2铅黄铜	HPb89-2 [C31400]	87.5~ 90.5⑤	0.10	1.3~ 2.5	—	—	0.7	—	—	余量	—	—	棒
	16	66-0.5铅黄铜	HPb66-0.5 [C33000]	65.0~ 68.0	0.07	0.25~ 0.7	—	—	—	—	—	余量	—	—	管
	17	63-3铅黄铜	HPb63-3	62.0~ 65.0	0.10	2.4~ 3.0	—	—	0.5	—	—	余量	—	0.75	板、带、棒、线
	18	63-0.1铅黄铜	HPb63-0.1	61.5~ 63.5	0.15	0.05~ 0.3	—	—	0.5	—	—	余量	—	0.5	管、棒
	19	63-0.8铅黄铜	HPb62-0.8	60.0~ 63.0	0.2	0.5~ 1.2	—	—	0.5	—	—	余量	—	0.75	线
	20	62-3铅黄铜	HPb62-3 [C36000]	60.0~ 63.0⑩	0.35	2.5~ 3.7	—	—	—	—	—	余量	—	—	棒
	21	62-2铅黄铜	HPb62-2 [C35300]	60.0~ 63.0⑩	0.15	1.5~ 2.5	—	—	—	—	—	余量	—	—	板、带、棒
	22	61-1铅黄铜	HPb61-1 [C37100]	58.0~ 62.0⑤	0.15	0.6~ 1.2	—	—	—	—	—	余量	—	—	板、带、棒、线

续表

| 级别 | 序号 | 牌号 | | 化学成分①(质量分数)(%) | | | | | | | | | | | 产品形状 |
		名称	代号	Cu	Fe①	Pb	Al	Mn	Ni①	Co	As	Zn	Si	杂质总和	
铅黄铜	23	60-2铅黄铜	HPb60-2 [C37700]	58.0~61.0④	0.30	1.5~2.5	—	—	—	—	—	余量	—	—	板、带
	24	59-3铅黄铜	HPb59-3	57.5~59.5	0.50	2.0~3.0	—	—	0.5	—	—	余量	—	1.2	板、带、管、棒、线
	25	59-1铅黄铜	HPb59-1	57.0~60.0	0.5	0.8~1.9	—	—	1.0	—	—	余量	—	1.0	板、带、管、棒、线
铝黄铜	26	77-2铝黄铜	HAl77-2 [C68700]	76.0~79.0⑤	0.06	0.07	1.8~2.5	—	—	—	0.02~0.06	余量	—	—	管
	27	67-2.5铝黄铜	HAl67-2.5	66.0~68.0	0.6	0.5	2.0~3.0	—	0.5	—	—	余量	—	1.5	板、棒
	28	66-6-3-2铝黄铜	HAl66-6-3-2	64.0~68.0	2.0~4.0	0.5	6.0~7.0	1.5~2.5	0.5	—	—	余量	—	1.5	板、棒
	29	61-4-3-1铝黄铜	HAl61-4-3-1	59.0~62.0	0.3~1.3	—	3.5~4.5	—	2.5~4.0	0.5~1.0	—	余量	0.5~1.5	0.7	管
	30	60-1-1铝黄铜	HAl60-1-1	58.0~61.0	0.70~1.50	0.40	0.70~1.50	0.1~0.6	0.5	—	—	余量	—	0.7	板、棒
	31	铝黄铜	HAl59-3-1	57.0~60.0	0.50	0.10	2.5~3.5	—	2.0~4.0	—	—	余量	—	0.9	板、管、棒

续表

级别	序号	牌号 名称	牌号 代号	化学成分[1](质量分数)(%) Cu	Fe[1]	Pb	Al	Mn	Ni[4]	Co	As	Zn	Si	杂质总和	产品形状
锰黄铜	32	62-3-3-0.7 锰黄铜	HMn 62-3-3-0.7	60.0~63.0	0.1	0.05	2.4~3.4	2.7~3.7	0.1	—	0.5~1.5	0.5	余量	1.2	管
	33	58-2锰黄铜	HMn58-2②③	57.0~60.0	1.0	0.1	—	1.0~2.0	—	—	—	0.5	余量	1.2	板、带、棒、线、管
	34	57-3-1锰黄铜	HMn 57-3-1③	55.0~58.5	1.0	0.2	0.5~1.5	2.5~3.5	—	—	—	0.5	余量	1.3	板、棒
	35	55-3-1锰黄铜	HMn 55-3-1③	53.0~58.0	0.5~1.5	0.5	—	3.0~4.0	—	—	—	0.5	余量	1.5	板、棒
锡黄铜	36	90-1锡黄铜	HSn90-1	88.0~91.0	0.10	0.03	—	—	0.25~0.75	—	—	0.5	余量	0.2	板、带
	37	70-1锡黄铜	HSn70-1	69.0~71.0	0.10	0.05	—	—	0.8~1.3	0.03~0.06	—	0.5	余量	0.3	管
	38	62-1锡黄铜	HSn62-1	61.0~63.0	0.10	0.10	—	—	0.7~1.1	—	—	0.5	余量	0.3	板、带、棒、线、管
	39	60-1锡黄铜	HSn60-1	59.0~61.0	0.10	0.30	—	—	1.0~1.5	—	—	0.5	余量	1.0	线、管

续表

级别	序号	牌号 名称	代号	化学成分（质量分数）（%） Cu	Fe①	Pb	Al	Mn	Ni④	Co	As	Zn	Si	杂质总和	产品形状
加砷黄铜	40	85A加砷黄铜	H85A	84.0～86.0	0.10	0.03	—	—	—	0.02～0.08	—	0.5	余量	0.3	管
	41	70A加砷黄铜	H70A [C26130]	68.5～71.5	0.05	0.05	—	—	—	0.02～0.08	—	—	余量	—	管
	42	68A加砷黄铜	H68A	67.0～70.0②	0.10	0.03	—	—	—	0.03～0.06	—	0.5	余量	0.3	管
硅黄铜	43	80-3硅黄铜	HS80-3	79.0～81.0	0.6	0.1	—	—	—	—	2.5～4.0	0.5	余量	1.5	管

①抗磁用黄铜的铁的质量分数不大于0.030%。

②特殊用途的H70、H80的杂质含量最大值为：Fe0.07%，Sb0.002%，P0.005%，As0.005%，S0.002%，杂质总和为0.20%。

③供异型铸造和热锻用的HMn57-3-1和HMn58-2的磷的质量分数不大于0.03%。供特殊使用的HMn55-3-1的铝的质量分数不大于0.1%。

④无对应外国牌号的黄铜（镍为主成分者除外）的镍含量计入铜中。

⑤Cu+所列出元素之和≥99.6%。

⑥Cu+所列出元素之和≥99.5%。

⑦Cu+所列出元素之和≥99.7%。

(3)加工黄铜的特性和应用见表 4-23。

表 4-23 加工黄铜的特性和应用

组别	代号	主要特性	应用举例
普通黄铜	H96	强度比纯铜高(但在普通黄铜中,它是最低的),导热、导电性好,在大气和淡水中有高的耐蚀性,且有良好的塑性,易于冷、热压力加工,易于焊接、锻造和镀锡,无应力腐蚀破裂倾向	在一般机械制造中用作导管、冷凝管、散热器管、散热片、汽车水箱带以及导电零件等
	H90	性能和 H96 相似,但强度较 H96 稍高,可镀金属及涂敷珐琅	供水及排水管、奖章、艺术品、水箱带以及双金属片
	H85	具有较高的强度,塑性好,能良好地承受冷、热压力加工,焊接和耐蚀性能也都良好	冷凝和散热用管、虹吸管、蛇形管、冷却设备制件
	H80	性能和 H85 相似,但强度较高,塑性也较好,在大气、淡水及海水中有较高的耐蚀性	造纸网、薄壁管、皱纹管及房屋建筑用品
	H70 H68	有极为良好的塑性(是黄铜中最佳者)和较高的强度,可加工性能好,易焊接,对一般腐蚀非常安定,但易产生腐蚀开裂。H68 是普通黄铜中应用最广泛的一个品种	复杂的冷冲件和深冲件,如散热器外壳、导管、波纹管、弹壳、垫片、雷管等
	H65	性能介于 H68 和 H62 之间,价格比 H68 便宜,也有较高的强度和塑性,能良好地承受冷、热压力加工,有腐蚀破裂倾向	小五金、日用品、小弹簧、螺钉、铆钉和机器零件
	H63 H62	有良好的力学性能,热态下塑性良好,冷态下塑性也可以,可加工性好,易钎焊和焊接,耐蚀,但易产生腐蚀破裂,此外价格便宜,是应用广泛的一个普通黄铜品种	各种深拉和弯折制造的受力零件,如销钉、铆钉、垫圈、螺母、导管、气压表弹簧、筛网、散热器零件等
	H59	价格最便宜,强度、硬度高而属性差,但在热态下仍能很好地承受压力加工,耐蚀性一般,其他性能和 H62 相近	一般机器零件,焊接件、热冲及热轧零件

组别	代号	主要特性	应用举例
镍黄铜	Hni65-5 Hni56-3	有高的耐蚀性和减摩性,良好的力学性能,在冷态和热态下压力加工性能极好,对脱锌和"季裂"比较稳定,导热导电性低,但因镍的价格较贵,故 Hni65-5 一般用得不多	压力表管、造纸网、船舶用冷凝管等,可作锡磷青铜和德银的代用品
铁黄铜	HFe59-1-1	具有高的强度、韧性,减摩性能良好,在大气、海水中有耐蚀性高,但有腐蚀破裂倾向,热态下塑性良好	制造在摩擦和受海水腐蚀条件下工作的结构零件
	HFe58-1-1	强度、硬度高,可加工性好,但塑性下降,只能在热态下压力加工,耐蚀性尚好,有腐蚀破裂倾向	适于用热压和切削加工法制作的高强度耐蚀零件
铅黄铜	HPb63-3	含铅高的铅黄铜,不能热态加工,可加工性极为优良,且有高的减摩性能,其他性能和 HPb59-1 相似	主要用于要求可加工性极高的钟表结构零件及汽车拖拉机零件
	HPb63-0.1 HPb62-0.8	可加工性较 HPb63-3 低,其他性能和 HPb63-3 相同	用于一般机器结构零件
	HPb61-2	可加工性好,强度较高	用于要求高加工性能的一般结构件
	HPb59-1	应用较广的铅黄铜,它的特点是可加工性好,有良好的力学性能,能承受冷、热压力加工,易钎焊和焊接,对一般腐蚀有良好的稳定性,但有腐蚀破裂倾向	适于热冲压和切削加工制作的各种结构零件,如螺钉、垫圈、垫片、衬套、螺母、喷嘴等
铝黄铜	HAl77-2	典型的铝黄铜,有高的强度和硬度,塑性良好,可在热态及冷态下进行压力加工,对海水及盐水有良好的耐蚀性,并耐冲击腐蚀,但有脱锌及腐蚀破裂倾向	船舶和海滨热电站中用作冷凝管以及其他耐蚀零件
铝黄铜	HAl672.5	在冷态热态下能良好的承受压力加工,耐磨性好,对海水的耐蚀性尚可,对腐蚀破裂敏感,钎焊和镀锡性能不好	海船抗蚀零件

组别	代号	主要特性	应用举例
铝黄铜	HAl66-6-3-2	为耐磨合金,具有高的强度、硬度和耐磨性,耐蚀性也较好,但有腐蚀破裂倾向,塑性较差,为铸造黄铜的移植品种	重负荷下工作中固定螺钉的螺母及大型蜗杆;可作铝青铜QAl10-4-4的代用品
	HAl60-1-1	具有高的强度,在大气、淡水和海水中最好的,但对腐蚀破裂敏感,在热态下压力加工性好,冷态下可塑性低	要求耐蚀的结构零件,如齿轮、蜗轮、衬套、轴等
	HAl59-3-2	具有高的强度,耐蚀性是所有黄铜中最好的,腐蚀破裂倾向不大,冷态下塑性低,热态下压力加工性好	发动机和船舶业及其他在常温下工作的高强度耐蚀件
锰黄铜	HMn58-2	在海水和过热蒸汽、氯化物中有高的耐蚀性,但有腐蚀破裂倾向;力学性能良好,导热导电性低,易于在热态下进行压力加工,冷态下压力加工尚可,是应用较广的黄铜品种	腐蚀条件下工作的重要零件和弱电流工业用零件
	HMn57-3-1	强度、硬度高,塑性低,只能在热态下进行压力加工;在大气、海水、过热蒸汽中的耐蚀性比一般黄铜好,但有腐蚀破裂倾向	耐腐蚀结构零件
	HMn55-3-1	性能和HMn57-3-1接近,为铸造黄铜的移植品种	耐腐蚀结构零件
锡黄铜	HSn90-1	力学性能和工艺性能极近似于H90普通黄铜,但有高的耐蚀性和减摩性,目前只有这种锡黄铜可用为耐磨合金使用	汽车、拖拉机弹性套管及其他耐蚀减摩零件
	HSn70-1	典型的锡黄铜,在大气、蒸汽、油类和海水中有高的耐蚀性,且有良好的力学性能,可加工性尚可,易焊接和钎焊,在冷、热状态下压力加工性好,有腐蚀破裂倾向	海轮上的耐蚀零件(如冷凝气管),与海水、蒸汽、油类接触的导管,热工设备零件
	HSn62-1	在海水中有高的耐蚀性,有良好的力学性能,冷加工时有冷脆性,只适于热压加工,可加工性好,易焊接和钎焊,但有腐蚀破裂倾向	用作与海水或汽油接触的船舶零件或其他零件
	HSn60-1	性能与HSn62-1相似,主要产品为线材	船舶焊接结构用的焊条

593

续表

组别	代号	主要特性	应用举例
加砷黄铜	HSn70A	典型的锡黄铜。在大气、蒸汽、油类、海水中有高的耐蚀性。有高的力学性能、可切削性能、冷、热加工性能和焊接性能。有应力腐蚀开裂倾向。加微量 As 可防止脱锌腐蚀	海轮上的耐蚀零件,与海水、蒸汽、油类相接触的导管和零件
	H68A	H68 为典型的普通黄铜,为黄铜中塑性最佳者,应用最广。加微量 As 可防止脱锌腐蚀,进一步提高耐蚀性能	复杂冷冲件、深冲件、波导管、波纹管、子弹壳等
硅黄铜	HSi80-3	有良好的力学性能,耐蚀性能,无腐蚀破裂货币,耐磨性亦可,在冷态、热态下压力加工性好,易焊接和钎焊,可加工性好,导热导电性是黄铜中最低的	船舶零件,蒸汽管和水管配件

(4)加工黄铜的中外牌号对照见表 4-24。

表 4-24 加工黄铜的中外牌号对照

合金级别	中国 GB/5231	国际标准 ISO	前苏联 гOCT	美国 ASTM	日本 JIS	德国 DIN	英国 BS	法国 NF
普通黄铜	H96	CuZn5	Л96	C21000	C21000	CuZn5	CZ125	CuZn5
	H90	CuZn10	Л90	C22000	C22000	CuZn10	CZ101	CuZn10
	H85	CuZn15	Л85	C23000	C23000	CuZn15	CZ102	CuZn15
	H80	CuZn20	Л80	C24000	C24000	CuZn20	CZ103	CuZn20
	H70	CuZn30	Л70	C2600	C2600	CuZn30	CZ106	CuZn30
	H68	—	Л68	C26200	—	CuZn33	—	—
	H65	CuZn35	—	C27000	C2700	CuZn36	CZ107	CuZn33
	H63	CuZn37	Л63	C27200	C2720	CuZn37	CZ108	CuZn37
	H62	CuZn40	—	C28000	C2800	—	CZ109	CuZn40
	H59	—	Л60	C28000	C2800	CuZn40	CZ109	
镍黄铜	Hni65-5	—	ЛН65-5					
	Hni56-3							
铁黄铜	HFe59-1-1	—	ЛЖМЦ59-1-1	C67820	—	CuZn40Al1	CZ114	
	HFe58-1-1	—	ЛЖС58-1-1	—	—	—	—	—

续表

合金级别	中国 GB/5231	国际标准 ISO	前苏联 ГОСТ	美国 ASTM	日本 JIS	德国 DIN	英国 BS	法国 NF
铅黄铜	HPb89-2	—	—	—	—	—	—	—
	HPb66-0.5	—	—	—	—	—	—	—
	HPb63-3	—	ЛС63-3	C34500	C3450	CuZn36Pb3	CZ124	—
	HPb63-0.1	—	—	—	—	CuZn37Pb0.5	—	—
	HPb62-0.8	CuZn37Pb1	—	C35000	C3710	—	—	—
	HPb62-3	—	—	—	—	—	—	—
	HPb62-2	—	—	—	—	—	—	—
	HPb61-1	—	ЛС60-1	C37100	C3710	CuZn39Pb0.5	CZ123	CuZn40Pb
	HPb60-2	—	—	—	—	—	—	—
	HPb59-3	—	—	—	—	—	—	—
	HPb59-1	CuZn39Pb1	ЛС59-1	C37710	C3771	CuZn40Pb2	CZ122	—
铝黄铜	HAl77-2	—	—	—	—	—	—	—
	HAl67-2.5	—	—	—	—	—	—	—
	HAl66-6-3-2	—	—	—	—	—	CZ116	—
	HAl61-4-3-1	—	—	—	—	—	—	—
	HAl60-1-1	CuZn39Al-FeMn	ЛАЖ60-1-1	C67800	—	—	CZ115	—
	HAl59-3-2	—	ЛАН59-3-2	—	—	—	—	—
锰黄铜	HMn62-3-3-0.7	—	—	—	—	—	—	—
	HMn58-2	—	ЛМЦ58-2	—	—	CuZn40Mn	—	—
	HMn57-3-1	—	ЛМЦА57-3-1	—	—	—	—	—
	HMn55-3-1	—	—	—	—	—	—	—
锡黄铜	HSn90-1	—	ГО90-1	C40400	—	—	—	—
	HSn70-1	—	—	—	—	—	—	—
	HSn62-1	CuZn38Sn1	ГО62-1	C46400	C4620	CuZn39Sn	CZ112	—
	HSn60-1	—	ГО60-1	C48600	—	—	CZ113	CuZn38Sn1
加砷黄铜	H85A	—	—	—	—	—	—	—
	HSn70-1	CuZn28Sn1	ГО70-1	C44300	C4430	CuZn28Sn	CZ111	CuZn29Sn1
	H68A	CuZn30As	—	C26130	—	—	CZ216	CuZn30
硅黄铜	HSi80-3	—	ЛК80-3	—	—	—	—	—

(5)加工青铜的化学成分和产品形状见表4-25。

表 4-25　加工青铜的化学成分和产品形状

级别	序号	牌号 名称	牌号 代号	化学成分(质量分数)(%) Sn	Al	Si	Mn	Zn	Ni	Fe	Pb	P	As	Cu	杂质总和	产品形状
锡青铜②⑤	1	锡青铜 1.5-0.2	QSn1.5-0.2 [C50500]	1.0~1.7	—	—	—	0.30	0.2	0.10	0.05	0.03~0.35	—	余量⑥	—	管
	2	锡青铜 4-0.3	QSn4-0.3 [C51100]	3.5~4.9	—	—	—	0.30	0.2	0.10	0.05	0.03~0.35	—	余量⑥	—	管
	3	锡青铜 4-3	QSn4-3	3.5~4.5	0.002	—	—	2.7~3.3	0.2	0.05	0.02	0.03	—	余量	0.2	板、带、箔、棒、线
	4	锡青铜 4-4-2.5	QSn4-4-2.5	3.0~5.0	0.002	—	—	3.0~5.0	0.2	0.05	1.5~3.5	0.03	—	余量	0.2	板、带
	5	锡青铜 4-4-4	QSn4-4-4	3.0~5.0	0.002	—	—	3.0~5.0	0.2	0.05	3.5~4.5	0.03	—	余量	0.2	板、带
	6	锡青铜 6.5-0.1	QSn6.5-0.1	6.0~7.0	0.002	—	—	0.3	0.2	0.05	0.02	0.10~0.25	—	余量	0.1	板、带、箔、棒、线、管
	7	锡青铜 6.5-0.4	QSn6.5-0.4	6.0~7.0	0.002	—	—	0.3	0.2	0.02	0.02	0.26~0.40	—	余量	0.1	板、带、箔、棒、线、管
	8	锡青铜 7-0.2	QSn7-0.2	6.0~8.0	0.01	—	—	0.3	0.2	0.05	0.02	0.10~0.25	—	余量	0.15	板、带、箔、棒、线
	9	锡青铜 8-0.3	QSn8-0.3 [C52100]	7.0~9.0	—	—	—	0.20	0.2	0.10	0.05	0.03~0.35	—	余量⑥	—	板、带

续表

级别	序号	牌号 名称	牌号 代号	Sn	Al	Si	Mn	Zn	Ni	Fe	Pb	P	As	Cu	杂质总和	产品形状
铝青铜⑤	10	铝青铜5	QAl5	0.1	4.0~6.0	0.1	0.5	0.5	0.5	0.5	0.03	0.01	—	余量	1.6	板、带
	11	铝青铜7	QAl7 [C61000]	—	6.0~8.5	0.10	—	0.20	0.5	0.50	0.02	—	—	余量⑥	—	板、带
	12	铝青铜9-2	QAl9-2	0.1	8.0~10.0	0.1	1.5~2.5	1.0	0.5	0.5	0.03	0.01	—	余量	1.7	板、带、箔、棒、线
	13	铝青铜9-4	QAl9-4	0.1	8.0~10.0	0.1	0.5	1.0	0.5	2.0~4.0	0.01	0.01	—	余量	1.7	管、棒
	14	铝青铜9-5-1-1	QAl9-5-1-1	0.1	8.0~10.0	0.1	0.5~1.5	0.3	4.0~6.0	0.5~1.5	0.01	0.01	0.01	余量	0.6	棒
	15	铝青铜10-3-1.5③	QAl10-3-1.5③	0.1	8.5~10.0	0.1	1.0~2.0	0.5	0.5	2.0~4.0	0.03	0.01	—	余量	0.75	管、棒

级别	序号	牌号 名称	牌号 代号	化学成分（质量分数）（%）																产品形状
				Sn	Al	Be	Si	Mn	Zn	Ni	Fe	Pb	P	Ti	Mg	As①	Sb①	Co	Ag	Cu	杂质总和	
铝青铜	16	铝青铜10-4-4	QAl10-4-4④	0.1	9.5~11.0	—	0.1	0.3	0.5	3.5~5.5	3.5~5.5	0.02	0.01	—	—	—	—	—	—	余量	1.0	管、棒
	17	铝青铜10-5-5	QAl10-5-5	0.20	8.0~11.0	—	0.25	0.5~2.5	0.50	4.0~6.0	4.0~6.0	0.05	—	—	0.10	—	—	—	—	余量	1.2	棒

续表

级别	序号	名称	代号	Sn	Al	Be	Si	Mn	Zn	Ni	Fe	Pb	P	Ti	Mg	As①	Sb①	Co	Ag	Cu	杂质总和	产品形状
铝青铜	18	铝青铜11-6-6	QAl11-6-6	0.2	10.0~11.5	—	0.2	0.5	0.6	5.0~6.5	5.0~6.5	0.05	0.1	—	—	—	—	—	—	余量	1.5	棒
铍青铜	19	铍青铜2	QBe2	—	0.15	1.80~2.1	0.15	—	—	0.2~0.5	0.15	0.005	—	—	—	—	—	—	—	余量	0.5	板、带、棒
铍青铜	20	铍青铜1.9	QBe1.9	—	0.15	1.85~2.1	0.15	—	—	0.2~0.4	0.15	0.005	—	0.10~0.25	—	—	—	—	—	余量	0.5	板、带
铍青铜	21	铍青铜1.9-0.1	QBe1.9-0.1	—	0.15	1.85~2.1	0.15	—	—	0.2~0.4	0.15	0.005	—	0.10~0.25	0.07~0.13	—	—	—	—	余量	0.5	带
铍青铜	22	铍青铜1.7	QBe1.7	—	0.15	1.6~1.85	0.15	—	—	0.2~0.4	0.15	0.005	—	0.10~0.25	—	—	—	—	—	余量	0.5	板、带
铍青铜	23	铍青铜0.6-2.5	QBe0.6-2.5 [C17500]	—	0.20	0.40~0.7	0.20	—	—	—	0.10	—	—	—	—	—	—	2.4~2.7	—	余量⑥	—	板、带
铍青铜	24	铍青铜0.4-1.8	QBe0.4-1.8 [C17510]	—	0.20	0.20~0.6	0.20	—	—	1.4~2.2	0.10	—	—	—	—	—	—	0.30	—	余量⑥	—	带
铍青铜	25	铍青铜0.3-1.5	QBe0.3-1.5	—	0.20	0.25~0.50	0.20	—	—	—	0.10	—	—	—	—	—	—	1.40~1.70	0.90~1.10	余量	—	板、带
硅青铜	26	硅青铜3-1	QSi3-1②	0.25	—	—	2.7~3.5	1.0~1.5	0.5	0.2	0.3	0.03	—	—	—	—	—	—	—	余量	1.1	板、带、箔、棒、线、管

续表

级别	序号	名称	代号	化学成分(质量分数)(%)																	杂质总和	产品形状
---	---	---	---	Sn	Al	Be	Si	Mn	Zn	Ni	Fe	Pb	P	Ti	Mg	As①	Sb①	Co	Ag	Cu		
硅青铜	27	硅青铜1-3	QSi1-3②	0.1	0.20	—	0.6~1.1	0.1~0.4	0.2	2.4~3.4	0.1	0.15	—	—	—	—	—	—	—	余量	0.5	棒
	28	硅青铜3.5-3-1.5	QSi3.5-3-1.5	0.25	—	—	3.0~4.0	0.5~0.9	2.5~3.5	0.2	1.2~1.8	0.03	0.03	—	—	0.002	0.002	—	—	余量	1.1	管

级别	序号	名称	代号	化学成分(质量分数)(%)																		杂质总和	产品形状
---	---	---	---	Mn	Zr	Cr	Cd	Mg	Al	Si	Fe	Pb	P	Zn	Sn	Sb	Ni	Bi	As	S	Cu		
锰青铜	29	锰青铜1.5	QMn1.5	1.20~1.80	—	0.1	—	—	0.07	0.1	0.1	0.01	—	—	0.05	0.005	0.1	0.002	—	0.01	余量	0.3	板、带
	30	锰青铜2	QMn2	1.5~2.5	—	—	—	—	0.07	0.1	0.1	0.01	—	—	0.05	0.05	—	0.002	0.01	—	余量	0.5	板、带
	31	锰青铜5	QMn5	4.5~5.5	—	—	—	—	—	0.1	0.35	0.03	0.01	0.4	0.002	0.002	—	—	—	—	余量	0.9	板、带
锆青铜	32	锆青铜0.2	QZr0.2	—	0.15~0.30	—	—	—	—	—	0.05	0.01	—	—	0.005	0.005	0.2	0.002	—	0.01	余量	0.5	棒

续表

级别	序号	牌号 名称	牌号 代号	Mn	Zr	Cr	Cd	Mg	Al	Si	Fe	Pb	P	Zn	Sn	Sb	Ni	Bi	As	S	Cu	杂质总和	产品形状
锆青铜	33	锆青铜0.4	QZr0.4	—	0.30~0.50	—	—	—	—	—	0.05	0.01	—	—	0.005	0.005	0.2	0.002	—	0.01	余量	0.5	棒
	34	锆青铜0.5	QCr0.5	—	—	0.4~1.1	—	—	—	—	0.1	—	—	—	—	—	0.05	—	—	—	余量	0.5	板、带、线、管
	35	锆青铜0.5-0.2-0.1	QCr0.5-0.2-0.1	—	—	0.4~1.0	—	0.1~0.25	0.1~0.25	—	—	—	—	—	—	—	—	—	—	—	余量	0.5	板、棒、线
	36	锆青铜0.6-0.4-0.05	QCr0.6-0.4-0.05	—	0.3~0.6	0.4~0.8	—	0.04~0.08	—	0.05	0.05	—	0.01	—	—	—	—	—	—	—	余量	0.5	棒
	37	锆青铜1	QCr1 [C18200]	—	—	0.6~1.2	—	—	—	0.10	0.10	0.05	—	—	—	—	—	—	—	—	余量	—	棒、线、管
	38	镉青铜1	QCd1 [C16200]	—	—	—	0.7~1.2	—	—	—	0.02	—	—	—	—	—	—	—	—	—	余量	—	板、带、棒、线

续表

级别	序号	牌号 名称	牌号 代号	化学成分（质量分数）（%） Mg	Fe	Pb	P	Zn	Sn	Ni	Bi①	Te	S	Cu	杂质总和	产品形状
镁青铜	39	镁青铜0.8	QMg0.8	0.70~0.85	0.005	0.005	—	0.005	0.002	0.006	0.002	0.005	0.005	余量	0.3	线
铁青铜	40	铁青铜2.5	QFe2.5 [C19400]	—	2.1~2.6	0.03	0.015~0.15	0.05~0.20	—	—	—	—	—	97.0	—	带
碲青铜	41	碲青铜0.5	QTe0.5 [C14500]	—	—	—	0.004~0.012	—	—	—	—	0.40~0.7	—	99.90⑦	—	棒

①砷、铋和锑可不分析，但供方必须保证不大于界限值。
②抗磁用多锡青铜的铁的质量分数不大于0.020%，QSi3-1的铁的质量分数不大于0.030%。
③非耐磨材料用QAl10-3-1.5，铁的质量分数可达1%，但杂质总和应不大于1.25%。
④经双方协商，焊接或特殊要求的QAl10-4-4，其锌的质量分数不大于0.2%。
⑤铝青铜和锡青铜的杂质镍计入铜含量中。
⑥Cu所列出元素总和≥99.5%。
⑦包括Te+Sn。

（6）加工青铜的特性和应用见表 4-26。

表 4-26　加工青铜的特性和应用

级别	合金牌号	主要特性	应用举例
锡青铜	QSn4-3	为含锌的锡青铜，有高的耐磨性和弹性，抗磁性良好，能很好地受热态或冷态压力加工；在硬态下，可加工性好，易焊接和钎焊，在大气、淡水和海水中耐蚀性好	制造弹簧（扁弹簧、圆弹簧）及其他弹簧元件，化工设备上的耐蚀零件以及耐磨零件（如衬套、圆盘、轴承等）和抗磁零件，造纸工业用的刮刀
	QSn4-4-2.5 QSn4-4-4	为添有锌、铅合金元素的锡青铜，有高的减摩性和良好的可加工性，易于焊接和钎焊，在大气、淡水中具有良好的耐蚀性，只能在冷态下进行压力加工，因含铅，热加工时易引起热脆	制造在摩擦条件下工作的轴承、卷边轴套、衬套、圆盘以及衬套的内垫等。QSn4-4-4 使用温度可达 300℃ 以下，是一种热强性较好的锡青铜
	QSn6.5-0.1	磷锡青铜，有高的强度、弹性、耐磨性和抗磁性，在热态和冷态下压力加工良好，对电火花有较高的抗燃性，可焊接和钎焊，可加工性好，在大气和淡水中耐蚀	制造弹簧和导电性好的弹簧接触片，精密仪器中的耐磨零件和抗磁零件，如齿轮、电刷盒、振片、接触器
	QSn6.5-0.4	磷锡青铜，性能用途和 QSn6.5-0.1 相似，因含磷量较高，其抗疲劳强度较高，弹性和耐磨性较好，但在热加工时有热脆性，只能接受冷压力加工	除用于弹簧和耐磨零件外，主要用于造纸工业制作耐磨的铜网和单位负荷＜981MPa、圆周速度＜3m/s 的条件下工作的零件
	QSn7-0.2	磷锡青铜，强度高，弹性和耐磨性好，易焊接和钎焊，在大气、淡水和海水中耐蚀性好，可加工性良好，适于热压加工	制造中等负荷、中等滑动速度下承受摩擦的零件，如抗磨热圈、轴承、轴套、蜗轮等，还可用作弹簧、簧片等
铝青铜	QAl5	为不含其他元素的铝青铜，有较高的强度、弹性和耐磨性，在大气、淡水、海水和某些酸中耐蚀性高，可电焊地、气焊，不易钎焊，能很好地在冷态或热态下承受压力加工，不能淬火回火强化	制造弹簧和其他要求耐蚀的弹性元件，齿轮摩擦轮，蜗轮传动机构等，可作为 QSn6.5-0.4、QSn4-3 和 QSn4-4-4 的代用品
	QAl7	性能用途和 QAl5 相似，因含铝量稍高，其强度较高	

级别	合金牌号	主要特性	应用举例
铝青铜	QAl9-2	含锰的铝青铜,具有高的强度,在大气、淡水和海水中抗蚀性很好,可以电焊和气焊,不易钎焊,在热态和冷态下压力加工性均好	高强度耐蚀零件以及在250℃以下蒸气介质中工作的管配件和海轮上零件
	QAl9-4	为含铁的铝青铜,有高的强度和减摩性,良好的耐蚀性,热态下压力加工性良好,可电焊和气焊,但钎焊性不好,可用作高锡耐磨青铜的代用品	制作在高负荷下工作的抗磨、耐蚀零件,如轴承、轴套、齿轮、蜗轮、阀座等,也用于制作双金属耐磨零件
	QAl9-5-1-1 QAl10-5-5	含有铁、镍元素的铝青铜,属于高强度耐热青铜,高温(400℃)下力学性能稳定,有良好的减摩性,在大气、淡水和海水中耐蚀性好,热态下压力加工性良好,可热处理强化,可焊接,不易钎焊,可加工性尚可。 镍含量增加,强度、硬度、高温强度、耐蚀提高	高强度的耐磨零件和400~500℃高温条件下工作的零件,如轴衬、轴套、齿轮、球形座、螺母、法兰、滑座、坦克用蜗杆等以及其他各种重要的耐蚀耐磨零件
	QAl10-3-1.5	为含有铁、锰元素的铝青铜,有高的强度和耐磨性,经淬火、回火后可提高硬度,有较好的高温耐蚀性和抗氧化性,在大气、淡水和海水中抗蚀性很好,可加工性尚可,可焊接,不易钎焊,热态下压力加工性良好	制造高温条件下工作的耐磨零件和各种标准件,如齿轮、轴承、衬套、圆盘、导向摇臂、飞轮、固定螺母等。可代替高锡铜制作重要机件
	QAl10-4-4	为含有铁、镍元素的铝青铜,属于高强度耐热青铜,高温(400℃)下力学性能稳定,有良好的减摩性,在大气、淡水和海水中抗蚀性很好,热态下压力加工性良好,可热处理强化,可焊接,不易钎焊,可加工性尚可	高强度的耐磨零件和高温下(400℃)工作的零件,如轴衬、轴套、齿轮、球形座、螺母、法兰盘、滑座等以及其他各种重要的耐蚀耐磨零件
	QAl11-6-6	成分、性能和QAl10-4-4相近	高强度耐磨零件和500℃下工作的高温抗蚀耐磨零件

级别	合金牌号	主要特性	应用举例
铍青铜	QBe2	为含有少量镍的铍青铜,是物理、化学综合性能良好的一种合金。经淬火调质后,具有高的强度、硬度、弹性、耐磨性、疲劳极限和耐热性;同时还具有高的导电性、导热性和耐寒性,无磁性,磁击时无火花,易于焊接和钎焊,在大气、淡水和海水中抗蚀性极好	制造各种精密仪表、仪器中的弹簧和弹性元件,各种耐磨零件以及在高速、高压和高温下工作的轴承、衬套、矿山和煤油厂用的冲击不生火花的工具以及各种深冲零件
	QBe1.7 QBe1.9	为含有少量镍、钛的铍青铜,具有和 QBe2 相近的特性,但其优点是:弹性迟滞小、疲劳强度高,温度变化时弹性稳定,性能对时效温度变化的敏感性小,价格较低廉,而强度和硬度比 QBe2 降低甚少	制造各种重要用途的弹簧、精密仪表的弹性元件、敏感元件以及承受高变向载荷的弹性元件,可代替 QBe2 牌号的铍青铜
	QBe1.9-0.1	为加有少量 Mg 的铍青铜,性能同 QBe1.9,但因加入微量 Mg,能细化晶粒,并提高强化相(γ_2 相)的弥散度和分布均匀性,从而大大提高合金的力学性能,提高合金时效后的弹性极限和力学性能的稳定性	制造各种重要用途的弹簧、精密仪表的弹性元件、敏感元件以及承受高变向载荷的弹性元件,可代替 QBe2 牌号的铍青铜
硅青铜	QSi3-1	为加有锰的硅青铜,有高的强度、弹性和耐磨性,塑性好,低温下仍不变脆;能良好地与青铜、钢和其他合金焊接,特别是钎焊性好;在大气、淡水和海水中的耐蚀性高,对于苛性钠及氯化物的作用也非常稳定;能很好地承受冷、热压力加工,不能热处理强化,通常在退火和加工硬化状态下使用,此时有高的屈服极限和弹性	用于制造在腐蚀介质中工作的各种零件,弹簧和弹簧零件,以及蜗轮、蜗杆、齿轮、轴套、制动销和杆类耐磨零件,也用于制作焊接结构中的零件,可代替重要的锡青铜,甚至铍青铜
	QSi1-3	为含有锰、镍元素的硅青铜,具有高的强度,相当好的耐磨性,能热处理强化,淬火回火后强度和硬度大大提高,在大气、淡水和海水中有较高的耐蚀性,焊接性和可加工性良好	用于制造在 300℃ 以下,润滑不良、单位压力不大的工作条件下的摩擦零件(如发动机排气和进气门的导向套)以及在腐蚀介质中工作的结构零件

级别	合金牌号	主要特性	应用举例
硅青铜	QSi3.5-3-1.5	为含有锌、锰、铁等元素的硅青铜，性能同 QSi3-1，但耐热性较好，棒材、线材存放时自行开裂的倾向性较小	主要用作在高温工作的轴套材料
锰青铜	QMn1.5 QMn2	含锰量较 QMn5 低，与 QMn5 比较，强度、硬度较低，但塑性较高，其他性能相似，QMn2 的力学性能稍高于 QMn1.5	用于电子仪表零件，也可作为蒸气锅炉管配件和接头等
锰青铜	QMn5	为含锰量较高的锰青铜，有较高的强度、硬度和平良好的塑性，能很好地在热态人冷态下承受压力加工，有好的耐蚀性，并有高的热强性，400℃下还能保持其力学性能	用于制作蒸气机零件和锅炉的各种管接头、蒸气阀门等高温耐蚀零件
锆青铜	QZr0.2	有高的电导率，能冷、热态压力加工，时效后有高的硬度、强度和耐热性	
锆青铜	QZr0.4	强度及耐热性比 QZr0.2 更高，但导电率则比 QZr0.2 稍低	作电阻焊接材料及高导电、高强度电极材料。如：工作温度 350℃ 以下的电机整流子片、开关零件、导线、点焊电极等
锆青铜	QCr0.5	在常温及较高温度下（<400℃）具有较高的强度和硬度，导电性和导热性好，耐磨性和减摩性也很好，经时效硬化处理后，强度、硬度、导电性和导热性显著提高；易于焊接和钎焊，在大气和淡水中具有良好的抗蚀性，高温抗氧化性好，能很好地在冷态和热态下承受压力加工；但其缺点是对缺口的敏感性较强，在缺口和尖角处造成应力集中，容易引起机械损伤	用于制作工作温度 300℃ 以下的电焊机电极、电机整流片子以及其他各种在高温下工作的、要求有高的强度、硬度、导电性和导热性的零件，还可以双金属的形式用于刹车盘和圆盘

级别	合金牌号	主要特性	应用举例
锆青铜	QCr0.5-0.2-0.1	为加有少量镁、铝的铬青铜,与QCr0.5相比,不仅进一步提高了耐热性和耐蚀性,而且可改善缺口敏感性,其他性能和QC r0.5相似	用于制作点焊、滚焊机上的电极等
	QCr0.6-0.4-0.05	为加少量镁、铝的铬青铜,与QCr0.5相比,可有进一步提高合金的强度、硬度和耐热性,同时还有好的导电性	用QCr0.5
镉青铜	QCd1.0	具有高的导电性和导热性,良好的耐磨性和减摩性,抗蚀性好,压力加工性能良好,镉青铜的时效硬化效果不显著,一般采用冷作硬化来提高强度	用于工作温度250℃下的电机整流子片、电车角线和电话线软线以及电焊机的电极和喷气技术中
镁青铜	QMg0.8	这是含镁量在 $\omega_{Mg}0.7\%\sim0.85\%$ 的铜合金。微量 Mg 降低铜的导电性较少,但对铜有脱氧作用,还能提高铜的高温抗氧化性。实际应用的铜—镁合金,其 Mg 含量一般 ω_{Mg} 小于 1%,过高则压力加工性能急剧变坏。这类合金只能加工硬化,不能热处理强化	主要用作电缆线芯及其他导线材料

(7)加工青铜的中外牌号对照见表 4-27。

表 4-27　加工青铜的中外牌号对照

级别	中国 GB/T 1176	国际标准 ISO	原苏联 ГОСТ	美国 ASTM	日本 JIS	德国 DIN	英国 BS	法国 NF
锡青铜	QSn1.5-0.2	—	—	—	—	—	—	—
	QSn4-0.3	—	—	—	—	—	—	—
	QSn4-3	CuSn4Zn2	БРОЦ4-3	—	—	—	—	—
	QSn4-4-2.5	—	БРОЦ4-4-2.5	—	—	—	—	—
	QSn4-4-4	CuSnPb4Zn3	БРОЦ4-4-4	C54400	—	—	—	CuSn4 Zn4Pb4

续表

级别	中国 GB/T 1176	国际标准 ISO	原苏联 ГОСТ	美国 ASTM	日本 JIS	德国 DIN	英国 BS	法国 NF
锡青铜	QSn6.5-0.1	CuSn6	БРОФ6.5-0.15	C51900	C5191	CuSn6	PB103	CuSn6P
	QSn6.5-0.4	CuSn6	БРОФ6.5-0.4	C51900	C5191	CuSn6	PB103	CuSn6P
	QSn7-0.2	CuSn8	БРОФ7-0.2	C52100	C5210	CuSn8	—	CuSn8P
	QSN8-0.3	—	—	—	—	—	—	—
铝青铜	QAl5	CuAl5	БРА5	C60600	—	CuAl5As	CA101	CuAl6
	QAl7	CuAl7	БРА7	C61000	—	CuAl8	CA102	CuAl8
	QAl9-2	CuAl9Mn2	БРАМЦ9-2	—	—	CuAl9Mn2	—	—
	QAl9-4	CuAl10Fe3	БРАЖ9-4	C62300	—	—	—	—
	QAl9-5-1-1	—	—	—	C628	—	—	—
	QAl10-3-1.5	—	БРАЖМЦ 10-3-1.5	C63200	—	CuAl10Fe- 3Mn2	—	—
	QAl10-4-4	CuAl10 Ni5Fe5	БРАЖН10-4-4	C63300	—	CuAl10 Ni5Fe4	Ca104	CuAl10 Ni5Fe4
	QAl10-5-5	—	—	C63280	C6301	—	CA105	—
	QAl11-6-6	—	—	C62730	—	CuAl11 Ni6Fe6	—	—
铍青铜	QBe2	CuBe2	БРБ2	C17200	C1720	CuBe2	—	CuBe1.9
	QBe1.9	—	БРБНТ1.9	—	—	—	—	CuBe1.9
	QBe1.9-0.1	—	БРБНТ1.9МГ	—	—	—	—	—
	QBe1.7	CuBe1.7	БРБНТ1.7	C17000	C1700	CuBe1.7	CB101	CuBe1.7
	QBe0.6-2.5	—	—	—	—	—	—	—
	QBe0.4-1.8	—	—	—	—	—	—	—
	QBe0.3-1.5	—	—	—	—	—	—	—
硅青铜	QSi3-1	CuSi3Mn1	БРКМЦ3-1	C65500 C65800	—	CuSi3Mn	CS101	—
	QSi1-3	—	БРКМЦ1-3	—	—	CuNi3Si	—	—
	QSi3.5-3-1.5	—	—	—	—	—	—	—

级别	中国 GB/T 1176	国际标准 ISO	原苏联 ГОСТ	美国 ASTM	日本 JIS	德国 DIN	英国 BS	法国 NF
锰青铜	QMn1.5	—	—	—	—	CuMn2	—	—
	QMn2	—	—	—	—	CuMn2	—	—
	QMn5	—	БРМЦ5	—	—	CuMn5	—	—
锆青铜	QZr0.2	—	—	C15000	—	CuZr	—	—
	QZr0.4	—	—	—	—	—	—	—
铬青铜	QCr0.5	CuCr1	БРХ1	C18200	—	CuCr	CC101	—
	QCr0.5-0.2-0.1	—	—	—	—	—	—	—
	QCr0.6-0.4-0.05	CuCr1Zr	—	C18100	—	—	CC102	—
	QCr1	—	—	—	—	—	—	—
镉青铜	QCd1	CuCd1	БРКД1	C16200	—	CuCd1	C108	—
镁青铜	QMg0.8	—	БРМГ0.3	—	—	CuMg0.7	—	—
铁青铜	QFe2.5	—	—	—	—	—	—	—
碲青铜	QTe0.5	—	—	—	—	—	—	—

(8)加工白铜的化学成分和产品形状见表 4-28。

表 4-28 加工白铜的化学成分和产品形状

级别	序号	牌号 名称	牌号 代号	化学成分（质量分数）（%） Ni+Co	Fe	Mn	Zn	Pb	Al	Si	P	S	C	Mg	Sn	Cu	杂质总和	产品形状
普通白铜	1	白铜0.6	B0.6	0.57~0.63	0.005	—	—	—	—	0.002	0.002	0.005	0.002	—	—	余量	0.1	线
普通白铜	2	白铜5	B5	4.4~5.0	0.20	—	—	0.005	—	—	0.01	0.01	0.03	—	—	余量	0.5	管、棒
普通白铜	3	白铜19	B19②	18.0~20.0	0.5	0.5	0.3	0.01	—	0.15	0.01	0.01	0.05	0.05	—	余量	1.8	板、带
普通白铜	4	白铜25	B25	24.0~26.0	0.5	0.5	0.3	0.005	—	0.15	0.01	0.01	0.05	0.05	0.03	余量	1.8	板
普通白铜	5	白铜30	B30	29~33	0.9	1.2	—	0.005	—	0.15	0.006	0.01	0.05	—	—	余量	—	板、管、线
铁白铜	6	铁白铜5-1.5-0.5	BFe5-1.5-0.5 [C70400]	4.8~6.2	1.3~1.7	0.30~0.8	1.0	0.05	—	—	—	—	—	—	—	余量	—	管
铁白铜	7	铁白铜10-1-1	BFe10-1-1	9.0~11.0	1.0~1.5	0.5~1.0	0.3	0.05	—	0.15	0.006	0.01	0.05	—	—	余量	0.7	板、管
铁白铜	8	铁白铜30-1-1	BFe30-1-1	29.0~32.0	0.5~1.0	0.5~1.2	0.3	0.02	—	0.15	0.006	0.01	0.05	—	0.03	余量	0.7	板、管
锰白铜	9	锰白铜3-12	BMn3-12③	2.0~3.5	0.20~0.50	11.5~13.5	—	0.02	0.2	0.1~0.3	0.005	0.020	0.05	0.03	—	余量	0.5	板、带、线
锰白铜	10	锰白铜40-1.5	BMn40-1.5③	39.0~41.0	0.50	1.0~2.0	—	0.005	—	0.10	0.005	0.02	0.10	0.05	—	余量	0.9	板、带、箔、棒、线、管
锰白铜	11	锰白铜43-0.5	BMn43-0.5③	42.0~44.0	0.15	0.10~1.0	—	0.002	—	0.10	0.002	0.01	0.10	0.05	—	余量	0.6	线

续表

级别	序号	牌号 名称	牌号 代号	化学成分（质量分数）（%） Ni+Co	Fe	Mn	Zn	Pb	Al	Si	P	S	C	Mg	Bi①	As	Sb	Cu	杂质总和	产品形状
锌白铜	12	18-18锌白铜	BZn18-18 [C75200]	16.5~19.5	0.25	0.50	余量	0.05	—	—	0.005	—	—	—	—	—	—	63.5~66.5	—	板、带
	13	18-26锌白铜	BZn18-26 [C77000]	16.5~19.5	0.25	0.50	余量	0.05	—	—		—	—	—	—	—	—	53.5~56.5	—	板、带
	14	15-20锌白铜	BZn15-20	13.5~16.5	0.5	0.3	余量	0.02	—	0.15	0.005	0.01	0.03	0.05	0.002	0.010	0.002	62.0~65.0	0.9	板、带、箔、管、棒、线
	15	15-21-1.8加铅锌白铜	BZn15-21-1.8	14.0~16.0	0.3	0.5	余量	1.5~2.0	—	0.15						—	—	60.0~63.0	0.9	棒
	16	15-24-1.5加铅锌白铜	BZn15-24-1.5	12.5~15.5	0.25	0.05~0.5	余量	1.4~1.7	—		0.02	0.005				—	—	58.0~60.0	0.75	棒
铝白铜	17	13-3铝白铜	BAl13-3	12.0~15.0	1.0	0.50	—	0.003	2.3~3.0		0.01					—	—	余量	1.9	棒
	18	6-1.5锌白铜	BAl6-1.5	5.5~6.5	0.50	0.20	—	0.003	1.2~1.8							—	—	余量	1.1	板

注：①铋、锑和砷可不分析，但供方必须保证不大于界限值。
②特殊用途的B19白铜带，可供应硅的质量分数大于0.05%的材料。
③BMn3-12合金，作热电偶用的BMn40-1.5和BMn43-0.5合金，为保证电气性能，对规定有最大值和最小值的成分，允许略微超出表中的规定。

610

(9)加工白铜的特性和应用见表 4-29。

表 4-29 加工白铜的特性和应用

级别	合金代号	主要特性	应用举例
普通白铜	B0.6	为电工铜镍合金,其特性是温差电动势小。最大工作温度为 100℃	用于制造特殊温差电偶(铂-铂铑热电偶)的补偿导线
	B5	为结构白铜,它的强度和耐蚀性都比铜高,无腐蚀破裂倾向	用作船舶耐蚀零件
普通白铜	B19	为结构铜镍合金,有高的耐蚀性和良好的力学性能,在热态及冷态下压力加工性良好,在高温和低温下仍能保持高的强度和塑性,可加工性不好	用于在蒸汽、淡水和海水中工作的精密仪表零件、金属网和抗化学腐蚀的化工机械零件以及医疗器具、钱币
	B25	为结构铜镍合金,具有高的力学性能和抗蚀性,在热态及冷态下压力加工性良好,由于其含镍量较高,故其力学性能和耐蚀性均较 B5、B19 高	用于在蒸汽、海水中工作的抗蚀零件以及在高温高压下工作的金属管和冷凝管等
铁白铜	BFe10-1-1	为含镍较少的结构铁白铜,和 BFe30-1-1 相比,其强度、硬度较低,但塑性较高,耐蚀性相似	主要用于船舶业代替 BFe30-1-1 制作冷凝器及其他抗蚀零件
	BFe30-1-1	为结构铜镍合金,有良好的力学性能,在海水、淡水和蒸气中具有高的耐蚀性,但可加工性较差	用于海船制造业中制作高温、高压和高速条件下工作的冷凝器和恒温器的管材
锰白铜	BMn3-12	为电工铜镍合金,俗称锰铜,特点是有高的电阻率和低的电阻温度系数,电阻长期稳定性高,对铜的热电动势小	广泛用于制造工业温度在 100℃ 以下的电阻仪器以及精密电工测量仪器
	BMn40-1.5	为电工铜镍合金,通常称为康铜,具有几乎不随温度改变而改变的高电阻率和高的热电动势,耐热性和抗蚀性好,且有高的力学性能和变形能力	为制造热电偶(900℃ 以下)的良好材料,工作温度在 500℃ 以下的加热器(电炉的电阻丝)和变阻器

级别	合金代号	主要特性	应用举例
锰白铜	BMn43-0.5	为电工铜镍合金，通常称为考铜，它的特点是，在电工铜镍合金具有最大的温差电动势，并有高的电阻率和很低的电阻温度系数，耐热性和抗蚀性也比 BMn40-1.5 好，同时具有高的力学性能和变形能力	在高温测量中，广泛采用考铜作补偿导线和热电偶的负极以及工作温度不超过 600℃ 的电热仪器
锌白铜	BZn15-20	为结构铜镍合金，因其外表具有美丽的银白色，俗称德银(本来是中国银)，这种合金具有高的强度和耐蚀性，可塑性好，在热态及冷态下均很好地承受压力加工，可加工性不好，焊接性差，弹性优于 QSn6.5-0.1	用于潮湿条件下和强腐蚀介质中工作的仪表零件以及医疗器械、工业器皿、艺术品、电讯工业零件、蒸汽配件和水道配件、日用品以及弹簧管和簧片等
	BZn15-21-1.8 BZn15-24-1.5	为加有铅的锌白结构合金，性能和 BZn15-20 相似，但它的可加工性较好，而且只能在冷态下进行压力加工	用于手表工业制作精细零件
铝白铜	BAl13-3	为结构铜镍合金，可以热处理，其特性是：除具有高的强度(是白铜中强度最高的)和耐蚀性外，还具有高的弹性和抗寒性，在低温(90 K)下力学性能不但不降低，反而有些提高，这是其他铜合金所没有的性能	用于制作高强度耐蚀零件
	BAl6-1.5	为结构铜镍合金，可以热处理强化，有较高的强度和良好的弹性	制作重要用途的扁弹簧

(10)加工白铜的中外牌号对照见表 4-30。

表 4-30　加工白铜的中外牌号对照

级别	中国 GB/T 1176	国际标准 ISO	原苏联 ГОСТ	美国 ASTM	日本 JIS	德国 DIN	英国 BS	法国 NF
普通白铜	B0.6	—	MH0.6	—	—	—	—	—
	B5	—	MH5	—	—	CuNi5Fe	CN101	CuNi5
	B19	—	MH19	C71000	C7100	CuNi20Fe	CN104	CuNi20
	B25	CuNi25	MH25	C71300	—	CuNi25	CN105	CuNi25

级别	中国 GB/T 1176	国际标准 ISO	原苏联 ГОСТ	美国 ASTM	日本 JIS	德国 DIN	英国 BS	法国 NF
铁白铜	B30	—	—	—	—	—	—	—
	BFe5-1.5-0.5	—	—	—	—	—	—	—
	BFe10-1-1	CuNi10Fe1Mn	МНЖМЦ10-1-1	C70600	—	CuNi10Fe	CN102	CuNi10 Fe1Mn
	BFe30-1-1	CuNi30Mn1Fe	МНЖМЦ30-1-1	C71630	—	CuNi30Mn	CN107	CuNi30 Mn1Fe
锰白铜	BMn3-12	—	МНМЦ13-12	—	—	—	—	—
	BMn40-1.5	—	МНМЦ40-1.5	—	—	—	—	—
	BMn43-0.5	CuNi44Mn1	МНМЦ43-0.5	—	—	CuNi44	—	CuNi44 Mn
锌白铜	BZn18-18							
	BZn118-26							
	BZn15-20	CuNi15Zn21	МНЦ15-20	C75400	C7541	—	NS105	—
	BZn15-21-1.8	—	—	—	—	—	NS112	—
	BZn15-24-1.5	—	МНЦС16-29-1.8	—	—	—	—	—
铝白铜	BAl13-3	—	МНА13-3	—	—	—	—	—
	BAl6-1.5	—	МНА6-1.5	—	—	—	—	—

(11)纯铜板以及其他合金板的力学性能见表 4-31。

表 4-31　纯铜板以及其他合金铜板的力学性能

牌　号	状态	厚度/mm	抗拉强度 σ_b/MPa	伸长率 δ_{10}(%)	维氏硬度 HBS
T2、T3、 TP1、TP2	热处理(R)	4～14	196	30	—
	软(M)	0.5～10	196	32	—
	半硬(Y2)	0.5～10	245～343	8	—
	硬(Y)	0.5～10	295	—	85

黄铜板的力学性能

合金牌号	状态	抗拉强度 σ_b/MPa	伸长率 δ_{10}(%)
H59	热轧 (R)	≥294	≥25
H62		≥294	≥30
H65		—	—
H68		≥294	≥40

合金牌号	状 态	抗拉强度 σ_b/MPa	长率 δ_{10}(%)
H80		—	—
H90		—	—
H96	热轧	—	—
HPb59-1	(R)	≥372	≥18
HMn58-2		—	—
HSn62-1		≥343	≥20
H59		≥294	≥25
H62		≥294	≥40
H65	软(M)	≥294	≥40
H68		≥294	≥40
H80		≥265	≥50

铝青铜板的力学性能

合金牌号	材料状态	抗拉强度 σ_b/MPa≥	伸长率 δ_{10}(%)≥
QAl5	软(M)	274	33
QAl9-2		441	18
QAl7	半硬(Y2)	588～735	10
QAl5		588	2.5
QAl7	硬(Y)	637	5
QAl9-2		588	5
QAl9-4		588	—

硅青铜板的牌号和力学性能

牌 号	化学成分	材料状态	抗拉强度 σ_b/MPa	伸长率 δ_{10}(%)	90°弯曲试验 d=弯芯半径 a=板材厚度
QSi3-1	应符合 GB/T 5231 的规定	软(M)	≥345	40	$d=a$
		硬(Y)	590～735	3	$d=2a$
		特硬(T)	≥685	1	

注:此项试验适用于厚度大于 1.0 mm 的板材。

续表

锡青铜板的力学性能

牌　号	状　态	抗拉强度 σ_b/MPa	伸长率 δ_{10}（%）
		≥（范围值除外）	
QSn6.5-0.1	热轧（R）	290	38
QSn6.5-0.1，QSn6.5-0.4　QSn4-3，QSn4-0.3	软（M）	294	40
QSn6.5-0.1	半硬（Y2）	440～569	8
QSn6.5-0.1，QSn6.5-0.4	硬（Y）	460～687	5
QSn3-3，QSn4-0.3			3
QSn6.5-0.1，QSn6.5-0.4　QSn4-3，QSn4-0.3	特硬（T）	637	1

注：本表适于厚度 0.5～14 mm 板材的拉伸试验。

普通白铜板的牌号和力学性能

合金牌号	化学成分	材料状态	抗拉强度 σ_b/MPa≥	伸长率 δ_{10}（%）≥
B5		热轧	—	—
		软	215	32
		硬	375	10
B10		热轧	实测	实测
		软	275	28
	应符号 GB/T 5231 的规定	硬	375	3
B19		软	295	30
		硬	390	3
		热轧	345	15
B30		软	375	23
		硬	540	3

铝白铜板的牌号、尺寸规格和力学性能

牌号	状态	尺寸规格/mm			力学性能≥	
		厚度	宽度	长度	抗拉强度 σ_b/MPa	伸长率 δ_{10}（%）
Bal6-1.5	硬（Y）	0.5～12.0	100～600	800～1500	539	3
Bal13-3	热处理（CS）				637	5

注：牌号的化学成分应符合 GB/T 5231《加工铜及铜合金》的规定。

铜导电板的厚度允许偏差

牌号	状态	抗拉强度 σ_b/MPa	伸长率 δ_{10}(%)
		≥(范围值除外)	
BZn15-20	软(M)	343	35
	半硬(Y2)	441～568	5
	硬(Y)	539～6896	2
	特硬(T)	637	1

铜导电板的力学性能

牌号	状态	厚度/mm	抗拉强度 σ_b/MPa	伸长率 δ_{10}(%)
T2	热轧(R)	5～15	196	30
	软(M)	5～10	196	30
	硬(Y)	5～10	294	3

热交换器固定板用黄铜板的牌号和力学性能

牌号	化学成分	材料状态	抗拉强度 σ_b/MPa	伸长率 δ_{10}(%) ($L_0=11.3\sqrt{F_0}$)
HSn62-1	应符合 GB/T 3251 的规定	热轧(R)	≥345(35)	≥20

铜及铜合金带材的力学性能

牌号	状态	拉 伸 试 验			硬 度 试 验		
		厚度/mm	抗拉强度 σ_b/MPa	伸长率 δ_{10}(%)	厚度/mm	维氏硬度 HV	洛氏硬度 HRB
T2、T3、 TP1、TP2	M	0.3	205	30	0.3	55～100	—
	Y4		215～275	25		75～120	
	Y2		245～235	8		80	
	Y		295	3			
TU1 TU2	M	0.3	195	30	0.3	55～100	—
	Y4		215～275	25		75～120	
	Y2		245～345	10		80	
	Y		275	—			

续表

铝白铜带的牌号和力学性能

牌号	化学成分	供应状态	抗拉强度 σ_b/MPa≥	伸长率 δ_{10}(%)≥
Bal6-1.5	应符合 GB/T 5231《加工铜及铜合金》的规定	硬(Y)	590	5
Bal13-		热处理(YS)	—	—

注:≤厚度 0.3mm 的带材,不作位力试验。

散热器冷却管专用黄铜带的力学性能

牌号	状态	抗拉强度 σ_b/MPa≥	伸长率 δ_{10}(%)≥	维氏硬度 HV①
H90	1/4 硬(Y4)	285～365	10	90～125
	半硬(Y2)	345～435	5	110～145
	硬(Y)	415～515	3	130～165
H70 H70A	1/4 硬(Y4)	340～405	12	95～125
	半硬(Y2)	400～470	8	120～165
	硬(Y)	450～560	5	140～180
H68 H68A	1/4 硬(Y4)	340～405	12	95～130
	半硬(Y2)	390～460	8	120～165
	硬(Y)	440～550	4	140～180

注:经供需双方协议,可提供表中以外的其他性能的带材。

①表示最小负荷不小于 0.98N。

纯铜箔的力学性能

厚度/mm	供应状态	抗拉强度 σ_b/MPa
0.010～0.050	硬(Y)	320

青铜箔的力学性能

厚度/mm	供应状态	抗拉强度 σ_b/MPa
0.030～0.050	硬(Y)	600

电解铜箔的力学性能

单位面积质量/(g/m²)	抗拉强度 σ_b/MPa ≥		长率 δ(%) ≥	
	标准箔	高延箔	标准箔	高延箔
<153	—	—	—	—
153	205	103	2	5
230	230	156	2.5	7.5
305	275	205	3	10
≥610	275	205	3	15

第二节 铝及铝合金

一、铝及铝合金冶炼及铸造产品

(1)铝的物理性能和力学性能见表 4-32。

表 4-32 铝的物理性能和力学性能

物 理 性 能				力 学 性 能	
项 目	数值	项 目	数值	项 目	数值
1.密度 ρ(20℃)/(g/cm³)	2.69	6.比热容 c(20℃)/[J/(kg·K)]	900	1.抗拉强度 σ_b/MPa	40~50
2.熔点/℃	600.4	7.线胀系数 α_L/(10⁻⁶/K)	23.6	2.屈服强度 $\sigma_{0.2}$/MPa	15~20
3.沸点/℃	2494	8.热导率 λ/[W/(m·K)]	247	3.断后伸长度 δ(%)	50~70
4.熔化热/(KJ/mol)	10.47	9.电阻率 ρ/(nΩ·m)	26.55	4.硬度 HBS	20~35
5.汽化热/(KJ/mol)	291.4①	10.电导率 k/(%IACS)	64.96	5.弹性模量(拉伸) E/GPa	62

(2)重熔用铝锭的牌号和化学成分见表 4-33)

表 4-33 重熔用铝锭的牌号和化学成分 (GB/T 1196—1993)

牌 号	化学成分(质量分数)(%)							
	≥Al	杂 质 ≤						
		Fe	Si	Cu	Ga	Mg	其他每种	总和
A199.85	99.85	0.12	0.08	0.005	0.030	0.030	0.015	0.15
A199.80	99.80	0.15	0.10	0.01	0.03	0.03	0.02	0.20
A199.70	99.70	0.20	0.13	0.01	0.03	0.03	0.03	0.30
A199.60	99.60	0.25	0.18	0.01	0.03	0.03	0.03	0.40
A199.50	99.50	0.30	0.25	0.02	0.03	0.05	0.03	0.50
A199.00	99.00	0.50	0.45	0.02	0.05	0.05	0.05	1.00

注:1.铝含量为 100.00%与含量等于或大于 0.010%的所有杂质总和的差值。

2. 表中未规定的其他杂质元素,如 Zn、Mn、Ti 等,供方可不做常规分析,但应定期分析。

3. 对于表中未规定的其他杂质元素的含量,如需方有特殊要求时,可由供需双方另行协议。

4. 适用范围:适用于氧化铝-冰晶石熔盐电解法生产的铝锭。

(3)重熔用精铝锭的牌号和化学成分见表 4-34。

表 4-34　重熔用精铝锭的牌号和化学成分(GB/T 8644—2000)

牌　号	化学成分(质量分数)(%)							
	≥Al	杂　质　≤						
		Fe	Si	Cu	Zn	Ti	其他每种	总和
A199.996	99.996	0.0010	0.0010	0.0015	0.001	0.001	0.001	0.004
A199.993	99.993	0.0015	0.0013	0.0030	0.001	0.001	0.001	0.007
A199.99	99.99	0.0030	0.0030	0.0050	0.002	0.002	0.001	0.04
A199.95	99.95	0.02	0.02	0.01	0.005	0.002	0.005	0.05

注:1. 铝含量按 100% 与杂质 Fe、Si、Cu、Ti、Zn 含量的总和(百分数)之差来计算。

2. 表中未列其他杂质元素,如需方有特殊要求,可由供需双方协商。

(4)重熔用电工铝锭的牌号和化学成分。

重熔用电工铝锭的牌号和化学成分见表 4-35。

表 4-35　重熔用电工铝锭的牌号和化学成分(GB12768—1991)

牌　号	化学成分(质量分数)(%)					
	≥Al	杂　质　≤				
		Si	Fe	Cu	V+Cr+Mn+Ti	总和
A199.70E	99.70	0.08	0.20	0.005	0.01	0.30
A99.65E	99.65	0.10	0.25	0.01	0.01	0.35

注:1. 铝含量为 100.00% 减杂质总和。

2. 钒、铬、锰、钛不做常规分析,但必须保证表中的规定;需方有要求时可提供数据。

3. 铁硅比小于 1.3。

电工圆铝杆的化学成分见 4-36。

4-36　电工圆铝杆的化学成分

材料	化学成分（质量分数）（%）							
	RE	Si	Fe	Cu	V+Cr+Mn+Ti	其他元素		Al
						每种	总和	≥
		≤						
纯　铝	—	0.11	0.25	0.01	0.02	0.02	0.1	99.6
稀土铝	0.10～0.30	0.16	0.30	0.02	0.02	0.02	0.1	余量

注：一般情况下，当产品力学性能、电性能等合格时，化学成分可不作为验收指标，如需方对化学成分有特殊要求时，应在合同中注明。

（5）电工圆铝杆的力学性能见表 4-37。

表 4-37　电工圆铝杆的力学性能

型　号	抗拉强度/MPa	伸长率（%）≥
A 和 RE-A	60～80	25
A2 和 RE-A2	80～110	12
A4 和 RE-A4	95～115	10
A6 和 RE-A6	110～130	8
A8 和 RE-A8	120～150	6

（6）压铸用铝合金锭的牌号和化学成分见表 4-38。

表 4-38 压铸用铝合金锭的牌号和化学成分

序号	合金锭牌号	合金锭代号	化学成分(质量分数)(%)																					
			合金元素								杂质含量 ≤													
			Si	Cu	Mg	Zn	Mn	Ti	其他	Al	Fe	Si	Cu	Mg	Zn	Mn	Ti	Zr	Ti+Zr	Be	Ni	Sn	Pb	其他
1	YAlSi12D	YLD102	10.0~13.0	—	—	—	—	—	—	余量	0.9	—	0.3	0.25	0.1	0.4	—	0.1	—	—	—	—	—	0.15
2	YAlSi9MgD	YLD104	8.0~10.5	—	0.2~0.35	—	0.2~0.5	—	—	余量	0.9	—	0.3	—	0.1	—	0.15	—	0.15	—	—	0.01	0.05	0.15
3	YAlSi8Cu3D	YLD112	7.5~9.5	2.5~4.0	—	—	—	—	—	余量	0.9	—	—	0.3	1.0	0.6	0.2	—	—	—	0.5	0.2	0.3	0.15
4	YAlSi11Cu3D	YLD113	9.6~12.0	2.0~3.5	—	—	—	—	—	余量	0.9	—	—	0.3	0.8	0.5	—	—	—	—	0.5	0.2	—	0.15
5	YAlSi7Cu5D	YLD117	16.0~18.0	4.0~5.0	0.50~0.65	—	—	—	—	余量	0.9	—	—	—	1.5	0.5	—	—	—	—	0.3	0.3	—	0.15
6	YAlMg5Si1D	YLD302	0.8~1.3	—	4.6~5.5	—	0.1~0.4	—	—	余量	0.9	—	0.1	—	0.2	—	—	0.15	—	—	—	—	—	0.15
7	YAlMg3D	YLD306	—	—	2.6~4.0	—	0.4~0.6	—	—	余量	0.6	1.0	0.1	—	0.4	—	—	—	—	—	0.1	0.1	—	—

注:1. "Y"为汉语拼音"压"的第一个字母。

2. 有下有限值的主要组元及铁为必检元素,其他元素可定期分析。

(7)铸造铝合金的牌号和化学成分见表 4-39。

表 4-39 铸造铝合金的牌号和化学成分

序号	合金牌号	合金代号	主要元素(质量分数)(%)							
			Si	Cu	Mg	Zn	Mn	Ti	其他	Al
1	ZAlSi5Cu6Mg	ZL110	4.0~6.0	5.0~8.0	0.2~0.5				—	余量
2	ZAlSi9Cu2Mg	ZL111	8.0~10.0	1.3~1.8	0.4~0.6		0.10~0.35	0.10~0.35		余量
3	ZAlSi7Mg1A	ZL114A	6.5~7.5	—	0.45~0.60	—	—	0.10~0.20	Be0.04~0.07(1)	余量
4	ZAlSi5Zn1Mg	ZL115	4.8~6.2		0.4~0.65	1.2~1.8			Sb0.1~0.25	余量
5	ZA1Si8MgBe	ZL116	6.5~8.5		0.35~0.55			0.10~0.30	Be0.15~0.40	余量
6	ZAlCu5Mn	ZL201	—	4.5~5.3	—		0.6~1.0	0.15~0.35		余量
7	ZAlCu5MnA	ZL201A	—	4.5~5.3			0.6~1.0	0.15~0.35		余量
8	ZAlCu4	ZL203	—	4.0~5.0						余量
9	ZAlCu5MnCdA	ZL204A	—	4.6~5.3	—	—	0.6~0.9	0.15~0.35	Cd0.15~0.25	余量
10	ZAlCu5MnCdVA	ZL205A	—	4.6~5.3			0.3~0.5	0.15~0.35	Cd0.15~0.25 V0.05~0.3 Zr0.05~0.2 B0.005~0.06	余量
11	ZAlSi7Mg	ZL101	6.5~7.5	—	0.25~0.45	—	—	—	—	余量
12	ZAlSi7MgA	ZL101A	6.5~7.5		0.25~0.45			0.08~0.20	—	余量

序号	合金牌号	合金代号	主要元素（质量分数）（%）							Al
			Si	Cu	Mg	Zn	Mn	Ti	其他	
13	ZAlSi12	ZL102	10.0～13.0	—	—	—	—	—	—	余量
14	ZAlSi9Mg	ZL104	8.0～10.5	—	0.17～0.35	—	0.2～0.5	—	—	余量
15	ZAlSi5Cu1Mg	ZL105	4.5～5.5	1.0～1.5	0.4～0.6	—	—	—	—	余量
16	ZAlSi5Cu1MgA	ZL105A	4.5～5.5	1.0～1.5	0.4～0.55	—	—	—	—	余量
17	ZAlSi8Cu1Mg	ZL106	7.5～8.5	1.0～1.5	0.3～0.5	—	0.3～0.5	0.10～0.25	—	余量
18	ZAlSi7Cu4	ZL107	6.5～7.5	3.5～4.5	—	—	—	—	—	余量
19	ZAlSi12Cu2Mg1	ZL108	11.0～13.0	1.0～2.0	0.4～1.0	—	0.3～0.9	—	—	余量
20	ZAlSi12Cu1Mg1Ni1	ZL109	11.0～13.0	0.5～1.5	0.8～1.3	—	—	—	Ni0.8～1.5	余量
21	ZAlRE5Cu3Si2	ZL207	1.6～2.0	3.0～3.4	0.15～0.25	—	0.9～1.2	—	Ni0.2～0.3 Zr0.15～0.25 RE4.4～5.0(2)	余量
22	ZAlMg10	ZL301	—	—	9.5～11.0	—	—	—	—	余量
23	ZAlMg5Si1	ZL303	0.8～1.3	—	4.5～5.5	—	0.1～0.4	—	—	余量
24	ZAlMg8Zn1	ZL305	—	—	7.5～9.0	1.0～1.5	—	0.1～0.2	Be0.03～0.1	余量

续表

序号	合金牌号	合金代号	主要元素(质量分数)(%)							
			Si	Cu	Mg	Zn	Mn	Ti	其他	Al
25	ZAlZn11Si7	ZL401	6.0~8.0	—	0.1~0.3	9.0~13.0	—	—	—	余量
26	ZAlZn6Mg	ZL402	—	—	0.5~0.65	5.0~6.5	—	0.15~0.25	Cr0.4~0.6	余量

注:1. 在保证合金力学性能前提下,可以不加铍(Be)。

2. 混合稀土中含各种稀土总量 ω_{RE} 不小于 98%,其中含铈 ω_{cE} 约 45%。

(8)铸造铝合金的力学性能见表 4-40。

表 4-40　铸造铝合金的力学性能

序号	合金牌号	合金代号	铸造方法	合金状态	力学性能≥		
					抗拉强度 σ_b/MPa	伸长率(%)	布氏硬度 HBS (5/250/30)
1	ZAlSi7Cu4	ZL107	SB	F	165	2	65
			SB	T6	245	2	90
			J	F	195	2	70
			J	T6	275	2.5	100
2	ZAlSi12CuMglNi1	ZL109	J	T1	195	—	85
			J	T6	255	—	90
3	ZAlSi7Mg	ZL101	S、R、J、K	F	155	2	50
			S、R、J、K	T2	135	2	45
			JB	T4	185	4	50
			S、R、K	T4	175	4	50
			J、JB	T5	205	2	60
			S、R、K	T5	195	2	60
			SB、RB、KB	T5	195	2	60
			SB、RB、KB	T6	225	1	70
			SB、RB、KB	T7	195	2	60
			SB、RB、KB	T8	155	3	55
4	ZAlSi12Cu2Mgl	ZL108	J	T1	195	0.5	90
			J	T6	245	—	100

序号	合金牌号	合金代号	铸造方法	合金状态	力学性能≥		
					抗拉强度 σ_b/MPa	伸长率(%)	布氏硬度 HBS (5/250/30)
5	ZAlSi7MgA	ZL101A	S、R、K	T4	195	5	60
			J、JB	T4	225	5	60
			S、R、K	T5	235	4	70
			SB、RB、KB	T5	235	4	70
			JB、J	T5	265	4	70
			SB、RB、KB	T6	275	2	80
			JB、J	T6	295	3	80
6	ZAlSi5Cu6Mg	ZL110	S	F	125	—	80
			J	F	155	—	80
			S	T1	145	—	80
			J	T1	165	—	90
7	ZAlSi12	ZL102	SB、JB、RB、KB	F	145	4	50
			J	F	155	2	50
			SB、JB、RB、KB	T2	135	4	50
			J	T2	145	3	50
8	ZAlSi9Cu2Mg	ZL111	J	F	205	1.5	80
			SB	T6	255	1.5	90
			J、JB	T6	315	2	100
9	ZAlSi7Mg1A	ZL114A	SB	T5	290	2	85
			J、JB	T5	310	3	90
10	ZAlSi9Mg	ZL104	S、J、R、K	F	145	2	50
			J	T1	195	1.5	65
			SB、RB、KB	T6	225	2	70
			J、JB	T6	235	2	70
11	ZAlSi5ZnlMg	ZL115	S	T4	225	4	70
			J	T4	275	6	80
			S	T5	275	3.5	90
			J	T5	315	5	100

序号	合金牌号	合金代号	铸造方法	合金状态	力学性能≥		
					抗拉强度 σ_b/MPa	伸长率(%)	布氏硬度 HBS (5/250/30)
12	ZAlSi5CulMg	ZL105	S、J、R、K	T1	155	0.5	65
			S、R、K	T5	195	1	70
			J	T5	235	0.5	70
			S、R、K	T6	225	0.5	70
			S、J、R、K	T7	175	1	65
13	ZAlSi8MgBe	ZL116	S	T4	255	4	70
			J	T4	275	6	80
			S	T5	295	2	85
			J	T5	335	4	90
14	ZAlSi5CulMgA	ZL105A	SB、R、K	T5	275	1	80
			.J、JB	T5	295	2	80
15	ZAlSi18CulMg	ZL106	SB	F	175	1	70
			JB	T1	195	1.5	70
			SB	T5	235	2	60
			JB	T5	255	2	70
			SB	T6	245	1	80
			JB	T6	265	2	70
			SB	T7	225	2	60
			J	T7	245	2	60
16	ZAlCu5Mn	ZL201	S、J、R、K	T4	295	8	70
			S、J、R、K	T5	335	4	90
			S	T7	315	2	80
17	ZAlCu5MnA	ZL201A	S、J、R、K	T5	390	8	100
18	ZAlCu5MnCdVA	ZL205A	S	T5	440	7	100
			S	T6	470	3	120
			S	T7	460	2	110
19	ZAlCu5MnCdA	ZL204A	S	T5	440	4	100

序号	合金牌号	合金代号	铸造方法	合金状态	力学性能≥		
					抗拉强度 σ_b/MPa	伸长率(%)	布氏硬度 HBS (5/250/30)
20	ZAlCu4	ZL203	S、R、K	T4	195	6	60
			J	T4	205	6	60
			S、R、K	T5	215	3	70
			J	T5	225	3	70
21	ZAlRE5Cu3Si2	ZL207	S	T1	165	—	75
			J	T1	175	—	75
22	ZAlZn6Mg	ZL402	J	T1	235	4	70
			S	T1	215	4	65
23	ZAlZn11Si7	ZL401	S、R、K	T1	195	2	80
			J	T1	245	1.5	90
24	ZAlMg10	ZL301	S、J、R	T4	280	10	60
25	ZAlMg8Zn1	ZL305	S	T4	290	8	90
26	ZAlMg5Sil	ZL303	S、J、R、K	F	145	1	55

注:1. 合金铸造方法、变质处理符号表示意义:

S—砂型铸造;J—金属型铸造;R—熔模铸造;K—壳型铸造;B—变质处理。

2. 合金状态代号表示意义:

F—铸态;T1—人工时效;T2—退火;T4—固熔处理加自然时效;T5—固熔处理加不完全人工时效;T6—固熔处理加完全人工时效;T7—固熔处理加稳定化处理;T8—固熔处理加软化处理。

(9)铸造铝合金的热处理工艺规范见表4-41。

表 4-41　铸造铝合金的热处理工艺规范

合金牌号	合金代号	合金状态	固熔处理		时　效	
			温度/℃	时间/h	温度/℃	时间/h
ZAlMg8Zn1	ZL305A	T4	435±5 再 490±5	8~10 6~8		
ZAlCu5MnCdVA	ZL205A	T5	538±5	10~18	155±5	8~10
		T6	538±5	10~18	175±5	4~5
		T7	538±5	10~18	190±5	2~4

合金牌号	合金代号	合金状态	固熔处理		时　效	
			温度/℃	时间/h	温度/℃	时间/h
ZAlSi7MgA	ZL101A	T4 T5	535±5 535±5	6～12 6～12	室温再 155±5	不少于 8 2～12
ZAlSi7Mg1A	ZL114A	T5	535±5	10～14	室温再 160±5	不少于 8
ZAlCu5MnA	ZL201A	T5	535±5 再 545±5	7～9 7～9	160±5	6～9
ZAlCu5MnCdA	ZL204A	T5	530±5 再 540±5	9 9	175±5	3～5
ZAlSi7MgA	ZL101A	T6	535±5	6～12	室温再 180±5	不少于 8　3～8
ZAlSi5ZnlMg	ZL115	T4 T5	540±5 540±5	10～12 10～12	150±5	3～5
ZAlSi8MgBe	ZL116	T4 T5	535±5 535±5	10～14 10～14	175±5	6
ZAlSi5CulMgA	ZL105A	T5	525±5	4～12	160±5	3～5
ZAlRE5Cu3Si2	ZL207	T1			200±5	5～10

注:固溶处理时,装炉温度一般在 300℃以下,升温(升至固溶温度)速度以 100℃/h 为宜。固溶处理中如需阶段保温,在两个阶段不允许停留冷却,需直接升至第二阶段温度。固溶处理后,淬火转移时间控制在 8～30s(视合金与零件种类而定)淬火介质水温由生产厂根据合金及零件种类自定,时效完毕,冷却介质为室温空气。

(10)铸造铝合金的主要特性和应用见表 4-42。

表 4-42　铸造铝合金的主要特性和应用

代号	主　要　特　性	应　用　举　例
ZL101	铸造性能良好,无热裂倾向、线收缩小、气密性高,但稍有产生气孔和缩孔倾向、耐蚀性高,与 ZL102 相近、可热处理强化,具有自然时效能力、强度高、塑性好、焊接性好、切削加工性一般	适用于铸造形状复杂、中等载荷零件,或要求高气密性,耐蚀性,焊接性,且环境温度不超过 200℃的零件,如水泵、传动装置、壳体、抽水机壳体,仪器仪表壳体等
ZL101A	杂质含量较 ZL101 低,力学性能较 ZL101 要好	

第二节 铝及铝合金

代号	主 要 特 性	应 用 举 例
ZL102	铸造性能好、密度小、耐蚀性高、可承受大气、海水、二氧化碳、浓硝酸、氨、硫过氧化氢的腐蚀作用。随铸件壁厚的增加,强度降低程度低,不可热处理强化、焊接性能好,切削加工性、耐热性差、成品应在变质处理下使用	适于铸造形状复杂、低载荷的薄壁零件及耐腐蚀和气密性高、工作温度≤200℃的零件,如船舶零件、仪表壳体、机器盖等
ZL104	铸造性能良好,无热裂倾向,气密性好,线收缩小,但易形成针孔、室温力学性能良好,可热处理强化、耐蚀性能好、可切削性及焊接性一般,铸件需经变质处理。	适于铸造形状复杂、薄壁、耐蚀及承载受较高静载荷和冲击载荷、工作温度小于200℃的零件,如汽缸体盖,水冷或发动机曲轴箱等
ZL105	铸造性能良好、气密性好、热烈倾向小、可热处理强化、强度较高、塑性、韧性较低、切削加工性良好、焊接性好,但腐蚀性一般	适于铸造形状复杂、承受较高静载荷及要求焊接性好,气密性高及工作温度在225℃以下的零件,在航空工业中应用也很广泛,如汽缸体、汽缸头、盖、及曲轴箱等
ZL105A	特性与ZL105相近,但力学性能优于ZL105	
ZL106	铸造性能良好、气密性高、无热裂倾向、线收缩小、产生缩松及气孔倾向小,可热处理强化,高温、室温力学性能良好,耐蚀性良好,焊接和可切削加工性也较好	适于铸造复杂,承受高静载荷的零件及要求气密性高,工作温度≤225℃的零件,如泵体、发动机汽缸头等
ZL107	铸造流动性及热裂倾向较ZL102、ZL104要差,可热处理强化,力学性能较ZL104要好,可切削加工性好,但耐蚀性不高,需变质处理	用于铸造形状复杂,承受高负荷的零件,如机架、柴油发动机、汽化器的零件及电气设备的外壳等
ZL108	是一种常用的主要的活塞铝合金,其密度小,热胀系数低,耐热性能好,铸造性能好,无热裂倾向,气密性高、线收缩小,但有较大的吸气倾向,可热处理强化,高温、室温力学性能均较高,其切削加工性较差,且需变质处理	主要用于铸造汽车、拖拉机发动机活塞和其他在250℃以下高温中工作的零件
ZL109	性能与ZL108相近,也是一种常用的活塞铝合金,价格不如ZL108经济	和ZL108可互用

代　号	主　要　特　性	应　用　举　例
ZL110	铸造性能和焊补性能良好,耐蚀性中等,强度高,高温性能好	可用于活塞和其他工作温度较高的零件
ZL111	铸造性能优良、无热裂倾向、线收缩小,气密性高,在铸态及热处理后力学性能优良、高温力学性能也很高,其切削加工性、焊接性均较好,可热处理强化,耐蚀性较差	适于铸造形状复杂、要求高载荷、高气密性的大型铸件及高压气体、液体中工作的零件,如转子发动机缸体、盖,大型水泵的叶轮等重要铸件
ZL114A	成分及性能均有与 ZL101A 相近,但其强度较 ZL101A 要高	适用于铸造形状复杂强度高的铸件,但其热处理工艺要求严格,使应用受到限制
ZL115	铸造性能、耐蚀性优良,且强度及塑性也较好,且不需变质处理和 ZL111、ZL114A 一样是一种高强度铝—硅合金	主要用于铸造形状复杂高强度及耐蚀的铸件
ZL116	铸造性能好、铸件致密,气密性好,合金力学性能好,耐蚀性高,也是铝—硅系合金中高强度铸铝之一,其价格较高	用于制造承受高液压的油泵壳体,及发动机附件,及外形复杂,高强度,及高耐蚀的零件
ZL201	铸造性能不佳、线收缩大、气密性低、易形成热裂及缩孔,经热处理强化后,合金具有很高的强度和耐热,其塑性和韧性也很好,焊接性和切削加工性良好,但耐蚀性差	适用于高温(175～300℃)或室温下承受高载荷、形状简单的零件,也可用于低温(0～-70℃)承受高负载零件,如支架等,是一种用途较广的高强合金
ZL201A	成分、性能同 ZL201,杂质小,力学性能优于 ZL201	
ZL203	铸造性能差,有形成热裂纹和缩松的倾向,气密性尚可,经热处理后有较好的强度和塑性,切削加工性和焊接性良好,耐蚀性差,耐热性差,不需变质处理	需要切削加工、形状简单、中等负荷或冲击负荷的零件,如支架、曲轴箱、飞轮盖等
ZL204A ZL205A	属于高强度耐热合金,其中 ZL205A 耐热性优于 ZL204A	作为受力结构件广泛应用于航空、航天工业中

代号	主 要 特 性	应 用 举 例
ZL207A	属铝—稀土金属合金,其耐热性优良,铸造性能良好,气密性高,不易产生热裂和疏松,但室温力学性能差,成分复杂需严格控制	可用于铸造形状复杂、受力不大,在高温(≤400℃)下工作的零件
ZL301	系铝镁二元合金,铸件可热处理强化,淬火后,其强度高,且塑性、韧性良好,但在长期使用时有自然时效倾向,塑性下降,且有应力腐蚀倾向,耐蚀性高,是铸铝合金中耐蚀性最优的,切削加工性良好。铸造性能差,易产生显微疏松、耐热性、焊接性较差,且熔铸工艺复杂	用于制造承受高静载荷和冲击载荷,及要求耐蚀工作环境温度≤200℃的铸造,如雷达座、起落架等,还可以用来生产装饰件
ZL303	具有耐蚀性高,与ZL301相近,铸造性能、吸气形成缩孔倾向、热裂倾向等均比ZL301好,收缩率大,气密性一般,铸件不能热处理强化,高温性能较ZL301好,切割性比ZL301好,且焊接性较ZL301明显改善,生产工艺简单	适于制造工作温度低于200℃,承受中等载荷的船舶,航空,内燃机等零件,及其他一些装饰件
ZL305	系ZL301改进型合金,针对ZL301的缺陷,添加了Be、Ti、Zn等元素使合金自然时效稳定性和抗应力腐蚀能力均提高,且铸造氧化性降低,其他特性均类似于ZL301	适用于工作温度低于100℃的工作环境,其他用途同ZL301相同
ZL401	俗称锌硅铝明,其铸造性能良好产生缩孔及热裂倾向小,线收缩率小,但有较大吸气倾向,铸件有自然时效能力,可切削性及焊接性良好,但需经变质处理,耐蚀性一般,耐热性低,密度大	用于制造工作温度形状复杂,承受高静载荷的零件,多用于汽车零件、医药机械、仪器仪表零件及日用品方面
ZL402	铸造性能尚好,经时效处理后可获得较高的力学性能适于-70～150℃范围内工作,抗应力腐蚀性及耐蚀性较好,切削加工性良好,焊接性一般,密度大	用于高静载荷,冲击载荷而不便热处理的零件及要求耐蚀和尺寸稳定的工作情况,如高速整铸叶轮、空压机活塞、精密机械、仪器、仪表等方面

(11)铸造铝合金的中外牌号对照见表4-43。

表 4-43 铸造铝合金的中外牌号对照

中国 GB/T 1173		国际标准	前苏联	美国	日本	德国	英国	法国
合金牌号	合金代号	ISO	гOCT	ASTM	JIS	DIN	BS	NF
ZAlSi7Mg	ZL101	AlSi7Mg(Fe)	AJ19	A03560	AC4C	G-AlSi7Mg	LM125	A-S7G
ZAlSi7MgA	ZL101A	AlSi7Mg	AJ19-1	A13560	AC4CH	G-AlSi7Mg	—	A-S7G03
ZAlSi12	ZL102	AlSi12	AJ19-2	A04130	AC3A	G-AlSi2	LM6	A-S13
ZAlSi9Mg	ZL104	AlSi10Mg	AJ14	A03600	AC4A	G-AlSi10Mg	LM9	A-S9G
ZAlSi5Cu1Mg	ZL105	AlSi5Cu1Mg	AJ15	A03550	AC4D	G-AlSi5(Cu)	LM16	—
ZAlSi5Cu1MgA	ZL105A	—	AJ15-1	A33550	—	—	—	—
ZAlSi8Cu1Mg	ZL106	—	AJ132	A03280	—	G-AlSi8Cu3	LM27	—
ZAlSi7Cu4	ZL107	A1Si6Cu4Mg	—	A03190	AC2B	G-AlSi6Cu4	LM21	—
ZAlSi12Cu2Mg1	ZL108	—	AJ125	A23320	—	G-AlSi12Cu	—	—
ZAlSi12Cu1Mg1Ni1	ZL109	—	AJ130	A13320	AC8A	—	LM13	A-S12UNG
ZAlSi5Cu6Mg	ZL110	—	—	—	—	—	—	—
ZAlSi9Cu2Mg	ZL111	—	—	A03540	—	G-AlSi8Cu3	—	—
ZAlSi7Mg1A	ZL114	—	—	A13570	—	—	—	A-S7G06
ZAlSi5Zn1Mg	ZL115	—	—	—	—	—	—	—
ZAlSi8MgBe	ZL116	—	AJ134	—	—	—	—	—
ZAlCu5Mn	ZL201	—	AJ119	—	—	—	—	—
ZAlCu5MnA	ZL201A	—	—	—	—	—	—	—
ZAlCu4	ZL203	AlCu4Ti	AJ17	A02950	AC1A	G-AlCu4Ti	—	—
ZAlCu5MnCdA	ZL204A	—	—	—	—	—	—	—
ZAlCu5MnCdVA	ZL205A	—	—	—	—	—	—	—
ZAlRECu3Si2	ZL207	—	AЦP-1	—	—	—	—	—
ZAlMg10	ZL301	AlMg10	AJ18	A05200	AC7B	G-AlMg10	LM10	—
ZAlMg5Si1	ZL303	AlMg5Si1	AJ13	A25140	—	G-AlMg5Si	LM5	—
ZAlMg8Zn1	ZL305	—	—	—	—	—	—	—
ZAlZn11Si7	ZL401	—	AJ111	—	—	—	—	—
ZAlZn6Mg	ZL402	AlZn5Mg	—	—	—	—	—	A-Z5G

(12)压铸铝合金的牌号和化学成分见表 4-44。

表 4-44　压铸铝合金的牌号和化学成分

序号	合金牌号	合金代号	化学成分(质量分数)(%)										
			硅	铜	锰	镁	铁	镍	钛	锌	铅	锡	铝
1	YZAlSi12	YL102	10.0~13.0	≤0.6	≤0.6	≤0.05	≤1.2	—	—	≤0.3	—	—	余量
2	YZAlSi10Mg	YL104	8.0~10.5	≤0.3	0.2~0.5	0.17~0.30	≤1.0	—	—	≤0.3	≤0.05	≤0.01	余量
3	YZAlSi12Cu2	YL108	11.0~13.0	1.0~2.0	0.3~0.9	0.4~1.0	≤1.0	≤0.05	—	≤1.0	≤0.05	≤0.01	余量
4	YZAlSi9Cu4	YL112	7.5~9.5	3.0~4.0	≤0.5	≤0.3	≤1.2	≤0.5		≤1.2	≤0.1	≤0.1	余量
5	YZAlSi11Cu3	YL113	9.6~12.0	1.5~3.5	≤0.5	≤0.3	≤1.2	≤0.5		≤1.0	≤0.1	≤0.1	余量
6	YZAlSi7Cu5Mg	YL117	16.0~18.0	4.0~5.0	≤0.5	045~0.65	≤1.2	≤0.1	—	≤1.2	—	—	余量
7	YZAlMg5Si1	YL302	0.8~1.3	≤0.1	0.1~0.4	4.5~5.5	≤1.2		≤0.2	≤0.2			余量

注:除有范围的元素及铁为必检元素外,其余元素在有要求时抽检。

(13)压铸铝合金的力学性能见表 4-45。

表 4-45　压铸铝合金的力学性能(GB/T 15115—1994)

序号	合金牌号	合金代号	抗拉强度/MPa $\sigma_b \geqslant$	伸长率(%) $\delta(L_0=50) \geqslant$	布氏硬度 HBS 5/250/3$\geqslant$
1	YZAlSi12	YL102	220	2	60
2	YZAlSi10Mg	YL104	220	2	70
3	YZAlSi12Cu12	YL108	240	1	90
4	YZAlSi9Cu4	YL112	240	1	85
5	YZAlSi11Cu3	YL113	230	1	80
6	YZAlSi17Cu5Mg	YL117	220	≤0.1	—
7	YZAlMg5Si1	YL302	220	2	70

二、变形铝及铝合金

(1)变形铝及铝合金的牌号和化学成分见表 4-46。

表4-46　变形铝及铝合金的牌号和化学成分(GB/T 3190—1996)

序号	牌号	化学成分(质量分数)(%)											其他		Al	备注
		Si	Fe	Cu	Mn	Mg	Cr	Ni	Zn		Ti	Zr	单个	合计		
1	1A99	0.003	0.003	0.005	—	—	—	—	—	—	—	—	0.002	—	99.99	LG5
2	1A97	0.015	0.015	0.005	—	—	—	—	—	—	—	—	0.005	—	99.97	LG4
3	1A95	0.030	0.0300	0.010	—	—	—	—	—	—	—	—	0.005	—	99.95	—
4	1A93	0.040	0.040	0.010	—	—	—	—	—	—	—	—	0.007	—	99.93	LG3
5	1A90	0.060	0.060	0.010	—	—	—	—	—	—	—	—	0.01	—	99.90	LG2
6	1A85	0.08	0.10	0.01	—	—	—	—	—	—	—	—	0.01	—	99.85	LG1
7	1A80	0.15	0.15	0.03	0.02	0.02	—	—	0.03	Ca:0.03; V:0.05	0.03	—	0.02	—	99.80	—
8	1A80A	0.15	0.15	0.03	0.02	0.02	—	—	0.06	Ca:0.03; V:0.05	0.02	—	0.02	—	99.80	—
9	1070	0.25	0.25	0.04	0.03	0.03	—	—	0.04	V:0.05	0.03	—	0.03	—	99.70	—
10	1070A	0.20	0.25	0.03	0.03	0.03	—	—	0.07	V:0.05	0.03	—	0.03	—	99.70	—
11	1370	0.10	0.25	0.02	0.01	0.02	0.01	—	0.04	Ca:0.03; V+Ti:0.02; B:0.02	—	—	0.02	0.10	99.70	—
12	1060	0.25	0.35	0.05	0.03	0.03	—	—	0.05	V:0.05	0.03	—	0.03	—	99.60	—
13	1050	0.25	0.40	0.05	0.05	0.05	—	—	0.05	V:0.05	0.03	—	0.03	—	99.50	—
14	1050A	0.25	0.40	0.05	0.05	0.05	—	—	0.07	—	0.05	—	0.03	—	99.50	—

续表

序号	牌号	化学成分(质量分数)(%)											其他		Al	备注
		Si	Fe	Cu	Mn	Mg	Cr	Ni	Zn		Ti	Zr	单个	合计		
15	1A50	0.30	0.30	0.01	0.05	0.05	—	—	0.03	Fe+Si:0.45	—	—	0.03	—	99.50	LB2
16	1350	0.10	0.40	0.05	0.10	—	0.01	—	0.05	Ca:0.03; V+Ti:0.02; B:0.05	—	—	0.03	0.10	99.50	—
17	1145	Si+Fe:0.55		0.05	0.05	0.05	—	—	0.05	V:0.05	0.03	—	0.03	—	99.45	—
18	1035	0.35	0.6	0.10	0.05	0.05	—	—	0.10	V:0.05	0.03	—	0.03	—	99.35	—
19	1A30	0.10~0.20	0.15~0.30	0.05	0.01	0.01	—	0.01	0.02		0.02	—	0.03	—	99.30	L4-1
20	1100	Si+Fe:0.95		0.05~0.20	0.05	—	—	—	0.10	①	—	—	0.05	0.15	99.00	—
21	1200	Si+Fe:1.00		0.05	0.05	—	—	—	0.10	—	0.05	—	0.05	0.15	99.00	—
22	1235	Si+Fe:0.65		0.05	0.05	0.05	—	—	0.10	V:0.05	0.06	—	0.03	—	99.35	—
23	2A01	0.50	0.50	2.2~3.0	0.20	0.20~0.50	—	—	0.10		0.15	—	0.05	0.10	余量	LY1
24	2A02	0.30	0.30	2.6~3.2	0.45~0.7	2.0~2.4	—	—	0.10		0.15	—	0.05	0.10	余量	LY2
25	2A04	0.30	0.30	3.2~3.7	0.50~0.8	2.1~2.6	—	—	0.10	Be:0.001~0.01②	0.05~0.40	—	0.05	0.10	余量	LY4

续表

序号	牌号	化学成分（质量分数）（%）											其他		Al	备注
		Si	Fe	Cu	Mn	Mg	Cr	Ni	Zn		Ti	Zr	单个	合计		
26	2A06	0.50	0.50	3.8~4.3	0.50~1.0	1.7~2.3	—	—	0.10	Be:0.001~0.005②	0.03~0.15	—	0.05	0.10	余量	LY6
27	2A10	0.25	0.20	3.9~4.5	0.30~0.50	0.15~0.30	—	—	0.10	—	0.15	—	0.05	0.10	余量	LY10
28	2A11	0.7	0.7	3.8~4.8	0.40~0.8	0.40~0.8	—	0.10	0.30	Fe+Ni:0.7	0.15	—	0.05	0.10	余量	LY11
29	2B11	0.50	0.50	3.8~4.5	0.40~0.8	0.40~0.8	—	—	0.10	—	0.15	—	0.05	0.10	余量	LY8
30	2A12	0.50	0.50	3.8~4.9	0.30~0.9	1.2~1.8	—	0.10	0.30	Fe+Ni:0.5	0.15	—	0.05	0.10	余量	LY12
31	2B12	0.50	0.50	3.8~4.5	0.30~0.7	1.2~1.6	—	—	0.10	—	0.15	—	0.05	0.10	余量	LY9
32	2A13	0.7	0.6	4.0~5.0	—	0.30~0.50	—	—	0.6	—	0.15	—	0.05	0.10	余量	LY13
33	2A14	0.6~1.2	0.7	3.9~4.8	0.40~1.0	0.40~0.8	—	0.10	0.30	—	0.15	—	0.05	0.10	余量	LY10
34	2A16	0.30	0.30	6.0~7.0	0.40~0.8	0.05	—	—	0.10	—	0.10~0.20	0.20	0.05	0.10	余量	LY16

续表

序号	牌号	化学成分(质量分数)(%)											其他		Al	备注
		Si	Fe	Cu	Mn	Mg	Cr	Ni	Zn		Ti	Zr	单个	合计		
35	2B16	0.25	0.30	5.8~6.8	0.20~0.40	0.05	—	—	—	V: 0.05~0.15	0.08~0.20	0.10~0.25	0.05	0.10	余量	—
36	2A17	0.30	0.30	6.0~7.0	0.40~0.8	0.25~0.45	—	—	0.10	—	0.10~0.20	—	0.05	0.10	余量	LY17
37	2A20	0.20	0.30	5.8~6.8	—	0.02	—	—	0.10	V: 0.05~0.15 B: 0.001~0.05	0.07~0.16	0.10~0.25	0.05	0.15	余量	LY20
38	2A21	0.20	0.20~0.6	3.0~4.0	0.05	0.8~1.2	—	1.8~2.3	0.20	—	0.05	—	0.05	0.15	余量	—
39	2A25	0.06	0.06	3.6~4.2	0.50~0.7	1.0~1.5	—	0.06	—	—	—	—	0.05	0.10	余量	—
40	2A49	0.25	0.8~1.2	3.2~3.8	0.30~0.6	1.8~2.2	—	0.8~1.2	—	—	0.08~0.12	—	0.05	0.15	余量	—
41	2A50	0.7~1.2	0.7	1.8~2.6	0.40~0.8	0.40~0.8	—	0.10	0.30	Fe+Ni: 0.7	0.15	—	0.05	0.10	余量	LD5
42	2B50	0.7~1.2	0.7	1.8~2.6	0.40~0.8	0.40~0.8	0.01~0.20	0.10	0.30	Fe+Ni: 0.7	0.02~0.10	—	0.05	0.10	余量	LD6
43	2A70	0.35	0.9~1.5	1.9~2.5	0.20	1.4~1.8	—	0.9~1.5	0.30	—	0.02~0.10	—	0.05	0.15	余量	LD7

续表

序号	牌号	化学成分（质量分数）（%）												其他		Al	备注
		Si	Fe	Cu	Mn	Mg	Cr	Ni	Zn		Ti	Zr		单个	合计		
44	2B70	0.25	0.9~1.4	1.8~2.7	0.20	1.2~1.8	—	0.8~1.4	0.15	Pb:0.05 Sn:0.05 Ti+Zr:0.20	0.10	—		0.05	0.10	余量	—
45	2A80	0.50~1.2	1.0~1.6	1.9~2.5	0.20	1.4~1.8	—	0.9~1.5	0.30	—	0.15	—		0.05	0.10	余量	LD8
46	2A90	0.50~1.0	0.50~1.0	3.5~4.5	0.20	0.40~0.8	—	1.8~2.3	0.30	—	0.15	—		0.05	0.10	余量	LY9
47	2004	0.20	0.20	5.5~6.5	0.10	0.50	—	—	0.10	—	0.05	0.30~0.50		0.05	0.15	余量	—
48	2011	0.40	0.7	5.0~6.0	—	—	—	—	0.30	Bi:0.20~0.6 Pb:0.20~0.6	—	—		0.05	0.15	余量	—
49	2014	0.50~1.2	0.7	3.9~5.0	0.40~1.2	0.20~0.8	0.10	—	0.25	③	0.15	—		0.05	0.15	余量	—
50	2014A	0.50~1.9	0.50	3.9~5.0	0.40~1.2	0.20~0.8	0.10	0.10	0.25	Ti+Zr:0.20	0.15	—		0.05	0.15	余量	—
51	2214	0.50~1.2	0.30	3.9~5.0	0.40~1.2	0.20~0.8	0.10	—	0.25	③	0.15	—		0.05	0.15	余量	—

续表

序号	牌号	Si	Fe	Cu	Mn	Mg	Cr	Ni	Zn		Ti	Zr	其他 单个	其他 合计	Al	备注
52	2017	0.20~0.8	0.7	3.5~4.5	0.40~1.0	0.40~0.8	0.10	—	0.25	③	0.15	—	0.05	0.15	余量	—
53	2017A	0.20~0.8	0.7	3.5~4.5	0.40~1.0	0.40~1.0	0.10	—	0.25	Ti+Zr:0.25	—	—	0.05	0.15	余量	—
54	2117	0.8	0.7	2.2~3.0	0.20	0.20~0.50	0.10	—	0.25	—	—	—	0.05	0.15	余量	—
55	2218	0.9	1.0	3.5~4.5	0.20	1.2~1.8	0.10	1.7~2.3	0.25	—	—	—	0.05	0.15	余量	—
56	2618	0.10~0.25	0.9~1.3	1.9~2.7	—	1.3~1.8	—	0.9~1.2	0.10	—	0.04~0.10	—	0.05	0.15	余量	—
57	2219	0.20	0.30	5.8~6.8	0.20~0.40	0.02	—	—	0.10	V:0.05~0.15	0.02~0.10	0.10~0.25	0.05	0.15	余量	LY19
58	2024	0.50	0.50	3.8~4.9	0.30~0.9	1.2~1.8	0.10	—	0.25	③	0.15	—	0.05	0.15	余量	—
59	2124	0.20	0.30	3.8~4.9	0.30~0.9	1.2~1.8	0.10	—	0.25	③	0.15	—	0.05	0.15	余量	—
60	3A21	0.6	0.7	0.20	1.0~1.6	0.05	—	—	0.10④	—	0.15	—	0.05	0.10	余量	LF21

化学成分（质量分数）（%）

续表

序号	牌号	化学成分（质量分数）（%）											其他		Al	备注
		Si	Fe	Cu	Mn	Mg	Cr	Ni	Zn		Ti	Zr	单个	合计		
61	3003	0.6	0.7	0.05~0.20	1.0~1.5	—	—	—	—	—	—	—	0.05	0.15	余量	—
62	3103	0.50	0.7	0.10	0.9~1.5	0.30	0.10	—	0.10	—	—	—	0.05	0.15	余量	—
63	3004	0.30	0.7	0.25	1.0~1.5	0.8~1.3	—	—	0.25	Ti+Zr:0.10	—	—	0.05	0.15	余量	—
64	3005	0.6	0.7	0.30	1.0~1.5	0.20~0.6	0.10	—	0.25	—	0.10	—	0.05	0.15	余量	—
65	3105	0.6	0.7	0.30	0.30~0.8	0.20~0.8	0.20	—	0.40	—	—	—	0.05	0.15	余量	—
66	4A01	4.5~6.0	0.6	0.20	—	—	0.10	—	Zn+Sn:0.10	—	0.15	—	0.05	0.15	余量	LT1
67	4A11	11.5~13.5	1.0	0.50~1.3	0.20	0.8~1.3	0.10	0.50~1.3	0.25	—	0.15	—	0.05	0.15	余量	LD11
68	4A13	6.8~8.2	0.50	Cu+Zn:0.15	0.50	0.05	—	—	—	Ca:0.10	0.15	—	0.05	0.15	余量	LT13
69	4A17	11.0~12.5	0.50	Cu+Zn:0.15	0.50	0.05	—	—	—	Ca:0.10	0.15	—	0.05	0.15	余量	LT17

续表

序号	牌号	化学成分(质量分数)(%)											其他		Al	备注
		Si	Fe	Cu	Mn	Mg	Cr	Ni	Zn	①	Ti	Zr	单个	合计		
70	4004	9.0~10.5	0.8	0.25	0.10	1.0~2.0	—	—	0.20	—	—	—	0.05	0.15	余量	—
71	4032	11.0~13.5	1.0	0.50~1.3	—	0.8~1.3	0.10	0.50~1.3	0.25	—	—	—	0.05	0.15	余量	—
72	4043	4.5~6.0	0.8	0.30	0.05	0.05	—	—	0.10	①	0.20	—	0.05	0.15	余量	—
73	4043A	4.5~6.0	0.6	0.30	0.15	0.20	—	—	0.10	①	0.15	—	0.05	0.15	余量	—
74	4047	11.0~13.0	0.8	0.30	0.15	0.10	—	—	0.20	①	—	—	0.05	0.15	余量	—
75	4047A	11.0~13.0	0.6	0.30	0.15	0.10	—	—	0.20	①	0.15	—	0.005	0.15	余量	—
76	5A01	Si+Fe:0.40		0.10	0.30~0.7	6.0~7.0	0.10~0.20	—	0.25	—	0.15	0.10~0.20	0.05	0.15	余量	LF15

续表

序号	牌号	化学成分(质量分数)(%)											其他		Al	备注
		Si	Fe	Cu	Mn	Mg	Cr	Ni	Zn		Ti	Zr	单个	合计		
77	5A02	0.40	0.40	0.10	或Cr 0.15~0.40	2.0~2.8	—	—	—	Si+Fe:0.6	0.15	—	0.05	0.15	余量	LF2
78	5A03	0.50~0.8	0.50	0.10	0.30~0.6	3.2~3.8	—	—	0.20	—	0.15	—	0.05	0.1	余量	LF3
79	5A05	0.50	0.50	0.10	0.30~0.6	4.8~5.5	—	—	0.20	—	—	—	0.05	0.1	余量	LF5
80	5B05	0.40	0.40	0.20	0.20~0.6	4.7~5.7	—	—	—	Si+Fe:0.6	0.15	—	0.05	0.1	余量	LD10
81	5A06	0.40	0.40	0.10	0.50~0.8	5.8~6.8	—	—	0.20	Be:0.0001~0.005	0.02~0.10	—	0.05	0.1	余量	LF6
82	5B06	0.40	0.40	0.10	0.50~0.8	5.8~6.8	—	—	0.20	Be:0.0001~0.005	0.10~0.30	—	0.05	0.1	余量	LF14
83	5A12	0.30	0.30	0.05	0.40~0.8	8.3~9.6	—	0.10	0.20	Be:0.005 Sd:0.004~0.05	0.05~0.15	—	0.05	0.1	余量	LF12
84	5A13	0.30	0.30	0.05	0.40~0.8	9.2~10.5	—	0.10	0.20	Be:0.005 Sd:0.004~0.05	0.05~0.15	—	0.05	0.10	余量	LF13
85	5A30	Si+Fe:0.40		0.10	0.50~1.0	4.7~5.5	—	—	0.25	Cr:0.05~0.20	0.03~0.15	—	0.05	0.10	余量	LF16

续表

序号	牌号	化学成分(质量分数)(%)											其他		Al	备注
		Si	Fe	Cu	Mn	Mg	Cr	Ni	Zn		Ti	Zr	单个	合计		
86	5A33	0.35	0.35	0.10	0.10	6.0~7.5	—	—	0.5~1.5	Be:0.0005~0.005	0.05~0.15	0.10~0.30	0.05	0.10	余量	LF33
87	5A41	0.40	0.40	0.10	0.30~0.6	6.0~7.0	—	—	0.20	—	0.02~0.10	—	0.05	0.10	余量	LT41
88	5A43	0.40	0.40	0.10	0.15~0.40	0.6~1.4	—	—	—	—	0.15	—	0.05	0.15	余量	LF43
89	5A66	0.005	0.01	0.005	—	1.5~2.0	—	—	—	—	—	—	0.005	0.01	余量	LT66
90	5005	0.30	0.7	0.20	0.20	0.50~1.1	0.10	—	0.25	—	—	—	0.05	0.15	余量	—
91	5019	0.40	0.50	0.10	0.10~0.6	4.5~5.6	0.20	—	0.20	Mn+Cr:0.10~0.6	0.20	—	0.05	0.15	余量	—
92	5050	0.40	0.7	0.20	0.10	1.1~1.8	0.10	—	0.25	—	—	—	0.05	0.15	余量	—
93	5251	0.40	0.50	0.15	0.10~0.50	1.7~2.4	0.15	—	0.15	—	0.15	—	0.05	0.15	余量	—
94	5052	0.25	0.40	0.10	0.10	2.2~2.8	0.15~0.35	—	0.10	—	—	—	0.05	0.15	余量	—

续表

序号	牌号	化学成分(质量分数)(%)											其他		Al	备注
		Si	Fe	Cu	Mn	Mg	Cr	Ni	Zn		Ti	Zr	单个	合计		
95	5154	0.25	0.40	0.10	0.10	3.1~3.9	0.15~0.35	—	0.20	①	0.20	—	0.05	0.15	余量	—
96	5154A	0.50	0.50	0.10	0.50	3.1~3.9	0.25	—	0.20	Mn+Cr: 0.1~0.5	0.20	—	0.05	0.15	余量	—
97	5454	0.25	0.40	0.10	0.50~1.0	2.4~3.0	0.05~0.20	—	0.25	—	0.20	—	0.05	0.15	余量	—
98	5554	0.25	0.40	0.10	0.50~1.0	2.4~3.0	0.05~0.20	—	0.25	①	0.05~0.20	—	0.05	0.15	余量	—
99	5754	0.40	0.40	0.10	0.50	2.6~3.6	0.30	—	0.20	Mn+Cr: 0.10~0.50	0.15	—	0.05	0.15	余量	—
100	5056	0.30	0.40	0.10	0.05~0.20	4.5~5.6	0.05~0.20	—	0.10	Mn+Cr: 0.10~0.6	—	—	0.05	0.15	余量	LF5-1
101	5356	0.25	0.40	0.10	0.05~0.20	4.5~5.5	0.05~0.20	—	0.10	①	0.06~0.20	—	0.05	0.15	余量	—
102	5456	0.25	0.40	0.10	0.50~1.0	4.7~5.5	0.05~0.20	—	0.25		0.20	—	0.05	0.15	余量	—

续表

序号	牌号	化学成分（质量分数）（%）											其他		Al	备注
		Si	Fe	Cu	Mn	Mg	Cr	Ni	Zn		Ti	Zr	单个	合计		
103	5082	0.20	0.35	0.15	0.15	4.0~5.0	0.15	—	0.25	—	0.10	—	0.05	0.15	余量	—
104	5182	0.20	0.35	0.15	0.20~0.50	4.0~5.0	0.10	—	0.25	—	0.10	—	0.05	0.15	余量	—
105	5083	0.40	0.40	0.10	0.40~1.0	4.0~4.9	0.05~0.25	—	0.25	—	0.15	—	0.05	0.15	余量	—
106	5183	0.40	0.40	0.10	0.50~1.0	4.3~5.2	0.05~0.25	—	0.25	—	0.15	—	0.05	0.15	余量	—
107	5086	0.40	0.50	0.10	0.20~0.7	3.5~4.5	0.05~0.25	—	0.25	—	0.15	—	0.05	0.15	余量	—
108	6A02	0.50~1.2	0.50	0.20~0.6	0.15~0.35 或 Cr	0.45~0.9	—	—	0.20	—	0.15	—	0.05	0.10	余量	LD2
109	6B02	0.7~1.1	0.40	0.10~0.40	0.10~0.30	0.40~0.8	—	—	0.15	—	0.01~0.04	—	0.05	0.10	余量	LD2-1
110	6A51	0.50~0.7	0.50	0.15~0.35	—	0.45~0.6	—	—	0.25	Sn:0.15~0.35	0.01~0.04	—	0.05	0.15	余量	—
111	6101	0.30~0.7	0.50	0.10	0.03	0.35~0.8	0.03	—	0.10	B:0.06	—	—	0.03	0.10	余量	—

续表

序号	牌号	化学成分(质量分数)(%)											其他		Al	备注
		Si	Fe	Cu	Mn	Mg	Cr	Ni	Zn		Ti	Zr	单个	合计		
112	6101A	0.30~0.7	0.40	0.05	—	0.40~0.9	—	—	—	—	—	—	0.03	0.10	余量	—
113	6005	0.6~0.9	0.35	0.10	0.10	0.40~0.6	0.10	—	0.10	—	0.10	—	0.05	0.15	余量	—
114	6005A	0.50~0.9	0.35	0.30	0.50	0.40~0.7	0.30	—	0.20	Mn+Cr: 0.12~0.50	0.10	—	0.05	0.15	余量	—
115	6351	0.7~1.3	0.50	0.10	0.40~0.8	0.40~0.8	—	—	0.20	—	0.20	—	0.05	0.15	余量	—
116	6060	0.30~0.6	0.10~0.30	0.10	0.10	0.35~0.6	0.05	—	0.15	—	0.10	—	0.05	0.15	余量	—
117	6061	0.40~0.8	0.7	0.15~0.40	0.15	0.8~1.2	0.04~0.35	—	0.25	—	0.15	—	0.05	0.15	余量	LLD30
118	6063	0.20~0.6	0.35	0.10	0.10	0.45~0.9	0.10	—	0.10	—	0.10	—	0.05	0.15	余量	LD31
119	6063A	0.30~0.6	0.15~0.35	0.10	0.15	0.6~0.9	0.05	—	0.15	—	0.10	—	0.05	0.15	余量	—
120	6070	1.0~1.7	0.50	0.15~0.40	0.40~1.0	0.50~1.2	0.10	—	0.25	—	0.15	—	0.05	0.15	余量	LD2-2

续表

序号	牌号	化学成分（质量分数）(%)												其他		Al	备注
		Si	Fe	Cu	Mn	Mg	Cr	Ni	Zn		Ti	Zr	单个	合计		
121	6181	0.8~1.2	0.45	0.10	0.15	0.6~1.0	0.10	—	0.20	—	0.10	—	0.05	0.15	余量	—
122	6082	0.7~1.3	0.50	0.10	0.40~1.0	0.6~1.2	0.25	—	0.20	—	0.10	—	0.05	0.15	余量	—
123	7A01	0.30	0.30	0.01	—	—	—	—	0.9~1.3	Si+Fe:0.45	—	—	0.03	—	余量	LB1
124	7A03	0.20	0.20	1.8~2.4	0.10	1.2~1.6	0.05	—	6.0~6.7		0.02~0.08	—	0.05	0.10	余量	LC3
125	7A04	0.50	0.50	1.4~2.0	0.20~0.6	1.8~2.8	0.10~0.25	—	5.0~7.0	—	0.10	—	0.05	0.10	余量	LC4
126	7A05	0.25	0.25	0.20	0.15~0.40	1.1~1.7	0.05~0.15	—	4.4~5.0		0.02~0.06	0.10~0.25	0.05	0.15	余量	—
127	7A09	0.50	0.50	1.2~2.0	0.15	2.0~3.0	0.16~0.30	—	5.1~6.1	—	0.10	—	0.05	0.10	余量	LC9
128	7A10	0.30	0.30	0.50~1.0	0.20~0.35	3.0~4.0	0.10~0.20	—	3.2~4.2	—	0.10	—	0.05	0.10	余量	LC10
129	7A15	0.50	0.50	0.50~1.0	0.10~0.40	2.4~3.0	0.10~0.30	—	4.4~5.4	Be:0.005~0.01	0.05~0.15	—	0.05	0.15	余量	LC15

续表

序号	牌号	化学成分（质量分数）（%）											其他		Al	备注
		Si	Fe	Cu	Mn	Mg	Cr	Ni	Zn		Ti	Zr	单个	合计		
130	7A19	0.30	0.40	0.08~0.30	0.3~0.50	1.3~1.9	0.10~0.20	—	4.5~5.3	Be:0.0001~0.004	—	0.08~0.20	0.05	0.15	余量	LC19
131	7A31	0.30	0.6	0.10~0.40	0.20~0.40	2.5~3.3	0.10~0.20	—	3.6~4.5	Be:0.0001~0.001	0.02~0.10	0.08~0.25	0.05	0.15	余量	—
132	7A33	0.25	0.30	0.25~0.55	0.05	2.2~2.7	0.10~0.20	—	4.6~5.4	—	0.05	—	0.05	0.10	余量	—
133	7A52	0.25	0.30	0.05~0.20	0.20~0.50	2.0~2.8	0.15~0.25	—	4.0~4.8	—	0.05~0.18	0.05~0.15	0.05	0.15	余量	LC52
134	7003	0.30	0.35	0.20	0.30	0.50~1.0	0.20	—	5.0~6.5	—	0.20	0.05~0.25	0.05	0.15	余量	LC12
135	7005	0.35	0.40	0.10	0.20~0.7	1.0~1.8	0.06~0.20	—	4.0~5.0	—	0.01~0.06	0.08~0.20	0.05	0.15	余量	—
136	7020	0.35	0.40	0.20	0.05~0.50	1.0~1.4	0.10~0.35	—	4.0~5.0	Zr+Ti:0.08~0.25	—	0.08~0.20	0.05	0.15	余量	—
137	7022	0.50	0.50	0.50~1.0	0.10~0.40	2.6~3.7	0.10~0.30	—	4.3~5.2	Zr+Ti:0.20	—	—	0.05	0.15	余量	—
138	7050	0.12	0.15	2.0~2.6	0.10	1.9~2.6	0.04	—	5.7~6.7	—	0.06	0.08~0.15	0.05	0.15	余量	—

续表

序号	牌号	化学成分（质量分数）(%)													备注
		Si	Fe	Cu	Mn	Mg	Cr	Ni	Zn	Ti	Zr	其他 单个	其他 合计	Al	
139	7075⑤	0.40	0.50	1.2~2.0	0.30	2.1~2.9	0.18~0.28	—	5.1~6.1	0.20	—	0.05	0.15	余量	—
140	7475	0.10	0.12	1.2~1.9	0.06	1.9~2.6	0.18~0.25	—	5.2~6.2	0.06	—	0.05	0.15	余量	—
141	8A06	0.55	0.50	0.10	0.10	0.10	—	Fe+Si:1.0	0.10	—	—	0.05	0.15	余量	L6
142	8011	0.50~0.9	0.6~1.0	0.10	0.20	0.05	0.05	—	0.10	0.08	—	0.05	0.15	余量	—
143	8090	0.20	0.30	1.0~1.6	0.10	0.6~1.3	0.10	Li: 2.2~2.7	0.25	0.10	0.04~0.16	0.05	0.15	余量	—

注：①用于电焊条和堆焊时，铍含量不大于 0.008%。

②铍含量均按规定量加入，铍不作分析。

③仅在供需双方商定时，对挤压和锻造产品应限定 Ti+Zr 含量不大于 0.20%。

④作铆钉线材的 3A21 合金的铍含量应不大于 0.03%。

⑤仅在供需双方商定时，对挤压和锻造产品限定 Ti+Zr 含量不大于 0.25%。

(2)变形铝及铝合金的新旧牌号对照见表 4-47。

表 4-47　变形铝及铝合金的新旧牌号对照

新牌号	旧牌号	新牌号	旧牌号	新牌号	旧牌号	新牌号	旧牌号
1A99	原 LG5	2B11	原 LY8	2124		5A41	原 LT41
1A97	原 LG4	2A12	原 LY12	3A21	原 LF21	5A43	原 LF43
1A95		2B12	原 LY9	3003		5A66	原 LT66
1A93	原 LG3	2A13	原 LY13	3103		5055	
1A90	原 LG2	2A14	原 LD10	3004		5019	
1A85	原 LG1	2A16	原 LY16	3005		5050	
1085		2B16	曾用 LY16-1	3105		5251	
1080A		2A17	原 LY17	4A01	原 LT1	5052	
1070		2A20	曾用 LY20	4A11	原 LD11	5154	
1070A	代 L1	2A21	曾用 214	4A13	原 LT14	5154A	
1370		2A25	曾用 225	4A17	原 LT17	5454	
1060	代 L2	2A49	曾用 149	4004		5554	
1050		2A50	原 LD5	4032		5754	
1050A	代 L3	2B50	原 LD6	4043		5056	原 LF5-1
1A50	原 LB3	2A70	原 LD7	4043A		5356	
1350		2B70	曾用 LD7-1	4047		5456	
1145		2A80	原 LD8	4047A		5082	
1035	代 L4	2A90	原 LD9	5A01	曾用 2101、LF15	5182	
1A30	原 L4-1	2004		5A02	原 LF2	5083	原 LF4
1100	代 L5-1	2014		5A03	原 LF3	5183	
1200	代 L5	2014A		5A05	原 LF5	5086	
1235		2214		5B05	原 LF10	6A02	原 LD2
2A01	原 LY1	2017		5A06	原 LF6	6B02	原 LD2-1
2A02	原 LY2	2017A		5B06	原 LF14	6A51	曾用 651
2A04	原 LY4	2117		5A12	原 LF12	6101	
2A06	原 LY6	2218		5A13	原 LF13	6101A	
2A10	原 LY10	2618		5A30	曾用 2103、LF16	6005	
2A11	原 LY11	2219	曾用 LY19、147	5A33	原 LF33	6005A	

新牌号	旧牌号	新牌号	旧牌号	新牌号	旧牌号	新牌号	旧牌号
6351		7A09	原LC9	7075		8011	曾用LT98
6060		7A10	原LC10	7475		8090	
6061	原LD30	7A15	曾用LC15、157	8A06	原L6		
6063	原LD31	7A19	曾用919、LC19				
6063A		7A31	曾用183-1				
6070	原LD2-2	7A33	曾用LB733				
6181		7A52	曾用LC52、5210				
6082		7003	原LC12				
7A01	原LC1	7005					
7A03	原LC3	7020					
7A04	原LC4	7022					
7A05	曾用705	7050					

注：1."原"是指化学成分与新牌号等同，且都符合GB/T 3190—1982规定的旧牌号。

2."代"是指与新牌号的化学成分相近似，且符合GB/T 3190—1982规定的旧牌号。

3."曾用"是指已经鉴定，工业生产时曾经用过的牌号，但没有收入GB/T 3190—1982中。

(3)变形铝及铝合金的中外牌号对照见表4-48。

表 4-48　变形铝及铝合金的中外牌号对照

中国 GB/T 3190		国际标准	原苏联	美国	日本	德国	英国	法国
新牌号	旧牌号	ISO	rOCT	AA	JIS	DIN	BS	NF
1060	L2	—	A0	1060	A1060	—	—	—
1050A	L3	A199.5	A1	1050	—	A199.5	1B	1050A
1100	L5-1	A199.0	A2	1100	A1100	A199.0	3L54	1100
1200	L5	—	—	1200	A1200	A199	1C	1200
1070A	L1	A199.7	A00	1070	A1070	A199.7	—	1070A
1A85	LG1	A199.8	AB2	1080	A1080	A199.8	1A	—
1A90	LG2	—	AB1	1090	1N90	A199.7	—	—
1A99	LG5	—	AB000	1199	1N99	A199.98R	S1	—
2A70	LD7	AlCu2MgNi	AK4	2618	2N01	—	H16	2618a
2A99	LD9	—	AK2	2018	A2018	—	—	—
2A14	LD10	AlCu4SiMg	AK8	2014	A2014	AlCuSiMn	—	2014
2A01	LY1	AlCu2.5Mg	д18	2217	A2217	AlCu2.5Mg0.5	3L86	—
2A11	LY11	AlCu4MgSi	д1	2017	A2017	AlCuMg1	H15	2017A
2A12	LY12	AlCu4Mg1	д16	2024	A2024	AlCuMg2	GB-24S	2024
4A11	LD11	—	AK9	4032	A4032	—	38S	4032

中国 GB/T 3190		国际标准	原苏联	美国	日本	德国	英国	法国
新牌号	旧牌号	ISO	rOCT	AA	JIS	DIN	BS	NF
6061	LD30	AlMg1SiCu	Ад33	6061	A6061	AlMg1SiCu	H20	6061
6063	LD31	AlMg0.7Si	Ад31	6063	A6063	AlMgSi0.5	H19	—
5A02	LF2	AlMg2.5	AMг2	5052	A5052	AlMg2.5	N4	5052
5A03	LF3	AlMg3	AMг3	5154	A5154	AlMg3	N5	—
5083	LF4	AlMg4.5Mn0.7	AMг4	5083	A5083	AlMg4.5Mn	N8	5083
5056	LF5-1	AlMg5	—	5056	A5056	AlMg5	N6	—
5A05	LF5	AlMg5Mn0.4	AMг5	5456	—	—	N61	—
3A21	LF21	AlMn1Cu	AMЦ	3003	A3003	AlMnCu	N3	3003
6A02	LD2	—	AB	6165	A6165	—	—	—
7A03	LC3	AlZn7MgCu	B94	7141	—	—	—	—
7A09	LC9	AlZn5.5MgCu	—	7075	A7075	AlZnMgCu1.5	L95	7075
7A10	LC10	—	—	7079	7N11	AlZnMgCu0.5	—	—
4A04	LT1	AlSi5	AK	4043	A4043	AlSi5	N21	—
4A17	LT17	AlSi12	—	4047	A4047	AlSi12	N2	—
7A01	LB1	—	—	7072	A7072	AlZn1	—	—

第三节　镁及镁合金

一、镁的物理性能和力学性能

镁的物理性能和力学性能见表 4-49。

表 4-49　镁的物理性能和力学性能(GB/T 3499—1995)

物 理 性 能				力 学 性 能	
项　目	数值	项　目	数值	项　目	数值
1. 密度 ρ(20℃) (g/cm^3)	1.738	4. 熔化热/(kJ/mol)	8.71	1. 抗拉强度 σ_b/MPa	165～205
2. 熔点/℃	650	5. 汽化热/(kJ/mol)	134.0	2. 屈服强度 $\sigma_{0.2}$/MPa	69～105
3. 沸点/℃	1107	6. 比热容 c(20℃)/ [J/(kg·K)]	102.5	3. 断后伸长度 δ(%)	5～8

续表

物 理 性 能						力 学 性 能	
项　目	数值	项　目	数值			项　目	数值
7. 线胀系数 $\alpha_L/(10^{-6}/K)$	25.2	9. 电阻率 $\rho/(n\Omega \cdot m)$	44.5			4. 硬度 HBS	35
8. 热导率 $\lambda/[W/(m \cdot K)]$	155.5	10. 电导率 k（%IACS）	38.6			5. 弹性模量（拉伸）E/GPa	44

二、重熔用镁锭的牌号和化学成分表

重熔用镁锭的牌号和化学成分表 4-50。

表 4-50　重熔用镁锭的牌号和化学成分

级别	牌　号	化学成分（质量分数）（%）									
		$\geqslant$Mg	杂　质　元　素 $\leqslant$								
			Ni	Si	Fe	Cu	Mn	Al	Cl	Ti	总和
特级	Mg99.96	99.96	0.0002	0.004	0.004	0.002	0.003	0.006	0.003	—	0.04
一级	Mg99.95	99.95	0.0007	0.005	0.004	0.003	0.01	0.006	0.003	0.014	0.05
二级	Mg99.90	99.90	0.001	0.01	0.04	0.004	0.03	0.02	0.005	—	0.10
三级	Mg99.80	99.80	0.002	0.03	0.05	0.02	0.06	0.05	0.005	—	0.20

注：1. 适用范围：适用于熔盐电解法和硅热法生产的镁锭。

2. 杂质 Na 和 K 的含量不包括在规定杂质总和内，但生产单位应保证所有牌号的镁中含 ω_{Na} 不大于 0.01%，ω_K 不大于 0.005%。

3. ω_{Mg} 以 100.00% 减规定杂质总和来决定。

4. 未作规定的其他单项杂质元素（不包括保证元素）含量大于 0.010% 时，应计入杂质总和。但供方可不做常规分析。

5. 如有特殊要求，由供需双方另行协议。

6. 特级品和一级品镁锭为不镀膜的镁锭。二级品和三级品镁原则上为镀膜镁锭，镁锭表面用重铬酸钾溶液进行防蚀处理，表面为氧化色。

三、铸造镁合金的牌号和化学成分

铸造镁合金的牌号和化学成分见表 4-51。

表 4-51 铸造镁合金的牌号和化学成分(GB/T 1177—1991)

合金牌号	合金代号	化学成分(质量分数)(%)										
		RE	Mn	Zr	Zn	Si	Ag	Al	Ni	Fe	Cu	杂质总和
ZMgZn5Zr	ZM1	—	—	0.5~1.0	3.5~5.5				0.01	—	0.10	0.30
ZMgZn4RE1Zr	ZM2	0.75②~1.75	—	0.5~1.0	3.5~5.0				0.01	—	0.10	0.30
ZMgRE3ZnZr	ZM3	2.5②~4.0	—	0.4~1.0	0.2~0.7				0.01	—	0.10	0.30
ZMgRE3Zn2Zr	ZM4	2.5②~4.0	—	0.5~1.0	2.0~3.0				0.01	—	0.10	0.30
ZMgAl8Zn	ZM5	—	0.15~0.5		0.2~0.8	0.30		7.5~9.0	0.01	0.50	0.20	0.50
ZMgRE2ZnZr	ZM6	2.0③~2.8	—	0.4~1.0	0.2~0.7				0.01	—	0.10	0.30
ZMgZn8AgZr	ZM7	—	—	0.5~1.0	7.5~9.0		0.6~1.2		0.01	—	0.10	0.30
ZMgAl10Zn	ZM10	—	0.1~0.5		0.6~1.2	0.30		9.0~10.2	0.01	0.50	0.20	0.50

注:表中有上、下限数值的为主要组元,只有一个数值的为非主要组元所允许的上限含量。

①合金可加入铍,其含量 ω_{Be} 不大于 0.002%。

②含铈量 ω_{Ce} 不小于 45% 的铈混合稀土金属,其中稀土金属总量 ω_{RE} 不小于 98%。

③含钕量 ω_{Nd} 不小于 85% 的钕混合稀土金属,其中 $\omega_{(Nd+Pr)}$ 不小于 95%。

四、铸造镁合金的力学性能

铸造镁合金的力学性能见表 4-52。

表 4-52 铸造镁合金的力学性能

合金牌号	合金代号	热处理状态	抗拉强度 σ_b/MPa	屈服强度 $\sigma_{0.2}$/MPa	伸长度 δ_5(%)
			≥		
ZMgZn5Zr	ZM1	T1	235	140	5
ZMgZn4RE1Zr	ZM2	T1	200	135	2

续表

合金牌号	合金代号	热处理状态	抗拉强度 σ_b/MPa	屈服强度 $\sigma_{0.2}$/MPa	伸长度 δ_5（％）
			≥		
ZMgRE3ZnZr	ZM3	F	120	85	1.5
		T2	120	85	1.5
ZMgRE3Zn2Zr	ZM4	T1	140	95	2
ZMgAl8Zn	ZM5	F	145	75	2
		T4	230	75	6
ZMgAl8Zn	ZM5	T6	230	100	2
ZMgRE2ZnZr	ZM6	T6	230	135	3
ZMgZn8AgZr	ZM7	T4	265	—	6
		T6	275	—	4
ZMgAl10Zn	ZM10	F	145	85	1
		T4	230	85	4
		T6	230	130	1

注：热处理状态代号：F—铸态；T1—人工时效；T2—退火；T4—固溶处理；T6—固熔处理加完全人工时效。

五、铸造镁合金的特性和应用

铸造镁合金的特性和应用见表4-53。

表 4-53　铸造镁合金的特性和应用

合金代号	主要特性	应用举例
ZM1	铸造流动性好，抗拉强度和屈服强度较高，力学性能壁厚效应较小，抗蚀性良好，但热裂倾向大故不宜焊接	适于形状简单的受力零件，如飞机轮毂
ZM2	耐腐蚀性与高温力学性能良好，但常温时力学性能比 ZM1 低，铸造性能良好，缩松和热裂倾向小，可焊接	可用于 200℃ 以下工作而要求强度高的零件，如发动机各类机匣、整流舱、电机壳体等
ZM3	属耐热镁合金，在 200～250℃ 下高温持久和抗蠕变性能良好，有较好的抗蚀性和焊接性，铸造性能一般，对形状复杂零件有热裂倾向	航空工业中应用历史较久，可用于 250℃ 下工作且气密性要求高的零件，如压气机机匣、离心机匣、附件机匣、燃烧室罩等

合金代号	主要特性	应用举例
ZM4	铸件致密性高,热裂倾向小,无显微疏松倾向,可焊性好,但室温强度低于其他各系合金	适于制造室温下要求气密或在150～250℃下工作的发动机附件和仪表壳体、机匣等
ZM5	属于高强铸造镁合金,强度高、塑性好,易于铸造,可焊接,也能抗蚀,但有显微疏松和壁厚效应倾向	广泛用于飞机上的翼肋、发动机和附件上各种机匣等零件,导弹上作副油箱挂架、支臂、支座等
ZM6	具有良好铸造性能、显微疏松和热裂倾向低,气密性好,在250℃以下综合性能优于ZM3、ZM4,铸件不同壁厚力学性能均匀	可用于飞机受力构件,发动机各种机匣与壳体,已在直升机上用于减速机匣、机翼翼肋等处
ZM7	室温下拉伸强度、屈服极限和疲劳极限均很高,塑性好,铸造充型性良好,但有较大疏松倾向,不宜作耐压零件,此外,焊接性能也差	可用于飞机轮毂及形状简单的各种受力构件
ZM10	铝量高,耐蚀性好,对显微疏松敏感,宜压铸	一般要求的铸件

六、铸造镁合金的中外牌号对照

铸造镁合金的中外牌号对照见表4-54。

表4-54　铸造镁合金的中外牌号对照

中国 GB/T 1117	国际标准 ISO	俄罗斯 rOCT	美国 ASTM	日本 JIS	德国 DIN	英国 BS	法国 NF
ZM1	—	MJI12	ZK51A	MC6	—	MAG4	
ZM2	—	MJI15	ZE41A	—	G-MgZn4Se1Zr1	MAG5	531G-Z4TV
ZM3	—	MJI11	EK41A	—		MAG6	
ZM4	Mg-RE3Zn2Zr	—	EZ33A	—	G-MgRE3Zn2Zr1 (ZRE1)	MAG6 (ZRE1) 2L126	G-TR3Z2Zr G-Tr3Zr
ZM5	Mg-Al8Zn Mg-Al9Zn	MJI15	AZ81A AZ91C	MC2	G-MgAl8Zn1 (AZ81) G-MgAl9Zn1 (AZ91)	MAG1 3L112	G-A8Z G-A9Z

中国 GB/T 1117	国际标准 ISO	俄罗斯 rOCT	美国 ASTM	日本 JIS	德国 DIN	英国 BS	法国 NF
ZM6	—	MJI16	—	—	—	—	—
ZM7	—	—	—	—	—	—	
ZM10	Mg-Al9Zn	MJI10	AM100A		G-MgAl9Zn1 （AZ91）	MAG3 3L125	G-A9Z

七、加工镁及镁合金的牌号和化学成分

加工镁及镁合金的牌号和化学成分(GB/T 5153—1985)见表4-55。

表 4-55 加工镁及镁合金的牌号和化学成分

合金名称	合金牌号	元素含量(质量分数)(%)											
		Zn	Mn	Al	Ce	Zr	Cu	Ni	Si	Fe	Be	其他杂质总和	Mg
一号纯镁	Mg1	—	—	—	—	—	—	—	—	—	—	—	99.50
二号纯镁	Mg2	—	—	—	—	—	—	—	—	—	—	—	99.00
一号镁合金	MB1	0.30	1.3~2.5	0.20	—		0.05	0.007	0.10	0.05	0.01	0.20	余量
二号镁合金	MB2	0.20~0.8	0.15~0.50	3.0~4.0	—		0.05	0.005	0.10	0.05	0.01	0.30	余量
三号镁合金	MB3	0.8~1.4	0.30~0.60	3.7~4.7	—		0.05	0.005	0.10	0.05	0.01	0.30	余量
五号镁合金	MB5	0.50~1.5	0.15~0.50	5.5~7.0	—		0.05	0.005	0.10	0.05	0.01	0.30	余量
六号镁合金	MB6	2.0~3.0	0.20~0.50	5.0~7.0	—		0.05	0.005	0.10	0.05	0.01	0.30	余量
七号镁合金	MB7	0.20~0.8	0.15~0.50	7.8~9.2	—		0.05	0.005	0.10	0.05	0.01	0.30	余量
八号镁合金	MB8	0.30	1.3~2.2	0.20	0.15~0.35		0.05	0.007	0.10	0.05	0.01	0.30	余量
十五号镁合金	MB15	5.0~6.0	0.10	0.05		0.30~0.9	0.05	0.005	0.05	0.05	0.01	0.30	余量

注：1.纯镁 Mg 含量＝100%－(Fe+Si)%－(含量大于 0.01%的其他杂质之和)。

2.镁合金栏中，只有一个数值的为杂质元素上限含量。

八、加工镁产品的力学性能

加工镁产品的力学性能见表 4-56。

表 4-56　加工镁产品的力学性能

合金牌号	状态	板材厚度/mm	抗拉强度 σ_b/MPa	屈服强度 $\sigma_{0.2}$		伸长率 δ_5(%)
				拉伸	压缩	
				MPa		
				$\geqslant$		
1.热轧镁合金厚板的室温纵、横向力学性能						
MB1	R	12.0~20.0	185	98	—	4
		22.0~32.0	175	108	—	4
MB2	R	12.0~20.0	225	135	—	8
		22.0~32.0	225	135	68.7	8
MB3	R	12.0~20.0	245	145	—	6
		22.0~32.0	245	135	78.5	10
MB8	R	12.0~20.0	205	108	—	10
		22.0~32.0	205	108	68.7	7
		34.0~70.0	195	88	49.0	6
2.冷轧镁合金薄板的室温纵向力学性能						
MB1	M	0.8~3.0	185	108		6
		3.5~5.0	175	98		5
		6.0~10.0	165	88		5
MB2	M	0.8~3.0	235	128		12
		3.5~10.0	225	118		12
MB3	M	0.8~3.0	245	145		12
		3.5~5.0	235	135		12
		6.0~10.0	235	135		10
MB8	M	0.8~3.0	225	118		12
		3.5~5.0	215	108		10
		6.0~10.0	215	108		10
MB8	Y_2	0.8~3.0	245	155		8
		3.5~5.0	235	135		7
		6.0~10.0	235	135		6

注:化学成分应符合 GB/T 5153 的规定。

九、镁合金热挤压棒的力学性能

镁合金热挤压棒的力学性能见表 4-57。

表 4-57 镁合金热挤压棒的力学性能

合金牌号	状态	棒材厚度/mm	抗拉强度 σ_b/MPa	屈服强度 $\sigma_{0.2}$/MPa	伸长度 δ_5(%)
			$\geqslant$		
MB2	R	8～100	245	—	6
		＞100～130	245	—	5
MB8	R	8～50	215	—	4
		＞50～100	205	—	3
		＞100～130	195	—	2
MB10	S	8～100	315	245	6
		＞100～130	305	235	6

注：直径＞130mm 的棒材，力学性能由双方议定。

第四节 钛及钛合金

一、钛的物理性能和力学性能

钛的物理性能和力学性能见表 4-58。

表 4-58 钛的物理性能和力学性能

物理性能		物理性能		力学性能	
项 目	数值	项 目	数值	项 目	数值
1. 密度 ρ(20℃)(g/cm³)	4.507	6. 比热容 c(20℃)/[J/(kg·K)]	522.3	1. 抗拉强度 σ_b/MPa	235
2. 熔点/℃	1668±10	7. 线胀系数 α_L/(10^{-6}/K)	10.2	2. 屈服强度 $\sigma_{0.2}$/MPa	140
3. 沸点/℃	3260	8. 热导率 λ/[W/(m·K)]	11.4	3. 断后伸长度 δ(%)	54
4. 熔化热/(kJ/mol)	18.8①	9. 电阻率 ρ/(nΩ·m)	420	4. 硬度 HBS	60～74
5. 汽化热/(kJ/mol)	425.8	10. 电导率 k(% IACS)	—	5. 弹性模量(拉伸)E/GPa	106

659

二、铸造钛及钛合金的牌号和化学成分

铸造钛及钛合金的牌号和化学成分见表 4-59。

表 4-59　铸造钛及钛合金的牌号和化学成分

铸造钛及钛合金		化学成分（质量分数）（%）													
		主要成分						杂质≤							
牌号	代号	Ti	Al	Sn	Mo	V	Nb	Fe	Si	C	N	H	O	其他元素	
														单个	总和
ZTi1	ZTA1	基	—	—	—	—	—	0.25	0.10	0.10	0.03	0.015	0.25	0.10	0.40
ZTi2	ZTA2	基	—	—	—	—	—	0.30	0.15	0.10	0.05	0.015	0.35	0.10	0.40
ZTi3	ZTA3	基	—	—	—	—	—	0.40	0.15	0.10	0.05	0.015	0.40	0.10	0.40
ZTiAl4	ZTA5	基	3.3~4.7	—	—	—	—	0.30	0.15	0.10	0.04	0.015	0.20	0.10	0.40
ZTiAl5Sn2.5	ZTA7	基	4.0~6.0	2.0~3.0	—	—	—	0.50	0.15	0.10	0.05	0.015	0.20	0.10	0.40
ZTiMo32	ZTB32	基	—	—	30~34.0	—	—	0.15	0.10	0.05	0.05	0.015	0.15	0.10	0.40
ZTiAl6V4	ZTC4	基	5.5~6.8	—	—	3.5~4.5	—	0.40	0.15	0.10	0.05	0.015	0.25	0.10	0.40
ZTiAl6Sn4.5 Nb2Mo1.5	ZTC21	基	5.5~6.5	4.0~5.0	1.0~2.0	—	1.5~2.0	0.30	0.15	0.10	0.05	0.015	0.20	0.10	0.40

三、铸造钛及钛合金的中外牌号对照

铸造钛及钛合金的中外牌号对照见表 4-60。

表 4-60　铸造钛及钛合金的中外牌号对照

中国 GB/T 15073	国家标准 ISO	前苏联 гOCT	美国 ASTM	日本 JIS	德国 DIN
ZTA1	—	BT1Л	C-1 级	KS50-C	G-T199.2
ZTA2	—	—	C-2 级	KS50-LFC	G-T199.4
ZTA3	—	—	C-3 级	KS70-C	G-T199.5
ZTA5	—	BT5Л	—	—	—
ZTA7	—	—	C-6 级	KS115AS-C	G-TiAl5Sn2.5

续表

中国 GB/T 15073	国家标准 ISO	前苏联 гОСТ	美国 ASTM	日本 JIS	德国 DIN
ZTB32	—				
ZTC4	—	BT6Л	C-5 级	KS130AV-C	G-TiAl6V4
ZTC21	—				

四、钛及钛合金铸件的力学性能

钛及钛合金铸件的力学性能见表 4-61。

表 4-61　钛及钛合金铸件的力学性能

牌　号	代号	抗拉强度 σ_b/MPa $\geqslant$	规定残余伸长应力 $\sigma_{0.2}$/MPa $\geqslant$	伸长率 δ_s(%) $\geqslant$	硬度 HBS $\leqslant$
ZTi1	ZTA1	345	275	20	210
ZTi2	ZTA2	440	370	13	235
ZTi3	ZTA3	540	470	12	245
ZTiAl4	ZTA4	590	490	10	270
ZTiAl5Sn2.5	ZTA7	795	725	8	335
ZTiAl6V4	ZTC4	895	825	6	365
ZTiMo32	ZTB32	795	—	2	260
ZTiAl6Sn4.5Nb2Mo1.5	ZTC21	980	850	5	350

注：1. 铸件几何形状和尺寸应符合铸件图样或订货协议的规定。

2. 铸件尺寸公差应符合 GB/T 6414 的规定，一般应不低于 CT11 级。如有特殊要求，由双方协商确定，并在合同中注明。

五、加工钛及钛合金的牌号和化学成分

加工钛及钛合金的牌号和化学成分见表 4-62。

表 4-62　加工钛及钛合金的牌号和化学成分 (GB/T3620.1—1994)

合金牌号	化学成分组	化学成分（质量分数）(%) 主要成分															杂质≤					其他元素	
		Ti	Al	Sn	Mo	V	Cr	Fe	Mn	Zr	Pd	Ni	Cu	Nb	Si	B	Fe	C	N	H	O	单一	总和
TAD	碘法钛	余量	—	—	—	—	—	—	—	—	—	—	—	—	—	—	0.03	0.03	0.01	0.015	0.05	—	—
TA0	工业纯钛	余量	—	—	—	—	—	—	—	—	—	—	—	—	—	—	0.15	0.10	0.03	0.015	0.15	0.1	0.4
TA1	工业纯钛	余量	—	—	—	—	—	—	—	—	—	—	—	—	—	—	0.25	0.10	0.03	0.015	0.20	0.1	0.4
TA2	工业纯钛	余量	—	—	—	—	—	—	—	—	—	—	—	—	—	—	0.30	0.10	0.05	0.015	0.25	0.1	0.4
TA3	工业纯钛	余量	—	—	—	—	—	—	—	—	—	—	—	—	—	—	0.40	0.10	0.05	0.015	0.30	0.1	0.4
TA4	Ti-3Al	余量	2.0~3.3	—	—	—	—	—	—	—	—	—	—	—	—	—	0.30	0.10	0.05	0.015	0.15	0.1	0.4
TA5	Ti-4Al-0.005B	余量	3.3~4.7	—	—	—	—	—	—	—	—	—	—	—	—	0.005	0.30	0.10	0.04	0.015	0.15	0.1	0.4
TA6	Ti-5Al	余量	4.0~5.5	—	—	—	—	—	—	—	—	—	—	—	—	—	0.30	0.10	0.05	0.015	0.20	0.1	0.4
TA7	Ti-5Al-2.5Sn	余量	4.0~6.0	2.0~3.0	—	—	—	—	—	—	—	—	—	—	—	—	0.50	0.10	0.05	0.015	0.12	0.1	0.4
TA7 EL1	Ti-5Al-2.5Sn(EL1)	余量	4.5~5.7	2.0~3.0	—	—	—	—	—	—	—	—	—	—	—	—	0.25	0.05	0.035	0.0125	0.20	0.05	0.3

续表

合金牌号	化学成分组	主要成分 Ti	Al	Sn	Mo	V	Cr	Fe	Mn	Zr	Pd	Ni	Cu	Nb	Si	B	杂质≤ Fe	C	N	H	O	其他元素 单一	其他元素 总和
TA9	Ti-0.2Pd	余量	—								0.12~0.25						0.25	0.10	0.03	0.015	0.25	0.1	0.4
TA10	Ti-0.3Mo-0.8Ni	余量	—		0.2~0.4							0.6~0.9					0.30	0.08	0.03	0.015	0.15	0.1	0.4
TB2	Ti-5Mo-5V-8Cr-3Al	余量	—		4.7~5.7	4.7~5.7	4.7~5.7										0.30	0.50	0.04	0.015		0.1	0.4
TB3	Ti-3.5Al-10Mo-8V-1Fe	余量	2.7~3.7		9.5~11.0	7.5~8.5		0.8~1.2									—	0.05	0.04	0.015	0.15	0.1	0.4
TB4	Ti-4Al-7Mo-10V-2Fe-1Zr	余量	3.0~4.5		6.0~7.8	9.0~10.5		1.5~2.5		0.5~1.5							—	0.05	0.04	0.015	0.20	0.1	0.4
TC1	Ti-2Al-1.5Mn	余量	1.0~2.5						0.7~2.0								0.30	0.10	0.05	0.012	0.15	0.1	0.4
TC2	Ti-4Al-1.5Mn	余量	3.5~5.0						0.8~2.0								0.30	0.10	0.05	0.012	0.15	0.1	0.4

化学成分（质量分数）(%)

续表

合金牌号	化学成分组	主要成分 化学成分(质量分数)(%)														杂质≤					其他元素	
		Ti	Al	Sn	Mo	V	Cr	Fe	Mn	Zr	Pd	Ni	Cu	Nb	Si	B	Fe	C	N	H	O	单	总和
TC3	Ti-5Al-4V	余量	4.5~6.0	—	—	3.5~4.5	—	—	—	—	—	—	—	—	—	—	0.30				0.15	0.1	0.4
TC4	Ti-6Al-4V	余量	5.5~6.8	—	—	3.5~4.5	—	—	—	—	—	—	—	—	—	0.30	0.10	0.05	0.015	0.20	0.1	0.4
TC6	Ti-6Al-1.5Cr-2.5Mo-2.5Fe-0.3Si	余量	5.5~7.0	—	2.0~3.0	—	0.8~2.3	0.2~0.7	—	—	—	—	—	—	0.15~0.40	—	—	0.10	0.05	0.015	0.18	0.1	0.4
TC9	Ti-6.5Al-3.5Mo-2.5Sn-0.3Si	余量	5.8~7.0	1.8~2.8	2.8~3.8	—	—	—	—	—	—	—	—	—	0.2~0.4	—	0.40	0.10	0.05	0.015	0.15	0.1	0.4
TC10	Ti-6Al-6V-2Sn-0.5Cu-0.5Fe	余量	5.5~6.5	1.5~2.5	—	5.5~6.5	—	0.35~1.0	—	—	—	—	0.35~1.0	—	—	—	—	0.10	0.04	0.015	0.20	0.1	0.4
TC11	Ti-6.5Al-3.5Mo-1.5Zr-0.3Si	余量	5.8~7.0	—	2.8~3.8	—	—	—	—	0.8~2.0	—	—	—	—	0.20~0.35	—	0.25	0.10	0.05	0.012	0.51	0.1	0.4
TC12	Ti-5Al-4Mb-4Cr-2Zr-2Sn-1Nb	余量	4.5~5.5	1.5~2.5	3.5~4.5	—	3.5~4.5	—	—	1.5~3.0	—	—	—	0.5~1.5	—	—	0.30	0.10	0.05	0.015	0.20	0.1	0.4

注:"ELI"表示为超低间隙。

664

六、加工钛及钛合金的特性和应用

加工钛及钛合金的特性和应用见表 4-63。

表 4-63　加工钛及钛合金的特性和应用

组别	牌号	主要特性	应用举例
碘法钛	TAD	这是以碘化物法所获得的高纯度钛,故称碘法钛,或称化学纯钛。但其中仍含有氧、氮、碳这类间隙杂质元素,它们对纯钛的力学性能影响很大。随着钛的纯度提高,钛的强度、硬度明显下降;故其特点是化学稳定性好,但强度很低	由于高纯度钛的强度较低,因此,它作为基本结构材料应用意义不大,故在工业中很少使用。目前在工业中广泛使用的是工业纯钛和钛合金
工业纯钛	TA1 TA2 TA3	工业纯钛与化学纯钛的不同之处是,它含有较多量的氧、氮、碳及多种其他杂质元素(如铁、硅等),它实质上是一种低合金含量的钛合金。与化学纯钛相比,由于含有较多的杂质元素后其强度大大提高,它的力学性能和化学性能与不锈钢相似(但和钛合金比,强度仍然较低)。 　　工业纯钛的特点是:强度不高,但塑性好,易于加工成型、冲压、焊接、可加工性能良好;在大气、海水、湿氯气及氧化性、中性、弱还原性介质中具有良好的耐蚀性;抗氧化性优于大多数奥氏体不锈钢;但耐热性较差,使用温度不宜太高。 　　工业纯钛按其杂质含量的不同,分为 TA1、TA2 和 TA3 三个牌号。这三种工业纯钛的间隙杂质元素是逐渐增加的,故其机械强度和硬度也随也逐级增加,但塑性、韧性相应下降。 　　工业上常用的工业纯钛是 TA2,因其耐蚀性能和综合力学性能适中,对耐磨和强度要求较高时可采用 TA3。对要求较好的成形性能时可采用 TA1	主要用作工作温度 350℃以下,受力不大但要求高塑性的冲压和耐蚀结构零件,例如:飞机的骨架、蒙皮、发动机附件;船舶用耐海水腐蚀的管道、阀门、泵及水翼、海水淡化系统零部件,化工上的热交换器、泵体、蒸馏塔、冷却器、搅拌器、三通、叶轮、紧固件、离子泵、压缩机气阀以及柴油发动机活塞、连杆、叶簧等。 　　TA1、TA2 在铁含量 ω_{Fe} 为 0.095%、氧含量 ω_o 为 0.08%、氢含量 ω_H 为 0.0009%、氮含量 ω_N 为 0.0062% 时,具有很好的低温韧性和高的低温强度,可用作 −253℃ 以下的低温结构材料

组别	牌号	主要特性	应用举例
α 型 钛合金	TA4	这类合金在室温和使用温度下呈 α 型单相状态,不能热处理强化(退火是唯一的热处理形式),主要依靠固熔强化。室温强度一般不低于 β 型和 α+β 型钛合金(但高于工业纯钛),而在高温(500~600℃)下的强度和蠕变强度却是三类钛合金中最高的;且组织稳定,抗氧化性焊接性能好,耐蚀性和可切削加工性能也较好,但塑性低(热塑性仍然良好),室温冲压性能差。其中使用最广的是 TA7,它在退火状态下具有中等强度和足够的塑性,焊接性良好,可在 500℃以下使用;当其间隙杂质元素(氧、氢、氮等)含量极低时,在超低温时还具有良好的韧性和综合力学性能,是优良的超低合金之一	抗拉强度比工业纯钛稍高,可做中等强度的结构材料,国内主要用作焊丝
	TA5 TA6		用于 400℃以下的腐蚀介质中工作的零件及焊接件,如飞机蒙皮、内架零件、压气机壳体、叶片、船舶零件等
	TA7		500℃以下长期工作的结构件和各种模锻件,短时使用可到 900℃。亦可用作超低温(-253℃)部件(如超低温用的容器)
β 型 钛合金	TB2	这类合金的主要合金元素是钼、铬、钒等 β 稳定化元素,在正火或淬火时很容易将高温 β 相保留到室温,获得介稳定的 β 单相组织,故称 β 型钛合金。 β 型钛合金可热处理强化,有较高的强度,焊接性能和压力加工性能良好,但性能不够稳定,熔炼工艺复杂,故应用不如 α 型、α+β 型钛合金广泛	350℃以下工作的零件,主要用于制造各种整体热处理(固溶、时效)的板材冲压件和焊接件;如压气机叶片、轮盘、轴类等重载荷旋转件,以及飞机的构件等。 TB2 合金一般在固熔处理状态下交货,在固熔、时效后使用
α+β 型钛合金	TC1 TC2	这类合金在室温呈 α+β 两相组织,因而得名为 α+β 型钛合金。它具有良好的综合力学性能,大都可热处理强化(但 TC1、TC2、TC7 不能热处理强化),锻造、冲压及焊接性能均较好,可切削加工;室温强度高,150~500℃以下具有较好的耐热性;有的(如 TC1、TC2、TC3、TC4)并有良好的低温韧性和良好的抗海水应力腐蚀及抗热盐应力腐蚀能力;缺点是组织不够稳定	400℃以下工作的冲压件,焊接件以及模锻件和弯曲加工的各种零件。这两种合金还可用作低温结构材料
	TC3 TC4		400℃以下长期工作的零件,结构用的锻件,各种容器、泵、低温部件,船舰耐压壳体、坦克履带等。强度比 TC1、TC2 高

续表

组别	牌号	主要特性	应用举例
α+β 型钛合金	TC6	这类合金以 TC4 应用最为广泛，用量约占现有钛合金生产量的一半。该合金不仅具有良好的室温、高温和低温力学性能，具在多种介质中具有优异的耐蚀性，同时可焊接、冷热成形，并可通过热处理强化；因而在宇航、船舰、兵器以及化工等工业部门均获得广泛应用	可在 450℃ 以下使用，主要用作飞机发动机结构材料
	TC9		500℃ 以下长期工作的零件，主要用在飞机喷气发动机的压气机盘和叶片上
	TC10		450℃ 以下长期工作的零件，如飞机结构零件、起落支架、蜂窝联结件、导弹发动机外壳、武器结构件等

七、加工钛及钛合金的中外牌号对照

加工钛及钛合金的中外牌号对照见表 4-64。

表 4-64　加工钛及钛合金的中外牌号对照

中国 GB/T 3620.1	国际标准 ISO	俄罗斯 гOCT	美国 ASTM	日本 JIS	德国 DIN	英国 BS	法国 NF
TA1	Grade1	BT10	Grade1	1 级	3.7035(Ti2)	—	—
TA2	Grade2	—	Grade2	2 级	3.7055(Ti3)	—	—
TA3	Grade3	—	Grade3	3 级	3.7065(Ti4)	—	—
TA6	—	BT5	—		—	—	—
TA7	—	BT5-1	Grade6	—	TiAl5Sn2 (TIAL5S2.5)	—	—
TA7(EL1)	—	—	—	—	—	—	—
TC1	—	OT4-1	—	—	—	—	—
TC2	—	OT4	—				
TC4	Ti-6Al-4V	BT6	Grade5	—	TiAl6V4	(Ti-6Al-4V)	(TA6V)
TC6	—	BT3-1					
TC10	—	—	—	—	(TiAl6V6Sn2)	—	—
TC11	—	BT9					

注：括号中的牌号是新标准草案规定的。

八、钛及钛合金板材的横向室温力学性能

钛及钛合金板材的横向室温力学性能见表4-65。

表 4-65　钛及钛合金板材的横向室温力学性能（GB/T 3621—2007）

牌号	状态	板材厚度/mm	室温力学性能		
			抗拉强度 σ_b/MPa	规定残余伸长应力 $\sigma_{0.2}$/MPa	伸长率 δ_s（%）
TA0	M	0.3～2.0	280～420	170	45
		2.1～5.0			30
		5.1～10.0			30
TA1	M	0.3～2.0	370～530	250	40
		2.1～5.0			30
		5.1～10.0			30
TA2	M	0.3～1.0	440～620	320	35
		1.1～2.0			30
		2.1～5.0			25
		5.1～10.0			25
		10.1～25.0			20
TA3	M	0.3～1.0	540～720	410	30
		1.1～2.0			25
		2.1～5.0			20
		5.1～10.0			20
TA5	M	0.3～1.0	685	585	20
		1.1～2.0			15
		2.1～5.0			12
		5.1～10.0			12
TA6	M	0.8～1.5	685	—	20
		1.6～2.0			15
		2.1～5.0			12
		5.1～10.0			12

牌号	状态	板材厚度/mm	室温力学性能		
			抗拉强度 σ_b/MPa	规定残余伸长应力 $\sigma_{0.2}$/MPa	伸长率 δ_s(%)
TA7	M	0.8～1.5	735～930	685	20
		1.6～2.0			15
		2.1～5.0			12
		5.1～10.0			12
TA9	M	0.8～2.0	370～530	250	30
		2.1～5.0			25
		5.1～10.0			25
TA10	M	2.0～5.0	485	345	20
		5.1～10.0			15
TB2	C	1.0～3.5	≤980	—	20
	CS		1320		8
TC1	M	0.5～1.0	590～735	—	25
		1.1～2.0			25
		2.1～5.0			20
		5.1～10.0			20
TC2	M	0.5～1.0	685	—	25
		1.1～2.0			15
		2.1～5.0			12
		5.1～10.0			12
TC3	M	0.8～2.0	880	—	12
		2.1～5.0			10
		5.1～10.0			10
TC4	M	0.8～2.0	895	830	12
		2.1～5.0			10
		5.1～10.0			10

注:1."CS"表示"淬火时效"状态。

2.当需方要求并在合同中注明时,可测定板材纵向室温力学性能,并应符合表中的规定。

九、钛及钛合金板材的高温力学性能

钛及钛合金板材的高温力学性能见表 4-66。

表 4-66　钛及钛合金板材的高温力学性能

合金牌号	试验温度/mm	高温力学性能	
		抗拉强度 σ_b/MPa	持久强度 σ_{100h}^0/MPa
TA6	350	420	390
	500	340	195
TA7	350	490	440
	500	440	195
TC1	350	340	320
	400	310	295
TC2	350	420	390
	400	390	360
TC3、TC4	400	590	540
	500	440	195

注：1. 当需方要求并在合同中注明时，板材的高温力学性能应符合本表的规定。试验温度应在合同中注明。

2. 表 4-65 中未列入的其他规格的板材，以及 R、Y 状态交货的板材，需方要求在合同中注明时，其室温、高温力学性能报实测数据。

十、重要用途的 TA7 钛合金板材的室温力学性能

重要用途的 TA7 钛合金板材的室温力学性能见表 4-67。

表 4-67　重要用途的 TA7 钛合金板材的室温力学性能

板材名义厚度/mm	室温性能≥			
	抗拉强度 σ_b/MPa	屈服强度 $\sigma_{0.2}$/MPa	伸长率 δ_s(%)	弯曲角 α/(°)
0.8～1.5	765	685	20	50
1.6～2.0			15	
2.1～10.0			12	40

注：采用 15 mm 宽的试样，弯心直径为板材厚度的 3 倍，弯曲至表中规定的角度后，试样弯曲处的外表面和侧面应完好。

十一、重要用途的 TA7 钛合金板材的高温力学性能

重要用途的 TA7 钛合金板材的高温力学性能见表 4-68。

表 4-68　重要用途的 TA7 钛合金板材的高温力学性能

试验温度	高温力学性能≥	
	抗拉强度 σ_b/MPa	持久强度 σ_{100}/MPa
350℃	490	440
500℃	440	195

注:1.需方要求高温力学性能并在合同中注明时,方予以测定。

2.R、Y状态交货的板材,需方要求并在合同中注明时,提供试样热处理后的室温、高温实测数据,不做考核依据。试样的热处理制度:在空气中加热至(815±15)℃,保温(20±2)min、空冷并除鳞。

十二、重要用途的 TC4 钛合金板材的高温力学性能

重要用途的 TC4 钛合金板材的高温力学性能见表 4-69。

表 4-69　重要用途的 TC4 钛合金板材的高温力学性能

试验温度/℃	高温力学性能≥	
	抗拉强度 σ_b/MPa	持久强度 σ_{100}/MPa
400	590	540
500	440	195

注:1.需方要求高温力学性能并在合同中注明时方予以测定。

2.R、Y状态交货的板材,需方要求并在合同中注明时,提供试样热处理后的室温、高温实测数据,不做考核依据。试样的热处理制度:在空气中加热至(720±15)℃,保温(20±2)min、空冷或稍慢冷却并除鳞。

十三、钛及钛合金带材的纵向室温力学和工艺性能

钛及钛合金带材的纵向室温力学和工艺性能见表 4-70。

表 4-70　钛及钛合金带材的纵向室温力学和工艺性能

牌 号	状 态	板厚厚度/mm	室温力学性能				弯曲角
			抗拉强度 σ_b/MPa	规定残余伸长应力 $\sigma_{0.2}$/MPa	伸长率 δ_s(%)		α/(°)
					δ_5	δ_{50}	
TA0	M	0.3～<0.5	280～420	170	—	40	150
		0.5～2.0			45	—	
TA1	M	0.3～<0.5	370～530	250	—	35	150
		0.5～2.0			40	—	

牌 号	状态	板厚厚度/mm	室温力学性能					
			抗拉强度 σ_b/MPa	规定残余伸长应力 $\sigma_{0.2}$/MPa	伸长率 δ_s(%)		弯曲角 α/(°)	
					δ_5	δ_{50}		
TA2	M	0.3～<0.5	440～620	320	—	30	140	
		0.5～1.0			35	—		
		1.1～2.0			30	—		
TA9	M	0.3～<0.5	370～530	250	—	25	140	
		0.5～2.0			30	—		

十四、钛及钛合金管的力学性能表

钛及钛合金管的力学性能见表 4-71。

表 4-71 钛及钛合金管的力学性能表

牌号	状态	抗拉强度 σ_b/MPa	规定残余伸长应力 $\sigma_{r0.2}$/MPa	伸长率 δ $L_0=50mm$(%)
TA0	退火状态 (M)	280～420	≥170	≥24
TA1		370～530	≥250	≥20
TA2		440～620	≥320	≥18
TA9		370～530	≥250	≥20
TA10		≥440		≥18

注:规定残余伸长应力 $\sigma_{r0.2}$ 在需方要求并在合同中注明时方予测试。

十五、换热器及冷凝器用钛及钛合金管的力学性能

换热器及冷凝器用钛及钛合金管的力学性能见表 4-72。

表 4-72 换热器及冷凝器用钛及钛合金管的力学性能表

牌号	状态	抗拉强度 σ_b/MPa	规定残余伸长应力 $\sigma_{r0.2}$/MPa	伸长率 δ $L_0=50mm$(%)
TA0	退火状态 (M)	280～420	≥170	≥24
TA1		370～530	≥250	≥20
TA2		440～620	≥320	≥18
TA9		370～530	≥250	≥20
TA10		≥440	—	≥18

注:规定残余伸长应力 $\sigma_{r0.2}$ 在需方要求并在合同中注明时方予测试。

十六、钛及钛合金棒材的力学性能

钛及钛合金棒材的力学性能见表 4-73。

表 4-73　钛及钛合金棒材的力学性能

牌号	室温力学性能≥				
	抗拉强度 σ_b/MPa	规定残余伸长应力 $\sigma_{r0.2}$/MPa	伸长率 δ_s(%)	断面收缩率 ψ(%)	备　注
TA0	280	170	24	30	
TA1	370	250	20	30	
TA2	440	320	18	30	
TA3	450	410	15	25	

十七、钛及钛合金棒材的高温力学性能

钛及钛合金棒材的高温力学性能见表 4-74。

表 4-74　钛及钛合金棒材的高温力学性能

牌号	试验温度/℃	高温力学性能≥		
		抗拉强度 σ_b/MPa	持久强度/MPa	
			σ_{100h}	σ_{35h}
TA6	350	420	390	—
TA7	350	490	440	—
TC1	350	345	325	—
TC2	350	420	390	—
TC4	400	460	570	—
TC6	400	735	665	—
TC9	500	785	590	—
TC10	400	835	785	—
TC11	500	685	—	640
TC12	500	700	290	—

注：1. TC11 合金的持久强度满足不了本表要求时，允许再用 500℃ 的 100h 持久强度（σ_{100h}≥590MPa）进行检验，合格后该批棒材的持久强度亦为合格。

2. 当需方要求并在合同中注明时，方予测试高温力学性能。

十八、钛及钛合金丝的退火状态室温力学性能

钛及钛合金丝的退火状态室温力学性能见表 4-75。

表 4-75 钛及钛合金丝的退火状态室温力学性能

牌 号	室温力学性能≥	
	抗拉强度 σ_b/MPa	伸长率 δ_s(%)
TA0	280	20
TA1	370	18
TA2	440	15
TA3	540	15
TC4	895	10

十九、钛及钛合金饼和环的力学性能

钛及钛合金饼和环的力学性能见表 4-76。

表 4-76 钛及钛合金饼和环的力学性能

牌号	推荐热处理制度	截面积 /cm²	室温力学性能≥			
			抗拉强度 σ_b/MPa	规定残余伸长应力 $\sigma_{r0.2}$/MPa	伸长率 δ_s(%)	收缩率 ψ(%)
TA0			280	170	30	35
TA1	650～700℃,保温不少于 1h,空冷	≤100	370	250	20	
TA2			440	320	18	
TA3			540	410	15	30
TA9			370	250	20	
TA10			485	345	18	
TC4	700～800℃,保温不少于 1h,空冷		895	825	10	25

注:1. 力学性能在经热处理后的试样坯上测试。需要时,供方还可以适当选择和调整热处理制度,但必须在质量证明书中注明。

2. 表列规格以外的产品,需方要求测定室温力学性能时,指标应经双方协商并在合同中注明。

3. 需方要求测定 TC4 产品高温力学性能时,其试验温度及性能指标应经双方协商并在合同中注明。

第五节 镍及镍合金

一、镍的物理性能和力学性能

镍的物理性能和力学性能见表 4-77。

表 4-77　镍的物理性能和力学性能

物　理　性　能				力　学　性　能	
项　目	数值	项　目	数值	项　目	数值
1. 密度 ρ(20℃) （g/cm³）	8.902	6. 比热容 c(20℃)/ [J/(kg·K)]	471	1. 抗拉强度 σ_b/MPa	317
2. 熔点/℃	1453	7. 线胀系数 α_L/ $(10^{-6}/K)$	13.3	2. 屈服强度 $\sigma_{0.2}$/MPa	59
3. 沸点/℃	2730	8. 热导率 λ/[W/(m·K)]	82.9	3. 断后伸长度 δ(%)	30
4. 熔化热/(kJ/mol)	17.71	9. 电阻率 ρ/(nΩ·m)	68.44	4. 硬度 HBS	60～80
5. 汽化热/(kJ/mol)	374.3	10. 电导率 k （%IACS）	25.2	5. 弹性模量（拉伸） E/GPa	207

二、电解镍的牌号和化学成分

电解镍的牌号和化学成分（GB/T 6516—1997）见表 4-78。

表 4-78　电解镍的牌号和化学成分

牌　号			Ni9999	Ni9996	Ni9990	Ni9950	Ni9920
	镍和钴总量≥		99.99	99.96	99.9	99.5	99.2
	钴≤		0.005	0.02	0.08	0.15	0.50
化学 成分 （质量 分数） （%）	杂质 含量 ≤	C	0.005	0.01	0.01	0.02	0.01
		Si	0.001	0.002	0.002	—	—
		P	0.001	0.001	0.001	0.003	0.02
		S	0.001	0.001	0.001	0.003	0.02
		Fe	0.002	0.01	0.02	0.20	0.50
		Cu	0.0015	0.01	0.02	0.04	0.15
		Zn	0.001	0.0015	0.002	0.005	—
		As	0.0008	0.0008	0.001	0.002	—
		Cd	0.0003	0.0003	0.0008	0.002	—
		Sn	0.0003	0.0003	0.0008	0.0025	—
		Sb	0.0003	0.0003	0.0008	0.0025	—
		Pb	0.0003	0.001	0.001	0.002	0.005
		Bi	0.0003	0.0003	0.0008	0.0025	—
		Al	0.001	—	—	—	—
		Mn	0.001	—	—	—	—
		Mg	0.001	0.001	0.002	—	—

注：1. 经供需双方协商，并在合同中注明，电解镍也可剪切成片、条、块供应。

2. 用途：用于生产不锈钢、镍基合金、合金钢及电镀等。

三、加工镍及镍合金的牌号和化学成分

加工镍及镍合金的牌号和化学成分见表4-79。

表4-79　加工镍及镍合金的牌号和化学成分（GB/T5235—1985）

组别	牌号	代号	元素	化学成分（质量分数）（%）																	
---	---	---	---	Ni+Co	Cu	Si	Mn	C	Mg	O	S	P	Fe	Pb	Bi	As	Sb	Zn	Cd	Sn	杂质总和
纯镍	二号镍	N2	最小值	99.98	—	—	—	—	—	—	—	—	—	—	—	—	—	—	—	—	—
			最大值	—	0.001	0.003	0.002	0.005	0.003	—	0.001	0.001	0.001	0.0007	0.0003	0.001	0.0003	0.002	0.0003	0.001	0.02
	四号镍	N4	最小值	99.9	—	—	—	—	—	—	—	—	—	—	—	—	—	—	—	—	—
			最大值	—	0.015	0.03	0.002	0.01	0.01	—	0.001	0.001	0.04	0.001	0.001	0.001	0.001	0.005	0.001	0.001	0.1
	六号镍	N6	最小值	99.5	—	—	—	—	—	—	—	—	—	—	—	—	—	—	—	—	—
			最大值	—	0.06	0.10	0.05	0.10	0.10	—	0.005	0.002	0.10	0.002	0.002	0.002	0.002	0.007	0.002	0.002	0.5
	八号镍	N8	最小值	99.0	—	—	—	—	—	—	—	—	—	—	—	—	—	—	—	—	—
			最大值	—	—	0.15	0.20	0.20	0.10	—	0.015	—	0.30	—	—	—	—	—	—	—	—
	电真空镍	DN	最小值	99.35	—	—	—	—	—	—	—	—	—	—	—	—	—	—	—	—	—
			最大值	—	0.06	0.10	0.05	0.10	0.10	—	0.005	0.002	0.10	0.002	0.002	0.002	0.002	0.007	0.002	0.002	0.35
阳极镍	一号阳极镍	NY1	最小值	99.7	—	—	—	—	—	—	—	—	—	—	—	—	—	—	—	—	—
			最大值	—	0.1	0.10	0.02	0.02	0.10	—	0.005	—	0.10	—	—	—	—	—	—	—	0.3
	二号阳极镍	NY2	最小值	99.4	—	—	—	—	—	0.03	0.002	—	—	—	—	—	—	—	—	—	—
			最大值	—	0.10	0.10	—	—	—	0.3	0.01	—	0.10	—	—	—	—	—	—	—	0.6
	三号阳极镍	NY3	最小值	99.0	—	—	—	—	—	—	—	—	—	—	—	—	—	—	—	—	—
			最大值	—	0.15	0.2	0.1	0.1	0.10	—	0.005	—	0.25	—	—	—	—	—	—	—	1.0

续表

组别	牌号	代号	元素	化学成分（质量分数）（%）																	
				Ni+Co	Cu	Si	Mn	C	Mg	O	S	P	Fe	Pb	Bi	As	Sb	Zn	Cd	Sn	杂质总和
镍锰合金	3 镍锰合金	NMn3	最小值	余量	—	—	2.30	—	—	—	—	—	—	—	—	—	—	—	—	—	—
			最大值	余量	0.50	0.30	3.30	0.30	0.10	—	0.03	0.010	0.65	0.002	0.002	0.030	0.002	—	—	—	1.5
	5 镍锰合金	NMn5	最小值	余量	—	—	4.60	—	—	—	—	—	—	—	—	—	—	—	—	—	—
			最大值	余量	0.50	0.30	5.40	0.30	0.10	—	0.03	0.020	0.65	0.002	0.002	0.030	0.002	—	—	—	2.0
镍铜合金	40-2-1 镍铜合金	NCu 40-2-1	最小值	余量	38.0	—	1.25	—	—	—	—	—	0.2	—	—	—	—	—	—	—	—
			最大值	余量	42.0	0.15	2.25	0.30	—	—	0.02	0.005	1.0	0.006	—	—	—	—	—	—	0.6
	28-2.5-1.5 镍铜合金	NCu 28-2.5-1.5	最小值	余量	27.0	—	—	—	—	—	—	—	2.0	—	—	—	—	—	—	—	—
			最大值	余量	29.0	0.10	0.10	0.20	0.10	—	0.02	0.005	3.0	0.003	0.002	0.010	0.002	—	—	—	0.6

续表

组别	牌号	代号	元素	Ni+Co	Cu	Si	Mn	Al	C	Mg	S	P	Fe	Pb	Bi	As	Sb	Cd	Zn	Sn	W	Ca	Zr	Cr	Co	杂质总和
电子用镍合金	0.1 镍镁合金	NMg0.1	最小值	99.6	—	—	—	—	—	0.07	—	—	—	—	—	—	—	—	—	—	—	—	—	—	—	—
			最大值	—	0.05	0.02	0.05	—	0.05	0.15	0.005	0.002	0.07	0.002	0.002	0.002	0.002	0.002	0.007	0.002	—	—	—	—	—	0.40
	0.19 镍硅合金	NSi0.19	最小值	99.4	—	0.15	—	—	—	—	—	—	—	—	—	—	—	—	—	—	—	—	—	—	—	—
			最大值	—	0.05	0.25	0.05	—	0.10	0.05	0.005	0.002	0.07	0.002	0.002	0.002	0.002	0.002	0.007	0.002	—	—	—	—	—	0.50
	4-0.15 镍钨钙合金	NW4-0.15	最小值	余量	—	—	—	—	—	—	—	—	—	—	—	—	—	—	—	—	3.0	0.07	—	—	—	—
			最大值	余量	0.02	0.01	0.005	0.01	0.01	—	0.003	0.002	0.03	0.002	0.002	0.002	0.002	0.002	0.003	0.002	4.0	0.17	—	—	—	0.15
	4-0.1 镍钨钙合金	NW4-0.1	最小值	余量	—	—	—	—	—	—	—	—	—	—	—	—	—	—	—	—	3.0	—	0.08	Ti	—	—
			最大值	余量	0.005	0.005	0.005	0.001	0.01	0.005	0.001	0.001	0.03	0.001	0.001	0.001	0.001	0.001	0.003	0.001	4.0	—	0.14	0.005	—	0.12
	4-0.07 镍钨镁合金	NW4-0.07	最小值	余量	—	—	—	—	—	0.05	—	—	—	—	—	—	—	—	—	—	3.5	—	—	—	—	—
			最大值	余量	0.02	0.01	0.005	0.001	0.01	0.1	0.001	0.002	0.03	0.002	0.002	0.002	0.002	0.002	0.005	0.002	4.5	—	—	—	—	0.2
热电合金	3 镍硅合金	NS3	最小值	Ni	—	2	0.05	—	—	—	—	—	—	—	—	—	—	—	—	—	—	—	—	—	0.05	—
			最大值	余量	—	3	0.7	—	0.05	—	0.02	0.002	—	—	—	—	—	—	—	—	—	—	—	—	0.6	—
	10 镍铬合金	NCr10	最小值	Ni	0.05	0.05	0.01	—	—	—	—	—	—	—	—	—	—	—	—	—	—	—	—	9.0	0.1	—
			最大值	余量	0.6	0.6	0.2	—	0.05	—	0.02	—	0.10	—	—	—	—	—	—	—	—	—	—	10.0	1.2	—

化学成分(质量分数)(%)

四、镍及镍合金板的力学性能

镍及镍合金板的力学性能见表 4-79。

表 4-79　镍及镍合金板的力学性能

材料状态	抗拉强度 σ_b/MPa($\geqslant$)		伸长率 δ_{10}(%)$\geqslant$	
	N6、N7、NSi0.19 NSi0.2、NMg0.1	NCu28-2.5-1.5	N6、N7、NSi0.19 NSi0.2、NMg0.1	NCu28-2.5-1.5
热轧	390	440	15	20
软态	390	440	35	25
半硬	—	570	—	6.5
硬	540	—	2	—

注：1. 厚度$\geqslant$15 mm 的板材不做拉力试验。

2. N6 热轧板不小于 345MPa。

五、电真空器件用镍及镍合金带的力学性能

电真空器件用镍及镍合金带的力学性能见表 4-80。

表 4-80　电真空器件用镍及镍合金带的力学性能

牌　号	状　态	抗拉强度 σ_b/MPa	伸长率 δ_{10}(%)
N6、ND、NSi0.19、NMg0.1	软(M)	392	30
	硬(Y)	539	2
N4、NW4-0.15 NW4-0.1、NW4-0.07	软(M)	343	30
	硬(Y)	490	2

注：1. 厚度小于 0.3 mm 的带材不作此项试验。

2. 板材的拉伸试验结果仅提供实测数据。

六、镍及镍合金板的力学性能

镍及镍合金板的力学性能见表 4-81。

表 4-81　镍及镍合金板的力学性能

牌　号	状　态	抗拉强度 σ_b/MPa$\geqslant$	伸长率 $\delta_{10}\geqslant$
N6、ND、NSi0.19、NMg0.1	软(M)	392	30
	半硬(Y_2)	—	—
	硬(Y)	539	2

续表

牌　号	状　态	抗拉强度 σ_b/MPa≥	伸长率 δ_{10}≥
	软(M)	441	25
NCu28-2.5-1.5	半硬(Y_2)	568	6.5
	硬(Y)	—	—

注：1. NCu40-2-1 提供实测数据。

2. 厚度小于 0.5 mm 的带材不作拉伸试验，厚度不小于 0.5 mm 的带材，其拉伸实验结果应符合表中的规定。

七、镍及镍合金无缝薄壁管的力学性能

镍及镍合金无缝薄壁管的力学性能(GB/T 8011—1987)见表 4-82。

表 4-82　镍及镍合金无缝薄壁管的力学性能

牌　号	状　态	抗拉强度 σ_b/MPa	伸长率 δ_{10}(%)
		≥	
N2、N4、N6、ND	硬(Y)	540	—
	软(M)	390	35
NCu28-2.5-1.5	硬(Y)	590	—
NSi0.19	半硬(Y_2)	540	6
NMg0.1			
NCu40-2-1	软(M)	440	20

八、镍及镍合金棒的力学性能

镍及镍合金棒的力学性能(GB/T 4435—1984)见表 4-83。

表 4-83　镍及镍合金棒的力学性能

牌　号	状　态	直径 /mm	抗拉强度 σ_b/MPa	伸长率 δ_{10}(%)
			≥	
	拉制,硬(Y)	5～20	590	5
		＞20～30	540	6
		＞30～40	510	6
N6	拉制,软(M)	5～30	390	30
		＞30～40	345	30
	挤制(R)	32～50	345	25
		＞50～60	345	20

续表

牌　号	状　态	直径 /mm	抗拉强度 σ_b/MPa	伸长率 δ_{10}(%)
			$\geqslant$	
NCu28-2.5-1.5	拉制,硬(Y)	5~15	665	4
		>15~30	635	6
		>30~40	590	6
	拉制, 半硬(Y₂)	5~20	590	10
		>20~30	540	12
	拉制,软(M)	5~30	440	20
		>30~40	440	20
	挤制(R)	32~36	390	25
NCu40-2-1	拉制,硬(Y)	5~20	635	4
		>20~30	590	5
	拉制,软(M)	5~30	390	25
	挤制(R)	32~50	实测	实测

九、镍线的力学性能

镍线的力学性能见表4-84。

表4-84　镍线的力学性能

线材直径/mm	材料状态	抗拉强度 σ_b/MPa		伸长率 δ(%) (L_0=100mm)$\geqslant$
		N4	N6、N7、N8	
0.03~0.20	软(M)	$\geqslant$375	$\geqslant$420	15
0.21~0.48		$\geqslant$345	$\geqslant$390	20
0.50~1.00		$\geqslant$315	$\geqslant$370	20
1.05~6.00		$\geqslant$295	$\geqslant$340	25
0.10~0.50	半硬(Y₂)	685~885	785~980	—
0.50~1.00		590~785	655~835	—
1.05~5.00		490~635	540~685	—
0.03~0.09	硬(Y)	785~1275	885~1325	—
0.10~0.50		735~980	835~1080	—
0.53~1.00		685~885	735~980	—
1.05~6.00		540~835	635~885	—

十、电真空器件用镍及镍合金线的力学性能

电真空器件用镍及镍合金线的力学性能见表 4-85。

表 4-85 电真空器件用镍及镍合金线的力学性能

线材直径/mm	供应状态	抗拉强度 σ_b/MPa	伸长率 $\delta(L_0=100\text{mm})(\%)\geqslant$
0.03～0.20	软(M)	≥435	15
0.21～0.48		≥390	20
0.50～1.00		≥375	20
1.05～6.00		≥345	25
0.10～0.50	半硬(Y₂)	785～980	—
0.50～1.00		685～835	—
1.05～5.00		540～685	—
0.03～0.09	硬(Y)	885～1325	—
0.10～0.50		835～1080	—
0.53～1.00		735～980	—
1.05～6.00		635～885	—

第六节 锌及锌合金

一、锌的物理性能和力学性能

锌的物理性能和力学性能见表 4-86。

表 4-86 锌的物理性能和力学性能

物 理 性 能				力 学 性 能	
项 目	数值	项 目	数值	项 目	数值
1. 密度 ρ(20℃)(g/cm³)	7.133	6. 比热容 c(20℃)/[J/(kg·K)]	382	1. 抗拉强度 σ_b/MPa	110～115
2. 熔点/℃	420	7. 线胀系数 α_L/(10⁻⁶/K)	15	2. 屈服强度 $\sigma_{0.2}$/MPa	90～100
3. 沸点/℃	906	8. 热导率 λ/[W/(m·K)]	113	3. 断后收缩率(%)	40～60
4. 熔化热/(kJ/mol)	7.2	9. 电阻率 ρ/(nΩ·m)	58.9	4. 硬度 HBS	30～42
5. 汽化热/(kJ/mol)	115.1	10. 电导率 k(%IACS)	28.27	5. 弹性模量(拉伸) E/GPa	130

二、锌锭的牌号和化学成分

锌锭的牌号和化学成分(GB/T 470—1997)见表 4-87。

表 4-87　锌锭的牌号和化学成分

牌号	化学成分(质量分数)(%)									
	Zn≥	杂质含量≤								
		Cu	Fe	Pb	Cd	Sn	As	Al	Sb	总和
Zn99.995	99.995	0.001	0.001	0.003	0.002	0.001	—	—	—	0.0050
Zn99.99	99.99	0.002	0.003	0.005	0.003	0.001	—	—	—	0.010
Zn99.95	99.95	0.002	0.010	0.020	0.02	0.001	—	—	—	0.050
Zn99.5	99.5	0.002	0.04	0.3	0.07	0.002	0.005	0.010	0.01	0.50
Zn98.7	98.7	0.005	0.05	1.0	0.20	0.002	0.01	0.010	0.02	1.30

注:1. 主要用于镀锌、合金、化工、电气等工业。

2. Zn99.99 的锌锭用于生产压铸合金,最高铅含量应为 0.003%。

3. 锌含量等于 100% 减去表中杂质总和的余量。

4. 锌锭单重为 20～25 kg,厚度为 30～50 mm。

三、铸造锌合金锭的牌号和化学成分

铸造锌合金锭的牌号和化学成分(GB/T 8738—1988)见表 4-88。

表 4-88　铸造锌合金锭的牌号和化学成分

序号	牌号	化学成分(质量分数)(%)										主要用途
		主要成分					杂质≤					
		Al	Cu	Mg	Pb	Zn	Fe	Pb	Cd	Sn	Si	Cu	
1	ZZnAlD4A	3.9～4.3	—	0.03～0.06		余量	0.03	0.003	0.003	0.001	—	—	用于压铸较大铸件及仪表、汽车零件外壳
2	ZZnAlD4	3.9～4.3	—	0.03～0.06		余量	0.1	0.005	0.003	0.002	—	—	用于压铸较大铸件及仪表、汽车零件外壳
3	ZZnAlD4 0.1	3.5～4.3	0.10～0.15	0.05～0.1		余量	0.1	0.005	0.003	0.003	—	—	用于压铸较大铸件及仪表、汽车零件外壳
4	ZZnAlD4 0.5	3.5～4.3	0.5～0.9	0.08～0.15		余量	0.1	0.015	0.01	0.005	—	—	广泛用于压铸零件

续表

序号	牌号	化学成分(质量分数)(%)										主要用途
		主 要 成 分					杂 质≤					
		Al	Cu	Mg	Pb	Zn	Fe	Pb	Cd	Sn	Si	Cu	
5	ZZnAlD41A	3.9～4.3	0.50～1.25	0.03～0.06	—	余量	0.03	0.003	0.003	0.001	—		广泛用于压铸零件,用于复杂形状铸件
6	ZZnAlD4 1	3.9～4.3	0.50～1.25	0.03～0.06	—	余量	0.1	0.005	0.003	0.002	—		广泛用于压铸零件,用于复杂形状铸件
7	ZZnAlD43A	3.9～4.3	2.50～3.50	0.03～0.06	—	余量	0.05	0.003	0.003	0.001	—		广泛压铸各种零件
8	ZZnAlD4 3	3.9～4.3	2.50～3.50	0.03～0.06	—	余量	0.1	0.005	0.003	0.002	—		广泛压铸各种零件
9	ZZnAlD5 1	4.5～6.0	0.8～1.8	0.02～0.05	—	余量	0.1	0.03	0.005	0.005	—		用于硬模铸造及压铸零件
10	ZZnAlD5 5 1	4.5～5.5	4.5～5.5		0.5～1.5	余量	0.1	—	0.005	0.002	—		用于铸造矿山圆锥破碎机护板
11	ZZnAlD6 4	6.5～7.5	3.5～4.5	0.03～0.06	—	余量	0.2	0.007	0.005	0.005	—		用于军械零件,仪表零件
12	ZZnAlD9 1.5	9.0～11.0	1.0～2.0	0.03～0.06	—	余量	0.1	0.02	0.015	0.01	0.03	—	用于复杂形状铸件及制造轴承
13	ZZnAlD10 1	9.0～11.0	0.6～1.0	0.02～0.05	—	余量	0.1	0.03	0.02	0.01	—		用于制造轴承
14	ZZnAlD10 2	9.0～12.0	1.5～2.5	0.03～0.06	—	余量	0.2	0.03	0.02	0.01	—		用于制造机床、水泵等轴承

续表

序号	牌号	主要成分					杂质≤						主要用途
		Al	Cu	Mg	Pb	Zn	Fe	Pb	Cd	Sn	Si	Cu	
15	ZZnAlD10 5	9.0 ~ 12.0	4.0 ~ 5.5	0.03 ~ 0.06	—	余量	0.1	0.02	0.015	0.01	0.03	—	用于制造轴承
16	ZZnAlD11 1	10.5 ~ 11.5	0.50 ~ 1.25	0.015 ~ 0.03	—	余量	0.075	0.004	0.003	0.002	—	—	用于硬模铸件

注:用于制造锌合金铸件。

四、铸造锌合金的牌号和化学成分

铸造锌合金的牌号和化学成分(GB/T 1175—1997)见表 4-89。

表 4-89　铸造锌合金的牌号和化学成分

合金牌号	合金代号	化学成分(质量分数)(%)									杂质总和
		合金元素				杂质含量≤					
		Al	Cu	Mg	Zn	Fe	Pb	Cd	Sn	其他	
ZZnAl 4Cu1Mg	ZA4-1	3.5 ~ 4.5	0.75 ~ 1.25	0.03 ~ 0.08	余量	0.1	0.015	0.005	0.003	—	0.2
ZZnAl 4Cu3Mg	ZA4-3	3.5 ~ 4.3	2.5 ~ 3.2	0.03 ~ 0.06	余量	0.075	Pb + Cd 0.009		0.002	—	—
ZZnAl 6Cu1	ZA6-1	5.6 ~ 6.0	1.2 ~ 1.6	—	余量	0.075	Pb + Cd 0.009		0.002	Mg 0.005	—
ZZnAl 8Cu1Mg	ZA8-1	8.0 ~ 8.8	0.8 ~ 1.3	0.015 ~ 0.030	余量	0.075	0.006	0.006	0.003	Mn 0.01 Cr 0.01 Ni 0.01	—
ZZnAl 9Cu2Mg	ZA9-2	8.0 ~ 10.0	1.0 ~ 2.0	0.03 ~ 0.06	余量	0.2	0.03	0.02	0.01	Si 0.1	0.35

合金牌号	合金代号	化学成分(质量分数)(%)									杂质总和
		合金元素				杂质含量≤					
		Al	Cu	Mg	Zn	Fe	Pb	Cd	Sn	其他	
ZZnAl 11Cu1Mg	ZA11-1	10.5 ~ 11.5	0.5 ~ 1.2	0.015 ~ 0.030	余量	0.075	0.006	0.006	0.003	Mn 0.01 Cr 0.01 Ni 0.01	—
ZZnAl 11Cu5Mg	ZA11-5	10.0 ~ 12.0	4.0 ~ 5.5	0.03 ~ 0.06	余量	0.2	0.03	0.02	0.01	Si 0.05	0.35
ZZnAl 27Cu2Mg	ZA27-2	25.0 ~ 28.0	2.0 ~ 2.5	0.010 ~ 0.020	余量	0.075	0.006	0.006	0.003	Mn 0.01 Cr 0.01 Ni 0.01	—

注:用于制造锌合金铸件。

五、铸造锌合金的力学性能

铸造锌合金的力学性能见表4-90。

表4-90 铸造锌合金的力学性能

合金牌号	合金代号	铸造方法及状态	抗拉强度 σ_b/MPa ≥	伸长率 δ_5(%) ≥	布氏硬度 HBS
ZZnAl 4Cu1Mg	ZA4-1	JF	175	0.5	80
ZZnAl 4Cu3Mg	ZA4-3	SF	220	0.5	90
		JF	240	1	100
ZZnAl 6Cu1	ZA6-1	SF	180	1	80
		JF	220	1.5	80
ZZnAl 8Cu1Mg	ZA8-1	SF	250	1	80
		JF	225	1	85
ZZnAl 9Cu2Mg	ZA9-2	SF	275	0.7	90
		JF	315	1.5	105
ZZnAl 11Cu1Mg	ZA11-1	SF	280	1	90
		JF	310	1	90
ZZnAl 11Cu5Mg	ZA11-5	SF	275	0.5	80
		JF	295	1.0	100

合金牌号	合金代号	铸造方法及状态	抗拉强度 σ_b/MPa ≥	伸长率 δ_5(%) ≥	布氏硬度 HBS
ZZnAl 27Cu2Mg	ZA27-2	SF	400	3	110
		ST3	310	8	90
		JF	420	1	110

注:1. 工艺代号:S—砂型铸造;J—金属型铸造;F—铸态;T3—均匀化处理。

2. T3 工艺为 320℃、3h、炉冷。

六、压铸锌合金的牌号和化学成分

压铸锌合金的牌号和化学成分见表 4-91。

表 4-91　压铸锌合金的牌号和化学成分

序号	合金牌号	合金代号	化学成分(质量分数)(%)								
			主要成分					杂质含量≤			
			Al	Cu	Mg	Zn	Fe	Pb	Sn	Cd	Cu
1	ZZnAl4Y	YX040	3.5~4.3		0.02~0.06	余量	0.1	0.005	0.003	0.004	0.25
2	ZZnAl4Cu1Y	YX041	3.5~4.3	0.75~1.25	0.03~0.08	余量	0.1	0.005	0.003	0.004	—
3	ZZnAl4Cu3Y	YX043	3.5~4.3	2.5~3.0	0.02~0.06	余量	0.1	0.005	0.003	0.004	—

注:在合金牌号前面以字母"Z"("铸"字汉语拼音第一字母)表示属于铸造合金,在合金牌号后面书写"Y"("压"字汉语拼音第一个字母)表示用于压力铸造。

七、压铸锌合金的力学性能

压铸锌合金的力学性能见表 4-92。

表 4-92　压铸锌合金的力学性能

序号	合金牌号	合金代号	抗拉强度 σ_b/MPa ≥	伸长率 δ_{10}(%) L_0=50 ≥	布氏硬度 HBS 5/250/30	冲击吸收功 A_K/J ≥
1	ZZnAl4Y	YX040	250	1	80	35
2	ZZnAl4Cu1Y	YX041	270	2	90	39
3	ZZnAl4Cu3Y	YX043	320	2	95	42

第七节　铅及其合金

一、铅的物理性能和力学性能

铅的物理性能和力学性能见表 4-93。

表 4-93　铅的物理性能和力学性能

物　理　性　能				力　学　性　能	
项　目	数值	项　目	数值	项　目	数值
1. 密度 ρ(20℃) (g/cm^3)	11.34	6. 比热容 c(20℃)/ $[J/(kg \cdot K)]$	128.7	1. 抗拉强度 σ_b/MPa	15～18
2. 熔点/℃	327.4	7. 线胀系数 α_L/ $(10^{-6}/K)$	29.3	2. 屈服强度 $\sigma_{0.2}$/MPa	5～10
3. 沸点/℃	1750	8. 热导率 λ/[W/ $(m \cdot K)$]	34	3. 断后伸长度 δ(%)	50
4. 熔化热/(KJ/mol)	4.98	9. 电阻率 ρ/(n$\Omega \cdot$m)	206.43	4. 硬度 HBS	4～6
5. 汽化热/(KJ/mol)	178.8	10. 电导率 k (%IACS)	—	5. 弹性模量(拉伸) E/GPa	15～18

二、锌锭的牌号和化学成分

锌锭的牌号和化学成分(GB/T 469—1995)见表 4-94。

表 4-94　锌锭的牌号和化学成分

牌号	化学成分(质量分数)(%)									
	Pb≥	杂　质≤								
		Ag	Cu	Bi	As	Sb	Sn	Zn	Fe	总和
Pb99.994	99.994	0.0005	0.001	0.003	0.0005	0.001	0.001	0.0005	0.0005	0.0006
Pb99.99	99.99	0.001	0.0015	0.005	0.001	0.001	0.001	0.001	0.001	0.01
Pb99.96	99.90	0.0015	0.002	0.3	0.002	0.005	0.002	0.001	0.002	0.04
Pb99.0	99.0	0.002	0.01	0.3	0.01	0.05	0.005	0.002	0.002	0.10

注:1.用于蓄电池、电缆、油漆、压延品、合金等。

2.铅含量以 100% 减去表中所测得的 8 个杂质含量之和而得。

3.铅锭为长方梯形、平底或底部有槽沟,两端有突出耳部。

4.铅锭单重(24±2)kg、(42±2)kg、(48±2)kg,如有特殊要求,由供需双方商定。

三、铅及铅锑合金板的牌号和化学成分及硬度

铅及铅锑合金板的牌号和化学成分及硬度见表4-95。

表 4-95 铅及铅锑合金板的牌号和化学成分及硬度

金属分类	牌号	主要成分(质量分数)(%)		杂质含量(质量分数)(%)≤									维氏硬度 HV≥
		Pb≥	Sb	Bi	Sn	Zn	As	Ag	Cu	Sb	Fe	总和	
铅锑合金	PbSb0.5	余量	0.3～0.8	0.06	0.008	0.005	0.005	—	—	—	0.005	0.015	—
	PbSb2		1.5～2.5	0.06	0.008	0.005	0.010	—	—	—	0.005	0.2	6.6
	PbSb4		3.5～4.5	0.06	0.008	0.005	0.010	—	—	—	0.005	0.2	7.2
	PbSb6		5.5～6.5	0.08	0.01	0.01	0.015	—	—	—	0.01	0.3	8.1
	PbSb8		7.5～8.5	0.08	0.01	0.01	0.015	—	—	—	0.01	0.3	9.5
纯铅	Pb1	99.994	—	0.003	0.001	0.0005	0.0005	0.0005	0.001	0.001	0.0005	0.006	
	Pb2	99.9		0.03	0.01	0.002	0.01	0.002	0.01	0.05	0.002	0.1	
	Pb3	99.0		0.2	0.2	0.01	0.2	0.003	0.1	0.5	0.01	1.0	

注:铅含量按100%减去杂质含量的总和计算,得数不再进行修改。

四、铅阳极板的牌号和化学成分

铅阳极板的牌号和化学成分(GB/T 1471—1988)见表4-96。

表 4-96 铅阳极板的牌号和化学成分

合金牌号	主要成分(质量分数)(%)		杂质含量(质量分数)(%)≤								
	Pb	Ag	Cu	Sb	As	Sn	Bi	Fe	Zn	Mg+Ca+Na	总和
PbAg1	余量	0.8～1.2	0.001	0.004	0.002	0.002	0.006	0.002	0.001	0.003	0.02

五、铅及铅锑合金棒的牌号和化学成分及硬度

铅及铅锑合金棒的牌号和化学成分及硬度(GB/T 1472—1988)见表4-97。

表 4-97　铅及铅锑合金棒的牌号和化学成分及硬度

金属分类	牌号	主要成分(质量分数)(%)		杂质含量(质量分数)(%)≤								
		Pb≥	Sb	Sn	Zn	Fe	Ag	Cu	Sb	As	Bi	总和
铅锑合金	PbSb0.5	余量	0.3~0.8	0.008	0.005	0.005	—	—	—	0.005	0.06	0.015
	PbSb2		1.5~2.5	0.008	0.005	0.005	—	—	—	0.010	0.06	0.2
	PbSb4		3.5~4.5	0.008	0.005	0.005	—	—	—	0.010	0.06	0.2
	PbSb6		5.5~6.5	0.01	0.01	0.01	—	—	—	0.015	0.08	0.3
	PbSb8		7.5~8.5	0.01	0.01	0.01	—	—	—	0.015	0.08	0.3
纯铅	Pb1	99.994	—	0.001	0.0005	0.0005	0.0005	0.001	0.001	0.0005	0.003	0.006
	Pb2	99.9	—	0.01	0.002	0.002	0.002	0.01	0.05	0.01	0.03	0.1
	Pb3	99.0	—	0.2	0.01	0.01	0.003	0.1	0.5	0.2	0.2	1.0

注:铅含量 ω 按 100% 减去表中杂质含量总和计算,所得结果不再进行修改。

第五章 有色金属材料型材

第一节 铜材料型材

一、铜棒

1. 铜和铜合金棒（圆棒、方棒、六角棒）

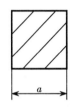

1)纯铜棒的理论质量见表 5-1。

2)黄铜棒的理论质量见表 5-2。

3)各种牌号黄铜、青铜、白铜和理论质量的换算系数见表 5-3。

表 5-1　纯铜棒的理论质量(密度 8.9 g/cm³)

圆棒 d(方、六角棒 a)/mm	理论质量/(kg/m)		
	圆棒	方棒	六角棒
5	0.175	0.223	0.193
5.5	0.211	0.269	0.233
6	0.252	0.320	0.277
6.5	0.295	0.376	0.326
7	0.343	0.436	0.378
7.5	0.393	0.501	0.434
8	0.447	0.570	0.493
8.5	0.505	0.643	0.557
9	0.566	0.721	0.644
9.5	0.631	0.803	0.696

圆棒 d(方、六角棒 a)/mm	理论质量/(kg/m)		
	圆棒	方棒	六角棒
10	0.699	0.890	0.771
11	0.846	1.077	0.933
12	1.007	1.282	1.110
13	1.181	1.504	1.303
14	1.370	1.744	1.511
15	1.573	2.003	1.734
16	1.789	2.278	1.973
17	2.020	2.572	2.227
18	2.265	2.884	2.497
19	2.523	3.213	2.782
20	2.796	3.560	3.083
21	3.083	3.925	3.399
22	3.383	4.308	3.730
23	3.698	4.708	4.077
24	4.026	5.126	4.439
25	4.369	5.563	4.817
26	4.725	6.016	5.210
27	5.096	6.488	5.619
28	5.480	6.978	6.043
29	5.879	7.485	6.482
30	6.291	8.010	6.937
32	7.158	9.114	7.892
34	8.080	10.29	8.910
35	8.563	10.90	9.442
36	9.059	11.53	9.989
38	10.09	12.85	11.13
40	11.18	14.24	12.33
42	12.33	15.70	13.60
44	13.53	17.23	14.92

圆棒 d(方、六角棒 a)/mm	理论质量/(kg/m)		
	圆棒	方棒	六角棒
45	14.15	18.02	15.61
46	14.79	18.83	16.31
48	16.11	20.51	17.76
50	17.48	22.25	19.27
52	18.90	24.07	20.84
54	20.38	25.95	22.47
55	21.14	26.92	23.31
56	21.92	27.91	24.17
58	23.51	29.94	25.93
60	25.16	32.04	27.75
65	29.53	37.60	32.56
70	34.25	43.61	37.77
75	39.32	50.06	43.35
80	44.74	56.96	49.33
85	50.50	64.30	55.69
90	56.62	72.09	64.43
95	63.09	80.32	69.56
100	69.90	89.00	77.07
105	77.07	98.12	84.97
110	84.58	107.69	93.26
115	92.44	117.70	101.93
120	100.66	128.16	110.99

表 5-2　黄铜棒的理论质量(密度 8.5 g/cm²)

圆棒 d(方、六角棒 a)/mm	理论质量(kg/m)		
	圆棒	方棒	六角棒
5	0.169	0.213	0.184
5.5	0.202	0.257	0.223
6	0.240	0.306	0.265
6.5	0.282	0.359	0.311

圆棒 d(方、六角棒 a)/mm	理论质量/(kg/m)		
	圆棒	方棒	六角棒
7	0.327	0.417	0.361
7.5	0.376	0.478	0.414
8	0.427	0.544	0.471
8.5	0.482	0.614	0.532
9	0.541	0.689	0.596
9.5	0.602	0.767	0.664
10	0.668	0.850	0.736
11	0.808	1.029	0.891
12	0.961	1.224	1.060
13	1.128	1.437	1.244
14	1.308	1.666	1.443
15	1.502	1.913	1.656
16	1.709	2.176	1.884
17	1.929	2.457	2.127
18	2.163	2.754	2.385
19	2.410	3.069	2.657
20	2.670	3.400	2.944
21	2.944	3.749	3.246
22	3.231	4.114	3.563
23	3.532	4.497	3.894
24	3.845	4.896	4.240
25	4.172	5.313	4.601
26	4.513	5.746	4.976
27	4.867	6.197	5.366
28	5.234	6.664	5.771
29	5.614	7.149	6.191
30	6.008	7.650	6.625
32	6.836	8.704	7.538
34	7.717	9.826	8.509

圆棒 d(方、六角棒 a)/mm	理论质量/(kg/m)		
	圆棒	方棒	六角棒
35	8.178	10.41	9.017
36	8.652	11.02	9.540
38	9.640	12.27	10.63
40	10.68	13.60	11.78
42	11.78	14.99	12.98
44	12.92	16.46	14.25
45	13.52	17.21	14.91
46	14.13	17.99	15.58
48	15.33	19.58	16.96
50	16.69	21.25	18.40
52	18.05	22.98	19.90
54	19.47	24.79	21.46
55	20.19	25.71	22.27
56	20.94	26.66	23.08
58	22.46	28.59	24.76
60	24.03	30.60	26.50
65	28.21	35.91	31.10
70	32.71	41.65	36.07
75	37.55	47.81	41.41
80	42.73	54.40	47.11
85	48.23	61.41	53.18
90	54.07	68.85	59.62
95	60.25	76.71	66.43
100	66.76	85.00	73.61
105	73.60	93.71	81.16
110	80.78	102.85	89.07
115	88.29	112.41	97.35
120	96.13	122.40	106.00
130	112.82	143.65	124.40

圆棒 d(方、六角棒 a)/mm	理论质量/(kg/m)		
	圆棒	方棒	六角棒
140	130.85	166.60	144.28
150	150.21	191.25	165.62
160	170.90	217.60	188.44

表 5-3　各种牌号黄铜、青铜、白铜和理论质量的换算系数

类别	牌号	换算系数
黄铜	H96	1.041
	H68	1.000
	H63	
	H59	0.988
	HPb63-0.1	1.000
	HSn70-1	1.005
	HMn58-2	1.000
	HMn57-3-1	
	HFe59-1-1	
	HAl77-2	1.012
	HAl66-6-3	1.000
	H80	1.012
	H65	1.000
	H62	
	HPb63-3	
	HPb59-1	
	HSn62-1	
	HMn55-3-1	
	HSi80-3	1.012
	HFe58-1-1	1.000
	HAl67-2.5	
	HNi65-5	

类别	牌号	换算系数
青铜	QSn4-3	1.035
	QSn6.5-0.4	
	QSn4-0.3	1.047
	QCd1	1.035
	QSi1-3	1.012
	QAl9-2	0.894
	QAl10-3-1.5	0.882
	QAl11-6-6	
	QBe1.9	0.976
	QSn6.5-0.1	1.035
	QSn7-0.2	
	QCr0.5	1.047
	QSi3-1	0.988
	QSi3.5-3-1.5	1.035
	QAl9-4	0.882
	QAl10-4-4	
	QBe2	0.976
	QBe1.7	
白铜	BZn15-20	1.012
	BMn40-1.5	1.047
	BZn15-24-1.5	1.012
	BFe30-1-1	1.047

2. 铜及铜合金拉制棒

铜及铜合金拉制棒牌号和规格(GB/T 4423—2007)见表 5-4。

表 5-4 铜及通铜合金拉制棒的牌号及规格

牌号	状态	直径 d 或对边距 a/mm
T2、T3、TP2、H96、TU1、TU2	硬(Y) 软(M)	5～80
H80、H65	硬(Y) 软(M)	5～40

续表

牌号	状态	直径 d 或对边距 a/mm
H68	半硬(Y_2)	5～8
	软(M)	13～35
H62、HPb59-1	半硬(Y_2)	5～80
H63HPb63-0.1	半硬(Y_2)	5～40
HPb63-3	硬(Y)	5～30
	半硬(Y_2)	5～60
HFe59-1-1、HFe58-1-1、HSn62-1、HMn58-2	硬(Y)	5～60
QSn6.5-0.1、QSn6.5-0.4、QSn4-3、QSn4-0.3、QSi3-1、QAl9-2、QAl9-4、QAl10-3-1.5	硬(Y)	5～40
QSn7-0.2	硬(Y)	5～40
	特硬(T)	
QCd1	硬(Y)	5～60
	软(M)	
QCr0.5	硬(Y)	5～40
	软(M)	
BZn15-20	硬(Y)	5～40
	软(M)	
BZn15-24-1.5	特硬(T)	5～18
	硬(Y)	
	软(M)	
BFe30-1-1	硬(Y)	16～50
	软(M)	
BMn40-1.5	硬(Y)	7～40

注:棒材不定长度规定如下:

直径5～18mm,供应长度1.2～5mm;

直径18～50mm,供应长度1～5mm;

直径50～80mm,供应长度0.5～5mm。

3. 铜及铜合金矩形棒(GB/T 4423—2007)

1)牌号:T2、H62、HPb59-1、HPb63-3。

2)制造方法:T2、H62、HPb59-1可用拉制、挤制两种、HPb63-3用拉制。

3)规格及宽厚比见表5-5。

表 5-5　铜及铜合金矩形棒的规格及宽厚比

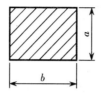

牌号			规格		宽厚比($a \times b$)	
牌号	制造方法	状态	a	b	a/mm	$b/a \leqslant$
T2、	拉制	软(M)、硬(Y)	3～75	4～80	$\leqslant 10$	2.0
	挤制	热挤(R)	20～80	30～120		
H62	拉制	半硬(Y2)	3～75	4～80	>10～20	3.0
	挤制	热挤(R)	5～40	8～50		
HPb59-1	拉制	半硬(Y2)	3～75	4～80		
	挤制	热挤(R)	5～40	8～50	>20	3.5
HPb63-3	拉制	半硬(Y2)	3～75	4～80		

4. 黄铜磨光棒(YS/T 551—2006)

1)牌号:HPb59-1、HPb63-3、H62。

2)规格:直径 5～19 mm。

二、铜及铜合金线材

1. 纯铜线材

纯铜线材的理论质量见表 5-6。

表 5-6　纯铜线的理论质量（密度 8.9 g/cm³）

直径/mm	理论质量/(kg/km)	直径/mm	理论质量/(kg/km)
0.1	0.070	0.72	3.624
0.11	0.085	0.8	4.474
0.12	0.101	0.9	5.662
0.13	0.118	1	6.990
0.15	0.157	1.2	10.07
0.17	0.202	1.4	13.70
0.19	0.252	1.62	18.34
0.21	0.308	1.81	22.90

续表

直径/mm	理论质量/(kg/km)	直径/mm	理论质量/(kg/km)
0.23	0.370	2.02	28.52
0.25	0.437	2.44	41.62
0.27	0.510	2.8	54.80
0.29	0.588	3	62.91
0.31	0.672	3.4	80.80
0.35	0.856	3.8	100.9
0.38	1.009	4.2	123.3
0.41	1.175	4.6	147.9
0.47	1.544	5.2	189.0
0.51	1.818	5.6	219.2
0.55	2.114	6	251.6
0.62	2.687		

2. 黄铜线材

黄铜线材的理论质量见表 5-7。

表 5-7　黄铜线的理论质量（密度 8.5 g/cm³）

直径/mm	理论质量/(kg/km)	直径/mm	理论质量/(kg/km)
0.1	0.067	0.9	5.407
0.11	0.081	0.95	6.025
0.12	0.096	1	6.676
0.13	0.113	1.05	7.360
0.14	0.131	1.1	8.078
0.15	0.150	1.15	8.829
0.16	0.171	1.2	9.613
0.17	0.193	1.3	11.28
0.18	0.216	1.4	13.08
0.19	0.241	1.5	15.02
0.2	0.267	1.6	17.09
0.21	0.294	1.7	19.29
0.22	0.323	1.8	21.63
0.24	0.385	1.9	24.10
0.25	0.417	2	26.70

直径/mm	理论质量/(kg/km)	直径/mm	理论质量/(kg/km)
0.26	0.451	2.1	29.44
0.28	0.523	2.2	32.31
0.32	0.684	2.4	38.45
0.34	0.772	2.5	41.72
0.36	0.865	2.6	45.13
0.38	0.964	2.8	52.34
0.4	1.068	3	60.08
0.42	1.178	3.2	68.36
0.45	1.352	3.4	77.17
0.48	1.538	3.6	86.52
0.5	1.669	3.8	96.40
0.53	1.875	4	106.8
0.56	2.094	4.2	117.8
0.6	2.403	4.5	135.2
0.63	2.650	4.8	153.8
0.67	2.997	5	166.9
0.7	3.271	5.3	187.5
0.75	3.755	5.6	209.4
0.8	4.273	6	240.3
0.85	4.823		

3. 方形黄铜线材

方形黄铜线材的理论质量见表5-8。

表5-8　方形黄铜线的理论质量（密度 8.5 g/cm³）

对边距 a(或内切圆直径)/mm	理论质量/(kg/km)
3.0	0.077
3.5	0.104
4.0	0.137
4.5	0.172
5.0	0.213
5.5	0.257
6.0	0.307

4. 六角形黄铜线材

六角形黄铜线材的理论质量见表 5-9。

表 5-9 六角形黄铜线的理论质量(密度 8.5 g/cm³)

对边距 a(或内切圆直径)/mm	理论质量/(kg/km)
3.0	0.066
3.5	0.090
4.0	0.118
4.5	0.149
5.0	0.184
5.5	0.223
6.0	0.265

5. 纯铜线(GB/T 21652-2008)

纯铜线牌号和规格见表 5-10。

表 5-10 纯铜线的牌号和规格

牌号	化学成分	状态	直径/mm
T2、T3	应符合 GB/T 5231《加工铜及铜合金》的规定	软(M) 硬(Y)	0.02~6.0
TU1、TU2		软(M) 硬(Y)	0.05~6.0

6. 纯铜线卷(轴)

纯铜线卷(轴)的重量见表 5-11。

表 5-11 纯铜线卷(轴)的重量

线材直径/mm	每卷(轴)重量/kg≥	
	标准卷	较轻卷
0.02~0.1	0.05	0.01
>0.1~0.5	0.5	0.3
>0.5~1.0	2.0	1.0
>1.0~3.0	4.0	2.0
>3.0~6.0	5.0	3.0

注:每批许可交付质量不大于 10%的较轻线卷(轴)。

7. 黄铜线(GB/T 14954—1994)

1)牌号和规格见表 5-12。

2)质量见表 5-13。

表 5-12　黄铜线的牌号和规格

牌号	状态	直径/mm
H65、H68	软(M)，半硬(Y_2)	0.05～6.0
H62	3/4 硬(Y_1)，硬(Y)	
HSn60-1、HSn62-1	软(M)，硬(Y)	
HPb63-3	软(M)，半硬(Y_2)	0.5～6.0
HPb59-1	硬(Y)，特硬(T)	

表 5-13　黄铜线卷(轴)的质量

直径/mm	每卷(轴)质量/kg≥	
	标准卷	较轻卷
0.05～0.10	0.05	0.01
>0.1～0.5	0.5	0.3
>0.5～1.0	2.0	1.0
>1.0～3.0	4.0	2.0
>3.0～6.0	5.0	3.0

注：每批许可交付质量不大于 10% 的较轻线卷(轴)。

8. 青铜线(GB/T 21652—2008)

1)牌号和规格见表 5-14。

2)线卷质量见表 5-15。

表 5-14　青铜线的牌号和规格

牌号	状态	直径/mm
QSi3-1、QSn4-3	硬(Y)	0.1～6.0
QCd1、QSn6.5-0.1 QSn6.5-0.4 QSn7-0.2	软(M) 硬(Y)	

表 5-15　青铜线卷(轴)的质量

线材直径/mm	每卷(轴)质量/kg≥	
	标准卷	较轻卷
0.1～0.5	0.5	0.3
>0.5～1.0	2.0	1.0
>1.0～3.0	40	2.0
>3.0～6.0	6.0	3.0

注：每批许可交付质量不大于 10% 的较轻线卷(轴)。

9. 铍青铜线(YS/T 571-2006)

1)牌号和规格见表 5-16。

2)线卷质量见表 5-17。

表 5-16　铍青铜线的牌号和规格

牌号	制造方法	供应状态	直径/mm
QBe2	拉制	软(M) 半硬(Y₂) 硬(Y)	0.03～6.00

注:经双方协议,可供应抗磁用的、含铁量较低的铍青铜线。

表 5-17　铍青铜线的线卷质量

线材直径/mm	卷重/kg≥
0.03～0.05	0.0005
>0.05～0.10	0.002
>0.10～0.20	0.010
>0.20～0.30	0.025
>0.30～0.40	0.050
>0.40～0.60	0.100
>0.60～0.80	0.150
>0.80～2.0	0.300
>2.0～4.0	1.000
>4.0～6.0	2.000

10. 白铜线(GB/T 21652—2008)

1)牌号和规格见表 5-18。

2)线卷质量 见表 5-19。

表 5-18　白铜线的牌号和规格

牌号	状态	直径/mm
BMn40-1.5	软(M) 硬(Y)	0.05～6.0
BMn3-12		0.1～6.0
BFe30-1-1		
B19		
BZn15-20	软(M),半硬(Y₂),硬(Y)	

表 5-19　白铜线(轴)的质量

线材直径/mm	每卷(轴)质量/kg ⩾	
	标准卷	较轻卷
0.05～0.1	0.05	0.01
>0.1～0.5	0.5	0.3
>0.5～1.0	2.0	1.0
>1.0～3.0	4.0	2.0
>3.0～6.0	6.0	3.0

注:每批许可交付质量不大于 10% 的较轻线卷(轴)。

11. 铜及铜合金扁线(GB/T 3114—2010)

1)牌号和规格见表 5-20。

2)线卷质量见表 5-21。

表 5-20　铜及铜合金扁线的牌号和规格

牌号	状态	规格	
		厚度(mm)	宽度(mm)
T2	软(M) 硬(Y)		0.5～15.0
H62、H65、H68	软(M) 半硬(Y_2) 硬(Y)	0.5～6.0	0.5～12.0
QSn6.5-0.1 QSn6.5-0.4	软(M) 半硬(Y_2) 硬(Y)		
QSn4-3、QSi3-1	硬(Y)		

注:扁线的厚度与宽度之比小于等于 1:7,但经双方协议可供应其他规格的扁线。

表 5-21　铜及铜合金扁线线卷(轴)的质量

扁线宽度/mm	每卷质量/kg⩾	
	标准卷	较轻卷
0.5～5.0	3	1.5
>5.0	5	2.5

注:每批许可交付质量不大于 10% 的较轻线卷(轴)。

12. 专用铜及铜合金线(GB/T 21652—2008)

1)牌号和规格见表 5-22。

2)线卷质量见表 5-23、表 5-24。

表 5-22　专用铜及铜合金线的牌号和规格

牌号	状态	直径/mm
T2、T3	半硬(Y₂)	
H62	软(M) 半硬(Y₂) 3/4 硬(Y₁)	1.0~6.0
H68	半硬(Y₂)	
HPb62-0.8	半硬(Y₂)	3.8~6.0
HPb59-1	半硬(Y₂)	2.0~6.0
	硬(Y)	2.0~3.0
QSn6.5-0.1	软(M)	0.03~0.07

表 5-23　织网及编织用锡青铜线线轴的质量

直径/mm	0.03~0.035	>0.035~0.045	>0.045~0.07
最小质量/g	20	30	50

表 5-24　其他铜及合金线线卷(轴)的质量

线材直径/mm	每卷(轴)质量/kg≥	
	较轻卷	标准卷
1.0~3.0	2.0	5.0
>3.0~6.0	3.0	8.0

三、铜及铜合金板材

1. 铜及黄铜板、带

铜及黄铜板、带的理论质量见表 5-25。

表 5-25　铜及黄铜板、带的理论质量(纯铜密度 8.9g/cm³,黄铜密度 8.5g/cm³)

厚度/mm	纯铜板(kg/m²)	黄铜板(kg/m²)	厚度/mm	纯铜板(kg/m²)	黄铜板(kg/m²)
0.005	0.045	0.043	0.03	0.267	0.255
0.008	0.071	0.068	0.04	0.356	0.340
0.01	0.089	0.085	0.05	0.445	0.425
0.012	0.107	0.102	0.06	0.534	0.510
0.015	0.134	0.128	0.07	0.623	0.595
0.02	0.178	0.170	0.08	0.712	0.680

厚度/mm	纯铜板(kg/m²)	黄铜板(kg/m²)	厚度/mm	纯铜板(kg/m²)	黄铜板(kg/m²)
0.09	0.801	0.765	0.9	8.010	7.650
0.1	0.890	0.850	0.93	8.277	7.905
0.12	1.068	1.020	1	8.900	8.500
0.15	1.335	1.275	1.1	9.790	9.350
0.18	1.602	1.530	1.13	10.06	9.61
0.2	1.780	1.700	1.2	10.68	10.20
0.22	1.958	1.870	1.22	10.86	10.37
0.25	2.225	2.125	1.3	11.57	11.05
0.3	2.670	2.550	1.35	12.02	11.48
0.32	2.848	2.720	1.4	12.46	11.90
0.34	3.026	2.890	1.45	12.91	12.33
0.35	3.115	2.975	1.5	13.35	12.75
0.4	3.560	3.400	1.6	14.24	13.60
0.45	4.005	3.825	1.65	14.69	14.03
0.5	4.450	4.250	1.8	16.02	15.30
0.52	4.628	4.420	2	17.80	17.00
0.55	4.895	4.675	2.2	19.58	18.70
0.57	5.073	4.845	2.25	20.03	19.13
0.6	5.340	5.100	2.5	22.25	21.25
0.65	5.785	5.525	2.75	24.48	23.38
0.7	6.230	5.950	2.8	24.92	23.80
0.72	6.408	6.120	3	26.70	25.50
0.75	6.675	6.375	3.5	31.15	29.75
0.8	7.120	6.800	4	35.60	34.00
0.85	7.565	7.225	4.5	40.05	38.25

厚度/mm	纯铜板(kg/m²)	黄铜板(kg/m²)	厚度/mm	纯铜板(kg/m²)	黄铜板(kg/m²)
5	44.50	42.50	26	231.4	221.0
5.5	48.95	46.75	27	240.3	229.5
6	53.40	51.00	28	249.2	238.0
6.5	57.85	55.25	29	258.1	246.5
7	62.30	59.50	30	267.0	255.0
7.5	66.75	63.75	32	284.8	272.0
8	71.20	68.00	34	302.6	289.0
9	80.10	76.50	35	311.5	297.5
10	89.00	85.00	36	320.4	306.0
11	97.90	93.50	38	338.2	323.0
12	106.8	102.0	40	356.0	340.0
13	115.7	110.5	42	373.8	357.0
14	124.6	119.0	44	391.6	374.0
15	133.5	127.5	45	400.5	382.5
16	142.4	136.0	46	409.4	391.0
17	151.3	144.5	48	427.2	408.0
18	160.2	153.0	50	445.0	425.0
19	169.1	161.5	52	462.8	442.0
20	178.0	170.0	54	480.6	459.0
21	186.9	178.5	55	489.5	467.5
22	195.8	187.0	56	498.4	476.0
23	204.7	195.5	58	516.2	493.0
24	213.6	204.0	60	534.0	510.0
25	222.5	212.5			

2. 一般用途的加工铜及铜合金板材、带材(GB/T 17793—2010)

一般用途的加工铜及铜合金板材、带材的牌号和规格见表5-26、表5-27。

表 5-26 板材的牌号和规格

牌 号	厚度/mm	宽度/mm	长度/mm
T2、T3、TP1、TP2、TU1、TU2	4~60	≤3000	≤6000
	0.2~12		
H59、H62、H65、H68、H70、H80、H90、H96、HPb59-1、HSn62-1、HMn58-2、	4~60	≤3000	≤6000
	0.2~10		
HMn57-3-1、HMn55-3-1、HAl60-1-1、HAl67-2.5、HAl66-6-3-2、HNi65-5	4~40	≤1000	≤2000
QAl5、QAl7、QAl9-2、QAl9-4	0.4~12	≤1000	≤2000
QSn6.5-0.1、QSn6.5-0.4、QSn4-3、QSn4-0.3、QSn7-0.2	9~50	≤600	≤2000
	0.2~12		
BAl6-1.5、BAl13-3	0.5~12	≤600	≤1500
BZn15-20	0.5~10	≤600	≤1500
B5、B19、BFe10-1-1、BFe30-1-1	7~60	≤2000	≤4000
	0.5~10	≤600	≤1500

表 5-27 带材的牌号和规格

牌 号	厚度/mm	宽度/mm
T2、T3、TP1、TP2、TU1、TU2	0.05~3	≤1000
H59、H62、H65、H68、H70、H80、H90、H96、HPb59-1、HSn62-1、HMn58-2	0.05~3	≤600
QAl5、QAl7、QAl9-2、QAl9-4	0.05~1.2	≤300
QSn6.5-0.1、QSn6.5-0.4、QSn4-3、QSn4-0.3、QSn7-0.2	0.05~3	≤600
QCd-1	0.05~1.2	≤300
BZn15-20	0.05~1.2	≤300
B5、B19、BFe10-1-1、BFe30-1-1 BMn3-12、Bmn40-1.5	0.05~1.2	≤300
QMn1.5、QMn5	0.1~1.2	≤300
QSi3-1	0.05~1.2	≤300
QSn4-4-2.5、QSn4-4-4	0.8~1.2	≤200

3. 铜及铜合金板材(GB/T 2040—2002)

1)纯铜板牌号和规格见表 5-28。

表 5-28　纯铜板的牌号和规格(单位:mm)

牌号	状态	长度	厚度	宽度
T2	热轧(R)	1000～6000	4～60	200～3000
T3	软(M)			
TP1	半硬(Y₂)	400～6000	0.2～10	
TP2	硬(Y)			

2)黄铜板牌号和规格见表 5-29。

表 5-29　黄铜板的牌号和规格 (单位:mm)

合金牌号	供应状态	厚度	宽度	长度
H59、H62、HPb59-1、HSn62-1	热轧(R)	40～60	200～3000	宽度≥1100mm 的冷轧板,最大供应长度为 3000mm
H65、H68、H80、H90、H96、HMn58-2、			200～600	
H59、H62、H65、H68、H80、H90、H96、HMn58-2、HPb59-1、HSn62-1	软(M) 硬(Y)	0.2～10	200～3000	
H62、H65、H68、H90、HMn58-2、HPb59-1、H62、H68、	半硬(Y₂) 特硬(T)			

3)复杂黄铜板牌号和规格见表 5-30。

表 5-30　复杂黄铜板的牌号和规格(单位:mm)

合金牌号	供应状态	厚度	宽度	长度
HMn57-3-1、HAl60-1-1、HAl66-6-3-2、HMn55-3-1、HAl67-2.5、HNi65-5	热轧(R)	4～40	400～1000	500～2000

4)铝青铜板牌号和规格见表 5-31。

表 5-31　铝青铜板的牌号和规格 (单位:mm)

合金牌号	供应状态	厚度	宽度	长度
QAl5、QAl19-2	软(M)	0.4～12	100～1000	500～2000
QAl7	半硬(Y₂)			
QAl19-2、QAl5 QAl19-4、QAl7	硬(Y)			

5)锡青铜板牌号和规格见表 5-32。

表 5-32　锡青铜板的牌号和规格(单位:mm)

合金牌号		供应状态	厚度	宽度	长度
硅青铜板	QSi3-1	软(M) 硬(Y) 特硬(T)	0.5～10.0	100～1000	≥宽度
锡青铜板	QSn6.5-0.1	热软(R)	9～50	300～500	1000～200
		半硬(Y2)	0.2～12.0	150～600	≥500
	QSn6.5-0.1 QSn6.5-0.4 QSn4-3 QSn4-0.3	软(M) 硬(Y) 特硬(T)	02～12.0	150～600	≥500

四、铜及铜合金管材

1. 铜及铜合金管

纯铜管和黄铜管的理论质量分别见表 5-33、表 5-34。

表5-33　纯铜管的理论质量

壁厚/mm　　理论重量/(kg/m)(密度 8.9 g/cm³)

外径/mm	0.15	0.2	0.25	0.3	0.35	0.4	0.5	0.75	1	1.5	2	2.5	3	3.5	4	7.5	10	12.5	15	17.5	20	25
0.5	0.0015																					
0.7	0.0023	0.0028	0.0031																			
1.0	0.0036	0.0045	0.0052	0.0059	0.0064	0.0067																
1.2	0.0044	0.0056	0.0066	0.0075	0.0083	0.0089	0.0098															
1.5	0.0057	0.0073	0.0087	0.0101	0.011	0.012	0.014															
1.7	0.0065	0.0084	0.0101	0.0117	0.013	0.015	0.017															
1.8	0.0069	0.0089	0.0108	0.0126	0.014	0.016	0.018															
2.0	0.0078	0.0101	0.0122	0.0143	0.016	0.018	0.021															
2.5	0.0099	0.0129	0.0157	0.0185	0.021	0.023	0.028															
3.0	0.0120	0.0157	0.0192	0.0226	0.026	0.029	0.035	0.047	0.056													
4.0							0.049	0.068	0.084	0.105												
5.0							0.063	0.089	0.112	0.147	0.168											

续表

壁厚/mm

理论重量/(kg/m)(密度 8.9 g/cm³)

外径/mm	0.15	0.2	0.25	0.3	0.35	0.4	0.5	0.75	1	1.5	2	2.5	3	3.5	4	7.5	10	12.5	15	17.5	20	25
6.0							0.077	0.110	0.140	0.189	0.224											
7.0							0.091	0.131	0.168	0.231	0.280											
8.0							0.105	0.152	0.196	0.273	0.336	0.384	0.419	0.440								
9.0							0.119	0.173	0.224	0.315	0.391	0.454	0.503	0.538								
10							0.133	0.194	0.252	0.356	0.447	0.524	0.587	0.636								
11								0.215	0.280	0.398	0.503	0.594	0.671	0.734								
12								0.236	0.308	0.440	0.559	0.664	0.755	0.832								
13									0.336	0.482	0.615	0.734	0.839	0.930								
14									0.363	0.524	0.671	0.804	0.923	1.028								
15									0.391	0.566	0.727	0.874	1.007	1.125								
16									0.419	0.608	0.783	0.944	1.090	1.223	1.342							
17									0.447	0.650	0.839	1.014	1.174	1.321	1.454							
18									0.475	0.692	0.895	1.083	1.258	1.419	1.566							
19									0.503	0.734	0.951	1.153	1.342	1.517	1.678							
20									0.531	0.776	1.007	1.223	1.426	1.615	1.789							
21									0.559	0.818	1.062	1.293	1.510	1.713	1.901							
22									0.587	0.860	1.118	1.363	1.594	1.810	2.013							

续表

外径/mm	壁厚/mm																					
	0.15	0.2	0.25	0.3	0.35	0.4	0.5	0.75	1	1.5	2	2.5	3	3.5	4	7.5	10	12.5	15	17.5	20	25
	理论重量/(kg/m)(密度 8.9 g/cm³)																					
23									0.615	0.902	1.174	1.433	1.678	1.908	2.125							
24									0.643	0.944	1.230	1.503	1.761	2.006	2.237							
25									0.671	0.986	1.286	1.573	1.845	2.104	2.349							
26									0.699	1.028	1.342	1.643	1.929	2.202	2.460							
27									0.727	1.069	1.398	1.713	2.013	2.300	2.572							
28									0.755	1.111	1.454	1.782	2.097	2.398	2.684							
29									0.783	1.153	1.510	1.852	2.181	2.495	2.796							
30									0.811	1.195	1.566	1.922	2.265	2.593	2.908							
31									0.839	1.237	1.622	1.992	2.349	2.691	3.020							
32									0.867	1.279	1.678	2.062	2.433	2.789	3.132							
33									0.895	1.321	1.734	2.132	2.516	2.887	3.243							
34									0.923	1.363	1.789	2.202	2.600	2.985	3.355							
35									0.951	1.405	1.845	2.272	2.684	3.083	3.467							
36									0.979	1.447	1.901	2.342	2.768	3.180	3.579							
37									1.007	1.489	1.957	2.412	2.852	3.278	3.691							
38									1.035	1.531	2.013	2.481	2.936	3.376	3.803							
39									1.062	1.573	2.069	2.551	3.020	3.474	3.914							

续表

理论重量/(kg/m)（密度 8.9 g/cm³）

外径/mm	壁厚/mm																					
	0.15	0.2	0.25	0.3	0.35	0.4	0.5	0.75	1	1.5	2	2.5	3	3.5	4	7.5	10	12.5	15	17.5	20	25
40									1.090	1.615	2.125	2.621	3.104	3.572	4.026							
41									1.118	1.657	2.181	2.691	3.187	3.670	4.138							
42									1.146	1.699	2.237	2.761	3.271	3.768	4.250							
43									1.174	1.741	2.293	2.831	3.355	3.865	4.362							
44									1.202	1.782	2.349	2.901	3.439	3.963	4.474							
45									1.230	1.824	2.405	2.971	3.523	4.061	4.585							
46									1.258	1.866	2.460	3.041	3.607	4.159	4.697							
47									1.286	1.908	2.516	3.111	3.691	4.257	4.809							
48									1.314	1.950	2.572	3.180	3.775	4.355	4.921							
49									1.342	1.992	2.628	3.250	3.859	4.453	5.033							
50									1.370	2.034	2.684	3.320	3.942	4.551	5.145	8.912	11.18	13.11	14.68			
51									1.398	2.076	2.740	3.390	4.026	4.648	5.257	9.122	11.46	13.46	15.10			
52									1.426	2.118	2.796	3.460	4.110	4.746	5.368	9.332	11.74	13.81	15.52			
53									1.454	2.160	2.852	3.530	4.194	4.844	5.480	9.541	12.02	14.15	15.94			
54									1.482	2.202	2.908	3.600	4.278	4.942	5.592	9.751	12.30	14.50	16.36			
55									1.510	2.244	2.964	3.670	4.362	5.040	5.704	9.961	12.58	14.85	16.78			
60									1.650	2.454	3.243	4.019	4.781	5.529	6.263	11.009	13.98	16.60	18.87			

续表

壁厚/mm

理论重量/(kg/m)（密度 8.9 g/cm³）

外径/mm	0.15	0.2	0.25	0.3	0.35	0.4	0.5	0.75	1	1.5	2	2.5	3	3.5	4	7.5	10	12.5	15	17.5	20	25
63										2.579	3.411	4.229	5.033	5.823	6.599	11.638	14.82	17.65	20.13			
65										2.663	3.523	4.369	5.201	6.018	6.822	12.058	15.38	18.35	20.97			
68										2.789	3.691	4.578	5.452	6.312	7.158	12.687	16.22	19.40	22.23			
70										2.873	3.803	4.718	5.620	6.508	7.381	13.106	16.78	20.10	23.07			
75										3.083	4.082	5.068	6.039	6.997	7.941	14.155	18.17	21.84	25.16	28.13		
76										3.125	4.138	5.138	6.123	7.095	8.053	14.365	18.45	22.19	25.58	28.62		
80										3.292	4.362	5.417	6.459	7.486	8.500	15.203	19.57	23.59	27.26	30.58	33.55	
85										3.502	4.641	5.767	6.878	7.976	9.059	16.252	20.97	25.34	29.36	33.03	36.35	
90										3.712	4.921	6.116	7.298	8.465		17.300	22.37	27.09	31.46	35.47	39.14	45.44
95										3.921	5.201	6.466	7.717	8.954		18.349	23.77	28.83	33.55	37.92	41.94	48.93
100										4.131	5.480	6.815	8.136	9.444			25.16	30.58	35.65	40.37	44.74	52.43
105											5.760	7.165					26.56	32.33	37.75	42.81	47.53	55.92
110												7.514					27.96	34.08	39.84	45.26	50.33	59.42
115												7.864					29.36	35.82	41.94	47.71	53.12	62.91
120																	30.76	37.57	44.04	50.15	55.92	66.41

表 5-34　黄铜管的理论质量

理论重量/(kg/m)（密度 8.5 g/cm³）

外径/mm	壁厚/mm																				
	0.5	0.75	1	1.5	2	2.5	3	3.5	4	4.5	5	6	7	8	9	10	12.5	15	17.5	20	22.5
3.0	0.0334																				
4.0	0.0467																				
5.0	0.0601	0.085	0.107																		
6.0	0.0734	0.105	0.134	0.180																	
7.0	0.0868	0.125	0.160	0.220																	
8.0	0.1001	0.145	0.187	0.260	0.320																
9.0	0.1135	0.165	0.214	0.300	0.374																
10	0.1268	0.185	0.240	0.340	0.427																
11	0.1402	0.205	0.267	0.381	0.481																
12	0.1535	0.225	0.294	0.421	0.534	0.634	0.721														
13	0.1669	0.245	0.320	0.461	0.587	0.701	0.801														
14	0.1802	0.265	0.347	0.501	0.641	0.768	0.881														
15	0.1936	0.285	0.374	0.541	0.694	0.834	0.961														
16	0.2070	0.305	0.401	0.581	0.748	0.901	1.041														
17	0.2203	0.325	0.427	0.621	0.801	0.968	1.122	1.262													
18	0.2337	0.345	0.454	0.661	0.855	1.035	1.202	1.355	1.495												
19	0.2470	0.366	0.481	0.701	0.908	1.102	1.282	1.449	1.602												
20	0.2604	0.386	0.507	0.741	0.961	1.168	1.362	1.542	1.709												

续表

外径/mm	壁厚/mm 理论重量/(kg/m)(密度 8.5 g/cm³)																				
	0.5	0.75	1	1.5	2	2.5	3	3.5	4	4.5	5	6	7	8	9	10	12.5	15	17.5	20	22.5
21			0.534	0.781	1.015	1.235	1.442	1.636	1.816												
22			0.561	0.821	1.068	1.302	1.522	1.729	1.923												
23			0.587	0.861	1.122	1.369	1.602	1.823	2.029	2.223											
24			0.614	0.901	1.175	1.435	1.682	1.916	2.136	2.343											
25			0.641	0.941	1.228	1.502	1.762	2.009	2.243	2.463											
26			0.668	0.981	1.282	1.569	1.843	2.103	2.350	2.584	2.804										
27			0.694	1.021	1.335	1.636	1.923	2.196	2.457	2.704	2.937										
28			0.721	1.061	1.389	1.702	2.003	2.290	2.564	2.824	3.071										
29			0.748	1.102	1.442	1.769	2.083	2.383	2.670	2.944	3.204										
30			0.774	1.142	1.495	1.836	2.163	2.477	2.777	3.064	3.338	3.845									
31			0.801	1.182	1.549	1.903	2.243	2.570	2.884	3.184	3.471	4.006									
32			0.828	1.222	1.602	1.969	2.323	2.664	2.991	3.305	3.605	4.166									
33			0.855	1.262	1.656	2.036	2.403	2.757	3.098	3.425	3.738	4.326									
34			0.881	1.302	1.709	2.103	2.483	2.851	3.204	3.545	3.872	4.486									
35			0.908	1.342	1.762	2.170	2.564	2.944	3.311	3.665	4.006	4.646									
36			0.935	1.382	1.816	2.236	2.644	3.038	3.418	3.785	4.139	4.807									
37			0.961	1.422	1.869	2.303	2.724	3.131	3.525	3.905	4.273	4.967									

续表

理论重量/(kg/m)（密度 8.5 g/cm³）

外径/mm	壁厚/mm																				
	0.5	0.75	1	1.5	2	2.5	3	3.5	4	4.5	5	6	7	8	9	10	12.5	15	17.5	20	22.5
38			0.988	1.462	1.923	2.370	2.804	3.224	3.632	4.026	4.406	5.127									
39			1.015	1.502	1.976	2.437	2.884	3.318	3.738	4.146	4.540	5.287									
40			1.041	1.542	2.029	2.503	2.964	3.411	3.845	4.266	4.673	5.448									
41			1.068	1.582	2.083	2.570	3.044	3.505	3.952	4.386	4.807	5.608									
42			1.095	1.622	2.136	2.637	3.124	3.598	4.059	4.506	4.940	5.768									
43			1.122	1.662	2.190	2.704	3.204	3.692	4.166	4.626	5.074	5.928									
44			1.148	1.702	2.243	2.770	3.285	3.785	4.273	4.747	5.207	6.088									
45			1.175	1.742	2.297	2.837	3.365	3.879	4.379	4.867	5.341	6.249									
46					2.350	2.904	3.445	3.972	4.486	4.987	5.474	6.409	7.290								
47					2.403	2.971	3.525	4.066	4.593	5.107	5.608	6.569	7.477								
48					2.457	3.038	3.605	4.159	4.700	5.227	5.741	6.729	7.664								
49					2.510	3.104	3.685	4.253	4.807	5.347	5.875	6.890	7.851								
50					2.564	3.171	3.765	4.346	4.913	5.468	6.008	7.050	8.038			10.68	12.52	14.02			
51					2.617	3.238	3.845	4.439	5.020	5.588	6.142	7.210	8.225			10.95	12.85	14.42			
52					2.670	3.305	3.925	4.533	5.127	5.708	6.275	7.370	8.412			11.22	13.18	14.82			
53					2.724	3.371	4.006	4.626	5.234	5.828	6.409	7.530	8.599			11.48	13.52	15.22			
54					2.777	3.438	4.086	4.720	5.341	5.948	6.542	7.691	8.785			11.75	13.85	15.62			

壁厚/mm ｜ 理论重量/(kg/m)(密度 8.5 g/cm³)

外径/mm	0.5	0.75	1	1.5	2	2.5	3	3.5	4	4.5	5	6	7	8	9	10	12.5	15	17.5	20	22.5
55					2.831	3.505	4.166	4.813	5.448		6.676	7.851	8.972			12.02	14.19	16.02			
58					2.991	3.705	4.406	5.094	5.768		7.07	8.33	9.53		11.78	12.82	15.19	17.22			
60					3.098	3.839	4.566	5.281	5.982		7.343	8.652	9.907			13.35	15.86	18.02			
65					3.365	4.172	4.967	5.748	6.516		8.011	9.453	10.84			14.69	17.52	20.03			
70					3.632	4.506	5.367		7.050		8.679	10.25	11.78			16.02	19.19	22.03			
75					3.899	4.840	5.768		7.584		9.346	11.06	12.71			17.36	20.86	24.03	26.87		
76					3.952	4.907	5.848		7.691		9.480	11.22	12.90			17.62	21.20	24.43	27.34		
80					4.166	5.174	6.169		8.118		10.01	11.86	13.65			18.69	22.53	26.04	29.21	32.04	
85							6.569		8.652		10.68	12.66	14.58			20.03	24.20	28.04	31.54	34.71	37.55
90							6.970		9.186		11.35			17.52		21.36	25.87	30.04	33.88	37.38	40.56
95							7.370		9.720		12.02					22.70	27.54	32.04	36.22	40.06	43.56
100							7.771		10.254		12.68					24.03	29.21	34.05	38.55	42.73	46.56
105											13.35					25.37	30.88	36.05	40.89	45.40	49.57
110											14.02					26.70	32.54	38.05	43.23	48.07	52.57
115																28.04	34.21	40.06	45.56	50.74	55.58
120																29.37	35.88	42.06	47.90	53.41	58.58

2. 一般用途的加工铜及铜合金无缝圆形管材 (GB/T 16866—2006)

尺寸规格见表 5-35 至表 5-37。

表 5-35　一般用途的挤制铜及铜合金管的尺寸规格（单位：mm）

公称外径	公称壁厚																										
	1.5	2.0	2.5	3.0	3.5	4.0	4.5	5.0	6.0	7.5	9.0	10.0	12.5	15.0	17.5	20.0	22.5	25.0	27.5	30.0	32.5	35.0	37.5	40.0	42.5	45.0	50.0
20,21,22	◎	◎	◎	◎																							
23,24,25,26	◎	◎	◎	◎	◎																						
27,28,29,30,32			◎	◎	◎	◎	◎	◎	◎																		
34,35,36			◎	◎	◎	◎	◎	◎	◎																		
38,40,42,44				◎	◎	◎	◎	◎	◎	◎		◎															
45,(46),(48)				◎	◎	◎	◎	◎	◎	◎	◎	◎															
50,(52),(54),55				◎	◎	◎	◎	◎	◎	◎	◎	◎	◎	◎	◎												
(56),(58),60						◎	◎	◎	◎	◎	◎	◎	◎	◎	◎	◎											
(62),(64),65,68,70										◎	◎	◎	◎	◎	◎	◎	◎	◎									
(72),74,75,(78),80										◎	◎	◎	◎	◎	◎	◎	◎	◎	◎	◎							
85,90,95,100										◎			◎	◎	◎	◎	◎	◎	◎	◎							
105,110												◎	◎	◎	◎	◎	◎	◎	◎	◎	◎	◎					
115,120,135,140												◎	◎	◎	◎	◎	◎	◎	◎	◎	◎	◎	◎				
125,130,145,150												◎	◎	◎	◎	◎	◎	◎	◎	◎	◎	◎	◎	◎			
155,160,165,170													◎	◎	◎	◎	◎	◎	◎	◎	◎	◎	◎	◎	◎		
175,180,185,190,																◎		◎		◎	◎	◎	◎	◎	◎	◎	
195,200																									◎	◎	◎

续表

公称外径	1.5	2.0	2.5	3.0	3.5	4.0	4.5	5.0	6.0	7.5	9.0	10.0	12.5	15.0	17.5	20.0	22.5	25.0	27.5	30.0	32.5	35.0	37.5	40.0	42.5	45.0	50.0
(205)、210、(215)、220												◎	◎	◎	◎	◎	◎	◎	◎	◎	◎	◎	◎	○			
(225)、230、(235)												◎	◎	◎	◎	◎	◎	◎	◎	◎	◎	◎	◎	◎	◎	○	
240、(245)、250													◎	◎	◎	◎	◎	◎	◎	◎	◎	◎	◎	◎	◎		○
(255)、260、(265)													◎	◎	◎	◎	◎	◎	◎								
270、(275)、280														◎	◎	◎	◎	◎	◎	○							
290、300																◎	◎	◎	◎	○							

注：1."◎"表示可供规格，"○"表示不推荐采用的规格。需要其他规格的产品应由供需双方确定。

2. 挤制管材外形尺寸范围：纯铜管，外径30～300mm，壁厚5.0～300mm；黄铜管，外径21～280mm，壁厚1.5～42.5mm；铝青铜管，外径20～250mm，壁厚3.0～50mm。

表5-36　一般用途的拉制铜及铜合金管的尺寸规格（单位：mm）

公称外径	0.50	0.75	1.0	(1.25)	1.5	2.0	2.5	3.0	3.5	4.0	4.5	5.0	6.0	7.0	8.0	(9.0)	10.0
3、4、5、6、7	◎	◎	◎	◎	○												
8、9、10、11、12	◎	◎	◎	◎	◎	◎	○										
13、14、15			◎	◎	◎	◎	◎	◎	○								
16、17、18、19、20	◎	◎	◎	◎	◎	◎	◎	◎	◎	◎	○						

续表

公称外径	公称壁厚																
	0.50	0.75	1.0	(1.25)	1.5	2.0	2.5	3.0	3.5	4.0	4.5	5.0	6.0	7.0	8.0	(9.0)	10.0
21,22,23,24,25、26,27,28,(29)、30,31,32,33、34,35,36,37、38,(39),40			◎	◎	◎	◎	◎	◎	◎	◎	◎	◎					
(41),42,(43)、(44),45,(46)、(47),48,(49)、50,(52),54,55、(56),58,60			◎		◎	◎	◎	◎	◎	◎	◎	◎	◎				
(62),(64),65、(66),68,70,(72)、(74),75,76,(78)、80,(82),(84)、85,86,(88),90、(92),(94),96、(98),100,105、110,115,120、125,130,135、140,145,150						◎	◎	◎	◎	◎	◎	◎	◎	◎	◎	◎	◎

公称外径	公称壁厚																
	0.50	0.75	1.0	(1.25)	1.5	2.0	2.5	3.0	3.5	4.0	4.5	5.0	6.0	7.0	8.0	(9.0)	10.0
155,160,165,170, 175,180,185, 190,195,200								◎	◎	◎	◎		○		○	○	○
210,220,230, 240,250,								◎	◎	◎	◎	◎	○	○			
260,270,280,290, 300,310,320,330, 340,350,360									◎	◎	◎	◎					

注：1. "◎"表示可供规格，其中壁厚为 1.25 mm 仅供拉制锌白铜管，"○"表示不推荐采用的规格。需要其他规格的产品应由供需双方确定。

2. 挤制管材外形尺寸范围：纯铜管，外径 3～300 mm，壁厚 0.5～10 mm（1.25 mm 除外）；锌白铜管，外径 4～40 mm，壁厚 0.5～4.0 mm。黄铜管，外径 3～200 mm，壁厚 0.5～10.0 mm。

表 5-37 一般用途的黄铜薄壁管的尺寸规格（单位：mm）

公称外径	公称壁厚												
	0.15	0.20	0.25	0.30	0.35	0.40	0.45	0.50	0.60	0.70	0.80	0.90
3、3.2	◎	◎	◎	◎	◎	◎	◎	◎	◎			
3.5	◎	◎	◎	◎	◎	◎	◎	◎	◎	◎		
4、5、6、7、8、9、10、11.5	◎	◎	◎	◎	◎	◎	◎	◎	◎	◎	◎	
12、12.6		◎	◎	◎	◎	◎	◎	◎	◎	◎	◎	◎
14、15.6、16、16.5				◎	◎	◎	◎	◎	◎	◎	◎	◎
18、18.5					◎	◎	◎	◎	◎	◎	◎	◎
20						◎	◎	◎	◎	◎	◎	◎
22								◎	◎	◎	◎	◎
24、25.2、26、27.5									◎	◎	◎	◎
28										◎	◎	◎
30											◎	◎

注："◎"表示可供规格，需要其他规格的产品应由供需双方确定。

3. 铜及铜合金拉制管

铜及铜合金拉制管的牌号和规格（GB/T 1527—2006）见表 5-38。

表 5-38 铜及铜合金拉制管的牌号和规格

牌号	状态	规格/mm	
		外径	壁厚
T2、T3、TU1、TU2、TP1、TP2	硬（Y）	3～360	0.5～10
	半硬（Y₂）	3～100	
	软（M）	3～360	
H96	硬（Y）	3～200	0.15～10
	软（M）		
H68	硬（Y）	3.2～30	0.15～0.90
	半硬（Y₂）	3～60	0.15～10
	软（M）		
H62	硬（Y）	3.2～30	0.15～0.90
	半硬（Y₂）	3～200	0.15～10
	软（M）		
HSn70-1、HSn62-1	半硬（Y₂）	3～60	0.5～10
	软（M）		
BZn15-20	硬（Y）	4～40	0.5～4.0
	半硬（Y₂）		
	软（M）		

注：管材的尺寸见表 5-35 至表 5-37。

4. 铜及铜合金挤制管

铜及铜合金挤制管的牌号和规格(GB/T 1528—1997)见表 5-39。

表 5-39　铜及铜合金挤制管的牌号和规格

牌号	状态	规格/mm	
		外径	壁厚
T2、T3、TP2、TU1、TU2	挤制(R)	30～300	5～30
H96、H62、HPb59-1、HFe59-1-1		21～280	1.5～42.5
QAl9-2、QAl9-4、QAl10-3-1、QAl10-4-4		20～250	3～50

注：管材的尺寸见表 5-35 至表 5-37。

5. 铜及铜合金毛细管(GB/T 1531—2009)

1) 牌号和规格见表 5-40。

表 5-40　铜及铜合金毛细管的牌号和规格

牌号	供应状态	规格/mm	
		外径	内径
T2、TP1、TP2、H68、H62	硬(Y)，半硬(Y₂)，软(M)	0.5～3.0	0.3～2.5
H96、QSn4-0.3、QSn6.5-0.1、BZn15-20	硬(Y)，软(M)		

2) 分类：高级—适用于家用冰箱、电冰柜、高精度仪器等工作。

较高级—适用于较高级精度的仪表、仪器和电子工业。

普通级—适用于一般精度的仪器、仪表和电子工业。

3) 允许偏差见表 5-41 至 5-43。

表 5-41　高级管材的尺寸规格及允许偏差（单位：mm）

外径		内径								
		0.55	0.60	0.65	0.70	0.75	0.80	0.85	0.90	1.0
公称直径	允许偏差	允许偏差								
		±0.02								
0.70	±0.03		◎	◎	◎					
1.80		◎	◎	◎	◎	◎				
1.85			◎	◎	◎	◎				
1.90			◎	◎	◎	◎	◎			
2.00			◎	◎	◎	◎	◎			
2.05								◎	◎	
2.20										◎

注："◎"表示有产品，空格表示无产品。

表5-42 普通级、较高级管材的外径、内径及允许偏差（单位：mm）

内径允许偏差（±）。外径允许偏差（±）= 0.03。表中每格左列为"较高级"，右列为"普通级"。

公称尺寸(外径)	允许偏差(±)	内径0.3 较高级	0.3 普通级	0.4 较高级	0.4 普通级	0.5 较高级	0.5 普通级	0.6 较高级	0.6 普通级	0.7 较高级	0.7 普通级	0.8 较高级	0.8 普通级	0.9 较高级	0.9 普通级	1.0 较高级	1.0 普通级	1.1 较高级	1.1 普通级	1.2 较高级	1.2 普通级	1.3 较高级	1.3 普通级	1.4 较高级	1.4 普通级
0.5	0.03	0.03	0.05																						
0.6	0.03			0.03	0.05																				
0.7	0.03					0.03	0.05																		
0.8	0.03			0.03	0.05			0.03	0.05																
1.0	0.03			0.04	0.06			0.03	0.05			0.03	0.05												
1.2	0.03			0.05	0.08			0.04	0.06			0.03	0.05			0.03	0.05								
1.4	0.03			0.05	0.08			0.05	0.08			0.04	0.06			0.03	0.05			0.03	0.05				
1.5	0.03					0.05	0.08			0.05	0.08			0.04	0.06			0.03	0.05			0.03	0.05		
1.6	0.03			0.06	0.10			0.05	0.08			0.05	0.08			0.04	0.06			0.03	0.05			0.03	0.05
1.7	0.03					0.06	0.10			0.05	0.08			0.05	0.08			0.04	0.06			0.03	0.05		
1.8	0.03			0.06	0.10			0.06	0.10			0.05	0.08			0.05	0.08			0.04	0.06			0.03	0.05
2.0	0.03			0.06	0.10			0.06	0.10			0.06	0.10			0.05	0.08			0.05	0.08			0.04	0.06
2.2	0.03			0.06	0.10			0.06	0.10			0.06	0.10			0.06	0.10			0.05	0.08			0.05	0.08
2.4	0.03			0.06	0.10			0.06	0.10			0.06	0.10			0.06	0.10			0.06	0.10			0.05	0.08
2.5	0.03					0.06	0.10			0.06	0.10			0.06	0.10			0.06	0.10			0.06	0.10		
2.6	0.03							0.06	0.10			0.06	0.10			0.06	0.10			0.06	0.10			0.06	0.10
2.8	0.03											0.06	0.10			0.06	0.10			0.06	0.10			0.06	0.10
3.0	0.03															0.06	0.10			0.06	0.10			0.06	0.10

续表

外径		内径																					
公称尺寸	允许偏差(±)	内径允许偏差(±)																					
		1.5		1.6		1.7		1.8		1.9		2.0		2.1		2.2		2.3		2.4		2.5	
		较高级	普通级	较高级	普通级	较高级	普通级	较高级	普通级	较高级	普通级	较高级	普通级	较高级	普通级	较高级	普通级	较高级	普通级	较高级	普通级	较高级	普通级
0.5																							
0.6																							
0.7																							
0.8																							
1.0																							
1.2																							
1.4																							
1.5																							
1.6	0.03	0.03	0.05																				
1.7		0.03	0.05	0.03	0.05																		
1.8		0.04	0.06	0.03	0.05	0.03	0.05																
2.0		0.05	0.08	0.04	0.06	0.04	0.06	0.03	0.05	0.03	0.05												
2.2		0.05	0.08	0.05	0.08	0.05	0.08	0.03	0.05	0.04	0.06	0.03	0.05	0.03	0.05								
2.4				0.05	0.08	0.05	0.08	0.04	0.06	0.04	0.06	0.03	0.05	0.03	0.05	0.04	0.06	0.03	0.04				
2.5				0.06	0.10			0.04	0.06	0.05	0.08	0.03	0.05	0.04	0.06								
2.6				0.06	0.10			0.05	0.08	0.05	0.08	0.04	0.06	0.04	0.06	0.04	0.06	0.04	0.06				
2.8								0.05	0.08			0.05	0.08	0.05	0.08	0.05	0.08	0.06	0.08	0.04	0.06	0.03	0.03
3.0								0.06	0.10				0.05					0.06	0.08	0.06	0.04	0.06	0.05

表 5-44　直条供应管材的长度允许偏差

长度/m	允许偏差/mm
0.15～0.6	+2.0
>0.6～1.8	+3.5
>1.8～3.5	+7.0

6. 铜及铜合金散热扁管(GB/T 8891—2000)

1)牌号和规格见表 5-44。

2)尺寸规格见表 5-45。

表 5-44　铜及铜合金散热扁管的牌号和规格　（单位：mm）

牌号	供应状态	宽度	高度	壁厚	长度
T2、H96	硬(Y)				
H85	半硬(Y₂)	16～25	1.9～6.0	0.2～0.7	250～1500
HSn70-1	软(M)				

表 5-45　铜及铜合金散热扁管的外形尺寸（单位：mm）

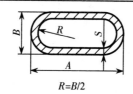

$R=B/2$

宽度 A	高度 B	壁厚 S						
		0.20	0.25	0.30	0.40	0.50	0.60	0.70
16	3.7	◎	◎	◎	◎	◎	◎	◎
17	3.5	◎	◎	◎	◎	◎	◎	◎
	5.0		◎	◎	◎	◎	◎	◎
18	1.9	◎	◎					
18.5	2.5	◎	◎	◎	◎			
	3.5	◎	◎	◎	◎	◎	◎	◎
19	2.0	◎	◎					
	2.2	◎	◎	◎				
	2.4	◎	◎	◎				
	4.5	◎	◎	◎	◎	◎	◎	◎

宽度 A	高度 B	壁厚 S						
		0.20	0.25	0.30	0.40	0.50	0.60	0.70
16	3.7	◎	◎	◎	◎	◎	◎	◎
21	3.0	◎	◎	◎	◎	◎		
	4.0	◎	◎	◎	◎	◎	◎	◎
	5.0			◎	◎	◎	◎	◎
22	3.0	◎	◎	◎	◎	◎	◎	◎
	6.0			◎	◎	◎	◎	◎
25	4.0	◎	◎	◎	◎	◎	◎	◎
	6.0					◎	◎	◎

注:"◎"表示有产品,""表示无产品。

7. 压力表用锡青铜管(GB/T 8892—2005)

1)牌号和规格见表 5-46。

2)尺寸规格和允许偏差 见表 5-47、5-48。

表 5-46 压力表用锡青铜管的牌号和规格

牌号	供应状态	形状	规格/mm
QSn4-0.3 QSn6.5-0.1	硬(Y) 软(M)	圆管	(4~25)×(0.15~1.80)
		椭圆管	(5~15)×(2.5~6)×(0.15~1.0)
		扁管	(7.5~20)×(5~7)×(0.15~1.0)

表 5-47 圆管的断面尺寸(单位:mm)

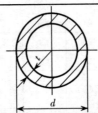

外径 d	壁厚 t						
	0.15~ 0.30	>0.30~ 0.50	>0.50~ 0.80	>0.80~ 1.00	>1.00~ 1.30	>1.30~ 1.50	>1.50~ 1.80
4(4.2)	◎	◎	◎	◎			
4.5	◎	◎	◎	◎	◎		
5(5.56)	◎	◎	◎	◎	◎	◎	◎

续表

外径 d	壁厚 t						
	0.15~0.30	>0.30~0.50	>0.50~0.80	>0.80~1.00	>1.00~1.30	>1.30~1.50	>1.50~1.80
6(6.35)	◎	◎	◎	◎	◎	◎	◎
7(7.14)	◎	◎	◎	◎	◎	◎	◎
8	◎	◎	◎	◎	◎	◎	◎
9(9.52)	◎	◎	◎	◎	◎	◎	◎
10(10.5)	◎	◎	◎	◎	◎	◎	◎
11	◎	◎	◎	◎	◎	◎	◎
12(12.6)	◎	◎	◎	◎	◎	◎	◎
13	◎	◎	◎	◎	◎	◎	◎
14(14.34)	◎	◎	◎	◎	◎	◎	◎
15	◎	◎	◎	◎	◎	◎	◎
16(16.5)		◎	◎	◎	◎	◎	◎
17			◎	◎	◎	◎	◎
18(19.5)				◎	◎	◎	◎
20				◎	◎	◎	◎
>20~25						◎	◎

注："◎"表示有产品，" "表示无产品，括号内的外径规格表示限制使用的规格。

表 5-48　扁管和椭圆管的断面尺寸

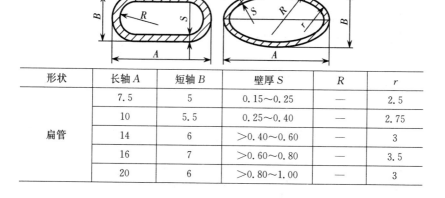

形状	长轴 A	短轴 B	壁厚 S	R	r
扁管	7.5	5	0.15~0.25	—	2.5
	10	5.5	0.25~0.40	—	2.75
	14	6	>0.40~0.60	—	3
	16	7	>0.60~0.80	—	3.5
	20	6	>0.80~1.00	—	3

形状	长轴 A	短轴 B	壁厚 S	R	r
椭圆管	5	3	0.15～0.25	3.5	1
	8		＞0.25～0.40	—	
	10	2.5	＞0.40～0.60	—	
	15	5	＞0.60～0.80	19.2	1.5
		6	＞0.80～1.00	17.0	2.0

8. 无缝铜水管和铜气管(GB/T 18033—2000)

1)牌号和规格见表5-49。

2)尺寸规格及状态见表5-50至5-52。

3)理论重量见表5-53。

表5-49　无缝铜水管与铜钢管的牌号与规格

牌号	状态	种类	规格/mm		
			外径	壁厚	长度
T2、TP2	硬(Y)	直管	6～219	0.6～6	3000
	半硬(Y₂)		6～54		5800
	软(M)		6～35		
	软(M)	盘管	≤19		≥15000

注:需方有其他规格要求时,应在合同中注明其规格及相应的偏差要求。

表5-50　无缝铜水管与铜气管的外形尺寸规格

通径 /mm	公称外径 /mm	壁厚/mm		
		类型		
		A	B	C
5	6	1.0	0.8	0.6
6	8	1.0	0.8	0.6
8	10	1.0	0.8	0.6
10	12	1.2	0.8	0.6
15	15	1.2	1.0	0.7
—	18	1.2	1.0	0.8
20	22	1.5	1.2	0.9
25	28	1.5	1.2	0.9
32	35	2.0	1.5	1.2
40	42	2.0	1.5	1.2

通径 /mm	公称外径 /mm	壁厚/mm		
		类型		
		A	B	C
50	54	2.5	2.0	1.2
65	67	2.5	2.0	1.5
80	85	2.5	2.0	1.5
100	108	3.5	2.5	1.5
125	133	3.5	2.5	1.5
150	159	4.0	3.0	2.0
200	219	6.0	5.0	4.0

注:1. 通径—公称内径。

2. 管材的壁厚允许偏差应为管材名义壁厚的±10%。

表 5-51　无缝铜水管与铜气管的工作状态

公称外径 /mm	硬态（Y）			半硬态（Y₂）			软态（M）		
	最大工作压力 p/MPa			最大工作压力 p/MPa			最大工作压力 p/MPa		
	A	B	C	A	B	C	A	B	C
6	24.23	18.81	13.70	19.23	14.92	10.87	15.85	12.30	8.96
8	17.50	13.70	10.05	13.89	10.87	8.00	11.44	8.96	6.57
10	13.70	10.77	7.94	10.87	8.55	6.30	8.96	7.04	5.19
12	13.69	8.87	6.56	10.87	7.04	5.21	8.96	5.80	4.29
15	10.79	8.87	6.11	8.56	7.04	4.85	7.04	5.80	3.99
18	8.87	7.31	5.81	7.04	5.81	4.61	5.80	4.79	3.80
22	9.08	7.19	5.92	7.21	5.70	4.23	5.94	4.70	3.48
28	7.05	5.59	4.62	5.60	4.44	3.30	4.61	3.66	2.72
35	7.54	5.59	4.44	5.99	4.44	3.51	4.93	3.66	2.90
42	6.23	4.63	3.68	4.95	3.68	2.92	—	—	-
54	6.06	4.81	2.85	4.81	3.82	2.26	—	—	—
67	4.85	3.85	2.87	—	—	—	—	—	—
85	4.26	3.39	2.53	—	—	—	—	—	—
108	4.19	2.97	1.77	—	—	—	—	—	—

公称外径 /mm	硬态(Y)			半硬态(Y₂)			软态(M)		
	最大工作压力 p/MPa			最大工作压力 p/MPa			最大工作压力 p/MPa		
	A	B	C	A	B	C	A	B	C
133	3.39	2.40	1.43	—	—	—	—	—	—
159	3.23	2.41	1.60	—	—	—	—	—	—
219	3.53	2.93	2.34	—	—	—	—	—	—

注:最大工作压力(p)指工作条件为65℃时,硬态管允许应力(s)为63 MPa,半硬态管允许应力(s)为50 MPa,软态管允许应力(s)为41.2 MPa。

表 5-52 无缝铜水管与铜气管的理论质量

公称外径 /mm	理论质量(kg/m)		
	A	B	C
6	0.140	0.116	0.091
8	0.196	0.161	0.124
10	0.252	0.206	0.158
12	0.362	0.251	0.191
15	0.463	0.391	0.280
18	0.564	0.475	0.385
22	0.860	0.698	0.531
28	1.111	0.899	0.682
35	1.845	1.405	1.134
42	2.237	1.699	1.369
54	3.600	2.908	1.772
67	4.509	3.635	2.747
85	5.138	4.138	3.125
108	10.226	7.374	4.467
133	12.673	9.122	5.515
159	17.335	13.085	8.779
219	35.733	29.917	24.046

表 5-53　无缝铜水管与铜气管的标准尺寸(单位:mm)

公称外径	壁厚															
	0.6	0.7	0.8	0.9	1.0	1.2	1.5	1.8	2.0	2.5	3.0	3.5	4.0	4.5	5.0	6.0
6	◎		◎		◎											
8	◎		◎		◎											
10	◎		◎		◎											
12	◎	(◎)	◎	(◎)		◎										
15		◎	(◎)		◎	◎										
16					(◎)		(◎)									
18			◎		◎	◎	(◎)									
19					(◎)		(◎)									
22			(◎)	◎		◎	◎				△					
27											△					
28				◎		◎	◎									
34												△				
35					(◎)	◎	◎		◎							
42						◎	◎	(◎)	◎			△				
44									(◎)							
48												△				
54						◎		(◎)	◎	◎						
55									(◎)							
60												△				
67							◎		◎	◎						
70									(◎)	(◎)						
76									(◎)				△			
78																
79									(◎)							
85							◎		◎	◎						
89									(◎)				△			
105									(◎)	(◎)						
108									◎	(◎)	◎					
114														△		
130										(◎)	(◎)					

公称外径	壁 厚															
	0.6	0.7	0.8	0.9	1.0	1.2	1.5	1.8	2.0	2.5	3.0	3.5	4.0	4.5	5.0	6.0
6	133							◎			◎	(◎)	◎			
140														△		
156											(◎)		(◎)			
159										◎	◎	(◎)	◎			
165														△		
206											(◎)		(◎)			
219													◎		◎	◎

注:表中"◎"表示焊接或卡套连接的管材的推荐标准尺寸,"△"表示螺纹连接的管材的推荐标准尺寸,打括号的表示其他标准尺寸。

9. 热交换器用铜合金无缝管(GB/T 8890—2007)

1)牌号和规格见表5-54。

2)尺寸规格见表5-55。

表5-54 管材的牌号和规格

牌号	供应状态	规格/mm	
		外径	厚度
BFe30-1-1 BFe10-1-1	软（M） 半硬(Y$_2$)	10～35	0.75～3.0
HA177-2 HSn70-1 H68A H85A		10～45	0.75～3.5

表5-55 管材的公称尺寸系列(单位:mm)

外径	壁厚							
	0.75	1.0	1.25	1.5	2.0	2.5	3.0	3.5
10、11、12	◎	◎						
14	◎	◎	◎	◎	◎	◎		
15	◎	◎	◎	◎	◎	◎	◎	
16、18、19、20、21、 22、23、24、25	◎	◎	◎	◎	◎	◎	◎	◎
26、28、30、32、35		◎	◎	◎	◎	◎	◎	◎
38、40、42、45				◎	◎	◎	◎	◎

注:表中"◎"表示有产品,""表示无产品。壁厚0.75mm的黄铜管最大外径为20mm。

10. 空调机换热器铜管(GB/T 17791—1999)

牌号和规格见表 5-56。

表 5-56 空调机换热器铜管的牌号和规格(YS/T 288—1994)

牌号	状态	外径/mm	壁厚/mm
T2、TP2	硬(Y)、半硬(Y₂)、软(M)	5~10	0.3~0.8

11. 空调与制冷用无缝铜管(GB/T 17791—1999)

1)牌号和规格见表 5-57。

2)尺寸规格见表 5-58。

表 5-57 管材的牌号和规格

牌号	状态	种类	规格/mm		
			外径	壁厚	长度
T2 TU1 TU2 TP1 TP2	硬(Y) 半硬(Y₂) 软(M) 轻软(M₂)	直管	4~30	0.25~2.0	400~10000
		盘管		0.3~2.0	—

表 5-58 盘卷内外直径 (单位:mm)

类型	最小内径	最大内径	卷宽	外径
层绕管卷	610	≤1230	75~400	—
平螺旋管卷	250	≤1000	—	—
蚊香形管卷	—	—	—	φ300、φ400、φ500、 φ600、φ800、φ900

12. 内螺纹铜管(YS/T 440—2001)

1)牌号和状态见表 5-59。

2)外形尺寸见表 5-60。

3)名义尺寸见表 5-61。

表 5-59 内螺纹铜管的牌号和状态

牌号	状态	供货形状
TP2	轻软(M₂)	直管
		盘管

表 5-60　内螺纹铜管的外形尺寸

卷内径(名义)	卷外径	卷宽
610、560	<1070	200～400

注:内螺纹铜管供货应为层绕盘管。

表 5-61　内螺纹铜管推荐规格的名义尺寸

序号	规格 /mm	外径 D/mm	内径 D/mm	底壁厚 TW/mm	齿高 Hf/mm	槽底宽 w/mm	总壁厚 TWT/mm	齿顶角 α/(°)	螺旋角 β/(°)	螺纹数 n
1	$\phi7.00\times0.27+0.15-18°$	7.00	6.16	0.27	0.15	0.14	0.42	53	18	60
2	$\phi9.52\times0.28+0.15-18°$	9.52	8.66	0.28	0.20	0.27	0.43			
3	$\phi9.52\times0.30+0.20-18°$		8.52	0.30		0.24	0.50			

第二节　铝及铝合金型材

一、铝及铝合板材

1.铝及铝合金板

铝及铝合金板的理论质量见表 5-62。

表 5-62　铝及铝合金板的理论质量

厚度/mm	理论质量 /(kg/m²)	厚度/mm	理论质量 /(kg/m²)
0.3	0.84	2.8	7.84
0.4	1.12	3.0	8.40
0.5	1.40	3.5	9.80
0.6	1.68	4	11.20
0.7	1.96	5	14.00
0.8	2.24	6	16.80
0.9	2.52	7	19.60
1.0	2.80	8	22.40
1.2	3.36	9	25.20
1.5	4.20	10	28.00
1.8	5.04	12	33.60
2.0	5.60	14	39.20
2.3	6.44	15	42.00
2.5	7.00	16	44.80

2. 铝及铝合金板、带材

铝及铝合金板、带材的尺寸分级(GB/T 3880.3—2006)见表5-63。

表5-63　铝及铝合金板、带材的尺寸分级

项目	航空工业用板材厚度	非航空工业用板材厚度	宽度	长度	平面度	对角线	侧边直线度
可分级别	普通级、高精级						高精级

注:1. 变断面板材不分级。

2. 带板只有厚度、宽度指标分普通级与高精级。

3. 平面度为高精级的板材最大厚度为 6.5 mm。

3. 铝及铝合金轧制板(GB/T 3880.1—2006)

1)牌号和规格见表5-64、表5-65。

2)包覆层见表5-66。

表5-64　铝及铝合金轧制板的牌号和规格

牌号	供应状态	厚度
1A97、1A93、1A90、1A85	F、H112	>4.50～150.0
1070、1070A、1060、1050、1050A、1100、1145、1200、3003、3004	0	>0.2～10.0
	H12、H22、H14、H24、H16、H26、H18	>0.2～4.5
	F、H112	>4.5～150.0
3A21、8A06	0	>0.2～10.0
	H14、H24、H18	>0.2～4.5
	F、H112	>4.5～150.0
5052	0	>0.5～10.0
	H12、H22、H32、H14、H24、H34、H16、H26、H36、H18、H38	>0.5～4.5
	F、H112	>4.5～150.0
5A02	0	>0.5～10.0
	H14、H24、H34、H18	>0.5～4.5
	F、H112	>4.5～150.0
5005	0	>0.5～10.0
	H12、H32、H14、H34、H16、H36、H18、H38	>0.5～4.5
	F、H112	>4.5～150.0

续表

牌号	供应状态	厚度
5A03	0、H14、H24、H34	>0.5～4.5
	F、H112	>4.5～150.0
5083、5A05、5A06、5086	0	>0.5～4.5
	F、H112	>4.5～150.0
6A02、2A14、2014	0、T4、T6	>0.5～10.0
	F、H112	>4.5～150.0
2A11、2A12、2017、2024	0、T4、T3	>0.5～10.0
	F、H112	>4.5～150.0
7A09、7A04、7075	0、T6	>0.5～10.0
	F、H112	>4.5～150.0

表 5-65 厚度对应的宽度及长度规格(单位:mm)

厚度	宽度	长度
>0.2～0.8	1000～1500	
>0.8～1.2	1000～2000	
>1.2～4.5	1000～2400	1000～10000
>4.5～8.0	1000～1800	
>8.0～150.0	1000～2400	

注:1. 1070、1070A、1060、1050、1050A、1100、1145、1200、3003、3004、3A21、8A06 可供应宽度小于 400 mm 的板材。

2. 厚度≤0.7 mm 经盐浴炉生产的退火板材,只能供应宽度小于或等于 1200 mm,长度小于或等于 400 mm 的板材。

表 5-66 包覆材料牌号及轧制后的包覆层厚度

包铝分类	基体合金牌号	包覆材料牌号	板材状态	板材厚度/mm	每面包覆厚度占板材总厚度的百分比（%）≥
正常包铝	2A11、2017、2A12、2024	1A50	0、T3、T4	0.5～1.6	4
				>1.6～10.0	2
	7A04、7A09、7075	7A01	0、T6	0.5～1.6	4
				>1.6～10.0	2

续表

包铝分类	基体合金牌号	包覆材料牌号	板材状态	板材厚度/mm	每面包覆厚度占板材总厚度的百分比（%）≥
工艺包铝	2A11、2014、2A12、2024、2A14、2017、5A06	1A50	0、T3、T4、T6	0.5～4.5	≤1.5
			F、H112	>4.5～150.0	
	7A04、7A09、7075	7A01	0、T6	0.5～4.5	
			F、H112	>4.5～150.0	

注：1. 2A11、2A12、2017、2024、7A04、7A09、7075 合金厚度≤10 mm 的 H112、非 F 状态板材一般采用正常包铝，若要求工艺包铝时，必须在合同中注明。

2. 需包铝的板材应进行双面包覆，其包覆材料牌号及轧制后的包覆层厚度应符合表中的规定。

4. 表盘及装饰用纯铝板（YS/T 242—2000）

铝材的牌号和规格见表 5-67。

表 5-67　铝材的牌号和规格

牌　号	状　态	规格/mm		
		厚度	宽度	长度
1070A、1060 1050A、1035 1200、1100	0、H14 H24、H18	0.3～4.0	1000	2000、2500
			1200	3000、3500
			1500	4000、4500

注：0.3～0.4 mm 厚只供应宽 1000 mm、长 2000 mm 的板材。

5. 瓶盖用铝及铝合金板、带材（YS/T 91—2002）

铝合金板、带材的牌号和规格见表 5-68。

表 5-68　板材、带材的牌号和规格

合金牌号	状态	规格/mm				
		厚度	宽　度		板材长度	卷内径
			板材	带材		
1100 8011 3003 3105	H14(Y_2) H16(Y_2) H18(Y)	0.2～0.3	500～1000	50～1500	500～1000	75、152 200、205 300、350 405、500 510

注：1. 如需其他合金牌号、状态、规格的板材、带材，供需双方另行协商并在合同中注明。

2. 卷外径尺寸（或质量）应在合同中注明。

6. 铝及铝合金彩色涂层板、带材(YS/T 431—2000)

1)牌号和规格见表 5-69。

2)涂层的分类及代号见表 5-70。

3)涂膜性能见表 5-71。

表 5-69　板、带材的牌号和规格

牌号	基材状态	基材厚度/mm	板材/mm		带材/mm		用途
			宽度	长度	宽度	套筒内径	
1050、1100、3003、5052、5050、5005、8011	H12 H22 H14 H24 H16 H26 H18	0.20~1.60	500~1560	500~4000	50~1560	200 300 350 405 510 600	建筑及家用电器、交通运输
3004、3104、5182、5042、5082	H18、H19						饮料罐盖及瓶盖

注:1.基材状态和基材厚度指板、带材涂层前的状态和厚度。

2.需要其他合金、规格或状态的材料,可双方协商。

表 5-70　涂层的分类及代号

产品分类		代　号
1.按用途分	户外用	JW
	户内用	JN
	家用电器	JD
	饮料罐盖及瓶盖	YL
	交通运输	TR
2.按涂料种类分	聚酯	JZ
	丙烯酸	AR
	塑料溶液	ST
	有机溶胶	YJ
	氟碳涂料	FC
	印刷涂料	YT

注:1.涂料种类需在合同中注明。

2.用户根据色标订货。

表 5-71　建筑、家用电器、交通运输等行业用彩色涂层板、带的涂膜性能

检测项目		涂料种类		
		氟碳①		聚酯类及其他涂料
		无清漆	有清漆②	
涂膜厚度/μm		≥22	≥30	≥18
光泽度偏差		光泽值≥80 单位,允许偏差为±10 单位		
		光泽值≥20～80 单位,允许偏差为±7 单位		
		光泽值<20 单位,允许偏差为±5 单位		
铅笔硬度		≥1H		
耐磨耗性/(L/μm)		≥5		—
涂膜柔韧性/T		≤2T		≤3T
耐冲击性		50 kg·cm 不脱漆、无裂痕		
附着力/级		不次于 1 级		
耐沸水性		无变化		
耐化学稳定性	耐酸性	无变化		
	耐碱性	无变化③		
	耐油性	无变化		
	耐溶剂性	≥70 次不露底		≥50 次不露底
	耐洗刷性	≥10000 次无变化		
	耐沾污性	≤15%		—
人工老化	色差	ΔE≤3.0		
	耐粉化/级	0		—
	失光等级	不差于 2 级		—
耐盐雾性		不次于 2 级		—

表中:"①"指户外面板必须为氟碳板;"②"指金属粉氟碳必须涂有清漆;"③"指金属粉聚酯涂料不作耐碱性试验。

二、铝及铝合金带材

1. 铝及铝合金冷轧带材(GB/T 3880.1—2006)

1)牌号见表 5-72。

2)尺寸规格见表 5-73、表 5-74。

表 5-72 铝及铝合金冷轧带材的牌号

牌　号	状　态
1070、1050、 1100、1200 1060	0
	H12、H22
	H14、H24
	H16、H26
	H18
2017、2024	0
3003、3004	0、H12、H22、H14、H24、 H16、H26、H18、H19
3105	0、H14、H16、H12、H18
5005 5052	0
	H12、H22、H32
	H14、H24、H34、H16 H26、H36、H18、H19
5082	0
	H18、H38、H19、H39
5083	0、H22、H32
6061	0

注：1. 本标准适用于一般用途的铝及铝合金冷轧带材(以下简称带材)；不适用于深冲、涂漆及 PS 版基材等特殊要求的铝及铝合金冷轧带材。

2. 用于食品器皿的带材应在合同中注明"食用"字样，铅、镉、砷等元素的含量≤0.01%。

表 5-73 铝及铝合金冷轧带材的尺寸规格

规格/mm	
厚度	宽度
>0.2~6.0	60~2300
>0.2~4.5	
>0.2~4.0	
>0.2~3.5	
>0.2~3.0	
0.4~4.0	60~1500
>0.2~3.0	60~2000
>0.2~3.0	60~2000

续表

厚度	宽度
>0.2～6.0	
>0.2～4.0	60～2000
>0.2～3.0	
>0.2～3.0	
>0.2～0.5	60～1500
0.5～3.0	
0.4～6.0	60～1500

表 5-74　铝及铝合金冷轧带材推荐带卷外形尺寸

宽度(mm)		60～2300						
内径(mm)	有套筒	150	205	350	505	610	650	750
	无套筒							
外径(mm)		供需双方协商						

三、铝及铝合金箔

1. 铝合金箔

铝及铝合金箔的牌号和规格(GB/T 3614—1999)见表 5-75、表 5-76。

表 5-75　铝及铝合金箔的牌号和规格

牌　号	状　态	规格/mm	
		厚度	宽度
2A11、2A12	0、H18	0.03～0.20	
3A21、3003	0	0.03～0.20	
	H14/24	0.05～0.20	
	H16/26	0.10～0.20	
5A02、5052	0	0.03～0.20	50～1000
	H14/24	0.05～0.20	
	H16/26	0.10～0.20	
4A13	0、H18	0.03～0.20	
5082、5088	0、H18/38	0.10～0.20	

表 5-76　铝合金箔的卷径 (单位:mm)

内　径	外　径
75	230、400、500、600
150	400、600、800、1200
180	400
300	600、800、1200

注:内径、外径要求其他规格时,由供需双方协商决定。

2. 电解电容器用铝箔

电解电容器用铝箔(GB/T 3615—1999)的牌号和规格见表 5-77。

表 5-77　电解电容器用铝箔的牌号和规格

用途	牌号	状态	厚度/mm	宽度/mm
阳极	1A85、1A90、1A93 1A95、1A97、1A99	0、H19	0.05～0.20	50～1080
阴极	1070A、3003		0.02～0.08	

注:1. 需要其他牌号、状态、规格时,应在合同中注明。

2. 0 状态为空气气氛退火,真空气氛退火应在合同中注明。

3. 电力电容器用铝箔

电力电容器用铝箔(GB/T 3616—1999)的牌号和规格见表 5-78、表 5-79。

表 5-78　电力电容器用铝箔的牌号和规格

牌　号	状态	规格/mm	
		厚度	宽度
1070A、1060、1050、 1035、1145、1235	0、H18	0.006～0.016	40～1200

注:需要其他牌号、状态、规格时,应在合同中注明。

表 5-79　电力电容器用铝箔的卷径(单位:mm)

内径	外　径
75	推荐 180±10、230±10、320±10、400±10、500±20

注:内外径要求其他规格时,由供需双方协商。

4. 空调器散热片用铝箔第 1 部分素铝箔(YS/T 95. 1—2001)

素铝箔的牌号和规格见表 5-84、表 5-85。

表 5-84　素铝箔的牌号和规格

牌　号	状　态	规格/mm	
		厚度	宽度
1100、1200、8011	0、H22、H24、H26、H18	0.08~0.2	≤1400

注:用户需要其他牌号、状态、规格时,应在合同中注明。

表 5-85　素铝箔的卷径（单位:mm）

内　径	外　径
75、150、200、300	供需双方协商

注:内径要求其他规格时,供需双方协商决定。

5. 空调器散热片用铝箔第 2 部分亲水铝箔（YS/T 95.2—2001）

1）亲水铝箔结构见图 5-1。

2）亲水铝箔的涂层性能见表 5-86。

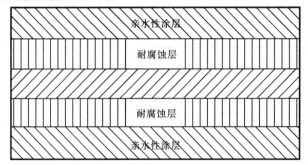

图 5-1　亲水铝箔结构图

注:亲水铝箔用铝箔基材应符合 YS/T 95.1 的规定。

表 5-86　亲水铝箔的涂层性能

序号	项目		技　术　指　标
1	膜厚		1.0~2.0 μm（单面平均厚度）
2	亲水性	初期亲水角	初期亲水角≤20°
		持久亲水角	持久亲水角≤35°
3	附着力		杯突试验(压陷深度为 5mm):无剥落 划格试验(划格间距 1mm):0 级
4	耐腐蚀性		盐雾试验(500h)R. NO.≥9.5
5	耐碱性		试样涂层完全不起泡
6	耐溶剂性		试样失重≤1%

序号	项目	技　术　指　标
7	耐热性	在200℃的温度下,保持5min,颜色不变 在300℃的温度下,保持5min,涂膜微黄
8	耐油性	在免清洗油中浸泡24h:涂层不起泡
9	涂层气体	无异味
10	对模具磨损	与普通铝箔一样

6. 电缆用铝箔

电缆用铝箔的牌号和状态(YS/T 430—2000)见表5-87。

表5-87　电缆用铝箔的牌号和状态

牌　号	状态	规格/mm	
		厚度	宽度
8011	0	0.15~0.2	200~1200
1145、1235、1060、1050A、 1035、1200、1110		0.1~0.2	

注:1.需要其他合金、状态、规格的箔材时,应在合同中注明。

2.铝箔应缠绕在金属管芯上,管芯的规格为"内径(mm):75、120、150、200"。
需要其他规格的管芯时,供需双方另行协商,并在合同中注明。

四、铝及铝合金管材

1. 铝及铝合金管的理论质量

铝及及铝合金管的理论质量见表5-88。

表5-88　铝及铝合金薄壁管的理论质量

外径/mm	内径/mm	壁厚/mm	理论质量/(kg/m)
6	5	0.5	0.024
	4	1.0	0.044
8	7	0.5	0.033
	6	1.0	0.062
	5	1.5	0.086
10	8	1.0	0.079
12	10	1.0	0.097
	9	1.5	0.139
14	13	0.5	0.059
	12	1.0	0.114

外径/mm	内径/mm	壁厚/mm	理论质量/(kg/m)
15	13	1.0	0.123
	12	1.5	0.178
16	15	0.5	0.068
	14	1.0	0.132
	13	1.5	0.191
18	17	0.5	0.077
	16	1.0	0.150
20	18.5	0.75	0.127
	18	1.0	0.167
	17	1.5	0.244
22	20	1.0	0.185
	18	2.0	0.352
24	22	1.0	0.202
25	24	0.5	0.108
25	23.5	0.75	0.160
	23	1.0	0.211
	22	1.5	0.310
26	23	1.5	0.323
27	25	1.0	0.229
28	26	1.0	0.238
	25	1.5	0.350
30	38.5	0.75	0.193
	28	1.0	0.255
	27	1.5	0.276
	26	2.0	0.493
	25	2.5	0.605
32	30	1.0	0.273
	29	1.5	0.402
	28	2.0	0.523
33	30	1.5	0.416

续表

外径/mm	内径/mm	壁厚/mm	理论质量/(kg/m)
35	33	1.0	0.499
	32	1.5	0.422
	31	2.0	0.581
	30	2.5	0.715
36	34	1.0	0.308
37	35	1.0	0.317
38	36	1.0	0.325
	35	1.5	0.482
	34	2.0	0.633
40	38	1.0	0.343
	37	1.5	0.508
	36	2.0	0.668
	35	2.5	0.825
42	40	1.0	0.361
	38	2.0	0.704
43	40	1.5	0.548
45	43	1.0	0.387
	42	1.5	0.574
	41	2.0	0.756
	40	2.5	0.935
48	45	1.5	0.614
50	48	1.0	0.431
	47	1.5	1.640
	46	2.0	0.844
	45	2.5	1.045
52	50	1.5	0.449
53	50	1.5	0.679
54	51	1.5	0.693
55	51	2.0	0.932
	50	2.5	0.154
66	58	1.0	0.519

外径/mm	内径/mm	壁厚/mm	理论质量/(kg/m)
	57	1.5	0.772
60	56	2.0	1.02
	55	2.5	1.264
	54	3.0	1.504
63	60	1.5	1.81
	62	1.5	0.838
65	61	2.0	1.108
	60	2.5	1.374
	59	3.0	1.636
	67	1.5	0.904
70	66	2.0	1.196
	65	2.5	1.484
	64	3.0	1.768
73	70	1.5	0.943
	71	2.0	1.284
75	70	2.5	1.594
	67	4.0	2.498
	76	2.0	1.372
80	75	2.5	1.704
	74	3.0	2.032
	72	4.0	2.674
	81	2.0	1.46
	80	2.5	1.814
85	79	3.0	2.164
	78	3.5	2.509
	77	4.0	2.85
	75	5.0	3.519
	86	2.0	1.548
90	85	2.5	1.924
	84	3.0	2.296
	80	5.0	3.736

续表

外径/mm	内径/mm	壁厚/mm	理论质量/(kg/m)
95	91	2.0	1.636
	90	2.5	2.034
	87	4.0	3.202
	85	5.0	3.958
100	95	2.5	2.144
	93	3.5	2.971
	90	5.0	4.178
110	105	2.5	2.364
	0.4	3.0	2.823
	100	5.0	4.618
120	110	5.0	5.058

注:理论质量按2A11铝合金的密度(2.8 g/cm²)计算,其他代号铝及铝合金应乘以理论质量换算系数;换算系数见表5-97的附表。

2. 铝及铝合金管材

铝及铝合金管材的尺寸规格(GB/T 4436—1995)见表5-89至表5-93。

表5-89　挤压圆管的尺寸规格 (单位:mm)

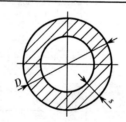

外　径	壁　厚
25	5
28	5,6
30、32	5,6,7,7.5,8
34、36、38	5,6,7,7.5,8,9,10
40、42	5,6,7,7.5,8,9,10,12.5
45、48、50、52、55、58	5,6,7,7.5,8,9,10,12.5,15
60、62	5,6,7,7.5,8,9,10,12.5,15,17.5

续表

外　径	壁　厚
65、70	5, 6, 7, 7.5, 8, 9, 10, 12.5, 15, 17.5, 20
75、80	5, 6, 7, 7.5, 8, 9, 10, 12.5, 15, 17.5, 20、22.5
85、90	5, 7.5, 10, 12.5, 15,17.5, 20, 22.5, 25
95	5, 7.5, 10, 12.5, 15,17.5, 20, 22.5, 25,27.5
100、105、110、115	5, 7.5,10,12.5,15,17.5,20,22.5,25,27.5,30
120、125、130	7.5,10,12.5,15,17.5,20,22.5,25,27.5,30
135、140、145	10,12.5,15,17.5,20,22.5,25,27.5,30,32.5
150、155	10,12.5,15,17.5,20,22.5,25,27.5,30,32.5,35
160、165、170、175、180、185、190、195、200	10,12.5,15,17.5,20,22.5,25,27.5,30,32.5,35,37,40
205、210、215、220、225 230、235、240、245、250 260、270、280、290、300 310、320、330、340、350 360、370、380、390、400	15,17.5,20,22.5,25,27.5,30,32.5,35,37,40,42.5,45,47,50

表 5-90　冷拉、轧圆管的尺寸规格(单位:mm)

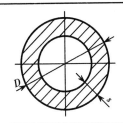

外　径	壁　厚
6	0.5,0.75,1.0
8	0.5,0.75,1.0,1.5,2.0
10	0.5,0.75,1.0,1.5,2.0,2..5
12、14、15	0.5,0.75,1.0,1.5,2.0,2..5,3.0
16、18、20	0.5,0.75,1.0,1.5,2.0,2..5,3.0,3.5
22、24、25	0.5,0.75,1.0,1.5,2.0,2..5,3.0,3.5,4.0,4.5,5.0
26、28、30、32、34、35、36、38、40、42	0.75,1.0,1.5,2.0,2.5,3.0,3.5,4.0,5.0
45、48、50、52、55、58、60	0.75,1.0,1.5,2.0,2.5,3.0,3.5,4.0,4.5,5.0

外　径	壁　厚
65、70、75	1.5,2.0,2.5,3.0,3.5,4.0,4.5,5.0
80、85、90、95	2.0,2.5,3.0,3.5,4.0,4.5,5.0
100、105、110	2.5,3.0,3.5,4.0,4.5,5.0
115	3.0,3.5,4.0,4.5,5.0
120	3.5,4.0,4.5,5.0

表 5-91　冷拉正方形管的尺寸规格(单位:mm)

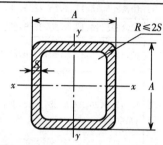

公称边长 a	壁　厚
10、12	1.0,1.5
14、16	1.0,1.5,2.0
18、20	1.0,1.5,2.0,2.5
22、25	1.5,2.0,2.5,3.0
28、32、36、40	1.5,2.0,2.5,3.0,4.5
42、45、50	1.5,2.0,2.5,3.0,4.5,5.0
55、60、65、70	2.5,3.0,4.5,5.0

表 5-92　冷拉矩形管的尺寸规格(单位:mm)

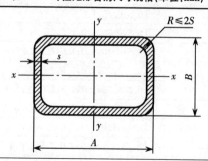

公称边长 $a \times b$	壁　厚
14×10、16×12、18×10	1.0、1.5、2.0
18×14、20×12、22×14	1.0、1.5、2.0、2.5
25×15、28×16	1.0、1.5、2.0、2.5、3.0
28×22、32×18	1.0、1.5、2.0
32×25、36×20、36×28	1.0、1.5、2.0、2.5、3.0、4.5、5.0
40×25、40×30、45×30、50×30、55×40	1.5、2.0、2.5、3.0、4.5、5.0
60×40、70×50	2.5、3.0、4.5、5.0

表 5-93　冷拉椭圆形管的尺寸规格(单位:mm)

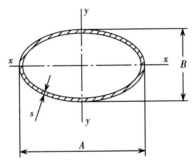

长轴 A	短轴 B	壁厚 S
27.0	11.5	1.0
33.5	14.5	
40.5	17.0	1.0
		1.5
47.0	20.0	1.0
		1.5
54.0	23.0	1.5
		2.0
60.5	25.5	1.5
		2.0
67.5	28.5	1.5
		2.0

长 轴 A	短 轴 B	壁 厚 S
74.0	31.5	1.5
	31.5	2.0
81.0	34.0	2.0
	34.0	2.5
87.5	37.0	2.0
	40.0	2.5
94.5	40.0	2.5
101.0	43.0	2.5
108.0	45.5	2.5
114.0	48.5	2.5

3. 铝及铝合金热挤压无缝圆管

铝及铝合金热挤压无缝圆管(GB/T 4437.1—2000)的牌号和状态见表5-94。

表 5-94 铝及铝合金热挤压无缝圆管的牌号和状态

合 金 牌 号	状态
1070A 1060 1100 1200 2A11 2017 2A12 2024 30033A21 5A02 5052 5A03 5A05 5A06 5083 5086 5454 6A02 6061 6063 7A09 7075 7A15 8A06	H112、F
1070A 1060 1050A 1035 1100 1200 2A11 20172A12 2024 5A06 5083 5454 5086 6A02	0
2A11 2017 2A12 6A02 6061 6063	T4
6A02 6061 6063 7A04 7A09 7075 7A15	T6

注:合金状态,可经双方协商确定。

4. 铝及铝合金拉(轧)制无缝管

铝及铝合金拉(轧)制无缝管(GB/T 6893—2000)的牌号和状态见表5-95。

表 5-95 铝及铝合金拉(轧)制无缝管的牌号和状态

牌 号	状 态
1035 10501050A 1060 1070 1070A 1100 1200 8A06	0、H14
2017 20242A11 2A12	0、T4
30033A21 5052 5A02	0、H14

牌　号	状　态
5A03	0、H34
5A05　5056　5083	0、H32
5A06	0
60616A02	0、T4、T6
6063	0、T6

注：表中未列入的合金状态，可由供需双方协商后在合同中注明。

五、铝及铝合金棒、线材

1. 铝及铝合金棒的理论质量

铝及铝合金棒的理论质量表 5-96。

表 5-96　铝及铝合金棒的理论质量

直径/mm	理论质量/(kg/m)		
	圆棒	方棒	六角棒
5	0.055	0.070	0.061
5.5	0.067	0.085	0.073
6	0.079	0.101	0.087
6.5	0.093	0.118	0.103
7	0.108	0.137	0.119
7.5	0.124	0.158	0.136
8	0.141	0.179	0.155
8.5	0.159	0.202	0.175
9	0.178	0.227	0.196
9.5	0.199	0.253	0.219
10	0.220	0.280	0.242
10.5	0.243	0.309	0.267
11	0.266	0.339	0.293
11.5	0.291	0.370	0.321
12	0.317	0.403	0.349
13	0.372	0.473	0.410
14	0.431	0.549	0.475
15	0.495	0.630	0.546

直径/mm	理论质量/(kg/m)		
	圆棒	方棒	六角棒
16	0.563	0.717	0.621
17	0.636	0.809	0.701
18	0.718	0.907	0.786
19	0.794	1.011	0.875
20	0.880	1.120	0.970
21	0.970	1.235	1.070
22	1.064	1.355	1.174
24	1.267	1.613	1.397
25	1.374	1.750	1.516
26	1.487	1.893	1.639
27	1.603	2.041	1.768
28	1.724	2.195	1.901
30	1.979	2.520	2.182
32	2.252	2.867	2.483
34	2.542	3.237	2.803
35	2.694	3.430	2.970
36	2.850	3.629	3.143
38	3.176	4.043	3.502
40	3.519	4.480	3.880
41	3.697	4.707	4.076
42	3.879	4.939	4.277
45	4.453	5.670	4.910
46	4.653	5.925	5.131
48	5.067	6.451	5.587
50	5.498	7.000	6.062
51	5.720	7.283	6.307
52	5.940	7.671	8.367
53	7.59	9.419	9.167
59	7.655	—	—
60	7.917	10.08	8.730
62	8.453	—	—

续表

直径/mm	理论质量/(kg/m)		
	圆棒	方棒	六角棒
63	8.728	—	—
65	9.291	11.83	10.25
70	10.78	13.72	11.88
75	12.37	15.75	13.64
80	14.07	17.92	15.52
85	15.89	20.23	17.52
90	17.81	22.68	19.64
95	19.85	25.27	21.88
100	21.99	28.00	24.25
105	24.25	30.87	26.73
110	26.61	33.88	29.34
115	29.08	37.03	32.07
120	31.67	40.32	34.92
125	34.36	43.75	37.89
130	37.16	47.32	40.98
135	40.08	51.03	44.19
140	43.10	54.88	47.53
145	46.24	58.87	50.98
150	49.48	63.00	54.56
160	56.30	71.68	62.07
170	63.55	80.92	70.08
180	71.25	90.72	78.56
190	79.39	101.1	87.54
200	87.96	112.0	96.99
210	96.98	—	—
220	106.4	—	—
230	116.3	—	—
240	126.7	—	—
250	137.4	—	—

注:1.方棒及六角棒的直径,是指其内切圆直径,即两对边间距离。

2.理论质量是按 2.8g/cm³ 计算的,铝及铝合金棒的质量换算系数见表5-97。

表 5-97　铝及铝合金棒的密度和质量换算系数

牌号	密度/(g/cm³)	换算系数	牌号	密度/(g/cm³)	换算系数
2A11(LY11)	2.8	1	6A02(LD2)	2.70	0.964
2A12(LY12)	2.8	1	2A50(LD5)	2.75	0.982
2A70(LD7)	2.8	1	2B50(LD6)	2.75	0.982
2A80(LD8)	2.8	1	6061(LD30)	2.70	0.964
2A90(LD9)	2.8	1	6063(LD31)	2.70	0.964
2A14(LD10)	2.8	1	5A02(LF2)	2.68	0.957
1070A(L1)	2.71	0.968	5A03(LF3)	2.67	0.954
1060(L2)	2.71	0.968	5083(LF4)	2.67	0.954
1050A(L3)	2.71	0.968	5A05(LF5)	2.65	0.946
1035(L4)	2.71	0.968	5A06(LF6)	2.64	0.943
1200(L5)	2.71	0.968	5A12(LF12)	2.63	0.939
8A06(L6)	2.71	0.968	3A21(LF21)	2.73	0.975
2A02(LY2)	2.75	0.982	7A04(LC4)	2.85	1.018
2A06(LY6)	2.76	0.985	7A09(LC9)	2.85	1.018
2A16(LY16)	2.84	1.104	5A41(LT41)	2.64	0.926

2. 铝及铝合金挤压棒材(GB/T 3191—2010)

1)牌号见表 5-98。

2)尺寸规格见表 5-99。

表 5-98　铝及铝合金挤压棒材的牌号

牌　号	供应状态	牌　号	供应状态
1070A,1060,1050A,1035,1200,8A06, 5A02,5A03,5A05,5A06,5A12,3A21, 5052,5083,3003	H112 F 0	2A13	H112,F
2A70,2A80,2A90	H112,F		T4
4A11,2A02,2A06,2A16	T6	6063	T5,T6
7A04,7A09,6A02, 2A50,2A14	H112,F		F
	T6		H112,F
2A11,2A12	H112,F	6061	T6
	T4		T4

表 5-99　铝及铝合金挤压棒材的尺寸规格

规格/mm

圆棒直径		方棒、六角棒内切圆直径	
普通棒材	高强度棒材	普通棒材	高强度棒材
5～600	—	5～200	
5～600		5～200	—
5～150	—	5～120	
5～600	20～160	5～200	
5～150	20～120	5～120	
5～600	20～160	5～200	20～100
5～150	20～120	5～120	
5～600	—	5～200	
5～150	—	5～120	
5～25	—	5～25	
5～600	—	5～200	—
5～600	—	5～200	
5～150	—	5～120	

3. 铝及铝合金挤压扁棒

铝及铝合金挤压扁棒(YS/T 439—2001)的牌号和状态见表 5-100。

表 5-100　挤压扁棒的牌号和状态

合 金 牌 号	供应状态
1070A、1070、1060、1050A、1050、1035、1100、1200	H112
2A11、2A12	H112、T4
2017、2024	T4
2A50、2A70、2A80、2A90、2A14	H112、T6
3A21、3003	H112
5052、5A02、5A03、5A05、5A06、5A12	
6101	T6
6A02、6061、6063	H112、T6
7A04、7A09、7075	
8A06	H112

注:若需要其他合金或状态的扁棒时,可双方协商。

4. 导电用铝线(GB/T 3195—2008)

1)牌号和规格见表 5-101。

2)线盘质量见表 5-102。

表 5-101 导电用铝线的牌号和规格

| 牌号 | 1A50 | 状态 | H19、0 | 直径/ | mm 0.8～5 |

注:如需其他牌号、规格的线材时,应在合同中注明。

表 5-102 导电用铝线的线盘质量

直径/mm	盘重/kg	
	规定盘重	不足规定质量线盘的最小盘重
		≥
0.80～1.00	3	1
>1.00～1.50	6	1.5
>1.50～2.50	10	3
>2.50～4.00	15	5
>4.00～5.00	20	

5. 电工圆铝线(GB/T 3955—2009)

1)牌号和规格见表 5-103。

2)线盘质量见表 5-104。

表 5-103 电工圆铝线的牌号和规格

名　　称	牌　号	状　态	直径范围/mm
软圆铝线	LR	0	0.3～10.0
H4 状态硬圆铝线	LY4	H4	0.3～6.0
H6 状态硬圆铝线	LY6	H6	0.3～10.0
H8 状态硬圆铝线	LY8	H8	0.3～5.0
H9 状态硬圆铝线	LY9	H9	1.25～5.0

表 5-104 电工圆铝线的线盘质量

标准直径/mm		0.3～0.5	0.51～1.0	1.01～2.0	2.01～4.0	4.01～6.0	6.01～10.0
每根圆铝线质量/kg≥		1	3	8	15	20	25
短段	质量	≤标准质量的 50%					
	交货数量	≤标准总质量的 15%					

注:每盘或每卷圆铝线的净重应符合表中规定。根据双方协议,允许任何质量的圆铝线交货。

6. 铆钉用铝及铝合金线材(GB/T 3196—2001)

铆钉用线材的牌号和规格见表5-105。

表5-105　铆钉用线材的牌号和规格

合　金　牌　号	状态	规格范围/mm
1035	H18	1.6～3.0
	H14	>3.0～10.0
2A01、2A04、2B11、2B12、2A10、3A21、5A02、7A03	H14	≥1.6～10.0
5A06、5B05	H12	

注:无论何种状态,其变形率的控制,应满足线材最终抗剪强度要求。用户如果需要其他合金状态,可双方协商。

7. 焊条用铝及铝合金线材(GB/T 3197—2001)

焊条线的牌号和规格见表5-106。

表5-106　焊条线的牌号和规格

牌　　号	状态	直径/mm
1070A、1060、1050A、1035、1200、8A06	H18、0	0.8～10
	H14、0	>3.～10
2A14、2A16、3A21、4A01、5A02、5A03	H18、0	>0.8～10
	H14、0	
	H12、0	>7～10
5A05、5B05、5A06、5B06、5A33、5183	H18、0	0.8～7
	H14、0	
	H12、0	>7.～10

注:经双方协商,可提供表中规定之外的焊条线。

第三节　镁及镁合金加工产品

一、镁合金板

镁合金板(GB/T 5154—2003)的牌号和规格见表5-107,理论重量见表5-108。

表 5-107　镁合金板的牌号和规格

牌号	供应	厚度/mm	备注
MB1、MB2、MB3	R	12.0~13.0	—
MB8		12.0~70.0	
MB1、MB2、MB8	M	0.8~10.0	
MB8	Y₂	0.8~10.0	
	M	0.8~3.0	蒙皮用

表 5-108　镁合金板的尺寸规格及理论重量

厚度（mm）	理论重量/（kg/m²）		
	MB1 （密度 1.76 g/cm³）	MB2、MB8 （密度 1.78 g/cm³）	MB3 （密度 1.79 g/cm³）
0.8	1.41	1.42	1.43
1.0	1.76	1.78	1.79
1.2	2.11	2.14	2.15
1.5	2.64	2.67	2.69
2.0	3.52	3.56	3.58
2.5	4.4.	4.45	4.48
3.0	5.28	5.34	5.37
3.5	6.16	6.23	6.27
4.0	7.04	7.12	7.16
5.0	8.80	8.90	8.95
6.0	10.56	10.68	10.74
7.0	12.32	12.46	12.53
8.0	14.08	14.24	14.32
9.0	15.84	16.02	16.11
10.0	17.60	17.80	17.90
12.0	21.12	21.36	21.48
14.0	24.64	24.92	25.06
16.0	28.16	28.48	28.64
18.0	31.68	32.04	32.22
20.0	35.20	35.60	35.80
22.0	38.72	39.16	39.38

续表

厚度(mm)	理论重量/(kg/m²)		
	MB1 (密度 1.76 g/cm³)	MB2、MB8 (密度 1.78 g/cm³)	MB3 (密度 1.79 g/cm³)
25.0	44.00	44.50	44.75
27.0	47.52	48.06	48.33
30.0	52.80	53.40	53.70
32.0	56.32	56.95	57.28
40.0	70.40	71.20	71.60
50.0	88.00	89.00	89.50
60.0	105.6	106.8	107.4
70.0	123.2	124.6	125.3

二、镁合金热挤压棒

1)镁合金热挤压棒(GB/T 5155—2003)的牌号和规格见表 5-109。

2)镁合金热挤压棒的直径、横截面积和理论重量 见表 5-110。

表 5-109 镁合金热挤压棒的牌号和规格

牌号	供应状态	直径/mm
MB2、MB8	热加工(R)	5～300
MB15	热挤压人工时效(S)	

表 5-110 镁合金热挤压棒材的直径、横截面积和理论重量

公称直径/mm	横截面积/cm²	理论重量/(kg/m)
5	0.196	0.035
6	0.283	0.051
7	0.385	0.069
8	0.503	0.090
9	0.636	0.115
10	0.785	0.141
11	0.950	0.171
12	1.131	0.204
13	1.327	0.239
14	1.539	0.277

公称直径/mm	横截面积/cm²	理论重量/(kg/m)
15	1.767	0.318
16	2.011	0.362
17	2.270	0.409
18	2.545	0.458
19	2.835	0.510
20	3.142	0.565
21	3.464	0.623
22	3.801	0.684
24	4.524	0.814
25	4.909	0.884
26	5.309	0.956
27	5.726	1.031
28	6.158	1.108
30	7.069	1.272
32	8.042	1.448
34	9.079	1.634
35	9.621	1.732
36	10.179	1.832
38	11.341	2.049
40	12.566	2.262
42	13.854	2.494
45	15.904	2.863
46	16.619	2.991
48	18.069	3.257
50	19.635	3.534
52	21.237	3.823
55	23.758	4.276
58	26.421	4.756
60	28.274	5.089
62	30.191	5.434

公称直径/mm	横截面积/cm²	理论重量/(kg/m)
65	33.183	5.973
70	38.485	6.927
75	44.179	7.952
80	50.265	9.048
85	56.745	10.214
90	63.617	11.451
95	70.882	12.759
100	78.540	14.137
105	86.590	15.586
110	95.033	17.106
115	103.869	18.696
120	113.097	20.358
130	132.732	23.892
140	153.938	27.709
150	176.715	31.809
160	201.062	36.191
170	226.980	40.856
180	254.469	45.804
190	283.529	51.035
200	314.159	56.549
210	346.361	62.345
220	380.133	68.424
230	415.476	74.786
240	452.389	81.430
250	490.874	88.357
260	530.929	95.567
280	615.752	110.835
300	706.858	127.234

注:表中理论重量以 MB15,密度为 1.80g/cm³进行计算,其他合金应乘相应的折算系数。

第四节　镍及镍合金板、带、箔材

一、镍及镍合金板

1)镍及镍合金板(GB/T 2054—2005)的牌号见表5-111,尺寸规格见表5-112,理论重量见表5-113、表5-114。

表5-111　镍及镍合金板的牌号和规格

牌号	状态
N6、N7、NSi0. 19、NSi0. 2 、NMg0. 1、NCu28-2. 5-1、NCu40-2-1	热轧(R)
	软(M)
	半硬(Y₂)
	硬(Y)

表5-112　镍及镍合金板的尺寸规格(单位:mm)

厚度	宽度	长度
5. 0~20. 0	200~1000	800~1500
0. 5~10. 0	100~1000	

表5-113　热轧镍及镍合金板的尺寸及理论重量

厚度/mm	理论重量/(kg/m²)(密度 8. 85 g/cm³)	宽度	长度
5. 0	44. 25		
5. 5	48. 68		
6. 0	53. 10		
6. 5	57. 52		
7. 0	61. 95		
7. 5	66. 37		
8. 0	70. 80	200~300 >300~600 >600~1000	800~1500
9. 0	79. 65		
10. 0	88. 50		
11. 0	97. 30		
12. 0	106. 20		
13. 0	115. 05		
14. 0	123. 90		
15. 0	132. 70		

厚度/mm	理论重量/(kg/m²)(密度 8.85 g/cm³)	宽度	长度
16.0	141.60		
17.0	150.45		
18.0	159.30		
19.0	168.15		
20.0	177.00		

表 5-114　冷轧镍及镍合金板的尺寸及理论重量

厚度/mm	理论重量/(kg/m²)(密度 8.85 g/cm³)	长度/mm	宽度/mm
0.5	4.42		
0.6	5.31		
0.7	6.19		
0.8	7.08		
0.9	7.96		
1.0	8.85		
1.2	10.62		
1.5	13.27		
1.8	15.93		
2.0	17.70		
2.5	22.12		
3.0	26.55		
3.5	30.97	800～1500	100～1000
4.0	35.40		
4.5	39.82		
5.0	44.25		
5.5	48.68		
6.0	53.10		
6.5	57.52		
7.0	61.95		
7.5	66.37		
8.0	70.80		
8.5	75.22		
9.0	79.65		
10.0	88.50		

二、镍阳极板

镍阳极板(GB/T 2056—2005)的牌号和规格见表 5-115。

表 5-115 镍阳极板的牌号和规格

牌号	状态	厚度/mm	宽度/mm	长度/mm
NY1	热轧(R)	6～20		
NY3	软(M)	4～20	100～300	400～2000
NY2	热轧后淬火(C)			

三、电真空器件及镍合金板和带

电真空器件及镍合金板和带(GB/T 2072—2007)的牌号和规格见表 5-116。

表 5-116 电真空器件用镍及镍合金板和带的牌号和规格

牌号	状态	厚度/mm	宽度/mm
N4、N6、DN NMg0.1、NSi0.19、NW4-0.15、NW4-0.1 NW4-0.07	软(M) 硬(Y)	0.06～0.30	20～100
		＞0.30～1.2	20～200
		＞1.2～2.5	50～200

四、镍及镍合金带

镍及镍合金带(GB/T 2072—2007)的牌号和规格见表 5-117。

表 5-117 镍及镍合金带的牌号和规格

牌号	状态	厚度	宽度	长度
		mm		
N6、NMg0.1、NSi0.19、NCu40-2-1、NCu28-2.5-1.5	软(M) 半硬(Y₂) 硬(Y)	0.05～0.55	20～300	≥5000
		＞0.55～1.2		≥3000

五、镍及镍合金管材

1. 镍及镍铜合金管

镍及镍合金管材的牌号和规格见表 5-118。

表 5-118　镍及镍铜合金管的牌号和规格

牌号	制造方法	状态	规格/mm		
			外径	壁厚	长度
N6、 NCu28-2.5-1.5 NCu40-2-1	拉制和轧制	软(M) 硬(Y)	6~30	1.0~4.0	500~4000
			>30~40		500~3000

2.镍及镍合金无缝薄壁管

镍及镍合金无缝薄壁管(GB/T 2882—2005)的牌号和规格见表 5-119。

表 5-119　镍及镍合金无缝薄壁管的牌号和规格

牌号	制造方法	状态	规格/mm		
			外径	壁厚	长度
N2、N4、N6、DN	拉制	软(M) 硬(Y)	0.35~18	0.05~0.9	100~2500
NCu28-2.5-1.5 NCu40-2-1 NSi0.19 NMg0.1		软(M) 半硬(Y₂) 硬(Y)			

六、镍及镍合金棒、线材

1.镍及镍铜合金棒

镍及镍铜合金棒(GB/T 4435—2010)的牌号和规格见表 5-120。

表 5-120　镍及镍铜合金棒的牌号和规格

合金牌号	供应状态	规格/mm
N6	拉制、硬(Y)、软(M)	5~40
	挤制(R)	32~60
NCu28-2.5-1.5	拉制、硬(Y)、半硬(Y₂)、软(M)	5~40
	挤制(R)	32~60
NCu40-2-1	拉制、硬(Y)、软(M)	5~30
	挤制(R)	32~50

2.镍线(GB/T 21653—2008)

1)牌号见表 5-121。

2)线卷(轴)重量见表 5-122。

表 5-121　镍线的牌号和规格

牌号	制造方法	供应状态	直径/mm
N4、N6、N7、N8	拉制	软(M) 半硬(Y₂) 硬(Y)	0.03～6.0

注:经供需双方协议,可供应 N2 和其他成分的镍线。

表 5-122　镍线的线卷(轴)重量

线材直径/mm	每卷(轴)重量/kg≥	
	标准卷	较轻卷
0.03～0.09	0.02	0.01
0.10～0.26	0.1	0.05
0.28～0.48	0.5	0.15
0.50～1.00	1.0	0.3
1.05～1.50	2.0	1.0
1.60～3.40	3.0	1.5
3.06～6.00	5.0	2.0

注:每批线材许可交付重量不大于 10% 的较轻线卷(轴)。

3. 电真空器件用镍及镍合金线(GB/T 21653—2008)

1)牌号和规格见表 5-123。

2)线卷重量见表 5-124。

表 5-123　电真空器件用的镍及镍合金圆线牌号和规格

牌号	制造方法	状态	直径/mm
DN,NSi0.19,NMg0.1, DNMg0.06	拉制	软(M) 半硬(Y₂) 硬(Y)	0.03～6.0

注:所需供应状态须在合同中注明,否则按硬状态供应。

表 5-124　电真空器件用镍及镍合金线的线卷(轴)重量

线材直径/mm	每卷(轴)重量/kg	
	标准卷	较轻卷
0.03～0.09	0.02	0.01
0.10～0.26	0.1	0.05
0.28～0.48	0.5	0.15
0.50～1.00	1.0	0.3

线材直径/mm	每卷(轴)重量/kg	
	标准卷	较轻卷
1.05～1.50	2.0	1.0
1.60～3.40	3.0	1.5
3.60～6.00	5.0	2.0

第五节 锌及锌合金

一、锌阳极板

锌阳极板(GB/T 2056—2005)的牌号和规格见表5-125。

表5-125 锌阳极板的牌号和规格

牌号	厚度/mm	宽度/mm						理论重量/ (kg/m²)/ (密度 7.15g/cm³)
		150	200	300	400	450	500	
		最大长度/mm						
Zn1 Zn2	5	1000	1000	1000	1000	950	850	35.8
	6	900	900	900	900	800	750	42.9
	8	700	900	700	700	600	500	57.2
	10	500	600	600	500	450	400	71.5
	12	400	600	400	400	—	—	85.9

二、胶印锌板

胶印锌板(YS/T 504—2006)的尺寸规格及允许偏差见表5-126。

表5-126 胶印锌板的尺寸规格及允许偏差

厚度	厚度允许偏差	宽度	宽度允许偏差	长度	长度允许偏差	同张板厚相差不超过	理论重量(密度:7.2g/cm³)		备注
mm							kg/m²	kg/张	
0.55	±0.04	640	±3	680	±3	0.04	3.96	1.72	四开
		762		915				2.76	小对开
		765		975				2.95	大对开
		1144		1219		0.05		5.52	全开

三、照相制版用微晶锌板

照相制版用微晶锌板（YS/T 225—2010）的分类见表 5-127。

表 5-127　照相制版用微晶锌板的分类

分类方法	分类名称
按工作表面加工方法分	非磨光板
	磨光板
	抛光板
按非工作表面分	有保护涂层
	无保护涂层

第六节　铅及铅合金

一、铅及铅锑合金板

铅及铅锑合金板（GB/T 1470—2005）的牌号及规格见表 5-128，理论重量 见表 5-129。

表 5-128　铅及铅锑合金板的牌号和规格

金属牌号	厚度/mm
Pb1、Pb2、Pb3	0.5～25
PbSb0.5、PbSb2、PbSb4、PbSb6、PbSb8	1.0～25

表 5-130　铅及铅锑合金板的理论重量

厚度/mm	理论重量/(kg/m²)（密度 11.34g/cm³）	牌号、密度/(g/cm³)与换算系数		
		牌号	密度	换算系数
0.5	5.67			
1.0	11.34			
1.5	17.01			
2.0	22.68	Pb1		
2.5	28.35	Pb2	11.34	1.000
3.0	34.02	Pb3		
3.5	39.69			
4.0	45.36			

厚度/mm	理论重量/(kg/m²) (密度11.34g/cm³)	牌号、密度/(g/cm³)与换算系数		
		牌号	密度	换算系数
4.5	51.03	PbSb0.5	11.32	0.9982
5.0	56.70			
6.0	68.04			
7.0	79.38	PbSb2	11.25	0.9921
8.0	90.72			
9.0	102.06			
10.0	113.40	PbSb4	11.15	0.9850
12.0	136.08			
14.0	158.76			
15.0	170.10	PbSb6	11.06	0.9753
16.0	181.44			
18.0	204.12			
20.0	226.80	PbSb8	10.97	0.9674
22.0	249.48			
25.0	283.50			

注:表中理论重量按密度11.34g/cm³计算,其他牌号的理论重量应按表列数字乘相应的换算系数。

二、铅阳极板

铅阳极板(YS/T 498—2006)的牌号、规格见表5-130。

表5-130　铅阳极板的牌号和规格(单位:mm)

合金牌号	制造方法	厚度	宽度	长度
PbAg1	轧制	2~15	1000~2500	≥1000

三、铅及铅锑合金管

铅及铅锑合金管(GB/T 1472—2005)的牌号规格见表5-131,尺寸规格及理论重量见表5-132、表5-133。

表5-131　铅及铅锑合金管的牌号和规格(单位:mm)

牌号	内径	壁厚
Pb1、Pb2、Pb3	5~230	2~12

牌号	内径	壁厚
PbSb0. 5、PbSb2、PbSb4、 PbSb6、PbSb8	10~200	4~14

表 5-132　纯铅管的尺寸及理论重量

内径 /mm	管壁厚度/mm									
	2	3	4	5	6	7	8	9	10	12
	理论重量/(kg/mm)（密度 11. 34 g/cm³）									
5	0.499	0.855	1.282	1.781	2.351	2.992	3.704	4.487	5.342	7.265
6	0.570	0.962	1.425	1.959	2.564	3.241	3.989	4.808	5.698	7.693
8	0.712	1.175	1.709	2.315	2.992	3.740	4.559	5.449	6.411	8.547
10	0.855	1.389	1.994	2.671	3.419	4.238	5.128	6.090	7.123	9.402
13	1.068	1.709	2.422	3.205	4.060	4.986	5.983	7.052	8.191	10.68
16	1.282	2.030	2.849	3.740	4.701	5.734	6.838	8.013	9.260	11.97
20	1.567	2.457	3.419	4.452	5.556	6.731	7.978	9.295	10.68	13.68
25	—	2.992	4.131	5.342	6.624	7.978	9.402	10.90	12.47	15.81
30	—	3.526	4.844	6.233	7.693	9.224	10.83	12.50	14.25	17.95
35	—	4.060	5.556	7.123	8.761	10.47	12.25	14.10	16.03	20.09
(38)	—	4.381	5.983	7.657	9.402	11.22	13.11	15.06	17.09	21.37
40	—	4.594	6.268	8.013	9.830	11.72	13.68	15.71	17.81	22.22
45	—	5.128	6.980	8.904	10.90	12.96	15.10	17.31	19.59	24.36
50	—	5.663	7.693	9.794	11.97	14.21	16.53	18.91	21.37	26.50
55	—	—	8.405	10.68	13.03	15.46	17.95	20.51	23.15	28.63
60	—	—	9.117	11.57	14.10	16.70	19.37	22.12	24.93	30.77
65	—	—	9.830	12.47	15.17	17.95	20.80	23.72	26.71	32.91
70	—	—	10.54	13.36	16.24	19.20	22.22	25.32	28.49	35.04
75	—	—	11.25	14.25	17.31	20.44	23.65	26.92	30.27	37.18
80	—	—	11.97	15.14	18.38	21.69	25.07	28.53	32.05	39.32
90	—	—	13.39	16.92	20.51	24.18	27.92	31.73	35.61	43.59
100	—	—	14.82	18.70	22.65	26.68	30.77	34.94	39.18	47.87
110	—	—	—	20.48	24.79	29.17	33.62	38.14	42.74	52.14
125	—	—	—	—	27.99	32.91	37.89	42.95	48.08	58.55

内径 /mm	管壁厚度/mm									
	2	3	4	5	6	7	8	9	10	12
	理论重量/(kg/mm)(密度 11.34 g/cm³)									
150	—	—	—	—	33.34	39.14	45.02	50.96	56.98	69.23
180	—	—	—	—			53.56	60.58	67.67	82.06
200	—	—	—	—			59.26	66.99	74.79	90.60
230	—	—	—	—			67.81	76.61	85.47	103.4

注:1.“()”内为不推荐产品。

2.表中理论重量按密度 11.34g/cm³计算,某牌号的理论重量应按表列数字乘表 5-129 中的换算系数。

表 5-133　铅锑合金管的尺寸

内径/mm	10～50	55～70	75～100	110	125～150	180～200
管壁 厚度/mm	3、4、5、6、 (7)、8、(9)、 10、12、14	4、5、6、(7)、 8、(9)、10、 12、14	5、6、(7)、 8、(9)、10、 12、14	6、(7)、8、 (9)、10、 12、14	(7)、8、(9)、 10、12、14	8、(9)、10、 12、14

注:括号中的规格不推荐使用。

四、铅及铅锑合金棒

铅及铅锑合金棒(GB/T 1473—1988)的牌号规格见表 5-134,理论重量见表 5-135。

表 5-134　铅及铅锑合金棒的牌号和规格

牌号	直径/mm
Pb1,Pb2,Pb3,PbSb0.5,PbSb2,PbSb4,PbSb6,PbSb8	6～100

表 5-135　铅及铅锑合金挤制棒的理论重量

名义直径/mm	理论重量/(kg/m)(密度 11.34 g/cm³)
6	0.321
8	0.570
10	0.890
12	1.282
15	2.003
18	2.885
20	3.561

名义直径/mm	理论重量/(kg/m)(密度 11.34 g/cm³)
22	4.309
25	5.565
30	8.013
35	10.91
40	14.25
45	18.03
50	22.26
55	26.93
60	32.05
65	37.62
70	43.63
75	50.08
80	56.98
85	64.33
90	72.12
95	80.35
100	89.04

注:表中理论重量按密度 11.34 g/cm³ 计算,某牌号的理论重量应按表列数字乘表 5-129 中的换算系数。

第七节　锡及锡合金

一、锡阳极板

锡阳极板(GB/T 2056—2005)的牌号和规格见表 5-138。

表 5-138　锡阳极板的牌号和规格

牌号	状态	厚度/mm	宽度/mm	长度/mm
Sn2 、Sn3	硬(Y)	0.5~1.5	100~400	500~1200

二、锡、铅及其合金箔和锌箔

锡、铅及其合金箔和锌箔(YS/T 523—2006)的牌号及规格见表 5-139,理论重量见表5-140。

表5-139　锡、铅及其合金箔和锌箔的牌号和规格

产品名称	牌号	供应状态	规格/mm		
			厚度	宽度	长度
锡、铅及合金箔	Sn1、Sn2、Sn3、SnSb1.5、SnSb2.5、SnPb12-1.5、SnPb13.5-2.5、Pb2、Pb3、Pb4、Pb5、PbSn3.5、PbSn2-2、PbSn4.5-2.5、PbSn6.5	轧制	0.015~0.050	100	≥5000
锌箔	Zn2、Zn3		0.010~0.050		

表5-140　锡、铅及其合金箔和锌箔的理论重量

产品名称	厚度/mm	宽度/mm	理论重量/(g/mm²)		
			锡箔（密度7.3）	铅箔（密度11.37）	锌箔（密度7.15）
锡、铅及其合金箔	0.010	100	73.0	113.7	—
	0.015		109.5	170.6	—
	0.020		146.0	227.4	—
	0.030		219.0	341.1	—
	0.040		292.0	454.8	—
	0.050		365.0	568.5	—
锌箔	0.010		—	—	71.5
	0.012		—	—	85.8
	0.015		—	—	107.3
	0.020		—	—	143.0
	0.030		—	—	214.5
	0.040		—	—	286.0
	0.050		—	—	357.5

三、高铅锑锭

高铅锑锭(YS/T 415—2011)的牌号及特性见表5-141。

表5-141　高铅锑锭的牌号及特性

牌号	SbPb90-6	密度	7.3g/cm³	熔点	580℃
	SbPb88-6				

第八节 钛及钛合金型材

一、钛及钛合金板材

1. 钛及钛合金板材

钛及钛合金板材（GB/T 3621—2007）的牌号和规格见表5-142。

表5-142 钛及钛合金板的牌号和规格

牌号	制造方法	供应状态	规格/mm		
			厚度	宽度	长度
TA0、TA1、TA2、TA3、TA5、TA6、TA7、TA9、TA10、TB2、TC1、TC2、TC3、TC4	热轧	热加工状态(R)退火状态(M)	4.1～60.0	400～3000	1000～4000
	冷轧	冷加工状态(Y)退火状态(M)	0.3～4.0	400～1000	1000～3000
TB2	热轧	淬火(C)	4.1～10.0	400～3000	100～4000
	冷轧	淬火(C)	1.0～4.0	400～1000	1000～3000

注：工业纯钛板材供货的最小厚度为0.3mm。

2. 重要用途的 TA7 钛合金板材

重要用途的 TA7 钛合金板材（GB/T 6612—1986）的供应状态和规格见表5-143。

表5-143 重要用途的 TA7 钛合金板材的供应状态和规格

制造方法	供应状态	规格/mm		
		厚度	宽度	长度
热轧	R,M	4.0～10.0	400～1200	1000～3000
冷轧	Y,M	0.8～<4.0	400～1200	1000～3000

3. 重要用途的 TC4 钛合金板材

重要用途的 TC4 钛合金板材（GB/T 6613—1986）的供应状态和规格见表5-144。

表5-144 重要用途的 TC4 钛合金板材的供应状态和规格

制造方法	供应状态	规格/mm		
		厚度	宽度	长度
热轧	R,M	4.0～25.0	400～1200	1000～3000
冷轧	Y,M	0.8～<4.0	400～1200	1000～3000

4. 钛—钢复合板（GB/T 8547—2006）

1）分类见表5-145。

2)适用材料见表5-146。

表5-145 钛—钢复合板的分类

种类		代号	用 途
爆炸钛—钢复合板	0类	B0	0类:用于结合强度高、且不允许存在不结合区的复合板,如过渡接头、法兰等。
	1类	B1	1类:将钛材的物理力学性能作为强度设计、特殊用途的设计和选择依据的复合板,如管板等
	2类	B2	
爆炸—轧制钛—钢复合板	1类	BR1	2类:将钛材的耐蚀性能作为耐蚀设计的依据,而不考虑其强度的复合板,如筒体等
	2类	BR2	

注:爆炸钛-不锈钢以"爆"字汉语拼音第一个字母B表示。

表5-146 钛—钢复合板的复材和基材

复 材	基 材
GB/T 3621—1994《钛及钛合金板材》中TA1、TA2、TA9、TA10	GB/T 709《热轧钢板和钢带的尺寸、外形、重量及允许偏差》 GB/T 711《优质碳素结构热轧厚钢板和宽钢带》 GB712《船体用结构钢》 GB713《锅炉用碳素钢和低合金钢钢板》 GB/T 3274《普通碳素结构钢和低合金结构钢热轧厚钢板技术条件》 GB3531《低温压力容器用低合金钢厚钢板技术条件》 GB6655《多层压力容器用低合金钢钢板》 GB6654《压力容器用碳素钢和低合金钢厚钢板》

5. 钛—不锈钢复合板(GB/T 8546—2007)

1)分类见表5-147。

2)适用材料见表5-148。

表5-148 钛-不锈钢复合板的分类

种类	代号	用 途 分 类
0类	B0	用于结合强度高(如过渡接头、法兰等)或不允许存在有不结合区的特殊用途的场合
1类	B1	以钛材的力学性能作为强度设计的依据,以及复合板需严格加工的构件
2类	B2	钛材作为耐蚀设计,不参与强度设计的复合板,如筒体等

表 5-148 钛-不锈钢复合板的复材和基材

复材	基材
GB/T 3621《钛及钛合金板材》中的 TA1、TA2	GB/T 3281《不锈钢耐酸及耐热钢厚钢板技术条件》中规定的奥氏体、奥氏体-铁素体及铁素体不锈钢 GB/T 1220《不锈钢棒》 GB/T 3280《不锈钢冷轧钢板》 GB/T 4237《不锈钢热轧钢板》

6. 板式换热器用钛板

板式换热器用钛板(GB/T 14845—2007)的牌号和规格见表 5-149。

表 5-149 板式换热器用钛板的牌号和规格

牌号	状态	规格(mm)		
		厚度	宽度	长度
TA1-A	M	0.6～1.0	300～1000	800～3000

二、钛及钛合金带、箔材

1. 钛及钛合金带、箔材

钛及钛合金带、箔材(GB/T 3622—2012)的牌号和规格见表 5-150。

表 5-150 钛及钛合金带、箔材的牌号和规格

牌号	品种	状态	规格(mm)		
			厚度	宽度	长度
TA0 TA1 TA2 TA9 TA10	箔材	冷轧(Y)	0.01～0.02	30～100	≥500
			0.03～0.09	50～300	
	带材	退火(M)	0.10～0.30	50～300	≥500
			0.40～0.90	50～500	≥1000
			1.0～2.0	50～500	≥2000

2. 磁头用工业纯钛箔

磁头用工业纯钛箔(YS/T 410—1998)的牌号和规格见表 5-151。

表 5-151　磁头用工业纯钛箔的牌号和规格

牌号	供应状态	规格(mm)		
		厚度	宽度	长度
YA1	退火(M)	0.001~0.003	1.5~2.0	2~4.5
		0.001~0.003	30~40	50~60

三、钛及钛合金管材

1. 钛及钛合金管

钛及钛合金管(GB/T 3624—2007)的牌号和规格长度分别见见表 5-152、表 5-153。

表 5-152　钛及钛合金管的牌号和规格

牌号	供应状态	制造方法	外径/mm	壁厚/mm
TA0 TA1 TA2 TA9 TA10	退火状态(M)	冷轧(冷拔)	3~5	0.2、0.3、0.5、0.6
			>5~10	0.3、0.5、0.6、0.8、1.0、1.25
		焊接	>10~15	0.5、0.6、0.8、1.0、1.25、1.5、2.0
			>15~20	0.6、0.8、1.0、1.25、1.5、2.0、2.5
			>20~30	0.6、0.8、1.0、1.25、1.5、2.0、2.5、3.0
			>30~40	1.0、1.25、1.5、2.0、2.5、3.0、3.5
			>40~50	1.25、1.5、2.0、2.5、3.0、3.5
			>50~60	1.5、2.0、2.5、3.0、3.5、4.0
			>60~80	1.5、2.0、2.5、3.0、3.5、4.0、4.5
		焊接轧制	>80~110	2.5、3.0、3.5、4.0、4.5
			16	0.5、0.6、0.8、1.0
			19	0.5、0.6、0.8、1.0、1.25
			25、27	0.5、0.6、0.8、1.0、1.25、1.5
			31、32、33	0.8、1.0、1.25、1.5、2.0
			38	1.5、2.0、2.5
			50、63	2.0、2.5
			6~10	0.5、0.6、0.8、1.0、1.25
			>10~15	0.5、0.6、0.8、1.0、1.25、1.5
			>15~30	0.5、0.6、0.8、1.0、1.25、1.5、2.0

表 5-153　钛及钛合金管的长度(单位:mm)

种类	无缝管		焊接管			焊接-轧制管	
	外径		壁厚			壁厚	
	≤15	>15	0.5~1.25	>1.25~2.0	>2.0~2.5	0.5~0.8	>0.8~2.0
不定尺长度	500~4000	500~9000	500~15000	500~6000	500~4000	500~8000	500~5000

2. 换热器及冷凝器用钛及钛合金管

换热器及冷凝器用钛及钛合金管(GB/T 3625—2007)的牌号和规格见表 5-154、表 5-155。

表 5-154　换热器及冷凝器用钛及钛合金管的牌号和规格

牌号	供应状态	制造方法	外径/mm	壁厚/mm
TA0 TA1 TA2 TA9 TA10	退火状态(M)	冷轧(冷拔)	10~15	0.5、0.6、0.8、1.0、1.25、1.5、2.0
			>15~30	0.6、0.8、1.0、1.25、1.5、2.0、2.5
			>30~40	1.25、1.5、2.0、2.5
			>40~50	1.5、2.0、2.5、3.0
			>50~60	1.5、2.0、2.5、3.0、3.5
			>60~80	2.0、2.5、3.0、3.5、4.0、4.5
		焊接	16	0.5、0.6、0.8、1.0
			19	0.5、0.6、0.8、1.0、1.25
			25、27	0.5、0.6、0.8、1.0、1.25、1.5
			31、32、33	0.8、1.0、1.25、1.5、2.0
			38	1.5、2.0、2.5
			50、63	2.0、2.5
		焊接轧制	6~10	0.5、0.6、0.8、1.0、1.25
			>10~15	0.5、0.6、0.8、1.0、1.25、1.5
			>15~30	0.5、0.6、0.8、1.0、1.25、1.5、2.0

表 5-155　换热器及冷凝器用钛及钛合金管的长度 (单位:mm)

种类	无缝管		焊接管			焊接-轧制管	
	外径		壁厚			壁厚	
	≤15	>15	0.5~1.25	>1.25~2.0	>2.0~2.5	0.5~0.8	>0.8~2.0
不定尺长度	500~4000	500~9000	500~15000	500~6000	500~4000	500~8000	500~5000

四、钛及钛合金棒、丝材

1. 钛及钛合金棒材

钛及钛合金棒材(GB/T 2965—2007)的牌号和规格见表5-156。

表5-156　钛及钛合金棒材的牌号和规格

牌号	制造方法	供应状态	直径或边长/mm
TA0、TA1、TA2、TA3、TA5、TA6、TA7、TA9、TA10、TB2、TC1、TC2、TC3、TC4、TC6、TC9、TC10、TC11、TC12	(1)热锻 热挤 热轧 (2)热锻＋车(磨)光 热挤＋车(磨)光 热轧＋车(磨)光 (3)冷轧 冷拔	(1)热加工状态 R (2)冷加工状态 Y (3)退火状态 M	(1)热锻 8～200 (2)热挤 15～80 (3)热轧 8～120 (4)冷轧、冷拔 8～20

2. 钛及钛合金丝

钛及钛合金丝(GB/T 3623—2007)的牌号的规格见表5-157。

表5-157　钛及钛合金丝的牌号和规格

牌号	状态	直径/mm	分类
TA0、TA0ELI、TA1、TA1ELI、TA2、TA2ELI、TA3、TA3ELI、TA4、TA7、TA9、TA10、TC1、TC3	退火状态 (M) 加工状态(Y 或 R)	0.1～7.0	(1)结构件丝——主要用作结构件和紧固件的丝材 (2)焊丝——主要用作电极材料和焊接材料的丝材
TC4		1.6～7.0	

注:丝材的供应状态应在合同中注明,否则按焊丝、加工状态(Y 或 R)供应。

3. 钛及钛合金饼和环(GB/T 16598—2013)

钛及钛合金饼和环牌号和规格见表5-157。

表 5-157　钛及钛合金饼和环的牌号和规格

牌号	供应状态	产品型式	规格/mm			
			外径	内径	截面高度	环材壁厚
TA0、TA1 TA2、TA3 TA9、TA10 TC4	热加工状态(R) 退火状态(M)	饼	150～300	—	35～140	—
			>300～500		35～150	
			>500～600		40～110	
		环	200～400	100～300	35～120	40～150
			>400～700	150～500	40～160	40～250
			>700～900	300～700	50～180	40～300
			>900～1300	400～900	70～250	40～400

第六章　专用金属材料

第一节　焊　接　用　钢

一、焊接用钢盘条

1. 焊接用钢盘条的化学成分

焊接用钢盘条的化学成分(GB/T 3429—2002)见表 6-1。

表 6-1　焊接用钢盘条的化学成分

序号	牌　号	化学成分(质量分数)/ %									S	P
		C	Mn	Si	Cr	Ni	Mo	V	Cu	其他	≤	
碳素结构钢	1	H08A	≤0.10	0.30~0.55	≤0.03	≤0.20	≤0.30	—	—	≤0.20	—	0.030	0.030
	2	H08E	≤0.10	0.30~0.55	≤0.03	≤0.20	≤0.30	—	—	≤0.20	—	0.020	0.020
	3	H08C	≤0.10	0.30~0.55	≤0.03	≤0.10	≤0.10	—	—	≤0.20	—	0.015	0.015
	4	H08MnA	≤0.10	0.08~1.10	≤0.07	≤0.20	≤0.30	—	—	≤0.20	—	0.030	0.030
	5	H15A	0.11~0.18	0.35~0.65	≤0.03	≤0.20	≤0.30	—	—	≤0.20	—	0.030	0.030
	6	H15Mn	0.11~0.18	0.08~1.10	≤0.03	≤0.20	≤0.30	—	—	≤0.20	—	0.035	0.035
合金结构钢	7	H10Mn2	≤0.12	1.50~1.90	≤0.07	≤0.20	≤0.30	—	—	≤0.20	—	0.035	0.035
	8	H08Mn2Si	≤0.11	1.70~2.10	0.65~0.95	≤0.20	≤0.30	—	—	≤0.20	—	0.035	0.035
	9	H08Mn2SiA	≤0.11	1.80~2.10	0.65~0.95	≤0.20	≤0.30	—	—	≤0.20	—	0.030	0.030

续表

序号	牌号	化学成分（质量分数）/ %									S	P
		C	Mn	Si	Cr	Ni	Mo	V	Cu	其他	≤	≤
10	H10MnSi	≤0.14	0.80~1.10	0.60~0.90	≤0.20	≤0.30	—	—	≤0.20	—	0.035	0.035
11	H10MnSiMo	≤0.14	0.90~1.20	0.70~1.10	≤0.20	≤0.30	0.15~0.25	—	≤0.20	—	0.035	0.035
12	H10MnSiMoTiA	0.08~0.12	1.00~1.30	0.40~0.70	≤0.20	≤0.30	0.20~0.40	—	≤0.20	Ti0.05~0.15	0.025	0.030
13	H11MnSi	0.07~0.15	1.00~1.50	0.65~0.95	≤0.20	≤0.30	—	—	≤0.20	—	0.025	0.035
14	H08MnMoA	≤0.10	1.20~1.60	≤0.25	≤0.20	≤0.30	0.30~0.50	—	≤0.20	Ti0.05（加入量）	0.030	0.030
15	H08Mn2MoA	0.06~0.11	1.60~1.90	≤0.25	≤0.20	≤0.30	0.50~0.70	—	≤0.20	Ti0.05（加入量）	0.030	0.030
16	H10Mn2MoA	0.08~0.13	1.70~2.00	≤0.40	≤0.20	0.30	0.70~0.80	—	≤0.20	Ti0.05（加入量）	0.030	0.030
17	H08Mn2MoVA	0.06~0.11	1.60~1.90	≤0.25	≤0.20	≤0.30	0.50~0.70	0.06~0.12	≤0.20	Ti0.05（加入量）	0.030	0.030
18	H10Mn2MoVA	0.08~0.13	1.70~2.00	≤0.40	≤0.20	≤0.30	0.70~0.80	0.06~0.12	≤0.20	Ti0.05（加入量）	0.030	0.030
19	H08CrMoA	≤0.10	0.40~0.70	0.15~0.35	0.80~1.10	≤0.30	0.40~0.60	—	≤0.20	—	0.030	0.030
20	H13CrMoA	0.11~0.16	0.40~0.70	0.15~0.35	0.80~1.10	≤0.30	0.40~0.60	—	≤0.20	—	0.030	0.030
21	H10CrMoA	0.15~0.22	0.40~0.70	0.15~0.35	0.80~1.10	≤0.30	0.15~0.25	—	≤0.20	—	0.025	0.030
22	H08CrMoVA	≤0.10	0.40~0.70	0.15~0.35	1.00~1.30	≤0.30	0.50~0.70	0.15~0.35	≤0.20	—	0.030	0.030
23	H08CrNi2MoA	0.05~0.10	0.50~0.85	0.10~0.30	0.70~1.00	1.40~1.80	0.20~0.40	—	≤0.20	—	0.025	0.030

（序号 10～23 左侧纵向标注：合金结构钢）

序号	牌号	化学成分(质量分数)/ %									S	P
		C	Mn	Si	Cr	Ni	Mo	V	Cu	其他	≤	
合金结构钢 24	H30CrMnSiA	0.25～0.35	0.80～1.10	0.90～1.20	0.80～1.10	≤0.30	—	—	≤0.20	—	0.025	0.025
合金结构钢 25	H10MoCrA	≤0.12	0.40～0.70	0.15～0.35	0.45～0.65	≤0.30	0.40～0.60	—	≤0.20	—	0.030	0.030

注:1.尺寸规格符合 GB/T 14981 的规定。

2.用于手工电弧焊、埋弧焊、电渣焊、气焊和气体保护焊。

2. 焊接用不锈钢盘条的化学成分

焊接用不锈钢盘条的化学成分(GB/T 4241—2002)见表 6-2。

表 6-2 焊接用不锈钢盘条的化学成分

类别	牌号	化学成分(质量分数)/%								
		C≤	Si	Mn	P≤	S≤	Ni	Cr	Mo	其他
奥氏体型	H0Cr21Ni10	0.06	≤0.60	1.00～2.50			9.00～11.00	19.50～22.00	—	—
	H00Cr21Ni10	0.03	≤0.60	1.00～2.50			9.00～11.00	19.50～22.00	—	—
	H1Cr24Ni13	0.12	≤0.60	1.00～2.50			12.00～14.00	23.00～25.00	—	—
	H1Cr24Ni13Mo2	0.12	≤0.60	1.00～2.50			12.00～14.00	23.00～25.00	2.00～3.00	—
	H1Cr26Ni21	0.15	0.2～0.50	1.00～2.50	0.030	0.020	20.00～22.50	25.00～28.00	—	—
	H0Cr26Ni21	0.08	≤0.60	1.00～2.50			20.00～22.50	25.00～28.00	—	—
	H0Cr19Ni12Mo2	0.08	≤0.60	1.00～2.50			11.00～14.00	18.00～20.00	2.00～3.00	—
	H00Cr19Ni12Mo2	0.03	≤0.60	1.00～2.50			11.00～14.00	18.00～20.00	2.00～3.00	—
	H00Cr19Ni12-Mo2Cu2	0.03	≤0.60	1.00～2.50			11.00～14.00	18.00～20.00	2.00～3.00	Cu:1.00～2.50

类别	牌号	化学成分(质量分数)/%								
		C≤	Si	Mn	P≤	S≤	Ni	Cr	Mo	其他
奥氏体型	H0Cr20Ni14Mo3	0.06	≤0.60	1.00~2.50			13.00~15.00	18.50~20.5	3.00~4.00	—
	H0Cr20Ni10Ti	0.06	≤0.60	1.00~2.50			9.00~10.50	18.50~20.50	—	Ti: 9×ω$_C$~1.00
	H0Cr20Ni10Nb	0.08	≤0.60	1.00~2.50			9.00~11.00	19.00~21.50		Nb: 10×ω$_C$~1.00
	H1Cr21Ni10Mn6	0.10	0.20~0.60	5.00~7.00			9.00~11.00	20.00~22.00	—	—
铁素体型	H0Cr14	0.06	0.30~0.70	0.30~0.70	0.030	0.030	≤0.60	13.00~15.00	—	—
	H0Cr17	0.10	≤0.50	≤0.60			—	15.50~17.00		
马氏体型	H1Cr13	0.12	≤0.50	≤0.60	0.030	0.030	—	11.50~13.50		—
	H0Cr5Mo	0.12	0.15~0.35	0.40~0.70			≤0.30	4.00~6.00	0.40~0.60	

注:1. 尺寸规格符合 GB/T 14981 的规定,直径 5.5~12 mm。

2. 盘条以热轧状态交货。根据需方要求,盘条亦可以热轧后酸洗或热轧后热处理状态交货。

3. 用于制造电焊条钢芯或焊丝。盘条按组织分为奥氏体型、铁素体型和马氏体型三类。

4. H0Cr21Ni10、H00Cr21Ni10 和 H0Cr20Ni10Nb 中铬可不小于 1.9×ω$_{Ni}$。此外,H1Cr17 允许含镍不大于 0.60%;H1Cr13 允许含镍不大于 0.60%,钼不大于 0.60%。

二、焊条用钢

1. 碳素钢焊条熔敷金属的化学成分

碳素钢焊条熔敷金属的化学成分见表 6-3。

表 6-3 碳素钢焊条熔敷金属的化学成分
(质量分数)(GB/T 5117—1995)(%)

焊条型号	C	Si	Mn	P≤	S≤	Ni	Cr	Mo	V
E4300	—	—	—	0.040	0.035	—	—	—	—
E4301	—	—	—	0.040	0.035	—	—	—	—
E4303	—	—	—	0.040	0.035	—	—	—	—
E4310	—	—	—	0.040	0.035	—	—	—	—
E4311	—	—	—	0.040	0.035	—	—	—	—
E4312	—	—	—	0.040	0.035	—	—	—	—
E4313	—	—	—	0.040	0.035	—	—	—	—
E4315	—	≤0.90	≤1.25	0.040	0.035	≤0.30	≤0.20	≤0.30	≤0.08
E4316	—	≤0.90	≤1.25	0.040	0.035	≤0.30	≤0.20	≤0.30	≤0.08
E4320	—	—	—	0.040	0.035	—	—	—	—
E4322	—	—	—	0.040	0.035	—	—	—	—
E4323	—	—	—	0.040	0.035	—	—	—	—
E4324	—	—	—	0.040	0.035	—	—	—	—
E4327	—	—	—	0.040	0.035	—	—	—	—
E4328	—	≤0.90	≤1.25	0.040	0.035	≤0.30	≤0.20	≤0.30	≤0.08
E5001	—	—	—	0.040	0.035	—	—	—	—
E5003	—	—	—	0.040	0.035	—	—	—	—
E5010	—	—	—	0.040	0.035	—	—	—	—
E5011	—	—	—	0.040	0.035	—	—	—	—
E5014	—	≤0.90	≤1.25	0.040	0.035	≤0.30	≤0.20	≤0.30	≤0.08
E5015	—	≤0.75	≤1.60	0.040	0.035	≤0.30	≤0.20	≤0.30	≤0.08
E5015-1	—	≤0.75	≤1.60	0.040	0.035	≤0.30	≤0.20	≤0.30	≤0.08
E5016	—	≤0.75	≤1.60	0.040	0.035	≤0.30	≤0.20	≤0.30	≤0.08
E5016-1	—	≤0.75	≤1.60	0.040	0.035	≤0.30	≤0.20	≤0.30	≤0.08
E5018	—	≤0.75	≤1.60	0.040	0.035	≤0.30	≤0.20	≤0.30	≤0.08
E5018-1	—	≤0.75	≤1.60	0.040	0.035	≤0.30	≤0.20	≤0.30	≤0.08
E5018M	≤0.12	≤0.80	0.40～1.60	0.030	0.020	≤0.25	≤0.15	≤0.35	≤0.05
E5023	—	≤0.90	≤1.25	0.040	0.035	≤0.30	≤0.20	≤0.30	≤0.08
E5024	—	≤0.90	≤1.25	0.040	0.035	≤0.30	≤0.20	≤0.30	≤0.08

焊条型号	C	Si	Mn	P≤	S≤	Ni	Cr	Mo	V
E5024-1	—	≤0.90	≤1.25	0.040	0.035	≤0.30	≤0.20	≤0.30	≤0.08
E5027	—	≤0.75	≤1.60	0.040	0.035	≤0.30	≤0.20	≤0.30	≤0.08
E5028	—	≤0.90	≤1.60	0.040	0.035	≤0.30	≤0.20	≤0.30	≤0.08
E5048	—	≤0.90	≤1.60	0.040	0.035	≤0.30	≤0.20	≤0.30	≤0.08

2. 碳素钢焊条熔敷金属的化学成分

碳素钢焊条熔敷金属的化学成分见表6-4。

表 6-4 碳钢焊条熔敷金属的化学成分(质量分数)

(JB/T 56102.1—1999)(%)

焊条型号	C[①]≤	Si≤	Mn≤	P≤	S≤	Cr≤	Ni≤	Mo≤	V≤	Mn,Cr,Ni,Mo,V 总和
				E43 系列焊条						
E4300	0.12	—	—	0.040	0.035	—	—	—	—	—
E4301	0.12	—	—	0.040	0.035	—	—	—	—	—
E4303	0.12	—	—	0.040	0.035	—	—	—	—	—
E4310	0.12	—	—	0.040	0.035	—	—	—	—	—
E4311	0.12	—	—	0.040	0.035	—	—	—	—	—
E4312	0.12	—	—	0.040	0.035	—	—	—	—	—
E4313	0.12	—	—	0.040	0.035	—	—	—	—	—
E4315	0.12	0.90	1.25	0.040	0.035	0.20	0.30	0.30	0.08	1.50
E4316	0.12	0.90	1.25.	0.040	0.035	0.20	0.30	0.30	0.08	1.50
E4320	0.12	—	—	0.040	0.035	—	—	—	—	—
E4322	0.12	—	—	0.040	0.035	—	—	—	—	—
E4323	0.12	—	—	0.040	0.035	—	—	—	—	—
E4324	0.12	—	—	0.040	0.035	—	—	—	—	—
E4327	0.12	—	—	0.040	0.035	—	—	—	—	—
E4328	0.12	0.90	1.25	0.040	0.035	0.20	0.30	0.30	0.08	1.50
				E50 系列焊条						
E5001	0.12	—	—	0.040	0.035	—	—	—	—	—
E5003	0.12	—	—	0.040	0.035	—	—	—	—	—
E5010	0.12	—	—	0.040	0.035	—	—	—	—	—
E5011	0.12	—	—	0.040	0.035	—	—	—	—	—

焊条型号	C①≤	Si≤	Mn≤	P≤	S≤	Cr≤	Ni≤	Mo≤	V≤	Mn,Cr,Ni,Mo,V 总和
E5014	0.12	0.90	1.25	0.040	0.035	0.20	0.30	0.30	0.08	1.50
E5015	0.12	0.75	1.60	0.040	0.035	0.20	0.30	0.30	0.08	1.75
E5016	0.12	0.75	1.60	0.040	0.035	0.20	0.30	0.30	0.08	1.75
E5018	0.12	0.75	1.60	0.040	0.035	0.20	0.30	0.30	0.08	1.75
E5018M	0.12	0.80	0.40~1.60	0.030	0.020	0.15	0.25	0.35	0.05	—
E5023	0.12	0.90	1.25	0.040	0.035	0.20	0.30	0.30	0.08	1.50
E5024	0.12	0.90	1.25	0.040	0.035	0.20	0.30	0.30	0.08	1.50
E5027	0.12	0.75	1.60	0.040	0.035	0.20	0.30	0.30	0.08	1.75
E5028	0.12	0.90	1.60	0.040	0.035	0.20	0.30	0.30	0.08	1.75
E5048	0.12	0.90	1.60	0.040	0.035	0.20	0.30	0.30	0.08	1.75

注:① 碳素钢焊条产品按质量分为合格品、一等品和优等品三个等级,表中所列为一等品、优等品的碳含量均为 $\omega(C)0.10\%$,合格中除 E5018M 型号为 $\omega(C)0.12\%$外,其余各型号对碳含量不作规定。

3. 低合金钢焊条熔敷金属的化学成分

低合金钢焊条熔敷金属的化学成分见表6-5。

表6-5　低合金钢焊条熔敷金属的化学成分
（质量分数）（GB/T 5118—1995）（%）

焊条型号	C	Si	Mn≤	P≤	S≤	Cr	Mo≤	Ni≤	其他
E5003-Al	≤0.12	≤0.40	≤0.60	0.035	0.035	—	0.40~0.65	—	—
E5003-G	—	≤0.80	≤1.00	—	—	≤0.30	≤0.20	≤0.50	V≤0.10
E5010-Al	≤0.12	≤0.40	≤0.60	0.035	0.035	—	0.40~0.65	—	—
E5010-G	—	≤0.80	≤1.00	—	—	≤0.30	≤0.20	≤0.50	V≤0.10
E5011-A1	≤0.12	≤0.40	≤0.60	0.035	0.035	—	0.40~0.65	—	—
E5011-G	—	≤0.80	≤1.00	—	—	≤0.30	≤0.20	≤0.50	V≤0.10
E5013-G	—	≤0.80	≤1.00	—	—	≤0.30	≤0.20	≤0.50	V≤0.10

焊条型号	C	Si	Mn≤	P≤	S≤	Cr	Mo≤	Ni≤	其他
E5015-Al	≤0.12	≤0.60	≤0.90	0.035	0.035	—	0.40~0.65	—	—
E5015-G1L	≤0.05	≤0.50	≤1.25	0.035	0.035	—	—	2.00~2.75	—
E5015-G2L	≤0.05	≤0.50	≤1.25	0.035	0.035	—	—	3.00~3.75	—
E5015-G	—	≤0.80	≤1.00	—	—	≤0.30	≤0.20	≤0.50	V≤0.10
E5016-Al	≤0.12	≤0.60	≤0.90	0.035	0.035	—	0.40~0.65	—	—
E5016-G1L	≤0.05	≤0.50	≤1.25	0.035	0.035	—	—	2.00~2.75	—
E5016-G2L	≤0.05	≤0.50	≤1.25	0.035	0.035	—	—	3.00~3.75	—
E5016-G	—	≤0.80	≤1.00	—	—	≤0.30	≤0.20	≤0.50	V≤0.10
E5018-Al	≤0.12	≤0.80	≤0.90	0.035	0.035	—	0.40~0.65	—	—
E5018-G1L	≤0.05	≤0.50	≤1.25	0.035	0.035	—	—	2.00~2.75	—
E5018-G2L	≤0.05	≤0.50	≤1.25	0.035	0.035	—	—	3.00~3.75	—
E5018-G	—	≤0.80	≤1.00	—	—	≤0.30	≤0.20	≤0.50	V≤0.10
E5018-W	≤0.12	0.40~0.70	0.40~0.70	0.025	0.025	0.15~0.65	—	0.20~0.40	V≤0.08 W0.30~0.60
E5020-Al	≤0.12	≤0.40	≤0.60	0.035	0.035	—	0.40~0.65	—	V≤0.10
E5020-G	—	≤0.80	≤1.00	—	—	≤0.30	≤0.20	≤0.50	—
E5027-Al	≤0.12	≤0.40	≤1.00	0.035	0.035	—	0.40~0.65	—	—
E5500-B1	0.05~0.12	≤0.60	≤0.90	0.035	0.035	0.40~0.65	0.40~0.65	—	V0.10~0.35

续表

焊条型号	C	Si	Mn≤	P≤	S≤	Cr	Mo≤	Ni≤	其他
E5500-B2-V	0.05~0.12	≤0.60	≤0.90	0.035	0.035	0.80~1.50	0.40~0.65	—	V0.20~0.60 W0.20~0.60
E5500-B3-VWB	0.05~0.12	≤0.60	≤1.00	0.035	0.035	1.50~2.50	0.30~0.80	—	Be0.001~0.003
E5503-G	—	≤0.80	≤1.00	—	—	≤0.30	≤0.20	≤0.50	V≤0.10
E5510-G	—	≤0.80	≤1.00	—	—	≤0.30	≤0.20	≤0.50	V≤0.10
E5511-G	—	≤0.80	≤1.00	—	—	≤0.30	≤0.20	≤0.50	V≤0.10
E5513-G	—	≤0.80	≤1.00	—	—	≤0.30	≤0.20	≤0.50	V≤0.10
E5515-B1	0.05~0.12	≤0.60	≤0.90	0.035	0.035	0.40~0.65	0.40~0.65	—	—
E5515-B2	0.05~0.12	≤0.60	≤0.90	0.035	0.035	0.80~1.50	0.40~0.65	—	—
E5515-B2L	≤0.05	≤1.00	≤0.90	0.035	0.035	0.80~1.50	0.40~0.65	—	—
E5515-B2-V	0.05~0.12	≤0.60	≤0.90	0.035	0.035	0.80~1.50	0.40~0.65	—	V≤0.10~0.35
E5515-B2-VNb	0.05~0.12	≤0.60	≤0.90	0.035	0.035	0.80~1.50	0.70~1.00	—	Nb0.10~0.25 V0.15~0.40
E5515-B2-VW	0.05~0.12	≤0.60	0.70~1.00	0.035	0.035	0.80~1.50	0.70~1.00	—	W0.25~0.50 V0.20~0.30
E5515-B3- VNb	0.05~0.12	≤0.60	≤1.00	0.035	0.035	2.40~3.00	0.70~1.00	—	Nb0.35~0.65 V0.20~0.60
E5515-B3-VWB	0.05~0.12	≤0.60	≤1.00	0.035	0.035	1.50~2.50	0.30~0.80	—	W0.20~0.60 B0.001~0.003
E5515-B4L	≤0.05	≤1.00	≤0.90	0.035	0.035	1.75~2.25	0.40~0.65	—	—
E5515-C1	≤0.12	≤0.60	≤1.25	0.035	0.035	—	—	2.00~2.75	—
E5515-C3	≤0.12	≤0.80	0.40~1.25	0.035	0.035	≤0.15	≤0.35	0.80~1.10	V≤0.50

焊条型号	C	Si	Mn≤	P≤	S≤	Cr	Mo≤	Ni≤	其他
E5515-D3	≤0.12	≤0.60	1.00~1.75	0.035	0.035	—	0.40~0.65	—	—
E5515-G	—	≤0.80	≤1.00	—	—	≤0.30	≤0.20	≤0.50	V≤0.10
E5516-B1	0.05~0.12	≤0.60	≤0.90	0.035	0.035	0.40~0.65	0.40~0.65	—	—
E5516-B2	0.05~0.12	≤0.60	≤0.90	0.035	0.035	0.80~1.50	0.40~0.65	—	—
E5516-B5	0.07~0.15	0.30~0.60	0.40~0.70	0.035	0.035	0.40~0.60	1.00~1.25	—	V≤0.50
E5516-C1	≤0.12	≤0.60	≤1.25	0.035	0.035	—	—	2.00~2.75	—
E5516-C1L	≤0.05	≤0.50	≤1.25	0.035	0.035	—	—	2.00~2.75	—
E5516-C2	≤0.12	≤0.60	≤1.25	0.035	0.035	—	—	3.00~3.75	—
E5516-C2L	≤0.05	≤0.50	≤1.25	0.035	0.035	—	—	3.00~3.75	—
E5516-C3	≤0.12	≤0.80	0.40~1.25	0.030	0.030	≤0.15	≤0.35	0.80~1.10	V≤0.50
E5516-D3	≤0.12	≤0.60	1.00~1.75	0.035	0.035	—	0.40~0.65	—	—
E5516-G	—	≤0.80	≤1.00	—	—	≤0.30	≤0.20	≤0.50	V≤0.10
E5518-B1	0.05~0.12	≤0.80	≤0.90	0.035	0.035	0.40~0.65	0.40~0.65	—	—
E5518-B2	0.05~0.12	≤0.80	≤0.90	0.035	0.035	0.80~1.50	0.40~0.65	—	—
E5518-B2L	≤0.05	≤0.80	≤0.90	0.035	0.035	0.80~1.50	0.40~0.65	—	—
E5518-C1	≤0.12	≤0.80	≤1.25	0.035	0.035	—	—	2.00~2.75	—

焊条型号	C	Si	Mn≤	P≤	S≤	Cr	Mo≤	Ni≤	其他
E5518-C1L	≤0.05	≤0.50	≤1.25	0.035	0.035	—	—	2.00~ 2.75	—
E5518-C2	≤0.12	≤0.80	≤1.25	0.035	0.035	—	—	3.00~ 3.75	—
E5518-C3	≤0.12	≤0.80	0.40~ 1.25	0.035	0.035	≤0.15	≤0.35	0.80~ 1.10	V≤0.50
E5518-G	—	≤0.80	≤1.00	—	—	≤0.30	≤0.20	≤0.50	V≤0.50
E5518-NM	≤0.10	≤0.60	0.80~ 1.25	0.020	0.030	≤0.05	0.40~ 0.65	0.80~ 1.10	Al≤0.05 V≤0.02 Cu≤0.10
E5518-W	≤0.12	0.35~ 0.80	0.50~ 1.30	0.035	0.035	0.45~ 0.70	—	0.40~ 0.80	W0.30~0.75
E6000-B3	0.05~ 0.12	≤0.60	≤0.90	0.035	0.035	2.00~ 2.50	0.90~ 1.20	—	—
E6003-G	—	≤0.80	≤1.00	—	—	≤0.30	≤0.20	≤0.50	V≤0.10
E6010-G	—	≤0.80	≤1.00	—	—	≤0.30	≤0.20	≤0.50	V≤0.10
E6011-G	—	≤0.80	≤1.00	—	—	≤0.30	≤0.20	≤0.50	V≤0.10
E6013-G	—	≤0.80	≤1.00	—	—	≤0.30	≤0.20	≤0.50	V≤0.10
E6015-B3	0.05~ 0.12	≤0.60	≤0.90	0.035	0.035	2.00~ 2.50	0.90~ 1.20	—	—
E6015-B3L	≤0.05	≤1.00	≤0.90	0.035	0.035	2.00~ 2.50	0.90~ 1.20	—	—
E6015-D1	≤0.12	≤0.60	1.25~ 1.75	0.035	0.035	—	0.25~ 0.45	—	—
E6015-G	—	≤0.80	≤1.00	—	—	≤0.30	≤0.20	≤0.50	V≤0.10
E6016-B3	0.05~ 0.12	≤0.60	≤0.90	0.035	0.035	2.00~ 2.50	0.90~ 1.20	—	—
E6016-D1	≤0.12	≤0.60	1.25~ 1.75	0.035	0.035	—	0.25~ 0.45	—	—
E6016-G	—	≤0.80	≤1.00	—	—	≤0.30	≤0.20	≤0.50	V≤0.10

续表

焊条型号	C	Si	Mn≤	P≤	S≤	Cr	Mo≤	Ni≤	其他
E6018-B3	0.05~0.12	≤0.80	≤0.90	0.035	0.035	2.00~2.50	0.90~1.20	—	—
E6018-B3L	≤0.05	≤0.80	≤0.90	0.035	0.035	2.00~2.50	0.90~1.20	—	—
E6018-D1	≤0.12	≤0.80	1.25~1.75	0.035	0.035	—	0.25~0.45	—	—
E6018-G	—	≤0.80	≤1.00	—	—	≤0.30	≤0.20	≤0.50	V≤0.10
E6018-M	≤0.10	≤0.80	0.60~1.25	0.030	0.030	≤0.15	≤0.35	1.40~1.80	V≤0.05
E7003-G	—	≤0.80	≤1.00	—	—	≤0.30	≤0.20	≤0.50	V≤0.10
E7010-G	—	≤0.80	≤1.00	—	—	≤0.30	≤0.20	≤0.50	V≤0.10
E7011-G	—	≤0.80	≤1.00	—	—	≤0.30	≤0.20	≤0.50	V≤0.10
E7013-G	—	≤0.80	≤1.00	—	—	≤0.30	≤0.20	≤0.50	V≤0.10
E7015-D2	≤0.15	≤0.60	0.65~2.00	0.035	0.035	—	0.25~0.45	—	—
E7015-G	—	≤0.80	≤1.00	—	—	≤0.30	≤0.20	≤0.50	V≤0.10
E7016-D2	≤0.15	≤0.60	0.65~2.00	0.035	0.035	—	—	0.25~0.45	—
E7016-G	—	≤0.80	≤1.00	—	—	≤0.30	≤0.20	≤0.50	V≤0.10
E7018-D2	≤0.15	≤0.80	0.65~2.00	0.035	0.035	—	—	0.25~0.45	—
E7018-G	—	≤0.80	≤1.00	—	—	≤0.30	≤0.20	≤0.50	V≤0.10
E7018-M	≤0.10	≤0.60	0.75~1.70	0.030	0.030	≤0.35	0.25~0.50	1.40~2.10	V≤0.05
E7503-G	—	≤0.80	≤1.00	—	—	≤0.30	≤0.20	≤0.50	V≤0.10
E7510-G	—	≤0.80	≤1.00	—	—	≤0.30	≤0.20	≤0.50	V≤0.10
E7511-G	—	≤0.80	≤1.00	—	—	≤0.30	≤0.20	≤0.50	V≤0.10
E7513-G	—	≤0.80	≤1.00	—	—	≤0.30	≤0.20	≤0.50	V≤0.10
E7515-G	—	≤0.80	≤1.00	—	—	≤0.30	≤0.20	≤0.50	V≤0.10
E7516-G	—	≤0.80	≤1.00	—	—	≤0.30	≤0.20	≤0.50	V≤0.10

焊条型号	C	Si	Mn≤	P≤	S≤	Cr	Mo≤	Ni≤	其他
E7518-G	—	≤0.80	≤1.00	—	—	≤0.30	≤0.20	≤0.50	V≤0.10
E7518-M	≤0.10	≤0.60	1.30~1.80	0.030	0.030	≤0.40	0.25~0.50	1.25~2.50	V≤0.05
E8003-G	—	≤0.80	≤1.00	—	—	≤0.30	≤0.20	≤0.50	V≤0.10
E8001-G	—	≤0.80	≤1.00	—	—	≤0.30	≤0.20	≤0.50	V≤0.10
E8011-G	—	≤0.80	≤1.00	—	—	≤0.30	≤0.20	≤0.50	V≤0.10
E8013-G	—	≤0.80	≤1.00	—	—	≤0.30	≤0.20	≤0.50	V≤0.10
E8015-G	—	≤0.80	≤1.00	—	—	≤0.30	≤0.20	≤0.50	V≤0.10
E8016-G	—	≤0.80	≤1.00	—	—	≤0.30	≤0.20	≤0.50	V≤0.10
E8018-G	—	≤0.80	≤1.00	—	—	≤0.30	≤0.20	≤0.50	V≤0.10
E8503-G	—	≤0.80	≤1.00	—	—	≤0.30	≤0.20	≤0.50	V≤0.10
E8510-G	—	≤0.80	≤1.00	—	—	≤0.30	≤0.20	≤0.50	V≤0.10
E8511-G	—	≤0.80	≤1.00	—	—	≤0.30	≤0.20	≤0.50	V≤0.10
E8513-G	—	≤0.80	≤1.00	—	—	≤0.30	≤0.20	≤0.50	V≤0.10
E8515-G	—	≤0.80	≤1.00	—	—	≤0.30	≤0.20	≤0.50	V≤0.10
E8516-G	—	≤0.80	≤1.00	—	—	≤0.30	≤0.20	≤0.50	V≤0.10
E8518-G	—	≤0.80	≤1.00	—	—	≤0.30	≤0.20	≤0.50	V≤0.10
E8518-M	≤0.10	≤0.60	1.30~2.25	0.030	0.030	0.30~1.50	0.30~0.55	1.75~2.50	V≤0.05
E8518-M1	≤0.10	≤0.65	0.80~1.60	0.015	0.012	~	0.20~0.30	3.00~3.80	V≤0.05

4. 碳素钢焊条熔敷金属的力学性能

碳素钢焊条熔敷金属的力学性能见表6-6。

表6-6 碳素钢焊条熔敷金属的力学性能(GB/T 5117—1995)

焊条型号	熔敷金属的力学性能			
	$\sigma_{0.2}/MPa \geqslant$	$\sigma_b/MPa \geqslant$	$\delta_5(\%) \geqslant$	$A_{KV}/J \geqslant$
E4300	330	420	22	27(℃)
E4301	330	420	22	27(−20℃)
E4303	330	420	22	27(℃)
E4310	330	420	22	27(−30℃)

焊条型号	熔敷金属的力学性能			
	$\sigma_{0.2}/MPa \geqslant$	$\sigma_b/MPa \geqslant$	$\delta_5(\%) \geqslant$	$A_{KV}/J \geqslant$
E4311	330	420	22	27(-30℃)
E4312	330	420	17	—
E4313	330	420	17	—
E4315	330	420	22	27(−30℃)
E4316	330	420	22	27(-30℃)
E4320	330	420	22	—
E4322	—	420	—	
E4323	330	420	22	27(0℃)
E4324	330	420	17	—
E4327	330	420	22	27(−30℃)
E4328	330	420	22	27(−20℃)
E5001	400	490	20	27(−20℃)
E5003	400	490	20	27(0℃)
E5010	400	490	20	27(−30℃)
E5011	400	490	20	27(−30℃)
E5014	400	490	17	—
E5015	400	490	22	27(−30℃)
E5015-1	400	490	22	27(−46℃)
E5016	400	490	22	27(−30℃)
E5016-1	400	490	22	27(−46℃)
E5018	400	490	22	27(−30℃)
E5018-1	400	490	22	27(−46℃)
E5018M	365~500	490	24	67(−30℃)
E5023	400	490	17	27(0℃)
E5024	400	490	17	—
E5024-1	400	490	22	27(−20℃)
E5027	400	490	22	27(−30℃)
E5028	400	490	22	27(−20℃)
E5048	400	490	22	27(−30℃)

5. 低合金钢焊条熔敷金属的力学性能

低合金钢焊条熔敷金属的力学性能见表 6-7。

表 6-7 低合金钢焊条熔敷金属的力学性能 (GB/T 5118—1995)

焊条型号	熔敷金属的力学性能			
	σ_b/MPa	$\sigma_{0.2}$/MPa	δ_5(%)	A_{KV}/J
E5010-A1	490	390	22	—
E5011-A1	490	390	22	—
E5003-A1	490	390	20	—
E5015-Al	490	390	22	27(常温)
E5016-Al	490	390	22	27(常温)
E5018-Al	490	390	22	27(常温)
E5020-Al	490	390	22	—
E5027-Al	490	390	22	—
E5500-B1	540	440	16	
E5503-B1	540	440	16	
E5515-B1	540	440	17	27(常温)
E5516-B1	540	440	17	27(常温)
E5518-B1	540	440	17	27(常温)
E5515-B2	540	440	17	27(常温)
E5515-B2L	540	440	17	27(常温)
E5516-B2	540	440	17	27(常温)
E5518-B2	540	440	17	27(常温)
E5518-B2L	540	440	17	27(常温)
E5500-B2-V	540	440	16	27(常温)
E5515-B2-V	540	440	17	27(常温)
E5515-B2-VNb	540	440	17	27(常温)
E5515-B2-VW	540	440	17	27(常温)
E5515-B3-VWB	540	340	17	27(常温)
E5515-B3-VNb	540	440	17	27(常温)
E6000-B3	590	490	14	27(常温)
E6015-B3L	590	490	15	27(常温)
E6015-B3	590	490	15	27(常温)
E6016-B3	590	490	15	27(常温)

焊条型号	熔敷金属的力学性能			
	σ_b/MPa	$\sigma_{0.2}$/MPa	δ_5(%)	A_{KV}/J
E6018-B3	590	490	15	27(常温)
E6018-B3L	590	490	15	27(常温)
E5515-B4L	540	440	17	27(常温)
E5516-B5	540	440	17	27(常温)
E5515-C1	540	440	17	27(−60℃)
E5516-C1	540	440	17	27(−60℃)
E5518-C1	540	440	17	27(−60℃)
E5015-C1L	490	390	22	27(−70℃)
E5016-C1L	490	390	22	27(−70℃)
E5018-C1L	490	390	22	27(−70℃)
E5516-C2	540	440	17	27(−70℃)
E5518-C2	540	440	17	27(−70℃)
E5015-C2L	490	390	22	27(−100℃)
E5016-C2L	490	390	22	27(−100℃)
E5018-C2L	490	390	22	27(−100℃)
E5516-C3	540	440~540	22	27(−40℃)
E5518-C3	540	440~540	22	27(−40℃)
E5518-NM	540	440	17	27(−40℃)
E6015-D1	590	490	15	27(−40℃)
E6016-D1	590	490	15	27(−30℃)
E6018-D1	590	490	15	27(−30℃)
E5515-D3	540	490	17	27(−30℃)
E5516-D3	540	440	17	27(−30℃)
E5518-D3	540	440	17	27(−30℃)
E7015-D2	690	590	15	27(−30℃)
E7016-D2	690	590	15	27(−30℃)
E7018-D2	690	590	15	27(−30℃)
EXXXX-E	—	—	—	54(−40℃)
E6018-M	590	490	22	27(−50℃)

焊条型号	熔敷金属的力学性能			
	σ_b/MPa	$\sigma_{0.2}/MPa$	$\delta_5(\%)$	A_{KV}/J
E7018-M	690	590	18	27(−50℃)
E7518-M	740	640	18	27(−50℃)
E8518-M	830	740	15	27(−50℃)
E8518-M1	830	740	15	68(−20℃)
E5018-W	490	390	22	27(−20℃)
E5518-W	540	440	17	27(−20℃)

6. 低合金耐热钢焊条熔敷金属的化学成分

低合金耐热钢焊条熔敷金属的化学成分见表6-8。

表6-8　低合金耐热钢焊条熔敷金属的化学成分(质量分数)

焊条牌号	相当于GB标准型号	C	Si	Mn	P	S	Cr	Ni	Mo	其他
R102	E5003-Al	≤0.12	≤0.40	≤0.60	≤0.035	≤0.035	—	—	0.40~0.65	—
R106Fe	E5018-Al	≤0.12	≤0.50	0.50~0.90	≤0.035	≤0.035	—	—	0.40~0.65	—
R107	E5015-Al	≤0.12	≤0.50	0.50~0.90	≤0.035	≤0.035	—	—	0.40~0.65	—
R200	E5500-B1	≤0.12	≤0.50	0.50~0.90	≤0.035	≤0.035	0.40~0.65	—	0.40~0.65	—
R202	E5503-B1	≤0.12	≤0.50	0.50~0.90	≤0.035	≤0.035	0.40~0.65	—	0.40~0.65	—
R207	E5515-B1	≤0.12	≤0.50	0.50~0.90	≤0.035	≤0.035	0.40~0.65	—	0.40~0.65	—
R302	E5503-B2	≤0.12	≤0.50	≤0.90	≤0.035	≤0.035	1.00~1.50	—	0.40~0.65	—
R307	E5515-B2	≤0.12	≤0.50	0.50~0.90	≤0.035	≤0.035	1.00~1.50	—	0.40~0.65	—
R310	E5500-B2-V	≤0.12	≤0.50	≤0.90	≤0.035	≤0.035	1.00~1.50	—	0.40~0.65	V0.10~0.35

焊条牌号	相当于 GB 标准型号	C	Si	Mn	P	S	Cr	Ni	Mo	其他
R312	E5503-B2-V	≤0.12	≤0.50	≤0.90	≤0.035	≤0.035	1.00~1.50	—	0.40~0.65	V0.10~0.35
R316Fe	E5518-B2-V	≤0.12	≤0.50	0.50~0.90	≤0.035	≤0.035	1.00~1.50	—	0.40~0.65	V0.10~0.35
R317	E5515-B2-V	≤0.12	≤0.50	0.50~0.90	≤0.035	≤0.035	1.00~1.50	—	0.40~0.65	V0.10~0.35
R327	E5515-B2-VW	≤0.12	≤0.50	0.70~1.10	≤0.035	≤0.035	1.00~1.50	—	0.70~1.00	W0.25~0.50 V0.20~0.35
R337	E5515-B2-VNb	≤0.12	≤0.50	0.50~1.00	≤0.035	≤0.035	1.00~1.50	—	0.70~1.00	V0.15~0.40 Nb0.10~0.25
R340	E5500-B3-VWB	≤0.12	≤0.50	0.50~0.90	≤0.035	≤0.035	1.50~2.50	—	0.30~0.80	W0.20~0.60 V0.20~0.60 B0.001~0.003
R347	E5515-B3-VWB	≤0.12	0.50	0.50~0.90	≤0.035	≤0.035	1.50~2.50	—	0.30~0.80	W0.20~0.60 V0.20~0.60 B0.001~0.003
R400	E6000-B3	≤0.12	≤0.50	0.50~0.90	—	—	2.0~2.5	—	0.90~1.20	—
R402	E6003-B3	≤0.12	≤0.50	≤0.90	—	—	2.0~2.5	—	0.90~1.20	—
R406Fe	E6018-B3	≤0.12	≤0.50	0.50~0.90	—	—	2.0~2.5	—	0.90~1.20	—

焊条牌号	相当于GB标准型号	C	Si	Mn	P	S	Cr	Ni	Mo	其他
R407	E6015-B3	≤0.12	≤0.50	0.50~0.90	—	—	2.0~2.5	—	0.90~1.20	—
R417	E6015-B3-VNb	≤0.12	≤0.50	0.50~0.90	—	—	2.4~3.0	—	0.70~1.00	V0.25~0.50 Nb0.35~0.65
R507	E1-5MoV-15	≤0.12	≤0.50	0.50~0.90	≤0.035	≤0.030	4.5~6.0	—	0.40~0.70	V0.10~0.35
R707	E1-9Mo-15	≤0.15	≤0.50	0.50~1.00	≤0.035	≤0.030	8.5~10.0	—	0.70~1.00	Cu≤0.50
R802	E1-11MoVNi-16	≤0.15	≤0.50	0.50~1.00	≤0.035	≤0.030	9.5~11.5	0.6~0.9	0.60~0.90	V0.20~0.40
R807	E1-11MoVNi-15	≤0.15	≤0.50	0.50~1.00	≤0.035	≤0.030	9.5~11.5	0.6~0.9	0.60~0.90	V0.20~0.40
R817	E2-11MoVNiW-15	≤0.19	≤0.50	0.50~0.90	≤0.035	≤0.030	9.5~12.0	0.4~1.1	0.80~1.10	W0.40~0.70 V0.20~0.40
R827	E1-11MoVNi-15	≤0.19	≤0.50	0.50~0.90	≤0.035	≤0.030	9.5~12.0	0.6~0.9	0.80~1.10	V0.20~0.40

注：1. 本表中熔敷金属化学成分为参考值。

2. 与本表焊条牌号相当的GB标准型号，可参考GB/T 5118—1995。

3. 表中的P、S含量按上述GB标准的规定列出。

7. GB不锈钢焊条熔敷金属的主要力学性能

GB不锈钢焊条熔敷金属的主要力学性能见表6-9。

表6-9　GB不锈钢焊条熔敷金属的主要力学性能(GB/T 983—1995)

焊条型号	抗拉强度 σ_b/MPa≥	伸长率 δ_5(%)≥	焊条型号	抗拉强度 σ_b/MPa≥	伸长率 δ_5(%)≥
E5MoV	540	14	E11MoVNi	730	15
E7Cr	420	20	E11MoVNiW	730	15
E9Mo	590	16	E16-8-2	550	35

焊条型号	抗拉强度 σ_b/MPa≥	伸长率 δ_5(%)≥	焊条型号	抗拉强度 σ_b/MPa≥	伸长率 δ_5(%)≥
E16-25MoN	420	30	E317	550	25
E209	690	15	E317L	520	25
E219	690	15	E317MoCu	540	25
E240	690	15	E317MoCuL	540	25
E307	590	30	E318	550	25
E308	550	35	E318V	540	25
E308H	550	35	E320	550	30
E308L	520	35	E320LR	520	30
E308Mo	550	35	E330	520	25
E308MoL	520	35	E330H	620	10
E309	550	25	E330MoMnWNb	590	25
E309L	520	25	E347	520	25
E309Nb	550	25	E349	690	25
E309Mo	550	25	E383	520	30
E309MoL	540	25	E385	520	30
E310	550	25	E410	450	20
E310H	620	10	E410NiMo	760	15
E310Nb	550	25	E430	450	20
E310Mo	550	25	E502	420	20
E312	660	22	E505	420	20
E316	520	30	E630	930	7
E316H	520	30	E2209	690	20
E316L	490	30	E2553	760	15

8. 低合金耐热钢焊条熔敷金属的力学性能

低合金耐热钢焊条熔敷金属的力学性能见表 6-10。

表 6-10 低合金耐热钢焊条熔敷金属的力学性能

焊条牌号	熔敷金属的力学性能 ≥			热处理
	σ_b/MPa	$\sigma_{0.2}$/MPa	δ/%	
R102	490	390	22	(620±15)℃×1h 回火
R106Fe	490	390	22	—

焊条牌号	熔敷金属的力学性能 ≥			热处理
	σ_b/MPa	$\sigma_{0.2}$/MPa	δ/%	
R107	490	390	22	(620±15)℃×1h 回火
R200	540	440	16	(620±15)℃×1h 回火
R202	540	440	16	(620±15)℃×1h 回火
R207	540	440	16	同上
R302	540	440	16	(690±15)℃×1h 回火
R307	540	440	17	(690±15)℃×1h 回火
R310	540	440	16	(730±15)℃×2h 回火
R312	540	440	16	(730±15)℃×2h 回火
R316Fe	540	440	17	—
R317	540	440	17	(730±15)℃×2h 回火
R327	540	440	17	(730±15)℃×5h 回火
R337	540	440	17	(730±15)℃×5h 回火
R340	540	340	17	—
R340	540	440	17	(760±15)℃×1h 回火
R347	540	440	17	(760±15)℃×1h 回火
R400	590	530	14	(690±15)℃×1h 回火
R402	590	530	14	(690±15)℃×1h 回火
R406Fe	590	530	15	—
R407	590	530	14	(690±15)℃×1h 回火
R417	540	440	17	(730±15)℃×1h 回火
R507	540	—	14	(740~760)℃×4h 回火
R707	590	—	16	(730~750)℃×4h 回火
R802	730	—	15	(730~750)℃×4h 回火
R807	730	—	15	(730~750)℃×4h 回火
R817	730	—	15	(730~750)℃×4h 回火
R827	730	—	15	(730~750)℃×4h 回火

9. 堆焊焊条熔敷金属的化学成分

堆焊焊条熔敷金属的化学成分见表 6-11。

表 6-11　堆焊焊条熔敷金属的化学成分
（质量分数）(GB/T 5118—1995)（%）

焊条牌号	相当于 GB 型号	C	Si	Mn	P≤	S≤	Cr	Mo	W	其他
D007	EDTV-15	≤0.25	≤1.00	2.00~3.00	0.003	0.003	—	2.00~3.00	—	5.00~8.00 B≤0.15
D017	—	0.25~0.35	1.0~2.0	0.60~1.50	—	—	5.50~7.50	—	—	—
D027	—	0.35~0.45	≤3.0	—	—	—	≤5.5	~0.5	—	V~0.5
D036	—	0.5~0.7	0.6~0.8	0.6~0.9	—	—	0.5~6.0	1.5~2.0	—	V~0.5
D102	EDPMn2-03	≤0.2	—	≤3.50	—	—	—	—	—	—
D106	EDPMn2-16	≤0.2	—	≤3.50	—	—	—	—	—	—
D107	EDPMn2-15	≤0.2	—	≤3.50	—	—	—	—	—	—
D112	EDPCrMo-Al-03	≤0.25	—	≤4.20	—	—	≤2.00	≤0.15	—	(Σ≤2.00)
D126	EDPMn3-16	≤0.20	—	≤4.20	—	—	—	—	—	—
D127	EDPMn3-15	≤0.20	—	≤4.20	—	—	—	—	—	—
D132	EDPCrMo-A2-03	≤0.50	—	≤4.50	—	—	≤3.00	≤0.15	—	(Σ≤2.00)
D146	EDPMn4-16	≤0.20	—	≤4.50	—	—	—	—	—	—
D156	—	≤0.1	≤0.50	≤0.7	—	—	≤3.2	—	—	—
D167	EDPMn6-15	≤0.45	≤1.00	≤6.50	—	—	—	—	—	—
D172	EDPCrMo-A3-03	≤0.50	—	—	—	—	≤2.50	≤2.50	—	—
D177SL	—	≤0.50	—	—	—	—	≤2.50	≤2.50	—	—
D207	EDPCrMnSi-15	0.50~1.00	≤1.00	≤2.50	—	—	≤3.50	—	—	(Σ≤2.00)

续表

焊条牌号	相当于GB型号	C	Si	Mn	P≤	S≤	Cr	Mo	W	其他
D212	EDPCrMo-A4-03	0.30~0.60	—	—	—	—	≤5.00	≤4.00	—	—
D217A		≤0.3	0.80~1.20	1.20~1.80	—	—	1.80~2.20	≤1.50	—	Ni≤1.40
D227	EDPCrMoV-A2-15	0.30~0.60	—	—	—	—	4.00~5.00	2.00~3.00	—	V4.00~5.00
D237	EDPCrMoV-A1-15	0.30~0.60	—	—	—	—	8.00~10.0	≤3.00	—	V0.50~1.00
D256	EDMn-A-16	≤1.10	≤1.30	11.0~16.0	—	—	—	—	—	(Σ≤4.00)
D266	EDMn-B-16	≤1.10	0.30~1.30	11.0~18.0	—	—	—	—	—	(Σ≤5.00)
D276	EDCrMn-B-16	≤0.80	≤0.80	11.0~16.0	—	—	13.0~17.0	≤2.50	—	(Σ≤1.00)
D277	EDCrMn-B-15	≤0.80	≤0.80	11.0~16.0	—	—	13.0~17.0	—	—	(Σ≤4.00)
D307	EDD-D-15	0.70~1.00	—	—	0.040	0.035	3.80~4.50	—	17.0~19.0	V1.00~1.50
D317	EDRCrMoWV-A3-15	0.70~1.00	—	—	0.04	0.035	3.00~4.00	3.00~5.00	4.50~6.00	V1.50~3.00
D322	EDRCrMoWV-A1-03	0.50	—	—	0.04	0.035	≤5.00	≤2.50	7.00~10.0	V1.00
D327	EDRCrMoWV-A1-15	≤0.50	—	—	0.04	0.035	≤5.00	≤2.50	7.00~10.0	V1.00
D327A	EDRCrMoWV-A2-15	0.30~0.50	—	—	0.04	0.035	5.00~6.50	2.00~3.00	2.00~3.50	V1.50~3.00
D337	EDRCrW-15	0.25~0.55	—	—	0.04	0.035	2.00~3.00	—	7.00~10.0	(Σ≤1.00)
D397	EDRCrMnMo-15	≤0.60	≤1.00	≤2.50	—	—	≤2.00	≤1.00	—	—
D407	EDD-B-15	0.50~0.90	—	≤0.60	—	—	3.00~5.00	—	5.00~9.50	—
D502	EDCr-A1-03	≤0.15	—	—	0.04	0.03	10.0~16.0	—	—	(Σ≤2.50)
D507	EDCr-A1-15	≤0.15	—	—	0.04	0.03	10.0~16.0	—	—	(Σ≤2.50)

续表

焊条牌号	相当于 GB 型号	C	Si	Mn	P≤	S≤	Cr	Mo	W	其他
D507Mo	EDCr-A2-15	≤0.20	—	—	—	—	10.0~16.0	≤2.50	≤2.00	Ni≤6.00 (Σ≤2.50)
D507MoNb	—	≤0.15	—	—	—	—	10.0~16.0	≤2.50	—	Nb≤0.50
D512	EDCr-B-03	≤0.25	—	—	—	—	10.0~16.0	—	—	(Σ≤5.00)
D516F	EDCrMn-A-16	≤0.25	≤1.00	8.00~10.0	—	—	12.0~14.0	—	—	—
D516M	EDCrMn-A-16	≤0.25	≤1.00	6.00~8.00	—	—	12.00~14.00	—	—	—
D516MA	EDCrMn-A-16	≤0.25	≤1.00	6.00~8.00	—	—	12.00~14.00	—	—	—
D517	EDCr-B-15	≤0.25	—	—	—	—	10.0~16.0	—	—	(Σ≤5.00)
D547	EDCrNi-A-15	≤0.18	4.80~6.40	0.60~2.00	0.04	0.03	15.0~18.0	—	—	Ni7.00~9.00
D547Mo	—	0.10~0.18	3.5~4.3	0.6~2.0	—	—	18~21	3.5~5.0	0.8~1.2	Ni10~12 V0.5~1.2 Nb0.7~1.2
D557	EDCrNi-C-15	≤0.20	5.00~7.00	2.00~3.00	0.04	0.03	18.0~20.0	—	—	Ni7.00~10.0
D567	EDCrMn-D-15	0.50~0.80	≤1.30	24.0~27.	—	—	9.50~12.50	—	—	—
D577	—	≤1.1	≤2.0	12~18	—	—	12~18	≤4.0	1.7~2.3	≤0.7
D582	EDCrNi-A-03	≤0.08	≤0.9	≤1.0	—	—	18.0~21.0	—	—	Ni8.00~11.0
D608	EDZ-A1-08	2.50~4.50	—	—	—	—	3.00~5.00	3.00~5.00	—	—
D618	—	≤3.0	—	—	—	—	15~20	1.0~2.0	10~20	V≤1.0

续表

焊条牌号	相当于 GB 型号	C	Si	Mn	P≤	S≤	Cr	Mo	W	其他
D628	—	3.0~5.0	—	—	—	—	20~35	4.0~6.0	—	V≤1.0
D632	—	2.0~5.0	—	—	—	—	25.0~40.0	—	—	—
D638	—	3.0~6.5	—	—	—	—	25.0~40.0	—	—	—
D642	EDZCr-B-03	1.50~3.50	—	≤1.00	—	—	22.0~32.0	—	—	(Σ≤7.00)
D646	EDZCr-B-16	1.50~3.50	—	1.00	—	—	22.0~32.0	—	—	(Σ≤2.00)
D656	EDZ-A2-16	3.0~4.0	—	—	—	—	26.0~34.0	—	2.0~3.0	—
D667	EDZCr-C-15	2.50~5.00	1.00~4.80	≤8.00	—	—	25.0~32.00	—	—	Ni3.00~5.00 (Σ≤2.00)
D678	EDZ-B1-08	1.50~2.20	—	—	—	—	—	—	8.00~10.00	(Σ≤1.00)
D687	EDZCr-D-15	3.00~4.00	≤3.00	1.50~3.50	—	—	22.00~32.00	—	—	B0.50~2.50 (Σ≤6.00)
D698	EDZ-B2-08	≤3.00	—	—	—	—	4.00~6.00	—	8.50~14.00	(Σ≤3.00)
D707	EDW-A-15	1.50~3.00	≤4.00	≤2.00	—	—	—	—	40.00~50.00	Fe 余量
D717	EDW-B-15	1.50~4.00	≤4.00	≤3.00	—	—	≤3.00	≤7.00	50.00~70.00	Ni3.00 (Σ≤3.00) Fe 余量
D802	EDCoCr-A-03	0.70~1.40	≤2.00	≤2.00	—	—	25.0~32.00	—	3.0~6.0	(Σ≤4.00) Co 余量

续表

焊条牌号	相当于 GB 型号	C	Si	Mn	P≤	S≤	Cr	Mo	W	其他
D812	EDCoCr-B-03	1.00~1.70	≤2.00	≤2.00	—	—	25.0~32.0	—	7.00~10.00	Fe≤5.00 (Σ≤4.00) Co余量
D822	EDCoCr-C-03	1.75~3.00	≤2.00	≤2.00	—	—	25.0~33.0	—	11.0~19.0	Fe≤5.00 (Σ≤4.00) Co余量
D842	EDCoCr-D-03	0.20~0.50	≤2.00	≤2.00	—	—	23.0~32.0	—	≤9.50	Fe≤5.00 (Σ≤4.00) Co余量

10. 铸铁焊条熔敷金属的化学成分

铸铁焊条熔敷金属的化学成分见表6-12。

表 6-12　铸铁焊条熔敷金属的化学成分

（质量分数）（摘自 GB/T 10044—2006）（%）

焊条型号	C	Si	Mn	P≤	S≤	Ni	Cr	其他[②]
EZC	2.0～4.0	2.5～6.5	≤0.75	0.15	0.10	—	—	—
EZCQ	3.2～4.2	3.2～4.0	≤0.8	0.15	0.10	—	—	Q0.04～0.15[①]
EZNi-1	≤2.0	≤2.5	≤1.0	—	0.03	≥90	—	Fe≤8.0
EZNi-2	≤2.0	≤4.0	≤1.0	—	0.03	≥85	≤2.5	Fe≤8.0 Al≤1.0
EZNiFe-1	≤2.0	≤2.5	≤1.8	—	0.03	45～60	—	—
EZNiFe-2	≤2.0	≤4.0	≤1.0	—	0.03	45～60	≤2.5	Al≤1.0
EZNiFe-3	≤2.0	≤4.0	≤1.0	—	0.03	45～60	≤2.5	Al≤1.0～3.0
EZNiCu-1	≤1.0	≤0.8	≤2.5	—	0.025	60～70	24～35	Fe≤6.0
EZNiCu-2	0.35～0.55	≤0.75	≤2.3	—	0.025	50～60	35～45	Fe3.0～6.0
EZNiFeCu	≤2.0	≤2.0	≤1.5	—	0.03	45～60	4～10	—
EZFe-1	≤0.04	≤0.1	≤1.0	0.04	0.03	—	—	—
EZFe-2	≤0.15	≤0.03	≤0.6	0.04	0.04	—	—	—
EZV	≤0.25	≤0.7	≤1.5	0.04	0.04	—	—	V8～13

注：①Q—球化剂。

②除表中所列的元素外，其他残余元素总量（质量分数）均≤1.0。

三、焊丝用钢

1. 熔化焊用结构钢焊丝的化学成分

熔化焊用结构钢焊丝的化学成分见表6-13。

表 6-13　熔化焊用结构钢焊丝的化学成分

（质量分数）（GB/T 14957—1994）（%）

牌号	C	Si	Mn	P≤	S≤	Cr	Mo	Ni	其他
碳素结构钢焊丝									
H08A	≤0.10	≤0.03	0.03～0.55	0.030	0.030	≤0.20	—	≤0.30	Cu≤0.20

牌号	C	Si	Mn	P≤	S≤	Cr	Mo	Ni	其他
H08E	≤0.10	≤0.03	0.03~0.55	0.020	0.020	≤0.20	—	≤0.30	Cu≤0.20
H08C	≤0.10	≤0.03	0.03~0.55	0.015	0.015	≤0.10	—	≤0.10	Cu≤0.20
H08MnA	≤0.10	≤0.07	0.08~1.10	0.030	0.030	≤0.20	—	≤0.30	Cu≤0.20
H15A	0.11~0.18	≤0.03	0.35~0.65	0.030	0.030	≤0.20	—	≤0.30	Cu≤0.20
H15Mn	0.11~0.18	≤0.03	0.80~1.10	0.035	0.035	≤0.20	—	≤0.30	Cu≤0.20
合金结构钢焊丝									
H08CrMoA	≤0.10	0.15~0.35	0.40~0.70	0.030	0.030	0.80~1.10	0.40~0.60	≤0.30	Ti0.15[①] Cu≤0.20
H08CrMoVA	≤0.10	0.15~0.35	0.40~0.70	0.030	0.030	1.00~1.30	0.50~0.70	≤0.30	Cu≤0.20
H08CrNi2MoA	0.05~0.10	0.10~0.30	0.50~0.85	0.030	0.025	0.70~1.00	0.20~0.40	1.40~1.80	Cu≤0.20
H08Mn2MoA	0.06~0.11	≤0.25	1.60~1.90	0.030	0.030	≤0.20	0.50~0.70	≤0.30	Ti0.15[①] Cu≤0.20
H08Mn2MoVA	0.06~0.11	≤0.25	1.60~1.90	0.030	0.030	≤0.20	0.50~0.70	≤0.30	Ti≤0.15[①] Cu≤0.20 V0.06~0.12
H08Mn2Si	≤0.11	0.65~0.95	1.70~2.10	0.035	0.035	≤0.20	—	≤0.30	Cu≤0.20
H08Mn2SiA	≤0.11	0.65~0.95	1.80~2.10	0.030	0.030	≤0.20	—	≤0.30	Cu≤0.20
H08MnMoA	≤0.10	≤0.25	1.20~1.60	0.030	0.030	≤0.20	—	≤0.30	Ti0.15[①] Cu≤0.20
H10Mn2	≤0.12	≤0.07	1.50~1.90	0.035	0.035	≤0.20	—	≤0.30	Cu≤0.20

牌号	C	Si	Mn	P≤	S≤	Cr	Mo	Ni	其他
H10Mn2MoA	0.08～0.13	≤0.40	1.70～2.00	0.030	0.030	≤0.20	0.60～0.80	≤0.30	Ti0.15[①] Cu≤0.20
合金结构钢焊丝									
H10Mn2MoAV	0.08～0.13	≤0.40	1.70～2.00	0.030	0.030	≤0.20	0.60～0.80	≤0.30	Ti≤0.15[①] Cu≤0.20 V0.06～0.12
H10MnSi	≤0.14	0.60～0.90	0.80～1.10	0.035	0.035	≤0.20	—	≤0.30	Cu≤0.20
H10MnSiMo	≤0.14	0.70～1.10	0.90～1.20	0.035	0.035	≤0.20	0.15～0.25	≤0.30	Cu≤0.20
H10MnSiMoTiA	0.08～0.12	0.40～0.70	1.00～1.30	0.030	0.025	≤0.20	0.20～0.40	≤0.30	Ti0.05～0.15[①] Cu≤0.20
H10MoCrA	≤0.12	0.15～0.35	0.40～0.70	0.030	0.030	0.45～0.65	0.40～0.60	≤0.30	Cu≤0.20
H13CrMoA	0.11～0.16	0.15～0.35	0.40～0.70	0.030	0.030	0.80～1.10	0.40～0.60	≤0.30	Cu≤0.20
H18CrMoA	0.15～0.22	0.15～0.35	0.40～0.70	0.025	0.030	0.80～1.10	0.15～0.25	≤0.30	Cu≤0.20
H30CrMnSiA	0.25～0.35	0.90～1.20	0.80～1.10	0.025	0.025	0.80～1.10	—	≤0.30	Cu≤0.20

注：①Ti 的加入量。

2. 埋弧焊用碳钢焊丝的化学成分

埋弧焊用碳钢焊丝的化学成分见表 6-14。

表 6-14　埋弧焊用碳钢焊丝的化学成分

（质量分数）（GB/T 5293—1999）（%）

牌号	C	Si	Mn	P≤	S≤	Cr	Ni	Cu	其他元素总和
低锰碳钢焊丝									
H08A	≤0.10	≤0.03	0.03～0.60	0.030	0.030	≤0.20	≤0.30	≤0.20	≤0.50

牌号	C	Si	Mn	P≤	S≤	Cr	Ni	Cu	其他元素总和
H08E	≤0.10	≤0.03	0.03~0.60	0.020	0.020	≤0.20	≤0.30	≤0.20	≤0.50
H08C	≤0.10	≤0.03	0.03~0.6	0.015	0.015	≤0.10	≤0.10	≤0.20	≤0.50
H15A	0.11~0.18	≤0.03	0.35~0.65	0.030	0.030	≤0.20	≤0.30	≤0.20	≤0.50
中锰碳钢焊丝									
H08MnA	≤0.10	≤0.07	0.80~1.10	0.030	0.030	≤0.20	≤0.30	≤0.20	≤0.50
H15Mn	0.11~0.18	≤0.03	0.80~1.10	0.035	0.035	≤0.20	≤0.30	≤0.20	≤0.50
高锰碳钢焊丝									
H10Mn2	≤0.12	≤0.07	1.50~1.90	0.035	0.035	≤0.20	≤0.30	≤0.20	≤0.50
H08Mn2Si	≤0.11	0.65~0.95	1.70~2.10	0.035	0.035	≤0.20	≤0.30	≤0.20	≤0.50
H08Mn2SiA	≤0.11	0.65~0.95	1.80~2.10	0.030	0.030	≤0.20	≤0.30	≤0.20	≤0.50

注:1. 根据供需双方协议,还可生产本表以外的其他牌号焊丝。

2. 经供需双方协议,非沸腾钢 H08A、H08E、H08C 焊丝的硅含量允许 $\omega(Si) \leq 0.10\%$。

3. H08A、H08E、H08C 焊丝中锰硅含量按 GB/T 3429 的规定。

4. 当焊丝表面镀铜时,铜含量允许 $\omega(Cu) \leq 0.35\%$。

3. 气体保护焊用结构钢焊丝的化学成分

气体保护焊用结构钢焊丝的化学成分见表 6-15。

表 6-15　气体保护焊用结构钢焊丝的化学成分

(质量分数)(GB/T 14958—1994)(%)

牌号	C	Mn	Si	P≤	S≤	Cr	Ni	Cu	Mo	V
H08MnSi	≤0.11	1.20~1.50	0.40~0.70	0.035	0.035	≤0.20	≤0.30	≤0.20	—	—
H08Mn2Si	≤0.11	1.70~2.10	0.65~0.95	0.035	0.035	≤0.20	≤0.30	≤0.20	—	—

牌号	C	Mn	Si	P≤	S≤	Cr	Ni	Cu	Mo	V
H08Mn2SiA	≤0.11	1.80～2.10	0.65～0.95	0.030	0.030	≤0.020	≤0.30	≤0.20	—	—
H11MnSi	0.07～0.15	1.00～1.50	0.65～0.95	0.025	0.035	—	≤0.15	—	≤0.15	≤0.05
H11Mn2SiA	0.07～0.15	1.40～1.85	0.85～1.15	0.025	0.025	—	≤0.15	—	≤0.15	≤0.05

注：1. 经供需双方协商,也可供给其他牌号的钢丝。

2. 按表面状态分为镀铜和未镀铜,镀铜代号为DT。镀铜钢丝的最大含铜量 ω 不得超过 0.50%。

3. 适用于低碳钢、低合金钢和合金钢用气体保护焊(CO_2、CO_2+O_2、CO_2+Ar)。

4. 气体保护焊用结构钢焊丝的熔敷金属力学性能

气体保护焊用结构钢焊丝的熔敷金属力学性能见表6-16。

表6-16　气体保护焊用结构钢焊丝的熔敷金属力学性能(GB/T 14958—1994)

牌号	抗拉强度 σ_b/MPa	条件屈服应力 $\sigma_{r0.2}$/MPa	伸长率 δ_5(%)	室温冲击吸收功 A_{KV}/J
H08MnSi	420～520	≥320	≥22	≥27
H08Mn2Si	≥500	≥420	≥22	≥27
H08Mn2SiA	≥500	≥420	≥22	≥47
H11MnSi	≥500	≥420	≥22	—
H11Mn2SiA	≥500	≥420	≥22	≥27

5. 气体保护焊用碳钢、低合金钢焊丝的化学成分

气体保护焊用碳钢、低合金钢焊丝的化学成分见表6-17。

表 6-17　气体保护焊用碳钢、低合金钢焊丝的化学成分（质量分数）（GB/T 8110—2008）（%）

焊丝型号	C	Mn	Si	P	S	Ni	Cr	Mo	V	Ti	Zr	Al	Cu	其他元素总量
碳钢焊丝														
ER49-1	≤0.11	1.80~2.10	0.65~0.95	≤0.025	≤0.035	≤0.30	≤0.20	—	—	—	—	—	≤0.50	—
ER50-2	≤0.07	0.90~1.40	0.40~0.70	≤0.025	≤0.035	—	—	—	—	0.05~0.15	0.02~0.12	0.05~0.15	≤0.50	≤0.50
ER50-3	0.06~0.15	0.90~1.40	0.45~0.75	≤0.025	≤0.035	—	—	—	—	—	—	—	—	—
ER50-4	0.07~0.15	1.00~1.50	0.65~0.85	≤0.025	≤0.035	—	—	—	—	—	—	—	—	—
ER50-5	0.07~0.19	0.90~1.40	0.30~0.60	≤0.025	≤0.035	—	—	—	—	—	—	0.50~0.90	≤0.50	≤0.50
ER50-6	0.06~0.15	1.40~1.85	0.80~1.15	≤0.025	≤0.035	—	—	—	—	—	—	—	—	—
ER50-7	0.07~0.15	1.50~2.00	0.50~0.80	≤0.025	≤0.035	—	—	—	—	—	—	—	—	—
铬钼焊丝														
ER55-B2	0.07~0.12	0.40~0.70	0.40~0.70	≤0.025	≤0.025	≤0.20	1.20~1.50	0.40~0.65	—	—	—	—	≤0.35	—
ER55-B2L	≤0.05												≤0.35	≤0.50

续表

焊丝型号	C	Mn	Si	P	S	Ni	Cr	Mo	V	Ti	Zr	Al	Cu	其他元素总量
ER55-B2-MnV	0.06~0.10	1.20~1.60	0.60~0.90	≤0.030		≤0.25	1.00~1.30	0.50~0.70	0.20~0.40					
ER55-B2-Mn		1.20~1.70				≤0.20	0.90~1.20	0.45~0.65						
ER62-B3	0.07~0.12	0.04~0.70	0.04~0.70	≤0.025			2.30~2.70	0.90~1.20						
ER62-B3L	≤0.05													
镍钢焊丝														
ER55-C1	≤0.12	≤1.25	0.40~0.80	≤0.025	≤0.025	0.80~1.10	≤0.15	≤0.35	≤0.05	—	—	—	≤0.35	≤0.50
ER55-C2						2.00~2.75								
ER55-C3						3.00~3.75								
锰钼钢焊丝														
ER55-D2-Ti	≤0.12	1.20~1.90	0.40~0.80	≤0.025	≤0.025	—	—	0.20~0.50		≤0.20	—	—	≤0.50	≤0.50
ER55-D2	0.07~0.12	1.60~2.10	0.50~0.80			≤0.15		0.40~0.60		—	—	—	≤0.50	≤0.50

续表

低合金钢焊丝（其他）

焊丝型号	C	Mn	Si	P	S	Ni	Cr	Mo	V	Ti	Zr	Al	Cu	其他元素总量
ER69-1	≤0.08	1.25~1.80	0.20~0.50	≤0.01	≤0.01	1.40~2.10	≤0.30	0.25~0.55	≤0.05	≤0.10	≤0.10		≤0.25	≤0.50
ER69-2	≤0.12		0.20~0.60			0.08~2.25							0.35~0.65	
ER69-3			0.40~0.80	≤0.02	≤0.02	0.50~1.00	—	0.20~0.55	—	≤0.20	—	≤0.10	≤0.35	
ER76-1	≤0.09	1.40~1.80	0.20~0.55	≤0.01	≤0.01	1.90~2.60	≤0.50	0.25~0.55	≤0.04	≤0.10	≤0.10		0.25	
ER83-1	≤0.10	1.80~	0.25~0.60			2.00~2.80	≤0.60	0.30~0.65	≤0.03					
ERXX-G	供需双方协商													

6. 气体保护电弧焊用碳钢、低合金钢焊丝的力学性能

气体保护电弧焊用碳钢、低合金钢焊丝的力学性能见表 6-18。

表 6-18　气体保护电弧焊用碳钢、低合金钢焊丝的力学性能（GB/T 8110—2008）

焊丝牌号	保护气体	抗拉强度 σ_b/MPa $\geqslant$	屈服强度 $\sigma_{0.2}$/MPa $\geqslant$	伸长率 δ/% $\geqslant$	试验温度 /℃	冲击吸收功 A_{KV}/ J $\geqslant$
ER49-1	CO_2	500	420	22	室温	47
ER50-2	CO_2	500	420	22	−29	27
ER50-3	CO_2	500	420	22	−18	27
ER50-4	CO_2	500	420	22	—	不要求
ER50-5	CO_2	500	420	22	—	不要求
ER50-6	CO_2	500	420	22	−29	27
ER50-7	CO_2	500	420	22	−29	27
ER55-B2	$Ar+1\%\sim5\%O_2$	550	470	19	—	不要求
ER55-B2L	$Ar+1\%\sim5\%O_2$	550	470	19	—	不要求
ER55-B2-MnV	$Ar+20\%O_2$	550	440	19	室温	27
ER55-B2-Mn	$Ar+20\%O_2$	550	440	20	室温	27
ER62-B3	$Ar+1\%\sim5\%O_2$	620	540	17	—	不要求
ER62-B3L	$Ar+1\%\sim5\%O_2$	620	540	17	—	不要求
ER55-C1	$Ar+1\%\sim5\%O_2$	550	470	24	−46	27
ER55-C2	$Ar+1\%\sim5\%O_2$	550	470	24	−62	27
ER55-C3	$Ar+1\%\sim5\%O_2$	550	470	24	−73	27
ER55-D2-Ti	CO_2	550	470	17	−29	27
ER55-D2	CO_2	550	470	17	−29	27
ER69-1	$Ar+2\%O_2$	690	610~700	16	−51	68
ER69-2	$Ar+2\%O_2$	690	610~700	16	−51	68
ER69-3	CO_2	690	610~700	16	−20	35
ER76-1	$Ar+2\%O_2$	760	660~740	15	−51	68
ER83-1	$Ar+2\%O_2$	830	730~840	14	−51	68
ER××-G	由供需双方协商					

注：1. ER50-2、ER50-3、ER50-4、ER50-5、ER50-6、ER50-7 型焊丝,当伸长率超过最低值时,每增加 1%,屈服强度和抗拉强度可减少 10 MPa,但抗拉强度最低值不得小于 480 MPa,屈服强度最低值不得小于 400 MPa。

2. 冲击试验采用夏氏 V 形缺口试样。

7. 低合金钢药芯焊丝熔敷金属的化学成分

低合金钢药芯焊丝熔敷金属的化学成分见表6-19。

表 6-19 低合金钢药芯焊丝熔敷金属的化学成分
（质量分数）（GB/T 17493—2008）（%）

牌号	C	Si	Mn	P≤	S≤	Cr	Ni	Mo	其他
碳 钼 钢 焊 丝									
E500T5-A1	≤0.12	≤0.80	≤1.25	0.030	0.030	—	—	0.40~0.65	—
E550T1-A1 E551T1-A1	≤0.12	≤0.80	≤1.25	0.030	0.030	—	—	0.40~0.65	—
铬 钼 钢 焊 丝									
E551T1-B1	≤0.12	≤0.80	≤1.25	0.030	0.030	0.40~0.65	—	0.40~0.65	—
E550T5-B2L	≤0.05	≤0.80	≤1.25	0.030	0.030	1.00~1.50	—	0.40~0.65	—
E550T1-B2 E550T5-B2	≤0.12	≤0.80	≤1.25	0.030	0.030	1.00~1.50	—	0.40~0.65	—
E551T1-B2	≤0.12	≤0.80	≤1.25	0.030	0.030	1.00~1.50	—	0.40~0.65	—
E550T1-B2H	0.10~0.15	≤0.80	≤1.25	0.030	0.030	1.00~1.50	—	0.40~0.65	—
E600T1-B3L	≤0.05	≤0.80	≤1.25	0.030	0.030	2.00~2.50	—	0.90~1.20	—
E600T1-B3 E600T5-B3	≤0.12	≤0.80	≤1.25	0.030	0.030	2.00~2.50	—	0.90~1.20	—
E601T1-B3 E700T1-B3	≤0.12	≤0.80	≤1.25	0.030	0.030	2.00~2.50	—	0.90~1.20	—
E600T1-B3H	0.10~0.15	≤0.80	≤1.25	0.030	0.030	2.00~2.50	—	0.90~1.20	—
镍 钢 焊 丝									
E501T8-Ni1 E551T1-Ni1	≤0.12	≤0.80	≤1.50	0.030	0.030	≤0.15	0.80~1.10	≤0.35	V≤0.05 Al≤1.80
E550T1-Ni1 E550T5-Ni1	≤0.12	≤0.80	≤1.50	0.030	0.030	≤0.15	0.80~1.10	≤0.35	V≤0.05 Al≤1.80
E501T8-Ni2 E551T1-Ni2	≤0.12	≤0.80	≤1.50	0.030	0.030	—	1.75~2.75	—	Al≤1.80

牌号	C	Si	Mn	P≤	S≤	Cr	Ni	Mo	其他
E550T1-Ni2 E550T5-Ni2	≤0.12	≤0.80	≤1.50	0.030	0.030	—	1.75~ 2.75	—	Al≤1.80
E600T1-Ni2 E601T1-Ni2	≤0.12	≤0.80	≤1.50	0.030	0.030	—	1.75~ 2.75	—	Al≤1.80
E550T5-Ni3 E600T5-Ni3	≤0.12	≤0.80	≤1.50	0.030	0.030	—	2.75~ 3.75	—	—
钼钢焊丝									
E601T1-D1	≤0.12	≤0.80	1.25~ 2.00	0.030	0.030	—	—	0.25~ 0.55	—
E600T5-D2 E700T5-D2	≤0.15	≤0.80	1.65~ 2.25	0.030	0.030	—	—	0.25~ 0.55	—
E600T1-D3	≤0.12	≤0.80	1.00~ 1.75	0.030	0.030	—	—	0.40~ 0.65	—
其他低合金钢焊丝									
E550T5-K1	≤0.15	≤0.80	0.80~ 1.40	0.030	0.030	≤0.15	0.80~ 1.10	0.25~ 0.65	V≤0.05
E500T4-K2 E501T8-K2	≤0.15	≤0.80	0.50~ 1.75	0.030	0.030	≤0.15	1.00~ 2.00	≤0.35	V≤0.05 Al≤1.80
E550T1-K2 E550T5-K2	≤0.15	≤0.80	0.50~ 1.75	0.030	0.030	≤0.15	1.00~ 2.00	≤0.35	V≤0.05 Al≤1.80
E600T1-K2 E600T5-K2	≤0.15	≤0.80	0.50~ 1.75	0.030	0.030	≤0.15	1.00~ 2.00	≤0.35	V≤0.05 Al≤1.80
E601T1-K2	≤0.15	≤0.80	0.50~ 1.75	0.030	0.030	≤0.15	1.00~ 2.00	≤0.35	V≤0.05 Al≤1.80
E700T1-K3 E700T5-K3	≤0.15	≤0.80	0.75~ 2.25	0.030	0.030	≤0.15	1.25~ 2.60	0.20~ 0.65	V≤0.05
E750T1-K3 E750T5-K3	≤0.15	≤0.80	0.75~ 2.25	0.030	0.030	≤0.15	1.25~ 2.60	0.20~ 0.65	V≤0.05
E750T5-K4 E751T1-K4	≤0.15	≤0.80	1.20~ 2.25	0.030	0.030	0.20~ 0.60	1.75~ 2.60	0.30~ 0.65	V≤0.05
E850T5-K4	≤0.15	≤0.80	1.20~ 2.25	0.030	0.030	0.20~ 0.60	1.75~ 2.60	0.30~ 0.65	V≤0.05

续表

牌号	C	Si	Mn	P≤	S≤	Cr	Ni	Mo	其他
E850T1-K5	0.10～0.25	≤0.80	0.60～1.60	0.030	0.030	0.20～0.70	0.75～2.00	0.15～0.55	V≤0.05
E431T8-K6	≤0.15	≤0.80	0.50～1.30	0.030	0.030	≤0.15	0.40～1.10	≤0.15	V≤0.05 Al≤1.80
E501T8-K6	≤0.15	≤0.80	0.50～1.30	0.030	0.030	≤0.15	0.40～1.10	≤0.15	V≤0.05 Al≤1.80
E701T1-K7	≤0.15	≤0.80	1.00～1.75	0.030	0.030	—	2.00～2.75	—	—
E550T1-W	≤0.12	0.35～0.80	0.50～1.30	0.030	0.030	0.45～0.70	0.40～0.80		Cu0.30～0.75
E×××T×-G	—	≥0.80	≥1.00	0.030	0.030	≥0.30	≥0.80	≥0.20	V≥0.10 Al≤1.80

注：1. Al 含量仅针对自保护焊丝。

2. 对 E×××T×-G 型号，只要列出的元素中有任何一个能满足最小值要求，即认为该型号化学成分符合要求。

8. 低合金钢药芯焊丝熔敷金属的力学性能

低合金钢药芯焊丝熔敷金属的力学性能见表6-20。

表 6-20　低合金钢药芯焊丝熔敷金属的力学性能（GB/T 17493—2008）

牌号	抗拉强度 σ_b/MPa	条件屈服应力 $\sigma_{r0.2}$/MPa	伸长率 δ(%)
E43×T×-××	415～550	≥340	≥22
E50×T×-××	490～620	≥400	≥20
E55×T×-××	550～690	≥470	≥19
E60×T×-××	620～760	≥540	≥17
E70×T×-××	690～830	≥610	≥16
E75×T×-××	760～900	≥680	≥15
E85×T×-××	830～970	≥750	≥14
E×××T×-G	由供需双方协商		

注：用外部气体保护的焊丝（E×××T1-×× 和 E×××T5-××），其性能随混合气体的改变而变化。

9. 埋弧焊用不锈钢焊丝的牌号与化学成分

埋弧焊用不锈钢焊丝的牌号与化学成分见表6-21。

表 6-21　埋弧焊用不锈钢焊丝的牌号与化学成分
（质量分数）（GB/T 17854—1999）（%）

牌号	C	Si	Mn	P≤	S≤	Cr	Ni	Mo	其他
碳钼钢焊丝									
H0Cr21Ni10	≤0.08	≤0.60	1.00~2.50	0.030	0.030	19.50~22.00	9.00~11.00	—	—
H00Cr21Ni10	≤0.03	≤0.60	1.00~2.50	0.030	0.020	19.50~22.00	9.00~11.00	—	—
H1Cr24Ni13	≤0.12	≤0.60	1.00~2.50	0.030	0.030	23.00~25.00	12.00~14.00	—	—
H1Cr24Ni13Mo2	≤0.12	≤0.60	1.00~2.50	0.030	0.030	23.00~25.00	12.00~14.00	2.00~3.00	—
H1Cr26Ni21	≤0.15	≤0.60	1.00~2.50	0.030	0.030	25.00~28.00	20.00~22.00	—	—
H0Cr19Ni12Mo2	≤0.08	≤0.60	1.00~2.50	0.030	0.030	18.00~20.00	11.00~14.00	2.00~3.00	—
H00Cr19Ni12Mo2	≤0.03	≤0.60	1.00~2.50	0.030	0.020	18.00~20.00	11.00~14.00	2.00~3.00	—
H00Cr19Ni12Mo2Cu2	≤0.03	≤0.60	1.00~2.50	0.030	0.020	18.00~20.00	11.00~14.00	2.00~3.00	Cu1.00~2.50
H0Cr19Ni14Mo3	≤0.08	≤0.60	1.00~2.50	0.030	0.030	18.50~20.00	13.00~15.00	3.00~4.00	—
H0Cr20Ni10Nb	≤0.08	≤0.60	1.00~2.50	0.030	0.030	19.00~21.50	9.00~11.00	—	Nb10×C%~1.00
H1Cr13	≤0.12	≤0.50	≤0.60	0.030	0.030	11.50~13.50	≤0.60	—	—
H1Cr17	≤0.10	≤0.50	≤0.60	0.030	0.030	15.50~17.50	≤0.60	—	—

注：根据供需双方协议，也可生产本表牌号以外的焊丝。

10. 埋弧焊用不锈钢焊丝和焊剂组合的熔敷金属的力学性能

埋弧焊用不锈钢焊丝和焊剂组合的熔敷金属的力学性能见表 6-22。

表 6-22　埋弧焊用不锈钢焊丝和焊剂组合的熔敷金属的力学性能
（质量分数）（GB/T 17854—1999）

焊丝和焊剂牌号	抗拉强度 σ_b/MPa	伸长率 δ/%	焊丝和焊剂牌号	抗拉强度 σ_b/MPa	伸长率 δ/%
F308-H×××	≥520	≥30	F316L-H×××	≥480	≥30
F308L-H×××	≥480	≥25	F316CuL-H×××	≥480	≥30
F309-H×××	≥520	≥25	F317-H×××	≥520	≥25
F309Mo-H×××	≥550	≥25	F347-H×××	≥520	≥25
F310-H×××①	≥520	≥25	F410-H×××	≥440	≥20
F316-H×××②	≥520	≥25	F430-H×××	≥450	≥17

注：① 试样加工前经 840～870℃保温 2 h，以小于 55℃/h 的冷却速度炉冷至 590℃，随后空冷。

② 试样加工前经 760～785℃保温 2 h，以小于 55℃/h 的冷却速度炉冷至 590℃，随后空冷。

11. 不锈钢药芯焊丝的型号与熔敷金属的化学成分

不锈钢药芯焊丝的型号与熔敷金属的化学成分见表 6-23。

表 6-23　不锈钢药芯焊丝的型号与熔敷金属的化学成分
（质量分数）（GB/T 17853—1999）（%）

牌号	C	Si	Mn	P≤	S≤	Cr	Ni	Mo	其他
E307T×-×	≤0.13	≤1.00	3.30～4.75	0.040	0.030	18.0～20.5	9.00～10.50	0.50～1.50	Cu≤0.50
E308T×-×	≤0.08	≤1.00	0.50～2.50	0.040	0.030	18.0～21.0	9.00～11.0	≤0.50	Cu≤0.50
E308LT×-×	≤0.04	≤1.00	0.50～2.50	0.040	0.030	18.0～21.0	9.00～11.0	≤0.50	Cu≤0.50
E308HT×-×	0.04～0.08	≤1.00	0.50～2.50	0.040	0.030	18.0～21.0	9.00～11.0	≤0.50	Cu≤0.50
E308MoT×-×	≤0.08	≤1.00	0.50～2.50	0.040	0.030	18.0～21.0	9.00～11.0	2.00～3.00	Cu≤0.50
E308LMoT×-×	≤0.04	≤1.00	0.50～2.50	0.040	0.030	18.0～21.0	9.00～12.0	2.00～3.00	Cu≤0.50
E309T×-×	≤0.10	≤1.00	0.50～2.50	0.040	0.030	22.0～25.0	12.0～14.0	≤0.50	Cu≤0.50
E309LNbT×-×	≤0.04	≤1.00	0.50～2.50	0.040	0.030	22.0～25.0	12.0～14.0	≤0.50	Nb0.70～1.00 Cu≤0.50

牌号	C	Si	Mn	P≤	S≤	Cr	Ni	Mo	其他
E309LT×-×	≤0.04	≤1.00	0.50~2.50	0.040	0.030	22.0~25.0	12.0~14.0	≤0.50	Cu≤0.50
E309MoT×-×	≤0.12	≤1.00	0.50~2.50	0.040	0.030	21.0~25.0	12.0~16.0	2.00~3.00	Cu≤0.50
E309LMoT×-×	≤0.04	≤1.00	0.50~2.50	0.040	0.030	21.0~25.0	12.0~16.0	2.00~3.00	Cu≤0.50
E309LNiMoT×-×	≤0.04	≤1.00	0.50~2.50	0.040	0.030	20.5~23.5	15.0~17.0	2.50~3.50	Cu≤0.50
E310T×-×	≤0.20	≤1.00	1.00~2.50	0.030	0.030	25.0~28.0	20.0~22.5	≤0.50	Cu≤0.50
E312T×-×	≤0.15	≤1.00	0.50~2.50	0.030	0.030	28.0~32.0	8.0~11.5	≤0.50	Cu≤0.50
E316T×-×	≤0.08	≤1.00	0.50~2.50	0.040	0.030	17.0~20.0	11.0~14.0	2.00~3.00	Cu≤0.50
E316LT×-×	≤0.04	≤1.00	0.50~2.50	0.040	0.030	17.0~20.0	11.0~14.0	2.00~3.00	Cu≤0.50
E317LT×-×	≤0.04	≤1.00	0.50~2.50	0.040	0.030	18.0~21.0	12.0~14.0	3.00~4.00	Cu≤0.50
E347T×-×	≤0.08	≤1.00	0.50~2.50	0.040	0.030	18.0~21.0	9.00~11.0	≤0.50	Nb10×C~1.00 Cu≤0.50
E409T×-×	≤0.10	≤1.00	≤0.08	0.040	0.030	10.5~13.5	≤0.60	≤0.50	Nb10×C~1.50 Cu≤0.50
E410T×-×	≤0.12	≤1.00	≤1.20	0.040	0.030	11.0~13.5	≤0.60	≤0.50	Cu≤0.50
E410NiMoT×-×	≤0.06	≤1.00	≤1.00	0.040	0.030	11.0~12.5	4.00~5.00	0.40~0.70	Cu≤0.50
E410NiTiT×-×	≤0.04	≤0.05	≤0.70	0.030	0.030	11.0~12.0	3.60~4.50	≤0.50	Ti10×C~1.50 Cu≤0.50
E430T×-×	≤0.10	≤1.00	≤1.20	0.040	0.030	15.0~18.0	≤0.60	≤0.50	Cu≤0.50

牌号	C	Si	Mn	P≤	S≤	Cr	Ni	Mo	其他
E502T×-×	≤0.10	≤1.00	≤1.20	0.040	0.030	4.00~6.00	≤0.40	0.45~0.65	Cu≤0.50
E505T×-×	≤0.10	≤1.00	≤1.20	0.040	0.030	8.00~10.5	≤0.40	0.85~1.20	Cu≤0.50
E307T0-3	≤0.13	≤1.00	3.30~4.75	0.040	0.030	19.5~22.0	9.00~10.5	0.50~1.50	Cu≤0.50
E308T0-3	≤0.08	≤1.00	0.50~2.50	0.040	0.030	19.5~22.0	9.00~11.0	≤0.50	Cu≤0.50
E308LT0-3	≤0.03	≤1.00	0.50~2.50	0.040	0.030	19.5~22.0	9.00~11.0	≤0.50	Cu≤0.50
E308HT0-3	0.04~0.08	≤1.00	0.50~2.50	0.040	0.030	19.5~22.0	9.00~11.0	≤0.50	Cu≤0.50
E308MoT0-3	≤0.08	≤1.00	0.50~2.50	0.040	0.030	18.0~21.0	9.00~11.0	2.00~3.00	Cu≤0.50
E308LMoT0-3	≤0.03	≤1.00	0.50~2.50	0.040	0.030	18.0~21.0	9.00~12.0	2.00~3.00	Cu≤0.50
E308HMoT0-3	0.07~0.12	0.25~0.80	1.25~2.50	0.040	0.030	19.0~22.5	9.00~10.7	1.80~2.40	Cu≤0.50
E309T0-3	≤0.10	≤1.00	0.50~2.50	0.040	0.030	23.0~25.5	12.0~14.0	≤0.50	Cu≤0.50
E309LT0-3	≤0.03	≤1.00	0.50~2.50	0.040	0.030	23.0~25.5	12.0~14.0	≤0.50	Cu≤0.50
E309LNbT0-3	≤0.03	≤1.00	0.50~2.50	0.040	0.030	23.0~25.5	12.0~14.0	≤0.50	Nb0.70~1.00 Cu≤0.50
E309MoT0-3	≤0.12	≤1.00	0.50~2.50	0.040	0.030	21.0~25.0	12.0~16.0	2.00~3.00	Cu≤0.50
E309LMoT0-3	≤0.04	≤1.00	0.50~2.50	0.040	0.030	21.0~25.0	12.0~16.0	2.00~3.00	Cu≤0.50
E310T0-3	≤0.20	≤1.00	1.00~2.50	0.030	0.030	25.0~28.0	20.0~22.5	≤0.50	Cu≤0.50

牌号	C	Si	Mn	P≤	S≤	Cr	Ni	Mo	其他
E312T0-3	≤0.15	≤1.00	0.50～2.50	0.040	0.030	28.0～32.0	8.00～10.5	≤0.50	Cu≤0.50
E316T0-3	≤0.08	≤1.00	0.50～2.50	0.040	0.030	18.0～20.5	11.0～14.0	2.00～3.00	Cu≤0.50
E316LT0-3	≤0.03	≤1.00	0.50～2.50	0.040	0.030	18.0～20.5	11.0～14.0	2.00～3.00	Cu≤0.50
E316LKT0-3	≤0.04	≤1.00	0.50～2.50	0.040	0.030	17.0～20.0	11.0～14.0	2.00～3.00	Cu≤0.50
E317LT0-3	≤0.03	≤1.00	0.50～2.50	0.040	0.030	18.5～21.0	13.0～15.0	3.00～4.00	Cu≤0.50
E347T0-3	≤0.08	≤1.00	0.50～2.50	0.040	0.030	19.0～21.5	9.00～11.0	≤0.50	Nb8×C～1.00 Cu≤0.50
E409T0-3	≤0.10	≤1.00	≤0.80	0.040	0.030	10.5～13.5	≤0.60	≤0.50	Ti10×C～1.50 Cu≤0.50
E410T0-3	≤0.12	≤1.00	≤1.00	0.040	0.030	11.0～13.5	≤0.60	≤0.50	Cu≤0.50
E410NiMoT0-3	≤0.06	≤1.00	≤1.00	0.040	0.030	11.0～12.5	4.0～5.00	0.40～0.70	Cu≤0.50
E410NiTiT0-3	≤0.04	≤0.50	≤0.70	0.040	0.030	11.0～12.0	3.60～4.50	≤0.50	Ti10×C～1.50 Cu≤0.50
E430T0-3	≤0.10	≤1.00	≤1.00	0.040	0.030	15.0～18.0	≤0.60	≤0.50	Cu≤0.50
E2209T0-X	≤0.04	≤1.00	0.50～2.00	0.040	0.030	21.0～24.0	7.50～10.0	2.50～4.00	Cu≤0.50
E2553T0-X	≤0.04	≤0.75	0.50～1.50	0.040	0.030	24.0～27.0	8.50～10.5	2.90～3.90	Cu1.50～2.50
E×××T×-G	—	—	—	—	—	—	—	—	—
R308LT1-5	≤0.03	≤1.20	0.50～2.50	0.040	0.030	18.0～21.0	9.00～11.0	≤0.50	Cu≤0.50

续表

牌号	C	Si	Mn	P≤	S≤	Cr	Ni	Mo	其他
R309LT1-5	≤0.03	≤1.20	0.50~2.50	0.040	0.030	22.0~25.0	12.0~14.0	≤0.50	Cu≤0.50
R316LT1-5	≤0.03	≤1.20	0.50~2.50	0.040	0.030	17.0~20.0	11.0~14.0	2.00~3.00	Cu≤0.50
R347T1-5	≤0.08	≤1.20	0.50~2.50	0.040	0.030	18.0~21.0	9.00~11.0	≤0.50	Nb8×C~1.00 Cu≤0.50

注：1. 对表中给出的元素进行化学分析时，若存在其他元素（铁除外），则其总量（质量分数）不得超过0.50%。

2. 表中Nb含量为Nb+Ta的含量。

3. E×××T×-G的化学成分不做规定。

12. 不锈钢焊芯焊丝熔敷金属的力学性能

不锈钢焊芯焊丝熔敷金属的力学性能见表6-24。

表6-24　不锈钢焊芯焊丝熔敷金属的力学性能（GB/T 17853—1999）

型号	抗拉强度σ_b/MPa	伸长率δ/%	热处理
E307T×-×	≥590	≥30	—
E308T×-×	≥550	≥35	—
E308LT×-×	≥520	≥25	—
E308HT×-×	≥550	≥35	—
E308MoT×-×	≥550	≥35	—
E308LMoT×-×	≥520	≥35	—
E309T×-×	≥550	≥25	—
E309LNbT×-×	≥520	≥25	—
E309LT×-×	≥520	≥25	—
E309MoT×-×	≥550	≥25	—
E309LMoT×-×	≥520	≥25	—
E309LNiMoT×-×	≥520	≥25	—
E310T×-×	≥550	≥25	—
E312T×-×	≥660	≥22	—
E316T×-×	≥520	≥30	—
E316LT×-×	≥485	≥30	—
E317LT×-×	≥520	≥20	—

型　号	抗拉强度 σ_b/MPa	伸长率 δ/%	热处理
E347T×-×	≥520	≥25	—
E409T×-×	≥450	≥15	—
E410T×-×	≥520	≥20	①
E410NiMoT×-×	≥760	≥15	②
E410NiTiT×-×	≥760	≥15	②
E430T×-×	≥450	≥20	③
E502T×-×	≥415	≥20	④
E505T×-×	≥415	≥20	④
E308HMoTo-3	≥550	≥30	—
E316LKTo-3	≥485	≥30	—
E2209T0-×	≥690	≥20	—
E2553T0-×	≥760	≥15	—
E×××T×-G	—	—	—
R308LT1-5	≥520	≥35	—
R309LT1-5	≥520	≥30	—
R316LT1-5	≥485	≥30	—
R347LT1-5	≥520	≥30	—

注：①试样加热到 730～760℃保温 1 h 后，以小于 55℃/h 的冷却速度炉冷至 315℃，出炉空冷至室温。

②试样加热到 595～620℃保温 1 h 后，出炉空冷至室温。

③试样加热到 760～790℃保温 4 h 后，以小于 55℃/h 的冷却速度炉冷至 590℃，出炉空冷至室温。

④试样加热到 840～870℃保温 2 h 后，以小于 55℃/h 的冷却速度炉冷至 590℃，出炉空冷至室温。

13. 铸铁焊丝的化学成分

铸铁焊丝的化学成分见表 6-25。

表 6-25　铸铁焊丝的化学成分
(质量分数)(GB/T 10044—2006)(%)

焊丝型号	C	Si	Mn	P	S	Ni	Mo	其他
RZC-1	3.2～3.5	2.7～3.0	0.6～0.75	0.5～0.7	≤0.10	—	—	—
RZC-2	3.5～4.5	3.0～3.8	0.3～0.8	≤0.5	≤0.10	—	—	—
RZCH	3.2～3.5	2.0～2.5	0.5～0.7	0.2～0.4	≤0.10	1.2～1.6	0.25～0.45	—
RZCQ-1	3.2～4.0	3.2～3.8	0.1～0.4	≤0.5	≤0.015	≤0.5	—	Q0.04～0.1[①] Ce≤0.2
RZCQ-2	3.5～4.2	3.5～4.2	0.5～0.8	≤0.10	≤0.03	—	—	Q0.04～0.1

注:① Q—球化剂。

第二节　电工用钢

一、电磁纯铁棒材

1. 电磁纯铁棒材的化学成分

电磁纯铁棒材的化学成分(GB/T 6983—2008)见表 6-26。

表 6-26　电磁纯铁棒材的化学成分

牌号	化学成分(质量分数)(%≤)							
	C	Si	Mn	P	S	Al	Cr	Ni	Cu
DT3、DT3A	0.04	0.20	0.30	0.020	0.020	0.50	0.10	0.20	0.20
DT4、DT4A、DT4E、DT4C	0.025	0.20	0.30	0.020	0.020	0.15～0.50	0.10	0.20	0.20

注:1. 化学成分不作验收条件。

2. DT3、DT3A 用作一般电磁元件。

3. DT4、DT4A、DT4E、DT4C 用作无磁时效电磁元件。

2. 电磁纯铁棒材的力学性能

电磁纯铁棒材的力学性能(GB/T 6983—2008)见表 6-27。

表 6-27　电磁纯铁棒材的力学性能

棒材直径/mm	力学性能			布氏硬度压痕直径 /mm
	抗拉强度 σ_b/MPa	伸长率 δ_5(%)	收缩率 ψ(%)	
≤60	265	26	60	5.2
>60	265	24	65	5.2

二、电工用钢板及钢带

1. 电磁纯铁热轧厚板的化学成分

电磁纯铁热轧厚板的化学成分(GB/T 6983—2008)见表 6-28。

表 6-28　电磁纯铁热轧厚板的化学成分

牌号	化学成分(质量分数)(%≤)								
	C	Si	Mn	P	S	Al	Cr	Ni	Cu
DT3、DT3A	0.04	0.20	0.30	0.020	0.020	0.50	0.10	0.20	0.20
DT4、DT4A、DT4E、DT4C	0.025	0.20	0.30	0.020	0.020	0.15～0.50	0.10	0.20	0.20

注:1. 化学成分不作验收条件。

2. 主要用于制造一般电磁元件和无磁时效电磁元件。

2. 电磁纯铁冷轧薄板的化学成分

电磁纯铁冷轧薄板的化学成分(GB/T 6983—2008)见表 6-29。

表 6-29　电磁纯铁冷轧薄板的化学成分

牌号	化学成分(质量分数)(%≤)								
	C	Si	Mn	P	S	Al	Cr	Ni	Cu
DT3、DT3A	0.04	0.20	0.30	0.020	0.020	0.50	0.10	0.20	0.20
DT4、DT4A、DT4E、DT4C	0.025	0.20	0.30	0.020	0.020	0.15～0.50	0.10	0.20	0.20

注:1. 化学成分不作验收条件。

2. 用于制造电磁元件。

3. 无取向钢带(片)的力学性能

无取向钢带(片)的力学性能(GB/T 2521—2008)见表 6-30。

表 6-30　无取向钢带(片)的力学性能

牌号	抗拉强度 σ_b/MPa	伸长率 δ(%)	牌号	抗拉强度 σ_b/MPa	伸长率 δ(%)
35W230	≥450	≥10	35W270	≥430	≥11
35W250	≥440		35W300	≥420	

牌　号	抗拉强度 σ_b/MPa	伸长率 δ(%)	牌　号	抗拉强度 σ_b/MPa	伸长率 δ(%)
35W330	≥410	≥14	50W470	≥380	≥16
35W360	≥400		50W540	≥360	
35W400	≥390	≥16	50W600	≥340	≥21
35W440	≥380		50W700	≥320	
50W230	≥450	≥10	50W800	≥300	≥22
50W250	≥450		50W1000	≥290	
50W270	≥450	≥11	65W600	≥340	
50W290	≥440		65W700	≥320	
50W310	≥430		65W800	≥300	
50W330	≥425		65W1000	≥290	
50W30350	≥420	≥11	65W1300	≥290	
50W400	≥400	≥14	65W1600	≥290	

注:钢带(片)厚度小于 0.50 mm 时,伸长率为 δ_{10}。钢带(片)厚度等于 0.50 mm 时,伸长率为 δ_5。

三、软磁合金

1. 耐蚀软磁合金的化学成分

耐蚀软磁合金的化学成分(GB/T 14986—2008)见表 6-31。

表 6-31　耐蚀软磁合金的化学成分

牌号	化学成分(质量分数)(%)								
	C≤	Si≤	Mn	P≤	S≤	Cr	Ni	Ti	Fe
1J36		0.2	≤0.6			—	35.0~37.0	—	余量
1J116	0.03	0.2	≤0.6	0.02	0.02	15.5~16.5	—	—	
1J117		0.15	0.3~0.7			17.0~18.5	0.5~0.7	0.3~0.7	

注:用于制造在氧化性介质和肼类介质中工作的电磁元件。

2. 耐蚀软磁合金的力学性能

耐蚀软磁合金的力学性能(GB/T 14986—2008)见表 6-32。

表 6-32 耐蚀软磁合金的力学性能

牌号	抗拉强度 σ_b/MPa	伸长率 δ_5(%)	收缩率 ψ(%)
1J36	460	40	80
1J116	400	30	—
1J117	400	37	70

3. 铁铝软磁合金的化学成分

铁铝软磁合金的化学成分(GB/T 14986—2008)见表 6-33。

表 6-33 铁铝软磁合金的化学成分

合金牌号	化学成分(质量分数)(%)						
	C≤	P≤	S≤	Mn≤	Si≤	Al	Fe
1J6	0.04					5.5~6.5	
1J12	0.03	0.015	0.015	0.10	0.15	11.6~12.4	余量
1J13	0.04					12.8~14.0	
1J16	0.03					15.5~16.3	

注:用于制造电磁元器件。

4. 高硬度高电阻高磁导合金的化学成分

高硬度高电阻高磁导合金的化学成分(GB/T 14987—1994)见表 6-34。

表 6-34 高硬度高电阻高磁导合金的化学成分

合金牌号	化学成分(质量分数)(/ %)										
	C≤	Mn	Si≤	P≤	S≤	Ni	Mo	Nb	Ti	Al	Fe
1J87	≤0.03	0.30~0.60	0.30	0.020	0.020	78.5~80.5	1.60~2.20	6.50~7.50	—	—	
1J88	≤0.03	≤0.60	0.30	0.020	0.020	79.5~80.5		7.50~9.00		—	
1J89	≤0.03	0.50~1.00	0.30	0.020	0.020	78.5~80.5	3.50~4.50	3.00~3.60	1.80~2.80	—	余量
1J90	≤0.03	≤0.60	0.30	0.020	0.020	79.5~80.0	1.80~2.20	4.80~7.20		0.40~0.60	
1J91	≤0.03	≤0.60	0.30	0.020	0.020	78.5~80.0		7.70~8.40		0.90~1.20	

注:用于制作录音机和磁带机磁头芯片以及微特电机、变压器、传感器、磁放大器等各种高频电感元件铁芯等。

5. 合金带材的化学成分

合金带材的化学成分(YB/T 086—1996)见表 6-35。

表 6-35　合金带材的化学成分

合金牌号	化学成分(质量分数)(%)											
	C≤	P≤	S≤	Si	Mn	Ni	Mo	Nb	Cu	W	Cr	Fe
1J75	0.03	0.020	0.020	≤0.30	0.50~1.00	74.0~76.0	1.5~2.0	—	5.0~7.0	1.0~1.5	—	余量
1J77C	0.03	0.020	0.020	≤0.30	≤0.70	76.5~78.0	3.5~4.5	—	3.8~5.3	—	—	余量
1J79C	0.03	0.020	0.020	0.30~0.60	0.70~1.20	78.0~81.5	3.7~4.5	—		—	—	余量
1J85C	0.03	0.020	0.020	0.15~0.30	0.30~0.70	80.0~81.5	5.0~6.0	—		—	—	余量
1J87C	0.03	0.020	0.020	≤0.30	0.30~0.60	80.0~81.5	1.0~2.0	4.0~5.5		—	—	余量
1J92	0.03	0.020	0.020	≤0.30	≤0.60	80.1~81.1	1.0~1.5	3.0~4.0		1.0~1.5	—	余量
1J93	0.03	0.020	0.020	≤0.30	0.30~0.60	80.5~81.5	3.0~4.0	3.0~4.5		—	—	余量
1J94	0.03	0.020	0.020	≤0.30	0.30~0.60	79.5~81.0	4.5~5.0	0.6~1.0	1.5~2.5	—	0.3~0.7	余量
1J95	0.03	0.020	0.020	2.80~3.30	—	83.0~84.0	1.2~1.6	0.4~0.6		—	—	余量

注：适用于制作磁头外壳、芯片、隔离片等。

四、永磁合金

1. 变形永磁钢的化学成分

变形永磁钢的化学成分(GB/T 221—2008)见表 6-36。

表 6-36　变形永磁钢的化学成分

牌号	化学成分(质量分数)(%)								
	C	S≤	P≤	Mn	Si	Ni	Cr	Fe	其他
2J63	0.95~1.10	0.020	0.030	0.20~0.40	0.17~0.40	≤0.3	2.8~3.6	余量	—
2J64	0.68~0.78	0.020	0.030	0.20~0.40	0.17~0.40	≤0.3	0.3~0.5	余量	W5.2~6.2

牌号	化学成分(质量分数)(%)								
	C	S≤	P≤	Mn	Si	Ni	Cr	Fe	其他
2J65	0.90～1.05	0.020	0.030	0.20～0.40	0.17～0.40	≤0.6	5.5～6.5	余量	Co5.5～6.5
2J67	≤0.03	0.025	0.025	0.10～0.50	≤0.30	—	—	余量	Co11.0～13.0 Mo16.5～17.5

2. 铁钴钒永磁合金的化学成分

铁钴钒永磁合金的化学成分(GB/T 14989—1994)见表6-37。

表6-37　铁钴钒永磁合金的化学成分

牌号	化学成分(质量分数)(%)								
	C≤	Mn≤	Si≤	P≤	S≤	Ni≤	Co≤	C≤	Fe
2J31	0.12	0.70	0.70	0.025	0.020	0.70	51～53	10.8～11.7	余量
2J32	0.12	0.70	0.70	0.025	0.020	0.70	51～53	11.8～12.7	
2J33	0.12	0.70	0.70	0.025	0.020	0.70	51～53	12.8～13.7	

3. 磁滞合金冷轧带的化学成分

磁滞合金冷轧带的化学成分(GB/T 14988—1994)见表6-38。

表6-38　磁滞合金冷轧带的化学成分

合金牌号	化学成分(质量分数)(%)										
	C≤	≤Si	≤P	S	Mn	Co	V	Ni	Mo	W	Fe
2J4	0.12	0.70	0.025	0.020	≤0.70	44～45	3.50～4.50	5.30～6.70	—	—	余量
2J7	0.12	0.70	0.025	0.020	≤0.70	51～53	6.50～7.50	≤0.70	—	—	余量
2J9	0.12	0.70	0.025	0.020	≤0.70	51～53	8.50～9.50	≤0.70	—	—	余量
2J10	0.12	0.70	0.025	0.020	≤0.70	51～53	9.50～10.5	≤0.70	—	—	余量
2J11	0.12	0.70	0.025	0.020	≤0.70	51～53	10.5～11.5	≤0.70	—	—	余量
2J12	0.12	0.70	0.025	0.020	≤0.70	51～53	11.5～12.5	≤0.70	—	—	余量

合金牌号	化学成分(质量分数)(%)										
	C≤	≤Si	≤P	S	Mn	Co	V	Ni	Mo	W	Fe
2J51	0.03	0.50	0.030	0.030	≤0.70	11.0~13.0	—	—	—	14.0~15.0	余量
2J52	0.03	0.50	0.030	0.030	≤0.70	15.0~17.0	—	—	5.00~6.00	10.0~11.0	余量
2J53	0.03	0.50	0.030	0.030	11.5~12.5	—	—	3.00~4.00	2.50~3.50	—	余量

4. 变形铁铬钴永磁合金的化学成分

变形铁铬钴永磁合金的化学成分(YB/T 5261—1993)见表6-39。

表 6-39　变形铁铬钴永磁合金的化学成分

合金牌号	化学成分(质量分数)(%)								
	C≤	≤Mn	≤S	≤P	Cr	Co	Si	Mo	Ti	Fe
2J83	0.03	0.20	0.020	0.020	26.0~27.5	19.5~21.0	0.80~1.10	—	—	余量
2J84	0.03	0.20	0.020	0.020	25.5~27.0	14.5~16.0	—	3.00~3.50	0.50~0.80	余量
2J85	0.03	0.20	0.020	0.020	23.5~25.0	11.5~13.0	0.80~1.10	—	—	余量

5. 镍铬电阻合金丝的化学成分

镍铬电阻合金丝的化学成分(YB/T 5259—2005)见表6-40。

表 6-40　镍铬电阻合金丝的化学成分

合金牌号	化学成分(质量分数)(%)								
	C≤	≤Mn	≤P	≤S	≤Al	Si	Ni	Cr	Cu	Fe
6J20	0.05	0.70	0.010	0.010	0.30	0.40~1.30	余量	20.0~23.0	—	<1.50
6J15	0.05	1.50	0.030	0.020	0.30	0.40~1.30	55.0~61.0	15.0~18.0	—	余量
6J10	0.05	0.30	0.010	0.010	—	≤0.20	Ni+Co余量	9.0~10.0	≤0.2	≤0.40

注:适用于制造各种测量仪器、仪表等的电阻元件及其他特种用途的元件。

6. 高电阻电热合金的化学成分

高电阻电热合金的化学成分(GB/T 1234—1995)见表 6-41。

表 6-41 高电阻电热合金的化学成分

牌号	化学成分(质量分数)(%)									
	C≤	≤P	≤S	≤Mn	Si	Cr	Ni	Al	Fe	其他
Cr20Ni80	0.08	0.20	0.16	0.60	0.75~1.60	20.0~23.0	余量	≤0.50	≤1.0	—
Cr30Ni70	0.08	0.020	0.015	0.60	0.75~1.60	28.0~31.0	余量	≤0.50	≤0.10	—
CR15Ni60	0.08	0.020	0.015	0.60	0.75~1.60	15.0~18.0	55.0~61.0	≤0.50	余量	—
Cr20Ni35	0.08	0.020	0.015	1.00	1.00~3.00	18.0~21.0	34.0~37.0	—	余量	—
Cr20Ni30	0.08	0.020	0.015	1.00	1.00~2.00	18.0~21.0	30.0~34.0	—	余量	—
1Cr13Al4	0.12	0.025	0.025	0.70	≤1.00	12.0~15.0	≤0.60	4.0~6.0	余量	—
0Cr25Al5	0.06	0.025	0.025	0.70	≤0.60	23.0~26.0	≤0.60	4.5~6.5	余量	—
0Cr23Al5	0.06	0.025	0.025	0.70	≤0.60	20.5~23.5	≤0.60	4.2~5.3	余量	—
0Cr21Al6	0.06	0.025	0.025	0.70	≤1.00	19.0~22.0	≤0.60	5.0~7.0	余量	—
1Cr20Al3	0.10	0.025	0.025	0.70	≤1.00	18.0~21.0	≤0.60	3.0~4.2	余量	—
0Cr21Al-6Nb	0.05	0.025	0.025	0.70	≤0.60	21.0~23.0	≤0.60	5.0~7.0	余量	Nb:0.5
0Cr27Al-7Mo2	0.05	0.025	0.025	0.20	≤0.40	26.5~27.8	≤0.60	6.0~7.0	余量	Mo:1.8~2.2

注:1.适用于制造电加热元件和一般电阻元件。

2.在保证合金性能符合本标准要求的条件下,可以对合金成分范围进行适当调整。

3.为了改善合金性能,允许在合金中添加适量的其他元件。

7. 热双金属带材组元层的化学成分

热双金属带材组元层的化学成分(GB/T 4461—2007)见表 6-42。

表 6-42　热双金属带材组元层的化学成分

组元层合金牌号	化学成分(质量分数)(%)									
	C≤	≤S	≤P	Ni	Cr	Fe	Co	Cu	Zn	Mn	Si
Ni34	0.05	0.020	0.020	33.5~35.0	—	余量	—	—	—	≤0.60	≤0.30
Ni36	0.05	0.020	0.020	35.0~37.0	—	余量	—	—	—	≤0.60	≤0.30
Ni42	0.05	0.020	0.020	41.0~43.0	—	余量	—	—	—	≤0.60	≤0.30
Ni50	0.05	0.020	0.020	49.0~50.5	—	余量	—	—	—	≤0.60	≤0.30
Ni45Cr6	0.05	0.020	0.020	44.0~46.0	5.0~6.5	余量	—	—		0.30~0.60	0.15~0.30
Ni	0.15	—	0.015	≥99.3	—	≤0.15	—	≤0.15	—	—	≤0.50
Ni19Cr11	0.08	0.020	0.020	18.0~20.0	10.0~12.0	余量		—		0.30~0.60	0.20~0.40
Ni22Cr3	0.25~0.35	0.020	0.020	21.0~23.0	2.0~4.0	余量	—	—		0.30~0.60	0.15~0.30
Ni19Mn7	0.05	0.020	0.020	18.0~20.0	—	余量	—	—		6.5~8.0	0.15~0.30
Ni20Mn6	0.05	0.020	0.020	19.0~21.0	—	余量	—	—		5.50~6.50	0.15~0.30
Mn72Ni10Cu18	0.05	0.030	0.020	8.0~11.0	—	≤0.80	—	17.0~19.0	—	余量	≤0.50
Mn75Ni15Cu10	0.05	0.020	0.030	14.0~16.0	—	≤0.80	—	9.0~11.0	—	余量	≤0.50
Cu62Zn38	—	0.010		—	—	≤0.15	—	60.5~63.5	余量	—	—
Cu	—	0.040	0.010	—	—	≤0.005	—	≥99.9	≤0.005	—	—
Ni16Cr11	0.05	0.020	0.020	15.0~17.0	10.0~12.0	余量		—		≤0.60	≤0.30
Ni20Co26Cr8	0.05	0.020	0.020	19.0~21.0	7.0~9.0	余量	25.0~27.0	—		≤0.60	≤0.30

第三节 模 具 钢

一、冷作模具钢

1. 常用冷作模具钢的性能特点与用途

常用冷作模具钢的性能特点与用途见表 6-43。

表 6-43 常用冷作模具钢的性能特点与用途

序号	类别	牌号	性能特点与用途
1	高碳低合金冷作模具钢	9Mn2V (GB/T 1299—2000)	9Mn2V 钢是一个比碳素工具钢具有较好的综合力学性能的低合金工具钢,具有较高的硬度和耐磨性。淬火时变形较小,淬透性很好。由于钢中含有一定量的钒,细化了晶粒,减小钢的过热敏感性。同时碳化物较细小和分布较均匀,该钢适于制造各种精密量具、样板,也用于一般要求的尺寸比较小的冲模及冷压模、雕刻模、落料模等,也用于塑料成形模具以及做机床的丝杠等结构件
2		CrWMn (GB/T 1299—2000)	CrWMn 钢具有高淬透性。由于钨形成碳化物,这种钢在淬火和低温回火后具有比铬钢和 9SiCr 钢更多的过剩碳化物和更高的硬度及耐磨性。此外,钨还有助于保存细小晶粒。从而使钢获得较好的韧性。所以由 CrWMn 钢制成的刃具崩刃现象较少,并能较好地保持刀刃形状和尺寸。但是,CrWMn 钢对形成碳化物网比较敏感。这种网的存在,就使工具刃部有剥落的危险,从而使工具的使用寿命缩短。因此,有碳化物网的钢,必须根据其严重程度进行锻压和淬火。这种钢用来制造在工作时切削刃口不剧烈变热工具和淬火时要求不变形的量具和刃具,例如制作刀、长丝锥、长铰刀、专用铣刀、板牙和其他类型专用工具和切削软的非金属材料的刀具,也可用于形状复杂、高精度的冷冲模、切边模、冷镦模、冷挤压模的凹模、拉丝模、拉伸模以及塑料成形模具
3		9SiCr (GB/T 1299—2000)	9SiCr 钢比铬钢具有更高的淬透性和淬硬性,并且具有较高的回火稳定性。适于分级淬火或等温淬火。因此通常用于制造形状复杂、变形小、耐磨性要求高的低速切削刃具,如钻头、螺纹工具、手动铰刀、搓丝板及滚丝轮等;也可以做冷作模具,如冲模、低压力工作条件下的冷镦模、打印模等,此外,还用于制造冷轧辊、校正辊以及细长杆件,其缺点主要是加热时脱碳倾向性较大

841

序号	类别	牌号	性能特点与用途
4	高碳低合金冷作模具钢	9CrWMn (GB/T 1299—2000)	9CrWMn 钢为低合金冷作模具钢。该钢具有一定的淬透性和耐磨性。淬火变形较小,碳化物分布均匀且颗粒细小。通用于制造截面不大而形状较复杂、高精度的冷冲模。以及切边模、冷镦模、冷挤压模的凹模、拉丝模、拉伸模等,也用于塑料成形模具
5		Cr2Mn2SiWMoV (GB/T 1299—2000)	Cr2Mn2SiWMoV 钢是一种空冷微变形冷作模具钢。该钢特点是淬透性高,热处理变形小,该钢的碳化物颗粒小且分布均匀,而且具有较高的力学性能和耐磨性。该钢的缺点是退火工艺较复杂,退火后硬度偏高,脱碳敏感性较大。 Cr2Mn2SiWMoV 钢主要用于制造薄钢板与铝合金的冲压模、低应力或较高应力工作条件下的冷镦模等,也用于热固性成形塑料模具,其使用寿命可超过 Cr12 模具钢。此钢由于其尺寸稳定性好,还可以制造要求热处理变形小的精密量具,以及要求高精度、高耐磨的细长杆状零件和机床导轨等,此外还用于制造冲铆钉孔的凹模,落料冲孔的复式模,硅钢片的单槽冲模等模具
6		7CrSiMnMoV (GB/T 1299—2000)	7CrSiMnMoV 简称 CH-1,是一种火焰淬火冷作模具钢,首钢特种钢公司研制。其淬火温度范围宽,过热敏感性小,用火焰加热淬火,具有操作简便,成本低,节约能源的优点。该钢淬透性良好,空冷即可淬硬,其硬度可达 62～64HRC 且空冷淬火后变形小,该钢不但强度高而且韧性优良,这种钢特别适宜制作尺寸大,截面厚,淬火变形小的大型镶块模具,以及冲压模、下料模、切纸刀、陶瓷模等
7		8Cr2MnWMoVS (GB/T 6058—1992)	8Cr2MnWMoVS 简称 8Cr2S,属含硫的易切削模具钢,华中科技大学、首钢特种钢公司等单位研制。该钢预硬化处理到 40～45HRC,仍可以采用高速钢刀具进行车、刨、铣、镗、钻、铰、攻螺纹等常规加工,适宜制作精密的热固性成形塑料模具,以及要求高耐磨性、高强度的塑料模具和胶木模等。由于该钢的淬火硬度高,耐磨性好,综合力学性能好,热处理变形小,也可以制造精密的冷冲模具等

序号	类别	牌号	性能特点与用途
8	高碳低合金冷作模具钢	Cr2 (GB/T 1299—2000)	Cr2 钢比碳素工具钢添加了一定量的 Cr,同时 Cr2 钢在成分上和滚珠轴承钢 GCr15 相当。因此,其淬透性、硬度和耐磨性都较碳素工具钢高,耐磨性和接触疲劳强度也高。该钢在热处理淬、回火时尺寸变化也不大。由于具备了这些特点,Cr2 钢广泛应用于量具如样板、卡板、样套、量规、块规、环规、螺纹塞规和样柱等。也可以用于冷冲模、切边模、低压力下的冷镦模、冷挤压凹模、拉丝模等。 Cr2 钢不仅可以用于低速的刀具切削不太硬的材料,还可用于冷轧辊等工件
9	抗磨损冷作模具	6Cr4W3Mo2VNb (GB/T 1299—2000)	6Cr4W3Mo2VNb 曾用 65Cr4W3Mo2VNb 表示,简称 65Nb,是一种高韧性的冷作模具钢,华中科技大学研制。其成分接近高速钢(W6Mo5Cr4V2)的基体成分,属于基本钢类型。它具有高速钢的高硬度和高强度,又因无过剩的碳化物,所以比高速钢具有更高的韧性和疲劳强度。由于钢中加入适量的铌,起到细化晶粒的作用,并能提高钢的韧性和改善工艺性能。此钢可用于冷挤压模冲头和凹模,粉末冶金用冷压模冲头,也用于冷镦模、冷冲模、切边模等,还用于温挤压模,模具使用寿命均有明显的提高
10		6W6Mo5Cr4V (GB/T 1299—2000)	6W6Mo5Cr4V 简称 6W6,是一种低碳高速钢类型的冷作模具钢,由钢铁研究总院、大冶钢厂等单位研制。它的淬透性好,并具有类似高速钢的高硬度、高耐磨性、高强度和良好的红硬性,而韧性又比高碳高速钢高。该钢种通常用于冷挤压模具、拉深模具和冲头,也用于温热挤压模,具有较高的使用寿命
11		Cr6WV (GB/T 1299—2000)	Cr6WV 钢是一个具有较好综合性能的中合金冷作模具钢。该钢变形小,透性良好,具有较好的耐磨性和一定的冲击韧度,该钢由于合金元素和碳含量较低,所以比 Cr12 和 Crl2MoV 钢碳化物分布均匀 。Cr6WV 钢具有广泛的用途,制造具有高机械强度,要求一定耐磨性和经受一定冲击负荷下的模具,如钻套、冷冲模及冲头,切边模,压印模、螺丝滚模、搓丝板,以及量块量规,等等

续表

序号	类别	牌号	性能特点与用途
12	抗磨损冷作模具钢	Cr12MoV (GB/T 1299—2000)	Crl2MoV 钢有高淬透性,截面厚度为 300~400 mm 以下者可以完全淬透,在 300~400℃时仍可保持良好硬度和耐磨性,较 Cr12 钢有较高的韧性,淬火时体积变化最小,因此,可用来制造断面较大、形状复杂、经受较大冲击负荷的各种模具和工具。例如,形状复杂的冲孔凹模、复杂模具上的镶块、钢板深拉伸模、拉丝模、螺纹搓丝板、冷挤压模、粉末冶金用冷压模、陶土模、冷切剪刀、圆锯、标准工具、量具等
13		Cr4W2MoV (GB/T 1299—2000)	Cr4W2MoV 钢是一个新型中合金冷作模具钢。性能比较稳定,其模具的使用寿命较 Cr12、Cr12MoV 钢有较大的提高。Cr4W2MoV 钢的主要特点是共晶碳化物颗粒细小,分布均匀,具有较高的淬透性和淬硬性,并且具有较好的耐磨性和尺寸稳定性。经实践证明,该钢是性能良好的冷作模具用钢,可用于制造各种冲模、冷镦模、落料模、冷挤凹模及搓丝板等工模具。该钢热加工温度范围较窄,变形抗力较大
14		Cr5Mo1V (GB/T 1299—2000)	Cr5Mo1V 属空淬模具钢,具有深的空淬硬化性能,这对于要求淬火和回火之后必须保持其形状的复杂模具是极为有益的。该钢由于空淬引起的变形大约只有含锰系的油淬工具钢的 1/4,耐磨性介于锰型和高碳高铬型工具钢之间,但其韧性比任何一种都好,特别适合用于要求具备好的耐磨性同时又具有特殊好的韧性的工具,广泛用于重载荷、高精度的冷作模具,如冷冲模、冷镦模、成形模、轧辊、冲头、拉深模、滚丝模、粉末冶金用冷压模等,也用于某些类型的剪刀片
15		7Cr7Mo2V2Si (JB/T 6508-1992)	7Cr7Mo2V2Si 简称 LD(LD—1),是一种高强韧性冷作模具钢,上海材料研究所研制。该钢在保持较高韧性的情况下,其抗压强度、抗弯强度、耐磨性较 65Nb 优,是 LD 系列中应用最广的钢种。该钢种主要用于高冲击载荷下要求强韧性的冷冲模和冷镦模,如汽车板簧的冲孔冲头、标准件与钢球的冷镦模等,也用于压印模和拉深凸模

序号	类别	牌号	性能特点与用途
16	抗磨损冷作模具钢	7Gr7Mo3V2Si	7Cr7Mo3V2Si 简称 LD—2，是一种高强韧性冷作模具钢，上海材料研究所研制。与 Cr12 型冷模具钢和 W6Mo5Cr4V2 高速钢比较，具有更高的强度和韧性，而且有较好的耐磨性；适宜制造承受高负荷的冷挤、冷镦、冷冲模具等，也可用于塑料模具
17		Cr12 (GB/T 1299—2000)	Cr12 钢是一种应用广泛的冷作模具钢，属高碳高铬类型的莱氏体钢。该钢具有较好的淬透性和良好的耐磨性。 由于 Cr12 钢碳含量高达 2.30%，所以冲击韧度较差、易脆裂，而且容易形成不均匀的共晶碳化物。Cr12 钢由于具有良好的耐磨性，多用于制造受冲击负荷较小的要求高耐磨的冷冲模、冲头、下料模、冷镦模、冷挤压模的冲头和凹模、钻套、量规、拉丝模、压印模、搓丝板、拉深模以及粉末冶金用冷压模等
18		Cr12MolV1 (GB/T 1299—2000)	Cr12MolVl 是国际上较广泛采用的高碳高铬冷作模具钢，属莱氏体钢。具有高淬透性、淬硬性、高的耐磨性；高温抗氧化性能好，淬火和抛光后抗锈蚀能力好，热处理变形小；宜制造各种高精度、长寿命的冷作模具、刃具和量具，例如形状复杂的冲孔凹模、冷挤压模、滚丝轮、搓丝板、粉末冶金用冷压模、冷剪切刀和精密量具等
19	抗冲击冷作模具钢	4CrW2Si (GB/T 1299—2000)	4CrW2Si 钢是在铬硅钢的基础上加入一定量的钨而形成的钢种，由于加了钨而有助于在进行淬火时保存比较细的晶粒，这就有可能在回火状态下获得较高的韧性。4CrW2Si 钢还具有一定的淬透性和高温强度。该钢多用于制造高冲击载荷下操作的工具，如风动工具、錾、冲裁切边复合模、冲模、冷切用的剪刀等冲剪工具，以及部分小型热作模具
20		5CrW2Si (GB/T 1299—2000)	5CrW2Si 钢是在铬硅钢的基础上加入一定量的钨而形成的钢种，由于钨有助于在淬火时保存比较细的晶粒，使回火状态下获得较高的韧性。5CrW2Si 钢还具有一定的淬透性和高温力学性能。通常用于制造冷剪金属的刀片、铲搓丝板的铲刀、冷冲裁和切边的凹模，以及长期工作的木工工具等

序号	类别	牌号	性能特点与用途
21	抗冲击冷作模具钢	6CrW2Si (GB/T 1299—2000)	6CrW2Si 钢是在铬硅钢的基础上加入了一定量的钨而形成的钢种,因为钨有助于在淬火时保存比较细的晶粒,而使回火状态下获得较高的韧性。6CrW2Si 钢具有比4CrW2Si 和5CrW2Si 钢较高的淬火硬度和一定的高温强度。通用于制造承受冲击载荷而又要求耐磨性高的工具,如风动工具,凿子和冲击模具,冷剪机刀片,冲裁切边用凹模,空气锤用工具等
22	冷作模具用碳素工具钢	T7 (GB/T 1298—1986)	T7 钢具有较好的韧性和硬度,但切削能力较差;多用来制造同时需要有较大韧性和一定硬度,但对切削能力要求不很高的工具。如凿子、冲头等小尺寸风动工具,木工用的锯、凿、锻模、压模、钳工工具、锤、铆钉冲模,也可用于形状简单、承受载荷轻的小型冷作模具及热固性塑料压模,还可做手用大锤锤头等
23		T8 (GB/T 1298—1986)	T8 钢淬火加热时容易过热,变形也大,塑性及强度也比较低,不宜制造承受较大冲击的工具,但热处理后有较高的硬度及耐磨性。因此,多用来制造切削刃口在工作时不变热的工具,如加工木材的铣刀、埋头钻、平头锪钻、斧、凿、錾、纵向手用锯、圆锯片、滚子、铅锡合金压铸板和型芯,以及钳工装配工具、铆钉冲模、中心孔铳、冲模,也可用于冷镦模、拉深模、压印模、纸品下料模和热固性塑料压模等
24		T10 (GB/T 1298—1986)	T10 钢在淬火加热时(温度达 800℃时)不致过热。仍能保持细晶粒组织。淬火后钢中有未溶的过剩碳化物,所以具有较 T8、T8A 钢为高的耐磨性,适于制造切削刀口在工作时不变热的工具,如加工木材工具、手用横锯、手用细木工锯、机用细木工具、低精度的形状简单的卡板、钳工刮刀、锉刀等,也可用于冲模、拉丝模、冷镦模、拉深模、压印模、小尺寸断面均匀的冷切边模、铝合金用冷挤压凹模、纸品下料模和塑料成形模等
25		T11 (GB/T 1298—1986)	T11 钢的碳含量介于 T10 及 T12 钢之间,具有较好的综合力学性能,如硬度、耐磨性及韧性等;而且对晶粒长大和形成碳化物网的敏感性较小,故适于制造在工作时切削刃口不变热的工具,如丝锥、锉刀、刮刀、尺寸不大的和截面无急剧变化的冷冲模、冷镦模、软材料用切边模以及木工刀具等

序号	类别	牌号	性能特点与用途
26	冷作模具用碳素工具钢	T12 (GB/T 1298—1986)	T12 钢由于碳含量高,淬火后有较多的过剩碳化物,按耐磨性和硬度适于制作不受冲击负荷、切削速度不高、切削刃口不变热的工具,如制作车床、刨床用的车刀、铣刀、钻头;可制绞刀、扩孔钻、丝锥、板牙、刮刀、量规、切烟草刀、锉刀,以及断面尺寸小的切削边模、冲孔模等,也可用于冷镦模和拉丝模及塑料成形模具等
27		W6Mo5Cr4V2 (GB/T 9943—1988)	W6Mo5Cr4V2 为钨钼系通用高速钢的代表钢号,具有碳化物细小均匀、韧性高、热塑性好等优点。由于资源与价格关系,许多国家以 W6Mo5Cr4V2 取代 W18Cr4V 而成为高速钢的主要钢号。W6Mo5Cr4V2 高速钢的韧性、耐磨性、热塑性均优于 W18Cr4V,而硬度、红硬性、高温硬度与 W18Cr4V 相当。因此,W6Mo5Cr4V2 高速钢除用于制造各种类型一般工具外,还可制作大型及热塑成型刀具
28	冷作模具用高速工具钢	W12Mo3Cr4V3N	W12Mo3Cr4V3N 是钨钼系含氮超硬型高速钢,具有硬度高、高温硬度高、耐磨性好等优点。可制车刀、钻头、铣刀、滚刀、刨刀等切削工具,还可以制造冷作模具。该钢在加工中高强度钢时表现了良好的切削性能,做冷作模具在服役时有很好的耐磨性能。由于钢中钒含量较高,可磨削性能较差
29		W18Cr4V (GB/T 9943—1988)	W18Cr4V 为钨系高速钢,具有高的硬度、红硬性及高温硬度。其热处理范围较宽,淬火不易过热。热处理过程不易氧化脱碳,磨削加工性能较好。该钢在 500℃ 及 600℃时硬度分别保持在 57～58HRC 及 52～53HRC。对于大量的、一般的被加工材料具有良好的切削性能。W18Cr4V 钢碳化物不均匀度、高温塑性较差,不适宜制作大型及热塑成型的刀具;但广泛用于制造各种切削刀具,也用于制造高负荷冷作模具,如冷挤压模具等
30		W12Mo3Cr4V3N	W12Mo3Cr4V3N 是钨钼系含氮超硬型高速钢。具有硬度高、高温硬度高、耐磨性好等优点。可制车刀、钻头、铣刀、滚刀、刨刀等切削工具,还可以制造冷作模具。该钢在加工中高强度钢时表现了良好的切削性能,做冷作模具在服役时有很好的耐磨性能。由于钢中钒含量较高,可磨削性能较差

序号	类别	牌号	性能特点与用途
31	冷作模具用高速工具钢	W18Cr4V (GB/T 9943—1988)	W18Cr4V 为钨系高速钢,具有高的硬度、红硬性及高温硬度。其热处理范围较宽,淬火不易过热。热处理过程不易氧化脱碳,磨削加工性能较好。该钢在 500℃ 及 600℃ 时硬度分别保持为 57～58HRC 及 52～53HRC,对于大量的、一般的被加工材料具有良好的切削性能。W18Cr4V 钢碳化物不均匀度、高温塑性较差,不适宜制作大型及热塑成型的刀具;但广泛用于制造各种切削刀具,也用于制造高负荷冷作模具,如冷挤压模具等
32		W9Mo3Cr4V (GB/T 9943—1988)	W9Mo3Cr4V 钢是以中等含量的钨为主,加入少量钼,适当控制碳和钒含量的方法达到改善性能、提高质量、节约合金元素的目的的通用型钨钼系高速钢。W9Mo3Cr4V 钢(以下简称 W9)的冶金质量、工艺性能兼有 W18Cr4V 钢(简称 W18)和 W6Mo5Cr4V2 钢(简称 M2)的优点,并避免或明显减轻了二者的主要缺点。这是一种符合我国资源和生产条件,具有良好综合性能的通用型高速钢新钢种。该钢易冶炼、有良好的热、冷塑性,成材率高,碳化物分布特征优于 W18.接近 M2,脱碳敏感性低于 M2,生产成本较 W18 和 M2 低。由于该钢的热、冷塑性良好,因而能满足机械制造厂采用多次镦拔改锻、高频加热塑性成形工艺和冷冲变形工艺要求。该钢切削性能良好,磨削性能和可焊性优于 M2,热处理过热敏感性低于 M2。钢的主要力学性能:硬度、红硬性水平相当于或略高于 W18 和 M2;强度、韧性较 W18 高,与 M2 相当;制成的机用锯条、大小钻头、拉刀、滚刀、铣刀、丝锥等工具的使用寿命较 W18 的高,等于或稍高于 M2 的使用寿命,插齿刀的使用寿命与 M2 相当。用 W9 制造的滚压滚丝轮对高温合金进行滚丝时收到显著效果。在适当改变淬、回火工艺后,W9 钢也很适于制造高负荷模具,尤其是冷挤压模具

续表

序号	类别	牌号	性能特点与用途
33	无磁模具用钢	7Mn15Cr2A13V2WMo (GB/T 1299—2000)	7Mn15Cr2A13V2WMo 钢是一种高 Mn-V 系无磁钢。该钢在各种状态下都能保持稳定的奥氏体,具有非常低的导磁系数,高的硬度、强度,较好的耐磨性。由于高锰钢的冷作硬化现象,切削加工比较困难。采用高温退火工艺,可以改变碳化物的颗粒与分布状态,从而明显地改善钢的切削性能。采用气体软氮化工艺,进一步提高钢的表面硬度,增加耐磨性,显著地提高零件的使用寿命。该钢主要用于磁性材料与磁性塑料的压制成形模具、无磁轴承及其他要求在强磁场中不产生磁感应的结构零件。此外,由于此钢还具有高的高温强度和硬度,也可以用来制造在 700～800℃下使用的热作模具
34		1Cr18Ni9Ti (GB/T 1220—1992)	1Cr18Ni9Ti 属奥氏体型不锈耐酸钢。钢中由于含钛,使钢具有较高的抗晶间腐蚀性能。在不同浓度、不同温度的一些有机酸和无机酸中,尤其是在氧化性介质中都具有良好的耐腐蚀性能。这种钢经过热处理(1050～1100℃在水中或空气中淬火)后,呈单相奥氏体组织,因此在强磁场中不产生磁感应,该钢适宜制无磁模具和要求高耐蚀性能的塑料模具

注:Cr2Mn2SiWMoV 是 GB/T 1299—1977 中的牌号,在 GB/T 1299—2000 中该牌号已去掉。该钢种目前国内企业仍继续使用。

2. 常用国产冷作模具钢的化学成分

常用国产冷作模具钢的化学成分(GB/T 5118—1995)见表 6-44。

表 6-44 常用国产冷作模具钢的化学成分(%)

牌号	C	Si	Mn	Cr	Mo	W	V	S	P	其他
抗磨损冷作模具钢(GB/T 1299—2000)										
6Cr4W3Mo2VNb	0.60～0.70	≤0.40	≤0.40	3.80～4.40	1.80～2.50	2.50～3.50	0.80～1.20	≤0.030	≤0.030	Nb0.20～0.35
6W6Mo5Cr4V	0.55～0.65	≤0.40	≤0.60	3.70～4.30	4.50～5.50	6.00～7.00	0.70～1.10	≤0.030	≤0.030	—
7Cr7Mo3V2Si[①]	0.70～0.80	0.70～1.20	≤0.50	6.50～7.50	2.00～3.00	—	1.70～2.20	≤0.030	≤0.030	—
7Cr7Mo2V2Si[①]	0.70～0.80	0.70～1.20	≤0.50	6.50～7.50	2.00～2.50	—	1.70～2.20	≤0.030	≤0.030	—

牌号	C	Si	Mn	Cr	Mo	W	V	S	P	其他
Cr4W2MoV	1.12~1.15	0.40~0.70	≤0.40	3.50~4.00	0.80~1.20	1.90~2.00	0.80~1.10	≤0.030	≤0.030	—
Cr5Mo1V	0.95~1.05	≤0.50	≤1.00	4.75~5.50	0.90~1.40	—	0.15~0.50	≤0.030	≤0.030	—
Cr6WV	1.00~1.15	≤0.40	≤0.40	5.50~7.00	—	1.10~1.50	0.50~0.70	≤0.030	≤0.030	—
Crl2	2.00~2.30	≤0.40	≤0.40	11.50~13.00	—	—	—	≤0.030	≤0.030	—
Cr12MoV	1.45~1.70	≤0.40	≤0.35	11.00~12.50	0.40~0.60	—	0.15~0.30	≤0.030	≤0.030	—
Cr12Mo1V1	1.40~1.60	≤0.60	≤0.60	11.00~13.00	0.70~1.20	—	≤1.10	≤0.030	≤0.030	—
4CrW2Si	0.35~0.45	0.80~1.10	≤0.40	1.00~1.30	—	2.00~2.50	—	≤0.030	≤0.030	—
5CrW2Si	0.45~0.55	0.50~0.80	≤0.40	1.00~1.30	—	2.00~2.50	—	≤0.030	≤0.030	—
6CrW2Si	0.55~0.65	0.50~0.80	≤0.40	1.00~1.30	—	2.20~2.70	—	≤0.030	≤0.030	—

高碳低合金冷作模具钢(GB/T 1299—2000)

牌号	C	Si	Mn	Cr	Mo	W	V	S	P	其他
9Mn2V	0.85~0.95	≤0.40	1.70~2.00	—	—	—	0.10~0.25	≤0.030	≤0.030	—
9SiCr	0.85~0.95	1.20~1.60	0.30~0.60	0.95~1.25	—	—	—	≤0.030	≤0.030	—
9CrWMn	0.85~0.95	≤0.40	0.90~1.20	0.50~0.80	—	0.50~0.80	—	≤0.030	≤0.030	—
CrWMn	0.90~1.05	0.15~0.35	0.80~1.10	0.90~1.20	—	1.20~1.60	—	≤0.030	≤0.030	—
Cr2	0.95~1.10	≤0.40	≤0.40	1.30~1.65	—	—	—	≤0.030	≤0.030	—
7CrSiMnMoV	0.65~0.75	0.85~1.15	0.65~1.05	0.90~1.20	0.20~0.50	—	0.15~0.30	≤0.030	≤0.030	—
8Cr2MnWMoVS[1]	0.75~0.85	≤0.40	1.30~1.70	2.30~2.60	0.50~0.80	0.70~1.10	0.10~0.25	0.08~0.15	≤0.030	—
Cr2Mn2SiWMoV[2]	0.95~1.05	0.60~0.90	1.80~2.30	2.30~2.60	0.50~0.80	0.70~1.10	0.10~0.25	≤0.030	≤0.030	—

第三节　模　具　钢

续表

牌号	C	Si	Mn	Cr	Mo	W	V	S	P	其他
冷作模具用碳素工具钢(GB/T 1298—2008)										
T7	0.65~ 0.74	≤0.35	≤0.40	—	—	—	—	≤0.030	≤0.035	—
T8	0.75~ 0.84	≤0.35	≤0.35	—	—	—	—	≤0.030	≤0.035	—
T10	0.95~ 1.04	≤0.35	≤0.40	—	—	—	—	≤0.030	≤0.035	—
T11	1.05~ 1.14	≤0.35	≤0.40	—	—	—	—	≤0.030	≤0.035	—
T12	1.15~ 1.24	≤0.35	≤0.40	—	—	—	—	≤0.030	≤0.035	—
冷作模具用高速工具钢(GB/T 9943—2008)										
W6Mo5Cr4V2	0.80~ 0.90	0.20~ 0.45	0.15~ 0.40	3.80~ 4.40	4.50~ 5.50	5.50~ 6.75	1.75~ 2.20	≤0.030	≤0.030	—
W12Mo3Cr4V3N	1.15~ 1.25	≤0.40	≤0.40	3.50~ 4.10	2.70~ 3.70	11.00~ 12.50	2.50~ 3.10	≤0.030	≤0.030	N0.04~ 0.10
W18Cr4V	0.70~ 0.80	0.20~ 0.40	0.10~ 0.40	3.80~ 4.40	≤0.30	17.50~ 19.00	1.00~ 1.40	≤0.030	≤0.030	—
W9Mo3Cr4V	0.77~ 0.87	0.20~ 0.40	0.20~ 0.40	3.80~ 4.40	2.70~ 3.30	8.50~ 9.50	1.30~ 1.70	≤0.030	≤0.030	—
无磁模具用钢(GB/T 12—2000)										
7Mn15Cr2Al3V2WMo	0.65~ 0.75	≤0.80	14.5~ 16.0	2.00~ 2.50	0.50~ 0.80	0.50~ 0.80	1.50~ 2.00	≤0.030	≤0.040	Al 2.7~ 3.3
1Cr18Ni9Ti[5]	≤0.12	≤1.00	≤2.00	17.00~ 19.00	—	—	—	≤0.030	≤0.035	Ni8.00~ 11.00 Ti5(C% 0.02~ 0.80)

注:①JB/T 6058—1992《冲模用钢及其热处理技术条件》推荐的牌号。

②CrMn2SiWMoV 为 GB/T 1299—1977 中的牌号,在 GB/T 1299—2000 中该牌号已作废。但该钢种在企业中目前仍继续使用。

③非 GB/T 1299—2000 中的牌号。

④非 GB/T 9943—2008 中的牌号。

⑤GB/T 1220—2007 中的牌号。

3. 冷作模具钢选用实例

冷作模具钢选用实例见表 6-45。

表 6-45　冷作模具钢选用实例

(1)板材下料冲孔模具用钢的选择

被加工材料	生产批量/件				
	10^3	10^4	10^5	10^6	10^7
淬回火弹簧钢(≤52HRC)	Cr5Mo1V	Cr5Mo1V Cr12MoV Cr12Mo1V1	Cr12 Cr12Mo1V1 高速工具钢	Cr12Mo1V1 高速工具钢 7Cr7Mo2V2Si	硬质合金 钢结硬质合金
铁素体不锈钢	CrWMn Cr5Mo1V	Cr5Mo1V	Cr5Mo1V Cr12 Cr12MoV	Cr12Mo1V1 高速工具钢 7Cr7Mo2V2Si	硬质合金 钢结硬质合金
奥氏体不锈钢	CrWMn Cr5Mo1V	Cr5Mo1V Cr12 Cr12MoV	Cr12 Cr12MoV Cr12Mo1V1	Cr12Mo1V1 高速工具钢 7Cr7Mo2V2Si	硬质合金 钢结硬质合金
铝、镁、铜合金	T8、T10 CrWMn 9CrWMn	CrWMn Cr5MolV	CrWMn Cr5MolV Cr12MoV	Cr5MolV Cr12MoV Cr12Mo1V1 高速工具钢	高速工具钢 硬质合金
碳素钢板合金结构钢板	CrWMn 7CrSiMnMoV	CrWMn Cr5Mo1V 7CrSiMnMoV	Cr5Mo1V Cr12MoV	Cr12MoV Cr12Mo1V1 7Cr7Mo2V2Si	硬质合金 钢结硬质合金
一般塑料板	T8 T10 CrWMn	CrWMn 9CrWMn	Cr5Mo1V 9CrWMn	Cr12 Cr12MoV 高速工具钢	高速工具钢 硬质合金
增强塑料板	CrWMn 9CrWMn Cr5Mo1V	Cr5Mo1V CrWMn Cr5Mo1V(渗氮)	Cr5Mo1V Cr12 Cr12Mo1V1 (渗氮)	Cr12 Cr12Mo1V1 高速工具钢 7Cr7Mo2V2Si	高速工具钢 硬质合金
变压器硅钢	Cr5Mo1V	Cr5Mo1V Cr12 Cr12MoV	Cr12 Cr12MoV Cr12Mo1V1	Cr12Mo1V1 高速工具钢 超硬高速工具钢	硬质合金 钢结硬质合金
纸张等软材料	T8 T10 9CrWMn	T8、T10 9CrWMn Cr2	T8、T10 Cr5Mo1V CrWMn	Cr5Mo1V Cr12 Cr12Mo1V1 Cr12MoV	Cr12 Cr12Mo1 V1 高速工具钢

（2）薄板冲压成形模具用钢的选择

被加工材料	质量要求		生产批量/件				
	表面粗糙度	尺寸偏差/mm	生产批量/件				
			10^2	10^3	10^4	10^5	10^6
低碳钢	无	无	增强塑料 锌合金	增强塑料 锌合金	合金铸铁	合金铸铁 7CrSiMnMoV 镶块	合金铸铁 Cr5Mo1V 镶块
低碳钢	低	±0.1	锌合金	锌合金	合金铸铁	合金铸铁 Cr5Mo1V Cr12MoV 镶块	合金铸铁 Cr12MoV Cr12Mo1V1 镶块
铝、铜、黄铜	无	无	增强塑料 锌合金	增强塑料 锌合金	增强塑料 锌合金	合金铸铁 7CrSiMnMoV 镶块	合金铸铁 7CrSiMnMoV 镶块
铝、铜、黄铜	无	±0.1	增强塑料 锌合金	增强塑料 锌合金	合金铸铁	合金铸铁 7CrSiMnMoV 镶块	合金铸铁 Cr5Mo1V 镶块
铝、铜、黄铜	低	±0.1	增强塑料 锌合金	增强塑料 锌合金	合金铸铁	合金铸铁 7CrSiMnMoV 镶块	合金铸铁 Cr5Mo1V 镶块
低碳钢 （无润滑）	低	±0.1	锌合金	锌合金	合金铸铁	合金铸铁 Cr12Mo1V1 渗氮镶块	合金铸铁 Cr12Mo1V1 渗氮镶块
镍、铬不锈钢	无	无	增强塑料 锌合金	锌合金	合金铸铁	合金铸铁 Cr12MoV 镶块	合金铸铁 Cr12Mo1V1 镶块
镍铬不锈钢 耐热钢	低	±0.1	锌合金	锌合金	合金铸铁	合金铸铁 Cr12MoV Cr12Mo1V1 渗氮镶块	合金铸铁 Cr12MoV Cr12Mo1V1 渗氮镶块

(3)软钢板材工件减薄拉深模具用钢的选择				
工作拉深减薄率 /%	生产批量/件			
	10^3	10^4	10^5	10^6
拉深凸模 <25	T8,T10	CrWMn	Cr5Mo1V	Cr5Mo1V、Cr12MoV 7Cr7Mo2V2Si
拉深凸模 25~35	T8 T10	Cr5Mo1V	Cr5Mo1V	Cr12 Cr12Mo1V1
拉深凸模 35~50	CrWMn Cr5Mo1V	Cr5Mo1V	Cr12、Cr12MoV 7Cr7Mo2V2Si	Cr12Mo1V1 7Cr7Mo2V2Si
拉深凸模 >50	Cr12MoV	Cr12 Cr12MoV 7Cr7Mo2V2Si	Cr12 Cr12Mo1V1 7Cr7Mo2V2Si	Cr12Mo1V1 高速工具钢
拉深凹模 <25	T8 T10	CrWMn 9CrWMn	CrWMn 9CrWMn	Cr5Mo1V Cr12MoV
拉深凹模 25~35	T8 T10	CrWMn Cr5Mo1V	Cr5Mo1V Cr12MoV 7Cr7Mo2V2Si	Cr12 Cr12Mo1V1 7Cr7Mo2V2Si
拉深凹模 35~50	CrWMn 9CrWMn	Cr5Mo1V Cr12MoV	Cr12MoV Cr12Mo1V1 7Cr7Mo2V2Si	Cr12MoV Cr12Mo1V1 高速工具钢
拉深凹模 >50	Cr5Mo1V Cr12 Cr12MoV	Cr12 Cr12MoV Cr12Mo1V1	Cr12Mo1V1 7Cr7Mo2V2Si	Cr12Mo1V1 7Cr7Mo2V2Si 高速工具钢

(4)正挤压模具用钢的选择		
被挤压工件材料	生产批量/件	
	$5×10^3$	$5×10^4$
凸模(冲头)材料		
低碳钢(10钢)	Cr5Mo1V	W6Mo5Cr4V2、7Cr7Mo2V2Si
碳钢(20~40钢) 和渗碳合金钢 }	Cr5Mo1V	W6Mo5Cr4V2(渗氮) 7Cr7Mo2V2Si(渗氮)

凹模材料		
铝合金	T10,CrWMn	Cr5Mo1V Cr12Mo1V1
低碳钢和渗碳合金钢	Cr5Mo1V	Cr5Mo1V、Cr12Mo1V1(渗氮)

(5)反挤压模具用钢的选择

被挤压工件材料	生产批量/件	
	5×10^3	5×10^4
凸模(冲头)材料		
铝合金	CrWMn Cr5Mo1V	Cr5Mo1V、 Cr12Mo1V1 高速工具钢 7Cr7Mo2V2Si
低碳钢	Cr5Mo1V	Cr5Mo1V Cr12Mo1V1、高速工具钢 7Cr7Mo2V2Si
渗碳合金钢	Cr12 Cr5Mo1V	高速工具钢、7Cr7Mo2V2Si
凹模用材料		
铝合金	T10、CrWMn	T10、CrWMn、Cr5Mo1V
低碳钢	CrWMn、Cr5Mo1V	Cr5Mo1V、Cr12Mo1V1(渗氮) 7Cr7Mo2V2Si
渗碳合金钢	Cr5Mo1V	Cr5Mo1V、Cr12Mo1V1(渗氮) 7Cr7Mo2V2Si
顶杆用材料		
铝合金	CrWMn、Cr5Mo1V	Cr5Mo1V、Cr12MoV 高速工具钢
低碳钢及渗碳 合金钢	Cr5Mo1V	Cr12Mo1V1、高速工具钢 7Cr7Mo2V2Si

(6)冷镦模具用钢的选择

凹模材料				
凹模类别	生产批量/件			
	1×10^4	5×10^4	25×10^4	1×10^6
整体模具	T8、T10 CrWMn、9CrWMn 7CrSiMnMoV	T8、T10 CrWMn、9CrWMn 7CrSiMnMoV	—	—

续表

凹模类别	生产批量/件			
	1×10^4	5×10^4	25×10^4	1×10^6
镶块模具①	Cr12MoV Cr12Mo1V1 W6Mo5Cr4V2 Cr7Mo2V2Si	Cr12MoV Cr12Mo1V1 W6Mo5Cr4V2 Cr7Mo2V2Si	Cr12Mo1V1 W6Mo5Cr4V2 硬质合金 钢结硬质合金	硬质合金 钢结硬质合金

凸模(冲头)材料		
冲头类别	材　料	备　注
整体冲头	T8、T10 CrWMn、9CrWMn	生产批量 5×10^4 件以下
镶块冲头	Cr12MoV Cr12Mo1V1 W6Mo5Cr4V2 硬质合金 钢结硬质合金	生产批量 $>25 \times 10^4$ 件或 变形率大的工作

(7)压印模具用钢的选择

被压印工件材料	生产批量/件		
	10^3	10^4	10^5
铝合金	T8、T10	T10、CrWMn 7CrSiMnMoV	Cr5Mo1V、Cr12Mo1V1 Cr12MoV
铜合金和低碳钢	T8、T10 CrWMn	T10、CrWMn Cr5Mo1V	Cr12MoV、Cr12Mo1V1 7Cr7Mo2V2Si
合金结构钢	Cr5Mo1V	Cr5Mo1V	Cr12MoV、Cr12Mo1V1 7Cr7Mo2V2Si
不锈钢	Cr5Mo1V	Cr5Mo1V Cr12MoV Cr12Mo1V1	高速工具钢 7Cr7Mo2V2Si Cr12MoV、Cr12Mo1V1 硬质合金镶块
耐热钢		Cr12MoV Cr12Mo1V1	Cr12Mo1V1 7Cr7Mo2V2Si 高速工具钢 硬质合金镶块

856

续表

(8)压制螺纹模具用钢的选择		

搓丝板用钢选择

工件材料	生产批量/件	
	5×10^5	10×10^5
铜、铝、软钢($\leqslant$95HRB)	Cr5Mo1V	Cr12MoV、Cr12Mo1V1
钢(硬度$\geqslant$95HRB),不锈钢	Cr5Mo1V、Cr12Mo1V1 W6Mo5Cr4V2	Cr12Mo1V1 W6Mo5Cr4V2

滚丝轮用钢选择

工件材料	生产批量/件	
	5×10^5	10×10^5
铜、铝合金、软钢($<$95HRB)	Cr5Mo1V	Cr5Mo1V Cr12Mo1V1 W6Mo5Cr4V2
钢($\geqslant$95HRB)不锈钢	Cr5Mo1V Cr12MoV	Cr12Mo1V1 W6Mo5Cr4V2 9Cr6W3Mo2V2

注:①为了防止黏附,凸模可进行渗氮或镀硬铬处理。

②模具本体材料为4Cr5MoSiV,4Cr5MoSiV1 硬度为45~50HRC。

二、热作模具钢

1. 常用热作模具钢的性能特点与用途

常用热作模具钢的性能特点与用途见表6-46。

表 6-46 常用热作模具钢的性能特点与用途

类别	牌号	性能特点与用途
低耐热性热作模具钢	5CrMnMo (GB/T 1299—2000)	5CrMnMo 钢具有与 5CrNiMo 钢相类似的性能,淬透性稍差。此外在高温下工作时,其耐热疲劳性逊于5CrNiMo 钢。此钢适用于制造要求具有较高强度和高耐磨性的各种类型锻模(边长$\leqslant$400mm,厚度$\leqslant$250mm),也用于热切边模。要求韧性较高时,可采用电渣重熔钢

续表

类别	牌号	性能特点与用途
低耐热性热作模具钢	5CrNiMo (GB/T 1299—2000)	5CrNiMo 钢具有良好的韧性、强度和高耐磨性。它在室温和 500~600℃时的力学性能几乎相同,在加热到 500℃时,仍能保持住 300HBS 左右的硬度。由于钢中含有钼,因而对回火脆性并不敏感。从 600℃缓慢冷却下来以后,冲击韧性仅稍有降低。 5CrNiMo 钢具有十分良好的淬透性,300 mm×400 mm×300 mm 的大块钢料,自 820℃油淬和 560℃回火后,断面各部分的硬度几乎一致。 它用来制造各种形状较简单、厚度 250~300 mm 的中型锻模,也用于热切边模。 该钢易形成白点,需要严格控制冶炼工艺及锻轧后的冷却制度
	4CrMnSiMoV (GB/T 1299—2000)	4CrMnSiMoV 是近 20 年来我国在低合金大截面热作模具钢领域发展的钢种之一。该钢具有较高的抗回火性能,好的高温强度、耐热疲劳性能和韧性,而且有很好的淬透性;冷、热加工性能好。该钢适宜制造各种大、中型锤锻模和压力机锻模,也用于校正模、平锻模和弯曲模等
	5Cr2NiMoVSi	5Cr2NiMoVSi(简称 5Cr2)钢属于大截面热锻模具钢,具有高的淬透性。钢加热时奥氏体晶粒长大倾向小,热处理加热温度范围较宽,钢的热稳定性、热疲劳性能和冲击韧性较好,适宜制造大截面的压力机和模锻锤等热作模具
中耐热性热作模具钢	4Cr5MoVSi (GB/T 1299—2000)	4Cr5MoVSi 种钢是一种空冷硬化的热作模具钢。该钢在中温条件下具有很好的韧性。较好的热强度、热疲劳性能和一定的耐磨性,在较低的奥氏体化温度条件下空淬,热处理变形小,空淬时产生的氧化铁倾向小,而且可以低抗熔融铝的冲蚀作用。该钢通常于制造铝铸件用的压铸模、热挤压模和穿孔用的工具和芯棒,也可用于型腔复杂、承受冲击载荷较大的锤锻模等。此外,由于该钢具有好的中温强度,亦被用于制造飞机、火箭等耐 400~500℃工作温度的结构件
	4Cr5MoSiV1 (GB/T 1299—2000)	4Cr5MoSiV1 钢是一种空冷硬化的热作模具钢,也是所有热作模具钢中最广泛使用的钢号之一。与 4Cr5MoVSi 钢相比,该钢具有较高的热强度和硬度,在中温条件下具有很好的韧性、热疲劳性能和一定的耐磨性,在较低的奥氏体化温度条件下空淬,热处理变形小,空淬时产生的氧化铁倾向小,而且可以抵抗熔融铝的冲蚀作用。该钢广泛用于制造热挤压模具与芯棒、模锻锤的锻模、锻造压力机模具、精锻机用模具镶块以及铝、铜及其合金的压铸模

类别	牌号	性能特点与用途
中耐热性热作模具钢	4Cr5W2VSi (GB/T 1299—2000)	4Cr5W2VSi 钢是一种空冷硬化的热作模具钢。在中温下具有较高的热强度、硬度,有较高的耐磨性、韧性和较好的热疲劳性能。采用电渣重熔,可较有效地提高该钢的横向性能。该钢用于制造热挤压用的模具和芯棒,铝、锌等轻金属的压铸模、热顶锻结构钢和耐热钢用的工具,和成形某些零件用的高速锤锻模
	8Cr3 (GB/T 1299—2000)	8Cr3 钢是在碳素工具钢 T8 中添加一定量的铬(ω_{Cr} 3.20%～3.80%)。由于铬的存在,此钢具有较好的淬透性和一定的室温、高温强度,而且形成细小、均匀分布的碳化物。该钢通常用于承受冲击载荷不大、工作温度≤500℃的热冲裁模、热切边模、螺栓与螺钉热顶锻模、热弯与热剪切用成形冲模等
高耐热性热作模具钢	3Cr2W8V (GB/T 1299—2000)	3Cr2W8V 钢含有较多的易形成碳化物的铬、钨元素,因此在高温下有较高的强度和硬度,在 650℃时硬度约为 300HBS,但其韧性和塑性较差。钢材断面在 80 mm 以下时可以淬透。这对表面层需要有高硬度、高耐磨性的大型顶锻模、热压模、平锻机模、平锻机模已是足够了。这种钢的相变温度较高,抵抗冷热交变的耐热疲劳性良好。 这种钢可用来制作工作温度较高(≥550℃)、承受静载荷较高但冲击载荷较低的锻造压力机模具(镶块),如平锻机上用的凸凹模、镶块、铜合金挤压模、压铸用模具;也可供作同时承受较大压应力、弯应力、拉应力的模具,如反挤压的模具;还可供作高温下受力的热金属切刀等
	3Cr3Mo3W2V (GB/T 1299—2000)	3Cr3Mo3W2V(简称 HM-1),北京机电研究所、首钢特种钢公司研制。是高强韧性热作模具钢,其冷加工、热加工性能良好,淬回火温度范围较宽;具有较高的热强性、热疲劳性能,又有良好的耐磨性和抗回火稳定性等特点。该钢适宜制造镦锻、压力机锻造等热作模具,也可用于铜合金、轻金属的热挤压模、压铸模等,模具使用寿命较高

类别	牌号	性能特点与用途
高耐热性热作模具钢	5Cr4Mo2W2VSi	5Cr4Mo2W2VSi 钢是一种新型热作模具钢。此钢是基体钢类型的热作模具钢,经适当的热处理后具有高的硬度、强度、好的耐磨性,高的高温强度以及好的回火稳定性等综合性能,此外也具有一定的韧性和抗冷热疲劳性能。该钢的热加工性能也较好,加工温度范围较宽。适于制造热挤压模、热锻压模、温锻模以及要求韧性较好的冷镦用模具
	5Cr4Mo3SiMnVAl (GB/T 1299—2000)	5Cr4Mo3SiMnVAl(简称 012Al),贵阳钢厂研制。该钢是一种基体的类型的冷热两用的新型工模具钢,作为冷作模具,它和碳素工具钢,低合金工具钢和 Cr12 型钢相比有较高的韧性;作为热作模具钢,它和 3Cr2W8V 钢相比有较高的高温强度和较优良的热疲劳性能。 这种钢用于标准件行业的冷镦模和轴承行业的热挤压模,使用寿命比原钢种有较大的提高,也可用于较高工作温度、高磨损条件下的热作模具
	5Cr4W5Mo2V (GB/T 1299—2000)	5Cr4W5Mo2V(简称 RM2),北京机电研究所、第一汽车制造厂(集团公司)研制。是新型热作模具钢。该钢有较高的热硬性,高温强度和较高的耐磨性,可进行一般的热处理或化学热处理,可替代 3Cr2W8V 钢制造某些热挤压模具。也用于制造精锻模、热冲模、冲头模等。使用寿命比 3Cr2W8V 提高数倍
	6Cr4Mo3Ni2WV	6Cr4Mo3Ni2WV(简称 CG-2),上海钢铁研究所研制,贵阳钢厂试生产。是基体钢类型的新型模具钢,兼作热作、冷作模具。该钢具有强度高、红硬性好、韧性也较高的综合性能。与3Cr2W8V 钢相比,该钢强度较好,而与高速钢对比,则韧性较好。该钢具有较宽的热处理温度范围,灵活性大,基本上无淬裂现象。根据模具的使用条件,可适当调整热处理工艺,如用于冷作模具可采用 520~560℃回火,而用于热作模具则可选用600~650℃回火,此钢可用于制造热挤轴承圈冲头、热挤压凹模、热冲模、精锻模,此外也可作为挤压模、冷镦模具等。 该钢热加工工艺较难掌握、锻造开裂倾向较为严重,在热加工时应给予以注意
	4Cr3Mo3SiV (GB/T 1299—2000)	4Cr3Mo3SiV 是热作模具钢。该钢具有较高热强度、热疲劳性能,又有良好的耐磨性和抗回火稳定性等特点。该钢适宜制造热挤压模芯棒、挤压缸内套及垫块等

2. 国产热作模具钢的化学成分表

国产热作模具钢的化学成分表(GB/T 1299—2000)见表6-47。

表6-47　国产热作模具钢的化学成分
(质量分数)(%)

牌号	C	Si	Mn	Cr	Mo	W	V	S	P	其他
低耐热性热作模具钢										
5CrMnMo	0.50~0.60	0.25~0.60	1.20~1.60	0.60~0.90	0.15~0.30	—	—	≤0.030	≤0.030	
5CrNiMo	0.50~0.60	≤0.40	0.50~0.80	0.50~0.80	0.15~0.30	—	—	≤0.030	≤0.030	Ni1.40~1.80
4CrMnSiMoV	0.35~0.45	0.80~1.10	0.80~1.10	1.30~1.50	0.40~0.60	—	0.20~0.40	≤0.030	≤0.030	
5Cr2NiMoVSi①	0.46~0.53	0.60~0.90	0.40~0.60	1.54~2.00	0.80~1.20	—	0.30~0.50	≤0.030	≤0.030	Ni0.80~1.20
中耐热性热作模具钢										
4Cr5MoSiV	0.33~0.43	0.80~1.20	0.20~0.50	4.75~5.50	1.10~1.60	—	0.30~0.60	≤0.030	≤0.030	—
4Cr5MoSiV1	0.32~0.42	0.80~1.20	0.20~0.50	4.75~5.50	1.10~1.75	—	0.80~1.20	≤0.030	≤0.030	
4Cr5W2VSi	0.32~0.42	0.80~1.20	≤0.40	4.50~5.50	—	1.60~2.40	0.60~1.00	≤0.030	≤0.030	
8Cr3	0.75~0.85	≤0.40	≤0.40	3.20~3.80	—			≤0.030	≤0.030	
高耐热性热作模具钢										
3Cr2W8V	0.30~0.40	≤0.40	≤0.40	2.20~2.70	—	7.50~9.00	0.20~0.50	≤0.030	≤0.030	
2Cr3Mo3W2V	0.30~0.42	0.60~0.90	≤0.65	2.80~3.30	2.50~3.00	1.20~1.80	0.80~1.20	≤0.030	≤0.030	
5Cr4Mo2W2VSi①	0.45~0.55	0.80~1.10	≤0.50	3.70~4.30	1.80~2.20	1.80~2.20	1.00~1.30	≤0.030	≤0.030	
5Cr4Mo3SiMnVAl	0.47~0.57	0.80~1.10	0.80~1.10	3.80~4.30	2.80~3.40	—	0.80~1.20	≤0.030	≤0.030	Al0.30~0.70

牌号	C	Si	Mn	Cr	Mo	W	V	S	P	其他
5Cr4W5Mo2V	0.40~0.50	≤0.40	≤0.40	3.40~4.40	1.50~2.10	4.50~5.30	0.70~1.10	≤0.030	≤0.030	—
6Cr4Mo3Ni2WV[①]	0.55~0.64	≤0.40	≤0.40	3.80~4.30	2.80~3.30	0.90~1.30	0.90~1.30	≤0.030	≤0.030	Ni1.80~2.20
4Cr3Mo3SiV	0.35~0.45	0.80~1.20	0.25~0.70	3.00~3.75	2.00~3.00	—	0.25~0.75	≤0.030	≤0.030	—

注:①非 GB/T 1299—2000 的牌号。

3. 热作模具钢选用实例

热作模具钢选用实例见表 6-48。

表 6-48 热作模具钢选用实例

(1)锻压模块及镶块用钢的选择				
被锻造材料	生产批量/件			
	$1\times10^2\sim1\times10^4$	$>1\times10^4$	$1\times10^2\sim1\times10^4$	$>1\times10^4$
	锤用模块		压力机用模块	
碳钢和低合金钢	5CrMnMo 5CrNiMo 5CrNiMoV 341~375HBS	5CrNiMo 5CrNiMoV 369~388HBS 或 4Cr5MoSiV1 镶块 405~433HBS	5CrNiMo 5CrNiMoV 4Cr5MoSiV 整体 或 4Cr5MoSiV1 镶块 405~433HBS	4Cr5MoSiV 4Cr5MoSiV1 整体或镶块 405~433HBS
不锈钢和耐热钢	5CrNiMo 5CrNiMo 341~375HBS 或 4Cr5MoSiV1 镶块 429~448HBS	5CrNiMo 5CrNiMo 369~388HBS 或 4Cr5MoSiV1 镶块 429~448HBS	5CrNiMo 388~429HBS 或 4Cr5MoSiV1 4Cr3Mo3SiV 镶块 429~448HBS	4Cr5MoSiV 4Cr5MoSiV1 4Cr3Mo3SiV 整体或镶块 429~543HBS
铝、镁合金	5CrNiMo 5CrMnMo 5NiCrMoV 341~375HBS 或 4Cr5MoSiV1 镶块 405~433HBS	5CrNiMo 5CrNiMoV 341~375HBS 或 4Cr5MoSiV1 镶块 405~433HBS	5CrNiMo 5CrNiMoV 341~375HBS 或 4Cr5MoSiV1 镶块 405~433HBS	5CrNiMoV 4Cr5MoSiV 4Cr5MoSiV1 4Cr3Mo3SiV 整体或镶块 429~448HBS

被锻造材料	生产批量/件			
	$1\times10^2\sim1\times10^4$	$>1\times10^4$	$1\times10^2\sim1\times10^4$	$>1\times10^4$
	锤用模块		压力机用模块	
铜合金	5CrNiMo 5CrMnMo 5CrNiMoV 341～375HBS 或 4Cr5MoSiV1 镶块 405～433HBS	5CrNiMo 5CrNiMoV 341～375HBS 或 4Cr5MoSiV1 镶块 405～433HBS	5CrNiMoV 4Cr5MoSiV 4Cr5MoSiV1 整体或镶块 405～433HBS	5CrNiMoV 4Cr5MoSiV1 4Cr3Mo3SiV 整体或镶块 429～448HBS

(2)热镦锻模具用钢的选择

镦锻材料	生产批量/件					
	1×10^2		$1\times10^3\sim1\times10^4$		$\approx5\times10^4$	
	夹持模	冲头	夹持模	冲头	夹持模	冲头
碳素结构钢和合金结构钢	40CrNi2Mo 镶块或 50CrMo 镶块 38～42HRC	T8 镶块 42～46HRC 或 40CrNi2Mo 镶块 38～42HRC	5CrNiMo 4Cr5MoSiV 镶块 46～50HRC	5CrNiMo 4Cr5MoSiV 镶块 44～48HRC	5CrNiMo 4Cr5MoSiV 镶块 46～50HRC	4Cr3Mo3VSi 4Cr5MoSiV 46～50HRC 5CrNiMo 52～56HRC
不锈钢或耐热钢	5CrNiMoo 镶块 38～42HRC	5CrNiMo 镶块 38～42HRC	5CrNiMo 镶块 42～46HRC	4Cr5MoSiV 3Cr3Mo3W2V 46～50HRC	4Cr5MoSiV 4Cr5MoSiV1 3Cr3Mo3W2V 3Cr3Mo3VNb 44～48HRC	4Cr5MoSiV 4Cr3Mo3VSi 3Cr3Mo3W2V 3Cr3Mo3VNb 48～52HRC

(3)热挤压模用钢的选择

被挤压材料	铝、镁合金		铜和铜合金		钢	
模具名称	模具材料	硬度HRC	模具材料	硬度HRC	模具材料	硬度HRC
凹模	4Cr5MoSiV1 4Cr5MoSiV	47～51	4Cr5MoSiV1 4Cr3Mo3SiV 5Cr4W2Mo2SiV 3Cr2W8V 4Cr4W4Co4V2Mo	42～44	4Cr5MoSiV1 4Cr3Mo3SiV 3Cr2W8V	44～48

模具名称	模具材料	硬度HRC	模具材料	硬度HRC	模具材料	硬度HRC
芯棒	4Cr5MoSiV1 4Cr3Mo3SiV	46~50	4Cr5MoSiV1 4Cr3Mo3SiV 4Cr4W4Co4V2Mo	46~50	4Cr5MoSiV1 3Cr2W8V 4Cr3Mo3SiV 4Cr4W4Co4V2Mo	46~50
芯棒头镶块	W6Mo5Cr4V2 6W6Mo5Cr4V	55~60	6W6Mo5Cr4V 镍基高温合金	55~60 —	W6Mo5Cr4V2 6W6Mo5Cr4V 高温合金	55~60 55~60
挤压缸内套	4Cr5MoSiV 4Cr5MoSiV1	42~47	4Cr5MoSiV1 4Cr3Mo3SiV 铁基高温合金	42~47 42~47 —	4Cr5MoSiV1 高温合金	42~47 —
垫块、挤压杆	4Cr5MoSiV1 4Cr5MoSiV	40~44	4Cr5MoSiV1 4Cr3Mo3SiV	40~44	4Cr5MoSiV1 4Cr5MoSiV	40~44

（4）常用的压铸模具用钢的选择

压铸材料	生产批量/件		
	5×10^4	25×10^4	100×10^4
锌合金 （铸件尺寸 25~50mm）	3Cr2Mo 35~40HRC	3Cr2Mo 35~40HRC	3Cr2Mo 35~40HRC 4Cr5MoSiV1 42~46HRC
锌合金 （铸件尺寸 50~100mm）	3Cr2Mo 35~40HRC	3Cr2Mo 35~40HRC 5CrNiMo 42~46HRC	5CrNiMo 42~46HRC 4Cr5MoSiV1 42~46HRC
铝、镁合金	4Cr5MoSiV 42~46HRC 4Cr5MoSiV1 42~46HRC	4Cr5MoSiV1 42~46HRC 4Cr5MoSiV 42~46HRC	4Cr5MoSiV1 42~46HRC 4Cr3Mo3SiV 42~46HRC
铜合金	4Cr4W4Co4V2Mo 35~40HRC 3Cr2W8V 35~40HRC 4Cr3Mo3Co3VSi 35~40HRC	—	—

三、塑料模具钢

1. 常用塑料模具钢的性能特点与用途

常用塑料模具钢的性能特点与用途见表6-49。

表6-49 常用塑料模具钢的性能特点与用途

类别	牌号	性 能 特 点 与 用 途
碳素塑料模具钢	SM45 (YB/T 094—1997)	SM45属优质碳素塑料模具钢,与普通优质45碳素结构钢相比,其钢中的硫、磷含量低,钢材的纯净度好。由于该钢淬透性差,制造较大尺寸塑料模具,一般用热轧、热锻或正火状态,模具的硬度低,耐磨性较差。制造小型塑料模具,用调质处理可获较高的硬度和较好的强韧性。钢中碳含量较高,水淬容易出现裂纹,一般采用油淬。该钢优点是价格便宜,切削加工性能好,淬火后具有较高的硬度,调质处理后具有良好的强韧性和一定的耐磨性,被广泛用于制造中、小型的中、低档次的塑料模具
	SM50 (YB/T 094—1997)	SM50钢属碳素塑料模具钢,其化学成分与高强中碳优质结构钢-50钢相近,但钢的洁净度更高,碳含量的波动范围更窄,力学性能更稳定。该钢经正火或调质处理后具有一定的硬度、强度和耐磨性,且价格便宜,切削加工性能好,适宜制造形状简单的小型塑料模具或精度要求不高、使用寿命不需要很长的塑料模具等;但该钢焊接性能、冷变形性能差
	SM55 (YB/T 094—1997)	SM55钢属碳素塑料模具钢,其化学成分与高强中碳优质结构钢-55钢相近,但钢的洁净度更高,碳含量的波动范围更窄,力学性能更稳定。该钢经热处理后具有高的表面硬度、强度、耐磨性和一定的韧性,一般在正火处理或调质处理后使用。该钢价格便宜、切削加工性能中等,当硬度为179~229HBS时,相对加工性为50%;但焊接性和冷变形性均低。适宜制造形状简单的小型塑料模具或精度要求不高、使用寿命不需要很长的塑料模具等
预硬化型塑料模具钢	3Cr2Mo (GB/T 1299—2000)	3Cr2Mo是国际上较广泛应用的预硬型塑料模具钢,其综合力学性能好,淬透性高,可以使较大截面的钢材获得较均匀的硬度,并具有很好的抛光性能,表面粗糙度低。用该钢制造模具时,一般先进行调质处理,硬度为28~35HRC(即预硬化),再经冷加工制造成模具后,可直接使用。这样,既保证模具的使用性能,又避免热处理引起模具的变形。因此,该钢种宜于制造尺寸较大或形状复杂、对尺寸精度与表面粗糙度要求较高的塑料模具和低熔点合金如锡、锌、铅合金压铸模等

类别	牌号	性 能 特 点 与 用 途
预硬化型塑料模具钢	3Cr2NiMo (3Cr2NiMnMo) (GB/T 1299—2000)	3Cr2NiMo(国内市场上也有 3Cr2NiMnMo 表示，简称 P20＋Ni)，不是我国研制的钢号，而是国内市场流行的、国际上广泛应用的塑料模具钢。其综合力学性能好，淬透性高，可以使大截面钢材在调质处理后具有较均匀的硬度分布，有很好的抛光性能和低的粗糙度。用该钢制造模具时，一般先进行调质处理，硬度为 28～35HRC(即预硬化)，之后加工成模具可直接使用，这样既保证大型或特大型模具的使用性能，又避免热处理引起模具的变形。该钢适宜制造特大型、大型塑料模具、精密塑料模具，也可用于制造低熔点合金(如锡、锌、铝合金)压铸模等
	5CrNiMnMoVSCa (JB/T 6057—1992)	5CrNiMnMoVSCa(简称 5NiSCa)，是预硬化型易切削塑料模具钢，华中科技大学等单位研制。该钢经调质处理后，硬度在 35～45HRC 范围内，具有良好的切削加工性能。因此，可用预硬化钢材直接加工成模具，既保证模具的使用性能，又避免模具由于最终热处理引起的热处理变形。该钢淬透性高、强韧性好，镜面抛光性能好，有良好的渗氮性能和渗硼性能，调质钢材经渗氮处理后基体硬度变化不大。该钢适宜制造中、大型热塑性注射模、胶木模和橡胶模等
	40Cr (GB/T 3077—1999)	40Cr 钢是机械制造业使用最广泛的钢种之一。调质处理后具有良好的综合力学性能，良好的低温冲击韧度和低的制品敏感性。钢的淬透性良好，水淬时可淬透到 $\varphi28\sim\varphi60$ mm。油淬进可淬透 $\varphi15\sim\varphi40$ mm。这种钢除调质处理外还适于渗氮和高频淬火处理。切削性能较好，当 174～229HBS 时，相对切削加工性为 60%。该钢适于制作中型塑料模具
	8CrMnWMoVS	8CrMnWMoVS(简称 8CrMn)，是镜面塑料模具钢，为易切削预硬化钢。该钢热处理工艺简便，淬火时可空冷，调质处理后硬度33～35HRC，抗拉强度可达 3000MPa。用于大型塑料注射模，可以减小模具体积
	42Cr Mo (GB/T 3077—1999)	42CrMo 钢属于超高强度钢，具有高强度和韧性，淬透性也较好，无明显的回火脆性，调质处理后有较高的疲劳极限和抗多次冲击能力，低温冲击韧性良好。该钢种适宜制造要求一定强度和韧性的大、中型塑料模具

类别	牌号	性 能 特 点 与 用 途
预硬化型塑料模具钢	30CrMnSiNi2A	30CrMnSiNi2A 钢属超高强度钢,淬透性较高,韧性较好。该钢油淬温度低温回火(250~300℃)后的强度高于 1700MPa;等温淬火可以在 180~220℃ 和 270~290℃ 两个范围进行。为了保证该钢有较高的屈服强度,而且为了最大限度地提高钢的塑性和韧性,钢在等温淬火后应在高于残余奥氏体的分解温度而且尽可能接近回火脆性下限的温度回火,这样可以保证钢有较高的断裂韧性和低的疲劳裂纹扩展速率。该钢适宜制造要求强度高、韧性好的大、中型塑料模具
渗碳型塑料模具钢	20Cr (GB/T 3077—1999)	20Cr 钢比相同碳含量的碳素钢的强度和淬透性都明显高,油淬到半马氏体硬度的淬透性为 $\varphi20\sim23\,mm$。这种钢淬火低温回火后有良好的综合力学性能,低温冲击韧性好,回火脆性不明显。渗碳时钢的晶粒有长大的倾向,所以要求二次淬火以提高心部韧性,不宜降温淬火。当正火后硬度 170~217HBS 时,相对切削加工性约为 65%,焊接性中等,焊前应预热到 100~150℃,冷变形时塑性中等。该钢适用于制造中、小型塑料模具。为了提高模具型腔的耐磨性,模具成型后需要进行渗碳处理,然后再进行淬火和低温回火,从而保证模具表面具有高硬度、高耐磨性而心部具有很好的韧性。对于使用寿命要求不很高的模具,也可以直接进行调质处理
	12CrNi3A (GB/T 3077—1999)	12CrNi3A 属于合金渗碳钢,比 12CrNi2A 钢有更高的淬透性,因此,可以用于制造比 12CrNi2A 钢截面稍大的零件。该钢淬火低温回火或高温回火后都有良好的综合力学性能,钢的低温韧性好,缺口敏感性小,切削加工性能良好,当 260~320HBS 时,相对切削加工性为 70%~60%。另外,钢退火后硬度低、塑性好,可以采用切削加工方法制造模具,也可以采用冷挤压成型方法制造模具。为提高模具型腔的耐磨性,模具成型后需要进行渗碳处理,然后再进行淬火和低温回火,从而保证模具表面具有高硬度、高耐磨性而心部具有很好的韧性,适宜制造大、中型塑料模具。但该钢有回火脆性倾向和形成白点的倾向
时效硬化型塑料模具钢	06Ni6CrMoVTiAl	06Ni6CrMoVTiAl 钢属于低合金马氏体时效钢。该钢种的突出特点是固溶处理(即淬火)后变软,可进行冷加工,加工成型后再进行时效硬化处理,从而减少模具的热处理变形。该钢种的优点是热处理变形小,固溶硬度低,切削加工性能好,粗糙度低;时效后硬度为 43~48HRC,综合力学性能好,热处理工艺简便等,适宜制造高精度塑料模具和轻非铁金属压铸模具等

类别	牌号	性能特点与用途
时效硬化型塑料模具钢	1Ni3Mn2CuAlMo	1Ni3Mn2CuAlMo 代号 PMS,上海材料研究所研制。属低合金析出硬化型时效钢,一般用电炉冶炼加电渣重熔。该钢热处理后具有良好的综合机械性能,淬透性高,热处理工艺简便,热处理变形小,镜面加工性能好,并有好的氮化性能、电加工性能、焊补性能和花纹图案刻蚀性能等;适于制造高镜面的塑料模具和高外观质量家用电器塑料模具,如光学系统各种镜片、电话机、收录机、洗衣机等仪表家电的塑料壳体模具
耐腐蚀型塑料模具钢	2Cr13 (GB/T 1220—2007)	2Cr13 属马氏体类型不锈钢,该钢机械加工性能较好,经热处理后具有优良的耐腐蚀性能,较好的强韧性,适宜制造承受高负荷并在腐蚀介质作用下塑料模具和透明塑料制品模具等
	4Cr13 (GB/T 1220—2007)	4Cr13 代号 S-136,属马氏体类型不锈钢,该钢机械加工性能较好,经热处理(淬火及回火)后,具有优良的耐腐蚀性能、抛光性能、较高的强度和耐磨性,适宜制造承受高负荷、高耐磨及在腐蚀介质作用下的塑料模具,透明塑料制品模具等。但可焊接性差、使用时必须注意
	9Cr18 (GB/T 1220—2007)	9Cr18 钢属于高碳高铬马氏体不锈钢,淬火后具有高硬度、高耐磨性和耐腐蚀性能;适宜制造承受高耐磨、高负荷以及在腐蚀介质作用下的塑料模具,该钢属于莱氏体钢,容易形成不均匀的碳化物偏析而影响模具使用寿命,所以在热加工时必须严格控制热加工工艺,注意适当的加工比
	9Cr18Mo (GB/T 1220—2007)	9Cr18Mo 是一种高碳高铬马氏体不锈钢,它是在 9Cr18 钢的基础上加 Mo 而发展起来的,因此它具有更高的硬度、高耐磨性、抗回火稳定性和耐腐蚀性能,该钢还有较好的高温尺寸稳定性,适宜制造承受在腐蚀环境条件下又要求高负荷、高耐磨的塑料模具。该钢属于莱氏体钢,容易形成不均匀碳化物偏析而影响模具使用寿命。所以在热加工时必须严格控制热加工工艺,并注意适当的加工比
耐腐蚀型塑料模具钢	Cr14Mo4V (GB/T 1220—2007)	Cr14Mo4V 钢是一种高碳高铬马氏体不锈钢,经热处理(淬火及回火)后具有高硬度、高耐磨性和良好的耐磨蚀性能,高温硬度也较高,该钢适宜制造在腐蚀介质使用下又要求高负荷、高耐磨的塑料模具
	1Cr17Ni2 (GB/T 1220—2007)	1Cr17Ni2 钢属于马氏体不锈耐酸钢,具有较高的强度和硬度,此钢对氧化性的酸类(一定温度、浓度的硝酸,大部分的有机酸),以及有机酸水溶液都具有良好的耐腐蚀性能,适宜制造在腐蚀介质使用下的塑料模具,透明塑料制品模具等。但该钢焊接性能差,易产生裂纹,制造模具时,不宜进行焊接

2. 常用塑料模具钢的化学成分

常用塑料模具钢的化学成分见表 6-50。

表 6-50 常用塑料模具钢的化学成分

牌 号	C	Si	Mn	Cr	Mo	W	V	S	P	其 他
碳素塑料模具钢（YB/T 094—1997）										
SM45	0.42~0.48	0.17~0.37	0.50~0.80	—	—	—	—	≤0.030	≤0.030	—
SM50	0.47~0.53	0.17~0.37	0.50~0.80	—	—	—	—	≤0.030	≤0.030	—
SM55	0.52~0.58	0.17~0.37	0.50~0.80	—	—	—	—	≤0.030	≤0.030	—
预硬化型塑料模具钢（GB/T 1299—2000）										
3Cr2Mo	0.28~0.40	0.20~0.80	0.60~1.00	1.40~2.00	0.30~0.55	—	—	≤0.030	≤0.030	—
3Cr2NiMo	0.32~0.40	0.20~0.40	0.60~0.80	1.70~2.00	0.25~0.40	—	—	≤0.030	≤0.030	Ni 0.85~1.15
（3Cr2NiMnMo）	0.32~0.40	0.20~0.80	1.00~1.50	1.70~2.00	0.25~0.40	—	—	≤0.030	≤0.030	Ni 0.85~1.15
5CrNiMnMoVSCa[①]	0.50~0.60	—	0.80~1.20	0.80~1.20	0.30~0.60	—	0.15~0.30	0.06~0.15	—	Ni0.80~1.20, CaO.002~0.008
40Cr[②]	0.37~0.45	0.17~0.37	0.50~0.80	0.80~1.10	—	—	—	≤0.030	≤0.030	Cu≤0.30, Ni≤0.25
8CrMnWMoVS	④	④	④	④	④	④	④	④	④	④
42CrMo[②]	0.38~0.45	0.17~0.37	0.50~0.80	0.90~1.20	0.15~0.25	—	—	≤0.030	≤0.030	Ni≤0.30
30CrMnSiNi2A[③]	0.26~0.33	0.90~1.20	1.00~1.30	0.90~1.20	—	—	—	≤0.030	≤0.035	Ni 1.40~1.80, Cu≤0.20
渗碳型塑料模具钢（GB/T 3077—1999）										
20Cr	0.18~0.24	0.17~0.37	0.50~0.80	0.70~1.00	—	—	—	≤0.030	≤0.030	—

869

续表

牌　号	C	Si	Mn	Cr	Mo	W	V	S	P	其　他
时效硬化型塑料模具钢										
12CrNi3A	0.10~0.17	0.17~0.37	0.30~0.60	0.60~0.90	—	—	—	≤0.030	≤0.030	Ni 2.75~3.25
06Ni6CrMoVTiAl	≤0.06	≤0.50	≤0.50	1.30~1.60	0.90~1.20	—	0.08~0.16	≤0.030	≤0.030	Ni5.50~6.50, Ti0.90~1.30, Al 0.50~0.90
1Ni3Mn2CuAlMo	0.06~0.20	≤0.35	1.40~1.70	—	0.20~0.50	—	—	≤0.030	≤0.030	Ni 2.80~3.40, Cu0.80~1.20, Al 0.70~1.05
耐腐蚀型塑料模具钢(GB/T 1220—2007)										
2Cr13	0.16~0.25	≤1.00	≤1.00	12.0~14.0	—	—	—	≤0.030	≤0.035	—
4Cr13	0.36~0.45	≤0.60	≤0.80	12.0~14.0	—	—	—	≤0.030	≤0.035	—
9Cr18	0.90~1.00	≤0.80	≤0.80	17.0~19.0	—	—	—	≤0.030	≤0.035	—
9Cr18Mo	0.95~1.10	≤0.80	≤0.80	16.0~18.0	0.40~0.70	—	—	≤0.030	≤0.035	—
Cr14Mo4V[①]	1.00~1.15	≤0.60	≤0.60	13.4~15.0	3.75~4.25	—	0.10~0.20	≤0.030	≤0.030	—
1Cr17Ni2	0.11~0.17	≤0.80	≤0.80	16.0~18.0	—	—	—	≤0.030	≤0.035	Ni1.50~2.50

注:1. 非标准模具钢。
2. 化学成分不详。

3. 塑料模具钢模块的化学成分

塑料模具钢模块的化学成分(YB/T 129—1997)见表 6-51。

表 6-51　塑料模具钢模块的化学成分

牌　号	化学成分(质量分数) / %								
	C	Si	Mn	Cr	Mo	Ni	P	S	Cu
SM45	0.42~ 0.48	0.17~ 0.37	0.50~ 0.80	≤0.25	—	≤0.25	≤0.030	≤0.030	≤0.25
SM50	0.47~ 0.53	0.17~ 0.37	0.50~ 0.80	≤0.25	—	≤0.25	≤0.030	≤0.030	≤0.25
SM55	0.52~ 0.58	0.17~ 0.37	0.50~ 0.80	≤0.25	—	≤0.25	≤0.030	≤0.030	≤0.25
SM3Cr2Mo	0.28~ 0.40	0.20~ 0.80	0.60~ 1.00	1.40~ 2.00	0.30~ 0.55	≤0.25	≤0.030	≤0.030	≤0.25
SM3Cr2Ni1Mo	0.32~ 0.42	0.20~ 0.80	1.00~ 1.50	1.40~ 2.00	0.30~ 0.55	0.80~ 1.20	≤0.030	≤0.030	≤0.25

注:1. 用平炉、电炉和炉外精炼冶炼的钢锭,生产的模块,锻造比应不小于 4。

2. 用于制造塑料成形模具。

4. 塑料模具用扁钢的牌号、尺寸规格、交货状态和用途

塑料模具用扁钢的牌号、尺寸规格、交货状态和用途(YB/T 094—1997)见表 6-52。

表 6-52　塑料模具用扁钢的牌号、尺寸规格、交货状态和用途

牌号	尺寸规格/mm		交货状态	性能特点和用途
	厚度	宽度		
SM45				价格低廉、机械加工性能好,用于日用杂品、玩具等塑料制品的模具
SM50	25 30	170~410 170~410	1)非合金塑料模具钢以热轧状态交货,合金塑料模具钢以退火状态交货。	硬度比 SM45 高,用于性能要求一般的塑料模具
SM55	37 40	170~410 170~410		淬透性、强度比 SM50 高,用于较大型的、性能要求一般的塑料模具
SM1CrNi3	45	170~410		塑性好,用于需冷挤压反印法压出型腔的塑料模具制作
SM3Cr2Mo				预硬化钢,用于型腔复杂,要求镜面抛光的模具

牌号	尺寸规格/mm		交货状态	性能特点和用途
	厚度	宽度		
SM3Cr2Ni1Mo				预硬化钢,淬透性比 SM3Cr2Mo 高,用于大型精密 塑料模具
SM2CrNi3MoAl1				析出硬化钢,用于型腔复杂的精密塑料模具
SM4Cr5MoSiV				强度高、韧性好,用于玻璃纤维、金属粉末等复合强化塑料成型用模具
SM4Cr5MoSiV1	55	170～410	2)根据需方要求, 经供需双方协议, SM3Cr2Mo、 SM3Cr2Ni1Mo、 SM2Cr13 可供应 预硬化状态钢材	热稳定性、耐磨性比 SM4Cr5MoSiV 高,用于工程塑料、键盘等的模具制作
	68	170～410		
	75	170～410		
	85	170～410		
SMCr12Mo1V1	95	170～410		硬度高、耐磨,用于齿轮、微型开关等精密模具
	105	170～410		
SM2Cr13				耐腐蚀,用于耐蚀母模、托板、安装板等模具
SM3Cr17Mo				耐腐蚀,用于 P. V. C 等腐蚀性较强的塑料成型模具
SM4Cr13				耐腐蚀、耐磨、抛光性好,用于唱片、透明罩等精密模具

注:1. 扁钢宽度尺寸系列:170 mm、190 mm、210 mm、260 mm、280 mm、300 mm、325 mm、365 mm、390 mm、410 mm。

2. 扁钢通常长度为 2～6 m。

5. 塑料模具用扁钢的力学性能

塑料模具用扁钢的力学性能(YB/T 094—1997)见表 6-53。

表 6-53　塑料模具用扁钢的力学性能

牌号	推荐热处理制度	σ_b/MPa	σ_s/MPa	δ_5(%)	ψ(%)	$A_{K(U)}$/J
SM45	820～870℃空冷	≥600	≥355	≥16	≥40	—
SM50	810～860℃空冷	≥630	≥75	≥14	≥40	—
SM55	800～850℃空冷	≥645	≥380	≥13	≥35	—
SM3Cr2Mo	850～880℃ 油冷＋空冷 550～650℃	≥960	≥800	≥10	≥35	≥40

牌号	推荐热处理制度		σ_b/MPa	σ_s/MPa	δ_5(%)	ψ(%)	$A_{K(U)}$/J
SM3Cr2Ni1Mo	850～880℃ 550～650℃	油冷＋空冷	≥980	≥800	≥10	≥35	≥45
SM2Cr13	920～980℃ 600～750℃	油冷＋空冷	≥635	440≥	≥20	≥50	≥63

6. 塑料模具用扁钢的化学成分

塑料模具用扁钢的化学成分(YB/T 094—1997)见表 6-54。

表 6-54　塑料模具用扁钢的化学成分

钢类	牌号	化学成分(质量分数)(%)								
		C	Si	Mn	P≤	S≤	Cr	Ni	Mo	其他
非合金钢	SM45	0.42～0.48	0.17～0.37	0.50～0.80	0.030	0.030	—	—	—	—
	SM50	0.47～0.53	0.17～0.37	0.50～0.80	0.030	0.030	—	—	—	—
	SM55	0.52～0.58	0.17～0.37	0.50～0.80	0.030	0.030	—	—	—	—
合金钢	SM1CrNi3	0.05～0.15	0.10～0.40	0.35～0.75	0.030	0.030	1.25～1.75	3.25～3.75	—	—
	SM3Cr2Mo	0.28～0.40	0.20～0.80	0.60～1.00	0.030	0.030	1.40～2.00	—	0.30～0.55	—
	SM3Cr2Ni1Mo	0.32～0.42	0.20～0.80	1.00～1.50	0.030	0.030	1.40～2.00	0.80～1.20	0.30～0.55	—
	SM2CrNi3MoAl1S	0.20～0.30	0.20～0.50	0.50～0.80	0.030	0.030	1.2～1.8	3.0～4.0	0.20～0.40	Al1.0～1.6
	SM4Cr5MoSiV	0.33～0.43	0.80～1.25	0.20～0.60	0.030	0.030	4.75～5.50	—	1.10～1.60	V0.30～0.60
	SM4Cr5MoSiV1	0.32～0.45	0.80～1.25	0.20～0.60	0.030	0.030	4.75～5.50	—	1.10～1.75	V0.80～1.20
	SMCr12Mo1V1	1.40～1.60	0.10～0.60	0.10～0.60	0.030	0.030	11.00～13.00	—	0.70～1.20	V0.50～1.10
	SM2Cr13	0.16～0.25	≤1.00	≤1.00	0.030	0.030	12.00～14.00	②	—	—

钢类	牌号	化学成分(质量分数)(%)								
		C	Si	Mn	P≤	S≤	Cr	Ni	Mo	其他
合金钢	SM3Cr17Mo	0.28～0.35	≤0.80	≤1.00	0.030	0.030	16.00～18.00	②	0.75～1.25	—
	SM4Cr13	0.35～0.45	≤0.60	≤0.80	0.030	0.030	12.00～14.00	②	—	—

注:钢中残余铜、镍含量(质量分数)各不大于0.25%。

①"MS"代表塑料模具中"塑模"两汉字汉语拼音首位字母。

②允许含有小于或等于0.60%镍。

7. 塑料模具用热扎厚钢板的化学成分

塑料模具用热扎厚钢板的化学成分(YB/T 107—1997)见表6-54。

表6-54　塑料模具用热扎厚钢板的化学成分

牌号	化学成分(质量分数)(%)							
	C	Si	Mn	P≤	S≤	Cr	Mo	Ni
SM45	0.42～0.48	0.17～0.37	0.50～0.80	0.030	0.035	—	—	—
SM48	0.45～0.51	0.17～0.37	0.50～0.80	0.030	0.035	—	—	—
SM50	0.47～0.53	0.17～0.37	0.50～0.80	0.030	0.035	—	—	—
SM53	0.50～0.56	0.17～0.37	0.50～0.80	0.030	0.035	—	—	—
SM55	0.52～0.58	0.17～0.37	0.50～0.80	0.030	0.035	—	—	—
SM3Cr2Mo	0.28～0.40	0.30～0.70	0.60～1.00	0.030	0.030	1.40～2.00	0.30～0.55	—
SM3Cr2Ni1Mo	0.30～0.40	0.30～0.70	1.00～1.50	0.030	0.030	1.40～2.00	0.30～0.55	0.80～1.20

注:1.尺寸规格符合 GB/T 1709 的规定,钢板厚度为 20～240 mm,宽度为 1 000～2 400 mm,长度为 2 600～9 000 mm。

2.交货状态以热轧、热轧缓冷或退火状态交货。

3.用途:用于制造塑料模具。

8. 塑料模具钢选用实例

塑料模具钢选用实例见表 6-55。

表 6-55　塑料模具钢选用实例

塑料类别	塑料名称	生产批量/件			
		$<10^5$	$1\times10^5\sim5\times10^5$	$5\times10^5\sim1\times10^6$	$>1\times10^6$
热固性塑料	通用型塑料酚醛密胺聚酯等	45、50、55 钢渗碳钢渗碳淬火	渗碳合金钢渗碳淬火4Cr5MoSiV1＋S	Cr5MoSiV1Cr12Cr12MoV	Cr12MoVCr12Mo1V17Cr7Mo2V2Si
	增强型（上述塑料加入纤维或金属粉等强化）	渗碳合金钢渗碳淬火	渗碳合金钢渗碳淬火4Cr5MoSiV1＋S，Cr5Mo1V	Cr5Mo1VCr12Cr12MoV	Cr12MoVCr12Mo1V17Cr7Mo2V2Si
热塑性塑料	通用型塑料聚乙烯聚丙烯ABS 等	45、55 钢渗碳合金钢渗碳淬火3Cr3Mo	3Cr2Mo3Cr2NiMnMo渗碳合金钢渗碳淬火	4Cr5MoSiV1＋S5NiCrMnMoVCaS时效硬化钢3Cr2Mo	4Cr5MoSiV1＋S时效硬化钢Cr5Mo1V
	工程塑料（尼龙，聚碳酸酯等）	45、55 钢3Cr3Mo3Cr2NiMnMo渗碳合金钢渗碳淬火	3Cr3Mo3Cr2NiMnMo时效硬化钢渗碳合金钢渗碳淬火	4Cr5MoSiV1＋S5CrNiMnMoVCaSCr5Mo1V	Cr5Mo1VCr12Cr12MoVCr12Mo1V17Cr7Mo2V2Si
	阻燃塑料（添加阻燃剂的塑料）	3Cr2Mo＋镀层	3Cr13Cr14Mo	9Cr18Cr18MoV	Cr18MoV＋镀层
	聚氯乙烯	3Cr2Mo＋镀层	3Cr13Cr14Mo	9Cr18Cr18MoV	Cr18MoV＋镀层
	氟化塑料	Cr14MoCr18MoV	Cr14MoCr18MoV	Cr18MoV	Cr18MoV＋镀层

第四节　高温与耐蚀合金

一、铸造高温合金

1. 铸造高温合金的性能特点与用途

铸造高温合金的性能特点与用途见表6-56。

表6-56　铸造高温合金的性能特点与用途

牌号		性能特点	用途举例
新	旧		
K211	K11	铸造高温合金的特点是： 1) 可以提高合金化程度——变形高温合金为了保持一定的塑性以便进行压力加工,其合金化程度受到一定的限制;而铸造高温合金由于采用铸造成形,故可以大幅度提高合金化程度以发挥合金化潜力。如铸造镍合金的"Al＋Ti"含量可达11%。 2) 可以提高使用温度——在化学成分相近的情况下,变形高温合金的组织稳定性和使用温度相对较低,铸造高温合金的组织稳定和使用温度则相对较高。一般情况下,要高50～100℃。 3) 可以降低成本——由于采用精密铸造成形,加工余量极小,甚至不留加工余量而直接铸出高精度的产品,故节约了大量金属,节约了大量工时,降低了产品成本。	800℃下涡轮发动机的导向器叶片材料
K213	K13		800℃下柴油机增压器涡轮和燃气轮机叶片材料
K214	K14		900℃下燃气涡轮导向叶片
K232	K32		800℃下柴油机增压器涡轮和燃气轮机导向叶片
K273	—		650℃下柴油机增压器涡轮
K401	K1		900℃下涡轮导向器叶片
K403	K3		1000℃下燃气涡轮导向叶片和950℃下涡轮叶片
K405	K5		950℃以下的燃气涡轮工作叶片
K406	K6		750～850℃下的燃气涡轮叶片、导向叶片及其他高温受力部件
K409	K9		850～900℃下的燃气涡轮工作叶片和导向叶片
K412	K12		800℃下燃气涡轮的导向叶片

牌号		性能特点	用途举例
新	旧		
K417 K417G	K17 K17G	4)可以控制组织结构——根据铸造后的组织结构,可把涡轮叶片分为普通精铸、定向精铸和单晶精铸三种。可以铸造外形复杂零件。 5)有些合金可在铸态下直接使用,不需进行热处理	950℃下空心涡轮叶片和导向叶片
K418	K18		850℃下的涡轮工作叶片和900℃以下的涡轮导向叶片
K419	K19		1000℃下的涡轮工作叶片和1050℃下的导向叶片
K438	K38		850℃以下的工业和海上燃气轮机涡轮叶片、导向叶片和抗腐蚀部件
K640	K40		800℃下航空发动机导向叶片

2. 铸造高温合金的化学成分

铸造高温合金的化学成分(GB/T 14992—2005)见表6-57。

3. 铸造高温合金的力学性能

铸造高温合金的力学性能(YB/T 5248—1993)见表6-58。

二、高温合金

1. 高温合金的化学成分

高温合金的化学成分(GB/T 14992—2005)见表6-59。

表6-57　铸造高温合金的化学成分

牌号	化学成分（质量分数）（%）																		
	C	Cr	Ni	Co	W	Mo	Al	Ti	Fe	Nb	V	B	Zr	Ce	Mn	Si	P	S	其他
时效硬化型铁基合金																			
K211	0.10~0.20	19.5~20.5	45.0~47.0	—	7.5~8.5	—	—	—	余	—	—	0.03~0.05	—	—	≤0.5	≤0.4	≤0.04	≤0.04	
K213	≤0.10	14.0~16.0	34.0~38.0	—	4.0~7.0	1.5~2.0	1.5~2.0	3.0~4.0	余	—	—	0.05~0.10	—	—	≤0.5	≤0.5	≤0.015	≤0.015	
K214	≤0.10	11.0~13.0	40.0~45.0	—	6.5~8.0	—	1.8~2.4	4.2~5.0	余	—	—	0.05~0.15	—	—	≤0.5	≤0.5	≤0.015	≤0.015	
K232	≤0.15	12.0~16.0	38.0~42.0	—	3.5~4.5	1.5~2.5	1.8~2.3	2.3~2.8	余	—	—	0.02~0.05	≤0.05	≤0.02	≤0.5	≤0.5	≤0.020	≤0.015	
K273	0.75~0.90	18.0~21.0	4.5~5.5	—	0.8~1.2	0.8~1.2	≤0.05	—	余	0.65~0.85	—	0.005	—	—	4.5~6.0	0.3~1.0	≤0.04	≤0.02	N: 0.1~0.2
时效硬化型镍基合金																			
K401	≤0.10	14.0~17.0	余	—	7.0~10.0	≤0.3	4.5~5.5	1.5~2.0	≤2.0	—	—	0.03~0.10	—	—	≤0.8	≤0.8	≤0.015	≤0.01	
K403	0.11~0.18	10.0~12.0	余	4.5~6.0	4.8~5.5	3.8~4.5	5.3~5.9	2.3~2.9	≤2.0	—	—	0.012~0.022	0.03~0.08	≤0.01	≤0.5	≤0.5	≤0.020	≤0.01	
K405	0.10~0.18	9.5~11.0	余	9.5~10.5	4.5~5.2	3.5~4.2	5.0~5.8	2.0~2.9	≤0.5	—	—	0.015~0.026	0.05~0.10	≤0.01	≤0.5	≤0.3	≤0.020	≤0.01	
K406	0.10~0.20	14.0~17.0	余	—	—	4.5~6.0	3.25~4.00	2.0~3.0	≤5.0	—	—	0.05~0.10	≤0.10	—	≤0.1	≤0.3	≤0.020	≤0.01	

续表

化学成分(质量分数)(%)

牌号	C	Cr	Ni	Co	W	Mo	Al	Ti	Fe	Nb	V	B	Zr	Ce	Mn	Si	P	S	其他
K409	0.08~0.13	7.5~8.5	余	9.5~10.5	—	5.75~6.25	5.75~6.25	0.8~1.2	≤2.0	—	—	0.01~0.02	0.05~0.10	—	≤0.5	≤0.5	≤0.015	≤0.01	Ta:4.00~4.50
K412	0.11~0.16	14.0~18.0	余	—	4.5~6.5	3.0~4.5	1.6~2.2	1.6~2.3	≤8.0	—	≤0.3	0.005~0.010	—	—	≤0.6	≤0.6	≤0.015	≤0.01	
K417	0.13~0.22	8.5~9.5	余	14.0~16.0	—	2.5~3.5	4.8~5.7	4.5~5.0	≤1.0	—	0.6~0.9	0.012~0.022	0.05~0.09	—	≤0.5	≤0.5	≤0.015	≤0.01	
K417G	0.13~0.22	8.5~9.5	余	9.0~11.0	—	2.5~3.5	4.8~5.7	4.1~4.7	≤1.0	—	0.6~0.9	0.012~0.022	0.05~0.09	—	≤0.5	≤0.5	≤0.015	≤0.01	
K418	0.08~0.16	11.5~13.5	余	—	—	3.8~4.8	5.5~6.4	0.5~1.0	≤1.0	1.8~2.5	—	0.008~0.020	0.06~0.15	—	≤0.5	≤0.5	≤0.015	≤0.01	
时效硬化型镍基合金																			
K419	0.09~0.14	5.5~6.5	余	11.0~13.0	9.5~10.7	1.7~2.3	5.2~5.7	1.0~1.5	≤0.5	2.5~3.3	≤0.1	0.05~0.10	0.03~0.08	—	≤0.2	≤0.2	≤0.015	≤0.015	
K438	0.10~0.20	15.5~16.5	余	8.0~9.0	2.4~2.8	1.5~2.0	3.2~3.7	3.0~3.5	—	0.6~1.1	—	0.005~0.015	0.05~0.15	—	≤0.5	≤0.5	≤0.015	≤0.01	Ta:1.5~2.0
时效硬化型钴基合金																			
K640	0.45~0.55	24.5~26.5	9.5~11.5	余	7.0~8.0	—	—	—	≤2.0	—	—	—	—	—	≤1.0	≤1.0	≤0.04	≤0.04	

注:B、Zr的含量为计算加入量,可不分析测定(除非产品标准或协议、合同中另有规定)。

表6-58　铸造高温合金的力学性能

牌号	试样状态	拉伸性能					持久性能			
		试验温度/℃	σ_b/MPa	$\sigma_{0.2}$/MPa≥	δ(%≥)	ψ(%≥)	试验温度℃	应力/MPa	时间/h≥	δ(%≥)
K211	900℃,5h,空冷	700或750	640,600	—,	6.0、4.0	10.0、8.0	800	140或120	(100)、(200)	—
K213	1100℃,4h,空冷	—	—	—	—	—	700或750	500,380	40、80	
K214	1100℃,5h,空冷	20	700	—	—	—	850	250	60	
K232	1100℃,3~5h,空冷 800℃,16h,空冷	—	—	—	4.0	6.0	750	400	50	
K273	铸态	650	500	—	5.0	—	650	430	80	
K401	1120℃,10h,空冷	—	—	—	—	—	850	250	60	
K403	1210±10℃,4h, 空冷或铸态	800	800	—	2.0	3.0	750、975	660、200	50、40	
K405	铸态	900	650	—	6.0	8.0	750、900 或 950	700或220、320、220、240	45、23、80、80、23	
K406	980±10℃,5h,空冷	800	680	—	4.0	8.0	850	250或280	100、50	
K409	1080±10℃,4h,空冷 900±10℃,10h,空冷	—	—	—	—	—	760、980	600、206	23、30	
K412	1150℃,7h,空冷	—	—	—	—	—	800	250	40	
K417 K417G	铸态	900	650	—	6.0	8.0	900 或 950、750	320、240、700	70、40、30	2.5

续表

牌号	试样状态	拉伸性能					持久性能			
		试验温度/℃	σ_b/MPa	$\sigma_{0.2}$/MPa≥	δ(%≥)	ψ(%≥)	试验温度/℃	应力/MPa	时间/h≥	δ(%≥)
K418	铸态	20或800	770,770	700,—	3.0,4.0	—,6.0	750或800	620,500	40,45	(3.0),(3.0)
K419	铸态	—	—	—	—	—	750,950	700,260	45,80	
K438	1120℃,2h,空冷 800℃,24h,空冷	800	800	—	3.0	3.0	815,850	430,370	70,70	
K640	铸态	—	—	—	—	—	816	211	15	6.0

注：1. 表中带有"或"的条件是选择的条件，即检验时可任选一组。

2. 表中括号中的数值作为积累数据，不作判废依据。

3. K405合金每10炉选一炉做持久性能拉伸试验，并测出持久性能作为工艺性能项目，每10炉抽检一炉，结果列入质量证明书，不作判废依据；900℃拉伸性能作为判废依据；900℃拉伸性能可按 σ_b 不小于650MPa，不小于4%，不小于6%指标检验。对返回料熔炼的合金，900℃拉伸性能可按 σ_b 不小于 650MPa，不小于4%，不小于6%指标检验。

4. K409合金要求室温硬度34～44HRC。

5. H417合金持久性能每10炉抽一炉拉断，并测出持久伸长率和断面收缩率，列入质量证明书，750℃持久性能列入质量证明书中，750℃持久性能均不作判废依据。

6. K418合金900℃(或950℃)持久性能每10炉抽查一炉，结果列入质量证明书，不作判废依据。

7. K640合金要求室温硬度 HRC 不大于34。

表6-59 高温合金的化学成分（质量分数）（%）

牌号	C	Cr	Ni	W	Mo	Al	Ti	Fe	Nb	V	B	Ce	Mn	Si	P	S	其他
固溶强化型铁基合金																	
GH1015	≤0.08	19.0~22.0	34.0~39.0	4.80~5.80	2.50~3.20	—	—	余	1.10~1.60	—	≤0.010	≤0.050	≤1.50	≤0.60	≤0.020	≤0.015	—
GH1016	≤0.08	19.0~22.0	32.0~36.0	5.00~6.00	2.60~3.30	—	—	余	0.90~1.40	0.10~0.30	≤0.010	≤0.050	≤1.80	≤0.60	≤0.020	≤0.015	N0.13~0.25
GH1035	0.06~0.12	20.0~23.0	35.0~40.0	2.50~3.50	—	≤0.50	0.70~1.20	余	1.20~1.70	—	—	≤0.050	≤0.70	≤0.80	≤0.030	≤0.020	—
GH1040	≤0.12	15.0~17.5	24.0~27.0	—	5.50~7.00	—	—	余	—	—	—	—	1.00~2.00	0.50~1.00	≤0.030	≤0.020	N0.10~0.20
时效硬化型铁基合金																	
GH1131	≤0.10	19.0~22.0	25.0~30.0	4.80~6.00	2.80~3.50	—	—	余	0.70~1.30	—	≤0.005	—	≤1.20	≤0.80	≤0.020	≤0.020	N0.15~0.30
GH1140	0.06~0.12	20.0~23.0	35.0~40.0	1.40~1.80	2.00~2.50	0.20~0.60	0.70~1.20	余	—	—	—	≤0.050	≤0.70	≤0.80	≤0.025	≤0.015	—
GH2018	≤0.06	18.0~21.0	40.0~44.0	1.80~2.20	3.70~4.30	0.35~0.75	1.80~2.20	余	—	—	≤0.015	≤0.020	≤0.50	≤0.60	≤0.020	≤0.015	Zr≤0.050
GH2036	0.34~0.40	11.5~13.5	7.0~9.0	—	1.10~1.40	—	≤0.12	余	0.25~0.50	1.25~1.55	—	—	7.50~9.50	0.30~0.80	≤0.035	≤0.030	—

续表

牌号	化学成分（质量分数）（%）																
	C	Cr	Ni	W	Mo	Al	Ti	Fe	Nb	V	B	Ce	Mn	Si	P	S	其他
GH2038	≤0.10	10.0~12.5	18.0~21.0	—	—	≤0.50	2.30~2.80	余	—	—	≤0.008	—	≤1.00	≤1.00	≤0.030	≤0.020	—
GH2130	≤0.80	12.0~16.0	35.0~40.0	5.00~6.50	—	1.40~2.20	2.40~3.20	余	—	—	≤0.020	≤0.020	≤0.50	≤0.60	≤0.015	≤0.015	—
GH2132	≤0.80	13.5~16.0	24.0~27.0	—	1.00~1.50	≤0.40	1.75~2.30	余	—	0.10~0.50	0.001~0.010	—	≤2.00	≤1.00	≤0.030	≤0.020	—
GH2135	≤0.08	14.0~16.0	33.0~36.0	1.70~2.20	1.70~2.20	2.00~2.80	2.10~2.50	余	—	—	≤0.015	≤0.030	≤0.40	≤0.50	≤0.020	≤0.020	—
GH2136	≤0.06	13.0~16.0	24.5~28.5	—	1.00~1.75	≤0.35	2.40~3.20	余	—	0.01~0.10	0.005~0.025	—	≤0.35	≤0.75	≤0.025	≤0.025	—
GH2302	≤0.08	12.0~16.0	38.0~42.0	3.50~4.50	1.50~2.50	1.80~2.30	2.30~2.80	余	—	—	≤0.010	≤0.020	≤0.60	≤0.60	≤0.020	≤0.010	Zr≤0.050
固溶强化型镍基合金																	
GH3030	≤0.12	19.0~22.0	余量	—	—	≤0.15	0.15~0.35	≤1.50	—	—	—	—	≤0.70	≤0.80	≤0.030	≤0.020	—
GH3039	≤0.08	19.0~22.0	余量	—	1.80~2.30	0.35~0.75	0.35~0.75	≤3.0	0.90~1.30	—	—	—	≤0.40	≤0.80	≤0.020	≤0.012	—
GH3044	≤0.10	23.5~26.5	余量	13.0~16.0	≤1.50	≤0.50	0.30~0.70	≤4.0	—	—	—	—	≤0.50	≤0.80	≤0.013	≤0.013	—

续表

牌号	C	Cr	Ni	W	Mo	Al	Ti	Fe	Nb	V	B	Ce	Mn	Si	P	S	其他
GH3128	≤0.05	19.0~22.0	余量	7.5~9.0	7.50~9.0	0.40~0.80	0.40~0.80	≤2.0	—	—	≤0.005	≤0.050	≤0.50	≤0.80	≤0.013	≤0.013	Zr≤0.06
时效硬化型镍基合金																	
GH4033	0.03~0.08	19.0~22.0	余量	—	—	0.60~1.00	2.40~2.80	≤4.0	—	—	≤0.010	≤0.010	≤0.35	≤0.65	≤0.015	≤0.007	—
GH4037	0.03~0.10	13.0~16.0	余量	5.00~7.00	2.00~4.00	1.70~2.30	1.80~2.30	≤5.0	—	0.10~0.50	≤0.020	≤0.020	≤0.50	≤0.40	≤0.015	≤0.010	—
GH4043	≤0.12	15.0~19.0	余量	2.00~3.50	4.00~6.00	1.00~1.70	1.90~2.80	≤5.0	0.50~1.30	—	≤0.010	≤0.030	≤0.50	≤0.60	≤0.015	≤0.010	—
GH4049	≤0.10	9.5~11.0	余量	5.00~6.00	4.50~5.50	3.70~4.40	1.40~1.90	≤1.5	—	0.20~0.50	≤0.015	≤0.020	≤0.50	≤0.50	≤0.010	≤0.010	Co14.0~16.0
GH4133	≤0.07	19.0~22.0	余量	—	—	0.70~1.20	2.50~3.00	≤1.5	1.15~1.65	—	≤0.010	≤0.010	≤0.35	≤0.65	≤0.015	≤0.007	—
GH4169	≤0.08	17.0~21.0	50.0~55.0	—	2.8~3.3	0.20~0.60	0.65~1.15	余	4.75~5.50	—	≤0.006	—	≤0.35	≤0.35	≤0.015	≤0.015	—

化学成分（质量分数）（%）

注：1. GH1035 合金中的 Ti 和 Nb 为任选其一，不是同时加入的。

2. GH3039 合金中允许有铈（Ce）存在。

3. 表中 B，Zr，Ce 的含量为计算加入量，可不分析测定（除非产品标准或协议、合同中另有规定。

2. 高温合金的性能特点与用途

高温合金的性能特点与用途见表 6-60。

表 6-60　高温合金的性能特点与用途

牌号		性能特点	用途举例
新	旧		
GH1015	GH15	这类合金含铬、镍量相对较高，含弥散强化相形成元素（V、Al、Ti）量相对较少。它的热处理主要形式为"固溶处理"，通过固溶处理可达到强化的目的。在零件需要多次冷加工时，为消除加工硬化、恢复塑性，也要进行固熔处理。零件焊后通常进行退火处理以消除内应力。由于铬、镍含量较高，故这类合金抗氧化温度较高，一般可达 900℃以上；但因含弥散强化相形成元素较少，合金中化合物数量较少，故室温强度、高温强度都较低。这类合金固熔处理后的组织为奥氏体，故塑性好，可以冷压成形；由于含碳量少，故焊接性亦好。 　　这类合金主要用来制作形状复杂、冷压成型、受力不大，但要求抗氧化能力较高的高温零件，其中最典型的零件是涡轮发动机的燃烧室	900℃以下的涡轮发动机的燃烧室、加力燃烧室等零件
GH1016	GH16		700～900℃的涡轮发动机的燃烧室、加力燃烧室等零件
GH1035	GH35		750～800℃的涡轮发动机的燃烧室和加力燃烧室。
GH1040	GH40		800℃以下的燃烧室、加力燃烧室和 700℃以下的涡轮盘、轴及叶片材料
GH1131	GH131		900℃以下的涡轮发动机的燃烧室、加力燃烧室和其他高温部件
GH1140	GH140		800～900℃的涡轮发动机的燃烧室、加力燃烧室等零件
GH2018	GH18	这类合金铬、镍含量相对较低，故抗氧化的温度仅约 800℃，但是含弥散强化相形成元素（V、Al、Ti）量相对较高，在固溶体基体上可形成化合物强化相，所以常用热处理形式为固溶处理＋时效。通过固熔处理，可以使合金固熔强化；通过时效处理，可以使合金析出细小强化相〔VC、Ni₃Al、Ni₃Ti、Ni₃、（Al・Ti）〕，从而提高室温和高温强度。固溶并时效处理后的组织为奥氏体＋弥散化合物。例如 GH132 的化合物量为 2.5%、GH135 的化合物量为 14%	800℃以下的涡轮发动机的燃烧室、加力燃烧室和其他高温部件
GH2036	GH36		650℃以下的涡轮盘、环形件和坚固件
GH2038	GH38A		700℃以下的涡轮盘、轴和叶片
GH2130	GH130		800℃以下的增压涡轮和燃气涡轮叶片材料
GH2132	GH132		650～700℃的涡轮盘、环形件、冲压焊接件和坚固零件材料

牌 号		性能特点	用途举例
新	旧		
GH2135	GH135	这类合金通常应用于高温下受力的零件，如涡轮盘、螺栓和工作温度不高的转子叶片等	700～750℃的涡轮盘、工作叶片和其他高温部件。
GH2136	GH136		650～700℃的涡轮盘材料
GH2302	GH302		800～850℃的燃气涡轮叶片和700～750℃的燃气轮机叶片等材料
GH3030	GH30	特性、用途和相应的固溶强化型铁基合金、时效和硬化型铁基合金基本相同。不同之处在于基体的差别。铁基高温合金的基体金属是铁（含铁量约50%），含铬量在10%～23%、含镍量在7%～40%；而镍基高温合金的基体金属是镍，镍含量大于50%。由于镍含量的提高，故镍基高温合金比铁基高温合金的热强性高，最高工作温度已达到1050℃左右；但其可切削加工性亦随之变差。同时由于它们都含有大量的镍，不符合我国资源情况，应逐步采用铁基高温合金来代替	800℃以下涡轮发动机的燃烧室、加力燃烧室等零件,可用GH1140代
GH3039	GH39		800～850℃的火焰筒及加力燃烧室等零件
GH3044	GH44		850～900℃的航空发动机的燃烧室及加力燃烧室等零件
GH3128	GH128		800～950℃的涡轮发动机的燃烧室、加力燃烧室等零件
GH4033	GH33		700℃以下涡轮叶片和750℃以下的涡轮盘等材料
GH4037	GH37		800～850℃的涡轮叶片材料
GH4043	GH43		800～850℃的排气门座后卡圈零件和燃气涡轮叶片
GH4049	GH49		900℃以下的燃气涡轮工作叶片及其他受力较大的高温部件
GH4133	GH33A		700～750℃的涡轮盘或叶片
GH4169	GH169		350～750℃的抗氧化热强材料

3. 转动部件用高温合金热轧棒材的力学性能

转动部件用高温合金热轧棒材的力学性能(GB/T 14993—2008)见表6-61。

表 6-61　转动部件用高温合金热轧棒材的力学性能

| 合金牌号 | 热处理制度 | 高温瞬时拉伸性能 | | | | 高温持久性能 | | | 室温硬度 HBS (压痕直径) /mm |
		试验温度 /℃	抗拉强度 σ_b/MPa	伸长率 δ_5(%)	断面收缩率 ψ(%)	试验温度 /℃	应力 /MPa	时间 /h	
GH2130	1180℃±10℃ 2h空冷 1050℃±10℃ 4h空冷 800℃±10℃ 16h空冷	800	68	3	8	50 (800)	200 (250)	40 (100)	3.30～3.70
		800	68	4.5	8	850 (800)	200 (250)	50 (100)	
GH2302	1180℃±10℃ 2h空冷 1050℃±10℃ 4h空冷 800℃±10℃ 16h空冷	800	68	4.5	8	850 (800)	200 (250)	50 (100)	3.30～3.70
GH4033	1180℃±10℃ 8h空冷 1050℃±10℃ 4h空冷 700℃±10℃ 16h空冷	700	70	15	20	700	440 (420)	60 (80)	3.45～3.80
GH4037	1180℃±10℃ 2h空冷 1050℃±10℃ 4h缓冷 800℃±10℃ 16h空冷	800	68	5.0	8.0	850 (800)	200 (250)	50 (100)	3.30～3.70

合金牌号	热处理制度	高温瞬时拉伸性能				高温持久性能			室温硬度 HBS（压痕直径）/mm
		试验温度/℃	抗拉强度 σ_b/MPa	伸长率 δ_5(%)	断面收缩率 ψ(%)	试验温度/℃	应力/MPa	时间/h	
GH4043	1170℃±10℃ 5h 空冷 1070℃±10℃ 8h 空冷 800℃±10℃ 16h 空冷	800	70	6	10	800	280 (250)	50 (100)	3.30～3.70
GH4049	1200℃±10℃ 2h 空冷 1050℃±10℃ 4h 空冷 850℃±10℃ 8h 空冷	900	58	7	11	900	250 (220)	40 (80)	3.20～3.50

注：* 当 GH4037 合金第一次固溶处理温度采用 1170℃±10℃ 时，应在合金牌号后面加"S"以示区别，即"GH4037—S"。

4. 普通承力件用高温合金热轧和锻制棒材的室温力学性能

普通承力件用高温合金热轧和锻制棒材的室温力学性能（YB/T 5245—1993）见表 6-62。

表 6-62　普通承力件用高温合金热轧和锻制棒材的室温力学性能

牌号	热处理	力学性能					
		$\sigma_{0.2}$/MPa	σ_b/MPa	δ_5(%)	ψ(%)	a_K/(J/cm²)	HBS/mm
		≥					
GH1015	1140～1170℃，空冷	—	680	35	40	—	—
GH1131	(1160±10)℃，空冷	350	750	32	实测	—	—
GH1140	(1080±10)℃，空冷	—	630	40	45	—	—
GH2036	固溶：(1140+5)℃，直径小于 45 mm 保温 80 min，直径不小于 45 mm 保温 105 min，流动水冷却。时效：放在低于 670℃炉保温后，保温 12～14 h，再升至 770～800℃，保温 12～14 h，空冷	600	850	15	20	35	3.45～3.65

续表

牌号	热处理	力学性能					
		$\sigma_{0.2}$/ MPa	σ_b/ MPa	δ_5 (%)	ψ (%)	a_K/ (J/cm²)	HBS/ mm
		≥					
GH2038	(1180±10)℃,2 h,空冷或水冷 (760±10)℃,16~25 h,空冷	450	800	15	15	30	3.5~3.9
GH2132	980~1000℃,1~2 h, 油冷 700~720℃,12~16 h,空冷	—	950	20	40	—	3.4~3.8
GH2135	(1080±10)℃,8 h, 空冷+(830±10)℃,8 h, 空冷+(700±10)℃,16 h,空冷	—	—	—	—	—	3.25~3.65
GH3039	1050~1080℃,空冷	—	750-	40			
GH4033	>φ55,(1080±10)℃,8h,空冷 (750±10)℃,16h,空冷	600	900	10	16	30	3.4~3.80
	>φ20,及扁材(1080±10)℃, 8 h,空冷 (700±10)℃,16 h,空冷	—	—	—	—	—	3.45~3.80

5. 普通承力件用高温合金热轧和锻制棒材的高温力学性能

普通承力件用高温合金热轧和锻制棒材的高温力学性能(YB/T 5245—1993)见表 6-63。

表 6-63 普通承力件用高温合金热轧和锻制棒材的高温力学性能

牌号	高温瞬时拉伸性能				高温持久强度		
	温度/℃	σ_b/MPa	δ_5(%)	ψ(%)	温度/℃	应力/MPa	时间/h
			≥				
GH1015	700	400	30	35	—	—	—
	900	180	40	45	900	50	≥100
GH1131	1000	110	50	实测			
GH1140	800	250	40	50	—	—	—
GH2036	—	—	—	—	650	350	≥100
GH2038	800	300	20	20	800	选择	实测
GH2132	550	800	16	28	550	600	≥100
	650	750	15	20	650	400	≥100

牌号	高温瞬时拉伸性能				高温持久强度		
	温度/℃	σ_b/MPa	δ_5(%)	ψ(%)	温度/℃	应力/MPa	时间/h
		≥					
GH2135	700	800	15	20	700	440 (420)	≥6+0 (80)
GH3039	800	250	40	实测	—	—	—
GH4033	—	—	—	—	750	300	≥100
	700	700	15	20	700	440 (420)	≥60 (≥80)

6. 高温合金冷拉棒材的力学性能

高温合金冷拉棒材的力学性能(GB/T 14994—2008)见表 6-64。

表 6-64　高温合金冷拉棒材的力学性能

合金牌号	热处理制度	高温瞬时拉伸性能				室温冲击 a_K/(J/cm²)	室温硬度 HBS(d)(压痕直径)/mm	高温持久性能			
		试验温度/℃	抗拉强度 σ_b/MPa	屈服强度 $\sigma_{0.2}$/MPa	伸长率 δ_5(%)	断面收缩率 ψ(%)			试验温度/℃	应力/MPa	时间/h	伸长率 δ_5(%)
GH1040	1200℃×1h,空冷700℃×16h,空冷	800	300	—							
GH2036	(1140+5)℃×1h20min流动水+670℃×12~14h再升温至770~800℃×10~12h空冷	室温	850	600	15	20	35	3.45/3.65	650	350(380)	100(35)	—
GH2132	980~1000℃×1~2h油冷+700~720℃×16h空冷	室温	920	600	15	20	—	3.30/3.85	650	460(400)	23(100)	5(3)

续表

合金牌号	热处理制度	高温瞬时拉伸性能					室温冲击a_K/(J/cm²)	室温硬度HBS(d)(压痕直径)/mm	高温持久性能			
		试验温度/℃	抗拉强度σ_b/MPa	屈服强度$\sigma_{0.2}$/MPa	伸长率δ_5(%)	断面收缩率ψ(%)			试验温度/℃	应力/MPa	时间/h	伸长率δ_5(%)
GH3030	980～1000 ℃水冷或空冷	室温	700	—	30	—	—	—	—	—	—	—
GH4033	(1080±10)℃×8h 空冷(700±10)℃×16h 空冷	700	700	—	15	20	—	—	700	440(420)	60(80)	

7. 高温合金热轧钢板的力学性能

高温合金热轧钢板的力学性能(GB/T 14995—1994)见表 6-65。

表 6-65　高温合金热轧钢板的力学性能

牌号	检验试样状态	试验温度/℃	瞬时拉伸性能		
			抗拉强度σ_b/MPa	伸长率δ_5(%)	断面收缩率ψ(%)
GH1035	交货状态(1100～1140℃固溶处理,空冷)	20	600	35.0	—
		700	350	35.0	—
GH1131	交货状态(1130～1170℃固溶处理,空冷)	20	750	34.0	—
		900	180	40.0	—
		1000	110	43.0	—
GH1140	交货状态(1050～1090℃固溶处理,空冷)	20	650	40.0	45.0
		800	250	40.0	50.0
GH2018	交货状态(1100～1150℃固溶处理,空冷)(800±10)℃×16h,空冷	20	950	15.0	—
		800	440	15.0	—
GH2132	交货状态(1000～1300℃固溶处理,空冷)700～720℃×12～16 h,空冷	20	900	20.0	—
		650	750	15.0	—
		550	800	16.0	—
GH2302	交货状态(800±10)℃×16h,空冷	20	700	30.0	—
		800	550	6.0	—

牌号	检验试样状态	试验温度/℃	瞬时拉伸性能		
			抗拉强度 σ_b/MPa	伸长率 δ_5(%)	断面收缩率 ψ(%)
GH3030	交货状态(980～1020℃固溶处理,空冷)	20	700	30.0	—
		700	300	30.0	—
GH3039	交货状态(1050～1090℃固溶处理,空冷)	20	750	40.0	45.0
		800	250	40.0	50.0
GH3044	交货状态(1120～1140℃固溶处理,空冷)	20	750	40.0	—
		900	190	30.0	—
GH3128	交货状态(1140～1180℃固溶处理,空冷)	20	750	40.0	—
	交货状态+1200℃,空冷	950	180	40.0	—

注:需方有特殊要求作高温持久性能试验时,其要求由供需双方协定。

8. 高温合金冷轧薄板的力学性能

高温合金冷轧薄板的力学性能(GB/T 14996—1994)见表 6-66。

表 6-66　高温合金冷轧薄板的力学性能

牌号	检验试样状态	瞬时拉伸性能			高温持久性能			
		试验温度/℃	抗拉强度 σ_b/MPa≥	伸长率 δ_5(%≥)	试验温度/℃	应力/MPa	断裂时间 t/h≥	伸长率 δ_5(%)
GH1035	交货状态(1100～1140℃固溶处理,空冷)	20	600	35	—	—	—	—
		700	350	35	—	—	—	—
GH1131	交货状态(1130～1170℃固溶处理,空冷)	20	750	34	—	—	—	—
		900	180	40	—	—	—	—
		1000	110	43	—	—	—	—
GH1140	交货状态(1050～1090℃固溶处理,空冷)	20	650	40	—	—	—	—
		800	230	40	—	—	—	—
GH2018	交货状态(1100～1150℃固溶处理,空冷)(800±10)℃×16h,空冷	20	950	15	—	—	—	—
		800	440	15	—	—	—	—

续表

牌号	检验试样状态	瞬时拉伸性能			高温持久性能			
		试验温度/℃	抗拉强度 σ_b/MPa≥	伸长率 δ_5(%)≥	试验温度/℃	应力/MPa	断裂时间 t/h≥	伸长率 δ_5(%)
GH2302	交货状态(1000~1300℃固溶处理,空冷)	20	700	30	—	—	—	—
	交货状态(800±10)℃×16h,空冷	800	550	6	800	220	100	实测
GH2132	交货状态(980~1000℃固溶处理,空冷)+700~720℃×12~16h,空冷	20	900	20	650	400	100	实测
		650	750	15	550	600	100	实测
		550	800	16				
GH3030	交货状态(980~1020℃固溶处理,空冷)	20	700	30	—	—	—	—
		700	300	30				
GH3039	交货状态(1050~1090℃固溶处理,空冷)	20	750	40	—	—	—	—
		800	250	40				
GH3044	交货状态(1120~1160℃固溶处理,空冷)	20	750	40	—	—	—	—
		900	200	40				
GH3128	交货状态(1140~1180℃固溶处理,空冷)	20	750	40	—	—	—	—
	交货状态+1200℃,空冷	950	180	40	950	40	100	实测

注:1.厚度小于 0.8mm 的板材性能,按实测,本表结果供参考。

2.GH1131 的 1000℃瞬时拉伸性能只适用于厚度不小于 2mm 的板材。

3.GH3128 合金的持久强度指标系厚度不小于 1.5mm 的板材。当板厚小于 1.5mm 而不小于 1.2mm 时,断裂时间应不小于 80h;不大于 1.0mm 时,断裂时间不小于 70h。

4.表中所列 GH2132、GH2302、GH3128 牌号以外其他牌号的持久性能,由供需双方协商确定。

9. 一般用途高温合金管的力学性能

一般用途高温合金管的力学性能(GB/T 15062—2008)见 6-67。

表 6-67　一般用途高温合金管的力学性能

合金牌号	热处理状态	试验温度/℃	抗拉强度 σ_b/MPa	伸长率 δ(%)
GH1140	1050~1080℃,水冷	室温	≥600	≥35
GH3030	980~1020℃,水冷	室温	≥600	≥35
GH3039	1050~1080℃,水冷	室温	≥650	≥35

注:根据需方要求可进行力学性能试验,但需在合同中注明。

三、耐蚀合金

1. 耐蚀合金的性能特点与用途

耐蚀合金的性能特点与用途见表 6-68。

表 6-68　耐蚀合金的性能特点与用途

牌号	性能特点	用途举例
NS111	抗氧化性介质腐蚀,高温下抗渗碳性良好	热交换器及蒸汽发生器管、合成纤维的加热管
NS112	抗氧化性介质腐蚀,抗高温渗碳,热强度高	合成纤维工程中的加热管、炉管及耐热构件等
NS113	耐高温高压水的应力腐蚀及苛性介质应力腐蚀	核电站的蒸汽发生器管
NS131	在含卤素离子氧化-还原复合介质中耐点腐蚀	湿法冶金、制盐、造纸及合成纤维工业的含氯离子环境
NS141	耐氧化-还原介质腐蚀及氯化物介质的应力腐蚀	硫酸及含有多种金属离子和卤族离子的硫酸装置
NS142	耐氧化物应力腐蚀及氧化-还原性复合介质腐蚀	热交换器及冷凝器、含多种离子的硫酸环境
NS143	耐氧化-还原性复合介质腐蚀	硫酸环境及含有卤族离子及金属离子的硫酸溶液中应用如湿法冶金及硫酸工业装置
NS311	抗强氧化性介质及含氟离子高温硝酸腐蚀,无磁	高温硝酸环境及强腐蚀条件下的无磁构件
NS312	耐高温氧化物介质腐蚀	热处理及化学加工工业装置
NS313	抗强氧化性介质腐蚀,高温强度高	强腐蚀性核工程废物烧结处理炉
NS314	耐强氧化性介质及高温硝酸、氢氟酸混合介质腐蚀	核工业中靶件及元件的溶解器
NS315	抗氯化物及高温高压水应力腐蚀,耐强氧化性介质及 HNO_3-HF 混合腐蚀	核电站热交换器、蒸发器管、核工程化工后处理耐蚀构件
NS321	耐强还原性介质腐蚀	热浓盐酸及氯化氢气体装置及部件
NS322	耐强还原性介质腐蚀,改善抗晶间腐蚀性	盐酸及中等浓度硫酸环境(特别是高温下)的装置

牌号	性能特点	用途举例
NS331	耐高湿氟化氢、氯化氢气体及氟气腐蚀易成形焊接	化工、核能及有色冶金中高温氟化氢炉管及容器
NS332	耐含氯离子的氧化-还原介质腐蚀,耐点腐蚀	湿氯、亚硫酸、次氯酸、硫酸、盐酸及氯化物溶液装置
NS333	耐卤族及其化合物腐蚀	强腐蚀性氧化-还原复合介质及高温海水中应用装置
NS334	耐氧化性氯化物水溶液及湿氯、次氯酸盐腐蚀	强腐蚀性氧化-还原复合介质及高温海水中的焊接构件
NS335	耐含氯离子的氧化-还原复合腐蚀,组织热稳定性好	湿氯、次氯酸、硫酸、盐酸、混合酸、氯化物装置,焊后直接应用
NS336	耐氧化-还原复合介质,耐海水腐蚀,且热强度高	化学加工工业中苛刻腐蚀环境或海洋环境
NS337	焊接材料,焊接覆盖面大,耐苛刻环境腐蚀	多种高铬钼镍基合金的焊接及与不锈钢的焊接
NS341	耐含氟、氯离子的酸性介质的冲刷冷凝腐蚀	化工及湿法冶金冷凝器和炉管、容器
NS411	抗强氧化性介质腐蚀,可沉淀硬化,耐腐蚀冲击	硝酸等氧化性酸中工作的球阀及承载构件

2. 耐蚀合金的化学成分

耐蚀合金的化学成分(GB/T 221—2008)见表 6-69。

表6-69　耐蚀合金的化学成分

化学成分(质量分数)(%)

牌号	C	Cr	Ni	Fe	Mo	W	Cu	Al	Ti	Nb	V	Co	Si	Mn	P	S
NS111	≤0.10	19.0~23.0	30.0~35.0	余量	—	—	≤0.75	0.15~0.60	0.15~0.60	—	—	—	≤1.00	≤1.50	≤0.030	≤0.015
NS112	0.05~0.10	19.0~23.0	30.0~35.0	余量	—	—	≤0.75	0.15~0.60	0.15~0.60	—	—	—	≤1.00	≤1.50	≤0.030	≤0.015
NS113	≤0.030	24.0~26.5	34.0~37.0	余量	—	—	—	0.15~0.45	0.15~0.60	—	—	—	0.30~0.70	0.50~1.50	≤0.030	≤0.030
NS131	≤0.05	19.0~21.0	42.0~44.0	余量	12.5~13.5	—	—	—	—	—	—	—	≤0.70	≤1.00	≤0.030	≤0.030
NS141	≤0.030	25.0~27.0	34.0~37.0	余量	2.0~3.0	—	3.0~4.0	—	0.40~0.90	—	—	—	≤0.70	≤1.00	≤0.030	≤0.030
NS142	≤0.05	19.5~23.5	38.0~46.0	余量	2.5~3.5	—	1.5~3.0	≤0.20	0.60~1.20	—	—	—	≤0.50	≤1.00	≤0.030	≤0.030
NS143	≤0.07	19.0~21.0	32.0~38.0	≤1.00	2.0~3.0	—	3.0~4.0	—	—	8×C~1.00	—	—	≤1.00	≤2.00	≤0.030	≤0.030
NS311	≤0.06	28.0~31.0	余量	—	—	—	—	≤0.30	—	—	—	—	≤0.50	≤1.20	≤0.020	≤0.020
NS312	≤0.15	14.0~17.0	余量	6.0~10.0	—	—	≤0.50	—	—	—	—	—	≤0.50	≤1.00	≤0.030	≤0.015

续表

牌号	C	Cr	Ni	Fe	Mo	W	Cu	Al	Ti	Nb	V	Co	Si	Mn	P	S
	化学成分(质量分数)(%)															
NS313	≤0.10	21.0~25.0	余量	10.0~15.0	—	—	≤1.00	1.00~1.70	—	—	—	—	≤0.05	≤1.00	≤0.030	≤0.015
NS314	≤0.030	35.0~38.0	余量	≤1.00	—	—	—	0.20~0.50	—	—	—	—	≤0.50	≤1.00	≤0.030	≤0.020
NS315	≤0.05	27.0~31.0	余量	7.0~11.0	—	—	≤0.50	—	—	—	—	—	≤0.50	≤0.50	≤0.030	≤0.015
NS321	≤0.05	≤1.00	余量	4.0~6.0	26.0~30.0	—	—	—	—	—	—	≤2.5	—	≤1.00	≤0.030	≤0.030
NS322	≤0.020	≤1.00	余量	≤2.0	26.0~30.0	—	—	—	—	—	—	≤1.0	≤1.00	≤1.00	≤0.040	≤0.030
NS331	≤0.030	14.0~17.0	余量	≤8.0	2.0~3.0	—	—	—	0.40~0.90	—	—	—	≤0.70	≤1.00	≤0.030	≤0.020
NS332	≤0.030	17.0~19.0	余量	≤1.0	16.0~18.0	—	—	—	—	—	—	—	≤0.70	≤1.00	≤0.030	≤0.030
NS333	≤0.08	14.5~16.5	余量	4.0~7.0	15.0~17.0	3.0~4.5	—	—	—	—	≤0.35	≤2.5	≤1.00	≤1.00	≤0.040	≤0.030
NS334	≤0.020	14.5~16.5	余量	4.0~7.0	15.0~17.0	3.0~4.5	—	—	—	—	≤0.35	≤2.5	≤0.08	≤1.00	≤0.040	≤0.030

牌号	化学成分（质量分数）（%）															
	C	Cr	Ni	Fe	Mo	W	Cu	Al	Ti	Nb	V	Co	Si	Mn	P	S
NS335	≤0.015	14.0~18.0	余量	≤3.0	14.0~17.0	—	—	—	≤0.70	—	—	≤2.0	≤0.08	≤1.00	≤0.040	≤0.030
NS336	≤0.10	20.0~23.0	余量	≤5.0	8.0~10.0	—	—	≤0.40	≤0.40	3.15~4.15	—	≤1.0	≤0.50	≤0.50	≤0.015	≤0.015
NS337	≤0.030	19.0~21.0	余量	≤5.0	15.0~17.0	—	≤0.10	—	—	—	—	≤0.10	≤0.40	0.50~1.50	≤0.020	≤0.020
NS341	≤0.030	19.0~21.0	余量	≤7.0	2.0~3.0	—	1.0~2.0	—	0.4~0.9	—	—	—	≤0.70	≤1.00	≤0.030	≤0.030
NS411	≤0.05	19.0~21.0	余量	5.0~9.0	—	—	—	0.40~1.00	2.25~2.75	0.70~1.20	—	—	≤0.80	≤1.00	≤0.030	≤0.030

3. 耐蚀合金棒的力学性能

耐蚀合金棒的力学性能(GB/T 15008—2008)见表 6-70。

表 6-70　耐蚀合金棒的力学性能

合金牌号	推荐的固溶处理温度/℃	拉力试验			冲击试验	硬度试验
		抗拉强度 σ_b/MPa	屈服强度 $\sigma_{0.2}$/MPa	伸长率 δ_5(%)	冲击吸收功 A_{KU}/J	HRC
NS111	1000～1060	515	205	30	—	—
NS112	1100～1170	450	170	30	—	—
NS113	1000～1050	515	205	30	—	—
NS131	1150～1200	590	240	30	—	—
NS141	1000～1050	540	215	35	—	—
NS142	1000～1050	590	240	30	—	—
NS143	1000～1050	540	215	35	—	—
NS311	1050～1100	570	245	40	—	—
NS312	1000～1050	550	240	30	—	—
NS313	1100～1150	550	195	30	—	—
NS314	1080～1120	520	195	35	—	—
NS315	1000～1050	550	240	30	—	—
NS321	1140～1190	690	310	40	—	—
NS322	1040～1090	760	350	40	—	—
NS331	1050～1100	540	195	35	—	—
NS332	1160～1210	735	295	30	—	—
NS333	1160～1210	735	315	30	—	—
NS334	1150～1200	690	285	40	—	—
NS335	1050～1100	690	275	40	—	—
NS336	1100～1150	690	275	30	—	—
NS341	1050～1100	590	195	40	—	—
NS411	1080～1100,水冷 750～780×8h,空冷 620～650×8h,空冷	910	690	20	80	32

注:1. 本表数据适用于尺寸不大于 80 mm 的棒材,尺寸大于 80 mm 的棒材允许改轧(锻)成 80 mm 后取样检验,数据按本表规定。

2. 棒材尺寸大于 16 mm 者,可不进行冲击值检验。

第五节　其他专业用钢

一、内燃机用钢

1. 内燃机气阀钢的性能特点与用途

内燃机气阀钢的性能特点与用途(GB/T 12773—2008)见表6-71。

表6-71　内燃机气阀钢的性能特点与用途

牌号	性 能 特 点 与 用 途
4Cr9Si2	有较高的热强性,作内燃机进气阀、轻负荷发动机的排气阀
4Cr10Si2Mo	有较高的热强性,作内燃机进气阀、轻负荷发动机的排气阀
8Cr20Si2Ni	作耐磨性为主的进气、排气阀、阀座
5Cr21Mn9Ni4N	以经受高温强度为主的汽油及柴油机用排气阀
2Cr21Ni12N	以抗氧化为主的汽油及柴油机用排气阀
4Cr14Ni14W2Mo	有较高的热强性,用于内燃机重负荷排气阀

2. 内燃机气阀钢的化学成分

内燃机气阀钢的化学成分(GB/T 12773—2008)见表6-72。

表6-72　内燃机气阀钢的化学成分

牌号	化学成分(质量分数)(%)							
	C	Ni	Cr	P	S	Si	Mn	其他
				≤				
5Cr21Mn9Ni4N	0.48~0.58	3.25~4.50	20.00~22.00	0.040	0.030	≤0.35	8.00~10.00	N:0.35~0.50 C+N≥0.90
2Cr21Ni12N	0.15~0.28	10.50~12.50	20.00~22.00	0.035	0.030	0.75~1.25	1.00~1.60	N:0.15~0.30
4Cr14Ni14W2Mo	0.40~0.50	13.00~15.00	13.00~15.00	0.035	0.030	≤0.80	≤0.70	W:2.00~2.75 Mo:0.25~0.40
4Cr9Si2	0.35~0.50	≤0.60	8.00~10.00	0.035	0.030	2.00~3.00	≤0.70	—
4Cr10Si2Mo	0.35~0.45	0.60	9.00~10.50	0.035	0.030	1.90~2.60	≤0.70	Mo:0.70~0.90
8Cr20Si2Ni	0.75~0.85	1.15~1.65	19.00~20.50	0.030	0.030	1.75~2.25	0.20~0.60	—

3. 内燃机气阀钢的室温力学性能

内燃机气阀钢的室温力学性能(GB/T 12773—2008)见表 6-73。

表 6-73　内燃机气阀钢的室温力学性能

牌号	热 处 理 制 度	力学性能					钢材交货状态硬度 HBS ≤
		$\sigma_{0.2}$ /MPa	σ_b /MPa	δ_5 (%)	ψ (%)	硬度 HBS	
		≥					
5Cr21Mn9Ni4N	1100～1200℃固溶 730～780℃时效	580	950	8	10	≥ 302	380
2Cr21Ni12N	1 100～1 200℃固溶 700～800℃时效	430	820	26	20		269
4Cr14Ni14W2Mo	820～850℃退火	310	700	20	35		255
4Cr9Si2	1020～1040℃淬火、油冷 700～780℃回火、油冷	590	88	19	50	—	269
4Cr10Si2Mo	1020～1040℃淬火、油冷 720～760℃回火、空冷	680	880	10	35		269
8Cr20Si2Ni	1 030～1 080℃淬火、油冷 700～800℃回火、空冷	680	880	10	15		321

4. 内燃机气阀钢的高温抗拉强度

内燃机气阀钢的高温抗拉强度(GB/T 12773—2008)见表 6-74。

表 6-74　内燃机气阀钢的高温抗拉强度

牌号	试样热处理状态	在下列温度下瞬时抗拉强度/MPa							
		400℃	500℃	550℃	600℃	650℃	700℃	750℃	800℃
5Cr21Mn9Ni4N	固溶＋时效	—	650	600	550	500	450	370	300
2Cr21Ni12N		—	590	550	510	450	390	340	290
4Cr14Ni14W2Mo	固溶	—	640	600	550	420	360	290	220
4Cr9Si2	淬火＋退火	—	480	340	230	150	90	—	—
4Cr10Si2Mo		—	500	360	250	170	110	—	—
8Cr20Si2Ni		—	590	460	345	245	145	110	70

二、内燃机用扁钢丝

1. 内燃机用扁钢丝的类别、牌号、尺寸规格与用途

内燃机用扁钢丝的类别、牌号、尺寸规格与用途(YB/T 5183-2006)见表 6-75。

表 6-75 内燃机用扁钢丝的类别、牌号、尺寸规格与用途

类别	牌号	简图	尺寸规格	用途
K 类	65Mn 70		厚度:1.0~6.0mm 宽度:6.0~8.0mm	用于制造内燃机活塞机、卡环
Y 类	65Mn 70		厚度:0.5~1.0mm 宽度:3.0~6.0mm	用于制造内燃机组合油环

注:钢丝侧边圆弧半径 R 及圆角半径 r 一般不做验收依据。如对 R 有特殊要求时,经供需双方协商在合同中说明。

2. 内燃机用扁钢丝的化学成分与力学性能

内燃机用扁钢丝的化学成分与力学性能见表 6-76。

表 6-76 内燃机用扁钢丝的化学成分与力学性能

类别	牌号	化学成分	抗拉强度 σ_b/ MPa			反复弯曲次数≥
			A 组	B 组	C 组	
K 类	65Mn	符合 GB/T 1222 的规定	785~980	980~1175	1175~1370	3
Y 类	70		1275~1470	1420~1615	1570~1765	2

三、汽轮机用钢

1. 汽轮机叶片用钢

(1)汽轮机叶片用钢的牌号、化学成分与用途(GB/T 8732—2004)见表 6-77。

表 6-77 汽轮机叶片用钢的牌号、化学成分与用途

牌号	化学成分(质量分数)(%)									用途
	C	Si	Mn	Ni	Cr	Mo	W	V	Cu	
1Cr13	≤0.15	≤1.00	≤1.00	≤0.60	11.50~13.0	—	—	—	—	
1Cr12	0.10~0.15	≤0.60	≤0.60	≤0.60	11.50~13.0	—	—	—	—	
2Cr13	0.16~0.24	≤0.60	≤0.60	≤0.60	12.00~14.00	—	—	—	—	

续表

牌号	化学成分(质量分数)(%)									用途
	C	Si	Mn	Ni	Cr	Mo	W	V	Cu	
1Cr12Mo	0.10~0.15		0.30~0.60	0.30~0.60	11.50~13.00	0.30~0.60	—	—		用于制造汽轮机叶片和燃气轮机叶片
1Cr11MoV	0.11~0.18	≤0.50	≤0.60	≤0.60	10.00~11.50	0.50~0.70		0.25~0.40	≤0.30	
1Cr12W1MoV	0.12~0.18		0.50~0.90	0.40~0.50	11.00~13.00	0.50~0.70	0.70~1.10	0.15~0.30		
2Cr12MoV	0.18~0.23		0.30~0.80	0.30~0.50	11.00~12.50	0.80~1.20	—	0.25~0.35		
2Cr12Ni1Mo1W1V	0.15~0.21	≤0.50	0.50~0.90	0.80~1.20	11.00~13.00	0.70~1.10	0.75~1.05	0.15~0.30	—	用于制造汽轮机叶片和燃气轮机叶片
2Cr12NiMo1W1V	0.20~0.25		0.50~1.00	0.50~1.00	11.00~12.50	0.90~1.25	0.90~1.25	0.20~0.30	0.30	
0Cr16Ni4Cu4Nb	≤0.055	≤1.00	≤0.50	3.80~4.50	15.00~16.00	铌+钽 0.15~0.35	—		3.00~3.70	

注:1.0Cr16Ni4Cu4Nb牌号尚含铝不大于0.050%、钛0.050%和氮0.05%。在满足力学性能的条件下,该牌号的铬含量可达到16.50%。

2.0Cr16Ni4Cu4Nb牌号的磷、硫含量分别为不大于0.035%和0.030%,其余各牌号的磷、硫含量均不大于0.030%。

3.上述含量皆指质量分数。

(2)汽轮机叶片用钢的力学性能(GB/T 8732—2004)见表6-78。

表 6-78 汽轮机叶片用钢的力学性能

牌号	热处理方法	力学性能						经退火或高温回火处理后的钢材硬度
		$\sigma_{0.2}$	σ_b	δ_5	ψ	A_k	试样硬度	
		MPa		(%)	(%)	/J		
		≥					HBS	
1Cr13		345	540	25	55	78	≥159	≤200
1Cr12		440	615	20	60	71	187~229	≤200

903

牌号	热处理方法		力学性能					试样硬度 HBS	经退火或高温回火处理后的钢材硬度
			$\sigma_{0.2}$	σ_b	δ_5 (%)	ψ (%)	A_k / J		
			MPa						
			$\geqslant$						
2Cr13	调质处理		490	665	16	50	63	207~241	≤223
1Cr12Mo			550	685	18	60	78	217~248	≤255
1Cr11MoV			490	685	16	55	47	269~302	≤200
1CR12W1MoV			590	735	15	45	47	269~302	≤223
2Cr12MoV			600	—	15	50	47	241~285	≤223
2Cr12NiMo1W1V			735	880	14	42	47	—	≤255
2Cr12NiMo1W1V			760	930	12	32	—	277~311	≤255
0Cr17Ni4Cu4Nb	沉淀处理	I	590~755	890	16	55	—	262~302	≤361
		II	890~980	950~1 020	16	55	—	293~321	
		III	755~890	890~1 030	16	55	—	277~311	

注:1. 热处理试样毛坯尺寸为 25 mm,小于 25 mm 的用原尺寸钢材进行热处理。

2. 表中所列力学性能适用于截面尺寸≤60 mm 钢材。

2. 汽轮机螺栓用合金钢棒(YB/T 158—1999)

(1)钢棒的化学成分见表 6-79。

表 6-79　**钢棒的牌号和化学成分(YB/T 158-1999)**

牌号	化学成分(质量分数)(%)												
	C	Si	Mn	P	S	Cr	Mo	V	Nb	Ti	Ni	Cu	Al
20CrMo1V	0.15~0.23	0.20~0.60	0.45~0.85	≤0.025	≤0.025	1.00~1.50	0.90~1.20	0.15~0.30	—	—	≤0.50	≤0.35	≤0.015
20CrMo-1VNbTiB	0.17~0.23	0.40~0.60	0.40~0.65	≤0.025	≤0.025	0.90~1.30	0.75~1.00	0.50~0.70	0.11~0.22	0.05~0.14	≤0.30	≤0.30	—
20CrMo1VTiB	0.17~0.23	0.40~0.60	0.40~0.65	≤0.025	≤0.025	0.90~1.30	0.75~1.00	0.45~0.65	—	0.16~0.28	≤0.30	≤0.30	—
25Cr2MoV	0.22~0.29	0.17~0.37	0.40~0.70	≤0.025	≤0.025	1.50~1.80	0.25~0.35	0.15~0.35	—	—	≤0.30	≤0.25	—
25Cr2Mo1V	0.22~0.29	0.17~0.37	0.50~0.80	≤0.025	≤0.025	2.10~2.50	0.90~1.10	0.30~0.50	—	—	≤0.30	≤0.25	—
35CrMo	0.32~0.40	0.17~0.37	0.40~0.70	≤0.025	≤0.025	0.80~1.10	0.15~0.25	—	—	—	≤0.30	≤0.25	—
40CrMoV	0.36~0.44	0.15~0.35	0.45~0.77	≤0.025	≤0.025	0.80~1.15	0.50~0.65	0.25~0.35	—	—	≤0.30	≤0.30	—
40CrNiMo	0.37~0.44	0.17~0.37	0.50~0.80	≤0.025	≤0.025	0.60~0.90	0.15~0.25	—	—	—	1.25~1.65	≤0.30	—
45CrMoV	0.42~0.50	0.20~0.35	0.45~0.70	≤0.025	≤0.025	0.85~1.15	0.45~0.65	0.25~0.35	—	—	≤0.30	≤0.30	≤0.0225

注：1. 20CrMo1VNbTiB,20CrMo1VTiB 中的 B 按 0.005% 计算量加入。

2. 用于制作汽轮体螺栓。

(2)钢棒的纵向力学性能(YB/T 158—1999)见表 6-80。

表 6-80　**钢棒的纵向力学性能**

牌　号	热处理工艺				规定残余伸长应力 $\sigma_{r0.2}$/MPa	抗拉强度 σ_b/MPa	伸长率 δ_5(%)	断面收缩率 ψ(%)	冲击吸收功 A_{ku}/J	交货状态 HBS 10/3000
	淬火		回火							
	淬火/℃	冷却剂	回火/℃	冷却剂	≥					≤
20CrMo1V	1025~1080	空	690~730	空	413	622	15	25	—	241

续表

牌　号	热处理工艺				规定残余伸长应力 $\sigma_{r0.2}$ /MPa	抗拉强度 σ_b / MPa	伸长率 δ_5 (%)	断面收缩率 ψ(%)	冲击吸收功 A_{ku}/J	交货状态 HBS 10/3000
	淬火		回火							
	淬火 /℃	冷却剂	回火 /℃	冷却剂	$\geqslant$					$\leqslant$
20CrMo1VNbTiB	1030	油、水	710	水	680	780	14	50	39	269
20CrMo1VTiB	1040	油	710	水	690	785	14	50	39	269
25CrMoV	900	油	640	空	785	930	14	55	63	241
25Cr2Mo1V	1040	空	660	空	590	735	16	50	47	241
35CrMo	860	油	640	水、油	835[2]	980	12	45	63	229
45CrMoV	925~954	油	$\geqslant$650	空	695	850	18	—	54	269
40CrMoV	890±15	油	$\geqslant$650	空	720	860	18	50	34[1]	269
40CrNiMo	850±15	油	600±50	水、油	835	980	12	55	78	269

注:钢棒以退火或回火状态交货,其布氏硬度(HBS10/30 符合)应符合表中规定。

①为 V 型缺口试样冲击。

②为 σ_s。

四、钢轨

1. 轻轨

(1)轻轨的尺寸规格与用途(GB/T 11264—1989)见表 6-81。

表 6-81　轻轨的尺寸规格与用途(摘自 GB/T 11264—1989)

轨型/(kg/m)	截面尺寸							截面面积A/cm²	理论重量W(kg/m)	长度/m	用途
	轨高	底宽	头宽	头高	腰高	底高	腰厚				
	A	B	C	D	E	F	t				
	mm										
9	63.50	63.50	32.10	17.48	25.72	10.30	5.90	11.39	8.94	5～7	主要用于林区、矿区、工厂及施工现场等铺设临时运输线路或轻型机车用线路
12	69.85	69.85	38.10	19.85	37.70	12.30	7.54	15.54	12.20	6～10	
15	79.37	79.37	42.86	22.22	43.65	13.50	8.33	19.33	15.20	6～10	
22	93.66	93.66	50.80	26.99	50.00	16.67	10.72	28.39	22.30	7～10	
30	107.95	107.95	60.33	30.95	57.55	19.45	12.30	38.32	30.10	7～10	

注：1. 理论重量按密度为 7.85 g/cm³ 计算。

2. 长度尺寸系列：5.0 m、5.5 m、6.0 m、6.5 m、7.0 m、7.5 m、8.0 m、8.5 m、9 m、9.5 m、10.0 m。

(2)轻轨的化学成分(GB/T 11264—1989)见表 6-82。

表 6-82　轻轨的化学成分

钢类	牌号	型号/(kg/m)	化学成分(质量分数)(%)						
			C	Si	Mn	P	S	Cu	Cr
碳素钢	50Q	≤12	0.35～0.60	0.15～0.35	≥0.40	≤0.045	≤0.050	≤0.40	—
	55Q	≤30	0.50～0.60	0.15～0.35	0.60～0.90	≤0.045	≤0.050	≤0.40	—

钢类	牌号	型号 /(kg/m)	化学成分(质量分数)(%)						
			C	Si	Mn	P	S	Cu	Cr
低合金钢	45SiMnP	≤12	0.35~ 0.55	0.50~ 0.80	0.60~ 1.00	≤0.12	≤0.050	≤0.40	—
	60SiMnP	≤30	0.45~ 0.58	0.50~ 0.80	0.60~ 1.00	≤0.12	≤0.050	≤0.40	—
	36CuCrP	15~30	0.31~ 0.42	0.50~ 0.80	0.60~ 1.00	0.02~ 0.06	≤0.040	0.10~ 0.30	0.80~ 1.20

(3)轻轨的力学性能(GB/T 11264—1989)见表 6-83。

表 6-83　轻轨的力学性能

牌号	型号 /(kg/m)	抗拉强度 σ_b/MPa	布氏硬度 HBS	落锤试验
50Q	≤12	—	—	—
55Q	≤12	—	—	—
	15~30	≥685	≥197	不断不裂
45SiMnP	≤12	—	—	—
50SiMnP	≤12	—	—	—
	15~30	≥685	≥197	不断不裂
36CuCrP	15~30	≥785	≥220	不断不裂

2. 起重机钢轨

起重机钢轨(YB/T 5055—1993)的型号、理论质量与用途见表 6-84。

表 6-84　起重机钢轨(mm)

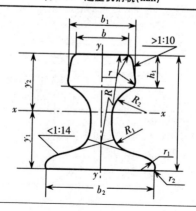

续表

型号	b	b_1	b_2	s	h	h_1	h_2	R	R_1	R_2	r	r_1	r_2
QU70	70	76.5	120	28	120	32.5	24	400	23	38	6	6	1.5
QU80	80	87	130	32	130	35	26	400	26	44	8	6	1.5
QU100	100	108	150	38	150	40	30	450	30	50	8	8	2
QU120	120	129	170	44	170	45	35	500	34	56	8	8	2

型号	截面积 /cm²	理论质量 /(kg/m)	用途
QU70	67.30	52.80	
QU80	81.13	63.69	用于起重机大车及小车轨道
QU100	113.32	88.96	
QU120	150.44	118.10	

注:1. 钢轨的牌号为 U71Mn,抗拉强度不小于 900 MPa。

2. 钢轨标准长度为 9 m、9.5 m、10 m、10.5 m、11 m、11.5 m、12 m、12.5 m。

五、电梯导轨用热轧型钢

(1)电梯导轨用热轧型钢(YB/T 157—1999)的尺寸规格与用途见表 6-85,理论重量见表 6-86。

表 6-85 电梯导轨用热轧型钢的尺寸规格与用途(mm)

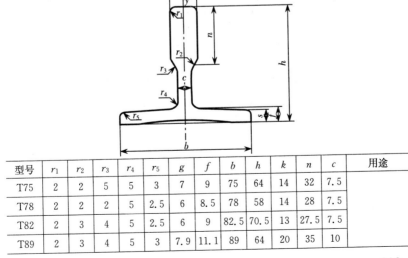

型号	r_1	r_2	r_3	r_4	r_5	g	f	b	h	k	n	c	用途
T75	2	2	5	5	3	7	9	75	64	14	32	7.5	
T78	2	2	2	5	2.5	6	8.5	78	58	14	28	7.5	
T82	2	3	4	5	2.5	6	9	82.5	70.5	13	27.5	7.5	
T89	2	3	4	5	3	7.9	11.1	89	64	20	35	10	

续表

型号	r_1	r_2	r_3	r_4	r_5	g	f	b	h	k	n	c	用途
T90	2	3	6	6	3	8	11.5	90	77	20	44	10	
T114	2	3	5	6	3	8	12.5	114	91	20	40	10	
T125	2	3	5	6	3	9	12	125	84	20	44	10	
T127-1	2	3	5	6	3	7.9	11.1	127	91	20	46.5	10	适用于机械加工电梯T型导轨
T127-2	2	3	5	6	3	12.7	15.9	127	91	20	52.8	10	
T140-1	2	3	6	8	4	12.7	15.9	140	110	23	52.8	12.7	
T140-2	2	3	6	9	4	14.5	17.5	140	104	32.6	52.8	17.5	
T140-3	2	3	7	10	4	17.5	25.4	140	129	36	59.2	19	

注:1. 型号中的"T"字为T型导轨型钢的代号;"T"后数字为导轨型钢轨底宽度尺寸;"一"后数字为导轨型钢的规格代号。

2. 表中 r_1、r_2、r_3、r_4、r_5、f 仅作为孔型设计参考,不作为交货条件。

3. 导轨型钢的定尺长度为5 040 mm。

表6-86　电梯导轨用热轧型钢的理论重量

型号	T75	T78	T82	T89	T90	T114
截面面积/cm^2	13.00	11.752	12.994	17.873	20.453	24.312
理论重量/(kg/m)	10.205	9.225	10.200	14.030	16.056	19.085
型号	T125	T127-1	T127-2	T140-1	T140-2	T140-3
截面面积/cm^2	25.452	25.442	31.735	38.200	46.826	61.500
理论重量/(kg/m)	19.980	19.972	24.912	29.987	36.758	48.278

注:理论重量按密度7.85 g/cm^3计算。

(2)电梯导轨用热轧型钢的化学成分与力学性能(YB/T 157—1999)见表6-87。

表6-87　电梯导轨用热轧型钢的化学成分与力学性能

牌号	化学成分	力学性能	
		抗拉强度 σ_b/MPa	伸长率 δ_5/%
Q235A	符合GB/T 700的规定,且硫、磷含量各不大于0.045%	≥375	≥24
Q255A		≥410	≥24
其他牌号		≥410	≥24

六、矿用钢

1. 矿用钢

(1)矿用钢的化学成分(YB/T 5047—2000)见表6-88。

表 6-88　矿用钢的化学成分

牌号	化学成分(质量分数)(%)					
	C	Si	Mn	V	P	S
					≤	
20MnVK	0.17~0.2	0.17~0.37	1.20~1.60	0.07~0.20	0.040	0.040
20MnK	0.15~0.26	0.20~0.60	1.20~1.60	—	0.080	0.050
24Mn2K	0.20~0.27	0.17~0.37	1.30~1.80	—	0.045	0.050
25MnK	0.21~0.31	0.20~0.60	1.20~1.60	—	0.080	0.050
34SiMnK	0.30~0.38	0.90~1.30	1.00~1.40	—	0.040	0.040
30Mn2K	0.27~0.34	0.17~0.37	1.30~1.80	—	0.045	0.050

注:1. 20MnVK 圆钢的钒含量(质量分数)为 0.10%~0.20%。

2. 经供需双方协议,除表中的牌号外,亦可用其他牌号生产。

(2)矿用钢的力学性能(YB/T 5047—2000)见表 6-89。

表 6-89　矿用钢的力学性能

牌号	钢材直径或厚度/mm	性能条件	屈服点 σ_s/MPa	抗拉强度 σ_b/MPa	伸长率 δ_5(%)	180°冷弯试验
			≥	≥	≥	
24Mn2K		热轧	355	540	20	—
		调质	590	785	9	
20MnVK	10~22 圆钢	热轧	390	570	14	$d=a$
	6~8 扁钢					—
	10~22 圆钢	调质	885	1080	9	
	6~8 扁钢		885	980	9	
20MnK	≤16	热轧	355	510	18	$d=2a$
	17~25		355	490	16	$d=3a$
25MnK	≤16	热轧	355	540	18	$d=2a$
	17~25		355	520	16	$d=3a$
34SiMnK	8	热轧	440	610	12	—
30Mn2K	—	热轧	—	—	—	—

注:1. 钢材以热轧状态交货。

2. 20MnVK 试样调质制度如下:圆钢为(880±20)℃水淬,(300±30)℃回火,空冷或水冷;扁钢为 880~900℃水淬,(450±30)℃回火,空冷或水冷。

3. 30Mn2K 的热轧状态力学性能(抗拉强度、屈服点、伸长率)应在质量证明书中注明。

2. 矿用高强度圆环链用钢

(1)矿用高强度圆环链用钢的牌号、尺寸规格与用途见表6-90。

表6-90 矿用高强度圆环链用钢的牌号、尺寸规格与用途

牌号	尺寸规格	用途
20MnV、25MnV、23MnSiV、23Mn2NiCrMoA、25MnSiMoV、25MnSiMoVA、25MnSiNiMoA	热轧圆钢符合 GB/T 702 的规定;冷拉圆钢符合 GB/T 905 的规定。圆钢公称直径为 10~30 mm	适用于制造煤矿刮板输送机、刨煤机的高强度圆环链

注:1. 热轧圆钢的通常长度为 3~10 m。

2. 冷拉退火圆钢及热轧退火圆钢的通常长度为 2~6 m,经供需双方协议可供长度大于6 m的冷拉退火圆钢及热轧退火圆钢。

3. 根据需方要求,钢材可按定尺或倍尺长度交货,所需长度在合同中注明。

(2)矿用高强度圆环链用钢的化学成分(GB/T 10560—2008)见表6-91。

表6-91 矿用高强度圆环链用钢的化学成分

牌号	化学成分(质量分数)(%)									
	C	Si	Mn	P	S	V	Cr	Ni	Mo	Al
				≤						
20MnV	0.17~0.23	0.17~0.37	1.20~1.60	0.035	0.035	0.10~0.20	—			
25MnV	0.21~0.28	0.17~0.37	1.20~1.60	0.035	0.035	0.10~0.20	—			
23MnSiV	0.20~0.26	0.60~0.80	1.20~1.60	0.035	0.035	0.10~0.20	—			
23Mn2NiCrMoA	0.20~0.26	0.15~0.35	1.40~1.70	0.020	0.020	—	0.20~0.40	0.90~1.10	0.40~0.55	0.020~0.050
25MnSiMoV 25MnSiMobVA	0.21~0.28	0.80~1.10	1.20~1.60	0.035 0.025	0.035 0.025	0.10~0.20				
25MnSiNiMoA	0.21~0.28	0.60~0.90	1.10~1.40	0.020	0.020	—		0.80~1.10	0.10~0.20	0.020~0.050

注:1. 表中钢的含铝量供参考。

2. 23Mn2NiCrMoA 牌号的磷与硫之和不得大于 0.035%。

3. 钢的含氮量:氧气转炉钢不大于 0.008%,电炉钢不大于 0.012%。

4. 钢中铜的残余含量不大于 0.25%。

5. 供方若能保证钢中铜、氮含量不超过规定时,可不作分析。

6. 上述含量皆指质量分数。

(3)矿用高强度圆环链用钢的力学性能(GB/T 10560—2008)见表6-92。

表6-92 矿用高强度圆环链用钢的力学性能

牌号	试样毛坯尺寸/mm	热处理 淬火 温度/℃	淬火 冷却剂	回火 温度/℃	回火 冷却剂	力学性能 适用于钢材直径/mm	屈服点 σs (MPa) ≥	抗拉强度 σb (MPa) ≥	伸长率 δ5 (%) ≥	断面收缩率 ψ (%) ≥	冲击吸收功 AKU (J) ≥	冷弯试验180° d=弯心直径 a=钢材直径	冷拉退火材或热轧退火材 HBS ≤
20MnV	15	880	水	300 370	水空	10~18	885	1 080	9 10	—	—	d=a (热轧材)	—
25MnV	15	880	水	370	水空	10~18	930	1 130	9	—	—	d=a (热轧材)	—
23MnSiV	15	880	水	300	水油	14~18	885	1 080	9	—	—	d=a (热轧材)	—
23Mn2NiCrMoA	15	800	水	400	水油	22~30	885	1 080	10	50	35	—	217
25MnSiMoV	15	900	水	350	水油	10~20	1 080	1 275	9	—	—	d=a (冷拉退火材)	217
25MnSiMoVA	15	900	水	350	水空	10~20	1 080	1 275	9	—	—	d=a (冷拉退火材)	217
25MnSiNiMoA	15	900	水	300	水	14~30	1 175	1 470	10	50	35	d=a (φ<18 mm热轧退火材)	207

注:1. 表中热处理温度允许调整范围:23Mn2NiCrMoA 牌号:淬火±10℃,回火±10℃;其余牌号:淬火±20℃,回火±30℃。

2. 冲击试样缺口深度为3mm。

3. 20MnV、25MnV、23MnSiV 牌号的圆钢以热轧状态交货;23Mn2NiCrMoA、25MnSiMoVA牌号的圆钢以冷拉后退火状态交货;25MnSiNiMoA牌号的圆钢以热轧后退火状态交货。

4. 根据需方要求,23Mn2NiCrMoA牌号的钢材应作末端淬透性试验,试验结构距端淬试样末端15mm处的硬度应小于35HRC。

3. 煤机用热轧异型钢

(1)煤机用热轧异型钢的品种、规格与用途(GB/T 3414—1994)见表 6-93。

表 6-93　煤机用热轧异型钢的品种、规格与用途

品种	尺　寸　规　格 /mm	用途
5号 刮板钢	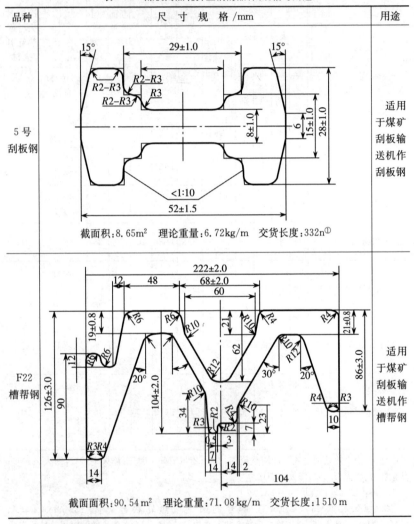 截面积：8.65m² 　理论重量：6.72kg/m 　交货长度：332n[①]	适用 于煤矿 刮板输 送机作 刮板钢
F22 槽帮钢	截面面积：90.54 m² 　理论重量：71.08 kg/m 　交货长度：1510 m	适用 于煤矿 刮板输 送机作 槽帮钢

①n 为倍尺数。

(2)煤机用热轧异型钢的化学成分(GB/T 3414—1994)见表 6-94。

表 6-94　煤机用热轧异型钢的化学成分

牌　号	化学成分(质量分数)(%)				
	C	Si	Mn	P≤	S≤
M510	0.20～0.27	0.20～0.60	1.20～1.60		
M540	0.20～0.29	0.17～0.37	1.30～1.80	0.045	0.045
M565	0.25～0.33	0.17～0.37	1.30～1.80		

注:1. 钢中残余元素镍、铬、铜的含量均不大于 0.30%。如供方能保证,不作分析。

2. 牌号采用汉语拼音字母和抗拉强度数值组成,如 M510、M540、M565。M——"煤"字汉语拼音首位数字。510、540、565——刮板钢和槽帮钢的抗拉强度值。

(3)煤机用热轧异型钢的力学性能(GB/T 3414—1994)见表 6-95。

表 6-95　煤机用热轧异型钢的力学性能

牌　号	试　样	屈服点 σ_s /MPa≥	抗拉强度 σ_b /MPa≥	伸长率 δ_5 (/%≥)
M510	热轧	355	510	20
M540	热轧	355	540	8
M540	热处理	590	785	9
M565	热轧	365	565	16
M565	热处理	625	820	9

注:1. 当 M540、M565 热轧性能不符合表中规定时,允许进行试样热处理。当试样力学性能符合表中热处理的性能时,亦可交货。

2. 热处理温度(850±20)℃油淬,400～450℃回火,水冷。

4. 矿用工字钢

(1)矿用工字钢的尺寸规格与用途(YB/T 24—1986)见表 6-96。

表 6-96　矿用工字钢的尺寸规格与用途(mm)

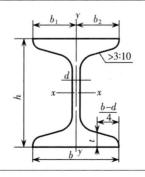

型　号	高度 h	腿宽 b	腰厚 d	用　途
9	90	76	8	适用于矿井巷道支护
11	110	90	9	
12	120	95	11	

注：1.工字钢的外缘斜度不得大于腿宽的 2.4%。

2.工字钢的弯腰挠度不得大于 1.0mm。

3.工字钢的偏心度不得大于腿宽的 2%。偏心度＝$[(b_2-b_1)/2]$的绝对值。

4.工字钢的每米弯曲度不得大于 3mm，总弯曲度不得大于 0.3%。

（2）矿用工字钢的化学成分（YB/T 234—1986）见表 6-97。

表 6-97　矿用工字钢的化学成分

型号	牌号	化学成分（质量分数）（%）				
		C	Si	Mn	P	S
					≤	
9	16Mn	0.16～0.20	0.30～0.60	1.30～1.60	0.045	0.050
11	20 Mn	0.21～0.26	0.20～0.60	1.20～1.60	0.045	0.050
12	Q275 Q275	0.28～0.37	≤0.10 0.15～0.35	0.50～0.80	0.045	0.045

（3）矿用工字钢的力学性能（YB/T 24—1986）见表 6-98。

表 6-98　矿用工字钢的力学性能

牌　号	力　学　性　能			
	屈服点 σ_s/MPa	抗拉强度 σ_b/MPa	伸长率 δ(%)	180°冷弯试验
	≥			
16MnK	345	510	21	d＝2a
20 MnK	355	510	18	d＝2a
Q275b Q275	275	490～610	20	d＝3a

5.矿山巷道支护用热轧 U 型钢

（1）矿山巷道支护用热轧 U 型钢的型号、规格与用途（GB/T 4697—2008）见表 6-99。

表 6-99 矿山巷道支护用热轧 U 型钢的型号、规格与用途

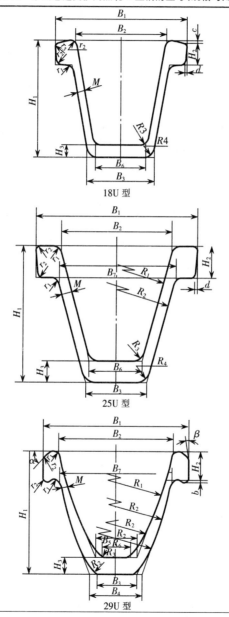

18U 型

25U 型

29U 型

型号	18U	25U	29U	用　途
H_1	99	110	124	
H_2	18	26	28.5	
H_3	10	17	16	
B_1	122	134	150.5	
B_2	84	92	116	
B_3	57	50.8	44	
B_4	—	—	53	
B_5	—	—	42	
B_6	46.2	45	30	
B_7	—	94.1	116.6	
M	7.5	6.6	7.2	
b	—	—	3	
c	2	0	—	
d	2	2.5	—	适用于制造矿山巷道支架
R_1	—	400	450	
R_2	—	400	185	
R_3	9	12	15	
R_4	9	10	16	
r_1	8	7	7	
r_2	4	2	4	
r_3	2	—	—	
α	—	—	40°	
β	—	—	30°	
截面面积/cm²	24.15	31.54	37.00	
理论重量/(kg/m)	18.96	24.76	29.00	

注:1. 型钢的通常长度为5～12m。

2. 型钢按定尺或倍尺交货时应在合同中注明。

(2)矿山巷道支护用热轧 U 型钢的化学成分(GB/T 4697—2008)见表 6-100。

表 6-100　矿山巷道支护用热轧 U 型钢的化学成分

牌　号	化学成分(质量分数)(%)					
	C	Si	Mn	V	P	S
					≤	
16MnK	0.12~0.20	0.20~0.55	1.20~1.60	—	0.045	0.045
20 MnK	0.15~0.26	0.20~0.60	1.20~1.60		0.050	0.050
20 MnVK	0.17~0.24	0.17~0.37	1.20~1.60	0.07~0.20	0.045	0.045
25 MnK	0.21~0.31	0.20~0.60	1.20~1.60	—	0.050	0.050
25 MnVK	0.22~0.30	0.50~0.90	1.30~1.60	0.06~0.13	0.050	0.050

注:钢中 Cr、Ni、Cu 的残余含量(质量分数)均应不大于 0.30%。如供方能保证,可不作分析。

(3)矿山巷道支护用热轧 U 型钢的力学性能(GB/T 4697—2008)见表 6-101。

表 6-101　矿山巷道支护用热轧 U 型钢的力学性能

牌　号	屈服点 σ_s/MPa	抗拉强度 σ_b/MPa	伸长率 δ(%)	冷弯 180° d=弯心直径 a=试样厚度
	≥			
16MnK	325	490	21	
20 MnK	335	490	16	
25 MnK	335	520	16	d=3a
20 MnVK	390	570	14	
25 MnVK	490	635	18	

注:型钢以热轧状态交货。

七、履带板用热轧型钢

(1)履带板用热轧型钢(YB/T 5034—2005)的牌号、化学成分与用途见表 6-102。

表 6-102　履带板用热轧型钢的牌号、化学成分与用途

牌号	化学成分(质量分数)(%)	用途
40SiMn2	C0.37~0.44 、Si0.60~1.00、Mn1.40~ 1.08、P≤0.04、S≤0.04	专用于制造拖拉机、推土机、挖掘机履带板

(2)履带板用热轧型钢(YB/T 5034—2005)的尺寸规格见表 6-103。

表 6-103　履带板用热轧型钢的尺寸规格

履带板型号	截面面积/cm²	理论重量/(kg/m)	参 考 数 据						
			x—x		y—y		重心		
			截面系数 W_x/cm³	惯性矩 I_x/cm⁴	截面系数 W_y/cm³	惯性矩 I_y/cm⁴	x_0	y_0	
							cm		
L203	44.91	35.25	29.4	165.8	124.8	1699.9	4.18	1.78	

八、工业链条用钢

1.工业链条用冷拉钢

(1)工业链条用冷拉钢(YB/T 5348—2006)的牌号、尺寸规格与用途见表 6-104。

表 6-104　工业链条用冷拉钢材的牌号、尺寸规格与用途

牌　号	尺 寸 规 格	用　途
20CrMo、20CrMnMo、20CrMnTi、08、10、15	冷拉圆钢符合 GB/T 905 的规定；冷拉钢丝符合 GB/T 342 的规定。冷拉钢的直径为 2.0～40mm	用于制作工业链条

(2)销轴用钢材的化学成分见表 6-105,滚子用钢材的化学成分见表 6-106。

表 6-105　销轴用钢材的化学成分(摘自 YB/T 5348—2006)

牌号	化学成分(质量分数)(%)									
	C	Si	Mn	Cr	Mo	Ti	Ni	Cu	S	P
							≤			
20CrMo	0.17～0.24	0.17～0.37	0.40～0.70	0.80～1.10	0.15～0.25	—	0.30	0.30	0.035	0.035
20CrMnMo	0.17～0.23	0.17～0.37	0.90～1.20	1.10～1.40	0.20～0.30	—				
20CrMnTi	0.17～0.23	0.17～0.37	80～1.10	1.0～1.3	—	0.04～0.10				

表 6-106　滚子用钢材的化学成分(YB/T 5348—2006)

牌号	化学成分(质量分数)(%)							
	C	Si	Mn	Cr	Ni	Cu	S	P
					≤			
08	0.05～0.12	0.17～0.37	0.35～0.65	0.10	0.25	0.25	0.035	0.035
10	0.07～0.14	0.17～0.37	0.35～0.65	0.15				
15	0.12～0.19	0.17～0.37	0.35～0.65	0.25				

(3)销轴用钢材和滚子用钢材的抗拉强度分别见表 6-107 和表 6-108。

表 6-107　销轴用钢材的抗拉强度(摘自 YB/T 5348—2006)

牌　号	抗 拉 强 度 /MPa			
	钢　丝		圆　钢	
	冷　拉	退　火	冷　拉	退　火
20CrMo	550～800	450～700	620～870	490～740
20CrMnMo	550～800	500～750	720～970	575～825
20CrMnTi	650～900	500～750	720～970	575～825

表 6-108　滚子用钢材的抗拉强度(摘自 YB/T 5348—2006)

牌　号	抗 拉 强 度 /MPa			
	钢　丝		圆　钢	
	≤			
	冷　拉	退　火	冷　拉	退　火
08	540	440	440	295
10	540	440	440	295
15	590	490	470	340

2. 工业链条用冷轧钢带(YB/T 5347—2006)

(1)工业链条用冷轧钢带的牌号、尺寸规格、交货状态与用途见表 6-109。

表 6-109 工业链条用冷轧钢带的牌号、尺寸规格、交货状态与用途

牌　号	尺　寸　规　格	交货状态	用　途
10、15、20、45、40Mn、40MnB、45Mn	符合 GB/T 708 的规定。钢带厚度为 0.60~4.00 mm,宽度为 20~120 mm,平面度≤4 mm/m,钢带成卷交货	退火状态(T)、冷硬状态(Y)	适用于制造节距为 6.35~31.75 mm 的滚子链、套筒链的链条、链板和套筒,但不适于石油机械使用的流子链

(2)工业链条用冷轧钢带的化学成分与力学性能(YB/T 5347—2006)见表 6-110。

表 6-110 工业链条用冷轧钢带的化学成分与力学性能

牌　号	化学成分(质量分数)	交货状态	力 学 性 能			
			普通强度		较高强度	
			抗拉强度 σ_b/MPa	伸长率 δ(%)	抗拉强度 σ_b/MPa	伸长率 δ(%)
10、15、20、45、40Mn、40MnB、45Mn	符合 GB/T 699 和 GB/T 3077 的规定	退火	400~700	≥15	455~695	≥15
		冷硬	≥700	—	≥700	—

九、手表用钢

1. 手表用不锈钢冷轧钢带

(1)手表用不锈钢冷轧钢带的(YB/T 5153—1993)化学成分见表 6-111。

表 6-111 手表用不锈钢冷轧钢带的化学成分

牌　号	化学成分(质量分数)(%)							
	C≤	Mn≤	Si≤	P≤	S≤	Ni	Cr	Mo
0Cr18Ni9	0.08	2.00	1.00	0.035	0.030	8.00~10.00	17.00~19.00	—
1Cr18Ni9	0.15	2.00	1.00	0.035	0.030			
00Cr18Mo2	0.03	0.50	0.80	0.035	0.030	≤0.60	17.00~20.00	2.00~3.00

注:①符合 GB/T 708 的规定;②钢带厚度:0.10~1.20 mm,宽度:20~150 mm。

(2)手表用不锈钢冷轧钢带的力学性能(YB/T 5154—1994)见表 6-112。

表 6-112 手表用不锈钢冷轧钢带的力学性能

交货状态	维氏硬度 HV	交货状态	维氏硬度 HV
软(R)	150~200	硬(Y)	310~370
半硬(BY)	250~310	特殊硬(TY)	≥370

2. 手表用碳素工具钢冷轧钢带

(1)手表用碳素工具钢冷轧钢带的化学成分(YB/Y 5061—1993)见表6-113。

(2)手表用碳素工具钢冷轧钢带的力学性能见表6-114。

表 6-113　手表用碳素工具钢冷轧钢带的化学成分

牌　号	化学成分(质量分数)(%)				
	C	Mn	Si	S	P
				≤	
16Mn	0.12～0.20	1.20～1.60	0.20～0.60	0.040	0.040
19Mn	0.16～0.22	0.70～1.00	0.20～0.40	0.040	0.040
碳素钢	符合 YB/T 5065 的规定				

表 6-114　手表用碳素工具钢冷轧钢带的力学性能(YB/T 5061—1993)

组别	抗拉强度 σ_b/MPa	伸长率 δ(%)	组别	抗拉强度 σ_b/MPa	伸长率 δ(%)
Ⅰ	800～1000	—	Ⅰ	650～800	—
Ⅱ	700～900	—	Ⅱ	≤680	12

参考文献

[1] 安继儒,郭强主编. 金属材料手册. 北京:化学工业出版社,2013.

[2] 张占立编. 常用金属材料手册. 郑州:河南科学技术出版社,2012.

[3] 任志俊,薛国祥主编. 实用金属材料手册. 南京:江苏科学技术出版社,2005.

[4] 祝燮权主编. 实用金属材料手册(第二版). 上海:上海科学技术出版社,2005.

[5] 贾耀卿主编. 常用金属材料手册(第2版). 北京:中国标准出版社,2007.

[6] 科标工作室编著. 国内外金属材料手册(第2版). 南京:江苏科学技术出版社,2005.

[7] 沈汝梁编. 常用金属材料速查手册. 福州:福建科学技术出版社,2005.

[8] 许育龙编. 新编常用金属材料速查手册. 福州:福建科学技术出版社,2005.

[9] 安继儒主编. 中外常用金属材料手册. 西安:陕西科学技术出版社,2005.

[10] 宋小龙,安继儒主编. 新编中外金属材料手册. 北京:化学工业出版社,2008.

[11] 于民治,张超编. 新编金属材料速查速算手册. 北京:化学工业出版社,2007.

[12] 滕志斌等编. 新编金属材料手册. 北京:后金盾出版社,2004.

[13] 张京山,张灏主编. 金属及合金材料手册. 北京:金盾出版社,2005.

[14] 杨立平主编. 常用金属材料手册. 福州:福建科学技术出版社,2006.

[15] 李春胜,黄德彬主编. 金属材料手册. 北京:化学工业出版社,2005.

[16] 蔡亚翔,刘荣贵主编. 实用金属材料产品手册. 北京:中国物资出版社,2004.

[17] 刘宗昌,任慧平,郝小祥编著. 金属材料工程概论. 北京:冶金工业出版社,2007.

[18] 戴起勋主编. 金属材料学. 北京:化学工业出版社,2005.